HANDBUCH DER PHYSIK

UNTER REDAKTIONELLER MITWIRKUNG VON

R. GRAMMEL-STUTTGART · F. HENNING-BERLIN

H. KONEN-BONN · H. THIRRING-WIEN · F. TRENDELENBURG-BERLIN

W. WESTPHAL-BERLIN

HERAUSGEGEBEN VON

H. GEIGER und KARL SCHEEL

BAND XI

ANWENDUNG DER THERMODYNAMIK

BERLIN

VERLAG VON JULIUS SPRINGER

1926

ANWENDUNG DER THERMODYNAMIK

BEARBEITET VON

E. FREUNDLICH · W. JAEGER · M. JAKOB · W. MEISSNER
O. MEYERHOF · C. MÜLLER · K. NEUMANN · M. ROBITZSCH
A. WEGENER

REDIGIERT VON F. HENNING

MIT 198 ABBILDUNGEN

BERLIN
VERLAG VON JULIUS SPRINGER
1926

ISBN-13: 978-3-642-88924-0   e-ISBN-13: 978-3-642-90779-1
DOI: 10.1007/978-3-642-90779-1

Inhaltsverzeichnis.

Allgemeine physikalische Konstanten

(Mai 1926) [1].

a) Mechanische Konstanten.

Gravitationskonstante . . . . $6,6_5 \cdot 10^{-8}$ dyn $\cdot$ cm$^2 \cdot$ g^{-2}
Normale Schwerebeschleunigung . . . . $980,665$ cm $\cdot$ sec^{-2}
Schwerebeschleunigung bei $45°$ Breite . . . . . $980,616$ cm $\cdot$ sec^{-2}
1 Meterkilogramm (mkg) . . . . $0,980665 \cdot 10^8$ erg
Normale Atmosphäre (atm) . . . . $1,01325 \cdot 10^6$ dyn $\cdot$ cm^{-2}
Technische Atmosphäre . . . . $0,980665 \cdot 10^6$ dyn $\cdot$ cm^{-2}
Maximale Dichte des Wassers bei 1 atm . . . $0,999972$ g $\cdot$ cm^{-3}
Normales spezifisches Gewicht des Quecksilbers . $13,5955$

b) Thermische Konstanten.

Absolute Temperatur des Eispunktes . . . . . . $273,2_6{}°$
Normales spezifisches Gewicht des Sauerstoffes . $1,4290 \cdot 10^{-3}$
Normales Molvolumen idealer Gase . . . . . . $22,41_4 \cdot 10^3$ cm^3

Gaskonstante für ein Mol . . . . $\begin{cases} 0,8204_2 \cdot 10^2 \text{ cm}^3\text{-atm} \cdot \text{grad}^{-1} \\ 0,8312_9 \cdot 10^8 \text{ erg} \cdot \text{grad}^{-1} \\ 0,8308_7 \cdot 10^1 \text{ int joule} \cdot \text{grad}^{-1} \\ 1,985_7 \text{ cal} \cdot \text{grad}^{-1} \end{cases}$

Energieäquivalent der $15°$-Kalorie (cal) . . . . $\begin{cases} 4,184_2 \text{ int joule} \\ 1,1623 \cdot 10^{-6} \text{ int k-watt-st} \\ 4,186_3 \cdot 10^7 \text{ erg} \\ 4,268_8 \cdot 10^{-1} \text{ mkg} \end{cases}$

c) Elektrische Konstanten.

1 internationales Ampere (int amp) . . . . . . $1,0000_0$ abs amp
1 internationales Ohm (int ohm) . . . . $1,0005_0$ abs ohm
Elektrochemisches Äquivalent des Silbers . . . . $1,11800 \cdot 10^{-3}$ g $\cdot$ int coul^{-1}
Faraday-Konstante für ein Mol und Valenz 1 . . $0,9649_4 \cdot 10^5$ int coul
Ionisier.-Energie/Ionisier.-Spannung . . . . . . $0,9649_4 \cdot 10^5$ int joule $\cdot$ int volt^{-1}

d) Atom- und Elektronenkonstanten.

Atomgewicht des Sauerstoffs . . . . $16,000$
Atomgewicht des Silbers . . . . $107,88$
Loschmidtsche Zahl . . . . $6,06_1 \cdot 10^{23}$ mol^{-1}
Boltzmannsche Konstante k . . . . $1,37_1 \cdot 10^{-16}$ erg $\cdot$ grad^{-1}
$^1/_{16}$ der Masse des Sauerstoffatoms . . . . . . $1,65_0 \cdot 10^{-24}$ g
Elektrisches Elementarquantum e . . . . $\begin{cases} 1,592 \cdot 10^{-19} \text{ int coul} \\ 4,77_4 \cdot 10^{-10} \text{ dyn}^{1/2} \cdot \text{cm} \end{cases}$
Spezifische Ladung des ruhenden Elektrons e/m . $1,76_5 \cdot 10^8$ int coul $\cdot$ g^{-1}
Masse des ruhenden Elektrons m . . . . $9,0_2 \cdot 10^{-28}$ g
Geschwindigkeit von 1-Volt-Elektronen . . . . . $5,94 \cdot 10^7$ cm $\cdot$ sec^{-1}
Atomgewicht des Elektrons . . . . $5,46 \cdot 10^{-4}$

e) Optische und Strahlungskonstanten.

Lichtgeschwindigkeit (im Vakuum) . . . . $2,998_5 \cdot 10^{10}$ cm $\cdot$ sec^{-1}
Wellenlänge der roten Cd-Linie (1 atm, $15°$ C) . $6438,470_0 \cdot 10^{-8}$ cm
Rydbergsche Konstante für unendl. Kernmasse . $109737,1$ cm^{-1}
Sommerfeldsche Konstante der Feinstruktur . . $0,729 \cdot 10^{-2}$
Stefan-Boltzmannsche Strahlungskonstante σ . $\begin{cases} 5,7_5 \cdot 10^{-12} \text{ int watt} \cdot \text{cm}^{-2} \cdot \text{grad}^{-4} \\ 1,37_4 \cdot 10^{-12} \text{ cal} \cdot \text{cm}^{-2} \cdot \text{sec}^{-1} \cdot \text{grad}^{-4} \end{cases}$
Konstante des Wienschen Verschiebungsgesetzes . $0,288$ cm $\cdot$ grad
Wien-Plancksche Strahlungskonstante c_2 . . . . $1,43$ cm $\cdot$ grad

f) Quantenkonstanten.

Plancksches Wirkungsquantum h . . . . $6,55 \cdot 10^{-27}$ erg $\cdot$ sec
Quantenkonstante für Frequenzen $\beta = h/k$ . . . $4,78 \cdot 10^{-11}$ sec $\cdot$ grad
Durch 1-Volt-Elektronen angeregte Wellenlänge . $1,233 \cdot 10^{-4}$ cm
Radius der Normalbahn des H-Elektrons . . . . $0,529 \cdot 10^{-8}$ cm

---

[1] Erläuterungen und Begründungen s. ds. Handb. Bd. II, Artikel Henning-Jaeger.

Kapitel 1

Thermodynamik der Erzeugung des elektrischen Stromes.

Von

W. JAEGER, Charlottenburg.

Mit 17 Abbildungen.

1. Einteilung. In thermodynamischer Hinsicht sind für die Erzeugung des elektrischen Stromes zwei Gruppen zu unterscheiden: 1. Die Stromerzeugung bei gleichmäßig temperierten Systemen (Hydroketten), bei denen die chemischen Umsetzungen die Stromlieferung bewirken. 2. Die Stromerzeugung bei ungleichmäßig temperierten Systemen (Thermoketten), bei denen der Strom allein durch die Temperaturunterschiede erzeugt wird.

I. Stromerzeugung bei gleichmäßig temperierten Systemen.

a) Hydroketten. Allgemeines.

2. Hydroketten, Übersicht. Die Hydroketten, bei denen sich alle Teile des Systems auf derselben Temperatur befinden und die infolge chemischer Umsetzungen Strom liefern, sind aus Metallen und Elektrolyten (flüssigen oder geschmolzenen Elektrolyten) aufgebaute galvanische Elemente, zu denen auch die Konzentrationsketten gehören. Bei Stromdurchgang erfahren diese Elemente eine chemische Umsetzung, der eine gewisse Wärmetönung entspricht (Bildungs- und Lösungswärmen). Aus dieser Wärmetönung und derjenigen Wärmemenge, die man dem Element (positiv oder negativ gerechnet) zuführen muß, um es auf konstanter Temperatur zu erhalten, läßt sich die Spannung der Elemente (EMK) berechnen. Bei den Konzentrationselementen läßt sich die EMK auch aus der Dampfspannung der Lösungen ermitteln. Bei den Hydroketten wird also chemische bzw. thermische Energie in elektrische Energie verwandelt und umgekehrt.

Man unterscheidet Primär- und Sekundärelemente, andererseits reversible und irreversible Elemente. Zu den Primärelementen gehören z. B. das Bunsen- und Leclanché-Element, zu den Sekundärelementen der Blei-akkumulator. Die beiden ersteren sind nicht reversibel. Der Akkumulator (Ziff. 29) dagegen ist reversibel, ebenso die „Normalelemente" (Ziff. 36).

3. Primär- und Sekundärelemente. Unter Primärelementen versteht man solche Elemente, die wie die beiden oben angegebenen Strom liefern, ohne daß man sie zu diesem Zweck aufladen muß, während die Sekundärelemente erst einer Aufladung bedürfen und immer wieder von neuem aufgeladen werden können. Diese Unterscheidung ist aber mehr äußerlich an der Hand gewisser

Typen gebildet und läßt sich nicht streng durchführen, wie aus dem folgenden näher hervorgehen wird.

4. Reversible Elemente. Als reversible Elemente bezeichnet man solche Systeme, bei denen alle darin vertretenen „Phasen" (s. unten) beim Stromdurchgang in beiden Richtungen ungeändert bleiben; eine Änderung tritt erst ein, wenn eine der Phasen völlig verschwunden ist. Bei den irreversiblen Elementen dagegen werden beim Stromdurchgang eine oder mehrere Phasen geändert. Man versteht dabei unter „Phasen" (im physikalisch-chemischen Sinne) die festen, flüssigen oder dampfförmigen Zustände einheitlicher Substanzen oder homogener Mischungen derselben.

Als Beispiel eines reversiblen Elements sei das Zink-Kupfer-Element (Daniellsches bzw. Flemingsches Element) kurz betrachtet; hieraus werden sich dann die weiteren Folgerungen ergeben und die obigen Ausführungen in ihrer Bedeutung klarer erkannt werden. Das Daniellsche Element ist in folgender Weise zusammengesetzt (s. Abb. 1):

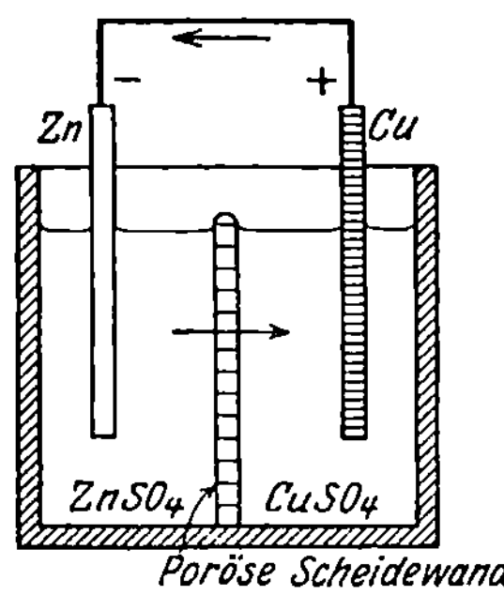

Abb. 1.   Zink-Kupfer-element, Schema.

$$[Zn] - (ZnSO_4) - (CuSO_4) - [Cu], \qquad (1)$$

d. h. die negative Elektrode wird aus Zink gebildet, das sich in einer Lösung von Zinksulfat befindet (die festen Körper sind durch eine eckige Klammer, die flüssigen durch eine runde angedeutet), die positive Elektrode besteht aus Kupfer in einer Lösung von Kupfersulfat. Die beiden Salzlösungen stehen in Berührung, so daß der Strom von der einen zu der anderen hindurchtreten kann. Die Trennung der Lösungen erfolgt z. B. durch eine Tonzelle oder eine durchlässige Membran.

Die chemische Umsetzung in dem Element bei Stromdurchgang geht dann vor sich nach der Formel:

$$[Zn] + (CuSO_4) \rightleftarrows [Cu] + (ZnSO_4), \qquad (2)$$

und zwar im Sinne des oberen Pfeiles bei Stromentnahme, im Sinne des unteren Pfeiles bei umgekehrter Stromrichtung (Aufladung).

Die Bestandteile des Elements werden also bei Stromdurchgang in der einen oder anderen Richtung ihrer chemischen Natur nach nicht geändert (die Phasen bleiben ungeändert), und es werden keine neuen chemischen Produkte gebildet. Das Element ist also — wenigstens theoretisch — reversibel und könnte sowohl als Primär- wie als Sekundärelement benutzt werden. Wenn sich dagegen ursprünglich das Zink in Schwefelsäure statt in Zinksulfat befinden würde, wie es tatsächlich bei diesen Elementen häufig der Fall ist, so wird bei Stromentnahme durch Auflösen von Zink ein neues chemisches Produkt, das Zinksulfat, gebildet; eine der Phasen ändert also ihre Zusammensetzung, so daß das Element nicht reversibel ist.

5. Chemische Umsetzung in reversiblen Elementen. Bei dem nach dem obigen Schema zusammengesetzten Daniellschen Element wird also bei Stromentnahme dem Faradayschen Gesetz entsprechend eine bestimmte Menge Zink gelöst und eine äquivalente Menge Kupfer niedergeschlagen. Der Bildung von Zinksulfat aus Zink und Schwefelsäure entspricht eine bestimmte chemische Energie (positive Bildungswärme), der Ausscheidung von Kupfer aus Kupfersulfat eine negative Bildungswärme, so daß also die Differenz dieser beiden Bildungswärmen, wie später noch näher erläutert wird, bei diesem Vorgang eine wesentliche Rolle spielt. Die Menge des Säureradikals SO_4 wird beim Stromdurchgang nicht geändert, da die gebildeten und zersetzten chemischen Verbindungen äquivalent sind. Aber das neugebildete Zinksulfat muß sich in der

Zinksulfatlösung auflösen, so daß auch die hierbei auftretende Lösungswärme zu berücksichtigen ist; ebenso die negative Lösungswärme, wenn aus der Lösung des Kupfersulfats durch Zersetzung desselben eine äquivalente Menge des Salzes aus der Lösung ausscheidet.

Indessen ist hinsichtlich der Reversibilität des Elements noch ein weiterer Punkt zu berücksichtigen. Wenn das Element bei Stromdurchgang in der einen oder anderen Richtung wirklich völlig ungeändert bleiben soll, so daß seine EMK stets die gleiche bleibt, so müssen auch die Konzentrationen der beiden Salzlösungen unverändert bleiben. Dies ist aber offenbar nur dann der Fall, wenn die Lösungen bei der betreffenden Temperatur gesättigt sind und wenn außerdem ein Überschuß von festem Salz, und zwar in der Hydratform ($ZnSO_4 + 7\ H_2O$, $CuSO_4 + 5\ H_2O$) vorhanden ist, damit die zersetzten und aus der Lösung ausgeschiedenen Bestandteile wieder durch Auflösen festen Salzes ersetzt werden. In diesem Fall bleiben die Elektrolyte bei jeder Stromrichtung in ihrer Konzentration ungeändert, während bei Abwesenheit fester Salze und in verdünnter Lösungen Konzentrationsänderungen und damit eine Änderung der EMK stattfinden muß.

6. Bedingungen für reversible Elemente. Ein reversibles Element muß also gesättigte Elektrolyte mit Überschuß von festem Salz besitzen; jeder Temperatur entspricht dabei im allgemeinen eine andere Konzentration der Lösungen, andere Bildungs- und Lösungswärmen und eine andere EMK (s. Ziff. 7 ff).

In Wirklichkeit ist indessen das DANIELLsche Element auch bei Erfüllung aller angegebenen Forderungen kein brauchbares reversibles Element von konstanter EMK, da es nicht möglich ist, die beiden Lösungen aneinander grenzen zu lassen, ohne daß sie sich allmählich vermischen. Auch bei der Form des Elements, bei dem die beiden Lösungen übereinander geschichtet sind, findet durch Diffusion eine allmähliche Vermischung der Elektrolyte statt, wodurch die Zusammensetzung des Elements geändert wird. Nahezu vollkommene Repräsentanten reversibler Elemente sind dagegen die später noch näher erläuterten Normalelemente (Clark- und Weston-Element), bei denen der eine Elektrolyt, das Merkurosulfat, nur in sehr geringem Maße löslich ist.

b) Thermodynamische Theorie der Hydroelemente.

7. HELMHOLTZsche Theorie der Hydroelemente. Die grundlegende thermodynamische Theorie für Hydroelemente ist von HELMHOLTZ[1]) aufgestellt worden. Zur Ableitung der Gleichung für die Beziehung zwischen den chemischen Reaktionswärmen und der Spannung des Elements läßt man dasselbe einen Kreisprozeß durchlaufen. Man entnimmt ihm zunächst bei der absoluten Temperatur T, bei der es die Spannung E besitzen soll, eine bestimmte Elektrizitätsmenge $C = \int i \cdot dt$, wobei i die Stromstärke, t die Zeit bedeutet, bringt es sodann auf eine andere Temperatur $T + dT$, welcher dann die Spannung $E + dE$ entspricht. Bei dieser Temperatur wird ihm die vorher entnommene Elektrizitätsmenge durch einen umgekehrt verlaufenden Strom wieder zugeführt; zuletzt wird es auf die Temperatur T zurückgebracht, so daß damit der Anfangszustand wieder erreicht ist.

Bei der ersten Operation — Temperatur T — ist die elektrische Arbeit gleich $E\,C$, wenn dagegen dieselbe Elektrizitätsmenge bei der Temperatur $T + dT$ wieder zugeführt wird, ist die Arbeit gleich $-(E + dE)\,C$.

---

[1]) H. v. HELMHOLTZ, Berl. Ber. vom 2. Febr. 1882 u. Wiss. Abhandl. Bd. 2, S. 958, Leipzig: J. A. Barth 1883.

Die bei dem Stromdurchgang im Widerstand r des Stromkreises entwickelte Joulesche Wärme $r\int i^2 dt$ soll bei dem Kreisprozeß vernachlässigt werden, da man bei diesen theoretischen Betrachtungen den Strom beliebig klein wählen kann, so daß die Joulesche Wärme gegen die Reaktionswärmen verschwindet.

Bei dem Stromdurchgang findet in dem Element, wie bereits erläutert worden ist, eine chemische Umsetzung statt, der eine bestimmte Wärmetönung U entspricht; diese setzt sich aus Bildungswärmen und Lösungswärmen zusammen, wie später noch näher gezeigt werden wird (Ziff. 10ff.).

Diese Wärmetönung U stellt die gesamte Energie des Systems dar und sei in denselben Einheiten ausgedrückt wie die elektrische Energie, z. B. in Joule. Von dieser Energie ist aber nur ein Teil frei verwandelbar, welcher der „freien Energie" entspricht; ein anderer Teil stellt die „gebundene Energie" dar, die nach dem zweiten Hauptsatz nur zum Teil in Arbeit verwandelbar ist. Die letztere Energie ist diejenige Wärmemenge, die man dem Element zuführen oder ihm entziehen muß, um es auf konstanter Temperatur zu erhalten. Die freie Energie bei der Temperatur T ist die elektrische Energie EC; nennt man die gebundene Energie q, so gilt also bei der Temperatur T:

$$q = U - EC. \tag{3}$$

Diese Wärmemenge q ist nur dann gleich Null, wenn die Gesamtenergie gleich der elektrischen Arbeit ist, was aber im allgemeinen nicht der Fall ist.

Bei dem Kreisprozeß wird nun die Wärmemenge q einem Körper von der Temperatur T entnommen; von dieser Wärmemenge wird bei der Überführung auf einen Körper von der Temperatur $T + dT$ nach dem zweiten Hauptsatz der Thermodynamik nur der Betrag $q\dfrac{dT}{T}$ in äußere elektrische Arbeit verwandelt, die ihrerseits gleich $CE - C(E + dE) = -C\,dE$ ist. Man erhält also:

$$q\frac{dT}{T} = -C\,dE. \tag{4}$$

Aus den beiden Gleichungen (3) und (4) ergibt sich die von Helmholtz aufgestellte Formel:

$$U = C\left[E - T\frac{dE}{dT}\right] = -CT^2 \frac{d}{dT}\left(\frac{E}{T}\right). \tag{5}$$

Hierin stellt $\dfrac{dE}{dT}$ den Temperaturkoeffizienten des Elements dar. Nur wenn dieser Null ist, wird $U = CE$; die letztere Beziehung wird als die „Thomsonsche Regel" bezeichnet, die aber nur für den angegebenen Spezialfall gilt.

Für die Spannung E des Elements kommt nur die Konzentration der Elektrolyte in Betracht, die mit den Elektroden in Berührung sind (z. B. Konzentration der Zinksulfatlösung in Berührung mit Zink), da der Dampfdruck und damit auch die thermodynamische Arbeit beim Verdampfen des Wassers nur von der Konzentration abhängt; vgl. später „Konzentrationsketten" (Ziff. 19ff.) oder auch, weil für die Potentialdifferenz zwischen Elektrode und Elektrolyt nur die Konzentration des letzteren maßgebend ist, s. „Osmotischer Druck" (Ziff. 30).

8. Valenzladung F. Wird die Elektrizitätsmenge C in Coulomb (= 1 Amperesekunde) ausgedrückt, so bedeutet U/C diejenige Wärmetönung des Elements, welche der Entnahme von 1 Coulomb entspricht, wobei, wie erwähnt, die Wärmetönung U in elektrischen Einheiten (Joule oder Wattsekunden) ausgedrückt ist.

Da nach der gesetzlichen Festlegung die Elektrizitätsmenge von 1 international. Coulomb dadurch definiert ist, daß durch sie 1,118 mg Silber ausgeschieden werden, und da das Atomgewicht des (einwertigen) Silbers nach den neuesten internationalen Festsetzungen gleich 107,88 ist, so werden durch 1 Coulomb ausgeschieden (oder gebildet): $\dfrac{0,001118}{107,88} = 1,03635 \cdot 10^{-5}$ Grammäquivalente. Zur Ausscheidung eines Grammäquivalents sind somit 96494 oder abgerundet 96500 int. Coulomb erforderlich; diese als „Valenzladung" bezeichnete Größe wird F genannt:

$$\text{Valenzladung } F = 96\,500 \text{ int. Coulomb/Grammäquivalent.} \tag{6}$$

Bezeichnet man mit n die Wertigkeit (Valenz) eines Moleküls, so wird 1 Gramm-Molekül (oder 1 Mol) gebildet oder zersetzt beim Durchgang einer Elektrizitätsmenge von nF Coulomb durch den Elektrolyten.

Setzt man also in der Gleichung (3) $C = nF$, so bedeutet in der Formel:

$$\frac{U_m}{nF} = \left(E - T\frac{dE}{dT}\right) \text{ int. Volt} \tag{7}$$

die Energie U_m die der Umsetzung eines Gramm-Moleküls entsprechende gesamte Wärmetönung, die in int. Joule auszudrücken ist, wenn E in int. Volt erhalten werden soll.

Bei einwertigen Substanzen, z. B. bei Silber und Quecksilber, ist $n = 1$ zu setzen, bei zweiwertigen, z. B. bei Zink und Kupfer, wie auch bei Zinksulfat usw., ist $n = 2$. In der obigen Gleichung entspricht E der freien, $T\dfrac{dE}{dT}$ der gebundenen Energie.

Wird die Wärmetönung nicht in Joule, sondern in Kalorien (15°-Grammkalorien, abgekürzt = cal) angegeben, so ist noch die Beziehung (Wärmeäquivalent der elektrischen Arbeit):

$$1 \text{ cal} = 4,184_2 \text{ int. Joule oder } 1 \text{ int. Joule} = 0,2390 \text{ cal}$$

zu berücksichtigen. Nennt man Q_m die in Kalorien ausgedrückte Wärmetönung für 1 Mol, so folgt dann:

$$\frac{Q_m}{n \cdot 23\,062} = E - T\frac{dE}{dT} \text{ int. Volt.} \tag{8}$$

Bei zweiwertigen Substanzen, die in der Regel in Frage kommen, wird der Nenner von Q gleich 46125.

Man kann also die EMK eines Elementes bei einer bestimmten Temperatur T nach der angegebenen Formel berechnen, wenn man seinen Temperaturkoeffizienten $\dfrac{dE}{dT}$ und die gesamte Wärmetönung bei der betreffenden Temperatur kennt.

9. Sekundäre Wärme der Elemente. Das Glied $T\dfrac{dE}{dT}$ wird auch als die sekundäre oder latente Wärme des Elements bezeichnet und stellt die beim Stromdurchgang von 1 Coulomb vom Element abgegebene oder aufgenommene Wärme dar, die nötig ist, um das Element während des Stromdurchgangs auf konstanter Temperatur zu erhalten. Während die hier vernachlässigte JOULEsche Wärme stets positiv ist, kann die sekundäre Wärme je nach dem Vorzeichen des Temperaturkoeffizienten positiv oder negativ sein. Wenn $dE/dT > 0$ ist, so muß dem Element bei der Entladung Wärme zugeführt werden, um es auf konstanter Temperatur zu halten, d. h. es arbeitet unter Wärmeabsorption und muß sich daher beim Entladen abkühlen, wenn ihm keine Wärme zugeführt wird; für $\dfrac{dE}{dT} < 0$ ist es umgekehrt. Die sekundäre Wärme kann durch Messung ermittelt werden.

Messung der sekundären Wärme. Die Größe $T\dfrac{dE}{dT}$ kann gemessen werden, indem man die Wärmemengen Q_1 und Q_2 bestimmt, die beim Durchgang eines Stromes durch das Element in der einen und entgegengesetzten Richtung erzeugt werden. Bedeutet r den inneren Widerstand des Elements, J den konstanten Strom, der t Sekunden lang hindurchgeht, so ist:

$$\text{beim Entladen:}\quad Q_1 = Jt\left(rJ - T\frac{dE}{dT}\right),$$

$$\text{beim Laden:}\quad Q_2 = Jt\left(rJ + T\frac{dE}{dT}\right).$$

Für die sekundäre Wärme erhält man somit:

$$T\frac{dE}{dT} = \frac{Q_2 - Q_1}{Jt}. \tag{9}$$

Wird E in Volt, J in Ampere gemessen, so muß Q_1 und Q_2 in Joule ausgedrückt sein. Sind die Wärmen kalorimetrisch in Kalorien gemessen, so kommt die Beziehung Ziff. 8 in Betracht.

10. Berechnung der chemischen Gesamtenergie eines Elements. Wie bereits erwähnt, setzt sich die chemische Gesamtenergie eines Elements U_m bzw. Q_m, aus der nach Gleichung (7) bzw. (8) die EMK desselben zu berechnen ist, zusammen aus den Bildungs- und Lösungswärmen, die beim Stromdurchgang auftreten. Diese Wärmen sind auf das Mol zu beziehen.

11. Bildungswärmen. Die Bildungswärmen müssen für diejenigen Anfangs- und Endprodukte berechnet werden, welche bei den im Element stattfindenden chemischen Umsetzungen auftreten. Mitunter sind dies ziemlich komplizierte Vorgänge, für welche die Bildungswärmen nicht direkt gemessen sind; sie müssen dann aus verschiedenen anderen bekannten Bildungswärmen berechnet werden.

Bei dem bereits besprochenen Daniellschen Element ist aber der Vorgang der chemischen Umsetzung sehr einfach. Nach der Formel (2) (Ziff. 4) wird bei Stromentnahme das Kupfer in dem Anhydrit des Kupfersulfats durch Zink ersetzt. Man hat also hier die Differenz der Bildungswärmen für das Anhydrit des Zinksulfats ($ZnSO_4$) und des Kupfersulfats ($CuSO_4$) in Ansatz zu bringen, um die chemische Energie dieser Umsetzung zu erhalten. Dabei ist das Ausgangsprodukt metallisches Zink und Kupfersulfatanhydrit, das Endprodukt metallisches Kupfer und Zinksulfatanhydrit. In der Literatur findet man z. B. bei J. Thomsen[1]) die Bildungswärme des Zinksulfats $ZnSO_4$ aus festem Zink Zn, gasförmigem Sauerstoff O und gasförmiger schwefliger Säure SO_2 nach der Formel $[Zn] + (O) + (SO_2) = [ZnSO_4]$ zu 158 990 cal pro Mol. angegeben und eine entsprechende Zahl für die Bildungswärme des Kupfersulfats nach der Formel $[Cu] + (O) + (SO_2) = [CuSO_4]$ zu 111 490 cal. Die Differenz beider Zahlen — 47 500 cal — ist die hier in Betracht kommende Bildungswärme pro Mol., da in beiden Fällen von festen Metallen und den gleichen gasförmigen Stoffen ausgegangen war. Wenn direkt vergleichbare Bildungswärmen für die beiden sich umsetzenden Verbindungen nicht bekannt sind, muß die Differenz der Bildungswärmen auf Umwegen berechnet werden, falls zu diesem Zweck ausreichende Daten vorhanden sind.

12. Bildungswärme bei Amalgamelektroden. Komplizierter liegen z. B. die Verhältnisse bei dem Westonschen Normalelement, bei dem der negative

---

[1]) J. Thomsen, Thermochemische Untersuchungen, 4 Bde., Leipzig: J. A. Barth 1882 bis 1886; s. auch Phys.-Chem. Tabellen von Landolt-Börnstein. Berlin: Julius Springer.

Pol nicht von einem festen Metall, sondern von einem im allgemeinen zweiphasigen Amalgam des Kadmiums gebildet wird (der positive Pol besteht aus
Quecksilber).

Das Kadmiumamalgam besteht aus einer festen und einer flüssigen Phase,
die in einem bestimmten von der Temperatur abhängigen Mengenverhältnis aus
Kadmium und Quecksilber zusammengesetzt sind. Wenn bei Stromdurchgang
dem Amalgam festes Kadmium entnommen wird, so darf sich die Zusammensetzung der einzelnen Phasen nicht ändern, wohl aber ändert sich ihr Mengenverhältnis. Das durch die Trennung des Kadmiums von dem festen Amalgam
frei werdende Quecksilber muß sich noch mit soviel Teilen des festen Amalgams verbinden, daß die Konzentration des (verdünnteren) flüssigen Amalgams erreicht wird. Dessen Menge wird also durch das Freiwerden des Kadmiums vermehrt, die des festen Amalgams dagegen verringert.

Hat das feste Amalgam die Zusammensetzung: 1 Cd + m Hg, das flüssige
1 Cd + n Hg, wobei $n > m$ ist, so erfolgt die erwähnte Umsetzung nach der
Formel[1]:

$$- \frac{n}{n-m} [\text{Cd}, m\,\text{Hg}] + \frac{m}{n-m} (\text{Cd}, n\,\text{Hg}) = -1\,[\text{Cd}], \qquad (10)$$

d. h. das feste Amalgam wird um $\dfrac{n}{n-m}$ Mol verringert, das flüssige um $\dfrac{m}{n-m}$
Mol vermehrt, wenn 1 Mol Kadmium entnommen wird. Man muß also die
Bildungswärmen des festen und des flüssigen Amalgams sowie die Zusammensetzung der Amalgame kennen, um daraus die der Umsetzung entsprechende
chemische Energie berechnen zu können.

Das durch die Stromentnahme frei gewordene Kadmium setzt sich nun noch
weiter um, in analoger Weise wie das Zink beim DANIELLschen Element.

Das WESTONsche Normalelement ist zusammengesetzt nach dem Schema:

$$\text{Cd-Amalgam (zweiphasig)} - \text{CdSO}_4 - \text{Hg}_2\text{SO}_4 - \text{Hg}, \qquad (11)$$

d. h. die Elektrolyte sind Kadmiumsulfat und Merkurosulfat, der positive Pol
besteht aus Quecksilber. Demgemäß geht die Umsetzung vor sich nach der
Formel:

$$\text{Cd} + \text{Hg}_2\text{SO}_4 \rightleftarrows \text{CdSO}_4 + 2\,\text{Hg}. \qquad (12)$$

Es scheidet sich also bei Stromentnahme am positiven Pol Quecksilber aus,
und aus Merkurosulfat entsteht unter Auflösung von Kadmium Kadmiumsulfat,
so daß die chemische Zusammensetzung des Elements ungeändert bleibt, d. h.
es ist reversibel. Die Wärmetönung für die Umsetzung gemäß Gleichung (12)
muß noch zu der obenerwähnten für das Amalgam addiert werden, um die ganze
Bildungswärme für das Element bei der Stromentnahme zu erhalten.

Näheres über das WESTONsche Normalelement s. ds. Handb. XVI, vgl. auch
Ziff. 36.

13. Lösungswärmen (vgl. auch ds. Handb. X, Kap. 8). Um die gesamte chemische Energie eines Elementes bei Stromdurchgang zu erhalten, muß man in vielen
Fällen außer den vorstehend besprochenen Bildungswärmen noch die Lösungswärmen der gebildeten und ausgeschiedenen Verbindungen berücksichtigen. Hierbei sind nun verschiedene Fälle zu unterscheiden: Die Elektrolyte sind verdünnt
oder konzentriert, sie enthalten noch Salze in fester Form (sog. „Bodenkörper")
oder sind frei davon, die Bodenkörper bestehen aus Hydraten oder aus Anhy-
driten. Diese Fälle sollen zum Teil an der Hand des DANIELLschen Elements

---

[1] Vgl. H. v. STEINWEHR, ZS. f. phys. Chem. Bd. 94, S. 11. 1920.

näher betrachtet werden; zuvor aber müssen die Beziehungen der hierbei in Betracht kommenden verschiedenen Arten von Lösungswärmen zueinander erläutert werden.

14. Theoretische (differentiale) und Integrallösungswärme. Hydratationswärme. Die Beziehungen der verschiedenen Lösungswärmen zueinander und in Hinblick auf die beim Hydroelement auftretenden Vorgänge sind in korrekter und erschöpfender Weise von v. Steinwehr[1]) entwickelt worden; er hat dabei auch einige bei früheren Autoren vorhandene Unrichtigkeiten richtiggestellt.

Diese Beziehungen können auf rein formalem Wege, aber auch direkt mittels der Anschauung abgeleitet werden.

Die bei der Auflösung von a Mol eines Anhydrits in b Mol Wasser auftretende Wärmetönung werde mit Q bezeichnet. Wird:

$$\frac{b}{a} = m \tag{13}$$

gesetzt und wird mit L die Lösungswärme bezeichnet, die entsteht, wenn 1 Mol des Anhydrits in m Mol Wasser gelöst werden, so ist:

$$Q = aL. \tag{14}$$

Die Wärmetönung L wird als „Integrallösungswärme" bezeichnet. Ferner ist $l = \dfrac{dQ}{da}$ die „Differentiallösungswärme" oder die „theoretische Lösungswärme", d. h. diejenige Wärmetönung, die auftritt, wenn 1 Mol des Anhydrits in einer als unendlich groß anzusehenden Lösungsmenge von der angegebenen Zusammensetzung aufgelöst wird. Andererseits ist $w = \dfrac{dQ}{db}$ die „differentiale Verdünnungswärme", die entsteht beim Zusatz von 1 Mol Wasser zu einer unendlich großen Menge der Lösung. Die Integrallösungswärmen sind der Beobachtung direkt zugänglich, die differentialen Wärmetönungen aber nur mit einem gewissen Grade der Annäherung; sie können jedoch aus den Integralwärmetönungen berechnet werden.

Bei der Bildung der Differentialquotienten $\dfrac{dQ}{da}$ und $\dfrac{dQ}{db}$ ist zu beachten, daß L eine Funktion von m ist, und daß $\dfrac{dm}{da} = -\dfrac{m}{a}$ und $\dfrac{dm}{db} = \dfrac{1}{a}$ zu setzen ist.

Man erhält dann auf formalem Wege die erwähnten Beziehungen zwischen den verschiedenen Wärmetönungen l, w und L.

Bei einem Hydrat, das auf 1 Mol des Anhydrits c Mol Kristallwasser enthält, kommt noch die „Hydratationswärme" H in Betracht, die bei der Verbindung des Anhydrits mit seinem Kristallwasser auftritt.

Wenn für ein Salz, das ein Hydrat bildet (z. B. das Hydrat des Zinksulfats, $ZnSO_4 + 7\,H_2O$) in der Lösung desselben 1 Mol des Anhydrits ($ZnSO_4$) mit m Mol Wasser verbunden ist, so kann man auch sagen, daß in dieser Lösung 1 Mol des Hydrats mit $m - c$ Mol (beim Zinksulfat also mit $m - 7$ Mol) Wasser verbunden ist. Die Lösungswärmen für das Hydrat und das Anhydrit sind aber verschieden, da bei der Auflösung des Hydrats die Hydratationswärme nicht mehr auftritt. Werden die Lösungswärmen des Hydrats mit dem Index H, diejenigen des Anhydrits mit dem Index A versehen, so gilt also für die Integrallösungswärme die Gleichung $L_H + H = L_A$.

---

[1]) H. v. Steinwehr, ZS. f. phys. Chem. Bd. 94, S. 6. 1920.

Die verschiedenen bei den Lösungswärmen in Betracht kommenden Größen werden nach dem Vorstehenden in folgender Weise definiert:

L_A „Integrallösungswärme" von 1 Mol Anhydrit in m Mol Wasser.

L_H „Integrallösungswärme" von 1 Mol Hydrat in $m - c$ Mol Wasser.

l_A „Differentiallösungswärme" von 1 Mol Anhydrit in einer unendlichen Lösungsmenge, die auf je 1 Mol Anhydrit m Mol Wasser enthält.

l_H „Differentiallösungswärme" von 1 Mol Hydrat in derselben unendlichen Lösungsmenge.

w „Differentialverdünnungswärme" bei Zufügung von 1 Mol Wasser zu derselben unendlichen Lösungsmenge.

H „Hydratationswärme" bei der Vereinigung von 1 Mol Anhydrit mit c Mol Wasser.

15. Zusammenhang zwischen den verschiedenen Lösungswärmen. Zwischen diesen Größen bestehen nun folgende Beziehungen, die man ohne weiteres einsehen kann und die unten noch näher besprochen werden:

$$
\begin{aligned}
\alpha)\ & L_H + H = L_A, \\
\beta)\ & l_A + m\,w = L_A, \\
\gamma)\ & l_H + (m - c)\,w = L_H, \\
\delta)\ & l_H + H = l_A + c\,w, \\
\varepsilon)\ & w = \frac{d\,L_H}{d\,m} = \frac{d\,L_A}{d\,m}.
\end{aligned}
\qquad (15)
$$

Gleichung α ist bereits oben erläutert. Gleichung β sagt aus, daß man die Integrallösungswärme des Anhydrits erhält, wenn man in einer unendlichen Lösungsmenge, die im Verhältnis $1 : m$ zusammengesetzt ist, erst 1 Mol Anhydrit löst und dann m Mol Wasser zufügt. Bei dieser Operation erhält man die linke Seite der Gleichung. Man kann aber auch so verfahren, daß man das eine Mol Anhydrit zunächst außerhalb der Lösung mit m Mol Wasser vereinigt, wobei man die Integrallösungswärme L_A, die auf der rechten Seite steht, erhält. Bei dieser Operation entsteht eine Lösung von 1 Mol Anhydrit auf m Mol Wasser, die also dieselbe Konzentration wie die unendlich große Lösungsmenge besitzt. Man kann dann die beiden Lösungen vereinigen, ohne daß eine weitere Wärmetönung erfolgt.

Ganz analog kann Gleichung γ, die für das Hydrat gilt, aufgefaßt und erklärt werden. Gleichung δ entsteht durch Vereinigung der Gleichungen α, β und γ; sie ist ebenfalls ohne weiteres einzusehen. Für die differentiale Verdünnungswärme w nach Gleichung ε, die bei der Zufügung von 1 Mol Wasser erfolgt, ist es gleichgültig, ob man sich die Lösung so zusammengesetzt denkt daß auf 1 Mol Anhydrit m Mol Wasser kommen, oder aber auf 1 Mol Hydrat $(m - c)$ Mol Wasser; deshalb ist diese Verdünnungswärme sowohl gleich $\dfrac{d\,L_H}{d\,m}$, wie gleich $\dfrac{d\,L_A}{d\,m}$. Auch aus Gleichung α folgt diese Beziehung, da H konstant ist und daher bei der Differentiation verschwindet.

Durch diese Betrachtungen wird das innere Verständnis der Gleichungen α bis ε, die man auch auf dem oben angegebenen formalen Wege ableiten kann, wesentlich gefördert.

16. Rolle der Lösungswärmen beim Hydroelement. Die oben für die Lösungswärmen angegebenen Gleichungen sind nun auf die Vorgänge im Element anzuwenden, wobei die früher (Ziff. 13) angegebenen Fälle zu unterscheiden sind. Dabei ist noch zu beachten, daß beim Stromdurchgang durch das Element stets zunächst das Anhydrit (z. B. $ZnSO_4$) gebildet oder zerlegt wird.

Fall 1. Elektrolyt verdünnt. Das durch den Strom gebildete Anhydrit löst sich in dem Elektrolyten auf oder wird aus ihm ausgeschieden. Wenn die Lösungsmenge gegenüber dem entstandenen Anhydrit groß genug ist, kommt für diesen Vorgang die Differentiallösungswärme l_A in Betracht. Ein derartiges Element ist aber nicht konstant, da bei längerem Stromdurchgang der Elektrolyt konzentrierter oder verdünnter wird.

Fall 2. Konzentrierter Elektrolyt ohne Bodenkörper. Es gilt genau dasselbe wie im Fall 1, da auch eine konzentrierte Lösung bei Abwesenheit eines festen Salzes noch mehr Anhydrit aufnehmen kann, wobei Übersättigung eintritt. Man hat also auch hier die Lösungswärme l_A in Rechnung zu setzen.

Fall 3. Konzentrierter Elektrolyt in Gegenwart eines festen Anhydrits als Bodenkörper. Als Anhydrit ist natürlich nur ein Bodenkörper beständig, der, wie z. B. Merkurosulfat (Hg_2SO_4), kein Hydrat bildet. Das durch den Strom neugebildete Anhydrit lagert sich dem bereits vorhandenen Anhydrit an; würde es sich auflösen, so müßte infolge der Gegenwart des festen Anhydrits wieder so viel Salz auskristallisieren, bis die ursprüngliche Konzentration wiederhergestellt ist. Ebenso wird bei der umgekehrten Stromrichtung kein Anhydrit aus der Lösung ausgeschieden. Daher ist in diesem Fall die Lösungswärme Null.

Fall 4. Konzentrierter Elektrolyt in Gegenwart eines festen Hydrats als Bodenkörper. Ein Beispiel hierfür ist festes Zinksulfathydrat ($ZnSO_4 + 7\,H_2O$) in einer gesättigten Lösung von Zinksulfat; die Konzentration der Lösung ist eine Funktion der Temperatur. Das durch den Strom gebildete Anhydrit ($ZnSO_4$) muß sich in Hydrat verwandeln und daher der Lösung Wasser entziehen, so daß infolgedessen noch weiteres Hydrat auskristallisieren muß. Die Verhältnisse sind ähnlich wie bei dem Kadmiumamalgam (Ziff. 12). Die in diesem Fall auftretenden Erscheinungen sind zuerst von E. Cohen[1]) klargestellt worden.

Die Lösung enthalte m Mol Wasser auf 1 Mol Anhydrit und das Hydrat sei aus 1 Mol Anhydrit und c Mol Wasser zusammengesetzt. Tritt nun 1 Mol festes Anhydrit zu dem Bodenkörper hinzu, so muß dieses der Lösung c Mol Wasser entziehen, das Zinksulfat also 7 Mol. In dieser Wassermenge waren aber $\dfrac{c}{m-c}$ Mol Hydrat gelöst, die ebenfalls auskristallisieren müssen; denn 1 Mol Hydrat sind in der Lösung mit $(m-c)$ Mol Wasser verbunden (Ziff. 14). Aus der Lösung verschwinden demnach im ganzen $c + \dfrac{c^2}{m-c} = \dfrac{mc}{m-c}$ Mol. Wasser.

Zu dem Bodenkörper treten daher $1 + \dfrac{c}{m-c} = \dfrac{m}{m-c}$ Mol Hydrat neu hinzu gemäß folgender Gleichung, in welcher das Anhydrit mit A bezeichnet ist:

$$[A] + \frac{c}{m-c}(A,\, m\,H_2O) = \frac{m}{m-c}[A,\, c\,H_2O]\,,$$

z. B.:

$$[ZnSO_4] + \frac{7}{m-7}(ZnSO_4,\, 7\,H_2O) = \frac{m}{m-7}[ZnSO_4,\, 7\,H_2O]\,. \qquad (16)$$

Betrachtet man die hierbei auftretende, mit q bezeichnete Wärmetönung, so entspricht der Entnahme von c Mol H_2O aus der unendlichen Lösungsmenge eine Wärmetönung von $-cw$; die Hydratbildung aus dem durch den Strom ausgeschiedenen Mol Anhydrit und c Mol Wasser entwickelt die Hydratationswärme

---

¹) E. Cohen, ZS. f. phys. Chem. Bd. 34, S. 62 u. 612. 1900.

$+H$, der Auskristallisation von $\dfrac{c}{m-c}$ Mol Hydrat aus der Lösung kommt die Wärmetönung $-\dfrac{c}{m-c}\,l_H$ zu. Demnach ist die gesamte Wärmetönung in diesem Fall:

$$q = -cw + H - \frac{c}{m-c}\,l_H. \tag{17}$$

Man kann sich die Umsetzung auch auf verschiedene andere Weisen vollzogen denken und die dafür geltenden Gleichungen in analoger Weise leicht hinschreiben; darauf soll aber hier nicht weiter eingegangen werden. Durch Einführung der Integrallösungswärmen L_A und L_H mittels der Gleichungen (15) (Ziff. 15) kann man z. B. noch folgende Formeln für q ableiten:

$$q = H - \frac{c}{m-c}\,L_H = \frac{m}{m-c}\,H - \frac{c}{m-c}\,L_A. \tag{18}$$

17. Bestimmung der Differentiallösungswärme aus der elektrischen Energie. Schaltet man zwei gleichartige Hydroelemente mit konzentriertem Elektrolyten gegeneinander, von denen das eine keinen Bodenkörper enthält, während bei dem anderen ein Hydrat als Bodenkörper vorhanden ist, so heben sich die Bildungswärmen beim Stromdurchgang auf, da sie in beiden Elementen entgegengesetzt gleich sind. Es bleibt also nur die Differenz der Lösungswärmen als chemische Gesamtenergie übrig. Wenn dem Element, das den Bodenkörper enthält, Strom entnommen wird, so ist die oben (Ziff. 16) angegebene Wärmetönung q dafür einzusetzen; für das andere Element ohne Bodenkörper ist die Wärmetönung gleich $-l_A$ (Fall 2, Ziff. 16). Unter Berücksichtigung der Gleichung (15) (Ziff. 15) erhält man für die Differenz der beiden Wärmetönungen $-\dfrac{m}{m-c}l_H$ (die Angabe von COHEN, daß diese Wärmetönung gleich l_H sei, ist unrichtig). Hinsichtlich der elektrischen Energie ist zu beachten, daß die Spannungen beider Elemente gleich sind, da es für diese nur auf die Konzentration des mit den Elektroden in Berührung stehenden Elektrolyts ankommt (Ziff. 7); die Konzentration ist aber für beide Elemente die gleiche. Bezeichnet man die EMK für das Element, welches festes Hydrat enthält, mit E_H, die des anderen mit E_0, so ist also $E_H - E_0 = 0$ und aus der HELMHOLTZschen Gleichung (7) (Ziff. 8) folgt für die elektrische Energie $nFT\left\{\dfrac{dE_H}{dT} - \dfrac{dE_0}{dT}\right\}$. Wird die Wärmetönung in int. Joule, die EMK in int. Volt ausgedrückt, so kann also l_H berechnet werden nach der Formel:

$$-\frac{m}{m-c}\,l_H = nFT\left\{\frac{dE_H}{dT} - \frac{dE_0}{dT}\right\}, \tag{19}$$

d. h. die Differentiallösungswärme kann aus der Differenz der Temperaturkoeffizienten ermittelt werden. Da ferner $\dfrac{dE_H}{dT} = \dfrac{dE_0}{dT} + \dfrac{dE}{dm}\cdot\dfrac{dm}{dT}$ ist, kann statt des Klammerausdrucks auch gesetzt werden: $\dfrac{dE}{dm}\cdot\dfrac{dm}{dT}$.

Daß diese Beziehung z. B. für das WESTONsche Normalelement gilt (Bodenkörper Kadmiumsulfat $CdSO_4$, $8/3\ H_2O$), ist von v. STEINWEHR (l. c.) nachgewiesen worden.

Auch der Temperaturkoeffizient der differentialen Lösungswärme läßt sich aus den Temperaturkoeffizienten der EMK berechnen, worauf hier nur hingewiesen sei.

18. Berechnung der Differentiallösungswärme aus der Dampfspannung. Die Beziehung der Lösungswärme zur Dampfspannung der Salzlösung kann, wie Helmholtz[1]) gezeigt hat, aus der freien Energie der Salzlösung, die sich in einfacher Weise aus der Dampfspannung ergibt, berechnet werden.

Die freie Energie $\mathfrak{F}$ der Salzlösung ist der Teil ihrer Energie, der frei verwandelbar, also reversibel ist, im Gegensatz zu der Gesamtenergie U der Lösung. Nach einem allgemeinen von Helmholtz aufgestellten Satz[2]) besteht zwischen U und $\mathfrak{F}$ die Gleichung:

$$U = \mathfrak{F} - T\frac{\partial \mathfrak{F}}{\partial T} = -T^2\frac{\partial}{\partial T}\left(\frac{\mathfrak{F}}{T}\right). \tag{20}$$

Die Größe $U - \mathfrak{F}$ ist die „gebundene Energie", die nach dem zweiten Hauptsatz der Thermodynamik nur zum Teil in Arbeit übergeführt werden kann.

Besteht nun die Lösung aus a Mol Anhydrit und b Mol Wasser, so stellt $\dfrac{\partial U}{\partial a} = l_A$ die Differentiallösungswärme des Anhydrits und $\dfrac{\partial U}{\partial b} = w$ die differentiale Verdünnungswärme dar. Kennt man daher die freie Energie $\mathfrak{F}$, so lassen sich daraus die Lösungswärmen berechnen.

Setzt man nun:

$$m = \frac{b}{a}, \tag{21}$$

wobei $\dfrac{1}{m} = c$ die Konzentration der Lösung, ausgedrückt in Molverhältnissen, darstellt, und bezeichnet man mit f_m die freie Energie von einem Mol der Lösung, so ist:

$$\mathfrak{F} = (a + b)\, f_m = a\,(1 + m)\, f_m\,. \tag{22}$$

Es bedeutet nun weiter $\dfrac{\partial \mathfrak{F}}{\partial b}$ die Arbeit, die nötig ist zur reversiblen Überführung von 1 Mol Wasser aus reinem Wasser ($m = \infty$) bei konstanter Temperatur T zu der Lösung. Die Lösung besitzt bei dieser Temperatur einen Dampfdruck p_m, während das reine Wasser bei der gleichen Temperatur den Druck P bei dem Sättigungsvolum V haben soll.

Die Arbeit, welche der Änderung $\dfrac{\partial \mathfrak{F}}{\partial b}$ entspricht, läßt sich in folgender Weise berechnen. Zunächst wird das Wasser unter dem konstanten Druck P bei der Temperatur T verdampft, bis es das Volumen V erreicht hat; dies erfordert die Arbeit $- PV$, wenn das Volumen des flüssigen Wassers vernachlässigt wird. Sodann wird der Dampf bei $T°$ von dem Druck P des reinen Wassers auf den kleineren Dampfdruck p_m der Lösung gebracht, wobei er zuletzt das Volumen v_m einnimmt; die entsprechende Arbeit ist gleich $-\int_V^{v_m} p\, dv$. Zuletzt wird der Dampf über die Salzlösung gebracht und unter dem konstanten Druck p_m bei gleichbleibender Temperatur kondensiert, bis das ganze Wasser von der Salzlösung

---

[1]) H. v. Helmholtz, Wiss. Abhandl. Bd. 2, S. 971.
[2]) H. v. Helmholtz, Wiss. Abhandl. Bd. 2, S. 987.

aufgenommen ist; hierzu ist die Arbeit $p_m v_m$ erforderlich. Demnach erhält man:

$$\frac{\partial \mathfrak{F}}{\partial b} = -\int_{m=\infty}^{m} p \, dv = -PV - \int_{V}^{v_m} p \, dv + p_m v_m = \int_{P}^{p} v \, dp; \qquad (23)$$

der letzte Ausdruck wird aus dem vorhergehenden durch partielle Integration erhalten; man kann dafür auch schreiben:

$$-\int_{m}^{\infty} v \frac{dp}{dm} dm.$$

Da die ganze Operation auch im umgekehrten Sinn verlaufen kann, ist der Vorgang reversibel.

Darf man für den Wasserdampf bei der geringen in Betracht kommenden Temperatur angenähert die Gültigkeit des MARIOTTEschen Gesetzes annehmen ($pv = RT$), so wird:

$$\frac{\partial \mathfrak{F}}{\partial b} = RT \log \frac{p}{P}. \qquad (24)$$

Andererseits erhält man für $\dfrac{\partial \mathfrak{F}}{\partial a}$ und $\dfrac{\partial \mathfrak{F}}{\partial b}$ aus Gleichung (22) folgende Ausdrücke, da $\dfrac{dm}{da} = -\dfrac{m}{a}$ und $\dfrac{dm}{db} = \dfrac{1}{a}$ ist:

$$\frac{\partial \mathfrak{F}}{\partial a} = (1+m) f_m + a \, a \frac{\partial}{\partial m}[(1+m) f_m] \frac{dm}{da} = (1+m) f_m - m \frac{\partial}{\partial m}[(1+m) f_m], \quad (25)$$

$$\frac{\partial \mathfrak{F}}{\partial b} = a \frac{\partial}{\partial m}[(1+m) f_m] \cdot \frac{dm}{db} = \frac{\partial}{\partial m}[(1+m) f_m]. \qquad (26)$$

Ferner ist

$$\frac{\partial^2 \mathfrak{F}}{\partial a \cdot \partial m} = -m \frac{\partial^2}{\partial m^2}[(1+m) f_m] = -m \frac{\partial^2 \mathfrak{F}}{\partial b \cdot \partial m} = +mv \frac{dp}{dm}, \qquad (27)$$

$$\frac{\partial \mathfrak{F}}{\partial a} = \int_{o}^{m} mv \frac{dp}{dm} dm. \qquad (28)$$

$\dfrac{\partial \mathfrak{F}}{\partial a}$ ist die Arbeit, die erforderlich ist, um m Mol Wasser aus der Lösung zu einem Mol Anhydrit hinüberzudestillieren. Die hier aufgestellten Beziehungen werden auch später noch gebraucht (vgl. Ziff. 27).

Für die Verdünnungswärme $w = \dfrac{\partial U}{\partial b}$ erhält man nun unter Berücksichtigung der Gleichungen (20) und (26):

$$w = RT^2 \frac{\partial}{\partial T} \left(\log \frac{P}{p} \right). \qquad (29)$$

Dabei muß w in denselben Einheiten wie R ausgedrückt sein.

c) Abhängigkeit der EMK der Hydroketten von der Konzentration der Lösungen. Konzentrationsketten.

19. Konzentrationsketten erster und zweiter Gattung. Man unterscheidet zwei Arten von Konzentrationsketten, die als solche erster und zweiter Gattung bezeichnet werden.

Die Konzentrationsketten erster Gattung sind nach dem Schema

$$[\text{Zn}] - (\text{ZnSO}_4 + m_1\text{H}_2\text{O}) - (\text{ZnSO}_4 + m_2\text{H}_2\text{O}) - [\text{Zn}] \qquad (30)$$

zusammengesetzt (vgl. Abb. 2); die beiden Elektrolyte, welche verschiedene Konzentration besitzen (m_1 bzw. m_2 Mol Wasser auf 1 Mol Anhydrit), sind durch einen Heber oder eine poröse Wand (Tonzelle) getrennt. Der Strom, der beim Schließen des Elements von selbst entsteht, muß in einer solchen Richtung fließen, daß die verdünntere Lösung dadurch konzentrierter wird, daß also in diesem Teil des Elements durch den Strom Anhydrit gebildet wird. Die Elektrode der konzentrierteren Seite muß daher den positiven Pol bilden, so daß im Innern des Elements der Strom von dem verdünnteren zu dem konzentrierteren Elektrolyt fließt.

Die Konzentrationsketten zweiter Gattung (Abb. 3) werden gebildet aus zwei gleichartigen Elementen, von denen bei dem einen der Elektrolyt

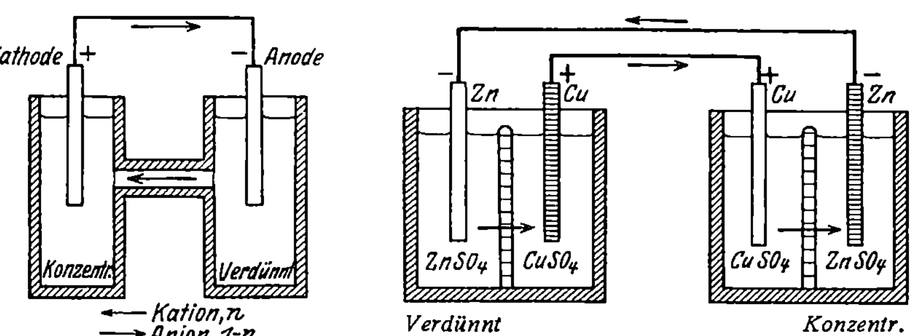

Abb. 2. Konzentrationskette erster Gattung.

Abb. 3. Konzentrationskette zweiter Gattung.

konzentrierter ist als bei dem anderen; z. B. aus zwei Daniellschen Elementen mit verschieden konzentrierten Zinksulfatlösungen. Aus der obigen Überlegung folgt, daß das Element mit verdünnterem Elektrolyt, wenn derselbe der negativen Elektrode zugeordnet ist, eine größere EMK besitzt als das Element mit konzentrierterer Lösung. Betrifft dagegen der Konzentrationsunterschied die positive Elektrode (z. B. zwei Daniellsche Elemente, bei denen die mit dem Kupfer in Berührung stehende Kupfersulfatlösung verschiedene Konzentration besitzt), so ist der Sinn umgekehrt. Stets muß der Strom auch hier so verlaufen, daß durch ihn die verdünntere Lösung konzentrierter wird und auf dieser Seite das Anhydrit gebildet, also Metall aufgelöst wird.

Der Unterschied beider Gattungen von Konzentrationselementen besteht darin, daß bei denjenigen erster Gattung noch die Überführung der Ionen eine Rolle spielt und dadurch auch die Konzentration der Lösungen beeinflußt wird, während bei den Elementen zweiter Gattung keine Überführung von Ionen stattfindet.

20. Konzentrationsketten erster Gattung. Bei diesen Elementen findet also eine Überführung der Ionen statt. Das Kation (Metall bzw. Wasserstoff) wandert mit dem positiven Strom zu der Kathode, welche nach außen hin den positiven Pol des Elements bildet (s. Abb. 2), das Anion (Säureradikal) wandert in entgegengesetzter Richtung zu der Anode. Kommt dem Kation die Ionengeschwindigkeit u zu, dem Anion die Geschwindigkeit v, und setzt man $n' = \dfrac{u}{u+v}$, $1 - n' = \dfrac{v}{u+v}$, so wandert mit nF Coulomb (also bei dem zweiwertigen Zinksulfat mit $2F$ Coulomb) eine Menge von n' Mol des Kations (Zink) zur Kathode und von $(1 - n')$ Mol des Anions (SO_4) zur Anode. Durch den letzteren Vorgang werden an der Kathode, d. h. auf der Seite der konzentrierteren Lösung, durch Zerlegung des Anhydrits ($ZnSO_4$) $(1 - n')$ Mol Kation frei, die sich mit den von der anderen Seite zugewanderten n' Mol zu einem Mol verbinden und als Metall (Zn) an der Kathode niederschlagen. Auf der Seite der verdünnteren Lösung sind $(1 - n')$ Mol Anion zugewandert und n' Mol des Anions durch Abwanderung des Kations frei geworden. Diese beiden Teile vereinigen sich zu einem Mol Anion (SO_4), das an der Anode 1 Mol Metall auflöst und mit diesem 1 Mol Anhydrit bildet. Gleichzeitig ist bei diesem Vorgang aus der konzentrierteren Lösung $(1 - n')$ Mol Anhydrit verschwunden und in der verdünnteren Lösung hinzugekommen, während aus der ersteren Lösung 1 Mol Kation niedergeschlagen, in der anderen 1 Mol aufgelöst worden ist, wie es auch ohne Überführung der Ionen beim Durchgang von nF Coulomb der Fall sein würde.

21. Berechnung der EMK aus der Lösungswärme. Da sich die Bildungswärmen des Salzes an beiden Elektroden aufheben, weil an der einen Elektrode ein Mol Salz gebildet, an der anderen zersetzt wird, so ist die Gesamtenergie beim Stromdurchgang von nF Coulomb gleich der Differenz der Lösungswärmen von $(1 - n')$ Mol Anhydrit in der verdünnteren und der konzentrierteren Lösung. Diese differentialen Lösungswärmen seien pro Mol mit l_v und l_k bezeichnet (s. Ziff. 14 u. 15). Andererseits ist die elektrische Energie gleich nFE, wenn E die EMK der Konzentrationskette bezeichnet. Nach Gleichung (7) (Ziff. 8) ist dann also:

$$(1 - n')\,(l_v - l_k) = n\,F\,(E - dE/dT)\,, \qquad (31)$$

wenn die Lösungswärmen int. Joule angegeben sind; falls sie in Kalorien ausgedrückt sind, hat man die linke Seite noch mit 4,1842 zu multiplizieren (Gleichung (8), Ziff. 8).

22. Berechnung der EMK aus der Dampfspannungskurve. Die durch den Strom an den Elektroden bewirkten Konzentrationsänderungen der Lösung können dadurch rückgängig gemacht werden, daß man an der einen Elektrode eine entsprechende Menge Wasser fortnimmt und an der anderen Seite eine etwas größere Wassermenge zuführt. Die hierzu nötige Wassermenge läßt sich durch Verdampfung aus der Lösung gewinnen, und aus der ganzen zu diesem Prozeß nötigen Arbeit läßt sich, wie HELMHOLTZ[1]) gezeigt hat, die EMK der Kette berechnen.

Wenn an irgendeiner Stelle der Lösung 1 Mol Salz mit m Mol Wasser verbunden ist, so muß man für $(1 - n')$ Mol durch den Strom fortgeführtes Salz $m\,(1 - n')$ Mol Wasser fortbringen, damit der ursprüngliche Zustand wiederhergestellt wird. Im folgenden ist zur Abkürzung gesetzt:

$$B = m\,(1 - n')\,. \qquad (32)$$

Ist nun $\mathfrak{v}$ (vektoriell, d. h. nach Größe und Richtung) die elektrische Strömungsgeschwindigkeit pro Flächeneinheit (Stromdichte), $d\mathfrak{f}$ das Flächenelement (mit nach außen gerichteter Normale), so wird an den Elektroden für das Flächen-

---

[1]) H. v. HELMHOLTZ, Wiss. Abhandl. Bd. 1, S. 840; Wied. Ann. Bd. 3, S. 201. 1876.

element in der Sekunde eine Wasserzuführung erfordert von $-B\,\mathfrak{v}\,d\mathfrak{f}$, während die Wasserzunahme pro Sekunde im Volumelement $d\tau$ nach hydrostatischen Gesetzen gleich $-\operatorname{div}(B\,\mathfrak{v})\,d\tau$ ist. Für die Stromdichte gilt dabei $\operatorname{div}\mathfrak{v}=0$. Da nun nach dem Gaussschen[1] Satz:

$$\int \operatorname{div}(B\,\mathfrak{v})\,d\tau = \oint B\,\mathfrak{v}\,d\mathfrak{f} \tag{33}$$

ist, so reicht die Wasserzunahme im ganzen Volum gerade aus, um bei der Verdampfung das für die Elektrodenflächen nötige Wasser zu liefern, das dann dort wieder (positiv oder negativ gerechnet) niedergeschlagen wird.

Nennt man w die Verdampfungsarbeit für das Mol Wasser, so erhält man also für die ganze sekundliche Arbeit W, die nötig ist, um das Wasser aus der Lösung zu verdampfen und an den Elektroden niederzuschlagen (unter Beachtung des Umstandes, daß 1 Mol nF Coulomb entspricht):

$$W = \left[-\int w\operatorname{div}(B\,\mathfrak{v})\,d\tau + \oint wB\,\mathfrak{v}\,d\mathfrak{f} \right]\frac{1}{nF} \tag{34}$$

Da nun $w\operatorname{div}(B\,\mathfrak{v}) = \operatorname{div}(w\,B\,\mathfrak{v}) - B\,\mathfrak{v}\,\nabla w$ ist, so folgt unter Anwendung des Gaussschen Satzes $\left(\int \operatorname{div}(w\,B\,\mathfrak{v})\,d\tau = \oint w\,B\,\mathfrak{v}\,d\mathfrak{f}\right)$ für die Gesamtarbeit:

$$nF\cdot W = \int B\,\mathfrak{v}\,\nabla w\cdot d\tau. \tag{35}$$

Führt man nun ein:

$$B\,dw = d\Phi, \tag{36}$$

so ist $B(\mathfrak{v}\,\nabla w) = \mathfrak{v}(\nabla\Phi) = \operatorname{div}(\mathfrak{v}\,\Phi)$, da $\operatorname{div}\mathfrak{v}=0$ ist. Man erhält somit:

$$nF\cdot W = \int \operatorname{div}(\mathfrak{v}\,\Phi)\,d\tau = \oint \Phi\,\mathfrak{v}\,d\mathfrak{f}. \tag{37}$$

Das Oberflächenintegral ist nur an den Elektroden von Null verschieden, weil an den anderen Teilen der Oberfläche $\mathfrak{v}=0$ ist. Über eine Elektrode erstreckt, ist $\oint \mathfrak{v}\,d\mathfrak{f} = J$, wenn J die Stromstärke bezeichnet, die für beide Elektroden und jeden Gesamtquerschnitt des Elektrolyts gleich groß ist. An den Elektrodenflächen ist Φ, das nur eine Funktion von m und n ist, ebenso wie diese Werte selbst eine konstante Größe, die mit Φ_v und Φ_k für die Anode und Kathode bezeichnet sei. Man erhält also $W = \dfrac{J}{nF}(\Phi_v - \Phi_k)$, während die elektrische Leistung gleich EJ ist, wenn E die EMK der Kette bezeichnet.

Mithin folgt unter Berücksichtigung von Gleichung (32) und (36):

$$nF\cdot E = \Phi_v - \Phi_k = \int_k^v (1-n')\,m\cdot dw = \int_k^v (1-n')m\,\frac{dw}{dm}\,dm. \tag{38}$$

Um die Verdampfungsarbeit w zu erhalten, läßt man 1 Mol Wasser aus der Lösung unter dem konstanten Dampfdruck P der Lösung isotherm verdampfen, bis das Sättigungsvolum V erreicht ist und läßt sich dann den von der Lösung abgetrennten Dampf isotherm bis zu einem Volumen V_1, dem der Druck P_1

---

[1] Der Gausssche Satz sagt aus, daß für irgendeinen Vektor $\mathfrak{A}$ die Beziehung gilt:

$$\int \operatorname{div}\mathfrak{A}\cdot d\tau = \oint \mathfrak{A}\cdot d\mathfrak{f},$$

d. h. daß das über einen Raum mit dem Raumelement $d\tau$ erstreckte Integral linker Hand gleich dem über die geschlossene Oberfläche erstreckten Integral rechter Hand ist, wobei die Normale des Flächenelements $d\mathfrak{f}$ der Oberfläche nach außen gerichtet ist.

zukommt, ausdehnen. Dann ist $w = -PV - \int_{r_1}^{r_1} p\, dv$ und nach partieller Integration, da P_1 und V_1 nicht von m abhängen: $dw = v\, dp$. Man erhält somit:

$$E = \frac{1}{nF}\int_k^v (1 - n')\, mv\, \frac{dp}{dm}\, dm, \tag{39}$$

wobei v und p auf das Mol Wasserdampf bezogen sind und $\int v\, dp$ in int. Joule auszudrücken ist, wenn E in int. Volt erhalten werden soll.

Kann man bei den niedrigen in Betracht kommenden Temperaturen für den Wasserdampf das MARIOTTEsche Gesetz anwenden ($pv = RT$), so folgt:

$$E = \frac{RT}{nF}\int_k^v (1 - n')\, m \cdot \frac{dp}{p} = \frac{RT}{nF}\int_k^v (1 - n')\, m \cdot d\log p \quad \text{int. Volt}. \tag{40}$$

Hierin ist die Gaskonstante R auf das Mol bezogen gleich 8,309 int. Joule/Grad; $\frac{R}{F}$ ist gleich $\frac{8,309}{96\,500} = 8,61 \cdot 10^{-5}$ int. Volt/Grad.

Wenn man also die Abhängigkeit des Dampfdrucks von der Konzentration des Elektrolyts und die Überführungszahlen zwischen den in Betracht kommenden Grenzen kennt, kann man daraus die EMK der Konzentrationskette berechnen.

23. Vereinfachung für sehr verdünnte Lösungen. Bedeutet p_0 den Dampfdruck über reinem Wasser und p den Druck über einer Salzlösung von der Konzentration $c = \frac{1}{m}$, so kann man nach dem von VAN 'T HOFF aufgestellten Gesetz[1]) für sehr verdünnte Lösungen setzen:

$$\frac{p_0 - p}{p} = c = \frac{1}{m}. \tag{41}$$

Für eine kleine Konzentrationsänderung dc, der eine Dampfdrucksänderung dp entspricht, erhält man dann:

$$\frac{dp}{p} = -dc = \frac{dm}{m^2}. \tag{42}$$

Führt man dies in Gleichung (40) ein, so folgt:

$$nE = (1 - n')\, T \cdot 0,861 \cdot 10^{-4} \log\frac{m_v}{m_k} = (1 - n')\, T \cdot 0,861 \cdot 10^{-4}\frac{m_v - m_k}{m_k}, \tag{43}$$

wenn m_v und m_k so wenig voneinander verschieden sind, daß $\log(1 + x) = x$ gesetzt werden kann. Durch Einführung der Konzentration $c = 1/m$ erhält man daraus die Gleichungen in Abhängigkeit von c. Beträgt z. B. der Konzentrationsunterschied stark verdünnter Lösungen bei 20° 1%, so ist die EMK der Konzentrationskette für $n = 2$ (z. B. Zinksulfat) gleich $(1 - n') \cdot 1,2_5$ zehntausendstel Volt.

24. Konzentrationselement von NEGBAUER. Die von NEGBAUER[2]) angegebene Konzentrationskette ist aus Abb. 4 ersichtlich. Um die Vermischung des verschieden konzentrierten Elektrolyts zu vermeiden, ist ein Glashahn an-

---

[1]) VAN 'T HOFF, ZS. f. phys. Chem. Bd. 1, S. 481. 1887.
[2]) W. NEGBAUER, Wied. Ann. Bd. 44, S. 767. 1891.

gebracht, der nur bei der Messung geöffnet wird; außerdem sind noch Zwischengefäße vorhanden. Das von ihm als Normal für kleine Spannungen untersuchte Element war nach dem Schema zusammengesetzt:

$$[\text{Hg}] - [\text{HgCl}] - (\text{HCl} + m_1\text{H}_2\text{O}) - (\text{HCl} + m_2\text{H}_2\text{O}) - [\text{HgCl}] - (\text{Hg}) . \qquad (44)$$

Besser würde vielleicht ein Element sein, bei dem die Kalomelelektrode [Hg — HgCl] durch eine Merkurosulfatelektrode [Hg — Hg$_2$SO$_4$] und die Salzsäurelösung durch Schwefelsäure verschiedener Konzentration ersetzt wäre. Auch ein Element mit Kadmiumamalgam (12proz.) als Elektrode und einer Kadmiumsulfatlösung verschiedener Konzentration würde wohl gut brauchbar sein (vgl. das WESTONsche Normalelement, Ziff. 36).

25. Konzentrationsketten zweiter Gattung. Für die aus zwei gegeneinander geschalteten gleichartigen Elementen bestehenden Konzentrationsketten (Abb. 3, Ziff. 19) bestehen ähnliche Betrachtungen, wie für diejenigen erster Gattung; nur fällt die Ionenüberführung durch den Strom fort, da die verschieden konzentrierten Lösungen nicht in Berührung miteinander stehen. Durch eine Elektrizitätsmenge von $n\,F$ Coulomb wird in der verdünnteren Lösung ein Mol Anhydrit gebildet, in der konzentrierteren fortgeschafft, so daß hierdurch allein die Konzentrationsänderung durch den Strom bedingt ist.

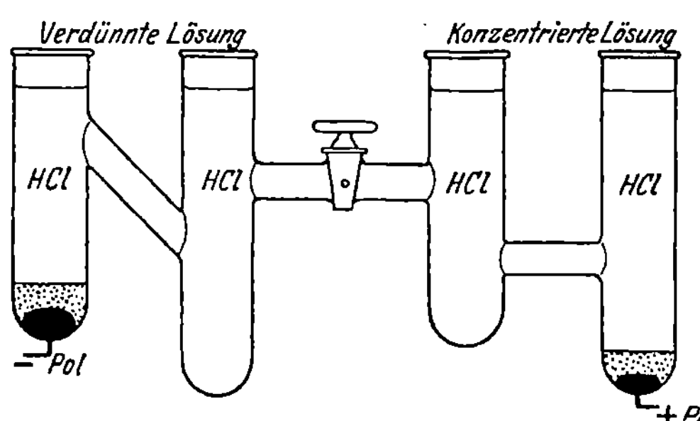

Abb. 4. Konzentrationselement von NEGBAUER.

26. Berechnung der EMK aus den Lösungswärmen. Da die Bildungswärmen des Salzes sich an beiden Elektroden aufheben, ist die Differenz der Lösungswärmen allein zur Berechnung der EMK heranzuziehen. Man erhält in analoger Weise wie bei dem Element erster Gattung, wenn l_v und l_k die differentialen Lösungswärmen und E_v, E_k die entsprechenden EMK beider Elemente darstellen:

$$l_v - l_k = nF\left\{ E_v - E_k - \frac{\partial E_v}{\partial T} + \frac{\partial E_k}{\partial T} \right\}. \qquad (45)$$

Das Element mit verdünnterem Elektrolyt hat die größere EMK $(E_v > E_k)$.

27. Berechnung der EMK aus der Dampfspannung. Die durch den Strom bewirkte Konzentrationsänderung des Elektrolyts kann wieder durch Verdampfung bzw. Niederschlagen von Wasser rückgängig gemacht werden. HELMHOLTZ benutzt zur Berechnung der EMK die freie Energie $\mathfrak{F}$ der Salzlösung (Ziff. 18).

Bedeutet wieder f_m die freie, d. h. reversibel verwandelbare Energie für 1 Mol einer Lösung, die auf je 1 Mol Anhydrit m Mol Wasser enthält, so ist die freie Energie $\mathfrak{F}$ der aus a Mol Salz und $b = am$ Mol Wasser bestehenden Lösung:

$$\mathfrak{F} = (a + b)f_m = a(1 + m)f_m . \qquad (46)$$

Wird nun 1 Mol Anhydrit in einer unendlichen Lösungsmenge aufgelöst, so ist die Änderung der freien Energie bei diesem Vorgang gleich $\dfrac{\partial \mathfrak{F}}{\partial a}$; diese Arbeit muß gleich der elektrischen Energie sein, welche gleich $n\,FE$ ist, wenn E die Spannung bedeutet, bei welcher der Durchgang von $n\,F$ Coulomb erfolgt.

Nach Gleichung (27) Ziff. 18 ist aber $\dfrac{\partial^2 \mathfrak{F}}{\partial a\, \partial m} = + m\, v\, \dfrac{dp}{dm}$.

Man erhält also:

$$nF\, \frac{\partial E}{\partial m} = m\, v\, \frac{dp}{dm} \tag{47}$$

und durch Integration:

$$nF\, \{E_v - E_k\} = \int_{m_k}^{m_v} m\, v\, \frac{dp}{dm}\, dm. \tag{48}$$

Falls das MARIOTTEsche Gesetz für den Wasserdampf angewendet werden kann, ergibt sich:

$$nF\, \{E_v - E_p\} = RT \int_{p_k}^{p_v} m \cdot d \log p. \tag{49}$$

Das Element mit verdünnterer Lösung hat die höhere EMK. Die Ausdrücke unterscheiden sich nur durch das Fehlen des Faktors $1 - n'$ von denjenigen für die Konzentrationsketten erster Gattung [Gleichung (40), Ziff. 22]. Für die gleichen Konzentrationsverhältnisse ist die EMK der Elemente zweiter Gattung größer als bei den Elementen erster Gattung, da der Faktor $1 - n'$ stets kleiner als eins ist, z. B. etwa 0,6 für Zinksulfat.

Für sehr verdünnte Lösungen gelten analoge Betrachtungen wie bei den Elementen erster Gattung.

d) Polarisation der Hydroelemente.

28. Polarisation. Bei allen Hydroelementen, auch bei den Normalelementen, tritt bei Stromdurchgang eine Polarisation derselben auf, d. h. es entsteht eine elektromotorische Gegenkraft, welche die Spannung des Elements, die es im offenen Zustand hat, herabsetzt. Diese Polarisation ist um so größer, je stärker der Strom ist und je länger er dauert. Sie wird im allgemeinen erzeugt durch Konzentrationsänderungen, die der Elektrolyt an der Grenzfläche der Elektrode durch den Strom erfährt, mitunter aber auch durch Wasserzersetzung. Der Konzentrationsänderung wirkt die Diffusion der Lösung entgegen, so daß sich meist nach einiger Zeit ein Gleichgewichtszustand herstellt. Beim Aufhören des Stromes wirkt die Diffusion allein und stellt allmählich wieder den ursprünglichen Konzentrationszustand der Elektrolyte her; das Element hat dann wieder die dem offenen Zustand entsprechende Spannung, es hat sich wieder „erholt".

Daraus folgt, daß man Normalelemente nur mit sehr geringem, kurz dauerndem Strom belasten darf, wenn die Messung mit denselben nicht gefälscht werden soll. Ist aber einmal, z. B. bei der Einregulierung des Kompensationsapparates mittels eines Normalelements, ein stärkerer Strom durch dasselbe gegangen, so muß man mit der definitiven Einstellung eine Weile warten, bis sich das Element wieder erholt hat. Am besten arbeitet man mit zwei Elementen, von denen das eine zur ungefähren Einregulierung benutzt wird, während das andere für die definitive Messung dient, bei der dann fast kein Strom durch das Element mehr hindurchgeht.

Die Polarisation kann recht erhebliche Werte annehmen. Die Höhe desselben hängt von sehr verschiedenen Umständen ab; außer von der Stromstärke und von der Dauer der Einschaltung auch noch von der Größe der Elektroden, der Diffusionsgeschwindigkeit der Lösung und, falls festes Salz vorhanden ist, von

der Größe der Oberfläche desselben und von der Lösungsgeschwindigkeit. Bei
Gegenwart von festem Salz ist die Polarisation geringer, als wenn kein Salz vorhanden ist, da bei einer Verdünnung der Lösung außer der Diffusion auch die
Auflösung des Salzes der Verdünnung entgegenwirkt. Es stellt sich dann verhältnismäßig rasch ein Gleichgewichtszustand her[1]).

e) Theorie des Bleiakkumulators.

29. Bleiakkumulator.   Der Bleiakkumulator ist der Hauptrepräsentant
der sog. „Sekundärelemente". In ihm wird elektrische Energie in Form poten-
tieller chemischer Energie aufgespeichert; dieser Zustand kann durch Aufladen
des Akkumulators immer von neuem wieder hergestellt werden.

Im geladenen Zustand besteht die positive Elektrode des Akkumulators
aus Bleisuperoxyd (PbO_2), die negative aus metallischem Blei (Bleischwamm),
der Elektrolyt ist verdünnte Schwefelsäure. Auf Grund der Sulfattheorie von
GLADSTONE und TRIBE hat DOLEZALEK[2]) die thermodynamischen Beziehungen
beim Bleiakkumulator eingehend untersucht und dargestellt, worauf hier hingewiesen sei.

Bei der Entladung spielen sich folgende Vorgänge ab: am negativen Pol
bildet sich aus Blei und Schwefelsäure Bleisulfat nach der Formel:

$$Pb + H_2SO_4 = PbSO_4 + 2H, \tag{50}$$

am positiven Pol wird das Bleisuperoxyd in Bleisulfat verwandelt nach der
Formel:

$$PbO_2 + H_2SO_4 = PbSO_4 + H_2O + O, \tag{51}$$

wobei sich der an der negativen Elektrode freiwerdende Wasserstoff mit dem
Sauerstoff an der positiven Elektrode zu Wasser vereinigt.

Die Vorgänge bei der Ladung und Entladung an beiden Polen lassen sich in
folgendes Schema zusammenfassen (oberer Pfeil Entladung, unterer Ladung):

$$PbO_2 + Pb + 2H_2SO_4 \rightleftarrows 2PbSO_4 + 2H_2O. \tag{52}$$

Bei der Entladung entsteht also Bleisulfat und Wasser; es verschwinden
2 Mol Schwefelsäure und 2 Mol Wasser werden gebildet, so daß die Säure des
Akkumulators durch diese beiden Vorgänge verdünnt wird. Bei der Ladung
tritt der umgekehrte Vorgang auf, das Bleisulfat verschwindet und die Säure
wird konzentrierter.

Der Akkumulator ist also vollkommen reversibel, doch ändert sich bei
Stromdurchgang die Konzentration des Elektrolyts und dementsprechend die
Spannung des Akkumulators; sie sinkt bei der Entladung und steigt bei der
Ladung.

Die der chemischen Umsetzung nach Gleichung (52) entsprechende Reaktionswärme ist (auf das Mol bezogen) von STREINTZ zu 86800 cal, von TSCHELTZOW
zu 88800 cal für eine sehr verdünnte Schwefelsäure (1 Mol Schwefelsäure auf
400 Mol Wasser) bestimmt worden. Für eine Säuredichte von 1,15 (1 Mol Schwefelsäure auf 21 Mol Wasser), die gewöhnlich bei den Akkumulatoren benutzt wird,
sind noch 1600 cal in Abzug zu bringen. Der zugehörige Temperaturkoeffizient

---

[1]) Betreffs der Polarisation bei Elementen, die festes Salz im Überschuß enthalten,
vgl. W. JAEGER, Ann. d. Phys. Bd. 14, S. 726. 1904.

[2]) F. DOLEZALEK, Die Theorie des Bleiakkumulators. Halle a. d. S.: W. Knapp 1901;
ferner ZS. f. Elektrochem. Bd. 4, S. 349. 1898 u. Wied. Ann. Bd. 65, S. 894. 1898.

des Akkumulators ist bei 20° ($T = 290°$) $+ 4{,}10^{-4}$ Volt/Grad. Dann ergibt sich aus der HELMHOLTZschen Gleichung (8), Ziff. 8, die Spannung des Akkumulators zu 1,96 bzw. 2,01 Volt (Division von Q mit $2 \cdot 2300$); die gemessene Spannung liegt zwischen 1,99 und 2,01 Volt, so daß also eine gute Übereinstimmung zwischen Rechnung und Beobachtung vorhanden ist.

Die Abhängigkeit der EMK des Akkumulators von der Säurekonzentration kann man in der Weise ermitteln, daß man zwei Akkumulatoren, die verschieden konzentrierte Schwefelsäure enthalten, gegeneinander schaltet, so daß sie eine Konzentrationskette zweiter Gattung (Ziff. 19 u. 25) bilden. Beim Schließen der Kette entsteht dann ein Strom, der beim Durchgang von $2 \cdot F = 2 \cdot 96\,500$ Coulomb aus dem stärkeren Akkumulator ein Mol Schwefelsäure entfernt, im schwächeren 1 Mol zuführt, während gleichzeitig umgekehrt aus dem schwächeren 1 Mol Wasser verschwindet, im stärkeren 1 Mol Wasser hinzukommt. Die Bildungswärmen heben sich in beiden Akkumulatoren auf, und für die Berechnung der EMK kommen nur die Differenzen der differentialen Lösungswärmen und Verdünnungswärmen in Betracht.

Beide Reaktionswärmen kann man mittels einer von J. THOMSEN[1] angegebenen empirischen Formel berechnen. Die Wärme Q, welche durch die Vermischung von a Mol H_2SO_4 mit b Mol H_2O entsteht, ist nach THOMSEN:

$$Q = \frac{ab}{b + 1{,}798\,a} \cdot 17\,860\,\text{cal}. \tag{53}$$

Die differentiale Lösungswärme für 1 Mol Schwefelsäure ist somit $l = \dfrac{\partial Q}{\partial a}$, und die differentiale Verdünnungswärme für 1 Mol Wasser: $w = \dfrac{\partial Q}{\partial b}$. Wird die konzentrierte Säure mit dem Index k, die verdünntere mit dem Index v bezeichnet, so wird also die Gesamtwärmetönung U, die in Gleichung (7), Ziff. 8, einzusetzen ist:

$$U = l_k - l_v - w_k + w_v.$$

Andererseits kann die EMK der Konzentrationskette auch aus der Dampfspannungskurve der Schwefelsäure für die Schwefelsäure nach Gleichung (49), Ziff. 27, berechnet werden; dazu kommt noch die Destillationsarbeit von 1 Mol Wasser von dem schwächeren zu dem stärkeren Akkumulator, die gleich $R T \log \dfrac{p_v}{p_k}$ ist. Man erhält daher:

$$2 F \cdot E = RT \left[\int_{p_k}^{p_v} m \cdot d \log p + \log \frac{p_v}{p_k} \right]. \tag{54}$$

Für die Dampfspannungskurve der Schwefelsäure liegen Messungen von DIETERICI[2] vor.

DOLEZALEK hat nach beiden Methoden (Reaktionswärme und Dampfspannung) die Abhängigkeit der EMK des Akkumulators bei 0° zwischen den Säuredichten 1,035 und 1,553 ($m = 100$ bis 3) berechnet und in guter Übereinstimmung mit den von ihm beobachteten Differenzen der EMK gefunden.

Der Akkumulator wird in ds. Handb. XVI eingehend behandelt, auch in Hinsicht auf seine sonstigen Eigenschaften und seine praktische Verwendung, worauf hier hingewiesen sei.

---

[1] J. THOMSEN, Thermochem. Untersuchungen Bd. III, S. 54.
[2] F. DIETERICI, Wied. Ann. Bd. 50, S. 61. 1893.

f) Osmotische Theorie der Hydroelemente.

30. Osmotische Theorie. Die im vorstehenden behandelten thermodynamischen Theorien der Hydroelemente sind frei von jeder besonderen Hypothese und liefern daher die Beziehungen zwischen den thermischen, chemischen und elektrischen Energien in völlig einwandfreier Weise; dafür gestatten sie aber auch keinen tieferen Einblick in das Zustandekommen der bei diesen Vorgängen auftretenden elektrischen Spannungen. Dagegen ist ein solcher Einblick möglich mittels der von NERNST[1]) aufgestellten „Osmotischen Theorie" der galvanischen Elemente, auf die deshalb hier noch kurz eingegangen werden soll. Doch sei gleich voraus bemerkt, daß die Theorie streng nur für sehr verdünnte Lösungen Gültigkeit besitzt.

Nach NERNST wird den Metallen eine „Lösungstension" zugeschrieben, d. h. eine Expansionskraft, welche die positiv geladenen Ionen des Metalls in die Lösung hineintreibt, bis die dadurch bewirkte elektrostatische Ladung der Lösungstension das Gleichgewicht hält. Das Metall muß sich also, wenn Ionen aus demselben austreten, gegen die Lösung negativ laden. An der Oberfläche des Metalls entsteht so eine elektrische Doppelschicht, welche die Ladung festhält.

Der Lösungstension wirkt der osmotische Druck der Lösung entgegen und es werden so lange Ionen in die Lösung getrieben, bis sich die Lösungstension mit dem osmotischen Druck im Gleichgewicht befindet. Dabei sind in der Lösung nur die Ionen des betreffenden Metalls selbst wirksam, andere Ionen beeinflussen den Vorgang nicht.

Wenn die in dem Lösungsmittel vorhandenen Ionen vollständig dissoziiert sind, d. h. bei sehr großer Verdünnung der Lösung, kann man nach der osmotischen Theorie das AVOGADROsche Gesetz in Anwendung bringen, d. h. das Gesetz ideeller Gase. Es gilt dann für die Ionen das Gesetz $pv = RT$, wenn man unter p den sog. „osmotischen Druck", unter v ihr Volumen, d. h. das Reziproke der Konzentration $c = 1/m$ der Lösung versteht; der osmotische Druck ist als proportional der Konzentration der Lösung:

$$p = c\,RT. \tag{55}$$

Für eine Konzentrationskette aus zwei verschieden konzentrierten Lösungen eines Salzes und aus zwei Elektroden, die von dem Kation des Salzes gebildet werden, folgt also, daß der positive Strom innerhalb der Lösung von dem verdünnteren zu dem konzentrierteren Elektrolyt übergeht (vgl. Ziff. 19 u. 20); ebenso folgt für eine Konzentrationskette zweiter Gattung (Ziff. 19 u. 25), daß die positiven Ionen des Zinks in dem verdünnteren Elektrolyt mit größerer Kraft in die Lösung getrieben werden als in dem konzentrierteren.

Sind nun, wie bei dem DANIELLschen Element, zwei verschiedene Metalle mit den entsprechenden Elektrolyten vorhanden, so treiben die Ionen, welche eine größere Lösungstension besitzen (hier die Zinkionen), die anderen Ionen, also die Kupferionen aus der Lösung in das Kupfer hinein, vorausgesetzt daß der osmotische Druck der Kupfersulfatlösung groß genug ist. Es entsteht wieder eine elektrostatische Ladung; das Zink lädt sich negativ, das Kupfer positiv. Verbindet man die beiden Elektroden durch einen Leitungsdraht, so können die Elektrizitäten abfließen; es treten dann fortwährend neue positiv geladene Ionen aus dem Zink aus und der positive Strom fließt in der Lösung vom Zink zum Kupfer.

Die Spannung, welche an der Berührungsstelle des Metalls und der Lösung eines seiner Salze entsteht, kann nach der NERNSTschen Theorie in folgender Weise

---

[1]) Siehe W. NERNST, Theoretische Chemie. Stuttgart: F. Enke.

berechnet werden. Beim Durchgang einer Elektrizitätsmenge von $nF = n \cdot 96500$ Coulomb (n = Wertigkeit des Metalls) wird 1 Mol des Metalls aufgelöst; wenn E die gesuchte Spannung bedeutet, so ist die entsprechende elektrische Arbeit gleich $n\,FE$ Joule. Da der Vorgang der Auflösung des Metalls reversibel ist, so muß die elektrische Arbeit gleich der osmotischen sein. Bei der Auflösung wird aber 1 Mol des Metalls von dem Lösungsdruck P auf den osmotischen Druck p der Lösung gebracht. Für diese Arbeit sind die Gesetze ideeller Gase in Anwendung zu bringen, so daß die entsprechende Arbeit gleich $RT \log \dfrac{P}{p}$ zu setzen ist. Man erhält somit für die Spannung an der Elektrode:

$$E = \frac{RT}{nF} \log \frac{P}{p} = \frac{RT}{nF} \log \frac{C}{c}, \tag{56}$$

worin R in Joule/Grad (8,31) auszudrücken ist. Da die Drucke P und p nach Gleichung (55) den Konzentrationen proportional sind, kann, wie es in der letzten Gleichung geschehen ist, für $\dfrac{P}{p}$ das Verhältnis $\dfrac{C}{c}$ gesetzt werden; dabei ist C diejenige Ionenkonzentration, welche der Lösungstension das Gleichgewicht hält und die man daher der Lösungstension gleichsetzen kann. Wenn man die Werte für R und F einsetzt, ergibt sich daher:

$$E = 0{,}861 \cdot 10^{-4} \frac{T}{n} \log \frac{C}{c} \text{ Volt} . \tag{57}$$

g) Primärelemente, Normalelemente, Normalelektroden.

Die Primär-, Sekundär- und Normalelemente werden hinsichtlich ihrer elektrischen Eigenschaften und ihrer Anwendung in ds. Handb. XVI eingehend behandelt. An dieser Stelle soll im Zusammenhang mit den vorstehenden theoretischen Betrachtungen nur eine kurze orientierende Übersicht gegeben werden.

31. Primärelemente. Die ersten Elemente, welche hergestellt wurden (VOLTAsche Säule), bestanden aus Platten von Zink und Kupfer, zwischen denen sich eine angesäuerte Tuchscheibe befand; eine Anzahl solcher Elemente waren zu einer Säule übereinander geschichtet. Nach demselben Prinzip waren die WOLLASTONEschen Elemente gebaut; die Elektroden befanden sich hier in einem Behälter, der angesäuertes Wasser (Schwefelsäure) oder Kochsalzlösung enthielt. Aber diese Elemente polarisierten sich sehr rasch bei Stromentnahme und die Spannung derselben sank schnell auf einen kleinen Wert. Durch die Wasserzersetzung belegte sich die Kupferplatte mit gasförmigem Wasserstoff, welcher die Polarisation bewirkte; außerdem änderte sich der Elektrolyt durch Bildung von Zinksulfat bzw. Zinkchlorid. Um die Wasserstoffentwicklung am positiven Pol zu verhindern, wurden deshalb in der weiteren Entwicklung sog. „Depolarisatoren" angewandt, von denen die positive Platte umgeben war und die den gebildeten Wasserstoff durch Sauerstoffabgabe zu Wasser oxydierten. Zu diesen Depolarisatoren gehören z. B. der Braunstein beim Leclanché-Element, die Salpetersäure beim Bunsen- und Grove-Element, die Chromsäure beim sog. Tauchelement usw. Ebenso tritt auch beim DANIELLschen Element keine Wasserstoffentwicklung ein, sondern aus der das Kupfer umgebenden Lösung von Kupfersulfat wird Kupfer ausgeschieden. In derselben Weise wirkt das Merkurosulfat (Hg_2SO_4) als Depolarisator bei dem CLARKschen und WESTONschen Normalelement, bei denen der positive Pol aus Quecksilber gebildet wird. Nach diesen Gesichtspunkten haben sich eine Anzahl von Elemententypen herausgebildet, die auch heute noch Anwendung finden, wo keine Akkumulatoren zur Verfügung stehen, aber auch als Trockenelemente (z. B. für Taschenlampen, Anoden-batterien), als Elemente für Klingelleitungen usw.

32. Zink-Kupferelemente. Von dem nach dem Schema: $Zn - ZnSO_4 - CuSO_4 - Cu$ zusammengesetzten Elementtypus gibt es mehrere Abarten, die sich durch die Anordnung und die äußere Form unterscheiden: das DANIELLsche, FLEMINGsche, MEIDINGERsche Element usw. Besonders die Art, wie die beiden Elektrolyte getrennt sind, ist bei diesen Elementen verschieden. Die Elemente sind vornehmlich für schwache, lang andauernde Ströme (Ruhestrom) geeignet, da sie sich nur in geringem Maße polarisieren.

Beim DANIELLschen Element (Abb. 5) sind die beiden Elektrolyte durch eine Tonzelle getrennt (T); im Innern derselben befindet sich ein amalgamierter Zinkstab in verdünnter Schwefelsäure (DANIELL) oder in einer Lösung von Zinksulfat (FLEMING), im äußeren Gefäß steht ein Zylinder aus Kupferblech, der von Kupfersulfatlösung umgeben ist. Bei dem MEIDINGERschen Element (sog. Ballonelement, das besonders in der Telegraphentechnik viel im Gebrauch

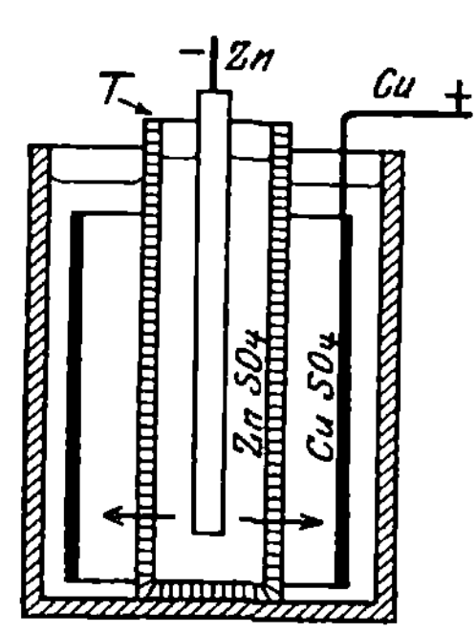

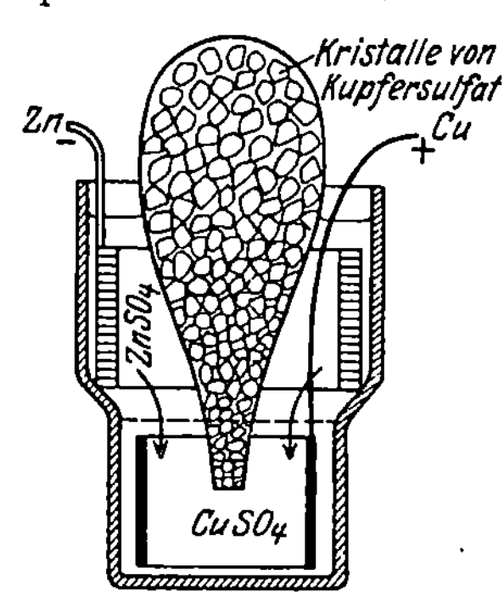

Abb. 5. DANIELLsches Element.   Abb. 6. MEIDINGERsches Element.

war), sind die Elektrolyte übereinandergeschichtet (Abb. 6); unten befindet sich die Kupfersulfatlösung mit dem Kupferzylinder, darüber eine Lösung von Zinksulfat (bzw. Bittersalz), in welche ein Ring aus amalgamiertem Zink ein-taucht. Es findet allmählich eine langsame Diffusion beider Elektrolyte statt. Damit die Kupfersulfatlösung stets konzentriert bleibt und das ausgeschiedene Kupfer ersetzt wird, steht die Kupfersulfatlösung mit einem unten offenen Glas-ballon in Verbindung, der mit Kristallen von Kupfersulfathydrat und mit Lösung desselben angefüllt wird. Es existieren noch mancherlei Abänderungen dieser Elemente, auf die aber hier nicht weiter eingegangen werden soll.

33. Braunsteinelemente. Bei diesen Elementen wird der negative Pol aus Zink gebildet, das sich in einer Salmiaklösung befindet. Als positiver Pol dient Kohle (Graphitkohle, gepreßter Graphit), die von Braunstein als Depolarisator umgeben ist. Hierher gehört vor allem das Leclanché-Element, das für schwache, kurz andauernde Ströme (Klingelleitungen) Verwendung findet. Bei längerem Stromdurchgang polarisiert es sich rasch, erholt sich dann aber wieder bei Strom-losigkeit. Auch die jetzt vielfach benutzten Trockenelemente sind meist nach diesem Typus zusammengesetzt; bei diesen Elementen ist der Elektrolyt nicht flüssig, sondern in irgendeiner Weise gebunden. Der Braunstein befindet sich meist in einem Beutel und umgibt die Kohle.

34. Salpetersäureelemente. Der Depolarisator besteht bei diesen Elementen aus konzentrierter Salpetersäure, die sich in einer Tonzelle (wie bei Abb. 5) befindet; in diese Säure taucht als positiver Pol beim BUNSENschen Element ein Stab aus Kohle. Beim GROVEschen Element dient Platin als positiver Pol.

Das den negativen Pol bildende amalgamierte Zink steht meist in Schwefelsäure, die sich in dem äußeren Gefäß befindet. Diesen Elementen können lang andauernde, starke Ströme entnommen werden, da sie sich wenig polarisieren und einen kleinen inneren Widerstand besitzen.

35. Chromsäureelemente; Tauchelemente. Bei diesem Elemententypus befinden sich beide Elektroden (Zink und Kohle) in demselben Elektrolyten, einer Lösung von Chromsäure, die gleichzeitig auch als Depolarisator dient. Damit das Zink nicht aufgelöst wird, wenn dem Element kein Strom entnommen wird, sind diese Elemente meist so eingerichtet, daß die an einem gemeinsamen Träger befestigten Elektroden (durch eine Isolation J getrennt) erst in den Elektrolyt eingetaucht werden, wenn das Element gebraucht werden soll. Sehr lang dauernde Ströme vertragen diese Elemente nicht, können dagegen kräftige Ströme liefern, da ihr innerer Widerstand klein ist.

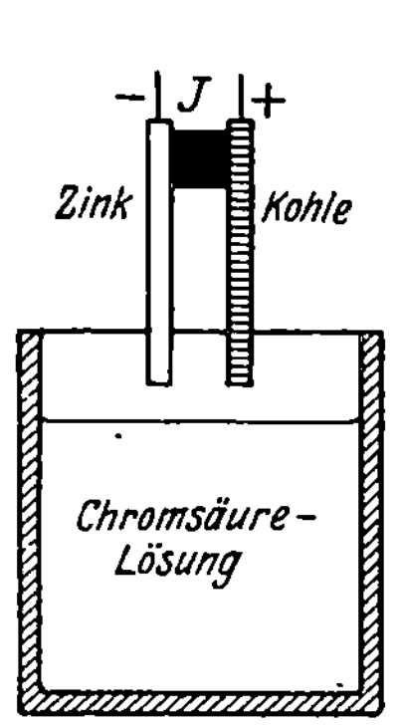

Abb. 7. Chromsäure-Tauchelement.

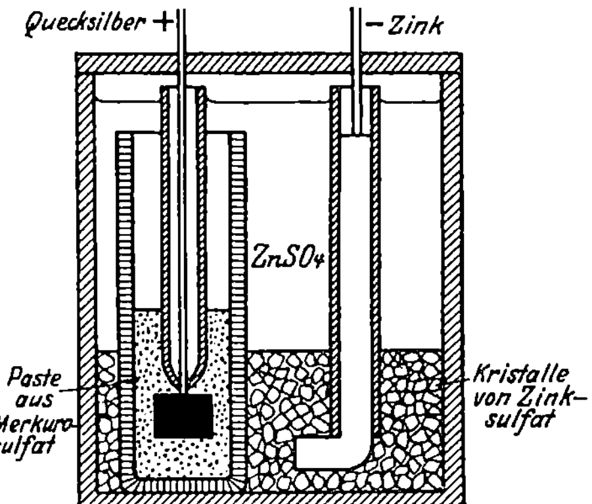

Abb. 8. Clarksches Normalelement.

36. Normalelemente[1]). Das erste wirklich brauchbare Normalelement, welches höheren Anforderungen an Konstanz und Reproduzierbarkeit genügte, war das CLARKsche Zink-Quecksilberelement, das nach dem Schema:

$$Zn - ZnSO_4 - Hg_2SO_4 - Hg \tag{58}$$

zusammengesetzt ist (Abb. 8). Das Zink befindet sich in einer gesättigten Lösung von Zinksulfat, die noch feste Kristalle von Zinksulfathydrat ($ZnSO_4$, 7 H_2) enthält. Das als positiver Pol dienende Quecksilber ist bedeckt mit einer sog. „Paste", die im wesentlichen aus Merkurosulfat (Hg_2SO_4) besteht, das als Depolarisator dient. Dieses Salz ist nur in sehr geringem Maße löslich, so daß sich die Lösung des Depolarisators nur sehr allmählich durch Diffusion mit der Zinksulfatlösung vermischt. Das dadurch an den Zinkpol gelangende Merkurosulfat setzt sich mit dem Zink in der Weise um, daß unter Ausscheidung von Quecksilber Zinksulfat gebildet wird. An dem Zinkpol sammelt sich daher kein Merkurosulfat an. An Stelle von amalgamiertem Zink kann für den negativen Pol auch Zinkamalgam verwendet werden.

Die Spannung des Elements beträgt 1,4324 int. Volt bei 15°, bei anderen Temperaturen ergibt sie sich aus der Formel:

$$E_t = 1,4323 - 0,00119(t - 15°) - 0,000007(t - 15°) \text{ int. Volt.} \tag{59}$$

Abb. 8 zeigt das Clark-Element in der von FEUSSNER (Physikalisch-Technische Reichsanstalt) angegebenen Form, in der es meist in den Handel kommt.

---

[1]) Vgl. auch W. JAEGER, Die Normalelemente und ihre Anwendung in der elektrischen Meßtechnik. Halle a S.: W. Knapp 1901.

Der positive Pol wird aus einem amalgamierten Platinblech gebildet, das die gleiche Spannung gegen den Elektrolyten wie Quecksilber besitzt. Diese Elektrode wird von einer Paste aus Merkurosulfat umgeben, mit der sie sich zusammen in einer Tonzelle befindet. Der amalgamierte Zinkstab (negativer Pol) ist nur an seinem unteren Ende nicht isoliert und befindet sich in einer Schicht von Kristallen aus Zinksulfat, so daß er stets von gesättigter Lösung umgeben ist. In die Zinksulfatlösung ragt (hier nicht gezeichnet) das Gefäß eines Thermometers, das außerhalb des Elements die Teilung trägt.

Ein Übelstand bei diesem Normalelement ist sein großer Temperaturkoeffizient (fast $1^0/_{00}$ pro Grad) und die Langsamkeit, mit der sich die der Temperatur entsprechende Konzentration des Elektrolyts einstellt; bei schnelleren Temperaturänderungen bleibt daher die Spannung hinter der Temperatur zurück. Deshalb wird das CLARKsche Element jetzt fast gar nicht mehr benutzt; an seine Stelle ist das WESTONsche Normalelement getreten, dessen Temperaturkoeffizient nur den 22. Teil beträgt.

Bei dem Westonschen Normalelement (Abb. 10) ist das Zink durch Kadmium und die Zinksulfatlösung durch eine Lösung von Kadmiumsulfat ersetzt; im übrigen hat es die gleiche Zusammensetzung wie das CLARKsche Element. Das Weston-Element ist also aufgebaut nach dem Schema:

$$Cd - CdSO_4 - Hg_2SO_4 - Hg . \qquad (60)$$

Der negative Pol besteht aber nicht aus metallischem Kadmium, sondern aus einem Kadmiumamalgam von bestimmter Zusammensetzung; nach den internationalen Festsetzungen soll das Amalgam 12 bis 13 Gewichtsprozente metallisches Kadmium enthalten. Der Grund für diese Festsetzung ist folgender: Innerhalb eines gewissen Bereiches der prozentischen Zusammensetzung, der für jede Temperatur verschieden ist, besteht das Amalgam aus zwei Phasen,

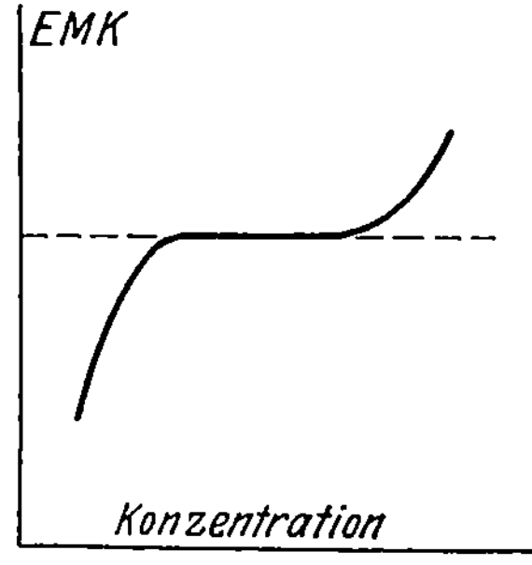

Abb. 9.   Spannungskurve des Kadmiumamalgams.

einer festen und einer flüssigen, die eine verschiedene Zusammensetzung besitzen (vgl. Ziff. 12). Die Spannung des negativen Pols gegen den Elektrolyt hängt nur von der flüssigen Phase ab und ist innerhalb des Bereiches, in dem eine flüssige Phase vorhanden ist, für eine gegebene Temperatur konstant. Außerhalb des betreffenden Bereichs aber existiert entweder nur eine feste oder eine flüssige Phase, und die Spannung der Elektrode gegen den Elektrolyt hängt dann von dem Mengenverhältnis des Kadmiums zum Quecksilber ab, während innerhalb des Bereichs das Mengenverhältnis ohne Änderung der Spannung variiert werden kann (s. Abb. 9). Deshalb ist eine solche Zusammensetzung des Amalgams gewählt worden, daß das Mengenverhältnis nicht zu nahe an den Grenzen des konstanten Bereiches liegt. Dadurch ist die Spannung des negativen Pols für jede in Betracht kommende Temperatur definiert. Aus dem angegebenen Grund kann man auch nicht in Analogie mit dem Clark-Element amalgamiertes Kadmium benutzen, da dann die Zusammensetzung des sich bildenden Amalgams nicht definiert wäre. Die bei dem zweiphasigen Kadmiumamalgam auftretenden Umsetzungen, welche durch den Stromdurchgang bedingt werden, sind bereits auch in Hinsicht der dabei auftretenden Wärmetönung in Ziff. 12 näher erörtert.

Die international als Normal der Spannung angenommenen WESTONschen Elemente enthalten neben der Kadmiumsulfatlösung noch Kristalle des festen Hydrats, welches die Zusammensetzung $CdSO_4 + {}^8/_3 H_2O$ besitzt. Über dem positiven Quecksilberpol befindet sich eine breiartige Paste, die aus festem

Merkurosulfat, Kadmiumsulfatlösung und festen Kristallen des Hydrats zusammengerührt wird.

Die Elemente haben meist die sog. H-Form (s. Abb. 10), bei der die beiden Pole auf die einzelnen Schenkel verteilt sind. Das ganze Gefäß ist mit einer gesättigten Lösung von Kadmiumsulfat angefüllt und wird am besten am oberen Ende zugeschmolzen. Die Zuführung zu den Elektroden erfolgt durch eingeschmolzene Platindrähte.

Für die Spannung des Weston-Elements ist seit dem 1. Januar 1911 international der Wert 1,0183 int. Volt bei 20° angenommen worden. Für die Abhängigkeit des Elements von der Temperatur wurde eine Gleichung dritten Grades beschlossen (in London 1908), die aber ebensogut durch die in der Physikalisch-Technischen Reichsanstalt ermittelte bequemere Gleichung zweiten Grades ersetzt werden kann. Danach ist die Spannung E_t bei der Temperatur $t°$ gegeben durch:

$$E_t = 1,0183 - 0,000038\,(t - 20°) \\ - 0,00000065\,(t - 20°)^2 \text{ int. Volt.} \Biggr\} \quad (61)$$

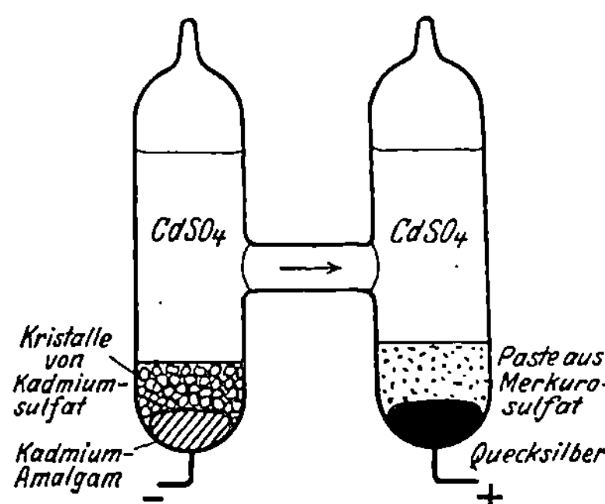

Abb. 10. Weston-Normalelement, H-Form.

Doch muß noch darauf hingewiesen werden, daß im Handel auch WESTON-sche Elemente vertrieben werden, bei denen keine gesättigte Kadmiumsulfatlösung verwendet wird, sondern eine Lösung, die etwa bei 4° gesättigt, bei Zimmertemperatur aber verdünnt ist. Diese Elemente haben zwar einen verschwindend kleinen Temperaturkoeffizienten, so daß ihre Spannung bei allen in Betracht kommenden Temperaturen konstant gleich 1,0187 int. Volt gesetzt werden kann; doch sind sie nicht streng reversibel und daher auch mit der Zeit etwas veränderlich. Sie können deshalb als eigentliche Normalelemente nicht angesehen werden.

Die Elemente mit gesättigter Lösung dagegen besitzen eine sehr große Konstanz und haben sich auf das beste während eines Zeitraums von jetzt 30 Jahren bewährt[1]). Näheres über die Normalelemente s. ds. Handb. XVI.

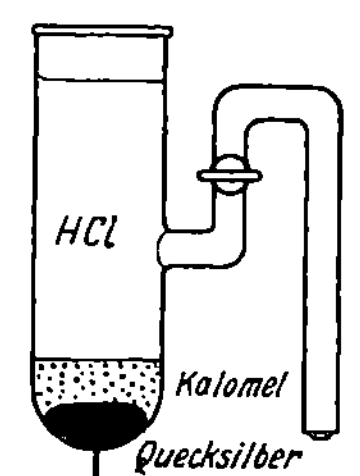

Abb. 11. Kalomel-Normalelektrode.

37. Normalelektroden. Die Normalelektroden dienen dazu, um die Potentialdifferenz anderer mit ihnen kombinierter Elektroden zu bestimmen. Die vorstehend beschriebenen Normalelemente können als die Vereinigung zweier Normalelektroden angesehen werden, da sie reversibel sind und diese Eigenschaft auch von den Normalelektroden gefordert werden muß.

Am meisten wird in der physikalischen Chemie die Kalomelelektrode benutzt, welche eine Elektrode von Quecksilber besitzt, über welche sich eine Lage von Kalomel (Quecksilberchlorür, Hg_2Cl_2) befindet. Als Elektrolyt dient eine normale Lösung von Kaliumchlorid (KCl) oder Salzsäure (HCl). Die äußere Form der Vorrichtung zeigt die Abb. 11. Die Zuleitung zu dem auf dem Boden des zylindrischen Gefäßes befindlichen Quecksilber erfolgt durch einen in den Boden eingeschmolzenen Platindraht oder von oben durch einen Platindraht, der in eine besondere Glasröhre eingeschmolzen ist. Die seitliche Röhre, welche einen

---

[1]) Vgl. die verschiedenen Veröffentlichungen der Physikalisch-Technischen Reichsanstalt über die Normalelemente.

Hahn besitzt, ist mit dem Elektrolyt gefüllt und wird vor dem Öffnen des Hahnes in den Elektrolyt getaucht, der die andere, zu messende Elektrode umgibt.

Die Kalomelelektrode kann mit sehr vielen Metallen kombiniert werden, die sich in der neutralen Lösung eines ihrer Salze befindet. Bei neutralen Lösungen sind die Geschwindigkeiten der beiden Ionen nicht sehr verschieden, so daß an der Grenzfläche der beiden Elektrolyte (Kaliumchlorid und neutraler Elektrolyt) keine erheblichen, die Messung fälschenden elektromotorischen Kräfte auftreten, was bei sauren oder alkalischen Lösungen der Fall sein würde. Diese störenden Grenzpotentiale kann man übrigens zum größten Teil dadurch beseitigen, daß man zwischen die beiden Elektrolyte eine konzentrierte Lösung von Kaliumchlorid, Kalium- oder Ammoniumnitrat einschaltet. Bei diesen Salzen ist die Geschwindigkeit des Anions und des Kations nahe gleich groß, so daß keine Ladungen an der Grenzschicht auftreten.

Als Normalelektroden können auch die einzelnen Teile eines Normalelements dienen, die gleichfalls reversibel sind, z. B. Quecksilber mit Merkurosulfat und einer Lösung von Zinksulfat usw.

Auch eine Wasserstoffelektrode wird mitunter benutzt, d. h. eine Platinelektrode, die durch Elektrolyse mit Wasserstoff überlagert wird, mit einer verdünnten Schwefelsäure als Elektrolyt.

Die Potentialdifferenz zwischen Normalelektrode und der zu messenden Elektrode wird z. B. mit dem Kompensationsapparat oder auch mit dem Elektrometer gemessen.

II. Stromerzeugung bei ungleichmäßig temperierten Systemen.

38. Übersicht. Bei den ungleichmäßig temperierten Systemen wird die Stromerzeugung im wesentlichen durch die Temperaturunterschiede der verschiedenen Teile des Systems bewirkt; man hat es also hier mit einer Art Wärmemaschine zu tun. Die Arbeit wird durch Übergang von Wärme höherer Temperatur zu solcher tieferer Temperatur geliefert. Man bezeichnet solche Systeme als „Thermoelemente"; die Theorie derselben kann noch nicht als abgeschlossen gelten.

Thermoelemente im weiteren Sinne können sowohl aus Metallen in Verbindung mit Elektrolyten gebildet werden als auch aus festen Metallen. Ferner gehören hierzu die Erscheinung der Pyroelektrizität bei Kristallen.

a) Elektrolytische Thermoelemente.

39. Elektrolytische Thermoelemente. Wenn man zwei gleiche Metalle als Elektroden hat (z. B. Zink), die durch einen Elektrolyten (z. B. Lösung von Zinksulfat) verbunden sind (s. Abb. 12), so ist die Spannung eines solchen Elements Null, wenn sich alle Teile desselben auf der gleichen Temperatur befinden. Werden dagegen die Elektroden auf verschiedene Temperatur gebracht, so entsteht eine EMK zwischen den Elektroden, die eine Funktion der Temperaturen ist. Das als Beispiel angegebene Element, welches nach dem Schema:

$$Zn - ZnSO_4 - Zn$$

zusammengesetzt ist, entspricht der einen Hälfte des CLARKschen Normalelements (s. Ziff. 36). Die EMK des Thermoelements pro Grad ist nichts

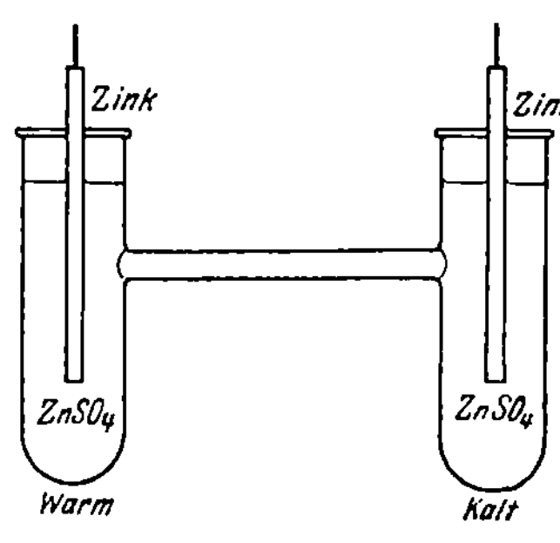

Abb. 12. Elektrolytisches Thermoelement.

anderes als der Temperaturkoeffizient des Zinkpols des Clark-Elements. Der gesamte Temperaturkoeffizient des Clark-Elements setzt sich aus der Differenz der Temperaturkoeffizienten der einzelnen Pole zusammen, d. h. aus der Differenz der Thermokräfte beider Pole.

Auch ein Element, das nach dem Schema:

$$Hg - Hg_2SO_4 - H_2SO_4 - Hg_2SO_4 - Hg$$

gebildet ist, bei dem sich also über dem Quecksilber eine Schicht Merkurosulfat befindet und bei dem Schwefelsäure als Elektrolyt dient, stellt ein Thermoelement dar, das bei Temperaturunterschieden eine EMK aufweist.

Eine thermodynamische Theorie ist für diese elektrolytischen Thermoelemente noch nicht aufgestellt worden.

b) Thermoelemente aus festen Metallen.

40. Thermokraft, Peltier-Effekt und Thomson-Effekt. In einem Leiterkreis, der aus zwei verschiedenen Metallen bzw. Metallegierungen I und II (Abb. 13) zusammengesetzt ist, sind die drei als Thermokraft, Peltier-Effekt und Thomson-Effekt bezeichneten Erscheinungen eng miteinander verknüpft.

Befinden sich die beiden Verbindungsstellen A und B der Leiter auf zwei verschiedenen Temperaturen T_1 und T_2, so entsteht eine als Thermokraft bezeichnete EMK, welche in dem Leiterkreis einen durch den Widerstand desselben bedingten Strom hervorruft.

Ferner wird in den homogenen, aber ungleich temperierten Leiterteilen I und II in jedem Volumelement eine positive oder negative Wärmemenge erzeugt, die unabhängig von der JOULEschen (stets positiven) Wärme ist und als Thomson-Effekt bezeichnet wird.

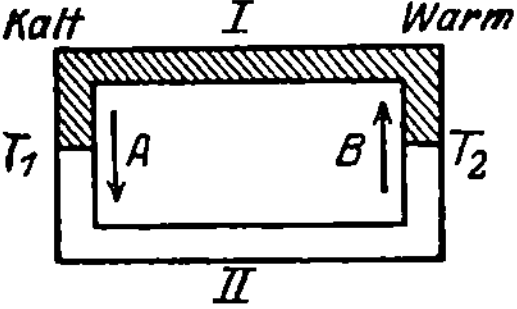

Abb. 13. Thermoelement, Schema.

Fließt andererseits ein Strom durch den zusammengesetzten Leiter, so werden an den Verbindungsstellen (Lötstellen), die sich dabei auf gleicher oder verschiedener Temperatur befinden können, ebenfalls eine positive oder negative Wärmemenge entwickelt, die man als den Peltier-Effekt bezeichnet und welche die Verbindungsstellen erwärmt oder abkühlt.

Das Vorhandensein der Thermokraft wurde bereits 1821 durch SEEBECK[1]) entdeckt und 1825 von OHM bei seinen Untersuchungen als konstante Stromquelle benutzt; zur Messung der Wärmestrahlung wurden die Thermoelemente 1830 von NOBILI und von MELLONI angewandt. Bald darauf entdeckte auch PELTIER[2]) den nach ihm benannten Effekt (1834). Den Zusammenhang desselben mit der Thermokraft erkannte HELMHOLTZ auf Grund des Satzes von der Erhaltung der Energie. Aber eine Theorie, die mit den Beobachtungen sich in Übereinstimmung befand, wurde erst von Sir WILLIAM THOMSON (Lord KELVIN) aufgestellt[3]). Wenn die Beobachtungen nicht in Widerspruch mit dem Satze über die Entropie stehen sollten, so mußte nach seinen Überlegungen außer dem Peltier-Effekt noch ein reversibler Wärmevorgang in den homogenen Leiterteilen auftreten; diese als Thomson-Effekt bezeichnete Erscheinung ist dann auch experimentell bestätigt worden. Durch die THOMSONsche Theorie sind die Beziehungen zwischen Thermokraft, Peltier- und Thomson-Effekt in einfache Formeln gebracht worden.

---

[1]) A. SEEBECK, Gilb. Ann. Bd. 73, S. 115, 430. 1823; Pogg. Ann. Bd. 6, S. 133, 253. 1826.
[2]) J. C. PELTIER, Ann. chim. phys. (II) Bd. 56, S. 371. 1834.
[3]) W. THOMSON, Repr. of Papers I.

41. Thermodynamische Theorie der Thermokraft. In seiner im Jahre 1856 aufgestellten thermodynamischen Theorie der Thermokraft vernachlässigt W. THOMSON die dabei auftretenden irreversiblen Vorgänge, nämlich den durch JOULEsche Wärme und den durch die Wärmeleitung der Metalle bedingten Temperaturausgleich. Die JOULEsche Wärme kann, wie bei den Elementen, beliebig klein gemacht werden, so daß man sie nicht zu berücksichtigen braucht; dagegen gilt dies nicht für die Wärmeleitung, und es erscheint fraglich, ob man berechtigt ist, diesen irreversiblen Vorgang gleichfalls zu vernachlässigen. Es ist später auch von anderer Seite versucht worden, die Wärmeleitung in Rücksicht zu ziehen (Ziff. 43).

Für den **Peltier-Effekt**, d. h. für diejenige Wärmemenge, welche an der Berührungsstelle zweier verschiedener Metalle beim Stromdurchgang entsteht oder verschwindet, wird angenommen, daß sie der Stromstärke (i) und der Zeitdauer (t), also der durch die Verbindungsstelle hindurchgegangenen Elektrizitätsmenge, proportional ist. Den Proportionalitätsfaktor Π nennt man den **Peltier-Koeffizienten**, so daß als die Peltier-Wärme Q_p auszudrücken ist durch:

$$Q_p = \Pi\, i\, t\,. \tag{62}$$

Wird die Wärme in Kalorien gemessen, so ist der Koeffizient auszudrücken in cal/Coulomb, oder wenn sie in Joule ermittelt wird, hat Π die Dimension Joule/Coulomb bzw. Volt.

Mit der Stromrichtung ändert auch die Wärmewirkung ihr Zeichen und kann dadurch von der JOULEschen Wärme getrennt werden. Der Peltier-Koeffizient soll das positive Zeichen haben, wenn man diejenige Stromrichtung wählt, welche in einem Thermoelement aus den betreffenden Metallen an der kälteren Verbindungsstelle vorhanden ist.

Der **Thomson-Effekt** andererseits oder die Wärmewirkung eines Stromes, der einen ungleich temperierten Leiter durchfließt, wird in der Zeiteinheit als proportional dem Strom und dem Temperaturgradienten an der betrachteten Stelle des Leiters angenommen. Zwischen zwei Querschnitten des Leiters, die um die Strecke dx voneinander entfernt sind, ist daher für die Thomson-Wärme Q_T zu setzen, wenn mit T die Temperatur bezeichnet wird:

$$dQ_T = \sigma \cdot \frac{dT}{dx} \cdot i \cdot t \cdot dx\,. \tag{63}$$

Hierin ist σ der **Koeffizient des Thomson-Effekts**, der also in cal/Coulomb · Grad bzw. Joule/Coulomb · Grad = Volt/Grad auszudrücken ist, je nachdem die Wärme in Kalorien oder Joule gemessen wird.

Zwischen zwei Leiterquerschnitten an den Stellen x_1 und x_2 des Leiters, denen die Temperaturen T_1 und T_2 zukommen, ist somit die Wärmewirkung:

$$Q_T = it\int_{x_1}^{x_2} \sigma\, \frac{dT}{dx}\, dx = it\int_{T_1}^{T_2} \sigma\, dT\,. \tag{64}$$

Die Wärme hängt also nur von den Endtemperaturen T_1 und T_2 des betreffenden Leiterstücks ab, aber nicht mehr von dem Verlauf des Temperaturgefälles zwischen den Enden.

Auch beim Thomson-Effekt ändert sich der Sinn der Wärmewirkung mit der Stromrichtung, so daß man diesen Effekt gleichfalls von der JOULEschen Wärme trennen kann. Das Zeichen des Koeffizienten σ soll positiv sein, wenn ein von höherer zu tieferer Temperatur fließender Strom eine Erwärmung erzeugt.

Als Thermokraft endlich wird die für $1°$ Temperaturänderung zwischen den beiden Lötstellen erzeugte EMK bezeichnet. Ist also dE die bei einem Temperaturunterschied von dT entstehende EMK, so hat man als Thermokraft e pro Grad:

$$e = \frac{dE}{dT}.$$ (65)

Diese Thermokraft ist auch eine Funktion der Temperatur.

Die Festsetzungen über den Richtungssinn der Thermokraft sind in der Literatur nicht einheitlich: Hier soll angenommen werden, daß von zwei Metallen I und II das Metall I dann eine positive Thermokraft gegen II besitzt, wenn an der kalten Verbindungsstelle beider Metalle der Strom von I und II fließt (siehe Abb. 13).

Die Thermokraft ist in Volt/Grad auszudrücken.

Auf Grund der vorstehenden Definitionen und Festsetzungen gestaltet sich die theoretische Überlegung in folgender Weise. Da die JOULEsche Wärme sowie der Einfluß der Wärmeleitung außer Betracht bleiben soll, so muß die Energie $E\,it$ eines Thermoelements, dem von außen keine Wärme zugeführt wird, nach dem ersten Hauptsatz sich in die Peltier- und Thomson-Wärme umsetzen. Dann erhält man unter Berücksichtigung der Zeichenfestsetzung, wenn alle Energien durch it dividiert werden und wenn $T_2 > T_1$ ist:

$$E = \Pi_2 - \Pi_1 + \int_{T_1}^{T_2} \sigma_{II}\, dT - \int_{T_1}^{T_2} \sigma_I\, dT \text{ Volt}$$ (66)

und hieraus durch Differentiation nach T:

$$e = \frac{d\Pi}{dT} + \sigma_{II} - \sigma_I \text{ Volt/Grad}.$$ (67)

Weitere Beziehungen zwischen den verschiedenen Größen liefert die Anwendung des zweiten Hauptsatzes der Thermodynamik, nach welchem in diesem Fall $\frac{Q}{T} = 0$ zu setzen ist, da es sich nur um reversible Vorgänge handeln soll. Man muß sich an allen Stellen des Thermoelements — an den Verbindungsstellen der Metalle für den Peltier-Effekt, an den übrigen Stellen für den Thomson-Effekt — Wärmebehälter von der Temperatur der betreffenden Stelle denken, welche die beim Stromdurchgang entzogene Wärme ersetzen und die erzeugte Wärme aufnehmen, so daß an allen Stellen des Stromkreises die Temperaturen ungeändert bleiben. Die durch den Stromkreis gehende Elektrizitätsmenge $i\,dt$ kann stets so klein gewählt werden, daß keine endliche Änderung der Temperatur auftritt. Der Elektrizitätsmenge $i\,dt$ sind alle auftretenden Wärmewirkungen proportional. Befinden sich die Lötstellen auf den Temperaturen T_1 und T_2, wobei wieder $T_2 > T_1$ ist, so erhält man bei Weglassung des gemeinsamen Faktors $i\,dt$ für den Ausdruck $\sum' \frac{Q}{T}$ die Gleichung

$$\frac{\Pi_2}{T_2} - \frac{\Pi_1}{T_1} + \frac{1}{T}\int_{T_1}^{T_2} \sigma_{II}\, dT - \frac{1}{T}\int_{T_1}^{T_2} \sigma_I\, dT = 0$$ (68)

oder, wenn die Temperaturen T_1 und T_2 nur unendlich wenig voneinander verschieden sind $(T_2 = T_1 + dT;\ \Pi_2 = \Pi_1 + d\Pi)$:

$$d\left(\frac{\Pi}{T}\right) + \frac{\sigma_{II} - \sigma_I}{T} \cdot dT = 0 \,. \tag{69}$$

Diese Gleichung, welche eine Beziehung zwischen dem Peltier- und Thomson-Effekt liefert, kann mit der aus dem ersten Hauptsatz abgeleiteten Gleichung (67) kombiniert werden.

Setzt man den Wert von $\sigma_{II} - \sigma_I$ aus Gleichung (67) in Gleichung (69) ein, so erhält man nach einer einfachen Rechnung:

$$e = \frac{\Pi}{T} \tag{70}$$

und durch Einführung dieses Wertes in Gleichung (69) ferner

$$\frac{de}{dT} = \frac{\sigma_I - \sigma_{II}}{T} \,. \tag{71}$$

42. Zusammenstellung der Gleichungen. Im folgenden seien die in Betracht kommenden, im vorstehenden abgeleiteten Beziehungen zwischen den drei Effekten nochmals zusammengestellt:

$$\alpha)\quad e = \frac{d\Pi}{dT} + \sigma_{II} - \sigma_I\,, \quad \text{Beziehung zwischen allen drei Größen,}$$

$$\beta)\quad e = \frac{\Pi}{T}\,, \qquad\qquad\qquad \text{,,} \qquad\quad \text{,,} \qquad \text{Thermokraft und Peltier-Effekt,}$$

$$\gamma)\quad \frac{de}{dT} = \frac{\sigma_I - \sigma_{II}}{T}\,, \qquad \text{,,} \qquad\quad \text{,,} \qquad \text{Thermokraft u. Thomson-Effekt,}$$

$$\delta)\quad \frac{d}{dT}\left(\frac{\Pi}{T}\right) = \frac{\sigma_I - \sigma_{II}}{T}\,, \qquad \text{,,} \qquad\quad \text{,,} \qquad \text{Peltier-Effekt u. Thomson-Effekt.}$$

Hierin ist also e die Thermokraft pro Grad $= \dfrac{dE}{dT}$ (Volt/Grad), Π der Peltier-Koeffizient (Volt), σ der Thomson-Koeffizient (Volt/Grad), E die gesamte Thermokraft und T die Temperatur.

Würde kein Thomson-Effekt vorhanden sein $(\sigma = 0)$, so folgt aus der dritten der Gleichungen $e = c =$ konst. und $E = cT$, was aber mit der Erfahrung nicht in Übereinstimmung ist, da für die Thermokraft im allgemeinen eine quadratische, jedenfalls aber keine lineare Gleichung gilt. Daher war es nötig, noch den Thomson-Effekt in die Theorie einzuführen.

Nimmt man an, daß $\sigma = cT$, d. h. proportional der absoluten Temperatur ist, so folgt für e eine lineare, für E eine quadratische Gleichung, wie es der Erfahrung entspricht; aus der zweiten Gleichung folgt dann auch für Π eine quadratische Gleichung.

Die oben zusammengestellten vier Gleichungen sind nicht unabhängig voneinander; wenn zwei derselben gegeben sind, folgen daraus die beiden anderen.

43. Andere Theorien der Thermokraft. Die Thomsonsche thermodynamische Theorie ist zum Teil weiter ausgebaut worden, zum Teil sind auch auf anderen Grundlagen neue Theorien aufgestellt worden, die näher in das Wesen der Erscheinung einzudringen suchen. Auf diese Theorien soll hier nur ganz kurz eingegangen werden.

Ein Mangel der Thomsonschen Theorie ist, wie bereits erwähnt, die Vernachlässigung des irreversiblen Vorgangs der Wärmeleitung. Durch die Wärmeleitung findet eine Übertragung der Wärme von höherer zu tieferer Temperatur statt. Dieser Vorgang ist von BOLTZMANN[1]) berücksichtigt worden, so daß hierdurch die thermodynamische Theorie vervollständigt und abgeschlossen wurde. An Stelle von Gleichungen treten infolge der Wärmeleitung aber Ungleichungen auf, die durch die Beobachtung nicht allgemein geprüft werden können.

Weiterhin machten BUDDE[2]) und F. KOHLRAUSCH[3]) bestimmte Annahmen über den Sitz der thermoelektrischen Kraft, die sowohl an den Verbindungsstellen der Metalle wie in den einzelnen ungleich temperierten Metallen oder auch an beiden Stellen liegen kann. KOHLRAUSCH nimmt an, daß mit dem Wärmestrom, der im Thermoelement von der wärmeren zur kälteren Verbindungsstelle fließt, in bestimmtem, von der Natur des Leiters abhängigem Maße ein elektrischer Strom verbunden ist. Der Sitz der EMK ist nach seiner Annahme im Innern der einzelnen Leiter.

Auch für den Peltier-Effekt wird die Annahme gemacht, daß durch den elektrischen Strom die Wärme bewegt wird, wobei Proportionalität zwischen den Leitfähigkeiten für Wärme und Elektrizität vorausgesetzt wird, die bekanntlich auch nach dem WIEDEMANN-FRANZschen Gesetz in weitgehendem Maße vorhanden ist. KOHLRAUSCH nimmt an, daß die wärmebewegende Kraft des elektrischen Stroms von der Stärke 1 proportional ist der elektromotorischen Kraft des Wärmestroms von der Stärke 1. Seine Annahmen führen zu denselben Gleichungen wie die THOMSONsche Theorie. Eine Folgerung der KOHLRAUSCHschen Theorie besteht darin, daß in einem homogenen, aber verschieden temperierten Leiter eine elektrische Ladung auftreten müßte, welche so lange bestehen bleibt, als die Temperaturen verschieden sind. Eine experimentelle Bestätigung dieser Erscheinung würde die Richtigkeit der gemachten Annahmen wahrscheinlich machen.

44. Elektronentheorie. Auch die Elektronentheorie ist zur Erklärung der thermoelektrischen Erscheinungen herangezogen worden[4]). H. A. LORENTZ nimmt für die elektrischen Vorgänge in Metallen nur eine Art frei beweglicher Teilchen an, welche identisch sind mit den Elektronen der Kathodenstrahlen. In den verschiedenen Metallen des Thermokreises haben diese Elektronen verschiedene Konzentration sowie eine verschiedene mittlere Geschwindigkeit der Wärmebewegung, so daß infolgedessen Diffusionsströme auftreten, die eine Bewegung elektrischer Ladungen darstellen. Im stationären Zustand entsteht bei der Summation über den geschlossenen Kreis die Thermokraft; der Peltier- und Thomson-Effekt entsteht durch den Energiestrom, welchen die Elektronen in Form von kinetischer Energie mit sich führen. Die Betrachtungen, auf die hier nicht näher eingegangen werden kann, ergeben folgendes Resultat. Bezeichnen n_I und n_{II} die Zahl der Elektronen in den beiden Metallen I und II bei einer bestimmten Temperatur pro Kubikzentimeter, so gilt für die Thermokraft e die Gleichung:

$$e = \frac{R}{F} \log \frac{n_I}{n_{II}}, \tag{72}$$

worin R die Gaskonstante (8,31 Joule/Grad) und F die Valenzladung (96 500 Coulomb) bedeuten, wenn e in Volt/Grad ausgedrückt wird. Eine Berechnung der

---

[1]) L. BOLTZMANN, Wiener Ber. (2) Bd. 96, S. 1258. 1887; Ges. Abhandl. Bd. 3, S. 321.
[2]) E. BUDDE, Pogg. Ann. Bd. 153, S. 343. 1874; Wied. Ann. Bd. 21, S. 277. 1884; Bd. 25, S. 564. 1885; Bd. 30, S. 664. 1887.
[3]) F. KOHLRAUSCH, Pogg. Ann. Bd. 156, S. 601. 1875; Wied. Ann. Bd. 23, S. 477. 1884.
[4]) Vgl. hierüber E. RIECKE, Wied. Ann. Bd. 66, S. 381, 545. 1898; P. DRUDE, Ann. d. Phys. Bd. 1, S. 584. 1900; H. A. LORENTZ, Arch. Néerland. (2) Bd. 10, S. 336. 1905; J. J. THOMSON, Korpuskulartheorie der Materie, Braunschweig 1908.

Thermokraft nach obiger Gleichung ist nicht ausführbar, da die hierzu notwendigen Elektronenkonzentrationen nicht bekannt sind. Für die Beziehungen des Peltier- und Thomson-Effektes führt die Theorie zu denselben Gleichungen wie die Theorie von Lord Kelvin.

Auch die von J. J. Thomson aufgestellte Elektronentheorie führt zu der oben angegebenen, aus der Lorentzschen Theorie folgenden Gleichung für die Thermokraft. Thomson geht nur von Gleichgewichtsbetrachtungen aus und berücksichtigt keine kinetischen Vorgänge; er sieht die Elektronen im Metall als ein ideelles Gas an mit einem bestimmten Druck, der dem eines wirklichen Gases von gleicher Konzentration entspricht. Um die einem Mol entsprechende Elektronenmenge aus dem einen Metall in das andere überzuführen, muß wegen des verschiedenen Druckes eine Arbeit geleistet werden, die wie bei der Betrachtung der Konzentrationsketten (Ziff. 22 u. 27) der elektrischen Arbeit gleichgesetzt wird, welche durch die Potentialdifferenz an der Kontaktstelle der Metalle bewirkt wird. Daraus ergibt sich dann in einfacher Weise die Gleichung für die Thermokraft, worauf aber hier nicht näher eingegangen werden soll.

45. Elektronendampfdruck-Theorie. Zu erwähnen ist noch die sog. „Elektronendampfdruck-Theorie", die gleichzeitig von Krüger und von Baedeker aufgestellt wurde[1]) und deren Grundlage die Elektronenemission erhitzter Leiter bildet. Die in der Zeiteinheit pro Kubikzentimeter ausgestrahlte Elektronenmenge ist nur abhängig von der Temperatur und dem Material des erhitzten Leiters, und zwar befolgt die Abhängigkeit von der Temperatur dasselbe Gesetz wie der Dampfdruck, so daß man in dieser Hinsicht von einem richtigen Verdampfungsvorgang der Elektrizität reden kann[2]). Die Geschwindigkeitsverteilung der emittierten Elektronen befolgt das Maxwellsche Gesetz; die mittlere kinetische Energie der Elektronen ist derjenigen der Moleküle eines idealen Gases von gleicher Temperatur gleichzusetzen. Dementsprechend wird jedem Leiter ein bestimmter, von der Temperatur abhängiger Elektronendampfdruck zugeschrieben, der etwa in einem Hohlraum im Innern des Leiters dauernd vorhanden ist. Der in dem Hohlraum befindlichen Elektronenmenge werden die Eigenschaften eines einatomigen idealen Gases zugeschrieben, d. h. auch eine bestimmte Dichte und Wärmekapazität. Die Größe des anzunehmenden Dampfdruckes läßt sich nach Baedeker aus den Beobachtungen über die im Sättigungsstrom enthaltene Elektrizitätsmenge berechnen.

Die Theorie, auf welche hier nicht näher eingegangen werden soll, liefert für die Thermokraft e pro Grad eine ganz analoge Gleichung wie die von Lorentz und J. J. Thomson (Ziff. 44) abgeleitete, nur daß in diesem Fall statt der Elektronenzahlen die Dampfdrucke der Elektronen eingehen. Werden diese Dampfdrucke für die beiden Metalle mit p_I und p_{II} bezeichnet, so folgt:

$$e = \frac{R}{F} \log \frac{p_I}{p_{II}}. \tag{73}$$

Eine direkte Berechnung der Thermokraft nach dieser Formel ist auch hier nicht ausführbar, da die Dampfdrucke selbst nicht bekannt sind; doch lassen sich aus den allgemeinen thermodynamischen Gesetzen über den Dampfdruck, die hier Anwendung finden können, eine Anzahl von Folgerungen ziehen. So ergibt sich z. B. in Übereinstimmung mit der Erfahrung aus der Gleichheit des Dampfdruckes von fester und flüssiger Phase eines Körpers, daß ein Metall

---

[1]) F. Krüger, Phys. ZS. Bd. 11, S. 800. 1910; Bd. 12, S. 360. 1911; K. Baedeker, ebenda Bd. 11, S. 809. 1910; Ann. d. Phys. Bd. 35, S. 75. 1911.
[2]) Vgl. H. A. Wilson, Phil. Trans. Bd. 202, S. 243. 1903.

beim Schmelzpunkt seine Thermokraft gegen ein anderes Metall nicht unstetig ändern kann. Wegen weiterer Folgerungen muß auf die Originalarbeiten verwiesen werden[1]).

c) Pyroelektrizität.

46. Pyroelektrizität. Zu den thermoelektrischen Erscheinungen gehört auch die Pyroelektrizität, welche bei Kristallen auftritt, die verschiedenwertige Hauptachsen besitzen (hemimorphe Kristalle: Turmalin Quarz, u. a.). Wenn diese Kristalle die Temperatur der Umgebung besitzen, zeigen sie keine elektrische Ladung, bei einer Erwärmung oder Abkühlung derselben treten aber an zwei entgegengesetzt liegenden Polen elektrische Ladungen verschiedenen Vorzeichens auf. Die Erscheinung der Pyroelektrizität ist insofern reversibel, als beim Anlegen einer elektrischen Spannung an die Pole des Kristalls umgekehrt eine Erwärmung auftritt. Jedenfalls ein großer Teil dieser Erscheinung ist aber auf Rechnung der durch die Temperaturänderung auftretenden Deformationen des Kristalls und den damit in Zusammenhang stehenden Druckänderungen zu setzen, mit anderen Worten: es handelt sich im wesentlichen nicht um eine Elektrizitätserzeugung durch Wärme, sondern um eine piezoelektrische Erscheinung, weshalb man die hier in Frage kommende Erscheinung auch als falsche Pyroelektrizität bezeichnet hat. Doch ist ein Teil der Erscheinung, wie es scheint, auch auf Rechnung der Temperaturänderung selbst zu setzen. Eine Theorie der Pyroelektrizität ist von RIECKE aufgestellt worden, auf die hier verwiesen sei[2]). RIECKE nimmt an, daß die Moleküle aller Kristalle elektrisch polarisiert sind, in Analogie der magnetischen Polarisation beim Magnetismus, aber nur bei einer asymmetrischen Deformation der Kristalle tritt eine freie Ladung auf. Auch bei Kristallen mit zentrischer Symmetrie ist Pyroelektrizität beobachtet worden, aber diese ist wohl nur auf Rechnung ungleichmäßiger Erwärmung der Kristalle zu setzen.

d) Experimentelle Untersuchungen über die Thermokraft, den Peltier- und Thomson-Effekt.

47. Messung der Thermokraft. Die Thermokraft ist leicht experimentell zu ermitteln, und zwar am besten durch Kompensation der entstehenden EMK mittels eines Kompensators und Vergleichung mit der Spannung eines Normalelementes (WESTONsches Element, s. Ziff. 36). Wenn man statt dessen den Strom mißt, der durch das Thermoelement fließt, muß man außerdem die Widerstände des Stromkreises kennen, was bei der Kompensation nicht nötig ist. Um das Thermoelement für diesen Zweck brauchbar zu machen, muß die eine Lötstelle

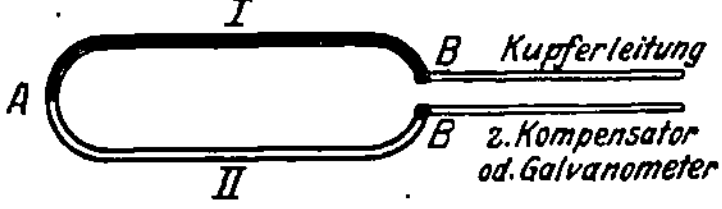

Abb. 14. Thermoelement zur Messung.

(z. B. *B* in Abb. 14) unterbrochen werden; an jedes der frei werdenden Enden wird eine Kupferleitung gelötet, die zu dem Kompensationsapparat bzw. dem Galvanometer führt. Werden die beiden Enden *B* auf gleicher Temperatur gehalten, so fällt die Thermokraft der beiden Lötstellen heraus, da sie entgegengesetzt gleich ist, und man erhält die gleiche Thermokraft, als wenn die Lötstelle direkt geschlossen wäre. Indem man nun die Verbindungsstellen *A* und *B* auf ver-

---

[1]) Vgl. auch den Artikel von BAEDEKER in GRAETZ, Handb. d. Elektr. u. d. Magn. Bd. I, S. 699 ff. Leipzig: J. A. Barth.

[2]) E. RIECKE, Ann. d. Phys. Bd. 28, S. 43. 1886; vgl. auch den Artikel in GRAETZ, Handb. d. Elektr. u. d. Magn. Bd. I, S. 342 ff.

schiedene bekannte Temperaturen bringt und die zugehörige EMK mißt, kann man die Temperaturkurve der Thermokraft daraus ermitteln. Im allgemeinen sind dazu wegen der quadratischen Form der Temperaturkurve mindestens drei Temperaturdifferenzen der beiden Lötstellen zu messen. Die Thermokraft der verschiedenen Metalle wird gegen ein bestimmtes Metall, z. B. gegen Kupfer, als Vergleichsmaterial gemessen und angegeben. Daraus kann man dann die Thermokräfte auch anderer Metallkombinationen durch Differenzbildung berechnen.

Bei der Messung der Thermokraft müssen störende fremde Thermokräfte vermieden werden, die z. B. da entstehen können, wo die Kupferzuleitungen mit den Messingteilen der Apparatur in Verbindung stehen oder sonst an andere Metalle angrenzen, selbst an Kupfer anderer Herkunft, anderen Härtegrades usw. Da diese Stellen meist paarweise vorhanden sind, müssen sie möglichst nahe zusammengelegt und womöglich durch gemeinsame Einpackung mit Watte od. dgl. dagegen geschützt werden, daß sie eine ungleiche Temperatur annehmen. Alle Stromschlüssel, Stromwender usw. können eine solche Fehlerquelle bilden. Ferner muß darauf geachtet werden, daß nicht durch die Wärmeleitung der Metalle des Thermoelements oder der Zuleitungen die Temperaturen der Lötstellen beeinflußt werden, wodurch sie von der an den Verbindungsstellen beobachteten Temperatur abweichen können. Ebenso bringt die Verwendung inhomogener Metalle Fehler mit sich, da sie sich verhalten, wie wenn sie aus verschiedenen Metallen zusammengesetzt wären. Wenn sich solche inhomogene Drähte überall auf gleicher Temperatur befinden, zeigen sie keine Thermokraft. Ganz homogenes Material ist schwer zu erhalten, und wenn es ursprünglich homogen ist, kann es beim Gebrauch durch Biegen oder Dehnen desselben oder bei hoher Temperatur auch durch andere Umstände inhomogen werden und so die Messung fälschen. Ausglühen des Metalls beseitigt häufig, aber nicht immer die Inhomogenitäten. Ein ungefähres Urteil über die Homogenität eines Metalldrahtes gewinnt man dadurch, daß man ihn langsam durch eine Flamme zieht und die Spannung an den Enden des Drahtes beobachtet; bei einem homogenen Material muß die Spannung dabei Null bleiben.

Für die Darstellung der Thermokraft als Funktion der Temperatur sind verschiedene empirische Formeln aufgestellt worden[1]), die für ein gewisses Temperaturintervall anwendbar sind, z. B.:

$$
\begin{aligned}
&\alpha)\ E = at + bt^2 \ \text{(AVENARIUS)}, \\
&\beta)\ E = a + b\left(\frac{t}{2} + 273\right) - c\,\log_{10}\left(\frac{t}{2} + 273\right)\ \text{(STANSFIELD)} \\
&\gamma)\ E = at^b \ \text{(HOLMAN)},
\end{aligned}
\qquad (74)
$$

in denen a, b, c Konstanten und t die Temperatur der einen Lötstelle in Celsiusgraden bedeutet, während die andere Lötstelle sich auf $0°$ befindet. Aber auch andere Formeln finden Anwendung. Die Thermokraft e pro Grad findet man daraus durch Differentiation nach t. In den meisten Fällen genügt für kleinere Temperaturintervalle die erste Formel.

Die größte Thermokraft pro Grad (Mikrovolt für $1°$ C) besitzt ein Thermoelement aus Wismut und Antimon, das deshalb auch vielfach Anwendung gefunden hat; Antimon ist das positivste, Wismut das negativste Metall (vgl. auch Ziff. 51, 52).

---

[1]) M. AVENARIUS, Pogg. Ann. Bd. 119, S. 406. 1863; A. STANSFIELD, Phil. Mag. Bd. 46, S. 59. 1898; S. W. HOLMAN, ebenda Bd. 41, S. 465. 1896.

48. Messung des Peltier-Effekts. Da der Peltier-Effekt der durch das Thermoelement hindurchgegangenen Elektrizitätsmenge proportional ist (Ziff. 41), muß außer der erzeugten bzw. weggenommenen Wärmemenge die Stromstärke und die Zeit der Stromdauer gemessen werden. Die Peltier-Wärmen selbst werden kalorimetrisch bestimmt, und zwar in der Weise, daß sich jede Lötstelle in einem besonderen Kalorimeter befindet (s. Abb. 15), die ursprünglich gleiche Temperatur besitzen. Die in beiden Kalorimetern erzeugte JOULEsche Wärme kann gleich groß gemacht werden, wenn die in das Kalorimeter eintauchenden Teile des Thermoelements gleichen Widerstand haben; kleine Differenzen desselben können leicht in Rechnung gezogen werden. In dem einen Kalorimeter addiert sich die Peltier-Wärme zu der JOULEschen Wärme, in dem anderen subtrahiert sie sich. Die Eichung der Kalorimeter erfolgt am einfachsten elektrisch mittels bekannter JOULEscher Wärme.

Die Temperaturdifferenz der beiden Kalorimeter, die zweckmäßig aus zwei gleichen DEWARschen Gefäßen bestehen, werden mit einem Thermoelement (T) gemessen, dessen Lötstellen sich in den beiden Kalorimetern befinden, und zwar durch Kompensation oder Galvanometer-ausschlag. Man kann auch die in den Kalorimetern entstehende Temperatur-differenz kompensieren durch eine zusätz-liche JOULEsche Wärme in dem einen der-selben[1]) (Stromspule, die auch von dem Strom des Thermoelements durchflossen werden kann); dann dienen die zur Temperaturmessung bestimmten Thermo-elemente nur dazu, Temperaturgleich-heit zu konstatieren bzw. eine kleine noch vorhandene Temperaturdifferenz zu

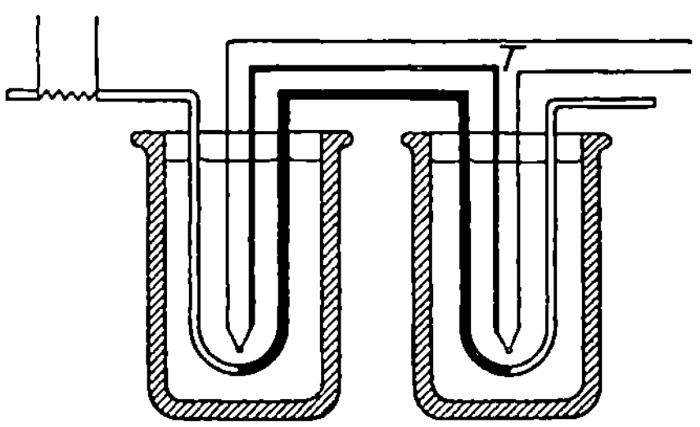

Abb. 15.   Messung des Peltier-Effekts.

bestimmen. In diesem Fall kann mit einem Galvanometer gearbeitet werden, auch brauchen dann die Kalorimeter nicht geeicht zu werden.

Man erkennt, daß eine Hauptfehlerquelle der Meßmethode darin liegt, daß durch das zu untersuchende Thermoelement eine Wärmeableitung erfolgt; man muß diesen Fehler möglichst klein und in beiden Kalorimetern gleich groß zu machen suchen.

Auch mit stationärem Zustand unter Berücksichtigung der Wärmeleitung sind Messungen von BECK[2]) angestellt worden. Die zu untersuchenden Metalle wurden stumpf aneinandergesetzt und durch eine Wärmeisolation geschützt, während die freien Enden der Metalle durch einen Wasserstrom auf konstanter Temperatur gehalten wurden. Nach Herstellung des stationären Zustandes wurde die Temperatur der Lötstelle gegen die Enden durch ein Thermoelement gemessen. Die Berücksichtigung der Wärmeleitung und der JOULEschen Wärme bereitet indessen Schwierigkeiten, weshalb die erstbeschriebene Methode wohl vorzuziehen ist.

Die bemerkenswertesten Eigenschaften der Peltier-Wärme, die auch mit der THOMSONschen Theorie in Einklang stehen $\left(e = \dfrac{\varPi}{T}\ \text{Ziff. 42}\right)$, sind die folgenden:

Die Peltier-Wärme ist Null, wenn die Thermokraft ein Maximum oder Minimum hat, d. h. $e = 0$ ist; die Peltier-Wärmen verschiedener Metallkombinationen ver-halten sich wie ihre Thermokräfte pro Grad, das Verhältnis des Peltier-Koeffizien-

---

[1]) Vgl. M. C. BAKKER, Phys. Rev. Bd. 31, S. 321. 1910; Bd. 34, S. 224. 1912; A. E. CAS-WELL, ebenda Bd. 33, S. 379. 1911.
[2]) E. BECK, Vierteljschr. d. naturf. Ges. Zürich Bd. 55, S. 103, 470. 1910.

ten Π zur Thermokraft e pro Grad ist der absoluten Temperatur proportional. Beim Schmelzen eines Metalls ändert sich der Peltier-Koeffizient, wie die Thermokraft stetig. Im übrigen ist die Peltier-Wärme stark von der Temperatur abhängig.

Beispielsweise seien einige Zahlen für den Peltier-Koeffizient Π von Metallkombinationen bei Zimmertemperatur angeführt, und zwar in Tausendstel Kalorien/Coulomb: Antimon-Wismut 10,7 (Mulder), Kupfer-Wismut 3,8 (Caswell), Kupfer-Konstantan 2,4, Eisen-Konstantan 3,2 (Beck), Eisen-Nickel 2,3 (Beck), Eisen-Quecksilber 1,2 (Oosterhuis).

49. Messung des Thomson-Effekts. Die Messung des Thomson-Effekts bereitet noch erheblich größere Schwierigkeiten als diejenige der Peltier-Wärme. Der Thomson-Effekt kann von der Jouleschen Wärme getrennt werden, wenn zwei Leiterabschnitte desselben Metalls, die gleichen Querschnitt, gleichen Temperaturgradient und gleiche Temperatur besitzen, von demselben Strom im umgekehrten Sinne durchflossen werden. Man verwendet zu diesem Zweck eine Meßanordnung[1] gemäß Abb. 16, bei der zwei Temperaturbäder von den Temperaturen t_1 und t_2 vorhanden sind. Die Temperaturdifferenz, welche dann an den symmetrischen Stellen des Leiters entsteht, wird durch angelegte Lötstellen eines Thermoelements gemessen, wobei auch noch der Temperaturgradient

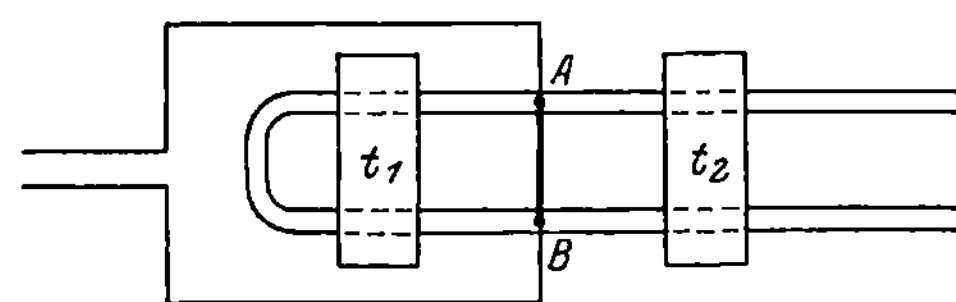

Abb. 16. Messung des Thomson-Effekts.

besonders thermoelektrisch bestimmt werden kann. Außerdem muß noch die Stromstärke und die Zeit gemessen werden. Die in einem bestimmten Leiterstück entwickelte Wärme muß in Vergleich gesetzt werden mit einer unter möglichst denselben Bedingungen erzeugten Jouleschen Wärme. Aus der Thomson-Wärme wird dann der Thomson-Koeffizient σ nach der in Ziff. 41 angegebenen Gleichung berechnet.

Die Messung kann auch als Nullmethode ausgebildet werden, wenn durch Stromverzweigung in dem einen Leiterschenkel der Strom so geschwächt wird, daß die durch die Thomson-Wärme entstehende Temperaturdifferenz an den beiden Leiterstellen durch die Verschiedenheit der Jouleschen Wärme gerade ausgeglichen wird (Berg 1910, Nettleton 1912). Auch eine stationäre Methode ist von Hall (1906) benutzt worden, worauf hier nur hingewiesen sei. Die Abhängigkeit des Thomson-Effektes von der Temperatur ist neuerdings von Borelius[2] bestimmt worden. .

Die von den verschiedenen Forschern erhaltenen Zahlen gehen sehr erheblich auseinander, so daß man von einer ausreichenden Bestätigung der Theorie hier noch nicht reden kann. Bei der Schwierigkeit der Messungen und der Kleinheit des Effekts ist das auch nicht weiter verwunderlich.

Zur Orientierung über die Größenordnung des Effekts seien hier einige Zahlen für den Thomson-Koeffizient σ angeführt, und zwar in Millionstel Kalorien/Coulomb · Grad bei 0°: Quecksilber $-0,4$ (Cermak), Kupfer $+0,4$ (Berg), Platin $-2,2$, Eisen $-1,0$ (Berg), Konstantan $-5,5$ (Lecher). Bei einem Leiter aus Konstantan, das den größten der hier angeführten Effekte besitzt, erhält man also beim Durchgang von einer Amperesekunde, wenn die Enden des Leiterstücks einen Temperaturunterschied von einem Grad C besitzen, eine Thermowärme von nur $5,5 \cdot 10^{-6}$ Kalorien, also eine im Verhältnis zur Jouleschen Wärme im allgemeinen sehr kleine Größe.

---

[1] Vgl. P. P. le Roux, Ann. chim. phys. Bd. 10, S. 201. 1867.
[2] G. Borelius, Ann. d. Phys. Bd. 63, S. 845. 1920; G. Borelius u. F. Gumeson, Ann. d. Phys. Bd. 65, S. 520. 1921.

e) Wichtige Thermoelemente und ihre Anwendung.

50. Übersicht. Die Thermoelemente spielen eine wichtige Rolle bei physikalischen und technischen Messungen verschiedener Art. Außerdem werden sie auch zur Erzeugung von Strömen (GÜLCHERsche Thermosäule) verwandt. Hier sollen nur die Haupteigenschaften der zur Messung benutzten Elemente kurz besprochen werden. Näheres über ihre Anwendung und die Messungen selbst s. in ds. Handb. XVI[1]).

Es kommen im wesentlichen zwei Arten von Thermoelementen für die Temperaturmessung in Betracht: für hohe Temperaturen (über 500°) die aus Platin und einer Legierung von Platin und Rhodium bestehenden Elemente, die eine sehr wichtige Rolle spielen; für tiefere Temperaturen (auch für ganz tiefe unter Umständen) die Elemente Kupfer-Konstantan oder Eisen-Konstantan, die auch als Indikatoren für elektrische Wellen Verwendung finden. Auch für Strahlungsmessungen und zur Messung von Wechselstrom werden die Thermoelemente benutzt.

51. Thermoelemente Kupfer-Konstantan und Eisen-Konstantan. Die Kombination Kupfer-Konstantan besitzt bei Zimmertemperatur ungefähr eine Thermokraft von 40 Mikrovolt pro Grad, die Kombination Eisen-Konstantan eine solche von etwa 50 Mikrovolt/Grad, doch ist das Eisen aus den früher angegebenen Gründen (Inhomogenität) nicht so empfehlenswert. Die Thermokraft dieser Kombinationen strebt bei höherer Temperatur einem Maximum zu, so daß sie dann unempfindlicher werden.

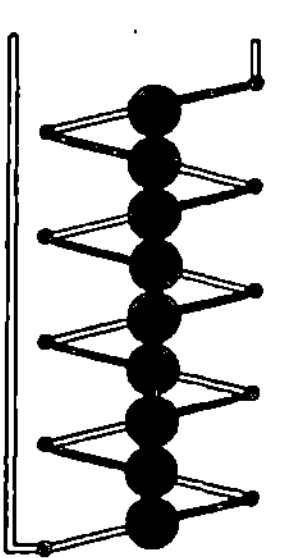

Abb. 17. Thermosäule zur Strahlungsmessung.

Am zuverlässigsten lassen sich kleine Temperaturdifferenzen mit diesen Elementen messen, wobei ein Hauptvorteil darin besteht, daß die Thermoelemente wegen ihrer geringen Platzbeanspruchung eine Temperaturmessung in sehr kleinen Räumen zulassen. Doch muß stets darauf geachtet werden, daß das ganze Element sich auf einer der Lötstellentemperaturen bzw. einer Zwischentemperatur befindet, weil sonst störende Thermokräfte durch die immer vorhandene Inhomogenität der Drähte entstehen. Es wäre z. B. unrichtig, wenn sich die Lötstellen auf 99 und 100° befinden, den übrigen Teil des Elementes auf Zimmertemperatur zu belassen. Ferner darf keine merkliche Wärmeableitung durch die Drähte des Elementes stattfinden, da sonst die Lötstellen nicht die zu messende Temperatur haben würden. Durch Hintereinanderschaltung einer größeren Anzahl von Elementen, bei denen immer die alternierenden Lötstellen sich auf derselben Temperatur befinden, kann die Empfindlichkeit erheblich gesteigert werden.

Dieses letztere Verfahren hat besonders auch für Strahlungsmessungen Anwendung gefunden und ist bereits von NOBILI und MELLANI zu diesem Zweck benutzt worden (1830); später wurden diese Thermosäulen von RUBENS[2]) wesentlich verbessert, der Elemente aus Eisen-Konstantan benutzte. Bei 20 Elementen können damit noch Temperaturdifferenzen von ein millionstel Grad gemessen werden. Abb. 17 stellt eine solche Thermosäule dar, bei der auf die der Strahlung ausgesetzten Lötstellen geschwärzte Silberplättchen aufgelötet sind. Die nicht bestrahlten Lötstellen liegen abwechselnd links und rechts von diesen Plättchen.

---

[1]) Vgl. auch F. HENNING, Die Grundlagen, Methoden und Ergebnisse der Temperaturmessung, S. 110 ff., Braunschweig: Fr. Vieweg & Sohn 1915 u. W. JAEGER, Elektrische Meßtechnik, 2. Aufl., S. 485 ff. Leipzig: J. A. Barth 1922.
[2]) H. RUBENS, ZS. f. Instrkde. Bd. 18, S. 65. 1898.

Häufig werden die angegebenen Elemente auch in der Weise benutzt, daß sich die eine Lötstelle beispielsweise auf einer Temperatur von 0° befindet, die andere aber eine erheblich höhere Temperatur besitzt. Doch ist in diesem Falle die Messung infolge der erwähnten Inhomogenitätsströme viel weniger zuverlässig; bei Anforderung größerer Genauigkeit muß man dann Platinthermometer verwenden. Für tiefe Temperaturen unter 0° findet das Thermoelement selten Anwendung, da seine Empfindlichkeit bei tieferen Temperaturen stark abnimmt.

Eine wichtige Rolle spielen die angegebenen Kombinationen noch in Verbindung mit einem Hitzdraht (Thermokreuz); sie können dann zur Messung von Gleich- und Wechselstrom dienen; auch das DUDDELLsche Mikroradiometer[1]) beruht auf diesem Prinzip.

Als Indikator für elektrische Wellen sowie auch für Strahlungsmessung in der Spektroskopie wird das Thermoelement in ein hohes Vakuum eingeschlossen, in dem die bestrahlte eine Lötstelle liegt; die anderen Verbindungsstellen befinden sich außerhalb der Strahlen auf Zimmertemperatur. Die beiden Metalle des Elements bestehen aus äußerst feinen Haardrähten, so daß keine nennenswerte Wärmeableitung durch dieselben erfolgt.

52. Thermoelemente aus Platinmetallen für hohe Temperaturen. Für hohe Temperaturen (bis etwa 1600°) dient das zuerst von LE CHATELIER[2]) benutzte Element aus Platin in Verbindung mit einer Legierung von Platinrhodium (10% Rhodium), das über 1000° ein unentbehrliches Hilfsmittel der Temperaturmessung bildet, da es, abgesehen von dem Strahlungspyrometer, in diesem Temperaturbereich das einzige für genaue Messungen brauchbare sekundäre Thermometer darstellt. Bei Anwendung ausreichender Vorsichtsmaßregeln hat es eine relative Genauigkeit von etwa $^1/_2$ bis 1°. Die Thermokraft pro Grad beträgt etwa 10 Mikrovolt. Die eine Lötstelle des Elements wird in der Regel auf 0° gehalten. Für die Thermokraft zwischen 250 und 1100° stellten HOLBORN und DAY[3]) folgende Formel auf:

$$E = -310 + 8{,}048 t + 0{,}00173 t^2 \text{ Mikrovolt.} \tag{75}$$

Oberhalb 1100° gilt diese Formel nicht mehr, da dann die Thermokraft weniger rasch ansteigt. Für das gleiche Element im Intervall 1100 bis 1600° wurde später von HOLBORN und VALENTINER[4]) folgende Formel aufgestellt:

$$E = 30600 \log \left[1{,}3 + \left(\frac{t}{1000} \right)^2 \right] - 1590 \text{ Mikrovolt}, \tag{76}$$

während von DAY und CLEMENT[5]) eine Formel dritten Grades für nahe das gleiche Intervall angegeben wurde.

Für die Messungen bei hohen Temperaturen müssen diese Thermoelemente meist eine ziemlich erhebliche Länge besitzen, so daß sich beim Gebrauch derselben infolge der ungleichmäßigen Temperatur leicht mit der Zeit Unhomogenitäten der Drähte einstellen, welche die Richtigkeit der Messung beeinträchtigen. Gegen die Flammengase müssen die Elemente durch Einschließen der Schenkel in Porzellanrohre oder solche aus MARQUARDTscher Masse bzw. auch Quarzrohre geschützt werden. Auch durch die Zerstäubung der Metalle, die in hoher

---

[1]) W. DUDDELL, Phil. Mag. Bd. 8, S. 91. 1904; Electrician Bd. 56, S. 559. 1906; Bd. 61, S. 94. 1908.

[2]) H. AE CHATELIER, Journ. de phys. Bd. 6, S. 23. 1887.

[3]) L. HOLBORN u. A. DAY, Ann. d. Phys. Bd. 2, S. 505. 1900.

[4]) L. HOLBORN u. S. VALENTINER, Ann. d. Phys. Bd. 22, S. 1. 1907.

[5]) A. DAY u. J. K. CLEMENT, Sill. Journ. Bd. 26, S. 405. 1908.

Temperatur eintritt, werden die Elemente allmählich geändert. Näher kann auf diese Fehlerquellen hier nicht eingegangen werden.

Es sei nur noch erwähnt, daß zum Zwecke der Eichung die EMK der Elemente bei bestimmten Fixpunkten, d. h. bei den Schmelz- und Siedepunkten reiner, gut definierter Stoffe gemessen wird. Solche Fixpunkte sind z. B. in den Wärmetabellen angegeben, die von der Physikalisch-Technischen Reichsanstalt herausgegeben sind[1]). Bei der Eichung werden die Elemente durch ein unten geschlossenes Porzellanrohr geschützt, das in die geschmolzenen Stoffe eingetaucht wird. Mitunter kann auch mit Vorteil, z. B. beim Fixpunkt der Schmelztemperatur des Goldes, die sog. „Drahtmethode" angewendet werden, bei der man mit wenig Material auskommt. Es wird ein etwa 5 mm langer Golddraht zwischen die Enden der heißen Lötstelle eingeschmolzen und die Thermokraft in dem Augenblick gemessen, in welchem der Draht durchschmilzt.

---

[1]) L. HOLBORN, K. SCHEEL, F. HENNING, Wärmetabellen der Phys.-Techn. Reichsanstalt, Braunschweig: Fr. Vieweg & Sohn 1919.

Kapitel 2

Wärmeleitung.

Von

MAX JAKOB, Charlottenburg.

Mit 35 Abbildungen.

I. Die grundlegenden Begriffe, Gleichungen und Verfahren.

1. Die verschiedenen Arten des Wärmeaustausches. Wärme ist eine Energieform, die nach der Theorie in einer Bewegung der Moleküle besteht, praktisch aber am sinnfälligsten durch die Temperatur der Körper in Erscheinung tritt. Aus einer Zunahme der Temperatur kann man ohne weiteres auf einen Wärmezuwachs schließen. Dieser kann von inneren Vorgängen herrühren, z. B. von der Umwandlung chemischer oder elektrischer Energie in Wärme, oder es kann von außen Energie durch Strahlung oder Leitung zugeführt werden.

Die Strahlung mag als Schwingung eines Mediums (des Äthers) oder als ein Schleudern von Energieteilchen aufzufassen sein, jedenfalls ist sie von der als Wärme bezeichneten Energieform verschieden, auch wenn es sich um „Wärmestrahlung" handelt, d. i. die durch die Temperatur eines Körpers bedingte Ausstrahlung; die Strahlung wird vielmehr erst bei oder nach der Absorption durch den bestrahlten Körper in Wärme umgewandelt. Diese Art der Wärmeübertragung wird in Bd. XIX dieses Handbuches behandelt werden.

Während hiernach für die Wärmeaufnahme durch Strahlung eine Art Fernwirkung und ein Wechsel der Energieform charakteristisch ist, versteht man unter Wärmeleitung den unmittelbaren Übergang von Wärmeenergie zwischen sich berührenden festen, flüssigen oder gasförmigen Körpern verschiedener Temperatur. Theoretisch stellt man sich diesen Übergang als eine Wanderung von Bewegungsenergie der Moleküle des wärmeren in die des kälteren Körpers vor; handgreiflich äußert er sich in einer von der Berührungsstelle ausgehenden Abkühlung des wärmeren und einer entsprechenden Erwärmung des kälteren Körpers. Die Wärmeleitung in einem einheitlichen Körper, dessen Temperatur örtlich verschieden ist, ist in der oben gegebenen Definition mit enthalten. Man kann sich nämlich einen solchen Körper aus beliebig vielen einzelnen Stücken zusammengesetzt denken, wobei immer die höher temperierten von ihrer Wärme an die unmittelbar angrenzenden kälteren abgeben.

Über den eigentlichen Mechanismus der Wärmeübertragung ist man sich noch keineswegs klar; es kann wohl sein, daß letzten Endes eine innere Strahlung zwischen den Molekülen dabei eine Rolle spielt; auch läßt sich z. B. die Strahlung zwischen einzelnen Schichten einer für Strahlung durchlässigen Flüssigkeit oder in den Poren nicht ganz einheitlicher fester Körper nur sehr schwer oder gar nicht von der Wärmeleitung trennen. Man schließt daher im allgemeinen solche innere

Strahlungsvorgänge in den Begriff der Wärmeleitung mit ein. Das bedingt, daß man von der Betrachtung der Art des Wärmeüberganges zwischen sehr kleinen Teilchen eines Körpers absieht und größere Teile davon wie völlig homogene Körper auffaßt. Dies ist möglich, weil bei sehr feiner Unterteilung der durchstrahlten Räume (Poren) die Strahlungsenergie proportional dem Temperaturgefälle angenommen werden kann, also dem gleichen Gesetze gehorcht, das wir allgemein der Wärmeleitung zugrunde legen werden.

Anders verhält es sich bei der Betrachtung des Wärmeüberganges von einem Körper zu einem anderen durch größere Gasschichten. Hier ist eine grundsätzliche Trennung der Wärmeübertragung durch Strahlung (nach der Differenz der vierten Potenzen der Temperaturen im Strahlungsaustausch stehender Wände) und durch Wärmeleitung erforderlich. Dabei wirkt aber ferner ein zweiter Einfluß störend auf die rein „molekulare" Wärmeleitung ein, die „molare" Wärmeübertragung. Da sich nämlich die Dichte von Gasen und Flüssigkeiten im allgemeinen mit zunehmender Temperatur verringert, so steigen bei Erwärmung einer Flüssigkeit von unten her die erwärmten Teilchen nach oben, während die kühleren herabsinken, und es tritt eine molare mit einem Wärmetransport verbundene Bewegung ein, die man Wärmekonvektion nennt. In den bewegten Flüssigkeitsmassen findet aber außerdem ein molekularer Wärmeaustausch zwischen den verschieden warmen Teilchen statt, und insbesondere ist überall da, wo die Flüssigkeit oder das Gas in Berührung mit festen Körpern kommt, der Wärmeaustausch rein molekular. Die Wärmekonvektion ist daher untrennbar mit der Wärmeleitung verbunden.

Wir werden zunächst nur solche Probleme der Wärmeleitung behandeln, bei denen die Konvektionserscheinungen keine oder eine untergeordnete Rolle spielen, erst bei der Lehre vom Wärmeübergang im Abschnitt VII werden wir uns mit der Konvektion eingehender zu beschäftigen haben.

2. Das Grundgesetz der stationären Wärmeströmung und die Wärmeleitzahl. Hält man einen geraden Stab von der Länge l, der aus einem einheitlichen Stoff bestehen und überall die gleiche Querschnittsfläche f haben möge, an seinem einen Ende dauernd auf der Temperatur ϑ_1, an dem anderen Ende auf der niedrigeren Temperatur ϑ_2, während die übrige Oberfläche gegen Wärmeabgabe oder -aufnahme vollkommen isoliert sein soll, so geht erfahrungsgemäß Wärme von dem heißeren nach dem kälteren Ende über. Nach längerer Zeit (genau genommen erst nach unendlich langer Zeit) stellt sich ein Zustand ein, bei dem in jedem Zeitintervall t die gleiche Wärmemenge Q durch den Stab strömt und auch die Temperatur sich an keiner Stelle mehr ändert. Man spricht daher von einem „Dauerzustand" oder „stationären Zustand". Die Wärmemenge Q kann man aus der folgenden, von I. B. BIOT schon vor FOURIER aufgestellten und in der Folge durch zahllose Versuche bestätigten Gleichung berechnen:

$$Q = \lambda \cdot f \cdot \frac{\vartheta_1 - \vartheta_2}{l} \cdot t. \tag{1}$$

Die Größe λ ist je nach dem Stoff des Stabes verschieden und offenbar ein Maß dafür, wie gut er die Wärme leitet. Man nennt sie die **Wärmeleitfähigkeit**, das **Wärmeleitvermögen** oder die **Wärmeleitzahl** des betreffenden Materials. Wir werden im folgenden die letztere, in der Technik eingeführte Bezeichnung wegen ihrer Kürze bevorzugen[1]. Nach Gleichung (1) ist die Dimension von λ

---

[1] Man möge sich an dem Grundwort „Zahl" nicht stoßen. Die „Wärmeleitzahl" ist natürlich keine „reine Zahl", sondern eine physikalische Größe von der durch Gleichung (1 a) bestimmten Dimension.

in physikalischem Maß:

$$[\lambda] = [\text{cal} \cdot \text{cm}^{-1} \cdot \text{s}^{-1} \cdot \text{Grad}^{-1}] , \tag{1a}$$

in wärmetechnischem Maß:

$$[\lambda] = [\text{kcal.} \cdot \text{m}^{-1} \cdot \text{h}^{-1} \cdot \text{Grad}^{-1}] , \tag{1b}$$

in elektrotechnischem Maß:

$$[\lambda] = [\text{W} \cdot \text{cm}^{-1} \cdot \text{Grad}^{-1}] . \tag{1c}$$

Die drei genannten Maße werden in der Literatur nebeneinander gebraucht. Wir geben Zahlenwerte stets in physikalischem Maß an. Auf das wärmetechnische Maß kommt man durch Multiplikation des in physikalischem Maß ausgedrückten Zahlenwertes von λ mit 360, auf das elektrotechnische Maß durch Multiplikation mit 4,184.

Das Wärmeleitvermögen eines Stoffes ist im allgemeinen nicht unabhängig von seiner Temperatur, sondern steigt oder fällt, wie wir sehen werden, mit zunehmender Temperatur. In der Nähe des Eispunktes, zuweilen auch in anderen Gebieten, läßt sich ihr Einfluß angenähert darstellen durch die Gleichung

$$\lambda = \lambda_0 (1 + \beta \cdot \vartheta) , \tag{2}$$

wenn λ und λ_0 die Wärmeleitzahlen bei den Temperaturen ϑ und $0°$ C bedeuten. β nennt man den Temperaturkoeffizienten der Wärmeleitzahl.

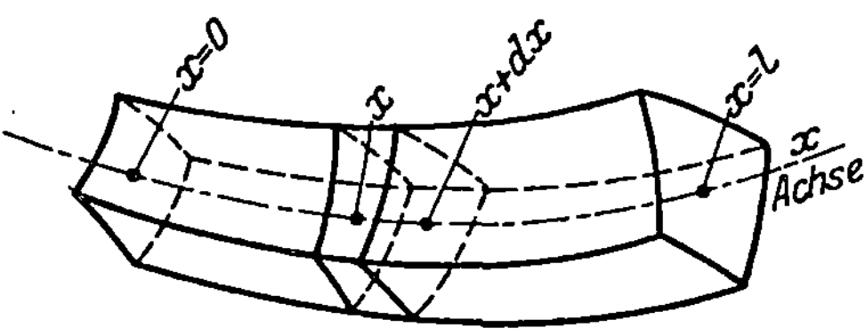

Abb. 1. Wärmestromröhre.

Gleichung (1) läßt sich für den Fall stationärer Wärmeströmung in einem beliebig geformten Körper verallgemeinern. Ein aus einem solchen Körper herausgeschnittenes Stück von dem sehr kleinen Querschnitt df sei in Abb. 1 dargestellt. Die Wärme ströme dabei längs der krummen x-Achse, die senkrecht auf der sich mit x ändernden Fläche df stehe. In dem differentiellen Raumelement, das sich von x bis $x + dx$ erstreckt, strömt dann in der Zeit t nach Gleichung (1) axial die Wärmemenge

$$dQ = -\lambda \cdot df \cdot \frac{d\vartheta}{dx} \cdot t . \tag{1d}$$

Das Minuszeichen setzen wir ein, weil auf der Strecke x bis $x + dx$ die Temperatur von ϑ auf $(\vartheta - d\vartheta)$ abnimmt, die dabei hindurchströmende Wärmemenge aber als eine positive Größe erscheinen soll. Gleichung (1 d) ist die für die ganze Lehre von der Wärmeleitung grundlegende. Definitionsgleichung. Durch Integration über die Fläche f läßt sich daraus die Wärmemenge Q gewinnen. Den Differentialquotienten $-\dfrac{d\vartheta}{dx}$ nennt man den „Temperaturgradienten" oder das „Temperaturgefälle", die krummen Flächen f „Niveauflächen", die in der Richtung der Wärmeströmung gezeichneten Kanten „Wärmestromlinien", das ganze Gebilde eine „Wärmestromröhre". λ kann sowohl längs der x-Achse als im Querschnitt f örtlich variabel sein.

Es mag gleich an dieser Stelle bemerkt werden, daß es keinen Sinn hat, bei einem stationären Zustand von einer Strömungsgeschwindigkeit der Wärme zu sprechen. Es tritt zwar eine gewisse Wärmemenge dQ in der Zeiteinheit bei $x = 0$ in den betrachteten Körper ein, bei $x = l$ wieder aus; aber Gleichung (1 d) gibt nicht den geringsten Anhalt dafür, mit welcher Geschwindigkeit diese Energie die Wärmestromröhre durchläuft.

3. Die Grundgleichung der veränderlichen Wärmeströmung und die Temperaturleitzahl. Aus einem Körper, der homogen und isotrop sei, also aus einheitlichem Stoff bestehen und die Wärme nach allen Richtungen gleich gut leiten soll, sei das in Abb. 2 dargestellte, räumlich beliebig orientierte, unendlich kleine rechtwinklige Parallelepipedon herausgeschnitten; wir legen in die Richtung seiner Kanten die Achsen eines Koordinatensystems und wollen nun eine in beliebiger Richtung durch diesen Körper hindurchdringende veränderliche Wärmeströmung betrachten. Denkt man sich diese nach 3 Komponenten zerlegt, so ist nach Gleichung (1 d) die im Zeitelement dt in der x-Richtung in den Körper einströmende Wärmemenge:

$$dQ_1' = -\lambda \cdot (dy \cdot dz) \cdot \frac{\partial \vartheta}{\partial x} \cdot dt$$

und die ausströmende Wärmemenge:

$$dQ_2' = -\lambda \cdot (dy \cdot dz) \cdot \frac{\partial}{dx}\left(\vartheta + \frac{\partial \vartheta}{\partial x}dx\right) \cdot dt = -\lambda (dy \cdot dz) \cdot \left(\frac{\partial \vartheta}{\partial x} + \frac{\partial^2 \vartheta}{\partial x^2}dx\right) \cdot dt.$$

Analoge Gleichungen gelten für die in den Richtungen y und z ein- und ausströmenden Wärmemengen dQ_1'', dQ_2'' und dQ_1''', dQ_2'''; man erhält sie durch zyklische Vertauschung von x, y und z.

Die Summe $dQ_1 = dQ_1' + dQ_1'' + dQ_1'''$ bedeutet die gesamte in der Zeit dt in das Parallelepipedon eintretende Wärmemenge, die Summe $dQ_2 = dQ_2' + dQ_2'' + dQ_2'''$ die gesamte aus ihm austretende Wärmemenge. In dem Körperelement wird ferner in der Zeit dt, während deren die Temperatur um ein Differential zunimmt, eine Wärmemenge dQ_3 aufgespeichert. Ist ϱ die Dichte des Materials, c seine spezifische Wärme, so ist

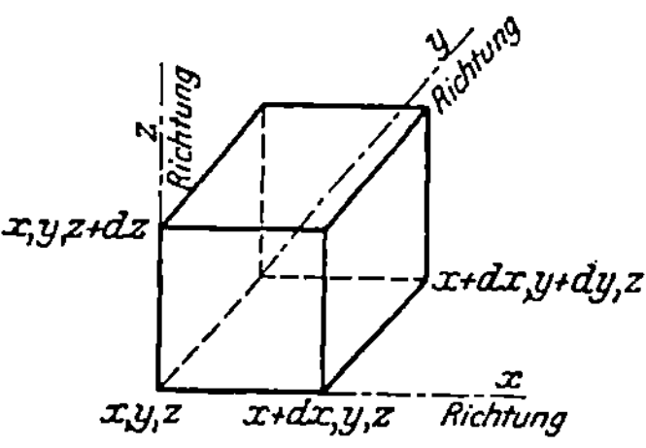

Abb. 2. Parallelepipedon.

$$dQ_3 = \varrho \cdot c \cdot (dx \cdot dy \cdot dz) \cdot \frac{\partial \vartheta}{\partial t} \cdot dt.$$

Endlich soll in dem unendlich kleinen Parallelepipedon die Wärmemenge

$$dQ_4 = q \cdot (dx \cdot dy \cdot dz) \cdot dt$$

erzeugt werden. Nach dem Gesetz von der Erhaltung der Energie erhält man nun

$$dQ_1 + dQ_4 = dQ_2 + dQ_3$$

und hieraus durch Einsetzen der oben abgeleiteten Ausdrücke

$$\frac{\partial \vartheta}{\partial t} = \frac{\lambda}{\varrho \cdot c} \cdot \left(\frac{\partial^2 \vartheta}{\partial x^2} + \frac{\partial^2 \vartheta}{\partial y^2} + \frac{\partial^2 \vartheta}{\partial z^2}\right) + \frac{q}{\varrho \cdot c} \tag{3}$$

oder unter Einführung des LAPLACEschen Operators $\varDelta$ und des Buchstaben a für $\dfrac{\lambda}{\varrho \cdot c}$ in abgekürzter Schreibweise

$$\frac{\partial \vartheta}{\partial t} = a \cdot \varDelta \vartheta + \frac{q}{\varrho \cdot c}. \tag{3 a}$$

Dies ist die allgemeine Differentialgleichung der Wärmeleitung. Sie setzt die zeitliche Änderung der Temperatur an irgendeiner Stelle eines

Körpers in Beziehung zu der örtlichen Änderung beim Fortschreiten um eine beliebige Strecke $ds = \sqrt{dx^2 + dy^2 + dz^2}$. Es handelt sich also um eine partielle Differentialgleichung, zu deren Lösung noch Randbedingungen gegeben sein müssen. Bestehen in der Nähe der betrachteten Stelle keine Wärmequellen, ist also $q = 0$, so fällt das zweite Glied rechts weg, und es ergibt sich die besonders häufige Form der Differentialgleichung

$$\frac{\partial \vartheta}{\partial t} = a \cdot \varDelta \vartheta. \tag{3 b}$$

Die Größe $a = \dfrac{\lambda}{\varrho \cdot c}$ nennt man die Temperaturleitfähigkeit oder Temperaturleitzahl des Stoffes, aus dem der betrachtete Körper besteht. Wir werden uns der letztgenannten, kürzeren Bezeichnungsweise bedienen[1]). Die Temperaturleitzahl spielt bei nicht stationärer Wärmeströmung dieselbe Rolle wie die Wärmeleitzahl λ bei der stationären. Wie nämlich λ bei gegebenem Temperaturgefälle $-\dfrac{\partial \vartheta}{\partial x}$ nach Gleichung (1 d) die durch einen Körper hindurchgeleitete Wärme zu berechnen gestattet, so gibt a in Verbindung mit dem LAPLACEschen Operator $\varDelta$, dem Maß für die Krümmungsverhältnisse der örtlichen Temperaturfunktion, die dadurch bedingte zeitliche Änderung der Temperatur an der betreffenden Stelle und damit die Wärmeaufnahme oder -abgabe, die Wärmestauung. Die Bezeichnung „Wärmestauzahl" wäre daher wohl treffender[2]) als die Bezeichnung „Temperaturleitzahl", die aber gleichwohl, weil längst in der Literatur eingeführt, beibehalten werden soll.

Die Dimension der Temperaturleitzahl a ist nach Gleichung (3 a)

in physikalischem und elektrotechnischem Maß

$$[a] = [\mathrm{cm^2 \cdot s^{-1}}], \tag{3 c}$$

in wärmetechnischem Maß

$$[a] = [\mathrm{m^2 \cdot h^{-1}}]. \tag{3 d}$$

Vom physikalischen kommt man auf das wärmetechnische Maß durch Multiplikation mit 0,36.

In Gleichung (3) oder (3 b) ist auch der in der vorigen Ziffer behandelte Fall der stationären Wärmeströmung mitenthalten. In diesem Fall ist nämlich $\dfrac{\partial \vartheta}{\partial t} = 0$, und die Gleichung (3 b) reduziert sich auf die LAPLACEsche Differentialgleichung

$$\frac{\partial^2 \vartheta}{\partial x^2} + \frac{\partial^2 \vartheta}{\partial y^2} + \frac{\partial^2 \vartheta}{\partial z^2} = 0. \tag{3 e}$$

Betrachten wir den Fall des geraden Stabes, bei dem die Wärme in der x-Richtung strömen, jede Längsfläche vollkommen isoliert sein soll, so ist $\dfrac{\partial^2 \vartheta}{\partial y^2} = 0$ und $\dfrac{\partial^2 \vartheta}{\partial z^2} = 0$, und die Integration der Gleichung (3 e) ergibt

$$\vartheta = A x + B. \tag{3 f}$$

---

[1]) Beim Literaturstudium ist zu beachten, daß die Temperaturleitzahl vielfach mit a^2 bezeichnet wird.

[2]) In der englischen und amerikanischen Literatur findet man die Bezeichnung „diffusivity" oder „diffusibility", was man mit „Streuzahl" übersetzen könnte. Das ist sozusagen das Negativum zu dem Begriff „Stauzahl" und wohl so entstanden, daß man von negativen Werten von $\dfrac{\partial \vartheta}{\partial t}$ oder $\varDelta \vartheta$ in Gleichung (3 b) ausgegangen ist.

Das Temperaturgefälle ist also linear, wie wir schon aus der Definitionsgleichung (1 d) wissen.

4. Die Grundgleichung des Wärmeaustausches zwischen festen Körpern und Flüssigkeiten oder Gasen und die Wärmeübergangszahl. Während die Probleme der Wärmeleitung in festen Körpern keine grundsätzlichen Schwierigkeiten bieten, wenn auch z. B. die Verschiedenheit von λ nach verschiedenen Richtungen bei anisotropen Körpern, wie Kristallen, die Aufgaben kompliziert, stößt man bei der exakten Behandlung des Wärmeaustausches zwischen festen und flüssigen oder gasförmigen Körpern selbst bei den einfachsten Formen der Wandflächen, wie Ebenen oder Zylindern, auf fast unüberwindliche Hindernisse, die man aber in der Physik lange Zeit überhaupt nicht gesehen oder unterschätzt hat. Daß dies möglich war, rührt davon her, daß man frühzeitig eine für den praktischen Gebrauch sehr geeignete und bis heute nicht übertroffene Definitionsgleichung eingeführt hat, die die bestehenden Schwierigkeiten verschleiert, nämlich das sog. NEWTONsche Abkühlungsgesetz

$$Q = \alpha \cdot f \cdot (\vartheta_1 - \vartheta_2) \cdot t . \tag{4}$$

Darin bedeutet Q die von der Fläche f einer Wand an die gasförmige oder flüssige Umgebung in der Zeit t übergehende Wärme, ϑ_1 die Wandtemperatur, ϑ_2 die Temperatur der Umgebung.

α nannte man die äußere Wärmeleitfähigkeit. Diese Bezeichnung ist aber verfehlt, weil α nicht die Dimension einer Wärmeleitfähigkeit hat. Wir werden daher nur die in der Technik übliche Bezeichnung „Wärmeübergangszahl" gebrauchen. Aus Gleichung (4) folgt für die Dimension von α

im physikalischen Maß

$$[\alpha] = [\mathrm{cal} \cdot \mathrm{cm}^{-2} \cdot \mathrm{s}^{-1} \cdot \mathrm{Grad}^{-1}], \tag{4a}$$

im wärmetechnischen Maß

$$[\alpha] = [\mathrm{kcal} \cdot \mathrm{m}^{-2} \cdot \mathrm{h}^{-1} \cdot \mathrm{Grad}^{-1}], \tag{4b},$$

im elektrotechnischen Maß

$$[\alpha] = [\mathrm{W} \cdot \mathrm{cm}^{-2} \cdot \mathrm{Grad}^{-1}] . \tag{4c}$$

Aus dem physikalischen kommt man ins wärmetechnische Maßsystem durch Multiplikation mit 36 000, ins elektrotechnische durch Multiplikation mit 418,4.

Gleichung (4) ist die Grundgleichung für die Berechnung des Wärmeaustausches zwischen festen Körpern und Flüssigkeiten oder Gasen geworden und geblieben, obwohl man sich heute darüber klar ist, daß α weder, wie man zuerst annahm, eine Konstante ist, noch überhaupt eine einfache physikalische Größe, sondern eine komplizierte Funktion vieler Variablen. Schon in der Definition selbst liegt eine begriffliche Schwierigkeit. Die Temperatur der Flüssigkeit oder des Gases ändert nämlich mit der Entfernung von der Wand ihren Wert. Welchen Wert sollte man nun als ϑ_2 in Gleichung (4) einsetzen? Im Fall einer ebenen Wand und darangrenzender, ruhender oder parallel zur Wand bewegter Flüssigkeit kann man aus dieser Schwierigkeit herauskommen, weil in einiger Entfernung von der Wand die Temperatur als überall gleich angesehen werden darf. Diesen Grenzwert hat man dann als ϑ_2 zugrunde gelegt. Bei einer durch ein Rohr strömenden Flüssigkeit, die Wärme von der Rohrwand aufnimmt, variiert dagegen die Temperatur über den ganzen Radius. Hier gibt es also keinen ausgezeichneten Wert; es ist vielmehr vollkommen willkürlich, welche Temperatur man als ϑ_2 in die Gleichung (4) einführen will. Auch nachdem man sich für den Mittelwert der Temperatur entschieden hatte, war noch nicht vollkommene Klarheit geschaffen. Denn man konnte entweder diejenige mittlere Temperatur meinen, welche man durch örtliche Integration der Temperatur über den Querschnitt ohne Berücksichtigung der herrschenden Strömung erhält, oder die mittlere Temperatur der strömenden Flüssigkeitsmasse. Beide Mittelwerte sind wesentlich voneinander verschieden[1]), und es ist noch nicht einheitlich festgesetzt, welche man zugrunde zu legen hat. Diese Unsicherheit ist nur der Ausdruck der bereits erwähnten Tatsache, daß die Wärmeübergangszahl α keine einfache physikalische Größe, sondern eine verwickelte Funktion ist, mit der wir uns in der Lehre vom Wärmeübergang (Abschnitt VII) noch eingehend zu beschäftigen haben werden. An dieser Stelle kann zur Erklärung einstweilen nur angedeutet werden, daß der Wärmeübergang eben kein neues Phänomen ist, das als solches auch einer neuen Definitionsgleichung bedürfte, sondern eine Kombination von Wärmeleitung und Flüssigkeitsströmung, die an sich durch die Definitionsgleichungen (1) und (3) und durch die Gleichungen der Hydrodynamik vollständig beherrscht wird, aber zu sehr komplizierten Ansätzen führt.

5. Wärmedurchgang und Wärmewiderstand. Wenn die gleiche Wärmemenge nacheinander durch feste Körper und durch Flüssigkeiten oder Gase geleitet wird, aber nur der gesamte dabei auftretende Temperaturabfall bekannt oder direkter Messung zugänglich ist — ein praktisch sehr häufig vorkommender Fall —, so pflegt man diesen Gesamtkomplex von reiner Wärmeleitung und Konvektion unter dem Begriff „Wärmedurchgang" zusammenzufassen. Ganz analog wie beim „Wärmeübergang" von Gleichung (4) geht man hier von der Formel

$$Q = k \cdot f \cdot (\vartheta_1 - \vartheta_2) \cdot t \tag{5}$$

aus, durch die eine Wärmedurchgangszahl k definiert ist, die ebenso wie die Wärmeübergangszahl α keine einfache physikalische Größe, sondern eine Funktion der ganzen Anordnung ist. Ihre Dimension ist gleich der von α.

Die reziproken Werte von α und k nennt man wohl auch Wärmewiderstandszahlen. Auch $\dfrac{l}{\lambda}$ hat die Dimension einer Widerstandszahl, wenn l eine Längsstrecke in einem Körper von der Wärmeleitzahl λ bedeutet. Wir werden sehen (Ziff. 47), daß man bei verschiedenen Körpern gleichen Querschnittes, die nacheinander von der gleichen Wärmemenge durchströmt werden, die Wärmewiderstandszahlen so wie hintereinandergeschaltete elektrische Widerstände algebraisch addieren kann, um zu einer Gesamtwiderstandszahl zu gelangen, deren reziproker Wert dann die gesuchte Wärmedurchgangszahl k ist.

Eine fast vollkommene Analogie zum elektrischen Widerstand gewinnt man, wenn man für $\dfrac{l}{f \cdot \lambda}$, $\dfrac{1}{f \cdot \alpha}$ und $\dfrac{1}{f \cdot k}$ den Begriff „Wärmewiderstand" oder „thermischer Widerstand" einführt, was für praktische Rechnungen sehr bequem ist. Die Größen $\dfrac{f \cdot \lambda}{l}$, $f \cdot \alpha$ und $f \cdot k$ kann man — ebenfalls der Bezeichnungsweise der Elektrotechnik entsprechend — als „Wärmeleitwerte" bezeichnen[2]).

6. Allgemeiner Überblick und Systematik der Meßverfahren. Die Molekulartheorie der Wärmeleitung bleibt dem Kapitel „Kinetische Theorie" vorbehalten und wird in der Folge nur so weit herangezogen, als es zum Verständnis der Erfahrungstatsachen unbedingt erforderlich ist. Im vorliegenden

---

[1]) S. hierüber H. Gröber, Die Grundgesetze der Wärmeleitung und des Wärmeübergangs, S. 175 u. 187, Berlin: Julius Springer 1921.
[2]) Siehe hierüber M. Jakob, ZS. f. d. ges. Kälte-Ind. Bd. 33, S. 21. 1926.

Kapitel werden nur die Folgerungen behandelt, die nach den Grundgleichungen (1d), (3a) und (4) aus den Erscheinungen hervorgehen. Aber auch bezüglich der mathematischen Darstellung dieser Folgerungen, die, insbesondere was die Gleichung (3a) betrifft, im wesentlichen auf FOURIER zurückgeht und die Veranlassung zur Entdeckung der FOURIERschen Reihen bot, werden wir uns große Beschränkung auferlegen. Wir werden diesen Folgerungen nur so weit nachgehen, als es der physikalische Zweck erfordert. Eine vorzügliche Darstellung vom mathematischen Standpunkt ist in der Encyklopädie der mathematischen Wissenschaften von HOBSON und DIESSELHORST[1]) gegeben worden. Wir werden uns daher im wesentlichen nur zu beschäftigen haben mit der Wärmeleitzahl, der Wärmeübergangszahl, ihrer Bestimmung und den daraus folgenden Gesetzmäßigkeiten und Anwendungen.

In den zunächst folgenden Abschnitten II bis VI wird die rein molekulare Wärmeübertragung behandelt werden, also die Wärmeleitung im engeren Sinn, und dann in den Abschnitten VII und VIII die gemischte molekulare und molare Wärmeleitung, also der Wärmeübergang unter dem Einfluß der Konvektion und der Wärmedurchgang. Man kann dies auch so ausdrücken, daß zunächst von den einheitlichen (festen, flüssigen, gasförmigen) Körpern für sich allein die Rede sein wird und dann von Kombinationen von festen mit flüssigen und gasförmigen Körpern, also von Flüssigkeiten und Gasen unter dem Einfluß sie begrenzender Wände.

Bei der reinen Wärmeleitung besprechen wir zuerst die Metalle und Legierungen (Abschnitt II), dann die Kristalle (Abschnitt III), die schlecht leitenden festen Körper (Abschnitt IV), endlich die Flüssigkeiten (Abschnitt V) und die Gase (Abschnitt VI), und zwar jeweils zuerst die Meßverfahren, dann die Versuchsergebnisse und Zahlenwerte und schließlich die daraus folgenden Gesetzmäßigkeiten und Anwendungen. Es trifft sich günstig, daß diese Gesetzmäßigkeiten für die verschiedenen Arten von Stoffen bzw. von Aggregatzuständen sehr verschieden sind, so daß hier nur wenig Überdeckungen in der Erörterung vorkommen. Dagegen muß man bei den Versuchsmethoden zuweilen auf früher oder später Behandeltes verweisen, da es Verfahren gibt, die sowohl für feste Körper wie für Flüssigkeiten und Gase angewendet werden können.

Ein allgemeines Ordnungsprinzip, das bei allen Stoffarten und Aggregatzuständen wiederkehrt, ist das nach der Art der Wärmeströmung. Je nachdem die Messung nach oder vor Eintritt des Dauerzustandes ausgeführt wird, unterscheidet man Verfahren für stationäre oder veränderliche Wärmeströmung. Die ersten sind mathematisch einfacher, erfordern aber eine lange Versuchsdauer, da der Dauerzustand (besonders bei großen Versuchskörpern) nur langsam erreicht wird. Dabei ist es aber möglich, alle Randbedingungen genau einzustellen und zu kontrollieren. Es scheint daher, daß diese Verfahren bisher die besten Ergebnisse gebracht haben.

Die Methoden für variablen Zustand, bei denen sowohl einmalige, plötzliche als periodische, allmähliche Temperaturänderungen zugrunde gelegt werden, erfordern die Integration der Differentialgleichung (3) oder (3b). Sie führen zu schwierigen Entwicklungen und haben daher mathematisch veranlagte Physiker vielfach angezogen. Um die Lösung der Gleichungen zu ermöglichen, sind oft vereinfachende Annahmen erforderlich, deren Zulässigkeit nicht ganz sicher ist. Diese Verfahren führen zu Werten der Temperaturleitzahl a. Um daraus λ zu gewinnen, müssen ϱ und c noch besonders bestimmt werden.

---

[1]) E. W. HOBSON u. H. DIESSELHORST, Wärmeleitung. Encyklop. d. math. Wiss. Bd. 4, Teil 1, Abschn. 4, S. 161—231.

Ebenfalls bei allen Stoffen und sowohl bei stationärer als bei veränderlicher Strömung kann man die Wärmeleitzahl λ relativ zu der anderer Substanzen oder absolut messen. Die Relativverfahren bedingen entweder ein örtliches Hintereinanderschalten des zu untersuchenden Materials und des Vergleichsstoffes in einen und denselben Wärmestrom oder zeitlich aufeinanderfolgende Messungen mit gleicher Wärmeenergie oder mit gleichen Temperaturrandbedingungen. Eine besondere Kategorie von Relativmessungen beruht auf dem Sichtbarmachen und Ausmessen von Isothermen der Wärmeströmung.

Absolutmessungen im Dauerzustand erfordern in der Regel die Bestimmung von Wärmemengen. Hierfür kommt die kalorimetrische oder die elektrische Energiemessung in Frage. Erstere ist besonders bei hohen Temperaturen beliebt, letztere wird neuerdings bei stationären Meßverfahren fast ausschließlich verwendet. Die elektrische Heizenergie wird im allgemeinen außerhalb des Versuchskörpers erzeugt, und die Wärme wird dann durch den Körper hindurchgeleitet[1]). Bei elektrischen Leitern jedoch kann die Heizung auch von innen durch die JOULEsche Wärme erfolgen, die durch elektrischen Strom in dem Versuchskörper wie von regelmäßig verteilten Wärmequellen entwickelt wird[2]). Es läßt sich dann das Verhältnis der elektrischen zur thermischen Leitfähigkeit bestimmen.

Eine wichtige Rolle spielt die Form der Versuchskörper, die möglichst einfach sein soll, damit die Rechnungen nicht allzu schwierig werden. Man hat daher im allgemeinen sowohl bei veränderlicher als auch bei stationärer Strömung, bei Relativ- und Absolutverfahren die Kugel-, Würfel-, Zylinder- und Plattenform den Messungen zugrunde gelegt, wobei die Wärme in ausgezeichneten Richtungen (bei Kugeln z. B. radial) strömt.

Endlich werden wir einige besondere Verfahren kennenlernen, die auf der Analogie zwischen den Wärmestromlinien und den magnetischen oder elektrischen Kraftlinien beruhen.

Für die Behandlung der Wärmeleitung mit Konvektion, also des Wärmeüberganges (Abschnitt VII), haben sich in der neueren Zeit Ähnlichkeitsbetrachtungen als besonders fruchtbar erwiesen. Sie werden uns bei unseren Ausführungen leiten. Die Anwendung des Ähnlichkeitsprinzips bringt es mit sich, daß hier im Gegensatz zur Behandlung der reinen Wärmeleitung eine prinzipielle Unterscheidung und Anordnung nach dem Aggregatzustand nicht am Platz wäre. Dagegen hat jetzt die Form der Wände, an die die Flüssigkeiten oder Gase angrenzen, entscheidende Bedeutung. Ein wichtiges Unterscheidungs- und Einteilungsmerkmal ist ferner die Art der Konvektion, wobei man die natürliche (nur durch Dichteunterschiede bedingte) von der künstlichen Konvektion unterscheidet, bei der die Versuchsflüssigkeit eine erzwungene Bewegung ausführt. Für die Bestimmung des Wärmeüberganges bei kompliziert geformten Wänden endlich scheint ein neueres Modellverfahren, beruhend auf der Analogie zwischen Wärmeleitung und Diffusion, von Bedeutung zu werden.

Im Anschluß an die Fragen des Wärmeübergangs wird (Abschnitt VIII) auf die Kombination von Wärmeleitung und Wärmeübergang eingegangen werden, für die wir den in der Technik eingeführten Namen Wärmedurchgang kennengelernt haben.

---

[1]) Dieses Verfahren scheint auf A. SCHLEIERMACHER (Wied. Ann. Bd. 34, S. 623. 1888) zurückzugehen, der damit die Wärmeleitzahl von Gasen bestimmte (s. S. 127). Zu Wärmeleitungsmessungen an festen Körpern hat sich wohl zuerst CH. H. LEES (Phil. Trans. Bd. 191, S. 399. 1898) dieser Art der elektrischen Heizung bedient.

[2]) Bezüglich der ersten Anwendung dieser Methode s. S. 64, Fußnote 2.

II. Wärmeleitung durch Metalle und Legierungen.

a) Versuchsverfahren für stationäre Wärmeströmung.

7. Vergleich von Wärmeleitzahlen durch Sichtbarmachen und Ausmessen von Isothermen der Wärmeströmung. Eine Reihe von Versuchsverfahren, die zum Teil schon seit über einem Jahrhundert bekannt sind, beruht darauf, Versuchskörper geeigneter Form mit Wachs oder einem ähnlichen Stoff in dünner Schicht zu überziehen und aus der Grenzlinie des Abschmelzens bei stationärer Wärmeströmung auf das Wärmeleitvermögen der Versuchskörper zu schließen.

Schon INGENHOUSS[1]) hat von diesem Verfahren Gebrauch gemacht bei einem Versuch, der sich besonders zur Demonstration der Verschiedenheit des Wärmeleitvermögens fester Körper eignet, aber auch zu einer groben Vergleichsmessung der Wärmeleitzahl verschiedener Metalle dienen kann: In der Seitenwand eines Blechkastens stecken gleich dicke Stäbchen aus verschiedenen Metallen, die sämtlich mit Wachs od. dgl. überzogen sind. Füllt man nun das Gefäß mit heißem Wasser oder Öl, so schmilzt der Wachsüberzug von der Blechwand an um so weiter ab, je besser das Metall des betreffenden Stäbchens die Wärme leitet, und zwar verhalten sich (wie zuerst von BIOT und DESPRETZ erkannt wurde) bei überall gleicher Temperatur der Blechwand des Kastens, nach der in Ziff. 8 abgeleiteten Gleichung (7d) die Wärmeleitzahlen λ_1, λ_2 usw. der einzelnen Metalle wie die Quadrate der Strecken x_1, x_2 usw., auf denen das Wachs bei den verschiedenen Stäbchen abgeschmolzen ist. Die der Schmelztemperatur des Wachses zugehörige und durch die Schmelzgrenze sichtbar gemachte Isotherme geht hier in den Abständen x_1, x_2 usw. durch die Querschnitte der Stäbe annähernd senkrecht zu deren Achsen.

Ein ebenfalls auf dem Sichtbarmachen und Ausmessen von Isothermen beruhendes Verfahren, das hauptsächlich für anisotrope, nicht metallische Leiter, nämlich für Kristalle, bestimmt war, später aber auch bei Metallen Verwendung fand, hat SÉNARMONT[2]) angegeben. Dabei wurden die zu untersuchenden dünnen Platten mit einer Schicht aus Wachs überzogen und in der Mitte mit einem etwa 2 mm weiten Loch versehen, durch das ein Rohr aus Silber führte. Das Rohr wurde unterhalb der Platte erhitzt, während gleichzeitig ein Luftstrom hindurchgesaugt wurde. Statt des Rohres hat SÉNARMONT später einen Silberdraht durch die Platte hindurchgezogen und an einem Ende erhitzt. Nach dem Erkalten der Platte ist die Grenze, bis zu der das Wachs geschmolzen ist, gut sichtbar. Die Grenzlinie ist offenbar eine Isotherme und hat bei homogenen Platten Kreisform, bei Kristallen dagegen, wie im Abschnitt III näher dargelegt wird, Ellipsenform. Bei Metallen hat man die Methode z. B. angewandt, um den Einfluß der Magnetisierung von Eisen, Nickel oder Wismut oder der Belichtung von Selen auf die Wärmeleitfähigkeit zu studieren. Vergrößert sich nämlich in einer Richtung die Wärmeleitfähigkeit, so muß in dieser Richtung das Schmelzen weiter fortschreiten und die Schmelzisotherme in eine Ellipse übergehen wie bei Kristallplatten.

RÖNTGEN[3]) hat das Verfahren von SÉNARMONT folgendermaßen abgeändert: Die Platten werden nicht durchbohrt, sondern durch einen in der Mitte aufgesetzten, zugespitzten Kupferstab erwärmt. An Stelle der Wachsschicht wird

---

[1]) I. INGENHOUSS, Journ. de phys. Bd. 34, S. 68 u. 380. 1789.

[2]) H. DE SÉNARMONT, Pogg. Ann. Bd. 73, S. 191. 1848; Bd. 74, S. 190. 1848; Bd. 75, S. 50 u. 482. 1848; Bd. 76, S. 119. 1849; Bd. 80, S. 175. 1850; C. R. Bd. 25, S. 459 u. 707. 1847; Bd. 26, S. 501. 1848; Ann. chim. phys. Bd. 21, S. 457. 1847; Bd. 22, S. 179. 1848; Bd. 23, S. 257. 1848.

[3]) W. C. RÖNTGEN, Pogg. Ann. Bd. 151, S. 603. 1874; ZS. f. Krist. Bd. 3, S. 17. 1879.

durch Anhauchen eine Schicht von Wassertröpfchen erzeugt. Die nach dem Verdunsten der Hauchschicht hervortretende Isotherme fixiert man durch Aufstreuen und dann folgendes Abklopfen von Lykopodium. Schmaltz[1]) hat nach diesem Verfahren den Einfluß der Magnetisierung auf die Wärmeleitfähigkeit von Nickel untersucht, aber den Kupferstab durch ein eingeschraubtes Messingrohr ersetzt, durch das Wasserdampf strömte, und die Platte dadurch mit einem Wasserhauch überzogen, daß er sie auf 0° abkühlte und dann in feuchte Luft brachte.

Bellati und Lussana[2]) haben bei ihren Versuchen mit belichtetem und unbelichtetem Selen nach dem Vorgang von A. M. Mayer[3]) die Isothermen durch Überzug der Platten mit dem Doppelsalz ($HgJ_2 \cdot CuJ_2$) erzeugt, das bei 70° (nach anderer Angabe bei ca. 88°) seine Farbe von Karminrot in Dunkelschokoladebraun ändert. Jodsilber-Jodquecksilber ($2\,AgJ + 2\,HgJ_2$), das bis 45° hellgelb ist und dann orangefarben wird, kann ebenfalls verwendet werden.

Die dritte wichtige Isothermenmethode ist von Voigt zunächst für Kristalle (s. Ziff. 21) und dann auch für isotrope Körper[4]) angegeben und zuerst von Schulze[5]) zum Vergleich der Wärmeleitzahlen verschiedener Metalle und Legierungen angewandt worden. Sie besteht im Sichtbarmachen und Ausmessen einer Isotherme an der Berührungs-

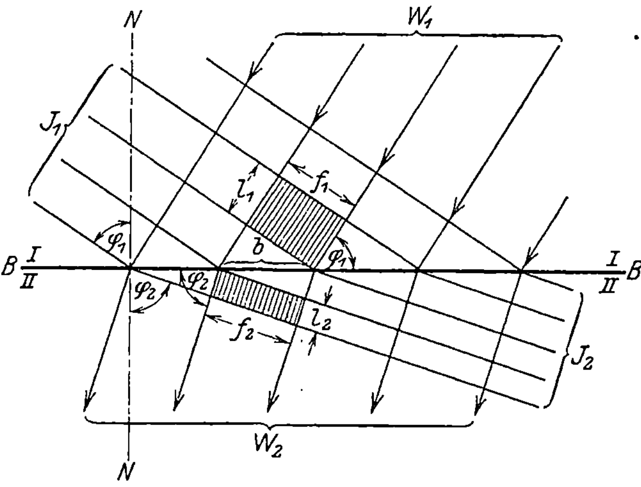

Abb. 3. Brechung von Wärmestromlinien.

fläche zweier verschiedener zusammengekitteter Versuchskörper und beruht auf der Anwendung der Grundgleichung (1) auf einen solchen Doppelkörper.

Abb. 3 stelle die Oberfläche zweier isotroper längs BB zusammengekitteter Platten I und II dar, deren Wärmeleitzahlen λ_1 und λ_2 seien. Diese Platten mögen von einem in jeder Platte homogenen Wärmestrom durchsetzt werden, der in der Abbildung durch die in gleichem Abstand gezeichneten, parallelen Wärmestromlinien W_1 und W_2 angedeutet sei. Offenbar werden diese Linien in der Berührungsfläche BB gebrochen und gehen im Medium II in einer anderen Richtung, aber aus Symmetriegründen wieder parallel zueinander weiter. Senkrecht zu W_1 und W_2 laufen die Isothermen J_1 und J_2. Ihr Winkel gegen die Normale NN sei im Medium I durch φ_1, im Medium II durch φ_2 bezeichnet. Durch die Parallelogramme mit den Seiten f_1, l_1 und f_2, l_2 strömt die gleiche Wärmemenge, und zwar für ein Stück der Platte von der senkrecht zur Zeichenebene gemessenen Dicke 1 nach Gleichung (1)

$$\lambda_1 \cdot f_1 \cdot \frac{\vartheta}{l_1} = \lambda_2 \cdot f_2 \cdot \frac{\vartheta}{l_2},$$

[1]) G. Schmaltz, Ann. d. Phys. (4) Bd. 16, S. 398 u. 792. 1905.
[2]) M. Bellati u. S. Lussana, Atti Ist. Veneto (6) Bd. 5, S. 1117. 1886/87.
[3]) A. M. Mayer, Phil. Mag. (4) Bd. 44, S. 257. 1872.
[4]) W. Voigt, Wied. Ann. Bd. 64, S. 95. 1898.
[5]) F. A. Schulze, Ann. d. Phys. Bd. 9, S. 560. 1902.

wobei ϑ die Temperaturdifferenz zweier benachbarter Isothermen bedeutet. Setzt man in diese Gleichung $f_1 = b \cdot \sin \varphi_1$, $l_1 = b \cdot \cos \varphi_1$ und $f_2 = b \cdot \sin \varphi_2$, $l_2 = b \cdot \cos \varphi_2$ ein, so erhält man

$$\frac{\lambda_1}{\lambda_2} = \frac{\operatorname{tg} \varphi_2}{\operatorname{tg} \varphi_1}. \tag{6}$$

Auf diese Beziehung hat VOIGT sein Verfahren gegründet. Aus den zu vergleichenden Stoffen werden zwei kongruente Platten in Form rechtwinkliger Dreiecke geschnitten und längs der Diagonale so zusammengekittet, daß eine rechtwinklige Platte entsteht. Die Oberfläche bestreicht man mit Elaidinsäure (mit einem Zusatz von Wachs und Terpentin). Dann legt man eine Seite der Platte an einen erwärmten Kupferklotz an. Die der Schmelztemperatur von 44 bis 45° entsprechende Isotherme ist dann sehr deutlich zu sehen; nachdem ihre Winkel φ_1 und φ_2 ausgemessen sind, wird $\dfrac{\lambda_1}{\lambda_2}$ aus Gleichung (6) berechnet.

8. Vergleich von Wärmeleitzahlen durch Temperaturmessungen. An den Versuch von INGENHOUSS (Ziff. 7) schließt sich eines der bemerkenswertesten Verfahren zum Vergleich der Wärmeleitzahl verschiedener Metalle an, das bereits von BIOT[1]) vorgeschlagen und dann zuerst von DESPRETZ[2]) angewandt worden ist. Abb. 4 stelle einen Stab von überall gleichem Querschnitt dar, der durch ein Heizbad H oder sonstwie an der Stelle $x = 0$, die in einiger Entfernung von dem Heizbad liegen kann, dauernd auf gleicher Temperatur gehalten werde. Der Stab ruhe in Luft von niedrigerer Temperatur. Dann strömt dauernd Wärme von der Stelle $x = 0$ durch den Stab und geht von dessen Oberfläche an die Luft.

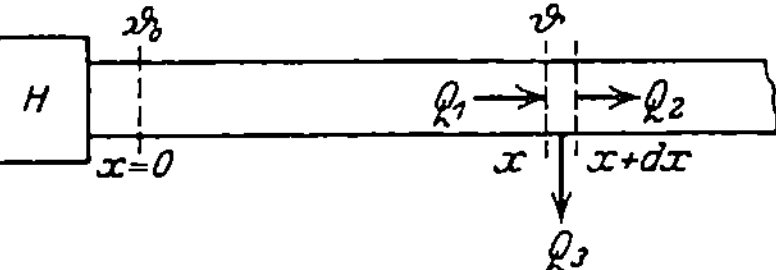

Abb. 4. Wärmeströmung in einem Stab.

Im Stabquerschnitt wird offenbar die Temperatur von der Achse aus abnehmen; aber der Stab sei so dünn oder leite verhältnismäßig so gut, daß die Temperatur überall im Querschnitt als gleich angenommen werden dürfe. Es sei nun

ϑ_0 die Temperatur des Stabes an der Stelle $x = 0$,
ϑ die Temperatur des Stabes an der Stelle x,
ϑ_a die Außentemperatur,
u der Umfang einer Schnittfläche senkrecht zur Stabachse,
f der Flächeninhalt dieser Schnittfläche,
α die Wärmeübergangszahl zwischen Stab und Luft,
λ die Wärmeleitzahl des Stabmaterials.

Dann strömt im Dauerzustand an dem durch die Abstände x und $x + dx$ begrenzten Element in der Zeit t

die Wärmemenge $Q_1 = -\lambda \cdot f \cdot \dfrac{d\vartheta}{dx} \cdot t$ ein und

,,   ,, $Q_2 + Q_3 = -\lambda \cdot f \cdot \left(\dfrac{d\vartheta}{dx} + \dfrac{d^2\vartheta}{dx^2} \cdot dx \right) \cdot t + \alpha \cdot u \cdot dx \cdot (\vartheta - \vartheta_a) \cdot t$ aus.

Da nun im Dauerzustand $Q_1 = Q_2 + Q_3$ sein muß, so erhält man hieraus die zuerst von BIOT abgeleitete Differentialgleichung

$$\lambda \cdot f \cdot \frac{d^2\vartheta}{dx^2} = \alpha \cdot u \cdot (\vartheta - \vartheta_a). \tag{7}$$

---

[1]) J. B. BIOT, Traité de phys. Bd. 4, S. 669. Paris 1816.
[2]) C. M. DESPRETZ, Ann. chim. phys. Bd. 19, S. 97. 1822; Bd. 36, S. 422. 1827 (dazu ein Bericht von FOURIER, ebenda Bd. 19, S. 99. 1822); Pogg. Ann. Bd. 12, S. 281. 1828.

Wir nehmen nun zunächst an, α sei eine Konstante. Dann läßt sich Gleichung (7) einfach integrieren; ihre allgemeine Lösung lautet

$$\vartheta - \vartheta_a = A \cdot e^{-x\sqrt{\frac{\alpha \cdot u}{\lambda \cdot f}}} + B \cdot e^{x\sqrt{\frac{\alpha \cdot u}{\lambda \cdot f}}}. \tag{7a}$$

Da an der Stelle $x = 0$ die Temperatur $\vartheta = \vartheta_0$ herrschen muß, so folgt aus (7a)

$$A + B = \vartheta_0 - \vartheta_a.$$

Für einen unendlich langen Stab muß ferner bei $x = \infty$ die Temperatur $\vartheta = \vartheta_a$ sein, was nur möglich ist, wenn $B = 0$. Dann ist also $A = \vartheta_0 - \vartheta_a$, und Gleichung (7a) geht über in

$$\vartheta - \vartheta_a = (\vartheta_0 - \vartheta_a)\, e^{-x\sqrt{\frac{\alpha \cdot u}{\lambda \cdot f}}}. \tag{7b}$$

Hat man nun zwei sonst gleiche, sehr lange Stäbe von verschiedenen Stoffen, deren Wärmeleitzahlen λ_1 und λ_2 und deren Wärmeübergangszahlen α_1 und α_2 seien, und mißt man die Abstände x_1 und x_2, für die $\vartheta_1 = \vartheta_2$ ist, so erhält man aus (7b) die Gleichung

$$(\vartheta_0 - \vartheta_a) \cdot e^{-x_1\sqrt{\frac{\alpha_1 \cdot u}{\lambda_1 \cdot f}}} = (\vartheta_0 - \vartheta_a)\, e^{-x_2\sqrt{\frac{\alpha_2 \cdot u}{\lambda_2 \cdot f}}}$$

und hieraus

$$\frac{\lambda_1 \cdot \alpha_2}{\lambda_2 \cdot \alpha_1} = \frac{x_1^2}{x_2^2}. \tag{7c}$$

Die Wärmeübergangszahlen α_1 und α_2 kann man dadurch annähernd gleich machen, daß man die Oberflächen der Stäbe beide vergoldet und dann poliert[1]). Dann geht (7c) über in

$$\frac{\lambda_1}{\lambda_2} = \frac{x_1^2}{x_2^2}. \tag{7d}$$

Von dieser Gleichung haben wir bereits bei der Besprechung des Versuches von Ingenhouss Gebrauch gemacht (s. Ziff. 7).

Eine genauere Messung wird dadurch erreicht, daß man bei verschiedenen Stäben gleichen Querschnittes nicht wie bei der Isothermenmethode die Stellen $x_1, x_2 \ldots$ sucht, wo gleiche Temperatur herrscht, sondern in einem und demselben beliebigen Abstand x von der Stelle $x = 0$ die Temperaturen mißt, indem man z. B. in feine Bohrungen senkrecht zur Stabachse die Lötstellen von Thermoelementen einführt[2]).

Ergeben sich dabei für die Metalle von der Wärmeleitzahl λ_1 und λ_2 im Abstande x die Temperaturen ϑ_1 und ϑ_2, so folgt aus Gleichung (7b) .

$$\vartheta_1 - \vartheta_a = (\vartheta_0 - \vartheta_a) \cdot e^{-x\sqrt{\frac{\alpha_1 \cdot u}{\lambda_1 \cdot f}}}$$

---

[1]) Dadurch wird die Strahlungszahl, die hier in α mitenthalten ist, bei beiden Stäben gering und gleich gemacht.

[2]) Um die Temperatur richtig zu messen, ist dabei die Bohrung sehr eng zu halten, die Lötstelle tief, möglichst bis in die Stabachse einzubringen und dafür zu sorgen, daß die herausgeführten Drahtenden möglichst wenig Wärme, vor allem keine merkliche Wärme von der Lötstelle abführen, die sonst abgekühlt wird. Die Drähte der Thermoelemente müssen daher sehr dünn sein, und es empfiehlt sich, sie zunächst um den Stab herumzuschlingen, ehe man sie radial abführt. Natürlich muß metallische Berührung der Thermoelemente mit dem Stab außer an der Lötstelle vermieden werden. Manche sonst gute Messungen der Wärmeleitzahl haben zu falschen Ergebnissen geführt, weil auf diese Punkte nicht genügend geachtet wurde und die Beobachter sich etwa damit begnügt haben, die Thermoelemente genau zu eichen und vielleicht noch auf Homogenität der Drähte zu prüfen.

und

$$\vartheta_2 - \vartheta_u = (\vartheta_0 - \vartheta_a) \cdot e^{-x\sqrt{\frac{\alpha_2 \cdot u}{\lambda_2 \cdot f}}}$$

und hieraus

$$\frac{\lambda_1 \cdot \alpha_2}{\lambda_2 \cdot \alpha_1} = \left(\frac{\lg\dfrac{\vartheta_2 - \vartheta_a}{\vartheta_0 - \vartheta_a}}{\lg\dfrac{\vartheta_1 - \vartheta_a}{\vartheta_0 - \vartheta_a}}\right)^2 \tag{7e}$$

oder, wenn man wieder $\alpha_1 = \alpha_2$ macht,

$$\frac{\lambda_1}{\lambda_2} = \left(\frac{\lg\dfrac{\vartheta_2 - \vartheta_a}{\vartheta_0 - \vartheta_a}}{\lg\dfrac{\vartheta_1 - \vartheta_a}{\vartheta_0 - \vartheta_a}}\right)^2 . \tag{7f}$$

Es fragt sich nun, wie lang ein Metallstab sein muß, damit man die für einen unendlich langen Stab aufgestellten Gleichungen (7b), (7e) und (7f) ohne allzu großen Fehler anwenden kann. Einen Anhalt dafür gibt die folgende Betrachtung: In Abb. 5 sei die Wärmeabgabe des Stabes an die Luft schematisch dargestellt. Sie ist natürlich am größten bei $x = 0$, weil hier die Differenz zwischen der Temperatur des Stabes und der Luft am größten ist, und wird mit zunehmendem x immer kleiner. Nun werde die gesamte

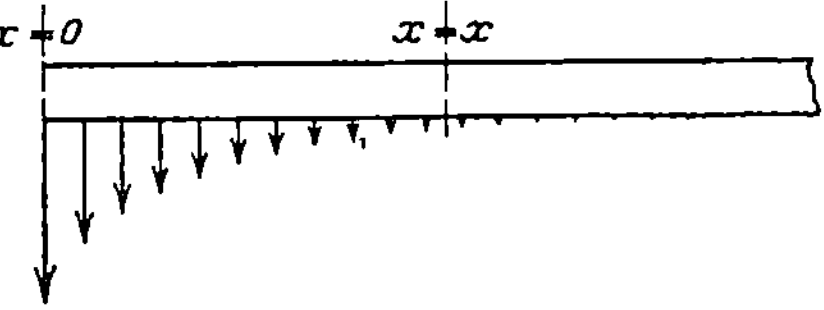

Abb. 5. Wärmeabgabe eines Stabes nach außen.

auf die Zeiteinheit bezogene Wärmeabgabe zwischen $x = 0$ und $x = x$ mit q_0^x, die von $x = x$ bis $x = \infty$ mit q_x^∞ bezeichnet. Aus Gleichung (4) folgt dann

$$q_0^x = \int_x^0 \alpha \cdot (\vartheta - \vartheta_a) \cdot u \cdot dx$$

und

$$q_0^\infty = \int_x^\infty \alpha \cdot (\vartheta - \vartheta_a) \cdot u \cdot dx$$

und durch Einsetzen von ϑ aus Gleichung (7b), wobei noch $m = \sqrt{\dfrac{\alpha}{\lambda}\dfrac{u}{f}}$ eingeführt werden soll,

$$q_0^x = \int_0^x \alpha \cdot (\vartheta_0 - \vartheta_a) \cdot e^{-mx} \cdot u \cdot dx = \frac{\alpha \cdot (\vartheta_0 - \vartheta_a) \cdot u}{m} \cdot (1 - e^{-mx}) \tag{8}$$

und

$$q_x^\infty = \int_x^\infty \alpha \cdot (\vartheta_0 - \vartheta_a) \cdot e^{-mx} \cdot u \cdot dx = \frac{\alpha \cdot (\vartheta_0 - \vartheta_a) \cdot u}{m} \cdot e^{-mx} . \tag{8a}$$

Wir wollen uns nun mit einer solchen Länge x des Stabes begnügen, daß q_x^∞ nur noch $1^0/_0$ von q_0^x ausmacht. Es sei also $q_x^\infty = 0{,}01 \cdot q_0^x$ oder nach Gleichung (8) und (8a)

$$e^{-mx} = 0{,}01\,(1 - e^{-mx}) ,$$

woraus man

$$x = -\frac{\lg 0,00901}{m \cdot \lg e} = \frac{4,72}{m} \tag{8b}$$

erhält.

Wir betrachten nun einen zylindrischen Stab von $2\,r = 1,2$ cm Durchmesser und wollen $\vartheta_0 = 50$ und $\vartheta_a = 20°$ C annehmen; bei natürlicher Konvektion sei dabei die Wärmeübergangszahl $\alpha = 0,00017$ cal $\cdot$ cm$^{-2}\cdot$ s$^{-1}\cdot$ Grad^{-2}. Dann ist

$$m = \sqrt{\frac{\alpha}{\lambda} \cdot \frac{u}{f}} = \sqrt{\frac{\alpha}{\lambda} \cdot \frac{2\,r\,\pi}{r^2\,\pi}} = \frac{0,02382}{\sqrt{\lambda}} \,.$$

Für Silber ($\lambda = 1,0$ cal$\cdot$cm^{-1}s$^{-1}\cdot$ Grad^{-1}) wird somit $m = 0,0238$, für Nickel ($\lambda = 0,14$) $m = 0,0637$. Ein unendlich langer Silberstab von 1,2 cm Durchmesser würde daher auf der Strecke $x = \dfrac{4,72}{0,0238} = 198$ cm, ein Nickelstab auf der Strecke $x = \dfrac{4,72}{0,0637} = 74$ cm etwa 99% der gesamten ihm im Querschnitt $x = 0$ zugeführten Wärme abgeben und nur noch 1% jenseits der Strecke x bis ins Unendliche. Die Temperatur ϑ an der Stelle x des Stabes wäre dabei nach Gleichung (7b) und (8b) $\vartheta = 20 + 30 \cdot e^{-4,72} = 20,27$ unabhängig von der Art des Materials.

Würde man nun den Silberstab bei $x = 198$ cm, den Nickelstab bei $x = 74$ cm durchschneiden und das bis ins Unendliche reichende Ende entfernen, so müßte, da nunmehr 1% der zugeführten Wärme nicht mehr am Stabende abgeführt, von der Schnittfläche aber, wie man leicht rechnen kann, kaum $^1/_{100\,000}$ der Wärme an die Luft abgegeben würde, der ganze Stab sich stärker erwärmen. Bei Stäben von einigermaßen handlicher Länge bedingt somit die endliche Länge zweifellos Fehler der Wärmeleitzahl von mehreren Prozenten, wenn man von Gleichung (7b) ausgeht.

Um nun Gleichung (7a) zugrunde legen zu können, hat man den Kunstgriff angewandt, die Temperatur an drei, je um die Länge l voneinander entfernten Querschnitten zu messen. Wenn die Temperatur an der Stelle x mit ϑ_0, an der Stelle $x + l$ mit ϑ_1 und an der Stelle $x + 2\,l$ mit ϑ_2 bezeichnet wird, so führt Gleichung (7a) zu:

$$(\vartheta_0 - \vartheta_a) + (\vartheta_2 - \vartheta_a) = A \cdot e^{-mx} + B \cdot e^{mx} + A \cdot e^{-m(x+2l)} + B \cdot e^{m(x+2l)}$$

und

$$\vartheta_1 - \vartheta_a = A \cdot e^{-m(x+l)} + B \cdot e^{m(x+l)} \,.$$

Durch Division folgt hieraus

$$\frac{(\vartheta_0 - \vartheta_a) + (\vartheta_2 - \vartheta_a)}{\vartheta_1 - \vartheta_a} = e^{-ml} + e^{ml}$$

oder, wenn man

$$\frac{(\vartheta_0 - \vartheta_a) + (\vartheta_2 - \vartheta_a)}{\vartheta_1 - \vartheta_a} = 2\,n$$

setzt,

$$2\,n = e^{-ml} + e^{ml}$$

und hieraus

$$e^{ml} = n \pm \sqrt{n^2 - 1} \,.$$

Eine physikalische Bedeutung hat jedoch nur die Gleichung

$$e^{ml} = n + \sqrt{n^2 - 1} \tag{7g}$$

oder

$$m\,l = \ln\!\left(n + \sqrt{n^2 - 1}\,\right),\qquad\qquad (7\mathrm{h})$$

weil stets $e^{ml} > 1$, daher $e^{-ml} < 1$ sein muß und somit aus der Summe $e^{-ml} + e^{ml} = 2\,n$ die Bedingung $e^{ml} > n$ folgt.

Für einen zweiten Stab, dessen Wärmeleitzahl λ' sei, gilt mit $m' = \sqrt{\dfrac{\alpha'}{\lambda'}\cdot\dfrac{u}{f}}$

und $2\,n' = \dfrac{(\vartheta'_0 - \vartheta'_a) + (\vartheta'_2 - \vartheta'_a)}{\vartheta'_1 - \vartheta'_a}$ die (7h) analoge Gleichung

$$m' \cdot l' = \ln\!\left(n' + \sqrt{n'^2 - 1}\,\right).\qquad\qquad (7\mathrm{i})$$

Aus der Division von (7h) durch (7i) folgt dann

$$\frac{m\cdot l}{m'\cdot l'} = \frac{\ln\!\left(n + \sqrt{n^2 - 1}\,\right)}{\ln\!\left(n' + \sqrt{n'^2 - 1}\,\right)} = \frac{\lg\!\left(n + \sqrt{n^2 - 1}\,\right)}{\lg\!\left(n' + \sqrt{n'^2 - 1}\,\right)}.$$

Durch Einsetzen von $m = \sqrt{\dfrac{\alpha}{\lambda}\cdot\dfrac{u}{f}}$ und $m' = \sqrt{\dfrac{\alpha'}{\lambda'}\cdot\dfrac{u}{f}}$ erhält man schließlich

$$\frac{\lambda}{\lambda'} = \frac{\alpha}{\alpha'}\left[\frac{\lg\!\left(n' + \sqrt{n'^2 - 1}\,\right)}{\lg\!\left(n + \sqrt{n^2 - 1}\,\right)}\right]^2\qquad\qquad (7\mathrm{j})$$

oder, wenn man wieder $\alpha = \alpha'$ setzen darf,

$$\frac{\lambda}{\lambda'} = \left[\frac{\lg\!\left(n' + \sqrt{n'^2 - 1}\,\right)}{\lg\!\left(n + \sqrt{n^2 - 1}\,\right)}\right]^2.\qquad\qquad (7\mathrm{k})$$

Da n und n' nach Definition einzig von den gemessenen Temperaturen ϑ_a, ϑ_0, ϑ_1, ϑ_2, ϑ'_0, ϑ'_1 und ϑ'_2 abhängen, so gewinnt man somit ohne weiteres $\dfrac{\lambda}{\lambda'}$, aus den gemessenen Temperaturen. Wie man erkennt, besteht der erwähnte Kunstgriff darin, daß man die 4 Konstanten A, B, A', B', durch die Messung von 4 Temperaturdifferenzen $\vartheta_0 - \vartheta_1$, $\vartheta_1 - \vartheta_2$, $\vartheta'_0 - \vartheta'_1$ und $\vartheta'_1 - \vartheta'_2$ eliminiert.

Dies kann man, worauf schon DIESSELHORST[1] hingewiesen hat, auch dadurch erreichen, daß man die beiden Enden eines Stabes auf die gleiche Temperatur ϑ_0

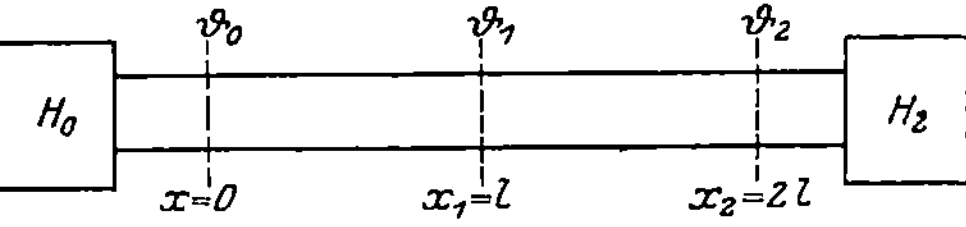

Abb. 6.　Stab mit zwei Heizbädern.

bringt, also etwa zwei ganz gleich temperierte Bäder H_0 und H_2 verwendet[2] (s. Abb. 6). Zu Gleichung (7a) treten dann die Grenzbedingungen $x = x_0$, $\vartheta = \vartheta_0$ und $x = 2\,l$, $\vartheta = \vartheta_2 = \vartheta_0$, und es wird

$$\vartheta_0 - \vartheta_a = A + B$$
$$\vartheta_0 - \vartheta_a = A\cdot e^{-2lm} + B\cdot e^{2lm}$$

Hieraus folgt

$$A = (\vartheta_0 - \vartheta_a)\cdot\frac{e^{2lm} - 1}{e^{2lm} - e^{-2lm}}$$

$$B = (\vartheta_0 - \vartheta_a)\cdot\frac{1 - e^{-2lm}}{e^{2lm} - e^{-2lm}}$$

---

[1] H. DIESSELHORST, Wärmeleitung, Encyklop. d. math. Wiss. Bd. 5, Teil 1, Abschn. 4, S. 216.

[2] Praktischer ist es, die beiden Bäder derartig zu heizen, daß $\vartheta_0 = \vartheta_2$ wird, wobei wieder $x_1 - x = x_2 - x_1 = l$ ist und x und x_2 in einem gewissen Abstand von den Heizbädern H_0 und H_2 liegen können (wie $x = 0$ in Abb. 4).

und durch Einsetzen in (7a)

$$\vartheta - \vartheta_a = (\vartheta_0 - \vartheta_a) \cdot \frac{(e^{2lm} - 1)\, e^{-xm} + (1 - e^{-2lm})\, e^{xm}}{e^{2lm} - e^{-2lm}} .$$ (7l)

Für $x = l$ erhält man aus (7l) nach einigen Umformungen

$$\vartheta_1 - \vartheta_a = \frac{2\, e^{lm}(\vartheta_0 - \vartheta_a)}{e^{2lm} + 1} .$$ (7m)

Daraus läßt sich nun wieder nach Gleichung (7k) $\frac{\lambda}{\lambda'}$ gewinnen, wobei jetzt

$$n = \frac{\vartheta_0 - \vartheta_a}{\vartheta_1 - \vartheta_a} .$$

Das Verfahren nach Abb. 6 hat den Vorzug, daß bei gleicher Stablänge die Temperatur wesentlich weniger sinkt, daß man also mit mehr Recht λ konstant setzen kann, während sonst möglicherweise die Abhängigkeit der Wärmeleitzahl von der Temperatur eine Rolle spielt. Noch wichtiger aber ist, daß dabei auch α bei verschiedenen Materialien weniger verschieden ist, und damit kommen wir zu einem Punkt, auf den man bisher wenig geachtet hat, der aber die Ergebnisse des Despretzschen Meßverfahrens um mehrere Prozente fälschen kann.

Man darf nämlich, auch wenn man die Oberflächen der Vergleichsstäbe ganz gleich macht, dennoch nicht $\alpha = \alpha'$ setzen, weil, wie im Abschnitt VII dargelegt wird, α von der Temperatur ϑ und der Temperaturdifferenz $(\vartheta - \vartheta_a)$, insbesondere von letzterer wesentlich abhängt. Die beiden Vergleichsstäbe haben aber bei gleicher Badtemperatur oder bei gleicher Temperatur ϑ_0 verschiedene mittlere Temperatur. Ist nun z. B. für zwei Stäbe von 1,2 cm Durchmesser $2\,l = 30$ cm, $\vartheta_0 = 50°$, $\vartheta_a = 20°$, $\lambda = 0,92$, $\lambda' = 0,30$, so wird, wie man berechnen kann[1]), infolge der verschiedenen mittleren Temperatur bei Heizung des Stabes von einem Ende aus die Wärmeübergangszahl α um etwa 7%, bei Heizung des Stabes von beiden Enden aus dagegen nur um etwa 3% größer als α'. Man muß daher $\frac{\lambda}{\lambda'}$ nach Gleichung (7j) statt nach Gleichung (7k) berechnen.

Da ferner die Temperaturdifferenz $(\vartheta - \vartheta_a)$ und damit α auch längs des Stabes variabel ist, so ist auch die bei der Integration von Gleichung (7) gemachte Annahme, daß für einen Stab α konstant sei, nicht streng gültig, und alle aus Gleichung (7a) folgenden Formeln sind nicht ganz korrekt. Jakob und Erk[1]) haben bei einer genauen Analyse des Despretzschen Verfahrens angegeben, wie man durch Differenzenrechnung auch dieser Schwierigkeit Herr werden kann.

Unsere Besprechung der Despretzschen Methode zeigt, wie verwickelt selbst Relativmessungen von λ bei gewöhnlicher Temperatur werden, wenn man sich mit einer Genauigkeit von einigen Prozenten nicht begnügen will. Zwar hat schon Kirchhoff[2]) die Schwierigkeit der Despretzschen Methode im wesentlichen erkannt. Die meisten Beobachter, die nach dieser Methode gemessen haben, haben aber die obigen Gesichtspunkte nicht berücksichtigt. Daher können die Messungen von Wiedemann und Franz und anderen, so aufschlußreich sie auch für das allgemeine Verhalten der Metalle gewesen sind, keinen Anspruch auf große Genauigkeit erheben.

Besonders ungünstig scheint, wie Bridgman[3]) nachweist, durch die Veränderlichkeit von α das Ergebnis von Messungen beeinträchtigt worden zu sein,

---

[1]) M. Jakob u. S. Erk, ZS. f. Phys. Bd. 35, S. 670. 1926.
[2]) G. Kirchhoff, Vorlesungen über die Theorie der Wärme (hrsg. von M. Planck) S. 35. Leipzig: B. G. Teubner 1894.
[3]) P. W. Bridgman, Proc. Amer. Acad. Bd. 57, S. 75. 1922.

die Lussana[1]) nach der Despretzschen Methode an Metallstäben unter Druck (bis zu 3000 at) ausgeführt hat. Die Stäbe waren dabei in dem Druckraum von einer Flüssigkeit umgeben, deren Wärmeleitzahl sich, wie Bridgman durch Versuche gezeigt hat, zehnmal stärker mit dem Druck ändert als die der zu untersuchenden Metalle, und Lussana hat diese Änderung, die naturgemäß unmittelbar auf α einwirkt, nicht genügend berücksichtigt. Er ist daher zu offenbar unrichtigen Werten des Druckkoeffizienten der Wärmeleitzahl von Metallen und Legierungen gelangt.

Ein anderes, in der Auswertung einfacheres Vergleichsverfahren ist von Berget[2]) angewandt worden. Er hat auf eine Eisfläche einen Metallzylinder gesetzt, über diesem eine Schicht Quecksilber in einem zylindrischen Rohr vom gleichen Durchmesser angeordnet, deren obere Fläche durch heißes Wasser oder Dampf erwärmt und das axiale Temperaturgefälle in dem zylindrischen Versuchskörper und in dem darüber befindlichen Quecksilberzylinder verglichen. Die Hintereinanderschaltung von Zylindern aus verschiedenen Stoffen in dem gleichen Wärmestrom war nicht mehr neu, sondern hat bereits früher Christiansen[3]) zum Vergleich der Wärmeleitzahlen von nicht metallischen festen Körpern, Flüssigkeiten und Luft gedient (s. Ziff. 23). Damit aber das Quecksilber und der Versuchskörper wirklich vom gleichem Wärmestrom axial durchsetzt werden, hat Berget hier (oder vielmehr bei den in Ziff. 9 zu behandelnden Messungen) wohl zum erstenmal die sog. Schutzringmethode angewandt, die darin besteht, daß die Versuchszylinder von Zylinderringen umschlossen werden, die das gleiche axiale Temperaturgefälle haben. Jedem Punkt der äußeren Wand des inneren Zylinders steht dann in gleicher Höhe eine Stelle der inneren Wand des äußeren Zylinders gegenüber, die die gleiche Temperatur hat. Daher wird radial Wärme weder aus- noch einströmen. Die Schutzringmethode ist in der Folge vielfach angewandt worden und ist auch heute noch eines der wertvollsten Hilfsverfahren bei der Bestimmung von Wärmeleitzahlen. Wir werden verschiedene Modifikationen dieser Methode kennenlernen.

9. Bestimmung von Wärmeleitzahlen durch kalorimetrische Energiemessung. Berget[4]) hat bei der soeben behandelten Vergleichsmethode seine Metallzylinder deshalb gerade mit Quecksilberzylindern hintereinander geschaltet, weil er den Absolutwert der Wärmeleitzahl von Quecksilber mit einem Eiskalorimeter bestimmt hatte. Zu diesem Zwecke füllte er einen 20 cm hohen Hohlzylinder von 1,3 cm lichter Weite mit Quecksilber und legte darum als Schutzring einen ebenfalls mit Quecksilber gefüllten Zylinderring von 6 cm äußeren Durchmesser, der außen durch Watte isoliert war. Durch strömenden Dampf wurden nun die oberen Flächen des Quecksilberzylinders und des Quecksilberzylinderringes auf eine konstante höhere Temperatur gebracht, während die eiserne Grundplatte der Anordnung auf 0° gehalten wurde. Wie bei Flüssigkeiten allgemein üblich (Ziff. 33), erfolgte auch hier die Heizung von oben. Die oberen erwärmten Schichten sind gleichzeitig die spezifisch leichtesten und haben daher keine Veranlassung, herabzusinken, so daß also Konvektion vermieden wird. Würde man von unten heizen, so würde das erwärmte und spezifisch leichtere Quecksilber nach oben steigen und kaltes nach unten sinken. Zur Messung der den inneren Zylinder in der Richtung von oben nach unten durchströmenden Wärmemenge war die innere, mit Quecksilber gefüllte Röhre durch die Grundplatte hindurch in den oberen mit Eis gefüllten Teil eines Bunsen-

<hr>

[1]) S. Lussana, Cim. (6) Bd. 15, S. 130. 1918.
[2]) A. Berget, Journ. de phys. (2) Bd. 9, S. 135. 1890.
[3]) C. Christiansen, Wied. Ann. Bd. 14, S. 23. 1881.
[4]) A. Berget, Journ. de phys. Bd. 7, S. 2. 1888.

schen Eiskalorimeters (ds. Handb. X, Kap. 6) geführt. Entspricht der im Eiskalorimeter geschmolzenen Eismenge die Zufuhr einer Wärmemenge Q in der
Zeit t, so gilt Gleichung (1) (Ziff. 2), wobei f die Querschnittsfläche des Quecksilberzylinders, $\vartheta_1 - \vartheta_2$ das axiale Temperaturgefälle in diesem Zylinder auf
einer Strecke l bedeutet. Aus Gleichung (1) erhält man dann ohne weiteres λ
nach der Gleichung

$$\lambda = \frac{Q}{t} \cdot \frac{1}{f} \cdot \frac{l}{\vartheta_1 - \vartheta_2} . \qquad (1\,\text{e})$$

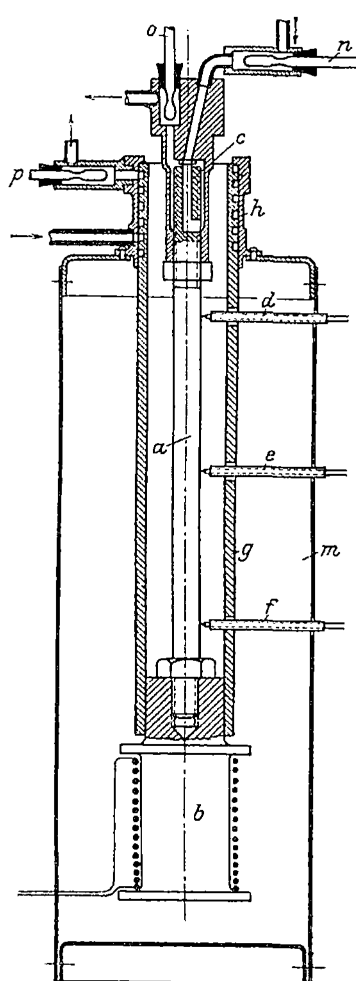

Abb. 7. Anordnung zur Messung
der Wärmeleitzahl von Metallen
nach Donaldson.

Das kalorimetrische Verfahren ist ferner in
etwas verbesserter Form von Weber[1]) angewandt worden.

Zu Messungen für Temperaturen bis über
400° C ist eine von J. W. Donaldson[2]) angegebene Versuchseinrichtung (Abb. 7) geeignet.
Die in dem elektrischen Heizkörper b erzeugte
Wärme wird dem 40 cm langen und 2 cm dicken
Versuchsstab a von unten zugeführt und am
oberen Ende durch ein Wasserkalorimeter c entzogen, in dem die Temperaturzunahme des
Wassers durch die Thermometer n und o gemessen wird. Das gleiche axiale Temperaturgefälle wie in a wird in dem Schutzring g mit
Hilfe des ebenfalls von Wasser durchströmten
Kühlers h und des Thermometers p eingestellt.
d, e und f sind drei Thermoelemente, deren
Lötstellen zweckmäßigerweise in a eingelassen
werden; m ist ein Isoliermantel.

Im allgemeinen hat man die Wärmeleitzahl
von Metallen nur selten kalorimetrisch bestimmt,
mit Vorliebe aber die von feuerfesten Stoffen.
Wir werden daher im Abschnitt IV (Ziff. 24)
noch ausführlicher auf das kalorimetrische Meßverfahren zu sprechen kommen.

**10. Bestimmung von Wärmeleitzahlen
durch elektrische Messung der in einem besonderen Heizkörper erzeugten Wärmeleistung.**
Das Gegenstück zu der kalorimetrischen Energiemessung ist die elektrische. Während man bei
der kalorimetrischen Methode die Wärmeenergie
nach dem Austritt aus dem Versuchskörper
bestimmt, wird bei dem elektrischen Verfahren
die Energie entweder vor Eintritt in den
Versuchskörper gemessen, nämlich dann, wenn
man die Energie in einem besonderen elektrischen Heizkörper erzeugt und
dann dem Versuchskörper zuführt, oder beim Durchgang durch den Probe-
körper, nämlich dann, wenn die Wärmeenergie in dem Versuchskörper selbst
erzeugt wird.

---

[1]) R. Weber, Ann. d. Phys. (4) Bd. 11, S. 1047. 1903.
[2]) Siehe M. Jakob, ZS. f. Metallkde. Bd. 18, S. 55. 1926.

Das Verfahren der Heizung mit besonderem elektrischen Heizkörper[1]) wird zur Bestimmung von nicht elektrisch leitenden Körpern vorzugsweise angewandt; Metalle sind hiernach seltener untersucht worden, weil es im allgemeinen bequemer ist, elektrische Energie im Inneren der Metalle selbst in Wärmeenergie umzusetzen (Ziff. 11) als sie in einem besonderen Heizkörper zu erzeugen und dann unter Überwindung beträchtlicher Übergangswiderstände dem Metallkörper zuzuführen.

JAKOB[2]) hat indes einen ursprünglich zur Bestimmung der Wärmeleitzahl von Flüssigkeiten (s. Ziff. 34) erdachten Versuchsapparat mit besonderem Heizkörper auch für Messung an Metallen verwenden können (s. Abb. 8). Die in einem elektrischen Heizkörper H_1 erzeugte Wärme strömt dabei axial durch den Versuchszylinder L und geht von diesem durch den Eisenklotz E, der auf einem Rost R_0 in dem Gefäß G_1 sitzt, an Kühlwasser über. Das Wasser, das durch Kühlung mit Eis oder durch Heizung mit dem elektrischen Heizkörper H_2 in dem Gefäß G_2 auf beliebige Temperaturen zwischen annähernd 0 und 100° gebracht werden kann, strömt von O_3 in die Saugleitung einer kleinen Pumpe, durch deren Druckleitung über O_1 nach G_1 und von da durch O_2 wieder nach G_2. R ist eine Metallhaube, die als ein erster Schutz gegen Strahlungsverluste des Heizkörpers H_1 dient. Mit einem Thermoelement bei B_0 kann die Temperatur von R dauernd kontrolliert werden. Einen zweiten Schutz gegen Wärmeverluste bildet ein gläsernes Vakuummantelgefäß J mit versilberten Wänden[3]), das über R und L

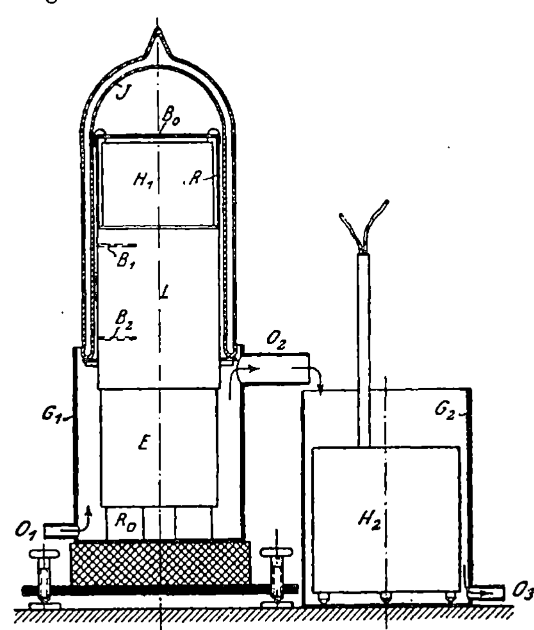

Abb. 8. Anordnung zur Messung der Wärmeleitzahl von Metallen nach JAKOB.

gestülpt wird. Die Versuchsergebnisse werden wieder nach Gleichung (1) ausgewertet. Hierzu wird die Temperaturdifferenz $(\vartheta_1 - \vartheta_2)$ mit Thermoelementen bestimmt, deren Lötstellen in den Bohrungen B_1 und B_2 sitzen, die Wärmeenergie Q durch Messung der dem Heizkörper zugeführten elektrischen Energie und Abzug der Wärmeverluste. Die letzteren können, wie in der Originalabhandlung ausführlich auseinandergesetzt wird, durch besondere Messungen und Rechnungen bestimmt werden. Sie betrugen bei 150 mm langen und 117 mm dicken Versuchs-

---

[1]) Die zur Charakterisierung der beiden Verfahren vielfach gebrauchten Bezeichnungen „elektrische Außenheizung" und „elektrische Innenheizung" oder „innere elektrische Heizung" vermeiden wir, da man bei dieser Bezeichnungsweise die Heizung einer Kugel durch einen im Innern angebrachten Heizkörper (s. Ziff. 25) konsequenterweise „elektrische Außenheizung" nennen müßte.

[2]) M. JAKOB, ZS. d. Ver. d. Ing. Bd. 66, S. 688. 1922 u. Wiss. Abh. d. Phys.-Techn. Reichsanst. Bd. 6, S. 137. 1923.

[3]) Der Schutz gegen Ausstrahlung von Wärme wird bei solchen Gefäßen durch den Metallüberzug der Wände erzielt; Energieverluste durch Wärmeleitung werden durch ein gutes Vakuum im Hohlraum zwischen den Wänden vermieden [Ziff. 39, Gleichung (49)].

zylindern aus Aluminium bei $75°$ etwa $1/2\%$, für 30 proz. Nickelstahl bei $25°$ etwa 2%, bei $70°$ etwa 5% von Q. Die Temperaturdifferenz $(\vartheta_1 - \vartheta_2)$ wurde stets größer als $4°$ gewählt; dazu war eine Heizenergie von 112 W bei Aluminium und von 19 W bei Nickelstahl erforderlich.

Bei hohen Temperaturen haben einige japanische Forscher kleine Metallzylinder ebenfalls axial von einem elektrischen Heizkörper aus geheizt und ihre Wärmeleitzahl im stationären Zustand durch Messung der Heizleistung und des

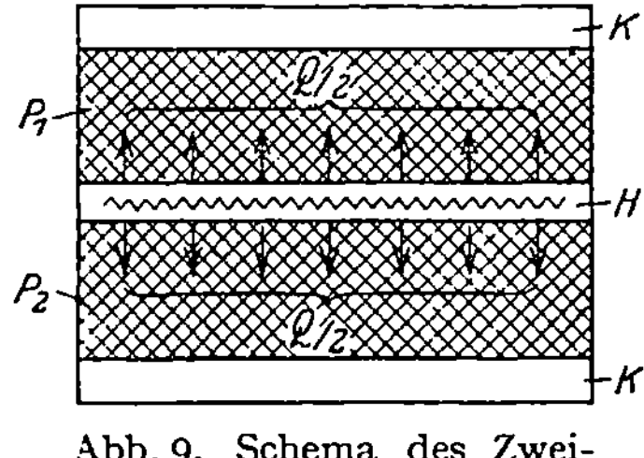

Abb. 9. Schema des Zweiplattenverfahrens.

axialen Temperaturabfalles bestimmt; sie haben aber Wärmeverluste entweder ganz vernachlässigt oder nur überschlägig geschätzt, so daß die von ihnen gefundenen Wärmeleitzahlen ihrem Absolutwert nach ziemlich unsicher sind; immerhin konnten sie damit in einem von anderer Seite kaum noch daraufhin durchforschten Temperaturgebiet zuerst wertvolle Aufschlüsse über die Wärmeleitfähigkeit der Metalle gewinnen:

Honda und Simidu[1] haben das längst bekannte, aber vor ihnen wohl nur bei nicht metallischen festen Körpern benutzte „Zweiplattenverfahren" (s. Ziff. 25) angewandt. Von dem zu untersuchenden Stoff sind zwei ganz gleiche Platten P_1 und P_2 erforderlich (s. Abb. 9). Die Wärme Q, die in einem zwischen P_1 und P_2 angeordneten Heizkörper H erzeugt wird, strömt je zur Hälfte durch die beiden Platten. Um völlige Symmetrie zu sichern, kann man z. B. zwei Kühlplatten K auf gleicher Temperatur halten. Man mißt ferner das Temperaturgefälle quer zu den Platten und erhält dann λ aus Gleichung (1 e) (s. S. 60), wobei nur statt Q

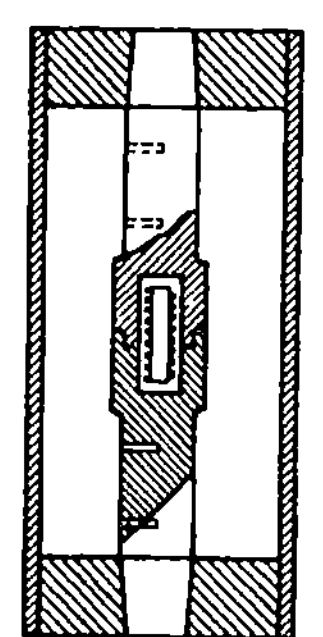

Abb. 10. Anordnung zur Messung der Wärmeleitzahl von Metallen nach Honda und Simidu.

der Wert $Q/2$ einzusetzen ist [s. Gleichung (31), S. 105]. Bei Anwendung von nur einer Platte würde die nicht an der Versuchsplatte anliegende Fläche des Heizkörpers an die Umgebung viel Wärme aussenden, deren Wert ermittelt werden müßte[2]. Der Hauptteil der von Honda und Simidu verwendeten Anordnung ist in Abb. 10 im Schnitt dargestellt. Die Versuchskörper waren 1 cm dicke, 8 cm lange Zylinder mit Verdickung in der Mitte und mit etwas konischen Enden, die in der Mitte geteilt waren und in einer Bohrung von 1,6 cm Länge und 0,6 cm Weite einen zylindrischen Heizkörper trugen. Die Bohrungen für die Thermoelemente waren nur je 1 cm voneinander entfernt. Die Versuchskörper waren von einem Kupfergehäuse umgeben, und das ganze in Abb. 10 dargestellte Stück war für Messungen bei hoher Temperatur in ein abgedichtetes Porzellanrohr eingesetzt, das zur Vermeidung von Oxydationen eine Wasserstoffatmosphäre enthielt und selbst wieder in einen zylindrischen elektrischen Röhrenofen geschoben wurde. Die zu messende Temperaturdifferenz wurde auf etwa $30°$ abgestimmt, wozu eine Heizleistung von etwa 15 W erforderlich war. Die radialen Wärmeverluste wurden nur ganz roh berücksichtigt, so daß die Absolutwerte auf 10% unsicher sein dürften.

---

[1] Kôtarô Honda u. Takéo Simidu, Sc. Reports Tôhoku Univ. (1) Bd. 6, S. 219. 1917.
[2] Bei dem Verfahren von Jakob (s. S. 61) ist diese Verlustwärme durch die Metallhaube und das Vakuummmantelgefäß äußerst verringert worden, bei den später behandelten Verfahren von Milner und Chattock (s. Ziff. 34) und von Jakob (s. Ziff. 25, S. 106) durch besondere Heizkörper.

SCHOFIELD[1]) hat das Verfahren dadurch verbessert, daß er größere Versuchskörper und eine Schutzringheizung verwendete. Seine Versuchsstäbe waren doppelt so dick und nahezu viermal so lang, die Höhlung für den Heizkörper fünfmal so lang wie die von HONDA und SIMIDU. Den Wärmeschutz bildete ein etwa 7 cm weites Metallrohr, das in der Mitte eine elektrische Heizwirkung trug, durch die ihm das gleiche axiale Temperaturgefälle aufgezwungen wurde wie den Versuchsstäben. Die Messungen, die an Stäben aus reinen Metallen vorgenommen wurden, erstreckten sich von 100° C teilweise bis über 700° C; ihre Ergebnisse werden wir in Ziff. 17 behandeln.

Bei KONNOS[2]) Methode war aus einem kleinen Probezylinder und drei Stahlzylindern eine Art Säule gebildet. Der Hauptteil seiner Anordnung ist in Abb. 11 im Schnitt wiedergegeben: A, B, D sind kurze zylindrische Stücke aus einem sehr kohlenstoffarmen Stahl, und C ist die zu untersuchende Probe. In der Höhlung F ist eine Heizwicklung aus Chromnickeldraht untergebracht. Jeder Metallkörper hat zwei um 1 cm voneinander abstehende radiale Bohrungen zur Aufnahme von Thermoelementen. P_1, P_2, P_3 sind Porzellanrohre, E ist ein Eisenrohr zum Temperaturausgleich. Alle Hohlräume sind mit Kaolinpulver ausgefüllt. Die beschriebene Anordnung wird in den mittleren Teil eines vertikalen elektrischen Ofens eingebaut.

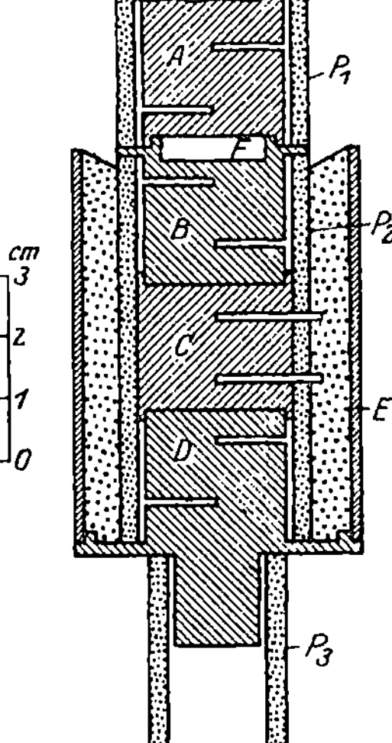

Abb. 11. Anordnung zur Messung der Wärmeleitzahl von Metallen nach KONNO.

Bezeichnet man die in F erzeugte Wärmemenge mit Q, die axial durch A, B, C, D strömenden Wärmemengen mit Q_a, Q_b, Q_c, Q_d und den Temperaturabfall zwischen je zwei Bohrungen der vier Körper mit $\vartheta_a - \vartheta_a'$, $\vartheta_b - \vartheta_b'$, $\vartheta_c - \vartheta_c'$ und $\vartheta_d - \vartheta_d'$, so ist (bei Vernachlässigung des radialen Wärmeverlustes)

$$Q = Q_a + Q_b,$$

$$Q_b = Q \cdot \frac{\vartheta_b - \vartheta_b'}{(\vartheta_a - \vartheta_a') + (\vartheta_b - \vartheta_b')},$$

$$Q_d = Q \cdot \frac{\vartheta_d - \vartheta_d'}{(\vartheta_a - \vartheta_a') + (\vartheta_b - \vartheta_b')}.$$

Man kann ferner annehmen

$$Q_c = \frac{Q_b + Q_d}{2} = \frac{Q}{2} \cdot \frac{(\vartheta_b - \vartheta_b') + (\vartheta_d - \vartheta_d')}{(\vartheta_a - \vartheta_a') + (\vartheta_b - \vartheta_b')}$$

und erhält hieraus, da

$$Q_c = \lambda \cdot f \cdot (\vartheta_c - \vartheta_c'),$$

$$\lambda = \frac{1}{2} \cdot \frac{Q}{f(\vartheta_c - \vartheta_c')} \cdot \frac{(\vartheta_b - \vartheta_b') + (\vartheta_d - \vartheta_d')}{(\vartheta_a - \vartheta_a') + (\vartheta_b - \vartheta_b')}, \tag{9}$$

wobei f die Querschnittsfläche des Versuchskörpers, λ die gesuchte Wärmeleitzahl bedeutet. Durch Herausnehmen des Versuchskörpers C und Zusammenschieben von B und D bis zur Berührung wurden die in der Ableitung von Gleichung (9)

[1]) F. H. SCHOFIELD, Proc. Roy. Soc. London (A) Bd. 107, S. 206. 1925.
[2]) SEIBEI KONNO, Sc. Reports Tôhoku Univ. (1) Bd. 8, S. 169. 1919 u. Phil. Mag. (6) Bd. 40, S. 542. 1920.

nur teilweise berücksichtigten radialen Verluste in C zu höchstens 10% festgestellt; der kleine Abstand der Bohrungen für die Thermoelemente von nur
1 cm bedingt ebenfalls Fehler von mehreren Prozenten. Mit diesem primitiven,
aber ausbaufähigen Verfahren hat Konno immerhin bemerkenswerte Ergebnisse
über die Wärmeleitfähigkeit von Metallen im festen und flüssigen Zustand[1])
gewonnen, auf die wir noch zurückkommen werden (s. Ziff. 17).

Bei hohen Drucken hat Bridgman sorgfältige Versuche an Stäben von nur
1 cm Länge und 3 mm Dicke ausgeführt, die von einem an einem Stabende
angebrachten Heizkörper erwärmt wurden und deren axiales Temperaturgefälle
mit zwei sehr feinen nur 2 mm voneinander entfernten Thermoelementen gemessen wurde. Die Stäbe waren in einen mit Petroläther gefüllten Raum gebracht,
in dem Flüssigkeitsdrucke bis zu 12 000 at erzeugt werden konnten. Die Wärmeverluste durch die Flüssigkeit wurden aus deren Wärmeleitzahl berechnet,
die ebenfalls in Abhängigkeit vom Druck gemessen wurde. Konvektionseinflüsse
spielten keine Rolle, wie gezeigt werden konnte. Auch nach der auf S. 101 beschriebenen Hohlzylindermethode (mit Versuchskörpern von etwa 63 mm Länge
und 16 mm Durchmesser) hat Bridgman Messungen ausgeführt. Auf die Ergebnisse seiner Untersuchungen kommen wir bei Ziff. 17 und 18 zu sprechen.

**11. Bestimmung von Wärmeleitzahlen durch elektrische Messungen an
dem als elektrischer Heizkörper dienenden Versuchsstab.** Ein besonders
elegantes Verfahren zur Bestimmung der Wärmeleitzahl von Metallen beruht
auf ihrer Eigenschaft, die Elektrizität gut zu leiten in Verbindung mit dem Gesetz
von der Erhaltung der Energie. Man kann nämlich einen Versuchsstab, dessen
Wärmeleitzahl zu bestimmen ist, selbst als elektrischen Heizkörper benutzen,
indem man axial elektrischen Strom hindurchleitet. Die Erwärmung, die er dabei
durch Umsatz der elektrischen Energie in Wärmeenergie („Joulesche Wärme")
erfährt, bewirkt eine durch geeignete Versuchsanordnung einfach zu gestaltende
Wärmeströmung, und es ist dann möglich, aus elektrischen und Temperaturmessungen das Verhältnis des thermischen zum elektrischen Leitvermögen zu
ermitteln.

Für einen homogenen Leiter und stationäre Strömung hat Kohlrausch[2])
dieses Verhältnis sehr allgemein dargestellt:

Ein Punkt x, y, z eines beliebig geformten Körpers habe das elektrische
Potential E und die Temperatur ϑ; die spezifische elektrische Leitfähigkeit des
Körpers sei $\varkappa$, seine Wärmeleitzahl λ; beide können von der Temperatur abhängig
sein. Im stationären Zustand gilt dann die Differentialgleichung

$$0 = \varkappa \left[\left(\frac{\partial E}{\partial x} \right)^2 + \left(\frac{\partial E}{\partial y} \right)^2 + \left(\frac{\partial E}{\partial z} \right)^2 \right] + \lambda \left[\frac{\partial^2 \vartheta}{\partial x^2} + \frac{\partial^2 \vartheta}{\partial y^2} + \frac{\partial^2 \vartheta}{\partial z^2} \right].$$

---

[1]) Wie es erreicht wurde, daß die Säule beim Schmelzen des Zylinders C ihre Gestalt
behielt, darüber gibt die Originalabhandlung keinen Aufschluß. Es scheinen horizontale
Zwischenstützen verwendet worden zu sein. Die Rohre für die Messung der Temperatur-
differenz $\vartheta_c - \vartheta_c'$ sind, wie in Abb. 11 angedeutet, weiter herausgeführt und außen festgelegt.

[2]) F. Kohlrausch, ZS. f. Instrkde. Bd. 18, S. 139. 1898 u. Ann. d. Phys. (4) Bd. 1,
S. 132. 1900. Vor Kohlrausch hatte schon E. Verdet (Théorie mécanique de la chaleur,
S. 200. 1872) eine Gleichung aufgestellt für das axiale Temperaturgefälle in einem von elektrischem Strom durchflossenen Metallstab, dessen elektrische und thermische Leitfähigkeit
und Wärmeübergangszahl für die Mantelfläche gegeben sind. A. Herwig (Pogg. Ann.
Bd. 151, S. 177. 1874) hat dann zuerst eine ähnliche Beziehung zu Messungen an Quecksilber benutzt, jedoch unter einigen nicht einwandfreien physikalischen Annahmen. (Siehe
hierüber. H. F. Weber, Wied. Ann. Bd. 10, S. 472 u. Bd. 11, S. 345. 1880.) Die ersten
brauchbaren Messungen aber auf Grund der Gleichung von Verdet hat dann P. Straneo
[Atti dei Lincei, Rendic. (5) Bd. 7 (1. Sem.), S. 197 u. 310. 1898] an Eisen- und Kupfer-
stäben ausgeführt.

Denn mit $dx \cdot dy \cdot dz$ multipliziert stellt das erste Glied die im Raumelement in der Zeiteinheit erzeugte Stromwärme vor, der zweite Term die diesem Element durch Leitung zugeführte Wärme. Hierzu tritt noch die aus der Stetigkeit des elektrischen Zustandes für das Potential sich ergebende Bedingung, die sich, wie a. a. O. gezeigt wird, darstellen läßt in der Form

$$0 = \varkappa \cdot \left(\frac{\partial^2 E}{\partial x^2} + \frac{\partial^2 E}{\partial y^2} + \frac{\partial^2 E}{\partial z^2}\right) + \alpha \cdot \left(\frac{\partial \vartheta}{\partial x} \cdot \frac{\partial E}{\partial x} + \frac{\partial \vartheta}{\partial y} \cdot \frac{\partial E}{\partial y} + \frac{\partial \vartheta}{\partial z} \cdot \frac{\partial E}{\partial z}\right),$$

worin α den Temperaturkoeffizienten der elektrischen Leitfähigkeit bedeute.

Für den Fall, daß Flächen konstanten Potentials auch Isothermenflächen sind, folgt hieraus

$$0 = \frac{\varkappa}{\lambda} + \frac{d^2 \vartheta}{dE^2} + \left(\frac{\beta}{\lambda} - \frac{\alpha}{\varkappa}\right)\left(\frac{d\vartheta}{dE}\right)^2, \tag{10}$$

wenn der Temperaturkoeffizient der Wärmeleitfähigkeit mit β bezeichnet wird. Nun ist

$$\frac{d\left(\frac{\lambda}{\varkappa}\right)}{d\vartheta} = \frac{\varkappa \cdot \beta - \lambda \cdot \alpha}{\varkappa^2} = -\frac{\lambda}{\varkappa}\left(\frac{\beta}{\lambda} - \frac{\alpha}{\varkappa}\right).$$

Gleichung (10) geht hiermit über in

$$0 = \frac{\varkappa}{\lambda} + \frac{d^2 \vartheta}{dE^2} - \frac{\varkappa}{\lambda}\frac{d\frac{\lambda}{\varkappa}}{d\vartheta}\left(\frac{d\vartheta}{dE}\right)^2. \tag{10a}$$

Der Temperaturzustand hängt also nicht von $\varkappa$ und λ einzeln ab, sondern nur von dem Verhältnis dieser beiden Leitvermögen. Die Lösung der Differentialgleichung (10a) lautet

$$\int \frac{\lambda}{\varkappa}\, d\vartheta = -\frac{1}{2}E^2 + A \cdot E + B, \tag{10b}$$

wobei A und B die Integrationskonstanten sind.

Hieraus hat nun KOHLRAUSCH ein einfaches Versuchsverfahren entwickelt, das nach ihm benannt wird und zuerst von JAEGER und DIESSELHORST[1]) zu sehr sorgfältigen Bestimmungen der Wärmeleitzahl von Metallen benutzt worden ist. Mißt man nämlich an drei Stellen eines Stabes, der der Einfachheit halber kreiszylindrisch sein soll, die zusammengehörigen Temperaturen und Potentiale ϑ_1, E_1, sowie ϑ_2, E_2 und ϑ_3, E_3 und setzt man diese Werte in (10b) ein, so erhält man drei Gleichungen, aus denen man dann A und B eliminieren kann, und es bleibt übrig die Gleichung

$$\frac{\lambda}{\varkappa} = \frac{1}{2} \cdot \frac{(E_1 - E_2)(E_2 - E_3)(E_3 - E_1)}{\vartheta_1(E_2 - E_3) + \vartheta_2(E_3 - E_1) + \vartheta_3(E_1 - E_2)}. \tag{10c}$$

Man wählt nun den zweiten Meßpunkt genau in der Mitte zwischen dem ersten und dem dritten und macht beim Versuch die beiden äußeren Temperaturen ϑ_1 und ϑ_3 möglichst genau gleich. Dann ist $E_2 = \dfrac{E_1 + E_3}{2}$, und zwar wegen der Symmetrie der Temperaturverteilung auch dann, wenn das elektrische Leitvermögen von der Temperatur abhängig ist.

---

1) W. JAEGER u. H. DIESSELHORST, Wiss. Abh. d. Phys.-Techn. Reichsanst. Bd. 3, S. 273.

Setzt man nun noch zur Abkürzung $E_1 - E_3 = E$ und $\dfrac{(\vartheta_2 - \vartheta_1) + (\vartheta_2 - \vartheta_3)}{2} = \Theta$, so geht Gleichung (10c) über in

$$\frac{\lambda}{\varkappa} = \frac{1}{8}\frac{E^2}{\Theta}. \tag{10d}$$

Hierin bedeutet $\dfrac{\lambda}{\varkappa}$, wenn eine Temperaturabhängigkeit besteht, einen Mittelwert für das Temperaturintervall von $\dfrac{\vartheta_1 + \vartheta_3}{2}$ bis ϑ_2.

Die Wärmeabgabe nach außen läßt sich, wie Jaeger und Diesselhorst[1]) nachweisen, durch Hinzufügen eines Korrekturgliedes $- \varepsilon \cdot N$ zu Θ berücksichtigen. Es wird also endlich

$$\frac{\lambda}{\varkappa} = \frac{1}{8}\frac{E^2}{\Theta - \varepsilon \cdot N}. \tag{10e}$$

Dabei ist $N = \vartheta_a - \vartheta_2 + \dfrac{6}{\Theta}$ und $\varepsilon = \dfrac{\alpha}{\lambda}\dfrac{l^2}{r}$, wenn ϑ_a die Außentemperatur, $2l$ den Abstand der beiden äußersten Meßstellen, $2r$ den Durchmesser des Versuchsstabes und α seine Wärmeübergangszahl bedeutet. Macht man die Außentemperatur $\vartheta_a = \vartheta_2 - 6/\Theta$, so wird die beobachtete Temperaturdifferenz Θ gerade so groß, als wenn gar keine Wärme nach außen abgegeben würde. Diese Bedingung ist leicht nahe zu verwirklichen.

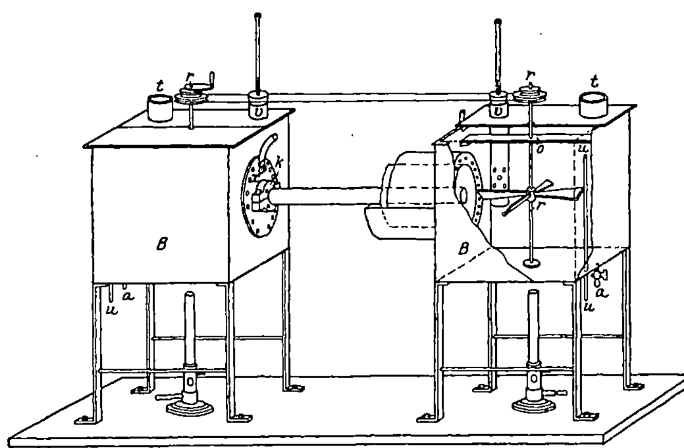

Abb. 12. Anordnung zur Messung von $\dfrac{\lambda}{\varkappa}$ nach Jaeger und Diesselhorst.

Jaeger und Diesselhorst haben bei ihren Messungen zylindrische Stäbe von 1 bis 2 cm Durchmesser und 27 cm Länge verwendet, die in Abständen von 9 cm mit feinen Bohrungen für die Temperatur- und Potentialmessungen versehen waren und durch starke elektrische Ströme (bis etwa 350 A) erwärmt wurden, während die Stabenden durch Bäder auf konstanter Temperatur gehalten wurden. Diese wurde so abgeglichen, daß in den beiden äußeren Bohrungen nahezu die gleiche Temperatur ($\vartheta_1 \sim \vartheta_3$) herrschte, wodurch an der Stelle des mittleren Bohrloches ein Temperaturmaximum entstand. Θ wurde durchschnittlich zu 3 bis 4° gewählt. Zur genauen Definition der Außentemperatur wurde der Versuchsstab von einem Kupfermantel umgeben, der von Kühlwasser oder Wasserdampf durchströmt und dessen Temperatur gemessen wurde; der Zwischenraum zwischen Stab und Mantel war mit Watte ausgefüllt. Die Versuche erstreckten sich auf 17 Metalle und Legierungen und auf die Mitteltemperaturen 18 und 100° C.

Die Versuchsanordnung ist in Abb. 12 wiedergegeben. Darin bedeuten: B die Bäder aus Kupferblech mit den Rührwerken r, Einfüllstutzen t, Thermometer-

---

[1]) W. Jaeger u. H. Diesselhorst, Wiss. Abh. d. Phys.-Techn. Reichsanst. Bd. 3, S. 290. Abb. 3.

stutzen v, Überlaufrohren u, Abflußhähnen a und Kupferscheiben s, an denen
die Klemmbacken k zur Aufnahme der Versuchsstäbe, der Stromzuführungs-
schienen x und der Isolationsmäntel angeschraubt sind.

SIMIDU[1]) hat den Schutzmantel von konstanter Temperatur, den JAEGER
und DIESSELHORST verwendet haben, durch einen solchen ersetzt, bei dem die
Temperatur axial nach den Enden zu ebenso abnimmt wie die Temperatur des
Versuchsstabes. Seine Anordnung ist in einer schematischen Schnittzeichnung
in Abb. 13 wiedergegeben. Darin bedeutet S den Versuchsstab, a_1 und a_2 je einen
in die Enden von S eingelöteten Kupferdraht, B_1 und B_2 je ein darübergeschobenes
Wasserbad, M ein Messingrohr mit gleichmäßig verteilter Heizwicklung H und
zwei Bädern an den Enden B_3 und B_4. Der Versuchsstab muß dabei natürlich
durch die ringförmig angeordneten Bäder B_3 und B_4 hindurchgeführt werden.
V ist ein Vakuummantelrohr. Das Ganze wird in einen Holzkasten eingebaut.

SIMIDU reguliert nun die Temperatur der Bäder B_3 und B_4 sowie durch den
Heizstrom H die Temperatur in der Mitte des Messingschutzrohres so ein, daß
an den drei Temperaturmeßstellen des Versuchsstabes kein radiales Temperaturgefälle besteht. An diesen Stellen I, II und III mißt er die Temperaturen mit
Thermoelementen an der Außenfläche von S und der Innenfläche von M. Nach
dieser Methode hat er Stäbe von nur 5 mm Durchmesser und 20 cm Länge aus
Kohlenstoffstahl verschiedener Zusammensetzung und Vorbehandlung bei 30°
mittlerer Temperatur und 10°
oder weniger Temperaturdifferenz zwischen I und II untersucht. Dabei war der Haupt-
strom nur 10 bis 20 A, der
Strom in H meistens geringer
als 1 A. Auch auf seine Versuchsergebnisse werden wir zurück-

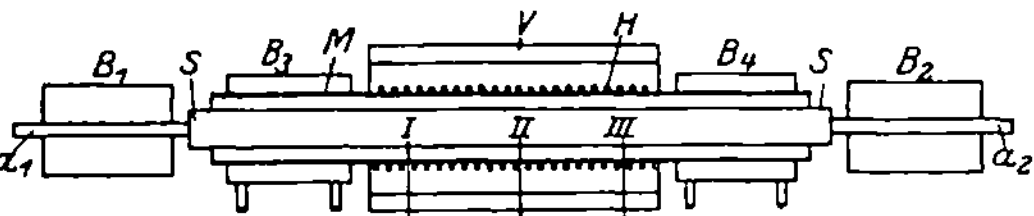

Abb. 13. Anordnung zur Messung von $\dfrac{\lambda}{\varkappa}$ nach SIMIDU.

kommen. Das gleiche Verfahren hat MASUMOTO[2]) bei Aluminium, Magnesium und
vielen Aluminiumlegierungen benutzt. Seine Stäbe waren sogar nur 3 mm dick.

Besonders wichtig ist es bei tiefen Temperaturen, mit dünnen Stäben
arbeiten zu können, da dann auch die Kältebäder klein gehalten werden
können. Um dabei die Schwierigkeit der Temperaturmessung in der Stabmitte zu umgehen, hat DIESSELHORST[3]) vorgeschlagen, die Stäbe selbst als
Widerstandsthermometer zu verwenden und die KOHLRAUSCHsche Methode nach
folgendem Prinzip zu modifizieren: Es sollen bei zwei verschiedenen Belastungs-
stromstärken die Widerstände R und R' und die Spannungen E und E' zwischen
zwei auf der konstanten Temperatur ϑ_0 gehaltenen Punkten eines Versuchs-
stäbchens gemessen werden und außerdem der Temperaturkoeffizient $\dfrac{1}{R}\cdot\dfrac{dR}{d\vartheta}$
bei der Temperatur ϑ_0. Dann gilt, wenn Wärmeableitung nur durch die Strom-
zuführungsstellen stattfindet, in erster Annäherung nach MEISSNER[4]):

$$\frac{\lambda}{\varkappa} = \frac{\dfrac{dR}{d\vartheta}}{12R}\cdot\left(E'^2 + \frac{E'^2 - E^2}{\dfrac{R'-R}{R}}\right), \tag{10f}$$

<hr>

[1]) TAKÉO SIMIDU, Sc. Reports Tôhoku Univ. (1) Bd. 6, S. 111. 1917.
[2]) H. MASUMOTO, Sc. Reports Tôhoku Univ. Bd. 13, S. 229. 1925.
[3]) H. DIESSELHORST, ZS. f. Instrkde. Bd. 22, S. 115. 1902.
[4]) W. MEISSNER, Ann. d. Phys. (4) Bd. 47, S. 1001. 1915.

falls $\dfrac{\lambda}{\varkappa}$ und $\dfrac{1}{R} \cdot \dfrac{dR}{d\vartheta}$ innerhalb des der Widerstandserhöhung durch den höheren Strom entsprechenden Temperaturbereichs als konstant angesehen werden können. Ist diese Voraussetzung nicht hinreichend erfüllt, wie es bei größeren Werten von $R' - R$ und besonders bei tiefen Temperaturen der Fall ist, so kann man, wie Meissner zeigt, $\dfrac{\lambda}{\varkappa}$ und R in Form von Taylorschen Reihen darstellen. Man erhält dann statt (10f) nach einem Näherungsverfahren

$$\frac{\lambda}{\varkappa}\,(\text{für } \vartheta_0 + 0{,}4\,\varDelta\vartheta') = \frac{\dfrac{dR}{d\vartheta}\,(\text{für } \vartheta_0 + 0{,}4\,\varDelta\vartheta')}{12R\,(\text{für }\vartheta_0 + 0{,}8\,\varDelta\vartheta')} \cdot \left(E'^2 + \frac{E'^2 - E^2}{\dfrac{R' - R}{R}}\right), \quad (10\text{g})$$

wobei

$$\varDelta\vartheta' = \frac{E'^2}{8 \cdot \dfrac{\lambda}{\varkappa}} \tag{10h}$$

und $\dfrac{\lambda}{\varkappa}$ in (10h) nach Gleichung (10f) einzusetzen ist.

Die geschilderte Methode ist besonders für reine Metalle bei sehr tiefen Temperaturen geeignet, weil hier $\dfrac{1}{R} \cdot \dfrac{dR}{d\vartheta}$ numerisch groß ist, so daß die elektrische Messung nicht besonders genau zu sein braucht. Meissner hat so Stäbchen aus verschiedenen Metallen von nur 7 cm Länge und 1 bis 3 mm Dicke bis herab zu $-253°$ auf ihre Wärmeleitfähigkeit untersucht.

Eine Anwendung der Methode von Kohlrausch auf sehr hohe Temperaturen stammt von Langmuir[1]. Dieser Forscher hat eine Differentialgleichung aufgestellt, bei der die radiale Ausstrahlung, die z. B. bei glühenden Drähten eine wesentliche Rolle spielt, mit berücksichtigt ist. Durch numerische Integration dieser Gleichung für jeden einzelnen Fall hat Langmuir dann $\dfrac{\lambda}{\varkappa}$ gewonnen.

Eine ebenfalls für hohe Temperaturen geeignete Modifikation des Kohlrauschschen Verfahrens hat Mendenhall vorgeschlagen und Angell[2] zu Messungen an Aluminium und Nickel benutzt. Während nach Kohlrausch die in den Versuchsstäben erzeugte Wärme im wesentlichen axial abgeleitet, radiale Wärmeabgabe aber durch Isolation verhindert wird, wird die Wärme bei Mendenhall und Angell radial nach außen geführt.

Es sei e der Spannungsabfall pro Längeneinheit des Versuchsstabes, den wir uns diesmal als Hohlzylinder vom inneren Durchmesser r_2 und Außendurchmesser r_1 denken wollen, und i die Stromdichte im Querschnitt. Die Grundgleichung der Wärmeleitung (1d) (s. S. 44) erscheint hier in der Form

$$(r^2 - r_2^2)\,\pi\,l \cdot e \cdot i = -\lambda \cdot 2\,r\,\pi \cdot l \cdot \frac{d\vartheta}{dr},$$

wie man leicht einsieht. Dabei bedeutet ϑ die Temperatur im radialen Abstand r von der Achse, der Ausdruck links die in einem Hohlzylinder vom Radius r

[1] J. Langmuir, Phys. Rev. Bd. 7, S. 151. 1916.
[2] M. F. Angell, Phys. Rev. Bd. 33, S. 421. 1911.

auf einer beliebigen Länge l erzeugte Wärme. Die Integration dieser Gleichung zwischen den Grenzen r_1 und r_2 führt zu der Beziehung

$$\lambda = \frac{e \cdot i}{2\,(\vartheta_2 - \vartheta_1)} \left(\frac{r_1^2 - r_2^2}{2} - r_2^2 \ln \frac{r_1}{r_2} \right), \tag{11}$$

der Grundlage der Methode. Der Strom wird dem Hohlzylinder an beiden Enden zugeführt und ebenso wie der axiale elektrische Spannungsabfall in üblicher Weise gemessen. Die Innentemperatur kann leicht mit einem bis in die Stabmitte eingeführten Thermoelement ermittelt werden; die Außentemperatur des Zylinders mit einem Thermoelement zu messen, macht dagegen schon deshalb große Schwierigkeiten, weil die Energieemission der außen angebrachten Lötstelle von der der übrigen Oberfläche im allgemeinen verschieden ist, wodurch je nach den Emissionsverhältnissen ein Wärmestau mit lokaler Temperaturerhöhung an der Meßstelle oder das Gegenteil eintritt. Es dürfte sich daher, wenn die Temperatur hoch genug ist, eine Messung der Oberflächentemperatur mit einem optischen Pyrometer empfehlen. Auch das axiale Temperaturgefälle nach den Enden des Stabes zu kann das Resultat beeinträchtigen und muß daher sorgfältig berücksichtigt werden.

b) Versuchsverfahren für zeitlich veränderte Wärmeströmung.

12. Grundsätzliche Bemerkungen über die veränderliche Wärmeströmung in gut leitenden Stäben. Seitdem ÅNGSTRÖM[1]) an Metallstäben durch abwechselnde Erwärmung und Abkühlung des einen Endes, NEUMANN[2]) durch Abkühlung von an einer Stelle erwärmten Stäben, Ringen, Kugeln und Würfeln zuerst Temperaturleitzahlen und hieraus Wärmeleitzahlen bei zeitlich veränderlicher Wärmeströmung zu bestimmen versucht haben, sind unzählige Variationen dieser Verfahren erdacht und angewandt worden. Sie haben Mathematikern und Physikern Gelegenheit zur Aufstellung und Lösung bemerkenswerter Gleichungen gegeben und, da die Versuche im Gegensatz zu den Verfahren für stationäre Strömung nur wenig Zeit erfordern, zu einer Fülle von Zahlenwerten geführt. Die Schwierigkeit, die den Gleichungen zugrunde liegenden Randbedingungen genau einzuhalten, sind aber so groß und die Möglichkeit, sekundäre Einflüsse, wie die äußere Wärmeabgabe, den Temperaturkoeffizienten der Wärmeleitzahl, der Dichte und der spezifischen Wärme des Versuchsstoffs in Rechnung zu setzen, ist so beschränkt, daß nur wenig von dem ganzen Zahlenmaterial wirklichen Wert besitzt.

Soweit es sich um die Bestimmung der Wärmeleitzahl von Metallen handelt, hat man sich auch bei den Verfahren für variable Wärmeströmung auf die Verwendung von Stäben beschränkt. Dabei sind nicht nur die mathematischen Schwierigkeiten geringer, weil in der Regel nur eine lineare Wärmeströmung in der Richtung der Stabachse zu berechnen ist, während die Strömung senkrecht dazu vernachlässigt oder als Korrekturgröße behandelt werden kann, sondern es sind auch die physikalischen Bedingungen günstig, weil sich bei der axialen Strömung in einem dünnen Stabe größere und damit der Messung leichter zugängliche Temperaturunterschiede einstellen als z. B. bei der radialen Strömung in einer Kugelschale. Bei schlechten Leitern kann es dagegen unter Umständen von Vorteil sein, mit Kugeln oder Würfeln zu arbeiten, da hier die Temperaturunterschiede leicht genügend groß gemacht werden können, bei dünnen Stäben

---

[1]) J. A. ÅNGSTRÖM, Pogg. Ann. Bd. 114, S. 513. 1861; Bd. 118, S. 423. 1863 u. Bd. 123, S. 628. 1864.
[2]) F. NEUMANN, Ann. de chim. et de phys. (3) Bd. 66, S. 183. 1862.

aber die axiale Wärmeströmung im Verhältnis zu den Wärmeverlusten zu gering sein kann und daher auch der Temperaturverlauf senkrecht zur Stabachse eine wesentliche Rolle spielt.

Für Stäbe geht man im allgemeinen aus von der Gleichung

$$\varrho \cdot c \cdot f \frac{\partial \vartheta}{\partial t} = f \cdot \lambda \frac{\partial^2 \vartheta}{\partial x^2} - \alpha \cdot u \, (\vartheta - \vartheta_a) , \tag{12}$$

die, wie man leicht erkennt, eine Kombination von Gleichung (3b) (S. 46) und Gleichung (7) (S. 53) darstellt. Sie erhält durch Einführung einer Hilfsgröße

$$b = \frac{\alpha}{\varrho \cdot c} \cdot \frac{u}{f} \tag{12a}$$

die einfache Form

$$\frac{\partial \vartheta}{\partial t} = a \frac{\partial^2 \vartheta}{\partial x^2} - b \, (\vartheta - \vartheta_a) . \tag{12b}$$

Diese Gleichung gibt an, wie sich die Temperatur eines Stabes bei gegebener örtlicher Temperaturverteilung zeitlich ändert, wenn die Temperatur über den Querschnitt völlig konstant ist (sehr dünner oder sehr gut leitender Stab) und α die Wärmeübergangszahl an der Stelle x des Stabes ist. Man erkennt, daß, je größer $a \cdot \dfrac{\partial^2 \vartheta}{\partial x^2}$ ist, um so eher das Glied $b \cdot (\vartheta - \vartheta_a)$ vernachlässigt werden kann.

Bei gegebener Größe von a und b ist hierfür also scharfe Krümmung der ϑ, x-Kurven (Isochronen) und damit verbundene schnelle Temperaturänderung an der Stelle x die Vorbedingung. Bei stark variablen Vorgängen spielt hiernach der Wärmeverlust senkrecht zur Stabachse eine geringe Rolle.

Bei aperiodischen Temperaturänderungen wird man daher zweckmäßig an solchen Stellen x die Temperaturen messen, wo die ϑ, x-Kurve stark gekrümmt ist und zu solchen Zeiten, wo die Temperatur sich schnell ändert. Bei periodischen Temperaturschwankungen ist wegen des Wechsels starker und schwacher Krümmung der ϑ, x-Kurve an einem und demselben Punkte der Einfluß des Gliedes $b \, (\vartheta - \vartheta_a)$ der Gleichung (12b) schwer abzuschätzen, selbst wenn man von den durch den Temperaturwechsel bedingten Schwankungen des Wertes von α (siehe Ziff. 42) absieht.

Wir werden in den folgenden Ziffern zunächst einige Verfahren mit aperiodisch und dann solche mit periodisch veränderlicher Wärmeströmung kennenlernen.

13. Bestimmung von Wärmeleitzahlen aus der Kombination von Messungen bei stationärer und veränderlicher Wärmeströmung. Den Übergang von der stationären zur veränderlichen Wärmeströmung kann das von Forbes[1]) stammende Verfahren bilden, bei dem die beiden Strömungsarten kombiniert sind:

An einem Stab von der Länge l, der an dem einen mit $x = 0$ bezeichneten Ende durch ein Bad auf der konstanten Temperatur ϑ_0 gehalten werde und in Luft von der Temperatur ϑ_a horizontal gelagert sei, soll durch eine Anzahl Thermoelemente im Dauerzustand die in Abb. 14 links oben wiedergegebene Temperaturkurve aufgenommen sein. An der Stelle $x = x$ erhält man durch Anlegen einer

---

[1]) J. D. Forbes, Trans. Roy. Soc. Edinbg. Bd. 23, S. 133. 1864 u. Bd. 24, S. 73. 1867. Bei der Darstellung folgen wir E. Heyn, O. Bauer u. E. Wetzel, Mitt. a. d. Materialprüfungsamt Berlin-Lichterfelde-West 1914, Heft 2 u. 3.

Tangente an die Kurve einen Wert $\dfrac{\partial \vartheta}{\partial x}$, den wir mit Φ bezeichnen wollen.

Den gleichen Stab bringe man dann vom Bad getrennt in seiner ganzen Länge auf die Temperatur ϑ_0 oder eine höhere Temperatur und lasse ihn hierauf bei gleicher Außentemperatur ϑ_a ebenfalls in horizontaler Lage sich abkühlen, wobei man die Temperatur als Funktion der Zeit messe und auftrage (Abb. 14 rechts oben). Für jede beliebige Temperatur ϑ kann man dann durch Anlegen einer Tangente an die t,ϑ-Kurve $\dfrac{\partial \vartheta}{\partial t}$ gewinnen und zu dem der Temperatur ϑ zugehörigen x in ein drittes Diagramm (Abb. 14 links unten) eintragen.

Ein Stabelement von der Länge dx gibt nun bei der Temperatur ϑ während der Abkühlung, wie man leicht einsieht, die Wärmemenge $dQ = \varrho \cdot c \cdot f \cdot \dfrac{\partial \vartheta}{\partial t} \cdot dx$ in der Zeiteinheit ab, wobei wieder f den Querschnitt des Stabes, ϱ seine Dichte, c seine spezifische Wärme bedeutet. Zwischen $x = x$ und $x = l$ wird dann die

Wärmemenge $Q_x^l = -\varrho \cdot c \cdot f \cdot \displaystyle\int_{x=x}^{x=l} \dfrac{\partial \vartheta}{\partial t} \cdot dx$ an die Luft abgegeben, die der in

Abb. 14 schraffierten und mit F bezeichneten Fläche proportional ist. FORBES nimmt nun an, daß das gleiche Stabelement von der Länge dx auch bei dem erst beschriebenen Versuch im stationären Zustand bei der Temperatur ϑ die gleiche Wärmemenge dQ an die Luft abgibt. Im stationären Zustand strömt aber an der Stelle x von links axial die Wärmemenge $-\lambda \cdot f \cdot \left(\dfrac{\partial \vartheta}{\partial x}\right)$ in der Zeiteinheit in den rechten Teil des Stabes ein. Diese Wärmemenge

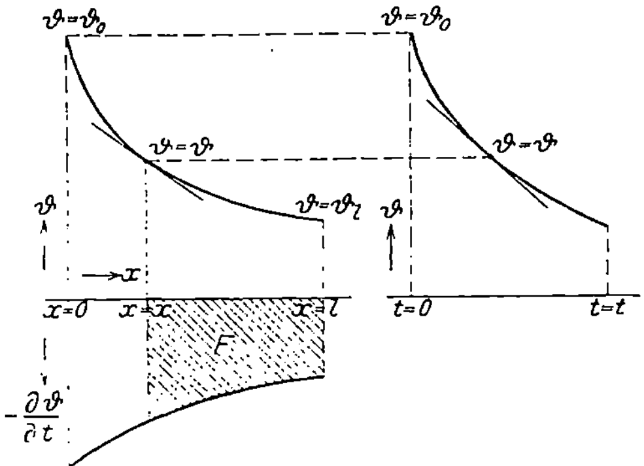

Abb. 14. Temperaturkurven für einen Stab.

wird offenbar zwischen $x = x$ und $x = l$ völlig an die Luft abgegeben, ist also gleich Q_x^l, wobei die Wärmeabgabe an der freien Stirnfläche vernachlässigt werden möge, was nach unseren früheren Betrachtungen (s. S. 56) bei einer gewissen Länge des Stabes zulässig ist. Man erhält hiernach

$$-\lambda \cdot f \cdot \left(\dfrac{\partial \vartheta}{\partial x}\right)_{x=x} = -\varrho \cdot c \cdot f \int_{x=x}^{x=l} \dfrac{\partial \vartheta}{\partial t}\, dx$$

oder

$$-\lambda \cdot f \cdot \Phi = -\varrho \cdot c \cdot f \cdot F$$

und hieraus

$$\lambda = \dfrac{\varrho \cdot c \cdot F}{\Phi}. \tag{13}$$

Da die Zahlenwerte F und Φ nach den obigen Darlegungen aus Abb. 14 berechnet sind, erhält man also aus Gleichung (13) die Wärmeleitzahl λ und kann ihren Wert durch Wiederholung der beschriebenen Konstruktion für andere Punkte des Stabes zwischen $x = 0$ und $x = x$ kontrollieren. Immerhin ist es zweifelhaft, ob die oben erwähnte von FORBES gemachte Voraussetzung gültig ist. Ein Stab mit axialem Temperaturgefälle gibt nämlich offenbar zu anderen Konvektionsströmungen Veranlassung wie ein gleicher Stab von konstanter Temperatur und wird daher wohl auch durch ein Oberflächenelement von der Temperatur des zweiten Stabes nicht die gleiche Wärme abgeben wie ein gleich großes Element dieses zweiten Stabes.

Die FORBESsche Methode, die die Grundelemente der Verfahren für stationäre und variable Wärmeströmung enthält, läßt gleichzeitig das Wesen dieser Grundelemente klar erkennen. Im stationären Zustand kann man durch Temperaturmessungen allein nur Relativwerte der Wärmeleitzahl bestimmen (s. die Verfahren von INGENHOUSS und DESPRETZ). Um Absolutwerte zu gewinnen, treten hierzu Energiemessungen, sei es kalorimetrische oder elektrische (s. z. B. die Verfahren von BERGET, KOHLRAUSCH, JAKOB). Die Energiemessung kann aber ersetzt werden durch eine Abkühlungs- (oder Erwärmungs-) Messung. Hierbei wird nämlich durch die Bestimmung der spezifischen Wärme und Dichte und somit der Wärmekapazität des Stoffes in besonderen Nebenversuchen eine Energiemessung ausgeführt. Allen Absolutverfahren im variablen Strömungszustand ist diese Art der Energiemessung eigen.

14. Bestimmung von Temperaturleitzahlen bei aperiodisch veränderlicher Wärmeströmung. Die ersten Verfahren für aperiodisch veränderliche Wärmeströmung hat wohl NEUMANN[1]) angegeben. Er erwärmt seine Stäbe an dem einen Ende und läßt sie sich dann abkühlen. Aus Messungen des zeitlichen Verlaufes der Temperaturen ϑ_0 und ϑ_l an den beiden Enden $x = 0$ und $x = l$ des Stabes kann man dann durch Addition und Subtraktion dieser Temperaturen und daran anschließende umständliche Näherungsrechnungen λ und α ermitteln[2]). NEUMANN hat sein Verfahren auch auf Ringe ausgedehnt, die man als gekrümmte in sich geschlossene Stäbe auffassen kann. Man erwärmt eine Stelle des Ringes und mißt den Temperaturverlauf bei der Abkühlung an zwei anderen Stellen.

Während bei NEUMANNS Verfahren zu Beginn der Abkühlung bereits ein axiales Temperaturgefälle besteht, haben KIRCHHOFF und HANSEMANN[3]) in einem Würfel von 14 cm Kantenlänge, der zunächst überall gleiche Temperatur hatte, dadurch eine aperiodische Wärmeströmung hervorgerufen, daß sie seine eine Fläche durch Bespritzen mit Wasser plötzlich auf eine andere Temperatur brachten und auf dieser Temperatur zu halten versuchten. Sie maßen dann die Temperatur im Innern des Würfels an drei Stellen in der Mittelsenkrechten der bespritzten Fläche und berechneten daraus a. Dadurch, daß diese Fläche groß war (14×14 cm²), sollte eine Annäherung an den Idealfall eines unendlich dicken Stabes gewonnen werden, dessen eine Endfläche plötzlich auf eine bestimmte Temperatur gebracht würde. In diesem Fall wäre in der Tat keine Veranlassung zu einer seitlichen Wärmeströmung vorhanden. Bei den von KIRCHHOFF und HANSEMANN gewählten Abmessungen genügt es daher, wie sie nachweisen konnten, die seitliche Wärmeabgabe durch das erste Glied einer Reihenentwicklung darzustellen und zu berücksichtigen.

Das Verfahren ist dann auf Veranlassung von WARBURG durch SCHULZE[4]), GRÜNEISEN[5]) und GIEBE[6]) sowohl rechnerisch wesentlich vereinfacht als auch

---

[1]) F. NEUMANN, Ann. de chim. et de phys. (3) Bd. 66, 1862.
[2]) Näheres s. G. KIRCHHOFF, Vorlesungen (Wärme) S. 35ff. oder E. W. HOBSON u. H. DIESSELHORST, Encyklop. d. math. Wiss. Bd. 4, Teil 1, S. 219ff.
[3]) G. KIRCHHOFF u. G. HANSEMANN, Wied. Ann. Bd. 9, S. 1. 1880 u. Bd. 13, S. 406. 1881.
[4]) F. A. SCHULZE, Wied. Ann. Bd. 66, S. 207. 1898.
[5]) E. GRÜNEISEN, Ann. d. Phys. (4) Bd. 3, S. 43. 1900.
[6]) E. GIEBE, Verh. d. D. Phys. Ges. Bd. 5, S. 60. 1903.

experimentell modifiziert worden. Vernachlässigt man zunächst die seitliche Wärmeabgabe des Stabes, so tritt an die Stelle von Gleichung (12b) die einfachere Gleichung

$$\frac{\partial \vartheta}{\partial t} = a \cdot \frac{\partial^2 \vartheta}{\partial x^2} \tag{12c}$$

mit den Randbedingungen

$$x = 0 \quad \vartheta = \vartheta_0$$
$$x = \infty \quad \vartheta = 0$$
$$t = 0 \quad \vartheta = 0.$$

Dabei ist ϑ von der ursprünglichen Temperatur des Stabes als Nullpunkt gezählt.

Die Lösung der Differentialgleichung (12c) kann man schreiben in der Form

$$\frac{\vartheta_0 - \vartheta}{\vartheta} = \Phi\left(\frac{x}{2\sqrt{at}}\right), \tag{12d}$$

wobei die Funktion Φ das GAUSSSche Fehlerintegral bedeutet, das durch die Gleichung

$$\Phi(\xi) = \frac{2}{\sqrt{\pi}} \cdot \int_0^{\xi} e^{-\xi^2} \cdot d\xi \tag{14}$$

definiert und dessen Wert für verschiedene ξ der Tabelle 1 zu entnehmen ist.

Tabelle 1. GAUSSSches Fehlerintegral $\Phi(\xi)$.

ξ	$\Phi(\xi)$	ξ	$\Phi(\xi)$	ξ	$\Phi(\xi)$	ξ	$\Phi(\xi)$	ξ	$\Phi(\xi)$
0,05	0,056	0,45	0,476	0,85	0,771	1,25	0,923	1,65	0,980
0,10	0,113	0,50	0,521	0,90	0,797	1,30	0,934	1,70	0,984
0,15	0,168	0,55	0,563	0,95	0,821	1,35	0,944	1,75	0,987
0,20	0,223	0,60	0,604	1,00	0,843	1,40	0,952	1,80	0,990
0,25	0,276	0,65	0,642	1,05	0,862	1,45	0,960	1,85	0,991
0,30	0,329	0,70	0,678	1,10	0,880	1,50	0,966	1,90	0,993
0,35	0,379	0,75	0,711	1,15	0,896	1,55	0,972	1,95	0,994
0,40	0,419	0,80	0,742	1,20	0,910	1,60	0,976	2,00	0,995

Da man ϑ_0 kennt und durch eine Messung an der Stelle x zur Zeit t einen Wert ϑ bestimmen kann, so erhält man nun aus Gleichung (12d) das zu ϑ und ϑ_0 zugehörige Fehlerintegral Φ, aus der Tabelle 1 den dazu gehörigen Wert ξ und endlich die Temperaturleitzahl a, indem man das Argument der Gleichung (12d)

$$\frac{x}{2\sqrt{at}} = \xi$$

setzt.

Statt nur eine einzige Temperatur zu messen, empfiehlt es sich, nach GRÜN-EISENS Vorgang für ein bestimmtes x die Temperatur ϑ als Funktion der Zeit aufzunehmen und aufzuzeichnen. Wenn man dann für verschiedene angenommene Werte von a nach Gleichung (12d) ϑ, t-Kurven berechnet, so ist dasjenige a das richtige, dessen berechnete Kurve mit der beobachteten am besten übereinstimmt. GRÜNEISEN hat die Temperatur ϑ_0 am Stabende $x = 0$ zur Zeit $t = 0$ ebenfalls durch plötzliche Wasserbespülung herzustellen gesucht, dabei aber für keinen Wert a völlige Übereinstimmung der berechneten und der gemessenen Kurve und ferner für verschiedene Werte x verschiedene a gefunden. Das rührt zum Teil daher, daß die Fläche $x = 0$ nicht die Wassertemperatur annimmt, weil sich an der bespritzten Fläche eine fast ruhende Grenzschicht ausbildet, in der ein beträchtlicher Temperaturabfall stattfindet. Dieser Temperaturabfall aber ist, wie schon GRÜNEISEN ganz richtig erkannt hat, von der variablen Differenz der Temperaturen des Spritzwassers und des Stabendes abhängig. GRÜNEISEN hat nun ein rechnerisches Verfahren angegeben, durch das man sich von dieser Fehlerquelle freimachen kann. Man kann nämlich so rechnen, als ob der Stab von seinem Ende aus gegen das Spritzwasser zu um ein Stück x_0 verlängert wäre und in der neuen Endfläche $x = -x_0$ die Temperatur des Wassers annähme. An die Stelle von Gleichung (12d) tritt dann

$$\frac{\vartheta_0 - \vartheta}{\vartheta} = \Phi\left(\frac{x + x_0}{2\sqrt{at}}\right). \tag{12e}$$

Nennt man

$$\frac{\sqrt{a}}{x_1 + x_0} = g_1$$

und

$$\frac{\sqrt{a}}{x_2 + x_0} = g_2,$$

so folgt ohne weiteres

$$x_0 = \frac{x_2 \cdot g_2 - x_1 \cdot g_1}{g_1 - g_2}$$

und

$$\sqrt{a} = \frac{x_2 - x_1}{g_1 - g_2} \cdot g_1 \cdot g_2.$$

Mißt man nun zur Zeit t wieder mindestens zwei zusammengehörige Wertepaare x_1, ϑ_1 und x_2, ϑ_2, so erhält man zwei Werte des Fehlerintegrals

$$\Phi_1 = \frac{\vartheta_0 - \vartheta_1}{\vartheta_1}$$

und

$$\Phi_2 = \frac{\vartheta_0 - \vartheta_2}{\vartheta_2},$$

mit diesen Werten dann aus der Tabelle 1

$$\xi_1 = \frac{x_1 + x_0}{2\sqrt{at}}$$

und

$$\xi_2 = \frac{x_2 + x_0}{2\sqrt{at}}$$

und hieraus a und x_0.

Man kann natürlich auch wieder ϑ_1 und ϑ_2 als Funktionen der Zeit aufnehmen und dann a durch Probieren finden, wie oben dargelegt.

Bisher haben wir die seitliche Wärmeabgabe des Stabes vernachlässigt. Nun kann man aber aus Gleichung (12d) durch Multiplikation mit e^{-bt} ohne weiteres eine Lösung der Differentialgleichung (12b) gewinnen, nämlich

$$\vartheta = e^{-bt} \cdot \vartheta_0 \cdot \Phi\left(\frac{x + x_0}{2\sqrt{at}}\right). \tag{12f}$$

Die Größe b hat GRÜNEISEN aus Abkühlungsversuchen besonders bestimmt.

Bei Stäben mit vernickelter Oberfläche von $1^1/_2$ cm Durchmesser soll der Einfluß der seitlichen Wärmeabgabe verschwinden.

Die Schwierigkeit, dem Endquerschnitt eine bestimmte Temperatur, z. B. durch Bespritzen mit Wasser, zu erteilen, hat GRÜNEISEN nicht nur rechnerisch, sondern auch durch eine Veränderung des Versuchsverfahrens zu vermeiden gesucht, indem er nämlich den Endquerschnitt von einem bestimmten Zeitpunkt an mit einem durch elektrischen konstanten Strom zu unveränderlichem Glühen gebrachten Platinblech bestrahlte, ein Verfahren, das dann GIEBE weiter ausgebildet hat.

Zu Gleichung (12c) gehören hier die Grenzbedingungen

$$t = 0 \qquad \vartheta = 0$$

und

$$x = 0 \qquad -\lambda \frac{\partial \vartheta}{\partial x} = C ,$$

da, wie man leicht zeigen kann, die Wärmeaufspeicherung an der Stelle $x = 0$ von niedrigerer Größenordnung ist als die Wärmeableitung oder einfacher statt der zweiten Bedingung

$$x = 0 \qquad \frac{\partial \vartheta}{\partial x} = c ,$$

wenn λ bei der Temperaturzunahme der Oberfläche konstant angenommen wird.

Mit diesen veränderten Randbedingungen erhält man[1]) statt Gleichung (12d)

$$\vartheta = c \left[\frac{2\,x}{\sqrt{\pi}} \cdot \int_0^{\frac{x}{2\sqrt{at}}} e^{-\frac{x^2}{4\,at}} + 2\sqrt{\frac{at}{\pi}} \cdot e^{-\frac{x^2}{4\,at}} - x \right] . \qquad (12\,\mathrm{g})$$

Zur Berechnung von a geht man dann wieder in der von GRÜNEISEN angegebenen Weise vor.

GRÜNEISEN hat eine Anzahl von Metallen bei $18°$ C, GIEBE hat Wismut bei 18, -79 und $-186°$ untersucht. Da sein Stab in einem guten Vakuum gelagert, 1,8 cm dick und poliert war, war der Einfluß der seitlichen Wärmeabgabe gering und zu vernachlässigen. Aber auch hier war der Idealfall der Theorie in der Praxis nicht völlig zu verwirklichen und mußte statt x ein Wert $(x + x_0)$ in Gleichung (12g) eingesetzt werden. Ein Grund dafür mag in dem Wärmewiderstand der der Bestrahlung ausgesetzten beußten Schicht zu suchen sein. Wie dem aber auch sei, die Schwierigkeit läßt sich beim Bestrahlen wie beim Bespritzen der Endfläche offenbar praktisch dadurch beheben, daß ein neues Bestimmungsstück — eben die Hilfsgröße x_0 — in die Gleichungen eingeführt und in ihrem Zahlenwert dem Verlauf der beobachteten Kurven angepaßt wird.

Ein praktisches graphisches Verfahren zur Bestimmung der Temperaturleitzahl a nach diesen Methoden hat DIESSELHORST[2]) angegeben.

Endlich soll noch ein älteres interessantes Verfahren besprochen werden, das von der Voraussetzung konstanter Wärmeübergangszahl α unabhängig ist, nämlich die Methode von LORENZ (Kopenhagen)[3]). Sie beruht auf folgender Er-

---

[1]) Die Ableitung der Gleichung s. z. B. bei E. WARBURG, Über Wärmeleitung und andere ausgleichende Vorgänge, S. 66. Berlin: Julius Springer 1924. Dieses Buch enthält auch sonst viel systematische Berechnungen über stationäre und variable Wärmeströmung.

[2]) H. DIESSELHORST, Wiss. Abh. d. Phys.-Techn. Reichsanst. Bd. 4, S. 187. 1905 u. Encyklop. d. math. Wiss. Bd. 5, Teil 1, Abschn. 4, S. 226.

[3]) L. LORENZ, Wied. Ann. Bd. 13, S. 422. 1881.

wägung: Wenn man bei gleichbleibender Umgebungstemperatur einen Stab an einem Ende zunächst erwärmt und dann sich abkühlen läßt, so wird jede Temperatur ϑ_m, die der Stab im Mittel in einem bestimmten Zeitpunkt t' während des Heraufheizens annimmt, zu einem anderen Zeitpunkt t'' während des Abkühlens wiederkehren. Wenn man nun annehmen darf, daß die Wärmeabgabe eines Stabes bei unveränderter Umgebungstemperatur nur von seiner mittleren Temperatur abhängt, so wird der Stab von der Länge l sowohl zur Zeit t' wie zur Zeit t'' in der Zeiteinheit die gleiche Wärmemenge abgeben, die wir als Funktion der mittleren Temperatur mit $F(\vartheta_m)$ bezeichnen wollen. Zur Zeit t' strömt durch den Querschnitt $x = 0$ in der Zeiteinheit axial die Wärmemenge $\lambda \cdot f \cdot \delta_0'$ ein, durch den Querschnitt $x = l$ die Wärmemenge $\lambda \cdot f \cdot \delta_l'$ aus, wo δ_0' und δ_l' die in diesen Querschnitten zur Zeit t' herrschenden axialen Temperaturgefälle bedeuten, im Zeitpunkt t'' entsprechend eine Wärmemenge $\lambda \cdot f \cdot \delta_0''$ ein und $\lambda \cdot f \cdot \delta_l''$ aus. Endlich wird der Stab zur Zeit t' in der Zeiteinheit eine Wärmemenge $l \cdot f \cdot \varrho \cdot c \left(\dfrac{\partial \vartheta_m}{\partial t}\right)_{t'}$ aufspeichern, zur Zeit t'' die Wärmemenge $l \cdot f \cdot \varrho \cdot c \cdot \left(\dfrac{\partial \vartheta_m}{\partial t}\right)_{t''} \cdot \left[\text{Diese Wärmemenge wird negativ, weil } \left(\dfrac{\partial \vartheta_m}{\partial t}\right)_{t''} < 0\right]$.

Die Wärmebilanzen des Stabes für die Zeitpunkte t' und t'' lauten demnach

$$\lambda \cdot f \cdot (\delta_0' - \delta_l') = l \cdot f \cdot \varrho \cdot c \left(\frac{\partial \vartheta_m}{\partial t}\right)_{t'} + F(\vartheta_m)$$

und

$$\lambda \cdot f \cdot (\delta_0'' - \delta_l'') = l \cdot f \cdot \varrho \cdot c \left(\frac{\partial \vartheta_m}{\partial t}\right)_{t''} + F(\vartheta_m) \,.$$

Man eliminiert hieraus durch Subtraktion $F(\vartheta_m)$ und erhält

$$\frac{\lambda}{\varrho \cdot c} = \frac{l \cdot f \cdot \left[\left(\dfrac{\partial \vartheta_m}{\partial t}\right)_{t'} - \left(\dfrac{\partial \vartheta_m}{\partial t}\right)_{t''}\right]}{(\delta_0' - \delta_l') - (\delta_0'' - \delta_l'')} \,. \tag{15}$$

Das Versuchsverfahren besteht nun darin, daß man durch Thermoelemente, die in gleichmäßigen Abständen (bei Lorenz von 2 cm) in den Stab eingelassen sind, den örtlichen und zeitlichen Temperaturverlauf aufnimmt. Zeichnet man dann für verschiedene Zeitpunkte ϑ als Funktion von x auf, so erhält man die Werte δ aus der Neigung dieser Kurven an den Stellen $x = 0$ und $x = l$. Durch Planimetrieren dieser Isochronen von $x = 0$ bis $x = l$ ermittelt man ferner für jeden Zeitpunkt t einen Wert ϑ_m. Man trägt dann zweckmäßig ϑ_m als Funktion von t auf und gewinnt für die Zeitpunkte t' und t'' aus der Neigung der Kurve $\dfrac{\partial \vartheta_m}{\partial t}$.

Damit hat man alle Bestimmungsstücke zur Auswertung von Gleichung (15). Man kann natürlich ebensowohl die Werte δ und $\dfrac{\partial \vartheta_m}{\partial t}$ durch ein rechnerisches Ausgleichsverfahren aus den beobachteten Temperaturen gewinnen.

Wie anfangs erwähnt, soll diese Methode unabhängig von α sein; immerhin muß man beachten, daß die Temperaturverteilung längs des Stabes beim Temperaturanstieg und bei der Abkühlung verschieden, daß also die Voraussetzung gleichen mittleren Wertes von α für t' und t'' nicht streng erfüllt ist.

15. Bestimmung von Temperaturleitzahlen bei periodisch veränderlicher Wärmeströmung. Bei Ångströms Meßverfahren für periodisch veränderliche Wärmeströmung wird ein langer Stab an einem Ende $x = 0$ periodisch (Periodendauer $= \tau$) erwärmt und abgekühlt und der Temperaturverlauf an zwei Stellen x und $x + l$ als Funktion der Zeit gemessen. Wählt man die Umgebungstemperatur als Nullpunkt der Temperaturmessung, so folgt aus Gleichung (12b)

$$\frac{\partial \vartheta}{\partial t} = a \cdot \frac{\partial^2 \vartheta}{\partial x^2} - b\vartheta, \tag{12h}$$

worin wieder, wie auf S. 70,

$$b = \frac{\alpha}{\varrho \cdot c} \cdot \frac{u}{f} \tag{12a}$$

bedeutet. Die Lösung von Gleichung (12h) läßt sich in folgender Form schreiben:

$$\vartheta = \sum_{n=0}^{n=\infty} \cdot A_n \cdot e^{-\alpha_n x} \cdot \cos\left(\frac{2\,n\pi t}{\tau} - \beta_n x + \gamma_n\right), \tag{12i}$$

wobei α_n und β_n durch die Gleichungen

$$\alpha_n \cdot \beta_n = \frac{n \cdot \pi}{a \cdot \tau} \tag{12j}$$

$$\alpha_n^2 - \beta_n^2 = \frac{b}{a} \tag{12k}$$

definiert sind und die Konstanten A_n und γ_n aus dem zeitlichen Verlauf der Temperatur hervorgehen. Diesen für die Stellen x und $x + l$ gemessenen Verlauf kann man darstellen durch die cos-Reihen

$$\vartheta_x = \sum_{n=0}^{n=\infty} a_n \cdot \cos\left(\frac{2\,n\pi t}{\tau} + b_n\right)$$

und

$$\vartheta_{x+l} = \sum_{n=0}^{n=\infty} a_n' \cdot \cos\left(\frac{2\,n\pi t}{\tau} + b_n'\right).$$

Aus ihnen und aus Gleichung (12i) erhält man

$$\frac{a_n}{a_n'} = e^{\alpha_n l}$$

und

$$b_n - b_n' = \beta_n \cdot l.$$

Hat man hieraus für irgendein n (am besten für das 1. Glied der Reihe) α_n und β_n ermittelt, so erhält man aus (12j) und (12k) unmittelbar a und b und damit λ und α.

Die Methode von ÅNGSTRÖM ist verschiedentlich kritisiert[1] und modifiziert[2] worden. Auch sie setzt örtliche und zeitliche Konstanz von α voraus.

Während diese Methode rechnerisch unbequem ist, hat KING[3] eine sehr einfache Gleichung für a aus Gleichung (12b) (s. S. 70) entwickelt und darauf ein neues Versuchsverfahren aufgebaut. Er geht aus von den Grenzbedingungen

$$\vartheta_{x=0} = \vartheta_1 + \vartheta_2 \cdot \cos \omega t$$

$$\vartheta_{x=\infty} = 0,$$

---

[1] W. DUMAS, Pogg. Ann. Bd. 129, S. 272 u. 393. 1866; P. G. TAIT, Proc. Edinburgh Bd. 8, S. 55. 1875.
[2] H. WEBER, Pogg. Ann. Bd. 146, S. 257. 1872.
[3] R. W. KING, Phys. Rev. (2) Bd. 6, S. 437. 1915.

setzt zur Vereinfachung

$$p_1 = \sqrt{\frac{b}{a}}$$

$$p_2 = \frac{1}{a} \cdot \sqrt{\frac{b + \sqrt{b^2 + \omega^2}}{2}}$$

$$q = \frac{1}{a} \cdot \sqrt{\frac{-b + \sqrt{b^2 + \omega^2}}{2}}$$

und erhält hiermit als Lösung der Differentialgleichung (12b)

$$\vartheta = \vartheta_1 \cdot e^{-p_1 x} + \vartheta_2 e^{-p_2 x} \cdot \cos(\omega \cdot t - q \cdot x + e), \qquad (12l)$$

wobei wieder b durch Gleichung (12a) (s. S. 70) definiert ist. Die Gleichung für ϑ ist hiernach eine Funktion von λ, ϱ, c, von der Periode $\dfrac{2\pi}{\omega}$ der aufgezwungenen Temperaturänderung und von α. Letzteren Wert eliminiert KING folgendermaßen: Nennt man v die Geschwindigkeit der Fortpflanzung der Wärmewelle im Stab, τ ihre Periode und L die Wellenlänge, so erhält man, wie leicht einzusehen

$$v = \frac{L}{\tau} = \frac{2\pi}{\tau \cdot q} \qquad (12m)$$

und hieraus durch Einsetzen des oben definierten Wertes von q

$$b = \frac{\omega^2 v^2 \tau^2}{16\pi^2 a} - \frac{4\pi^2 a}{\tau^2 v^2} = \frac{v^2}{4a} - \frac{4\pi^2 a}{\tau^2 v^2}. \qquad (12n)$$

Nimmt man nun an, daß bei zwei verschiedenen Periodizitäten τ_1 und τ_2 nicht nur a, sondern auch α und somit b dasselbe sei, so folgt aus (12n)

$$\frac{v_1^2}{4a} - \frac{4\pi^2 a}{\tau_1^2 v_1^2} = \frac{v_2^2}{4a} - \frac{4\pi^2 a}{\tau_2^2 v_2^2}$$

und hieraus

$$a = \frac{\tau_1 \cdot \tau_2 \cdot v_1 \cdot v_2}{4\pi} \sqrt{\frac{v_1^2 - v_2^2}{\tau_2^2 v_2^2 - \tau_1^2 v_1^2}}. \qquad (12o)$$

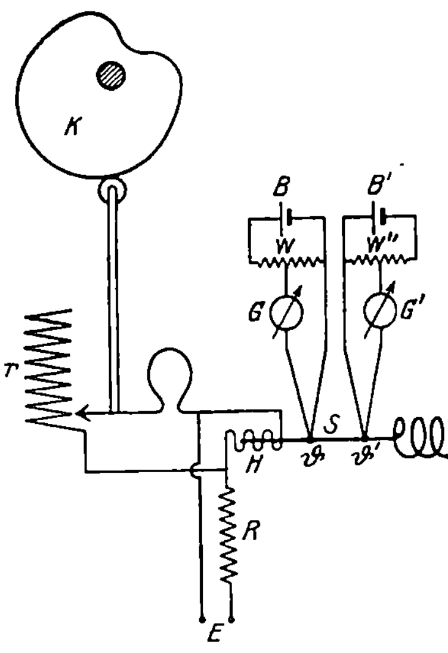

Abb. 15. Anordnung zur Messung der Temperaturleitzahl von Metallen nach KING.

Abb. 15 zeigt das Schema der Versuchsanordnung von KING. Von einer Gleichstromquelle E aus wird über einen großen Vorschaltwiderstand eine elektrische Heizspule H geheizt. Ein parallel zu ihr liegender Regulierwiderstand r wird von einer Kurvenscheibe K aus derart beeinflußt, daß die Wärmewirkung des durch H fließenden Stroms die Randbedingung $\vartheta_{x=0} = \vartheta_1 + \vartheta_2 \cdot \cos \omega t$ sicherstellt. Wie dies im einzelnen erreicht wird, muß der Originalarbeit entnommen werden. Die hierzu erforderliche Form der Kurvenscheibe und die Größe der Stufen von r können einfach berechnet werden.

Die Kurvenscheibe wird von einem Elektromotor mit starker Übersetzung ins Langsame gedreht; durch Veränderung der Übersetzung und der Drehzahl des Motors kann die Schwingungsdauer τ der Wärmewelle variiert werden. Der Versuchsstab S, 2,5 mm dick und 25 bis 50 cm lang (wobei allerdings das weitaus größte Stück spiralisch aufgewickelt war, wie rechts in Abb. 16 angedeutet), ist links in die Heizspule H eingeführt. In Abständen von einigen Zentimetern sind die Thermoelemente ϑ und ϑ' angebracht, die durch die Batterien B und B' mittels der Widerstände W und W' und der Galvanometer G und G' bei ihrem Mittelwert kompensiert werden. Man hat also nur aus Beobachtungen des Durchgangs der Galvanometer durch den Nullpunkt od. dgl. den Winkel $(q \cdot x)$ festzustellen, um den die Temperaturwelle an der Stelle des Thermoelementes ϑ' der Welle bei ϑ nacheilt, und zwar für zwei verschiedene Schwingungsdauern τ_1 und τ_2 der erzwungenen Schwingung, und daraus nach Gleichung (12m) v_1 und v_2 zu berechnen. KING hat zunächst Kupfer und Zinn bei 35 und 60°C untersucht und dabei $\tau_1 \backsim 130$ sec., $\tau_2 \backsim 290$ sec. gewählt. Voraussetzung des Verfahrens ist wieder Konstanz von α. Da bei KINGS Versuchen die Temperatur des Thermoelements ϑ um 20 bis 30° variiert wurde, ist die Erfüllung dieser Voraussetzung fraglich.

Hierher gehört auch ein Verfahren zur Bestimmung der Wärmeleitzahlen bei Glühtemperaturen, das v. LAUE und GORDON[1]) vorgeschlagen haben und bei dem, wie bei den in Ziff. 11 besprochenen Methoden für stationäre Wärmeströmung, der Versuchskörper wieder gleichzeitig als elektrischer Heizkörper dient. Es beruht auf den Temperaturschwankungen, die der Glühfaden bei der Erhitzung mit Wechselstrom erfährt, und zwar soll in einem von sinusförmigem Wechselstrom durchflossenen Draht die Phasendifferenz zwischen der Temperatur und der Wärmeentwicklung oder die relative Temperaturschwankung an der Oberfläche gemessen werden. Die Verfasser entwickeln die Theorie dieses Verfahrens für den Fall, daß die elektrische und thermische Leitfähigkeit in den verwendeten Temperaturgrenzen, die daher nicht weit sein dürfen, konstant bleibt, und daß die von der Flächeneinheit der Oberfläche ausgestrahlte Wärme eine lineare Funktion der Temperatur ist, was noch geringere Temperaturschwankungen (von nur wenigen Graden) voraussetzt und nur deshalb überhaupt möglich ist, weil die ausgestrahlte Energie zwar der 5. Potenz von T proportional ist, die physiologische Wirkung dieser Strahlung auf das Auge bei Glühtemperaturen aber der 11. bis 12. Potenz.

c) Zahlenwerte, Gesetzmäßigkeiten und Anwendungen.

16. Wärmeleitzahlen von Metallen und Legierungen. Eine ziemlich vollständige von M. JAKOB bearbeitete Zusammenstellung der gemessenen Werte der Wärmeleitfähigkeit findet sich in den Physikalisch-Chemischen Tabellen von LANDOLT und BÖRNSTEIN. Hieraus und aus einer weiter oben bereits erwähnten Veröffentlichung[2]) wird im folgenden eine kleine Auswahl von Werten (zum Teil unter Mittelbildung) in cal $\cdot$ cm$^{-1} \cdot$ s$^{-1} \cdot$ Grad^{-1} mitgeteilt, die entweder ihrer Größe nach besonders charakteristisch sind oder verschiedenartige Einflüsse, wie die der Temperaturvariation, deutlich erkennen lassen. Diese Einflüsse werden dann in Ziff. 17 im einzelnen behandelt.

Die Wärmeleitzahl von Metallen und Legierungen liegt hiernach bei 0° C zwischen 1,0 (Silber) und 0,003 (Antimon-Cadmium-Legierung). Bei —250° sind Werte bis 4,0, bei einem Kupferkristall sogar bis 29 beobachtet worden.

---

[1]) M. VON LAUE u. W. GORDON, Berl. Ber. 1922, S. 112.
[2]) M. JAKOB, ZS. f. Metallkde. Bd. 18, S. 55. 1926.

Tabelle 2. Wärmeleitzahlen von Metallen und Legierungen.

Substanz	Temperatur °C	Wärmeleitzahl cal·cm^{-1}·s^{-1}·Grad^{-1}
Aluminium	0	0,48
Antimon, elektrolytisch dargestellt, gegossen, sehr rein	0	0,05
Antimon-Cadmium-Legierung (66,7 Sb + 33,3 Cd)	0	0,003
Blei	−180	0,095
	0	0,085
	200	0,08
Cadmium	0	0,23
Constantan (60 Cu + 40 Ni)	0	0,05
Eisen (Flußeisen) mit 0,1% C	0	0,12
„ „ mit 1% C	0	0,09
Kupfer, rein	−250	4,0
	−180	1,1
	0	0,93
	200	0,9
	700	0,85
Kupfer, mit Spuren Arsen verunreinigt	0	0,34
Kupferkristall	−252	29
	−200	2,0
	0	1,0
Manganin (54 Cu + 4 Ni + 12 Mn)	0	0,05
Messing	0	0,23
	200	0,26
	600	0,28
Neusilber	0	0,06
	−160	0,13
Nickel, 99 prozentig	0	0,14
	400	0,13
	700	0,145
Nickelstahl mit 30% Ni	0	0,03
Platin	−250	0,9
	−180	0,18
	0	0,17
Quecksilber, fest	−269	0,35
	−190	0,115
	− 44	0,066
flüssig	− 37	0,022
	0	0,025
	150	0,039
Silber	−160	1,0
	0	1,0
	100	1,0
Wolfram	0	0,38
	1200	0,23
	2200	0,38
Zink	0	0,265
	300	0,235
Zinn	0	0,155

Die Unterschiede der Temperaturleitzahlen sind ähnlich groß wie die der Wärmeleitzahlen. Es kann daher hier von der Aufstellung einer besonderen Tabelle für Temperaturleitzahlen abgesehen werden, zumal sie so einfach aus der Definitionsgleichung $a = \dfrac{\lambda}{\varrho \cdot c}$ zu berechnen sind.

17. Chemische, mechanische und thermische Einflüsse auf die Wärmeleitfähigkeit der Metalle. Den stärksten Einfluß auf die Wärmeleitfähigkeit von Metallen haben Verunreinigungen. So hat man beobachtet, daß 0,2% Verunreinigung die Wärmeleitzahl von Gold um 42% und Spuren von Arsen die

Wärmeleitzahl von Kupfer sogar auf ein Drittel ihres Wertes herabdrücken (s. Tab. 2).

Legierungen leiten daher im allgemeinen die Wärme viel schlechter als die reinen Metalle, aus denen sie zusammengesetzt sind. So hat die Legierung von 60 Cu + 40 Ni, die man Constantan nennt, bei 0° C die Wärmeleitzahl 0,05, Kupfer dagegen 0,93 und Nickel 0,14, die Antimon-Cadmium-Legierung mit 66,7 Sb + 33,3 Cd die Wärmeleitzahl 0,003 gegen $\lambda = 0,05$ für Antimon und $\lambda = 0,23$ für Cadmium.

Hierher gehört auch der Einfluß des Kohlenstoffgehaltes auf Eisen. Während für schwedisches Eisen von ganz geringem Kohlenstoffgehalt $\lambda = 0,13$ beträgt, hat Kohlenstoffstahl mit 0,6 bis 1,0% C die Wärmeleitzahl $\lambda = 0,10$, Stahl mit 1,3 bis 1,5% C die Wärmeleitzahl $\lambda = 0,09$. Die verschiedenen anderen Zusätze zum Eisen beeinflussen ebenfalls seine Wärmeleitzahl. Simidu[1] hat versucht, diese Einflüsse und dazu die der Vorbehandlung und Bearbeitung auf Grund seiner Versuche in Formeln zu fassen, und findet

für geschmiedetes Eisen:

$$\lambda = 0,1335 - 0,0194\,C - 0,0323\,Mn - 0,0646\,Si, \tag{16}$$

für im Vakuum bei 900° C eine Stunde lang geglühtes Eisen:

$$\lambda = 0,1217 - 0,0194\,C - 0,0199\,Mn - 0,0398\,Si, \tag{16a}$$

für von 900° C herab in Öl abgeschrecktes Eisen:

$$\lambda = 0,1284 - 0,0308\,C - 0,0310\,Mn - 0,0620\,Si. \tag{16b}$$

Dabei bedeutet C, Mn und Si den Gehalt des betreffenden Elementes in Prozenten.

Einen merkwürdigen Einfluß der thermischen Vorbehandlung hat Honda[2] bei selbst hergestelltem Nickelstahl beobachtet, der einmal bei 900° C geglüht, ein andermal auf $-190°$ gekühlt war. Bei etwa 30% Nickelgehalt soll im letzteren Fall λ bei 30° eine Zunahme um etwa 125% erfahren. Jakob[3] hat diese Erscheinung bei Kruppschem Nickelstahl von ähnlicher Zusammensetzung nicht bestätigt gefunden, sondern nur eine Zunahme von höchstens 3% festgestellt.

Eine große Anzahl von Aluminiumlegierungen von 99,3 bis 76,2% Aluminiumgehalt hat Masumoto[4] untersucht. Dabei zeigte sich u. a., daß schon kleine Zusätze von Mangan oder Chrom die Wärmeleitzahl tief herabdrücken. Durch Glühen wurde die Wärmeleitfähigkeit sämtlicher Legierungen, mit Ausnahme der stark zinkhaltigen, sehr vergrößert. Auch die Wirkung des Mangangehaltes wurde dadurch rückgängig gemacht, dagegen nicht die des Chromgehaltes. Die bisher bei Aluminiumstäben gleicher Reinheit von verschiedenen guten Experimentatoren gefundenen Unterschiede in λ dürften großenteils davon herrühren, daß die Probestücke teils geglüht, teils nicht geglüht waren. Durch Abschrecken wird das Wärmeleitvermögen der Legierungen wieder etwa auf den Wert vor dem Glühen gebracht. Gezogene Stäbe leiten viel besser als gegossene. Bezüglich weiterer Einzelheiten muß auf die zitierten Veröffentlichungen[4] verwiesen werden.

Äußerer Druck hat naturgemäß erst dann einen Einfluß auf die Wärmeleitzahl von Metallen, wenn dabei wesentliche Formänderungen auftreten.

---

[1] Takéo Simidu, Sc. Reports Tôhoku Univ. Bd. 6, S. 111. 1917.
[2] Kôtarô Honda, Sc. Reports Tôhoku Univ. Bd. 7, S. 59. 1918.
[3] M. Jakob, ZS. d. Ver. d. Ing. Bd. 66, S. 686. 1922.
[4] H. M. Masumoto, Sc. Reports Tôhoku Univ. Bd. 13, S. 229. 1925. Siehe auch M. Jakob, ZS. f. Metallkde. Bd. 18, S. 55. 1926.

Bridgman[1]) hat bei seinen auf S. 58 bereits erwähnten sorgfältigen Messungen an 11 verschiedenen Metallen bis zum Druck von 12000 kg/cm² teils lineare Zunahme, teils lineare Abnahme der Wärmeleitzahl gefunden. Seine Versuchsergebnisse sind in der Tabelle 3 (Ziff. 18, S. 85) zusammengestellt.

Die Temperatur scheint die Wärmeleitzahl reiner Metalle oberhalb 0° nur wenig zu beeinflussen. Zwischen 0 und 100° ist λ entweder völlig konstant, oder es sinkt ein wenig. Bei höheren Temperaturen ist zwar zuweilen eine Zunahme von λ mit der Temperatur beobachtet worden, jedoch mögen diese Zunahmen teils auf Versuchsfehler, teils auf Verunreinigung der Metalle zurückzuführen sein. Jedenfalls haben die Versuche von Konno[2]) an Blei, Wismut, Zink und Zinn bis zum Schmelzpunkt und die besonderes Vertrauen erweckenden Messungen von Schofield[3]) an 99,7 proz. Kupfer bis 700°, an 99,9 proz. Magnesium bis 400° und an 99,8 proz. Zink bis 300° durchweg einen negativen Temperaturkoeffizienten der Wärmeleitzahl ergeben. Auch die Wärmeleitzahl von Nickel sinkt nach den Messungen von Schofield und von Honda und Simidu[4]) wenigstens bis zum Umwandlungspunkt bei 350° C. Nur bei Aluminium muß man zunächst über den Temperatureinfluß im Zweifel sein, da Schofield bei 99,7 proz. Aluminium zwischen 100 und 400° C eine Zunahme von λ um 3% gefunden hat, die Meßergebnisse von Konno[2]) aber, wonach λ bis zum Schmelzpunkt um etwa 35% abnehmen soll, und von Angell[5]), wonach es um über 100% zunehmen würde, sehr fragwürdig erscheinen.

Unterhalb 0° wächst λ bei sämtlichen reinen Metallen immer stärker, so von 0° bis —252° bei Blei um 30 bis 40%, bei Cadmium um 100 bis 300%, bei Gold, Kupfer, Platin, Zink um 300 bis 450%. Eine ganz außerordentliche Zunahme hat Schott[6]) bei einem Kupferkristall beobachtet, nämlich bis zum 31 fachen Betrag zwischen 0° und —252°. Metallkristalle bei sehr tiefen Temperaturen scheinen hiernach weitaus die besten Leiter der Wärme zu sein. (Weiteres s. S. 96.)

Auch die Wärmeleitzahl von Legierungen nimmt mit tiefsinkender Temperatur beträchtlich zu, ebenso aber oberhalb 0° C. Dies ist bis 100° C längst festgestellt, neuerdings aber an einer Anzahl von Bronzen durch Donaldson[7]) und von eutektischen Legierungen durch Byron Brown[8]) bis zu 400° C.

In Umwandlungspunkten pflegt die λ, ϑ-Kurve einen Knick zu haben oder doch ihre Richtung zu ändern, ebenso nach dem Schmelzen. So nimmt mit wachsender Temperatur die Wärmeleitzahl des festen Quecksilbers ab, die des flüssigen sehr beträchtlich zu (s. Tab. 2), und auch bei Nickel ändert der Temperaturkoeffizient von λ beim Umwandlungspunkt sein Vorzeichen im selben Sinn. Auch bei flüssiger äquimolekularer Kalium-Natrium-Legierung ist Zunahme mit der Temperatur beobachtet worden. Bei Aluminium, Blei, Zink und Zinn hat man[2]) mit zunehmender Temperatur Abnahme, im Schmelzpunkt einen Sprung von λ gefunden, oberhalb der Schmelztemperatur aber keine weitere Änderung der Wärmeleitzahl. Im Schmelzpunkt springt die Wärmeleitzahl bei Quecksilber auf ein Drittel ihres Wertes, bei Aluminium, Blei, Zink, Zinn etwa auf die Hälfte. Dagegen ist bei Antimon nur eine ganz geringe Änderung, bei Wismut ein Anstieg auf über das Doppelte beobachtet worden.

---

[1]) P. W. Bridgman, Proc. Amer. Acad. Bd. 57, S. 75. 1922.
[2]) Seibei Konno, Phil. Mag. 40, S. 542. 1920.
[3]) F. H. Schofield, Proc. Roy. Soc. London Bd. 107, S. 206. 1925. Siehe auch M. Jakob, ZS. f. Metallkde. Bd. 18, S. 55. 1926.
[4]) Kôtarô Honda u. Takéo Simidu, Sc. Reports Tôhoku Univ. Bd. 6, S. 219. 1917.
[5]) M. F. Angell, Phys. Rev. Bd. 33, S. 421. 1911.
[6]) R. Schott (A. Eucken), Verh. d. D. Phys. Ges. Bd. 18, S. 27. 1916.
[7]) J. W. Donaldson, Metal Ind. (London) Bd. 27, S. 216. 1925.
[8]) W. Byron Brown, Phys. Rev. (2) Bd. 22, S. 171. 1923.

18. Beziehungen zwischen der thermischen und der elektrischen Leitfähigkeit der Metalle und Legierungen. Unter den Gesetzmäßigkeiten für die Wärmeleitfähigkeit der Metalle spielt die weitaus größte Rolle das Verhältnis der Wärmeleitfähigkeit λ und der elektrischen Leitfähigkeit $\varkappa$, das man schon frühzeitig für einen Schlüssel zur Theorie des metallischen Zustandes gehalten hat. Auf Grund ihrer bereits früher (s. S. 58) erwähnten Beobachtungen haben zunächst WIEDEMANN und FRANZ das Gesetz aufgestellt, daß $\dfrac{\lambda}{\varkappa}$ unabhängig von der Art des Metalles sei. Dieses Gesetz ist bei 0° C für die meisten Metalle auf $\pm 10\%$ richtig; es gilt ferner annähernd für die meisten Legierungen und nach Messungen von HONDA und SIMIDU bei Kohlenstoffstählen ganz verschiedenen Kohlenstoffgehaltes selbst bis 900°. Es hat sich auch bei starken Modifikationen des Gefüges bewährt; so hat KOHLRAUSCH für das Verhältnis des elektrischen Leitvermögens eines glasharten und eines weichen Stahles 0,56, für das Verhältnis der zugehörigen Wärmeleitzahlen 0,60 gefunden, und selbst bei Quecksilber und der flüssigen äquimolekularen Kalium-Natrium-Legierung ist $\dfrac{\lambda}{\varkappa}$ noch von der gleichen Größenordnung wie bei festen reinen Metallen.

Strenge Gültigkeit dieses Gesetzes würde offenbar einen ganz engen Zusammenhang zwischen elektrischer und thermischer Leitfähigkeit bedeuten, der fast auf eine Identität des Übertragungsmechanismus für Elektrizität und Wärme schließen lassen müßte.

Nun hat man aber bald gefunden, daß Verunreinigungen stärker auf die elektrische Leitfähigkeit wirken als auf die thermische, ferner daß die letztere zwischen 0 und 100° viel weniger von der Temperatur abhängt als die erstere. Damit ist aber zugleich statuiert, daß das Gesetz von WIEDEMANN und FRANZ nicht streng gültig sein kann.

LORENZ[1]) hat daher ein anderes Gesetz aufgestellt, wonach $\dfrac{\lambda}{\varkappa \cdot T}$ eine von der Temperatur unabhängige Größe sein soll, die man wohl auch LORENZsche Zahl genannt hat. Wir wollen in der Folge den Wert $\dfrac{10^8 \lambda}{\varkappa \cdot T}$ mit L bezeichnen und durch Indizes die Temperatur in Grad Celsius, auf die er sich beziehen soll (also z. B. $L_0 = \dfrac{10^8 \lambda_0}{\varkappa_0 \cdot T_0}$ für die Temperatur 0° C). LORENZ hat sein Gesetz zunächst theoretisch auf Grund folgender Erwägung vorausgesagt: Nimmt man an, daß die elektrischen Spannungsverluste in einem Draht nur durch elektrische Doppelschichten entstehen, die im Innern des Metalles an Diskontinuitätsflächen auftreten, dann muß der gesamte Spannungsunterschied, wenn der Spannungsabfall an jeder Grenzfläche der absoluten Temperatur proportional ist wie bei thermoelektrischen Vorgängen, ebenfalls proportional T sein; $\varkappa$ muß daher umgekehrt proportional der absoluten Temperatur sein. Wenn nun die Wärmeleitfähigkeit nur auf lokalen elektrischen Strömen beruht, so gelangt man zum LORENZschen Gesetz.

In einer kritischen Arbeit über die thermische und elektrische Leitfähigkeit der Metalle hat MEISSNER[2]) eine große Anzahl von Werten der LORENZschen Zahl zusammengestellt, von denen wir im folgenden einige wiedergeben wollen. Dabei ist λ in $W \cdot cm^{-1} \cdot Grad^{-1}$, $\varkappa$ in $Ohm^{-1} \cdot cm^{-1}$ angegeben, so daß L in $Volt^2 \cdot Grad^{-2}$ erscheint. Bezieht man L stets auf die gleiche Temperatur, z.B. auf 0° C, und vergleicht verschiedene Stoffe, so hat man offenbar nur einen anderen Ausdruck

---

[1]) L. LORENZ, Pogg. Ann. Bd. 147, S. 429. 1872 u. Wied. Ann. Bd. 13, S. 422. 1882.
[2]) W. MEISSNER, Jahrb. d. Radioakt. Bd. 17, S. 229. 1921.

für das Gesetz von Wiedemann-Franz; erst beim Vergleich für verschiedene Temperaturen prüft man das Lorenzsche Gesetz. Bei reinen Metallen liegt nun der Wert $L_0 = \dfrac{10^8 \lambda_0}{\varkappa_0 T_0}$ im allgemeinen zwischen 2,2 und 2,5, bei Nickel hat man 2,1, bei Wolfram, Quecksilber, Wismut, Antimon Werte von 2,9 bis 4,4 beobachtet. Auch Legierungen weichen im allgemeinen nicht von diesem Werte ab. Nickelstähle verschiedener Zusammensetzung haben $L_{30} = 2,0$ bis 3,0 ergeben, Aluminiumlegierungen $L_{30} = 2,2$ bis 2,6, Wismut-Antimon-Legierungen $L_0 = 3,7$ bis 5,1 und die flüssige äquimolekulare Kalium-Natrium-Legierung $L_0 = 2,8$. Die kleinsten Werte von L verhalten sich daher zu den größten wie 1 : 2,5, während λ im Verhältnis 1:80 schwankt. Nur bei Antimon-Cadmium-Legierungen hat man auch für L sehr viel größere Werte gefunden; so wurde bei einer Legierung von 48,3 Cd und 51,7 Sb durch Eucken und Gehlhoff[1]) $L = 243$ gemessen. Diese Legierung leitet nämlich die Elektrizität 1300mal schlechter als Antimon, die Wärme aber nur 12mal schlechter.

Königsberger hat die Abweichungen vom Wiedemann-Franzschen Gesetz darauf zurückgeführt, daß man auch bei Metallen außer der eigentlichen metallischen Wärmeleitfähigkeit, die annähernd proportional der elektrischen Leitfähigkeit sein soll, noch eine nichtmetallische Wärmeleitfähigkeit (Isolatorleitfähigkeit) beachten müsse, die auch bei elektrisch nicht leitenden Stoffen vorhanden wäre. Ihr Einfluß wäre um so größer, je weniger die Stoffe elektrisch leiten. Bei sehr schlechten elektrischen Leitern ist in der Tat L_0 sehr groß, z. B. bei Graphit $L_0 = 410$, bei Silicium $L_0 = 17000$, bei Eisenoxyd 19000.

Das grundsätzlich verschiedene Verhalten des „metallischen" und des „nichtmetallischen", von Eucken und Neumann[2]) „Kristalleitfähigkeit" genannten Anteils von λ gegenüber einer Unterteilung des Kristallaggregates ermöglicht vielleicht eine Trennung dieser Anteile. Die Erfahrung lehrt nämlich, daß die Kristalleitfähigkeit eines einheitlichen Kristalls wesentlich größer ist als die eines feinkristallinischen Aggregates, was man durch kleine Temperatursprünge an der Grenzfläche der Kristallite zu erklären versucht hat, daß dagegen die metallische Wärmeleitfähigkeit ebenso wie die spezifische elektrische Leitfähigkeit von der Größe der einzelnen Kristalle des Versuchskörpers wenig abhängt.

Hiernach müßte bei komprimierten Metallpulvern $\dfrac{\lambda}{\varkappa}$ kleiner sein als bei kompakten Metallen. Gehlhoff und Neumeiers[3]) Versuche mit gepreßtem Wismutpulver ergaben jedoch größere Werte von $\dfrac{\lambda}{\varkappa}$, was Eucken und Neumann darauf zurückführen, daß adsorbierte Gashäute den Wärmeübergang von Korn zu Korn begünstigt, die elektrische Leitung aber teilweise unterbrochen haben mögen. Die letztgenannten Forscher fanden durch Messungen an kompakten Antimon- und Wismutkörpern von feiner und grober kristallinischer Struktur die Theorie bestätigt. Für die auf unendlich feine Struktur extrapolierte metallische Wärmeleitfähigkeit von Wismut und Antimon läge nach ihren Versuchen L_0 zwischen 2,2 und 2,3, also nahe den Werten für besser leitende reine Metalle.

Oberhalb 0° C steigt L im allgemeinen etwas an; doch hat man selbst bis $T = 1200°$ bei Eisen und Stahl nur 17%, bei Wolfram bis 2200° nur 21% Zunahme beobachtet. Bei Nickel scheint L bis zu 400° C um etwa 33% zu- und dann

---

[1]) A. Eucken u. G. Gehlhoff, Verh. d. D. Phys. Ges. Bd. 14, S. 169. 1912.
[2]) A. Eucken u. O. Neumann, ZS. f. phys. Chem. Bd. 111, S. 431. 1924.
[3]) G. Gehlhoff u. F. Neumeier, Verh. d. D. Phys. Ges. Bd. 15, S. 876. 1913.

wieder abzunehmen. Die Abweichung vom LORENZschen Gesetz ist also bei höheren Temperaturen nicht beträchtlich.

Unterhalb $0°$ aber nimmt L fast bei allen Metallen sehr stark ab, für reine Metalle bei $-252°$ auf etwa 40 bis 60% des Wertes L_0. Bei einer Kupferprobe ist sogar ein Sinken auf $L = 0,16\,L_0$ beobachtet worden[1]. Nur bei den schlecht leitenden Metallen Wismut und Antimon hat man bei $-190°$ eine Zunahme auf $L = 2,90\,L_0$ bzw. $1,62\,L_0$ beobachtet und eine ähnliche Zunahme bei Quecksilber.

Im Gebiete der sog. Supraleitfähigkeit, d. i. die Eigenschaft der Metalle, in der Nähe des absoluten Nullpunktes der Temperatur ihren elektrischen Widerstand zu verlieren, sinkt jedoch L auch für Quecksilber, und zwar praktisch auf den Wert Null. KAMERLINGH ONNES und HOLST haben nämlich zwischen $-268°$ und $-269°$ einen Sprung von L auf den 10^7ten Teil gefunden[2]. Die Supraleitfähigkeit wäre somit auf die elektrische Leitfähigkeit beschränkt und die LORENZsche Zahl würde den Wert Null erreichen.

An die Stelle des LORENZschen Gesetzes tritt also ein drittes, bisher mathematisch noch nicht formuliertes Gesetz, wonach L eine Funktion der Temperatur ist.

Nach den Messungen von BRIDGMAN[3] bei $30°$ C und Drucken bis 12000 at ist L auch vom Druck nicht unabhängig. In Tabelle 3 sind für die 11 von ihm untersuchten Metalle und den Druckbereich von 0 bis 12000 kg·cm^{-2} die

Tabelle 3.

Druckkoeffizient der Wärmeleitzahl λ und der Lorenzschen Zahl L_{30}.

Metall	Druck-koeffizient von λ	Druck-koeffizient von L_{30}
Blei	$+0{,_4}173$	$+0{,_5}6$
Zinn	$+0{,_4}122$	$+0{,_5}3$
Cadmium . . .	$+0{,_4}122$	$-0{,_5}17$
Zink	$-0{,_5}03$	$-0{,_5}25$
Eisen	$-0{,_5}75$	$-0{,_5}26$
Platin	$-0{,_5}16$	$-0{,_5}35$
Silber	$-0{,_5}37$	$-0{,_5}70$
Kupfer	$-0{,_5}75$	$-0{,_5}93$
Antimon . . .	$-0{,_4}21$	$-0{,_4}10$
Wismut	$-0{,_4}31$	$-0{,_4}10$
Nickel	$-0{,_4}12$	$-0{,_4}13$

Mittelwerte des Druckkoeffizienten von λ und L_{30}, bezogen auf 1 kg·cm^{-2} Druckänderung, zusammengestellt.

Während LUSSANA bei seinen auf S. 59 erwähnten und angezweifelten Versuchen im allgemeinen keine Änderung von $\dfrac{\lambda}{\varkappa}$ im Druckbereich von 0 bis 3000 at gefunden hatte, nimmt also nach BRIDGMAN L_{30} (außer bei Blei und Zinn) mit steigendem Druck ab, und zwar bis etwa 16% (von 0 bis 12000 at) bei Nickel. BRIDGMAN kommt daher zu dem Schluß, daß außer durch die Elektronen auch ein beträchtlicher Teil der Wärme durch die Atome geleitet werden müsse. Er schätzt den letzteren Anteil auf 50% des ersteren.

Endlich seien noch einige Effekte erwähnt, die die elektrische Leitfähigkeit der Metalle zum Teil ändern und von denen man annahm, daß sie auch die thermische Leitfähigkeit ändern müßten. Einen Einfluß der Magnetisierung auf λ von Eisen und Stahl hat man nicht mit Sicherheit feststellen können. Nur bei Wismut, bei dem $\varkappa$ im magnetischen Feld sehr stark abnimmt, hat man auch eine Abnahme von λ, wenn auch nur um 2 bis 3%, in einem magnetischen Feld von 9000 CGS-Einheiten gefunden. Ebenso hat SCHMALTZ[4] ermittelt, daß Nickel in einem magnetischen Feld von 1200 CGS seine Wärmeleitzahl um 5% ändert.

---

[1] Siehe W. MEISSNER, Jahrb. d. Radioakt. Bd. 17, Tab. III, S. 241. 1921.
[2] Siehe W. MEISSNER, ebendort Tab. VIII, S. 244.
[3] P. W. BRIDGMAN, Proc. Amer. Acad. Bd. 57, S. 75. 1922.
[4] G. SCHMALTZ, Ann. d. Phys. (4) Bd. 16, S. 398 u. 792. 1905.

Die Wärmeleitfähigkeit von kristallisiertem Selen soll durch Belichtung zunehmen, wie zuerst BELLATI und LUSSANA[1]) beobachtet haben. Nach SIEG[2]) soll jedoch durch Belichtung, bei der $\varkappa$ um 300% steigt, λ um weniger als 5% zunehmen, nach NANNEI[3]) bei 12° um 25%, bei höherer Temperatur weniger und schon bei 25° gar nicht mehr.

Welcher Art nun der Mechanismus der Wärmeleitung ist, darüber ist man sich nach dem Versagen der Gesetze von WIEDEMANN und FRANZ und von LORENZ keineswegs klar. Gegen die Annahme von KÖNIGSBERGER und EUCKEN hat MEISSNER gewisse Bedenken geäußert. Er hält es für möglich, daß die nichtmetallische und die metallische Leitfähigkeit nicht wesensverschieden sind, und begründet diese Vermutung (a. a. O.). Zum Beispiel scheint ihm das Ausbleiben der thermischen Supraleitfähigkeit schwer mit dem Gedanken vereinbar, daß die metallische Wärmeleitung unmittelbar mit der Elektrizitätsleitung verknüpft sei, und läßt ihn der Vorstellung zuneigen, daß auch die metallische Wärmeleitung doch etwas Ähnliches wie die Isolatorleitfähigkeit sei. Die Verbindung der Wärmeleitungstheorie mit der Elektronentheorie, die unbedingt vorhanden sein muß, denkt sich MEISSNER im Sinn der Theorie der nicht freien Elektronen, auf Vorstellungen von J. J. THOMSON, HABER, DEBYE und BORELIUS fußend, etwa so, daß bei der Wärmebewegung der Atome die Valenzelektronen eines Atoms in den Kraftbereich des nächsten gelangen und unter dem Einfluß eines äußeren Feldes ein Energiestrom in bevorzugter Richtung eintritt. Die zwischen den Atomen übergehenden Valenzelektronen müßten dann einen Einfluß auf die Dämpfung der elastischen Wellen ausüben, die nach den erwähnten Vorstellungen mit der Wärmeleitung eng zusammenhängt.

19. Praktische Bedeutung der Wärmeleitfähigkeit der Metalle. Von der guten Wärmeleitfähigkeit der Metalle macht man seit jeher auf allen möglichen Gebieten Gebrauch, nämlich immer da, wo man Wärme mit möglichst geringem Temperaturgefälle übertragen will, sei es nun bei den Kochgeräten des Haushaltes oder den Dampfkesseln der Industrie, sei es bei Kühlern von Kälteanlagen und Automobilen oder bei den Registern unserer Zentralheizungen.

Die Abführung von Wärme durch Metalle dient andererseits häufig zum Schutz für Gegenstände, die man vor allzu starker Erwärmung bewahren will. Es sei an die Metallnetze erinnert, mit denen man die Wärme von Gasbrennern aufnimmt und verteilt, um etwa Glasgefäße vor der unmittelbaren Einwirkung der heißen Bunsenflamme zu schützen, und an die auf dem gleichen Prinzip beruhende DAVYsche Sicherheitslampe für Bergwerke, bei der das die Flamme umschließende Drahtnetz die Entzündung explosibler Gase durch die Flamme der Lampe verhütet.

Während man sich früher wenig um die Art des Metalles gekümmert hat, das jeweils zur Wärmeableitung diente, haben die scharfen Anforderungen bezüglich der Wärmeableitung durch die Kolben der Verbrennungsmaschinen z. B. dazu geführt, daß man gute Leiter, wie Aluminiumlegierungen, die gleichzeitig den Vorzug geringen Gewichtes haben, als Baustoff für diese Kolben zu wählen begann. Für viele Zwecke der Wärmeübertragung, z. B. für Lötkolben, für Rohrschlangen, hat man freilich schon seit jeher Kupfer bevorzugt.

Andererseits will man oft gerade im Gegenteil die Wärmeübertragung möglichst vermeiden und ist doch aus bestimmten Gründen zur Verwendung von Metallen gezwungen. Dann muß man das schlechtest leitende Metall, das sonst für den betreffenden Zweck geeignet ist, heraussuchen. So hat man für Tem-

[1]) M. BELLATI u. S. LUSSANA, Atti Ist. Veneto (6) Bd. 5, S. 1117. 1886/87.
[2]) L. P. SIEG, Phys. Rev. (2) Bd. 6, S. 213. 1915.
[3]) BIANCA NANNEI, Cim. (6) Bd. 20, S. 185. 1920.

peraturmessungen mit Thermoelementen vielfach die Kupfer-Konstantan-Elemente durch Eisen-Konstantan-Element ersetzt, um die Wärmeableitung von der Lötstelle, die beträchtliche Meßfehler verursachen kann, zu verringern (s. S. 54, Fußnote 2). In der Technik muß man fast stets Glasthermometer mit Metall-rohren zum Schutz gegen Beschädigungen umschließen. Bei Messungen in heißen Gasen und überhitzten Dämpfen bildet die axiale Wärmeableitung in den Wänden dieser Schutzrohre ebenfalls eine beträchtliche Fehlerquelle. Man wird sie natur-gemäß so dünn wie möglich wählen, aber unter Umständen auch aus einem die Wärme schlecht leitenden Metall wie Nickel oder Neusilber. JAKOB[1]) hat vor-geschlagen, die Rohre in wichtigen Fällen aus gut und schlecht leitenden Metallen zusammenzusetzen, um an der Stelle, wo die Wärme gemessen werden soll, die Wärmeübertragung zu verbessern, beim Herausführen des Meßrohres (z. B. aus einem Metallbehälter) aber die Wärmeabfuhr zu verhindern.

Auch für gewisse Zwecke der Tiefkälteindustrie sind die Wärme schlecht leitende Metalle von besonderer Wichtigkeit, z. B. zur Herstellung von Vakuum-mantelgefäßen für Aufbewahrung und Beförderung verflüssigter Gase. Der Hauptkälteverlust erfolgt dabei in der Innenwand axial durch den Hals der Flasche. Mindestens dieser Hals muß daher aus einer schlecht leitenden Legierung wie Neusilber hergestellt werden. Für manche Zwecke wird man auch den die Wärme besonders schlecht leitenden hochprozentigen Nickelstahl verwenden können.

Ein praktisch besonders wichtiges Problem der Wärmeleitung in Metallen betrifft das Eindringen der Wärme in die Wand einer Maschine bei wechselnder Temperatur; fast genau das gleiche Problem, nämlich die tägliche und jährliche Temperaturschwankung in der äußersten Erdrinde, spielt auch in der Geophysik eine Rolle (s. Ziff. 30). Wir werden auf die Berechnung des variablen Temperatur-feldes in Wänden im Abschnitt VIII (Ziff. 48) noch kurz zurückkommen, wollen aber hier einige wichtige Ergebnisse dieser Berechnung vorwegnehmen. Vom technischen Standpunkt sind zwei Fragen von Wichtigkeit: 1. Wie beeinflussen die Temperaturschwingungen den Durchgang der Wärme durch die Wand der Maschine? 2. Welche Materialspannungen treten infolge der Temperaturunter-schiede auf? Die Berechnung der Temperaturschwankungen, die sich in das Innere einer Zylinderwand fortpflanzen, mittels FOURIERschen Reihen zeigt, daß die Wellen mit zunehmender Phasenverschiebung und schnell abnehmender Amplitude vom Zylinderinnern in die Maschinenwände eindringen. Aber selbst die in der Wand auftretenden Temperaturschwankungen von der Größenordnung von 10° genügen unter Umständen, um sehr große Beanspruchungen durch Temperaturunterschiede hervorzurufen. EICHELBERG[2]) hat gezeigt, daß die Kurve des zeitlichen Verlaufes der Temperatur an der Innenseite der Zylinder-wand zugleich die Kurve der periodischen Spannungen in der inneren Oberflächen-schicht darstellt, wenn man nur die Temperaturkoordinate mit $\dfrac{E\beta}{1-\nu}$ multi-pliziert, wobei E den Elastizitätsmodul, ν die Querkontraktion und β den linearen Ausdehnungskoeffizienten des Baustoffes der Wärme bedeutet. Bei einem Zwei-taktdieselmotor, der 100 Umläufe in der Minute macht und dessen Gastemperatur bei jedem Umlauf bei einem Höchstdruck von 8,5 at absolut um etwa 1500° wechselt, schwankt nach EICHELBERG die Temperatur der gasberührten Oberfläche bis zu +14° und −8° gegenüber dem Mittelwert, und dabei tritt ein periodischer Spannungswechsel zwischen 150 kg/cm² Zug und 250 kg/cm² Druck ein, und zwar

---

[1]) M. JAKOB, ZS. d. Ver. d. Ing. Bd. 66, S. 688. 1922.
[2]) G. EICHELBERG, Forschungsarbeiten, herausgeg. vom Ver. d. Ing. Heft 263. 1923.

für Gußeisen. Bei Stahlguß verdoppeln sich die Zahlen, die im übrigen noch umgekehrt proportional dem Ausdruck $\sqrt{\lambda \cdot \gamma \cdot c}$ sind. Für jeden Grad der Temperaturschwankung beträgt die zusätzliche Beanspruchung

$$\frac{E}{1-\nu} \cdot \frac{\beta}{\sqrt{\lambda \cdot \gamma \cdot c}} \cdot$$

Wenn man bedenkt, daß die innere Zylinderwand schon an sich durch den Einfluß von Druck und Temperatur stark beansprucht wird, so können solche wechselnde zusätzliche Spannungen für den Bestand einer Maschine verhängnisvoll werden. Bei plötzlichen Belastungsänderungen, z. B. beim Anfahren, entstehen vorübergehend sowohl auf der Gas- wie auf der Wasserseite der Wand Druckspannungen, in ihren Mittelschichten Zugspannungen infolge der starken örtlichen Krümmungen der Temperaturkurven. Dabei können, wie ebenfalls von EICHELBERG dargelegt wird, die Temperaturdifferenzen und Spannungen das Mehrfache der obenangegebenen Beträge ausmachen. Auch für die Wärmespannungen infolge des stationären, durch die Wärmeleitung bedingten Temperaturabfalls in den Maschinenwänden hat EICHELBERG a. a. O. Berechnungsmethoden mitgeteilt. Da es sich hier nicht um einfache Körper, die man als Platten oder Zylinder behandeln kann, sondern um achsensymmetrische Anordnungen von kompliziertem Profil handelt, wird auch die mathematische Darstellung sehr verwickelt und erlaubt meistens nur graphische Lösungen[1]).

Zum Schluß soll noch die besonders eigentümliche Wärmeabfuhr in magnetisierten Eisenteilen elektrischer Maschinen erwähnt werden. Zur Vermeidung der von der Ummagnetisierung herrührenden Wirbelströme verwendet man das Eisen nur in dünnen Schichten, meistens in Form von sogenannten Blechpaketen. Dabei unterbricht man aber nicht nur die elektrische Leitung durch Papier, Oxydoder Luftschichten quer zu den Flächen, sondern auch die Wärmeabfuhr. Diese ist dann in Richtung der Blechfläche um ein Vielfaches größer als senkrecht dazu[2]). Man hat hier also, vom Standpunkt der Wärmeleitung, einen anisotropen Leiter vor sich, ähnlich wie im Falle der Kristalle, zu denen wir jetzt übergehen.

III. Wärmeleitung durch Kristalle.

20. Grundgleichungen der Wärmeleitung in anisotropen Körpern. Während bei isotropen Körpern die Wärme in jedem Punkt senkrecht zu der isothermen Fläche strömt, die durch diesen Punkt verläuft, ist dies bei anisotropen Körpern wie Kristallen nicht der Fall. Es tritt vielmehr eine viel kompliziertere Art der Wärmeströmung ein, so wie auch die Ausbreitung des Lichtes in Kristallen ihren einfachen Charakter verliert.

Die Grundgleichungen der Wärmeströmung in Kristallen sind zunächst nach molekulartheoretischen Erwägungen von DUHAMEL[3]) aufgestellt und von LAMÉ[4]) verallgemeinert worden. STOKES[5]) hat dann die Grundlagen der Theorie ohne Hypothese über den Mechanismus der molekularen Wärmeübertragung aus der plausiblen Vorstellung entwickelt, daß der Wärmestrom in einem Punkt nur von der örtlichen Veränderlichkeit der Temperatur in seiner nächsten Um-

---

[1]) S. auch das graphische Verfahren von I. GEIGER, ZS. d. Ver. d. Ing. Bd. 67, S. 905. 1923.

[2]) L. OTT, Forschungsarbeiten, herausgeg. vom Ver. d. Ing. Heft 35 u. 36, S. 53. 1906; ZS. d. Ver. d. Ing. Bd. 51, S. 1145. 1907.

[3]) J. M. C. DUHAMEL, Journ. de l'école polyt. Bd. 21, S. 356. 1832.

[4]) G. LAMÉ, Leçons sur la théorie au de la chaleur, Paris 1861.

[5]) G. G. STOKES, Coll. Papers Bd. 3, S. 203.

gebung abhänge. Die einfachste Annäherung ist dabei die, daß die Komponenten des Wärmestroms lineare Funktionen der Komponenten des Temperaturgefälles sind. Sie führt zu dem Gleichungssystem

$$\left.\begin{aligned}
Q_x &= -\lambda_{11}\frac{\partial\vartheta}{\partial x} - \lambda_{12}\frac{\partial\vartheta}{\partial y} - \lambda_{13}\cdot\frac{\partial\vartheta}{\partial z}\\[2mm]
Q_y &= -\lambda_{21}\frac{\partial\vartheta}{\partial x} - \lambda_{22}\frac{\partial\vartheta}{\partial y} - \lambda_{23}\cdot\frac{\partial\vartheta}{\partial z}\\[2mm]
Q_z &= -\lambda_{31}\frac{\partial\vartheta}{\partial x} - \lambda_{32}\frac{\partial\vartheta}{\partial y} - \lambda_{33}\cdot\frac{\partial\vartheta}{\partial z}
\end{aligned}\right\}, \qquad (17)$$

worin Q_x, Q_y, Q_z die Komponenten des Wärmestroms[1]), die 9 Werte λ Materialkonstanten bedeuten, die man in nicht zu weiten Temperaturgrenzen — unter Vernachlässigung ihres Temperaturkoeffizienten — als konstant annehmen darf. Es läßt sich nun zeigen[2]), daß diese 9 Werte nicht unabhängig voneinander sind, sondern daß man mit 6 Stoffkonstanten auskommt, wenn man die Koordinaten in 3 bestimmte für jeden Kristall existierende Richtungen legt, die dadurch ausgezeichnet sind, daß in ihnen und nur in ihnen die Wärmeleitzahlen relative Maxima oder Minima haben, wenn man von den sogleich zu besprechenden „rotatorischen Effekten" absehen darf. Man kann dann die Wärmeströmung durch das folgende einfachere Gleichungssystem darstellen:

$$\left.\begin{aligned}
Q_x &= -\lambda_1\frac{\partial\vartheta}{\partial x} - \omega_3\frac{\partial\vartheta}{\partial y} + \omega_2\frac{\partial\vartheta}{\partial z}\\[2mm]
Q_y &= -\lambda_2\frac{\partial\vartheta}{\partial y} - \omega_1\frac{\partial\vartheta}{\partial z} + \omega_3\frac{\partial\vartheta}{\partial x}\\[2mm]
Q_z &= -\lambda_3\frac{\partial\vartheta}{\partial z} - \omega_2\frac{\partial\vartheta}{\partial x} + \omega_1\frac{\partial\vartheta}{\partial y}
\end{aligned}\right\}. \qquad (17a)$$

Geradeso wie bei einem isotropen Körper erhält man nun durch Betrachtung der Wärmebilanz in einem unendlich kleinen Volumen die Differentialgleichung

$$\gamma\cdot\varrho\cdot\frac{\partial\vartheta}{\partial t} = -\frac{\partial Q_x}{\partial x} - \frac{\partial Q_y}{\partial y} - \frac{\partial Q_z}{\partial z}, \qquad (18)$$

oder durch Einsetzen der Werte für Q aus (17a)

$$\frac{\partial\vartheta}{\partial t} = a_1\frac{\partial^2\vartheta}{\partial x^2} + a_2\frac{\partial^2\vartheta}{\partial y^2} + a_3\frac{\partial^2\vartheta}{\partial z^2}, \qquad (18a)$$

wobei $a_1 = \dfrac{\lambda_1}{\gamma\cdot\varrho}$, $a_2 = \dfrac{\lambda_2}{\gamma\cdot\varrho}$ und $a_3 = \dfrac{\lambda_3}{\gamma\cdot\varrho}$ bedeutet. Die Größen ω_1, ω_2 und ω_3 kommen in der Gleichung (18a) nicht mehr vor. Über ihre Größe kann man daher aus Temperaturmessungen allein keinen Aufschluß gewinnen; man muß dazu noch die Richtung des Wärmeflusses kennen. Man nennt die Größen ω „rotatorische Wärmeleitzahlen". Sie müssen mit Rücksicht auf die Symmetrie der einzelnen Kristalltypen in gewissen Fällen gleich Null sein. Es ist übrigens bisher überhaupt noch niemals gelungen, rotatorische Wärmeleiteffekte bei Kristallen

---

[1]) Die Komponenten Q bedeuten demnach hier die Wärmemengen, die in der Zeiteinheit die Flächeneinheit in den Koordinatenrichtungen durchströmen.
[2]) Siehe E. W. Hobson u. H. Diesselhorst, Encyklop. d. math. Wiss. Bd. 4 (1), S. 178ff.

nachzuweisen, so daß die Vermutung naheliegt, daß solche Effekte in Wirklichkeit überhaupt nicht existieren; indes muß man, worauf Voigt[1]) nachdrücklich hinweist, mit der Möglichkeit rechnen, bei dem einen oder anderen Kristall eines Tages doch rotatorische Wirkungen zu finden. Wegen der Methoden, nach denen man die Größen ω experimentell zu bestimmen versucht hat, sei ebenfalls auf Voigt verwiesen. Wir werden im folgenden von der Berücksichtigung dieser Größen absehen. Dann nimmt das Gleichungssystem (17a) die folgende einfache Form an:

$$\left.\begin{aligned} Q_x &= -\lambda_1 \frac{\partial \vartheta}{\partial x} \\[2mm] Q_y &= -\lambda_2 \frac{\partial \vartheta}{\partial y} \\[2mm] Q_z &= -\lambda_3 \frac{\partial \vartheta}{\partial z} \end{aligned}\right\} . \tag{17b}$$

λ_1, λ_2 und λ_3 sind die Wärmeleitzahlen in den bereits erwähnten ausgezeichneten Richtungen. In einer beliebigen Richtung n wird die Wärmeströmung

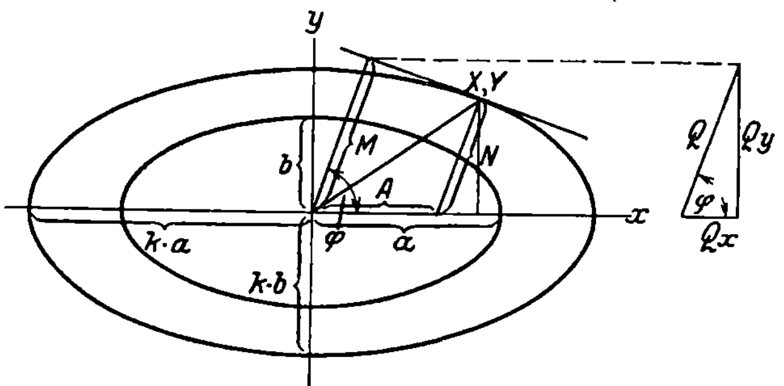

Abb. 16. Bestimmung von Richtung und Größe des Wärmestromes in einem Kristall.

$$Q_n = -\lambda_n \frac{\partial \vartheta}{\partial n} . \tag{17c}$$

Kennt man die Hauptwärmeleitzahlen λ_1, λ_2, λ_3 und ihre Richtungen im Kristall, so ist für jeden Punkt, in dem die Temperaturgefälle $X = -\dfrac{\partial \vartheta}{\partial x}$, $Y = -\dfrac{\partial \vartheta}{\partial y}$ und $Z = -\dfrac{\partial \vartheta}{\partial z}$ gegeben sind, die Richtung und Größe des Wärmestromes folgendermaßen bestimmt:

Man legt durch den Koordinatenpunkt X, Y, Z das mit dem Ellipsoid

$$\lambda_1 x^2 + \lambda_2 y^2 + \lambda_3 z^2 = 1 \tag{19}$$

konzentrische und konaxiale Ellipsoid. Die Wärmeströmung verläuft dann senkrecht zu der das Ellipsoids in X, Y, Z berührenden Tangentialebene und ist gleich dem reziproken Wert des Abstandes des Ellipsoidmittelpunktes von dieser Ebene.

Den Beweis für diese beiden Sätze wollen wir der Einfachheit halber nur für den Fall eines Rotationsellipsoids (also z. B. für den Fall $\lambda_2 = \lambda_3$) erbringen. Man kann in diesem Fall statt des Ellipsoides einen Meridianschnitt $z = 0$ betrachten, wodurch das räumliche Problem auf ein ebenes zurückgeführt wird, ohne daß die Allgemeinheit der Betrachtung dadurch leidet.

In Abb. 16 sei ein solcher Meridianschnitt dargestellt. Die innere der beiden Ellipsen habe die Achsen $a = \dfrac{1}{\sqrt{\lambda_1}}$ und $b = \dfrac{1}{\sqrt{\lambda_2}}$, die durch den Punkt $X = -\dfrac{\partial \vartheta}{\partial x}$,

---

[1]) W. Voigt, Lehrb. d. Kristallphysik, S. 403. Leipzig u. Berlin: B. G. Teubner 1910.

$Y = -\dfrac{\partial \vartheta}{\partial y}$ gelegte Ellipse habe die Achsen $k \cdot a$ und $k \cdot b$. Hiermit und nach Gleichung (17b) gilt

$$Q_x = \lambda_1 X = \frac{X}{a^2},$$

$$Q_y = \lambda_2 Y = \frac{Y}{b^2}.$$

Es folgt nun weiter geometrisch

$$\mathrm{tg}\varphi = \frac{Q_y}{Q_x} = \frac{Y}{X - A} \tag{20}$$

und

$$Q = \sqrt{Q_x^2 + Q_y^2} = \frac{k^2}{M}, \tag{21}$$

wobei A das Stück bedeutet, das die im Punkt X, Y senkrecht zur Ellipse gezogene Gerade N auf der Abszissenachse abschneidet, und M den Abstand des Mittelpunktes der Ellipse von der Tangente durch X, Y. Endlich kann man beweisen, daß die in Gleichung (17c) genannte Wärmeleitzahl λ_n mit der Richtung n wie das reziproke Quadrat des Radiusvektors des durch Gleichung (19) gekennzeichneten Ellipsoids variiert. Für die Achsenrichtungen folgt dies ohne weiteres aus der Definitionsgleichung (19), wonach

$$\lambda_1 = \frac{1}{a^2}, \qquad \lambda_2 = \frac{1}{b^2}, \qquad \lambda_3 = \frac{1}{c^2}.$$

Das Ellipsoid nach Gleichung (19) darf nicht verwechselt werden mit dem Isothermenellipsoid

$$\frac{x^2}{\lambda_1} + \frac{y^2}{\lambda_2} + \frac{z^2}{\lambda_3} = 1, \tag{22}$$

dessen Achsen $\sqrt{\lambda_1}$, $\sqrt{\lambda_2}$ und $\sqrt{\lambda_3}$ sind. Daß dieses Ellipsoid in der Tat für den Fall einer punktförmigen Wärmequelle eine Isothermenfläche bedeutet, läßt sich folgendermaßen einfach zeigen. Durch Einführung neuer Koordinaten x', y', z', wobei

$$x' = x \cdot \sqrt{\frac{a}{a_1}}, \qquad y' = y \cdot \sqrt{\frac{a}{a_2}}, \qquad z' = z \cdot \sqrt{\frac{a}{a_3}}$$

und a eine Konstante sei, geht Gleichung (18a) über in

$$\frac{\partial \vartheta}{\partial t} = a \left(\frac{\partial^2 \vartheta}{\partial x'^2} + \frac{\partial^2 \vartheta}{\partial y'^2} + \frac{\partial^2 \vartheta}{\partial z'^2} \right). \tag{18b}$$

Dies ist nichts anderes als die Differentialgleichung der Wärmeströmung isotroper Körper, die für eine punktförmige Wärmequelle, wie man ohne weitere Rechnung aus Symmetriegründen einsieht, zu kugelförmigen Isothermen führen muß. Bei Rücktransformation aus dem System x', y', z' in das Koordinatensystem x, y, z verwandeln sich diese Kugeln in Ellipsoide. Eine Kugel (im System x', y', z') vom Radius $\sqrt{a \cdot c \cdot \gamma}$ geht über in das durch Gleichung (22) dargestellte Ellipsoid mit den Achsen $\sqrt{a \cdot c \cdot \gamma} \cdot \sqrt{\dfrac{a_1}{a}} = \sqrt{\lambda_1}$, $\sqrt{\lambda_2}$ und $\sqrt{\lambda_3}$.

Dieses Ellipsoid ist somit wirklich eine Isothermenfläche, und es ist klar, daß alle ihm ähnlichen, konaxialen Ellipsoide ebenfalls Isothermenflächen sind.

21. Versuchsverfahren für Kristalle. Eine der wichtigsten experimentellen Aufgaben für Kristalle besteht in der Bestimmung der Hauptwärmeleitzahlen λ_1, λ_2 und λ_3. Da es praktisch nicht möglich ist, in einem Kristall durch eine punktförmige Wärmequelle isothermische Ellipsoide zu erzeugen und aus deren Achsen die Hauptwärmeleitzahlen zu bestimmen, so hat man allgemein zu Vergleichsmethoden für zweidimensionale Wärmeströmung gegriffen. So sind die in Ziff. 7 behandelten Isothermenverfahren von SÉNARMONT[1]) und von VOIGT[2]) ursprünglich zu Vergleichsmessungen an Kristallen erdacht und auch meistens für diesen Zweck benutzt worden. Das Verfahren von SÉNARMONT, in seiner Anwendung auf Kristalle, beruht darauf, daß in einer dünnen, in einem Punkte erhitzten Kristallplatte die Isothermen Ellipsenform haben. Sind a und b die Halbachsen einer solchen Isothermenellipse, so gilt für die Wärmeleitzahlen λ_a und λ_b in diesen Richtungen die Beziehung

$$\frac{\lambda_a}{\lambda_b} = \frac{a^2}{b^2} . \tag{23}$$

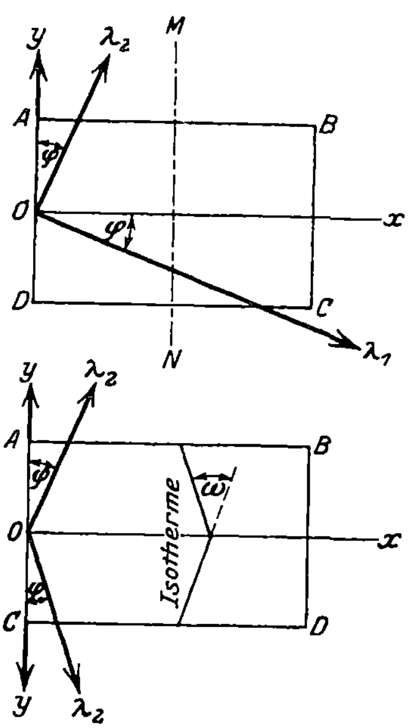

Der Beweis[3]) für diese Gleichung setzt voraus, daß die Platte sehr groß (theoretisch unendlich groß), die Wärmeübergangszahl α überall gleich sei. Um die Ungenauigkeiten, die mit dem Durchbohren der Kristalle verbunden sind, zu vermeiden, hat JANNETTAZ[4]) sich damit begnügt, einen erwärmten Draht auf die Platte aufzusetzen.

Bei der Methode von VOIGT schneidet man, wenn es sich um Kristalle des rhombischen, trigonalen, tetragonalen oder hexagonalen Systems handelt, aus dem zu untersuchenden Kristall eine dünne, rechtwinklige Platte $ABCD$ parallel zu einer der thermischen Symmetrieebenen heraus, so daß die Kanten dieser Platte einen zunächst als bekannt vorausgesetzten Winkel φ gegen die Richtungen der Hauptleitzahlen λ_1 und λ_2 bilden (Abb. 17 oben). Es wird nun die Platte $ABCD$ längs Ox zerschnitten und die in der Zeichnung

Abb. 17. Isothermenverfahren mit Kristallzwillingsplatte nach VOIGT.

untere Hälfte um die Achse MN um 180° gedreht, so daß sie in die in Abb. 17 unten dargestellte Lage kommt, in der sie dann an die obere Hälfte angekittet wird. Erwärmt man jetzt die Kante AC gleichmäßig, z. B. durch Anlegen an einen heißen Kupferklotz, so entsteht in der Platte ein Wärmestrom, der in der Nähe der Ox-Achse aus Symmetriegründen parallel zu dieser laufen muß. Die ihm entsprechende Isotherme muß daher in der Schnittlinie einen Knick zeigen, und es wird, wie VOIGT beweist,

$$\frac{\lambda_1}{\lambda_2} = \operatorname{ctg}\varphi \cdot \operatorname{tg}\left(\varphi + \frac{1}{2}\omega\right) . \tag{24}$$

---

[1]) H. DE SÉNARMONT, C. R. Bd. 21, S. 457. 1857; Bd. 22, S. 179. 1848; Bd. 23, S. 257. 1848; Bd. 28, S. 279. 1850.

[2]) W. VOIGT, Wied. Ann. Bd. 60, S. 350. 1897.

[3]) Siehe G. KIRCHHOFF, Vorlesungen über die Theorie der Wärme, S. 48 ff.

[4]) E. JANNETTAZ, Ann. chim. phys. (4) Bd. 29, S. 5. 1873.

Hierin ist ω positiv zu rechnen, wenn bei einem Wärmestrom im Sinn der positiven x-Achse die Isotherme ihre Spitze voranschiebt. $\omega > 0$ setzt $\lambda_1 > \lambda_2$ voraus.

Bei der obengemachten Annahme, daß die Richtungen der Hauptleitfähigkeiten und die Größe des Winkels φ bekannt sind, hat man noch die Freiheit, über den Winkel φ so zu verfügen, daß der Knickwinkel ω der Isothermen möglichst groß wird. Man kann zeigen, daß bei kleinen Winkeln ω der günstigste Wert für φ bei $45°$ liegt.

Bei Kristallen des momoklinen Systems ist die Lage der Achse von λ_1 und λ_2 nicht bekannt, die VOIGTsche Methode in der obigen einfachsten Form also nicht anwendbar. Man hat vielmehr den Winkel φ in Gleichung (24) als unbekannt einzuführen und bedarf zweier verschieden in der x, y-Ebene orientierter Zwillingsplatten, um $\dfrac{\lambda_1}{\lambda_2}$ aus φ zu bestimmen[1]).

Außer dem Verhältnis der Wärmeleitzahlen in den Hauptrichtungen sind auch die Wärmeleitzahlen selbst in diesen Richtungen von einigen Forschern gemessen worden.

TUCHSCHMID[2]) hat die von WEBER für Flüssigkeiten ausgebildete Methode (s. Ziff. 35) auf Kristalle (Quarz, Steinsalz, Kalkspat) übertragen. An Stelle einer Flüssigkeitslamelle wurde dabei eine dünne Kristallplatte zwischen zwei Kupferplatten gebracht und innige Berührung nach CHRISTIANSENS Vorgang (Ziff. 23) durch dazwischengeschmiertes Glyzerin erzielt. Diese Plattenanordnung wurde zunächst auf konstante Temperatur gebracht und dann von unten mit kälterem Wasser bespritzt, während gleichzeitig eine mit Wasser von derselben Temperatur gefüllte hohle Kupferglocke darübergestülpt wurde. Während der Abkühlung wurde der zeitliche Temperaturverlauf in der oberen Kristallfläche mit einem Thermoelement gemessen. Um den beträchtlichen Einfluß der Glyzerinschichten zu eliminieren, wurden die Versuche bei Quarz und Kalkspat ohne die untere Kupferplatte wiederholt, wobei dann die untere Kristallfläche unmittelbar mit Wasser bespritzt wurde. Durch Kombination beider Versuche konnte der Einfluß einer Glyzerinschicht annähernd bestimmt werden.

LEES[3]) benutzte die Methode des geteilten Stabes nach LODGE[4]), die darin besteht, das Temperaturgefälle in einem am einen Ende geheizten, senkrecht zur Achse in zwei Teile zerschnittenen Stabe vor und nach dem Einlegen einer dünnen Schicht des Versuchsmaterials zu messen. Der Wärmeübergang zwischen der Versuchsplatte und dem Stab sollte dabei durch Amalgamierung der Schnittflächen des Stabes verbessert werden.

EUCKEN[5]) hat zunächst Messungen nach einer vereinfachten Zweiplattenmethode (s. Ziff. 10, Abb. 9) für Versuchskörper von 3 bis 5 cm Kantenlänge ausgeführt. Die Versuchskörper waren dabei von einer Luft-, Kohlensäure- oder Wasserstoffatmosphäre umgeben und wurden in Temperaturbädern auf verschiedene Temperaturen zwischen -190 und $+100°$ gebracht. Der Temperaturabfall zwischen der Heizplatte bzw. Kühlplatte und den Versuchsplättchen war bei gleicher Heizleistung je nach dem zur Füllung verwendeten Gas verschieden, somit auch der gesamte zwischen Heiz- und Kühlkörper gemessene Temperaturunterschied. Aus Messungen mit verschiedenen Füllgasen konnte man die

---

[1]) Näheres hierüber s. W. VOIGT, Lehrb. d. Kristallphysik, S. 392—397.
[2]) A. TUCHSCHMID, Diss. Zürich 1883 u. Beibl. Bd. 8, S. 490. 1884.
[3]) CH. H. LEES, Proc. Roy. Soc. London Bd. 50, S. 421. 1892; u. Phil. Trans. Bd. 183 A, S. 481. 1892.
[4]) O. J. LODGE, Phil. Mag. (5) Bd. 5, S. 110. 1878.
[5]) A. EUCKEN, Ann. d. Phys. (4) Bd. 34, S. 185. 1911.

Dicke der Gasschicht, die ja gleich blieb, ermitteln und ihren Einfluß auf das Versuchsergebnis eliminieren. Eucken hat mit seiner Apparatur, mit der man keine große absolute Meßgenauigkeit erreichen kann, viele Kristalle, kristallinische und amorphe Substanzen untersucht und wertvolle physikalische Beziehungen aufgedeckt, auf die wir noch zurückkommen werden (s. Ziff. 22).

Auch die Wärmeleitfähigkeit ganz kleiner Versuchsobjekte wurde von Eucken nach einer allerdings noch primitiveren Methode[1]) bis herab zur Temperatur $-252°$ (Bad von flüssigem Wasserstoff) annähernd bestimmt. Die Versuchskörper aus Bergkristall und Sylvin hatten dabei die in Abb. 18 wiedergegebene garnrollenähnliche Form, und es wurde angenommen, daß die im Heizkörper A erzeugte und bei B abgeführte Wärme im zylindrischen Teil des Versuchskörpers im wesentlichen axial ströme. Die Heizleistung wurde in üblicher Weise elektrisch gemessen, das Temperaturgefälle durch Thermoelemente in den Bohrungen ϑ_1 und ϑ_2. Während an den zuletzt beschriebenen Versuchskörpern immerhin noch annähernd richtige Vergleichswerte gewonnen werden konnten, gelang es bei Messungen an einem nur 0,13 cm dicken Diamantplättchen, von der Form einer

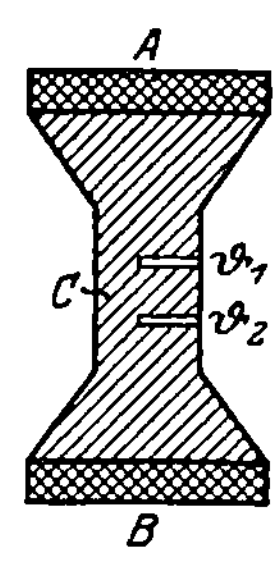

Abb. 18. Anordnung zur Messung der Wärmeleitzahl von Kristallen nach Eucken.

abgestumpften Pyramide, deren Grundflächen 0,5 und 0,2 qcm betrugen, gerade noch die Größenordnung der Wärmeleitzahl zu ermitteln. Der Temperaturabfall an den Anlageflächen machte dabei nämlich, trotzdem die anliegenden Flächen des Heiz- und Kühlkörpers amalgamiert waren und die ganze Anordnung mit einer Schraubzwinge zusammengepreßt wurde, bei $-253°$ so viel aus, daß der gefundene Wert (wie Eucken aus einem Vergleichsversuch mit einem gleich großen Quarzplättchen schließt) etwa viermal zu klein ist. Aber selbst die Kenntnis der Größenordnung der Wärmeleitzahl für Diamanten ist, wie wir sehen werden, theoretisch von Wert.

22. Zahlenwerte und Gesetzmäßigkeiten. Die Vergleichsversuche nach den Methoden von Sénarmont und anderen haben die mathematische Theorie der Wärmeleitfähigkeit in Kristallen durchaus bestätigt.

Bei Kristallen des regulären Systems haben die Wärmeleitzahlen in verschiedenen Richtungen niemals einen Unterschied gezeigt. Diese Kristalle mit drei gleichen aufeinander senkrecht stehenden Achsen unterscheiden sich also thermisch ebensowenig wie optisch von amorphen Substanzen.

Bei den Kristallen des hexagonalen und quadratischen Systems ist die Isothermenfläche ein Rotationsellipsoid, wobei die Rotationsachse mit der optischen Achse des Kristalls identisch ist. Das Ellipsoid kann länglich oder abgeplattet sein wie das des außerordentlichen optischen Strahles; im ersteren Fall nennt man den Kristall thermisch positiv, im zweiten Fall thermisch negativ. Oft sind das optische und das thermische Ellipsoid beide abgeplattet oder beide länglich. Es kommt aber auch das Gegenteil vor. Kalkspat und Beryll z. B. haben längliche thermische und abgeplattete optische Ellipsoide, und der Korund hat ein kurzes thermisches und ein längliches optisches Ellipsoid.

Bei den zweiachsigen Kristallen des rhombischen und monoklinen Systems hat die Hauptleitfähigkeitsellipse drei verschieden große Achsen. In denjenigen zweiachsigen Kristallen, in welchen die drei Hauptschwingungsrichtungen für alle Farben des Lichtes zusammenfallen, liegen auch die drei Hauptachsen des Isothermenellipsoids in diesen Richtungen und entsprechen auch in der Größen-

---

[1]) A. Eucken, Verh. d. D. Phys. Ges. Bd. 13, S. 829. 1911 u. Phys. ZS. Bd. 12, S. 1005. 1911.

folge den ausgezeichneten Lichtgeschwindigkeiten. Aus Wärmeleitungsmessungen an einer parallel zu einem optischen Hauptschnitt herausgeschnittenen Platte nach einem der Isothermenverfahren kann man also die beiden Hauptschwingungsrichtungen ermitteln, die der betreffenden Ebene parallel laufen. Nach dieser Untersuchungsmethode kann man unter Umständen, wenn wegen der Undurchsichtigkeit der Substanz eine optische Untersuchung unmöglich ist, die Klasse eines Kristalls thermisch bestimmen.

Nach JANNETTAZ' Beobachtungen besteht ferner eine Beziehung zwischen der Spaltbarkeit der Kristalle und der Orientierung der Hauptrichtungen ihrer Wärmeleitfähigkeit. Die Richtung, in der sich der Kristall am leichtesten spalten läßt, ist nämlich oft auch die der größten Wärmeleitfähigkeit. So ist die Isothermenfläche solcher optisch einachsigen Kristalle, die senkrecht zur Achse vollkommen spaltbar sind, oft ein sehr plattgedrücktes Rotationsellipsoid. Dies ist auch sehr plausibel; man kann sich nämlich leicht vorstellen, daß die Wärme quer zu den Spaltflächen große Wärmeübergangswiderstände findet.

Im einzelnen entnehmen wir den Physikalisch-Chemischen Tabellen von LANDOLT und BÖRNSTEIN die in den nebenstehenden Tabellen zusammengestellten charakteristischen Werte für die Hauptwärmeleitzahlen λ_1, λ_2 und λ_3 und ihre Verhältnisse[1]).

In diesen Tabellen bezieht sich bei optisch einachsigen Kristallen der Index 3 auf die Richtung der Hauptachse, 1 auf die Basis, bei geraden Prismen des rhombischen Systems 3 auf die Richtung der Vertikalachse, 1 auf die kurze, 2 auf die lange Diagonale der Basis, bei Prismen des monoklinen Systems 2 auf die Richtung der zur Symmetrieebene senkrechten Achse (horizontale Achse der geneigten Basis), 1 bzw. 3 auf diejenige Achse der in der Symmetrieebene liegenden Isothermenellipse, welche der geneigten Diagonale der Basis bzw. der vertikalen Achse am nächsten kommt.

Tabelle 4.

Wärmeleitzahl einiger Kristalle in verschiedenen Hauptrichtungen.

Name des Kristalls	Kristallsystem	λ_3	$\lambda_1 = \lambda_2$
Steinsalz	regulär	0,015	0,015
Kalkspat . . .	tetragonal	0,010	0,009
Quarz	trigonal	0,03	0,017

Tabelle 5.

Verhältnis der Hauptwärmeleitzahlen einiger optisch einachsiger Kristalle.

Name des Kristalls	Kristallsystem	$\dfrac{\lambda_1}{\lambda_2} = \dfrac{\lambda_2}{\lambda_3}$
Anatas	tetragonal	1,8
Kalkspat	,,	0,9
Rutil	,,	0,6
Antimon	trigonal	2,5
Korund	,,	0,85
Quarz	,,	0,58
Wismut	,,	1,4
Beryll	hexagonal	0,8
Smaragd	,,	0,8
Tellur	,,	0,7

Tabelle 6.

Verhältnis der Hauptwärmeleitzahlen einiger Kristalle ohne Isotropieachse.

Name des Kristalls	Kristallsystem	$\dfrac{\lambda_1}{\lambda_3}$	$\dfrac{\lambda_2}{\lambda_1}$
Feldspat (Orthoklas)	monoklin	0,6	0,9
Hornblende	,,	0,5	0,6
Anhydrit	rhombisch	0,9	0,9
Glimmer	,,	5,6[2])	6,1[2])

---

[1]) Eine besonders ausführliche Zusammenstellung von Versuchswerten und Literaturstellen findet sich in der Monographie von K. SCHULZ „Die Wärmeleitung in Mineralien, Gesteinen und den künstlich hergestellten Stoffen von entsprechender Zusammensetzung" in Fortschr. d. Min., Krist. u. Petrograph. Bd. 9, S. 221—411. 1924.

[2]) Mittel für verschiedene Glimmersorten.

Eucken[1]) hat auf Grund seiner Versuche, wie bereits erwähnt, eine Reihe von Gesetzmäßigkeiten für Kristalle aufgedeckt:

Das Kristallsystem selbst scheint keinen Einfluß auf die Wärmeleitfähigkeit auszuüben. Es leitet nämlich z. B. Flußspat etwa 18mal besser als das ebenfalls regulär kristallisierende Kaliumchromalaun, während der hexagonale Quarz im Mittel die gleiche Wärmeleitzahl hat wie Flußspat.

Bedeutend dagegen ist der Einfluß der Atomzahl auf λ, wie aus der Tabelle 7 hervorgeht, die zeigt, daß λ im allgemeinen um so größer ist, je kleiner die Anzahl der Atome im Molekül.

Tabelle 7. Wärmeleitzahl verschiedener Kristalle bei 0° C nach Eucken.

Kristall[a])	NaCl	KCL	CaF_2	$SiO_2 \parallel$	$SiO_2 \perp$	$CaCO_3 \perp$	$NaClO_3$	$C_{12}(H_2O)_{11}$
λ	0,0167	0,0167	0,0247	0,0326	0,0173	0,0103	0,00267	0,00139

Die starke Einwirkung der Temperatur auf die Wärmeleitzahl von Kristallen haben wir schon bei einem metallischen Kristall, dem Kupferkristall, erwähnt. Sie wurde neuerdings auch durch Versuche von Grüneisen und Goens[3]) an dem Schottschen Kupferkristall und an Zink- und Cadmiumkristallen bestätigt. Bei den zwei letztgenannten Kristallarten wurde die Wärmeleitzahl λ in beiden kristallographischen Hauptrichtungen gemessen. Sie nahm mit sinkender Temperatur in beiden Richtungen bedeutend zu. Während aber bei höherer Temperatur $\lambda_\perp > \lambda_\parallel$ ist, scheint sich dieses Verhältnis bei tiefen Temperaturen umzukehren. Die Lorenzsche Zahl L sinkt in beiden Hauptrichtungen mit abnehmender Temperatur (s. S. 85), in der Richtung der Symmetrieachse aber wesentlich weniger als senkrecht dazu.

Auch bei nichtmetallischen Kristallen nimmt λ mit abnehmender Temperatur stark zu, und zwar annähernd umgekehrt proportional der absoluten Temperatur T. Wie genau dieses von Eucken auf Grund seiner Messungen aufgestellte Gesetz gilt, ersieht man aus Abb. 19. Hierin ist $\frac{\lambda_0}{\lambda}$ als Funktion von T aufgetragen, wobei λ_0 die Wärmeleitzahl für 0° C bedeutet. Man erkennt, daß die Versuchspunkte von dem Euckenschen Gesetz

$$\frac{\lambda_0}{\lambda} = \frac{T}{273} \tag{25}$$

oder

$$\lambda = \frac{273 \cdot \lambda_0}{T} \tag{25a}$$

bei $T = 83$ bis $\pm 10\%$, bei $T = 195$ um $\pm 5\%$, bei $T = 373$ um etwa $\pm 10\%$ abweichen. Diese Abweichungen können sehr wohl in den Grenzen der möglichen Versuchsfehler liegen. Es ist aber auch denkbar, daß das Euckensche Gesetz bei höheren Temperaturen nicht mehr gilt. Bei der Temperatur des flüssigen Wasserstoffs, bei der Eucken Bergkristall und Sylvin untersucht hat, liegen die Versuchspunkte (s. Abb. 19) ebenfalls so befriedigend, als man bei der angewandten primitiven Versuchsmethode erwarten darf; aber auch hier bedarf das Gesetz noch weiterer experimenteller Nachprüfung.

---

[1]) A. Eucken, Phys. ZS. Bd. 12, S. 1005. 1911.
[2]) Die Zeichen $\parallel$ bzw. $\perp$ bedeuten parallel oder senkrecht zur optischen Achse.
[3]) Bericht über die Tätigkeit der Phys.-Techn. Reichsanst. i. J. 1925, ZS. f. Instrkde. 1926.

Theoretisch ist die Untersuchung der Wärmeleitfähigkeit bei sehr tiefer Temperatur deshalb von besonderem Interesse, weil nach dem Verlauf der Werte der spezifischen Wärme nahe dem absoluten Nullpunkt in einem festen Körper die weitaus meisten Atome keine Wärmebewegung mehr ausführen. Dann sollte man aber zunächst erwarten, daß auch keine Wärmeübertragung mehr möglich wäre. Euckens Versuche an Bergkristall und Sylvin haben aber gerade im Gegenteil gezeigt, daß die Wärmeübertragung um so besser ist, je geringer die Intensität der Molekularbewegung. Auch der Diamant, dessen spezifische Wärme bei der Temperatur des flüssigen Wasserstoffes nach Nernsts[1]) Messungen verschwindend klein ist, dessen Atome also bei dieser Temperatur fast sämtlich als ruhend angenommen werden müssen, hat nach Euckens Beobachtungen eine endliche Wärmeleitzahl, die Eucken auf etwa 0,5 bis 0,6 bei $-253°$ schätzt. Man beachte, daß dies etwa die Hälfte der Wärmeleitzahl des bestleitenden

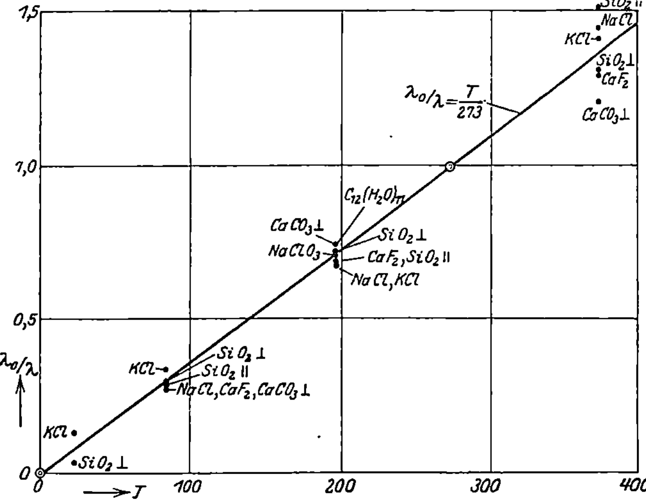

Abb. 19. Einfluß der Temperatur auf das Wärmeleitvermögen von Kristallen.

Metalls, nämlich des Silbers, bei 0°C wäre. Eucken schließt hieraus, daß die Intensität der Bewegung der Moleküle im festen Körper mit der Wärmeübertragung nicht im Zusammenhang stehe[2]).

Als letzte von Eucken ermittelte Gesetzmäßigkeit ist zu erwähnen, daß die Wärmeleitzahl bei 0°C um so größer ist, je höher der Schmelzpunkt liegt, und daß Kristalle, die aus zwei- und dreiatomigen Molekülen bestehen, beim Schmelzpunkt angenähert die gleiche Wärmeleitzahl haben. Dies geht aus der Tabelle 8 hervor, in der T_s die Schmelztemperatur in absoluter Zählung, λ_0 die Wärmeleitzahl bei 0°C, λ_s die nach Gleichung (25) berechnete Wärmeleitzahl beim Schmelzpunkt bedeutet.

Tabelle 8.

Wärmeleitzahl verschiedener Kristalle in Abhängigkeit vom Schmelzpunkt nach Eucken.

Kristallart	T_s	λ_0	λ_s
NaCl	1051	0,0167	0,00434
KCl	1083	0,0167	0,00420
CaF₂	1603	0,0247	0,00420
SiO₂	1700	0,0249	0,00448
H₂O	273	0,005	0,005

[1]) W. Nernst, ZS. f. Elektrochem. Bd. 17, S. 735. 1911.
[2]) Siehe auch Debye, Vorträge über die kinetische Theorie der Materie, Leipzig 1914, S. 43 ff.

Bei bekanntem Schmelzpunkt kann man hiernach für zwei- oder dreiatomige Kristalle mit Benutzung von Gleichung (25) λ für beliebige Temperatur mit einiger Annäherung ermitteln und, da nach LINDEMANN[1]) der Schmelzpunkt durch molekulare Eigenfrequenz, Atomvolumen und Molekulargewicht bedingt ist (s. ds. Handb. X, Kap. 1), so gewinnt man einen empirischen Zusammenhang zwischen diesen Größen und der Wärmeleitzahl.

IV. Wärmeleitung durch schlecht leitende feste Körper.

a) Versuchsverfahren für stationäre Wärmeströmung.

23. Vergleichsverfahren. Die meisten bei Metallen und Kristallen angewandten Versuchsverfahren sind auch für schlecht leitende Körper brauchbar. So hat schon SÉNARMONT mit seiner Isothermenmethode versucht, den Einfluß innerer Spannungen auf das Wärmeleitvermögen von Glas und Porzellan zu bestimmen, indem er die Versuchskörper während der Erzeugung der Isothermen in einen Schraubstock einspannte, und BADIOR[2]) hat diese Versuche an Glas, Schiefer und Gummi fortgesetzt. JANNETTAZ[3]) hat Isothermenellipsen von kristallinischen Substanzen und allerlei Gesteinen, Gesteingemischen sowie plastischen Massen (wie Ton) bei Drücken bis 8000 at aufgenommen; SCHMALTZ[4]) endlich hat nach der VOIGTschen Methode die Wärmeleitzahl von Knochen und von Glas verglichen.

Das Verfahren des Vergleiches des Temperaturabfalles in hintereinander geschalteten Zylindern stammt, wie S. 59 erwähnt, von CHRISTIANSEN[5]). Dieser hat zwischen drei horizontal übereinandergelagerten Kupferplatten von je 13 cm Durchmesser die zu vergleichenden Stoffe in dünner Schicht gebracht und die Temperatur mit Thermometern gemessen, die in die Kupferplatten senkrecht zur Achse eingelassen waren. Aus dem Verhältnis des Temperaturabfalles zwischen je zwei aufeinanderfolgenden Kupferplatten kann man unter Anwendung von Gleichung (1) das Verhältnis der Wärmeleitzahlen der beiden zu vergleichenden Stoffe ermitteln. Der Einfluß der Wärmeabgabe der Plattenränder ist dabei besonders zu berücksichtigen. CHRISTIANSEN verglich mit diesem Verfahren z. B. die Wärmeleitzahl einer 2,8 mm dicken Spiegelglasscheibe mit der einer Luftschicht von 0,2 mm Dicke. Um den Wärmeübergang zwischen der Glasscheibe und den beiden angrenzenden Kupferscheiben zu verbessern, brachte er dünne Schichten Wasser oder Glyzerin zwischen die Berührungsflächen. Aus Messungen mit und ohne solche Flüssigkeitsschichten konnte er dann den Wärmeübergangswiderstand einigermaßen berechnen und eliminieren.

24. Bestimmung von Wärmeleitzahlen durch kalorimetrische Energiemessung. Wie bereits früher erwähnt (s. Ziff. 9), hat man das kalorimetrische Verfahren besonders zur Bestimmung der Wärmeleitzahl feuerfester Baustoffe bei hohen Temperaturen angewandt. Die einfachste Form des von PÉCLET stammenden Verfahrens geht auf WOLOGDINE[6]) zurück, der plattenförmige Versuchskörper von unten mit Gas heizte und ihrer oberen Fläche die Wärme durch

---

[1]) F. A. LINDEMANN, Phys. ZS. Bd. 11, S. 610. 1910.
[2]) A. BADIOR, Diss. Marburg 1908; Ann. d. Phys. (4) Bd. 31, S. 737. 1910.
[3]) E. JANNETTAZ, C. R. Bd. 78, S. 1202. 1874; Bd. 81, S. 1254. 1875; Bd. 95, S. 996. 1882; Bd. 97, S. 1441. 1883; Bull. Soc. géol. de France (3) Bd. 3, S. 499. 1874/75; Bd. 9, S. 196. 1880/81; Bd. 12, S. 211. 1883/84.
[4]) G. SCHMALTZ, Pflügers Arch. f. d. ges. Physiol. Bd. 208, S. 424. 1925.
[5]) C. CHRISTIANSEN, Wied. Ann. Bd. 14, S. 23. 1881.
[6]) S. WOLOGDINE, Rev. de Métallurg. 1909, S. 767.

ein aufgesetztes Wasserkalorimeter entzog. Aus der Menge des zu- und abströmenden Kühlwassers und seiner Temperaturzunahme erhält man dann die aus den Versuchsplatten austretende Wärmemenge Q; ferner ist der Temperaturabfall $(\vartheta_1 - \vartheta_2)$ in den Versuchsplatten zu messen. λ gewinnt man dann wieder nach Gleichung (1). Die bedeutenden Wärmeverluste durch den Rand der Platten zu berücksichtigen, hat WOLOGDINE übersehen.

In dieser und einigen anderen Beziehungen hat GOERENS[1] das Verfahren verbessert. Er hat nämlich vor allem die Methode des Schutzrings (s. S. 59) dabei angewandt, indem er die Heizfläche, die Versuchsplatte und die Kühlfläche viel größer machte als die zur Wärmemessung benutzte Grundfläche des Kalorimeters. Zur Heizung benutzte er statt Gas eine elektrische Heizplatte. Als Versuchskörper dienten aus je vier Steinen vom Normalformat der Bauziegel zusammengesetzte quadratische Platten von 50 cm Kantenlänge, während die zur Messung der Wärmemenge dienende mittlere Kammer des Kalorimeters eine quadratische Grundfläche von nur 100 qcm hatte. Eine ringförmige Kühlkammer, die ebenfalls auf der Versuchsplatte aufsaß und besonderen Kühlwasserzu- und -abfluß hatte, vervollständigte die Anordnung, durch die nahe der Achse der Anordnung ein homogener, die Kühlfläche der inneren Kalorimeterkammer senkrecht treffender Wärmestrom erzielt werden sollte, ob mit vollem Erfolg, steht dahin. Der axiale Temperaturabfall in der Versuchsplatte wurde mit 7 Thermoelementen gemessen, die in senkrecht zu der Achse orientierte Bohrungen in der Platte eingelassen wurden. So erhielt GOERENS im Gegensatz zu WOLOGDINE, der nur die Wärmeleitzahl bei der mittleren Temperatur zwischen der Heiz- und Kühltemperatur messen konnte, bei einem einzigen Versuch zugleich die Temperaturabhängigkeit der Wärmeleitzahl. Dieses ist ein Vorzug der GOERENSschen Apparatur auch gegenüber der ebenfalls mit Schutzring versehenen Anordnung von DOUGALL, HODSMAN und COBB[2]. Ein Verfahren für gleichzeitige kalorimetrische und elektrische Energiemessung werden wir in Ziff. 25 (S. 107) besprechen.

25. Bestimmung von Wärmeleitzahlen durch elektrische Messung der in einem besonderen Heizkörper erzeugten Wärmeleistung. Das Verfahren der elektrischen Messung der in einem besonderen Heizkörper erzeugten Wärmeleistung, das man bei Metallen nur hier und da angewandt hat (s. Ziff. 10), dient vorzugsweise zur Messung der Wärmeleitzahl von Isolier- und Baustoffen aller Art. Die Versuchskörper können dabei Hohlkugel-, Hohlwürfel-, Hohlzylinder- oder Plattenform haben.

Als nahezu ideales Meßverfahren muß das der elektrischen Innenheizung einer Hohlkugel bezeichnet werden, das NUSSELT[3] auf Anregung von Osc. KNOBLAUCH ausgearbeitet hat. Denn es ist erstens das einzige Verfahren, bei dem die ganze erzeugte Wärme durch den Versuchskörper in der gewünschten Richtung (radial) hindurchgeht und nicht teilweise auf Nebenwegen als Verlustwärme entweicht; zweitens ist das Gesetz des radialen Wärmedurchgangs durch eine Kugel besonders einfach, und drittens ist es hier, wie bei dem Verfahren von GOERENS (s. Ziff. 24) möglich, die Wärmeleitzahlen für verschiedene Tem-

---

[1] P. GOERENS, Bericht d. Ver. deutsch. Fabriken feuerfester Produkte Bd. 34, S. 92. 1914; P. GOERENS u. J. W. GILLES, Ferrum Bd. 12, S. 1. 1914 u. Stahl u. Eisen Bd. 12, S. 500. 1914.
[2] DOUGALL, HODSMAN u. COBB, The Iron and Coal Trades Rev. 1915, S. 889; s. auch Stahl u. Eisen Bd. 36, S. 754. 1916.
[3] W. NUSSELT, ZS. d. Ver. d. Ing. Bd. 52, S. 906. 1908; Forschungsarbeiten, herausgegeben vom Ver. d. Ing. Heft 63 u. 64. 1909. Schon früher hat CH. H. LEES (Phil. Trans. Bd. 191, S. 399. 1898) dieses Verfahren als theoretisch vorzüglich erkannt, jedoch wegen seiner praktischen Schwierigkeiten davon abgesehen, es anzuwenden.

peraturen aus einem Versuch zu gewinnen. Nusselt verwendet zwei konzentrische Blechhohlkugeln von 60 oder 70 und 15 cm Durchmesser, zwischen die der Versuchsstoff gebracht wird. Im Innern der kleinen Kugel ist ein elektrischer Heizkörper angeordnet, in verschiedenen Abständen r_1, r_2 usw. vom Kugelmittelpunkt je ein Thermoelement. Nach Gleichung (1 d) erhält man nun, wenn man für df die Fläche einer Kugel vom Radius r und für dx das Differential dr einsetzt,

$$Q = -\lambda \cdot (4r^2\pi) \cdot \frac{d\vartheta}{dr} \cdot t$$

und hieraus durch Integration in den Grenzen r_1, r_2 (bzw. ϑ_1, ϑ_2)

$$\lambda = \frac{Q}{4\pi} \cdot \frac{r_1 - r_2}{r_1 \cdot r_2} \cdot \frac{1}{\vartheta_2 - \vartheta_1} \cdot \frac{1}{t} \,. \tag{26}$$

Meßtechnisch ist dabei insbesondere zu beachten, daß die Thermoelementdrähte nicht sofort radial aus der Kugel herausgeführt werden dürfen, sondern zunächst ein Stück weit auf einer Isotherme (also einer Kugelfläche) verlaufen müssen, damit Temperaturmeßfehler vermieden werden. Bei lockerem Versuchsstoff, wie Körnern, Pulvern, Fasern, besteht die Gefahr, daß die Füllung zwischen den beiden Kugeln durch ihre Schwere herabsackt und Hohlräume entstehen; es ist daher nach der Füllung jede Erschütterung der Versuchsanordnung zu vermeiden und nach Beendigung der Messung an der Füllungsöffnung an der höchsten Stelle der äußeren Kugel zu kontrollieren, ob die Versuchsmasse herabgesunken ist.

Bei der Untersuchung mancher Stoffe, z. B. von Steinen, ist es zweckmäßiger, die äußere Oberfläche durch einen Würfel zu bilden, dessen Außenfläche künstlich, etwa durch ein Wasserbad, auf gleicher Temperatur gehalten wird. Die Berechnung von λ wird in diesem Fall außerordentlich viel komplizierter; insbesondere wird es schwierig, die Temperaturabhängigkeit der Wärmeleitzahl zu berücksichtigen. Soweit man λ als unabhängig von der Temperatur annehmen darf, gilt, wie Nusselt a. a. O. nachgewiesen hat, unter Annahme eines Koordinatensystems mit dem Nullpunkt im Mittelpunkt des Würfels

$$\begin{aligned}
\lambda = \frac{Q}{4\pi(\vartheta - \vartheta_0)} &\left[\frac{1}{\sqrt{x^2 + y^2 + z^2}}\right.\\
&+ \sum_{\mu=0}^{\mu=\infty}\sum_{\nu=0}^{\nu=\infty} A_{\mu,\nu}\, \mathfrak{Cof}\, \sigma\pi x \cdot \cos\frac{2\mu+1}{2l}\pi y \cdot \cos\frac{2\nu+1}{2l}\pi z\\
&+ \sum_{\mu=0}^{\mu=\infty}\sum_{\nu=0}^{\nu=\infty} A_{\mu,\nu}\, \cos\frac{2\mu+1}{2l}\pi x \cdot \mathfrak{Cof}\, \sigma\pi y \cdot \cos\frac{2\nu+1}{2l}\pi z\\
&+ \left.\sum_{\mu=0}^{\mu=\infty}\sum_{\nu=0}^{\nu=\infty} A_{\mu,\nu}\, \cos\frac{2\mu+1}{2l}\pi x \cdot \cos\frac{2\nu+1}{2l}\pi y \cdot \mathfrak{Cof}\, \sigma\pi z\right].
\end{aligned} \tag{27}$$

Dabei bedeutet $2l$ die Kantenlänge, ϑ_0 die überall gleiche Oberflächentemperatur des Würfels, ϑ die Temperatur an der Stelle x, y, z und $\sigma^2 = \left(\frac{2\mu+1}{2l}\right)^2 + \left(\frac{2\nu+1}{2l}\right)^2$.

Die Oberfläche des konzentrisch zu dem Würfel gelagerten Heizkörpers müßte, genau genommen, die Form einer Isothermenfläche haben. Nusselt weist aber nach, daß man z. B. bei einem Würfel von $2l = 60$ cm als Heizkörper eine Kugel von 15 cm Durchmesser (wie bei dem oben beschriebenen Verfahren mit zwei konzentrischen Hohlkugeln) verwenden kann und dabei das Versuchsergebnis noch nicht um 1% beeinträchtigt. Auch den noch ungleich komplizierteren Fall der Veränderlichkeit von λ mit der Temperatur behandelt NUSSELT (a. o. O.). Er hat aber außerdem später durch ein besonders geistreiches Verfahren die ganze verwickelte Rechnung umgangen (s. Ziff. 27).

Nach dem vorstehend beschriebenen Hohlkugelverfahren hat NUSSELT hauptsächlich an körnigen und faserigen Materialien Messungen zwischen 15 und 560° C ausgeführt.

GRÖBER[1]) hat dann die Versuche mit einem kleineren Kugelsystem bis herab zu —172° ausgedehnt, VAN RINSUM[2]) hinauf bis zu 1000° C. Bei der hohen Temperatur diente als Heizkörper eine Porzellankugel von 23 cm Durchmesser mit spiraliger Platinwicklung und einem 2,5 cm starken Überzug aus gebrannter Magnesia. Die Versuchshohlkugeln von 60 cm Außendurchmesser waren je aus 8 Stücken der zu untersuchenden feuerfesten Masse zusammengesetzt und in einer 45 cm dicken Isolierschicht von Kieselgur gelagert. Infolgedessen hatte das ganze System eine große Wärmekapazität, und ein einigermaßen stationärer Zustand war erst nach 14 tägiger Heizdauer zu erreichen. Eine weitere Schwäche des Verfahrens, vom praktischen Standpunkt gesehen, besteht darin, daß große und komplizierte Versuchskörper eigens geformt und gebrannt werden müssen.

Hohlzylindrische Formen sind einfacher und ermöglichen Messungen unter fast ebenso günstigen Bedingungen als hohlkugelförmige. Die Wärme strömt dabei von einem konzentrisch zu dem Versuchskörper gelagerten Heizzylinder radial nach außen. Setzt man in Gleichung (1 d) für df die Fläche eines Zylinders vom Radius r und der Länge l und für dx das Differential dr ein, so erhält man

$$Q = -\lambda \cdot (2\,r\,\pi\,l) \cdot \frac{d\vartheta}{dr}\,t$$

und hieraus durch Integration in den Grenzen r_1, r_2 (bzw. ϑ_1, ϑ_2)

$$\lambda = \frac{Q}{2\pi} \cdot \frac{\ln\frac{r_2}{r_1}}{l} \cdot \frac{1}{\vartheta_1 - \vartheta_2}\frac{1}{t}\,. \qquad (28)$$

Diese Gleichung setzt voraus, daß die vom Heizkörper ausgehende Wärme sich völlig gleichmäßig auf die ganze Länge verteilt, was man durch eine gleichmäßige Heizwicklung erreichen kann, und daß in axialer Richtung keine Wärme entweicht, eine Voraussetzung, die offenbar nicht völlig erfüllt werden kann. Versuche mit kurzen Zylindern, wie die von NIVEN[3]), der die Hohlzylindermethode wohl zuerst auf feste Körper angewandt hat, oder von CLEMENT und EGY[4]) müssen daher bei Vernachlässigung der axialen Wärmeströmung zu beträchtlichen Fehlern führen. Diese Fehler kann man ausscheiden, indem man die Rohrenden stärker beheizt als die Versuchsstrecke l; man kann dadurch erzielen, daß an den Enden der Strecke l keine axiale Wärmeströmung besteht; offenbar kommt dies auf eine der Schutzringheizung (s. S. 59) ganz analoge

[1]) H. GRÖBER, ZS. d. Ver. d. Ing. Bd. 54, S. 1319. 1910; ZS. f. d. ges. Kälte-Ind. 1909, S. 81; Forschungsarbeiten, herausgeg. vom Ver. d. Ing. Heft 104, S. 49. 1911.

[2]) W. VAN RINSUM, ZS. d. Ver. d. Ing. Bd. 62, S. 601, 639. 1918; Forschungsarbeiten Heft 228. 1920.

[3]) C. NIVEN, Proc. Roy. Soc. London (A) Bd. 76, S. 34. 1905.

[4]) J. K. CLEMENT u. W. L. EGY, Phys. Rev. Bd. 28, S. 71. 1909; s. auch Stahl u. Eisen 1910, S. 1895.

Maßnahme hinaus. Unter Umständen genügt es aber auch schon, das Versuchsrohr lang zu wählen im Vergleich zu einer mittleren Strecke l, die allein zur Bestimmung von λ benutzt wird. Eine genaue Berechnung des dabei noch möglichen Fehlers und ein einfaches Korrekturverfahren ist van Rinsum[1]) zu verdanken, der an Isoliermassen in holhzylindrischer Form Messungen zwischen 10 und 350° C ausgeführt hat.

Bei einem unendlich langen Versuchszylinder würde sich an der Oberfläche des den Hohlzylinder gerade ausfüllenden Heizkörpers überall eine Temperatur ϑ_i einstellen, die dann gleichzeitig die Temperatur der Innenfläche des Versuchskörpers wäre. Es ist, wie erwähnt, von vornherein zu erwarten, daß die in der Mitte des Rohres von endlicher Länge auftretende Temperatur $\vartheta_{i,\,m}$ nicht viel von ϑ_i verschieden ist, wenn die Länge groß ist gegenüber dem Durchmesser. Einen Abfall der Temperatur gegen das Rohrende hin und damit auch einen Temperaturunterschied $\vartheta_i - \vartheta_{i,\,m}$ bewirkt jedoch die axiale Wärmeableitung in der Wand des hohlzylindrischen Versuchskörpers und in dem Heizkörper. Van Rinsum hat beide Einflüsse getrennt untersucht. Er setzt zunächst eine ideale Heizvorrichtung ohne axialen Wärmeverlust voraus. Abb. 20 stelle in diesem Fall den hohlzylindrischen Versuchskörper V dar; die Temperatur seiner Mantelfläche sei überall gleich ϑ_a, die seiner Innenfläche ϑ_i. Irgendein Punkt in der Versuchsmasse habe die Zylinderkoordinaten z und r. Bei vollkommen isolierten Rohrenden wäre dann nach Gleichung (28)

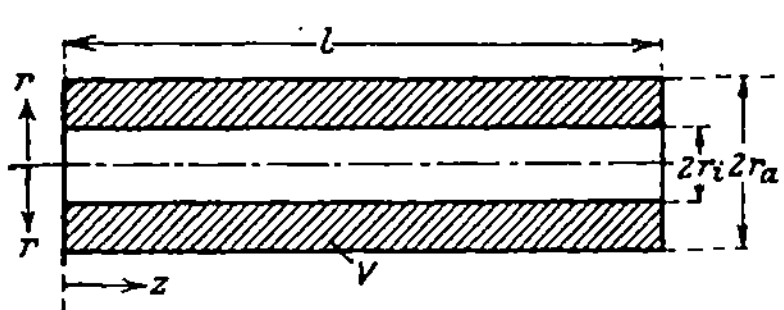

Abb. 20. Hohlzylindrischer Versuchskörper.

$$\vartheta = \vartheta_a + \frac{q}{2\pi\lambda}\ln\frac{r_a}{r}, \qquad (28a)$$

wobei q die an jeder Stelle z gleiche Heizung pro Zeit- und Längeneinheit und λ die Wärmeleitzahl der zu untersuchenden Isoliermasse bedeutet. Nimmt man die Isolierung der Rohrenden weg, soweit sie die Isoliermasse schützt, läßt aber den Heizkörper am Rohrende weiter isoliert, dann ändert sich die Temperatur der Isoliermasse um den Betrag $\delta_z + \delta_{(l-z)}$, wobei δ_z definiert ist durch die Gleichung

$$\delta_z = \sum_{x=1}^{x=\infty} A_x \frac{\mathfrak{Sin}(\mu_x \cdot z)}{\mathfrak{Sin}(\mu_x \cdot l)} \cdot J_0(\mu_x \cdot r). \qquad (29)$$

Hierin bedeutet $\mathfrak{Sin}$ die hyperbolische Sinusfunktion, J_0 die Besselsche Zylinderfunktion 0ter Ordnung, μ_x den Quotienten $\dfrac{x_x}{r_a}$, wobei x_x die unendlich vielen Wurzeln der Gleichung $J_0(x) = 0$ sind, die man aus Funktionentafeln entnehmen kann, und

$$A_x = \frac{2}{r_a^2 J_1(\mu_x \cdot r_a)} \int_0^{r_a} r \cdot f(r) \cdot J_0(\mu_x \cdot r)\, dr$$

mit

$$f(r) = \frac{q}{2\pi\lambda}\ln\frac{r_a}{r} \qquad \text{für} \qquad r > r_i$$

und

$$f(r) = \frac{q}{2\pi\lambda}\ln\frac{r_a}{r_i} \qquad \text{für} \qquad r < r_i.$$

Im allgemeinen genügt es, mit dem ersten Glied der Reihe (29) zu rechnen.

¹) W. van Rinsum, Forschungsarb. Ver. d. Ing. Heft 228. 1920.

Für ein 3 m langes Rohr von 6 cm Durchmesser, das mit einer 6 cm starken Schicht von der Wärmeleitzahl $\lambda = 0{,}000222$ isoliert ist, senkt sich hiernach bei einer äußeren Temperatur des Hohlzylinders von $50°$ C und einer solchen Heizung, daß bei Verhinderung der Wärmeabgabe durch die Stirnfläche $\vartheta_i = 300°$ C wäre, in der Mitte der Stirnfläche die Temperatur um $263°$, im Abstand von 26 cm von der Stirnfläche nur noch um $^1/_4°$, in der Mitte ($z = 150$ cm) des 3 m langen Rohres sogar nur noch um $1{,}83 \cdot 10^{-15}°$. Unter Voraussetzung einer ideal wirkenden Heizvorrichtung sind daher die Temperaturunterschiede in dem an den Enden ungeschützten gegenüber dem an den Enden isolierten Versuchskörper bereits in geringer Entfernung von den Enden vernachlässigbar klein. Es würde demnach genügen, den mittleren Teil des Rohres für die Messung zu benutzen und die axiale Wärmeströmung zu vernachlässigen. Dies ist jedoch nicht zulässig wegen der axialen Wärmeableitung durch die Metallmasse des Heizkörpers. Die Heizwicklung läßt sich nämlich praktisch kaum anders als auf ein Metallrohr wickeln und, um eine gleichmäßige Temperatur an der Innenfläche des hohlzylindrischen Versuchskörpers zu erzielen, muß man nach Zwischenlage einer elektrischen Isolierschicht ein zweites Metallrohr über die Wicklung ziehen. Sonst würden, wie man leicht einsieht, auch bei gleichmäßig über die ganze Länge verteilter Heizwicklung schon kleine Verschiedenheiten in der radialen Isolierung (z. B. dünne Luftschichten) zu beträchtlichen Verschiedenheiten der Temperatur in der Zylinderfläche $r = r_i$ Anlaß geben. In Abb. 21 ist der Einfachheit halber nur ein einziges Metallrohr M eingezeichnet, das selbst als elektrischer Heizkörper dienen möge und den Querschnitt f_1 und die Wärmeleitzahl λ_1 habe. Es bedeutet ferner V wieder den hohlzylindrischen Versuchskörper. Die äußere Temperatur der Isolierschicht sei ϑ_a; sie kann auf die ganze Länge des Rohres als praktisch

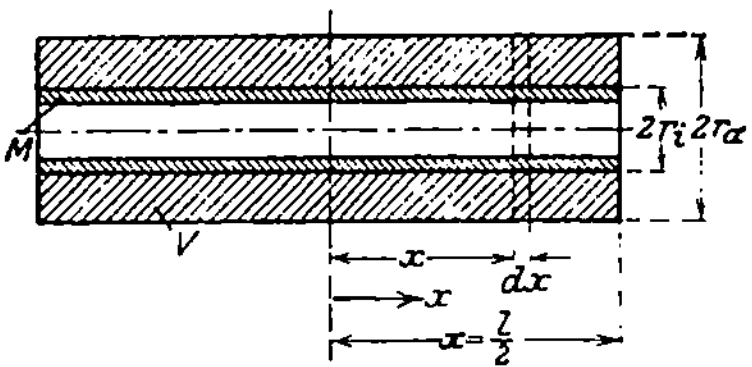

Abb. 21. Hohlzylindrischer Versuchskörper mit Heizrohr.

konstant angenommen werden, während die an der Innenfläche von V herrschende Temperatur ϑ_i zwischen $x = 0$ und $x = \dfrac{l}{2}$ abnimmt. Die Längskoordinate sei hier im Gegensatz zu Abb. 20 mit x bezeichnet und werde von der Rohrmitte als Nullpunkt aus gemessen. Das Heizrohr sei an den Rohrenden jetzt nicht mehr vollkommen isoliert. Für den differentiellen Zylinder von der Länge dx ist dann die eintretende Wärme

$$q \cdot dx - f_1 \cdot \lambda_1 \cdot \frac{d\vartheta_i}{dx} \, ,$$

die austretende Wärme

$$\frac{2\pi}{\ln \dfrac{r_a}{r_i}} \cdot \lambda \cdot (\vartheta_i + \vartheta_a) \cdot dx - f_1 \cdot \lambda_1 \cdot \left(\frac{d\vartheta_i}{dx} + \frac{d^2\vartheta_i}{dx^2} \cdot dx \right) .$$

Da im Dauerzustand beide Wärmemengen gleich sind und durch die Mittelebene $x = 0$ keine Wärme axial abströmt, so erhält man nach einigen Umformungen durch Integration der Differentialgleichung die Beziehung

$$\vartheta_i = \frac{b + c\,\vartheta_{im}}{c} \cdot \mathfrak{Cof}\left(x \sqrt{c}\right) - \frac{b}{c} \, . \tag{30}$$

wobei

$$b = -\,\frac{\dfrac{2\pi}{\ln\dfrac{r_a}{r_i}}\cdot \lambda \cdot \vartheta_c + q}{f_1 \cdot \lambda_1}$$

und

$$c = \frac{2\pi\lambda}{f_1 \cdot \lambda_1\left(\ln\dfrac{r_a}{r_i}\right)}$$

bedeutet. van Rinsum hat hiernach ϑ_i als Funktion von x berechnet und mit dem Temperaturverlauf verglichen, der sich ergab, wenn man durch besondere Heizkörper den Rohrenden beliebige Temperaturen aufzwang. Die berechnete und gemessene Temperatur war dabei in guter Übereinstimmung. Die Größenordnung des Einflusses der axialen Wärmeabfuhr durch den Heizkörper ergibt sich aus folgendem, den Versuchen van Rinsums entnommenem Beispiel:

Es war $l = 300$ cm, $r_i = 2,99$ cm, $r_a = 9$ cm, $f_1 \cdot \lambda_1 = 1,47$ cal $\cdot$ cm $\cdot$ s^{-1} $\cdot$ Grad^{-1}, $q = 0,326$ cal $\cdot$ cm^{-1} $\cdot$ s^{-1}, $\vartheta_a = 43,8°$, und ferner im Abstand $x = 135$ cm von der Mitte $\vartheta_i = 201°$, in der Mitte selbst aber $\vartheta_{i,m} = 293,5°$. Ohne den axialen Wärmeverlust wäre die Temperatur in der Mitte um $3,3°$ höher gewesen. Dies beeinflußt das Resultat um fast $1^1/_2\%$. Es ergab sich nämlich ohne Korrektur für den axialen Wärmeverlust $\lambda = 0,000230$, mit der erforderlichen Korrektur aber $\lambda = 0,000227$. Von dieser Größenordnung war die Berichtigung bei den Versuchen van Rinsums im Bereich von 100 bis 400° C ganz allgemein.

Als dritte Form der Versuchskörper behandeln wir die Plattenform. Sie ist deshalb besonders wichtig, weil die meisten Stoffe entweder in dieser Form in den Handel kommen oder doch leicht in Plattenform gebracht werden können. Das übliche Versuchsverfahren besteht nun darin, die Wärme in einem ebenfalls plattenförmigen Heizkörper zu erzeugen und dann möglichst genau senkrecht zu den flachen Flächen durch die Versuchsplatte hindurchzutreiben. Je nachdem zwei gleiche Versuchsplatten den Heizkörper umschließen oder nur eine Platte verwendet wird, spricht man von einem „Zweiplattenverfahren" oder einem „Einplattenverfahren".

Das erstere (s. Abb. 9, S. 62) wurde vielleicht zuerst von Lees[1]) bei Versuchen verwendet, durch die der Einfluß des Druckes auf die Wärmeleitzahl fester Stoffe ermittelt werden sollte. Dabei wurde das Plattensystem unter Messung des Druckes zusammengepreßt. Unabhängig von Lees hat Gröber[2]) das Verfahren angewandt und an dessen Versuche anschließend Poensgen[3]), der es durch eine Schutzringheizung verbessert hat. Ein Apparat nach Poensgen ist in Abb. 22 dargestellt[4]). Darin sind P_1 und P_2 zwei möglichst genaue gleiche Platten aus dem Versuchsstoff, H_p eine quadratische und H_r eine diesen ringförmig umgebende elektrische Heizplatte, K_1 und K_2 zwei vom Wasser durchströmte Kühlplatten, an deren Stelle bei höheren Temperaturen elekrisch geheizte Platten treten, D vier Distanzbolzen, F vier Führungsstifte, K ein

---

[1]) H. Lees, Mem. and Proc. Manchester Soc. Bd. 43 (3), Nr. 8. 1898/99.

[2]) H. Gröber, ZS. d. Ver. d. Ing. Bd. 54, S. 1319. 1910 u. Forschungsarbeiten, herausgeg. vom Ver. d. Ing. Heft 104, S. 49. 1911.

[3]) R. Poensgen, Forschungsarbeiten, herausgeg. vom Ver. d. Ing. Heft 130, S. 25. 1912; ZS. d. Ver. d. Ing. Bd. 56, S. 1653. 1912.

[4]) Nach Osc. Knoblauch, E. Raisch u. H. Reiher, Gesundheits-Ing. Bd. 43, S. 607. 1920 u. ZS. f. d. ges. Kälte-Ind. Bd. 28, S. 63. 1921.

Blechkasten, der mit Korkschrot oder einer anderen schlecht leitenden körnigen Masse gefüllt ist.

Durch Thermoelemente, die an den die Versuchsplatten berührenden Flächen der Heiz- und Kühlkörper befestigt sind, wird der Temperaturabfall $\vartheta_1 - \vartheta_2$ quer zu den Platten gemessen. Die Temperaturen von H_p und H_r werden durch getrennte Regelung des elektrischen Stromes in diesen beiden Heizkörpern einander gleich gemacht. Dann ist zu seitlichen Wärmeströmungen keine Veranlassung mehr vorhanden; die in H_p erzeugte Wärme geht quer durch die Platten P_1 und P_2, und man erhält die Wärmeleitzahl aus der Gleichung

$$\lambda = \frac{Q \cdot l}{2 \cdot f \cdot (\vartheta_1 - \vartheta_2) \cdot t} , \tag{31}$$

die sich von Gleichung (1) nur durch den Faktor 2 im Nenner unterscheidet. Dieser rührt davon her, daß die in H_p erzeugte Wärmemenge Q je zur Hälfte durch P_1 und P_2 strömt (s. Abb. 9, S. 62).

Dies Verfahren wird hauptsächlich zur Untersuchung von Isolier- und Baustoffen auf Wärmeleitfähigkeit angewandt, die man für die Berechnung von Heiz- und Kühlanlagen und für viele andere praktische Zwecke kennen muß, sei es nun, daß man geeignete Materialien für die Mauern und Wände heraussuchen oder die erforderlichen Wandstärken bestimmen will, sei es, daß man bei bestehenden Baulichkeiten die zur Einhaltung bestimmter Temperaturen notwendige Leistung von Heizkörpern, Kühlmaschinen u. dgl. feststellen will. Durch die Größe der Versuchskörper (Fläche 47×47 cm², Dicke bis 12 cm) werden von vornherein Qualitätsunterschiede einigermaßen ausgeglichen, die bei kleinen Probestücken ein falsches Bild geben könnten. Einen Meßfehler bedingt das Temperaturgefälle in den unvermeidlichen Luftschichten zwischen Heiz- und Kühlkörpern einerseits und den Versuchsplatten andererseits. Diese Fehlerquelle wird dadurch verringert, daß man dicke Versuchsplatten verwendet, die Luftschichten mit festen Stoffen ausfüllt und die Platten zusammenpreßt. H_p und H_r dürfen sich unter keinen Umständen berühren, da sonst bei der geringsten Temperaturdifferenz ein seitlicher Wärmeaustausch zwischen ihnen erfolgt; ihr Abstand muß aber so gering gewählt werden, daß die Wärmeströmung zwischen H_p und K_1 (bzw. K_2) homogen bleibt und sich nicht merklich seitlich ausbaucht, was wiederum einen Meßfehler bedeuten würde[1]).

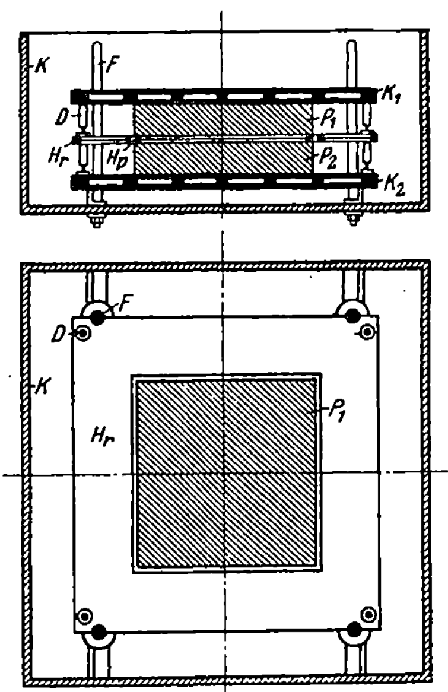

Abb. 22. Anordnung zur Messung der Wärmeleitzahl fester schlechter Wärmeleiter nach POENSGEN.

Für Stoffe, bei denen die Herstellung so großer Platten, wie sie bei dem soeben beschriebenen Verfahren erforderlich sind, ausgeschlossen ist, hat JAKOB[2]) das bereits bei Metallen (Ziff. 10) beschriebene Einplattenverfahren angewandt. Sein Apparat erfordert runde Versuchsplatten von 12 cm Durchmesser und etwa 5 bis 15 mm Dicke. Die Platte wird zwischen 2 Kupferplatten gebracht, in die enge aber tiefe Löcher für Thermoelemente radial gebohrt sind. Auf die

---

[1]) S. hierüber M. JAKOB, ZS. d. Ver. d. Ing. Bd. 63, S. 69 u. 118. 1919 (Abb. 1 bis 5).
[2]) M. JAKOB, ZS. d. Ver. d. Ing. Bd. 66, S. 688. 1922.

obere Kupferplatte wird ein elektrischer Heizkörper aufgesetzt, von dem die
Wärme senkrecht nach unten durch das Plattensystem in einen Metallzylinder
von gleichem Durchmesser und von da in strömendes kaltes oder geheiztes Wasser
(oder für Messungen bei tiefen Temperaturen an verdampfende flüssige Luft)
geleitet wird. Wegen der geringen Dicke der Versuchsplatten ist es hier von
größter Wichtigkeit, Luftschichten zwischen den Kupferplatten und der Versuchsplatte gänzlich zu vermeiden, indem man durch dünne Schichten von Glyzerin,
Öl oder Paraffin eine Verbindung ohne Luftschichten zwischen den Platten herstellt. Um die Wärmeverluste V nach oben und seitwärts äußerst zu verringern,
und der Messung und Berechnung zugänglich zu machen, wird wie bei dem entsprechenden auf S. 61 beschriebenen Verfahren für Metalle ein gläsernes Vakuummantelgefäß mit versilberten Wänden über das ganze System gestülpt. Die
Wärmeleitzahl erhält man dann aus der Formel

$$\lambda = \frac{(Q - V) \cdot l}{f \cdot (\vartheta_1 - \vartheta_2) \cdot t} \cdot \tag{32}$$

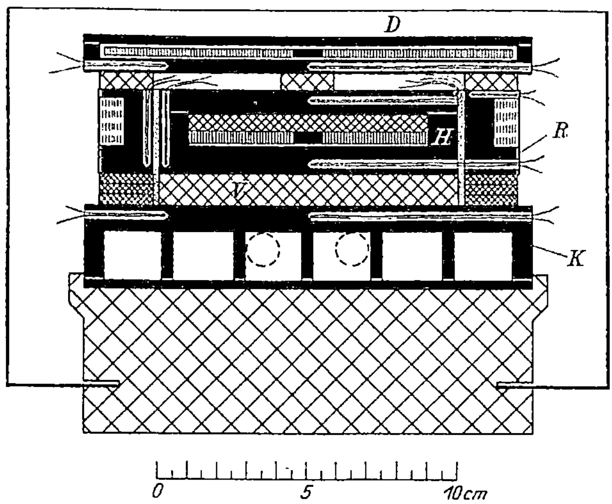

Abb. 23. Anordnung zur Messung der Wärmeleitzahl fester
schlechter Wärmeleiter nach Jakob.

Die Verluste V, die einige Prozente der Heizwärme Q ausmachen können, müssen besonders bestimmt werden. Etwas Wärme strömt nämlich axial durch die Zuleitungsdrähte und Thermoelemente, durch die Luft in dem engen Zwischenraum zwischen den Platten und dem Vakuummantelgefäß, durch dessen innere Glaswand und radial in Form von Strahlung quer zu den Wänden des Mantelgefäßes. Bezüglich der Messung und Berechnung dieser kleinen Verlustbeträge sei auf die Originalabhandlung verwiesen.

Bei einem zweiten von ihm ausgearbeiteten Einplattenverfahren (s. Abb. 23)
hat Jakob[1]) das Vakuummantelgefäß durch zwei elektrische Heizkörper ersetzt, deren einer (R) den Hauptheizkörper H in geringem Abstand ringförmig
umschließt, während der zweite (D) als Heizdeckel ebenfalls mit geringem Abstand
über dem Heizkörper liegt. Die Temperaturen der drei Heizkörper werden durch
getrenntes Regulieren der elektrischen Heizströme genau gleich gemacht; dann
geht fast die ganze in H erzeugte Wärme vertikal nach abwärts durch die Versuchsplatte V von 10 cm Durchmesser an den von Wasser durchströmten Kühlkörper K über, ein Rotgußgefäß mit 5 Rippen zum Umlenken der Kühlflüssigkeit. Zwischen R und K liegen schlecht leitende Ringe von gleicher Gesamthöhe
wie V. Die Heizkörper bestehen aus Konstantanbandwicklungen, die mit Asbest
isoliert sind, in dickwandigen Kupfergehäusen. Durch 16 Thermoelemente,

---

[1]) Jakob, Bericht über die Tätigkeit der Phys.-Techn. Reichsanst. im Jahre 1923:
ZS. f. Instrkde. Bd. 44, S. 108. 1924.

von denen 10 in Abb. 23 angedeutet sind, wird der Temperaturabfall zwischen H und K, die Temperatur des äußeren Randes von H und des inneren Randes von R in verschiedenen Höhen und die Temperatur von D und K gemessen. Es können dann die Wärmeverluste bestimmt werden, wenn die Temperaturen von H, R und D nicht ganz gleich sein sollten. Der Apparat ruht auf einer dicken Isolierplatte und ist völlig in feinkörnige Isoliermasse eingebettet, die auch den Raum zwischen H und D erfüllt. Zwischen H, V und K werden dünne Schichten von Paraffin oder sehr zähem Bitumen für höhere Temperaturen gebracht, um Luftzwischenräume wieder völlig auszuschließen. Der Temperaturabfall in diesen Schichten wird aus ihrer Dicke und Wärmeleitzahl berechnet, die Dicke durch Wägung der aufgebrachten Schichten bestimmt. Nach dieser Methode kann λ auch bei dünnen Versuchsplatten und Temperaturen bis über 100° auf etwa 1% genau gemessen werden. JAKOB hat damit hauptsächlich die Wärmeleitzahlen keramischer Massen bestimmt.

Die kalorimetrische und die elektrische Energiemessung vereinigt finden wir bei einem Verfahren von GRIFFITHS und KAYE[1]. Diese Forscher haben dünne Platten ohne Schutzringheizung untersucht, indem sie gleichzeitig die den Platten zugeführte Wärme elektrisch und die abgeführte Wärme aus der Temperaturzunahme des Kühlwassers maßen. Die mittlere Temperatur der Platten wurde stets gleich der Temperatur der Umgebung gehalten; der radiale Wärmeverlust blieb daher gering und der Unterschied des nach den beiden Meßverfahren bestimmten Wärmestroms meistens unterhalb 1%. Nach diesem Verfahren wurden hauptsächlich etwas nachgiebige Stoffe wie Holz untersucht. Durch Zusammenpressen des Plattensystems mit einem Druck von einigen Atmosphären soll dabei ein vollkommener Kontakt der Platten erzielt worden sein.

26. Die Wärmeleitung in elektrischen Spulen. Während die in Ziff. 7 bis 10 behandelten Verfahren zur Messung der Wärmeleitzahl von Metallen mit gewissen Modifikationen sämtlich auch für schlechte Wärmeleiter anwendbar sind, wie aus Ziff. 23 bis 25 hervorgeht, kommen die in Ziff. 11 besprochenen Methoden, bei denen der Versuchskörper selbst als elektrischer Heizkörper dient, bei schlechten Wärmeleitern im allgemeinen nicht in Betracht. Es gibt aber eine Gruppe zusammengesetzter schlechter Wärmeleiter, die man ebenfalls unmittelbar als elektrische Heizkörper benutzen kann, nämlich die elektrischen Spulen. Eine elektrische Spule ist, mechanisch betrachtet, ein ziemlich gleichmäßiges Gemisch von Metall- und Isolierstoff; legt man einen Axialschnitt durch eine aus Draht gewickelte Spule, so stellt sich der Querschnitt dar als eine Reihe von Kreisflächen (Schnitte durch die Metalldrähte), die in gleichmäßigen Abständen in Isoliermasse eingebettet sind. Als Ganzes ist die Spule als ein die Wärme schlecht leitender Körper aufzufassen. Schickt man durch die Drahtwicklung elektrischen Strom, so verhält sich die Spule — von den kleinen örtlichen Verschiedenheiten der elektrischen Leitfähigkeit des elektrischen Drahtes infolge der sich einstellenden örtlichen Temperaturunterschiede abgesehen — wie ein Körper mit gleichmäßig in seinem Innern verteilten Wärmequellen. Dies ist aber gerade der in Ziff. 11 behandelte Fall. Man kann nun einerseits ähnlich wie in Ziff. 11 die mittlere Wärmeleitzahl einer Spule messen, andererseits — und dies ist praktisch fast noch wichtiger — läßt sich bei gegebener Wärmeleitzahl die Temperaturverteilung und die für die Haltbarkeit der Spule entscheidende Höchsttemperatur in ihrem Innern bestimmen.

Der einfachste Fall ist der einer sehr langen kreiszylindrischen elektrischen Spule, die durch ihren eigenen Strom geheizt wird. Wenn man die in der Raum-

---

[1] E. GRIFFITHS u. G. W. C. KAYE, Proc. Roy. Soc. London (A) Bd. 104, S. 71. 1923.

einheit der Spule in Wärme umgewandelte elektrische Leistung mit $(e \cdot i)$ bezeichnet, so gilt offenbar völlig genau die Gleichung (11) von Mendenhall und Angell. Bringt man an der Außenfläche $r = r_1$ und an der Innenfläche $r = r_2$ der Spule Thermoelemente an, deren Temperaturangaben ϑ_1 und ϑ_2 sein mögen, so kann man damit nach Gleichung (11) die mittlere Wärmeleitzahl λ der Spule bestimmen. Kennt man dagegen λ von vornherein, so kann man die Höchsttemperatur ϑ_2 im Innern der Spule aus ϑ_1 und λ berechnen.

So einfach liegen die Dinge nun bei den in der praktischen Elektrotechnik vorkommenden Fällen im allgemeinen nicht. Dabei wird nämlich vielfach Wärme nicht nur nach außen, sondern auch nach innen abgegeben, wenn z. B. die Spulen mit ihren Innenflächen auf einem Kern von lamelliertem Eisen aufliegen; unter Umständen kann dieser Kern heißer sein als die Spule und daher Wärme an sie abgeben. Ferner sind die Spulen im allgemeinen nicht sehr lang; es ist daher nicht zulässig, den axialen Wärmestrom zu vernachlässigen, und es ist die Kühlung an den Enden der Spulen (z. B. durch strömende Luft oder durch Öl) zu berücksichtigen. Endlich ist die axiale Wärmeleitzahl einer Spule oft wesentlich verschieden von der radialen, z. B. wenn der metallische Leiter nicht Drahtform, sondern einen rechteckigen Querschnitt hat, wozu dann meistens kommt, daß die Isolierung in axialer und radialer Richtung verschieden stark ist. Das Problem der Erwärmung von Spulen mit rechteckigem Querschnitt ist sehr allgemein von Humburg[1]) behandelt worden, nämlich unter Voraussetzung verschiedener mittlerer Wärmeleitfähigkeit der Spule in zwei aufeinander senkrechten Richtungen und verschiedener Wärmeübergangszahl an den vier Außenflächen der vierkantigen Spule. Unabhängig davon hat Jakob[2]) den darin enthaltenen einfacheren Fall überall gleicher Wärmeleitfähigkeit und Oberflächentemperatur einer rechteckigen Spule untersucht. Die Temperaturerhöhung einer beliebigen Stelle der Spule gegenüber der Oberflächentemperatur läßt sich nach dieser Arbeit darstellen durch die Gleichung

$$\vartheta - \vartheta_0 = \frac{q}{4\lambda} \cdot \Phi, \tag{33}$$

wobei q die in der Zeit- und Raumeinheit erzeugte Stromwärme ist, Φ eine nur von den Koordinaten und Seitenlängen des Querschnittes abhängige sehr komplizierte Funktion, die in Jakobs Abhandlung in Form einer unendlichen Reihe, in einer Zahlentafel und graphisch dargestellt ist.

Ein anschauliches Bild von der Temperaturverteilung über den rechteckigen Längsschnitt einer zylindrischen Spule geben die der Arbeit von Jakob entnommenen Abb. 24 und 25, in denen die Temperaturerhöhung $\vartheta - \vartheta_0$ beliebiger Punkte der Spule gegenüber der als überall gleich angenommenen Oberflächentemperatur ϑ_0 für zwei verschiedene Verhältnisse der Seiten 2a und 2b des rechteckigen Querschnittes maßstäblich über der Querschnittsfläche aufgetragen ist. Die Grundfläche jeder Abbildung gibt ein Viertel des Spulenquerschnittes wieder. Am Rand (vordere und rechte Kante der Grundfläche jeder Abbildung) ist $\vartheta - \vartheta_0 = 0$. Dann steigt die Temperatur gegen das Innere zu, zuerst schnell, dann immer langsamer an. Bei einer unendlich langen Spule

($2b = \infty$) würde $\vartheta - \vartheta_0$ einen Höchstbetrag erreichen, nämlich den Wert $\dfrac{q \cdot a^2}{2\lambda}$.

Bei dem Verhältnis $b/a = 5$ ist, wie man erkennt, in der Mitte der Spule dieser

---

[1]) K. Humburg, Elektrot. u. Maschinenb. Bd. 27, S. 677 u. 696. 1909.

[2]) M. Jakob, Arch. f. Elektrot. Bd. 8, S. 117. 1919. Humburgs Arbeit war mir seinerzeit entgangen; ich benutze die Gelegenheit, auf sie besonders hinzuweisen. M. Jakob.

Wert praktisch bereits erreicht; bei einer quadratischen Spule ($b/a = 1$) beträgt die Temperaturzunahme in der Mitte der Spule nur 59% dieses Höchstwertes. Von besonderer praktischer Bedeutung ist das Verhältnis

$$c = \frac{\vartheta_m - \vartheta_0}{\vartheta_h - \vartheta_0}, \tag{34}$$

wobei ϑ_0 wieder die Oberflächentemperatur, ϑ_m die mittlere Temperatur, ϑ_h die höchste Temperatur der erwärmten Spule bedeutet. Es läßt sich nämlich die

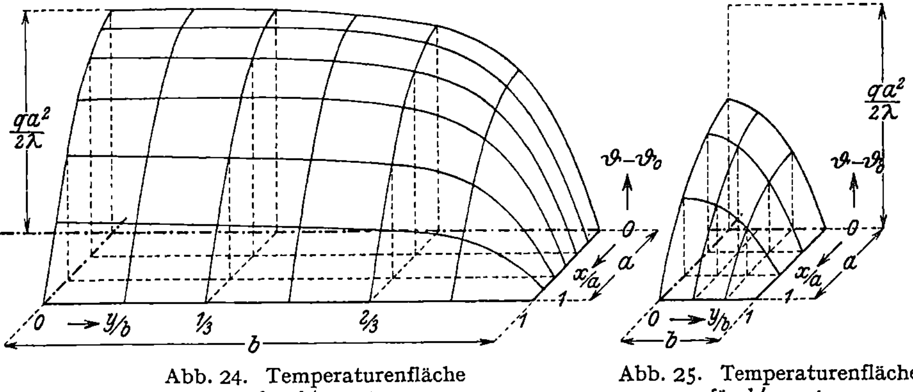

Abb. 24. Temperaturenfläche
für $b/a = 5$.

Abb. 25. Temperaturenfläche
für $b/a = 1$.

Oberflächentemperatur ϑ_0 einer Spule ohne weiteres messen und ϑ_m aus der Zunahme ihres elektrischen Widerstandes leicht berechnen. Kennt man dann noch c, so kann man aus Gleichung (34) die Höchsttemperatur ϑ_h berechnen. Das von JAKOB ermittelte Verhältnis c einer Spule ist in Abhängigkeit vom Seitenverhältnis a/b des rechteckigen Querschnittes in Abb. 26 wiedergegeben.

Hiernach liegt c für praktische Fälle zwischen 0,475 und 0,6. Am ungünstigsten bezüglich der Wärmeabgabe verhält sich natürlich die quadratische Spule. Dabei hat c den Mindestwert 0,475 und ϑ_h einen Höchstwert.

27. Messungen auf Grund der Analogie zwischen der Wärmeströmung und dem magnetischen oder elektrischen Feld. Wie man einen ma-

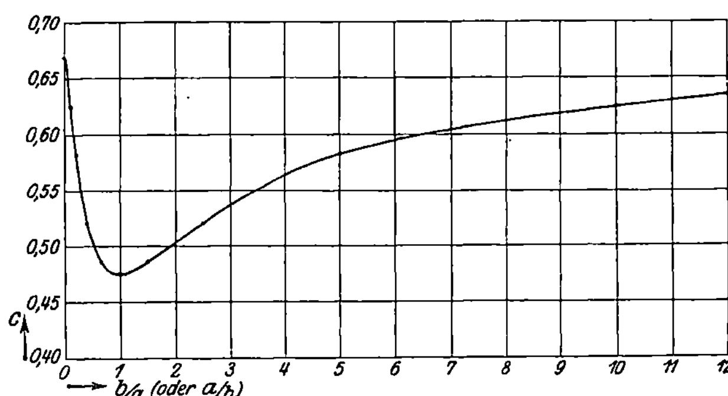

Abb. 26. Verhältnis des Mittelwertes zum Höchstwert der
Temperaturerhöhung einer rechteckigen Spule.

gnetischen Strom durch Niveauflächen und magnetische Kraftlinien charakterisieren und gliedern kann, so läßt sich auch ein stationärer Wärmestrom durch Isothermenflächen und Wärmestromlinien abstufen und zerteilen. Algebraisch und geometrisch besteht eine vollkommene Analogie zwischen einem magnetischen Feld und einer Wärmeströmung.

Von dieser Analogie hat JAKOB[1]) schon im Jahre 1914 gelegentlich Gebrauch gemacht, um Wärmestromlinien statt durch Rechnung experimentell zu be-

---

[1]) M. JAKOB, ZS. f. d. ges. Kälte-Ind. Bd. 29, S. 83. 1922.

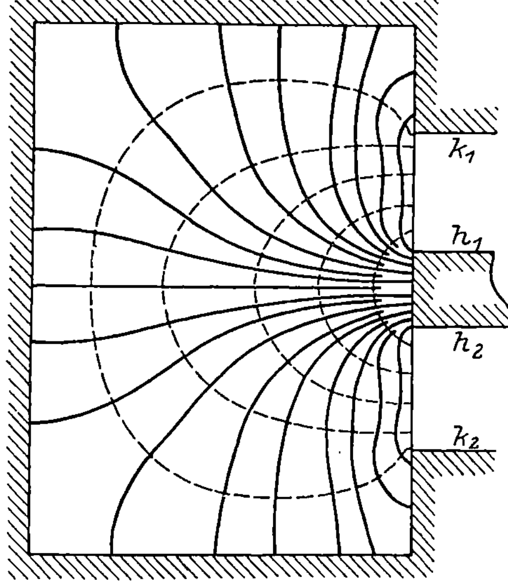

Abb. 27. Wärmestromlinien am Rand eines Zweiplattenapparates ohne Schutzring.

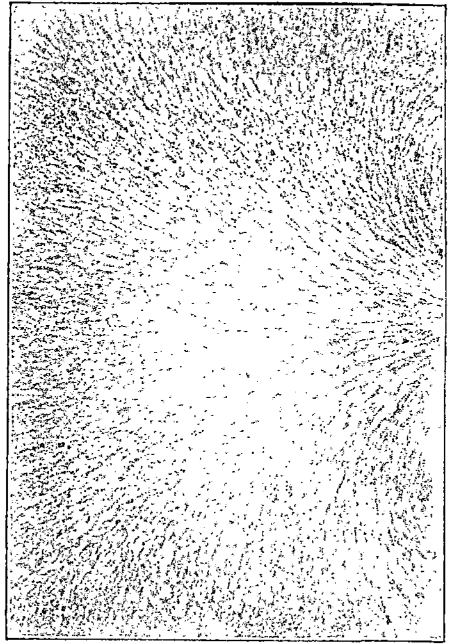

Abb. 28. Magnetische Kraftlinien als Abbild von Wärmestromlinien.

stimmen. Es handelte sich dabei um die Wärmeverluste in einem Zweiplattenapparat ohne Schutzring, der rings durch Korkschrot gegen Wärmeabgabe geschützt war. Der Rand des Apparates ist in Abb. 27 im Querschnitt schematisch, aber maßstäblich dargestellt. Dabei sind die geschnittenen Metallflächen schraffiert gezeichnet. Zwischen h_1 und k_1 und zwischen h_2 und k_2 muß man sich die Versuchsplatten gelagert denken, h_1 und h_2 bedeuten die beiden Flächen der Heizplatte, k_1 und k_2 die der Kühlplatten. Das Rechteck, in das Niveau- und Kraftlinien eingezeichnet sind, entspricht dem Schnitt durch den mit Korkschrot von bekannter Wärmeleitzahl erfüllten Rand des Apparates; er war durch einen Blechmantel von der Temperatur der Kühlplatten begrenzt.

Es wurde nun $h_1 h_2$ durch eine mit einer Wicklung versehenen Eisenplatte (also einen Elektromagneten), $k_1 k_2$ sowie der Rand durch ein Blechpaket ersetzt, das rechts an die Platte $h_1 h_2$ möglichst dicht angeschlossen war (abgebrochen gezeichnet), so daß ein magnetischer Schluß bestand. Die Eisenplatte sowohl als das Blechpaket erstreckte sich senkrecht zur Zeichenebene ziemlich weit in die Tiefe. In den rechteckigen Querschnitt des Randes wurden dann mit Eisenfeilicht bestreute Papiere eingelegt, und hierauf wurden in üblicher Weise nach Erregung des Elektromagneten Kraftlinienbilder aufgenommen, deren eines in Abb. 28 wiedergegeben ist. In Abb. 27 sind die Kraftlinien (einer anderen Aufnahme) nachgezeichnet und Niveaulinien eingetragen. Die Kraftlinien geben ein Bild der Wärmestromlinien, die Niveaulinien ein Bild der Isothermen in der Randisolierung des betreffenden Zweiplattenapparates. Da die Wärmeleitzahl λ der Randfüllung bekannt und die Temperatur im Randquerschnitt an verschiedenen Stellen gemessen war, konnte der Randverlust berechnet werden. Es möge bemerkt werden, daß VAN DUSEN[1]) die gleiche Aufgabe rechnerisch behandelt und ge-

---

[1]) M. S. VAN DUSEN, Journ. Amer. Soc. of Refrigerating Engin. Bd. 7, S. 202. 1920; s. hierüber auch M. JAKOB, ZS. f. d. ges. Kälte-Ind. Bd. 29, S. 83. 1922.

löst hat und dabei natürlich zu ebensolchen Isothermen und Strömungslinien gekommen ist.

Auch die elektrischen Kraftlinien können als ein genaues Abbild der Wärmestromlinien betrachtet werden. Darauf hat NUSSELT[1]) ein besonders elegantes Verfahren gegründet, durch das er die verwickelte Rechnung umgeht, deren Ergebnis wir bei dem Hohlwürfelverfahren mitgeteilt haben [Gleichung (27), S. 100]. Für ein homogenes Medium gilt nämlich, wie NUSSELT zeigt, bei einem beliebigen Hohlkörper, dessen Innenfläche überall auf der gleichen Temperatur ϑ_2 und dessen Außenfläche auf der Temperatur ϑ_1 gehalten wird, die Gleichung

$$Q = \lambda(\vartheta_2 - \vartheta_1) \cdot t \cdot \Phi, \qquad (35)$$

wobei Φ eine nur von den Dimensionen des Hohlkörpers abhängige Funktion ist, die im Fall der Kugel die einfache Form $\Phi = \dfrac{r_1 \cdot r_2}{r_1 - r_2}$ hat, bei komplizierten Körpern aber überhaupt nicht berechenbar ist. NUSSELT bringt nun auf Grund der Analogie zwischen Wärmestromlinien und elektrischen Kraftlinien diese Funktion auf die Form

$$\Phi = 4 \cdot \pi \cdot C_0, \qquad (35\,a)$$

wobei C_0 die elektrische Kapazität eines elektrischen Kondensators ist, dessen Belege genau die gleichen Oberflächen haben wie der Hohlkörper und bei dem an Stelle des auf Wärmeleitfähigkeit zu untersuchenden Stoffes Luft (genau genommen Vakuum) zwischen den Belegen sein muß. NUSSELT hat nun aus plattenförmigem Versuchsstoff einen Hohlkörper zusammengebaut, der von einem rechteckigen inneren Heizkörper von $380 \times 380 \times 60$ mm³ Rauminhalt geheizt und von einem zu ihm konzentrischen rechteckigen Kühlmantel von $500 \times 500 \times 180$ mm³ Hohlrauminhalt umschlossen wurde. Daran wurden Q, ϑ_1 und ϑ_2 gemessen, und dann wurde an einem Luftkondensator von genau den gleichen Abmessungen, bestehend aus zwei konzentrischen Hohlkästen miteinander zugewandten Stanniolbelegen die Kapazität (in elektrostatischem Maß, da Φ die Dimension einer Länge hat) elektrisch gemessen und so aus Gleichung (35) und (35 a) ohne weiteres λ gewonnen.

28. Wärmeflußmessung. Die Verfahren zur Bestimmung der Wärmeleitzahl eines Stoffes aus der durch den Versuchskörper strömenden Wärmemenge und dem sich dabei einstellenden Temperaturunterschied sind natürlich umkehrbar und erlauben ebensowohl die Bestimmung des Wärmestromes aus der Wärmeleitzahl. Hierauf hat SCHMIDT[2]) die Konstruktion eines einfachen Wärmeflußmessers gegründet. Dieser besteht aus einem dünnen Gummistreifen, der mit Thermoelementen so bewickelt ist, daß alle positiven Lötstellen in der Mittellinie der einen Breitseite, alle negativen Lötstellen in der Mittellinie der anderen Breitseite liegen. Durch Hintereinanderschalten aller Thermoelemente erhält man eine Thermosäule, die den Temperaturunterschied $(\vartheta_1 - \vartheta_2)$ der beiden Seiten des Gummistreifens an einem Zeigergalvanometer abzulesen gestattet. Um nun z. B. den Wärmeverlust eines isolierten Rohres zu bestimmen, schlingt man den Gummistreifen um dieses herum und erhält, bei bekannter Wärmeleitzahl des Gummis, aus der Temperaturdifferenz $(\vartheta_1 - \vartheta_2)$ ohne weiteres nach Gleichung (1) die in der Zeiteinheit aus der Flächeneinheit des Rohres austretende Wärmemenge $\dfrac{Q}{f \cdot t}$. Der Wärmedurchgangswiderstand des Gummistreifens muß natürlich klein sein gegenüber dem der Rohrisolierung, da er sonst die zu messende

---

[1]) W. NUSSELT, ZS. f. d. ges. Kälte-Ind. 1915, Heft 1 u. 2.
[2]) E. SCHMIDT, Arch. f. Wärmewirtsch. S. 9. 1924.

Isolierung merklich verstärkt und somit den Wärmefluß an der Meßstelle verringert. Dieser Einfluß kann übrigens, wenn er nicht zu groß ist, rechnerisch leicht korrigiert werden. Um eine Störung der homogenen Wärmeströmung durch den Gummistreifen an seinen Rändern zu verhüten, kann man seitlich an diesen eng anschließende, gleich dicke Gummistreifen ohne Thermoelemente um das zu untersuchende Rohr herumschlingen, so daß eine Art Schutzringwirkung zustande kommt. Der Apparat ist wegen seiner geringen Kapazität sehr empfindlich gegen momentane Änderungen der Wärmeabgabe nach außen. Ein leichter Windzug, das Auflegen einer Hand auf den Gummistreifen ruft sofort einen Ausschlag am Galvanometer hervor. Auf diese Eigenart des Wärmeflußmessers muß bei den Messungen geachtet werden. Durch Aufbringen einer Dämpfungsschicht lassen sich die Schwankungen des Instrumentes verringern. Dabei darf aber wieder der isolierende Einfluß der Dämpfungsschicht nicht übersehen werden.

Statt die Wärmeleitzahl des Gummis zu bestimmen, kann man die Streifen des Wärmeflußmessers unmittelbar mit dem dazugehörigen Zeigerinstrument eichen, indem man eine elektrisch erzeugte und gemessene Wärmemenge durch den Streifen hindurchtreten läßt und den dazugehörigen Ausschlag des Galvanometers beobachtet. Dabei umgeht man auch die sonst erforderliche Messung des Abstandes der wärmeren von den kälteren Lötstellen der Thermosäule. Dies ist um so erwünschter, als bei der praktischen Ausführung des Wärmeflußmessers die Thermoelementendrähte völlig in das Gummi eingebettet werden, wodurch sie einerseits geschützt sind, andererseits die gute Auflage des Streifens auf der zu untersuchenden Fläche nicht behindern.

b) Versuchsverfahren für zeitlich veränderliche Wärmeströmung.

29. Bestimmung von Temperaturleitzahlen. Die wichtigsten Verfahren zur Messung von Temperaturleitzahlen bei nicht stationärer Wärmeströmung sind im Abschnitt IIb bei den Metallen (Ziff. 14 u. 15) behandelt. Diese Verfahren sind auch auf schlecht leitende Stoffe übertragen worden. So haben Heyn, Bauer und Wetzel[1]) ein Verfahren ausgebildet, das sich an die Methoden von Grüneisen und Giebe (Ziff. 14) anschließt, jedoch von den Bedingungen plötzlichen Temperaturwechsels oder konstanter Wärmezufuhr an dem beheizten Stabende frei ist.

Heyn und seine Mitarbeiter haben Wände von 50 cm Dicke, die aus 50 Steinen (vom Normalformat der Ziegelsteine) zusammengebaut waren, an der einen Fläche durch einen aus Kohlengrieß bestehenden elektrischen Heizkörper erwärmt und ihre zeitliche Temperaturzunahme in der Mitte der beheizten Oberfläche und in einer Tiefe von 1,5 oder einigen Zentimetern durch eingelassene Thermoelemente gemessen und daraus die Temperaturleitzahl a folgendermaßen bestimmt:

Ist a unabhängig von der Temperatur, so läßt sich der Temperaturverlauf darstellen durch die Gleichung

$$\vartheta = \psi(t) = \frac{2}{\sqrt{\pi}} \int_{\frac{x}{2\sqrt{at}}}^{\infty} \varphi\left(t - \frac{x^2}{4a\mu^2}\right) e^{-\mu^2} d\mu, \tag{36}$$

---

[1]) E. Heyn unter Mitwirkung von O. Bauer u. E. Wetzel, Mitt. a. d. Materialprüfungsamt Berlin-Lichterfelde West Bd. 32, S. 89. 1914.

wobei μ eine beliebige Veränderliche bedeutet und die Funktion φ definiert ist durch den in der beheizten Stirnfläche $x = 0$ beobachteten Temperaturverlauf

$$\vartheta_0 = \varphi(t) \, . \tag{36a}$$

Man zeichnet nun die beobachteten Werte ϑ_0 als Ordinaten zu den Abszissen t auf, berechnet $t - \dfrac{x^2}{4\,a\,\mu^2}$, wobei x den Abstand bedeutet, in dem die Temperatur ϑ gemessen ist, a zunächst versuchsweise eingesetzt und μ von sehr kleinen bis zu sehr großen Werten variiert wird. Dann entnimmt man der Kurve $\vartheta_0 = \varphi(t)$ die zu den Abszissen $t - \dfrac{x^2}{4\,a\,\mu^2}$ gehörigen Ordinaten, multipliziert diese Werte mit $e^{-\mu^2}$ und gewinnt endlich durch Planimetrieren gemäß Gleichung (36) die Temperaturen ϑ. Diese Berechnung führt man für verschiedene angenommene Werte von a aus; der Wert, für den die berechnete und die gemessene Kurve

$$\vartheta = \psi(t)$$

am genauesten übereinstimmen, ist die gesuchte Temperaturleitzahl des Materials.

Ist a von der Temperatur abhängig oder ist die Voraussetzung rein linearer Wärmeströmung, auf der Gleichung (36) beruht, nicht erfüllt, so fallen die berechnete und die gemessene ϑ-Kurve für keinen Wert a völlig zusammen, sondern sie schneiden sich. Für diesen Fall hat HEYN (a. a. O.) ein Korrekturverfahren angegeben und angewandt, dessen mathematische Grundlage aber, wie JAKOB[1] nachgewiesen hat, verfehlt ist. Auch daß die Voraussetzung rein axialer Wärmeströmung bei HEYNS Versuchen erfüllt sei, hat JAKOB (a. a. O.) trotz der Größe der von der Wärme durchströmten Fläche angezweifelt. Nach Gleichung (3) könnte nämlich die Wärmeströmung nur dann als linear betrachtet werden, wenn $\dfrac{\partial^2 \vartheta}{\partial y^2}$ und $\dfrac{\partial^2 \vartheta}{\partial z^2}$ klein wäre gegenüber $\dfrac{\partial^2 \vartheta}{\partial x^2}$. Dafür ist bei den soeben besprochenen Versuchen nicht Sorge getragen worden, und es dürfte auch überhaupt schwer zu erreichen sein, da die Bereiche der ϑ-Kurven, in denen $\dfrac{\partial^2 \vartheta}{\partial x^2}$ selbst klein ist, kaum ausgeschaltet werden können. Trotz dieser Bedenken sind HEYNS Messungen nicht ohne Bedeutung, da er mit verschiedenen feuerfesten Steinen die Temperaturleitzahl bis 1200° C bestimmt hat und man bei so hoher Temperatur große Fehler in Kauf zu nehmen gewohnt ist.

Auch die nun zu behandelnden Versuche dürften von dem soeben besprochenen Fehler nicht frei sein. Es sind dies Messungen nach einer von HONDA und SATÔ[2] zuerst angegebenen Methode, durch die TADOKORO[3] die Temperaturleitzahl von mehr als 100 Gesteinsarten und feuerfesten Materialien zum Teil bei Temperaturen bis 1000° C bestimmt hat. Das Verfahren ähnelt dem von KING für Metalle angegebenen (s. Ziff. 15). Auch hier wird der Strom einer elektrischen Heizplatte durch einen Kurbelmechanismus reguliert, und zwar so, daß die Temperatur dieser Heizplatte nach der Form $\vartheta_0 \sin \dfrac{2\pi t}{\tau}$ variiert, wobei ϑ_0 die Höchsttemperatur, τ die Dauer einer Regulierperiode bedeutet. Während aber KING a nach Gleichung (120) (s. S. 78) aus den verschiedenen Fortpflanzungsgeschwindigkeiten der Temperaturwelle bei wechselnden Periodizitäten gewinnt, geht TADOKORO von der Verschiedenheit der Temperaturwellen gleicher Periodizi-

---

[1] M. JAKOB, ZS. d. Ver. d. Ing. Bd. 63, S. 69, 118 u. 1042. 1919.
[2] K. HONDA u. S. SATÔ, Phys.-Math. Soc. Tokio (2) Bd. 8, S. 424. 1915/16.
[3] YOSHIAKI TADOKORO, Sc. Reports Tôhoku Univ. Bd. 10, S. 339. 1921.

tät in verschiedener Tiefe aus. Aus der Gleichung für den örtlichen und zeitlichen Temperaturverlauf einer an die Heizplatte ohne Wärmewiderstand angrenzenden Versuchsplatte

$$\vartheta = \vartheta_0 \cdot e^{-x\sqrt{\frac{\pi}{a\tau}}} \cdot \sin\left(\frac{2\pi}{\tau}t - x\sqrt{\frac{\pi}{a\tau}}\right) \tag{37}$$

erhält man nun ohne weiteres die Beziehung

$$a = \frac{\pi(x_1 - x_2)^2}{\tau \ln\left(\frac{\vartheta_1}{\vartheta_2}\right)^2} = \frac{\pi}{\tau} \cdot \frac{(x_1 - x_2)^2}{(\varphi_1 - \varphi_2)^2}. \tag{38}$$

Dabei bedeuten ϑ_1 und ϑ_2 die Amplituden, φ_1 und φ_2 die Phasenverschiebungen der Temperaturwelle in den Abständen x_1 und x_2 von der beheizten Oberfläche der Platte.

Tadokoro hat einige Zentimeter dicke Versuchskörper verwendet, die bei hohen Temperaturen in einen Röhrenofen eingebaut waren. Inwieweit Wärmeströme senkrecht zur x-Richtung seine Ergebnisse beeinflußten, ist noch schwerer zu beurteilen als bei den Versuchen von Heyn und seinen Mitarbeitern.

Die Schwierigkeit der Einschätzung sekundärer Einflüsse muß überhaupt als einer der wesentlichsten Nachteile der meisten Methoden für nicht stationäre Wärmeströmung bezeichnet werden. Fast alle Messungen nach diesen Verfahren (auch die weiter unten zu behandelnden für Flüssigkeiten) sind daher später von der einen oder anderen Seite angezweifelt worden, am häufigsten deshalb, weil man der mathematischen Lösbarkeit der Gleichungen zuliebe einfache und in Wirklichkeit nicht erfüllte physikalische Voraussetzungen gemacht hat, zuweilen auch wegen Fehlern in den komplizierten mathematischen Entwicklungen. Bei der Anwendung dieser Verfahren und der Beurteilung ihrer Ergebnisse ist daher besondere Vorsicht geboten.

30. Zeitliche Temperaturänderungen in der Erdrinde. Wie die Umkehrung der Verfahren zur Bestimmung der Wärmeleitzahl für stationäre Wärmeströmung zur Wärmeflußmessung führt (Ziff. 28), so kann man statt aus Temperaturwellen die Temperaturleitzahl umgekehrt mit Hilfe der letzteren den Verlauf von Temperaturwellen erforschen. Der praktisch wichtigste Fall, der die Temperaturwellen in Maschinen betrifft, ist in Ziff. 19 bereits kurz besprochen worden und wird in Ziff. 48 weiter behandelt werden. Schon viel früher hat man dies Problem in der Geologie in Angriff genommen, um das Eindringen der täglichen und jährlichen Temperaturschwankungen der Atmosphäre in die Erdrinde zahlenmäßig zu beherrschen. Nimmt man der Einfachheit halber an, daß die Temperatur der Erdoberfläche täglich und jährlich nach einem Sinusgesetz wechselt, so ist für die Berechnung die Gleichung (36) maßgebend. Einige hiernach ermittelte Zahlenwerte entnehmen wir dem auf S. 75 bereits erwähnten Buch von Warburg[1]). Hiernach ist die Fortpflanzungsgeschwindigkeit der jährlichen Temperaturwelle $\dfrac{1}{\sqrt{\tau}} = \dfrac{1}{\sqrt{365}} = \dfrac{1}{19}$ der Geschwindigkeit der täglichen Welle. Dagegen ist die Tiefe, in der die Amplitude der Wellen auf $\dfrac{1}{e} = \dfrac{1}{2,781}$ reduziert ist, proportional $\sqrt{\tau}$, also für die Jahreswellen 19mal so groß als für die Tageswellen; jene dringen also natürlich viel tiefer ein. Ebenso ist die Wellenlänge L der gedämpften in die Erde eindringenden Temperaturschwankung 19mal so groß für die Jahres- als für die Tageswellen; sie beträgt etwa 21 m bzw. 1,1 m,

---

[1]) E. Warburg, Wärmeleitung S. 52ff. Berlin: Julius Springer 1924.

wenn man F. NEUMANNS Wert für Granit $a = 0{,}0945 \ \dfrac{m^2}{\text{Tag}}$ zugrunde legt. In der Tiefe $x = \dfrac{L}{2}$ (also von etwa 10 m) sind die Jahreszeiten vertauscht, aber die Amplitude ist hier auf $e^{-\pi} = \dfrac{1}{23}$ geschwächt.

Aus der Temperaturleitzahl und dem Temperaturgradienten an der Erdoberfläche kann man ferner nach einer von THOMSON (Lord KELVIN) stammenden Berechnung die Größenordnung der Zeit seit dem Erstarren der Erdoberfläche berechnen[1]). Man geht, indem man die Erdoberfläche als eben annimmt, von der Gleichung (12c) (s. S. 73) mit den Grenzbedingungen

$$x = 0, \qquad \vartheta = 0,$$
$$x = \infty, \qquad \vartheta = \vartheta_0$$

und

$$t = 0, \qquad \vartheta = \vartheta_0$$

aus, wobei die Temperatur der Erdoberfläche mit 0, die des Erdinnern mit ϑ_0 bezeichnet und angenommen wird, daß im Augenblick des Erstarrens der Erdoberfläche im Innern überall die Schmelztemperatur der Gesteine geherrscht habe. Die Lösung der Differentialgleichung lautet jetzt analog Gleichung (12d) auf S. 73

$$\vartheta = \vartheta_0 \frac{2}{\sqrt{\pi}} \int\limits_0^{\xi} e^{-\xi^2} d\xi, \qquad (12\text{p})$$

wobei wieder $\xi = \dfrac{x}{2\sqrt{a\,t}}$ zu setzen ist. Daraus folgt als Temperaturgradient in der Tiefe x

$$\frac{\partial \vartheta}{\partial x} = \frac{\vartheta_0}{\sqrt{a\,\pi\,t}}\, e^{-\frac{x^2}{4a\,t}}$$

und an der Oberfläche $x = 0$

$$\left(\frac{\partial \vartheta}{\partial x}\right)_0 = \frac{\vartheta_0}{\sqrt{a\,\pi\,t}}.$$

WARBURG nimmt als einen mittleren Beobachtungswert

$$\left(\frac{\partial \vartheta}{\partial x}\right)_0 = 31 \cdot 10^{-5} \ \text{Grad} \cdot \text{cm}^{-1}$$

und ferner wieder a für Granit nach NEUMANN an und erhält so

$$\text{mit } \vartheta_0 = 1300^\circ\,\text{C} \quad t = 16{,}3 \ \text{Millionen Jahre,}$$
$$,, \quad \vartheta_0 = 2000^\circ\,\text{C} \quad t = 39 \qquad ,, \qquad ,, \quad \text{als Zeitdauer}$$

seit dem Erstarren der Erdrinde. Diese Zeiten sind wahrscheinlich zu klein, weil infolge der Wärmeerzeugung durch radioaktive Stoffe in der Erde der Temperaturgradient an der Oberfläche langsamer auf den jetzigen Wert gesunken ist. Bei einer Berechnung mit Berücksichtigung der radioaktiven Umwandlungen in der Erde wären in erster Annäherung gleichmäßige Wärmequellen einzusetzen.

Eine ähnliche geologische Aufgabe, auf die hier nur gerade hingewiesen werden soll, betrifft die Eisbildung in Gewässern und ihre Umkehrung, das Abschmelzen. Da Eis spezifisch leichter ist als Wasser, so gefrieren Gewässer im allgemeinen von der Oberfläche her zu. Dabei wird die Wärme von dem Wasser unmittelbar unter der Eisschicht, wo es die Temperatur 0° hat, durch die Eis-

---

[1]) E. WARBURG, Wärmeleitung S. 60ff. Berlin: Julius Springer 1924.

schicht an die Atmosphäre fortgeleitet. Der Ableitung einer Wärmemenge gleich der Schmelzwärme des Eises entspricht die Neubildung von je einer Gewichtseinheit Eis an der unteren Fläche der Eisschicht. Hiernach kann man entweder durch Beobachtung der Temperatur der äußeren Oberfläche des Eises und der Zunahme seiner Dicke die Temperaturleitzahl des Eises ermitteln[1]) oder umgekehrt die Eisbildung bei bekannten Temperaturverhältnissen vorausberechnen.

c) Zahlenwerte, Gesetzmäßigkeiten und Anwendungen.

31. Wärmeleitzahlen schlecht leitender, fester Körper. Die in der Tabelle 9 zusammengestellten Wärmeleitzahlen sind wieder größtenteils aus den Physikalisch-Chemischen Tabellen von LANDOLT und BÖRNSTEIN ausgewählt[2]); die Werte sind teilweise zu Mitteln zusammengezogen und abgerundet.

Tabelle 9. Wärmeleitzahlen schlecht leitender fester Körper.

Substanz	Temperatur °C	Wärmeleitzahl $\mathrm{cal \cdot cm^{-1} \cdot s^{-1} \cdot Grad^{-1}}$
Asbest, gezupft, $\varrho = 0{,}4^{3}$)	0	0,00027
$\varrho = 0{,}6$	0	0,00036
	600	0,00057
$\varrho = 0{,}7$	−200	0,00037
	0	0,00056
Eis	0	0,005
Glas (Jenaer)	−190	0,0008 bis 0,0012
	0	0,0012 bis 0,0028
Granit	0	0,008
Gummi (Hartgummi)	0	0,0004
Hölzer, längs zur Faser	20	0,0008
quer zur Faser	20	0,0004
Kieselgur, lose	0	0,00014
	350	0,00022
Kieselgurstein, gebrannt, $\varrho = 0{,}2$	0	0,00018
	450	0,00035
$\varrho = 0{,}75$	0	0,00033
	135	0,00050
Korkplatten $\varrho = 0{,}16$	0	0,00011
$\varrho = 0{,}32$	0	0,00014
Korkschrot	0	0,00009
	200	0,00015
Marmor	0	0,006
Porzellan	100	0,0025
Quarzglas	−190	0,0016
	0	0,0033
	100	0,0046
Schamottestein	0	0,0015
	800	0,0025
Seide	−200	0,00006
	0	0,00012
Wolle	0	0,00009
	100	0,00014
Ziegelstein, trocken	20	0,001
feucht	20	0,002

[1]) J. STEFAN, Wied. Ann. Bd. 42, S. 269. 1891.
[2]) Weitere Zusammenstellungen s. M. JAKOB, Die Wärmeübertragung durch keramische Stoffe (Abschnitt aus F. SINGER, Die Keramik im Dienste von Industrie und Volkswirtschaft, S. 435. Braunschweig: Friedr. Vieweg & Sohn 1923); E. SCHMIDT, Mitt. a. d. Forschungsheim f. Wärmeschutz Heft 5, S. 7. München 1924; K. SCHULZ (auf S. 95, Fußnote 1 bereits zitiert).
[3]) ϱ bedeutet hier das Gewicht der Volumeneinheit („scheinbares spezifisches Gewicht").

32. Mechanische und thermische Einflüsse auf das Wärmeleitvermögen schlechtleitender, fester Körper. Während auch nichtmetallische Kristalle die Wärme noch recht gut leiten, z. B. Quarz von 0° C parallel zur Achse mit $\lambda = 0{,}0325$ besser als manche Legierungen und die schlechtest leitenden Metalle, ist nach Tabelle 9 die Wärmeleitzahl von Stoffen mit kristallinischem Gefüge bereits wesentlich geringer (z. B. $\lambda = 0{,}008$ für Granit, $\lambda = 0{,}006$ für Marmor) und bei amorphen Substanzen, wie Quarzglas und Glas, noch weit kleiner (0,003 bis 0,0008).

Die Wärmeleitzahl amorpher Körper liegt stets unter der von Kristallen gleicher chemischer Zusammensetzung. So leitet Quarzglas nach EUCKENS[1]) Beobachtungen bei 0° C etwa $7^{1}/_{2}$mal, bei $-190°$ etwa 55mal schlechter als Quarzkristall. EUCKEN nimmt an, daß der Unterschied mit zunehmender Temperatur immer geringer wird und nahe dem Schmelzpunkt vielleicht überhaupt verschwindet.

Unter 0° nimmt die Wärmeleitzahl amorpher Substanzen mit der Temperatur stark ab, und zwar z. B. bei Gläsern nach EUCKEN nahezu ebenso wie die spezifische Wärme.

Aus dem grundverschiedenen Verhalten kristallinischer und amorpher Substanzen bezüglich ihrer Wärmeleitfähigkeit kann man daher unter Umständen auf die Art des Gefüges schließen. So hat z. B. JAKOB[2]) darauf aufmerksam gemacht, daß die auffallend großen Abweichungen der von verschiedenen Beobachtern ermittelten Wärmeleitzahlen von sogenannten Magnesitsteinen vielleicht auf das verschiedene Gefüge der untersuchten Steine zurückzuführen sind. Die bei Steinen von nicht sehr verschiedenem Gehalt an MgO (86 bis 92%) und fast gleicher Dichte gemessenen Wärmeleitzahlen sind in der Tabelle 10 zusammengestellt.

Tabelle 10. Wärmeleitzahl von Magnesitsteinen.

Beobachter	λ bei 20° C	λ bei 1000° C
HEYN, BAUER und WETZEL . .	0,0011	0,0016
GOERENS	0,012	0,008
DOUGALL, HODSMAN und COBB .	0,022	0,009

JAKOB vermutet nun, daß die Steine von HEYN, BAUER und WETZEL (kleine Wärmeleitzahl, Zunahme von λ mit der Temperatur) im wesentlichen amorphe, die der anderen Beobachter (große Wärmeleitzahl, Abnahme mit wachsender Temperatur) hauptsächlich kristallinische Bestandteile enthalten haben. Man beachte, daß die Werte von λ für 20° bis um das Zwanzigfache voneinander abweichen, was man trotz der bereits früher geäußerten Bedenken gegen die einzelnen Versuchsverfahren durch Versuchsfehler wohl kaum erklären kann.

Die kleinsten Werte der Wärmeleitzahl weist die Tabelle 9 für lose, anorganische und organische Substanzen auf, Werte, die z. B. für Korkschrot und Wolle bis auf 0,00009 bei 0° herabgehen. Dies ist aber nicht etwa die wahre Wärmeleitzahl der Wollfasern selbst. Man mißt hier vielmehr nur einen Mittelwert aus den Wärmeleitzahlen der Fasern und ihrer Luftzwischenräume. Da nun Luft ein besonders schlechter Wärmeleiter ist, werden die Wärmeleitzahlen loser Materialien im allgemeinen viel kleiner als die ihrer festen Bestandteile. So erklärt sich auch die Abnahme der Wärmeleitzahl mit dem scheinbaren spezifischen Gewicht ϱ, wonach z. B. bei 0° gezupfter Asbest vom Raumgewicht $\varrho = 0{,}4$ die Wärmeleitzahl $\lambda = 0{,}00027$, solcher mit $\varrho = 0{,}7$ die Wärmeleitzahl

---

[1]) A. EUCKEN, Ann. d. Phys. (4) Bd. 34, S. 185. 1911.
[2]) M. JAKOB, ZS. d. Ver. d. Ing. Bd. 67, S. 126. 1923.

$\lambda = 0,00056$ hat. So erklärt sich aber auch wohl zum Teil die bedeutende Abnahme von λ mit der Temperatur, die GRÖBER[1]) an loser Seide, Asbest u. dgl. beobachtet hat (s. Tab. 9); wir werden nämlich sehen (Ziff. 39), daß die Wärmeleitzahl der Luft mit der Temperatur sehr beträchtlich abnimmt.

Wo man in der Technik gute Wärmeableitung braucht, z. B. um die Ausfütterung von technischen Öfen vor zu schnellem Abbrand zu bewahren, wird man auf möglichst dichte Baustoffe von großer Wärmeleitzahl Wert legen. Einen weitaus häufigeren Gebrauch aber macht man von der wichtigen Eigenschaft poröser, körniger und faseriger Stoffe, die Wärme schlecht zu leiten. Man benutzt poröse Steine, gezupften Asbest, Kieselgur, Korkstein u. dgl. als Wärmeschutzmittel im Bauwesen und in der Wärme- und Kälteindustrie. Die entgegengesetzte Wirkung wie die Luft der Poren übt dabei die Feuchtigkeit aus. Wasser ist ein verhältnismäßig guter Wärmeleiter. Dringt es in ein poröses Wärmeschutzmittel ein, so erhöht es die Wärmeleitzahl und verschlechtert die Schutzwirkung. In diesem Zusammenhang sei auf die letzten Zeilen der Tabelle 9 hingewiesen, wonach feuchte Ziegelsteine die Wärme etwa doppelt so gut leiten wie trockene.

V. Wärmeleitung durch Flüssigkeiten.

33. Relativmessungen bei stationärer Wärmeströmung. Von der Wärmeübertragung durch molare Flüssigkeitsbewegung, also durch Konvektion, wird bei einzelnen Verfahren zur Messung der Wärmeleitzahl von Flüssigkeiten Gebrauch gemacht (s. Ziff. 34, S. 122). Im Gegensatz dazu ist es die wichtigste Voraussetzung aller anderen Verfahren, daß Flüssigkeitsströmungen entweder völlig vermieden werden oder nur so außerordentlich gering sind, daß sie die Wärmeübertragung durch die Flüssigkeit nicht beeinflussen.

Um dies zu erreichen, führt man entweder die Wärme vertikal von oben nach unten durch Flüssigkeitsschichten, so daß die Dichte der Flüssigkeit in der gleichen Richtung zunimmt, jede Veranlassung zu einer Konvektion also wegfällt[2]), oder man füllt die zu untersuchende Flüssigkeit in enge Röhrchen oder Zylinderringe, so daß nach den Gesetzen der Zähigkeit und Wandreibung die Konvektion sehr gering bleibt.

So hat schon DESPRETZ[3]) Flüssigkeiten in zylindrischen Gefäßen Wärme von oben zugeführt und dann seine Stabmethode (s. Ziff. 8), übrigens ohne viel Erfolg, angewandt. Wir haben ferner bereits die ebenfalls mit dieser Heizrichtung arbeitende kalorimetrische Meßmethode von BERGET (s. Ziff. 9) für Quecksilber kennengelernt.

Einen wesentlichen Fortschritt bedeutete es, als man von den hohen Flüssigkeitszylindern („Säulen") zu dünnen Schichten („Lamellen") überging, schon deshalb, weil Flüssigkeitssäulen kaum konvektionsfrei gehalten werden können, wie WACHSMUTHS[4]) Versuche gezeigt haben. Die Flüssigkeitslamellen haben ferner den Vorzug, daß man sie ohne feste Begrenzung ihres Randes zwischen runde, ebene Platten bringen kann, und daß sie dabei durch die Kapillarität am Ausfließen gehindert werden, worauf wohl zuerst GUTHRIE[5]) aufmerksam gemacht hat.

---

[1]) H. GRÖBER, ZS. d. Ver. d. Ing. Bd. 54, S. 1319. 1910; u. Forschungsarbeiten, herausgegeben vom Ver. d. Ing. 1911, Heft 104, S. 49.

[2]) Nur bei Wasser zwischen 0 und 4° müßte man wegen der bekannten Dichteanomalie die Wärme von unten nach oben strömen lassen.

[3]) B. DESPRETZ, Pogg. Ann. Bd. 46, S. 340. 1839; C. R. Bd. 7, S. 933. 1838; Ann. chim. phys. Bd. 61, S. 206. 1839.

[4]) R. WACHSMUTH, Wied. Ann. Bd. 48, S. 158. 1893.

[5]) F. GUTHRIE, Phil. Trans. Bd. 159, S. 637. 1869.

Mit solchen Flüssigkeitslamellen hat u. a. CHRISTIANSEN, dessen Verfahren ebenfalls bereits behandelt worden ist (s. Ziff. 8), Vergleichsmessungen durchgeführt, später HENNEBERG[1]), JÄGER[2]) und endlich LEES[3]), dessen Ergebnisse jedoch, wie JAKOB[4]) ausführlich begründet hat, insbesondere durch unzulässige Annahmen über den Wärmeübergang ungünstig beeinflußt sind.

Am meisten Vertrauen von den letztgenannten Messungen scheinen noch die von JÄGER zu verdienen, der eine große Anzahl von Salzlösungen untersucht hat. Zwischen die oberste und mittlere Kupferplatte brachte er die zu untersuchende Flüssigkeitsschicht, zwischen die mittlere und untere Kupferplatte kittete er eine als Vergleichsschicht dienende Glasplatte. Auf diese Weise verglich er (unter Benutzung der Glasplatte als eine Art Zwischennormale) den Temperaturabfall in einer Wasserschicht mit dem in anderen Flüssigkeiten. Da er nur Salzlösungen untersuchte, deren Wärmeleitzahl nicht viel verschieden von der des Wassers ist, fielen fast alle Korrekturen (für Wärmeverlust am Rand usw.) heraus, und er konnte sogar wagen, statt einen wirksamen Dauerzustand abzuwarten, seine Messungen schon vorzunehmen, sobald das ganze Plattensystem, das von oben erwärmt und von unten gekühlt wurde, in gleichmäßigem Temperaturabstieg begriffen war; bei seinen Beobachtungen sank die Temperatur der drei Kupferplatten noch um etwa 1° pro Minute. Man sieht leicht ein, daß die dabei herrschende Dauerströmung darin besteht, daß jede höhere Platte oder Schicht an die nächst tiefere in der Zeiteinheit nicht nur die ihr von oben zufließende, sondern auch noch die Wärmemenge $-G \cdot c \cdot \dfrac{d\vartheta}{dt}$ abgibt, wobei G ihr Gewicht, c ihre spezifische Wärme und $-\dfrac{d\vartheta}{dt}$ die auf die Zeiteinheit bezogene Temperatursenkung bedeutet. Durch die Glasplatte strömte also bei JÄGERS Versuchsbedingungen wesentlich mehr Wärme als durch die Flüssigkeitsschicht, und das Meßergebnis wäre sehr ungenau, wenn JÄGER etwa die Wärmeleitzahl der Glasplatte absolut bestimmt und daraus die Wärmeleitzahlen der Flüssigkeiten berechnet hätte. Da er sich aber auf einen Vergleich der Wärmeleitzahlen der Flüssigkeiten beschränkt hat, so kommt nur der Unterschied von $G\,c\,\dfrac{d\vartheta}{dt}$ für die verschiedenen Flüssigkeitssorten im Verhältnis zur gesamten durch das System strömenden Wärme als Fehler in Betracht. Da die Flüssigkeitsschicht einen Durchmesser von 120 mm und eine Dicke von $1\frac{1}{2}$ mm hatte und der Temperaturabfall in ihr bei 32° mittlerer Temperatur etwa 10° war, lag die Gesamtwärmeleistung zwischen 7 und 11 cal · s^{-1}, $-G \cdot c \cdot \dfrac{d\vartheta}{dt}$ zwischen 0,28 und 0,19 cal · s^{-1}. Dadurch, daß der Dauerzustand nicht abgewartet wurde, kam also ein Fehler von der Größenordnung $\dfrac{0,28 - 0,19}{9} = 1\%$ in die Versuchsergebnisse. Hierzu kommt nun noch der auf verschiedener Verdampfung der Flüssigkeiten am Rand der Lamelle beruhende Fehler (s. S. 121). Immerhin wird man JÄGERS Versuchsergebnisse als auf einige Prozent richtig ansehen dürfen.

Als zweite Form, in der Flüssigkeiten auf ihr Wärmeleitvermögen untersucht werden können, nannten wir eingangs neben den horizontalen Schichten die vertikalen Röhrchen und Zylinderringe. Bei diesen sind, wie erwähnt, Konvektionen nicht gänzlich zu vermeiden und nur durch Beschränkung der lichten

---

[1]) H. HENNEBERG, Wied. Ann. Bd. 36, S. 146. 1882.
[2]) G. JÄGER, Wiener Ber. Bd. 99 (II a), S. 245. 1890.
[3]) CH. LEES, Phil. Trans. (A) Bd. 191, S. 399. 1898.
[4]) M. JAKOB, Ann. d. Phys. (4) Bd. 63, S. 537. 1920.

Weiten gering zu halten. Das Verfahren, bei dem der Versuchsstoff in Hohl-zylinderform gebracht wird, haben wir im Prinzip bei festen Körpern bereits kennengelernt (s. Ziff. 25, S. 101). Es ist für Gase zuerst von Schleiermacher (s. S. 50 u. 127) verwendet und in einer von Eucken[1]) stammenden verbesserten Form von Goldschmidt[2]) auf die Messung organischer Flüssigkeiten übertragen worden. Dabei wurde die Versuchsflüssigkeit in eine 10 cm lange und 2 mm weite Silber-kapillare gebracht, die oben und unten offen und in Verbindung mit einem Bad aus der gleichen Flüssigkeit war. Durch die vertikal stehende Kapillare wurde möglichst genau axial ein dünner Platindraht gespannt, der als elektrischer Heizkörper diente. Indem man nun das Verhältnis der elektrischen Heizenergie zu der dem Temperaturunterschied zwischen Heizdraht und Silberkapillare proportionalen Zunahme des elektrischen Widerstandes des Heizdrahtes für verschiedenen Flüssigkeiten nach einer Brückenmethode maß, erhielt man relative Werte ihrer Wärmeleitfähigkeit. Durch Einsetzen der Kapillare in einen 2,4 cm dicken Messingkörper gelang es, die Außentemperatur ϑ_2 genau zu definieren und gut konstant zu halten. Die Wärmeableitung der an den dünnen Platindraht angeschlossenen Zuleitungsdrähte wurde dadurch eliminiert, daß diesem Draht bei der Widerstandsmessung ein kürzerer, sonst aber genau gleicher Draht entgegengeschaltet wurde, der in einer nur 1 cm langen, ebenfalls in den Messingklotz eingelassenen Kapillare genau ebenso angeordnet war wie der Meß-draht in der längeren Kapillare.

Auch Goldschmidt machte seine Messungen, während die Temperatur des Heizdrahtes sich noch ziemlich schnell änderte, ehe also stationäre Wärme-strömung eingetreten war. Dies dürfte, da hier die Verhältnisse ungünstiger liegen als bei dem oben (s. S. 119) besprochenen Verfahren Jägers, die Ergebnisse sehr beeinträchtigt haben. Aber auch bei ganz langsamem Ansteigen der Temperatur der ganzen Anordnung, das erst aufhören kann, wenn die auf die Zeiteinheit bezogene Wärmeabgabe des ganzen Systems nach außen gleich der Heizleistung ist, wird ein Teil der Heizenergie noch zur Temperaturerhöhung der Anordnung ver-wendet. Da deren Wärmekapazität beträchtlich ist, so kann auch bei ganz kleinem Temperaturanstieg der dazu erforderliche Wärmeaufwand noch verhältnismäßig groß sein und das Ergebnis beeinflussen. Darauf ist bei Anwendung des Verfahrens von Schleiermacher mehr zu achten, als dies bisher geschehen zu sein scheint.

34. Absolutmessungen bei stationärer Wärmeströmung. Auch Absolut-messungen sind sowohl an horizontalen Flüssigkeitslamellen als auch an vertikalen Flüssigkeitsringen ausgeführt worden. Hier ist zunächst die Bestimmung der Wärmeleitzahl des Wassers bei 20° durch Milner und Chattock[3]) zu erwähnen, die auf folgender Überlegung beruht: Läßt man durch eine Wasserschicht von der Fläche f, deren Dicke variiert werden kann und einmal l', ein andermal l'' betragen möge, von oben nach unten in der Zeiteinheit die gleiche Wärmemenge Q im Dauerzustand strömen, so gilt nach Gleichung (1)

$$Q = \frac{f}{l'} \cdot (\vartheta_1' - \vartheta_2) \cdot \lambda = \frac{f}{l''} \cdot (\vartheta_1'' - \vartheta_2) \cdot \lambda,$$

wenn die untere Temperatur ϑ_2 der Wasserschicht in beiden Fällen gleichgehalten wird, die obere Temperatur ϑ_1' bzw. ϑ_1'' beträgt, und hieraus folgt

$$\lambda = \frac{Q}{f} \cdot \frac{l' - l''}{\vartheta_1' - \vartheta_1''} . \tag{39}$$

---

[1]) A. Eucken, Ann. d. Phys. (4) Bd. 341, S. 185. 1911 (s. dort S. 190).
[2]) R. Goldschmidt, Phys. ZS. Bd. 12, S. 417. 1911.
[3]) S. R. Milner u. A. P. Chattock, Phil. Mag. (5) Bd. 48, S. 46. 1899.

Auf dieser Gleichung fußend, verwendeten MILNER und CHATTOCK zwei völlig gleiche Apparate, bei denen die ganz flachen, gleichgebauten und von gleichem Strom durchflossenen Platindrahtheizkörper durch eine Brückenschaltung gleichzeitig als Differenzthermometer zur Messung von $(\vartheta'_1 - \vartheta''_1)$ dienten. Jeder Heizkörper ruhte auf einer dünnen Glasscheibe, die die Flüssigkeit von oben begrenzte, während ein durch Kühlwasser auf der Temperatur ϑ_2 gehaltener Metallboden die untere Grenze bildete. Die Dicke der Schicht wurde durch Bewegung der einen sie begrenzenden Fläche mittels einer Mikrometerschraube beliebig eingestellt. Durch diese Differenzmethode, bei der beide Apparate gleichzeitig in Betrieb waren, wurde erreicht, daß zeitliche Ungleichmäßigkeiten im elektrischen Strom und Kühlwasser sich gegenseitig aufhoben. Ferner konnte man ohne Rücksichtnahme auf den Absolutwert von l' und l'' durch Regulieren an der Mikrometerschraube einen Ausgangspunkt für die Messung einstellen, bei dem die Meßbrücke stromlos, also $\vartheta'_1 - \vartheta''_1 = 0$ war, und dann $l' - l''$ an der Schraube ablesen. Das Verfahren ist durch viele Feinheiten und Korrekturen ausgezeichnet; so waren die Heizkörper in eine mittlere Heizfläche (von 4 cm Durchmesser) und äußere Schutzringe (von 11,5 cm Durchmesser) zerlegt; die Wärmeabgabe von den Heizkörpern nach oben wurde durch besondere Heizkörper verhindert, die ebenfalls auf die Temperaturen ϑ'_1 und ϑ''_1 geheizt wurden.

In einem größeren Temperaturbereich (7 bis 73°) hat JAKOB[1]) die Wärmeleitzahl von Wasser nach dem von ihm auch bei Metallen (Ziff. 10) und Isolierstoffen (Ziff. 25) verwendeten Verfahren bestimmt. Dabei wurde statt der Versuchsplatte eine Wasserschicht zwischen die Kupferplatten gebracht, die durch drei Glassäulchen in unveränderlichem Abstand gehalten wurden. Wegen ihres kapillaren Randwiderstandes fließt, wie bereits früher erwähnt (s. S. 118). die Wasserlamelle nicht aus. Jedoch verdampft während der Versuchsdauer aus dem Rand der Schicht eine kleine Wassermenge, die man aus dem Zurückweichen der Lamelle vom Rand der Kupferplatten bestimmen kann; die zur Verdampfung erforderliche Wärmemenge ist als Wärmeverlust zu berücksichtigen. Das zur Verringerung der Wärmeabgabe nach außen über das ganze System gestülpte gläserne Vakuummantelgefäß, das die Platten mit geringem Abstand umschließt, verringert auch die Korrektur für die Wasserverdampfung. Die Luft zwischen den inneren Metallkörpern des Apparates und dem Mantelgefäß ist nämlich schnell mit Wasserdampf gesättigt, und dann verdampft nur noch so viel, wie durch den schmalen Ring zwischen diesen Körpern und dem Mantel nach unten (also ohne Konvektion) diffundieren kann. Bezüglich der Ermittlung der übrigen kleinen Wärmeverluste sei auf die zweitgenannte Originalabhandlung verwiesen, bezüglich der Meßergebnisse auf Ziff. 36.

In einen vertikalen engen Ringspalt brachte BRIDGMAN[2]) die Versuchsflüssigkeiten bei einer Untersuchung über die Abhängigkeit der Wärmeleitzahl vom Druck. Der Spalt wurde dabei gebildet durch einen Hohlzylinder von 10,3 mm lichter Weite und einen konaxial in diesen hineingeschobenen Metallzylinder von 9,5 mm Durchmesser und oben und unten durch nur 0,05 mm dicke Bleche in Ringform abgeschlossen. Der innere Zylinder wurde durch einen axial durchgeführten Draht elektrisch geheizt, die Temperaturdifferenz zwischen dem inneren Zylinder und dem Hohlzylinder wurde durch Thermoelemente in feinen Bohrungen gemessen. Für die Wärmeverluste wurden Korrekturen angebracht. Um die Flüssigkeiten unter Drücke bis 12000 at zu setzen, war ein Ausgleichsreservoir mit ganz dünnen Wänden angebracht, auf die der Druck von außen wirkte und die sich bei Druckzunahme an einen inneren Kern anlegten, wobei

---

[1]) M. JAKOB, Berl. Ber. 1920, S. 406 u. Ann. d. Phys. (4) Bd. 63, S. 537. 1920.
[2]) P. W. BRIDGMAN, Proc. Amer. Acad. Bd. 59, S. 141. 1923.

so viel Flüssigkeit in den Versuchsspalt gepreßt wurde, daß der Außen- und der Innendruck gleich wurden. Auch die Ergebnisse dieser Versuche werden in Ziff. 36 erörtert werden.

In einer von den üblichen Verfahren völlig abweichenden Weise hat Graetz[1]) die Wärmeleitzahl von Flüssigkeiten zu bestimmen versucht, indem er wohl als erster die Beziehungen zwischen Flüssigkeits- und Wärmeströmung seinen Messungen zugrunde legte. Er ließ Flüssigkeiten unter konstantem Druck durch Kapillarrohre aus Messing oder Platin strömen, deren Außenwand durch strömendes Wasser und Abbürsten auf der konstanten Temperatur ϑ_0 gehalten wurde. Nach Eintritt des stationären Zustandes wurden die Temperaturen ϑ_1 des in die Kapillare eintretenden und ϑ_2 des austretenden Wassers und das Volumen V der in jeder Zeiteinheit ausfließenden Flüssigkeitsmenge gemessen und daraus die Temperaturleitzahl a ermittelt nach der für den Fall laminarer Strömung, also im Gültigkeitsbereich des Poisseuilleschen Gesetzes (s. ds. Handb. VII) abgeleiteten Formel

$$a = \frac{2V}{\mu^2 \cdot \pi \cdot l} \cdot \ln\left(\sigma \cdot \frac{\vartheta_1 - \vartheta_0}{\vartheta_2 - \vartheta_0}\right). \tag{40}$$

Hierin bedeutet l die Länge der Kapillare, μ und σ je eine Konstante, deren mathematisch sehr verwickelte Berechnung in den Originalabhandlungen durchgeführt ist. Bemerkenswert ist zunächst, daß wir es hier mit einer Methode für stationäre Wärmeströmung zu tun haben, die gleichwohl nicht unmittelbar zu Wärmeleitzahlen, sondern zu Temperaturleitzahlen führt. Wir erkennen, daß die Temperaturleitzahl nicht nur für den Fall variabler Wärmeströmung, sondern auch für die Kombination von stationärer Flüssigkeits- und Wärmeströmung die maßgebende Größe ist.

Gleichung (40) ist, wie erwähnt, an die Gültigkeit des Poisseuilleschen Gesetzes geknüpft und auf ein sehr enges Temperaturbereich beschränkt, da man weder zu enge Röhren noch zu geringen Druck anwenden darf. Aus diesem und manchen anderen Gründen[2]) scheint es schwierig, nach dieser Methode zu genauen Ergebnissen zu gelangen. Die Beziehungen, die bei turbulenter Strömung nach der Lehre vom Wärmeübergang (Abschnitt VII) zwischen der Wärmeleitzahl λ der strömenden Flüssigkeit, ihren anderen physikalischen Eigenschaften, der Temperaturdifferenz zwischen Flüssigkeit und Wand und den Dimensionen der letzteren bestehen, hat Rice[3]) zur Bestimmung von λ zu benutzen versucht. Doch scheint auch dieses Verfahren noch nicht zu sicheren Ergebnissen geführt zu haben. Es mag aber wohl künftig noch Bedeutung gewinnen.

35. Versuchsverfahren für variable Wärmeströmung. Von den Verfahren mit veränderlicher Wärmeströmung seien zunächst die Messungen von Lundquist[4]) nach der Methode von Ångström (s. S. 69 u. 76) nur gerade erwähnt.

Winkelmann[5]) übertrug eine von Stefan für Gase zuerst ausgebildete Methode (s. Ziff. 38) auf Flüssigkeiten, indem er die Versuchsflüssigkeit in den 2 bis 5 mm weiten Zwischenraum zweier konzentrischer Messingzylinder füllte und den inneren Zylinder als Luftthermometer benutzte. Nachdem der Apparat plötzlich in eine Mischung von Wasser und Eis getaucht war, wurde die Abkühlung durch das Luftthermometer verfolgt. Die äußere Oberfläche wurde durch ein Rührwerk beständig abgebürstet; damit sollte (bis auf die etwas wärmere

---

[1]) L. Graetz, Wied. Ann. Bd. 18, S. 79. 1883; Bd. 25, S. 337. 1885.
[2]) S. hierüber z. B. R. Wachsmuth, Wied. Ann. Bd. 48, S. 158. 1893.
[3]) Ch. W. Rice, Journ. Amer. Inst. Electr. Eng. Bd. 42, S. 1288. 1923.
[4]) Lundquist, Uppsala Univ. Arsskr. 1869, S. 1.
[5]) A. Winkelmann, Pogg. Ann. Bd. 153, S. 481. 1874.

Basisfläche des Apparates) eine unveränderliche Oberflächentemperatur von $0°$ gesichert werden. Aus der „Abkühlungsgeschwindigkeit" $v = \dfrac{1}{t} \cdot \ln \dfrac{\vartheta_1}{\vartheta_2}$ des inneren Zylinders, dessen Temperatur in der Zeit t von ϑ_1 auf ϑ_2 sinken möge, berechnete WINKELMANN die Wärmeleitzahl der Flüssigkeit nach der Gleichung

$$\lambda = v(A \cdot \varrho \cdot c + B),\tag{41}$$

in der A und B lediglich von der Form und den Abmessungen des Apparates und der Masse des inneren Zylinders abhängige Größen bedeuten.

Dabei ergaben sich aber, wie WEBER[1]) nachgewiesen hat, viel zu große Werte, da in dem Zylinderring beträchtliche Wärmemengen durch Konvektion übertragen werden. In der Tat hat WINKELMANN bei der gleichen Flüssigkeit eine um so kleinere Wärmeleitzahl erhalten, je enger er den Ringspalt nahm, und der Einfluß der Spaltweite war am stärksten bei Schwefelkohlenstoff, der leichtflüssigsten der untersuchten Flüssigkeiten, am geringsten bei der zähesten Substanz, dem Glyzerin.

Um von solchen Konvektionseinflüssen frei zu sein, hat WEBER[2]) bei eigenen Versuchen die Lamellenmethode mit Wärmeströmung von oben nach unten benutzt. Er füllte die Flüssigkeit zwischen zwei kreisförmige, horizontale, durch Glasstückchen voneinander getrennte Kupferplatten, brachte in einem bestimmten Augenblick die untere Kupferplatte auf eine horizontale, plangeschliffene Eisfläche oder mit einem kühlenden Wasserstrom in Berührung und überdeckte gleichzeitig das Plattensystem mit einer Kupferhaube von der Temperatur des Kühlmittels. Aus der zeitlichen Temperaturabnahme und verschiedenen Konstanten der Anordnung ließ sich dann die Wärmeleitzahl der Flüssigkeit berechnen, wenn noch die Wärmeabgabe der Platten nach außen durch besonderen Versuch bestimmt war. LORBERG[3]) hat WEBERS Berechnungsmethode angezweifelt und derart abgeändert, daß sich z. B. der Wert für Wasser von $4°$ um 10% erhöht. JAKOB[4]) andererseits hat darauf aufmerksam gemacht, daß bei Berücksichtigung des von WEBER und von LORBERG vernachlässigten Einflusses der Verdampfung der Flüssigkeiten am Rand der Lamelle die Wärmeleitzahlen nach LORBERG sich zu klein ergeben.

36. Zahlenwerte und Gesetzmäßigkeiten. Beim Übergang vom festen zum flüssigen Zustand nimmt auch die Wärmeleitzahl der nicht metallischen Körper im allgemeinen sprungweise ab, wenn auch nicht so stark wie die der Metalle. Nur die Umwandlung von Eis in Wasser ist mit einer ähnlich bedeutenden Abnahme von λ (von etwa 0,004 auf 0,0013) verknüpft, wie wir sie bei Metallen (s. Ziff. 17, S. 82) kennengelernt haben. Geringere Änderungen sind beim Schmelzen von Thymol[5]) (Schmelzpunkt $13°$) beobachtet worden (von 0,00036 auf 0,00031). Bei $Na_2HPO_4 + 12\,H_2O$ sowie Paratoluidin und Naphtylamin konnte LEES[6]) beim Schmelzen keine Änderung der Wärmeleitzahl feststellen. Dagegen nimmt nach den Beobachtungen BRIDGMANS[7]) λ von Toluol beim Gefrieren durch Drucksteigerung (bei $30°$ C und $9900\,\mathrm{kg} \cdot \mathrm{cm}^{-2}$) um etwa 25 bis 30% zu.

Bei $20°$ C liegen die Wärmeleitzahlen der bei dieser Temperatur flüssigen Körper (mit Ausnahme des metallischen Quecksilbers) etwa zwischen 0,0002

[1]) H. F. WEBER, Wied. Ann. Bd. 10, S. 472. 1880.
[2]) H. F. WEBER, Wied. Ann. Bd. 10, S. 103, 304 u. 472. 1880; u. Berl. Ber. 1885, S. 809.
[3]) H. LORBERG, Wied. Ann. Bd. 14, S. 291 u. 426. 1881.
[4]) M. JAKOB, Ann. d. Phys. (4) Bd. 63, S. 537. 540. 1920.
[5]) C. BARUS, Phil. Mag. (5) Bd. 33, S. 431. 1892.
[6]) CH. H. LEES, Phil. Trans. Bd. 191, S. 428. 1898.
[7]) P. W. BRIDGMAN, Proc. Amer. Acad. Bd. 59, S. 141. 1923.

und 0,00140, und zwar im allgemeinen um so niedriger, je größer das Molekulargewicht ist.

Am besten von allen bisher gemessenen, nicht metallischen Flüssigkeiten leitet das Wasser die Wärme. Seine Wärmeleitzahl ist nach Jakobs Messungen[1]) zwischen 0 und 80° auf etwa 1% genau bekannt und darstellbar durch die Gleichung

$$\lambda = 0{,}001325\ (1 + 0{,}00298_4\ \vartheta) \tag{42}$$

oder durch Tabelle 11.

Tabelle 11. Wärmeleitzahl von Wasser.

Temperatur (°C) λ(cal·cm^{-1}·s^{-1}·Grad^{-1})	0	10	20	30	40	50	60	70	80
	0,00132	0,00136	0,00140	0,00144	0,00148	0,00152	0,00156	0,00160	0,00164

Damit stimmen die von Milner und Chattock bei 20° und die von Bridgman bei 30° gemessenen Werte gut überein.

Wässerige Lösungen haben etwas kleinere Wärmeleitzahlen bis herab zu etwa 0,001 (für 20°), deren Temperaturkoeffizient ebenfalls positiv zu sein scheint.

Die Wärmeleitzahlen organischer Flüssigkeiten für 20° liegen im allgemeinen unter 0,0007. Nach Goldschmidt sollen organische Stoffe von langgestrecktem, kettenförmigen Molekülbau die Wärme besser leiten als isomere, von mehr symmetrischem Aufbau. Für Glyzerin wird $\lambda = 0{,}0007$ angegeben, für Äthylalkohol 0,00044 und für Öle verschiedener Art 0,0004 bis 0,0003. Die kleinste Wärmeleitzahl ist von H. F. Weber bei Amyljodid ($C_5H_{11}J$) beobachtet worden, das bei 12° $\lambda = 0{,}000203$ haben soll; jedoch sind die Werte von Weber im allgemeinen wohl zu klein.

Der Temperaturkoeffizient organischer Flüssigkeiten scheint nach den Messungen von Lees, Goldschmidt, Bridgman und Davis[2]) im allgemeinen negativ und von der Größenordnung von 0,001 zu sein. Über den größten Temperaturbereich erstrecken sich Goldschmidts Messungen an Pentan, nämlich von -185 bis zu $+14°$, wobei eine Abnahme von λ von 0,0004 auf 0,0003 beobachtet wurde.

Von Gesetzmäßigkeiten, die gesichert zu sein scheinen, erwähnen wir zunächst ein von Jäger[3]) stammendes Gesetz für Salzlösungen. Seine Messungen an Lösungen verschiedener Konzentration von KHO, KCl, NaCl, $BaCl_2$, $SrCl_2$, $CaCl_2$, $MgCl_2$, $ZnCl_2$, KNO_3, $NaNO_3$, $Sr(NO_3)_2$, $Pb(NO_3)_2$, K_2SO_4, Na_2SO_4, $MgSO_4$, $CuSO_4$, $ZnSO_4$, HCl und H_2SO_4 gibt er wieder durch die Gleichung

$$\lambda = \lambda_w(1 - C \cdot p)\,, \tag{43}$$

wobei λ die Wärmeleitzahl der Lösung, λ_w die des Wassers bei 32°, p der Prozentsatz der Lösung und C eine von der Natur des Salzes abhängige Konstante ist, die am größten ($C = 488 \cdot 10^{-5}$) für $MgCl_2$, am kleinsten ($C = 144 \cdot 10^{-5}$) für $MgSO_4$ ist. Für Kalium- und Natriumsulfat konnte C nicht genau ermittelt werden; für Salzsäure scheint Gleichung (43) nicht zu stimmen.

Für Lösungsgemische gilt, ebenfalls nach Jäger, daß ein im Wasser gelöstes Salzgemenge die Wärmeleitzahl des Wassers um einen Betrag erniedrigt, der gleich ist der Summe der Verminderungen, die jedes einzelne Salz für sich bewirkt.

---

[1]) M. Jakob, Ann. d. Phys. (4) Bd. 63, S. 537. 1920.
[2]) A. H. Davis, Phil. Mag. (6) Bd. 47, S. 972. 1924.
[3]) G. Jäger, Wien. Ber. Bd. 99 (IIa), S. 245. 1890.

Bei Mischungen zweier Flüssigkeiten, z. B. von Äthylalkohol mit Wasser, hat HENNEBERG[1]) einen ganz allmählichen Übergang von der Wärmeleitzahl der einen zu der der anderen Flüssigkeit beobachtet. LEES[2]) hat gezeigt, daß die einfache Mischungsregel zur Bestimmung der Wärmeleitzahl λ einer Mischung aus dem Prozentgehalt p_1 und p_2 der Bestandteile von der Wärmeleitzahl λ_1 und λ_2 nicht ausreicht, daß aber für einige Mischungen (Wasser und Essigsäure, Wasser und Alkohol, Wasser und Glyzerin) die Gleichung

$$\lambda^n = \frac{p_1 \lambda_1^n + p_2 \lambda_2^n}{p_1 + p_2} \tag{44}$$

zum Ziel führte, wobei n für jedes Flüssigkeitspaar durch Versuche zu bestimmen ist.

Unter den allgemeinen an Flüssigkeiten beobachteten Gesetzmäßigkeiten fällt auf, daß die Flüssigkeiten zwar um das Mehrfache verschiedene Wärmeleitzahlen haben, daß aber ihre Temperaturleitzahl nur in engen Grenzen (etwa um $\pm$ 25%) schwankt. λ ist hier also in erster Annäherung dem Produkte $\varrho \cdot c$ proportional, genauer nach H. F. WEBER[3]) darstellbar durch die Gleichung

$$\lambda = \varrho \cdot c \cdot \left(\frac{m}{\varrho}\right)^{\frac{1}{3}} \cdot K, \tag{45}$$

wenn K eine Konstante, m das Molekulargewicht der Flüssigkeit bedeutet und $(m/\varrho)^{\frac{1}{3}}$ dem mittleren Abstand zwischen den Molekülzentren proportional ist. Dabei nimmt WEBER an, daß gleich viele Moleküle des dampfförmigen Zustandes zu einem Flüssigkeitsmolekül vereinigt werden. Nur bei 4 Flüssigkeiten (Sulfiden) schienen nach seinen Messungen halb soviel Moleküle zu einem Flüssigkeitsmolekül zusammenzutreten wie bei den anderen Flüssigkeiten. WEBERS Versuche gaben in der Tat bei den meisten Flüssigkeiten für K einen und denselben Wert, wobei allerdings auch um 10% kleinere und um 20% größere Werte vorkamen. Spätere Berechnungen und Messungen haben wesentlich größere Unterschiede erwiesen.

Nach einer anderen von JÄGER[4]) stammenden Theorie wäre

$$\frac{\lambda}{\eta} = \frac{1}{2} \cdot \frac{\frac{v^2}{v_0^2} - 1}{\vartheta} \cdot v_0^2, \tag{46}$$

worin η die Zähigkeit der Flüssigkeit, v und v_0 die Geschwindigkeit eines Moleküls bei der Temperatur ϑ bzw. $0°$ C bedeutete. Da die rechte Seite dieser Gleichung der Zunahme der kinetischen Energie einer Masseneinheit bei Erwärmung um $1°$ gleich ist und daher offenbar kleiner sein muß als die spezifische Wärme c, so gilt

$$\frac{\lambda}{\eta} < c. \tag{46a}$$

Gleichung (46a) scheint durch die Erfahrung bestätigt zu sein, wie aus Tabelle 12 hervorgeht.

Neuerdings wird besonderer Wert auf die Beobachtung gelegt, daß bei Veränderung der Zähigkeit einer Flüssigkeit sich ihre Wärmeleitzahl nur wenig ändert. So hat WACHSMUTH[5]) die Zähigkeit von Wasser durch Gelatinezusatz

[1]) H. HENNEBERG, Wied. Ann. Bd. 36, S. 146. 1889.
[2]) CH. H. LEES, Phil. Mag. (5) Bd. 49, S. 281. 1900.
[3]) H. F. WEBER, Berl. Ber. 1885, S. 809.
[4]) G. JÄGER, Wiener Ber. Bd. 102 (IIa), S. 483. 1893.
[5]) R. WACHSMUTH, Wied. Ann. Bd. 48, S. 158. 1893.

sehr vergrößert, während λ fast unverändert blieb. Damit stimmt überein, daß nach den Messungen von BRIDGMAN stark zunehmender Druck einen um das Mehrfache größeren Einfluß auf die Zähigkeit hat als auf die Wärmeleitfähigkeit. BRIDGMAN fand nämlich in dem Druckbereich von 0 bis 12000 kg · cm⁻² nur eine Zunahme von λ um höchstens 148% bei 30° C und 174% bei 75° C. Die geringste Zunahme beobachtete er bei Wasser, nämlich 46% zwischen 0 und 11000 kg · cm⁻² bei 30°, 51% zwischen 0 und 12000 kg · cm⁻² bei 75°. Der Temperaturkoeffizient von λ, der bei den untersuchten organischen Flüssigkeiten bei gewöhnlichem Druck negativ war, wechselt im allgemeinen in der Nähe von 3000 Atmosphären das Vorzeichen und ist von da an positiv, und zwar bei 12000 kg · cm⁻² wieder von der Größenordnung 0,001.

Tabelle 12.

Wärmeleitzahl, Zähigkeit und spezifische Wärme von Flüssigkeiten bei 20°C.

Flüssigkeit	λ	η	$\dfrac{\lambda}{\eta}$	c
Wasser	0,0014	0,010	0,14	1,000
Alkohol	0,0004	0,012	0,033	0,59
Chloroform	0,0003	0,006	0,05	0,23

Nach den Versuchen von WACHSMUTH und von BRIDGMAN scheint also die Wärmeleitzahl von Flüssigkeiten (im Gegensatz zu dem Verhalten der Gase) der Zähigkeit nicht proportional zu sein. Vielmehr soll nach BRIDGMAN auf Grund von Vorstellungen über den Energieaustausch zwischen den Molekülen die folgende Beziehung für die Elektrizität nicht leitende Flüssigkeiten gelten:

$$\lambda = \frac{2 \cdot R \cdot v}{\delta^2} \,. \tag{47}$$

Dabei ist R die Gaskonstante, v die Schallgeschwindigkeit in der Flüssigkeit und $\delta = (m/\varrho)^{\frac{1}{3}}$ der mittlere Abstand der Molekülzentren (bei im Mittel kubischer Anordnung) für das Molekulargewicht m und die Dichte ϱ der Flüssigkeit. Von den Wärmeleitzahlen für 30° und Atmosphärendruck, die BRIDGMAN aus seinen Messungen und nach seiner Formel (47) erhielt, sind einige in der Tabelle 13 zusammengestellt[1).

Tabelle 13.

Wärmeleitzahl von Flüssigkeiten nach BRIDGMAN.

Flüssigkeit	λ (gemessen)	λ [nach Gl. (47) berechnet]
Äthylalkohol . . .	0,0043	0,0052
Äther	0,0033	0,0029
Wasser	0,0144	0,0151

Wie man sieht, wird durch Gleichung (47) auch die hohe Wärmeleitzahl des Wassers annähernd wiedergegeben. Diese scheint daher nicht auf irgendwelchen molekularen Eigentümlichkeiten (zwei oder mehr Arten von Molekülen) zu beruhen, sondern einzig auf der geringen Kompressibilität des Wassers und auf der Tatsache, daß die Molekülzentren näher beieinander liegen als bei den übrigen Flüssigkeiten. Aus Gleichung (47) ergibt sich ferner dasselbe Vorzeichen des Temperaturkoeffizienten wie aus den Beobachtungen.

Der von BRIDGMAN berechnete Druckeinfluß stimmt ebenfalls dem Vorzeichen nach mit dem durch Messung gewonnenen überein, ist aber dem Werte nach doppelt so groß. BRIDGMAN selbst hält darum seine Theorie für noch sehr verbesserungsbedürftig.

[1) Dabei hat der Verfasser als gemessenen Wert für Wasser bei 30° nach Tabelle 11 $\lambda = 0,00144$ eingesetzt und die übrigen BRIDGMANschen Werte auf dieser Basis umgerechnet.

VI. Wärmeleitung durch Gase.

37. Sonderheiten der Meßverfahren für Gase. Die im vorigen Kapitel behandelten Versuche an Flüssigkeiten sind deshalb so schwierig, weil die zu bestimmenden Wärmeleitzahlen klein sind und somit die Wärmeverluste nach außen leicht die Größenordnung der zur Messung benutzten Wärmeströme erreichen, und dann, weil die Fluidität[1]) und das Wärmeausdehnungsvermögen Konvektionsströme begünstigen. In noch höherem Maße treten diese Schwierigkeiten bei Gasen auf, wenn man Messungen bei Atmosphärendruck anstellt.

Glücklicherweise läßt sich aber bei Gasen die Wirkung der Konvektion ausschalten, indem man die Wärmeleitzahl bei erniedrigtem Drucke mißt. Dies ist zulässig, weil die Wärmeleitzahl der Gase — wie STEFAN[2]) zuerst nachgewiesen hat — in weiten Grenzen unabhängig vom Druck ist (Ziff. 39, S. 130). Die Konvektion aber nimmt mit sinkendem Druck schnell ab. Man darf jedoch mit dem Druck auch nicht zu tief herabgehen, weil sonst der bei geringem Druck eintretende Temperatursprung an den Wänden eine zu geringe Wärmeleitung vortäuschen würde (s. Ziff. 46).

Außer dem Konvektionseinfluß läßt sich noch ein wesentlicher Teil der Wärmeverluste eliminieren, nämlich die Strahlungswärme. Diese ist hier in der Tat als Wärmeverlust aufzufassen, da man ja nur die durch reine Leitung weitergeführte Wärme messen will. Ihr Einfluß ist unvergleichlich viel größer als bei Flüssigkeiten, weil die Gase für Strahlen außerordentlich viel durchlässiger sind und weil der durch Wärmeleitung bewirkte Wärmestrom, wie bereits bemerkt, so gering ist. Man kann nun in der Regel den Strahlungseinfluß dadurch ausscheiden, daß man den Wärmestrom außer unter dem (zur Vermeidung der Konvektion) verringerten Druck noch bei hohem Vakuum mißt, wobei Wärme nur durch Strahlung übertragen wird. Die Subtraktion der beiden Wärmeströme ergibt dann die reine Wärmeleitung.

Von diesen Sonderheiten abgesehen, gleichen die meisten Meßverfahren für Gase denen für Flüssigkeiten.

38. Meßverfahren für stationäre und variable Wärmeströmung. Eines der meist verwendeten Verfahren für stationäre Wärmeströmung ist das bereits auf S. 50 erwähnte von SCHLEIERMACHER[3]), bei dem ein in einer Kapillare konaxial gespannter feiner Draht dem verdünnten Gas Wärme zuführt. Der Heizdraht dient gleichzeitig als Widerstandsthermometer, die Strahlungswärme wird nach dem in Ziff. 37 besprochenen Verfahren eliminiert. SCHLEIERMACHER selbst hat mit horizontal gelagerten Glaskapillaren gearbeitet.

EUCKEN[4]) hat das Verfahren von SCHLEIERMACHER durch verschiedene zum Teil bereits auf S. 120 erwähnte Maßnahmen verbessert. Seine Metallkapillaren mit ihrer viel größeren Temperaturleitzahl beschleunigen den Temperaturausgleich und ermöglichen es, die Temperaturdifferenz zwischen Heizdraht und Kapillare genau zu fixieren; durch die vertikale Lagerung der Kapillare wird ein Durchhängen des Heizdrahtes vermieden und die Konvektionswirkung verringert[5]), durch die kurze Hilfskapillare wird der Einfluß der Enden der Kapillaren ausgeschaltet. Die von EUCKEN begonnene Untersuchung hat später MOSER[6]) auf viele organische Gase und Dämpfe und bis zur Temperatur $212{,}5°$ C

---

[1]) So nennt man den reziproken Wert der Zähigkeit oder Viskosität.
[2]) J. STEFAN, Wiener Ber. Bd. 65 (II), S. 45. 1872.
[3]) A. SCHLEIERMACHER, Wied. Ann. Bd. 34, S. 623. 1888 u. Bd. 36, S. 346. 1889.
[4]) A. EUCKEN, Phys. ZS. Bd. 12, S. 1101. 1911.
[5]) Siehe hierüber S. WEBER, Ann. d. Phys. (4) Bd. 54, S. 325. 1917.
[6]) E. MOSER, Über die Wärmeleitfähigkeit von Gasen und Dämpfen bei höheren Temperaturen. Diss. Berlin 1913.

ausgedehnt. Beide Forscher haben sich auf Relativmessungen beschränkt; ob dabei der Dauerzustand der Strömung mit genügender Annäherung erreicht war (s. S. 120), steht dahin. Auch S. Weber[1]) hat bei seinen Messungen an Gasen und Gasgemischen die Methode von Schleiermacher (jedoch mit vertikal gestellten $1^{1}/_{2}$ bis $2^{1}/_{2}$ cm weiten Glasrohren) verwandt und durch zahlreiche Korrekturen weiter verbessert. U. a. hat er den Einfluß des beim Druck von einigen Zentimetern Quecksilbersäule bereits merklichen Temperatursprunges zu eliminieren versucht.

Eine weitere Verbesserung wollen Gregory und Archer[2]) durch gleichzeitige Messung mit verschieden weiten Rohren folgendermaßen erzielen: Die lichte Weite der Rohre sei $2\,r_2$ bzw. $2\,r_3$, die Dicke der in ihren Achsen gespannten Heizdrähte $2\,r_1$, die zugehörigen Temperaturen seien ϑ_2, ϑ_3 und ϑ_1. Man bringt nun beide Rohre in das gleiche Kühlbad, so daß $\vartheta_2 = \vartheta_3$ wird, und reguliert die Heizströme so ein, daß auch der Heizdraht des engen und der des weiten Rohres die gleiche Temperatur ϑ_1 haben. Dann ist nach Gleichung (28)

$$Q_2 = \lambda \cdot \frac{2\pi l}{\ln \dfrac{r_2}{r_1}} \cdot (\vartheta_1 - \vartheta_2) \cdot t + q_2 = \frac{C}{\ln \dfrac{r_2}{r_1}} \cdot \left(\lambda + \frac{q_2}{C} \cdot \ln \frac{r_2}{r_1}\right), \qquad (28\,\mathrm{b})$$

$$Q_3 = \lambda \cdot \frac{2\pi l}{\ln \dfrac{r_3}{r_1}} \cdot (\vartheta_1 - \vartheta_2) \cdot t + q_3 = \frac{C}{\ln \dfrac{r_3}{r_1}} \cdot \left(\lambda + \frac{q_3}{C} \cdot \ln \frac{r_3}{r_1}\right), \qquad (28\,\mathrm{c})$$

worin Q_2 und Q_3 die von den Drähten abgegebenen und q_2 und q_3 die durch Konvektion übertragenen Wärmemengen bedeuten und $C = 2\pi l \cdot (\vartheta_1 - \vartheta_2) \cdot t$ gesetzt ist. Geht man nun mit dem Druck in beiden Versuchsrohren allmählich herab, so wird bei einem bestimmten Druck q_2 vernachlässigbar klein gegen Q_2 und bei einem anderen Druck q_3 klein gegenüber Q_3. Die Heizwärmen stehen dann nach Gleichung (28b) und (28c) in dem festen Verhältnis

$$\frac{Q_2}{Q_3} = \frac{\ln \dfrac{r_3}{r_1}}{\ln \dfrac{r_2}{r_1}}.$$

Durch dieses Verhältnis soll also der Punkt fixiert werden, in dem einerseits der Konvektionseinfluß verschwindet, andererseits aber λ noch vom Druck unabhängig ist, während es bei noch tieferen Drucken abnimmt (s. S. 130). Es mag übrigens darauf aufmerksam gemacht werden, daß nicht nur, wenn $q_2 = q_3 = 0$, sondern auch bei

$$\frac{q_2}{q_3} = \frac{\ln \dfrac{r_3}{r_1}}{\ln \dfrac{r_2}{r_1}}$$

das obenangeführte Verhältnis der Heizwärmen besteht, was man beachten muß, um Irrtümer zu vermeiden.

Die genannten Autoren haben 5 und 12 mm weite Rohre in horizontaler Anordnung benutzt; jedem Rohr war ein gleich weites kurzes Rohr nach Euckens

---

[1]) S. Weber, Ann. d. Phys. Bd. 54, S. 325, 437 u. 481. 1917.
[2]) H. Gregory u. C. T. Archer, Proc. Roy. Soc. London (A) Bd. 110, S. 91. 1926.

Vorgang gegengeschaltet. Das ganze System von vier Röhren ist in einer einzigen Brückenschaltung zusammengefaßt. Ob mit dem Verfahren, das eine Genauigkeit von $3^0/_{00}$ haben soll, aber gegenüber den Messungen von S. WEBER um mehrere Prozente abweichende Werte für Luft und Wasserstoff ergeben hat, wirklich eine Verbesserung der bisher erreichten Meßgenauigkeit erzielt ist, steht dahin.

Meßverfahren für nicht stationäre Wärmeströmung haben STEFAN[1]) sowie KUNDT und WARBURG angewandt.

STEFAN brachte das Gas in den Zwischenraum zweier konaxial angeordneter Zylinder, deren äußerer in Wasser von 0° getaucht war, während der innere als Gasthermometer diente. Die Wärmekapazität des inneren Zylinders sei K; dann ändert sich sein Wärmeinhalt bei der in dem Zeitelement dt erfolgenden Temperaturänderung $d\vartheta$ um $-K \cdot d\vartheta$. Da dieser Betrag gleich der Wärmemenge sein muß, die in der gleichen Zeit durch die Gasschicht von der Dicke l und der Fläche f zwischen den beiden Zylindern strömt, so erhält man

$$-K \cdot d\vartheta = \frac{\lambda \cdot f \cdot \vartheta}{l} \cdot dt ,$$

hieraus (abgesehen von Konvektion und Strahlung) durch Integration

$$\vartheta = \vartheta_0 \cdot e^{-\frac{f \cdot \lambda}{K \cdot l} \cdot t} , \tag{48}$$

wobei ϑ_0 die Anfangstemperatur ist, und hieraus λ. STEFAN hat jedoch den Einfluß der Wärmestrahlung übersehen und daher für λ durchweg zu große Werte erhalten.

WINKELMANN[2]), der ebenfalls mit dem STEFANschen Apparat arbeitete, hat den Strahlungseinfluß nach der in Ziff. 37 dargelegten Differenzmethode eliminiert. Schon kurz zuvor hatten auch KUNDT und WARBURG[3]) diese Strahlungskorrektur bei ihren Versuchen angewandt. Sie haben aber außerdem auf die Verwendung eines engen Gasraumes, durch den STEFAN die Konvektion vermeiden wollte, verzichtet und statt konzentrischer Zylinder zwei konzentrische Hohlkugeln aus Glas verwendet, deren innere als Thermometer ausgebildet war. Den Konvektionseinfluß haben sie dabei durch Verringerung des Druckes ausgeschaltet (s. Ziff. 37). Im übrigen gleicht auch ihre Methode der von STEFAN. Später hat WARBURG bei den Messungen des Temperatursprungs (s. Ziff. 46) auf die von STEFAN zuerst angewandte Form zweier konzentrischer Zylinder zurückgegriffen.

39. Zahlenwerte und Gesetzmäßigkeiten. Von allen Stoffen leiten die Gase die Wärme am schlechtesten, und zwar haben im allgemeinen die spezifisch schwereren Gase die kleinere Wärmeleitzahl. Dies ging schon aus den Beobachtungen von DULONG und PETIT hervor, wonach ein erhitzter Körper in Wasserstoff schneller erkaltet als in atmosphärischer Luft. Ein in dieser durch elektrischen Strom zu leichtem Glühen gebrachter Platindraht bleibt daher bei gleicher Stromstärke in einer Wasserstoffatmosphäre dunkel.

Einige Zahlenwerte sind in der Tabelle 14 zusammengestellt.

Hiernach leitet z. B. bei 0° C Wasserstoff die Wärme etwa 2500mal schlechter, Luft etwa 18000mal schlechter, Benzol sogar etwa 48000mal schlechter als das

---

[1]) J. STEFAN, Wied. Ann. Bd. 42, S. 269. 1891.
[2]) A. WINKELMANN, Pogg. Ann. Bd. 157, S. 497; Bd. 159, S. 177. 1876.
[3]) A. KUNDT u. E. WARBURG, Pogg. Ann. Bd. 156, S. 177. 1875.

bestleitende Metall, Silber ($\lambda = 1,0$). Bei tiefer Temperatur und sehr geringem Druck nimmt die Wärmeleitfähigkeit noch weiter ab.

Das in Ziff. 37 bereits erwähnte wichtige Gesetz, daß die Wärmeleitzahl eines Gases unabhängig vom Druck sei, gilt nämlich nur in gewissen Grenzen und insbesondere jedenfalls nicht mehr bei äußerst geringem Druck. Es beruht, wie in Bd. IX (Kap. 6) dieses Handbuches näher erörtert wird, auf der Anschauung, daß der Wärmeaustausch in Gasen nichts anderes als ein Diffusionsvorgang ist, indem durch jede gedachte Isothermenfläche Moleküle von der heißeren zur kälteren Seite wandern und dabei in einen Energieaustausch mit den von ihnen angestoßenen Molekülen treten. Nun nimmt die Anzahl der wandernden Moleküle bei abnehmendem Druck proportional mit diesem ab, gleichzeitig aber auch ihre mittlere Weglänge im gleichen Verhältnis zu, woraus Unabhängigkeit der Wärmeübertragung vom Druck folgt. Diese einfache Überlegung setzt aber eine sehr große Anzahl von Gasmolekülen in der Volumeneinheit voraus; sie versagt daher bei starker Verdünnung. In diesem Fall gilt nach der Gastheorie, wie Smoluchowski[2]) gezeigt hat, das Gesetz

$$\lambda = C \cdot p. \qquad (49)$$

Tabelle 14. Wärmeleitzahl von Gasen.

Gas	Temperatur °C	λ cal $\cdot$ cm$^{-1}\cdot$ s^{-1} : Grad^{-1}
Benzol	0	0,000021
	100	0,000041
	200	0,000065
Helium	−250	0,00005
	−190	0,00015
	0	0,00034
Luft	−190[1])	0,000018
	0	0,000057
	100	0,000072
Methan	−180[1])	0,000022
	0	0,000072
Wasserstoff	−250	0,00003
	−190	0,00013
	0	0,00041
	100	0,00050

Soddy und Berry[3]) haben diese Beziehung durch sorgfältige Versuche nach der Methode von Schleiermacher an 12 Gasen geprüft, und bei den meisten unterhalb 0,03 bis 0,07 mm Qu.-S., bei Helium unterhalb 0,09, bei Wasserstoff unterhalb 0,18 mm Qu.-S. bestätigt gefunden. Bemerkenswert ist dabei noch, daß der Proportionalitätsfaktor C der Gleichung (49) in keiner Beziehung zur Wärmeleitzahl des betreffenden Gases bei gewöhnlichem Druck steht.

Bei Drucken von etwa 0,05 bis 1 oder 2 mm Qu.-S. nimmt die Wärmeleitzahl immer langsamer zu. Oberhalb 1 bis 2 mm (bei Wasserstoff und Helium etwa oberhalb 20 mm) kann man λ als unabhängig vom Druck annehmen.

Es möge noch erwähnt werden, daß die Abnahme der Wärmeleitzahl mit dem Druck nach Gleichung (49) es ermöglicht, aus der Abkühlungsgeschwindigkeit eines Thermometers, das wie bei der auf S. 129 erwähnten Anordnung von Kundt und Warburg von Gas umgeben ist, auf die Verdünnung zu schließen. Auch darauf haben wohl zuerst Kundt und Warburg hingewiesen.

Sieht man von dem Verhalten der Gase bei geringem Druck ab, so läßt sich die Wärmeleitzahl, wie ebenfalls in Bd. IX (Kap. 6) dieses Handbuches abgeleitet wird, darstellen durch die Gleichung

$$\lambda = K \cdot c_v \cdot \eta. \qquad (50)$$

Sie statuiert die zwischen der Gasreibung und der Wärmeleitfähigkeit bestehende

---

[1]) Bei dieser Temperatur ist die Substanz nur bei geringem Druck noch gasförmig.
[2]) M. Smoluchowski, Wiener Ber. Bd. 107 (IIa), S. 304. 1898; Ann. d. Phys. Bd. 35, S. 983. 1913.
[3]) F. Soddy u. A. J. Berry, Proc. Roy. Soc. London Bd. 83, S. 254. 1910.

Proportionalität. Für die erstere hat man eine gut begründete Beziehung zur Temperatur in der Formel (51) von Sutherland[1]:

$$\eta = \frac{C_1 \sqrt{T}}{1 + \dfrac{C_2}{T}} . \tag{51}$$

Hieraus hat Nusselt[2] nach Sutherlands Vorgang für Luft die in der Tabelle 15 mitgeteilten Werte berechnet. Auf dem gleichen Weg ist vorher schon Langmuir[3] zu den folgenden Gleichungen für die Wärmeleitzahl der Luft [Gleichung (52)], des Wasserstoffs [Gleichung (52a)] und des Quecksilberdampfes [Gleichung (52b)] gekommen:

$$\lambda = 4,6 \cdot 10^{-6} \cdot \sqrt{T} \cdot \frac{1 + 0,0002\,T}{1 + \dfrac{124}{T}} , \tag{52}$$

$$\lambda = 28 \cdot 10^{-6} \cdot \sqrt{T} \cdot \frac{1 + 0,0002\,T}{1 + \dfrac{77}{T}} . \tag{52a}$$

$$\lambda = 2,4 \cdot 10^{-6} \cdot \sqrt{T} \cdot \frac{1}{1 + \dfrac{960}{T}} . \tag{52b}$$

Diese Gleichungen sollen besonders gut bei hoch über dem kritischen Punkt liegenden Temperaturen gelten. Die Formel für Luft ergibt infolge anderer Wahl der Konstanten Wärmeleitzahlen, die von den Werten der Tabelle 15 etwas abweichen.

Tabelle 15.
Wärmeleitzahl der Luft, von Nusselt aus der Gasreibung berechnet.

T (° K)	100	200	300	400	500	600	700	800	900	1000	1200	1400	1600	1800	2000	2200
$\lambda \cdot 10^6$	21,7	43,0	61,1	77,2	92,2	106	119	132	145	157	180	204	227	250	272	295

Wohl die meisten von den zahlreichen Messungen der Wärmeleitzahl hatten die Prüfung der Gleichung (50) und insbesondere die Bestimmung der Konstanten K zum Ziel, für die Clausius den Wert 1,25, Maxwell 2,5 errechnet hatte, während nach einer Theorie von O. E. Meyer $K = 1,6$ sein sollte.

Um die Ermittlung dieses Wertes hat sich besonders Eucken[4] verdient gemacht, sowohl durch eigene Versuche und die seiner Mitarbeiter als auch durch theoretische Überlegungen. Auf Grund der vorliegenden Messungen gelangt er für ein-, zwei- und dreiatomige Gase zu den Werten der Tabelle 16.

Diese Tabelle zeigt zunächst, daß K im allgemeinen gut mit den Werten übereinstimmt, die man nach der von Eucken ausgebauten Theorie erwarten kann. Nach dieser Theorie soll nämlich K ein Mischwert aus dem Anteil für Translationsenergie (2,5), für Rotationsenergie (1,0) und für Schwingungsenergie (1,0 bis 1,5) sein und demnach zwischen 2,5 und 1,0 liegen, und zwar soll im allgemeinen für einatomige Gase $K = 2,50$, für zweiatomige 1,90, für dreiatomige $K = 1,6$ sein. (Näheres hierüber bei Eucken a. a. O. und in ds. Handb. IX Kap. 6.) In der Tat haben Gase, die so verschieden voneinander

---

[1] W. Sutherland, Phil. Mag. (5) Bd. 36, S. 507. 1893.
[2] W. Nusselt, Gesundheits-Ing. Bd. 38, S. 447 u. 490. 1915.
[3] J. Langmuir, Phys. Rev. Bd. 34, S. 401. 1912.
[4] A. Eucken, Phys. ZS. Bd. 12, S. 1101. 1911 u. Bd. 14, S. 324. 1913.

sind wie Wasserstoff und Stickstoff, nach Tabelle 16 den gleichen von der Theorie geforderten Wert von K. Beinahe noch auffallender ist dies bei Helium und Argon, deren Wärmeleitzahlen sich wie 8,6:1 verhalten.

Mit dem Steigen der Atomzahl nimmt K weiter ab. So gibt Eucken $K = 1,192$ für Äthylazetat von 100°C an. Übrigens scheint auch Wasserdampf eine besonders kleine Konstante zu haben $(K \sim 1,25)$.

Mit abnehmender Temperatur sinkt die Wärmeleitzahl, wie aus Tabelle 14 hervorgeht, beträchtlich, z. B. bei Helium zwischen 0 und $-250°$ auf fast $1/_7$, bei Wasserstoff auf $1/_{14}$ seines Wertes. Die Konstante K dagegen ändert sich nur wenig. Sie nimmt zwischen 0 und $-250°$ bei Helium um etwa 15% ab, bei Wasserstoff um 20% zu und nähert sich demnach hier dem Wert 2,5 für einatomige Substanzen[1].

Über den genauen Wert des Temperaturkoeffizienten β der Wärmeleitzahl besteht noch Ungewißheit. Bei Temperaturen über 0° kann man für Gase mit einem zwischen 0,002 und 0,004, unter 0° mit einem zwischen 0,003 und 0,004 liegenden positiven Temperaturkoeffizienten rechnen. Dämpfe scheinen oberhalb 0° einen größeren

Tabelle 16.

Aus Messungen ermittelte Werte von $K = \dfrac{\lambda}{\eta \cdot c_v}$ für 0°C.

Chemische Formel des Gases	$\lambda \cdot 10^7$	$\eta \cdot 10^7$	c_v	K
He	3360	1876	0,746	2,40
Ar	390	2102	0,0745	2,49
H_2	3970	850	2,38	1,965
N_2	566	1676	0,177	1,905
O_2	570	1922	0,155	1,913
CO	542,5	1672	0,177	1,835
NO	555	1794	0,1655	1,870
Cl_2	182,9	1237	0,082	1,803
CO_2	337,0	1380	0,1500	1,628
N_2O	351,5	1362	0,1575	1,640

Temperaturkoeffizienten zu haben, Kohlensäure z. B. $\beta = 0,005$, Benzol sogar $\beta = 0,01$.

Endlich ist noch die für Gase geltende Mischungsregel zu erwähnen, die nach Frl. Wassiljewa[2] lautet:

$$\lambda = \frac{p_1 \cdot \lambda_1}{p_1 + A \cdot p_2} + \frac{p_2 \cdot \lambda_2}{p_2 + B \cdot p_1}, \qquad (53)$$

wobei p_1 und p_2 die Partialdrucke der zu mischenden Gase, A und B zwei nur von der Art der Gase, nicht vom Mischungsverhältnis abhängige Konstanten bedeuten, für die von Wassiljewa und von S. Weber theoretische Formeln entwickelt worden sind. Bei der gewöhnlichen Mischungsregel müßte $A = B = 1$ sein. Versuche an 11 Mischungen von Sauerstoff und Wasserstoff haben auf $A = 1,379$ und $B = 3,064$ geführt.

VII. Wärmeleitung zwischen festen Körpern und Flüssigkeiten oder Gasen (Wärmeübergang).

40. Wesensgleichheit von Wärmeübergang und Wärmeleitung. Der Wärmeübergang zwischen zwei festen, sich innig berührenden Körpern geht ohne Temperatursprung vor sich. Wenn man trotzdem zuweilen einen Tem-

---

[1] Siehe hierüber auch S. Weber (Ann. d. Phys. [4] Bd. 54, S. 437. 1917), der Gleichung (50) aus dem Ähnlichkeitsprinzip abgeleitet und dann insbesondere zur Berechnung des Temperatureinflusses benutzt hat.

[2] Wassiljewa, Phys. ZS. Bd. 5, S. 737. 1904.

peratursprung zu beobachten vermeint, so liegt das daran, daß die Berührung nicht vollkommen ist und die Wärme die Gasschichten zwischen den Berührungsflächen nur unter einem Temperaturgefälle durchströmen kann, das bei der außerordentlich geringen Wärmeleitfähigkeit der Gase beträchtlich sein kann.

In schnell strömenden Flüssigkeiten und Gasen gleicht sich die Strömungsgeschwindigkeit und die Temperatur durch molare, wirbelnde Bewegung aus, und man beobachtet daher keine oder nur geringe Geschwindigkeits- und Temperaturunterschiede, wenn man senkrecht zur Strömung fortschreitet. Würde dies bis zur Wand so weitergehen, so müßte hier ein Sprung in der Geschwindigkeit auf den Wert Null erfolgen und ebenso ein Sprung von der Temperatur der Flüssigkeit auf die der Wand. Bei genaueren Beobachtungen hat man aber bei Flüssigkeiten und nicht verdünnten Gasen keine Unstetigkeit an der Wand finden können. Vielmehr geht, wie PRANDTL wohl zuerst nachgewiesen hat, in einer sehr dünnen Grenzschicht zwischen der Hauptmasse der strömenden Substanz und der Wand die Geschwindigkeit sehr steil, aber stetig von dem Wert der Kernströmung bis auf Null herab und ebenso ändert die Temperatur in dieser Schicht sehr stark, aber stetig ihren Wert. Nur bei sehr verdünnten Gasen tritt ein Gleiten und ein Temperatursprung an der Wand auf (s. Ziff. 46).

Der Wärmeübergang zwischen festen Körpern und Flüssigkeiten wird somit (abgesehen von der Strahlung) nicht durch irgendwelche Fernwirkungen besonderer Art bedingt oder modifiziert, sondern durch die einfachen Gesetze der Wärmeleitung vollkommen beschrieben.

41. Der Wärmeübergang an ebenen Wänden. Dennoch hat man sich bei der Ermittlung des Wärmeübergangs in der Physik wie in der Technik zunächst wenig um den Zusammenhang zwischen α und λ gekümmert, sondern rein empirisch nach Gleichung (4) die Wärmeübergangszahl bestimmt.

So haben vor allem DULONG und PETIT[1] die Abkühlung einer Thermometerkugel in einer konzentrisch zu ihr angeordneten Hohlkugel unter mannigfacher Variation der Versuchsbedingungen untersucht und dabei die Beziehung

$$\alpha = k \cdot p^m \cdot (\vartheta_1 - \vartheta_2)^n \tag{54}$$

gefunden, wobei p den Druck des Gases in der Hohlkugel, ϑ_1 die Temperatur der Thermometerkugel, ϑ_2 die des Gases und k, m und n Konstanten bedeuten. Nach den Versuchen von DULONG und PETIT war $n = 0,233$ unabhängig von der Art des Gases, während m zwischen 0,315 (für Wasserstoff) und 0,517 (für Kohlensäure) lag und k für Wasserstoff über $3\frac{1}{2}$mal so groß war wie für Kohlensäure.

Zu derselben Gleichungsform kam LORENZ[2] bei der Berechnung des Wärmeübergangs an ebenen vertikalen Wänden, bei denen wohl zum erstenmal mit praktischem Erfolg die Wärmeübergangszahl α auf die Wärmeleitzahl λ zurückgeführt wurde.

Zwar scheint OBERBECK[3] das Verdienst zu gebühren, zuerst den Wärmeübergang durch die Vereinigung der STOKESschen Strömungsgleichungen mit der Differentialgleichung der Wärmeleitung dargestellt zu haben. Er ist jedoch damit nicht viel weitergekommen. LORENZ aber hat daran anknüpfend für den Sonderfall der vertikalen Wand die Gleichungen integrieren können und so die folgende Beziehung gewonnen

$$\alpha = N \sqrt[4]{\frac{c \cdot g \cdot \lambda^3}{\eta \cdot l \cdot T}} \sqrt{\varrho} \cdot \sqrt[4]{\vartheta_1 - \vartheta_2} \,. \tag{55}$$

---

[1] DULONG u. PETIT, Ann. de chim. phys. Bd. 7, S. 113, 225. 1817.
[2] L. LORENZ, Wied. Ann. Bd. 13, S. 582. 1881.
[3] A. OBERBECK, Wied. Ann. Bd. 7, S. 271. 1879.

Dabei ist N eine Konstante, l die Höhe der vertikalen Platte, T die absolute Temperatur in sehr großer Entfernung von der Platte, ϱ, c, η, λ die Dichte, spezifische Wärme, Zähigkeit und Wärmeleitzahl des Gases. Die Ähnlichkeit der Gleichungen (54) und (55) liegt auf der Hand. Nur hat Lorenz statt $n = 0,233$ den Wert 0,25, statt des veränderlichen Wertes m den konstanten Wert 0,5 gefunden und die Größe k, und darin besteht der Hauptfortschritt, als Funktion von λ und anderen physikalischen Konstanten des Gases und von einer für die Wärme abgebende Fläche charakteristischen Länge dargestellt.

Der Faktor $\sqrt[4]{\vartheta_1 - \vartheta_2}$ der Gleichung (55) ist auch durch neuere Versuche bestätigt worden. Von diesen seien hier erwähnt die von Hencky[1]), der die Wärmeabgabe eines quadratischen ebenen Heizkörpers von 60 cm Kantenlänge, von dem nur eine Fläche an Luft grenzte, alles übrige gut isoliert war, bei Temperaturdifferenzen bis 80° im Dauerzustand gemessen hat, und die von Lubowsky[2]) für nicht stationäre Wärmeströmung. Dieser brachte quadratische Eisen- und Kupferplatten von 15 cm Kantenlänge und 3 mm Dicke ins Feld einer Spule, die durch Wechselstrom von 500 Perioden pro Sekunde gespeist wurde. Durch die in ihnen induzierten elektrischen Wirbelströme wurden die Platten um etwa 50° erwärmt und dann nach Entfernen der Spule in ruhender Luft der Abkühlung überlassen. Es ließ sich dann aus der Oberfläche und der Wärmekapazität der Platte und der Temperaturdifferenz zwischen ihr und der Luft leicht α als Funktion der Temperaturdifferenz berechnen.

Die Messungen von Hencky führen nach Abzug der Strahlungswärme in Übereinstimmung mit früheren Meßergebnissen von Nusselt[3]) auf die Beziehung

$$\alpha = c\sqrt[4]{\vartheta_1 - \vartheta_2} \tag{56}$$

wobei ϑ_1 die Temperatur der Wand, ϑ_2 die der Luft ist und

$$\left.\begin{array}{ll}\text{für horizontale Wände} & c = 2,8 \\ \text{,, vertikale \quad\quad ,,} & c = 2,2\end{array}\right\}\text{in wärmetechnischem Maß}$$

bedeutet.

Die Wärmeabgabe einer ebenen Fläche an künstlich bewegte Luft haben Nusselt und Jürges[4]) gemessen, indem sie an der oberen Fläche einer horizontalen von unten elektrisch geheizten Kupferplatte parallel zur Fläche einen Luftstrahl vorbeibliesen, dessen Geschwindigkeit überall in seinem Querschnitt möglichst gleich war. Die Kupferplatte deckte einen scheibenförmigen, mit Wasser gefüllten Heizkörper ab, dessen Wasserinhalt kräftig gerührt wurde. Die Wärmeabgabe nach unten und seitwärts wurde durch gute Isolierung möglichst klein gemacht und durch besondere Versuche ermittelt. Nach Abzug der ebenfalls besonders gemessenen, von der Kupferplatte nach oben gestrahlten Wärme erhielten die Beobachter die Beziehung

$$\alpha = 6,14\, w^{0,780} + 4,60 \cdot e^{-0,6w}, \tag{57}$$

worin die mittlere Strömungsgeschwindigkeit w in $\text{m} \cdot \text{s}^{-1}$ ausgedrückt ist und α sich in wärmetechnischem Maß ergibt. Die obige Formel ist unter folgenden Versuchsbedingungen ermittelt worden: Kupferoberfläche mit unbearbeiteter Walzhaut; Wandtemperatur $= 50°$ C; Temperatur der strömenden Luft 20°;

---

[1]) K. Hencky, ZS. f. d. ges. Kälte-Ind. 1915, S. 79 und „Die Wärmeverluste durch ebene Wände", München u. Berlin: R. Oldenbourg 1921. S. 54.

[2]) K. Lubowsky, Elektrot. ZS. Bd. 42, S. 79. 1921.

[3]) W. Nusselt, Forschungsarbeiten, herausgeg. vom Ver. d. Ing. Heft 63 u. 64, S. 82. 1909.

[4]) W. Nusselt u. W. Jürges, Gesundheits-Ing. Bd. 45, Nr. 52. 1922.

Luftdruck $= 752$ mm Qu.-S.; relative Luftfeuchtigkeit $= 55\%$; Luftgeschwindigkeit $= 0$ bis 25 m $\cdot$ s^{-1}.

Gleichung (57), deren zweites Glied vom Auftrieb der Luft herrührt, läßt sich ersetzen

$$\text{für} \quad w \leqq 5 \quad \text{durch} \quad \alpha = 5{,}0 + 3{,}4\,w \qquad (57\,\mathrm{a})$$

$$\text{für} \quad w > 5 \quad \text{durch} \quad \alpha = 6{,}14 \cdot w^{0,78}. \qquad (57\,\mathrm{b})$$

Je nach der Art der Strömung, nach der Temperatur, der Temperaturdifferenz u. dgl. schwanken die Werte von α beträchtlich. Mittelwerte für verschiedene Fälle des Wärmeübergangs zwischen ebenen Wänden einerseits und Luft, Wasser oder Wasserdampf andererseits sind in der Tabelle 17 zusammengestellt.

Tabelle 17. Wärmeübergangszahl für ebene Wände.

Die Wand berührendes Medium	Wärmeübergangszahl α
ruhende Luft	3 bis 8
bewegte Luft	5 „ 100
nicht siedendes, ruhendes Wasser	400 „ 2000
gerührtes Wasser	2000 „ 4000
siedendes Wasser	4000 „ 6000
kondensierender Wasserdampf	gegen 10 000

42. Der Wärmeübergang an kreiszylindrischen Körpern. Wie auf S. 133 erwähnt, hat bereits OBERBECK den Wärmeübergang dargestellt durch Kombination der Bewegungs- und der Wärmeleitungsgleichungen. Die Integration dieser Gleichungen ist aber bisher nur in ganz besonders einfachen Fällen, z. B. für die senkrechte Wand, gelungen. Es ist das große Verdienst von NUSSELT, das Gleichungssystem durch geschickte und konsequente Anwendung des Ähnlichkeitsprinzips in sehr allgemeiner Form praktisch nutzbar gemacht zu haben, was z. B. BOUSSINESQ[1]) nicht gelungen ist, weil er in der Anwendung des Ähnlichkeitsprinzipes nicht sein eigentliches Ziel sah, sondern auch auf Integration der Differentialgleichungen bedacht, zu Vereinfachungen des Problemes schritt. NUSSELT[2]) hat vor allem den Fall eines in einer Flüssigkeit oder einem Gas ruhenden Körpers behandelt. Wir schließen uns hier seinen Ausführungen eng an. Es sei

ϱ die Dichte,
δ der Ausdehnungskoeffizient,
c die spezifische Wärme,
λ die Wärmeleitzahl,
T die Temperatur,
p der statische Druck,
u die in der x-Richtung gemessene Geschwindigkeitskomponente,
v die in der y-Richtung gemessene Geschwindigkeitskomponente,
w die in der z-Richtung gemessene Geschwindigkeitskomponente,

} der Flüssigkeit nächst einem Oberflächenelement df des festen Körpers, von dem eine Normale in der Richtung n ausgehe,

$p = 0$ der Druck,
T_0 die Temperatur,

} der Flüssigkeit in großer Entfernung von der Oberfläche,

$\Theta = T - T_0$ die „Übertemperatur",
t die Zeit und

---

[1]) BOUSSINESQ, C. R. Bd. 132, S. 1382. 1901.
[2]) W. NUSSELT, Gesundheits-Ing. Bd. 38, S. 477 u. 490. 1915.

g die Erdbeschleunigung,

l eine für den festen Körper charakteristische Strecke, z. B. der Radius bei einer Kugel, der Durchmesser oder die Länge bei einem Zylinder.

Dann lassen sich unter einigen vereinfachenden Annahmen die folgenden Gleichungen aufstellen:

1. die Gleichung der Wärmeleitung in unmittelbarer Nähe der Oberfläche des festen Körpers:

$$dQ = -\lambda \cdot \frac{\partial T}{\partial n} \cdot df \cdot dt \tag{58}$$

2. die Gleichung für den Auftrieb Z in der Flüssigkeit (in Richtung der z-Achse):

$$Z = g \cdot \varrho \cdot \delta \cdot \Theta \tag{59}$$

3. die Bewegungsgleichungen der Flüssigkeit:

$$\left.\begin{aligned}
\varrho\left(\frac{\partial u}{\partial t} + u\frac{\partial u}{\partial x} + v\frac{\partial u}{\partial y} + w\frac{\partial u}{\partial z}\right) &= -\frac{\partial p}{\partial x} + \eta\left(\frac{\partial^2 u}{\partial x^2} + \frac{\partial^2 u}{\partial y^2} + \frac{\partial^2 u}{\partial z^2}\right) \\
\varrho\left(\frac{\partial v}{\partial t} + u\frac{\partial v}{\partial x} + v\frac{\partial v}{\partial y} + w\frac{\partial v}{\partial z}\right) &= -\frac{\partial p}{\partial y} + \eta\left(\frac{\partial^2 v}{\partial x^2} + \frac{\partial^2 v}{\partial y^2} + \frac{\partial^2 v}{\partial z^2}\right) \\
\varrho\left(\frac{\partial w}{\partial t} + u\frac{\partial w}{\partial x} + v\frac{\partial w}{\partial y} + w\frac{\partial w}{\partial z}\right) &= -\frac{\partial p}{\partial z} + \eta\left(\frac{\partial^2 w}{\partial x^2} + \frac{\partial^2 w}{\partial y^2} + \frac{\partial^2 w}{\partial z^2}\right) + \varrho\cdot g\cdot\delta\cdot\Theta
\end{aligned}\right\} \tag{60}$$

4. die Kontinuitätsgleichung für die Flüssigkeit, die besagt, daß im Dauerzustand der Strömung keine Stau auftreten kann:

$$\frac{\partial u}{\partial x} + \frac{\partial v}{\partial y} + \frac{\partial w}{\partial z} = 0 \tag{61}$$

5. die Differentialgleichung der Wärmebilanz, die besagt, daß die in einem Raumelement aufgestaute Wärme gleich der Summe der durch die Bewegung und durch die Wärmeleitung in das Raumelement eingeführte Wärme ist:

$$\varrho \cdot c\left(\frac{\partial \Theta}{\partial t} + u\frac{\partial \Theta}{\partial x} + v\frac{\partial \Theta}{\partial y} + w.\frac{\partial \Theta}{\partial z}\right) = \lambda\left(\frac{\partial^2 \Theta}{\partial x^2} + \frac{\partial^2 \Theta}{\partial y^2} + \frac{\partial^2 \Theta}{\partial z^2}\right). \tag{62}$$

Diese fünf Gleichungen genügen zur Bestimmung der fünf Größen Θ, u, v, w und p für jeden Punkt x, y, z, wenn man noch als Grenzbedingungen einführt, daß diese Größen sämtlich in bedeutender Entfernung vom Körper gleich Null, und daß an der Oberfläche $u = v = w = 0$ und $\Theta = \Theta_w$ sein muß.

Nusselt macht nun für zwei verschiedene Strömungen die Annahme, daß die festen Körper und die Strömungen einander geometrisch ähnlich und auch die Zeiten, Geschwindigkeiten, Drucke, Zähigkeiten, spezifischen Wärmen usw. in bestimmten Verhältnissen stehen sollen und kommt so schließlich für den Fall ähnlicher Wärmeabgabe zu den drei Bedingungsgleichungen

$$\frac{l^3 \cdot \varrho^2 \cdot g \cdot \delta \cdot \Theta_w}{\eta^2} = B \tag{63}$$

$$\frac{\lambda}{c \cdot \eta} = C \tag{64}$$

$$\frac{q}{\lambda \cdot l \cdot \Theta_w} = D, \tag{65}$$

wobei q die in der Zeiteinheit abgegebene Wärme bedeuten soll. Wenn man nun z. B. die Größen l, ϱ, g, δ, Θ_w, η, λ und c so ändert, daß immer B und C je denselben konstanten Wert ergeben, so bleibt, wie Nusselt zeigt, auch D konstant und die abgegebene Wärme wird

$$q \cdot \lambda \cdot l \cdot \Theta_w \cdot D . \tag{65a}$$

Kennt man also aus einer Versuchsreihe Zahlenwerte für die dimensionslosen Kenngrößen B, C und D, so kann man die Wärmeabgabe q an geometrisch ähnlichen Körpern für ein beliebiges Medium bei beliebigen Temperaturen und Drücken berechnen. Es ist damit auf dem Gebiet des Wärmeübergangs ein ebenso großer Erfolg erreicht wie durch die Einführung des Ähnlichkeitsprinzips in der Strömungslehre durch Reynolds, wo in ganz analoger Weise die Integration der Strömungsgleichungen umgangen werden mußte.

Weitergehend kann man nun B und C beliebig wählen und für jedes Wertepaar B, C den zugehörigen Wert D berechnen. Aus der Funktion

$$D = \Phi(B, C) \tag{66}$$

folgt dann ohne weiteres für die Wärmeabgabe eines Körpers

$$q = \lambda \cdot l \cdot \Theta_w \cdot \Phi\left(\frac{\lambda}{c \cdot \eta}, \; \frac{l^3 \cdot \varrho^2 \cdot g \cdot \delta \cdot \Theta_w}{\eta^2}\right) . \tag{66a}$$

Dies ist der allgemeinste Ausdruck, den man für die Wärmeabgabe eines in eine Flüssigkeit getauchten Körpers unter den von Nusselt gemachten Voraussetzungen aufstellen kann.

Vergleicht man diese Formel mit der durch Einsetzen von q und Θ_w ohne weiteres aus Gleichung (4) folgenden Beziehung

$$q = \alpha \cdot f \cdot \Theta_w , \tag{4d}$$

so erhält man, da f proportional l^2 ist

$$\alpha = \frac{\lambda}{l} \cdot \Phi\left(\frac{\lambda}{c \cdot \eta}, \; \frac{l^3 \cdot \varrho^2 \cdot g \cdot \delta \cdot \Theta_w}{\eta^2}\right) \tag{67}$$

Man erkennt aus dieser Formel, daß die Wärmeübergangszahl in der Tat, wie schon in Ziff. 4 (S. 47) behauptet wurde, eine außerordentlich komplizierte Funktion von vielen Veränderlichen ist.

Bei der Ableitung der Gleichungen (66a) und (67) war δ konstant gesetzt worden. Dies ist für Flüssigkeiten zulässig, für Gase dagegen nur für kleine Werte von Θ_w, wobei dann $\delta = \dfrac{1}{T_0}$ gesetzt werden kann. Somit erhält man für Gase bei kleiner Übertemperatur

$$\alpha = \frac{\lambda}{l} \, \Phi\left(\frac{\lambda}{c_p \cdot \eta}, \; \frac{l^3 \cdot \gamma^2 \cdot \Theta_w}{g \cdot \eta^2 \cdot T_0}\right) , \tag{67a}$$

in welcher Gleichung noch c_p statt c und das spezifische Gewicht $\gamma = \varrho \cdot g$ eingesetzt worden ist.

Mit Benutzung einiger Beziehungen zwischen λ, c_v, η, c_p und der Atomzahl aus der kinetischen Gastheorie gewinnt Nusselt endlich für zweiatomige Gase (und kleine Temperaturdifferenzen) die Gleichung

$$\alpha = \frac{\lambda}{l} \cdot \varphi\left(\frac{l^3 \cdot \gamma^2 \cdot \Theta_w}{g \cdot \eta^2 \cdot T_0}\right) , \tag{68}$$

oder mit Einführung der dimensionslosen Kenngröße

$$\frac{\alpha \cdot l}{\lambda} = A \tag{69}$$

$$A = \varphi(B). \tag{68a}$$

Man braucht also nur die Abhängigkeit des Wärmeübergangs von einem einzigen der fünf Faktoren zu wissen, aus denen B gebildet ist und kennt dann aus der Gleichung (68a) sofort auch ihre Abhängigkeit von den vier übrigen. Die Gleichungen (67a) und (68) gelten auch für größere Temperaturdifferenz, wenn man statt λ, γ, c_p usw. Mittelwerte λ_m, γ_m, c_{p_m} für das Temperaturintervall $\Theta_w = T_w - T_0$ einführt, und gehen dann über in

$$\alpha = \frac{\lambda_m}{l} \cdot \Phi\left(\frac{\lambda_m}{c_{p_m} \cdot \eta_m}, \quad \frac{l^3\,\gamma_m^2 \cdot \Theta_w}{g \cdot \eta_m^2 \cdot T_m}\right) \tag{67b}$$

und

$$\alpha = \frac{\lambda_m}{l} \cdot \varphi\left(\frac{l^3 \cdot \gamma_m^2 \cdot \Theta_w}{g \cdot \eta_m^2 \cdot T_m}\right). \tag{68b}$$

Genauer, aber unbequemer als Gleichung (65a) ist die folgende von

Tabelle 18.

Zusammengehörige Werte der Funktion $A = \varphi(B)$.

B	$\lg B$	$\lg A$	A
10^{-5}	-5	$-0{,}350$	$0{,}447$
10^{-4}	-4	$-0{,}330$	$0{,}468$
10^{-3}	-3	$-0{,}290$	$0{,}512$
10^{-2}	-2	$-0{,}233$	$0{,}585$
10^{-1}	-1	$-0{,}145$	$0{,}716$
1	0	$-0{,}043$	$0{,}905$
10	1	$+0{,}08$	$1{,}203$
10^2	2	$+0{,}23$	$1{,}698$
10^3	3	$+0{,}42$	$2{,}630$
10^4	4	$+0{,}64$	$4{,}36$
10^5	5	$+0{,}90$	$7{,}95$
10^6	6	$+1{,}16$	$14{,}46$
10^7	7	$+1{,}42$	$26{,}30$

Nusselt für beliebige Temperaturdifferenzen abgeleitete Beziehung:

$$\alpha = \frac{\lambda}{l}\,\Phi\left(\frac{l^3 \cdot \varrho^2 \cdot g}{\eta^2}, \quad \frac{\lambda}{c_p \cdot \eta}, \quad \frac{T_w}{T_0}\right). \tag{68}$$

Nusselt hat die Gültigkeit der Gleichung (68) an dem Beispiel des in ruhender Luft horizontal aufgehängten Kreiszylinders nach Versuchen geprüft, die verschiedene Autoren an Drähten und Rohren angestellt haben. Der Durchmesser l variierte dabei von 0,04 bis 89 mm, die Wandtemperatur von etwa 40 bis 1870° C, der Druck von 150 bis 1500 mm Qu.-S. Die Berechnung ergab Werte für B zwischen $1{,}7 \cdot 10^{-4}$ und $5{,}2 \cdot 10^6$, d. i. ein Intervall von 11 Dezimalen, und es zeigte sich, daß in diesem ungeheuer großen Bereich in der Tat, wie es die Nusseltsche Theorie verlangt, A durch den Wert B völlig bestimmt ist, wie verschieden auch die gemäß Gleichung (68) in B enthaltenen 6 Einzelgrößen sind. Die zu verschiedenen B gehörigen Werte von A und ihre Logarithmen sind in der Tabelle 18 zusammengefaßt und in Abb. 29 graphisch dargestellt.

Im Bereich von $B = 10^4$ bis 10^7 gilt für die Kurve der Abb. 29 die Gleichung

$$A = 0{,}398 \cdot B^{0,26}, \tag{68c}$$

so daß

$$\alpha = \frac{0{,}398\,\lambda_m}{l} \cdot B^{0,26} \tag{68d}$$

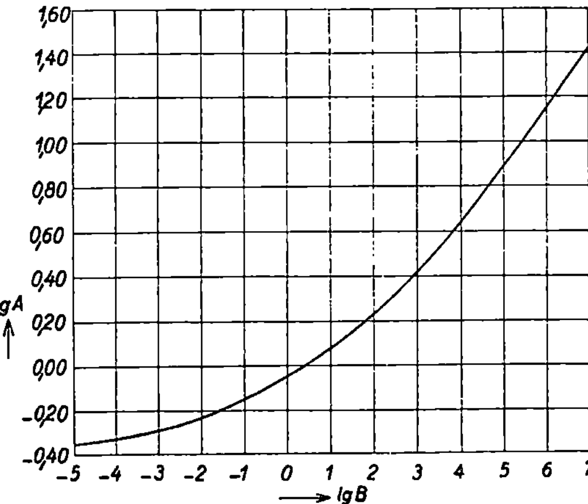

Abb. 29. Die Funktion $A = \varphi(B)$ in logarithmischen Koordinaten.

wird; für $B < 10^{-5}$ scheint sich A einem konstanten Wert zu nähern; mithin wird hier

$$\alpha = \frac{k \cdot \lambda_m}{d}.$$

(68e)

Mit Hilfe von Gleichung (68) und Abb. 29 läßt sich nun die Abhängigkeit der Wärmeübergangszahl α von den in B steckenden Einzelgrößen ohne weiteres berechnen. So erhält man z. B. für den Luftdruck von 760 mm Qu.-S., die Lufttemperatur 15° C und eine Oberflächentemperatur von 25° C die in der Tabelle 19 zusammengestellten Werte α in Abhängigkeit vom Rohrdurchmesser.

Man erkennt, daß die Wärmeübergangszahl mit abnehmendem Durchmesser sehr stark zunimmt. Es wäre also falsch, α als unabhängig vom Durchmesser anzunehmen, wie dies z. B. Lees (s. S. 119) getan hat.

Den Einfluß des Druckes auf die Wärmeübergangszahl α zeigt die Tabelle 20. Dabei ist ein Stab von 2,5 cm Durchmesser bei den gleichen Temperaturen wie im vorigen Beispiel zugrunde gelegt.

Ebenso läßt sich der Einfluß der Temperatur und der Temperaturdifferenz zwischen Stab und Luft oder der Einfluß der Verwendung eines anderen Gases wie Luft berechnen.

Beschränkt man die Untersuchung nicht auf zweiatomige Gase, so muß man auf Gleichung (66a) zurückgreifen. Diese läßt sich vereinfachen, indem man entweder das Zähigkeitsglied oder das Beschleunigungsglied rechts vernachlässigt. Im ersteren Fall kommt man auf die Form

$$A = \Phi\left(\frac{B}{C^2}\right).$$

(66b)

Tabelle 19.

Wärmeübergangszahl in Abhängigkeit vom Rohrdurchmesser.

Rohrdurchmesser [m]	Wärmeübergangszahl α [k cal $\cdot$ m$^{-2}\cdot$ h$^{-1}\cdot$ Grad^{-1}]
0,1	3,45
0,01	6,28
0,001	20,5
0,0001	138,5
0,00002	963

Tabelle 20.

Der Wärmeübergang in Abhängigkeit vom Luftdruck.

Luftdruck Atm.	Wärmeübergangszahl α [k cal $\cdot$ m^{-2} h$^{-1}\cdot$ Grad^{-1}]
0,0001	0,418
0,01	0,868
1	4,69
10	15,55
100	51,4

Ein Sonderfall dieser Gleichung ist von Boussinesq[1]) abgeleitet worden, nämlich die Formel

$$A = c \sqrt[3]{\frac{B}{C^2}}.$$

(66c)

Die zweitgenannte Vernachlässigung führt auf

$$A = \Phi\left(\frac{B}{C}\right).$$

(66d)

Ein Sonderfall dieser Gleichung ist die von L. Lorenz stammende Formel (55), wie man leicht erkennt, wenn man $\delta = 1/T$ setzt. Von Gleichung (66d) ausgehend, gelangt Nusselt für beliebige Gase und Flüssigkeiten auf die Form

$$\alpha = \frac{\lambda_m}{l}\,\Phi\left(\frac{l^3 \cdot \varrho_m^2 \cdot c_{p_m} \cdot g \cdot \delta_m \cdot \Theta_w}{2,04 \cdot \eta_m \cdot \lambda_m}\right),$$

(66e)

---

[1]) Boussinesq, Journ. de phys. (4) Bd. 1, S. 65, 71. 1902.

wobei Φ aus der Tabelle 18 oder der Abb. 29 zu entnehmen ist. Bei der Ableitung dieser Formel ist 2,04 als Wert C für Luft eingesetzt worden. Man erkennt die außerordentliche Ähnlichkeit der Gleichung (66e) mit der von Lorenz (55) und wird sich dabei sowohl der Bedeutung der alten Arbeit von Lorenz wie des Fortschrittes vom Speziellen ins Allgemeingültige durch die Untersuchungen Nusselts besonders bewußt.

Die wichtigsten von Nusselt in seiner Abhandlung aus dem Jahre 1915 (s. S. 135, Fußnote 2) veröffentlichten Ergebnisse hat merkwürdigerweise später auch Davis in drei Abhandlungen[1]) abgeleitet, wohl ohne von den Arbeiten von Nusselt etwas zu wissen. Auch Seeliger ist die Untersuchung Nusselts, der mit Ausnahme einer auf S. 141 erwähnten Einzelheit die Priorität vor den englischen Arbeiten gebührt, entgangen. Er erwähnt in einem umfassenden Bericht über die Abkühlung heißer Körper in Gasen und Flüssigkeiten[2]) nur die Arbeiten von Davis. Dieser knüpft unmittelbar an die auf S. 135 bereits genannte Arbeit von Boussinesq an und gelangt — ebenfalls mit Ähnlichkeitsbetrachtungen — zu Gleichungen, die den Gleichungen (66e), (67), (68), (68d) und (68e) fast völlig entsprechen.

In der zweiten der oben genannten Veröffentlichungen hat Davis — ebenfalls ganz wie Nusselt — aus den Versuchen verschiedener Experimentatoren (zum Teil derselben wie bei Nusselt) mit Luft, Sauerstoff und Wasserstoff eine der Abb. 29 entsprechende graphische Darstellung versucht und dabei eine Kurve gefunden, die bis $\lg A = 2{,}06$, also in B um noch eine Dezimale weiter reicht wie Nusselts Kurve, sich bei gleich gewählten Maßstäben nach vorläufigen, vom Verfasser dieses Kapitels angestellten Berechnungen mit der Kurve von Nusselt vollkommen zur Deckung bringen läßt, jedoch in horizontaler Richtung etwas dagegen verschoben ist. Es muß einer genaueren Analyse vorbehalten werden, festzustellen, woher diese zunächst unaufgeklärte Diskrepanz rührt.

In seiner dritten Arbeit endlich ging Davis von der für Gase und Flüssigkeiten gültigen Gleichung (68e) aus. Diese Gleichung prüfte er durch eigene Versuche mit fünf verschiedenen organischen Flüssigkeiten, deren Zähigkeit zwischen 0,0062 (Toluol) und 9,3 (Glyzerin) lag. Die berechneten Punkte, deren höchster etwa bei $\lg A = 0{,}25$ liegt, fallen vollkommen in die von Davis für Gase gewonnene Kurve, so daß damit die Universalität des Nusseltschen Gesetzes weiter bestätigt wird.

Auch für die Abkühlung eines festen Körpers in einer Flüssigkeit durch ein mit der Geschwindigkeit w_0 in einer bestimmten Richtung strömendes Medium hat Nusselt bereits in seiner Arbeit aus dem Jahr 1915 eine Beziehung aufgestellt, nämlich

$$A = \Psi(B, C, D, E)\,, \tag{70}$$

worin $E = \dfrac{l\,w_0\,\varrho}{\eta}$ eine wie A, B, C und D dimensionslose Kenngröße, nämlich die sog. Reynoldsche Zahl, bedeutet. Für zweiatomige Gase vereinfacht sich diese Formel zu

$$\alpha = \frac{\lambda_m}{l}\,\Psi\!\left(\frac{l \cdot w_0 \cdot \varrho_m}{\eta_m}\right). \tag{70a}$$

Die Funktion Ψ konnte später aus Versuchen von Hughes bestimmt werden[3]), der von Wasserdampf durchströmte Kupferrohre von 4 bis 50 mm Durchmesser

---

[1]) A. H. Davis, Phil. Mag. (6) Bd. 40, S. 692. 1920; Bd. 43, S. 329; Bd. 44, S. 920. 1922.
[2]) R. Seeliger, Phys. ZS. Bd. 26, S. 282. 1925.
[3]) W. Nusselt, Gesundheits-Ing. Bd. 45, S. 97. 1922.

durch einen senkrecht zu ihrer Achse auftreffenden Luftstrom in einem hölzernen Windkanal gekühlt hat („Kreuzstrom"). Hieraus erhält Nusselt die Gleichung

$$\alpha = 0{,}0670\,\frac{\lambda_m}{l}\left(1273 + \frac{l \cdot w_0 \cdot \varrho_m}{\eta_m}\right)^{0,716}.\qquad(70\,\mathrm{b})$$

Für Luft von 760 mm Qu.-S. und 20° C und eine Oberflächentemperatur des Rohres von 100° kommt man so z. B. für $w_0 = 1\ \mathrm{m}\cdot\mathrm{s}^{-2}$ und $l = 0{,}2$ m auf $\alpha = 7\ \mathrm{kcal}\cdot\mathrm{m}^{-2}\cdot\mathrm{h}^{-1}\cdot\mathrm{Grad}^{-1}$, für $w_0 = 100$ und $l = 0{,}005$ auf $\alpha = 500$.

Schon vor Nusselt hat Davis[1]) die Versuche von Hughes in einheitlicher Form dargestellt, indem er das Produkt wd als Abszisse, die Wärmeabgabe eines Zylinderstückes von der Länge 1 in der Zeiteinheit als Ordinate auftrug. Auch er fand dabei natürlich einen einheitlichen Linienzug, in den sich auch die von King[2]) an Drähten von 0,03 bis 0,15 mm Durchmesser bei Temperaturdifferenzen $\Theta_w = 200$ bis 1200° gewonnenen Versuchspunkte vollkommen einfügten. Er hat seine Untersuchung später theoretisch erweitert[3]), ohne dabei aber über den von Nusselt bereits 1915 erreichten Stand hinauszukommen.

Bei den Versuchen von Hughes, auf denen Nusselts Gleichung (70b) beruhte, wurde durch Verwendung kupferner Rohre wohl überall gleiche Oberflächentemperatur erzielt. Dagegen hat H. Reiher[4]) an einem von Wasser mit einer Geschwindigkeit von 0,07 m $\cdot$ s^{-1} durchströmten Eisenrohr von 28 mm Durchmesser und 2 mm Wandstärke, gegen das Luft von 180° C mit der Geschwindigkeit $w_0 = 5\ \mathrm{m}\cdot\mathrm{s}^{-1}$ geblasen wurde, an der Vorderseite 66°, an der Rückseite dagegen nur 32° beobachtet. Das rührt offenbar daher, daß an der Vorderseite zwischen der schnell strömenden Luft und dem Rohr nur eine dünne Grenzschicht besteht, die dem Wärmeübergang einen verhältnismäßig geringen Widerstand darbietet, während auf der Rückseite des Rohres ein Wirbelfeld verhindert, daß der heiße Luftstrom das Rohr berührt. Eine später behandelte Beobachtung Thomas über die Wärmeabgabe von Heizgasen an hintereinander liegenden Rohrreihen steht damit nicht in Widerspruch [s. Ziff. 44, S. 145][5]).

Während Nusselt und Davis ihre Berechnungen nach Aufstellung der Grundgleichungen einzig auf das Ähnlichkeitsprinzip stützten, hat Langmuir[6]) bei seinen Ableitungen von Formeln für den Wärmeübergang eine Grenzschichtentheorie benützt, zu der er unabhängig von Prandtl (s. S. 133 u. 143, Fußnote 7) gekommen zu sein scheint. Er ging dabei aus von der Beobachtung, daß in der nächsten Umgebung glühender Drähte, z. B. von Glühlampendrähten, die Konvektion merkwürdigerweise ganz gering zu sein scheint. Das kommt daher, daß nach der Gleichung (51) von Sutherland (s. S. 131) bei hoher Temperatur die Zähigkeit ungefähr mit der Wurzel der absoluten Temperatur zunimmt. Dies führte Langmuir zu der Anschauung, daß der Draht von einer Schicht ruhenden Gases umgeben sei, durch den die Wärme nur durch Strahlung und reine Leitung hindurchdringe. Die Schicht erwies sich als unabhängig von der Temperatur des Drahtes, während sie mit der Temperatur des Gases zu wachsen schien. Die Dicke der Schicht ließ sich darstellen durch die Beziehung

$$(r + s)\ln\,[(r + s)/r] = B\,,\qquad(71)$$

[1]) A. H. Davis, Phil. Mag. (6) Bd. 40, S. 692. 1920.
[2]) King, Phil. Trans. Bd. 114, S. 1056. 1912.
[3]) A. H. Davis, Phil. Mag. (6) Bd. 44, S. 940. 1922.
[4]) Osc. Knoblauch, Mitt. d. Hauptvereines deutsch. Ing. in d. tschechoslov. Republ. Bd. 14 (4), S. 78. 1925.
[5]) Weiteres über den „Kreuzstrom" siehe Ziffer 44 und H. Reiher, Forschungsarbeiten, herausgeg. vom Ver. d. Ing. 1925, Heft 269 u. ZS. d. Ver. d. Ing. Bd. 70, S. 47, 1926.
[6]) I. Langmuir, Phys. Rev. Bd. 34, S. 401. 1912.

wenn $2r$ den Durchmesser des Drahtes, s die Dicke der Grenzschicht und B eine jedem Gas eigene Konstante bedeutet, die sich unabhängig von der Temperatur herausstellte. Die Wärmeabgabe W (in Watt $\cdot$ cm^{-1} $\cdot$ s^{-1}) eines Drahtes durch Konvektion ergab sich als Produkt eines Formfaktors f, der nur von r und B abhängt, und einer Funktion φ der Wärmeleitzahl des Gases. Es ist also

$$W = f \cdot \varphi , \qquad (72)$$

wobei f gegeben ist durch die Beziehung

$$\frac{f}{\pi} \cdot e^{-\frac{2\pi}{f}} = \frac{2r}{B} \qquad (72a)$$

und φ durch die Gleichung

$$\varphi = 4{,}19 \int\limits_{T_1}^{T_2} \lambda \, dT \qquad (72b)$$

(mit λ in cal $\cdot$ cm^{-1} $\cdot$ s^{-1} $\cdot$ Grad^{-1}).

RICE[1]) hat LABGMUIRS Theorie weiter ausgebildet. Auf Grund von Ähnlichkeitsbetrachtungen gelangt er dabei zu einem allgemeinen Ausdruck für B, der — wie die Formeln von NUSSELT — die Größen l, η, ϱ, Θ, c_p enthält, und aus dem man dann die Dicke der Grenzschicht nach Gleichung (71) berechnen kann. Bezüglich der vielen Formeln für die Wärmeabgabe von Zylindern, Kugeln, ebenen Flächen, Rohren, die RICE daraus ableitet, muß auf die Originalarbeit verwiesen werden. Man scheint übrigens auf diese Weise noch keineswegs zu einer so geschlossenen Darstellung des Wärmeübergangs gelangt zu sein wie auf dem von NUSSELT und von DAVIS eingeschlagenen Weg.

43. Der Wärmeübergang beim Strömen von Gasen und Flüssigkeiten durch Rohre. Für die Technik besonders wichtig ist der Wärmeaustausch in einem von Flüssigkeit oder Gas durchströmten Rohr. Auch hierbei hat das Eingreifen von NUSSELT den Übergang von ziemlich roher Empirie zu zielbewußter Forschung bedeutet. NUSSELT[2]) hat Luft bei verschiedenen Drucken (bis 16 at), Kohlensäure und Leuchtgas durch ein auf 100° erwärmtes Messingrohr strömen lassen und die Temperaturzunahme des Gases mit Thermoelementen, die Gasmenge mit einer Gasuhr bestimmt. Das Ergebnis dieser und späterer Untersuchungen hat er schließlich zusammengefaßt[3]) in der Formel

$$\frac{\alpha_m \cdot d}{\lambda_m} = 0{,}03\,622 \cdot \left(\frac{d}{l}\right)^{0{,}054} \cdot \left(\frac{d \cdot w \cdot \gamma_m \cdot c_{pm}}{\lambda_m}\right)^{0{,}786} . \qquad (73)$$

Dabei bedeute α_m die mittlere Wärmeübergangszahl für die ganze Rohrlänge; im übrigen bezieht sich der Index m auf die Mittelwerte zwischen Wandtemperatur und Gastemperatur. Die in Klammern stehenden Quotienten sind wieder dimensionslose Kenngrößen. Da ein Rohr von endlicher Länge nicht durch eine Längengröße allein geometrisch definiert ist, tritt hier das Verhältnis des Durchmesser d zur Rohrlänge l in die Gleichung ein, und es ist besonders bemerkenswert, daß α somit eine Funktion auch der Rohrlänge ist[4]); dadurch wird besonders scharf zum Ausdruck gebracht, wie weit α entfernt davon ist, eine einfach physikalische Größe zu bedeuten. Gleichung (73) soll in den Grenzen $\dfrac{d \cdot w \cdot \gamma_m \cdot c_{pm}}{\lambda_m}$

$= 1000$ (für 1 at) bzw. 7000 (für 16 at) und 110000 gelten. GRÖBER[5]) hat heiße

---

[1]) CH. W. RICE, Journ. Amer. Inst. Electr. Eng. Bd. 42, S. 1288. 1923.

[2]) W. NUSSELT, ZS. d. Ver. d. Ing. Bd. 61, S. 1750. 1909 u. Forschungsarbeiten, herausgeg. vom Ver. d. Ing. 1910, Heft 85.

[3]) W. NUSSELT, ZS. d. Ver. d. Ing. Bd. 61, S. 685. 1917 u. Gesundheits-Ing. Bd. 41, S. 13. 1918.

[4]) W. NUSSELT, ZS. d. Ver. d. Ing. Bd. 54, S. 1154. 1910.

[5]) H. GRÖBER, Forschungsarbeiten, herausgeg. vom Ver. d. Ing. 1912, Heft 130, S. 1.

Luft mit verschiedenen Geschwindigkeiten bis $15\ \mathrm{m}\cdot\mathrm{s}^{-1}$ durch kühlere Stahlrohre von 62 mm innerem Durchmesser getrieben und nicht nur das axiale, sondern auch das radiale Temperaturgefälle gemessen. Die Temperaturverteilung über den Querschnitt zeigte dabei, wie zu erwarten war, eine bemerkenswerte Ähnlichkeit mit der Geschwindigkeitsverteilung. Wie NUSSELT stellte auch GRÖBER ein zunächst starkes, dann aber schnell abnehmendes Sinken der Wärmeübergangszahl längs des Rohres in der Strömungsrichtung fest. Seine Meßergebnisse hat GRÖBER in einer empirischen Formel für α zusammengefaßt. Messungen ganz ähnlicher Art sind von POENSGEN[1]) an überhitztem Wasserdampf in Rohren von 96 und 39 mm lichter Weite bei verschiedenen Drucken und Temperaturen ausgeführt worden. Endlich sind Versuche mit Wasser als strömendem Medium von STANTON[2]), SOENNECKEN[3]), sowie von STENDER[4]) zu erwähnen und eine Diskussion der Ergebnisse dieser Messungen durch NUSSELT[5]).

GRÖBER[6]) hat die obengenannten Untersuchungen an Gasen und Dämpfen sowie solche von JOSSE, von JORDAN und von RIETSCHEL zusammengefaßt und hiernach die Konstanten der von NUSSELT stammenden Gleichung (73) etwas abgeändert. Die Gleichung

$$\frac{\alpha\cdot d}{\lambda_m} = 0{,}035\cdot\left(\frac{d}{l}\right)^{0{,}05}\cdot\left(\frac{d\cdot w\cdot\gamma_m\cdot c_{pm}}{\lambda_m}\right)^{0{,}79} \tag{73a}$$

soll die vorliegenden Versuchswerte der verschiedenen Beobachter am besten wiedergeben. Nach dieser Gleichung verhalten sich unter sonst gleichen Bedingungen die Wärmeübergangszahlen eines 10 cm und eines 10 m langen Rohres wie $1{,}3:1$, die eines 5 mm und eines 1000 mm weiten Rohres wie $2{,}3:1$. Eine Zunahme der Strömungsgeschwindigkeit von 4 auf $8\ \mathrm{m}\cdot\mathrm{s}^{-1}$ erhöht α im Verhältnis $1:1{,}7$, also fast proportional.

Wegen weiterer Einzelheiten sei auf das oben erwähnte Buch von GRÖBER verwiesen. Grundlegendes über die Beziehung zwischen Wärmeübergang und Strömungswiderstand findet man ferner in einer Abhandlung von PRANDTL[7]), in der die Verwandtschaft von Wärmeleitung und -konvektion mit Impulsleitung (Reibung) und -konvektion wohl zum erstenmal ganz klargelegt worden ist.

44. Ermittlung des Wärmeüberganges an Rohren aus Diffusionsmessungen. Nach der Auffassung der kinetischen Gastheorie sind Wärmeleitung und Diffusion von Gasen nahe verwandte, ja fast identische Vorgänge. Dies hat THOMA[8]) zu einem besonders eigenartigen Modellverfahren angeregt, bei dem aus Diffusionsmessungen der Wärmeübergang bestimmt wird. Er geht aus von der Gleichung für den Wärmeübergang:

$$\varrho\cdot c_p\left(\frac{\partial\vartheta}{\partial t} + w_x\frac{\partial\vartheta}{\partial x} + w_y\frac{\partial\vartheta}{\partial y} + w_z\frac{\partial\vartheta}{\partial z}\right) = \lambda\left(\frac{\partial^2\vartheta}{\partial x^2} + \frac{\partial^2\vartheta}{\partial y^2} + \frac{\partial^2\vartheta}{\partial z^2}\right) \tag{62a}$$

und der Gleichung für die Diffusion:

$$\left(\frac{\partial p}{\partial \tau} + w_\xi\frac{\partial p}{\partial \xi} + w_\eta\frac{\partial p}{\partial \eta} + w_\zeta\frac{\partial p}{\partial \zeta}\right) = \varkappa\left(\frac{\partial^2 p}{\partial \xi^2} + \frac{\partial^2 p}{\partial \eta^2} + \frac{\partial^2 p}{\partial \zeta^2}\right). \tag{74}$$

[1]) R. POENSGEN, Forschungsarbeiten, herausgeg. vom Ver. d. Ing. 1917, Heft 191 u. 192.

[2]) T. E. STANTON, Phil. Trans. Bd. 190, S. 67. 1897.

[3]) A. SOENNECKEN, Forschungsarbeiten, herausgeg. vom Ver. d. Ing. 1911, Heft 108 u. 109, S. 33.

[4]) W. STENDER, Der Wärmeübergang an strömendes Wasser in vertikalen Rohren. Berlin 1924.

[5]) W. NUSSELT, Festschr. zur Jahrhundertfeier der Techn. Hochschule Karlsruhe, 1925.

[6]) H. GRÖBER, Die Grundgesetze der Wärmeleitung und des Wärmeüberganges. Berlin: Julius Springer 1921.

[7]) L. PRANDTL, Phys. ZS. Bd. 11, S. 1072. 1910.

[8]) H. THOMA, Hochleistungskessel, Berlin: Julius Springer 1921. S. 38.

Darin bedeuten x, y, z die Raumkoordinaten, t die Zeitvariable, w_x, w_y, w_z die Geschwindigkeitskomponenten und ϑ die Temperatur eines Punktes in einem wärmeübertragenden Gas von der spezifischen Wärme c_p, der Dichte ϱ und der Wärmeleitzahl λ und ξ, η, ζ die Raumkoordinaten, τ die Zeitvariable, w_ξ, w_η, w_ζ die Geschwindigkeitskomponenten, p den Partialdruck und $\varkappa$ die Diffusionskonstante eines diffundierenden Gases. Es läßt sich nun leicht zeigen, daß der Wärmeübergang an einem bestimmten Körper und der Diffusionsvorgang an einem ihm ähnlichen Modell einander ähnlich sind, wenn die REYNOLDsche Zahl

$$R = \frac{w\,d}{\nu}$$ für beide Körper denselben Wert hat und die Diffusionskonstante $\varkappa$ der Temperaturleitzahl $\dfrac{\lambda}{\varrho \cdot c_p}$ gleich ist.

Handelt es sich nun z. B. um die Bestimmung der Wärme, die von Heizgasen einem Heizkörper, z. B. einem Röhrenbündel, wie sie in Dampfkesseln üblich sind, zugeführt wird, so darf man annehmen, daß die zuströmenden Heizgase gleichmäßig die Temperatur ϑ_1 haben. Dementsprechend wird man in das Modell z. B. Luft mit einem ihr gleichmäßig beigemengten Diffusionsgas eintreten lassen, dessen Partialdruck in der Luft überall p_1 sei. An den Oberflächen des Heizkörpers herrsche durchweg die Temperatur ϑ_2. Die Temperatur fällt also in einer dünnen Grenzschicht von ϑ_1 auf ϑ_2. Einer derartigen Grenzbedingung wird beim Diffusionsversuch dadurch am besten Rechnung getragen, daß

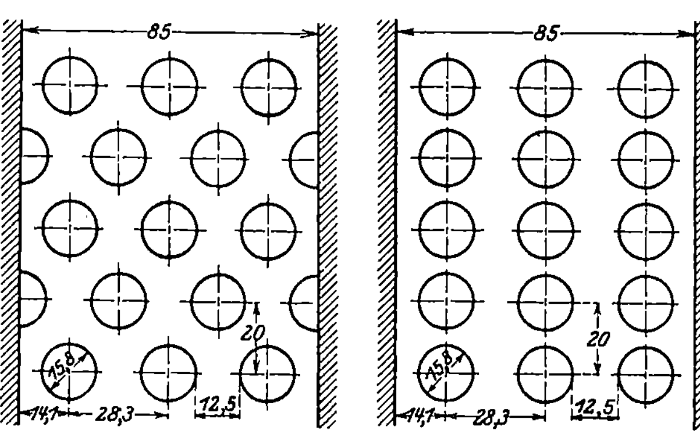

Abb. 30. Schnitt durch ein Rohrbündelmodell mit versetzt angeordneten Rohren.

Abb. 31. Schnitt durch ein Rohrbündelmodell mit unversetzt angeordneten Rohren.

man die Oberfläche der Modelle mit einer Substanz tränkt, die auf das Diffusionsgas so heftig wirkt, daß es an der Oberfläche nahezu vollständig aus der Luft entfernt wird und somit den Partialdruck $p_2 = 0$ hat. In einiger Entfernung hinter dem Heizkörper habe das Heizgas überall die Temperatur ϑ_3; an der entsprechenden Stelle hinter dem Modell habe das Diffusionsgas den Partialdruck p_3. Rechnet man nun die Temperaturen von der Oberflächentemperatur ϑ_2 des Heizkörpers als Nullpunkt, wozu man $\vartheta' = \vartheta - \vartheta_2$ einführt, so gilt nach dem Ähnlichkeitsprinzip

$$\frac{p_1 - p_3}{p_1} = \frac{\vartheta_1' - \vartheta_3'}{\vartheta_1'}. \tag{75}$$

Da man aus $\dfrac{\vartheta_1' - \vartheta_3'}{\vartheta_1'}$ ohne weiteres die mittlere Wärmeübergangszahl an dem Heizkörper berechnen kann, so ist also die Aufgabe auf eine Diffusionsmessung zurückgeführt, wenn man $\varkappa = \dfrac{\lambda}{\varrho \cdot c_p}$ gewählt hat.

THOMA ist nun folgendermaßen vorgegangen: Er hat Modelle aus Filtrierpapier hergestellt, von denen zwei in Abb. 30 und 31 im Schnitt abgebildet sind. Nachdem diese mit einer genau abgewogenen Menge konzentrierter Phosphor-

säure getränkt waren, wurde eine abgemessene Menge Luft quer zu den Papier-
rohren durch den Versuchsapparat gesaugt. Als Diffusionsgas wurde Ammoniak
benutzt, indem mit einer
abgewogenen Menge
wässeriger Ammoniak-
lösung ein schleierarti-
ges Gewebe getränkt
wurde, durch das die
Luft streichen mußte.
Im Verlauf eines etwa $^1/_4$
Stunde dauernden Ver-
suches verdunstete dann
der im Schleier enthal-
tene Ammoniak lang-
sam und strich mit der
Luft durch das Modell.
Die vom Modell aufge-
nommene Ammoniak-
menge wurde dadurch
bestimmt, daß man
durch Titrieren mit ver-
dünnter Ammoniak-
lösung unter Benutzung
von Methylorange als
Indikator den Säurerest
in den Papierröhrchen
nach dem Versuch fest-
stellte. Aus der neutra-
lisierten Säuremenge er-
hält man unmittelbar
die aufgenommene Am-
moniakmenge,und deren

Abb. 32. Bild der Dampfströmung durch ein Rohrbündel mit
versetzt angeordneten Rohren.

Verhältnis zur gesamten eingeführten Ammoniakdosis ist gerade gleich $\dfrac{p_1 - p_3}{p_1}$.

Ist $\varkappa \gtrless \dfrac{\lambda}{\varrho c}$, so muß $\dfrac{p_1 - p_3}{p_1}$ noch mit $\dfrac{\lambda}{\varrho \cdot c_p \cdot \varkappa}$ multipliziert werden.

Nach dieser Methode ermittelte THOMA z. B. für gegeneinander versetzte Rohre
(Abb. 30)

$$\alpha = 43,5 \cdot \frac{w^{0,6}}{(100 \cdot d)^{0,4}} [\mathrm{kcal} \cdot \mathrm{m}^{-2}\, \mathrm{h}^{-1} \cdot \mathrm{Grad}^{-1}]$$

und für geradlinig angeordnete Rohrreihen (Abb. 31)

$$\alpha = 36,5 \cdot \frac{w^{0,6}}{(100\, d)^{0,4}} \cdot$$

Dabei bedeutet d den Rohrdurchmesser in Metern und w die Dampfgeschwindig-
keit in m $\cdot$ s^{-1}. Durch das Versetzen der Rohre wird hiernach der Wärmeübergang
um nahezu 20% verbessert. THOMA konnte ferner u. a. zeigen, daß bei einem
Rohrbündel mit versetzten Rohren die erste Rohrreihe sehr wenig Wärme aufnimmt, die zweite am meisten, die folgenden dann immer weniger. Dieses der
früheren Anschauung stärkster Wärmeaufnahme in der ersten Rohrreihe wider-
sprechende Ergebnis erklärt er daraus, daß die Geschwindigkeit der Heizgase an
der Vorderseite sehr klein ist, daß aber bei der zweiten Rohrreihe der aufprallende
Strahl des Heizgases fast die ganze Rohrvorderfläche mit voller Geschwindigkeit
bespült, was z. B. aus der Modellphotographie Abb. 32 hervorgeht, die dem

Buch von Thoma entnommen ist und bei der die weißen Salmiakdämpfe ein Bild von der Strömung der Grenzschicht an den Rohren geben. An derartigen Photographien hat Thoma auch für andere Fälle den Wärmeübergang qualitativ studiert.

45. Praktische Anwendung der Lehre vom Wärmeübergang auf einigen Sondergebieten. Die Lehre vom Wärmeübergang findet auf vielen Gebieten praktische Anwendung. Hier sollen nur einige Beispiele aus der Thermometrie, der technischen Gasanalyse, der Anemometrie und der Elektrotechnik kurz erörtert werden: Der Einfluß der Wärmestrahlung auf die Temperaturmessung ist bekannt und wird an anderer Stelle behandelt. Von sehr großer, vielfach nicht erkannter Bedeutung ist aber auch der Wärmeübergang ohne Strahlung in der praktischen Thermometrie. Steckt man ein Thermometer in eine Flüssigkeit, so wird man zwar im allgemeinen, besonders wenn die Flüssigkeit stark bewegt ist, annehmen dürfen, daß das Thermometer ihre Temperatur annimmt und auch nicht so viel Wärme abführt, daß die Flüssigkeit dadurch merklich kälter wird. Anders verhält es sich aber bei der Temperaturmessung in Gasen. Hier wird, besonders bei ruhenden Gasen, in der Regel eine beträchtliche Temperaturdifferenz zwischen dem Gas und dem Thermometerkörper bestehen und ferner oft die Gefahr vorliegen, daß das Gas infolge von Wärmeabfuhr durch das Thermometer nach außen abgekühlt wird. Beide Umstände führen dazu, daß das Thermometer nicht die Temperatur anzeigt, die das Gas vor dem Einbringen des Thermometers gehabt hat und die man messen will, sondern eine tiefere Temperatur. Ganz entsprechend zeigt das Thermometer zu hoch, wenn ein gegenüber der Außentemperatur kälteres Gas gemessen werden soll.

Um diese Meßfehler zu vermeiden, wird man das Thermometer möglichst tief in das zu messende Gas eintauchen, dieses womöglich in starke Bewegung versetzen und drittens die aus dem Gasraum herausführenden Teile des Thermometers aus schlecht leitendem Material und mit dem geringsten zulässigen Querschnitt ausführen. Die erste Maßnahme wirkt dadurch, daß das Thermometer von der Meßstelle aus wenigstens zunächst isothermisch geführt wird, ein Temperaturgefälle in der Richtung nach außen also hier nicht auftritt und so dem Meßorgan (Thermometerkugel, Thermoelementlötstelle usw.) keine Wärme entzogen wird und damit auch keine Störung der Gastemperatur nahe der Meßstelle erfolgt. Die zweite Maßnahme verbessert den Wärmeübergang an der Meßstelle und verringert daher die Temperaturdifferenz zwischen Gas und Meßorgan. Notfalls hat man sogar zu dem Hilfsmittel gegriffen, das Thermometer axial in ein enges Ansatzrohr zu bringen, durch das man einen Teil von dem zu messenden Gas mit großer Geschwindigkeit ausströmen läßt[1]). In einfacherer Weise kann man den Wärmeübergang verbessern, indem man die mit dem Gas in Berührung kommende Oberfläche vergrößert. Zu diesem Zweck empfiehlt Schmidt[2]), die das Thermometer umschließenden Metallrohre mit Rippen zu versehen, ähnlich wie das bei Heizkörpern von Sammelheizungen üblich ist. Die drittgenannte Maßnahme verringert die von der Temperaturdifferenz zwischen innen und außen bedingte Wärmeabgabe. Unter Umständen wird man daher Metallrohre, in denen die Thermometer sitzen, aus schlecht leitenden Metallen, wie Nickelstahl (s. Ziff. 19, S. 87) ausführen.

Besondere Schwierigkeiten macht die genaue Messung der Temperatur einer freien Oberfläche in einem Luftraum von anderer Temperatur. Wenn man von

---

[1]) Osc. Knoblauch u. K. Hencky, Anleitung zu genauen technischen Temperaturmessungen. München u. Berlin: R. Oldenbourg 1919 (Fig. 62).

[2]) E. Schmidt, Ergänzungsheft „Technische Mechanik" der ZS. d. Ver. d. Ing. Bd. 69. 1925.

Meßgeräten nach dem Strahlungsprinzip absieht, so muß im allgemeinen das Meßorgan auf die zu messende Fläche aufgebracht werden. Dabei staut es einmal durch seinen eigenen Wärmedurchgangswiderstand die Wärme, die vor dem Aufbringen des Instrumentes von der Oberfläche an die Luft überging. Andererseits wird im allgemeinen die wärmeabgebende Fläche vergrößert und daher die Wärmeabgabe vermehrt. Ferner kann die veränderte Form und Beschaffenheit der Oberfläche den Wärmeübergang beeinflussen. Endlich werden die von der Oberfläche weg gerichteten Teile des Meßgerätes (die Kapillare und der Quecksilberfaden eines Thermometers, die Zuführungsdrähte von Thermoelementen) Wärme ableiten. Durch all diese Umstände können bei der Messung der Temperatur einer Oberfläche unter Umständen Fehler von vielen Graden hervorgerufen werden[1]). Mit einem Quecksilberthermometer Oberflächentemperaturen richtig zu messen, ist daher fast unmöglich. Es muß nämlich verlangt werden,

daß das Meßorgan die Oberfläche vollkommen berührt, damit kein wesentliches Temperaturgefälle zwischen Wand und Instrument eintreten kann; das Meßorgan muß möglichst dünn sein, damit die Größe der wärmeabgebenden Oberfläche nur wenig verändert wird, und selbst gut leiten, damit es keinen Wärmestau hervorruft; endlich sollte die Oberfläche des Meßgerätes der ursprünglichen Oberfläche möglichst ähnlich sein, damit die Wärmeübergangszahl nur wenig verändert wird. All dies wird z. B. erreicht durch ein von K. HENCKY angegebenes Oberflächenthermoelement (Abb. 33 u. 34), bestehend aus einer dünnen Kupferscheibe mit einer spiraligen Nut N, in deren Mitte sich die Lötstelle eines Thermoelementes befindet,

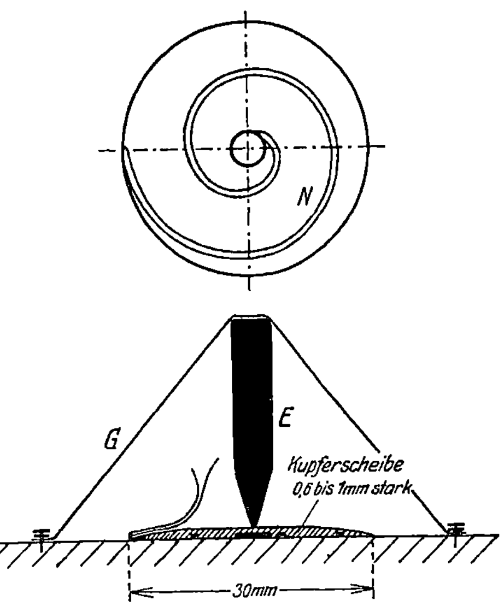

Abb. 33 und 34.   Oberflächenthermoelement nach K. HENCKY.

während die Thermoelementendrähte in der Nut, in die sie eingekittet sind, ein Stück weit isotherm geführt werden, ehe sie die Oberfläche verlassen. Das Kupferblech läßt sich gut an die zu untersuchende Oberfläche anschmiegen und gleicht die Temperaturunterschiede aus. Die Thermoelementendrähte nächst der Lötstelle liegen in einem konstanten Temperaturfeld, so daß keine Wärme von der Lötstelle durch die Drähte abgeführt wird, wodurch sich die Temperatur der Lötstelle erniedrigen würde. Die Oberfläche des Kupferplättchens kann durch einen Anstrich u. dgl. der Oberfläche des Körpers gleichgemacht werden. Das Plättchen wird durch ein zugespitztes Ebonitstäbchen E mit Gummischnüren G an die Oberfläche, deren Temperatur bestimmt werden soll, angedrückt. Die Wärmeabgabe dieser Oberfläche wird dann kaum gestört und praktisch ebenso groß sein wie vor dem Aufsetzen des Meßgerätes.

Komplizierter ist das „abstimmbare" Oberflächenthermoelement VAN RINSUMS[2]). Es besteht aus einem auf die Oberfläche aufzulegenden Metallplättchen

---

[1]) S. hierüber W. NUSSELT, Forschungsarbeiten, herausgeg. vom Ver. d. Ing. 1909, Heft 63 u. 64, S. 26.

[2]) W. VAN RINSUM, Forschungsarb. Ver. d. Ing. Heft 228. 1920.

und einem damit metallisch verbundenen und dazu senkrecht stehenden Blech mit einem beweglichen Blechschieber mit Skaleneinteilung, durch den die Oberfläche des Meßgerätes verändert werden kann. Man kann bei bekannter Oberflächentemperatur durch Verstellen des Schiebers erreichen, daß das in der Mitte des Plättchens angebrachte Thermoelement zu hohe oder zu niedrige Temperatur anzeigt, und das Instrument daher empirisch auf richtige Temperaturangabe einstellen[1]).

In der technischen Gasanalyse macht man insbesondere bei Rauchgasprüfungen nach dem Vorgang von Koepsel[2]) Gebrauch von der verschieden großen Kühlwirkung verschiedener Gase, die z. B. aus Gleichung (70b) ohne weiteres hervorgeht[3]). Man saugt dabei das zu untersuchende Gasgemisch in einem Röhrchen an einem elektrisch geheizten Draht vorbei, kühlt diesen dadurch je nach der Art des Gemisches verschieden stark und zieht aus der mit der Abkühlung verbundenen Änderung des elektrischen Widerstandes des Drahtes Schlüsse über die Zusammensetzung des Gasgemisches. Bei der praktischen Ausbildung des Apparates wird gewöhnlich eine Kombination von zwei Röhrchen verwendet, in dem einen das zu analysierende Gemisch, in dem anderen meistens Luft strömt oder ruht. Bei langsamem Strömen des Gases wird nämlich, wie ebenfalls aus Gleichung (70b) hervorgeht, die Wärmeabgabe durch die Geschwindigkeit viel weniger beeinflußt als durch die reine Wärmeleitfähigkeit. Da nun z. B. Kohlensäure die Wärme um etwa 40% schlechter leitet als die übrigen wesentlichen Bestandteile von Feuerungsabgasen (Stickstoff, Sauerstoff, Kohlenoxyd), so kann man ihren Kohlensäuregehalt unter Anwendung einer Brückenmethode mit ruhender Luft als Vergleichsgas leicht bestimmen[4]).

Koepsel[2]) hat wohl auch als erster vorgeschlagen, die Widerstandsabnahme eines Heizdrahtes infolge der abkühlenden Wirkung vorbeiströmenden Gases zur Messung der Gasgeschwindigkeit zu benutzen. Unabhängig davon scheint bald nachher Kennelly[5]) auf den gleichen Gedanken gekommen zu sein. Die ersten Messungen darüber haben Bordini[6]) und Morris[7]) ausgeführt und beschrieben. Ein über den Querschnitt der Strömung integrierendes Anemometer hat Gerdien[8]) angegeben. Eine sehr ausführliche, vom theoretischen wie vom praktischen Standpunkt gleich bemerkenswerte Darstellung des ganzen Gegenstandes hat King[9]) veröffentlicht. Keiner dieser Forscher scheint von den Arbeiten seiner Vorgänger etwas gewußt zu haben, mit Ausnahme von King, der auch die einschlägige Literatur ausführlich behandelt, dem jedoch gerade die Arbeit von Koepsel, der die Priorität vor allen gebührt, entgangen zu sein scheint. Bei dem von King ausgebildeten Hitzdrahtanemometer wird ein einziger feiner Draht in die zu untersuchende Strömung gebracht. Das

---

[1]) Weiteres über die Messung von Oberflächentemperaturen s. in dem obenerwähnten Buch von Knoblauch u. Hencky. Die Oberflächentemperaturmessung in der Elektrotechnik ist behandelt bei M. Jakob, Arch. f. Elektrot. Bd. 8, S. 126. 1919.

[2]) A. Koepsel, Verh. d. D. Phys. Ges. Bd. 10, S. 814. 1908.

[3]) Gleichung (70b) bezieht sich zwar auf eine Gasströmung senkrecht zum Draht, während man bei dem genannten Verfahren das Gas parallel zum Gas strömen läßt. Für die Erklärung des Prinzips der Methode ist dies jedoch ohne Belang.

[4]) Siehe z. B. M. Moeller, ZS. d. Ver. d. Ing. Bd. 65, S. 1314. 1921.

[5]) Kennelly, Trans. Amer. Inst. El. Eng. Bd. 28, S. 363. 1909.

[6]) U. Bordini, Cim. (6) Bd. 3, S. 241. 1912 (April).

[7]) I. T. Morris, Engineer vom 27. Sept. 1912.

[8]) H. Gerdien, Verh. d. D. Phys. Ges. Bd. 15, S. 961. 1913; s. auch H. Gerdien u. R. Holm, Wiss. Veröffentl. a. d. Siemens-Konz. Bd. 1, S. 107. 1920.

[9]) L. V. King, Phil. Trans. (A) Bd. 214, S. 373. 1914 u. Proc. Roy. Soc. London Bd. 90, S. 563. 1914.

Instrument ist daher besonders geeignet zur Untersuchung der Geschwindigkeitsverteilung in turbulenten Strömen und an Stellen hoher Temperaturgradienten, wie sie besonders nahe an Wänden und Strömungshindernissen bestehen. Der Vorzug des einzelnen feinen Drahtes besteht darin, daß das Meßorgan keine nennenswerte Störung der Strömung hervorruft.

Die verschieden gute Kühlwirkung der Gase wird aber nicht nur meßtechnisch benutzt. In der Elektrotechnik werden für mancherlei Zwecke Eisenwiderstände verwendet, bei denen große Wärmeabgabe und somit hohe Strombelastbarkeit dadurch erzielt wird, daß die Drähte in einer Wasserstoffatmosphäre in Glaskolben gelagert sind. In ganz ähnlichem Vorgehen hat man neuerdings große, schnellaufende elektrische Maschinen in ein Gehäuse gesetzt, durch das nicht Luft, wie bisher üblich, sondern Wasserstoff gepumpt wird, der dann die in der Maschine aufgenommene Wärme in einem Röhrenkühler an Wasser abgibt; der abgekühlte Wasserstoff tritt dann wieder in die Maschine und beginnt seinen Kreislauf aufs neue. Durch Anwendung von Wasserstoff erreicht man nicht nur, daß der Reibungsverlust viel geringer und der Koronaeffekt (ds. Handb. XVII) in den Hochspannungswicklungen der Maschine weniger schädlich wird, sondern vor allem auch, daß sich die Maschine bei gleicher Leistung weniger erwärmt, einmal wegen der guten Wärmeleitung des die Zwischenräume in den Wicklungen ausfüllenden Wasserstoffs und dann wegen der im Vergleich zur Luftkühlung besseren Wärmeabgabe der Oberflächen der Maschine, über die das Gas mit großer Geschwindigkeit hinweggeblasen wird. Man kann daher für gleiche Leistung bei einer bestimmten zulässigen Erwärmung die Maschine kleiner dimensionieren und kommt auch im Vergleich mit Luftkühlung im geschlossenen Kreislauf zu kleineren Kühlern. Versuche im Großen mit diesem Kühlverfahren, das erstmals im Jahre 1916 von MAX SCHULER angegeben worden zu sein scheint[1]), sind von KNOWLTON, RICE und FREIBURGHOUSE[1]) veröffentlicht worden.

46. Der Temperatursprung an der Wand bei verdünnten Gasen. In der diesen Abschnitt einleitenden Ziff. 40 haben wir betont, daß die Wärme von einer Wand an ein Gas im allgemeinen ohne Temperatursprung übergehe. Bei der Strömung eines Gases längs einer Wand muß man sich die der Wand nächstliegenden Teilchen in Ruhe und von da in einer Grenzschicht schnelle Zunahme der Geschwindigkeit vorstellen. Nur bei starker Verdünnung des Gases tritt, wie KUNDT und WARBURG entdeckt haben, ein Gleiten des Gases an der Wand ein. Vom Standpunkt der kinetischen Gastheorie muß ein diesem Phänomen vollkommen analoges beim Wärmeübergang bestehen, nämlich ein Temperatursprung an der Wand, wie KUNDT und WARBURG vorausgesagt haben[2]).

Bezeichnet man beim Strömen eines Gases längs einer Wand mit v die Geschwindigkeit des Gases, mit v' die der Wand, mit n eine von der Grenzfläche ins Innere des Gases gezogene Normale, so gilt die Beziehung

$$\zeta \cdot \frac{dv}{dn} = v - v' , \tag{76}$$

wobei ζ eine Gleitzahl[3]) bedeutet. Die analoge Gleichung für den Fall des Wärmeübergangs lautet

$$\xi \cdot \frac{d\vartheta}{dn} = \vartheta - \vartheta' , \tag{77}$$

---

[1]) E. KNOWLTON, CH. W. RICE u. E. H. FREIBURGHOUSE, Journ. Amer. Inst. Electr. Eng. Bd. 44, S. 724. 1925; vgl. auch R. POHL, Arch. f. Elektrot. Bd. 12, S. 361. 1923.
[2]) A. KUNDT u. E. WARBURG, Pogg. Ann. Bd. 156, S. 177. 1875.
[3]) Mit geringer Abänderung der von HELMHOLTZ eingeführten Bezeichnung „Gleitungskoeffizient".

wenn ϑ die Temperatur des Gases, ϑ' die der Wand und somit $(\vartheta - \vartheta')$ der Temperatursprung ist. Im allgemeinen ist die Temperatursprungzahl $\xi = 0$. Bei verdünnten Gasen hat aber Smoluchowski in der Tat den von Kundt und Warburg vorausgesagten Temperatursprung nach deren Methode[1] zur Bestimmung der Wärmeleitzahl von Gasen (s. Ziff. 38) und durch eine stationäre Meßmethode[2], bei der der Temperaturabfall in den zwei Zwischenräumen von drei ineinandergesteckten Metallzylindern gemessen wurde, experimentell nachweisen können. Hiernach ist ξ der mittleren freien Weglänge der Gasmoleküle proportional, kann also bei verdünnten Gasen beträchtliche Werte annehmen.

$$\text{Für Luft fand Smoluchowski} \quad \xi = 0{,}000\,017\,1 \cdot \frac{760}{p} \, [\text{cm}],$$

$$\text{für Wasserstoff} \quad \xi = 0{,}000\,129 \cdot \frac{760}{p} \, [\text{cm}],$$

wobei p den Druck in mm Qu.-S. bedeutet. Auffallend ist dabei der große Wert von ξ für Wasserstoff. Während nämlich Kundt und Warburg fanden, daß ζ für Wasserstoff und Luft annähernd dasselbe Vielfache der mittleren Weglänge beträgt, ist ξ für Luft 1,70, für Wasserstoff aber 6,96mal so groß als die mittlere Weglänge. Später hat Warburg[3] das Versuchsverfahren verbessert, indem er statt Glasgefäßen zwei mit 1 mm Abstand ineinandergesteckte Messinggefäße von Reagensglasform verwandte, deren inneres Wasser und einen Rührer enthielt, während das äußere in schmelzendes Eis gebracht wurde; durch das geringe Wärmeleitvermögen des Glases bedingte Fehler wurden dadurch vermieden. Mit diesem Apparat erhielt Gehrcke[4] statt der obenerwähnten Faktoren 1,70 und 6,96 die Werte 1,83 und 5,70, also immerhin qualitativ eine Bestätigung der Beobachtungen Smoluchowskis.

Bezüglich der von Smoluchowski (a. a. O.) gegebenen gastheoretischen Deutung des Temperatursprungphänomens muß auf Bd. IX dieses Handbuches verwiesen werden. Dagegen soll hier noch eine, ebenfalls von Smoluchowski[5] angeregte praktische Anwendung des Temperatursprungs besprochen werden.

Nach der Definitionsgleichung (77) würde ein Temperaturabfall von der Größe des Temperatursprunges $(\vartheta - \vartheta')$ auch erfolgen, wenn die Wand um eine Strecke ξ in der Richtung $-n$ weiter herausgerückt wäre; ξ aber ist proportional und der Größenordnung nach gleich der mittleren Weglänge. Wir betrachten nun die Wärmeströmung zwischen zwei parallelen, um eine Strecke l voneinander entfernten Wänden in einem Gas, dessen Wärmeleitzahl λ sei. In diesem Falle ist

$$Q = \frac{\lambda \cdot f \cdot (\vartheta_1 - \vartheta_2)}{l} \cdot t. \tag{1}$$

Schiebt man nun eine sehr gut leitende Platte von der Dicke d in den Zwischenraum, so wird die von der Wärme zu durchlaufende Gasstrecke um d verkleinert, durch die Temperatursprünge an den beiden Flächen der eingeschobenen Platte aber um 2ξ vergrößert. Statt l ist also in Gleichung (1) $l - d + 2\xi$ einzusetzen. Bei zunehmender Verdünnung des Gases wird 2ξ immer größer und schließlich größer als d. Von da an nimmt die Wärmeleitung der Gasschicht um so mehr ab, je mehr Zwischenwände man einschiebt. In verdünnter Luft könnte also durch

[1] M. Smoluchowski, Wied. Ann. Bd. 64, S. 101. 1898.
[2] M. Smoluchowski, Wiener Ber. Bd. 108 (IIa), S. 5. 1899.
[3] E. Warburg, Ann. d. Phys. (4) Bd. 2, S. 102. 1900.
[4] E. Gehrcke, Ann. d. Phys. (4) Bd. 2, S. 107. 1900.
[5] M. Smoluchowski, Bull. de l'Acad. de Cracovie 1910, S. 129 u. 1911, S. 548, sowie Referat vom II. Internat. Kältekongreß Wien 1910.

Einlegen vieler paralleler Metallwände die Wärmeleitung verringert werden. SMOLUCHOWSKI hat vorgeschlagen, Räume mit verdünntem Gas mit feinen Pulvern auszufüllen, um auf diese Weise viele Übergangs- und Temperatursprungstellen zu schaffen. Auf diese Weise fand er z. B. für Zinkstaub von 0,0062 mm Kornstärke bei einem Luftdruck von 25 mm Qu.-S. bereits einen größeren Wärmeleitwiderstand als bei konvektionsfreier Luft. Es scheint nicht ausgeschlossen, daß das SMOLUCHOWSKIsche Isolierverfahren noch praktische Bedeutung gewinnt.

VIII. Wärmeleitung in einer Folge von festen, flüssigen und gasförmigen Körpern (Wärmedurchgang).

47. Bestimmung der Wärmedurchgangszahl aus den Wärmeleitzahlen und Wärmeübergangszahlen der Anordnung. Abb. 35 stelle drei parallele Wände F_{23}, F_{56}, F_{67} aus verschiedenen Stoffen dar, die an bewegte Flüssigkeiten oder Gase G_1, G_4, G_8 angrenzen und von einer linearen Wärmeströmung durchsetzt werden sollen, und zwar ströme durch ein Flächenstück f in der Zeit t die Wärmemenge Q. Die Dicke der Wände sei mit l_{23}, l_{56}, l_{67}, die Temperatur ihrer Oberflächen mit ϑ_2, ϑ_3, ϑ_5, ϑ_6, ϑ_7, die einheitlich gedachte Temperatur der Flüssigkeiten oder Gase mit ϑ_1, ϑ_4, ϑ_8 bezeichnet. λ_{23}, λ_{56}, λ_{67} seien die Wärmeleitzahlen der Wände, α_{12}, α_{34}, α_{45}, α_{78} die Wärmeübergangszahlen an den verschiedenen Übergangsflächen. Dann gelten nach Gleichung (1) und (4) die folgenden Beziehungen:

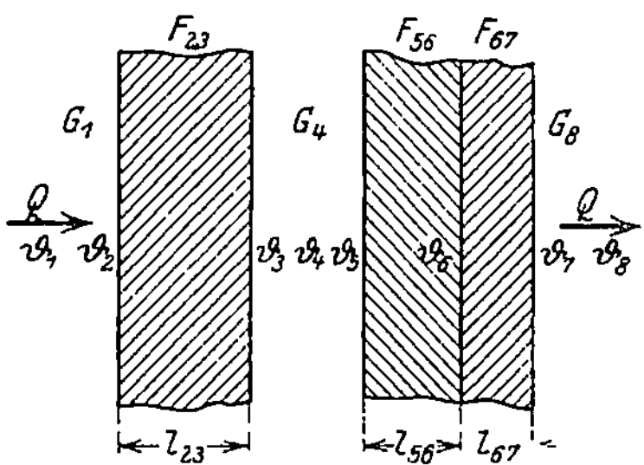

Abb. 35. Wärmedurchgang durch eine zusammengesetzte Wand.

$$Q = \alpha_{12}(\vartheta_1 - \vartheta_2)\, f \cdot t\,,$$

$$Q = \frac{\lambda_{23}}{l_{23}}(\vartheta_2 - \vartheta_3)\, f \cdot t\,,$$

$$Q = \alpha_{34}(\vartheta_3 - \vartheta_4)\, f \cdot t\,,$$

$$Q = \alpha_{45}(\vartheta_4 - \vartheta_5)\, f \cdot t\,,$$

$$Q = \frac{\lambda_{56}}{l_{56}}(\vartheta_5 - \vartheta_6)\, f \cdot t\,,$$

$$Q = \frac{\lambda_{67}}{l_{67}}(\vartheta_6 - \vartheta_7)\, f \cdot t\,,$$

$$Q = \alpha_{78}(\vartheta_7 - \vartheta_8)\, f \cdot t\,.$$

Aus diesen 7 Gleichungen lassen sich die Temperaturen ϑ_2, ϑ_3, ϑ_4, ϑ_5, ϑ_6 und ϑ_7 eliminieren, und man erhält so, wenn man noch für $\dfrac{Q}{(\vartheta_1 - \vartheta_8) f \cdot t}$ nach der Definitionsgleichung (5) die Wärmedurchgangszahl k einführt:

$$k = \cfrac{1}{\cfrac{1}{\alpha_{12}} + \cfrac{l_{23}}{\lambda_{23}} + \cfrac{1}{\alpha_{34}} + \cfrac{1}{\alpha_{45}} + \cfrac{l_{56}}{\lambda_{56}} + \cfrac{l_{67}}{\lambda_{67}} + \cfrac{1}{\alpha_{78}}}$$

oder, wenn man nun durch das Zeichen Σ eine beliebige Anzahl aufeinander-
folgender Wärmeleitungen und Wärmeübergänge kennzeichnet

$$k = \frac{1}{\sum \frac{1}{\alpha} + \sum \frac{l}{\lambda}}. \tag{78}$$

Die Berechnung wird besonders bequem, wenn man die reziproken Werte von k,
α und $\frac{\lambda}{l}$ einführt, die mit K, A und Λ bezeichnet und wie in Ziff. 5 Wärme-
widerstände genannt werden mögen. Gleichung (78) geht dann über in

$$K = \Sigma A + \Sigma \Lambda. \tag{78a}$$

Man kann also den gesamten Wärmedurchgangswiderstand einer Anordnung
durch Summieren der einzelnen Wärmeleit- und Wärmeübergangswiderstände
in vollkommener Analogie zur Berechnung hintereinander geschalteter elektrischer Widerstände berechnen und ist in der Lage, wenn man die Wärmeleitzahlen und Wärmeübergangszahlen einer komplizierten Anordnung, z. B. der
Wände eines Hauses, nach den Lehren der vorigen Kapitel kennt, daraus ihren
gesamten Wärmewiderstand zu berechnen.

Praktisch besonders wichtig und häufig ist der Fall nicht ebener, sondern
kreiszylindrischer, konaxial angeordneter Wände, die radial von Wärme durchströmt werden. Dieser Fall liegt z. B. bei einem Rohr vor, das von einer heißen
Flüssigkeit durchströmt wird, außen mit einem Wärmeschutzmittel überzogen
ist und Wärme an die umgebende Luft abgibt. Auch für diesen Fall läßt sich
unter Benutzung von Gleichung (28) eine der Gleichung (78) entsprechende
einfache Gleichung leicht ableiten.

48. Der Wärmedurchgang bei veränderlicher Wärmeströmung. Ganz
besonders verwickelt ist das Problem des Wärmedurchganges bei nicht stationärer
Strömung, das in der Technik sehr häufig auftritt. Es scheint in der Regel ein
verzweifeltes Beginnen, eine derartige Aufgabe rechnerisch überhaupt lösen zu
wollen. Nun lassen sich aber die in der Praxis eine Rolle spielenden Körper vielfach näherungsweise durch einfache geometrische Körper ersetzen, für die unter
gewissen vereinfachenden Annahmen die Lösung der Aufgabe möglich ist. In
Erkenntnis dieser Sachlage hat Gröber[1]) die Erwärmung und Abkühlung
einiger einfacher geometrischer Körper berechnet und seine Ergebnisse in eine
Form gebracht, in der sie allgemein leicht verwendbar sind.

Die von ihm gelöste Aufgabe lautet: Eine Kugel (bzw. ein sehr langer
Zylinder oder eine sehr große Platte) von einheitlicher Anfangstemperatur ϑ_a
wird plötzlich in eine Umgebung von anderer Temperatur gebracht, die stets als 0
bezeichnet wird, von der aus also die Temperatur gezählt werden soll: 1. wie
verläuft die Oberflächentemperatur ϑ_0 des Körpers mit der Zeit t; 2. wie die
Temperatur ϑ_m seines Mittelpunktes; 3. welche Wärme Q wird bis zur Zeit t
abgegeben?

Die Lösung der Differentialgleichungen führt unter der vereinfachenden
Annahme konstanter Wärmeleitzahl, Temperaturleitzahl und Wärmeübergangszahl zu folgenden Ausdrücken[2]): (Bedeutung der Bezeichnungen s. weiter
unten):

---

[1]) H. Gröber, ZS. d. Ver. d. Ing. Bd. 69, S. 705. 1925.
[2]) Ableitung s. z. B. H. Gröber, Die Grundgesetze der Wärmeleitung und des Wärmeüberganges, S. 44, 51 u. 54. Berlin: Julius Springer 1921.

1. für die Kugel vom Radius r:

$$\vartheta_0 = \vartheta_a \sum_{k=1}^{k=\infty} 2 \cdot \frac{\sin \nu_k - \nu_k \cos \nu_k}{\nu_k - \sin \nu_k \cos \nu_k} e^{-\nu k^2 \frac{at}{r^2}} \cdot \frac{\sin \nu_k}{\nu_k} \qquad = \vartheta_a \Phi_0\left(\frac{at}{r^2}, \frac{\alpha}{\lambda} \cdot r\right) \quad (79\,\text{a})$$

$$\vartheta_m = \vartheta_a \sum_{k=1}^{k=\infty} 2 \cdot \frac{\sin \nu_k - \nu_k \cos \nu_k}{\nu_k - \sin \nu_k \cos \nu_k} e^{-\nu k^2 \frac{at}{r^2}} \qquad = \vartheta_a \Phi_m\left(\frac{at}{r^2}, \frac{\alpha}{\lambda} \cdot r\right) \quad (80\,\text{a})$$

$$Q = \frac{4}{3} r^3 \pi \cdot c \cdot \gamma \cdot \vartheta_a \sum_{k=1}^{k=\infty} 6 \cdot \frac{1}{\nu_k^3} \cdot \frac{(\sin \nu_k - \nu_h \cos \nu_k)^2}{\nu_k - \sin \nu_k \cos \nu_k}\left(1 - e^{-\nu k^2 \frac{at}{r^2}}\right) = Q_a \Psi\left(\frac{at}{r^2}, \frac{\alpha}{\lambda} \cdot r\right) \quad (81\,\text{a})$$

2. für den unendlich langen Zylinder vom Radius r:

$$\vartheta_0 = \vartheta_a \sum_{k=1}^{k=\infty} 2 \cdot \frac{1}{\mu_k} \cdot \frac{J_1(\mu_k)}{J_0^2(\mu_k) + J_1^2(\mu_k)} \cdot e^{-\mu k^2 \frac{at}{r^2}} \cdot J_0(\mu_k) \qquad = \vartheta_a \Phi_0\left(\frac{at}{r^2}, \frac{\alpha}{\lambda} \cdot r\right) \quad (79\,\text{b})$$

$$\vartheta_m = \vartheta_a \sum_{k=1}^{k=\infty} 2 \cdot \frac{1}{\mu_k} \cdot \frac{J_1(\mu_k)}{J_0^2(\mu_k) + J_1^2(\mu_a)} \cdot e^{-\mu k^2 \frac{at}{r^2}} \qquad = \vartheta_a \Phi_m\left(\frac{at}{r^2}, \frac{\alpha}{\lambda} \cdot r\right) \quad (80\,\text{b})$$

$$Q = r^2 \pi \cdot l \cdot c \cdot \gamma \cdot \vartheta_a \sum_{k=1}^{k=\infty} 4 \cdot \frac{1}{\mu_k^2} \cdot \frac{J_1^2(\mu_k)}{J_0^2(\mu_k) + J_1^2(\mu_k)}\left(1 - e^{-\mu k^2 \frac{at}{r^2}}\right) \quad = Q_a \Psi\left(\frac{at}{r^2}, \frac{\alpha}{\lambda} \cdot r\right) \quad (81\,\text{b})$$

3. für die unendlich große einseitig völlig isolierte Platte von der Dicke r:

$$\vartheta_0 = \vartheta_a \sum_{k=1}^{k=\infty} 2 \cdot \frac{\sin \delta_k}{\delta_k + \sin \delta_k \cos \delta_k} e^{-\delta k^2 \frac{at}{r^2}} \cos \delta_k \qquad (79\,\text{a})$$

$$\vartheta_m = \vartheta_a \sum_{k=1}^{k=\infty} 2 \cdot \frac{\sin \delta_k}{\delta_k + \sin \delta_k \cos \delta_k} e^{-\delta k^2 \frac{at}{r^2}} \qquad (80\,\text{c})$$

$$Q = f \cdot r \cdot c \cdot \gamma \cdot \vartheta_a \sum_{k=1}^{k=\infty} 2 \cdot \frac{\sin^2 \delta_k}{\delta_k^2 + \delta_k \sin \delta_k \cos \delta_k}\left(1 - e^{-\delta k^2 \frac{at}{r^2}}\right). \qquad (81\,\text{c})$$

Darin bedeuten:

ν_k die unendlich vielen Wurzeln der Gleichung $\nu \cos \nu = (1 - \alpha \cdot r/\lambda) \sin \nu$,

μ_k die unendlich vielen Wurzeln der Gleichung $\mu J_1(\mu) = \alpha \cdot r/\lambda\, J_0(\mu)$, wobei
J_0 und J_1 die BESSELschen Funktionen nullter und erster Ordnung sind,

δ_k die unendlich vielen Wurzeln der Gleichung $\delta \sin \delta = (\alpha \cdot r/\lambda) \cos \delta$,

l die Länge eines aus dem unendlich langen Zylinder und

f die Fläche eines aus der unendlich großen Platte herausgeschnittenen
Stückes, das die Wärme Q abgibt.

Da ν_k, μ_k und δ_k nur von $\alpha \cdot r/\lambda$ abhängt, sind, wie man sieht, die Summen
Funktionen von nur zwei dimensionslosen Größen $\alpha \cdot r/\lambda$ und at/r^2. GRÖBER
bezeichnet diese Funktionen mit Φ_0, Φ_m und Ψ und erhält statt der Gleichungen
(79a) bis (81c) nur die drei Gleichungen

$$\vartheta_0 = \vartheta_a \Phi_0\left(\frac{\alpha}{\lambda} \cdot r, \frac{at}{r^2}\right) \qquad (79)$$

$$\vartheta_m = \vartheta_a \Phi_m\left(\frac{\alpha}{\lambda} \cdot r, \frac{at}{r^2}\right) \qquad (80)$$

$$Q = Q_a \Psi\left(\frac{\alpha}{\lambda} \cdot r, \frac{at}{r^2}\right). \qquad (81)$$

Er hat diese Funktionen für die drei genannten geometrischen Körperformen ausrechnen lassen und die Verhältnisse ϑ_0/ϑ_a, ϑ_m/ϑ_a und Q/Q_a in Zahlentafeln und Diagrammen dargestellt[1]). Die Berechnung von ϑ_0, ϑ_m und Q für alle möglichen Verhältnisse ist damit auf eine einfache Division reduziert.

Aus dem Fall der einseitig isolierten Platte folgt unmittelbar der der beiderseits freien Platte durch die Überlegung, daß im zweiten Fall in gleichem Abstand von den freien Flächen aus Symmetriegründen keine Wärme nach der einen oder anderen Fläche strömt. Man kann die beiderseits freie Platte also durch Zerschneiden durch eine mittlere Ebene als zwei einseitig völlig isolierte Platten von halber Dicke darstellen.

Temperaturschwankungen in Metallwänden hat in besonders sorgfältiger Weise Nägel[2]) mittels feiner Thermoelemente und eines Saitengalvanometers an einer Gleichstromdampfmaschine gemessen und Eichelberg[3]) am Beispiel eines Zweitakt-Dieselmotors rechnerisch behandelt. Die von dem letztgenannten Forscher betrachteten Wände grenzen einerseits an Kühlwasser und haben dort unveränderliche Temperatur, andererseits an das Gas des Motors, dessen Temperatur aus dem Indikatordiagramm als eine periodische Funktion der Zeit gegeben ist und nach Fourier in eine unendliche Reihe zerlegt werden kann. Eichelberg beschränkt sich nicht auf den von Gröber behandelten Fall konstanter Wärmeübergangszahl, sondern berücksichtigt auch die zeitlichen Änderungen dieser Größe, die auf Grund einer Gleichung von Latzko und einiger Versuche von Eichelberg während eines Umlaufs der Maschine zwischen etwa 100 und 1500 schwanken soll. Bezüglich der Einzelheiten muß auf die Originalarbeit verwiesen werden. Aus dem Ergebnis soll nur folgendes erwähnt werden: Trotzdem die Gastemperaturen in den weiten Grenzen von ungefähr 1500° schwanken, beeinflussen die Temperaturschwingungen in der Wand den stationären Temperaturverlauf nur bis zu einer Tiefe von etwa 5 mm. Gleichwohl schwankt die Wärmeabgabe des Gases an die Wand während eines Umlaufs zwischen $+ 1{,}1 \cdot 10^6$ und $- 0{,}02 \cdot 10^6$ kcal $\cdot$ m^{-2} $\cdot$ h^{-1}. Die negativen Beträge treten während der Kompressionsperiode ein und bedeuten ein Rückströmen von Wärme aus der Wand (bis zu einer Wandtiefe von kaum 1 mm) an das Gas.

Ein anderer Fall von besonderer praktischer Bedeutung ist der des Anheizens von Räumen, Dampfkesseln u. dgl. Auch dabei spielt die reine Wärmeleitung durch die Wände und der Wärmeübergang gleichzeitig eine Rolle. Die einschlägigen Aufgaben können mit Benutzung von Differenzengleichungen sehr einfach nach einem von Schmidt[4]) angegebenen graphischen Verfahren gelöst werden.

49. Zwei Eigentümlichkeiten der Wärmeleitung und ihr Einfluß auf Forschung und Erkenntnis. Aus den Ausführungen der vorstehenden Abschnitte wird man gewiß den Eindruck gewonnen haben, daß eine außerordentlich umfangreiche Arbeit auf die Erforschung der Wärmeleitung verwandt worden ist, und man wird vielleicht den Wirkungsgrad dieser Forschung, wenigstens was die in den Abschnitten II bis VI hauptsächlich behandelte Ermittlung der wichtigsten Grundeinheit, der Wärmeleitzahl der Stoffe, anlangt, als nicht sehr befriedigend ansehen. Entspricht nun die Bedeutung des Wärmeleitungsproblems der aufgewandten Arbeit, und woher kommt das ungünstige Verhältnis zwischen Arbeit und Erfolg?

[1]) Siehe H. Gröber, ZS. d. Ver. d. Ing. Bd. 69, S. 705. 1925.

[2]) A. Nägel, ZS. d. Ver. d. Ing. Bd. 57, S. 1074. 1913; s. auch M. Jakob, Arch. f. Wärmewirtsch. u. Dampfkesselwes. Bd. 7, S. 90. 1926.

[3]) G. Eichelberg, Forschungsarbeiten, herausgeg. vom Ver. d. Ing. Heft 263, S. 17 bis 22. 1923.

[4]) E. Schmidt, Festschr. zum 70. Geburtstag Aug. Föppls, S. 179, Julius Springer 1924, u. Gesundheits-Ing. Bd. 47, S. 585. 1924.

Die Bedeutung der Wärmeleitung für die physikalische und technische Forschung kann kaum überschätzt werden, weil die Temperatur, ihre Unterschiede und Schwankungen und der dadurch bedingte Wärmeaustausch in der Natur und im Gewerbe bei fast jedem Prozeß eine Rolle spielen. Diese universelle Bedeutung der Wärmeleitung, wie die im Vergleich mit anderen Gebieten der Naturwissenschaften geringen Erfolge der Meßtechnik werden durch zwei Eigentümlichkeiten der Wärmeleitung bedingt, nämlich durch das Fehlen natürlicher, praktisch vollkommener Isolatoren und durch die Langsamkeit des Wärmeaustausches. Es liegt nahe, die Leitung der Elektrizität zum Vergleich heranzuziehen: Den elektrischen Strom kann man in genau vorgeschriebenen Bahnen lenken, weil man sehr vollkommene elektrische Leiter und noch vollkommenere Isolatoren besitzt, und die überaus große Geschwindigkeit der Fortleitung der Elektrizität läßt viele elektrische Vorgänge auch schnell überblicken.

Für die Wärmeübertragung fehlen aber vollkommene Isolatoren (das die Wärmeleitung unterdrückende Vakuum ist andererseits ein vollkommenes Medium für die Wärmeübertragung durch Strahlung). Daher breitet sich die Wärme überall durch die Materie fort, und alle Wärmemessungen begegnen der großen Schwierigkeit, daß man die zu messende Energie nicht in bestimmten Bahnen halten kann und daher komplizierte Wärmeverlustberechnungen nötig hat. Die langsame Ausbreitung der Wärme durch Leitung andererseits bringt es mit sich, daß man bei Versuchen entweder sehr lange auf stationäre Zustände warten oder mit den schwierigen Gleichungen des nicht stationären Zustandes arbeiten muß. Man vergleiche die Messung des elektrischen Widerstandes eines Metalldrahtes, die etwa auf 1% genau erfolgen soll, und die der Wärmeleitfähigkeit! Im ersten Fall: Einschalten des Drahtes in eine Leitung und Momentanmessung von Strom und Spannung. Die Messung der Wärmeleitfähigkeit eines Stabes auf 1% aber ist eine Aufgabe, die höchstens in vorzüglich eingerichteten Instituten mit großem Aufwand von Zeit und wissenschaftlichen Apparaten gelegentlich gelungen sein mag. Auch die Meßgeräte leiden unter diesen Mängeln. Man vergleiche ein Amperemeter mit dem in Ziff. 28 beschriebenen Wärmeflußmesser!

Da reine Flüssigkeiten und Gase nicht wie für Elektrizität, so auch für die Wärme Isolatoren sind, tritt zu der einfachen Wärmeleitung in der Regel der Wärmeübergang zwischen festen Körpern und mehr oder minder bewegten Flüssigkeiten oder Gasen, ungewollt oder in beabsichtigter, künstlicher Kombination. Hierbei häufen sich die Schwierigkeiten durch die Verquickung der komplizierten Vorgänge der Flüssigkeits- und Gasströmung mit den Gesetzen der Wärmeleitung. Immerhin hat man gerade auf diesem in den Abschnitten VII und VIII behandelten Gebiet neuerdings große Fortschritte erzielt.

Die beiden erwähnten Eigentümlichkeiten und der Mißstand, daß nur wenige moderne Physiker auf dem Gebiet der Wärmeleitung arbeiten, sind schuld daran, daß eine so einfache Materialkonstante wie die Wärmeleitzahl für viele Stoffe noch recht ungenau bekannt ist, und daß daher wichtige experimentelle Grundlagen nicht nur für die Erforschung des Mechanismus der molekularen Wärmeübertragung, sondern für unsere ganze Kenntnis vom Aufbau und den inneren Kräften der Materie noch fehlen.

Kapitel 3

Thermodynamik der Atmosphäre.

Von

A. Wegener, Graz.

Mit 4 Abbildungen.

a) Die vertikale Druckabnahme.

1. Die barometrische Höhenformel. Erhebt man sich in der Atmosphäre um die kleine Höhe dh (gemessen in m), so nimmt der Luftdruck p (gemessen im m-kg-sec-System) um das Gewicht der Luftsäule von der Höhe dh ab:

$$dp = -g \cdot \varrho \cdot dh \,,$$

wo g die Schwere, also unter $45°$ Breite und im Meeresniveau gleich 9,806 m/sec², und ϱ die Dichte der Luft oder die Masse (in Kilogramm) eines Kubikmeters Luft ist. Vergleichen wir diese für den Druck p und die absolute Temperatur T gültige Dichte ϱ mit derjenigen ϱ_0 bei Normaldruck (p_0) und $273°$ absolut, so muß sein:

$$\frac{\varrho}{\varrho_0} = \frac{p}{p_0} \cdot \frac{273}{T} \,,$$

was eingesetzt die Differentialgleichung der vertikalen Druckabnahme ergibt:

$$\frac{dp}{p} = -g \cdot \frac{\varrho_0}{p_0} \cdot \frac{273}{T} \cdot dh \,. \tag{1}$$

Der Ausdruck:

$$\frac{p_0}{\varrho_0} \cdot \frac{1}{273} = R$$

ist die für das betreffende Gas oder Gasgemisch charakteristische „Gaskonstante". Um ihren Zahlenwert für trockene atmosphärische Luft gewöhnlicher Zusammensetzung zu erhalten, hat man für p_0 den Normaldruck in m-kg-sec-Einheiten einzusetzen, d. h. $10333 \text{ kg} \cdot g_{45} = 101325 \text{ kg m}^{-1} \cdot \text{sec}^{-2}$, und für ϱ_0 den Wert 1,293 kg/m³. Damit erhält man

$$R = 287 \text{ m}^2 \cdot \text{sec}^{-2} \cdot \text{grad}^{-1} \,.$$

An Stelle dieser Gaskonstante R wird jedoch in der Meteorologie oft eine andere Konstante

$$\frac{p_0}{\varrho_0} \cdot \frac{1}{g} = H$$

benutzt, die also mit R in der Beziehung steht:

$$g H = 273 \, R \,.$$

Dieser Konstanten H läßt sich eine physikalische Bedeutung beilegen. Da nämlich der Ausdruck

$$g \varrho_0 H = p_0$$

der gesamte Normalluftdruck, also das Gesamtgewicht einer Luftsäule vom Einheitsquerschnitt bis zur Grenze der Atmosphäre, darstellt, $g \varrho_0$ aber das Gewicht der untersten Höheneinheit dieser Luftsäule ist, so wäre offenbar H die Höhe der Atmosphäre, wenn die Luftdichte in allen Höhen die gleiche wäre, wie es bei einem inkompressiblen Medium der Fall sein müßte. Man nennt deshalb H die „Höhe der homogenen Atmosphäre". Zahlenmäßig erhält man für trockene Luft gewöhnlicher Zusammensetzung:

$$H = 7991 \text{ m}^1).$$

Je nachdem wir die Konstante R oder H verwenden, schreibt sich unsere Differentialgleichung (1):

$$\frac{dp}{p} = - \frac{g}{RT} dh \tag{1a}$$

oder

$$\frac{dp}{p} = - \frac{1}{H} \cdot \frac{273}{T} \cdot dh . \tag{1b}$$

Wir werden im folgenden von beiden Formeln Gebrauch machen. Zur Berechnung der vertikalen Druckabnahme in der Atmosphäre benutzt man gewöhnlich die Form (1b) mit der Konstante H. Im Falle die Temperatur T in bezug auf die Höhe konstant ist, läßt sich die Integration ausführen, und wir erhalten:

$$\log \mathrm{nat}\, p = \text{konst.} - \frac{1}{H} \cdot \frac{273}{T} \cdot h$$

Diese Gleichung muß auch für $h = 0$ gelten, wo $p = p_0$ ist. Setzen wir diese Werte ein, so zeigt sich, daß die Integrationskonstante gleich $\log \mathrm{nat}\, p_0$ ist. Wir können daher schreiben:

$$\log \mathrm{nat} \left(\frac{p_0}{p} \right) = \frac{1}{H} \cdot \frac{273}{T} \cdot h .$$

Multiplizieren wir beide Seiten der Gleichung noch mit dem Modul der BRIGG-schen Logarithmen 0,43429, so bekommen wir links statt des natürlichen den BRIGGschen Logarithmus und rechts statt H die sog. „Barometerkonstante" $\frac{H}{\text{Modul}}$, die für Luft gleich 18400 m ist. Führen wir noch Celsiusgrade und den Ausdehnungskoeffizienten aller Gase $\alpha = \frac{1}{273}$ ein, so erhalten wir die barometrische Höhenformel in ihrer einfachsten Gestalt:

$$\log \left(\frac{p_0}{p} \right) = \frac{h}{18400 (1 + \alpha t)} , \tag{2}$$

wobei h in Metern ausgedrückt ist.

Die Voraussetzung für die Integration war, wie erwähnt, daß die Temperatur in dem ganzen Höhenintervall h konstant ist. Dies ist nun in Wirklichkeit nicht der Fall, in der Regel nimmt vielmehr die Temperatur mit der Höhe

---

ab. Man benutzt deshalb für t das arithmetische Mittel der Temperaturen der unteren und oberen Station. Weicht der Temperaturverlauf zwischen den beiden Stationen stark vom linearen ab, oder ist der Höhenunterschied sehr groß, so teilt man das ganze Intervall in mehrere Teilabschnitte, die einzeln berechnet werden. Eine analytische Berücksichtigung der vertikalen Temperaturverteilung führt zu ziemlich komplizierten Ausdrücken und hat dabei wenig Wert, weil die vertikale Temperaturänderung je nach der Wetterlage starken Änderungen unterworfen ist und sich nicht streng in eine Formel bringen läßt.

Weiter gilt unsere Formel (2) nur für trockene Luft, und außerdem ist die Veränderlichkeit der Schwere mit der geographischen Breite und mit der Seehöhe vernachlässigt. Berücksichtigt man diese Einflüsse, so kommt man auf die komplizierteren Formeln der praktischen barometrischen Höhenmessung, von denen wir nur diejenige von Jordan anführen:

$$\Delta h = 18\,400 \log\left(\frac{p_0}{p}\right)(1 + \alpha t)\left(1 + 0{,}377\,\frac{e}{p}\right)(1 + 0{,}002\,65\,\cos 2\varphi)\left(1 + \frac{2h}{r}\right),$$

worin $\dfrac{e}{p}$ das Verhältnis des Wasserdampfdrucks zum Luftdruck als Mittel für die betrachtete Luftsäule, ferner φ und h die geographische Breite und Seehöhe, beides als Mittelwerte beider Stationen, und r den Erdradius bedeutet.

2. Barometrische Höhentafeln. Die im vorangehenden entwickelte statische Grundgleichung der Atmosphäre hat strenge Gültigkeit nur in ruhender Luft. Bei bewegter Luft können Abweichungen davon (vertikale Gradienten) auftreten von ähnlicher Größenordnung wie die bekannten horizontalen Luftdruckgradienten. Wegen der geringen Höhe der in Frage kommenden Schichten erreichen diese Abweichungen jedoch mit seltenen Ausnahmen niemals solche Größe, daß sie durch Messung feststellbar wären. Infolgedessen spielt die Druckverteilung in der Vertikalen in der Meteorologie nicht die Rolle eines Beobachtungselementes, sondern läßt sich, wenn nur die Temperaturverteilung bekannt ist, stets mit genügender Genauigkeit aus der statischen Grundgleichung berechnen. Dafür gewinnt man die Möglichkeit, auf die direkte Messung der Höhe zu verzichten und statt dessen den Druck zu beobachten, der dann mit Hilfe der Temperatur die Höhe exakt zu berechnen gestattet (barometrische Höhenmessung). So dient der Druck bei allen aërologischen Beobachtungen ausschließlich zur Höhenbestimmung, und selbst zu geodätischen Zwecken wird diese Methode vielfach verwendet, wenn sie auch an Genauigkeit hinter der trigonometrischen Höhenmessung zurücksteht.

In der Praxis benutzt man dazu jedoch nicht die oben angegebene Formel, sondern die nach derselben entworfenen Höhentafeln. Diejenigen von Jordan[1]), die bis 8000 m Höhe reichen, gelten für mitteleuropäische Verhältnisse. Sie geben die Seehöhe einfach als Funktion des Luftdruckes. Man entnimmt der Tafel die Höhen beider Luftdruckstationen und benutzt ihre Differenz, um von der bekannten auf die unbekannte Höhe zu schließen.

Für Überschlagsrechnungen kann man die Tabelle 1 benutzen.

Die zwischen die Höhenzahlen gedruckten kleinen Ziffern dienen zum Interpolieren und geben (in der Vertikalreihe) die Höhenänderung pro Millimeter Luftdruckänderung und (in der Horizontalreihe) diejenige Höhenänderung, die einer Änderung der Mitteltemperatur um 1° entspricht.

Für wesentlich andere Breiten, andere klimatische Verhältnisse sowie für sehr große Höhen werden die Jordanschen Tafeln merklich fehlerhaft. In

---

[1]) W. Jordan, Barometrische Höhentafeln für Tiefland und für große Höhen. Hannover 1896.

solchen Fällen sind die Höhentafeln von ANGOT[1]) vorzuziehen, die zunächst für trockene Luft, 0° C und 45° Breite gelten, aber alle Korrektionen in Neben-tafeln enthalten.

Für die Stratosphärengrenze (11 km Höhe; siehe Ziff. 4) ergibt sich, wenn im Meeresniveau 755 mm angenommen wird und die Mitteltemperatur

$$\frac{+9 - 55}{2} = -23° \text{ ist, ein Luftdruck}$$

von 168 mm. Rechnet man von hier aus mit der konstanten Temperatur $-55°$ weiter, so wird der Luftdruck in 15 km Höhe 90 mm, in 20 km Höhe 41 mm. Der niedrigste bisher in der Atmosphäre registrierte Druck betrug 10 mm und wurde in 29 km Höhe erreicht.

3. Zusammensetzung und Druck in den höheren Schichten.

Die bisherigen Erörterungen gelten unter der Annahme, daß das Mischungsverhältnis

Tabelle 1.

Berechnung der Seehöhe aus dem Barometerstand.

p in mm	+20°		0°		-20°
		Temperatur			
750	114	0,4	106	0,4	98
	11,9		11,0		10,2
700	710	2,6	658	2,4	609
	12,8		11,9		11,0
650	1349	4,8	1252	4,7	1158
	13,8		12,8		11,9
600	2040	7,4	1892	7,0	1751
	15,0		13,9		12,9
550	2791	10,1	2589	9,7	2395
	16,5		15,3		14,1
500	3614	13,1	3352	12,6	3101
	18,2		16,9		15,6
450	4523	16,4	4195	15,7	3881
	20,3		18,9		17,4
400	5539	20,0	5138	19,2	4753
	23,1		21,4		19,8
350	6692	24,3	6207	23,2	5743
	26,6		24,7		22,8
300	8022	29,0	7441	27,8	6884
	31,5		29,2		27,0
250	9596	34,8	8900	33,3	8234
	38,5		35,7		33,0
200	11521	41,7	10687	41,0	9886

des atmosphärischen Gasgemisches sich mit der Höhe nicht ändert (abgesehen vom Wasserdampf), was bis zu den bisher mit Ballons erreichten größten Höhen von 30 km auch mit genügender Näherung zutrifft. Für sehr große Höhen muß sich diese Zusammensetzung aber, wenn Diffusionsgleichgewicht herrscht, stark ändern, da nach dem DALTONschen Gesetz jede Gasart sich so verhält, als ob die anderen Gase gar nicht vorhanden wären. Infolgedessen nimmt der Partial-druck jedes Gases bei Diffusionsgleichgewicht nach seinem eigenen Gesetz mit der Höhe ab, wobei in der barometrischen Höhenformel die charakteristische Konstante H (oder R) des betreffenden Einzelgases einzusetzen ist. Der Wert dieser Konstante H ist um so größer, je leichter das Gas ist. Sie beträgt für

Tabelle 2.

Die Konstante H (Höhe der homogenen Atmosphäre) für verschiedene Gase.

Wasserstoff	Helium	Wasserdampf	Neon	Stickstoff	Sauerstoff	Argon	Kohlensäure
114 980	58 420	12 830	11 600	8861	7229	5801	5226 m

Für die spezifisch schweren Edelgase Krypton, Xenon usw. ist sie noch kleiner.

Zunächst ist nun zu berücksichtigen, daß beim Wasserdampf das DALTON-sche Diffusionsgleichgewicht auch nicht entfernt erfüllt ist, so daß wir den Wasser-dampf bei den folgenden Betrachtungen ganz aus dem Spiel lassen müssen. In der folgenden Tabelle ist ein Vergleich gegeben zwischen den wirklichen Dampfdrucken, wie sie SÜRING aus Drachenaufstiegen abgeleitet hat, und den-jenigen, die sich bei Diffusionsgleichgewicht aus dem am Boden herrschenden Partialdruck berechnen lassen. Letzterer ist dabei gleich 1 gesetzt:

Tabelle 3. Partialdruck des Wasserdampfes in Abhängigkeit von der Höhe.

Höhe	0	1	2	3	4	5	6	7	8 km
wirkl. Dampfdruck . . .	1	0,68	0,41	0,26	0,17	0,11	0,054	0,028	0,013
berechnet ,, . . .	1	0,93	0,86	0,79	0,73	0,67	0,62	0,57	0,51

[1]) Von A. DE QUERVAIN neu herausgegeben in Beiträge z. Phys. d. freien Atmosphäre Bd. 1, S. 68.

Die berechneten Werte können eben aus dem Grunde nicht existieren, weil die Luft in der Höhe wegen ihrer tiefen Temperatur nicht soviel Wasserdampf enthalten kann und diesen in Form von Niederschlag immer wieder ausscheidet.

Wir werden daher den Wasserdampf bei den folgenden Berechnungen nicht berücksichtigen.

Die Druckabnahme mit der Höhe ist um so langsamer, je leichter das Gas ist. Daher muß in sehr großen Höhen der Partialdruck der Hauptbestandteile Stickstoff und Sauerstoff an dem zwar von Anfang an kleinen, aber nur langsam sinkenden Partialdruck der leichten Gase Helium und Wasserstoff vorbeisinken, so daß schließlich diese in der Zusammensetzung vorherrschend werden. Die Rechnung ergibt, daß dies etwa in 70 bis 80 km Höhe eintritt. Dagegen treten Argon, Kohlensäure und die schweren Edelgase mit zunehmender Höhe immer mehr zurück, so daß sie überhaupt vernachlässigt werden können.

Da der Gesamtluftdruck in jeder Höhe gleich der Summe der Partialdrucke ist, so sind diese Verhältnisse auch für den Gesamtluftdruck in großen Höhen von ausschlaggebender Bedeutung.

Da die Rechnung von den Partialdrucken der Einzelgase am Erdboden ausgehen muß, setzt sie eine genaue Kenntnis der Zusammensetzung der Luft am Erdboden voraus. Nach Hann-Süring[1] kann diese folgendermaßen angenommen werden (in Volumprozenten):

Tabelle 4. Zusammensetzung der Luft an der Erdoberfläche.

	Wasser-stoff	Helium	Wasser-dampf	Neon	Stickstoff	Sauerstoff	Argon	Kohlensäure
Vol.-%	0,001	0,0004	(0 bis 4)	0,0012	78,08	20,95	0,94	0,03 %
Partialdruck	0,008	0,00114		0,0114	593,41	159,22	7,144	0,228 mm

Leider sind aber die Mengen gerade der wichtigen leichten Gase Helium und Wasserstoff nur sehr ungenau bekannt. Gautier fand 0,02 Vol.-% Wasserstoff in der Luft, was Rayleigh auf 0,0033% verbessert. Claude fand seinen Anteil aber sogar kleiner als 0,0001%, und ebenso gibt neuerdings Krogh[2] an, daß der Gesamtgehalt an brennbaren Gasen (wobei auch Kohlenwasserstoffe in Betracht kommen) sicher unter 0,0005% und wahrscheinlich unter 0,0002% bleibt. Ebenso ist der Heliumgehalt der Luft erst sehr unsicher bestimmt. Die gleichfalls große Unsicherheit der Menge der Edelgase spielt dagegen, wie erwähnt, in diesem Zusammenhange keine Rolle. A. Wegener[3] hat ferner die Hypothese aufgestellt, daß außer den genannten Gasen auch ein noch leichteres Gas „Geokoronium" an der Zusammensetzung der obersten Schichten beteiligt ist, welches hier eine ähnliche Rolle spielen würde wie das „Coronium" in der Sonnenatmosphäre. Obwohl im System der Elemente nach den heutigen Vorstellungen kein Platz für ein solches Element bleibt, zeigt doch die Sonnenkorona, daß dort eine Stofferfüllung irgendwelcher Art besteht, die sich wie ein solches leichteres Gas verhält; man nimmt an, daß es sich dabei um Atomreste handelt („Elektronengas"). Eine analoge äußerste Schicht könnte auch in der Erdatmosphäre vorhanden sein.

Bei der Berechnung der Zusammensetzung der obersten Schichten wird meist vorausgesetzt, daß innerhalb der Troposphäre die Zusammensetzung wegen der vertikalen Durchmischung konstant ist und das Diffusionsgleichgewicht erst vom Beginn der Stratosphäre ab besteht. Die Temperatur oberhalb der Stratosphärengrenze wird meist konstant zu etwa −55° angenommen.

[1]) Hann-Süring, Lehrb. d. Meteorologie, 4. Aufl.
[2]) A. Krogh, Kgl. Danske Vidensk. Selsk., Math.-fys. Medd. Bd. 1, S. 12. 1919.
[3]) A. Wegener, Phys. ZS. Bd. 12, S. 170 u. 214. 1911.

Die Rechnung liefert nach A. WEGENER folgende Werte in Volumprozenten für die Zusammensetzung der verschiedenen Schichten. Die ausschlaggebende Annahme über die Zusammensetzung am Boden ist in der ersten Zeile der Tabelle enthalten:

Tabelle 5. Zusammensetzung der Atmosphäre in verschiedenen Höhen.

Höhe in km	Geokoronium in %	Wasserstoff in %	Helium in %	Stickstoff in %	Sauerstoff in %	Argon in %
0	0,00058	0,0033	0.0005	78,1	20,9	0,94
20	0	0	0	85	15	0
40	0	1	0	88	10	0
60	4	12	1	77	6	0
80	19	55	4	21	1	0
100	29	67	4	1	0	0
120	32	65	3	0	0	0
140	36	62	2	0	0	0

Ohne das hypothetische Geokoronium ist die Rechnung von HANN und HUMPHREYS durchgeführt worden. Letzterer findet z. B. (s. Tabelle 6).

Man erhält also unter dieser Annahme für den Wasserstoff näherungsweise die Summe der in der vorigen Tabelle für Geokoronium und Wasserstoff angegebenen Zahlen.

Der Gesamtluftdruck in diesen hohen Schichten muß in entscheidender Weise durch die Anwesenheit der leichten Gase beeinflußt werden. Die folgende Tabelle gibt die ungefähren Werte für verschiedene Annahmen, nämlich 1. daß die Zusammensetzung ungeändert bleibt, 2. daß Wasserstoff und Helium vorwiegend werden und 3. daß Wasserstoff, Helium und Geokoronium vorhanden sind.

Tabelle 6.

Zusammensetzung der Atmosphäre in verschiedenen Höhen nach HANN und HUMPHREYS.

Höhe in km	Wasserstoff in %	Stickstoff in %	Sauerstoff in %	Argon in %
20	0,0	81,2	18,1	0,6
40	0,7	86,5	12,6	0,2
100	96,4	3,0	0,0	0,0

Tabelle 7. Luftdruck in sehr großen Höhen in mm Hg.

Höhe	0	20	40	60	80	100	120	140 km
Keine leichten Gase . . .	760	41,7	1,9	0,087	0,0042	0,0001	—	—
Wasserstoff und Helium .	760	41,7	1,9	0,101	0,0175	0,0091	0,0072	0,0058
Wasserstoff, Helium und Geokoronium	760	41,7	1,92	0,106	0,0192	0,0128	0,0106	0,0090

Ohne das Überhandnehmen der leichten Gase ergibt sich also der Luftdruck in 100 km Höhe zu nur 1% desjenigen Wertes, der bei Vorherrschen derselben gemäß dem Diffusionsgesetz resultiert.

Die Frage, ob diese nach dem DALTONschen Gesetz berechnete Sphäre der leichten Gase in Wirklichkeit existiert, wird gegenwärtig noch verschieden beantwortet. Einige der für sie ins Feld geführten Gründe lassen auch andere Deutungen zu, wie die äußere Hörbarkeitszone bei der Schallausbreitung, das Polarlichtspektrum u. a. Auch wird geltend gemacht, daß die Wasserstoffmoleküle von der Erdanziehung nur unvollkommen gefesselt werden und sich daher allmählich im Weltraum verlieren müßten. Indessen ist zu beachten, daß dieser Verlust durch die dissoziierende Wirkung der Sonnenstrahlung auf den Wasserdampf und vielleicht noch andere Ursachen fortwährend ersetzt werden kann, so daß dieser Einwand nicht zwingend ist.

Jedenfalls deutet eine Anzahl von Beobachtungstatsachen auf die Realität dieser Zone der leichten Gase hin. Z. B. zeigen die Luftproben, die man aus dem oberen Teil der Troposphäre und dem unteren Teil der Stratosphäre herabgebracht hat, bei ihrer Untersuchung stets eine Anreicherung an leichten Gasen. So ergab sich z. B. nach Tetens[1]) der Gehalt an den 3 Gasen Helium, Neon und Wasserstoff am Boden zu 26,2 cmm pro Liter, in Luft aus 8000 m Höhe aber zu 37,7. Zu ähnlichen Ergebnissen kam Wigand[2]) bei Luftproben aus 9000 m Höhe. Und Konschegg[3]) fand bei der spektroskopischen Untersuchung, daß die in der Bodenluft nicht nachweisbaren Wasserstofflinien in Höhen bis zu 7800 m deutlich im Rot sichtbar wurden. Hiernach muß also angenommen werden, daß bereits in der Troposphäre trotz ihrer vertikalen Durchmischung eine Anreicherung der leichten Gase mit der Höhe vorhanden ist.

Weiter spricht für die Realität der Zone leichter Gase auch die Erscheinung der Dämmerungsbögen, die auf der diffusen Reflexion des Sonnenlichtes nach Sonnenuntergang beruhen. Aus dem Zeitpunkt des Herabsinkens eines solchen Dämmerungsbogens unter den Horizont läßt sich berechnen, welche Höhenschichten der Atmosphäre das Licht zurückgeworfen haben. Die Beobachtungen zeigen nun, daß nach dem „leuchtenden" Dämmerungsbogen, der der durchstrahlten Troposphäre entspricht, zunächst der „Hauptdämmerungsbogen" herabsinkt, der bei 17° Sonnendepression verschwindet und daher den Schichten bis 70 km Höhe entspricht. Dann aber tritt keineswegs völlige Dunkelheit ein, sondern es folgt der „blaue Dämmerungsbogen", der bereits so lichtschwach ist, daß die helleren Fixsterne hindurchscheinen, und weiterhin sogar ein „letzter" Dämmerungsbogen, welcher beweist, daß noch bis über 600 km Höhe hinauf die Atmosphäre schwach lichtreflektierend wirkt. Es ist also in den Dämmerungserscheinungen eine Schichtgrenze bei etwa 70 km Höhe angedeutet, d. h. in derselben Höhe, in welcher sich nach der Rechnung ziemlich rasch der Umschlag in der Zusammensetzung vollzieht.

Endlich deutet auch die große Höhe der Polarlichter und Meteore, ebenso wie die des erwähnten letzten Dämmerungsbogens, auf die Realität der Zone leichter Gase hin. Die Polarlichtdraperien pflegen ihren Unterrand bei etwa 100 km Höhe zu haben. Ohne leichte Gase kommt man hier auf Drucke, welche eine totale Absorption der das Polarlicht erzeugenden Korpuskularstrahlung kaum zulassen. Und andererseits hat Störmer photogrammetrisch nachgewiesen, daß die oberen Teile der sichtbaren Polarlichtstrahlen gelegentlich bis 700 km Höhe hinaufreichen. Ohne die leichten Gase wäre in diesen Höhen aber überhaupt keine wirksame Stofferfüllung mehr denkbar, so daß auch keine Leuchterscheinung auftreten könnte. Ähnlich verhält es sich mit den Meteoren, deren Leuchtbeginn bei größeren Erscheinungen in 200 bis 300 km Höhe, gelegentlich sogar 600 bis 1000 km Höhe liegt. Und auch die diffuse Reflexion des Sonnenlichtes könnte ohne leichte Gase nicht bis 600 km Höhe hinaufreichen.

b) Die vertikale Temperaturänderung.

4. Beobachtungstatsachen. Wie schon der ewige Schnee des Hochgebirges zeigt, nimmt die Lufttemperatur mit zunehmender Höhe ab. Die Abnahme beträgt in den Gebirgen Javas 0,6° pro 100 m Erhebung, auf Ceylon 0,62, Südindien 0,60, Abessinien 0,58, Kamerun 0,59, Hochland von Kolumbien 0,51, von Ekuador 0,54, Westalpen 0,58, Erzgebirge 0,59, Harz 0,58, bei Kristiania

---

[1]) O. Tetens, Ergebn. Aeron. Obs. Lindenberg i. J. 1910, S. 219, 227.
[2]) A. Wigand, Phys. ZS. Bd. 17, S. 396. 1916.
[3]) A. Konschegg, Meteorol. ZS. 1912, S. 480.

0,55 usw. In hohen Breiten scheint die Abnahme ein wenig geringer zu sein als in den Tropen. Deutlicher aber ist ein anderer Einfluß: In Gebieten allgemeiner langsamer Bodenerhebung werden die Ziffern wesentlich kleiner (etwa 0,4) als bei einzelnen steilen Bergen.

Zu diesen durch Bergstationen gewonnenen Erfahrungen sind in den letzten 30 Jahren die aërologischen Beobachtungen hinzugekommen, die mit Drachen und Ballons gewonnen werden. Drachen und Fesselballons erreichen meist nur Höhen unter 4000 m, sind aber gelegentlich schon bis über 9000 m geglückt. Freie Registrierballons aus Gummi haben als größte Höhe fast 30000 m erreicht. 1902 wurde mit Hilfe dieser Methode gleichzeitig von TEISSERENC DE BORT in Frankreich und von ASSMANN in Deutschland die Entdeckung gemacht, daß die Temperaturabnahme, die man sich früher bis zur Grenze der Atmosphäre reichend dachte, über Mitteleuropa in etwa 11000 m Höhe aufhört, wodurch die Atmosphäre in eine untere „Troposphäre" und eine obere „Stratosphäre" zerfällt.

Diese wichtige Schichtgrenze ist bisher in allen Breiten, in denen Beobachtungen angestellt wurden, wiedergefunden worden, doch liegt sie nicht überall in derselben Höhe. Die folgende Tabelle gibt die bisher bestimmten Höhen sowie die an der Schichtgrenze herrschenden Temperaturen:

Tabelle 8.

Höhe und Temperatur der Schichtgrenze an verschiedenen Stellen der Erde.

Ort	Batavia	Subtropen	Kanada	Norditalien	Mitteleuropa	Nördl. Lappland
Geogr. Breite	7° S	30° N	43° N	45° N	50° N	68° N
Höhe der Schichtgrenze .	17	14	11,7	11,1	10,5	10,4 km
Temperatur	−85	−63	−61	−59	−56	−57°

Auch über Spitzbergen (bis 77° N) wurde die Stratosphärengrenze zwischen 10 und 11 km Höhe gefunden. Sie scheint also die schnelle Senkung, die vom Äquator bis 45° Nordbreite zu beobachten ist, nach dem Nordpol nicht weiter fortzusetzen. In höheren südlichen Breiten dagegen dürfte sie vermutlich tiefer, bis auf etwa 8 km, herabgehen.

Auch am gleichen Ort variiert die Höhe der Stratosphärengrenze, in Mitteleuropa durchschnittlich zwischen 9,4 km im März und 11,3 im August. Vor einer heranrückenden Zyklone hebt sie sich um 2 km über Normal, um auf der Rückseite auf 3 bis 4 km unter Normal zu sinken.

Sowohl für die örtlichen wie die zeitlichen Höhenschwankungen dieser Schichtgrenze gilt die Regel, daß einer Höhenzunahme von 1000 m etwa eine Temperaturabnahme an der Grenzfläche von 5 bis 8° entspricht.

Für die Temperaturen der verschiedenen Höhen liefern die aërologischen Beobachtungen bisher folgende Mittelwerte (nach HANN-SÜRING):

Tabelle 9. Temperatur in verschiedener Höhe über dem Erdboden.

	Boden	1	2	4	6	8	10	12	14	16 km
Batavia 6° S	26,4	20,6	15,0	4,1	− 7,1	−19,3	−34,1	−50,9	−67,7	−79,2° C
Atlantik ca. 30° N	22,3	14,6	11,6	0,9	−11,1	−24,6	−39,8	−55,5	−63,1	−64,0
Nord-Amerika 40° N	11,5	8,0	4,0	− 7,0	−20,0	−33,5	−44,5	−53,0	−55,0	−55,0
Mitteleuropa 52$^1/_2$° N	(9,4)	4,6	0,1	−10,7	−23,7	−38,0	−49,6	−54,2	−54,4	−54,1
Pavlovsk 59$^3/_4$° N	1,8	−1,8	−6,4	−17,8	−30,3	−43,3	−50,4	−51,0		
Kiruna 67,8° N	−0,8	−0,7	−4,6	−14,0	−26,6	−40,8	−51,2	−53,8	−53,0	−52,0

Die zugehörigen vertikalen Temperaturgradienten (pro 100 m Erhebung) sind folgende:

Tabelle 10. Temperaturgradient in verschiedener Höhe über dem Erdboden.

	0—2	2—4	4—6	6—8	8—10	10—12	12—14	14—16 km
Batavia 6° S	0,57	0,55	0,56	0,66	0,74	0,84	0,84	0,56
Atlantik ca. 30° N . .	0,54	0,54	0,60	0,68	0,71	0,78	0,38	—0,02
Nord-Amerika 40° N .	0,38	0,55	0,65	0,68	0,55	0,42	0,10	0,00
Mitteleuropa $52^{1}/_{2}°$ N .	0,47	0,54	0,65	0,72	0,58	0,23	0,01	—0,02
Pavlovsk $59^{2}/_{4}°$ N . .	0,41	0,57	0,63	0,65	0,36	0,03		
Kiruna 67,8° N . . .	0,29	0,47	0,63	0,71	0,52	0,13	—0,04	—0,05

Der Übergang zur Stratosphäre ist in diesen Zahlen ziemlich verwischt, wegen seiner zeitlichen Höhenschwankung. Im Einzelfall ist er meist sehr scharf.

In den untersten zwei Kilometern ist das Gefälle stark abhängig von der Tageszeit, da die tägliche Temperaturschwankung rasch mit der Höhe abnimmt. Außerdem geben die Drachenaufstiege hier größere Werte als die freien Registrierballons, aus denen die vorstehenden Zahlen abgeleitet sind, anscheinend weil mit der Windstärke auch die vertikale Durchmischung und damit das Temperaturgefälle in den bodennahen Schichten wächst (Castens). Es mögen daher für die untersten Schichten noch die aus den Drachenaufstiegen abgeleiteten Temperaturgradienten angegeben werden:

Tabelle 11. Temperaturgradient in geringen Höhen nach Drachenaufstiegen.

	0—0,5	0,5—1,0	1,0—1,5	1,5—2	2—2,5	2,5—3 km
Batavia { 10 a	0,84	0,54	0,52	0,58		
{ Mittag	1,00	0,72	0,52	0,49	0,78	
Samoa	1,01	0,85	0,59	0,35	—	—
Mt. Weather, vorm. . . .	—	0,48	0,44	0,46	0,52	0,58
Lindenberg, 8—10 a . .	0,48	0,48	0,49	0,48	0,49	0,51
Hamburg, vorm.	0,68	0,54	0,51	0,49	0,50	0,50
NE-Grönland $76^{3}/_{4}°$ . . .	0,00	0,36	0,32	0,37	0,36	—
Deutsche Antart. Exp. .	—0,20	0,04	0,06	0,72	—	—
Britische „ „ .	—0,10	0,30	0,50	0,56	0,56	—

Der große Unterschied zwischen den Tropen und den Polargebieten geht aus diesen Zahlen deutlich hervor. Der relativ hohe Wert der untersten Stufe in Hamburg dürfte auf den Wind zurückzuführen sein.

Die jährliche Schwankung der Lufttemperatur nimmt oberhalb 2 km wieder zu bis zu einem Maximum bei etwa 7 km und ist auch in der Stratosphäre noch beträchtlich, wenngleich nicht so groß wie am Boden. Aus den Monatsmitteln abgeleitet, beträgt sie:

Tabelle 12. Die jährliche Schwankung der Lufttemperatur.

	Boden	1	2	4	6	8	10	12	14 km
Batavia	1,6	3,4	2,8	2,9	5,0	7,3	8,9	8,7	8,7°
München	—	15,2	12,6	14,7	14,6	15,6	14,4	9,0	11,7°
Lindenberg	18,7	14,6	11,4	12,7	14,4	13,4	11,8	11,0	13,1°
Deutsche Antarkt. Exp.	21,7	14,8	11,0	—	—	—	—	—	—

Die tägliche Temperaturschwankung nimmt rasch mit der Höhe ab und beträgt in Europa in 2000 m Höhe nur noch wenige Zehntelgrade.

Bergstationen erweisen sich meist als etwas kälter als die Luft in gleicher Höhe in der freien Atmosphäre, z. B. die Zugspitze um 7 a um $1^{3}/_{4}°$ kälter als die Luft in gleicher Höhe über München (Ficker); der Unterschied verschwindet allerdings zur wärmsten Tageszeit. Ebenso erweist sich der Säntis im Mittel um 1° kälter als die Luft in gleicher Höhe über dem Bodensee (DE QUERVAIN). Andererseits ergeben aber die bisherigen Vergleichungen zwischen barometrischer und trigonometrischer Bestimmung der Berghöhen zwar eine erhebliche jährliche und tägliche Periode, aber im Mittel keinen Anhalt dafür, daß die Bergspitzen zu kalt sind, so daß die Frage bisher noch nicht als geklärt gelten kann. Man nimmt bisher an, daß die Erscheinung verursacht wird durch das erzwungene Aufsteigen der Luft an den Berghängen.

5. Das konvektive Gleichgewicht. Die vertikale Temperaturabnahme erklärt sich daraus, daß sich die Luft bei adiabatischem Aufsteigen infolge der Druckabnahme abkühlt.

Gehen wir vom ersten Hauptsatz der mechanischen Wärmetheorie

$$J\,dQ = J\,c_v\,dT + p\,d\,v$$

aus, welcher besagt, daß das Arbeitsäquivalent einer dem Körper zugeführten Wärmemenge dQ sich gliedert erstens in das Arbeitsäquivalent seiner Temperaturerhöhung und zweitens die Ausdehnungsarbeit, und nehmen wir hierzu die Gasgleichung

$$p\,v = RT,$$

welche differentiiert lautet

$$p\,d\,v + v\,d\,p = R\,dT \qquad \text{oder} \qquad p\,d\,v + \frac{RT}{p}\,d\,p = R\,dT,$$

so schreibt sich der erste Hauptsatz, spezialisiert für Gase:

$$J\,dQ = (J\,c_v + R)\,dT - RT\frac{d\,p}{p}$$

oder da allgemein $J\,c_p - J\,c_v = R$;

$$J\,\frac{dQ}{T} = J\,c_p\,\frac{dT}{T} - R\,\frac{d\,p}{p}. \tag{3}$$

In diese Gleichung haben wir nun die Bedingung für Adiabasie

$$dQ = 0$$

einzuführen. Damit erhalten wir die Differentialgleichung der Temperaturänderung der Luft bei adiabatischer Druckänderung:

$$\frac{dT}{T} = \frac{R}{J\,c_p}\,\frac{d\,p}{p} = k\,\frac{d\,p}{p}. \tag{4}$$

Der Ausdruck $\dfrac{R}{J\,c_p} = k$ ist konstant. Es ist nämlich die Gaskonstante des atmosphärischen Gasgemisches $R = 287$ m²·sec⁻²·grad⁻¹ (s. Ziff. 1); das mechanische Wärmeäquivalent J ist gleich 427 m·g_{45}, also im m-kg-sec-System gleich 4187 m²/sec², und die spezifische Wärme bei konstantem Druck c_p ist für trockene Luft gleich 0,2375. Damit wird $k = 0,2884$.

Für Überschlagszwecke kann man $T = 273°$ und $p = 760$ mm setzen. Damit wird

$$dT = 0,103\,d\,p, \tag{4a}$$

wobei $d\,p$ in mm Quecksilber ausgedrückt ist, d. h., eine adiabatische Druckänderung um 10 mm bewirkt eine Temperaturänderung um rund 1°. Dieser Umstand trägt dazu bei, das Innere der Zyklonen abzukühlen und bewirkt auch die schlauchförmige Kondensation in Wind- und Wasserhosen.

Die unmittelbare Integration unserer Differentialgleichung (4) von T_0, p_0 bis T, p, ergibt die POISSONsche Gleichung:

$$\log\mathrm{nat}\,\frac{T}{T_0} = k \log\mathrm{nat}\,\frac{p}{p_0} \qquad \text{oder} \qquad \frac{T}{T_0} = \left(\frac{p}{p_0}\right)^k. \tag{5}$$

Diese POISSONsche Gleichung, welche die Temperatur als Funktion des Druckes darstellt, findet in der Meteorologie relativ selten Verwendung. Man zieht hier meist die Abhängigkeit von der Höhe vor, die wesentlich einfacher, nämlich linear ist. Hierzu brauchen wir unsere Differentialgleichung (4) nur zu schreiben

$$\frac{dT}{dp} = \frac{R}{J c_p}\frac{T}{p}$$

und sie zu kombinieren mit der Differentialgleichung der vertikalen Druckabnahme, die wir in der Form (1 a) benutzen:

$$\frac{dp}{dh} = -\frac{g}{R}\frac{p}{T}.$$

Multiplizieren wir diese Gleichungen miteinander, so fallen rechts alle Variablen fort, und wir erhalten die lineare Temperaturabnahme mit der Höhe:

$$\frac{dT}{dh} = -\frac{g}{J c_p} = -0{,}0098,$$

d. h. mit hinreichender Näherung eine Temperaturabnahme um 0,01° pro Meter Erhebung oder um 1.° pro 100 m.

Herrscht in der Atmosphäre dieses Gefälle als Zustand, so befindet sie sich nach W. THOMSONS Bezeichnung im konvektiven Gleichgewicht. Dies Gleichgewicht ist ein indifferentes, denn eine Luftmasse, die ihre Höhe ändert, findet überall dieselbe Temperatur vor, mit der sie ankommt, gewinnt also weder Auftrieb noch Abtrieb. Herrscht raschere Abnahme der Temperatur mit der Höhe, so ist das Gleichgewicht labil, da eine Luftmasse, wenn gehoben, Auftrieb gewinnt und beschleunigt weiter steigen muß. Bei schwächerem Gefälle und noch mehr bei Isothermie oder gar Temperaturumkehr (Inversion) ist dagegen das Gleichgewicht stabil; eine Luftmasse, die gehoben wird, wird kälter und also schwerer als die Umgebung und muß daher wieder zurücksinken, eine herabgedrückte muß wieder zur alten Höhe emporsteigen.

Bezeichnet man als „potentielle Temperatur" diejenige Temperatur, die die Luft annehmen würde, wenn sie adiabatisch auf Normaldruck gebracht würde, so lassen sich die Gleichgewichtsbedingungen sehr einfach ausdrücken: bei konvektivem Gleichgewicht ist die potentielle Temperatur in allen Höhen die gleiche. Nimmt sie mit der Höhe zu, so ist die Schichtung stabil, nimmt sie ab, labil.

Bei einem bestimmten Betrage der Temperaturabnahme muß die Luftdichte in allen Höhen gleich groß werden. Um diese Temperaturabnahme zu berechnen, differentiieren wir die Gasgleichung

$$\varrho = \frac{p}{RT}$$

und erhalten

$$d\varrho = \frac{1}{R}\left(\frac{dp}{T} - \frac{p\,dT}{T^2}\right) = \frac{p}{RT}\left(\frac{dp}{p} - \frac{dT}{T}\right).$$

Soll $d\varrho = 0$ sein, so folgt offenbar

$$\frac{dp}{p} = \frac{dT}{T}$$

eine Gleichung, die sich nur durch das Fehlen des Faktors k von der adiabatischen Gleichung (4) unterscheidet. Wir können nun wieder wie im vorangehenden auf die Höhenskala übergehen, indem wir die Differentialgleichung der Höhenformel in derselben Form (1 a)

$$\frac{dp}{p} = -\frac{g}{R}\frac{dh}{T}$$

hinzunehmen, wodurch wir erhalten:

$$\frac{dT}{dh} = -\frac{g}{R} = -0,034\,,$$

d. h. wir erhalten Konstanz der Luftdichte bei einer vertikalen Temperaturabnahme um 0,034° pro Meter oder um 3,4° pro 100 m. Wird dieser Wert überschritten, so sind die oberen Luftschichten auch in der Ruhelage bereits schwerer als die unteren.

Für eine reine Wasserstoffatmosphäre würde das konvektive Gleichgewicht bereits bei einer Temperaturabnahme um 0,068° pro 100 m Erhebung erreicht sein, und Konstanz der Dichte bei 0,24° pro 100 m.

Die Differentialgleichung der barometrischen Höhenformel gilt für den Zustand in der Vertikalen, diejenige der adiabatischen Höhengleichung aber für eine Zustandsänderung oder einen Prozeß. Die vorgenommene Kombination beider kann also nur dann ein streng richtiges Ergebnis liefern, wenn das Ergebnis der Zustandsänderung mit der Zustandsverteilung in der Vertikalen stets in Übereinstimmung bleibt. Wenn daher der Zustand stark vom konvektiven Gleichgewicht abweicht oder wenn die aufsteigende Luftmasse, wie bei vulkanischen Rauchsäulen, eine wesentlich andere Temperatur als die Umgebung hat, so wird die Temperaturänderung der adiabatisch aufsteigenden Luft etwas geändert.

6. Die Kondensationsadiabate. Findet beim Aufsteigen Kondensation statt, so wird die Temperaturabnahme durch die freiwerdende Kondensationswärme verlangsamt.

Die Kondensationswärme (oder Verdampfungswärme) des Wassers ist nach CLAUSIUS

$$r = 607 - 0,708\,t,$$

wo t die Temperatur in Celsiusgraden ist, d. h. bei 0° werden bei Kondensation von 1 g Wasser 607 gcal frei. Findet die Kondensation in Eisform statt, so kommt hierzu noch diejenige Wärmemenge, die beim Gefrieren des Wassers frei wird (Schmelzwärme). Diese beträgt 80 gcal.

Um den Einfluß dieser freiwerdenden Wärme auf die Temperaturabnahme aufsteigender Wolkenluft zu ermitteln, bezeichnen wir mit q die in 1 kg gesättigter Luft enthaltene Wasserdampfmenge in Gramm, und mit dq die beim Aufsteigen um dh durch Kondensation ausgeschiedene Menge. Die dabei freiwerdende Wärmemenge ist dann $r\,dq$.

Wenn wir nun in den für Gase spezialisierten ersten Hauptsatz

$$dQ = c_p\,dT - \frac{RT}{Jp}\,dp$$

statt $dQ = 0$ zu setzen, die Beziehung

$$dQ = -r\,dq$$

einführen, so erhalten wir:

$$-r\,dq = c_p\,dT - \frac{RT}{pJ}\cdot dp.$$

Da

$$q = \frac{5}{8}\,\frac{e}{p} = 0{,}623\,\frac{e}{p}$$

gesetzt werden kann, wo e/p das Verhältnis des Wasserdampfdrucks zum Luft-druck ist, folgt

$$\log \mathrm{nat}\, q = \log \mathrm{nat}\, 0{,}623 + \log \mathrm{nat}\, e - \log \mathrm{nat}\, p$$

und durch Differentiation:

$$\frac{dq}{q} = \frac{de}{e} - \frac{dp}{p}.$$

Setzen wir diesen Wert von dq in unsere Gleichung ein, so folgt

$$-r\,q\,\frac{de}{e} + r\,q\,\frac{dp}{p} = c_p\,dT - \frac{RT}{J}\cdot\frac{dp}{p}.$$

Nehmen wir hierzu noch die differentielle Höhenformel in der Form (1a):

$$\frac{dp}{p} = -\frac{g}{RT}\,dh,$$

so erhalten wir:

$$-r\,q\,\frac{de}{e} - r\,q\,\frac{g}{RT}\,dh = c_p\,dT + \frac{g}{J}\,dh$$

oder

$$\left(\frac{rq}{e}\,\frac{de}{dT} + c_p\right)dT = -\left(\frac{g}{J} + r\,q\,\frac{g}{RT}\right)dh,$$

also

$$dT = -\frac{\dfrac{g}{J} + \dfrac{g}{R}\cdot\dfrac{rq}{T}}{c_p + \dfrac{rq}{e}\,\dfrac{de}{dT}}\cdot dh.$$

Auf der rechten Seite ist alles bekannt. Für g, J, R, r, q sind die Zahlenwerte be-reits angegeben, und es kann näherungsweise gesetzt werden

$$\frac{1}{e}\cdot\frac{de}{dT} = \frac{4025}{(235 + t)^2},$$

ob t die Temperatur in Celsiusgraden ist. Damit gibt unsere Gleichung die Tem-paraturabnahme in gesättigt aufsteigender Luft.

Der Wert dT ist für $dh = 100$ m in der folgenden, von Hann herrührenden Tabelle als Funktion der jeweiligen Werte von Druck und Temperatur tabuliert:

Tabelle 13.

Temperaturabnahme pro 100 m für mit Wasserdampf gesättigte Luft.

Druck	(Höhe)	Temperatur								
		− 10	− 5	0	+ 5	+ 10	+ 15	+ 20	+ 25	+ 30
760	(20)	0,76	0,69	0,63	0,60	0,54	0,49	0,45	0,41	0,38
700	(680)	0,74	0,68	0,62	0,59	0,53	0,48	0,44	0,40	0,37
600	(1 910)	0,71	0,65	0,58	0,55	0,49	0,44	0,40	0,37	—
500	(3 360)	0,68	0,62	0,55	0,52	0,46	0,41	0,38	—	—
400	(5 150)	0,63	0,57	0,50	0,47	0,42	0,38	—	—	—
300	(7 430)	0,57	0,51	0,44	0,42	—	—	—	—	—
200	(10 670)	0,49	0,43	0,38	—	—	—	—	—	—

Für negative Temperaturen ist hierbei angenommen, daß die Ausscheidung in Eisform geschieht.

Um andererseits die sukzessiven Temperaturänderungen zu verfolgen, welche eine vom Erdboden bis in große Höhen adiabatisch aufsteigende kondensierende Luftmasse auf ihrem Wege erfährt, dient die folgende, von NEUHOFF berechnete Tabelle:

Tabelle 14.

Temperatur adiabatisch aufsteigender, mit Wasserdampf gesättigter Luft nach NEUHOFF.

Höhe km	Temperatur am Boden						
	30	20	10	0	− 10	− 20	− 30
0	0,37	0,44	0,54	0,62	0,75	0,86	0,91
1	0,37	0,46	0,56	0,68	0,82	0,90	—
2	0,38	0,49	0,58	0,75	0,87	0,95	—
3	0,40	0,51	0,65	0,82	0,89	—	—
4	0,42	0,57	0,73	0,88	—	—	—
5	0,45	0,59	0,80	—	—	—	—
6	0,45	0,63	0,84	—	—	—	—
7	0,48	0,72	—	—	—	—	—

HERTZ[1]) und nach ihm auch NEUHOFF[2]), KREITMEYER[3]) und FJELDSTAD[4]) haben graphische Tafeln entworfen, welche die Temperaturabnahme gesättigt aufsteigender Luft bequem zu verfolgen gestatten.

Da die Luft im Beginn des Aufsteigens zunächst ungesättigt ist, muß die Temperaturabnahme bis zur Wolkengrenze nach der Trockenadiabate berechnet werden. Für die Höhe H des Kondensationsbeginns (in Metern) haben FERREL und HENNIG die folgende bequeme Näherungsformel abgeleitet:

$$H = 122(t - \tau),$$

wobei t die Temperatur in Celsiusgraden und τ die Temperatur des Taupunktes, beides bezogen auf die Luft am Erdboden, ist. Natürlich kann diese Formel nur dann die Wolkenbasis richtig ergeben, wenn die Wolke aus Luft besteht, die unmittelbar vom Erdboden aufgestiegen ist, was nicht einmal bei allen Cumuluswolken zutrifft.

[1]) H. HERTZ, Meteorol. ZS. Bd. 1, S. 421 u. 474. 1884; reproduziert in HANN, Lehrb. d. Meteorologie, 4. Aufl.

[2]) O. NEUHOFF, Abh. d. Preuß. Met. Inst. Berlin I, Nr. 6, Berlin 1900; reproduziert in A. WEGENER, Thermodynamik der Atmosphäre, Leipzig 1911.

[3]) E. KREITMEYER, Meteorol. ZS. 1924, S. 380 (in kleinerem Format, mit neuen phys. Konstanten).

[4]) J. E. FJELDSTAD, Geofys. Publ. Bd. 3, Nr. 13. Oslo 1925 (in sehr großem Maßstab, mit äquidistanter Millibarskala, daher gekrümmten Trockenadiabaten).

Eine wichtige Anwendung dieser Theorie ist die Erklärung der Wärme des Föhnwindes (HANN). Wenn der Wind über ein Gebirge weht, steigt die Luft unter Kondensation an der Luvseite auf, wobei die Abkühlung nur langsam, nämlich nach der Kondensationsadiabate, stattfindet. Beim Absteigen auf der Leeseite dagegen geschieht die Erwärmung nach der Trockenadiabate, also um 1° pro 100 m, so daß bei Erreichung der Ausgangshöhe die Temperatur weit höher gestiegen ist als sie anfangs war. Wie die obigen Zahlen zeigen, kann die Luft auf diese Weise pro 1000 m Höhenschwankung etwa 5° gewinnen, d. h. bei Überschreitung eines 3000 m hohen Gebirgskammes etwa 15°. Spätere Untersuchungen HANNS über den Föhn haben allerdings zu der Anschauung geführt, daß wenigstens in vielen Fällen von dem Aufsteigen auf der Luvseite ganz abgesehen werden kann und nur eine adiabatische Herabführung der Luft aus der Kammhöhe, wo auch ohne Störung die potentielle Temperatur bereits wesentlich höher ist, stattfindet.

Der Zustand der Troposphäre weicht von dem Idealbilde des konvektiven Gleichgewichts, wie die früher gegebenen Zahlen zeigen, ziemlich stark ab. Auch die Annahme v. BEZOLDS, daß eine Übereinstimmung zwischen Theorie und Beobachtung zu erzielen sei, wenn man annimmt, daß alle aufsteigende Luftbewegung nach der Kondensationsadiabate vor sich geht, hat sich nicht als haltbar erwiesen, indem die wirkliche Temperaturabnahme noch schwächer ist als die der Kondensationsadiabate. Es ist deshalb am wahrscheinlichsten, daß die Temperaturabnahme in der Troposphäre als stationärer Zustand durch das Gegenspiel zweier Vorgänge erhalten bleibt, nämlich einerseits der mechanischen Turbulenz, welche die Vertikalbewegungen durch Aufzehren der horizontalen Bewegungen unterhält und trotz stabiler Schichtung fortwährend bestrebt ist, das konvektive Gleichgewicht herzustellen, und andererseits der Strahlungsvorgänge, welche unausgesetzt am Temperaturausgleich der Schichten arbeiten.

7. **Das Strahlungsgleichgewicht.** Wegen der Kleinheit des aus dem Erdinnern kommenden Wärmestromes ist die Temperatur der Erdoberfläche und der Atmosphäre völlig unabhängig von dem geologischen Abkühlungsprozeß des Erdkörpers und lediglich durch die Sonnenstrahlung bedingt.

Die Wärmemenge, welche die Erde von der Sonne pro Quadratzentimeter und Minute zugestrahlt erhält, beträgt etwa 2 gcal. Ein Teil davon wird aber ungenutzt vermöge der Albedo der Erde reflektiert, die von ABBOT und FOWLE im Mittel auf 0,37 geschätzt wird. Es bleiben also im Mittel nur 63%, d. i. 1,26 gcal, übrig. Diese Einstrahlung kommt aber nur jeweils einem Querschnitt, also einem Viertel der Oberfläche der Erde, zu. Dem steht gegenüber eine von der ganzen Erdoberfläche fortwährend ausgehende Ausstrahlung in den Weltraum. Da die Temperatur der Erde als konstant betrachtet werden kann, müssen die Gesamtbeträge von Ein- und Ausstrahlung gleich groß sein, d. h. die Ausstrahlung pro Quadratzentimeter muß ein Viertel des nutzbaren Restes der Solarkonstante ausmachen, d. h. 0,32 gcal pro Minute entsprechen. Macht man die Annahme, daß die Erde wie ein schwarzer Körper strahlt, so kann man das STEFANsche Strahlungsgesetz anwenden und die Temperatur des strahlenden Körpers berechnen. Man findet so die „effektive Temperatur" der Erde zu −19° C, ein Wert, der zu zeigen scheint, daß infolge der Vertikalbewegungen die untersten Schichten der Troposphäre höher, die oberen tiefer temperiert sind als es dem Strahlungsgleichgewicht entspricht.

Will man indessen die Temperaturen der verschiedenen Atmosphärenschichten berechnen, die dem Strahlungsgleichgewicht entsprechen, so kompliziert sich das Problem. Die Beobachtungen legen die Annahme nahe, daß der Zustand der Troposphäre infolge der Turbulenz dem konvektiven Gleichgewicht näher

liegt als dem Strahlungsgleichgewicht, daß dagegen in der Stratosphäre, wo die
Turbulenz offenbar ganz zurücktritt, der Zustand dem Strahlungsgleichgewicht
jedenfalls naheliegt. Aber die bisherigen Versuche, diejenige vertikale Temperaturverteilung zu berechnen, die dem Strahlungsgleichgewicht entsprechen
würde, haben, um das Problem lösbar zu machen, verschiedenartige vereinfachende Voraussetzungen eingeführt, und kommen infolgedessen zu ziemlich
verschiedenen Ergebnissen. Daher ist es gegenwärtig nicht möglich, für den
Idealzustand des Strahlungsgleichgewichtes eine so einfache und exakte Theorie
zu geben wie für den anderen Idealzustand des konvektiven Gleichgewichts.

Am einfachsten sind die Rechnungen von GOLD[1]) und HUMPHREYS[2]), die
auf folgenden Gedankengang hinauslaufen: Die Troposphäre sendet die Energie E_1
aus, und zwar $1/2\,E_1$ nach oben zur Stratosphäre und $1/2\,E_1$ nach unten zur Erde.
Letztere Energie wird umgesetzt und verschwindet für unsere Betrachtung.
Die Stratosphäre andererseits sendet die Energie E_2 aus, und zwar $1/2\,E_2$ nach
oben und den Weltraum, und $1/2\,E_2$ nach unten zur Troposphäre. Die Strahlungs-
einnahme der Stratosphäre kann hiernach — wenn alle anderen Strahlungs-
quellen vernachlässigt werden — höchstens gleich $1/2\,E_1$ sein; sie wäre es nämlich
dann, wenn sie wie ein schwarzer Körper diese ganze Strahlung absorbiert.
Unter diesen Voraussetzungen hat man, da die Einnahme gleich der Ausgabe sein
muß:

$$1/2\,E_1 = E_2,$$

wo also E_1 und E_2 die Gesamtausstrahlung der Troposphäre und der Stratosphäre
darstellt. Dann kann man nach dem STEFAN-BOLTZMANNschen Gesetz

$$\frac{T_1^4}{T_2^4} = \frac{E_1}{E_2} = 2$$

setzen, woraus sich

$$T_1 = T_2\sqrt[4]{2} = \frac{119}{100}\cdot T_2$$

ergibt. Setzt man hierin $T_2 = 218°$ ($-55\,°C$), der Temperatur der Stratosphäre
entsprechend, so wird die effektive Temperatur der Troposphäre $259°$ absolut
oder $-14°C$. Die Annahme, daß die Stratosphäre die gesamte ihr zukommende
Strahlung wie ein schwarzer Körper vollständig absorbiert, wird damit begründet,
daß es sich nur um die dunkle Strahlung handelt, die in der Tat sehr stark von
der Luft absorbiert wird. Andererseits ist aber die völlige Vernachlässigung der
direkten Sonnenstrahlung jedenfalls unbefriedigend.

EMDEN[3]) hat eine andere Strahlungstheorie entwickelt, bei welcher eine
kurzwellige Sonnenstrahlung und eine langwellige Rückstrahlung der Atmosphäre
in Rechnung gesetzt und angenommen wird, daß die Absorption und Emission
jeder Schicht proportional dem Gehalt an Wasserdampf ist, und zwar klein für
die kurzwellige, groß für die langwellige Strahlung. Für völliges Fehlen des
Wasserdampfes ist die Absorption für beide Strahlungsarten von gleicher, sehr
geringer Größe angenommen. Unter diesen Annahmen berechnet EMDEN folgende
Temperaturen des Strahlungsgleichgewichts:

Tabelle 15. Temperatur der Atmosphäre nach EMDEN.

Höhe	0	1	2	3	4	5	6	7	8	9	10	11 km
Temperatur .	+15,8	−6	−23	−32	−44	−50	−54	−55	−56	−57	−57	−57° C

[1]) E. GOLD, Proc. Roy. Soc. London (A) Bd. 82, S. 43. 1909.
[2]) W. J. HUMPHREYS, Astrophys. Journ. Bd. 29, S. 14. 1909.
[3]) R. EMDEN, Sitz.-Ber. K. Bay. Akad. d. Wiss. 1913, S. 55.

Hergesell[1]) hat indessen darauf aufmerksam gemacht, daß Emdens Ergebnis nur dann gilt, wenn auch bei diesem idealen Strahlungsgleichgewicht die nach den Beobachtungen wirklich vorhandenen Wasserdampfmengen zugegen sind. Dies können sie aber aus dem Grunde nicht, weil die berechneten Temperaturen, abgesehen vom Boden und der Stratosphäre, sehr viel tiefer sind als die wirklichen. Der in 6 km Höhe wirklich vorhandene Dampfdruck, den Emden benutzt, würde bei der von ihm berechneten Temperatur einer relativen Feuchtigkeit von 6000% entsprechen. Infolgedessen muß jede Annäherung an den thermischen Zustand des Strahlungsgleichgewichts mit Ausscheidung von Wasserdampf verbunden sein. Hierdurch wird aber wieder die Gleichgewichtstemperatur erniedrigt. Wenn man so die Wasserdampfmenge nicht wie Emden als unabhängig von der Temperatur, sondern als Funktion derselben einführt, so erhält man, wie Hergesell zeigt, bei Strahlungsgleichgewicht eine fast isotherme Atmosphäre, in welcher vom Boden bis in die Stratosphäre hinein eine nahezu gleichförmige Temperatur von etwa − 54° C herrscht.

Wiederum andere Voraussetzungen machte Milankovitch[2]). Zunächst unterzog er die astronomische Seite des Strahlungsproblems, nämlich die Berechnung der zugestrahlten Wärmemenge nach Breite, Jahreszeit und Tageszeit, einer ausführlichen Bearbeitung. Diese Aufgabe läßt sich exakt mit jeder wünschenswerten Genauigkeit lösen. Dann aber versuchte er auch die Temperaturen des Strahlungsgleichgewichts für die verschiedenen Atmosphärenschichten zu berechnen, wobei er vereinfachende Annahmen macht: Er setzt trockene Luft voraus und nimmt an, daß die kurzwellige Sonnenstrahlung gar nicht, sondern nur die langwellige Erdstrahlung absorbiert wird. Sein Ergebnis ist:

Tabelle 16. Temperatur der Atmosphäre nach Milankowitch.

Höhe	0	1,8	2,7	3,6	4,6	5,6	6,7	7,9	9,2	10,6	12,3	14,3	17,0	21,0	31,7 km
Temp.	10,5	0	−5	−10	−15	−20	−25	−30	−35	−40	−45	−50	−55	−60	−65° C

Aus dem Vergleich dieser verschiedenen Versuche, das Strahlungsgleichgewicht der Atmosphäre zu berechnen, geht hervor, daß die zur Durchführung nötigen Vereinfachungen des Problems von den wirklichen Verhältnissen zu weit abführen, so daß die Ergebnisse einstweilen noch geringen Wert besitzen. Dennoch darf man wohl davon ausgehen, daß der nahezu isotherme Zustand der Stratosphäre dem Idealzustand des Strahlungsgleichgewichts wenigstens nahekommt.

8. Die Inversionen. Inversionen stellen ausgedehnte, nahezu horizontale Grenzflächen zwischen zwei Luftschichten verschiedener Temperatur, Feuchtigkeit und Bewegung dar. Die untere Schicht ist dabei (an der Grenzfläche) stets die kältere und meist die relativ feuchtere. Der ideale Fall einer völlig sprunghaften Änderung dieser 3 Elemente ist nur selten bis zur Genauigkeitsgrenze der Meßmethoden erfüllt. Meist findet sich eine Übergangsschicht, innerhalb welcher die Temperatur mit der Höhe zunimmt, also eine Umkehrung ihres normalen Ganges (Inversion) zeigt.

W. Peppler[3]) berechnet folgende relative Häufigkeiten (in Prozenten) der Inversionen in den einzelnen Höhenschichten auf Grund einer Statistik der 6802 Lindenberger Drachenaufstiege der Jahre 1910 bis 1916 (in 4000 m Höhe noch 1092, in 5500 m Höhe noch 120 Aufstiege):

---

[1]) H. Hergesell, Arb. d. Pr. Aeron. Obs. Lindenberg Bd. 13, S. 1. 1919.
[2]) M. Milankovitch, Théorie mathématique des phénomènes thermiques produites par la radiation solaire, Paris 1920.
[3]) W. Peppler, Beitr. z. Phys. d. freien Atmosph. Bd. 11, Heft 3, S. 79. 1924.

Tabelle 17. Häufigkeit der Temperaturinversionen nach PEPPLER.

Seehöhe in km	0,12	0,3	0,5	0,7	0,9	1,1	1,3	1,5	1,7	1,9	2,1	2,3	2,5	2,7	2,9	3,1
Häuf. d. I. %	34,9	11,8	7,2	8,1	8,2	8,2	11,5	7,6	8,8	9,4	9,4	10,6	6,4	8,5	8,2	

Seehöhe in km	3,1	3,3	3,5	3,7	3,9	4,1	4,3	4,5	4,7	4,9	5,1	5,3	5,5 km
Häuf. d. I. %	6,6	6,4	4,0	4,2	4,9	2,4	3,8	1,4	1,6	0,8	0,0	1,7%	

Diese Zahlen zeigen, daß die Inversionen im allgemeinen immer seltener werden, je höher man hinaufkommt, und daß sie bestimmte Etagen bevorzugen, welche offenbar mit den Wolkenetagen in der Weise zusammenhängen, daß im allgemeinen die Inversion unmittelbar auf der Wolkenoberfläche liegt.

Über den mittleren Betrag und die Mächtigkeit der Inversionen gibt folgende Tabelle PEPPLERS Auskunft:

Tabelle 18. Mittlerer Betrag und Mächtigkeit der Inversionen.

Seehöhe	0,12	0,9	1,5	2,5	>2,5 km
Mittl. Betrag der Inv.	1,9	1,0	0,7		0,5°
Mittl. Mächtigk. der Inv.	217	205	186		154 m

Die Inversionen werden also mit zunehmender Höhe nicht nur seltener, sondern auch unbedeutender, sowohl hinsichtlich des Betrages als der Mächtigkeit.

Für Friedrichshafen am Bodensee ist nach PEPPLER[1]) der Betrag der Inversionen größer (z. B. im Intervall 0,6 bis 0,8 km 3,6°), die Bevorzugung bestimmter Etagen ist aber weniger ausgeprägt als in Lindenberg.

Nach KÖPPEN und WENDT[2]) tritt nur etwa die Hälfte der Inversionen über einer Wolkendecke auf. Am häufigsten ist ein unsymmetrischer Verlauf der Zustandskurve in der Weise, daß unterhalb der Inversion ein ungestörter, starker Temperaturgradient vorhanden ist, während nach oben die Inversion in Isothermie und sodann zunächst in schwaches Temperaturgefälle übergeht, so daß das Temperaturgefälle erst mehrere hundert Meter oberhalb der Inversion wieder seinen normalen Wert erreicht.

Durch gleichzeitige aërologische Beobachtungen an verschiedenen Stellen läßt sich zeigen, daß diese Diskontinuitäten sich oft viele hundert Kilometer weit horizontal oder nahezu horizontal erstrecken, daß sie aber niemals das ganze Areal von Europa bedecken. Die Arbeiten norwegischer Meteorologen (J. BJERKNES u. a.) haben gezeigt, daß sie innerhalb der Zyklonen und Antizyklonen eine bestimmte Anordnung besitzen. Wo die unterste Schicht auskeilt und also die Diskontinuitätsfläche den Erdboden schneidet, treten die charakteristischen Temperaturdiskontinuitäten der Böenlinie und der Kurslinie auf. Längs den Flächen gleiten die Luftmassen übereinander fort; je nach der Richtung der Vertikalkomponente unterscheidet man dabei Aufgleitflächen und Abgleitflächen.

Da die Luft oberhalb der Diskontinuitätsfläche leichter ist als unterhalb, kann ein richtig ausbalancierter Freiballon leichter als die untere und schwerer als die obere Schicht sein; er verharrt dann ohne Höhenänderung an der Grenzfläche. Auch aufstrebende Wolkenluft kann leichter als die untere und schwerer als die obere Schicht sein; sie breitet sich dann an der Schichtgrenze horizontal aus, und der Cumulus bekommt einen flachen, tischartigen Aufsatz.

Die Rauchsäulen heftiger Vulkanausbrüche steigen bei geringer Luftbewegung meist bis zur Stratosphärengrenze auf, um sich hier horizontal auszubreiten und so die charakteristische pinienförmige Gestalt anzunehmen.

---

[1]) W. PEPPLER, Beitr. z. Phys. d. freien Atmosph. Bd. 12, Heft 2, S. 101. 1925.
[2]) KÖPPEN u. WENDT, Arch. d. D. Seewarte 1911, Nr. 5.

Wie Helmholtz zuerst gezeigt hat, können sich an diesen Gleitflächen Luftwogen bilden. Die mathematische Behandlung, die von Wien weitergeführt wurde, stößt deshalb auf Schwierigkeiten, weil die Ergebnisse stark abhängen von der zugrunde gelegten Wellenform, und über diese aus der Natur sehr wenig bekannt ist. Wien konnte aber zeigen, daß alle von ihm benutzten Wellenformen in eine Sinuslinie übergehen, wenn die Wellenhöhe im Verhältnis zur Länge klein wird. Für diese Vereinfachung, die als Näherung immerhin brauchbar ist, läßt sich aus den Formeln von Helmholtz und Wien eine einfache, für die Praxis brauchbare Gleichung für die Abhängigkeit der Wellenlänge vom Temperatur- und Windsprung ableiten, wobei man nur noch die Voraussetzung machen muß, daß die Fortbewegung der Welle gerade die Mitte zwischen der der unteren und der der oberen Schicht hält, was bei Luftwogen gleichfalls mit hinreichender Näherung zutreffen wird. Die Wellenlänge wird dann:

$$\lambda = \frac{\pi}{g} \cdot \frac{w^2 \dfrac{T_2 + T_1}{2}}{T_2 - T_1},$$

wo $g = 9{,}806$ m/sec^2 die Schwere, w der Windsprung und T_2 die obere, T_1 die untere (absolute) Temperatur ist.

Ersetzen wir hierin noch $\dfrac{T_2 + T_1}{2}$ genähert durch 273°, so wird

$$\lambda = \frac{273\,\pi}{g} \cdot \frac{w^2}{\varDelta T} = 87{,}5 \frac{w^2}{\varDelta T}.$$

Hieraus ergeben sich z. B. folgende Zahlenwerte für die Länge der Luftwogen (in Metern):

Tabelle 19.

Wellenlänge λ (in m) der Luftwogen an Gleitflächen in Abhängigkeit vom Windsprung w und dem Temperatursprung $\varDelta T$.

w	$\varDelta T$				
	0,5	1,0	2,0	4,0	8,0
0,5 m/sec	50	25	12	6	3
1	190	95	48	24	12
2	700	350	175	88	44
4	2800	1400	700	350	175
8	11000	5500	2750	1380	690

Hierdurch erklärt sich die Erscheinung der Wogenwolken, indem die Wellenberge infolge der Hebung kondensieren und als langgestreckte Wolkenstreifen sichtbar werden. Bei Drachenregistrierungen zeigen sich Luftwogen durch kleine periodische Temperaturschwankungen, die allerdings nur beim Abstieg mit seiner gleichmäßigen Höhenänderung deutlich werden.

Ist die Inversion nicht sprunghaft, so benutzt man zum Vergleich mit der Theorie statt des wirklichen Inversionsbetrages einen vergrößerten, den man erhält, wenn man das Temperaturgefälle der oberen und auch der unteren Schicht ungeändert bis zur Mitte der Inversion fortgesetzt denkt, so daß dort eine sprunghafte Inversion entsteht.

Als Windsprung ist die geometrische oder vektorielle Differenz des oberen und unteren Windes zu benutzen. Ist z. B. in Abb. 1 $a\,b$ ein für allemal der untere Wind, und zunächst $a\,c$ der obere (Zunahme und Rechts-

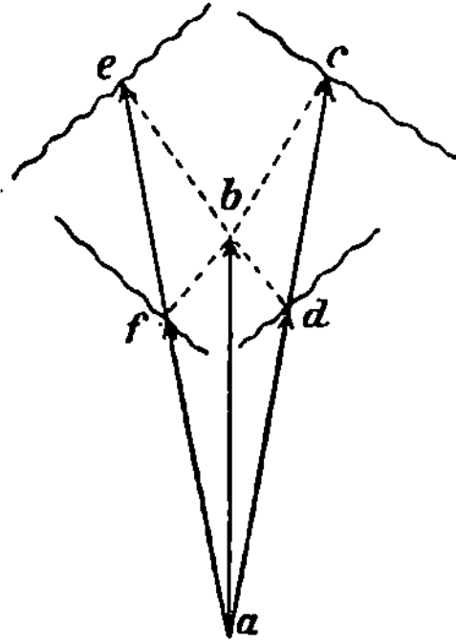

Abb. 1. Streichrichtung und Zugrichtung der Luftwogen.

drehung), so ist bc die vektorielle Differenz, deren Länge in Rechnung zu setzen ist. Die Wogen werden dann senkrecht zu bc aufgeworfen. Ist ad der obere Wind (Abnahme und Rechtsdrehung), so ist bd die vektorielle Differenz, und die Wogen werden senkrecht zu bd aufgeworfen. Ist ae der obere Wind (Zunahme und Linksdrehung), so werden die Wogen senkrecht zur vektoriellen Differenz be aufgeworfen, und bei Abnahme und Linksdrehung (af oberer Wind) senkrecht zu bf. Die Streichrichtung der Wogen kann daher den ganzen Vollkreis durchlaufen, während oberer und unterer Wind nur wenig voneinander verschieden sind.

Vergleiche zwischen Beobachtung und Theorie sind außer von A. WEGENER namentlich von F. FREY[1]) ausgeführt worden. Zusammengestellt ergeben sie folgende Übersicht (λ_R berechnete, λ_B beobachtete Wellenlänge):

Tabelle 20.
Beobachtete (λ_B) und berechnete (λ_R) Wellenlänge der Luftwogen
(w Windsprung, ΔT Temperatursprung).

w	ΔT	λ_R	λ_B	w	ΔT	λ_R	λ_B
3,0 m/sec	3,8°	200 m	175 m	7,0 m/sec	6,3°	690 m	720 m
4,5	5,2	350	360	5,0	2,4	900	940
2,5	1,3	420	360	3,0	0,8	900	990
5,2	5,1	460	570	4,0	1,25	1150	1037
5,5	4,8	550	550	8,5	6,0	1070	1100
6,0	5,4	590	660	10,4	4,0	2500	1920
9,5	13,4	600	700	5,0	1,0	2300	2060

In Anbetracht der Schwierigkeit und Unsicherheit in der Bestimmung der Beobachtungsgrößen ist die Übereinstimmung mit der ja nur genäherten Theorie durchaus befriedigend.

Während des internationalen Wolkenjahres (1896 bis 1897) wurden in Potsdam 74 Wellenlängen gemessen, die zwischen 50 und 2040 m schwankten. Am häufigsten waren Wellenlängen von etwa 450 m. Große Wellenlängen wurden vorzugsweise in großen Höhen gefunden:

Höhe	0	2	8	12 km
mittl. Wellenlänge	218	456	1016	m.

Wellen von mehr als 2000 m Länge scheinen also sehr selten zu sein.

Verwandt mit den freien Luftwogen, welche die Wogenwolken erzeugen, sind die erzwungenen oder Hinderniswogen, welche die sog. Föhnwolken liefern. Sind die freien Wogen vergleichbar mit den Windwellen des Meeres, so sind diese Hinderniswogen vergleichbar mit der welligen Oberfläche eines über unebenen Grund strömenden Baches. In allen Gebirgen sind derartige Wolken bekannt, aber nirgends sind sie so häufig wie in Nordostgrönland, wo sie den ganzen, vom Inlandeise frei gelassenen Küstenstreifen mit großer Regelmäßigkeit begleiten, aber weder weiter draußen auf dem Meere noch im Innern auf dem Inlandeise vorkommen.

Bisweilen kommt es vor, daß die Wolkenbasis, die sonst stets verwaschen ist, scharfe, rundliche Formen annimmt, die ganz denjenigen an der Oberfläche eines Wolkenmeeres, nur mit Vertauschung von oben und unten, gleichen. Man nennt diese Wolkenform Stratus mammatus (auch weniger treffend Cumulus mammatus). In diesem Falle fällt die Wolkenbasis mit einer Inversion zusammen[2]), und die darüber liegende Schicht kondensiert in ihrer ganzen Mächtigkeit. Man findet diese Wolkenform nicht selten auf der Vorderseite einer Zyklone, wo oft zahl-

---

[1]) F. FREY, Meteorol. ZS. 1919, S. 25.
[2]) Nachweis der Inversion durch Drachen s. SCHNEIDER, Meteorol. ZS. 1920, S. 137.

reiche Inversionen übereinander liegen, aber auch in den Ausläufern des Cumulo-Nimbus, wo die Wolkenluft sich an einer Schichtgrenze horizontal ausbreitet und daher oben und unten von einer Inversion begrenzt wird. In seltenen Fällen können so auch an der Basis von Schichtwolken Luftwogen entstehen, die bei geeigneter Beleuchtung als parallele Schattenstreifen sichtbar werden.

HELMHOLTZ hat als erster darauf hingewiesen, daß eine Schichtgrenze mit Windsprung infolge der Erdrotation eine etwas schräge Lage zum Horizont als Gleichgewichtslage haben muß. MARGULES[1]) hat die Berechnung durchgeführt, die auf folgende Formel für den Neigungswinkel α der Schichtgrenze führt:

$$\operatorname{tg}\alpha = -\frac{2\omega\sin\varphi}{g} \cdot \frac{v_1 T_2 - v_2 T_1}{T_2 - T_1},$$

wo sich der Index 1 auf die untere, 2 auf die obere Schicht bezieht, und v die Geschwindigkeit, T die absolute Temperatur, ω die Winkelgeschwindigkeit der Erde, φ die geographische Breite und g die Schwere bedeutet.

Wird die untere, kältere Schicht als ruhend angenommen, so hebt sich die Schichtgrenze in der Gleichgewichtslage bei darüber wehendem

	Ostwind	Nordwind	Westwind	Südwind
nach	S	E	N	W

Ist z. B. $v_1 = 0$, $v_2 = 10$ m/sec, $T_1 = 273°$, $T_2 = 283°$, $\varphi = 45°$, so folgt $\alpha = 0° 9' 45''$. Die Grenzfläche hebt sich also um 2,86 m pro Kilometer. Die Neigung wird um so größer, je verschiedener die Geschwindigkeiten und je ähnlicher die Temperaturen sind.

Hieran knüpft die Polarfronttheorie der Zyklonen von J. und V. BJERKNES an. Die im allgemeinen von Ost nach West strömende kalte Polarluft grenzt mit einer solchen schrägen Schichtgrenze gegen die von West nach Ost strömende wärmere Luft aus niederen Breiten. Die Schichtgrenze hebt sich gegen den Pol und schneidet die Erdoberfläche in der „Polarfront". Die Zyklonen werden dann als große Wellen an dieser Schichtgrenze aufgefaßt, die sich in ihrem Bau

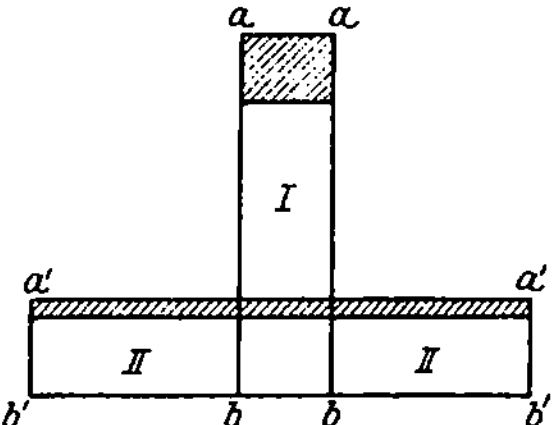
Abb. 2. Entstehung einer Schrumpfungsinversion.

Wirbeln nähern, oft auch in solche übergehen, und die ursprünglich geradlinige Polarfront wird in der Weise deformiert, daß die charakteristische Böenlinie und Kurslinie der Zyklonen daraus resultiert. Über die Richtigkeit dieser Auffassung der Zyklonen als Gravitationswogen an der genannten Grenzfläche sind indessen die Ansichten noch geteilt.

Die Inversionen bilden auch die Ursache der Luftspiegelung nach oben (Fata Morgana) sowie der Deformationen und Teilungen der Sonnen- und Mondscheibe beim Auf- oder Untergang[2]).

Über die Entstehung der Inversionen weiß man noch wenig. Am besten bekannt ist die antizyklonale Bodeninversion, die offenbar durch vertikale Schrumpfung und seitliche Ausbreitung der Luftmassen erzeugt wird. Dieser Vorgang, der von MARGULES, A. WEGENER und W. SCHMIDT untersucht worden ist, läßt sich genähert sehr einfach an der Hand der Abb. 2 erläutern. Sinkt die Luftsäule $aa\,bb$ zusammen, so daß sie sich in die breitere und kürzere Säule $a'a'\,b'b'$ verwandelt, so führen die untersten Luftschichten nur horizontale Bewegungen aus, ihre Temperatur bleibt daher ungeändert. Die Luftmassen an der oberen Grenze der Säule müssen sich aber um den Betrag $ab - a'b'$ senken

---

[1]) M. MARGULES, HANN-Band der Meteorol. ZS. 1906, S. 243.
[2]) A. WEGENER, Ann. d. Phys. (4) Bd. 57, S. 203. 1918.

und dabei adiabatisch erwärmen. War das ursprüngliche Gefälle in I das adiabatische, so muß das neue in II auch adiabatisch sein. War es dagegen kleiner als
adiabatisch, so kann Inversion eintreten, wenn

$$\tau < 1 - \frac{h_2}{h_1},$$

wo τ das Temperaturgefälle pro 100 m, und h_1 und h_2 die Höhen der Luftsäulen I
und II bedeuten. Übrigens bleibt das Gefälle, wenn es in I linear war, in II nicht
linear. Da im Hochdruckgebiet ein solches Herabsinken und seitliches Ausbreiten
der Luftmassen in großem Umfange stattfindet, ist zweifellos hierin die Haupt-
ursache der charakteristischen antizyklonalen Inversion, die dem Boden aufliegt,
zu suchen. Bestätigt wird dies durch die geringe relative Feuchtigkeit, die durch
die adiabatische Erwärmung verursacht ist. Die Verhältnisse werden allerdings
oft dadurch kompliziert, daß das Absinken der Luft nicht adiabatisch, sondern
unter Wärmeverlust durch Ausstrahlung erfolgt.

Auch bei anderen Inversionen scheint nach SVERDRUP eine Schrumpfung
der oberen Schicht eine Rolle zu spielen, was die manchmal auffallend geringe
Feuchtigkeit oberhalb des Temperatursprunges nahelegt. Im übrigen können
Inversionen nach A. WEGENER durch Übereinanderschieben von bisher horizontal angeordneten Temperaturunterschieden entstehen oder nach KÖPPEN durch
fortgesetztes Schrumpfen einer Schicht mit schwachem Temperaturgefälle infolge
der über und unter ihr herrschenden und über die Grenze hinausschießenden
Vertikalbewegungen. Man kann auch folgende Überlegung anstellen: Herrscht
in der Atmosphäre eine vertikale Temperaturabnahme, die kleiner als die des
konvektiven Gleichgewichts ist, und wird nun in einem bestimmten Höhenintervall die Turbulenz und damit das Gefälle vergrößert, so muß an der oberen
wie an der unteren Grenze dieser Schicht eine Inversion entstehen.

Trotz dieser verschiedenen Erklärungen können unsere Vorstellungen über
die Entstehung der Inversionen noch nicht als gefestigt gelten.

c) Die Kondensationsprozesse.

9. Ursache der Kondensation. Der älteren von HUTTON herrührenden
Erklärung der Wolkenbildung durch Mischung verschieden temperierter Luftmassen ist durch die Untersuchungen von HANN, PERNTER und BEZOLD der
Boden entzogen worden. Allerdings muß stets Kondensation eintreten, wenn
zwei gesättigte Luftmassen verschiedener Temperatur gemischt werden. Aber
schon der Umstand, daß man selbst bei sehr großen Temperaturunterschieden
nur sehr geringe Mengen kondensierten Wassers erhält, zeigt die Unbrauchbarkeit
dieses Prinzips für die Erklärung der Niederschläge. Dazu kommt, daß Luftmassen verschiedener Temperatur in unmittelbarer Nachbarschaft nur bei
Diskontinuitätsflächen (Inversionen) vorkommen, wo fast stets die wärmere
Schicht ungesättigt, oft sehr trocken ist. Solche Bedingungen, bei denen durch
Mischung auch nur Wolkenbildung eintreten kann, dürften daher so selten sein,
daß sie ganz außer Betracht bleiben können. Viel häufiger dürfte der Fall vorkommen, daß Wolkenluft bei Mischung mit nichtkondensierender Luft klar wird,
worauf z. B. die Auflösung der Kumuluswolken nach Erlahmen ihres Auftriebes
beruht.

Die wirkliche Ursache der Wolken- und Niederschlagsbildung ist fast ausschließlich die adiabatische Abkühlung der Luft beim Aufsteigen. Nur bei dem
Nebel, der unmittelbar auf dem Boden liegt, muß die Ursache komplizierter
sein. Nebel entsteht da, wo warme Luft über kalten Boden streicht; ihre Tem-

peratur sinkt dabei, und dies führt zur Kondensation. Das Sinken der Temperatur scheint dabei z. T. durch unmittelbare Berührung mit der kalten Unterlage und Weitergeben der Abkühlung durch die Turbulenz erzeugt zu werden, teilweise aber auch durch Strahlung.

Das zur Wolkenbildung führende Aufsteigen der Luft geschieht in der Weise, daß mächtige Schichten großer horizontaler Ausdehnung auf schrägen Gleitflächen (Inversionen) langsam hinaufgleiten oder auch durch Kürzung der horizontalen Dimensionen in die Höhe wachsen (Streckung). Auf diese Weise entstehen die Schichtwolken (Stratus, Altostratus, Zirrostratus) in den Zyklonen. Aus dem Niederschlag läßt sich berechnen, daß diese Vertikalbewegungen von der Größenordnung 10 cm/sec sind. Andererseits geschieht aber das Aufsteigen auch in kleineren, isolierten Luftmengen, welche infolge ihres Auftriebes oder der Turbulenzenergie die darüber liegenden Schichten durchbrechen. Auf diese Weise entstehen die Haufenwolken (Kumulus, Kumulonimbus), in denen die Vertikalbewegung etwa zwischen 1 und 10 m/sec liegt. Man kann bei ihnen zwischen Turbulenzkumulus und Auftriebskumulus (dynamischer Kumulus) unterscheiden.

Die Wolkenformen gliedern sich aber nicht nur in Schicht- und Haufenwolken, sondern außerdem auch nach den Höhen (Etagen) in untere (Stratus, Kumulus), mittlere (Altostratus, Altokumulus) und hohe (Zirrus, Zirrostratus, Zirrokumulus). Die 3 Zirrusarten sind Eiswolken, während noch Altostratus und Altokumulus meist aus unterkühlten Wassertröpfchen bestehen, zwischen denen nur vereinzelte eisförmige Kondensationsprodukte umhertreiben. Die Zirrusgruppe unterscheidet sich dem Aussehen nach von den niedrigeren Wolken durch das Vorherrschen von Fallstreifen; diese bestehen aus Niederschlag (in Eisform), der aus der Wolke heraussinkt, sich aber schließlich in tieferen, nicht gesättigten Schichten wieder auflöst, ohne die Erde zu erreichen. Das Fortbestehen und Anwachsen solcher Fallstreifen auch nach Verschwinden der erzeugenden Wolke erklärt sich nach A. Wegener durch Übersättigung (in bezug auf Eis) derjenigen Schichten, in die sie hineingesunken sind.

Die genannten Wolkenformen sind nur die Hauptformen. Natürlich gibt es Übergangsformen wie Stratokumulus und Kumulostratus; Gewitterwolken (Kumulonimbus) lassen sich nicht in eine der 3 Höhengruppen einreihen, weil sie zwar die gleiche Basis wie die gewöhnlichen Haufenwolken haben (etwa 1500 m), dabei aber jedenfalls über 4000 m hoch hinaufreichen, ja bisweilen bis zur Grenze der Stratosphäre hinaufstoßen können (Hageltürme).

10. Die Kerne der Kondensation. Wie W. Thomson[1]) nachgewiesen hat, ist der Gleichgewichtsdruck des Wasserdampfes über einer gekrümmten Wasseroberfläche größer als der normale, der für eine ebene Wasseroberfläche gilt. Vermöge der Oberflächenspannung besitzt nämlich jeder Tropfen eine potentielle Energie, die proportional seiner Oberfläche, also gleich $4\pi r^2 a$ ist, wo r der Tropfenradius und a die Kapillarkonstante ist. Je kleiner der Tropfen ist, desto kleiner ist auch diese potentielle Energie. Zur Verkleinerung des Tropfens braucht daher nicht die ganze zur Verdampfung nötige Arbeit geleistet zu werden, sondern ein Teil derselben wird durch die Verminderung der potentiellen Energie bestritten. Die tatsächlich zu leistende Arbeit wird also um so geringer, je stärker der Tropfen gekrümmt ist, d. h. je kleiner er ist. Ein sehr kleiner Tropfen verlangt daher, um im Gleichgewicht zwischen Verdampfung und Kondensation zu sein, einen gewissen Drucküberschuß, für den sich nach Thomsons Rechnung die Formel ergibt

$$\Delta p = \frac{2\,v_w\,a}{(v_d - v_w)\,r}\,,$$

____

¹) W. Thomson, Phil. Mag. (4) Bd. 42, S. 448. 1871 u. Proc. Edinburgh 1869/70.

wo a die Kapillarkonstante, r der Tropfenradius, ferner v_w das spezifische Volumen des Wassers ($= 1$) und v_d das des Wasserdampfes ist. Da letzteres groß gegen v_w ist, können wir auch schreiben

$$\Delta p = \frac{2\,a}{v\,r}\ \text{g/cm}^2\ ,$$

wenn wir den Index von v_d jetzt fortlassen. Oder in mm Quecksilber:

$$\Delta e = \frac{10}{13{,}6}\,\Delta p = 1{,}47\,\frac{a}{v\cdot r}\ .$$

Die Kapillarkonstante a ist bei $-10°$ $7{,}84\cdot10^{-2}$, bei $+10°$ $7{,}54\cdot10^{-2}$. Für das spezifische Volumen v des Wasserdampfes gilt:

$$v = \frac{T\,10^3}{0{,}2885\,e}\ \text{ccm,}$$

wo T die absolute Temperatur und e der Druck des (übersättigten) Wasserdampfes (in mm Hg) ist, d. h. $e = E + \Delta e$. Hiermit findet man folgende Zahlenwerte für $0°$ C:

Rel. Feuchtigkeit	100,00012	101	105	120	400%
Rad. d. Gleichgew.-Tropf.	10^{-3}	$1{,}1\cdot10^{-5}$	$2{,}5\cdot10^{-6}$	$7{,}2\cdot10^{-7}$	$1{,}6\cdot10^{-7}$ cm.

Hiernach müßte also zum ersten Beginn der Kondensation eine außerordentlich große Übersättigung nötig sein. Indessen ist zu beachten, daß dies Gesetz nur ein statistisches ist. Es kann offenbar an vereinzelten Stellen durch zufälligen gleichzeitigen Zusammenstoß einer genügend großen Zahl von Wasserdampfmolekülen „durch Zufall" zur Bildung eines so großen Tropfens kommen, daß er bei dem vorhandenen Dampfdruck weiterbestehen kann. Allein der Radius eines Wasserdampfmoleküls beträgt nur $2\cdot10^{-8}$ cm; um also bei einer relativen Feuchtigkeit von 120% einen Gleichgewichtstropfen zu erzeugen, müßten nicht weniger als 50000 Moleküle gleichzeitig zusammenstoßen.

Man kann sich aber leicht experimentell davon überzeugen, daß es nicht solche zufälligen Zusammenstöße sind, welche die Wolkentröpfchen bilden. Bekanntlich kann man experimentell Wolkenbildung erzielen, indem man in eine große Glasflasche ein wenig Wasser hineintut, so daß die Luft darin gesättigt ist, und dann die Luft plötzlich um einen, wenn auch kleinen Betrag expandiert. Diese mit der natürlichen Wolkenbildung völlig identische Nebelbildung bleibt aber, wie COULIER, MASCART und AITKEN zuerst gezeigt haben, aus, wenn man Luft benutzt, die durch einen Wattebausch filtriert ist, oder die längere Zeit völlig ruhig gestanden hat, so daß alle Verunreinigungen sich niedergeschlagen haben. In solcher gereinigter Luft kann man, wie WILSON[1] gezeigt hat, die Expansion bis auf das 1,252fache treiben, was einer relativen Feuchtigkeit von 420% entspricht, ehe Kondensation eintritt. Die dann entstehenden Tröpfchen erweisen sich als negativ elektrisch geladen; treibt man die Expansion noch weiter bis zum 1,375fachen des Anfangsvolumens, so tritt erneut eine starke Kondensation ein, und die jetzt entstandenen Tröpfchen erweisen sich als positiv elektrisch geladen. Bei so hoher Übersättigung tritt eben eine Kondensation an den stets vorhandenen Ionen, zuerst den negativen, dann auch den positiven, ein, die hier als Kondensationskerne dienen.

　　J. J. THOMSON hat diesen Vorgang auch rechnerisch verfolgt. Man glaubte eine Zeitlang, daß diese Art der Kondensation, bei denen die Tropfen elektrisch

---

[1] C. T. R. WILSON, Phil. Trans. Bd. 189, S. 265. 1897.

geladen sind, bei den Gewitterwolken stattfindet und die Ursache der Gewitterelektrizität ist (Wilson-Gerdiensche Theorie). Indessen überwiegen gegenwärtig die Zweifel, die man an dem Vorkommen so hoher Übersättigungen selbst
in den Gewitterwolken hat.

Da nun die gewöhnliche Wolkenbildung sofort eintritt, sobald der Sättigungspunkt überschritten wird, gerade wie in dem Expansionsversuch mit ungereinigter
Luft, so müssen also in beiden Fällen irgendwelche Kondensationskerne vorhanden
sein, durch welche die Schwierigkeit der ersten Bildung der Tröpfchen umgangen
wird.

Aitken hat 1888 ein Instrument konstruiert, das die Anzahl der im Kubikzentimeter Luft enthaltenen Kondensationskerne zu ermitteln gestattet. Man
expandiert dazu eine kleine Menge Luft und erzeugt auf diese Weise in ihr Nebel;
dieser schlägt sich nieder auf eine gefelderte Glasplatte, die den Boden des Gefäßes bildet, und man zählt mit einem Mikroskop die Anzahl der Tropfen pro
Feld. Anfangs wurde dies Instrument Staubzähler genannt, weil man annahm,
daß die Kondensationskerne Staub wären. Indessen hat Wigand[1]) gezeigt, daß
sich durch Aufwirbeln von eigentlichem Staub die Kernzahl der Luft nicht
erhöht, so daß die trockenen, festen Bestandteile des Staubes nicht als Kerne
in Frage kommen. Vielmehr scheint es sich um Tröpfchen hygroskopischer
Flüssigkeiten zu handeln. Hierauf deutet namentlich die folgende Beobachtungs-
reihe, nach welcher für einen bestimmten Grad von Verschleierung der Fern-
sicht eine um so geringere Kernzahl nötig ist, je feuchter die Luft ist.

Psychrometr. Differenz	Kernzahl pro ccm bei konstanter Sichtweite
1,1 bis 2,2° C	$1,25 \cdot 10^4$
2,2 „ 3,9	$1,71 \cdot 10^4$
3,9 „ 5,5	$2,26 \cdot 10^4$

Wenn, wie wahrscheinlich, die Kondensationskerne es sind, die die Trübung
der Luft verursachen, so nötigen diese Zahlen zu dem Schluß, daß diese Kerne
um so größer sind, je feuchter die Luft ist.

Im übrigen sind viele mit dem Kernzähler gemachte Beobachtungen in
ihrer Deutung noch unsicher. Wigand fand folgende Abnahme der Kernzahl
mit der Höhe:

Tabelle 21. Zahl der Kondensationskerne in der Atmosphäre.

Höhe	0,1	1	2	3	4	5	6,5 km
Kernzahl	45000	6000	700	200	100	50	20

und stellte auch fest, daß innerhalb einer Zone mit Temperaturumkehr im unteren
Teil eine Anreicherung, im ·oberen ein Defizit an Kernen herrscht, was nach
A. Wegener durch Herabsinken infolge des Mangels an Turbulenz innerhalb der
Inversionsschicht erklärt werden könnte. Barus fand im Januar 3 bis 5 mal
so viel Kerne wie im Juli (am Boden). Zu einem überraschenden Ergebnis kam
Braak: er fand bei einer relativen Feuchtigkeit von 76% 83'000 Kerne, bei
40% aber nur 2000, obwohl in letzterem Falle ein blauer Dunst herrschte, im
ersteren aber die Luft sehr durchsichtig war. Wenn, wie es hiernach scheint,
das Instrument bei großer Trockenheit den größten Teil der Kerne nicht mit-
zählt, so werden hierdurch allerdings die meisten bisher damit gewonnenen Ergebnisse zweifelhaft und die Deutung der Beobachtungen sehr erschwert.

Die Frage, woraus die Kondensationskerne bestehen, läßt sich gegenwärtig
noch nicht mit völliger Sicherheit beantworten. In der Seeluft lassen sich nach

---

[1]) A. Wigand, Meteorol. ZS. 1913, S. 10.

LÜDELING Salzkörnchen nachweisen und KÖHLER hat neuerdings im Schmelzwasser von Rauhreif stets Kalziumchlorid gefunden, welches, wie er meint, aus dem Seewasser stammen muß. Dagegen läßt sich geltend machen, daß, wenn dies die Kondensationskerne der Wolken wären, sich Unterschiede der Wolkenbildung auf See und auf Land zeigen sollten, worüber nichts bekannt ist. Nach LENARD und RAMSAUER erzeugt die Sonnenstrahlung aus Sauerstoff, Stickstoff und Wasserdampf Spuren hygroskopischer Gase; auch Verbrennungsprozesse liefern solche. So schrieb KIESSLING der schwefligen Säure die Rolle von Kondensationskernen zu, BARKOW und PRINGAL nitrosen Gasen wie Salpetersäure und namentlich Ammoniak. Letzteres Gas läßt sich in der Tat stets nachweisen. Nach Messungen im Park von Montsouris finden sich sehr konstant 2,0 mg Ammoniak in 100 cbm Luft, und auf den Pic du Midi (2880 m) 1,35 mg. BIEBER zog auch Wasserstoffsuperoxyd in Betracht. Es ist natürlich nicht unmöglich, daß eine ganze Reihe solcher hygroskopischer Gase in Frage kommt,

die in wässeriger Lösung in Form sehr kleiner Dunsttröpfchen die Kerne für die Kondensation abgeben.

Für die Kondensation in Eisform müssen aber andere Kerne, wahrscheinlich in fester Form, angenommen werden. Am wirksamsten werden kleine Kristalle von gleicher Art wie die Eiskristalle, also z. B. Quarzkörnchen, sein. Direkte Beobachtungen über die Natur dieser Kerne gibt es noch nicht. Doch zeigen Beobachtungen bei sehr tiefen Lufttemperaturen, daß solche Kerne für eisförmige Kondensation bisweilen völlig fehlen können, während diejenigen für Kondensation in flüssiger Form offenbar stets in großer Menge zur Verfügung stehen.

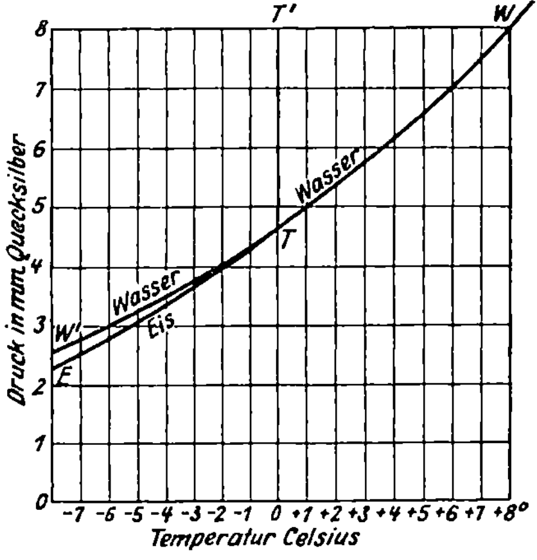

Abb. 3. Getreues Phasendiagramm des Wassers.

11. System der Kondensationsprodukte. Wie das ROOZEBOOMsche Phasendiagramm für das Wasser (Abb. 3) zeigt, können die 3 Phasen Dampf, Eis und Wasser nur bei einem ganz bestimmten Wert der Temperatur und des Dampfdrucks miteinander im Gleichgewicht sein, nämlich im Tripelpunkt T des Diagramms, der die Koordinaten hat:

$$e = 4{,}58 \text{ mm Hg}$$
$$t = + 0{,}0075° \text{ C.}$$

Bei höheren Drucken kann die flüssige Phase nur entweder mit der Dampfphase oder mit der Eisphase im Gleichgewicht sein. Diese Gleichgewichtszustände werden durch die Verdampfungskurve TW und die Schmelzkurve TT' gekennzeichnet. Letztere ist so wenig gegen die Druckachse geneigt, daß sie in unserer Abbildung parallel zu ihr erscheint. Um eine Erniedrigung des Schmelzpunktes um 1° zu erzielen, muß man nämlich den Druck um 132,8 Atmosphären vermehren, oder mit anderen Worten: Die Schmelztemperatur sinkt um 0,00753° pro Atmosphäre Druckzunahme.

Eine weit größere Rolle als die Schmelzkurve spielt für atmosphärische Vorgänge die Verdampfungskurve TW, die bei Atmosphärendruck (760 mm) +100° erreicht. Wie ohne weiteres ersichtlich, ergibt sie die Siedetemperatur des Wassers, wenn man den Druck als Luftdruck statt als Dampfdruck be-trachtet. Sie endigt schließlich im kritischen Punkt (374° C, 218 Atm. Druck), so daß oberhalb dieses Punktes die Felder der gasförmigen und der flüssigen Phase in Verbindung stehen. Die folgende Tabelle gibt die der Kurve entsprechenden Dampfdrucke (Drucke des gesättigten Wasserdampfes in mm) nach SCHEEL und HEUSE:

Tabelle 22. Sättigungsdruck (mm Hg) des Wasserdampfes.

Temp.	0	1	2	3	4	5	6	7	8	9
0°	4,58	4,93	5,29	5,68	6,10	6,54	7,01	7,51	8,04	8,61
10°	9,21	9,84	10,52	11,23	11,99	12,79	13,63	14,53	15,48	16,48
20°	17,54	18,65	19,83	21,07	22,38	23,76	25,21	26,74	28,35	30,04
30°	31,82	33,70	35,66	37,73	39,90	42,18	44,56	47,07	49,69	52,44

Im Bereich der negativen Temperaturen gabelt sich die Kurve, und wir erhalten 2 Äste, die zu benutzen sind, je nachdem der Dampfphase Eis oder unterkühltes Wasser gegenübersteht.

Die maximalen Dampfdrucke über Eis sind folgende (nach NERNST):

Tabelle 23. Sättigungsdruck E in mm Hg des Eisdampfes.

Temp.	0	−5	−10	−15	−20	−25	−30	−35	−40	−45	−50
E über Eis	4,58	3,01	1,95	1,24	0,77	0,47	0,28	0,17	0,093	0,052	0,029

Temp.	−55	−60	−68	−73	−113	−173	−253°
E über Eis	0,015	0,0075	0,0026	0,0012	$5{,}8 \cdot 10^{-7}$	$7{,}5 \cdot 10^{-17}$	$1{,}6 \cdot 10^{-118}$ mm.

Und andererseits ist der maximale Dampfdruck über unterkühltem Wasser (nach THIESEN):

Tabelle 24. Sättigungsdruck E in mm Hg von unterkühltem Wasser.

Temp.	0	−5	−10	−15	−20	−25	−30	−35	−40	−45	−50	−55	−60°
E über Wasser	4,58	3,16	2,14	1,43	0,96	0,61	0,39	0,24	0,14	0,084	0,048	0,027	0,015 mm

Die Bedeutung dieser Verhältnisse kann man sich klarmachen, wenn man bedenkt, daß auch in Mitteleuropa positive Temperaturen im Winter oft überhaupt nicht in der Atmosphäre vorkommen und selbst im Juli auf die untersten drei Höhenkilometer beschränkt sind. Die Mitteltemperatur der Troposphäre, d. h. desjenigen Teiles der Atmosphäre, in welchem Wolkenbildungen auftreten, beträgt sowohl über Europa wie über dem Äquator etwa −22°. Infolgedessen müssen die Unterschiede der maximalen Dampfdrucke über Eis und über unterkühltem Wasser eine sehr allgemeine Rolle bei den atmosphärischen Kondensationsvorgängen spielen.

Nebel aus unterkühlten Wassertröpfchen ist durch den in ihnen erzeugten weißen Regenbogen (Nebelbogen) von A. WEGENER bei KOCHS Grönlanddurchquerung bis −34,5° festgestellt worden. Es ist aber fraglich, ob es überhaupt eine bestimmte Grenze der Unterkühlung der Tröpfchen in der Atmosphäre gibt. Bei negativen Temperaturen bestehen die Wolken meist in der Hauptsache aus unterkühlten Tröpfchen, doch untermischt mit vereinzelten eisförmigen Kondensationsprodukten. Da die Wolkenluft dann in bezug auf diese letzteren stark übersättigt ist, so werden diese Schneesterne oder Graupeln rasch anwachsen und herausfallen, so daß eine solche Wolke trotz ihrer gemischten Zusammensetzung nur eisförmigen Niederschlag liefert.

Da man unter relativer Feuchtigkeit auch bei negativen Temperaturen stets diejenige in bezug auf Wasser versteht[1]), so muß, wenn gerade Sättigung in bezug auf Eis herrscht, und also die eisförmige Kondensation beginnt, die relative Feuchtigkeit kleiner als 100% sein. Aus den obigen Zahlen erhält man folgende relative Feuchtigkeiten für Sättigung in bezug auf Eis:

Tabelle 25. Relative Feuchtigkeit bei gesättigtem Eisdampf.

Temp.	-5	-10	-15	-20	-25	-30	-35	-40	-45	-50	-55	$-60°$
Rel. Feucht.	96	91	87	82	78	74	71	67	64	61	58	55%

Bei Polarexpeditionen hat man in der Tat gefunden, daß lebhafte Reifbildung einsetzt, sobald diese Feuchtigkeiten überschritten werden.

Die Art der eisförmigen Kondensationsprodukte ist im wesentlichen davon abhängig, wie stark diese Sättigungswerte überschritten werden: sind diese Werte nur eben erreicht, so entstehen Vollkristalle, die Halos erzeugen; bei mäßiger Überschreitung werden daraus Schneesterne, bei starker Überschreitung Graupeln. Liegt die Temperatur noch nahe an 0°, so kann auch die Überschreitung der Sättigung in bezug auf Eis nicht groß werden, da bei 100% relativer Feuchtigkeit die massenhafte Kondensation in Tröpfchenform beginnt und ein weiteres Anwachsen verhindert. Deshalb können bei diesen Temperaturen Graupeln nur dann entstehen, wenn die Luft schnell aufsteigt und die Kondensation stürmisch ist. Bei sehr tiefen Temperaturen aber kommt es so leicht zu starken Übersättigungen in bezug auf Eis, daß die Graupeln hier auch bei sehr schwachem Niederschlag häufig sind. Für den Hagel entstehen besonders extreme Bedingungen durch seine aus den hohen Schichten mitgebrachte tiefe Eigentemperatur.

In vielen Fällen ist es möglich, aus optischen Erscheinungen auf die Phase der Kondensationsprodukte zu schließen. So entstehen Halos nur in Eiskristallen. Aber freilich geben nicht alle Eiswolken Halos, sondern nur solche, die aus Vollkristallen zusammengesetzt sind. Ebenso kann der Regenbogen und Nebelbogen nur in Tropfen entstehen. Unklarheit herrscht noch über die Deutung der Beugungserscheinungen (Kränze, Glorien, Irisieren). Man nahm bisher an, daß diese sowohl in Eis- wie in Wasserwolken erscheinen könnten, wenn nur die Teilchen alle von gleicher Größe sind. Neuerdings hat aber SIMPSON Gründe für die Auffassung angeführt, daß diese Erscheinungen nur in Wasserwolken entstehen.

12. Wolken- und Regentropfen. Solange die hygroskopischen Kräfte der Kondensationskerne noch wirksam sind, d. h. die Tröpfchen genügend klein sind, sind diese mit dem Dampfdruck der Umgebung in stabilem Gleichgewicht: werden sie verkleinert, so müssen sie wegen größerer Konzentration und Verstärkung der Hygroskopie wieder wachsen; werden sie vergrößert, so müssen sie wegen Abnahme der Hygroskopie wieder kleiner werden. In diesem Stadium sind die Tröpfchen im allgemeinen kleiner oder nur höchstens von gleicher Größe wie die Wellenlänge des Lichtes (5×10^{-5} cm) und können infolgedessen höchstens die Erscheinungen trüber Medien zeigen (Dunst), aber noch nicht als Wolke sichtbar werden. Sobald aber infolge Erreichung des Sättigungsdruckes die Tröpfchen so groß geworden sind, daß die hygroskopischen Eigenschaften der Kerne wegen zu starker Verdünnung unwirksam werden, kann das Gleichgewicht nur noch ein labiles sein. Denn werden sie jetzt vergrößert, so wird die Luft in bezug auf ihre schwächere Oberflächenkrümmung übersättigt, und sie werden von selbst weiter wachsen, bis sie durch Zunahme ihrer Fallgeschwindig-

---

[1]) Auch das Haarhygrometer gibt bei negativen Temperaturen die relative Feuchtigkeit bezogen auf unterkühltes Wasser an.

keit in weniger feuchte Schichten herabgesunken sind oder als Regen den Erdboden erreicht haben.

Nach den früheren Ausführungen entspricht einer relativen Feuchtigkeit von 101% ein Radius des Gleichgewichtstropfens von $1{,}1 \cdot 10^{-5}$ cm. Dies entspricht ungefähr der Grenze der Sichtbarkeit, d. h. bei Entstehung der Wolkentrübung müssen die Tröpfchen etwa diese Größe besitzen. Selbst wenn also die hygroskopischen Kräfte hier schon ganz unwirksam sein sollten, so sieht man doch, daß eine größere Übersättigung vor der Wolkenbildung nicht eintritt.

Man kann die Tropfengröße, wenigstens des Regens, auf bequeme Weise messen, indem man sie auf Filtrierpapier fallen läßt und die Durchmesser der Spuren mißt. Um diese besser sichtbar zu machen, bestreut man das Papier mit Eosin, wodurch sie gefärbt werden. Das Papier muß empirisch mit gewogenen Tropfen geeicht werden. Der größte von Wiesner gemessene Regentropfen hatte den Radius 0,36 cm.

Wo man die Grenze zwischen Wolkenelement und Regentropfen anzusetzen hat, läßt sich auf diese Weise allerdings schwer bestimmen. Die naturgemäße Definition dieser Grenze ist wohl die, nach der die Fallgeschwindigkeit gerade so groß ist, daß die Tropfen von der in der Wolke herrschenden Turbulenz nicht mehr in der Schwebe gehalten werden können. Hiernach muß diese Grenze von dem Turbulenzgrad in der Wolke abhängen. Dem entspricht der Unterschied zwischen kleintropfigem Regen (aus turbulenzarmen Wolken) und großtropfigem (aus sehr turbulenten Wolken). Will man schon eine bestimmte Größe als Regentropfengrenze bezeichnen, so kann man den Tropfenradius 0,007 cm dazu benutzen. Solche Tropfen fallen (in turbulenzfreier Luft) mit $^1/_2$ m/sec.

Die Fallgeschwindigkeit der Tropfen wurde von Lenard durch die Geschwindigkeit eines vertikal aufsteigenden Luftstroms, der die Tropfen gerade schwebend erhielt, gemessen. Eine andere Methode rührt von W. Schmidt her: er ließ die Regentropfen selbst durch einen Ausschnitt einer horizontalen, rotierenden Scheibe auf eine darunter befindliche mitrotierende Scheibe fallen und maß so den Winkel, um den die untere Scheibe in dem Zeitintervall gedreht war, den der Tropfen zum Durchfallen des Abstandes brauchte.

Man kann die Fallgeschwindigkeit aber auch theoretisch aus der Stokesschen Formel für den Luftwiderstand einer fallenden Kugel berechnen und findet dann

$$v = 1{,}26 \cdot 10^6 r^2 \text{ cm/sec},$$

wo r der Tropfenradius in Zentimetern ist. Diese Formel gilt allerdings nur zwischen den Grenzen

$$4 \cdot 10^{-5} \text{ cm} < r < 10^{-2} \text{ cm}.$$

Die untere Grenze ist so gut wie identisch mit der Sichtbarkeitsgrenze, so daß für die von Lamb, Reinganum u. a. für noch kleinere Tropfen aufgestellten Formeln in der Meteorologie kaum Verwendung besteht.

Die obere Grenze reicht aber nicht aus. W. Schmidt hat deshalb eine empirische Formel aufgestellt, welche für große Tropfen hinreichend mit den Beobachtungen stimmt und für kleinere in diejenige von Stokes übergeht. Sie lautet

$$v = \frac{10^6}{\dfrac{0{,}787}{r^2} + \dfrac{503}{\sqrt{r}}} \text{ cm/sec}.$$

Die Formeln gelten stets für normalen Luftdruck. Für größere Höhen (kleineren Druck) vergrößert sich die Geschwindigkeit im Verhältnis $\sqrt{\dfrac{760}{b}}$

Die empirisch gemessenen Geschwindigkeiten sind in der folgenden Tabelle mit den aus SCHMIDTS Formel sich ergebenden zusammengestellt:

LENARDS Messungen zeigen, daß die Fallgeschwindigkeit bei einem Tropfenradius von 0,225 cm ein Maximum von 805 cm/sec erreicht. Bei dieser Größe beginnen die Tropfen sich zu deformieren, wodurch die Geschwindigkeit wieder etwas abnimmt, bis sie — vom Radius 0,25 cm an — zerstäuben. Die Geschwindigkeit von 8 m/sec ist also die größte, mit welcher Regen fallen kann. Da in Gewitterwolken, namentlich den Hageltürmen, die aufsteigende Luftbewegung diese Grenze nicht selten überschreitet, so wird der Regen in diesen Fällen am Herausfallen gehindert, so daß nur die Hagelkörner herabkommen, denen keine derartige Wachstumsgrenze gesetzt ist. Da ein Zerstäuben von Tropfen mit einer Trennung der Elektrizitäten verbunden ist, gründet SIMPSON hierauf seine Theorie der Gewitterelektrizität.

Tabelle 26.

Fallgeschwindigkeit v von Regentropfen in Abhängigkeit vom Radius r.

r (cm)	v beobachtet cm/sec		v berechnet (Stokes-Schmidt) cm/sec
	Lenard	W. Schmidt	
$4 \cdot 10^{-5}$			0,002
0,0005			0,3
0,001			1,1
0,005			26
0,01			78
0,02		180	181
0,03		270	265
0,04		340	333
0,05	440	393	390
0,10	590	577	599
0,15	690	692	750
0,175	737	740	814
0,225	805		929
0,273	798		—
0,318	780		—

DEFANT stellte fest, daß in jedem Regen bestimmte Größen der Regentropfen Häufigkeitsmaxima zeigen, und zwar verhalten sich die Gewichte (oder Volumina) der häufigsten Tropfen jeweils wie 1:2:4:8. Dies wurde von KÖHLER bestätigt. W. SCHMIDT erklärt dies daraus, daß gerade immer gleich große Tropfen zusammenfließen. ｜Wenn nämlich 2 Kugeln in gleicher Richtung sich durch ein widerstehendes Medium fortbewegen, so erfahren sie, hintereinander geordnet, eine hydrodynamische Abstoßung, nebeneinander aber eine Anziehung. Damit letztere zur Vereinigung führt, ist es nötig, daß sie längere Zeit hindurch wirksam bleibt, was nur bei gleicher Fallgeschwindigkeit, also gleicher Größe, der Fall sein kann.

Messungen von CONRAD und WAGNER haben einen Gehalt der Wolken an flüssigem Wasser von 0,4 bis 4 g pro Kubikmeter Wolkenluft gegeben. Der Gehalt an flüssigem Wasser war stets kleiner als der an gasförmigem. In Gewitterwolken dürften indessen wesentlich höhere Werte vorkommen.

Für 1 bis 2 g Wasser pro Kubikmeter Luft und einen Tropfenradius von 10^{-3} cm würde folgen, daß 200 bis 500 Tropfen im Kubikzentimeter Wolkenluft vorhanden sind. Die Kernzählungen ergeben, wie schon erwähnt, für die oberen Luftschichten ähnliche Werte, am Boden allerdings meist mehrere 1000 Kerne.

In besonderen Fällen können die Regentropfen noch in unterkühltem Zustand den Boden erreichen. Erstarrend bilden sie dann das Glatteis, das durch sein Gewicht die Bäume niederbrechen und großen Schaden anrichten kann (Eisstürme). Die meteorologischen Bedingungen hierfür sind positive Temperaturen in der Wolkenregion und negative in den unteren Schichten, also Inversion.

Ist die Abkühlung, die die Tropfen bei solcher Temperaturverteilung in den unteren Schichten erleiden, noch größer, so erstarren sie schon in der Luft zu Eiskugeln, und es regnet Eiskörner, die wegen ihrer Kleinheit ganz unschädlich sind. Gewöhnlich ist der am Boden ankommende Regen um 1 bis 3° kälter als die Luft.

13. Schnee, Graupel, Hagel. Schnee besteht entweder aus Vollkristallen, Skelettformen (Schneesternen) oder Sphärokristallen (Graupeln), je nach dem Grade der Übersättigung, die während der Bildung herrscht. Die Kristallform ist das 6seitige Prisma. Die Vollkristalle, die allein imstande sind, Halos zu erzeugen, sind auffallend oft in Form von 6seitigen Plättchen entwickelt, so daß die Hauptachse gewöhnlich kleiner als $^1/_{10}$ der Nebenachsen ist.

Über die Ursache dieser Plättchen- und Lamellenbildung hat VOLMER Untersuchungen angestellt[1]). Danach ist die spezifische Oberflächenenergie auf den verschiedenen Kristallflächen verschieden groß. Solche mit kleiner Energie wachsen langsamer und sind daher ausgedehnt. Dies ist bei den Basisflächen des Eisprismas der Fall. Die relative Wachstumsgeschwindigkeit läßt sich theoretisch abschätzen. Beim Eise ist sie für die Seitenflächen 100 bis 600mal größer als für die Basisflächen, und zwar wächst dies Verhältnis schnell mit sinkender Temperatur, so daß Plättchen vorzugsweise bei tiefen Temperaturen entstehen müssen.

Für die Entstehung der Skelettformen und Sphärokristalle hat bereits O. LEHMANN[2]) die Erklärung gegeben. Die Ursache ist der Übersättigungshof, der sich um den wachsenden Kristall herum bildet. Da nämlich Kristalle nur bei Übersättigung wachsen, und andererseits an der Oberfläche des Kristalls nur gerade Sättigung herrschen kann, muß der Kristall von einem Hof umgeben sein, in welchem die Übersättigung nach außen zunimmt. Die Schnelligkeit des Niederschlags neuer Moleküle und daher des Wachstums ist dann abhängig vom Gefälle der Übersättigung. Dieses wird an den Ecken und Hervorragungen des Kristalls größer sein als über der Mitte größerer Flächen, und daher werden die Ecken im Wachstum vorauseilen. Hierdurch werden aber die Bedingungen für ein weiteres Vorauseilen der Ecken immer günstiger, und das ganze Wachstum des Kristalls schlägt in Skelettbildung um, wobei der Kristall nur noch in Richtung seiner Achsen weiterwächst. So entstehen aus den Plättchen die Schneesterne. Verschwindet die Übersättigung, so tritt Ergänzung ein, indem die Strahlenspitzen verdampfen, während die dazwischenliegenden Seitenflächen noch weiter wachsen, bis wieder ein Vollkristall hergestellt ist. Durch mehrfachen Wechsel des Übersättigungsgrades können so die komplizierteren Formen der Schneesterne entstehen, indem jedem Anwachsen der Übersättigung ein Vorstoß des Skeletts, jedem Nachlassen eine Ergänzung entspricht.

Größere Schneeflocken (Tauschnee) bestehen aus mehreren Schneesternen, die durch die Oberflächenspannung kleiner, sie verbindender Wassertröpfchen aneinander haften. Sie können Größen bis zu 12 cm Durchmesser erreichen. Ihre Fallgeschwindigkeit beträgt 1,1 bis 1,8 m/sec.

Wenn die Übersättigung eine gewisse Grenze überschreitet, so tritt Bildung von Sphärokristallen (Reifgraupeln) ein, welche kugelige Gebilde von zentralfasriger Struktur darstellen. Durch Anlagerung unterkühlter Wassertröpfchen, welche erstarrend die Fasern zusammenkitten, entstehen hieraus die kompakteren Formen der Frostgraupeln.

Die größeren Frostgraupeln (Durchmesser 5 bis 10 mm) haben indessen in der Regel keine Kugelform mehr, sondern stellen Kugelsektoren oder Kegel mit gekrümmter Basis dar. Der Öffnungswinkel beträgt etwa 70 bis 80°. Diese Form ist verursacht durch eine gleichbleibende Orientierung während des Herabfallens, und zwar in der Weise, daß die Spitze immer nach oben weist. Es wächst dann nur die Basis des Kegels weiter. Diese Formen bilden den Übergang zum

---

[1]) M. VOLMER, ZS. f. phys. Chem. 1922.
[2]) O. LEHMANN, Molekularphysik, Bd. I, S. 326. Leipzig 1888/89.

Hagel, von dem sie z. B. an der deutschen Nordseeküste auch nicht unterschieden werden.

Auch die größeren echten Hagelkörner haben bisweilen eine kegelförmige Gestalt, doch ist der Öffnungswinkel dann kleiner. Auch diese Formen entstehen offenbar bei konstanter Orientierung. Die häufigste Form der Hagelkörner ist aber mehr oder weniger kugelig, bisweilen mit himbeerartigen Ausbuchtungen, ähnlich den Manganknollen in Tiefseeablagerungen oder anderen mineralischen Sphärokristallen. Bei diesen Formen darf man annehmen, daß sie ihre Orientierung beim Herabfallen fortwährend ändern. Einen Übergang bilden scheibenartige Stücke mit ringförmigem Randwulst. Besonders erwähnenswert sind noch die seltenen, aber doch schon von zahlreichen Autoren, wie ABICH, PROHASKA, PÉRON, ADAMSON, HOCHSTETTER, BARTHÉLÉMY, DELCROS, NEUCHEL, SECCHI, beschriebenen regelmäßigen Kristalle, die meist aus der Oberfläche sehr großer Hagelkörner herausgewachsen erscheinen; bisweilen besteht auch das ganze Hagelkorn aus einem großen derartigen Kristall.

Meist erkennt man an den Hagelkörnern konzentrische Schalen aus abwechselnd hellem, blasenreichem, und dunklem, blasenfreiem Eise. Das Zentrum ist stets hell, der anfänglichen Reifgraupel entsprechend. Bei flachen Stücken läßt sich aus der Anordnung der Blasen oft der zugrunde liegende Schneestern erkennen. Die meist dicke äußerste Schicht des Hagelkorns besteht fast immer aus durchsichtigem Eis. Sie entsteht offenbar ganz durch Anlagerung unterkühlter Wassertropfen. Infolge der freiwerdenden Schmelzwärme können solche Tröpfchen nämlich nicht sofort vollständig erstarren, sondern es bleibt eine Wasserhaut übrig, welcher erst durch die Kälte aus dem Innern oder durch die Luft noch weiter Wärme entzogen werden muß, damit auch sie erstarrt. Lagern sich inzwischen neue Tropfen an, so bleibt während dieses Prozesses das Korn benetzt, so daß keine Luftblasen einfrieren können. Die durchsichtigen Schichten entstehen also in denjenigen Höhen, in welchen viel flüssiges Wasser vorhanden ist, die undurchsichtigen in solchen mit geringerem Wassergehalt, wo die direkte Kondensation in Eisform mehr in den Vordergrund tritt.

In Mitteleuropa ist der Durchmesser der Hagelkörner selten größer als 1,5 bis 2 cm, doch berichtet PROHASKA von einem Hagelkorn von 1 kg Gewicht aus Steiermark, HEIDKE von einem solchen von 2 kg aus Schleswig-Holstein. In China wurde ein solches von $4^1/_2$ kg beobachtet[1]).

Die Temperatur der Hagelkörner ist mehrmals unmittelbar nach dem Fall zu -5 bis $-15°$ gemessen worden, bei hoher sommerlicher Lufttemperatur. Diese tiefen Temperaturen, die durch die nachträgliche Messung natürlich nicht mehr völlig erfaßt werden, beweisen, daß der Hagel aus der oberen Hälfte der Troposphäre stammt; dies wird bestätigt durch den turmartigen Aufbau der Hagelwolken, die bisweilen bis zur Grenze der Stratosphäre reichen. Die von ihnen ausgehenden Blitze schlagen deshalb vorwiegend nicht zur Erde herab, sondern horizontal in die wolkenfreien Schichten der Atmosphäre, die den Hagelturm umgeben. Am Boden hört man dann nur ein ununterbrochenes Donnerrollen ohne starke Schläge.

Die Entstehung so auffallend großer Eismassen als Kondensationsprodukte einer Gewitterwolke bietet bei Berücksichtigung aller Umstände nichts Rätselhaftes mehr. In der Hagelwolke wird im allgemeinen ein aufsteigender Luftstrom herrschen, dessen Geschwindigkeit 8 m/sec überschreitet, so daß die Regentropfen nicht durch ihn hindurchfallen können. Damit stimmt, daß beim Fall von großen Hagelkörnern meist kein Regen mit herabkommt. Es werden also

---

[1]) Meteorol. ZS. 1914, S. 445.

dabei große Mengen von Wasser in die obere Hälfte der Troposphäre hinauf-
gerissen, wo sie sich an die eisförmigen Kondensationsprodukte anlagern und
gefrierend zu deren Wachstum beitragen. Aber auch diese Hagelkörner können
aus gleichem Grunde zunächst nicht herabfallen. Für ihre Fallgeschwindigkeit
gilt nämlich die Formel (bei Normaldruck):

$$v = 1246\sqrt{r}\ (v \text{ in m/sec, } r \text{ in cm}).$$

wo r der Radius des Hagelkorns ist. Dieser Radius muß also bereits auf 0,4 cm
gewachsen sein, um eine Fallgeschwindigkeit von 8 m/sec zu liefern. Solange
das Korn kleiner ist, wird es ebenfalls wie das Wasser vom aufsteigenden Strom
in die Höhe getragen. Erst bei Überschreitung dieser Größe beginnt die Abwärtsbewegung, dauernd verzögert durch die Gegenwirkung der aufsteigenden Luft,
und während dieser Abwärtsbewegung findet fortwährend Anlagerung von
Wassertröpfchen statt, die auf ihm gefrieren. Eine Überschlagsrechnung zeigt,
daß dabei sehr große Körner entstehen können:

Das Korn habe anfangs den Radius r_1 und ende nach Durchfallen der Höhe h
mit dem Radius r_2. Der von ihm beschriebene Raum ist dann ein Kegelstumpf

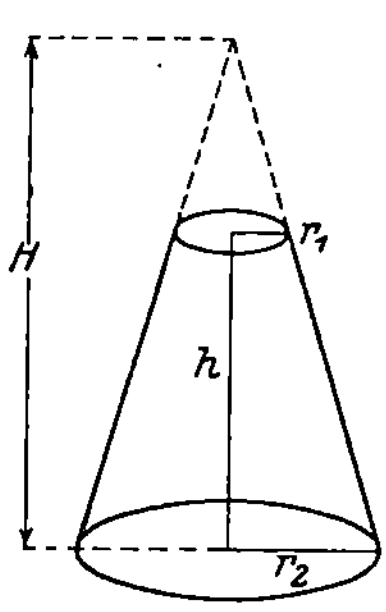

Abb. 4. Wachstum
eines fallenden
Hagelkorns.

(Abb. 4). Wir berechnen den Zuwachs $\Delta r = r_2 - r_1$, den
das Korn erfährt, wenn es alles in dem Kegelstumpf enthaltene flüssige Wasser an sich reißt. Denken wir uns den
Stumpf bis zur Spitze verlängert, so ist das Volumen des
ganzen Kegels $\frac{\pi}{3} H r_2^2$; das des Hagelkorns am Schluß ist
$\frac{4}{3}\pi r_2^3$. Das Verhältnis beider Volumina ist also $\frac{H}{4 r_2}$, also $\frac{1}{4}$
der Kotangente des halben Öffnungswinkels. Dieselbe Bezie-
hung gilt auch für den kleineren Kegel von der Höhe $H - h$ und
das Korn vom Radius r_1; also muß die Beziehung auch für
die Differenz beider Kegel, d. h. den durchfallenen Raum,
einerseits und die Differenz beider Körner, d. h. die Zuwachs-
kugelschale des Hagelkorns andererseits gelten, d. h.

$$\frac{V_{\text{Luft}}}{V_{\text{Eis}}} = \frac{h}{4\Delta r}.$$

Enthält nun jedes Kubikmeter Luft w Gramm flüssiges Wasser, so ist die
gesamte im durchfallenen Raum suspendierte Wassermenge, wenn V in ccm
gemessen wird, gleich

$$V_{\text{Luft}} \cdot \frac{w}{10^6}.$$

Andererseits ist der Zuwachs des Korns, gleichfalls ausgedrückt in Wasser,
gleich

$$V_{\text{Eis}} \cdot \varepsilon$$

wo $\varepsilon = 0,7$ der Wasserwert oder das spezifische Gewicht des Hagelkorns ist.
Nach unserer Annahme muß also sein

$$V_{\text{Luft}} \cdot \frac{w}{10^6} = V_{\text{Eis}} \cdot \varepsilon.$$

Führen wir dies in unsere erste Gleichung ein, so wird

$$\Delta r = \frac{wh}{4\varepsilon\,10^6},$$

wobei h im gleichen Maß wie r, also in Zentimetern, auszudrücken ist. Oder wenn wir r in Zentimetern, h aber in Kilometern ausdrücken:

$$\Delta r = \frac{w}{10} \cdot \frac{h}{4\varepsilon}.$$

Für die zahlenmäßige Rechnung setzen wir nun $w = 10$, d. h. wir nehmen an, daß innerhalb der Gewitterwolke 10 g Wasser im Kubikmeter Luft enthalten sind. Damit wird ($\varepsilon = 0,7$)

$$\Delta r = \frac{h}{2,8}.$$

Wir nehmen ferner an, daß die durchfallene Höhe in Wirklichkeit nur $7^1/_2$ km beträgt, daß aber wegen der aufsteigenden Luftbewegung die durchfallene Luftsäule die doppelte Länge, 15 km, hat. Damit ergibt sich

$$\Delta r = 5,4 \text{ cm}.$$

War also der Anfangsradius 0,4 cm, so wird der Endradius 5,8 cm, oder der Durchmesser des Hagelkorns 11,6 cm.

Daß die von uns angenommene Verdoppelung der durchfallenen Höhe infolge des Aufsteigens der Luft nicht zu hoch gegriffen ist, läßt sich überschlagsmäßig an Hand der Fallgeschwindigkeit zeigen. Für die Anfangsgröße wird diese 8 m/sec, für die Endgröße 30 m/sec. Im Mittel wird man also genähert $\dfrac{8+30}{2}$ = 19 m/sec annehmen dürfen. Dies gilt für ruhende Luft. Um die Verdoppelung der Fallhöhe zu erreichen, muß dann der aufsteigende Luftstrom eine Geschwindigkeit von $9^1/_2$ m/sec haben, was für Gewitterwolken durchaus plausibel erscheint.

Unberücksichtigt geblieben ist in dieser Rechnung noch die direkte Kondensation des Wasserdampfes in Eisform, die wegen des Temperaturunterschiedes zwischen Hagelkorn und umgebender Luft besonders lebhaft sein muß.

Hiernach ist die Bildung auch der größten beobachteten Hagelkörner leicht verständlich.

Kapitel 4.

Hygrometrie.

Von

M. Robitzsch, Lindenberg.

Zweck der hygrometrischen Meßmethoden ist es, die Wasserdampfbeimengungen eines Gases nach Maß und Zahl festzulegen.

1. Physikalische Grundlagen der Hygrometrie. Das DALTONsche Gesetz sagt aus, daß der Partialdruck jeder Komponente eines Gasgemisches unabhängig ist von der Anwesenheit der übrigen Komponenten. Die Methoden der Hygrometrie brauchen also lediglich auf das Verhalten des Wasserdampfes Rücksicht zu nehmen; sie gelten — mit Ausnahme des Psychrometers — ebenso für den gaserfüllten Raum wie für eine reine Wasserdampfatmosphäre.

Der Partialdruck des Wasserdampfes im Falle der Sättigung (Sättigungsdruck) e_m ist nur eine Funktion der Temperatur. Als solche ist er durch zahlreiche Forscher experimentell bestimmt worden.

Ältere Tafeln der Spannkraft des gesättigten Wasserdampfes (für Eisdampf und Dampf von flüssigem Wasser) stammen von JUHLIN und REGNAULT. Die ausführlichsten Tafeln dieser Art, auf Grund der Messungsresultate durch mathematische Formeln extrapoliert, hat NILS EKHOLM[1]) angegeben; sie reichen von —65 bis +105°. Die modernsten Tafeln, auf Grund der Messungen von F. HENNING[2]), M. THIESEN[3]), K. SCHEEL und W. HEUSE[4])[5]) aufgebaut, findet man in den Wärmetabellen der Physikalisch-Technischen Reichsanstalt[6]) sowie in dem großen Tabellenwerk von LANDOLT-BÖRNSTEIN[7]). Auf Grund dieser Tabellen ist auch die neueste Aspirations-Psychrometertafel des Preußischen Meteorologischen Instituts[8]) berechnet.

Für theoretische Untersuchungen hat man versucht, die Abhängigkeit von e_m und der Temperatur durch mathematische Formeln auszudrücken.

---

[1]) NILS EKHOLM, Tabellen der Spannkraft des gesättigten Wasserdampfes von —65° bis + 105° und des gesättigten Eisdampfes von —65 bis 0°. Ark. f. Mat., Astron. och Fys. Bd. 4, Nr. 15. Diese Tabelle ist nach einheitlichen Formeln auf Grund der damals besten Bestimmungen berechnet und gestattet Betrachtungen in einem weitgehenden Temperaturintervall.
Grundlegende Arbeiten:
[2]) F. HENNING, Über den Sättigungsdruck des Wasserdampfes. Ann. d. Phys. (4) Bd. 22, S. 609 ff. 1907.
[3]) M. THIESEN, Die Dampfspannung über Eis. Ann. d. Phys. (4) Bd. 29, S. 1057 ff. 1909.
[4]) K. SCHEEL u. HEUSE, Bestimmung des Sättigungsdruckes von Wasserdampf unter 0°. Ann. d. Phys. (4) Bd. 29, S. 723 ff. 1909.
[5]) K. SCHEEL u. HEUSE, Bestimmung des Sättigungsdruckes von Wasserdampf zwischen 0° und + 50°. Ann. d. Phys. (4) Bd. 31, S. 715 ff. 1910.
[6]) HOLBORN, SCHEEL, HENNING, Wärmetabellen. Braunschweig: Vieweg 1919.
[7]) LANDOLT-BÖRNSTEIN, Physikalische Tabellen.
[8]) Aspirations-Psychrometertafeln des Preuß. Met. Instituts. Braunschweig: Vieweg. 1914.

Diese Formeln gelten aber nur für relativ beschränkte Temperaturintervalle. Für theoretisch-meteorologische Zwecke benutzt man allgemein die ältere Formel von MAGNUS, welche die gedachte Funktion mit einer für diese Zwecke genügenden Genauigkeit darstellt:

$$e_m = 4{,}525 \cdot 10^{\frac{7{,}4475\,t}{234{,}67+t}} \text{ mm Hg.}$$

Der Wasserdampf ist nicht gesättigt, wenn bei gegebener Temperatur der herrschende Dampfdruck e kleiner ist als e_m.

Experimentell festlegen läßt sich ferner mit Hilfe der Absorptionsmethode (s. d.) das jeweilige Gewicht des Wasserdampfes pro Volumeinheit. Wählt man als Volumeinheit das Kubikmeter und als Gewichtseinheit das Gramm, so bezeichnet man das Messungsresultat als „absolute Feuchtigkeit" p.

Die Beziehung zwischen der absoluten Feuchtigkeit und dem Dampfdruck ist durch die Formel

$$p = 1{,}06 \frac{e}{1 + \alpha t}$$

gegeben, wo t die Temperatur in Celsiusgraden, α der thermische Ausdehnungskoeffizient der Gase ist.

2. Rechengrößen. Für eine gegebene Temperatur nennt man das Verhältnis $\dfrac{e}{e_m} = \dfrac{p}{p_m} = R$ das „Sättigungsverhältnis" oder die „relative Feuchtigkeit".

Man pflegt dieses Verhältnis in Prozenten auszudrücken, gibt also den 100-fachen Betrag dieses Bruches an. Dabei ist man übereingekommen, die Größe e_m — auch bei Temperaturen unter $0°$ — stets auf Wasserdampf zu beziehen. Nur in speziellen Fällen, z. B. in vielen meteorologischen Fragen, bezieht man e_m auf den Sättigungsdruck über Eis und spricht dann von dem Sättigungsverhältnis oder der relativen Feuchtigkeit in bezug auf Eis.

Vergleicht man p mit dem Gewicht ϱ (in Gramm) eines Kubikmeters trokkener Luft — bei der gegebenen Temperatur —, so nennt man das Verhältnis

$$q = \frac{p}{\varrho}$$

das Mischungsverhältnis.

Das Mischungsverhältnis ist also die Masse des der Masseneinheit trockener Luft beigemischten Wasserdampfes ausgedrückt in Bruchteilen dieser Einheit.

Ist P der gemessene Luftdruck (Barometerstand in mm Hg), so wird q gegeben durch die Beziehung:

$$q = 0{,}623 \frac{e}{P - e}.$$

Vergleicht man bei gegebener Temperatur p mit dem Gewicht ϱ' eines Kubikmeters feuchter Luft, so nennt man das Verhältnis

$$r = \frac{p}{\varrho'}$$

die spezifische Feuchtigkeit.

Sie ist also die Dampfmenge in der Masseneinheit feuchter Luft, ausgedrückt in Bruchteilen dieser Einheit.

Ist P der herrschende Luftdruck (Barometerstand), so ist r gegeben durch die Formel:

$$r = 0{,}623 \frac{e}{P - 0{,}377\,e}.$$

Mischungsverhältnis und spezifische Feuchtigkeit unterscheiden sich nur durch einen kleinen Betrag voneinander. Bei Überschlagsrechnungen kann man diesen Unterschied vernachlässigen und setzt $q = r = \dfrac{5}{8}\dfrac{e}{P}$.

Beide Rechengrößen spielen in der Aerologie eine wichtige Rolle. Sie bleiben in Konvektionsströmen (vertikaler Luftaustausch) konstant, solange ein Feuchtigkeitsausfall oder Zuwachs nicht erfolgt.

Die Differenz $e_m - e = \dfrac{1 + \alpha t}{1,06}(p_m - p)$ wird als Sättigungsdefizit (Dunsthunger) bezeichnet.

Weitere Angaben über diese Rechengrößen findet man bei v. Bezold[1]) sowie in Hann-Sürings[2]) Lehrbuch der Meteorologie und in der Einleitung zur Aspirations-Psychrometertafel des Preußischen Meteorologischen Instituts.

Hygrometrische Meßmethoden[3]).

Die in den Dampfdrucktafeln niedergelegte Größe von e_m als Funktion der Temperatur gibt allen Feuchtigkeitsmessungen und Berechnungen die Grundlage.

3. Die Taupunktsbestimmung. Ist die herrschende Dampfspannung e, so läßt sich stets eine Temperatur ϑ bestimmen, für die $e = [e_m]_\vartheta$ ist. Diese Temperatur ϑ heißt der Taupunkt; dieser liegt bei ungesättigtem Wasserdampf stets unterhalb der „Lufttemperatur" t; bei gesättigtem Wasserdampf ist $\vartheta = t$, bei übersättigtem Dampf versagt die Methode der Taupunktsbestimmung in ihrer bisher ausgebildeten Form.

Methodik: Man kühlt einen Körper — indem man eine leichtflüchtige Flüssigkeit (Schwefeläther) verdampfen läßt — unter die Lufttemperatur ab und beobachtet seine Temperatur in dem Augenblicke, in dem der Wasserdampf auf der hochglanzpolierten Oberfläche des Körpers kondensiert bzw. bei darauf erfolgender Wiedererwärmung des Körpers wiederum verdampft. Das Mittel der beobachteten Temperaturwerte ist gleich dem Taupunkte (Taupunktshygrometer nach Daniell und Regnault).

Die Hauptschwierigkeit bei der Verwendung der Taupunktsmethode liegt darin, daß der Moment der Bildung bzw. des Schwindens der Kondensationen nur schwer exakt beobachtet werden kann. Dies wird praktisch zur Unmöglichkeit, wenn die Oberflächenbeschaffenheit des Kondensationskörpers nicht einwandfrei ist.

Hierauf nimmt das modernste Gerät dieser Art, das Kondensationshygrometer nach Nippoldt[4]), Rücksicht. Man benutzt hier als Kondensationskörper reinstes Quecksilber, an dessen Oberfläche die Kondensationen sich niederschlagen. Bei der Beobachtung selbst gilt es, durch geeignete Kautelen den Einfluß der Körperwärme des Beobachters usw. auszuschalten (Spiegel und Fernrohr).

Die zum Ablesen der Taupunktstemperatur dienenden Thermometer tragen oft neben der Temperaturskala noch eine dieser zugeordnete Dampfdruckskala, an der man den herrschenden Dampfdruck — mit der dieser Methode überhaupt innewohnenden Genauigkeit — direkt abzulesen vermag.

---

[1]) v. Bezold, Über die Verarbeitung der bei Ballonfahrten gewonnenen Feuchtigkeitsangaben. ZS. f. Luftschiff. u. Phys. d. Atmosph. Bd. 13, S. 1—9. 1894; Ges. Abhandl. XI, S. 265ff. Braunschweig: Vieweg. 1906.

[2]) Hann-Süring, Lehrb. d. Meteorologie 4. Aufl., S. 233ff. Leipzig: Tauchnitz. Im Erscheinen.

[3]) Kohlrausch, Lehrb. d. Prakt. Physik. Leipzig: Teubner; M. Robitzsch, Die Beobachtungsmethoden des modernen Meteorologen, S. 54ff. Berlin: Bornträger. 1925.

[4]) W. A. Nippoldt, Ein neues Kondensationshygrometer. Meteorol. ZS. Bd. 11, S. 157ff. 1894.

Neben der Taupunktstemperatur benötigt man zur weiteren Berechnung der Feuchtigkeitsverhältnisse noch eine Angabe über die zur Zeit der Beobachtung herrschende Lufttemperatur. Man bestimmt diese vorteilhaft mit einem ventilierten Thermometer.

Die Vorteile der Taupunktsbestimmung gegenüber den übrigen Meßmethoden der Hygrometrie zeigen sich vornehmlich bei Temperaturen unter 0°. SPRUNG[1]) hat darauf hingewiesen, daß der Taupunkt bei tiefen Temperaturen selbst bei geringen Änderungen des Feuchtigkeitsgehaltes der Luft noch eine recht erhebliche Verlagerung erfährt, eine Tatsache, die die Verwendung des Kondensationshygrometers bei diesen Wärmegraden vorteilhaft gestaltet. Man hat bei Messungen dieser Art aber darauf zu achten, ob Kondensation oder Sublimation des Wasserdampfes am Instrument stattfindet. Im ersten Falle hat man $[e_m]_\vartheta$ den Tafeln der Spannung des Wasserdampfes, im zweiten Falle denen des Eisdampfes zu entnehmen.

4. Feuchtigkeitsbestimmung mit Hilfe der Absorptionsmethode. Man saugt ein meßbares Volumen des Gases, dessen Feuchtigkeitsbeimengungen man bestimmen will, durch ein mit Chlorkalzium oder konzentrierte Schwefelsäure beschicktes Absorptionsgefäß. Die Gewichtszunahme dieses Gefäßes, in Gramm, reduziert auf das Gasvolumen eines Kubikmeters, ergibt dann die absolute Feuchtigkeit p.

Diese Methode ist für die meteorologische Praxis zu umständlich; sie findet dagegen ihre häufigste Anwendung im Laboratorium des Physikers.

In der Meteorologie führen die übrigen Meßmethoden für die absolute Feuchtigkeit speziell eine Rechnung unter Benutzung der Formel $p = 1{,}06 \dfrac{e}{1 + \alpha t}$ schneller zum Ziele.

5. Das Psychrometer. Das befeuchtete Thermometer, als Mittel zur Feuchtigkeitsbestimmung, wurde bereits von HUTTON und LESLIE angegeben. Genauere Formeln für die Feuchtigkeitsberechnung aus dem Stande des feuchten Thermometers brachte zuerst AUGUST[2]) (1825) und APJOHN (1834).

Seitdem ist das Psychrometer das in der Praxis am häufigsten benutzte Gerät für hygrometrische Zwecke, zumal ASSMANN durch Schaffung des ventilierten Psychrometers die Fehler der Methode, die ihr früher anhafteten, auszumerzen verstand.

Ist t die Temperatur des trockenen Thermometers, die des befeuchteten t', so gilt die Beziehung:

$$e = e'_m - a(t - t')\frac{P}{P_0}.$$

e'_m ist hier die Spannung des gesättigten Wasserdampfes bei der Temperatur t', P ist der zur Zeit der Beobachtung herrschende Barometerstand, P_0 ein Normalstand des Barometers.

Für $P = P_0 = 755$ mm Hg besitzt die Konstante a den Wert 0,5 (SPRUNGsche Psychrometerformel).

Ableitung der Formel: Es sei m das Luftquantum, das an das feuchte Thermometer seine Wärme im Vorbeistreichen abgibt, dessen Temperatur von t auf t' sinkt, während sein Dampfgehalt von e auf e' steigt. Ist σ die Dichte des Wasserdampfes (0,623), P der Barometerstand, so besitzt m ursprünglich die Dampf-

---

[1]) A. SPRUNG, Einige Gedanken zum Rüstzeug eines Meteorologischen Observatoriums. A. Atmosphärische Feuchtigkeit. „Das Wetter", Novemberheft 1902.

[2]) E. F. AUGUST, Über Verdunstungskälte und deren Anwendung in der Hygrometrie. Pogg. Ann. Bd. 5, S. 69ff. 1825; GROSSMANN, Beitrag zur Geschichte und Theorie des Psychrometers. Meteorol. ZS. 1889, S. 121ff.; 1892, S. 421ff.

menge $\dfrac{e}{P}\,\sigma m$, später die Dampfmenge $\dfrac{e'_m}{P}\,\sigma m$. Der Zuwachs an Wasserdampf ist $(e'_m - e)\dfrac{\sigma}{P}\,m$, die Wärmemenge, die dem feuchten Thermometer durch Verdampfung des Wassers entzogen wird, hat die Größe $(e'_m - e)\dfrac{\sigma}{P}\,m\,L$, wenn L die latente Dampfwärme ist (rund 600 Kalorien). Ist die Temperatur des feuchten Thermometers konstant geworden, so muß diese Wärmemenge der Luftmasse m entzogen werden, die sich dabei um $t - t'$ Grade abkühlt, also die Wärmemenge $(t - t')\,s\,m$ verliert, wenn s die spezifische Wärme der Luft (0,24) ist. Es wird also:

$$(e'_m - e)\dfrac{\sigma}{P}\,L = (t - t')\,s \qquad \text{oder} \qquad e = e'_m - \dfrac{s}{L\sigma}(t - t')P.$$

Für $P = 755$ mm Hg wird $\dfrac{sP}{L\sigma} \cong 0,5$.

Diese Ableitung (vgl. u. a. die Einleitungen zu den Psychrometertafeln[1]) sowie Hann-Süring, Lehrbuch der Meteorologie) gilt nur unter der Bedingung, daß das am feuchten Thermometer verdampfte Wasser durch einen Ventilationsstrom sofort fortgeschafft wird (ventiliertes Psychrometer). Ist dies nicht der Fall, bleibt das Gerät also sich selbst überlassen und findet eine langsame Abwanderung des Wasserdampfes von der Hülle des befeuchteten Thermometers aus in den umgebenden Raum statt (Diffusion), so wird der Wert der Größe a naturgemäß wachsen (unventiliertes Psychrometer). Im allgemeinen sind die Versuchsbedingungen nur im erstgenannten Falle eindeutig (Ventilationsstrom größer als 2 m/sec), so daß in der Praxis nur noch das ventilierte Psychrometer für Messungszwecke Anwendung findet[2]. Das Assmannsche Aspirationspsychrometer hat außerdem noch den Vorteil, daß es auch die Strahlungseinflüsse der Umgebung ausschaltet, durch die die Messungen leicht gefälscht zu werden pflegen.

Die psychrometrische Methode ist eine Minimummethode, da es — bei konstantem t — gilt, den Minimalwert von t' innerhalb der Expositionszeit festzulegen. Es wird sich — bei der Trägheit der üblichen Quecksilberthermometer — nicht lohnen, die psychrometrische Differenz $t - t'$ genauer als auf $0,1°$ festzulegen. Dies entspricht auch der Ablesegenauigkeit der üblichen Geräte. Da eine fehlerhafte Bestimmung von t von geringerem Einfluß auf das Messungsresultat ist, wie eine solche der psychrometrischen Differenz, so kann es sich in Einzelfällen lohnen, t thermometrisch, $t - t'$ dagegen thermoelektrisch zu bestimmen.

Im Hinblick auf die übliche Meßgenauigkeit ist es von Interesse, den prozentualen Fehler von e zu berechnen, den man bei einer Bestimmung von $t - t'$ bekommt, die um $0,1°$ fehlerhaft ist.

---

[1]) Jelinek, Anleitung zur Ausführung meteorologischer Beobachtungen, Bd. II, „Sammlung von Hilfstafeln" S. 2ff. Leipzig: Engelmann 1910; Jelineks Psychrometertafeln, erweitert von Hann, herausgeg. von J. M. Pernter. Leipzig: Engelmann 1911; Aspirations-Psychrometertafeln des Preuß. Met. Instituts. Braunschweig: Vieweg 1914.

[2]) Bei größeren Ventilationsgeschwindigkeiten, z. B. im Flugzeugwind, verliert die Sprungsche Formel ihre Gültigkeit. Die Wasserdampfmolekeln werden dann offenbar nicht nur durch reine Verdampfungsvorgänge, sondern auch durch mechanische Einflüsse von der Oberfläche des feuchten Thermometers entfernt; die psychrometrische Differenz ist also unter gleichen Feuchtigkeitsverhältnissen bei starker Ventilation größer als bei schwacher Luftbewegung. Experimentelle Untersuchungen über die Größe dieses Einflusses fehlen z. Z. noch. (Anm. bei der Korrektur.)

Man erhält so folgende Werte:

Tabelle 1.

Einfluß eines Fehlers von 0,1° in der Psychrometerdifferenz auf die Bestimmung der absoluten Feuchtigkeit e.

t	40°	30°	20°	10°	0°	−10°	−20°	−30°	−40°	−50°	−60°
Fehler %	0,6	0,7	0,9	1,2	1,8	3,1	6,1	13,6	35	120	380

Man sieht aus dieser Zusammenstellung, daß die Genauigkeit einer psychrometrischen Feuchtigkeitsbestimmung um so geringer wird, je tiefer die Temperatur bei der Messung ist. In praxi versagt das Psychrometer bei Temperaturen, die −10° wesentlich unterschreiten, als exaktes Meßgerät schon völlig. Die Vorteile, die die Methode der Taupunktsbestimmung unter den genannten Bedingungen bietet, sind bereits oben hervorgehoben worden.

Nils Ekholm[1]) hat wohl als erster darauf hingewiesen, daß die psychrometrische Differenz infolge der Hygroskopizität des Stoffes, mit dem man das feuchte Thermometer zu überziehen pflegt, kleine Fehlerbeträge zeigen kann, die im Sinne einer Verringerung dieser Differenz wirken. Je nach der Art der Hülle sind diese Fehlerbeträge verschieden. Sie können nach Ekholm mehrere Zehntelgrad erreichen.

Solange das feuchte Thermometer mit Wasser bedeckt ist, bestimmt man e'_m aus den Tafeln gesättigten Wasserdampfes.

Ist dagegen die Hülle des feuchten Thermometers mit Eis bedeckt, so sind die Werte von e'_m den Tafeln gesättigten Eisdampfes zu entnehmen.

Abweichungen von der zuletzt genannten Regel finden nur in folgendem Falle statt. Ist das Thermometer mit Eis bedeckt, so herrscht Sättigung in bezug auf Eis, wenn die psychrometrische Differenz gleich Null, also $t = t'$ ist. Ist nun die Luft mit Wasserdampf gesättigt, so ist sie in bezug auf Eis übersättigt. Es werden sich dann auf der Eisdecke des Thermometers Sublimationsprodukte des Wasserdampfes niederschlagen. Durch diesen Vorgang erhöht sich die Temperatur des feuchten Thermometers. Wir erhalten dann eine „negative" psychrometrische Differenz, da die Temperatur t' oberhalb von t liegt.

In diesem Falle entstehen für die Anwendung der Sprungschen Formel formale Schwierigkeiten.

Der Maximalbetrag, den die negative psychrometrische Differenz bei einer gegebenen Temperatur anzunehmen vermag, ist bedingt durch die Größe der Dampfdruckdifferenz, die bei dieser Temperatur der Sättigung in bezug auf Wasser bzw. Eis entspricht.

Aus den Dampfdrucktabellen folgt, daß diese Dampfdruckdifferenz bei 0° gleich Null ist; sie nimmt bei abnehmenden Temperaturen zunächst zu, erreicht etwa bei −14° einen Maximalwert, um bei weiterer Temperaturerniedrigung wieder abzunehmen.

Mit Hilfe der Psychrometerformel lassen sich unter Zugrundelegung der Dampfdruckunterschiede zwischen Wasser und Eis die Werte der maximalen negativen Psychrometerdifferenzen δ direkt berechnen. Man findet so:

Tabelle 2.

Maximalwerte der negativen Psychrometerdifferenz δ und Übersättigung λ des Eisdampfes.

t	0°	−2°	−5°	−11°	−14°	−18°	−28°	−39°
δ	0°	0,1°	0,2°	0,3°	0,32°	0,3°	0,2°	0,1°
$\lambda\%$	0	2,0	5,1	11,2	14,4	18,8	30,8	44,7

---

[1]) Nils Ekholm, Das Psychrometer unter dem Gefrierpunkte. Meteorol. ZS. 1894, S. 90, 388, 466; Nils Ekholm, Über das Psychrometer. Ark. f. Mat., Astron. och Fys. Bd. 4, Nr. 15.

Einer Sättigung in bezug auf Wasser entspricht bei den angegebenen Temperaturen eine Übersättigung von $\lambda\%$ in bezug auf Eis.

Diese Übersättigung ist die Triebkraft für die Sublimationsvorgänge an der eisbedeckten Thermometerkugel, die ihrerseits die Temperatur des feuchten Thermometers um die Differenzen δ erhöhen.

Berechnet man andererseits die relativen Feuchtigkeiten R, bei denen Sättigung in bezug auf Eis eintritt, so findet man folgende Tabelle:

Tabelle 3.

Relative Feuchtigkeit R in bezug auf Wasser bei gesättigtem Eisdampf.

t	0	$-2°$	$-5°$	$-11°$	$-14°$	$-18°$	$-28°$	$-39°$
$R\%$	100	98,1	95,3	90,0	87,5	84,2	76,6	68,8
$100 - R$	0	1,9	4,7	10,0	12,5	15,8	23,4	31,2

Die angegebenen δ-Werte der ersten Tabelle entsprechen den bei den gleichen Temperaturen zu findenden Differenzen in relativer Feuchtigkeit $100 - R$ der zweiten Tabelle.

Dementsprechend ergeben sich für negative Psychrometerdifferenzen folgende Regeln zur Berechnung des Dampfdruckes:

Der Wert e'_m der Sprungschen Formel ist den Tafeln gesättigten Wasserdampfes, nicht denen gesättigten Eisdampfes zu entnehmen.

Die Temperatur t' ist um den für die jeweilige Temperatur gültigen Wert δ zu verringern, bevor man die Formel anwendet, z. B.:

Tabelle 4.

Berechnung des Dampfdrucks e und der relativen Feuchtigkeit bei negativer Psychrometerdifferenz.

t	t'	δ	Korri-giertes t'	e'_m		$0,5(t-t')$	e	$R = 100\dfrac{e}{1,130}\%$	$R' = 100\dfrac{e}{0,952}\%$
$-18,0$	$-17,7$	0,3	$-18,0$	1,130	⎫	0,00	1,130	100	118,8
$-18,0$	$-17,8$	0,3	$-18,1$	1,120	⎬ Wasser	0,05	1,070	94,4	112,5
$-18,0$	$-17,9$	0,3	$-18,2$	1,111	⎭	0,10	1,011	88,9	106,2
$-18,0$	$-18,0$			0,952	⎫	0,00	0,952	83,5	100,0
$-18,0$	$-18,1$			0,943	⎬ Eis	0,05	0,893	78,2	93,8
$-18,0$	$-18,2$			0,934	⎭	0,10	0,834	73,0	87,7

Dieses Beispiel ist nach dem Gesagten verständlich. Es enthält in den beiden letzten Kolumnen die Werte der relativen Feuchtigkeit R in bezug auf Wasser und R' in bezug auf Eis. Obwohl man z. B. in der meteorologischen Praxis nur die R-Werte anzugeben pflegt, ist es für viele Untersuchungen von Interesse, auch die R'-Werte zu berechnen, die u. a. den Betrag der Übersättigung der Luft, der bei negativen Psychrometerdifferenzen in bezug auf Eis herrscht, zu entnehmen gestatten.

6. Das Haarhygrometer. Das älteste brauchbare Gerät zur Feuchtigkeitsbestimmung, das sich — trotz der Ablehnung von vielen Seiten — in die moderne Meßtechnik herübergerettet hat, ist das Haarhygrometer. Die Literatur über dieses Gerät ist nahezu unübersehbar; die wichtigsten Arbeiten finden sich hierunter angeführt[1]).

---

[1]) H. B. de Saussure, Versuch über die Hygrometrie, 1783. Ostwalds Kalssiker Nr. 115 u. 119; F. Murhard, Geschichte der Hygrometrie. Göttingen 1799; Kämtz, Lehrb. d. Meteorologie; E. E. Schmid, Lehrb. d. Meteorologie, S. 601—617; E. Kleinschmidt, Die Feuchtigkeitsmessungen bei Registrieraufstiegen. Beitr. z. Phys. d. freien Atmosph. Bd. 2, S. 99ff.; A. F. Weber, Nachweis über die Zuverlässigkeit der Haarhygrometerangaben von relativen Feuchtigkeiten über 100%. Diss. Marburg 1912.

Das entfettete — erfahrungsgemäß am besten blonde — Menschenhaar
besitzt die Eigentümlichkeit, Längenänderungen zu erfahren, die in recht einfacher gesetzmäßiger Abhängigkeit von der relativen Feuchtigkeit stehen.
Bei anderen organischen Körpern, die ebenfalls Feuchtigkeitsindikatoren sind,
ist diese Abhängigkeit wesentlich komplizierter.

Das Haar gibt das Sättigungsverhältnis in bezug auf Wasser an. Seine
hygrometrische Eigenschaft ist darauf zurückzuführen, daß zwischen dem Wassergehalt im Haarinneren und dem Wasserdampf der Umgebung des Haares Diffusionsgleichgewicht herrscht.

Die Längenänderung des Haares in ihrer Abhängigkeit von der relativen
Feuchtigkeit ist am eingehendsten von GAY-LUSSAC untersucht worden. Er fand
empirisch für das Verhalten des Haares folgende Beziehungen (s. Tabelle 5).

Die Angaben GAY-LUSSACS hat neuerdings E. KLEINSCHMIDT bestätigt gefunden.

Soll das Haar dem GAY-LUSSACschen
Gesetze folgen, so sind einige Bedingungen
zu erfüllen:

1. Die Belastung des einzelnen Haares
soll etwa 0,5 g nicht überschreiten.

2. Das zu Meßzwecken benutzte Haar
soll auch nicht vorübergehend Streckungen
und Deformationen nennenswerten Betrages erfahren haben. Ein so deformiertes
Haar braucht nach Aufhören der Spannung bzw. Deformation längere Zeit —
oft Monate —, um sich zu regenerieren.
Der Regenerationsvorgang findet in feuchter Luft ($R > 85\%$) schneller statt als in

Tabelle 5.

Längenänderung des Haares in
Abhängigkeit von der relativen
Feuchtigkeit.

R %	Längenänderung in Proz. der Gesamtänderung	Differenz
100	0,0	
		4,6
90	4,6	
		4,9
80	9,5	
		5,3
70	14,8	
		6,0
60	20,8	
		7,0
50	27,8	
		8,5
40	36,3	
		10,9
30	47,2	
		14,0
20	61,2	
		17,9
10	79,1	
		20,9
0	100,0	

trockener. Bei großer Trockenheit kann er ebenso wie nach sehr starker Beanspruchung überhaupt völlig ausbleiben.

3. Das Haar muß gut entfettet sein; doch darf seine Struktur durch die
Anwendung der chemischen Entfettungsmittel und Reagenzien (Kalilauge,
Schwefeläther) auch oberflächlich nicht leiden.

4. Die Haare müssen im Meßgerät so eingebaut sein, daß sie einander nicht
berühren. Die meisten käuflichen Hygrometer sind mit einem Haarbündel
beschickt, das oft zopfförmig verflochten oder tordiert ist. Solche Geräte sind
nicht nur sehr träge, weil der Feuchtigkeitsaustausch zwischen dem Einzelhaar
und der Umgebung durch die Anwesenheit der übrigen Haare stark verzögert
wird; viele Haare des Bündels kommen auch für die Bewegung des Indikators
gar nicht in Betracht, sie werden nutzlos mitgeschleppt, weil ihre Längenänderung
auf die Bewegung des Zeigers ohne Einfluß ist.

In ein Haarhygrometer, das direkter Ablesung dient, wie das bekannte
KOPPEsche Hygrometer, baut man vorteilhaft nur ein Haar ein.

Soll das Gerät schreiben (Hygrograph), so ist die zur Bewegung des Registrierzeigers notwendige Kraft bei Verwendung eines Haares oft nicht vorhanden. Man spannt dann eine Reihe von Haaren unter gleichem Zug harfenähnlich parallel in das Gerät ein.

Das Haar zeigt die relative Feuchtigkeit in bezug auf Wasser unabhängig
von der Größe des wirklich vorhandenen Dampfdruckes an. Insofern existiert
also eine Temperaturabhängigkeit in seinen Angaben nicht. Daß es hierbei auch
auf Übersättigung reagiert, ist von WEBER nachgewiesen.

Ein trockenes Haar erfährt bei einer Temperaturänderung von $1°$ nach KLEINSCHMIDT eine Längenänderung von $34 \cdot 10^{-6}$ seiner Gesamtlänge. Ist das Haar in ein Gestell von Messing eingebaut, so ist sein Ausdehnungskoeffizient relativ zu diesen $15 \cdot 10^{-6}$.

Diese Längenausdehnung geht mit in die Feuchtigkeitsangaben des Hygrometers ein, und zwar wirkt sie bei Temperaturerhöhung im Sinne zunehmender Feuchtigkeit.

Angaben über die thermische Längenausdehnung feuchter Haare existieren nicht. Unter der Annahme, daß sich feuchte Haare in dieser Hinsicht wie trockene verhalten, ist man in der Lage, überschläglich für die verschiedenen relativen Feuchtigkeiten den Einfluß einer Temperaturänderung auf die Feuchtigkeitsangaben des Haarhygrometers zu berechnen. Man findet folgende Tabelle:

Tabelle 6.
Einfluß der Temperatur auf die Angaben des Haarhygrometers.

Relative Feuchtigkeit	Einfluß einer Temperaturänderung von 1° C	1% für
%	%	°C
0	0,06	17
20	0,09	11
40	0,14	7
60	0,21	5
80	0,27	4
100	0,30	3

Man sieht aus dieser Überschlagsrechnung, daß die Angaben des Haarhygrometers durch Temperatureinflüsse bei hohen Feuchtigkeitsgraden in bedeutend größerem Maße beeinflußt werden als bei geringen Feuchtigkeiten. Wurde z. B. das Haarhygrometer bei $20°$ auf 100% justiert, so kann seine Einstellung bei $-10°$ und Sättigung in bezug auf Wasser bereits um 10% differieren; es würde in diesem Falle nur 90% anzeigen.

Man eicht das Haarhygrometer im allgemeinen durch Vergleichsablesungen mit einem Psychrometer, und zwar in einem abgeschlossenen, gleichmäßig temperierten Raume.

Ist das Haar ordnungsgemäß behandelt worden — hat es sich nach dem Einziehen in das Hygrometer in feuchter Luft genügend regeneriert —, so folgt es im allgemeinen dem GAY-LUSSACschen Gesetz. Es genügt also, für seine Eichung 3—4 Vergleichsablesungen durchzuführen, die in ein genügend großes Feuchtigkeitsintervall fallen.

Gewisse Schwierigkeiten bietet in jedem Falle die Festlegung des Sättigungspunktes. Bei starkem Nebel herrscht oft Übersättigung, bei trübem, regnerischem Wetter wird häufig der Sättigungspunkt nicht erreicht.

Man pflegt das Gerät zum Zwecke der Eichung dann unter den Rezipienten einer Luftpumpe zu stellen, unter dem man außerdem ein Gefäß mit nahezu siedendem Wasser setzt. Evakuiert man, so beginnt das Wasser bald zu sieden; es bildet sich ein dichter Nebel aus, in dem zu Beginn des Versuches erfahrungsgemäß etwa 96% rel. Feuchtigkeit herrscht. Da die Wandung des Rezipienten stets etwas geringere Temperatur besitzt wie das Gasgemisch unter ihm, so kann Sättigung in diesem Gasgemisch erst eintreten, wenn diese Temperaturdifferenzen sich ausgeglichen haben. Das ist meist erst nach mehreren Stunden der Fall, und so zeigt das Hygrometer erst nach Verlauf einer geraumen Zeit 100% an. Kann man die Wandung des Rezipienten erwärmen, so gelangt man naturgemäß schneller zum Ziele.

Das Haarhygrometer arbeitet bei Temperaturen über Null Grad mit sehr geringer Trägheit. Auch unter dem Gefrierpunkt ist es das empfindlichste Variationsinstrument, das wir besitzen, solange sich an der Haaroberfläche eine Eisschicht nicht gebildet hat. Ist dieses eingetreten — und man beobachtet dies in vielen Fällen, in denen die Luft in bezug auf Eis mit Wasserdampf übersättigt ist —, so wird das Gerät sehr „träge". Die Eisschicht verhindert den Austausch des Wasserdampfes zwischen dem Haarinneren und der Umgebung;

die Trägheit schwindet in dem Momente, in dem die Eisschicht auf dem Haar verdampft ist. Solange die Eisschicht vorhanden ist, vermag das Haar nur Sättigung in bezug auf Eis anzugeben.

Durch den Eisüberzug wird auch rein mechanisch die Dehnungsmöglichkeit des Haares verringert, seine Empfindlichkeit für Feuchtigkeitsänderungen herabgesetzt.

Nach alledem ist das Haarhygrometer ein recht diffiziles Instrument, dessen Angaben man mit der nötigen Kritik begegnen muß. Will man mit ihm messen, so muß man mit ihm leben.

Auf Vernachlässigung kritischer Betrachtung sind recht viele der zahlreichen Angriffe zurückzuführen, die selbst kompetente Autoren gegen das Haar als Feuchtigkeitsindikator angeführt haben.

Das Haar bietet z. Z. das einzige Mittel, Feuchtigkeitsänderungen in ihrer zeitlichen Folge selbsttätig aufzuzeichnen. Die Angaben des sich selbst überlassenen Haarhygrographen sind naturgemäß der gleichen Kritik zu unterwerfen wie die Ablesungen am Hygrometer. Sie sind aber oft nur richtig zu interpretieren, wenn gleichzeitige Temperaturangaben vorhanden sind.

7. Hilfsmittel zur Berechnung von Feuchtigkeitsangaben. Die wichtigsten Unterlagen für alle hygrometrischen Messungen und Berechnungen bieten die Dampfdrucktafeln[1]).

Bei Verwendung der Taupunktsmethode kann man ihnen sofort den Dampfdruck $[e_m]_\vartheta$ beim Taupunkte ϑ entnehmen. Will man den Wert des Sättigungsverhältnisses oder den der relativen Feuchtigkeit haben, so ist es auch noch notwendig, für die Temperatur der Luft t in die Dampfdrucktafeln einzugehen.

Die Berechnung des Verhältnisses $\dfrac{[e_m]_\vartheta}{[e_m]_t}$ ist mit Hilfe des Rechenschiebers zwar leicht möglich, doch immerhin — hauptsächlich bei gehäuften Rechnungen — etwas unbequem.

Um diese mechanischen Rechnungen zu umgehen, hat man Tabellen entworfen, die als Eingänge die Werte t und ϑ bzw. t und $[e_m]_\vartheta$ besitzen und denen man das Sättigungsverhältnis oder auch die relative Feuchtigkeit ohne weitere Rechnung entnehmen kann. Ordnet man diese Tabellen nach den Argumenten t und R, so können diese zur Bestimmung des Dampfdruckes aus den Angaben des Haarhygrometers dienen.

Man findet derartige Tabellen in den Sammlungen meteorologischer Hilfstafeln sowie in den größeren Psychrometertafeln.

Die umfangreichsten Tabellenwerke zur Feuchtigkeitsbestimmung sind die Psychrometertafeln. Sie tragen als Eingänge zumeist die Werte t und t' und gestatten, direkt den Dampfdruck und die relative Feuchtigkeit zu entnehmen. Dabei ist ihr Umfang so gewählt, daß die Eingänge die Zehntelgrade zu berücksichtigen gestatten, eine Genauigkeit, wie sie bei meteorologischen Beobachtungen gegeben ist. Weniger ausführliche Tafeln dieser Art zeigen meist die Eingänge t und $t - t'$.

In neuerer Zeit ist man dazu übergegangen, die Tafeln zur Feuchtigkeitsberechnung in einer graphischen Form zu geben. Die ersten Versuche dieser Art findet man in den graphischen Psychrometertafeln von ASELMANN, die im Verlag der Seewarte vor etwa 20 Jahren erschienen, jetzt aber veraltet sind. Die auf die Logarithmenpapiere von Schleicher & Schüll aufgedruckten graphischen Tafeln von STÜVE, die erst vor kurzem bei der genannten Firma erschienen, fußen leider auch nicht auf den modernsten Dampfdruckwerten.

---

[1]) Siehe die Literaturangaben auf S. 190 u. 194.

Anstatt der zweidimensionalen graphischen Tafel verwendet man in der Praxis hier und da auch Feuchtigkeits-Rechenschieber[1]), die trotz ihrer kompendiösen Form alle Rechnungen, die in der Praxis vorkommen, mit einer genügenden Genauigkeit auszuführen gestatten. Rechenschieber dieser Art werden aber fabrikmäßig noch nicht hergestellt.

Wie die Dampfdrucktabellen so besitzen die Psychrometertafeln und die übrigen Tafeln, die auf den Dampfdruckwerten basieren, keinen dauernden Wert. Jede Neubestimmung der Dampfdruckfunktion, soweit sie auf exakteren Methoden beruht, hat eine Änderung der genannten Tafelwerte und eine Neuberechnung derselben notwendigerweise zur Folge.

Will man vom Dampfdruck zur absoluten Feuchtigkeit übergehen oder umgekehrt, so dient eine Tabelle des Faktors $\dfrac{1{,}06}{1 + \alpha t}$ zur Vereinfachung der Rechnung. Solche Tabellen findet man mehr oder weniger ausführlich berechnet in den Sammlungen von Hilfstafeln, die den Beobachtungsanweisungen der meteorologischen Zentralstationen sowie den größeren Psychrometertafeln beigefügt sind. Auch Korrektionstabellen, die die Angaben der (für einen Normaldruck berechneten) Psychrometertafeln auf andere Luftdruckwerte zu beziehen gestatten, sind hier zu finden.

---

[1]) M. Robitzsch, Ein Feuchteschieber. Meteorol. ZS. 1924, S. 318; W. Kühl, Rechenschieber zur Berechnung der Luftfeuchtigkeit. Meteorol. ZS. 1924, S. 319.

Kapitel 5.

Thermodynamik der Gestirne.

Von

E. FREUNDLICH-Neubabelsberg.

a) Problemstellung.

Es mag kühn klingen, von einer Thermodynamik der Gestirne zu sprechen. Die Thermodynamik behandelt die Zustandsgesetze der Materie unter verschiedenen Druck- und Temperaturverhältnissen; eine Thermodynamik der Gestirne ist daher nur denkbar, wenn man Aussagen über die beiden Zustandsgrößen: Druck und Temperatur, machen kann, auch wenn nur Strahlung von dem Gestirne auf die Erde gelangt. Dies ist nun in der Tat für die Atmosphären der Gestirne, aus denen das Licht zu uns gelangt, durch die Quantentheorie und die aus ihr erwachsene BOHRsche Theorie möglich geworden. Die BOHRsche Theorie ordnet jeder Spektrallinie, die von leuchtenden Dämpfen emittiert bzw. absorbiert wird, einen bestimmten Atomzustand des betreffenden Elementes zu. Die Anwesenheit einer Spektrallinie im Spektrum eines Sternes gibt darum je nach ihrer Intensität Zeugnis von der Anwesenheit und Konzentration von Atomen in dem dieser Linie zugeordneten Anregungszustande ab. Diese Atomzustände unterscheiden sich voneinander durch verschiedene Ionisierungsgrade der Atome oder auch nur durch verschiedene Grade der Bindung der Elektronen im Atomverbande.

In den Sternatmosphären haben wir es mit einem Gemisch nicht allein verschiedener Elemente, sondern auch innerhalb jedes Elementes mit einem Gemisch von Atomen in verschiedenen Anregungsstufen und Ionisationszuständen zu tun, wobei dieses Gemisch zugleich von freien Elektronen, die den Ionisierungsprozessen aller Elemente entspringen, stark durchsetzt ist. Das thermodynamische Problem, das sich hier erhebt, ist die Frage nach dem Gleichgewichtszustand zwischen neutralen Atomen in verschiedenen Anregungsstufen, ionisierten Atomen, ebenfalls in verschiedenen Anregungsstufen, und freien Elektronen. J. EGGERT[1]) hat auf den Vorgang der Ionisierung eines Atoms die chemische Reaktionsgleichung angewandt, hat ihn also wie einen chemischen Reaktionsprozeß zwischen Atom und Elektron behandelt. SAHA[2]) hat sodann durch die Verknüpfung dieser Gleichung mit der von BOHR entwickelten Theorie der monochromatischen Strahlung der Atome eine Theorie entwickelt, um durch eine Spektralanalyse der Gestirne zu einer Thermodynamik ihrer Atmosphären zu gelangen.

Die beiden Zustandsgrößen, von denen die Zustände der Atome in den Sternatmosphären bedingt sind, sind Temperatur und Druck. Beide sind innerhalb

---

[1]) J. EGGERT, Phys. ZS. Bd. 20, S. 570. 1919.
[2]) M. N. SAHA, ZS. f. Phys. Bd. 6, S. 40. 1921.

des Bereiches einer solchen Atmosphäre, aus welcher Licht zu uns gelangt, stark veränderlich. Deshalb kann die Voraussetzung des Bestehens von thermodynamischem Gleichgewicht in den Sternatmosphären nur angenähert richtig sein Dieser Umstand wirkt sich zwar im wesentlichen nur im Werte der Konstanten aus, welche in der Reaktionsgleichung auftritt, legt aber die Grenzen der Gültigkeit aller bisher aus der Sahaschen Theorie gewonnenen quantitativen Resultate fest. Alle Ergebnisse beziehen sich nur auf mittlere Drucke und mittlere Temperaturen; außerdem liefert die Theorie, wie wir im folgenden sehen werden, nicht die gesuchten Werte von Druck und Temperatur einzeln bestimmt, sondern nur die miteinander bei einem bestimmten Ionisationszustande verträglichen Wertepaare.

Es ist darum zur Entwirrung der Erscheinungen sehr wichtig gewesen, daß die Astrophysik aus dem Studium des kontinuierlichen Spektrums eines Sternes unabhängige Bestimmungsmethoden für die an der Oberfläche herrschenden Temperaturen sowie über die Gesamtausstrahlung hat entwickeln können. Faßt man einen Stern als schwarzen Strahler auf, so kann mit Hilfe des Planckschen Strahlungsgesetzes oder des Wienschen Verschiebungsgesetzes aus der Energieverteilung bzw. aus der Lage des Intensitätsmaximums im kontinuierlichen Spektrum die effektive Temperatur des Sternes abgeleitet werden; dies ist die Temperatur des schwarzen Strahlers, der in der Zeiteinheit die gleiche Energiemenge pro Oberflächenelement ausstrahlen würde wie der Stern. Man erhält also aus dem kontinuierlichen Spektrum Einblicke in die Temperaturverhältnisse an der Oberfläche eines Sternes und kann diese benutzen, um aus den Formeln der Sahaschen Theorie getrennte Bestimmungen von Druck und Temperatur abzuleiten.

Von noch größerer Bedeutung ist das Studium der kontinuierlichen Spektren für die Thermodynamik des Sterninneren geworden. Da alle Energie, die von einem Stern aus seiner Oberfläche ausgestrahlt wird, in seinem Inneren erzeugt worden sein muß, so liefert das Studium der kontinuierlichen Strahlung auch Einblicke in das Problem der Energiequellen, aus denen die Strahlung eines Sternes bestritten wird. Wie wir im Abschnitt c, Ziff. 16ff. sehen werden, steht die Frage nach diesen Energiequellen im Mittelpunkt der Betrachtungen über die thermodynamischen Zustände im Sterninneren. Die Messung der Gesamtausstrahlung eines Sternes und die Verknüpfung der dafür abgeleiteten Werte mit den anderweitig abgeleiteten Werten für die Massen und Oberflächen der Sterne liefert zur Zeit noch den einzigen Anknüpfungspunkt einer Thermodynamik des Sterninneren an die Erfahrung. Die Thermodynamik der Sternatmosphären, der die reichhaltigen Einzelheiten der Spektrallinien in den Sternspektren zur Prüfung der Theorie zur Verfügung steht, ist in dieser Hinsicht sehr wesentlich im Vorteil gegenüber jeder Thermodynamik des Sterninneren.

Es wird in den folgenden Kapiteln eine Darstellung der Sahaschen Theorie der Sternatmosphären mit ihrer Erweiterung durch die Arbeiten von Fowler und Milne u. a. gegeben werden, sodann eine Darstellung der bisherigen Untersuchungen über den Aufbau des Sterninneren, insbesondere der Eddingtonschen Theorie, die während der letzten 10 Jahre im Vordergrund des Interesses gestanden hat. Um diese beiden Theorien gruppieren sich alle thermodynamischen Untersuchungen an kosmischen Gebilden, denen bis zu einem gewissen Grade eine bleibende Geltung gesichert erscheint. Schließlich werden im letzten Abschnitt einige Betrachtungen über die Thermodynamik des ganzen Kosmos den Abschluß bilden. Hier liegen noch keine größeren Ansätze vor; vielmehr müht man sich noch um eine klare Fassung der Problemstellung und ihrer Inangriffnahme.

b) Thermodynamik der Sternatmosphäre.

1. Kurzer Abriß des vorhandenen Tatsachenmaterials. Die für eine Theorie der Sternatmosphären zur Verfügung stehenden Erfahrungstatsachen sollen den theoretischen Entwicklungen vorausgesandt werden.

Die überwiegende Zahl der Sternspektren läßt sich in eine stetige Reihe einordnen, charakterisiert durch eine stetige Veränderung in der Lage des Intensitätsmaximums im kontinuierlichen Spektrum vom roten Ende des Spektrums zum violetten. Wie leicht ersichtlich, läuft mit dieser Veränderung der Spektren eine Änderung in der Färbung des Sternlichtes parallel. Als schwarze Strahler aufgefaßt, lassen sich also die Sterne in eine reine Temperaturskala einordnen, beginnend mit den kühlsten, roten Sternen einer Oberflächentemperatur von etwa 3000°, und endend mit den heißesten, weißen Sternen mit einer Oberflächentemperatur von etwa 25 000°. Die verschiedenen Stufen in dieser Skala werden in der heute fast allgemein angenommenen Havard-Klassifizierung mit den Buchstaben M, K, G, F, A, B bezeichnet, und innerhalb jeder Stufe werden durch angefügte Zahlen von 0 bis 9 feinere Unterschiede gekennzeichnet. Diese feineren Unterscheidungsmerkmale beziehen sich auf das Auftreten und Verschwinden typischer Spektrallinien-Serien oder einzelner Linien; doch war der innere Grund für diese Veränderungen im Aussehen der Spektren bis vor kurzem nicht verstanden worden. Die SAHAsche Theorie erst hat uns gelehrt, daß auch dieser Wechsel im Aussehen der Spektrallinien im wesentlichen eine Folge der stetig zunehmenden Oberflächentemperatur in der Serie der Spektraltypen von M nach B hin darstellt. Die hervorstechendsten Merkmale der verschiedenen Spektralklassen sind:

B-Sterne, Sterne sehr hoher Temperatur, typischer Vertreter γ-Orionis, starkes Hervortreten der Helium-Bogenlinien neben der Balmerserie des Wasserstoffs und einigen Linien hoch ionisierter Elemente. Oberflächentemperatur 20 000 bis 30 000°.

A-Sterne, die Temperatur ist auf etwa 10 000° gesunken; typischer Vertreter Sirius. Die Helium-Funkenlinien nicht mehr entwickelt, dagegen die Balmerserie und die Funkenlinie Mg^+ 4481 in größter Intensität, die Resonanzlinien H und K des ionisierten Kalziums Ca^+ noch schwach.

F-Sterne, Oberflächentemperatur etwa 8000°; typischer Vertreter α-Carinae, zunehmende Intensität der verschiedenen Serien der Spektren der Metalle, Abnahme der Balmerserie. Die Linien H und K kräftiger entwickelt.

G-Sterne, typischer Vertreter die Sonne, Oberflächentemperatur etwa 6000°; stark entwickeltes Spektrum der Metallinien. Die Linien H und K sehr stark, die Resonanzlinie g des neutralen Kalziums·vorhanden.

K-Sterne, Oberflächentemperatur 3000 bis 4000°, typischer Vertreter α-Bootis, die stärksten Linien im Spektrum die Linien des Ca^+: die Linien H und K und die Resonanzlinie des Kalziums g. Molekül-, Bandenspektren schon kräftig entwickelt.

M-Sterne, die Temperatur ist weiter bis unter 3000° gesunken, das violette Ende des Spektrums nur schwach entwickelt, typischer Vetreter; α-Orionis; die Linien g, H und K sehr intensiv, desgleichen verschiedene Banden.

Neben diesen 6 Hauptklassen mit ihren Untergruppen hat man noch einige weitere Typen fixieren müssen, z. B. Sterne, in deren Spektren neben Absorptionslinien noch Emissionslinien auftreten. Sie können hier übergangen werden, da sich alle Ergebnisse der SAHAschen Theorie auf reine Absorptionsspektren beziehen.

Es erhebt sich nun die Aufgabe, die eben skizzierten Erscheinungen in den verschiedenen Sternspektren, insbesondere den Wechsel in dem Auftreten der verschiedenen Spektrallinien, zu deuten. Daß nicht eine stetige Veränderung in der chemischen Zusammensetzung der Sternatmosphären für diese Erscheinungen verantwortlich gemacht werden kann, dafür sprechen einfache Erwägungen, zum Beispiel der Umstand der Einordnungsmöglichkeit fast aller Spektren in eine Temperaturskala. Vielmehr müssen die Verschiedenheiten in den Sternspektren ihre Ursache in der Verschiedenheit der Anregungsverhältnisse der Atome unter den verschiedenen Temperaturen in den Sternatmosphären haben. Da aber neben der Temperatur auch der Druck als Zustandsgröße bei allen thermodynamischen Vorgängen der Materie eine wesentliche Rolle spielt, so müßte ein eigenartiger Zufall obwalten, sollte diese zweite Zustandsgröße in der Ausgestaltung der Sternspektren überhaupt nicht in Erscheinung treten.

In der Tat hat eine sorgfältige Analyse der Sternspektren gelehrt, daß die Klassifizierung der Sternspektren nach einer reinen Temperaturskala nicht eindeutig ist. Bei den Sternen niedriger Oberflächentemperatur ist eine Spaltung der Sterne nach zwei Gruppen deutlich ausgeprägt; es gibt bei gleicher Temperatur Sterne großer und solche kleiner Absoluthelligkeit, die Vertreter der einen Gruppe, der Riesensterne, sind außerordentlich ausgedehnte Gaskugeln geringer mittlerer Dichte, der anderen Gruppe, der Zwergsterne, Gaskugeln, die schon stark verdichtet sind, so daß, wie bei der Sonne, die mittlere Dichte die des Wassers übertrifft. Bei gleicher allgemeiner Ausbildung der Spektren offenbaren doch die Spektren der Riesensterne bei genauerer Analyse eine intensivere Entwicklung der Funkenspektren, also der von ionisierten Elementen herrührenden Linien. In dieser Spaltung der Sterne nach Riesen und Zwergen offenbart sich die Wirkung der zweiten Zustandsgröße, des Druckes.

2. **Die Grundgleichung der Sahaschen Theorie.** Die Theorie von Saha gibt eine im wesentlichen vollständige Erklärung für die Erscheinungen in den Sternspektren, indem sie das Auftreten und Verschwinden der verschiedenen Spektrallinien auf den Wechsel in den thermodynamischen Verhältnissen innerhalb der Sternatmosphären zurückführt. Sie setzt thermodynamisches Gleichgewicht in den Sternatmosphären voraus — eine Voraussetzung, die nicht streng erfüllt ist — und behandelt das Gleichgewicht zwischen Atom, ionisiertem Atom und Elektron nach der chemischen Reaktionsgleichung. In den Strahlungsvorgängen der Atmosphären der Sterne kennzeichnet sich die Konzentration der neutralen Atome irgendeines Elementes in der Intensität der Bogenlinien seines Spektrums, der ionisierten Atome in der Intensität der Funkenlinien desselben Elementes. In der ursprünglichen Fassung beschränkt sich die Sahasche Theorie auf die Alternative Funkenlinien oder Bogenlinien und benutzt als quantitatives Merkmal das Auftreten bzw. Verschwinden der Linien.

Den Ausgangspunkt der Theorie bildet die Reaktionsgleichung

$$\log K = \log \frac{p_M^{\nu_M} \cdot p_N^{\nu_N} \cdots}{p_A^{\nu_A} \cdot p_B^{\nu_B} \cdots} = \frac{-U}{4{,}571 \cdot T} + \frac{\sum \nu \cdot C_p}{R} \log T + \sum \nu \cdot C.$$

Hier bedeutet U die Reaktionswärme in dem chemischen Prozeß:

$$\nu_A \cdot A + \nu_B \cdot B \cdots = \nu_M \cdot M + \nu_N \cdot N + \cdots \text{ zwischen } \nu_A A\text{-Atom}, \nu_B B\text{-Atom usw.}$$

Ferner bedeuten $p_M^{\nu_M}$, $p_N^{\nu_N}\ldots$ die Partialdrucke der an der Reaktion beteiligten Stoffe, C_p die spezifische Wärme bei konstantem Druck, C die chemische Konstante nach Nernst eines jeden der Stoffe.

Die Gleichung wird auf die Reaktion — wir wählen den Fall der Ionisierung des Kalziums —: $Ca \leftrightarrows Ca^+ + e - U$, also auf die Abspaltung eines Elektrons von einem neutralen Kalziumatom Ca angewandt. Die Auswertung der Gleichung für diese spezielle Reaktion geschieht unter der Voraussetzung, daß die spezifische Wärme bei konstantem Druck für Ca gleich der für Ca^+ sei, so daß sich die Summe

$$\sum \nu \, C_p = (C_p)_{Ca^+} + (C_p)_e - (C_p)_{Ca}$$

auf das eine Glied $(C_p)_e$ reduziert, für das der Wert $\tfrac{5}{2} R$ gewählt wird, indem man das Elektron als einatomiges Gas betrachtet. Die chemische Konstante für die Elektronen wird nach der Sakur-Tetrodeschen Gleichung mit dem Atomgewicht $\frac{1}{1800}$ für ein Elektron berechnet; es resultiert mit der Atmosphäre als Druckeinheit $\sum \nu C = -6,5$. Bezeichnet man ferner mit P den Gesamtdruck, mit x den Ionisierungsgrad, d. h. den Bruchteil der Ca-Atome, die ionisiert sind, so gewinnt man die Gleichung:

$$\log \frac{x^2}{1 - x^2} \cdot P = -\frac{U}{4,571 \cdot T} + 2,5 \log T - 6,5,$$

die Saha zum Ausgangspunkt für seine Diskussion der Erscheinungen gewählt hat. Eine Ableitung dieser Grundgleichung der Sahaschen Theorie soll erst in einem späteren Abschnitt (Ziff. 5) nach einer rein statistischen Methode ohne die speziellen Begriffsbildungen der Thermodynamik gegeben werden.

Diese Gleichung verknüpft den Ionisierungsgrad x eines Elementes mit den Temperatur- und Druckwerten, unter welchen die Atome stehen. Sie liefert zu einem vorgegebenen Werte für x ein System miteinander verträglicher Wertepaare von Druck und Temperatur.

3. Vergleich der Sahaschen Theorie mit der Erfahrung. Saha hat, soweit Ionisierungspotentiale sicher bestimmt waren, für alle Elemente den Ionisierungsgrad, der bestimmten Wertepaaren für Druck und Temperatur zugeordnet ist, berechnet und den Vergleich mit der Erfahrung in der Weise vorgenommen, daß das Auftreten und Verschwinden der Funken- bzw. Bogenlinie als Kriterium für den Ionisationsgrad betrachtet wurde. Doch leidet dieses Verfahren an großen Unsicherheiten, da das Kriterium des Auftretens oder Verschwindens einer Absorptionslinie für jedes Element wesentlich von dem atomaren Absorptionskoeffizienten für die betrachteten Linien bedingt ist, für solche Absorptionskoeffizienten aber nur sehr wenige sichere zahlenmäßige Bestimmungen vorliegen. Außerdem beeinflußt die Reichhaltigkeit des Vorkommens des betreffenden Elementes die Erscheinungen sehr stark. Darum war Saha nur eine mehr qualitative Prüfung seiner Theorie möglich; diese bestätigte aber fast in allen Einzelheiten die Folgerungen seiner Theorie. Daß z. B. in den heißesten Sternen, den O-Sternen, im wesentlichen nur die Linien des ionisierten Heliums auftreten, hat in dem hohen Ionisierungspotential des Heliums seinen Grund; bei den meisten anderen Elementen wird unter den obwaltenden Temperaturdruckverhältnissen die Ionisierung so weit fortgeschritten sein, daß sie keine Spektrallinien in dem visuellen Gebiet zwischen Violett und Rot mehr emittieren. Aus den zwei nachfolgenden Tabellen, die der Sahaschen Arbeit (Phil. Mag. Bd. 40, S. 480, 487) entnommen sind, ersieht man, daß z. B. bei der für die B-Sterne viel zu niedrig angesetzten Temperatur von $13\,000°$ und bei einem Druck von 10^{-4} Atm., wie man ihn, wie wir später sehen werden, ansetzen muß, Kalzium mit dem Ionisierungspotential von 6,1 Volt $= 1,4 \cdot 10^5$ cal. vollständig ionisiert sein wird, dagegen Helium mit dem Ionisierungspotential von 20,5 Volt $= 4,8 \cdot 10^5$ cal. etwa zu 58%. Eine weitere große Unsicherheit die der Sahaschen Theorie, was ihre Prüfung an der Erfahrung anbetrifft, anhaftete, war die Unkenntnis über die in den Sternatmosphären herrschenden Drucke. Saha vermutete noch Beträge von etwa 1 Atm., während Werte von angenähert 10^{-5} Atm. die richtigen sein werden. Daß trotz dieser offenbar fehlerhaften Annahmen sein Vergleich mit der Erfahrung nicht auf offensichtliche Widersprüche stieß, liegt in dem Umstande begründet, daß er einen Ionisationszustand als vollständig betrachtet, wenn nur 1 bis 0,1% von Atomen sich im neutralen Zustande befinden. Die Erweiterung der Theorie durch Fowler und Milne hat aber gelehrt, daß noch bei Relativkonzentrationen eines Atomzustandes von 10^{-8} bis 10^{-10} die ihm entsprechenden Linien sichtbar sind. Die atomaren Absorptionskoeffizienten der Elemente für monochromatische Strahlung haben nämlich Beträge von 10^{+9}, so daß das Auftreten und Verschwinden der Linien ein wesentlich empfindlicheres Kriterium auf die Gegenwart des neutralen oder ionisierten Atoms darstellt.

<table>
<tr><td colspan="4">Tabelle 1.
Ionisation in % von Kalzium.</td></tr>
<tr><td>Druck</td><td>1 Atm.</td><td>10^{-2} Atm.</td><td>10^{-4} Atm.</td></tr>
<tr><td>Temperatur</td><td></td><td></td><td></td></tr>
<tr><td>2 000° K</td><td>—</td><td>—</td><td>$1,4 \cdot 10^{-3}$</td></tr>
<tr><td>3 000°</td><td>—</td><td>—</td><td>1</td></tr>
<tr><td>4 000°</td><td>—</td><td>2,8</td><td>26</td></tr>
<tr><td>5 000°</td><td>2</td><td>20</td><td>90</td></tr>
<tr><td>6 000°</td><td>8</td><td>64</td><td>99</td></tr>
<tr><td>7 000°</td><td>23</td><td>91</td><td>—</td></tr>
<tr><td>8 000°</td><td>46</td><td>98,5</td><td>—</td></tr>
<tr><td>9 000°</td><td>70</td><td>—</td><td>—</td></tr>
<tr><td>10 000°</td><td>85</td><td>—</td><td>—</td></tr>
<tr><td>11 000°</td><td>93</td><td>—</td><td>—</td></tr>
<tr><td>12 000°</td><td>96,5</td><td>—</td><td>—</td></tr>
<tr><td>13 000°</td><td>98,5</td><td>—</td><td>—</td></tr>
<tr><td>14 000°</td><td>—</td><td>—</td><td>—</td></tr>
</table>

<table>
<tr><td colspan="4">Tabelle 2.
Ionisation in % von Helium.</td></tr>
<tr><td>Druck</td><td>1 Atm.</td><td>10^{-2} Atm.</td><td>10^{-4} Atm.</td></tr>
<tr><td>Temperatur</td><td></td><td></td><td></td></tr>
<tr><td>6 000° K</td><td>$5 \cdot 10^{-6}$</td><td>$5 \cdot 10^{-5}$</td><td>$5 \cdot 10^{-4}$</td></tr>
<tr><td>7 000°</td><td>$1 \cdot 10^{-4}$</td><td>$1 \cdot 10^{-3}$</td><td>$1 \cdot 10^{-2}$</td></tr>
<tr><td>8 000°</td><td>$1,2 \cdot 10^{-3}$</td><td>$1,2 \cdot 10^{-2}$</td><td>$1,2 \cdot 10^{-1}$</td></tr>
<tr><td>9 000°</td><td>$7 \cdot 10^{-3}$</td><td>$7 \cdot 10^{-2}$</td><td>$7 \cdot 10^{-1}$</td></tr>
<tr><td>10 000°</td><td>$3 \cdot 10^{-2}$</td><td>$3 \cdot 10^{-1}$</td><td>3</td></tr>
<tr><td>11 000°</td><td>$1 \cdot 10^{-1}$</td><td>1</td><td>11</td></tr>
<tr><td>12 000°</td><td>$3 \cdot 10^{-1}$</td><td>3</td><td>28</td></tr>
<tr><td>13 000°</td><td>$7 \cdot 10^{-1}$</td><td>7</td><td>58</td></tr>
<tr><td>14 000°</td><td>1,5</td><td>15</td><td>83</td></tr>
<tr><td>15 000°</td><td>3</td><td>28</td><td>94</td></tr>
<tr><td>16 000°</td><td>6</td><td>47</td><td>—</td></tr>
</table>

In großen Zügen erklärt aber die Sahasche Theorie in ihrer ersten Fassung den Wechsel der Erscheinungen in den Spektren der verschiedenen Spektralklassen durchaus befriedigend.

Ihre Anwendungsmöglichkeit hat eine sehr bedeutende Erweiterung erfahren, nachdem Fowler und Darwin für die Grundgleichung der Sahaschen Theorie eine allgemein statistische Ableitung gegeben haben, die frei von den prinzipiellen Mängeln der ersten Ansätze ist und einen viel weitergehenden Anschluß an unsere Kenntnisse über die Seriengesetze der Spektren ermöglicht. Die Mängel, die der Sahaschen Theorie in ihrer ersten Fassung anhaften, sind folgende:

4. Prinzipielle Mängel der Sahaschen Ansätze. 1. Sie berücksichtigt nicht, daß man es in jeder Sternatmosphäre mit einem Gemisch vieler Elemente zu tun hat, die in sehr verschieden hohem Grade ionisiert sein werden. Bei jedem Ionisierungsprozeß werden, unabhängig von der Natur des Elementes, Elektronen als Abspaltungsprodukte frei. Dieser durch die Gegenwart verschiedener Atomarten bedingte Überschuß an Elektronen beeinflußt das Ionisationsgleichgewicht in einer Weise, die wir hier erst qualitativ charakterisieren wollen und später dann formelmäßig fassen. Ist der durchschnittliche Ionisationsgrad der Elemente im Gemisch im Vergleich zur betrachteten Atomart höher, so ist die Wiedervereinigungswahrscheinlichkeit für die ionisierten Atome größer, als sie sein würde, wenn, bei unverändert gedachter Temperatur und Druck, nur Atome der gleichen Art vorhanden wären. Es werden folglich weniger Atome ionisiert sein und der Ionisationsgrad des betrachteten Elementes wird erniedrigt erscheinen. Der Einfluß des Elektronenüberschusses wird in umgekehrter Weise wirken, wenn der durchschnittliche Ionisationsgrad der fremden Atome im Gemisch niedriger ist; das Ionisationspotential des betrachteten Elementes erscheint dann herabgesetzt.

2. In der von SAHA herangezogenen, aus der Thermodynamik übernommenen, Grundgleichung wird nur das Gleichgewicht zwischen neutralen und ionisierten Atomen in Betracht gezogen und demgemäß auch nur das Auftreten der Funkenlinien gegenüber den Bogenlinien als Kriterium bei dem Vergleich mit der Erfahrung verwandt. Die Tatsache, daß jedes Atom, bevor es ionisiert wird, also ein Elektron verliert, in verschiedene Anregungsstufen gebracht werden kann, tritt in der ursprünglichen Fassung der SAHAschen Theorie nicht in Erscheinung. Zwar trägt die Grundgleichung implicite diesem Umstande in dem Gliede, das die spezifischen Wärmen der Reaktionsteilnehmer enthält, Rechnung; doch ist keine Möglichkeit gegeben, seine Einwirkung auf die optischen Erscheinungen, also die Ausbildung der Spektren, in die Diskussion einzubeziehen. Die verschiedenen Anregungsstufen der Atome geben bekanntlich Anlaß zur Emission verschiedener Nebenserien in ihren Spektren. Die Einbeziehung der Nebenserien in die Betrachtungen bedeutet, wie wir sehen werden, nicht nur eine Erweiterung der SAHAschen Theorie, sondern wegen des prinzipiell anderen Verhaltens der Nebenserien gegenüber der Hauptserie, die den Normalzustand des Atoms zur Grundbahn hat, einen entscheidenden Fortschritt in der astrophysikalischen Verwendungsmöglichkeit der Theorie.

Die unter 1. und 2. angeführten Mängel der SAHAschen Theorie sind, der erste von RUSSELL[1]) und der zweite von DARWIN, FOWLER und MILNE, behoben worden.

5. Der Einfluß fremder Atome auf den Ionisationszustand. Bezeichnet p' den Partialdruck der ionisierten Atome irgendeines Elementes, p den Partialdruck der neutralen Atome und p'' den Partialdruck aller freien Elektronen im Gasgemisch, so nimmt die Größe K auf der linken Seite der Reaktionsgleichung den Wert an:

$$K = \frac{p' \cdot p''}{p}.$$

Sind a_1, a_2, $a_3 \ldots a_i$ die Relativkonzentrationen der vorhandenen Atomarten und x_1, $x_2 \ldots x_i$ die Verhältniszahlen an ionisierten Atomen der verschiedenen Arten, so sind insgesamt $\sum_n a_i (1 + x_i)$ Atome plus freien Elektronen im Gemisch vorhanden. Der Partialdruck irgendeines dieser Elemente ist:

$$p'_i = \frac{a_i \cdot x_i}{\sum a_i (1 + x_i)} \cdot P$$

für die ionisierten und

$$p_i = \frac{a_i (1 - x_i)}{\sum a_i (1 + x_i)} \cdot P$$

für die neutralen Atome, wobei P den Gesamtdruck im Gasgemisch bezeichnet. Für die freien Elektronen gilt andererseits

$$p'' = \frac{\sum a_i x_i}{\sum a_i (1 + x_i)} \cdot P = \frac{\bar{x}}{1 + \bar{x}} \cdot P.$$

---

[1]) H. N. RUSSELL, Astrophys. Journ. Bd. 55, S. 119. 1922.

Die Größe $\overline{x} = \dfrac{\sum a_i x_i}{\sum a_i}$ bedeutet den mittleren Ionisationsgrad des Gemisches. Setzt man mit diesen neuen Ausdrücken die Reaktionsgleichung an, so erhält man für irgendeines der Elemente:

$$K_i = \frac{x_i}{1 - x_i} \cdot \frac{\overline{x}}{1 + \overline{x}} \cdot P$$

und wenn man statt des Gesamtdruckes P den Partialdruck der Elektronen als unabhängige Veränderliche einführt, so nimmt die Grundgleichung die von Russell gegebene allgemeinere Form an, wobei wir die Indizes wieder fortlassen:

$$\log K = \log \frac{x}{1 - x} \cdot P_e = -\frac{U}{4{,}571\,T} + 2{,}5 \cdot \log T - 6{,}5\,.$$

In dieser Fassung ist die Gegenwart verschiedener Atomarten verschiedenen Ionisationsgrades im Gasgemisch der Sternatmosphären in Rücksicht gezogen.

6. Allgemeine Ableitung der Grundgleichung der Sahaschen Theorie. Die Behebung der zweiten der oben angeführten prinzipiellen Schwächen der Sahaschen Theorie in ihrer ursprünglichen Fassung bringt die allgemeine Ableitung ihrer Grundgleichung nach der rein statistischen Methode, wie sie Darwin und Fowler gegeben haben. Diese Ableitung soll hier nur soweit wiedergegeben werden, als es zum Verständnis der vorliegenden Fragen notwendig ist. Sie stellt ein Teilresultat in einer viel allgemeineren Untersuchung dar, deren Ziel eine einheitliche Behandlung der verschiedenen Aufgaben der Thermodynamik ist unter ausschließlicher Verwendung von Begriffsbildungen, wie sie konsequent aus unseren heutigen Anschauungen über die atomare Struktur der Materie, der quantenhaften Struktur der Strahlungsenergie und der Voraussetzung der Geltung rein statistischer Gesetze in ihrer Wechselwirkung fließen. Die Begriffsbildungen der klassischen Thermodynamik, insbesondere z. B. der Begriff der thermodynamischen Wahrscheinlichkeit und der Entropie, sind der Gegenstand vieler prinzipieller Auseinandersetzungen gewesen; und wenn auch nunmehr volle Klarheit über die Strenge der gewonnenen Resultate bestehen mag, so bedeutet es doch eine wesentliche Erleichterung für alle Disziplinen, die, wie heute die Astrophysik, gezwungen sind, mit Begriffen und Formeln der Thermodynamik zu arbeiten, wenn sie nicht gezwungen sind, gleichzeitig den Ballast mancher Hypothesen oder prinzipiellen Schwierigkeiten mit zu übernehmen, deren Tragweite und Geltungsbereich sie nicht ohne weiteres abzuschätzen vermögen. Ich verweise nur auf die im vorangehenden erwähnte zahlenmäßige Auswertung der verschiedenen Faktoren in der Reaktionsgleichung, wo die Annahme gemacht wurde, daß die spezifische Wärme bei konstantem Druck des ionisierten Atoms gleichgesetzt werden dürfe der entsprechenden Größe für das neutrale Atom, oder die Annahme, daß sich die chemische Konstante für die Elektronen nach der gleichen Formel berechnen lasse, die Sakur-Tetrode-Stern für Atome gegeben haben.

Die Entwicklungen von Darwin-Fowler gründen sich auf die Annahme, daß die wahrgenommenen Verteilungsgesetze von quantenhaft verteilter Energie auf Systeme von Atomen, Resonatoren usw. gewonnen werden können, indem man unter allen möglichen Zuständen den durchschnittlichen, mittleren, nicht den wahrscheinlichsten Zustand ausrechnet. Die Aufgabe reduziert sich damit auf reine Mittelwertsbildungen. Daß diese Methode zu den gleichen Verteilungsgesetzen führt wie die in der Thermodynamik angewandte Methode, hat seinen tieferen Grund darin, daß die wahrscheinlichen Verteilungen an Zahl die unwahrscheinlichen Fälle so außerordentlich übertreffen, daß bei der Mittelwertsbildung die Mitberücksichtigung der seltenen Fälle auf den gesuchten Mittelwert nur unmerklich von Einfluß ist.

Das Wesentliche der Methode von DARWIN und FOWLER sei erst an einem einfachen Falle dargelegt.

Es mögen zwei Klassen von Resonatoren vorliegen, und zwar M Resonatoren der Klasse A, die nur ganze Vielfache eines Energiequantums ε aufzunehmen vermögen, und N Resonatoren der Klasse B, die nur ganze Vielfache eines Energiequantums η aufzunehmen imstande sind. Ein Zustand des Systems ist durch eine Zahlfolge $a_0, a_1, a_2 \ldots a_r \ldots b_0, b_1 \ldots b_s \ldots$ definiert, in der a_r die Anzahl der A-Resonatoren zählt, die in diesem Zustande des Systems r Energiequanten ε, und b_s die Anzahl der B-Resonatoren, die s Energiequanten η aufgenommen haben. Es gibt eine endliche Anzahl von Möglichkeiten, die vorhandene Energie über das System von Resonatoren so zu verteilen, daß voneinander ununterscheidbare Zustände mit der gleichen Zahlfolge der a_r, b_s resultieren. Bei vorgegebenem Wertesystem der a_r und b_s ist diese Anzahl möglicher Komplexionen gleich

$$\frac{M!}{a_0!\,a_1!\ldots a_r!\ldots} \cdot \frac{N!}{b_0!\,b_1!\ldots b_s!\ldots},$$

wobei die a_r und b_s die Bedingungsgleichungen erfüllen müssen:

$$\sum{}^r a_r = M, \qquad \sum{}^s b_s = N, \qquad \sum{}^r r \cdot \varepsilon \cdot a_r + \sum{}^s s \cdot \eta \cdot b_s = E$$

und E die Gesamtenergie des Systems mißt. Die Gesamtzahl aller solcher Komplexionen ist durch den Ausdruck gegeben:

$$C = \sum \frac{M!}{a_0!\,a_1!\ldots a_r!\ldots} \cdot \frac{N!}{b_0!\,b_1!\ldots b_s!\ldots},$$

in der die Summation über alle mit obigen Bedingungsgleichungen verträglichen Zahlfolgen a_r, b_s zu erstrecken ist. Bezeichnet andererseits $\bar{E}_A$ die durchschnittlich auf die A-Resonatoren entfallende Energie, so gilt:

$$C \cdot \bar{E}_A = \sum_{a,\,b} \frac{\left(\sum{}^r r \cdot \varepsilon \cdot a_r\right) \cdot M!\,N!}{a_0!\,a_1!\ldots a_r!\ldots b_0!\,b_1!\ldots b_s!\ldots}.$$

In entsprechender Weise lassen sich Mittelwerte für die Größen $\bar{a}_r$ usw. bilden. Die Aufgabe erhebt sich, solche Mittelwerte auszurechnen, aus denen sich die Eigentümlichkeiten der verschiedenen Zustände des Systems ableiten lassen.

DARWIN und FOWLER bewerkstelligen diese Auswertungen, indem sie das CAUCHYsche Fundamentaltheorem aus der Theorie der analytischen Funktionen einer komplexen Veränderlichen heranziehen. Dabei tritt die Bedeutung der Zustandssumme, der besonders von PLANCK[1]) in die Betrachtungen eingeführten Funktion, die das thermodynamische Verhalten eines solchen Systems von Resonatoren, Atomen usw. regelt, deutlich in Erscheinung.

Bildet man für den hier betrachteten Spezialfall das Produkt

$$(1 + z^\varepsilon + z^{2\varepsilon} + \cdots)^M \cdot (1 + z^\eta + z^{2\eta} + \cdots)^N$$

und entwickelt nach dem Multinominaltheorem, so resultiert die soeben abgeleitete Größe C als Koeffizient des allgemeinen Gliedes z^E in dieser Entwicklung, wo $E = \sum r \cdot \varepsilon \cdot a_r + \sum{}' s \cdot \eta\, b_s$ die Gesamtenergie bezeichnet. In ent-

---

[1]) M. PLANCK, Wärmestrahlung, S. 127. Leipzig 1923.

sprechender Weise gewinnt man den Wert von $C \cdot \overline{E}_A$ als den Wert des Koeffizienten von z^E in der Entwicklung der Reihe:

$$z \cdot \frac{d}{dz}\left(1 + z^\varepsilon + z^{2\varepsilon} + \cdots\right)^M \cdot \left(1 + z^\eta + z^{2\eta} + \cdots\right)^N .$$

Die Klammerausdrücke lassen sich in die geschlossene Form bringen:

$$\left(1 + z^\varepsilon + z^{2\varepsilon} + \cdots\right)^M = \left(1 - z^\varepsilon\right)^{-M}$$

und ebenso:

$$\left(1 + z^\eta + z^{2\eta} + \cdots\right)^N = \left(1 - z^\eta\right)^{-N} .$$

Zieht man zur Auswertung der Koeffizienten der Entwicklungen, also der Größen C und $C \cdot \overline{E}_A$, das Cauchysche Theorem heran, so gewinnt man die Gleichungen:

$$C = \frac{1}{2\pi i}\int_\gamma \frac{dz}{z^{E+1}}\left(1 - z^\varepsilon\right)^{-M} \cdot \left(1 - z^\eta\right)^{-N}$$

und

$$C \cdot \overline{E}_A = \frac{1}{2\pi i}\int_\gamma -\frac{dz}{z^{E+1}}\, M \cdot z \frac{d}{dz}\log\left(1 - z^\varepsilon\right) \cdot \left[\left(1 - z^\varepsilon\right)^{-M} \cdot \left(1 - z^\eta\right)^{-N}\right] .$$

Die Integrationen sind um eine geschlossene Kontur um den Nullpunkt, z. B. längs eines Kreises um den Nullpunkt als Mittelpunkt und mit einem Radius kleiner als 1 zu erstrecken. Ihre Auswertung führen Darwin und Fowler nach der Methode der komplexen Integration über Sattelpunkte aus.

Die Variable z in den beiden Verteilungsfunktionen $\left(1 - z^\varepsilon\right)^{-M}$ und $\left(1 - z^\eta\right)^{-N}$ steht mit der sonst in der Thermodynamik auftretenden Veränderlichen T der Temperatur in engster Beziehung.

Man ersieht aus den obigen Integraldarstellungen für C und $C \cdot \overline{E}_A$, daß die Integranden für $z = 0$ und $z = 1$ unendlich werden. Es läßt sich aber zeigen, daß auf der reellen Achse die z-Werte ein und nur ein Minimum zwischen den beiden Unendlichkeitsstellen aufweisen. Der diesem Minimum entsprechende Wert $z = \vartheta$ ist durch die Gleichung definiert:

$$E = \frac{M \cdot \varepsilon}{\vartheta^{-\varepsilon} - 1} + \frac{N \cdot \eta}{\vartheta^{-\eta} - 1} .$$

Legt man nun um den Nullpunkt als Mittelpunkt einen Kreis mit dem Radius $z = \vartheta$ als Integrationsweg, so zeigt sich, daß der Integrand längs dieser Kontur in dem Punkte $z = \vartheta$ ein starkes Maximum hat, so daß die Integration für große Zahlwerte von M, N, E auf die nächste Umgebung des Punktes $z = \vartheta$ auf der reellen Achse beschränkt werden darf. Dieser spezielle Wert $z = \vartheta$ hängt mit der Temperatur durch die Gleichung zusammen:

$$\vartheta = e^{-\frac{1}{k \cdot T}},$$

7. Ausdehnung der Theorie auf den allgemeinen Fall. Die für einen speziellen Fall hier skizzierte Berechnung der Größen C usw. läßt sich ohne weiteres auf den allgemeinen Fall ausdehnen.

Das betrachtete System von Atomen enthalte M Atome der Klasse A, die nur Energie in den Stufen $\varepsilon_0\, \varepsilon_1\, \varepsilon_2 ..$ und N Atome der Klasse B, die nur Energie in den Stufen $\eta_0\, \eta_1\, \eta_2 ...$ aufnehmen können, und die verschiedenen Zustände seien überdies mit Gewichtsfaktoren $p_0, p_1 \ldots q_0, q_1 \ldots$ behaftet. Dann ist die Anzahl C aller Komplexionen gegeben durch den Ausdruck:

$$\frac{M!\,N!}{a_0!\,a_1!\ldots b_0!\,b_1!\ldots}\,p_0^{a_0}\cdot p_1^{a_1}\cdots q_0^{b_0}\cdot q_1^{b_1}\cdots$$

und die Zahlwerte a_r bzw. b_s sind an die Bedingungsgleichungen geknüpft:

$$\sum{}^r a_r = M\,, \qquad \sum{}^s b_s = N\,, \qquad \sum{}^r a_r\cdot \varepsilon_r + \sum{}^s b_s\cdot \eta_s = E\,.$$

Die Verteilungsfunktionen für beide Atomsysteme werden durch die Funktionen definiert:

$$f(z) = p_0\cdot z^{\varepsilon_0} + p_1\cdot z^{\varepsilon_1} + \cdots \quad \text{und} \quad g(z) = q_0\cdot z^{\eta_0} + q_1\cdot z^{\eta_1} + \cdots.$$

Die Anwendung des Cauchyschen Theorems liefert:

$$C = \frac{1}{2\pi i}\int_\gamma \frac{dz}{z^{E+1}}\,[f(z)]^M\cdot [g(z)]^N,$$

$$C\cdot \overline{E}_A = \frac{1}{2\pi i}\int_\gamma \frac{dz}{z^{E+1}}\left\{z\frac{d}{dz}[f(z)]^M\right\}\cdot [g(z)]^N,$$

$$\bar{a}_r = M\cdot p_r\frac{\vartheta^{\varepsilon_r}}{f(\vartheta)}\,.$$

Die Integration wird längs eines Kreises um den Nullpunkt mit dem Radius $z = \vartheta$ ausgeführt, wobei für ϑ sich die Gleichung ergibt:

$$E = M\cdot \vartheta\,\frac{d}{d\vartheta}\ln f(\vartheta) + N\cdot \vartheta\,\frac{d}{d\vartheta}\ln g(\vartheta)\,.$$

Nach diesem allgemeinen Rechenschema sind die verschiedensten Resultate der Thermodynamik von Darwin und Fowler erneut abgeleitet worden. Es kann aber hier nicht auf Einzelheiten eingegangen werden.

Bei der späteren Ableitung der Reaktionsgleichung wird der Ausdruck für die Verteilungsfunktion eines Systems frei beweglicher Atome benötigt werden, deren Energie in ihrer Translationsenergie beruht; diese Funktion lautet

$$f(\vartheta) = \frac{(2\pi m)^{\frac{3}{2}}\cdot V}{h^3\left(\ln \dfrac{1}{\vartheta}\right)^{\frac{3}{2}}};$$

in ihr bezeichnet m die Masse eines Atoms, V das von dem System eingenommene Volumen und h die Plancksche Wirkungsgröße. Besitzen solche Atome mehrere voneinander völlig unabhängige Freiheitsgrade, z. B. der Translations- und Rotationsbewegung, so wird die Verteilungsfunktion für jede dieser Bewegungsmöglichkeiten getrennt berechnet; ihr Produkt stellt dann die Verteilungsfunktion des Systems dar.

8. Anwendung der Theorie auf die Reaktionsgleichung $X_2 \leftrightarrows 2\,X$. Das betrachtete System bestehe aus N-Molekülen X_2 und M-Atomen X, die nach der Reaktionsgleichung

$$X_2 \rightleftarrows 2\,X$$

ineinander übergehen.

Bezeichnet $b(z)$ die Verteilungsfunktion für die innere Energie der Moleküle, die in einem Bandenspektrum dieser Moleküle in Erscheinung tritt, $h_1(z)$ die

Verteilungsfunktion der kinetischen Energie der Atome X, $h_2(z)$ die entsprechende Funktion für die Moleküle X_2, so haben $h_1(z)$ und $h_2(z)$ die in der letzten Gleichung gegebene Gestalt. Bezeichnet F die zur Verteilung über das System verfügbare Energiemenge, so ist der Integralausdruck

$$c = \frac{1}{2\pi i}\int_\gamma \frac{dz}{z^{F+1}}\,[h_1(z)]^M\,[h_2(z)\,b(z)]^N$$

in diesem Falle jedoch nicht mehr gleich der Gesamtzahl der Komplexionen. Denn es sind die Zahlen M und N nicht mehr streng vorgegebene Zahlen, sondern abhängig von dem Grade der Dissoziation der Moleküle X_2 in Atome X nach dem Schema $X_2 \rightleftarrows 2\,X$. Andererseits gibt es bei vorgegebenen Zahlwerten M und N noch eine große Zahl voneinander ununterscheidbaren Zuständen des Systems, je nachdem welche von den insgesamt $M + 2N = \mathfrak{X}$ Atomen als Atome und als Moleküle im System auftreten. Die Anzahl der möglichen Komplexionen vermehrt sich um den Faktor[1]:

$$\frac{\mathfrak{X}!}{M!\,N!\,\sigma^N}.$$

Die neu auftretende Größe σ bedeutet einen Symmetriekoeffizienten der Moleküle und gibt an, wieviel Transformationen in sich jedes Molekül zuläßt. In dem hier behandelten Falle ist $\sigma = 2$ zu setzen. Es resultiert als Gesamtzahl C der Komplexionen

$$C = \frac{\mathfrak{X}!\,c}{M!\,N!\cdot\sigma^N}.$$

Führt man für c den obigen Integralausdruck ein und zerlegt die Gesamtenergie F in zwei Komponenten $F = E + N\cdot\chi$, wo χ die Dissoziationswärme der Moleküle bedeutet, also die Energie in Erg, die erforderlich ist, um ein ruhendes Molekül in zwei ruhende Atome zu spalten — χ ist demgemäß eine Konstante größer als Null —, so erhält man:

$$C = \frac{1}{2\pi i}\int_\gamma \frac{dz}{z^{E+1}}\,[h_1(z)]^{\mathfrak{X}}\sum_N \frac{\mathfrak{X}!\,\beta^N}{N!\,(\mathfrak{X}-2N)!}\,,$$

wobei

$$\beta = \frac{h_2(z)\,b(z)}{\sigma\cdot z^\chi\,[h_1(z)]^2}$$

gesetzt worden ist. In ähnlicher Weise resultiert für die Größe $C\cdot\bar{N}$, die den durchschnittlichen Dissoziationsgrad mißt:

$$C\cdot\bar{N} = \frac{1}{2\pi i}\int_\gamma \frac{dz}{z^{E+1}}\,[h_1(z)]^{\mathfrak{X}}\cdot\sum_N \frac{N\cdot\mathfrak{X}!\,\beta^N}{N!\,(\mathfrak{X}-2N)!}\,.$$

Die Auswertung dieser komplexen Integrale, die hier nicht im einzelnen wiedergegeben werden kann, liefert als Resultat eine Formel, die das Dissoziationsgleichgewicht des Systems als Funktion der „Temperatur" ϑ zu berechnen gestattet:

$$\frac{\bar{N}}{(\overline{M})^2} = \frac{h_2(\vartheta)\,b(\vartheta)}{\sigma\cdot\vartheta^\chi\,[h_1(\vartheta)]^2}\,.$$

9. Übergang zu der Grundgleichung der Sahaschen Theorie. Der Übergang von dieser Gleichung zu derjenigen, der die Ionisation eines Atoms als Reaktion zugrunde liegt, ist nun sofort zu bewerkstelligen. Es werde der Fall

---

[1] Ehrenfest u. Trkal, Proc. Scienc. Amst. 1920.

der Ionisation eines Wasserstoffatoms $H \rightleftarrows H^+ + e$ betrachtet. Die Masse des Kernes darf mit genügender Annäherung gleich der des Atoms angesetzt werden. Die Elektronen werden als einatomiges Gas des Atomgewichtes m behandelt; $h\,(\vartheta)$ sei die Verteilungsfunktion für die kinetische Energie der freien Elektronen. Die Verteilungsfunktion $b\,(\vartheta)$ des Wasserstoffatoms ist nach der BOHRschen Theorie durch den Ausdruck gegeben:

$$b\,(\vartheta) = \Sigma n\,(n+1) \cdot \vartheta^{\varepsilon_n}, \qquad \varepsilon_n = \chi \cdot \left(1 - \frac{1}{n^2}\right).$$

Die Gleichung des Dissoziationsgleichgewichtes nimmt in diesem Falle die Gestalt an:

$$\frac{\overline{N}}{\overline{M}{}^2} = \frac{b\,(\vartheta)}{\vartheta^\chi \cdot h\,(\vartheta)}\,.$$

Die Symmetriegröße σ ist in dem hier betrachteten Falle gleich 1. Um zu der üblichen Fassung der SAHAschen Gleichung überzugehen, hat man

$$h\,(\vartheta) = \frac{(2\,\pi \cdot m)^{\frac{3}{2}} \cdot V}{h^3 \cdot \ln\left(\dfrac{1}{\vartheta}\right)^{\frac{3}{2}}}, \qquad \vartheta = e^{-\frac{1}{RT}}$$

einzusetzen. Bringt man die Größe V, das Volumen, auf die linke Seite der Gleichung und führt erstens die mittleren Dichten pro Volumeinheit für Elektronen und Atome durch die Beziehungen ein:

$$\nu_1 = \frac{\overline{M}}{V}, \qquad \nu_2 = \frac{\overline{N}}{V},$$

sodann die Partialdrucke p_1 und p_2 mit Hilfe der Zustandsgleichung für ideale Gase, deren Geltung vorausgesetzt wird; $p_i = \nu_i\,k \cdot T$, und schließlich noch den Ionisationsgrad x, definiert durch

$$p_1 = \frac{x \cdot P}{1+x}, \qquad p_2 = \frac{(1-x) \cdot P}{1+x},$$

so resultiert als endgültige Gleichung:

$$\ln \frac{x^2}{1-x^2} \cdot P = \frac{-\chi}{k \cdot T} + 2 \cdot 5 \ln T + \ln\left\{\frac{(2\pi m)^{\frac{3}{2}} \cdot k^{\frac{5}{2}}}{h^3}\right\} - \ln B\,(T),$$

wo $B\,(T)$ die Zustandssumme bedeutet, die aus $b\,(\vartheta)$ durch Einführung der Temperatur T hervorgeht.

Berücksichtigt man endlich noch den Einfluß der Gegenwart fremder Atome und Elektronen in einem Gasgemisch, so nimmt die Grundgleichung der SAHAschen Theorie die endgültige Form an:

$$\ln \frac{x}{1-x} \cdot P_e = \frac{-\chi}{k \cdot T} + 2 \cdot 5 \cdot \ln T + \ln\left\{\frac{(2\pi m)^{\frac{3}{2}} \cdot k^{\frac{5}{2}}}{h^3}\right\} - \ln B\,(T).$$

10. Diskussion der allgemeinen Gleichung. Der einzige Unterschied der neugewonnenen Gleichung gegenüber der ursprünglich von SAHA benutzten beruht in dem Auftreten der Zustandssumme $B\,(T)$. Sie wirkt sich in einer scheinbaren Erschwerung der Ionisation eines Elementes aus, da jedes Atom der großen Zahl höherer Anregungsstufen entsprechend, in die es gebracht werden kann, innere Energie aufzunehmen imstande ist. Das explizite Auftreten der Zustandssumme $B(T)$ in der Grundgleichung der Sahaschen Theorie ermöglicht es erst, Einzelheiten in der Kenntnis der Seriengesetze der Elemente für die Thermodynamik der Gestirne nutzbar zu machen. In aller Strenge hat übrigens neben der Verteilungsfunktion $B(T)$ des neutralen Atoms auch die Verteilungsfunktion des ionisierten Atoms $B'(T)$ in gleicher Weise neben $B(T)$ aufzutreten [1]).

Im allgemeinen wird die ursprüngliche Fassung der Grundgleichung aus der allgemeinen als Grenzfall hervorgehen, wenn man in dem letzten Gliede mit der Zustandssumme $B(T)$ nur das erste Glied in der Entwicklung von $B(T)$ berücksichtigt. Doch gilt dies nur dann, wenn das erste Glied in dieser Entwicklung den Wert 1 hat. In dem Falle des Wasserstoffs, den wir der Betrachtung oben zugrunde legten, ist dies schon nicht der Fall, da wir es beim Wasserstoffatom nach der Bohrschen Theorie mit einem entarteten System von zwei Freiheitsgraden zu tun haben, die nicht voneinander unabhängig sind. Die Gewichte der verschiedenen Energiestufen ε_n haben nach Bohr die Werte $n(n+1)$, so daß in der Zustandssumme

$$B(T) = q_1 + q_2\, e^{\chi \cdot \left(1 - \frac{1}{2^2}\right)} + \cdots$$

das erste Glied $q_1 = 2$ ist. Hier offenbart sich eine prinzipielle Abweichung der statistisch gewonnenen Gleichung von der aus thermodynamischen Überlegungen gewonnenen, da der Thermodynamik die Begriffsbildung der Gewichte verschiedener Zustände fremd ist.

Eine prinzipielle Schwierigkeit der allgemeinen Gleichung beruht in dem Umstande, daß die unendliche Zustandssumme im allgemeinen nicht konvergieren wird. Beim Bohrschen Modell des Wasserstoffatoms erfüllen mit wachsendem n der Energiestufen des Atoms die Bahnen des Elektrons in der Grenze unendlich große Volumina, da der Radius einer Bahn

$$a_n = \frac{n^2 \cdot h^2}{4\,\pi^2 \cdot m \cdot e^2}$$

mit wachsendem n über alle endlichen Grenzen wächst. Wie Planck[2]) gezeigt hat, bedarf es einer Volumbedingung, um dieser Schwierigkeit Herr zu werden; R. Becker[3]) und Urey[4]) haben in anderer Weise versucht, die sich erhebende Schwierigkeit aus dem Wege zu räumen; es sei auf das hierauf bezügliche Kapitel in ds. Handb. XXII verwiesen.

11. Anwendung der allgemeinen Gleichung der Sahaschen Theorie auf die Astrophysik. Bei der Anwendung der allgemeinen Gleichung der Sahaschen Theorie auf die Spektren der Sterne offenbart sich ein systematisch verschiedenes Verhalten der Prinzipalserie eines neutralen Atoms gegenüber den Nebenserien und den Serien im Funkenspektrum, wenn Druck und Temperatur in weitem Bereiche variiert werden. Mit der Prinzipalserie ist hier die Serie gemeint, die von der Grundbahn des unangeregten Atoms ansetzt und die Resonanzlinie enthält. Alle Betrachtungen beziehen sich auf Spektra mit Absorptionslinien.

Fällt Licht einer kontinuierlichen Lichtquelle, also bei einem Stern Licht der Photosphäre, durch eine Schicht unangeregter Atome niederer Temperatur, so wird die Prinzipalserie absorbiert werden. Wird die Temperatur gesteigert und dadurch ein gewisser Prozentsatz von Atomen in den nächstmöglichen Anregungszustand versetzt, so wird die Gasschicht in der Lage sein, auch die

[1]) E. A. Milne, Phil. Mag. Bd. 50, S. 547. 1925.
[2]) M. Planck, Ann. d. Phys. Bd. 75, S. 673. 1924.
[3]) R. Becker, ZS. f. Phys. 18, 325. 1923.
[4]) Urey, Astrophys. Journ. Bd. 59, S. 1. 1924.

Nebenserie zu absorbieren, die an dieser zweiten Anregungsstufe ansetzt. Mit steigender Temperatur würden also die Anzahl der zur Absorption der Prinzipalserie befähigten neutralen Atome ständig zugunsten der Nebenserien abnehmen. Die anfänglich stark entwickelte Resonanzlinie wird also stetig mit wachsender Temperatur und evtl. gleichzeitig sinkendem Druck an Intensität nachlassen; die anfänglich nichtentwickelten Nebenserien dagegen werden immer intensiver auftreten. Diese Veränderung im Spektrum mit wachsender Temperatur wird so lange anhalten, bis das Funkenspektrum angeregt wird, d. h. Ionisation der Atome einsetzt. Wenn sich auch innerhalb der noch neutralen Atome die Anregungsverhältnisse immer mehr zugunsten der Nebenserien verschoben haben werden, so wird doch schließlich die Ionisation so stark werden, daß die Zahl der neutralen Atome überhaupt verschwindend klein werden kann. Das heißt die Prinzipalserie des Bogenspektrums, die von Anfang an an Intensität mit wachsender Temperatur einbüßte, wird schließlich ganz verschwinden; die Nebenserien des neutralen Atoms, die anfangs nicht angeregt waren, dann stärker wurden, werden im Laufe der Veränderungen ebenfalls wieder an Intensität verlieren und schließlich ebenfalls verschwinden, sobald das Gas vollständig ionisiert sein wird. Die Intensität der Nebenserien eines Spektrums werden darum, wenn man die Reihe der Spektraltypen von den roten Sternen bis zu den heißesten Sternen durchschreitet, ein Maximum durchlaufen. Die Festlegung der Lage solcher Maxima liefert nicht nur eine Temperatur-Druckbestimmung für die Atmosphären der Sterne, die wesentlich genauer ist als die Fixierung des Auftretens und Verschwindens der Linien, des von SAHA benutzten Kriteriums, sondern ist auch zugleich frei von mehreren systematischen Schwächen der SAHAschen Methode. Denn die Frage, wann eine Linie gerade sichtbar sein wird, hängt einmal von dem Zahlwert des atomaren Absorptionskoeffizienten der Atome für diese Linie ab und kann von Element zu Element und innerhalb jedes Elementes von Serie zu Serie verschieden sein. Bestimmungen solcher Absorptionskoeffizienten liegen bisher nur in sehr beschränktem Umfange vor. Sodann hängt das Auftreten einer Linie von der Konzentration der Atome in dem für diese Linie erforderlichen Anregungszustand ab. Bei einem sehr reichlich vorhandenen Element im Gasgemisch einer Sternatmosphäre, z. B. Kalzium, wird diese erforderliche Mindestzahl viel früher erreicht werden als bei einem nur selten vorkommenden Element. Es ist aber sehr mißlich, zahlenmäßige Annahmen über das Mischungsverhältnis der verschiedenen Elemente in die Rechnungen einführen zu müssen.

Daß SAHA trotzdem zu nicht allzusehr von den neueren Untersuchungen abweichenden Resultaten gelangt ist, verdankt er einer Kette günstiger Umstände. Die von ihm angenommenen Mindestanzahlen zur Absorption befähigter Atome sind anscheinend viel zu hoch angenommen, wie wir später sehen werden, aber auch gleichzeitig die von ihm vorausgesetzten Drucke in den Sternatmosphären. Vermutlich sind die Drucke etwa 10^4 mal niedriger, als sie SAHA angesetzt hat — aber die Mindestzahlen sind nicht, wie SAHA vermutete, von der Größenordnung 10^{-2} bis 10^{-3} —, d. h. unter 100 bis 1000 Atomen muß mindestens eines zur Absorption befähigt sein, damit die Linie gerade sichtbar wird —, sondern von der Größenordnung 10^{-8}. Die Fehler in den ursprünglichen Annahmen SAHAS kompensieren sich annähernd.

Von diesen Unsicherheiten wird man frei, wenn man nach der allgemeinen Theorie die Lage des Intensitätsmaximums einer Serie oder Linie innerhalb der Reihe der Spektraltypen aufsucht. Man ist dann nur an die Voraussetzungen gebunden, einerseits, daß die Intensität einer Linie proportional der Anzahl der zur Absorption dieser Linie befähigten Atome ist, andererseits, daß in der

Reihe der Spektraltypen das Mischungsverhältnis der Elemente sich nicht ändert. Diese zweite Hypothese ist zwar bisher durch keine besondere Erkenntnis belegt, aber sehr allgemein und nicht unwahrscheinlich.

12. Ableitung des Maximums einer Nebenserie nach Fowler und Milne[1]). Setzt man die Zustandssumme für die Atome eines Elementes in der Gestalt an:

$$B(T) = q_1 + q_2 e^{-\frac{\chi_1 - \chi_2}{k \cdot T}} + q_3 e^{-\frac{\chi_1 - \chi_3}{k \cdot T}} + \cdots,$$

wo χ_1 das Ionisationspotential, $\chi_1 - \chi_2$ das erste Resonanzpotential usw. bedeutet, so ist der Bruchteil f_r von neutralen Atomen, die sich auf der r^{ten} Anregungsstufe befinden:

$$f_r = \frac{q_r e^{-\frac{\chi_1 - \chi_r}{kT}}}{B(T)}.$$

Der Bruchteil n_r von Atomen andererseits, die sowohl neutral als auch in der r^{ten} Anregungsstufe sich befinden, ist, wenn der Ionisationsgrad gleich x gesetzt wird:

$$n_r = f_r (1 - x)$$

und da nach der Grundgleichung der Theorie

$$1 - x = \frac{B(T)}{B(T) + a \cdot T^{\frac{5}{2}} e^{-\frac{\chi_1}{kT}}}$$

ist, wo

$$a = \frac{(2\pi m)^{\frac{3}{2}} \cdot k^{\frac{5}{2}} \cdot \sigma}{h^3 \cdot P_e}$$

gesetzt ist, so erhält man

$$n_r = \frac{q_r e^{-\frac{\chi_1 - \chi_r}{kT}}}{B(T) + a \cdot T^{\frac{5}{2}} e^{-\frac{\chi_1}{kT}}}.$$

Diese Größe n_r ist es, die nach den vorangehenden allgemeinen Betrachtungen in der Folge der Sternspektren durch ein Maximum hindurchgehen muß. Man hat den Ausdruck von n_r nach Temperatur und Druck als den Veränderlichen zu differenzieren und den Differentialquotienten gleich Null zu setzen. Über die Änderungen des mittleren Druckes innerhalb der Sternatmosphären verschiedener Spektraltypen sind wir noch im unklaren; es liegen Anzeichen dafür vor, daß sich die Drucke nur wenig ändern, dagegen ist aus den Untersuchungen der kontinuierlichen Spektren bekannt, daß die Temperatur von den M-Sternen zu den B-Sternen von 3000° bis etwa 25000° ansteigt. Man darf darum in erster Näherung die Differentiation auf die eine Veränderliche T beschränken. Setzt man den aus der Differentiation folgenden Ausdruck von $\frac{d n_r}{dT}$ gleich Null und löst nach dem Druck P_e auf, so erhält man den bei der Maximaltemperatur „$T_{\max}$", d. h. der Temperatur der Sternatmosphäre, in der die Linie ihr Intensitätsmaximum erreicht, herrschenden Partialdruck der Elektronen, der von dem Gesamtgasdruck P nicht wesentlich abweichen wird. Die Durchrechnung liefert:

$$P_e = \frac{0,332 \cdot \sigma}{B(T)} \cdot \frac{\chi_r + \frac{5}{2} kT}{\chi_1 - \chi_r} \cdot T^{\frac{5}{2}} e^{-\frac{\chi_1}{kT}},$$

---

[1]) R. A. Fowler u. E. A. Milne, Month. Not. Bd. 83, S. 403 u. Bd. 84, S. 99.

der zugehörige Ionisationsgrad des betrachteten Elementes resultiert zu

$$x = \frac{\chi_1 - \chi_r}{\chi_1 - \frac{5}{2}k \cdot T_{max}}.$$

Man erkennt den prinzipiellen Unterschied im Verhalten einer Nebenserie χ_r zur Prinzipalserie χ_1. Für $\chi_r = \chi_1$ folgt das Maximum für $x = 0$, d. h. die Prinzipalserie läuft nicht durch ein Maximum hindurch, sondern sinkt stetig von einem Maximum im Anfangspunkt $x = 0$ ab.

13. Anwendung der gewonnenen Relation auf die Erfahrung. Eine besonders interessante Möglichkeit, die Brauchbarkeit der im vorangehenden Abschnitt entwickelten Methode an der Erfahrung zu prüfen, bildet das Verhalten der Balmerserie des Wasserstoffs und der Linie $\lambda\,4481$ des ionisierten Magnesiums. Beide erreichen ihr Intensitätsmaximum bei demselben Spektraltyp, nämlich bei den A-Sternen. Die Temperatur dieser Sterne ist zu $10\,000°$ bestimmt worden.

Mit den Zahlwerten:

$$H : \lambda\,6563\left(\frac{N}{2^2} - \frac{N}{3^2}\right), \quad \frac{N^{1)}}{1^2} = 109\,678, \quad \chi_1 = 13,54\,\text{Volt}, \quad \frac{N}{2^2} = 27\,420, \quad \chi_2 = 3,385,$$

$B(T) = 2$, $\sigma = 1$ berechnen FOWLER und MILNE[2] $P_e = 1,31 \cdot 10^{-4}$ at für $T_{max} = 10\,000°$ und für

$M_g^+ : \lambda\,4481$, $1\,s = 121\,267$, $\chi_1 = 15,00\,\text{Volt}$, $2\,d = 49\,777$,

$\chi_{2d} = 6,15$, $B(T) = 1$, $\sigma = 1$ (alle Werte beziehen sich auf das ionisierte Atom)

$$P_e = 0,82 \cdot 10^{-4} \quad \text{für} \quad T_{max} = 10\,000°,$$
$$P_e = 1,30 \cdot 10^{-4} \quad \text{für} \quad T_{max} = 10\,220°.$$

Man erhält also aus zwei verschiedenen Elementen durch Fixierung der Intensitätsmaxima ihrer Linien miteinander gut übereinstimmende Werte für den mittleren Druck in den Sternatmosphären. FOWLER und MILNE haben alles zugängliche Beobachtungsmaterial nach diesem Gesichtspunkte durchdiskutiert. Es ist aber hier nicht der Platz, auf alle Einzelheiten ihrer Resultate einzugehen. Wesentlich sind folgende Ergebnisse.

Die mittleren Drucke, die aus den verschiedenen Einzelfällen resultieren, sind durchweg beträchtlich niedriger als sie bisher für die Sternatmosphären angesetzt worden sind. Während man z. B. gefürchtet hatte, es könne die von der Relativitätstheorie geforderte Verschiebung der Spektrallinien im Sonnenspektrum durch den eventuell mehrere Atmosphären betragenden Druck in der umkehrenden Schicht vorgetäuscht werden, liefern diese auf der SAHAschen Theorie basierenden Rechnungen durchweg Werte für den mittleren Druck innerhalb einer Sternatmosphäre von der Ordnung $10^{-4} - 10^{-6}$ Atm. Es offenbaren sich ferner so geringe Schwankungen in den Werten von P_e für die verschiedenen Elemente, daß die Arbeitshypothese nahegelegt wird, für P_e einen konstanten Wert für alle Spektraltypen vorauszusetzen — FOWLER und MILNE[2] setzen $P_e = 1 \cdot 31 \cdot 10^{-4}$, ein Wert, der sich sehr sicher bestimmt aus der Balmerserie und der Magnesiumfunkenlinie $\lambda\,4481$ für die A-Sterne ergeben hatte.

Berechnet man dann nach allen vorhandenen Daten die T_{max}, so erhält man eine neue Temperaturskala der Sterne, die man mit der aus den kontinuierlichen Spektren abgeleiteten Skalen vergleichen kann. Während für den Tempe-

---

[1]) N bedeutet die RYDBERG-Konstante.
[2]) R. H. FOWLER u. E. A. MILNE: Zitiert auf S. 216.

raturbereich zwischen 3000° und 10 000°, der die Spektralklassen M bis A umfaßt, die verschiedenen Bestimmungen im wesentlichen übereinstimmen, liefert die von Rosenberg[1]) spektralphotometrisch gewonnene Skala für die B-Sterne wesentlich höhere Temperaturen bis zu 30 000°. Diese hohen Werte finden durch die Rechnungen nach der Sahaschen Theorie eine Bestätigung. Insbesondere deuten der Verlauf der Pickeringserie des ionisierten Heliums und der H_e^+-Linie $\lambda\,4686$, die im Verlauf der Spektraltypen ihr Intensitätsmaximum noch nicht erreichen, darauf hin, daß die Temperaturen in der Spektralfolge Werte bis zu 30 000° und mehr erreichen.

Man kann ferner unter der Annahme $P_e = $ const die Größe n_r, die den Bruchteil der Atome mißt, welche sowohl neutral als auch in der r^{ten} Anregungsstufe befindlich sind, als Funktion der Temperatur darstellen:

$$n_r = \frac{q_r\, e^{-\frac{\chi_1 - \chi_r}{k\cdot T}}}{B\,(T) + a\cdot T^{\frac{5}{2}}\, e^{-\frac{\chi_1}{kT}}}$$

und $\log n_r$ als Ordinate zu der Temperatur T als Abszisse auftragen. Man erhält Kurven, die vor dem Maximum steil ansteigen und hinter dem Maximum flacher abfallen; die Betrachtung der Kurven liefert in zweifacher Hinsicht bemerkenswerte Einsichten.

Erstens zeigt sich, daß die erforderliche Konzentration von absorptionsfähigen Atomen, damit die betreffende Linie gerade sichtbar wird, außerordentlich viel niedriger ist, als man vermutet hatte. Die Bogenlinie des Heliums He $\lambda\,4471$ tritt z. B. erst bei den Sternen vom A-Typ, die eine Oberflächentemperatur von etwa 10 000° haben, in Erscheinung. Der diesem Wert für T entsprechende Wert von n_r ist 10^{-10}, d. h. schon wenn unter 10^{10} Heliumatomen nur eines befähigt ist, die Linie $\lambda\,4471$ zu absorbieren, wird sie in einer Sternatmosphäre sichtbar. Ihr Intensitätsmaximum erreicht dieselbe Linie bei der Spektralklasse B_2 und einem Werte von $n_r = 10^{-7}$. Analoge Werte ergeben sich auch für andere Elemente; so ist die Konzentration der Magnesiumatome im Intensitätsmaximum der Funkenlinie $\lambda\,4481$, das gleichzeitig mit dem Intensitätsmaximum der Balmerserie erreicht wird, $n_r = 10^{-4,7}$ und für die Balmerserie 10^{-5}. Diese niedrigen Werte für n_r erklären sich zum Teil aus den riesigen Schichtdicken, aus denen Licht der Sternatmosphären zu uns gelangt, zum Teil aus den hohen Werten der atomaren Absorptionskoeffizienten, die nach den bisherigen Bestimmungen — z. B. Wood am Quecksilber — Werte von der Ordnung 10^9 haben. Gegenüber solchen Werten der Absorptionskoeffizienten erscheinen die mittleren Drucke von 10^{-4} bis 10^{-6} at. in den Sternatmosphären, zu denen die erweiterte Sahasche Theorie führt, keineswegs als besonders niedrig.

· Neben diesen wichtigen Aufschlüssen deckt aber zweitens die Diskussion des Verlaufes von n_r noch eine prinzipielle Abweichung zwischen der oben entwickelten Theorie und der Erfahrung auf. Die Bogenlinie des Helium He $\lambda\,4471$, die bei den A-Sternen für einen Wert von $n_r = 10^{-10}$ in Erscheinung tritt, ihr Intensitätsmaximum bei den Sternen von B_3-Typ und einem Werte $n_r = 10^{-7}$ erreicht, sollte den Verlauf der theoretischen Kurve entsprechend hinter dem Maximum noch so lange sichtbar bleiben, als bis n_r wieder auf den Wert 10^{-10} abgesunken ist. Man dürfte in Wahrheit kaum mehr auf ein Verschwinden der Linie im weiteren Verlauf der Spektralveränderungen der heißesten Sterne

---

[1]) Rosenberg, Abh. d Kais. Leop. Car. Akad. 1914.

rechnen. In Wahrheit verschwindet aber diese Linie am Ende der Reihe der
B-Sterne. Hier offenbart sich eine sehr wesentliche Abweichung der Theorie
von der Erfahrung, die auch bei anderen Linien in Erscheinung tritt und bisher
keine Erklärung gefunden hat.

Die SAHAsche Theorie gibt aber sonst in so überaus befriedigender Weise
für die außerordentliche und bis dahin ganz unverstandene Mannigfaltigkeit
der Erscheinungen in den Sternspektren der verschiedenen Spektraltypen eine
volle Erklärung, daß an der prinzipiellen Richtigkeit des Weges zur Deutung
der Erscheinungen nicht gezweifelt werden kann. Erst ein sorgfältiger Ausbau
der Theorie wird die noch bestehenden Schwierigkeiten beheben können. Insonderheit kann darüber kein Zweifel bestehen, daß die eine Voraussetzung,
die gemacht worden ist, die Annahme des Bestehens thermodynamischen Gleichgewichts in den Sternatmosphären, nicht erfüllt ist. Auf diese Annahme kann
aber erst verzichtet werden, wenn konkretere Ansätze über den Aufbau der
Sternatmosphären und den Verlauf von Druck und Temperatur in den Schichten,
aus denen das Sternlicht stammt, in die Theorie eingeführt werden. Es liegen
aber bisher in dieser Richtung nur die ersten Versuche zur Erweiterung der
Theorie vor, mehr oder minder abschließende Resultate sind noch nicht
gezeitigt worden.

14. Ausbau der SAHAschen Theorie. A. PANNEKOEK[1]) nimmt an, daß die
Sternatmosphären im Strahlungsgleichgewicht sich befinden — auf das Wesen
des Strahlungsgleichgewichts wird im folgenden Abschnitt, der von dem Aufbau des Sterninneren handelt, ausführlich eingegangen werden. Es ist dadurch
charakterisiert, daß aller Energietransport im Stern ausschließlich durch Strahlung geschieht. Während im Inneren des Sternes Strahlungsgleichgewicht
vermutlich weitgehend erreicht sein wird, ist gerade in der Nähe der Oberfläche,
also in der Sternatmosphäre, mit einer merklichen Abweichung von diesem
Zustande zu rechnen. Infolgedessen haftet der Hypothese von PANNEKOEK
noch einige Unsicherheit an. Die Voraussetzung des Strahlungsgleichgewichtes
liefert nun gewissermaßen eine Zustandskurve für die Sternatmosphäre, d. h.
eine Beziehung zwischen Druck und Temperatur, wenn die effektive Temperatur,
die Oberflächengravitation und der Absorptionskoeffizient k vorgegeben werden.
Die Verknüpfung dieser Zustandskurve mit den Ionisationskurven der SAHAschen
Theorie, die den Verlauf des Ionisationsgrades eines Elementes mit Druck und
Temperatur wiedergeben, eröffnet dann Möglichkeiten zu einem detaillierteren
Studium über den Ursprung der verschiedenen Linien im Sternspektrum in den
verschiedenen Schichttiefen und über viele daran anknüpfende Fragen die Inten-
sitätsverhältnisse der Spektrallinien in den Sternspektren betreffend. Ein syste-
matischer Ausbau der SAHAschen Theorie in dieser Richtung wird aber dann erst
zu konkreteren Ergebnissen gelangen können, wenn genügend Beobachtungsmaterial an genau gemessenen Linienintensitäten in den Spektren vorliegt.
Ein besonderes Interesse kommt jedem Versuch dieser Art, die SAHAsche Theorie
zu vertiefen, deswegen zu, weil zwangsläufig mit einer Annahme über den Aufbau
der Sternatmosphäre und einer Anwendung der SAHAschen Theorie auf dieselbe
der Einfluß der Sternmasse auf die Gestaltung des Sternspektrums in Erscheinung
tritt. Die Bedeutung der Sternmassen zum Verständnis der verschiedenen
astrophysikalischen Erscheinungen tritt auch bei anderen Erscheinungen immer
deutlicher hervor.

Da eine jede Schicht einer Sternatmosphäre im mechanischen Gleichgewicht
von den unter ihr liegenden Schichten getragen werden muß, so gilt stets, wenn

---

[1]) PANNEKOEK, Bull. astr. inst. Ned. Bd. 1, Nr. 19.

p den Gasdruck, g die Gravitationsbeschleunigung, ϱ die Dichte bezeichnet, die Beziehung

$$\frac{dp}{dr} = -g \cdot \varrho\,.$$

Da die Gravitationsbeschleunigung g durch die Masse des Sternes bestimmt wird, so hat die Masse des Sternes einen unmittelbaren Einfluß auf den Verlauf des Dichtegradienten innerhalb der Sternatmosphäre und mittelbar auf die Entwicklung des Linienspektrums des Sternes. PANNEKOEK hat aus diesen Erwägungen wichtige Folgerungen für die Theorie der spektroskopischen Parallaxen der Sterne gezogen.

In einer anderen Richtung ist MILNE[1]) über die Ansätze der SAHAschen Theorie hinausgegangen. Die niedrigen Drucke in den Sternatmosphären legen die Vermutung nahe, daß in den äußersten Schichten der Gasdruck so herabgesetzt sein wird, daß er auf den Aufbau der Atmosphäre ohne Einfluß ist. Es wird sich in solchen äußersten Schichten, auf der Sonne in der äußersten Chromosphäre, ein Gleichgewichtszustand einstellen, bei welchem sich ausschließlich Gravitation und Strahlungsdruck das Gleichgewicht halten. In diesen Schichten werden sich nur solche Elemente aufhalten können, die infolge Besonderheiten ihrer Atomstruktur befähigt sind, dem nach außen gerichteten Energiestrom des Strahlungsfeldes genügend viel Impuls durch Absorption von Lichtquanten zu entnehmen, um die entgegengesetzt gerichtete Beschleunigung durch das Gravitationsfeld des Sternes zu kompensieren. MILNE hat unter starker Idealisierung der Atomverhältnisse für das Kalzium, das in den äußersten Schichten der Sonnenchromosphäre und der Sternatmosphären eine ausgezeichnete Rolle spielt, das Wesen eines solchen Gleichgewichtszustandes näher untersucht. Es ist zu hoffen, daß man auf Grund solcher Überlegungen zu einem tieferen Verständnis der in der Sonnenkorona wahrgenommenen Erscheinungen vordringen wird.

15. Schlußbemerkungen. Neben den angeführten Fortführungen der SAHAschen Theorie harren aber noch mancherlei Einzelfragen der Beantwortung. Ihre Behandlung hängt von dem Fortschritt unserer Kenntnisse über die Seriengesetze der verschiedenen Elemente ab und dem Fortschritt unserer Kenntnisse über den Aufbau der Sternatmosphären. Die bisherigen Ergebnisse der SAHAschen Theorie sind bisher nur in großen Zügen der Erfahrung angepaßt. Da ihr Gehalt an hypothetischen Voraussetzungen und die Grenzen ihrer Leistungsfähigkeit klar zu überblicken sind, so lassen ihre bisherigen Erfolge in der Deutung der Erscheinungen keinen Zweifel darüber, daß wir mit ihr über eine neue und fruchtbare Forschungsmethode von bleibendem Wert zum Studium der thermodynamischen Verhältnisse in der Sternatmosphäre verfügen.

Zum Schluß sei noch erwähnt, daß die im vorangehenden entwickelten Formeln der SAHAschen Theorie sich auf die Fälle doppelter und mehrfacher Ionisation der Atome ohne weiteres ausdehnen lassen, ohne daß sich dabei wesentlich neue Gesichtspunkte ergäben.

Bei der im folgenden Abschnitt behandelten Thermodynamik des Sterninneren liegen die Verhältnisse wesentlich ungünstiger; hier sind wir noch nicht zu so weit gesicherten Ansätzen gelangt, daß von einer mehr oder minder endgültigen Theorie gesprochen werden könnte. Während die SAHAsche Theorie der Sternatmosphären in den reichhaltigen Einzelheiten der Erscheinungen in den Sternspektren über eine weitverzweigte Möglichkeit des Anschlusses an die Erfahrung verfügt, ist die Möglichkeit eines solchen Anschlusses an die

---

[1]) E. A. MILNE, Month. Not. Bd. 84, S. 354; Bd. 85, S. 111. Proc. Phys. Soc. Bd. 36, S. 94.

Erfahrung für die Thermodynamik des Sterninneren bisher in nur sehr geringem Umfange gegeben. Darum liegen, wenn auch im Anschluß an die EDDINGTONSche Theorie, die auf diesem Gebiete im Mittelpunkt des Interesses seit Jahren steht, eine ausgedehnte Literatur über die Theorie des Sterninneren entstanden ist, bisher doch kaum Ansätze und Resultate von gesicherter Geltung vor, wie es von der SAHASchen Theorie wohl behauptet werden kann.

c) Thermodynamik des Sterninneren.

16. Einleitung. Die Frage nach den Gesetzen des inneren Aufbaues der Sternmaterie ist eigentlich die Frage nach der Zustandsgleichung der Materie unter den Verhältnissen, die wir für das Innere der Sterne annehmen müssen. Daß die Sternmaterie überhaupt als gasförmig angesehen werden darf, wo doch z. B. die mittlere Dichte der Sonne größer als die des Wassers ist, ist lange bezweifelt worden. Nachdem aber mit ziemlicher Gewißheit festgestellt werden konnte, daß die mittlere Dichte vieler Riesensterne, d. h. der Sterne großer absoluter Helligkeit vom Spektraltypus M, K, G, außerordentlich gering ist, vielfach anscheinend so niedrig, wie wir es nur mit Hilfe kräftiger Luftpumpen im Laboratorium zu erzeugen vermögen, erscheint die Voraussetzung des gasförmigen Zustandes der Sternmaterie wenigstens für solche Sterne durchaus gerechtfertigt. Eine andere Frage ist es allerdings, ob solche verdünnte Sternmaterie den bekannten Zustandsgleichungen für Gase genügt. Denn die Temperaturen im Sterninneren müssen so außerordentlich hoch sein, daß das Strahlungsfeld, in welchem sich die Materie befindet, nicht mehr vernachlässigt werden darf und man mit einer Entartung der Zustandsgleichungen unter solchen Bedingungen rechnen muß.

In dieser direkten Weise, also durch eine Untersuchung der Entartung der gewöhnlichen Zustandsgleichungen bei sehr hohen Temperaturen von 10^6 bis $10^{7\,\circ}$ und Drucken von 10^6 bis 10^{10} Atmosphären, hat sich aber das Problem nicht in Angriff nehmen lassen. Man hat den Weg der Näherung beschreiten müssen, hat also die Geltung der Gasgesetze vorerst vorausgesetzt und Annahmen für die weiteren, noch unbestimmten Wirkungen gemacht, denen die Materie in den Sternen unterliegt. Es sind dies in erster Linie drei Annahmen:

1. eine solche über den Energieausgleich innerhalb der Materie,
2. eine solche über die Quelle der Energie der Strahlung,
3. eine solche über das mechanische Gleichgewicht der Kräfte, denen die Materie unterliegt.

Die neue Epoche, die seit etwa 10 Jahren in der Behandlung dieses ganzen Komplexes von Problemen durch die Arbeiten von EDDINGTON angebrochen ist, ist durch neue und bestimmte Ansätze in jeder dieser drei Annahmen charakterisiert. Bis dahin — in den Untersuchungen von RITTER, LANE, EMDEN[1] u. a. — hatten die eingeführten Hypothesen nicht ausgereicht, um unter der ganzen Mannigfaltigkeit von Lösungsmöglichkeiten eine bestimmte eindeutig auszuwählen. Nimmt man an, daß — ad 1 — die aus der Sonne ausgestrahlte Strahlungsenergie durch Wärmeleitung aus dem Inneren der Sonne an die Oberfläche gelangt, so erhebt sich die Schwierigkeit, daß· der erforderliche Temperaturgradient im Inneren der Sonne zu anscheinend absurd hohen Temperaturwerten führt — pro Kilometer etwa $10^{12\,\circ}$ Temperaturgradient[2] —. Es schien für den Energietransport nur der Weg der Konvektionsströmungen der Materie verfügbar zu

---

[1] R. EMDEN, Phys. ZS. Bd. 23, S. 490; ZS. f. Phys. Bd. 23, S. 176; Gaskugeln. Leipzig: Teubner 1907.
[2] R. EMDEN, Gaskugeln, S. 387.

sein. Dies führte dazu, die Sonne — überhaupt einen Stern — als eine polytrope Gaskugel in adiabatischem Gleichgewicht anzunehmen; doch bleibt dann noch eine ∞^2 fache Mannigfaltigkeit von Aufbaumöglichkeiten derselben Gasart. Das Problem bleibt unbestimmt.

Was die Frage der Energiequellen (ad 2) anbetrifft, so lagen greifbare Ansätze zu ihrer Beantwortung zwar vor, insbesondere in der von Helmholtz behandelten Kontraktionstheorie. Doch reicht das Schwerefeld der Sternmaterie nicht zur Bestreitung der außerordentlich großen Strahlungsenergie aus; so würde das „Riesenstadium" eines Sternes nicht länger als etwa 100 000 Jahre dauern können, wenn nur die Kontraktionsenergie als Strahlungsquelle zur Verfügung stünde (Eddington, M. M. Bd. 77, S. 611). Ein solcher Zeitraum erscheint für die Entwicklungsphase eines Sternes viel zu klein.

Für das Gleichgewicht der Kräfte im Inneren der Sterne nahm man schließlich — ad 3 — Gleichgewicht zwischen Gasdruck und Schwere an, d. h. an jeder Stelle hatte der Gasdruck das Gewicht der darüberliegenden Massen zu tragen.

17. Hypothesen der Eddingtonschen Theorie. Die neuen Ansätze Eddingtons, die zu einer gewaltigen Förderung des Problems geführt haben, sind folgende:

1. Der Energieaustausch im Sterninneren geschieht durch Strahlung, d. h. die Materie befindet sich im Strahlungsgleichgewicht, einem stationären Zustand, bei welchem also kein Teilchen seine Temperatur infolge der es durchsetzenden Strahlung ändert. Schwarzschild hat als erster die Bedingungen des Strahlungsgleichgewichtes entwickelt.

2. Die Energiequellen im Sterninneren sind radioaktiver Natur; jedes Gramm Sternmaterie entwickelt in der Zeiteinheit eine bestimmte Energiemenge ε in Form von Strahlung.

3. Neben dem Gasdruck spielt im Gleichgewicht der Kräfte der Strahlungsdruck eine ausschlaggebende Rolle. Da die Strahlung im Inneren des Sternes als schwarze Strahlung vorausgesetzt wird, ist der Strahlungsdruck der vierten Potenz der Temperatur proportional. Die Temperatur tritt also neben Druck und Dichte in die Bedingung des dynamischen Gleichgewichts ein. Zur Bestimmung der drei Unbekannten: Druck p, Temperatur T und Dichte ϱ als Funktion des Abstandes x vom Sternmittelpunkt stehen aber drei Gleichungen zur Verfügung: die Zustandsgleichung des Gases, die Bedingung mechanischen Gleichgewichtes und die Gleichung des Strahlungsgleichgewichtes. Als Parameter erscheinen in der neuen Theorie neben dem Atomgewichte μ des Gases, aus dem der Stern besteht, noch als weitere Materialgrößen der Absorptionskoeffizient k der Sternmaterie und die Größe ε, das ist die pro Gramm und Sekunde von der Sternmaterie entwickelte Energie. Die befriedigende Bestimmung dieser Parameter stellt die größte und noch nicht gelöste Schwierigkeit in der neuen Theorie dar. Von den drei Gleichungen enthält die erste, die Voraussetzung der Gültigkeit der idealen Gasgesetze, die tiefstliegende und wohl unsicherste Hypothese der Eddingtonschen Theorie, die beiden übrigen erscheinen wesentlich sicherer fundiert.

Eine Prüfung der Eddingtonschen Theorie an der Erfahrung ist, wie wir später sehen werden, leider nur in sehr geringem Umfange möglich; ihre Bedeutung liegt bisher mehr in der prinzipiellen Natur ihrer Ansätze.

18. Strahlungsgleichgewicht. Bevor wir auf die Eddingtonsche Theorie näher eingehen, soll die Differentialgleichung des Strahlungsgleichgewichtes abgeleitet werden. Sie liefert später die Möglichkeit, unter Benutzung der dynamischen Gleichgewichtsbedingung, eine direkte Relation zwischen Gesamtdruck, Strahlungsdruck und Energieerzeugung herzustellen.

Die strenge Behandlung der Bedingungen des Strahlungsgleichgewichtes
führt auf die Lösung einer Integralgleichung für die Temperaturverteilung im
Inneren der betrachteten Gasmasse. In besonderen Fällen läßt sich aber das
Problem auf Differentialgleichungen reduzieren, die in der verschiedensten Weise
von EDDINGTON[1]), JEANS, EMDEN[2]), MILNE[3]) u. a. untersucht worden sind.
Wir wollen uns im folgenden in erster Linie an die Ableitungen von MILNE und
EMDEN halten.

Ist in einem Raumpunkte mit den kartesischen Koordinaten x, y, z die Intensität der schwarzen Strahlung $B(xyz)$, unterliegt gleichzeitig ein Volumelement im Punkte xyz einer Strahlung der Intensität $J(xyz, lmn)$ in Richtung
eines durch die Richtungskosinusse l, m, n charakterisierten Linienelementes ds,
so lautet die Gleichung für die Energiebilanz im Punkt x, y, z

$$\frac{dJ}{ds} = k\varrho(B - J).$$

Denn nach dem KIRCHHOFFschen Gesetz ist $4\pi k\varrho B$ die nach allen Richtungen
ausgestrahlte Energie, wenn k der Absorptionskoeffizient, ϱ die Dichte der
strahlenden Materie im betrachteten Punkt ist, während von der in der Richtung
des Linienelementes ds einfallenden Strahlung der Bruchteil $k \cdot \varrho \cdot J \cdot ds$ absorbiert wird. Führt man an Stelle von ds die sog. „optische" Masse

$$\tau = \int_0^\infty k \cdot \varrho \cdot ds$$

ein, so resultiert:

$$\frac{dJ}{d\tau} = B - J.$$

Werden in dem betrachteten Volumelement in der Zeiteinheit $4\pi\varepsilon\varrho$ Erg
Strahlungsenergie erzeugt, so muß dieser Betrag gleich dem Gesamtüberschuß
an Ausstrahlung über der einfallenden Strahlung sein, also

$$4\pi\varepsilon \cdot \varrho = k \cdot \varrho \int \int (B - J) d\Omega.$$

Diese beiden Gleichungen sind unter Berücksichtigung der Oberflächenbedin-
gungen an der Grenzfläche der Gasmasse (des Sternes), wo die von außen ein-
fallende Strahlung gleich Null gesetzt werden muß, nach J aufzulösen und die
daraus entspringende Temperaturverteilung zu bestimmen.

Die erste der beiden Gleichungen läßt sich als lineare Differentialgleichung
direkt integrieren und liefert

$$J = -e^\tau \int^\tau B \cdot e^{-\tau} d\tau.$$

In genügendem Abstand von der Grenzfläche gilt dann für alle Punkte x, y, z

$$J(xyzlmn) = \int_0^\infty B(-\tau)e^{-(\tau)} d\tau.$$

Entwickelt man $B(\tau)$ in der Umgebung des Punktes und berücksichtigt nur die
ersten Glieder, so erhält man

$$J(xyzlmn) = \int_0^\infty \left[B(0) - \tau\left(\frac{dB}{d\tau}\right)_0 + \frac{\tau^2}{2}\left(\frac{d^2B}{d\tau^2}\right)_0 - \cdots \right] e^{-\tau} d\tau$$

---

[1]) A. S. EDDINGTON, Month. Not. Bd. 87; Bd. 73, S. 32, 98, 431; Bd. 84, S. 104, 108; ZS. f.
Phys. Bd. 7, S. 351. 1921.
[2]) R. EMDEN, Zitiert auf S. 221.
[3]) E. A. MILNE, Month. Not. Bd. 81, S. 361 u. 375; Bd. 83, S. 118.

und wenn man gliedweise integriert

$$J(x\,y\,z\,l\,m\,n) = B_0 - \left(\frac{dB}{d\tau}\right)_0 + \left(\frac{d^2B}{d\tau^2}\right)_0 - \left(\frac{d^3B}{d\tau^3}\right)_0 \cdot$$

Nun ist aber

$$\left(\frac{dB}{d\tau}\right)_0 = \left(\frac{l}{k\varrho}\frac{\partial B}{\partial x} + \frac{m}{k\varrho}\cdot\frac{\partial B}{\partial y} + \frac{n}{k\varrho}\cdot\frac{\partial B}{\partial z}\right)_0$$

und entsprechende Gleichungen gelten für $\left(\dfrac{d^2B}{d\tau^2}\right)_0$. Führt man für J den so erhaltenen Ausdruck ein, so bleiben bei der Integration über das Volumelement nur die Glieder 2. Ordnung übrig, und man erhält

$$4\pi\varepsilon\cdot\varrho = -\frac{4\pi}{3}\left[\frac{\partial}{\partial x}\left(\frac{1}{k\varrho}\cdot\frac{\partial B}{\partial x}\right) + \frac{\partial}{\partial y}\left(\frac{1}{k\varrho}\cdot\frac{\partial B}{\partial y}\right) + \frac{\partial}{\partial z}\left(\frac{1}{k\varrho}\cdot\frac{\partial B}{\partial z}\right)\right].$$

Es lautet demgemäß die Differentialgleichung des Strahlungsgleichgewichtes bei diesem Grade der Annäherung:

$$\sum\frac{\partial}{\partial x}\left(\frac{1}{k\varrho}\cdot\frac{\partial B}{\partial x}\right) = -3\cdot\varepsilon\varrho$$

oder auch

$$\sum\frac{\partial}{\partial x}\left(\frac{a}{k\varrho}\cdot\frac{1}{3}\cdot\frac{\partial T^4}{\partial x}\right) = -\frac{4\pi\varepsilon\varrho}{c},$$

wenn man berücksichtigt, daß

$$E = \frac{4\pi}{c}\cdot B = aT^4$$

ist. Bezeichnet man mit p_s den Strahlungsdruck, so läßt sich die Fundamentalgleichung des Strahlungsgleichgewichts auch in der Fassung schreiben:

$$\sum\frac{\partial}{\partial x}\left(\frac{1}{k\varrho}\cdot\frac{\partial p_s}{\partial x}\right) = -\frac{4\pi\cdot\varepsilon\cdot\varrho}{c}.$$

In den Arbeiten Eddingtons über den Aufbau der Sterne trat anfangs die Bedeutung des Strahlungsgleichgewichts in den Vordergrund. Schwarzschild[1] hatte als erster die Bedingungen des Strahlungsgleichgewichts untersucht; doch beschränkten sich seine Untersuchungen auf die Umgebung der Grenzfläche der Gaskugel, speziell also auf die Atmosphäre der Sonne. Hier lassen sich auf Grund der Gleichungen des Strahlungsgleichgewichts wichtige Beziehungen ableiten über das Verhältnis der Oberflächentemperatur einer im Strahlungsgleichgewicht befindlichen Sonne zu ihrer effektiven Temperatur, oder auch über den Helligkeitsabfall auf der Sonnenscheibe nach dem Rande hin. Auf diese Fragen soll hier nicht eingegangen werden; sie verlangen überdies eine besondere Behandlung der Frage, wieweit in den äußeren Schichten überhaupt die besonderen Verhältnisse des Strahlungsgleichgewichts vorausgesetzt werden dürfen. Die im vorangehenden abgeleitete Differentialgleichung ist unter nachdrücklicher Beschränkung auf solche Punkte x, y, z abgeleitet, für welche der Einfluß der Grenzbedingungen an der Oberfläche vernachlässigt werden darf.

Für die Behandlung des Aufbaues der Materie im Sterninneren sind diese Gleichungen heranzuziehen. Doch hat Emden[2] ausführlich dargetan, daß in der Eddingtonschen Theorie nicht die Einführung der Gleichung des Strahlungs-

<hr>

[1] Schwarzschild, Göttinger Nachr. Bd. 4, S. 47. 1906.
[2] Emden, Zitiert auf S. 221.

gleichgewichtes wesentlich ist, um die für die Bestimmtheit der Problemstellung erforderliche dritte Gleichung zwischen den drei Größen p, T, ϱ zu erhalten, sondern nur die Berücksichtigung des Impulssatzes bei der Einführung des Strahlungsdruckes in die Gleichung des dynamischen Gleichgewichtes.

19. EDDINGTONS Theorie. Nach dem Impulssatz ist die in der Zeiteinheit durch die Flächeneinheit hindurchströmende Energiemenge dem Gefälle des Strahlungsdruckes proportional und zwar gilt, wenn l das effektive Strahlungsvermögen des Sternes bezeichnet

$$l = -\frac{c}{k \cdot \varrho} \cdot \frac{dp_s}{dr}.$$

Die zweite der oben angegebenen Hypothesen der EDDINGTONschen Theorie ist die, daß die von jedem Sterne ausgestrahlte Energiemenge aus radioaktiven Quellen der Materie stammt, daß also pro Gramm Sternmaterie in jeder Sekunde ε Erg Energie erzeugt werden. Folglich ist die Gesamtausstrahlung des Sternes aus seiner Oberfläche

$$L = 4 \pi R^2 \cdot l = \varepsilon \cdot M = \tfrac{1}{3} \pi R^3 \varrho_m \cdot \varepsilon,$$

wo ϱ_m die mittlere Dichte der Sternmaterie, M die Gesamtmasse des Sterns bezeichnet.

Die Verbindung der Gleichung

$$l_r = -\frac{c}{k \cdot \varrho} \cdot \frac{dp_s}{dr}$$

mit der Bedingung des mechanischen Gleichgewichtes, d. h. mit der Bedingung, daß der Gesamtdruck $P = p + p_s$, gleich der Summe von Gas- und Strahlungsdruck, dem Gewicht der über dem betrachteten Volumelement liegenden Masse das Gleichgewicht hält, also mit

$$\frac{dP}{dr} = -g_r \cdot \varrho,$$

liefert

$$\frac{dp_s}{dP} = \frac{k \cdot l_r}{c \cdot g_r}.$$

Hier ist eine Größe l_r statt l eingesetzt. Denn die Annahme, daß in jedem Punkte Strahlungsgleichgewicht herrsche, erlaubt für jede Kugelschale vom Radius r im Inneren die Gültigkeit einer Gleichung der Gestalt:

$$4 \pi r^2 \cdot l_r = \varepsilon_r \cdot M_r$$

anzunehmen, wo ε_r die mittlere Energieerzeugung pro Gramm Materie innerhalb der Masse M_r ist. Setzt man die letzte Gleichung in die vorhergehende ein und berücksichtigt, daß die Schwerebeschleunigung $g_r = \dfrac{G \cdot M_r}{r^2}$ in jedem Punkte mit dem Abstande r vom Sternmittelpunkt ist — G bedeutet die Gravitationskonstante — so erhält man endgültig

$$dP = \frac{4 \pi \cdot c \cdot G}{k \cdot \varepsilon_r} \cdot dp_s.$$

In dieser Gleichung sind k der Absorptionskoeffizient der Materie in den verschiedenen Punkten des Sterninneren sowie ε_r die mittlere Energieerzeugung pro Gramm Materie im Stern unbekannte Funktionen der Zustandsgrößen T, ϱ, p. Die entscheidende neue Annahme, die von EDDINGTON gemacht wird, um zu einer Lösung des Problems zu gelangen, ist

$$k \cdot \varepsilon_r = \text{Konstanz.}$$

Er setzt den Faktor in der obigen Gleichung

$$\frac{4\pi \cdot c \cdot G}{k \cdot \varepsilon_r} = \frac{1}{1 - \beta}$$

und folgert durch Integration unter der Annahme, daß $1 - \beta$ ein konstanter Zahlenfaktor sei, unmittelbar

$$p_s = (1 - \beta) \cdot P$$

und daraus weiter, da $P = p + p_s$,

$$p = \beta \cdot P.$$

Strahlungsdruck und Gasdruck stehen in jedem Punkte des Sterninneren in dem konstanten Verhältnis $\frac{1 - \beta}{\beta}$.

Bevor wir auf die Berechtigung einer solchen Hypothese eingehen wollen, sollen erst die wesentlichsten Ergebnisse der Eddingtonschen Theorie wiedergegeben werden.

Bis zu der Ableitung der Gleichung $p_s = (1 - \beta) P$ ist die Zustandsgleichung des Gases nicht herangezogen worden. Tritt sie noch hinzu und zwar in Gestalt der Zustandsgleichung für ideale Gase, so eröffnet sich die Möglichkeit, die Verteilung von Druck und Dichte im Sterninneren zu berechnen.

Bezeichnet R die universelle Gaskonstante ($8{,}31 \cdot 10^7$ Erg/Grad) und μ das Atomgewicht des Gases, so hat man anzusetzen:

$$p = \frac{R}{\mu} \cdot \varrho T.$$

Und man erhält einerseits

$$P = \frac{1}{3}\,\frac{a}{1 - \beta} \cdot T^4,$$

da ja $p_s = \frac{a}{3} \cdot T^4$, andererseits

$$P = \frac{R\varrho}{\beta \cdot \mu} \cdot T.$$

Eliminiert man aus beiden Gleichungen die Temperatur T, so entspringt die wichtige Gleichung

$$\underline{P = \varkappa \cdot \varrho^{\frac{4}{3}},}$$

wo

$$\varkappa = \left(\frac{3\,R^4(1 - \beta)}{a\,\mu^4\,\beta^4} \right)^{\frac{1}{3}}$$

gesetzt worden ist.

Die Gleichgewichtsbedingung lautet: $\dfrac{dP}{dr} = -g \cdot \varrho$. Es ist damit das ganze Problem auf den Fall der adiabatischen Gaskugel $n = 3$ zurückgeführt, der sich zwar nicht geschlossen integrieren läßt, für den aber Emden[1]) durch mechanische Quadraturen Lösungen abgeleitet hat, deren Zahlwerte Eddington ohne weiteres übernehmen konnte.

Es muß aber hervorgehoben werden, daß die polytrope Gaskugel $n = 3$ keineswegs mit der im Strahlungsgleichgewicht befindlichen Gaskugel zusammen-

---

¹) R. Emden, zitiert auf S. 221.

fällt. Da die Oberflächentemperatur der Gaskugel im Strahlungsgleichgewicht endlich ist und in erster Näherung mit der effektiven Temperatur T_{eff} durch die Gleichung zusammenhängt

$$T_{\text{oberfl}}^4 = \tfrac{1}{2} T_{\text{eff}}^4,$$

so ist der Radius einer solchen Gaskugel unendlich, da an der Oberfläche Druck und Temperatur gleich Null werden müssen; desgleichen ergibt sich die Masse zu unendlich. Die polytrope Gaskugel der Klasse $n = 3$ ist aber von endlichem Radius und endlicher Masse. Wie Emden[1]) dargetan hat, ist der Anschluß der Gaskugel im Strahlungsgleichgewicht an die Polytrope der Klasse $n = 3$ nur zulässig in Tiefen, wo die Grenzbedingungen, an der Oberfläche außer acht gelassen werden dürfen. Für das Innere einer Gaskugel im Strahlungsgleichgewicht gehorchen die drei Zustandsgrößen P, ϱ, T denselben Beziehungen wie die Größen p, ϱ, T in der polytropen der Klasse $n = 3$, wenn an die Stelle der üblichen Gaskonstanten R die veränderte Konstante $\dfrac{R}{\beta}$ gesetzt wird.

Nach dieser Einschaltung kehren wir zur Eddingtonschen Theorie zurück. Die Verwendung der Emdenschen Rechnungen für die Sonne, aufgefaßt als polytrope Gaskugel $n = 3$, liefert für den Mittelpunkt der Sonne

$$\varrho_0 = 74,94, \quad T_0 = 3,43 \cdot 10^8, \quad P_0 = 1,17 \cdot 10^{11} \text{ Atmosphären,}$$

so resultiert dann aus der Gleichung $P = \varkappa \cdot \varrho^{\frac{4}{3}}$

$$\varkappa = 3{,}754 \cdot 10^{14}$$

und daraus wiederum, da

$$\frac{1-\beta}{\mu^4 \beta^4} = \frac{\varkappa^3 \cdot a}{3 \cdot R^4}$$

ist,

$$\frac{1-\beta}{\mu^4 \beta^4} = 0{,}0026.$$

Wählt man die Sonnenmasse als Einheit, so folgt allgemein für β die Gleichung 4. Grades

$$1 - \beta = 0{,}0026 M^2 \cdot \mu^4 \cdot \beta^4.$$

In seinen letzten Arbeiten hat Eddington die Integrationskonstante zu 0,00309 berechnet. Die fundamentale Bedeutung dieser Gleichung beruht darin, daß nach ihr die Masse eines Sternes unabhängig von sonstigen astronomischen Daten, also z. B. Spektraltyp, eindeutig durch die Materialkonstanten seiner Materie: μ (Atomgewicht), k (Absorptionskoeffizient) und ε die pro Gramm frei werdende Energie der Sternmaterie, definiert sein muß. Hier öffnet sich zugleich die Möglichkeit eines Anschlusses der Theorie an die Beobachtung. Führt man die beobachtbare Größe L, die effektive Ausstrahlung des Sternes in der Zeiteinheit, in die Betrachtungen ein, so erhält man für L die Beziehung

$$L = \frac{4\pi \cdot c \cdot G}{k} \cdot M \cdot (1 - \beta),$$

nach welcher die absolute Helligkeit eines Sternes konstant bleiben müßte, vorausgesetzt, daß kein Massenverlust meßbarer Größe infolge der Strahlung eintritt und der Absorptionskoeffizient k der Sternmaterie sich nicht ändert.

---

[1]) R. Emden, zitiert auf S. 221.

Allerdings besteht in der Interpretation dieser Gleichungen keineswegs Einverständnis in Anbetracht der sehr verschiedenen Bewertung der der Theorie zugrunde liegenden Hypothesen.

Der konsequentere Standpunkt ist der, in der oben angeführten Gleichung

$$\frac{1-\beta}{\beta^4} = 0{,}00309\,\mu^4\,M^2$$

die Größen μ und β als Materialkonstanten aufzufassen. Denn wenn innerhalb des einzelnen Sternes ε und k von den Änderungen der Zustandsgrößen ϱ, T, p in keiner Weise beeinflußt werden — unter dieser Annahme ist ja die Integration ausgeführt — so hat man nicht mehr die Freiheit, für diese Größen von Stern zu Stern andere Zahlwerte anzusetzen, vorausgesetzt, daß die Materie verschiedener Sterne von gleicher Zusammensetzung ist. Dann liefert die obige Gleichung das überraschende Resultat, daß die Masse aller Riesensterne, die von gleichem Material nach den Bedingungen des Strahlungsgleichgewichtes aufgebaut sind, gleich sein muß. Diese Folgerung ist in der Tat von Emden gezogen worden. Sie erscheint aber praktisch unannehmbar, da unzweifelhaft innerhalb der Riesensterne die verschiedensten Massen auftreten und der einzige Ausweg, für sie verschiedene Zusammensetzung des Materials anzunehmen, zu unbestimmt und unbegründet erscheint. Allerdings liegen nur sehr spärlich zuverlässige Massenbestimmungen von Sternen vor und die Schwankungen waren anfangs nicht sehr beträchtlich, was durchaus im Sinne der Interpretierung der Gleichung nach Emden liegen würde; doch wächst die Zahl der Sterne von unzweifelhaft sehr großer Masse stetig. Die eindeutige Festlegung einer physikalischen Größe von der Ordnung 10^{34} Gramm, wie es bei den Sternmassen der Fall ist, durch atomare Größen erscheint unwahrscheinlich.

Die Hypothese $\varepsilon =$ const wird vermutlich nicht aufrecht zu erhalten sein. Für die Riesensterne hat man $\varepsilon = 3$ Erg pro Gramm-Sekunde anzunehmen; bei der Sonne ist $\varepsilon = 0{,}16$; für die schwächsten Zwergsterne sinkt ε auf weniger als $^1/_{1000}$ des Wertes ab, den man bei Riesensternen anzusetzen hat. Eddington hatte allerdings anfänglich eine strenge Scheidung zwischen dem Riesen- und Zwergstadium der Sterne vorgenommen in der Annahme, daß innerhalb der Zwergsterne die idealen Gasgesetze nicht mehr gelten würden, weil die Dichte dieser Sterne zu groß sei und daraus wesentliche Unterschiede im Aufbau resultieren müßten. Der entscheidende Unterschied liegt aber unzweifelhaft in einem anderen Faktor, nämlich in dem wesentlich kleineren Wert von ε, der zugleich im Verlauf der verschiedenen Spektraltypen innerhalb der Spektralreihe der Zwergsterne stark veränderlich ist. Im Riesenstadium erscheint die Annahme $\varepsilon =$ const schon eher zulässig. Die Tatsache, daß im Russell-Diagramm (siehe Ziff. 20) die Riesensterne auf dem horizontalen Aste konstanter absoluter Helligkeit liegen, spricht datür, daß im Riesenstadium die Gesamtstrahlung nur eine Funktion der Masse und unabhängig von der Oberflächentemperatur ist.

20. Zusammenhang der Eddingtonschen Theorie mit der Erfahrung. Da die Gleichung der Eddingtonschen Theorie, welche die Helligkeit eines Sternes mit seiner Masse in Beziehung setzt, den einzigen Anknüpfungspunkt an die Erfahrung darstellt, so sei auf die Erfahrungstatsachen nochmals etwas ausführlicher eingegangen.

Stellt man die Verteilung der Sterne nach Spektraltyp und absoluter Helligkeit in einem Diagramm dar, indem man als Abszisse den Spektraltyp, d. h. im wesentlichen die effektive Temperatur des Sternes, als Ordinate seine absolute Helligkeit, d. h. seine Helligkeit in einer als Einheit festgelegten Entfernung von der Erde, aufträgt, so daß also jedem Stern bekannter Absoluthelligkeit wie Temperatur ein Punkt in der Koordinatenebene entspricht, so hat die erhaltene Punktmenge nicht den Charakter einer regellosen Verteilung. Vielmehr drängen sich die Sterne um zwei bevorzugte Linienzüge zusammen. Der eine Linienzug verläuft im Bereich der hohen absoluten Helligkeiten vom Spektraltyp M über K, G, F, A zu den heißesten B-Sternen fast parallel der Abszissenachse und trifft an diesem Ende mit dem zweiten fast unter $45°$ gegen ihn verlaufenden zweiten Kurvenzug zusammen. Um den ersten Zug, der weniger sicher angedeutet erscheint, da die Sterne sich mehr zu Klumpen zusammendrängen, als daß sie den ganzen Bereich gleichmäßig dicht ausfüllen, gruppieren sich die sog. Riesensterne. Sterne großer Absoluthelligkeit bei niedriger Oberflächentemperatur — wie z. B. α-Orionis — und geringer Dichte. Um den zweiten Zug, der viel ausgeprägter hervortritt, lagern sich die sog. Zwergsterne von geringerer Absoluthelligkeit. Im Spektrum dokumentiert sich der Unterschied zwischen dem Riesen- und Zwergstadium eines Sternes bei gleicher Oberflächentemperatur durch das stärkere Hervortreten der Funkenlinien gegenüber den Bogenlinien im Riesenstadium, da bei dem geringeren Druck der Ionisationsgrad der Materie ein höherer ist. Auf die mannigfachen Unregelmäßigkeiten und Abweichungen von diesem einfachen Schema des sog. RUSSELL-Diagramms der Sternverteilung kann hier nicht eingegangen werden; diese Fragen gehören in das Gebiet der Astrophysik.

Vom Standpunkt der EDDINGTONschen Theorie des Aufbaues der Sternmaterie. aus betrachtet, spricht der horizontale Verlauf des Linienzuges des RUSSELL-Diagramms im Riesenstadium für die Konstanz von ε und k, die bei der Integration der Gleichungen vorausgesetzt wurde. Da die absolute Helligkeit eines Sternes nach dieser Theorie nur eine Funktion der Masse sein sollte, so wäre der geometrische Ort der Sterne verschiedener Masse im RUSSELL-Diagramm ein System paralleler Graden. Das vorhandene Tatsachenmaterial reicht bisher nicht entfernt aus, um eine solche Gesetzmäßigkeit sicherzustellen, doch liegen immerhin deutlich Anzeichen dafür vor, daß eine Regel dieser Art besteht. Die bisherige Auffassung des RUSSEL-Diagramms als der Entwicklungslinie eines Sternes, der als absolut heller M-Stern in Erscheinung tretend mit wachsender Konzentration seiner Materie die verschiedenen Phasen längs des horizontalen Kurvenzugs im RUSSELL-Diagramm bis zum A- oder B-Typ durchläuft, um dann in das Zwergstadium einzulenken, wird durch die EDDINGTONsche Theorie nicht unmittelbar gestützt. Es finden nur die Hypothesen der Theorie, daß ε und k bzw. das Produkt $\varepsilon \cdot k$ als Konstante angesetzt werden dürfen in dem Umstande, daß die erste Phase der Entwicklung anscheinend mit angenähert konstanter Absoluthelligkeit abläuft, eine gewisse Stütze. Die Frage, warum überhaupt eine solche Entwicklung einsetzt, bleibt unbeantwortet. Hierzu sind weitere Ansätze nötig, wie die Berücksichtigung der bei einer Kontraktion des Sternes freiwerdenden Energie. Noch weniger findet das Umbiegen in das Zwergstadium eine Aufklärung. Die Bemühungen, die Riesensterne von den Zwergsternen durch die Einführung der v. D. WAALSschen Zustandsgleichung getrennt zu behandeln[1], trifft den Kern der Sache nicht. Der entscheidende Unterschied liegt in der starken Veränderlichkeit der Größe ε, der pro Sekunde und Gramm von der Sternmaterie entwickelten Energie. Wie wir im weiteren Verlauf sehen werden, hat EDDINGTON selbst den früher eingenommenen Standpunkt in dieser Frage aufgegeben.

---

[1] A. KOHLSCHÜTTER, (Publ. d. astrophys. Observ. Potsdam Nr. 78. 1922) hat die Ansätze EDDINGTONs noch erweitert, indem er eine funktionelle Abhängigkeit der Größe ε von der Temperatur in die Betrachtungen einführt.

21. Weitere Einzelheiten der Eddingtonschen Theorie. Neben diesen mehr qualitativ gehaltenen Prüfungen der Eddingtonschen Theorie bestehen nur wenige zahlenmäßig anzugebende Beziehungen, die zu einer Prüfung der Theorie geeignet wären. Da alle Beobachtungsdaten an Sternen der Sternatmosphäre entspringen, auf die sich die Theorie nicht bezieht, fehlen direkte Beziehungen zwischen Theorie und Beobachtung. Der Anschluß an die Erfahrung kann nur durch eine Diskussion der Zahlwerte der Parameter geschehen, die neu auftreten.

Die Theorie einer polytropen Gaskugel ist festgelegt, sobald neben der Polytropenklasse das Atomgewicht des Gases, aus dem die Kugel aufgebaut ist, gegeben ist. Die Eddingtonsche Theorie legt in der Mannigfaltigkeit der möglichen Polytropen die Klasse $n = 3$ als die für das Innere des Sternes maßgebliche fest; dafür treten zwei neue Materialkonstanten in die Theorie ein, der Absorptionskoeffizient k und die Größe ε. Um die Theorie zahlenmäßig an der Erfahrung zu prüfen, müßten von ihr unabhängige Möglichkeiten bestehen, die Zahlwerte beider Parameter zu berechnen.

Für den Absorptionskoeffizient k ist dies bis zu einem gewissen Grade der Fall, da die Diskussion der Elementarvorgänge in den Atomen auf Grund der Bohrschen Theorie und der Quantentheorie Aussagen über den Wert von k ermöglicht. In der Tat hat in den Arbeiten von Eddington und anderen die Frage im Vordergrund gestanden, wieweit die astronomisch aus der Eddingtonschen Theorie deduzierten Werte für k sich aus den Elementarvorgängen der Absorption unter den in den Sternen angenommenen Zustandsverhältnissen der Materie unabhängig ableiten lassen.

22. Die Energiegröße ε. Anders verhält es sich mit der Größe ε. Aus welchen Elementarvorgängen die von der Materie freigegebene Energie entspringt und welcher Art die Strahlung ist, die aus dem Atomverband hervorgeht, diese Fragen sind noch ganz offen.

Ein Gramm Sonnenmaterie erzeugt pro Sekunde rund $4,7 \cdot 10^{-8}$ cal Energie; ein Gramm Uran fast die gleiche Menge. Man müßte sich also die Sonne ganz aus Uran, im Gleichgewicht mit seiner Spaltungsprodukten, denken, um den Ursprung der Sonnenstrahlung aus radioaktiven Prozessen ableiten zu können. Welcher Art also die Vorgänge in der Sternmaterie sind, die zu so gewaltigen Energieausstrahlungen Ursache geben, ist zur Zeit noch rätselhaft. Aus dem Zerfall von Atomen höherer Ordnungszahlen in solche von niedriger Ordnung fließen anscheinend keine Energiequellen von ausreichender Ergiebigkeit.

Eddington hat darum auf eine tiefere Begründung der Größe ε verzichtet. Sie tritt in seiner Theorie überhaupt nicht explizite auf, sondern verschwindet in der Größe β, die durch die Gleichung definiert ist:

$$1 - \beta = \frac{k \cdot \varepsilon}{4\,\pi \cdot c \cdot G}.$$

Für $(1 - \beta)$ wird dann die Gleichung vierten Grades abgeleitet, deren konstanter Faktor 0,0026 aus astronomischen Daten — den Werten für die Sonne als einer polytropen Gaskugel der Klasse $n = 3$ — berechnet ist. In dieser Gleichung vierten Grades für β

$$1 - \beta = 0,0026 \cdot M^2 \cdot \mu^4 \cdot \beta^4$$

tritt das Atomgewicht des Gases in der vierten Potenz auf, so daß alle Zahlwerte für β sehr stark durch die Wahl von μ bedingt sind.

In der Wahl des mittleren Atomgewichtes μ besteht eine gewisse Willkür; da der größere Teil der Materie eines Sternes eine Temperatur von über $10^{6\,\circ}$ besitzt, muß man einen sehr hohen Ionisationsgrad vermuten. Es wird mit einem mittleren Atomgewicht von 2 bis 3 gerechnet, entsprechend einer Absprengung von etwa 20 Elektronen aus dem Atomverband eines Eisenatoms. Man erhält dann aus der Gleichung für β, wenn man mit verschiedenen Werten der Sternmasse rechnet, folgende Tabelle 3 für die entsprechenden Werte von $(1 - \beta)$, die einer Arbeit EDDINGTONS[1]) entnommen ist.

Die Tabelle zeigt, daß bei den kleinen Werten von μ, mit denen man voraussichtlich rechnen muß — möglicherweise liegt der wahre Wert noch unterhalb von 2,8 — der Strahlungsdruck gegenüber dem Gasdruck noch nicht von entscheidender Bedeutung wird. Denn das Verhältnis $\dfrac{1-\beta}{\beta}$ mißt das Verhältnis von Strahlungsdruck zum Gasdruck. Die Werte für die Temperatur im Mittelpunkt eines Sternes von der Masse $1{,}5\odot$ und dem mittleren Atomgewicht $\mu = 2{,}8$ sind $6{,}6 \cdot 10^6$ bzw. $8{,}0 \cdot 10^{6\,\circ}$ und für $M = 6\odot$, $1{,}7 \cdot 10^6$ bzw. $3{,}2 \cdot 10^6$, je nachdem man in den Gleichgewichtsbedingungen den Strahlungsdruck einführt oder außer acht läßt[2]). Der zahlenmäßige Einfluß des Strahlungsdruckes auf die Zustandsgrößen im Inneren des Sternes ist also nicht so wesentlich, als es nach den ersten Ansätzen EDDINGTONS erschien.

Tabelle 3.

Die Größe $1 - \beta$ in Abhängigkeit von der Masse M und dem Atomgewicht μ der Sternmaterie.

M	$\mu = 2{,}8$	$\mu = 4{,}0$	$\mu = 54$
Sonne $= 1$			
1	0,106	0,232	0,943
1,5	0,174	0,320	0,953
3,0	0,320	0,471	0,967
4,5	0,409	0,561	0,973
9,0	0,561	0,667	—

23. Der Absorptionskoeffizient k. Der Absorptionskoeffizient k wird in der EDDINGTONschen Theorie aus der Gleichung

$$L = \frac{4\,\pi \cdot c \cdot G}{k}\,M \cdot (1 - \beta)$$

berechnet. Nach den anfangs für M, L und $(1 - \beta)$ angenommenen Zahlwerten ergab sich

$$k = 23 \text{ in C.G.S.-Einheiten.}$$

In den späteren Arbeiten legte EDDINGTON die Daten zugrunde, die dem Stern Capella entsprechen, einem Riesenstern, für den Masse, Helligkeit usw. zur Zeit wohl am sichersten bekannt sind. Für diesen Stern werden

$M = 4{,}2$ Sonnenmassen, abs. Helligkeit $= -0{,}3$, effektive Temperatur $= 5500^\circ$

angesetzt; ferner wird mit einem mittleren Atomgewicht von $\mu = 2{,}2$ gerechnet, also einem wesentlich niedrigeren Wert als dem anfangs von EDDINGTON benutzten Wert $\mu = 2{,}8$, was sich am stärksten in dem Wert der Größe $(1 - \beta)$ auswirkt. Es ergibt sich dann ein Wert von

$$k_a = 47{,}5\,.$$

Dieser Zahlwert des „astronomisch" bestimmten Absorptionskoeffizient k_a besagt, daß die Strahlung im Inneren des Sternes auf $\dfrac{1}{e}$ reduziert ist, wenn sie in einer Säule von einem Quadratzentimeter Querschnitt $^1/_{47{,}5}$ Gramm der Sternmaterie durchsetzt hat.

EDDINGTON hatte eine besondere Theorie für den Energieaustausch zwischen freien Elektronen und Atomen ausgearbeitet, um diesen relativ hohen Wert der

---

[1]) A. S. EDDINGTON, zitiert auf S. 223.
[2]) R. EMDEN, zitiert auf S. 221.

Absorption im Sterninneren zu erklären. Es kann hier nicht auf Einzelheiten in diesen Überlegungen eingegangen werden, da hier alles noch im Fluß ist und volle Klarheit über die Tragfähigkeit der verschiedenen in die Rechnungen eingeführten Hypothesen nicht besteht.

Die Bedeutung der vorliegenden Aufgabe für die Theorie von Eddington beruht aber darin, daß in der Berechnung von k aus Überlegungen, die frei von allen Annahmen seiner Theorie sind, die einzige Möglichkeit sich erhebt, die Theorie zahlenmäßig zu prüfen.

Die Elementarvorgänge in der Wechselwirkung zwischen Materie und Strahlung, die für die Absorption von Strahlung verantwortlich gemacht werden können, sind:

1. Absorption der Strahlung durch Atome, die in höhere Anregungsstufen übergehen.

2. Absorption der Strahlung durch Atome, die dabei ionisiert werden.

3. Streuung der Strahlung an freien Elektronen.

Diese drei Arten von Elementarvorgängen sind bisher stets bei Absorptionserscheinungen in Rechnung gezogen worden. Bei dem dritten Vorgang, der Streuung, resultiert bekanntlich ein Wert von $k = 0{,}2$, der zu klein ist, als daß sein Beitrag von Bedeutung werden könnte. Was dagegen die Vorgänge 1 und 2 angeht, so ist der durchschnittliche Ionisationsgrad der Materie im Sterninneren so hoch, daß alle Leuchtelektronen, die sonst in der Theorie der Spektrallinien auftreten, dem Atomverbande entrissen sind und nur noch die Elektronenringe um den Kern mit der Strahlung in Wechselwirkung treten, die bei den Erscheinungen der Röntgenstrahlung wirksam sind. Andererseits ist die wirksame Wellenlänge des Strahlungsfeldes im Inneren der Sterne bei den Temperaturen von 10^6 bis $10^{7}\,°$, die etwa $^9/_{10}$ der Sternmaterie aufweisen, von der Größenordnung von 10 bis 20 A°, liegt also nahe an dem Gebiet der Röntgenwellenlängen, so daß zur Erklärung der Absorption die bei Röntgenstrahlen möglichen Elementarvorgänge in den Vordergrund treten.

Kramers[1]) hat eine ausführliche Theorie der kontinuierlichen Absorption von Strahlung im Gebiet der Röntgenwellenlängen ausgearbeitet, deren Resultate eine unmittelbare Anwendung auf die Erscheinungen im Sterninneren erlauben sollten. Die Elementarvorgänge, die bei dieser Untersuchung betrachtet werden, betreffen den Energieaustausch bei der Bindung von freien Elektronen durch einen Zusammenstoß mit einem Kern oder auch nur bei der Ablenkung des Elektrons aus der Bahn bei einer solchen kritischen Annäherung. Es treten also zu den oben angeführten 3 Elementarprozessen noch

4. Erscheinungen der Absorption bei Zusammenstößen freier Elektronen mit Atomkernen, und zwar verbunden entweder mit einer Bindung oder nur einer Ablenkung des Elektrons.

Die Durchrechnung dieser verschiedenen Fälle, die nur unter der Hinzuziehung verschiedener Zusatzhypothesen möglich ist, liefert einen Absorptionskoeffizient k, der mindestens um eine Zehnerpotenz kleiner ist als der aus der Eddingtonschen Theorie fließende astronomisch bestimmte Wert k_a. Bisher hat sich kein Ausweg gezeigt, um aus diesem Widerspruch zwischen Theorie und Beobachtung zu gelangen. Alle sonstigen Elementarprozesse im Atomverband, die in Frage kämen, wie Zusammenstöße zwischen freien Elektronen, zwischen ionisierten Atom und schließlich Stöße 2. Art eröffnen keinen Ausweg aus der Schwierigkeit. Überhaupt sind diese Rechnungen, die teils auf quantenhaften Vorstellungen fußen, teils mit den klassischen Anschauungen arbeiten, so hypothetisch, daß sie noch keine Gewähr für irgendwie gesicherte Resultate bieten.

---

[1]) H. A. Kramers, Phil. Mag. Bd. 46, S. 836. 1923.

24. Die letzte Phase der EDDINGTONschen Theorie. EDDINGTON hat deshalb auf eine zahlenmäßig gestützte Prüfung seiner Theorie verzichtet und ist den Weg gegangen, rein differentiell, aus den für den Riesenstern Capella abgeleiteten Daten, die astronomischen Folgerungen seiner Theorie an dem vorhandenen Sternmaterial zur Kontrolle heranzuziehen. Die Rechnungen gehen von der Gleichung 4. Grades für die Größe β aus:

$$1 - \beta = 0{,}00309 \cdot M^2 \mu^4 \beta^4;$$

diese wird mit der Beziehung verknüpft (siehe Seite 227)

$$L = \text{const} \frac{M(1 - \beta)}{k}.$$

Während aber bisher k wesentlich als eine Konstante vorausgesetzt wurde, eine Annahme, auf der die Möglichkeit der Integration der Differentialgleichungen des Problems beruhte und die darum auch implizite in der ersten der beiden Gleichungen enthalten ist, wird jetzt im Anschluß an die theoretischen Untersuchungen KRAMERS zur Absorption von Röntgenstrahlen

$$k \text{ proportional } \frac{\varrho}{\mu \cdot T^{\frac{7}{2}}}$$

angenommen. Es resultiert dann die Beziehung

$$L = \text{const} \cdot M^{\frac{7}{5}} \cdot (1 - \beta)^{\frac{3}{9}} \mu^{\frac{4}{5}} \cdot T_e^{\frac{4}{5}}.$$

Für jeden Stern bekannter Masse hat EDDINGTON nach dieser Formel die absolute bolometrische Helligkeit L berechnet und mit dem aus Beobachtungen abgeleiteten Werte verglichen. Der konstante Faktor wurde aus dem Werte für den Riesenstern Capella abgeleitet. Für das mittlere Atomgewicht von Capella setzt er $\mu = 2{,}1$ an. Die Werte der absoluten Helligkeiten anderer Sterne bekannter Masse wurden auf die effektive Temperatur 5200° von Capella umgerechnet und so miteinander vergleichbar gemacht.

An zuverlässigem Beobachtungsmaterial liegen bisher nur die Daten für etwa 7 Sterne vor. Die Rechnungen ergeben eine befriedigende Darstellung ihrer absoluten Helligkeiten durch obige Formel. Während aber diese Formel für L, den in ihr enthaltenen Voraussetzungen gemäß, nur für Riesensterne geringer Dichte Geltung besitzen sollte, zeigte der Vergleich zwischen Theorie und Rechnung eine gleich gute Darstellung der Beobachtungen auch für die Zwergsterne bekannter Masse, z. B. die Sonne, deren mittlere Dichte etwa gleich der des Wassers ist. Dieses überraschende Ergebnis ist von EDDINGTON in dem Sinne gedeutet worden, daß für Riesen- und Zwergsterne die idealen Gasgesetze Gültigkeit besitzen sollen, und zwar auch in solchen Fällen, wo nach den Beobachtungen die mittlere Dichte der Sternmaterie bis zu 100 mal Wasserdichte und darüber betragen müßte. Die Möglichkeit zu einer solchen Hypothese schöpft EDDINGTON aus dem Umstande, daß bei dem außerordentlich hohen Ionisationsgrad im Inneren der Atome das mittlere Atomvolumen so herabgesetzt sei, daß auch bei Dichten von hundertfacher Dichte des Wassers die freie Beweglichkeit der Atome noch gewährleistet sei. Wir werden auf diese Frage später noch zurückkommen.

Das astronomisch Bedeutsame in dem Ergebnis dieser Rechnungen ist, daß das im vorangehenden erwähnte RUSSELL-Diagramm der Sterne, das bisher als Entwicklungsweg eines Sternes aufgefaßt wird, eine Umdeutung erfahren müßte, wenn der neue Standpunkt EDDINGTONS sich als richtig erwiese. Denn in diesem Falle wäre eine Wanderung eines Sterns längs des RUSSELL - Diagramms nur denkbar, wenn mit der Strahlung ein ganz außerordentlicher Massenverlust des Sternes bis auf einen kleinen Bruchteil seiner Anfangsmasse angenommen würde. Ein näheres Eingehen auf die sich hier erhebenden Fragen liegt aber nicht nur außerhalb des Rahmens dieses Buches, sondern erübrigt sich auch, weil die Astronomie noch nicht weit genug entwickelt ist, um auf so tiefliegende Fragen halbwegs gesicherte Antworten zu geben. Es sei nur darauf hingewiesen, daß es die Sachlage verschleiert, wenn man den Schwerpunkt der Diskussion über Riesen- und Zwergsterne auf die Alternative: ideales Gasgesetz — v. d. Waalsche Gasgleichung legt. Der Wesensunterschied der Riesen- und Zwergsterne, von der hier behandelten Theorie aus betrachtet, liegt in der Verschiedenheit der Größe ε, die in engstem Zusammenhang mit der absoluten Helligkeit eines Sternes steht. Während bei den Riesensternen die Hypothese, daß die pro Gramm Sternmaterie in der Sekunde erzeugte Energiemenge ε in erster Näherung als konstant angesetzt werden dürfe, zulässig erscheint, da die absolute Helligkeit auf dem ihnen entsprechenden Aste des Russell-Diagramms angenähert konstant ist, ist bei den Zwergsternen diese Voraussetzung auch nicht entfernt mehr erfüllt. Es sind also auch die Voraussetzungen, unter denen das Problem auf die Integration der Gleichung der polytropen Gaskugel der Klasse $n = 3$ zurückgeführt worden war, nicht mehr erfüllt.

Dagegen ist es eine Frage von entscheidender Bedeutung für jede Thermodynamik des Sterninneren, ob überhaupt für die Zustandsgleichung der Materie unter den dort obwaltenden Verhältnissen die idealen Gasgesetze angesetzt werden dürfen und ob nicht vielmehr das Wesen des Problems darin beruht, die Entartung der Zustandsgleichung der Gase in der Richtung zu Temperaturen von 10^6 bis $10^{8\,\circ}$ und Drucken von 10^{10} bis 10^{12} Atm. zu untersuchen. Bei solchen Temperaturen ist das Strahlungsfeld, dem die Materie ausgesetzt ist, so intensiv, daß der Energiegehalt des Feldes etwa gleich dem der Materie ist. Denn es ist, worauf hier nicht im einzelnen eingegangen werden kann[1]), das Verhältnis von

$$\frac{\text{Wärme-Energie des Äthers}}{\text{Wärme-Energie der Materie}} = \frac{(1 - \beta) \cdot 3\,(\gamma - 1)}{\beta},$$

wo γ das Verhältnis der spezifischen Wärmen darstellt. Für $\gamma = \tfrac{5}{3}$, entsprechend einem einatomigen Gase, und einem Werte von $\beta = 0,5$, wie es durchaus zu erwarten ist, und zwar bei einem Werte von $\mu = 2,8$ schon bei einer Sternmasse, die nur einige Vielfache der Sonnenmasse ist, nimmt der Quotient den Wert 2 an; es wäre also der Energiegehalt des Äthers im Stern doppelt so groß als der der Materie. Ob man unter solchen Umständen mit einer Gültigkeit der idealen Gasgesetze rechnen darf, erscheint sehr unwahrscheinlich, zumal wenn man bedenkt, daß die Sternmaterie unter diesen besonderen Verhältnissen noch dauernd beträchtliche Energiemengen in Form einer noch unbekannten Strahlung freigibt, deren Quellen noch unbekannt sind. Man wird berechtigt sein, die idealen Gasgesetze zu benutzen, wenn die potentielle Energie der Atome gegenüber ihrer mittleren kinetischen Energie vernachlässigt werden darf. Dann kann die Zustandssumme in ein Zustandsintegral übergeführt werden, und das Gesetz von Gay-Lussac fließt aus der Gleichung $p = \dfrac{\partial F}{\partial V}$, wo F, die „freie Energie", die charakteristische Funktion des Gases bedeutet.

Ist in einem Stern der durchschnittliche Ionisationsgrad so hoch, daß von einem Eisenatom 23 Elektronen abgespalten sind und jedes Ion demgemäß die mittlere Ladung $23 \cdot e$ trägt, so ist die mittlere Energie eines solchen Atoms

$$\frac{m}{2}\,(\dot{x}^2 + \dot{y}^2 + \dot{z}^2) + \frac{(23 \cdot e)^2}{\left(\dfrac{V}{N}\right)^{\frac{1}{3}}} + \varepsilon_0$$

---

[1]) A. S. Eddington, ZS. f. Phys. Bd. 7, S. 351. 1921.

wo ε_0 seine innere Energie darstellt. Die Bedingungen eines idealen Gases sind erfüllt, wenn der Beitrag der potentiellen Energie zur Zustandssumme vernachlässigt werden darf, wenn also

$$Z = \frac{V}{N} \cdot \frac{(k \cdot T)^3}{(23 \cdot e)^6} \gg 1 \,,$$

d. h. groß gegen eins ist; hier bedeutet k die BOLTZMANNsche Konstante $k = 1{,}37 \cdot 10^{-16}$.

Rechnet man den Wert der linken Seite der Ungleichung für solche Zahlwerte der in ihr auftretenden Größen aus, wie sie nach der EDDINGTONschen Theorie typischen Zwergsternen entsprechen — ich entnehme die Daten der vorhergenannten Arbeit von EDDINGTON[1] „Das Strahlungsgleichgewicht der Sterne", S. 382 — so erhält man:

1. Fall:　$T_0 = 4 \cdot 10^6$　$\varrho_0 = 3$　　$N = 3{,}2 \cdot 10^{22}$　$n^2) = 10$　$Z = 0{,}4$,
2. Fall:　$T_0 = 4 \cdot 10^6$　$\varrho_0 = 3$　　$N = 3{,}2 \cdot 10^{22}$　$n\ \ = 20$　$Z = 6{,}6 \cdot 10^{-3}$,
3. Fall:　$T_0 = 2{,}6 \cdot 10^7$　$\varrho = 12 \cdot 8$　$N = 1{,}1 \cdot 10^{23}$　$n\ \ = 20$　$Z = 0{,}4$.

Der 3. Fall ist der Arbeit von EDDINGTON, M. N. 83, 106 entnommen. Wie man sieht, ist für diese Fälle die Bedingung der obigen Ungleichung, die den Übergang zu den idealen Gasgesetzen gewährleistet, nicht erfüllt.

Für die meisten Zwergsterne und für einen großen Teil der Sonnenmaterie wird die Dichte größer als 1 sein, so daß sich demgemäß große Bedenken dagegen erheben müssen, auf solche Sterne die idealen Gasgesetze anzuwenden. Bei den ausgesprochenen Riesensternen, wie α-Orionis, bei denen mittlere Dichten von 0,01 Sonnendichte und noch kleinere vorkommen, liegen die Verhältnisse wesentlich anders, so daß die Voraussetzungen für die idealen Gasgesetze erfüllt sein mögen.

25. Zusammenfassung. Doch ist auch hier zu bedenken, daß die Materie sich in einem unerhört intensiven Strahlungsfeld befindet und auch aus diesem Grunde mit einer Entartung der Zustandsgleichung durchaus gerechnet werden muß. Der Kernpunkt der Theorie wird, wie mir scheint, die Ableitung der Zustandsgleichung für die Verhältnisse sein, denen die Sternmaterie unterworfen ist. Durch die EDDINGTONsche Theorie ist die Bedeutung des Strahlungsdruckes in der Behandlung dieses Problems erst in das rechte Licht gerückt worden. Überdies hat die Einführung der Hypothese des Strahlungsgleichgewichtes für das Sterninnere verknüpft mit der Annahme über das Verhalten der Größen ε und k gelehrt, nach welcher Polytropen ein Stern aufzubauen sei. Sie entscheidet die bis dahin unbestimmt gebliebene Frage dahin, daß für das Innere eines Sternes die Polytropenklasse $n = 3$ maßgebend sein wird. Daß ihr der Anschluß an die Erfahrung noch kaum gelungen ist und daß ganz prinzipielle Fragen der Erledigung harren, darf bei der Schwierigkeit der Problemstellung nicht verwundern und ändert nichts an der Bedeutung der EDDINGTONschen Untersuchungen.

d) Thermodynamik des Kosmos.

Während in den beiden vorangehenden Abschnitten klar gefaßte theoretische Ansätze zur Meisterung des vorliegenden Problems vorhanden sind, fehlt es uns bisher bei der Frage der Thermodynamik des Kosmos noch an jeglichem konkreten Angriffspunkt, um Klarheit über die obwaltenden Gesetzmäßigkeiten zu ge-

---

[1] EDDINGTON, zitiert auf S. 234.
[2] n bedeudet die durchschnittliche Anzahl der dem Atomverband entrissenen Elektronen.

winnen. Insonderheit bereitet schon die Frage, ob wir es bei der Behandlung der thermodynamischen Verhältnisse des ganzen Kosmos mit einem Gleichgewichtszustand zu tun haben oder nicht, gleich zu Anfang so fundamentale Schwierigkeit, daß sie zum Angelpunkt des ganzen Problemenkomplexes wird.

Sowohl in der Theorie der Sternatmosphären als auch des Sterninneren werden die Ansätze unter der Annahme des Bestehens eines Gleichgewichtszustandes gemacht, jedoch der hypothetische Gehalt dieser Voraussetzung nicht außer Zweifel gelassen. Daß im Inneren des Sternes nicht auf beliebig lange Zeitdauer so viel Energie von der Materie erzeugt werden kann, wie wir es bei den Riesensternen und auch den Zwergsternen von der Temperatur der Sonne feststellen, kann auf Grund der von der Relativitätstheorie entwickelten Anschauungen mit Strenge behauptet werden. Denn die im jetzigen Zustande der Sonne insgesamt emittierte Energie von $1{,}20 \cdot 10^{41}$ Erg pro Jahr bedeutet einen Massenverlust der Sonne von etwa 10^{20} g; die Sonne, mit einer Gesamtmasse von $1{,}9 \cdot 10^{33}$ g könnte also in dem jetzt beobachteten Umfange höchstens 10^{13} Jahre strahlen, eine Zeitspanne, die, von astronomischen Gesichtspunkten aus bewertet, nicht notwendig als groß bezeichnet werden braucht. Immerhin sind aber diese Zeitwerte so groß, daß keine prinzipiellen Bedenken dagegen erhoben werden können, die thermodynamischen Verhältnisse des Sterninneren in erster Näherung auf die Hypothese zu gründen, daß die von einem Gramm Materie in der Zeiteinheit erzeugte Energie eine Konstante sei. Die Voraussetzung eines solchen Gleichgewichtszustandes stellt also eine Arbeitshypothese von klar umschriebenem Geltungsbereich dar; das gleiche gilt auch für die Sahasche Theorie der Sternatmosphären. In allen thermodynamischen Betrachtungen, die sich auf den ganzen Kosmos beziehen, ist aber bei dem heutigen Stand der Forschung die Frage noch keineswegs geklärt, ob überhaupt von einem Gleichgewichtszustande der Erscheinungen gesprochen werden kann, ob es überhaupt einen Gleichgewichtszustand für den ganzen Kosmos gibt. Denn alle Einzelvorgänge, deren Gesamtheit das thermodynamische Verhalten des Kosmos bedingen, also alle an Sternen und anderer kosmischer Materie wahrgenommenen thermodynamischen Veränderungen verlaufen nur in einer Richtung; es wird innere Energie der Materie in Strahlung umgesetzt und in den Raum ausgestrahlt. Es ist noch nirgends der entgegengesetzte Prozeß, die Bildung von Materie aus Energie festgestellt worden und keines unserer bisherigen Naturgesetze eröffnet bisher einen Weg, die Bedingungen für eine solche Umkehrung der radioaktiven Erscheinungen — man vermutet, daß im Inneren der Sterne die Erzeugung der Energie radioaktiven Prozessen entspringt — zu entwickeln. Solange aber kein auch nur halbwegs gesicherter Gesichtspunkt gegeben ist, aus dem eine Rückbildung von Materie aus Strahlung folgen müßte, liegt keine Möglichkeit vor, ein thermodynamisches Gleichgewicht für den ganzen Kosmos zu postulieren. Es ist in der Tat durchaus denkmöglich, daß im Kosmos dauernd eine Degradation der Energie stattfindet, so daß er entsprechend dem 2. Hauptsatz der Wärmetheorie einem Wärmetod entgegensteuert. Dann ließen sich die thermodynamischen Erscheinungen des Kosmos nicht aus der Anschauung eines thermodynamischen Gleichgewichtszustandes verstehen.

Alle Betrachtungen, die bisher im Anschluß an diese Probleme angestellt worden sind, gravitieren darum nach dieser fundamentalen Frage: Befindet sich überhaupt der Kosmos in einem Gleichgewichtszustande und welcher Art müßten die noch unbekannten zusätzlichen Vorgänge sein, die einen thermodynamischen Gleichgewichtszustand garantieren könnten. Eine strengere Behandlung der vorliegenden Fragen ist aber noch keineswegs möglich, da das wichtigste Glied der Kette fehlt. W. Nernst hat mit allem Nachdruck auf das sich hier eröffnende

Problem hingewiesen, doch fehlt den von ihm eröffneten Ausblicken auf eine Lösung der Schwierigkeit noch aller Rückhalt an der Erfahrung. Dieses außerordentliche Dunkel, das über dem inneren Wesen des Kosmos ausgebreitet ist, kann uns nicht überraschen, wenn man bedenkt, daß schon die viel einfachere und näherliegende Frage nach den Eneriequellen, aus denen die Strahlung der Sonne und der Sterne stammt, bis heute nicht beantwortet werden kann. Die Sonne müßte, wie schon im vorangehenden Abschnitt erwähnt worden ist, vollständig aus Uran bestehen, wollte man aus bekannten radioaktiven Prozessen seine Energieerzeugung decken; bei den ausgesprochenen Riesensternen ist die pro Gramm Materie in der Zeiteinheit erzeugte Energie ein Vielfaches von dem der Sonnenmaterie. Erst wenn die im Sterninneren sich abspielenden Umwandlungen von Materie in Strahlungsenergie eine Aufklärung gefunden haben, ist zu hoffen, daß man einem Verständnis der im Kosmos herrschenden Verhältnisse näherkommen wird. Hier bietet sich der Astrophysik wohl das zur Zeit wesentlichste und fundamentalste Problem dar, das leider in der EDDINGTONschen Theorie nicht genügend in den Vordergrund gerückt worden war. Es wird dann für die endgültige Ausgestaltung des thermodynamischen Weltbildes unseres Kosmos auch von entscheidender Bedeutung sein, wieweit bis dahin das von der Relativitätstheorie aufgeworfene Problem an der Erfahrung eine sichere Begründung gefunden haben wird, wonach die Zusammenhangsverhältnisse des Kosmos denen eines endlichen geschlossenen Raumes, mit notwendig endlichem Energieinhalte, entsprechen.

Kapitel 6

Thermodynamik des Lebensprozesses[1].

Von

OTTO MEYERHOF, Berlin-Dahlem.

Mit 7 Abbildungen.

I. Allgemeines.
a) Naturphilosophische Fragen (Thermodynamik der Gestaltung).

1. Mechanistische und vitalistische Auffassung der Lebensprozesse. Die Tatsache, daß das Reich des Lebendigen denselben Gesetzen der Physik und Chemie unterworfen ist wie die unbelebte Natur, kann allein das Recht geben, die Thermodynamik der Lebensprozesse im Rahmen der Physik zur Darstellung zu bringen. Wollte man den Lebewesen aus philosophischen Gründen eine Ausnahmestellung zuerkennen, so hieße das auf die physikalischen Erklärungsprinzipien verzichten. Dieses geschieht bekanntlich durch den Vitalismus, den modernen wie den antiken, der eine unräumliche Lebenskraft oder Entelechie postuliert, die sichtbare Veränderungen in der materiellen Welt hervorrufen kann. Man vergleiche hierzu vor allem die Werke von E. v. HARTMANN und DRIESCH[2], die zu lebhaften Diskussionen Anlaß gegeben haben. Wir halten demgegenüber an der KANTschen Grundannahme fest, daß die obersten Prinzipien der Naturwissenschaft aus der Form des menschlichen Erkenntnisvermögens entspringen, daß es daher naturphilosophische Grundsätze nicht geben kann, die in der Biologie keine Anwendung finden, noch solche, die sich ausschließlich auf das Lebendige beziehen[3]. Aus bloßer Erfahrung kann daher nicht die Behauptung aufgestellt werden, daß der Organismus physikalisch unerklärbar sei, weil die Empirie für sich allein unvollendbar ist und philosophischer Obersätze zum Ausspruch allgemeingültiger Wahrheiten bedarf. DRIESCH selbst hat diesen Mangel empfunden und eine besondere Deduktion der Kategorie der „Ganzheit" oder „Individualität" aus der von KANT übersehenen Form des konjunktiven Urteils versucht[4]. Bereits der Kantschüler J. F. FRIES hat dem disjunktiven

---

[1] Die Literatur ist nur so weit angeführt, wie die Darstellung des Textes es erfordert. Ältere Literatur und ebenso die Geschichte des Gegenstandes sind fortgelassen. Man findet die wichtigsten Arbeiten auf diesem Gebiet in den in den Zitaten aufgeführten Büchern und den zusammenfassenden Darstellungen aus den „Ergebnissen der Physiologie".

[2] HANS DRIESCH, Philosophie des Organischen, 2. Aufl. 1921; und Ordnungslehre, 2. Aufl. 1923.

[3] Zur Begründung des hier eingenommenen philosophischen Standpunktes s. insbesondere die Werke von LEONARD NELSON, Abhandlgn. d. Friesschen Schule, N. F. I—IV, Göttingen. Vandenhoeck & Ruprecht; vgl. auch MAX HARTMANN, Biologie und Philosophie. Berlin: Julius Springer 1925.

[4] DRIESCH, Kantstudien Bd. 16, S. 1. 1911.

Urteil von KANT das konjunktive zugefügt und aus diesen den Grundbegriff des „Naturtriebes" abgeleitet, der auch auf die Lebewelt Anwendung findet.

Dieser Ganzheitscharakter soll nach DRIESCH das prinzipielle Unterscheidungs-merkmal des Lebendigen sein. Aus ihm flösse die eigentümliche Selbstregulation der Organismen, die ihren stärksten Ausdruck in der Regeneration verloren-gegangener Teile und der Umwandlung von Bruchstücken von Lebewesen zu ganzen harmonischen Individuen findet. Diese Abgrenzung des lebenden Organismus als „harmonisch-äquipotentielles System" von der unbelebten Natur mag man anerkennen, wenn damit nicht die Vorstellung verknüpft ist, daß besondere Entelechien zu seiner Bildung in Wirksamkeit treten.

In unseren Augen stellen die Lebewesen eine höhere Organisationsform der unbelebten Materie dar, die sich etwa zur Organisation der Moleküle (oder Atome) so verhält, wie diese sich zu den Elektronen und Protonen, aus denen sie aufgebaut sind. Auch das Molekül und Atom stellt nur eine Struktur- und Funktionseinheit dar, von relativer Stabilität, von annähernd, aber nicht voll-ständig bestimmter Form, wechselndem Energiegehalt und numerisch bestimmten, aber individuell unbestimmten, d. h. austauschbaren Elementarbestandteilen. Ja, darüber hinaus differieren sogar die Atome eines Elements unter sich unter gleichen Umständen, wie die Statistik des radioaktiven Zerfalls beweist, haben verschiedene Lebensdauer und besitzen demnach eine Individualität. Dies finden wir gleichsam auf höherer Stufe bei den Lebewesen wieder. Besonders imponiert bei ihnen, daß ihre Form relativ beständig ist bei unaufhörlich wechseln-der Materie. Schon LIONARDO DA VINCI hat sie daher einer Kerzenflamme ver-glichen [1].

Trotzdem wir gewisse Einrichtungen des Organismus unter dem Bilde der Maschine darstellen können, wie z. B. den arbeitenden Muskel, ist es doch falsch, den Organismus selbst als Maschine aufzufassen. Er ist vielmehr nur ein Mecha-nismus wie ein Molekül [2]. Ohne Zweifel ist das Formproblem phylogenetisch und ontogenetisch das unzugänglichste der kausalen Biologie. Auch bedeutet der Ver-gleich des Organismus mit dem Aufbau des Moleküls keine einfache „Abbildung" der einzelnen Organisationsfaktoren des Molekülbaues auf den Bau der Lebe-wesen. Es kommt uns nur auf die Feststellung an, daß es noch andere Gebilde mit Ganzheitscharakter gibt, die als „Mikrokosmos" mehr sind als die Summe ihrer Teile. Denn weder ein einzelnes Elektron für sich, noch eine einzelne posi-

---

[1] Vgl. Lionardo da Vinci, der Denker, Forscher und Poet. Diederichs 1906. Über-setzt von Marie Herzfeld.

Diese schöne Stelle lautet: „Der Körper, von welchem Ding immer, das Nahrung aufnimmt, stirbt beständig und wird beständig wiedergeboren; denn hineingehen kann Nahrung nirgends, außer in solche Orte, von wo die vergangene Nahrung weggeschieden ist, und wenn sie weggeschieden, ist sie nicht mehr bei Leben, und wenn du ihnen nicht solche Nahrung wiedergibst wie die verschwundene, so wird das Leben an Kraft abnehmen, und wenn du ihnen selbige Nahrung nimmst, so wird das Leben im ganzen zerstört bleiben. Aber wenn du ihm so viel zurückgibst, als im Tag davon zerstört wird, so ersteht so viel vom Leben wieder, als verzehrt wurde, im Gleichnis des Lichtes der Kerze, mit der Nahrung, so ihm die Säfte selbiger Kerze geben, welches Licht auch beständig mit raschestem Sukkurs von unten wieder herstellt, was von oben sich im Sterben davon verzehrt und aus glänzendem Lichte sterbend sich in nächtigen Rauch umwandelt: welcher Tod beständig ist, wie der Rauch ohne Unterlaß ist, und die Beständigkeit solchen Rauches ist gleich der fortgesetzten Ernährung, und im Augenblick ist das Licht tot und wieder ganz erstanden, zugleich mit der Bewegung seiner Nahrung."

[2] DRIESCH schreibt (Ann. d. Philos. Bd. 5, S. 6. 1925) zu dem Problem der Regenera-tion: „Würden wir doch geradezu erschrecken, wenn etwa eine zerbrochene Leidener Flasche sich plötzlich in zwei proportional richtige Fläschchen umwandelt!" Unser Verwundern ist indes geringer, wenn sich z. B. eine Kerzenflamme durch Spaltung des Dochtes in zwei proportional richtige Kerzenflammen umwandelt. Der Einwand bezieht sich also nur auf ein falsches Bild.

tive Kernladung führt zu den Gesetzen und Eigenschaften, die aus der Struktur-einheit im Wasserstoffatom entspringen (z. B. der Balmerserie). Der Vitalismus überschätzt ganz allgemein die Erklärbarkeit der Phänomene der unbelebten Natur. Auch diese führen auf unerklärbare Elementarvorgänge und Anfangs-konstellationen, die als gegeben hingenommen werden müssen.

2. Frage nach der Gültigkeit des zweiten Hauptsatzes. Man hat versucht, die Besonderheiten der organischen Welt auf thermodynamische Betrachtungen zu gründen. Nach einer verbreiteten Ansicht sollte diese Eigentümlichkeit in der Ungültigkeit des zweiten Hauptsatzes der Wärmelehre bestehen. Die Dämonen Maxwells, die die Trennungswand zweier gleichtemperierter Behälter ventil-artig nur für die von der einen Seite kommenden schneller bewegten Moleküle öffnen, sollten in den Lebewesen ihr Spiel treiben und damit eine der Wahr-scheinlichkeit entgegen stattfindende Veränderung im System in Richtung fort-schreitender Differenzierung und zweckvoller Gestaltung hervorrufen. Eine solche Möglichkeit scheint auf den ersten Blick gegeben durch die mikroskopische Kleinheit der Zellstruktur, die von der Größenordnung sichtbarer Molekül-schwankungen ist. In der Tat schreibt Helmholtz in einer Anmerkung seiner „Thermodynamik chemischer Vorgänge"[1]: „Ob eine solche Verwandlung (un-geordneter in geordnete Bewegung) den feinen Strukturen der lebenden orga-nischen Gewebe gegenüber auch unmöglich sei, scheint mir immer noch eine offene Frage zu sein." Man könnte daher zunächst denken, daß vermittelst dieser Molekülschwankungen, also der Brownschen Molekularbewegung, eine peri-odische Arbeit an geeigneten Zellstrukturen geleistet werden könnte. Smolu-chowski hat indes bewiesen, daß kein solches System physikalisch möglich ist, da solche einseitigen Ventile entweder selbst herumschwanken müßten oder ihrer relativen Starrheit wegen nicht „beinahe von selbst" aufgehen könnten[2]. Eine Gleichrichtung der ungeordneten Molekularbewegung ohne Energieverlust ist also auch in beliebig klein dimensionierten Strukturen unmöglich.

3. Das Lebendige als besondere Organisationsform der Materie. Eine eigentliche Thermodynamik der morphologischen Prozesse gibt es nicht. Denn wie später Ziff. 6 genauer gezeigt wird, wird für die Bildung der Zellstruktur keine spezielle Arbeit aufgewandt; es gibt also keine „Strukturenergie", in die die chemische Energie beim Wachstum überginge. Erst recht besitzt daher die weitere Differenzierung kein Energieäquivalent, auch ist sie nicht mit einer Abnahme der Entropie des Systems verknüpft. Man hat trotzdem versucht, hier formale Wahrscheinlichkeitsbetrachtungen anzuwenden. Indes wenn man die Entstehung des Lebendigen in einen Häufungspunkt unwahrscheinlicher Zustände der Welt verlegen will, so ist es nicht verständlich, wie das Leben sich durch so lange Zeiten erhalten kann, da es vom physikalischen Standpunkt immer unendlich unwahrscheinlich bleiben würde.

α) **Eignung des Kohlenstoffes.** Diese Schwierigkeit verringert sich, wenn man in den Lebewesen eine höhere Organisationsform der Materie über-haupt erblickt. Ebenso wie die Atomkerne durch Einfangen von Elektronen Eigenschaften gewinnen, die die Elementarbestandteile noch nicht besitzen, die sich aber aus deren Eigenschaften herleiten, so würden die verschiedenen Lebens-äußerungen, Wachstumsfähigkeit, Reizbarkeit, Stoffwechsel, Regeneration usw. aus der höheren Organisation der organischen Moleküle entspringen, aber diese Moleküle selbst schon Eigenschaften enthalten, aus denen jene im Fall der Organisierung abzuleiten sind. Der Bauplan der Lebewelt wäre daher schon

---

[1] H. Helmholtz, Thermodynamik chem. Vorgänge. Ostwalds Klassiker Nr. 124, S. 30.
[2] v. Smoluchowski, Phys. ZS. Bd. 13, S. 1069. 1912.

in der unbelebten Natur vorgezeichnet. Neben der Eignung der Umwelt nach Temperatur, Feuchtigkeitsgrad, Kohlensäuregehalt usw.[1]) ist vor allem die Elektroneutralität des Kohlenstoffs wesentlich, die die Bildung der homoiopolaren Verbindungen, das Aneinanderlagern langer und beliebig verzweigter Ketten von Radikalen veranlaßt, womit die unendliche Mannigfaltigkeit der organischen Stoffe gegeben ist. So entstehen Moleküle von bedeutender Größe und hinreichender Stabilität. Ihre kolloiden Eigenschaften veranlassen wiederum den gelatinösen Zustand der Zellen, der einen mittleren Grad des Diffusionsaustauschs im Inneren ermöglicht; hiermit ist ein wichtiger Faktor der Reaktionsgeschwindigkeit der biologischen Umsetzungen gegeben usw. Auch kann man annehmen, daß der Vierwertigkeit des Kohlenstoffatoms, insbesondere den daraus resultierenden asymmetrischen Kohlenstoffverbindungen, eine spezielle Bedeutung für das Lebensgeschehen zukommt. In der Möglichkeit, durch Synthese rechtsdrehende oder linksdrehende Verbindungen ohne Energieunterschied zu erzeugen, tritt gleichsam zum erstenmal der freie Wille in der organischen Welt zutage. Die Einseitigkeit der Entscheidung könnte man dann als ein Anzeichen einer Richtungsgröße auffassen, die das Geschehen bestimmt. Diese letztere Annahme erscheint allerdings nicht erforderlich, da schon durch den Zufall bei der Kristallisierung razemischer Gemische eine spontane Aktivierung der Mutterlauge stattfinden kann[2]).

β) Aufbau der Faserstrukturen. Wenn wir auch über die physikalischen Faktoren der Strukturbildung wenig wissen, so scheint es doch, daß wenigstens die extrazellulären Gebilde, Fibrillen, Stützgewebe usw. ähnlichen Kräften ihre Entstehung verdanken wie den bei der Kristallisation wirksamen. Es findet hierbei häufig keine völlige Raumgitteranordnung statt, sondern die Moleküle stellen sich nur in einer Baurichtung parallel, wie bei flüssigen Kristallen, so daß diese Anordnung als Parakristalle [nach RINNE[3])] bezeichnet werden kann. Nach W. J. SCHMIDT[4]) sowie HERZOG[5]) sind häufig tierische und pflanzliche Fasern aus länglichen, kristallinen Ultramikronen aufgebaut, die in einer isotropen Grundmasse eingelagert sind. Demnach finden wir hier ein Zusammenwirken von Stäbchen- und Micellardoppelbrechung, was auch für die sich aktiv bei der Kontraktion verkürzenden Abschnitte der Muskelfibrillen gilt[6]). Der morphologische Bildungstrieb dieser Strukturen ist also dem der Kristallisation sehr verwandt. Auf die komplizierteren Wachstumsvorgänge soll hier nicht eingegangen werden. Auch hierfür gibt es eine Reihe physikalischer Analogien, wie von RHUMBLER[7]) gezeigt wurde.

γ) Entwicklungstendenzen. Im Entwicklungsgeschehen zeigen die Organismen neben der Tendenz fortschreitender Differenzierung noch zwei Eigenschaften, die an solche unbelebter Systeme erinnern: Beharrungsvermögen („Gedächtnis") und Irreversibilität der Gestaltung. Die erstere Tendenz zeigt sich nicht allein in der Vererbung, sondern auch in dem Erhaltenbleiben überwundener phylogenetischer Organisationsstufen bei der Individualentwicklung (das sog. biogenetische Grundgesetz), schließlich auch in der im Einzelleben erfolgenden Bahnung von Vorgängen durch gleichartige Erregungen. Dieses Gedächtnis, „Mneme"[8]), ist in seiner einfachsten Form der Hysterese, wie sie bei

---

[1]) S. hierzu LAWRENCE HENDERSON, Die Umwelt des Lebens. Wiesbaden 1914.
[2]) Siehe A. BYK, Naturwissensch. Jg. 13, S. 17. 1925.
[3]) RINNE, Naturwissensch. Jg. 13, S. 269 u. 296. 1925.
[4]) W. J. SCHMIDT, Naturwissensch. Jg. 12, S. 690. 1924.
[5]) HERZOG, Naturwissensch. Jg. 11, S. 172. 1923.
[6]) Vgl. STÜBEL, Pflügers Arch. f. Physiol. Bd. 201, S. 629. 1925.
[7]) RHUMBLER, Ergebn. d. Physiol. Bd. 14, S. 474. 1914.
[8]) EWALD HERING, 5 Reden. Leipzig: Wiederabdruck 1921.

kolloiden Vorgängen stattfindet, zu vergleichen. Die Irreversibilität in der Entwicklung zeigt sich darin, daß bei der Rückbildung phylogenetisch erworbener Organe der ursprüngliche Zustand nicht wiederkehrt und funktionell gleichwertige Organe, die dann evtl. später wiedererscheinen, aus anderen Anlagen entspringen. Ebenso gibt es im einzelnen Individuum keine eigentliche Rückdifferenzierung, also Umkehrung, vielmehr entstehen regenerierte Teile aus embryonal gebliebenem Material.

b) Energieumwandlungen im Lebensprozeß.

4. Lebewesen und Entropiezunahme. Gewisse Besonderheiten der Lebewesen, die diese vor anderen Gebilden der sichtbaren Welt auszeichnen, kann man natürlich auch auf dem Gebiet der Thermodynamik finden. Dies zu einer Definition der Organismen zu benutzen, erscheint jedoch überflüssig und bedenklich, ersteres weil die Lebewesen sich ohne Übergang durch so zahlreiche Eigenschaften von der unbelebten Welt unterscheiden, daß ihre Abgrenzung keine Schwierigkeiten macht, letzteres, weil alle solche Definitionen künstlich und willkürlich sind[1]).

Ein grundsätzliches thermodynamisches Unterscheidungsmerkmal besteht nicht, vielmehr sind die chlorophyllführenden Pflanzen und die heterotrophen, d.h. von organischer Nahrung lebenden Organismen thermodynamisch voneinander ebenso verschieden, wie sie von der anorganischen Welt differieren. Kein Organismus besitzt die Fähigkeit, die Entropie der Welt zu verringern. In jedem Fall laufen die Vorgänge im Sinne der Abnahme der freien Energie. Jedoch sind die chlorophyllhaltigen Pflanzen imstande, die freie Energie der Sonnenstrahlung zur photosynthetischen Assimilation der Kohlensäure zu verwenden und vermehren damit die freie Energie ihrer Leibessubstanz und ihrer unmittelbaren Umwelt, sie verlangsamen damit die Zunahme der Entropie, da ohne ihr Vorhandensein die Sonnenstrahlung direkt in Wärme umgewandelt würde. Eine solche Verlangsamung bewirken auch unbelebte, maschinell wirkende Vorrichtungen wie der Wasserkreislauf. Die von pflanzlicher Nahrung lebenden Organismen, also die ganze Tierwelt, beschleunigt umgekehrt durch ihr Vorhandensein die Entropiezunahme. Ein damit zusammenhängender Unterschied dieser beiden Reiche ist der, daß bei den grünen Pflanzen die Zufuhr von Energie und von Substanz zum Aufbau des Leibes vollständig getrennt ist, während bei den heterotrophen Lebewesen alle verwertbare Energie in Gestalt chemischer Energie der aufgenommenen Nahrung zugeführt wird. (Eine besondere Stellung nehmen die autotrophen Bakterien ein, s. unten Ziff. 21.)

5. Empirische Belege für die Gültigkeit des ersten Hauptsatzes. Daß das Gesetz der Erhaltung der Energie im Tierkörper gültig sei, ist schon von seinen Entdeckern, Robert Mayer[2]) sowie Helmholtz vorausgesetzt worden. Für den stationären Zustand des ausgewachsenen Tieres in der Ruhe läuft die Prüfung des Gesetzes darauf hinaus, ob die vom Tier in einer gewissen Zeit produzierte Wärme genau gleich ist der Verbrennungswärme der in dieser Zeit umgesetzten Nahrung, wobei als Verbrennungswärme nicht die gesamte in der kalorimetrischen Bombe erzeugte Wärme zu rechnen ist, sondern nur die Differenz der Verbrennungswärme des Nahrungsstoffes und der aus ihm entstandenen Exkrete, insbesondere für das Eiweiß die Differenz der Verbrennungswärme von Eiweiß und Harnstoff. Die Prüfung läßt sich am leichtesten am Warmblüter

---

[1]) Siehe z. B. die von E. Bauer (Naturwissensch. Jg. 8, S. 338. 1920) gegebene Definition.
[2]) R. Mayer, Ostwalds Klassiker Nr. 180, S. 37.

vornehmen, da hier der Stoffumsatz genügend groß und seine Temperatur von selbst stationär ist. Ein vorläufiges Resultat erzielten schon LAVOISIER und LAPLACE[1]) (1780 bis 1781), die durch Bestimmung des Sauerstoffverbrauchs und der Kohlensäureproduktion sowie der Wärmebildung von Meerschweinchen im Eiskalorimeter eine Beziehung zwischen der verbrannten Menge kohlenstoffhaltiger Nahrung und abgegebener Wärme fanden und dieses Verhältnis verglichen mit der im selben Eiskalorimeter bestimmten Verbrennungswärme von Kohle. Beide Größen stimmten, auf die gleiche Kohlenmenge umgerechnet, ungefähr überein. Damit war die Ursache der tierischen Wärme in der Oxydation der Kohlenstoffverbindungen gefunden und die Atmung als Verbrennung erkannt. Genauere Versuche machten später DEPRETZ (1824) und DULONG (1841), aber erst RUBNER[2]) war es vorbehalten, auf Grund genauerer Bestimmungen der Verbrennungswärme der Nahrungsstoffe, des Gaswechsels und der Wärmeabgabe des Tieres im Kalorimeter die völlige Übereinstimmung der Verbrennungswärme der Nährstoffe in- und außerhalb des Organismus nachzuweisen. Die Differenzen zwischen beiden betrugen nur etwa 0,5%. Daß diese Übereinstimmung auch bestehen bleibt, wenn ein Teil der Oxydationsenergie in Muskelarbeit umgewandelt wird, ist später von ATWATER[3]) am Menschen nachgewiesen worden.

6. Energieumsatz beim Zellwachstum, Fehlen der Strukturenergie. Das Gesetz bleibt natürlich auch für nichtstationäre Zustände, z. B. beim Wachstum, gewahrt; nur muß hier neben den auch sonst zu berücksichtigenden Größen der Energiegehalt der zugewachsenen Zellmenge bestimmt werden. Derartige Versuche sind an sich stark vermehrenden Mikroorganismen leicht durchzuführen. Hier nimmt der gesamte Energiegehalt (Verbrennungswärme) der Zellmasse durch das Wachstum zu, der gesamte Energiegehalt von Zellmasse plus Nährboden aber ab, weil ja neben dem Wachstum mit positiver Wärmetönung verbundene Atmungs- oder Gärungsvorgänge stattfinden. Ob schließlich der Energiegehalt der Zellmasse pro Gewichtseinheit zu- oder abnimmt, hängt ausschließlich von den bei der Nährstoffassimilation stattfindenden chemischen Umwandlungen ab[4]). Bildet die Zelle auf Grund einer Kohlenhydraternährung Fett, so nimmt die Verbrennungswärme pro Gramm Trockensubstanz zu, bildet sie aus Fett Kohlenhydrat, so ist es umgekehrt.

Hiervon unabhängig ist die schon oben gestreifte Frage, ob beim Wachstum neben der etwaigen Erhöhung des Energiegehalts durch chemische Synthesen auch eine solche durch bloße Bildung von Strukturen stattfindet. Bereits TANGL[5]) hat sich dies Problem vorgelegt und zu seiner Beantwortung die Verbrennungswärme gleichartiger Eier (z. B. Hühnereier, Forelleneier usw.) in verschiedenen Stadien der Entwicklung miteinander verglichen. Der totale Energiegehalt des Eies nimmt während der Entwicklung natürlich ab, da Nahrung von außen nicht aufgenommen wird. Den Energieverlust bezeichnet TANGL als Entwicklungsarbeit. Es ist aber klar, daß diese Entwicklungsarbeit wesentlich, wenn nicht ganz, auf die mit Wärmebildung verknüpfte Atmung der Eier zurückzuführen ist, deren Größe übrigens für das sich entwickelnde Hühnerei von BOHR und HASSELBALCH[6]) bestimmt wurde. Ob hier ein gewisser Bruchteil der chemischen Energie

<hr>

[1]) LAVOISIER u. LAPLACE, Ostwalds Klassiker Nr. 40.
[2]) RUBNER, ZS. f. Biol. Bd. 30, S. 137. 1894.
[3]) ATWATER, Ergebn. d. Physiol. Bd. III, 1, S. 497. 1904.
[4]) Bilanzen dieser Art findet man bei französischen Ernährungsphysiologen, z. B. TERROINE u. WURMSER, Bull. soc. Chim. Biol. Bd. 4, S. 519. 1922.
[5]) TANGL, Pflügers Arch. f. Physiol. Bd. 93, S. 331. 1903; Bd. 98, S. 490. 1903; Bd. 104, S. 624. 1904.
[6]) BOHR u. HASSELBALCH, Skand. Arch. f. Physiol. Bd. 14, S. 398. 1903.

„verschwindet", indem potentielle Energie unbekannter Art gespeichert wird, konnte durch solche Versuche nicht entschieden werden.

Eine Anordnung, durch die sich diese Frage jedoch leicht, und zwar negativ innerhalb der nicht sehr hohen Genauigkeit von 5 bis 8% beantworten ließ, war die folgende[1]): In einer Portion sich entwickelnder Seeigeleier wird gleichzeitig Sauerstoffverbrauch und Wärmebildung bestimmt. Es ergab sich pro Milligramm aufgewandten Sauerstoffs im Durchschnitt eine Bildung von 2,8 gcal. Der gleiche Versuch wurde wiederholt mit befruchteten Eiern, bei denen jedoch auf Grund einer von Otto Warburg[2]) stammenden Beobachtung durch kleine Konzentrationen Phenylurethan die Zellfurchung sistiert wird, ohne daß die Atmungsgröße dadurch erheblich geändert wird. Die Wärmebildung pro Milligramm Sauerstoff betrug hier ebenfalls 2,8 cal. Da hier derselbe oxydative Stoffwechsel stattfindet, aber die Bildung von Struktur wegfällt, hätte der Wert größer sein müssen, wenn im ersten Fall ein Bruchteil der chemischen Energie auf Strukturenergie verbraucht wäre. In gleicher Weise läßt sich feststellen, daß die lebende Substanz ausgewachsener Zellen überhaupt keinen größeren Energiegehalt besitzt als die gleiche Substanz in toten Zellen, und daß die Vorstellung älterer Autoren von einem energiereichen „Biogenmolekül" ins Reich der Phantasie gehört. Zu diesem Zweck maß schon Rubner die bei der autolytischen Spaltung lebender Hefe freiwerdende Wärme und fand dabei nur einen sehr geringen Ausschlag[3]). Ein noch genaueres Resultat ließ sich durch Tötung einer stark konzentrierten Suspension atmender roter Blutkörperchen von Vögeln gewinnen[4]). Die Tötung geschah im Kalorimeter, ohne daß die geringste Wärme frei wurde. Diese letzteren Versuche sind genau genug, um zu schließen, daß die Verbrennungswärme von lebendem und totem Eiweiß auch nicht um 0,02% differieren kann.

Die chemische Energie (Oxydationsenergie) der in den Körper eingeführten Nahrung bzw. des Dotters oder sonstigen Reservematerials erscheint also sowohl im stationären Zustand wie beim Wachstum innerhalb der erreichbaren Genauigkeit vollständig als Wärme wieder, soweit sie nicht auf Synthese energiereicherer chemischer Substanzen verbraucht ist, oder ein Teil des aufgenommenen Materials angelagert, „assimiliert", also gar nicht umgesetzt ist. Energiebeträge, die etwa für die Bildung von Oberflächen gegen die Oberflächenspannung, Hebung von Zellen gegen die Schwere usw. aufgewandt sind, sind so klein, um vernachlässigt werden zu können. Diese Feststellung darf aber nicht dahin mißverstanden werden, als ob die beim Stoffwechsel freiwerdende Wärme direkt gebildet ist; vielmehr muß die chemische Energie intermediär in andere Formen übergehen, da mit ihrer Hilfe die verschiedenen vitalen Zelltätigkeiten verrichtet werden (s. darüber genauer Ziff. 16 bis 19).

c) Chemische Grundlage der vitalen Prozesse.

7. Wachstumsgeschwindigkeit und Stoffwechsel. Daß nahezu die Gesamtheit der sichtbaren Vorgänge in den Zellen — unter Absehen von der Photosynthese in grünen Pflanzen — von chemischen energieliefernden Prozessen abhängt, kann auf mehrere Weise gezeigt werden. So steht z. B. die Zellteilung in ihrer Geschwindigkeit in einer festen Beziehung zur Größe der Atmung[5]),

---

[1]) O. Meyerhof, Biochem. ZS. Bd. 35, S. 246, 280, 316. 1911.

[2]) O. Warburg, ZS. f. physiol. Chem. Bd. 66, S. 305. 1910.

[3]) Rubner, Arch. f. Hyg. Bd. 49, S. 415. 1904; s. auch „Kraft und Stoff im Haushalt der Natur", S. 97. Leipzig 1909.

[4]) O. Meyerhof, Pflügers Arch. f. Physiol. Bd. 146, S. 60. 1912.

[5]) O. Warburg, ZS. f. physiol. Chem. Bd. 66, S. 305. 1910.

indem sowohl bei durch künstliche Mittel gesteigerter wie stark herabgesetzter Atmung die Zellteilung sistiert; ja, durch Vergiftung der Zellen mit kleinen Konzentrationen Blausäure, die nachweislich an der Atmung angreift, wird die Geschwindigkeit der Zellteilung genau proportional der Atmungsgeschwindigkeit verlangsamt. Ferner ist beim Seeigelei der Übergang der Wachstumsruhe zur Entwicklung im Moment der Befruchtung mit einer Atmungssteigerung auf etwa den achtfachen Betrag verknüpft. Dieser Zusammenhang ergibt sich auch dort, wo das Wachstum nicht direkt von der Atmung, sondern von Spaltungen ohne Sauerstoff abhängt. So steigt im Warmblüterepithel der Spaltungsumsatz beim Übergang von Wachstumsruhe zum Wachstum (bei der Geschwulstbildung) aufs Zehnfache[1]).

8. „Temperaturkoeffizient" der Lebensprozesse. Ein noch allgemeineres Mittel zum Nachweis der Abhängigkeit verschiedener vitaler Vorgänge von chemischen Reaktionen bietet die Temperatur. Die VAN T' HOFFSCHE Regel, wonach die Geschwindigkeit chemischer Reaktionen bei Erhöhung der Temperatur um 10° im allgemeinen aufs Zwei- bis Dreifache steigt, erweist sich nicht nur für die chemischen Vorgänge im Organismus, sondern auch für zahlreiche andere als gültig und legt daher die Abhängigkeit dieser letzteren von den chemischen Vorgängen nahe[2]). (Natürlich muß das Innere des Organismus und nicht die Umgebung die betreffenden Temperaturen annehmen, so daß sich derartige Versuche im allgemeinen nur an Pflanzen und kaltblütigen Tieren und deren Organen, nicht aber am Warmblüter vornehmen lassen.) So gilt die VAN 'T HOFFSCHE Regel für die Zellteilungs- und Wachstumsgeschwindigkeit, für die Geschwindigkeit des Herzschlags, die rhythmische Atembewegung, die Fortpflanzungsgeschwindigkeit der Erregung im Nerv, die Protoplasmaströmung in Pflanzen, die Gerinnungszeit des Blutes und anderes mehr. Andererseits ist aber ein sicherer Schluß aus der Größe dieses Geschwindigkeitsquotienten pro 10°, in der Physiologie als „Temperaturkoeffizient, Q_{10}", bezeichnet, auf Beherrschung der untersuchten Vorgänge durch chemische Reaktionen nicht statthaft. Beispielsweise besitzt die Geschwindigkeit des Eindringens von Substanzen in Zellen häufig auch ein Q_{10} von etwa 3, obwohl der Vorgang sicherlich nicht durch chemische Reaktionen kontrolliert wird[3]). Auch die Geschwindigkeit der Anspannung bei der Kontraktion willkürlicher Muskeln hat ein Q_{10} von 2 bis 3. Überlegungen aus neuerer Zeit machen es aber wahrscheinlich[4]), daß die Geschwindigkeitszunahme hier auf einer Viskositätsabnahme der Muskelsubstanz mit steigender Temperatur beruht; in der Tat besitzt die Viskosität zäher Flüssigkeiten, z. B. Glyzerin, ein Q_{10} von 2,4 bis 2,5. Weitere Einschränkungen bestehen darin, daß die Geschwindigkeit der Lebensprozesse jenseits einer Optimaltemperatur, die in der Regel in der Nähe von 40° liegt, nur noch wenig ansteigt und dann rasch abfällt, wobei in diesem höheren Temperaturbereich die Geschwindigkeiten meist nicht mehr für längere Zeit konstant sind. Es ist dies auf eine Temperaturschädigung zurückzuführen, die unmittelbar auf eine Änderung des Kolloidzustandes des Eiweiß (Gerinnung) oder auf eine davon abhängige Schädigung oder Zerstörung von Enzymen bezogen werden kann.

Weiterhin ist der Quotient bei niederen Temperaturen (in der Nähe von 0°) häufig größer als bei hohen. Die Q_{10}-Werte der alkoholischen Gärung betragen z. B. nach SLATOR[5]):

---

[1]) WARBURG, NEGELEIN u. POSENER, Biochem. ZS. Bd. 152, S. 309. 1924.
[2]) Übersicht bei KANITZ, Temperatur und Lebensvorgänge, Berlin: Bornträger 1915.
[3]) MASING, Pflügers Arch. f. Physiol. Bd. 156, S. 401. 1914.
[4]) GASSER u. HILL, Proc. Roy. Soc. London (B) Bd. 96, S. 398. 1924.
[5]) SLATOR, Journ. chem. soc. Bd. 89, S. 136. 1906.

Tabelle 1.

Temperaturkoeffizient pro 10° (Q_{10}) für die Geschwindigkeit der alkoholischen Gärung nach Slator.

bei 5 bis 10°	7,0	20 bis 25	2,5	30 bis 35	1,8
10 „ 15	4,5	25 „ 30	2,0	35 „ 40	1,5.
15 „ 20	3,3				

Ähnliches gilt für die Atmungsgröße von Säugetierzellen nach Warburg. Ja, es ist mehrfach versucht worden, auf diese Weise verschiedene, die Geschwindigkeit kontrollierende Prozesse voneinander zu trennen. Man kann mit van t' Hoff schreiben:

$$\ln \frac{k_{T+10}}{k_T} = \frac{10A}{(T+10)\cdot T} \quad \text{oder allgemein} \quad \ln \frac{k_{T_2}}{k_{T_1}} = A\left(\frac{1}{T_1} - \frac{1}{T_2}\right). \tag{1}$$

Der Wert von A schwankt im allgemeinen zwischen 4000 und 9000. Nach Crozier[1]) ergeben sich bei der graphischen Darstellung biologischer Reaktionsgeschwindigkeiten nach dieser Formel (ln der Geschwindigkeit gegen $\frac{1}{T}$ abs.) meist zwei grade Linien, die einen stumpfen Winkel miteinander einschließen, d. h. man erhält zwei A-Werte, die in einem gewissen Bereich konstant sind.

In besonderen Fällen kann der Temperaturkoeffizient biologischer Reaktionen sehr wichtige Aufschlüsse geben. So ist es mit seiner Hilfe Blackman[2]) und ebenso Warburg[3]) gelungen, bei photochemischen Prozessen Licht- und Dunkelreaktionen voneinander zu trennen (s. unten Ziff. 22).

II. Thermochemie und Thermodynamik im Tierkörper.

a) Stoffwechsel und Energielieferung.

9. Die anergetische Bedeutung des Stoffwechsels im allgemeinen. Sucht man die thermodynamischen Hauptsätze oder Gleichgewichtsbetrachtungen systematisch auf die Lebenserscheinungen anzuwenden, so führt das leicht zu einem Formalismus, wobei physiologisch nebensächliche Vorgänge in den Vordergrund treten oder aber allein die thermodynamische Basis der physikalischen Chemie übrigbleibt. Da diese sich aber in ihrer Anwendung in der Biologie nicht von anderen Teilen der Physik und Chemie unterscheidet[4]), wollen wir hier nur die biologisch wichtigen Energietransformationen einer Betrachtung unterziehen.

Wie schon in Ziff. 4 hervorgehoben, ist das tierische Leben auf das pflanzliche angewiesen. Der tierische Organismus ist nicht befähigt, aus anorganischem Material sich die organischen Bausteine seiner Leibessubstanz aufzubauen, auch nicht dazu, sich die für die Verrichtung vitaler Leistungen erforderliche Energie auf andere Weise zu verschaffen, als in den durch die Photosynthese der Pflanzen reduzierten Kohlenstoffverbindungen der Nahrung. Diese Nahrung dient also sowohl zum Aufbau der Leibessubstanz wie zur Lieferung von Energie, so daß man, wenigstens begrifflich, einen Bau- und Betriebsstoffwechsel unterscheiden kann. An dem ersten ist von den drei Nährstoffgruppen

---

[1]) Crozier, Journ. of gen. Physiol. Bd. 7, S. 137, 151, 429, 565, 571. 1924/25.
[2]) Blackman, Ann. of Botany Bd. 19, S. 281. 1905.
[3]) O. Warburg, Biochem. ZS. Bd. 100, S. 230. 1919; Bd. 103, S. 188. 1920.
[4]) Man findet diese in ausführlicher Darstellung in dem Buche von R. Hoeber, Physikalische Chemie der Zelle und Gewebe, 5. Aufl., Leipzig: Engelmann 1922.

vorwiegend das Eiweiß beteiligt, an dem letzten vorwiegend das Kohlenhydrat, während die Fette zur Hauptsache Reversesubstanzen sind. Da der Stoffwechsel allgemein in exothernen Reaktionen besteht, ist die Frage aufgeworfen, ob nicht die hierbei entstehende Wärme mehr ein zufälliges und für die Organismen gleichgültiges Nebenprodukt darstellt, während der chemische Umsatz, speziell die Oxydation von Kohlenstoffverbindungen, das „unum necessarium" sei. Daß dem aber nicht so ist, sondern auch die Energielieferung zum Leben notwendig gehört, kann auf verschiedene Weise erschlossen werden[1]), vor allem aus der Mannigfaltigkeit des Stoffwechsels der verschiedenen Lebewesen, der nur das eine gemeinsam hat, daß in der Größenordnung vergleichbare Energiemengen — unter ähnlichen Bedingungen und bei gleicher Temperatur — pro Gewichtseinheit lebender Substanz freigemacht werden. Während bis zur Mitte des vorigen Jahrhunderts nur die Oxydation von Kohlenstoffverbindungen als Unterhalt des Lebens bekannt war, entdeckte PASTEUR[2]) das große Reich der anaeroben Lebewesen, die unter Ausschluß des Sauerstoffs gedeihen und wachsen. Gleichzeitig fand er, daß hier die Sauerstoffatmung vertreten wird durch Spaltungen öder Gärungen, die stark exotherm sind, aber natürlich pro Nährstoffmolekül erheblich weniger Wärme bilden als die Oxydation. Dementsprechend ist der Umsatz der Nährstoffe ein viel größerer und steht in einem so starken Mißverhältnis zu dem Materialbestand der Zelle — die Hefe kann z. B. in 24 Stunden das Siebzigfache ihres Gewichts an Zucker vergären — daß die einzige plausible Erklärung hierfür ist, auf diese Weise die für das Zelleben erforderliche Energie frei zu machen. Ein ähnliches Argument leiten wir von den von dem russischen Bakteriologen WINOGRADSKY[3]) entdeckten autotrophen Bakterien her, die zur chemosynthetischen Reduktion der Kohlensäure befähigt sind. Die anorganischen Reaktionen, von denen sie leben, z. B. $H_2 + O = H_2O$; $H_2S + O = S + H_2O$; $HNO_2 + O = HNO_3$ usw., dienen weder direkt zum Aufbau ihrer Leibessubstanz, noch kommen sie sonst als Glied anderer Stoffwechselprozesse in Frage. Sie sind biologisch verständlich nur vom Standpunkt der Energieproduktion.

10. Freie Energie der biologischen Oxydationen. Wir messen die im Stoffwechsel freigemachte Energie in allen Fällen als Wärme. Es bedarf keines Hinweises, daß es für die Arbeitsleistung im Organismus nicht auf die Änderung der Gesamtenergie ankommt, sondern auf die freie Energie der Reaktionen, die für die Oxydation der Kohlenstoffverbindungen nicht genau zu bestimmen ist. Jedoch können wir aus Näherungsrechnungen aus dem NERNSTschen Wärmetheorem, wie sie von POLLITZER[4]) sowie BARON und POLANYI[5]) ausgeführt sind, entnehmen, daß für die einfachsten biologischen Oxydationen die freie Energie der Wärmetönung ungefähr gleich ist, wie dies schon durch die bedeutende Größe der Wärmetönungen nahegelegt wird. Die Verbrennungswärme gasförmigen Alkohols beträgt 340 500 cal pro Mol, die maximale Arbeit nach der Berechnung von POLLITZER für molare Konzentrationen bei $T = 300°$ abs. 353 000 cal.

Die Verbrennungswärme von Traubenzucker beträgt 673 200 cal pro Mol, die maximale Arbeit bei der Verbrennung von festem Traubenzucker nach BARON und POLANYI bei $T = 310°$ abs. 763 400 cal. Die entsprechenden Zahlen für

[1]) Näheres s. O. MEYERHOF, Zur Energetik der Zellvorgänge, Göttingen: Vandenhoeck & Ruprecht 1913, und Chemical Dynamics of Life Phaenomena, Philadelphia u. London: Lippincott 1924.

[2]) L. PASTEUR, Bull. soc. Chim. 1861, und Etudes sur la Bière, Paris 1876.

[3]) WINOGRADSKY, Botan. Ztg. 1887.

[4]) POLLITZER, Berechnung chemischer Affinitäten nach dem Nernstschen Wärmetheorem. Chem.-Techn. Vorträge, Stuttgart 1912.

[5]) BARON u. POLANYI, Biochem. ZS. Bd. 53, S. 1. 1913.

Fett. (Tristearin) sind 8450000 cal Verbrennungswärme pro Mol, 9900000 cal maximale Arbeit. Wir begehen daher keinen großen Fehler, wenn wir bei den Stoffwechselreaktionen im allgemeinen nur die Werte für die Änderung der Gesamtenergie zugrunde legen, die genau zu bestimmen sind.

11. Stoffwechsel und Organtätigkeit. Wenn der Stoffwechsel, soweit er Betriebsstoffwechsel ist, der Lieferung von Energie dient, müssen wir fragen, was mit dieser Energie geschieht. Besondere Fälle, wo dies genauer bestimmbar oder sogar berechenbar ist, wie die Leistung mechanischer Arbeit im Muskel, werden später erörtert werden. Doch haben auch solche Zellen einen Stoff- und Energieumsatz, die keinerlei sichtbare Arbeit leisten, sondern scheinbar in völliger Ruhe sind. Man kann darüber spekulieren, welche innere Arbeit hier gleichwohl für das Aufrechterhalten des Lebens erfordert wird, das ja auf Un-gleichgewichten beruht, die sich auszugleichen streben und durch Aufwand von Arbeit wieder hergestellt werden müssen. Wichtiger aber noch erscheint der Umstand, daß der Ruhestoffwechsel stets außerordentlich viel geringer ist als der Tätigkeitsstoffwechsel im gleichen Organ. Beim Muskel steigt in der Arbeit die Oxydationsgeschwindigkeit mindestens auf das Zwanzigfache, bei der Be-fruchtung des Seeigeleies beim Übergang von Wachstumsruhe zur Entwicklung aufs Acht- bis Zehnfache; von den sezernierenden Drüsen ist ebenfalls eine enorme Steigerung der Atmung beim Übergang von Ruhe zur Tätigkeit bekannt. Dort, wo der Zusammenhang der einzelnen Stoffwechselphasen mit bestimmten Arbeiten genauer angebbar ist, kann man in der Analyse der Erscheinungen noch weiter gehen. Nach A. V. Hill und O. Meyerhof[1]) ist die unmittelbar energieliefernde Reaktion für die Muskelkontraktion das Freiwerden von Milchsäure aus Glykogen. Die Geschwindigkeit derselben steigt auf den Reiz hin gegenüber dem Ruhe-zustand auf etwa das Zweitausendfache. Dabei kann man in diesem Fall sehr wahrscheinlich machen, daß der in der Ruhe noch bestehende Stoffwechsel im Dienste der Arbeitsbereitschaft steht; er gleicht einer dauernd brennenden Zünd-flamme, durch die auf eine Auslösung hin (den Reiz) der explosive Molekül-zerfall herbeigeführt wird, der die Ursache der Bewegung ist.

12. Stoffwechsel und Wärmeproduktion beim Warmblüter. (Oberflächen-gesetz und Gesetz der isodynamen Vertretung). Verstehen wir so den Sinn des Energieumsatzes der Zelle, so ist noch der besonderen Bedeutung des Stoff-wechsels für den Warmblüter zu gedenken, nämlich der Produktion der Wärme selbst. Während die Pflanzen und die kaltblütigen Tiere (Poikilothermen) die Wärme vollständig nach außen abgeben, sind die Warmblüter (Homoiothermen) Thermostaten, die auf etwa $38°$ Bluttemperatur reguliert sind. Durch diese konstante, relativ hohe Temperatur wird die Geschwindigkeit aller Stoffwechsel-reaktionen verhältnismäßig groß und gleichzeitig unabhängig von der schwanken-den Umgebungstemperatur. Dadurch, daß beim Warmblüter der Stoffwechsel u. a. die Aufgabe hat, die Körpertemperatur konstant zu erhalten, ergeben sich hier noch eine Reihe weiterer Gesetzmäßigkeiten des Energieumsatzes, deren Herausarbeitung man vor allem Rubner[2]) verdankt. Da die Auskühlung durch die Oberfläche erfolgt und diese bei Vergrößerung des Tieres (mathematische Ähnlichkeit vorausgesetzt) in der 2. Potenz, das Volumen und entsprechend das Gewicht in der 3. Potenz steigen, so sinkt der Stoffwechsel pro Gewichtseinheit ceteris paribus bei zunehmender Größe des Tieres immer mehr, indem er etwa $w^2/_3$ proportional bleibt (w = Tiergewicht), während er durch die ganze Säugetier-reihe hindurch pro Einheit der Oberfläche etwa denselben Wert behält. Die

---

[1]) A. V. Hill u. O. Meyerhof, Zusammenfassung: Ergebn. d. Physiol. Bd. 22, S. 301. 1923.
[2]) M. Rubner, Zusammenfassung: Kraft und Stoff im Haushalt der Natur.

Oberfläche (O) eines Tieres wird genauer berechnet nach der Formel $O = k \cdot w^{2}/_{3}$, wo k für die einzelne Tierart eine empirisch bestimmte Konstante ist, die für verschiedene Tierarten etwas verschieden ist. Der Energieumsatz beträgt z. B. im Hungerzustand pro kg und 24 Stunden:

<pre>
beim Pferd . . . . 11,3 kcal
  „   Menschen 24   „
bei der weißen Maus 639   „ .
</pre>

Dagegen berechnet sich auf 1 qm Oberfläche in 24 Stunden:

<pre>
beim Pferd . . . . 950 kcal
  „   Menschen 1042   „
bei der weißen Maus 1188   „ [1].
</pre>

Übrigens steigt die Arbeit für die Fortbewegung der Körpermasse bei zunehmender Körpergröße auch weniger stark als das Gewicht, so daß aus diesem und ähnlichen Gründen auch beim Kaltblüter der Energieumsatz pro Gewichtseinheit sich mit zunehmender Größe verkleinert, aber nicht so genau dem Oberflächengesetz gehorcht.

Der zweite Gesichtspunkt, der sich ebenfalls hauptsächlich aus dem Bedürfnis des Wärmehaushalts der Homoiothermen, daneben aber auch aus dem Energiebedarf für mechanische Arbeit ergibt, ist der, daß sich die Nahrungsstoffe nach ihrer Verbrennungswärme vertreten können, von RUBNER das Gesetz der Isodynamie genannt. Die Verbrennungswärme von 1 g Kohlenhydrat beträgt durchschnittlich 4180 cal, von 1 g Fett 9460, von 1 g Eiweiß (bis zu dem tierischen Endprodukt Harnstoff) 4320 cal. Dementsprechend sind 100 g Fett „isodynam" mit 230 g Kohlenhydrat und 215 g Eiweiß. Das Gesetz der Isodynamie unterliegt jedoch gewissen Beschränkungen, da erstens eine bestimmte Menge Nahrungseiweiß unersetzlich ist, soweit sie nämlich dem Aufbau der Zelle dient, zweitens zur Leistung mechanischer Arbeit die Kohlenhydrate eine Vorzugsstellung einnehmen und daher besonders bei Fetternährung der ökonomische Wirkungsgrad des Muskels sich verschlechtert.

13. Stoffwechsel und unfreiwillige Synthesen. Schließlich sei noch einer wichtigen Bedeutung der freiwilligen Stoffwechselreaktionen, insbesondere der Oxydation, gedacht, nämlich die Energie für unfreiwillige chemische Vorgänge, insbesondere „Synthesen", zu liefern. Das allgemeine Prinzip einer solchen Energieübertragung ist in den gekoppelten Reaktionen verwirklicht, wo in einer stöchiometrisch zu formulierenden Gleichung die freiwillige und unfreiwillige Reaktion miteinander verschmolzen sind[2]. Beispiele, wo dies genau zutrifft, werden wir später kennenlernen (vgl. Ziff. 24, 25). Im allgemeinen finden wir bei den Reaktionen in der Zelle keine stöchiometrische Proportion, und der Vorgang ist von der Zellstruktur abhängig, verläuft also jedenfalls in einem mehrphasigen System. Eine derartige Synthese, die im intermediären Stoffwechsel eine große Rolle spielt, ist die Reduktion von Kohlenhydrat zu Fett im Tierkörper. Findet diese Reduktion statt unter Erhaltung des Kohlenstoffbestandes, so entstehen aus 191,25 g Traubenzucker 100 g Fett. Die Zuckermenge besitzt die Verbrennungswärme 718 kcal, das entstandene Fett 950 kcal; der Gewinn von 232 kcal oder etwa 30% wird zweifellos aus der Oxydationsenergie bestritten. Während die genaue Energiebilanz hier unbekannt ist, ist kürzlich eine solche für eine andere im Stoffwechsel erfolgende Reduktion festgestellt[3].

<pre>
     [1]) Die meisten Zahlen nach KROGH, Respiratory Exchange (Monographs of Biochem.),
London 1916.
     [2]) W. OSTWALD, ZS. f. phys. Chem. Bd. 34, S. 248. 1900.
     [3]) O. MEYERHOF, K. LOHMANN u. R. MEIER, Biochem. ZS. Bd. 157, S. 459. 1925;
H. BLASCHKO, Ebenda. Bd. 158, S. 428. 1925.
</pre>

Im Kaltblütermuskel wird auf Kosten der Oxydation von Kohlenhydrat Brenztraubensäure zu Glykogen synthetisiert, und die Gleichung der Synthese lautet (unter Benutzung der dafür neu bestimmten Verbrennungswärme der Brenztraubensäure):

1. $2\,CH_3 \cdot CO \cdot COOH + 2\,H_2O = C_6H_{12}O_6 + O_2 - 132\,kcal.$
   [Brenztraubensäure]   [Glykogenhydrat]

Die Gleichung für die energieliefernde Reaktion:

2. $C_6H_{12}O_6 + 6\,O_2 = 6\,CO_2 + 6\,H_2O + 681\,kcal.$

Für 1 mg O_2 in Gleichung (1) werden 4,13 cal, für 1 ccm O_2 5,91 cal verbraucht[1]), nach Gleichung (2) für 1 mg O_2 3,55 cal, bzw. für 1 ccm 5,07 cal produziert. Nun verläuft aber Reaktion 1 rascher als 2, so daß es dabei zu beträchtlicher Anhäufung von Kohlenhydrat im Muskel kommt. Diese Synthese geschieht auf Grund einer Steigerung der Oxydation über den Ruheumsatz, wobei etwa 4 bis 5 Zuckermoleküle synthetisiert werden, während, berechnet aus dem Extrasauerstoff, eines dafür verbrennt. (Denselben Zahlen begegnen wir später bei der Synthese der Milchsäure zu Kohlenhydrat im Muskel und den entsprechenden Vorgängen in anderen Geweben; vgl. Ziff. 19.) Man kann daraus berechnen, daß bei bilanzmäßiger Zunahme von drei Zuckermolekülen während der Verbrennung eines Zuckermoleküls pro Milligramm verbrauchten Extrasauerstoffs nur 2,4 cal produziert werden statt 3,55 cal bei gewöhnlicher Kohlenhydratverbrennung. Es werden dann also 30% der Gesamtenergie für die Synthese aufgewandt. Noch größer fällt natürlich der auf die Synthese berechnete Energieaufwand aus, wenn man die beiden Reaktionen unabhängig voneinander sich abspielen denkt, so daß also der von (1) auf (2) übertragene Sauerstoff nicht aus der Berechnung heraus fällt. Läuft Reaktion (1) viermal so schnell ab als (2), so werden in Reaktion (1) — 528 kcal gewonnen bei Aufwand von + 681 kcal in (2), also fast 80% der Oxydationsenergie kommen der Reduktion zugute.

b) Physikalisch-chemische Gesetze des Stoffwechsels.

14. Reaktionsgeschwindigkeit und Gleichgewicht. Bei den bisher betrachteten Größen wie „Stoffwechsel", „Energieumsatz", „Atmungsgröße", haben wir es mit Reaktionsgeschwindigkeiten zu tun, wobei chemische Systeme, die sich weit außerhalb ihres Gleichgewichts befinden, zur Hauptsache reduzierte Kohlenstoffverbindungen und atmosphärischer Sauerstoff, demselben zustreben. Das Gleichgewicht dieser Reaktionen liegt extrem nach der Seite der Endprodukte verschoben, und wenn es erreicht ist, hat die Verbindung ihre Rolle für den eigentlichen Lebensprozeß ausgespielt, wiewohl sie noch bis zum Moment der Ausscheidung für sekundäre Umsetzungen von Bedeutung sein kann. (So befördert z. B. die Kohlensäure im Kapillarblut die Dissoziation des Oxyhämoglobins in Hämoglobin und Sauerstoff [vgl. Ziff. 20]). Gleichgewichtsbetrachtungen, die sonst in der physikalischen Chemie so fruchtbar sind, sind also im Lebensgeschehen von geringerem Wert, denn das Gleichgewicht ist nicht Leben, sondern Tod. Anders steht es bei den den Stoffwechsel nur vorbereitenden Reaktionen, wie etwa den Hydrolysen sowie bei dem Umsatz gewisser, in kleinen Mengen vorhandener Stoffe von spezifischer Wirkung, z. B. Sehpurpur, Leuchtstoffe und ähnliches. Diese Reaktionen führen in der Tat in vielen Fällen zu meßbaren Gleichgewichten vor Verbrauch der Ausgangsstoffe, und dem-

---

[1]) Infolge eines Schreibfehlers sind in der angeführten Arbeit von O. Meyerhof, K. Lohmann und R. Meier diese Zahlen irrtümlich angegeben.

entsprechend sind auch die Reaktionen umkehrbar. Dann gilt auch oft das Massenwirkungsgesetz[1]). Besonders schöne Beispiele erhält man bei der enzymatischen Spaltung der Fette sowie der zusammengesetzten Zucker, der Glukoside. Die hier wirksamen Enzyme verhalten sich wie echte Katalysatoren, sie beschleunigen von beiden Seiten die Erreichung desselben Gleichgewichts. Ein derartiger Fall, Spaltung und Synthese des Glyzeringlukosids durch das Ferment der bitteren Mandeln, Emulsin, ist auf Abb. 1 nach BAYLISS abgebildet[2]). Ähnlich ist der Verlauf der Spaltung und Synthese von Fettsäureestern durch Lipasen, wo ebenfalls die Reaktionsgeschwindigkeiten dem Massenwirkungsgesetz gehorchen[3]). In einzelnen Fällen ist auch eine Reversion der Hydrolyse von Disacchariden bekannt, so für die Spaltung der Maltose in Glukose[4]).

15. Ursache der biologischen Oxydation. Gehen wir aber zu den energieliefernden Stoffwechselreaktionen über, insbesondere den Oxydationen, so versagen alle Versuche, in den Geweben Gleichgewichte zu bestimmen oder Affinitäten zu messen. Die lebende Zelle besitzt gegenüber freiem Sauerstoff kein bestimmtes Reduktionspotential. Unser Interesse konzentriert sich daher auf die Umstände, die die Reaktionsgeschwindigkeit der vitalen Verbrennungen bestimmen. Obwohl das System: gelöster Nährstoff + molekularer Sauerstoff weit entfernt von seinem Gleichgewicht ist, ist es doch bei gewöhnlicher Temperatur außerhalb des Tierkörpers beständig. Die Nährstoffe sind „dysoxydabel"; der Eintritt der Reaktion wird durch Widerstände gehindert. Die Ursache der Oxydation der Nährstoffe im Tierkörper ist durch eine Reihe glänzender

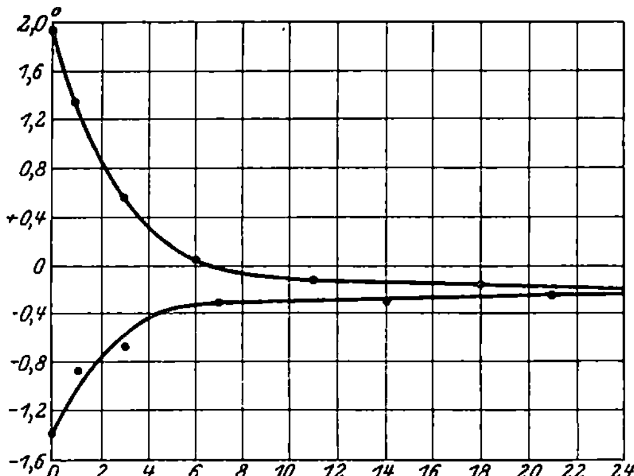

Abb. 1. Reaktionsverlauf bei Spaltung oder Synthese von Glyzeringlukosid unter der Einwirkung von Emulsin. Obere Kurve: Glyzerin und Glukose. Untere Kurve: Glyzeringlukosid. Das erreichte Gleichgewicht ist dasselbe. Ordinaten: optische Drehung der verdünnten Lösungen. Abszisse: Zeit in Tagen.

Untersuchungen von OTTO WARBURG[5]) aufgeklärt. Zwei Momente wirken zusammen: die Strukturoberflächen der Zellen erhöhen durch Adsorption die Konzentration der reagierenden Moleküle, und wichtiger und allgemeiner als dies: der molekulare Sauerstoff reagiert nicht direkt mit den organischen Verbindungen, sondern mit dem in der Zelle in komplexer Bindung befindlichen zweiwertigen Eisen. Es bildet sich ein komplexes Eisensuperoxyd, und der auf diese Weise „aktivierte" Sauerstoff oxydiert das Nährstoffmolekül. Eisen in komplexer Bindung stellt also den sauerstoffübertragenden Bestandteil des Atmungsfermentes dar. Die besondere Natur der Komplexverbindung aber ruft

---

[1]) Über die Kinetik der Fermentreaktionen vgl. vor allem die ausführlichen Darstellungen von H. EULER, Chemie der Enzyme Bd. I, 3. Aufl. 1925 und R. KUHN, in C. Oppenheimers Fermente, 5. Aufl. 1925.

[2]) W. M. BAYLISS, Principles of General Physiology, Longmans, Green, London, 2. Aufl. 1918, S. 300.

[3]) DIETZ, ZS. f. physiol. Chem. Bd. 52, S. 279. 1907.

[4]) CROFT HILL, Journ. chem. soc. Bd. 73, S. 673. 1898; PRINGSHEIM u. LEIBOWITZ, Chem. Ber. Bd. 57, S. 1576. 1924.

[5]) Zusammenfassungen: O. WARBURG, Biochem. ZS. Bd. 119, S. 134. 1921; Bd. 152, S. 479. 1924; Chem. Ber. Bd. 58, S. 1001. 1925.

die Spezifität der verschiedenen Atmungsfermente hervor. Hier können nur einige experimentelle Beweisstücke dieser Theorie aufgeführt werden: Alle Zellen enthalten kleine Mengen Eisen als lebenswichtigen Bestandteil. Die Zellatmung wird durch Blausäure gehemmt in Konzentrationen von etwa 10^{-4} bis 10^{-5} m, die den in der Zelle vorhandenen Eisenmengen äquivalent sind. Die Hemmung ist auf die Bildung komplexer Eisenzyanverbindungen zurückzuführen, durch die das Eisen als Sauerstoffüberträger ausgeschaltet wird. Die Zellatmung wird durch indifferente Narkotika gehemmt proportional zu deren Adsorbierbarkeit an Oberflächen. Dies erklärt sich durch Verdrängung des Nährstoffs von den Strukturoberflächen, die wir als Sitz der eisenhaltigen Atmungsfermente anzusehen haben. Die Vorstellungen lassen sich durch Modellversuche belegen. Das Bemerkenswerteste dieser Modelle ist künstlich hergestellte, mit Eisensalz geglühte, stickstoffhaltige Kohle in feiner Verteilung. An dieser werden die in Wasser gelösten Aminosäuren, die Bausteine des Eiweißes, bei Körpertemperatur und neutraler Reaktion mit derselben Geschwindigkeit und zu denselben Endprodukten oxydiert wie im Tierkörper. Diese Oxydation wird durch genau die gleichen Konzentrationen von Blausäure und Narkotika gehemmt wie die Zellatmung.

Auf eins sei aber nachdrücklich hingewiesen: In physikalisch-chemischer Beziehung stimmt offenbar die Oxydation der Nährstoffe im Modell, z. B. die der Aminosäuren an der Kohlenoberfläche, weitgehend mit der Oxydation der gleichen Stoffe in der Zelle überein. An der Kohle geht aber die chemische Energie der Oxydation direkt in Wärme über, während sie in der Zelle, wo sie dazu dient, das Leben zu unterhalten, zunächst in andere Formen verwandelt werden muß. Eine solche Umwandlung ist dadurch leicht möglich, daß die Oxydation an den festen Oberflächen verläuft; da wir es bei den Zellen mit chemodynamischen Maschinen (nicht etwa Wärmemaschinen) zu tun haben, so bedarf es einer bestimmten räumlichen Organisation des energieliefernden Prozesses, damit er zur Arbeitsleistung dienen kann.

c) Die Umwandlung der chemischen Energie in andere Form.

Welches sind nun die Energieformen, in die die chemische Energie übergehen kann? Sehen wir von unbekannten Umwandlungen ab, so ist es vor allem mechanische Energie in Bewegungs- und Wachstumsvorgängen, osmotische Energie bei der Resorption und Sekretion, ferner in sehr kleinem Betrage, aber allgemein verbreitet, die elektrische Energie, vor allem in Muskeln und Nerven — in großem Betrage allein bei den elektrischen Fischen — ferner bei gewissen Tierformen (Insekten, Würmern, Fischen, Einzelligen) auch in Lichtenergie. Im allgemeinen ist die Transformation eine indirekte. Näheres wird unten am Beispiel des Muskels erörtert.

16. Erzeugung von Licht im Organismus. Eine unmittelbare Umwandlung der Oxydationsenergie findet in den genannten Fällen offenbar nur beim Übergang in Licht statt. Es handelt sich hier um Chemiluminiszenz. Auf Grund einer Reihe neuerer Arbeiten von Newton Harvey[1] sei diese Frage kurz betrachtet.

Das tierische Leuchten ist in allen Fällen von der Gegenwart von Sauerstoff abhängig, was übrigens schon Robert Boyle 1667 an phosphoreszierendem Holz unter der Luftpumpe entdeckte — hier ist das Leuchten durch Bakterien verursacht. Nach Harvey genügen indes schon minimale Spuren von Sauerstoff. Aus manchen Leuchttieren, wie der Krustazee Cypridina, läßt sich ein Stoff

---

[1] Newton Harvey, Nature of Animal Light. Philadelphia u. London: Lippincott 1920; ferner Physiol. Rev. Bd. 4, S. 639. 1924.

Luciferin gewinnen, der in Gegenwart einer hitzeempfindlichen Substanz, der sog. Luciferase, in ein Oxydationsprodukt, Oxyluciferin, übergeht und hierbei leuchtet. Die Luciferase verhält sich wie ein Katalysator. Die Lichtintensität ist, wie sich aus der Kinetik ergibt, der Geschwindigkeit der Oxydation proportional und hat auch einen entsprechenden „Temperaturkoeffizienten" von 2,74 pro 10° Temperatursteigerung. Das Oxyluciferin aber läßt sich durch jede Art aktiven Wasserstoffs, nicht durch molekularen, wieder in Luciferin zurückverwandeln. Geschieht diese Rückverwandlung in Anwesenheit von Sauerstoff und Luciferase, so schließt unmittelbar die Oxydation an, und es kommt zu einem kontinuierlichen Leuchten, solange aktiver Wasserstoff zugegen ist. Leitet man z. B. durch eine solche Lösung einen elektrischen Strom mittels zweier Platinelektroden, so tritt oberhalb der Zersetzungsspannung des Wassers, d. h. über 1,8 Volt, ein dauerndes Leuchten über der Oberfläche der Kathode ein. Dies geschieht auch bereits, wenn man ohne äußere Stromzufuhr einen Platindraht in der Lösung mit Zn, Cd oder Al berührt und so eine schwache galvanische Kette erzeugt, auf der Oberfläche des Platins; ja sogar frische Bruchflächen von Mg, Al, Mn, Zn, Cd leuchten schon allein schwach in dieser Lösung, so daß diese Reaktion zur Entdeckung der kleinsten Spuren aktiven Wasserstoffs dienen kann. Derartige Anordnungen kann man als Modell des Leuchtsystems in der lebenden Zelle betrachten, durch die eine anhaltende Chemilumiñiszenz möglich wird. Die Lichtemission ist, wie bekannt, sehr schwach, die Helligkeit beträgt bei Cypridina 0,015 Lambert. Hierbei sind weniger als 0,1% der Oxydationsenergie in Licht verwandelt. Das Licht zeigt ein kontinuierliches, aber verkürztes Spektrum.

17. Erzeugung von Bioelektrizität. Ein umfangreiches Forschungsgebiet bildet die Produktion von tierischer Elektrizität, das zu den ältesten der ganzen Physiologie gehört und seinen ersten systematischen Ausbau in den berühmten Untersuchungen von DUBOIS-REYMOND (1843—48) empfing. Gerade hier haben thermodynamische Überlegungen eine verhältnismäßig große Rolle gespielt. Jedoch können wir uns, wo es auf die Darstellung gesicherter Ergebnisse ankommt, beschränken. Sehen wir davon ab, daß, außer in dem Spezialfall der elektrischen Fische, hier nur minimale Energiebeträge ins Spiel treten, so ist es vor allem der Forschung bisher nicht gelungen, die Grundfrage zu klären, ob diese Ströme, die bei der Tätigkeit der Organe („Aktionsströme") oder bei ihrer Verletzung („Demarkationsströme") auftreten, der Steigerung des Stoffwechsels bei Tätigkeit und Verletzung ihren Ursprung verdanken oder einer Änderung des physikalischen Zustands des Organs. Bei der ersteren, vor allem von dem Physiologen HERMANN vertretenen Auffassung („Alterationstheorie") würde an die Bildung von Säure, die bei Tätigkeit und Verletzung in dem Gewebe auftritt, als Ursache der Ströme zu denken sein. Daß bei Reaktionsverschiebungen um den Neutralpunkt Ströme von einer Stärke, wie sie in vivo vorkommen, in mehrphasigen Gebilden entstehen können, ist nach den ersten orientierenden Versuchen von CREMER[1]) vor allem von HABER und KLEMENSIEWICZ[2]) gezeigt. Die zwischen zwei wäßrige Lösungen von verschiedener cH eingeschaltete Phase übernimmt dabei die Funktion metallischer Elektroden, indem die Phasengrenzen ganz oder nahezu undurchlässig für die in der Lösung befindlichen H˙- und OH′-Ionen ist. Die elektromotorische Kraft ist

$$\pi = RT \ln \frac{H\,s}{H\,a}, \qquad\qquad (2)$$

---

[1]) CREMER, ZS. f. Biol. Bd. 47, S. 1. 1906.
[2]) HABER u. KLEMENSIEWICZ, ZS. f. phys. Chem. Bd. 67, S. 385. 1909.

wo Hs und Ha die H-Konzentrationen in der sauren und alkalischen Lösung bedeuten.

Der genannten Auffassung steht die von Bernstein zuerst begründete Annahme gegenüber, wonach die Ströme aus einer selektiven Durchlässigkeit der Membran für bestimmte Kationen herrühren (sog. „Präexistenztheorie" der Ströme). Im intakten Zustand und Ruhe käme es nur zur Ausbildung einer elektrischen Doppelschicht an der Organoberfläche. Bei Anlegung einer Verletzung könnten jedoch in den Zellen eingeschlossene Anionen in die Flüssigkeit übertreten, dementsprechend würden Kationen durch die Membran heraus diffundieren und ein elektrischer Strom entstehen, bei dem der Hauptpotentialsprung an der intakten Membran liegt. Der Aktionsstrom würde sich ebenso erklären, indem am Orte der Tätigkeit oder „Erregung" die Durchlässigkeit der Membran erhöht wird, was funktionell einem Loch in der Membran gleichkommt. Bernstein suchte seine Auffassung durch die thermodynamische Theorie der elektrischen Stromerzeugung zu stützen. In Konzentrationsketten ist die elektromotorische Kraft bekanntlich der absoluten Temperatur proportional (Nernstsche Formel:

$$E = \frac{RT}{F} \ln \frac{c_1}{c_2} \Bigg) .$$ Das ist nun nach Bernstein für die Verletzungsströme an-

genähert zwischen 0 und 18° der Fall. Dieses Argument zum Beweis der Membrantheorie muß man indes ablehnen, weil ja, wenn man ganz von den kleinen zugänglichen Intervallen absieht, die gleiche Abhängigkeit von der absoluten Temperatur für jede reversibel arbeitende galvanische Kette gilt. Wie sich aber die Konzentration des wirksamen Stoffwechselprodukts, z. B. des H-Ions, nach der „Alterationstheorie" an der verletzten Stelle mit der Temperatur ändert, ist unbekannt. Der gleiche Einwand gilt für eine andere, wegen ihres Objekts interessante Untersuchungsreihe von Bernstein und Tschermak[1]). Entlädt man das elektrische Organ des Zitterrochens, der Spannungen in der Größenordnung von mehreren Volt erzeugen kann, ohne Ableitung nach außen, so tritt eine geringe Erwärmung des Organs auf. Entlädt man es dagegen durch eine Glühlampe, so erwärmt es sich außerordentlich viel weniger oder kühlt sich sogar etwas ab, trotz des verhältnismäßig hohen inneren Widerstandes. Der Schluß der Autoren, daß dies gegen einen chemischen Ursprung der Stromerzeugung spräche, ist natürlich unzulässig. Würde doch sogar eine reversibel arbeitende Brennstoffkette, in der z. B. Zucker oxydiert würde, sich bei Betätigung ebenso verhalten (vgl. oben die Werte für die Gesamtenergie und freie Energie Ziff. 10). Doch sprechen die Versuche in dem Sinn, daß ein recht beträchtlicher Teil der Gesamtenergie der Reaktion als elektrische Arbeit abgegeben werden kann.

Neuerdings sind dagegen durch die Untersuchungen von Hoeber[2]) eine Reihe von Argumenten zugunsten der Membrantheorie beigebracht worden. Vor allem das Verhalten der „Salzruheströme", die in unverletzten Muskeln beim Eintauchen beider Enden in verschiedene Salzlösungen entstehen, entspricht den Forderungen dieser Theorie. Auch ergab sich eine Reihe unabhängiger Beweise für die Erhöhung der Durchlässigkeit der Gewebe bei der Erregung[3]). Aber auch wenn man die Bernstein-Hoebersche Membrantheorie der bioelektrischen Ströme annimmt, wird doch der Schluß richtig bleiben, daß letzten

---

[1]) J. Bernstein u. A. v. Tschermak, Pflügers Arch. f. Physiol. Bd. 112, S. 439. 1906.

[2]) R. Hoeber, Physikalische Chemie der Zelle und Gewebe, 5. Aufl. 1922, S. 693ff.

[3]) Zur Theorie der bioelektrischen Ströme s. ferner: Hoeber, ZS. f. phys. Chem. Bd. 110, S. 142. 1924; Mond, Pflügers Arch. f. Physiol. Bd. 203, S. 247. 1924; Beutner, Die Entstehung elektrischer Ströme in lebenden Geweben, Stuttgart 1920; Freundlich u. Rona, Sitzungsber. d. Berl. Akad. 1920, S. 397; Freundlich u. Gynemant, ZS. f. phys. Chem. Bd. 100, S. 82. 1922.

Endes der Stoffwechsel die Betriebsenergie liefert. Denn bei dauernder Tätigkeit müßte ja schließlich ein Ionenausgleich und damit Stromlosigkeit des funktionierenden Organs erfolgen, wenn nicht die Konzentrationsdifferenzen durch freiwillige Stoffwechselreaktionen wieder hergestellt würden.

18. Leistung von osmotischer Arbeit. Als weitere sichtbare Arbeitsleistung des Organismus wurde oben die osmotische Arbeit genannt. Das beste Beispiel dafür bietet die Niere. Diese scheidet aus dem Blut den Harn ab, dessen Konzentration an gelösten Bestandteilen von der des Blutes stark verschieden und außerordentlich wechselnd ist, wobei eine Reihe von Stoffen in der Regel in niedrigeren Konzentrationen darin enthalten sind, vor allem Traubenzucker, Eiweiß, häufig auch NaCl, andere in höheren, z. B. Harnstoff, körperfremde Salze. Wollte man die osmotische Arbeit hier ausdrücken, so könnte man als ersten Ansatz für jeden einzelnen Stoff die Konzentration im Blut und im Harn bestimmen und nach bekannten Formeln die Konzentrationsarbeit ausrechnen, die durch einen semipermeablen Stempel, der ein gegebenes Volumen verkleinert, bei Konzentrierung jedes einzelnen für die Membran undurchlässigen Stoffes geleistet wird; die Arbeit für jeden Stoff wäre dann:

$$A = n\,RT \ln\frac{P}{p} - p(v - V), \tag{3}$$

wo die kleinen p- und v-Werte osmotischen Druck und Volumen vorher und die großen nachher bezeichnen; n ist die Anzahl der Grammoleküle. Die gesamte Arbeit würde die Summe dieser Einzelarbeiten ΣA sein. Dieser Ansatz würde aber der wirklichen Leistung der Niere nicht gerecht, da diese von mindestens zwei verschieden funktionierenden Apparaten hervorgebracht wird, dem sog. „Glomerulusapparat", in dem ein eiweißfreies, aber zuckerhaltiges, verdünntes Filtrat aus dem Blut abgepreßt wird, und dem sog. „Kanälchenapparat", wo Wasser, Traubenzucker und einzelne Salze ins Blut zurück resorbiert werden, dagegen einzelne andere Stoffe abgeschieden werden[1]). So wird also z. B. Traubenzucker in den Harnkanälchen dem Konzentrationsgefälle entgegen ins Blut zurück befördert. Diese verschiedenen Arbeiten müßten noch zu obigem hinzuaddiert werden. Der genaue Zusammenhang dieser Arbeit mit der Atmung ist unbekannt, doch ergibt sich aus den Versuchen BARCROFTS und seiner Mitarbeiter[2]), daß die Nierenatmung bei gesteigerter Nierentätigkeit (Diurese) gesteigert wird. Die Filtration des Harnwassers durch die Glomerulusmembran gegen den osmotischen Druck der Bluteiweißkörper wird zur Hauptsache durch den Blutdruck geleistet. Dieser resultiert seinerseits aus der Pumparbeit des Herzens, die ihre Energie aus den im Herzmuskel stattfindenden Oxydationen bezieht. Ähnliches wie für die Niere gilt auch für andere sezernierende Drüsen wie z. B. die Speicheldrüsen.

19. Leistung mechanischer Arbeit im Muskel. Verhältnismäßig am besten ist der Zusammenhang des Stoffwechsels mit der Arbeitsleistung am willkürlichen Muskel aufgeklärt, wenn auch die Energieform, in die die chemische Energie unmittelbar transformiert wird, unbekannt ist. Durch diese Untersuchungen sind auch einige allgemeine Gesetze des Stoffwechsels zutage gefördert, die den Zusammenhang freiwillig verlaufender chemischer Vorgänge mit erzwungenen Prozessen betreffen, wie er bereits oben bei der „Synthese" (vgl. Ziff. 13) kurz besprochen ist. Über die Energieumwandlungen im Muskel ist von dem Verfasser

---

[1]) G. A. CLARK, Journ. of Physiol. Bd. 56, S. 201. 1922 und ferner HÖBER u. Mitarbeiter, Pflügers Arch. f. Physiol. Bd. 206, S. 274, 294; Bd. 208, S. 1, 146, 177, 529, 604. 1924/25.
[2]) BARCROFT u, BRODIE, Ergebn. d. Physiol. Bd. 7, S. 699. 1908.

schon bei mehreren Gelegenheiten zusammenfassend berichtet. Hierauf sei für eine genauere Darstellung verwiesen[1]).

α) Wärmebildung und chemische Vorgänge bei der Kontraktion. Die Muskelarbeit, obwohl ihre Energie letzten Endes aus der Oxydation der Nährstoffe stammt, kann auch in Abwesenheit von Sauerstoff, also bei Ausschluß jeder Oxydation vor sich gehen. Nach der Entdeckung Hills wird die Wärme in zwei zeitlich getrennten Abschnitten frei, von denen der erste, „initiale Wärme", mit dem Zeitpunkt der Kontraktion zusammenfällt und in An- und Abwesenheit von Sauerstoff gleich ist, während der zweite Wärmeabschnitt, der der Kontraktion mehrere Minuten lang nachfolgt („verzögerte Wärme"), in Sauerstoff etwa das 1,5fache der anfänglichen Wärme, in Stickstoff dagegen höchstens das 0,10fache beträgt[2]). Diese Wärme ist also nahezu ganz oxydativen Ursprungs. Vgl. die Abb. 2, in der allein der Verlauf der verzögerten Wärme dargestellt ist. (In der Abb. 2 entspricht die Kurve A, die das 0,50fache der initialen an anaerober verzögerter Wärme ergibt, einer älteren, weniger zuverlässigen Anordnung, bei der der oxydative Prozeß nicht vollkommen ausgeschaltet war). Der sauerstofflosen „anaeroben" Wärmebildung bei der Kontraktion aber entspricht der Zerfall des Muskelglykogens in Milchsäure, wobei pro 1 g auftretender Säure 380 bis 390 cal frei werden. Der oxydativen Wärmebildung, die die Restitution des Muskels bewirkt, entspricht das Verschwinden der Milchsäure, wobei sie unter Verbrennung von Kohlenhydrat in Glykogen zurückverwandelt wird. Bei der Oxydation von 1 Mol Zucker entsprechend 2 Mol Milchsäure werden

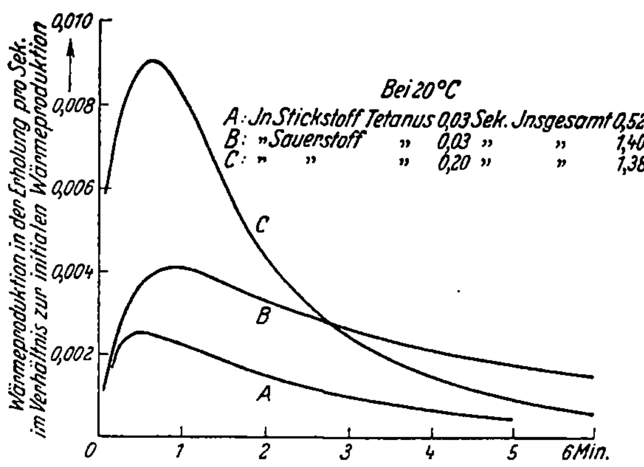

Abb. 2. Verlauf der verzögerten Wärme in Stickstoff und Sauerstoff.

8 bis 10 Mol Milchsäure zurückverwandelt. Der Energieumsatz für 1 g auftretende und verschwindende Milchsäure entspricht also bei Verbrennung von $1/4$ g Zucker bzw. der entsprechenden Menge Glykogenhydrat $(C_6H_{10}O_5 \cdot H_2O)$ $\dfrac{3785}{4} = 946$ cal

(3785 cal Verbrennungswärme des Glykogenhydrats). Hiervon treten 385 cal in der anaeroben Arbeitsphase, demnach noch 560 cal in der oxydativen Restitutionsphase auf. Falls wir mit 10· Mol synthetisierter Milchsäure auf 1 Mol verbrennenden Zuckers rechnen, sind die entsprechenden Zahlen $\dfrac{3785}{5} = 757$ cal. Da wiederum 385 cal anaerob auftreten, bleiben 373 für die oxydative Restitution. Damit ist die von Hill entdeckte Aufteilung der Kontraktionswärme in zwei etwa gleiche Abschnitte, von denen der eine von Sauerstoff unabhängig, der andere davon abhängig ist, quantitativ aufgeklärt.

[1]) A. V. Hill u. O. Meyerhof, Ergebn. d. Physiol. Bd. 22, S. 299. 1923; Les Prix Nobel, Stockholm 1923; O. Meyerhof, Jahresber. üb. d. Fortschr. d. Physiol. 1922, S. 309; Chem. Ber. Bd. 58, S. 991. 1925; „Thermodynamik des Muskels", im Handb. d. Physiol. v. Bethe usw. Bd. VIII, S. 500. 1925.
[2]) Furusawa u. Hartree, Pflügers Arch. f. d. ges. Phys. Bd. 211, S. 644, 1926.

Dieser Zusammenhang zwischen Kohlenhydratspaltung und Oxydation ist aber ein allgemeines Phänomen des vitalen Stoffwechsels und liegt letzten Endes der schon von PASTEUR angenommenen Hemmung der Spaltungs- und Gärungsvorgänge durch den Sauerstoff zugrunde: wir haben einen Kreislauf der Milchsäure vor uns

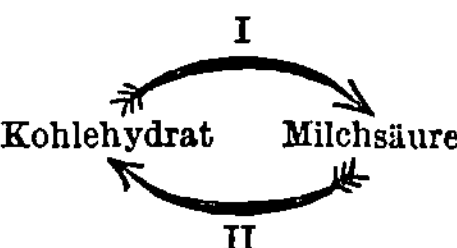

In der ersten Phase entsteht sie freiwillig und anaerob aus Kohlenhydrat. Dieser Vorgang liefert unmittelbar die Energie für die Muskelkontraktion, in den anderen Organen vermutlich auch die mechanische Arbeit, die für das Wachstum der Zelle erfordert wird[1]). In der 2. Phase wird die Milchsäure unter Aufwand von Oxydationsenergie in das Ausgangsprodukt zurück verwandelt. Dieser Vorgang bedeutet im Anschluß an die Muskeltätigkeit die Restitution. Laufen beide Phasen gleichzeitig ab, so wird der Spaltungsumsatz entweder ganz aufgehoben oder, wenn die Oxydation mit seiner Geschwindigkeit nicht Schritt hält, entsprechend verlangsamt. Tatsächlich sind beide Prozesse auch bei der Ruheatmung des Muskels nachweisbar, die durch die Übereinanderlagerung von Spaltung und oxydativer Synthese entsteht. Derselbe Zusammenhang findet sich auch in anderen Organen in Gegenwart von Zucker, wobei der

$$\text{Quotient} \quad \frac{\text{verschwundener Gärungsumsatz in Mol.}}{\text{oxydativer Umsatz in Mol.}} \quad \text{(bezogen auf die gleiche}$$

Molekülart) überall ungefähr gleich ist, nämlich zwischen 3 und 6 gelegen. Ja, auch bei der alkoholischen Gärung ergibt sich derselbe Quotient[2]) und beruht hier ebenfalls auf dem Kreislauf des Kohlenhydrats über die Intermediärprodukte der Gärung (Milchsäure oder Brenztraubensäure). Die Verknüpfung der exothermen, freiwilligen Oxydation mit der endothermen unfreiwilligen Rückgängigmachung des Spaltungsvorgangs, d. h. also mit der Synthese der Milchsäure zu Glykogen, stellt einen speziellen Fall von gekoppelter Reaktion dar, der jedoch ebenso, wie das oben bei der Brenztraubensäure ausgeführt wurde, nicht nach einer konstanten, stöchiometrischen Proportion verläuft. Durch dieses Verhältnis wird vielmehr der „Nutzeffekt" des Erholungsvorganges ausgedrückt, der um so größer ist, je mehr Moleküle Milchsäure durch die Oxydation eines einzelnen Milchsäureäquivalents in Zucker zurückverwandelt werden können.

Wir sehen also, daß die Oxydationsenergie im Muskel dadurch wirksam wird, daß sie durch Entfernung der Milchsäure den Muskel wieder in den Zustand der Arbeitsfähigkeit versetzt. Sie dient unmittelbar der Restitution und nicht der Arbeit selbst. Den ganzen Zyklus vergleichen wir der Funktion eines Akkumulators. Der freiwillig verlaufende Spaltungsvorgang, der unmittelbar zur mechanischen Arbeit dient, entspricht dem chemischen Vorgang bei der Entladung des Akkumulators, durch welchen z. B. ein Motor angetrieben werden kann. Der oxydative Restitutionsvorgang, durch den die Arbeitsfähigkeit des Muskels wieder hergestellt wird, entspricht dem Aufladen des Akkumulators durch eine galvanische Batterie, und zwar ist die Oxydation dem chemischen Prozeß in der aufladenden galvanischen Batterie analog, dagegen die unfreiwillige Resynthese der Milchsäure zu Glykogen dem Vorgang im Akkumulator selbst während seiner Ladung.

---

[1]) WARBURG, POSENER, NEGELEIN, Biochem. ZS. Bd. 152, S. 309. 1924.
[2]) O. MEYERHOF, Biochem. ZS. Bd. 162, S. 43. 1925. Naturwissenschaften, Bd. 13, S. 980. 1925.

Da, von der Oxydation abgesehen, die Vorgänge der Restitutionsperiode die erzwungene Umkehr der in der Arbeitsphase stattfindenden Prozesse darstellen, bedarf es zu einem tieferen Verständnis der Energieumwandlungen vor allem einer genauen Analyse der Arbeitsperiode. Der Übergang des im Muskel als Ausgangsstoff vorhandenen Glykogens (gelöst) zum anaeroben Endprodukt Milchsäure (verdünnt) erfordert 185 cal auf Grund der neu bestimmten Verbrennungswärmen. Dazu tritt eine Entionisierungswärme des Eiweiß, das im ruhenden Muskel als Alkaliprotein vorliegt:

$$H^+L^- + B^+P^- = B^+L^- + [HP].$$

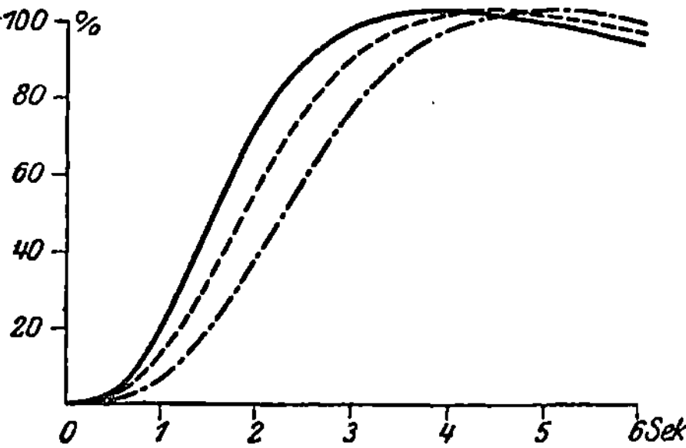

Abb. 3. Galvanometerkurve. —— Kontrollheizung von 0,1 Sekunde. - - - Tetanus von 0,1 Sekunde. ----- Tetanus von 1,2 Sekunde. Ordinate prozentische Ablenkung.

P: Proteinanion, B: fixe Basen, L: Milchsäureanion.

In vitro beträgt diese Entionisierung 12500 cal pro Äquivalent oder 140 cal auf 1 g Milchsäure. Hiervon kommen jedoch nur etwa 100 bis 110 cal in Betracht, da ein Teil der Milchsäure durch Phosphat neutralisiert wird. Dies macht zusammen mit der thermochemischen Differenz von 185 cal etwa 290 cal, so daß noch ein Rest von 100 cal unaufgeklärt ist. Es konnte wahrscheinlich gemacht, jedoch noch nicht bewiesen werden, daß sich an die Entionisierung eine kolloide Zustandsänderung des Eiweiß anschließt, die von erheblicher Wärmetönung begleitet ist (nach Art einer Dehydratation)[1]. Andererseits besteht noch die Möglichkeit, daß sich das Glykogen im Muskel in einem Zustand höheren Energiegehalts befindet[2].

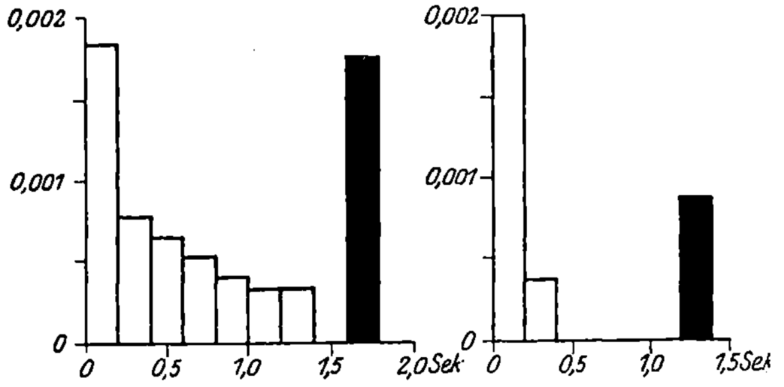

β) Ausblick auf den physikalischen Mechanismus der Kontraktion. Daß die Energietransformation im Moment der Kontraktion komplexer Natur ist, ergibt sich aus der zeitlichen Analyse des Wärmeverlaufs der Initialperiode. Das Ergebnis solcher Analyse nach Hill und Hartree, durchgeführt für 0,2 Sekunden, ist auf Abb. 3 u. 4 dargestellt. Es handelt sich

Abb. 4. Analyse der Kurven Abb. 3. a) Tetanus von 1,2 Sek. b) Tetanus von 0,1 Sek. Ordinate: cal pro 1 g Muskel in 0,2 Sek. Abszisse: Zeit in Sekunden. Erschlaffungswärme geschwärzt.

hier um einen „isometrischen Tetanus", wobei der auf beiden Seiten festgehaltene Muskel bei Reizung mit Wechselstrom eine Dauerkontraktion ausführt und, da er an der Verkürzung gehindert ist, nur seine Spannung ändert. Ein Teil der Wärme wird bei Beginn der Kontraktion, ein weiterer Teil während der Aufrechterhaltung der Spannung im isometrischen Tetanus frei — diese Wärme ist in der Zeiteinheit erheblich geringer — und ein dritter Teil der Wärme tritt nach einem kurzen Intervall, unmittelbar im Anschluß an die Erschlaffung auf. Es ist zu bemerken, daß die Aufnahmen bei tiefer Temperatur (0°) gemacht sind, wo die Kontraktion über das Reizende hinaus stark verlängert ist. Diese eigentümliche dritte Wärme-

---

[1] O. Meyerhof, Pflüg. Arch. f. Phys. Bd. 204, S. 318ff. 1924.
[2] S. dazu Slater, Biochem. Journ. Bd. 18, S. 621. 1924.

phase, „Erschlaffungswärme", wird von HARTREE und HILL so gedeutet, daß sie der bei der Erschlaffung zerstreuten potentiellen Energie entspricht. Man kann ihr Entstehen durch das Verhalten einer lockeren, an beiden Enden festgehaltenen, stromdurchflossenen Drahtspirale beim Öffnen des Stromes klar machen. Eine solche Drahtspirale sucht sich bei Stromdurchfluß zusammenzuziehen und entwickelt somit eine elastische Spannung, wenn sie hieran gehindert wird. Bei Unterbrechung des Stromes verschwindet in der Drahtspirale diese elastische Spannung gleichzeitig mit dem stromerzeugenden chemischen Prozeß der Batterie, aber die durch die Unterbrechung des Stromes hervorgerufene Selbstinduktion der Drahtwindungen (in der Stromrichtung) wandelt sich in Wärme um. Ein Teil der chemischen Energie der Batterie ist so in elastische Spannung verwandelt und diese nachträglich in Wärme. Die Größe der Erschlaffungswärme beträgt bis zu 40% der initialen Wärme der isometrischen Kontraktion.

Welche Vorgänge direkt der Verkürzung und Erschlaffung zugrunde liegen, ist unbekannt. Ruft das H-Ion der Milchsäure in irgendeiner Weise die Verkürzung hervor, so muß man für die Erschlaffung einen Ortswechsel der Säure von den „Verkürzungsorten" zu den „Ermüdungsorten" im Muskel annehmen bzw. die Entionisierung des Eiweiß in diesen Ermüdungsorten vor sich gehen lassen. Es ist nun sehr wohl möglich, daß die Neutralisierung der Milchsäure schon früher geschieht, nämlich im Moment der Verkürzung selbst, und daß die Abgabe von Alkali von seiten der Oberflächen der sich verkürzenden Fibrillen die Formänderung veranlaßt. Da die bei der Kontraktion entstehende Milchsäuremenge außerordentlich gering ist (0,05 mg Milchsäure bei Erzeugung von 1000 g Spannung in 1 g Muskel) sowie aus weiteren Gründen, wird man eine hierdurch bewirkte Änderung der Volumenenergie, wie osmotischer Energie, Quellung usw. als Ursache der Kontraktion ablehnen müssen, zumal sie für die gemessene mechanische Arbeit nicht ausreichend groß sein würde. Man wird vielmehr Oberflächenkräfte bevorzugen. So kann man etwa die Oberfläche der kontraktilen Fibrillen als eine Zylinderoberfläche ansehen, die aus Alkaliprotein aufgebaut ist, dessen Moleküle so orientiert sind, daß das Alkalikation die äußere, das Proteinanion die innere Belegung einer elektrischen Doppelschicht abgeben. Durch das Wegfangen des Alkalis von seiten der Milchsäure würde die Ladung aufgehoben, dadurch die Oberflächenspannung vergrößert [HILL und MEYERHOF[1])]; oder aber die sich verkürzenden Elemente könnten eine Oberflächenbelegung aus fettsaurem Salz besitzen, von der Struktur flüssiger Kristalle. Beim Wegfangen des Alkalis gingen sie in die feste Kristallform der Fettsäuren über, die dichter geschichtete Lamellen von Molekülketten besitzen. Auch dies könnte bei geeigneter Anordnung zu einer Verkürzung Anlaß geben[2]).

γ) Wirkungsgrad der Muskelmaschine. Wie dies sei, so ist die zur Verfügung stehende Energie zur Leistung der mechanischen Arbeit hinreichend. Die genauesten und relativ günstigsten Nutzeffekte sind am ganzen menschlichen Körper bestimmt. Danach beträgt die geleistete Arbeit im Optimum 25 bis 28% der dafür aufgewandten Oxydationsenergie (der Ruheumsatz des Körpers wird hier abgezogen). Schlechtere Resultate ergaben sich bisher bei direkter Vergleichung der Arbeitsleistung mit der Wärmebildung von isolierten Skelettmuskeln. Berücksichtigen wir, daß nur 40 bis 50% der Energie während der mechanischen Prozesse frei werden und ca. 60% bei der oxydativen Restitution, so ergibt sich der Nutzeffekt der anaerob arbeitliefernden Prozesse zu etwa 55%.

---

[1]) O. MEYERHOF, Naturwissensch. Jg. 12, S. 1137. 1924; A. V. HILL, Proc. Roy. Soc. London (B) Bd. 98, S. 506. 1925.
[2]) GARNER, Proc. Roy. Soc. London (B) Bd. 99, S. 40. 1925.

Die freie Energie der Spaltung des Glykogenhydrats in Milchsäure muß nach dem Nernstschen Theorem der Änderung der Gesamtenergie etwa gleich sein; die der Entionisierung des Proteins kann nach Analogie mit anderen Dissoziationsarbeiten eher größer als die negative Dissoziationswärme angenommen werden. Dasselbe gilt wohl für Entmischungsvorgänge wie sie bei freiwilligen kolloiden Zustandsänderungen des Proteins sich abspielen würden. Die freie Energie der chemischen und physikalisch-chemischen Vorgänge während der Kontraktion dürfte also die Änderung der Gesamtenergie erreichen oder übertreffen. Daß die mechanische Arbeitsleistung dahinter zurückbleibt, ist nicht verwunderlich. Ein wesentlicher Verlust entsteht aus dem viskösen Widerstand der Muskelsubstanz gegen die Formänderung. Da dieser um so größer wird, je rascher die Formänderung geschieht, sinkt der Wirkungsgrad des Muskels bei sehr rascher Verkürzung. Bei ganz langsamer Bewegung sinkt er andererseits auch wegen der zur Aufrechterhaltung der Spannung in jedem Augenblick erforderlichen Energieproduktion. Denn hierin besteht ein fundamentaler Unterschied zwischen dem Muskel und einer nach ökonomischen Prinzipien konstruierten Bewegungsmaschine: nicht allein der Übergang vom Ruhezustand zu einer verkürzten Länge des Muskels bzw. zu einer bestimmten Spannung erfordert Energieumsatz, sondern auch die Aufrechterhaltung dieses Verkürzungs- bzw. Spannungszustands. Eine Sperrvorrichtung besitzen nur gewisse unwillkürliche, sog. „glatte" Muskeln, wie etwa der Schließmuskel der Muschel, der sich mit sehr großen Lasten ohne gesteigerten Energieumsatz ins Gleichgewicht setzen kann. Dagegen ist das Halten einer Last durch den menschlichen Muskel dem Halten eines Eisenstücks durch einen Elektromagneten bei gewöhnlicher Temperatur (ohne Supraleitung) vergleichbar.

Daß der Muskel keine Wärmemaschine sein kann, braucht nach dem Dargelegten nicht besonders begründet zu werden. Diese Frage konnte nur in einer ein halbes Jahrhundert zurückliegenden Epoche der Physiologie ernsthaft diskutiert werden, als nur die Theorie der Wärmemaschine vollständig erforscht und die Unabhängigkeit der Muskelkontraktion von Oxydationen noch unbekannt war sowie der Wirkungsgrad und die erreichten Temperaturen nicht mit Sicherheit festgestellt waren. Tatsächlich erhöht sich die Temperatur bei der Kontraktion nur um etwa $0,1°$ bei anhaltender Verkürzung, bei einzelnen Zuckungen noch viel weniger.

δ) **Thermoelastische Effekte.** Exaktere thermodynamische Überlegungen lassen sich auf das thermoelastische Verhalten des Muskels anwenden, das möglicherweise auch für den aktiven Verkürzungsvorgang des Muskels von Bedeutung ist. Bekanntlich kühlt sich, wie W. Thomson (Lord Kelvin) zeigte, ein vollkommen elastischer Körper, der einen positiven thermischen Ausdehnungskoeffizienten hat, bei reversibler Dehnung ab, während ein solcher mit negativem Ausdehnungskoeffizienten sich bei reversibler Dehnung erwärmt. Wir können der Thomsonschen Formel, speziell für die Versuche am Muskel die folgende Form geben:

$$Q = \tfrac{1}{2} T (P_2 - P_1) \cdot (l_1 + l_2). \tag{4}$$

Hier ist Q die abgegebene Wärme bei der Dehnung des Muskels von der Länge l_1 auf die Länge l_2 unter einer Spannung, die von P_1 (Anfangsspannung) bis P_2 anwächst, T die absolute Temperatur.

Hill und Hartree zeigten, daß ein toter oder lebender Muskel, wenn er passiv gedehnt wird, sich erwärmt; wenn man ihn dagegen nach vorheriger Dehnung entspannt, sich zuerst abkühlt, worauf eine Erwärmung folgt. Der gesamte Zyklus von Dehnung und Erschlaffung ist mit einer Wärmeproduktion verknüpft. Dieser Wärmeüberschuß resultiert aus der unvollkommenen Elastizität des Muskels und wird durch die innere Reibung bei der Formänderung hervor-

gerufen. Hieraus entspringt die der Abkühlung folgende Erwärmung bei der
Entspannung. Je langsamer diese vorgenommen wird, um so geringer die nach-
folgende Temperaturerhöhung. Völlige Reversibilität vorausgesetzt, würde die
Dehnung des Muskels mit Erwärmung, die Entspannung mit gleich großer Abkühlung verknüpft sein (s. Abb. 5).

Aus der absoluten Größe des thermoelastischen Effekts berechnet sich ein
negativer thermischer Ausdehnungskoeffizient von 10^{-4} bis 10^{-5}; zu klein, um
direkt gemessen werden zu können. Daß
ein thermoelastischer oder ähnlicher reversibler Vorgang auch im Verlauf der
aktiven Verkürzung eine Rolle spielen
dürfte, geht aus einer neuen Versuchsreihe von AZUMA unter HILL hervor[1]).
Vergleicht man nämlich die vom Muskel

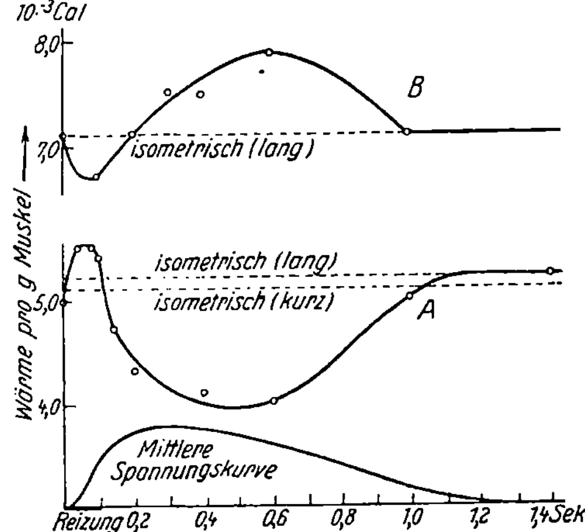

Abb. 5. Von rechts nach links zu lesen.
Kurve des Galvonometerausschlags mit
Sekundenmarken. Nach oben Tempe-
raturzunahme, nach unten -abnahme.
Bei A wird der tote Muskel mit 200 g
belastet, bei B entlastet.

abgegebene Wärme bei genau gleicher Reizung, je nachdem, ob der Muskel sich
isometrisch kontrahiert oder sich über eine gewisse Strecke frei verkürzt oder
schließlich, ob er während der Kontraktion über seine Ausgangslänge gedehnt

wird, so ist die gesamte Wärmebildung jedesmal verschieden. Dieser
Unterschied hängt weiterhin von
dem Moment ab, in dem dem Muskel
die Verkürzung gestattet oder seine
Dehnung vorgenommen wird. Das
Ergebnis dieser Versuche ist auf
Abb. 6 dargestellt, wo die Abszisse
die Zeit vom Reizmoment an bedeutet, die Ordinate die initiale
Wärme.

Man kann den Überschuß der
bei der Bewegung gebildeten Wärme
über die isometrische als eine Extra-
produktion, das Darunterbleiben als
eine Absorption von Wärme deuten.
Da beide Effekte bei der Dehnung
und Verkürzung auffällig genau
reziprok sind, spricht dies für einen
reversiblen thermodynamischen Prozeß und kann daher im speziellen
mit HILL und AZUMA als thermoelastischer Effekt gedeutet werden.
Allerdings setzt dies voraus, daß
die thermoelastischen Eigenschaften
zwar während des Anhaltens und
Nachlassens der Kontraktion qualitativ mit den im ruhenden Muskel

Abb. 6. Die Kurve A stellt die Wärme dar, die
der Muskel freimacht, wenn ihm gestattet wird,
sich zu verschiedenen Zeiten nach der Reizung
unbelastet um 2 mm zu verkürzen, während die
gestrichelte Horizontale die isometrische Wärme
in der längeren und kürzeren Position darstellt.
Genau das Umgekehrte zeigt die Kurve B, die
bei der Dehnung des Muskels um 1 mm zu verschiedener Zeit nach der Reizung erhalten wird.
Man sieht, daß während der Spannungszunahme
Verkürzung ein Plus, Dehnung ein Minus an
Wärme ergibt; während der Aufrechterhaltung
der Spannung ist das Verhalten umgekehrt.

übereinstimmen, daß sie jedoch im Moment der Verkürzung oder Spannungszunahme ihr Vorzeichen umkehren, daß also der Muskel während der Spannungszunahme einen positiven thermischen Ausdehnungskoeffizienten besitzt. Vom
Standpunkt der Ökonomie kann man das Verhalten des Muskels mit HILL dem

---

[1]) AZUMA, Proc. Roy. Soc. London (B) Bd. 96, S. 338. 1924.

eines Elektromotors gleichsetzen, der, wenn er belastet ist, selbsttätig mehr Antriebsenergie konsumiert, umgekehrt, wenn er passiv gedreht wird, selbsttätig weniger Energie aus dem Netz aufnimmt, als wenn er ohne Belastung läuft[1]).

d) Thermodynamik der Gasbindungen im Blut.

20. Wie schon oben betont, können thermodynamische Gleichgewichtsbetrachtungen nur mit geringem Erfolg auf die eigentlichen Stoffwechselreaktionen angewandt werden. Die Zelle ist im ganzen ein metastabiles Gebilde und verdankt ihr Bestehen nur der relativ geringen Reaktionsgeschwindigkeit der in ihr sich abspielenden Prozesse — anderenfalls bestünde an ihrer Stelle eine gewisse Menge Kohlensäure, Wasser und Asche. Anders steht es auf einem Gebiet, wo die Bedürfnisse des Organismus einen reversiblen Ablauf der chemischen Vorgänge verlangen: dem des Gastransports im Blute. Es handelt sich hier nicht um eigentlich vitale Prozesse oder um solche, die direkt mit dem Zellstoffwechsel zusammenhängen: vielmehr gelangen die Atmungsgase in molekularer Form ins Blut hinein (Sauerstoff in den Lungenkapillaren, Kohlendioxyd in den Gewebskapillaren) und werden in wasserlöslicher molekularer Form daraus abgegeben (Sauerstoff in den Gewebskapillaren, Kohlendioxyd in der Lunge). Hieraus entspringt die Möglichkeit, diesen reversiblen Vorgang thermodynamisch zu untersuchen und die bestehenden Gleichgewichte und Affinitäten zu messen. Aus diesem umfangreichen und noch in der Entwicklung befindlichen Gebiet, das in England durch BARCROFT[2]) und HILL[3]), in Amerika durch L. HENDERSON[4]) und VAN SLYKE[5]) und ihre Schüler einer tiefgründigen Durchforschung unterzogen wird, sei die Thermodynamik der Bindung des Sauerstoffs an den Blutfarbstoff, das Hämoglobin, angeführt. Allerdings stellen auch diese Ergebnisse nur Annäherungen dar, da die kolloide Natur des Hämoglobins einer vollständigen Deutung sehr große Schwierigkeiten bereitet[6]). Das Hämoglobin, das aus einem Eiweißbestandteil, dem Globin, und einer eisenhaltigen Komponente aufgebaut ist, ist eine schwache Säure, deren Dissoziationskonstante in reduziertem Zustand $K_r = 10^{-8,2}$ ist, im oxydierten Zustand $K_0 = 10^{-6,7}$, in letzterem also etwa 30 mal größer ist[7]). Das Molekulargewicht unter der Voraussetzung, daß 1 Atom Fe in 1 Molekül Hämoglobin enthalten ist, ergibt sich zu etwa 16500. Unter diesen Umständen können gerade 32 g O_2 von 1 g Mol aufgenommen werden, so daß die Gleichung der Oxydation lautet:

$$\cdot \; HHb + O_2 = HHbO_2 .$$

(Wir benutzen für das Hämoglobin als Säure das Symbol HHb.) Tatsächlich ergibt auch die direkte Messung des osmotischen Druckes des dialysierten Hämoglobins das gleiche Molekulargewicht von etwa 16000. Nach der Annahme von ADAIR treten allerdings vier dieser Grundkörper im Blute zu einem Polymeren zusammen, dessen Molekulargewicht dann 66000 ist. Nach BARCROFT und HILL gilt für salzfreies Hämoglobin die reversible Reaktion:

$$H\cdot Hb' + O_2 \rightleftarrows H\cdot(HbO_2)' . \tag{5}$$

---

[1]) HILL, Nobel-Vortrag 1924.
[2]) Zusammenfassung: Respiratory Function of the Blood. Cambridge 1914.
[3]) Zusammenfassung: Thermodynamik in der Physiologie. Naturwissenschaften. Bd. 12, S. 517. 1924.
[4]) Zahlreiche Arbeiten im Journ. of Biol. Chem.
[5]) Zahlreiche Arbeiten im Journ. of Biol. Chem.
[6]) S. insbesondere ADAIR, Journ. of Biol. Chem. Bd. 63, S. 493ff. 1925.
[7]) HASTINGS, VAN SLYKE u. Mitarbeiter, Journ. of Biol. Chem. Bd. 60, S. 89. 1924.

Diese folgt dem Massenwirkungsgesetz, so daß ihr Gleichgewicht lautet:

$$K = \frac{H(HbO_2)}{HHb \cdot O_2} \cdot \tag{6}$$

Wird die Sauerstoffkonzentration (O_2) durch den Partialdruck des Sauerstoffs in der Atmosphäre bestimmt, mit der die Hämoglobinlösung im Gleichgewicht ist, so ergibt sich die relative Sättigung des Hämoglobins nach der Gleichung:

$$Kx = \frac{y}{1-y}, \tag{7}$$

wo x den Partialdruck des Sauerstoffs, y die relative Sättigung (max $= 1$) bedeutet.

Dies ist die Gleichung einer gleichseitigen Hyperbel. S. Abb. 7, wo die Ordinate die prozentische Sättigung, die Abszisse den Sauerstoffdruck in mm Hg angibt.

Kurve I zeigt, daß die Gleichung für dialysiertes Hämoglobin erfüllt ist. Zur Prüfung derselben und zur Feststellung des Molekulargewichts auf einem von dem obigen unabhängigen Wege bedienten sich HILL und BARCROFT der VAN 'T HOFFschen Isochorengleichung:

$$\frac{d \ln K}{dT} = \frac{Q}{RT^2} \cdot \tag{8}$$

Die linke Seite wurde durch Bestimmung von K für fünf verschiedene Temperaturen zwischen 16 und 49° experimentell gefunden, hieraus berechnete sich Q zu 28000 cal. Andererseits aber wurde für die Verbindung von 1 g Hämoglobin mit Sauerstoff die Wärmemenge von 1,85 cal gemessen. Daraus berechnet

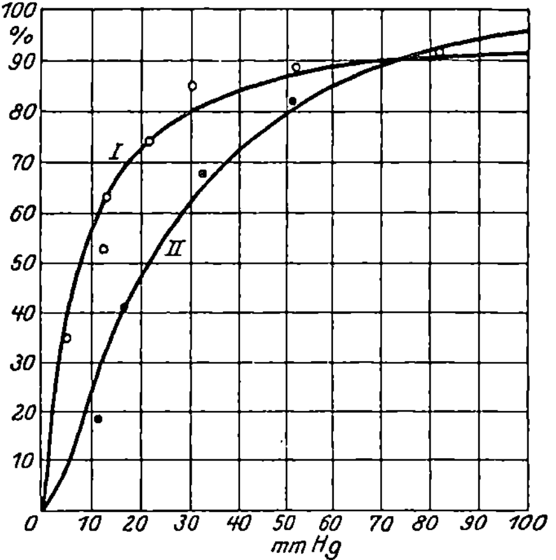

Abb. 7. Relative Sättigung des Hämoglobins in Abhängigkeit vom Partialdruck des Sauerstoffs. Punkte ° bestimmt an dialysiertem Hämoglobin, Punkte · bestimmt an normalem Blut.

sich das Molekulargewicht zu $\dfrac{28000}{1,85} = 15200$, im besten Einklang zur direkten Bestimmung über den osmotischen Druck, den Eisengehalt und das Äquivalentgewicht bei Verbindung mit Sauerstoff. Im Blut selbst verläuft dagegen die Sauerstoffdissoziationskurve anders, sowohl flacher wie s-förmig gekrümmt, was mit der Gegenwart von Salzen zusammenhängt (s. Kurve II). Nach HILL kann man dies durch Assoziation des Hämoglobinmoleküls erklären, so daß die Reaktionsgleichung nunmehr lautet:

$$H \cdot Hb_n + n\,O_2 \rightleftarrows H(HbO_2)_n \tag{9}$$

und

$$K\,x^n = \frac{y}{1-y} \cdot \tag{9a}$$

Für $n = 2,2$ ist die Kurve II der obigen Abbildung konstruiert, die die experimentellen Daten richtig wiedergibt. Auch diese Gleichung wurde von HILL auf einem ähnlichen Wege geprüft[1]. Es wird für normales Blut der Wert der Gleichgewichtskonstanten K für verschiedene Temperaturen experimentell be-

---

[1] BROWN u. HILL, Proc. Roy. Soc. London (B) Bd. 94, S. 297. 1923.

stimmt, um die linke Seite der VAN T' HOFFschen Gleichung zu berechnen. Hieraus ergibt sich ein Q' zu 30000 cal. Nunmehr wird die Wärmetönung q' bei der Reaktion von reduziertem Blut mit Sauerstoff gemessen und ergibt auf ein Molekül Sauerstoff 14400 cal. Da die Reaktionswärme von n Mol O_2 nach der Gleichung (9) sich zu 30000 cal berechnet, so ist $n = \dfrac{30000}{14400} = 2{,}1$. Indes ist gegenwärtig die Bedeutung des Faktors n noch umstritten. So ist n nach ADAIR weniger konstant und entspricht nicht der Assoziation, sondern der stufenweisen Dissoziation der Verbindung $(HHb)_4 (O_2)_4$.

In ähnlicher Weise ist auch die reversible Bindung der Kohlensäure im Blut studiert, und auch das Gleichgewicht, das zwischen der Kohlensäure und dem Sauerstoff im Blute besteht, ist einer thermodynamischen Behandlung fähig. Dieser Zusammenhang entspringt daher, daß das Oxyhämoglobin eine stärkere Säure ist als das reduzierte und Kohlensäure aus Bikarbonat austreiben kann. Entsprechend verringert umgekehrt die Anwesenheit von Kohlensäure die Affinität des Hämoglobins für Sauerstoff. Dieser Zusammenhang ist für den Gasaustausch im Blute von größter Wichtigkeit. Durch die Sauerstoffsättigung des Hämoglobins in der Lunge und die damit bedingte Steigerung seines Säurecharakters wird nämlich die Kohlensäure aus dem die Lungenkapillaren durchströmenden Blute aktiv ausgetrieben. Andererseits wird durch das aus den Geweben entweichende Kohlendioxyd die Sauerstoffdissoziation des Hämoglobins in den Gewebskapillaren bei dem dort herrschenden niederen Sauerstoffdruck sehr stark gesteigert und dadurch die Sauerstoffabgabe ins Gewebe gefördert. Der Gasaustausch des Blutes ist also nicht, wie früher angenommen, ein reiner Diffusionsvorgang, sondern wird in seiner Geschwindigkeit durch den Chemismus des Hämoglobins beeinflußt.

III. Thermodynamik und Thermochemie in den Pflanzen.

a) Chemosynthetische Assimilation der Kohlensäure in den nitrifizierenden Bakterien.

21. Für den Umsatz der in der Zelle befindlichen Nährstoffe gelten in der Pflanze die gleichen Gesetzmäßigkeiten wie im Tier. Der charakteristische Unterschied des Stoffwechsels zwischen beiden Reichen besteht in der Assimilation der äußeren Nahrung: die Pflanzen besitzen die Fähigkeit, ihre Leibessubstanz aus anorganischen Bausteinen synthetisch aufzubauen. Damit ist ein anderer Unterschied eng verbunden: da die Elemente, die neben dem Sauerstoff zum Aufbau der organischen Zellsubstanz dienen, nämlich C, N, H, P, S, auf der Erdoberfläche vorwiegend in ihrer höchsten Oxydationsstufe vorkommen, was ihrem chemischen Gleichgewichtszustand gegenüber dem Sauerstoff entspricht, und in dieser Form in die Pflanzen gelangen, so bedarf es besonderer Energiezufuhr, um diese Oxyde, Kohlensäure, Salpetersäure, Wasser, Phosphorsäure, Schwefelsäure durch Reduktion in organische Materie zu überführen. Diese Energie wird in den grünen Pflanzen aus der Sonnenstrahlung nach Absorption im Chlorophyll gewonnen. Eine geringe, aber interessante Gruppe von Mikroorganismen hat dagegen für ihre Existenz aus dem Umstand Nutzen gezogen, daß die genannten Elemente in kleinen Mengen auch in niedrigen Oxydationsstufen vorkommen, nämlich, soweit sie durch Zersetzung von tierischem und pflanzlichem Material frei werden. So entstehen Methan, Ammoniak, salpetrige Säure, Wasserstoff, Schwefelwasserstoff, Schwefel und andere mehr oder weniger reduzierte Verbindungen. Aus der Weiteroxydation dieser Stoffe aber kann chemische Energie gewonnen werden. Diese Energie benutzen die autotrophen Bakterien zur Reduktion von Kohlensäure und Aufbau ihrer kohlenstoffhaltigen Zellsubstanz. So ist fast jede Oxydationsstufe des Schwefels durch verschiedene Bakterienarten ausgezeichnet, die ihre Atmungsenergie aus der Weiteroxydation der Schwefelverbindungen beziehen. Die energetischen Verhältnisse seien kurz am Beispiel der nitrifizierenden Bakterien betrachtet[1]). Es gibt zwei Gruppen derselben, deren Atmungsreaktionen genau den folgenden Gleichungen entsprechen:

$$\text{1. Nitritbildner } NH_4^{\cdot} + 3O = H^{\cdot}NO_2' + H_2O + H^{\cdot} + 70000 \text{ cal}, \tag{10}$$

$$\text{2. Nitratbildner } NO_2' + O = NO_3' + 21000 \text{ cal}. \tag{11}$$

Gleichzeitig mit dieser Oxydation wachsen die Bakterien in bikarbonathaltiger Salzlösung, wobei unter Annahme der Bildung von Zucker sich die Reaktion abspielt:

$$6\,CO_2 + 6\,H_2O = C_6H_{12}O_6 + 6\,O_2 + 674000 \text{ cal}. \tag{12}$$

Durch gleichzeitige Bestimmung der oxydierten Menge $NH_4^{\cdot}$ für den Nitritbildner, $NO_2^{\cdot}$ für den Nitratbildner einerseits und andererseits der assimilierten Kohlenstoffmenge können wir bestimmen, ein wie großer Bruchteil der Oxydationsenergie für die Reduktion des Kohlendioxyds verwandt ist. Für den Nitritbildner ergibt sich das Verhältnis $\dfrac{\text{mg oxydierter Stickstoff}}{\text{mg assimilierter Kohlenstoff}}$ zu 35, für den Nitratbildner zu 100 bis 135. Berücksichtigen wir die Wärmetönung der Reaktionen, so erhalten wir in beiden Fällen fast genau den gleichen Nutzeffekt der N_2-Oxydation von 6%. (Die freie Energie läßt sich wegen der nicht genau definierten cH nicht genau berechnen, ist aber vermutlich in beiden Fällen etwas größer als die betreffenden Wärmetönungen.) In der Tat läßt sich das Resultat durch direkte Kalorimetrie bestätigen. Man findet nämlich bei dem Nitratbildner statt der theoretischen Wärme von 21 700 cal pro Mol oxydierte salpetrige Säure nur eine solche von 20400 cal, also 5% weniger.

Der in ähnlicher Weise für andere autotrophe Bakterien bestimmte Nutzeffekt führt zu ganz ähnlichen Resultaten[2]). Die Energieausbeute ist sehr gering, doch würde sie vielleicht bei optimalen Konzentrationen der beteiligten Stoffe höher sein. Zu beachten bleibt, daß die Atmung hier im Unterschied von der anderer Lebewesen zwei energetische Leistungen erfüllt: sie muß erstens die Kohlensäure reduzieren und zweitens die Energie für die auch sonst von der Atmung abhängigen Arbeitsprozesse liefern.

b) Die photochemische Reduktion der Kohlensäure in den grünen Pflanzen.

Eine weitgehende Aufklärung des Mechanismus und der Thermodynamik der Kohlensäureassimilation in den grünen Pflanzen verdanken wir den Arbeiten von OTTO WARBURG an der Alge Chlorella[3]).

---

[1]) O. MEYERHOF, Pflügers Arch. f. Physiol. Bd. 164, S. 353; Bd. 165, S. 229; Bd. 166, S. 240. 1916/17.

[2]) Siehe z. B. WAKSMAN u. STARKE, Journ. of gen. Physiol. Bd. 5, S. 285. 1923. Nach diesen Autoren beträgt der „Nutzeffekt" der Oxydation des Schwefels durch Schwefelbakterien ebenfalls 6,6%.

[3]) O. WARBURG, Biochem. ZS. Bd. 100, S. 230. 1919; Bd. 103, S. 188. 1920; WARBURG u. NEGELEIN, ZS. f. phys. Chem. Bd. 102, S. 235. 1922; Bd. 106, S. 191. 1923.

22. Trennung von Photolyse und chemischer Dunkelreaktion. Wie bekannt, besitzen die grünen Pflanzen einen in bestimmten Protoplasmakörnern eingeschlossenen grünen Farbstoff, das Chlorophyll, mit dessen Hilfe sie im Sonnenlicht die Kohlensäure der Luft zu Zucker zu reduzieren vermögen. Es gilt die Reaktionsgleichung (12) Ziff. 21, die die genaue Umkehr der Zuckerverbrennung im tierischen Organismus darstellt. Diese Reduktion ist an die Intaktheit des Chlorophyllkorns gebunden. Wenngleich die Leistung des Lichts natürlich die Absorption im Chlorophyll voraussetzt, besitzen die Absorptionsbanden im Rot und Violett keine spezifisch chemische Wirkung. Schon durch die Arbeiten von Blackman[1]) und Willstätter[2]) und genauer die anschließenden von Warburg[3]) wurde die Trennung dieser Photosynthese in zwei Vorgänge möglich, eine Photolyse und einen anschließenden chemischen Dunkelvorgang, die sog. „Blackmansche Reaktion". Weiterhin wurde es wahrscheinlich, daß die Photolyse die mit dem Chlorophyll reagierende Kohlensäure in ein Peroxyd umwandelt und daß in der anschließenden Dunkelreaktion dieses Peroxyd freiwillig in Sauerstoff und eine Kohlenstoffverbindung von der Reduktionsstufe des Zuckers zerfällt. Der Verlauf ist danach dieser:

$$CO_2 + H_2O \longrightarrow \quad H_2OC{\overset{\displaystyle O}{\underset{\displaystyle O}{\diagdown\;|\;\diagup}}} \quad \longrightarrow \quad (HO \cdot CH) + O_2 \,.$$

Zufuhr von Lichtenergie   Peroxydstufe[4])   Freiwillige Blackmansche Reaktion   Zuckerstufe

Die Trennung gelang durch Bestimmung der Assimilation bei verschiedenen Beleuchtungsstärken. Bei schwacher Belichtung (400 bis 800 Lux) ergeben sich für die Kinetik die Gesetze der Photolyse: Die Geschwindigkeit der Kohlensäurereduktion wächst mit der Lichtintensität, der Temperaturkoeffizient pro $10°$ (Q_{10}) ist 1, die alle Metallkatalysen in der Zelle vergiftende Blausäure hat keine Wirkung. Bei hohen Beleuchtungsstärken (10000 bis 20000 Lux) dagegen zeigt der geschwindigkeitsregulierende Vorgang chemische Eigenschaften: Änderung der Beleuchtungsstärke ist selbst in weiten Grenzen ohne Wirkung. Q_{10} liegt zwischen 2 und 5, der Vorgang wird durch 10^{-4} bis 10^{-5} n HCN gehemmt. Die Wahrscheinlichkeit einer Peroxydzersetzung folgt aus der auffallend genauen Übereinstimmung, die zwischen der Beeinflussung der Hydroperoxydspaltung von Chlorella einerseits und der Blackmanschen Reaktion andererseits durch Blausäure, Narkotika und Temperaturen sich ergibt. Insbesondere steigt die Geschwindigkeit beider zwischen 10 und $30°$ linear mit der Temperatur: $\dfrac{dv}{d\vartheta} =$ konst., wo v die Geschwindigkeit und ϑ die Temperatur ist. Die Atmung derselben Algen steigt dagegen viel rascher mit der Temperatur an. Das Verhalten gegen Narkotika und Blausäure beweist, daß die Blackmansche Reaktion eine sich an Oberflächen abspielende Metallkatalyse ist.

Die Beteiligung von Dunkelreaktionen ergibt sich auch aus der Assimilationsgröße bei intermittierender Belichtung; während bei niederen Beleuchtungs-

---

[1]) Blackman, Ann. of Botany Bd. 19, S. 281. 1905.
[2]) Willstätter u. Stoll, Untersuchungen über die Assimilation der Kohlensäure, Berlin: Julius Springer 1918.
[3]) Vgl. Warburg u. Ujesugi, Biochem. ZS. Bd. 146, S. 486. 1924 und (Warburg u.) Yabusoe, Biochem. ZS. Bd. 152, S. 498. 1924. O. Warburg, Naturwissenschaften Bd. 13, S. 985. 1925.
[4]) Nach Willstätter z. B. Ameisensäureperoxyd: $\dfrac{H}{OH}{\diagup}C{\overset{\displaystyle O}{\underset{\displaystyle O}{\diagdown\;|\;\diagup}}}$.

stärken die Assimilationsleistung unabhängig von der Wechselzahl hell-dunkel immer direkt proportional der die Alge treffenden Gesamtlichtmenge bleibt, wird bei hohen Beleuchtungsstärken und gleich langen Hell- und Dunkelperioden die Lichtmenge mit steigernder Wechselzahl zunehmend besser ausgenutzt, so daß bei 8000 Wechseln pro Minute die Ausbeute um 100% gestiegen ist, mit anderen Worten die Assimilation sich nicht von solcher mit kontinuierlicher Belichtung gleicher Intensität unterscheidet. Umgekehrt bei sehr langsamem Periodenwechsel (ein Wechsel in 1 bis 5 Minuten) wird die Ausnutzung der Lichtmenge geschwächt. Es beruht dies auf einer Induktionsperiode, die an die photochemische Induktion beim Chlorknallgas und ähnliche Erscheinungen erinnert.

23. Photochemische Ausbeute. α) Die die Ausbeute beeinflussenden Faktoren. Von großer Bedeutung ist die Bestimmung des maximalen Nutzeffektes der Strahlung bei der C-Assimilation, sowohl nach seiner absoluten Größe wie den Faktoren, die ihn beeinflussen. Er ergibt sich als echter Bruch aus dem Verhältnis der Menge reduzierter Kohlensäure zu der gesamten, von den grünen Zellen absorbierten Strahlungsenergie, da die bei der Reduktion zu leistende Arbeit bekannt ist, nämlich pro 1 Mol CO_2 minus 112300 cal Wärmetönung, oder etwa 115000 cal freie Energie nach der Näherungsformel des NERNSTschen Wärmetheorems berechnet, beträgt. Tatsächlich erweist sich die Ausbeute von verschiedenen Umständen abhängig: Bei starker Belichtung ist, wie schon oben betont, die Ausbeute überhaupt nicht von der Lichtstärke abhängig; aber auch bei schwacher ist sie nicht einfach der Beleuchtungsstärke proportional, sondern wächst mit herabgehender Beleuchtung bis zu sehr niederen Werten immer mehr an. Dieses Verhalten ist nach WARBURG so zu deuten, daß der bei der Assimilation gebildete Zucker den Zutritt der Kohlensäure zu der Oberfläche der chlorophyllhaltigen Zellteile erschwert. Je niedriger die Belichtung, je kleiner infolgedessen die durch Assimilation gebildete Zuckerkonzentration, um so dichter kann die Oberfläche während der Aufnahme des Lichts mit Kohlensäuremolekülen besetzt werden. In der Tat verringern auch andere, die Oberflächen besetzenden Stoffe, wie die oberflächenaktiven Narkotika, die photochemische Ausbeute bei niederer Beleuchtungsstärke, was zeigt, daß der photolytische Prozeß selbst durch die Besetzung von Oberflächen in seiner Größe beeinflußt wird.

Zweitens steigt die Ausbeute bei Zellen, die bei schwacher Beleuchtung gezüchtet sind und die einen erhöhten Chlorophyllgehalt besitzen. Drittens aber, und dies ist die interessanteste Abhängigkeit, steigt die Ausbeute mit der Wellenlänge unabhängig von den Absorptionsbanden des Chlorophylls bis zum roten Spektralende immer mehr an und sinkt dahinter bis 0 ab. Im roten Spektralteil aber beträgt sie im günstigsten Fall gut 60%.

β) Die Gültigkeit der PLANCK-EINSTEINschen Lichtquantentheorie für die Assimilation. Auf die Abhängigkeit der Ausbeute von der Wellenlänge sei hier noch näher eingegangen. Für die gleiche Algenkultur ergibt sich als photochemische Ausbeute (φ) in Prozenten der absorbierten Gesamtenergie:

Tabelle 2.

Photochemische Ausbeute φ bei der C-Assimilation der Alge Chlorella.

Farbe	Wellenlänge λ		$\varphi(\%)$
rot	610–690	(Schwerpunkt 660)	59
gelb	578	(Hg-Linie)	53,5
[grün	. 546	(Hg-Linie)	44,4]
blau	436	(Hg-Linie)	33,8

Vergleicht man die φ-Werte von Rot (660) und Gelb (578) sowie Gelb und Blau (436) für die gleiche Zellsuspension, also unter den genauesten Bedingungen, so erhält man als Quotienten:

$$\frac{\varphi_{660}}{\varphi_{578}} = 1{,}13 \qquad \text{und} \qquad \frac{\varphi_{578}}{\varphi_{436}} = 1{,}55 .$$

Nun ist aber

$$\frac{660\,\lambda}{578\,\lambda} = 1{,}14 , \qquad\qquad \frac{578\,\lambda}{436\,\lambda} = 1{,}32 ,$$

mit anderen Worten, zwischen Gelb und Rot steigt die Ausbeute genau proportional der Wellenlänge, zwischen Blau und Gelb etwas stärker, aber ähnlich. Für das letztere ist indes noch zu berücksichtigen, daß im Blau die Absorption nur zu 70% durch das Chlorophyll selbst geschieht, und der schwächer assimilierende Farbstoff Xanthophyll auch absorbiert, so daß die Energieausbeute in diesem Gebiet verhältnismäßig zu stark sinkt. Zieht man dies in Rechnung, so ergibt sich im sichtbaren Spektrum eine gute Proportionalität zwischen maximaler Ausbeute und Wellenlänge, wie es die Quantentheorie verlangt. Dies entspricht dem von E. Warburg für die Photolyse von Brom- und Jodwasserstoffsäure gefundenen Verhalten[1].

Allerdings können wir das photochemische Äquivalentgesetz von Einstein, nach dem die Zahl der zersetzten Moleküle gleich ist der Zahl der aufgenommenen Quanten, nicht direkt anwenden, denn ein Quantum ist in keinem Spektralbezirk zur Reduktion eines Kohlensäuremoleküls ausreichend. Die Beziehung

$$N_0 h \nu \gtrless A \tag{13}$$

(A Arbeit zur Zerlegung eines Grammolekül, N_0 Avogadrosche Zahl) kann also hier nicht gelten. A ist, wie oben angegeben, 115000 cal, $N_0 h \nu$ aber z. B. für $\lambda\,578 = 49000$ cal. An Stelle der einfachen Gleichung

$$n = \frac{Q}{h\nu} , \tag{14}$$

wo n die Zahl der zerlegten Moleküle, Q die absorbierte Strahlungsenergie bedeutet, ist also zu schreiben

$$n = k \cdot \frac{Q}{h\nu} \tag{15}$$

bzw. für 1 Grammolekül

$$\frac{n}{N_0} = k \cdot \frac{Q}{N_0 h\nu} . \tag{15a}$$

$\frac{1}{k}$ gibt dann die Anzahl der Quanten an, die für die Reduktion eines Kohlensäuremoleküls aufgenommen werden müssen. Nach der folgenden Tabelle (3) ergibt sich $\frac{1}{k}$ zu 4 (im Blau zu 5, wo aber die obige Korrektur erforderlich ist).

Wir müssen daher annehmen, daß 4 Energiequanten für die Reduktion eines Kohlensäuremoleküls zusammenwirken, derart, daß 4 angeregte Chlorophyllmoleküle nacheinander in Wirksamkeit treten und die Kohlensäure stufenweise zu Zucker reduzieren.

---

[1] Siehe Naturwissensch. Bd. 12, S. 1058. 1924.

Tabelle 3.

Photochemische Ausbeute φ und Anzahl $\frac{1}{k}$ der Quanten, die zur Reduktion eines CO_2-Moleküls aufgenommen werden müssen.

Wellenlänge λ	φ (Mol./cal)		$N_0 h\nu$ (cal)	$\frac{1}{k}$ für	
	Mittelwert	Höchstwert		Mittelwert von φ	Höchstwert von φ
660	$5,25 \cdot 10^{-6}$	$5,67 \cdot 10^{-6}$	43 000	4,4	4,1
578	$4,75 \cdot 10^{-6}$	$5,42 \cdot 10^{-6}$	49 200	4,3	3,8
436	$3,04 \cdot 10^{-6}$	$3,26 \cdot 10^{-6}$	65 100	5,1	4,7

Wenn auch damit der Mechanismus im einzelnen noch unbekannt bleibt, darf man aus den Versuchen jedenfalls den Schluß ziehen, daß die Analyse der Assimilation bis zu den Elementarvorgängen vorgedrungen ist. Die Konstanz der Quantenzahl rechtfertigt die Annahme, daß der Mechanismus der Assimilation im ganzen Spektralbereich der gleiche ist und auch innerhalb der Absorptionsbanden des Chlorophylls keine Änderung erfährt.

c) Thermodynamik der Nitratassimilation.

Auch die Thermodynamik der Nitratreduktion ist durch die Untersuchungen von WARBURG und NEGELEIN weitgehend aufgeklärt worden. Die Assimilation erfolgt in zwei Stadien: Reduktion der Salpetersäure zu Ammoniak und Anlagerung des Ammoniak an Kohlenstoffketten zur Bildung von Aminosäuren. Das letztere, die eigentliche Assimilisierung des Stickstoffs, ist zwar von großer biochemischer Bedeutung, verläuft aber fast ohne Energieänderung. Hingegen ist der Reduktionsvorgang vom Standpunkte der Energetik der wesentlichste Schritt. Diese Reduktion ist die genaue Umkehr der beiden unter Ziff. 21 betrachteten Atmungsvorgänge der nitrifizierenden Bakterien (1) und (2) (Gl. 10 und 11), die wir zusammengefaßt schreiben können:

$$NH_4^+ + 2\,O_2 = NO_3' + 2\,H^{\cdot} + H_2O + 91\,700\;\text{cal.} \tag{16}$$

Während bei den nitrifizierenden Bakterien die Oxydationsenergie des Ammoniaks zur Reduktion von Kohlensäure zu Kohlenhydrat dient, wird umgekehrt bei den grünen Pflanzen die Energie der Oxydation des Kohlenhydrats zu Kohlensäure zur Reduktion des Nitrats zu Ammoniak verwandt. Genauer verläuft dieser Vorgang nach WARBURG und NEGELEIN in der im folgenden beschriebenen Weise.

24. Nitratassimilation im Dunkeln. Während im allgemeinen die grünen Pflanzen im Dunkeln ebensoviel Kohlensäure ausscheiden als Sauerstoff verbrauchen, entsprechend der Oxydation von Zucker, scheiden sie in salpetersäurehaltigen Lösungen einen Überschuß von Kohlensäure aus und gleichzeitig Ammoniak, wobei 1 Mol Ammoniak auf 2 Mol mehr gebildete Kohlensäure kommt. Es verläuft hier außer der Atmung die Reaktion:

$$HNO_3 + H_2O + 2\,C = NH_3 + 2\,CO_2, \tag{17}$$

wo C eine Verbindung vom Reduktionsstadium freien Kohlenstoffs bedeutet, also z. B. Zucker $(C_6H_{12}O_6 = C_6 + 6\,H_2O)$.

Hier sind zwei Vorgänge miteinander gekoppelt, deren freie Energie unter den Versuchsbedingungen berechenbar ist. Die Reduktionsgleichung lautet:

$$NO_3' + H_2O + 2\,H^{\cdot} = NH_4^+ + 2\,O_2 - 68\,000\;\text{cal freie Energie[1].} \tag{18}$$

---

[1] Berechnet nach H. PICK, ZS. f. Elektrochem. Bd. 26, S. 182. 1920, wo sich für 1 Mol und 1 at 65 600 cal ergibt.

Die Gleichung der C-Oxydation:

$$2\,O_2 + 2\,C = 2\,CO_2 + 2\cdot 115\,000\ \text{cal freie Energie}\,[1] \qquad (19)$$

$$(C = {}^1/_6\ \text{Traubenzucker}).$$

Aus der Addition beider Gleichungen ergibt sich der gekoppelte Vorgang:

$$NO_3' + H_2O + 2\,H^{\cdot} + 2\,C = NH_4^{\cdot} + 2\,CO_2 + 162\,000\ \text{cal freie Energie.} \qquad (20)$$

Hier oxydiert also der Sauerstoff der Salpetersäure und des Wassers den Kohlenstoff (Zucker) zu Kohlensäure, wobei 30% der Energie, die bei der freien Oxydation des Zuckers gebildet werden würde, für die Reduktionsarbeit ausgenutzt wird. Die Reaktion entspricht hinsichtlich ihrer Energetik der Schießpulverreaktion, wo der Kohlenstoff ebenfalls auf Kosten des Nitratsauerstoffs oxydiert wird.

25. Nitratassimilation im Licht. Dieser Prozeß wird bei Belichtung vollständig verändert. Schon lange ist bekannt, daß die Nitratassimilation der Pflanzen auch im Dunkeln verlaufen kann, aber im Licht gesteigert ist. Darüber hinaus aber zeigt sich, daß der Mechanismus jetzt ein völlig anderer ist. Es werden nämlich in diesem Fall gleichzeitig mit der Reduktion eines Moleküls Ammoniak nicht zwei Moleküle Kohlensäure ausgeschieden, sondern zwei Moleküle Sauerstoff. Dies rührt von der gleichzeitig mit der obigen Gleichung (20) sich bei Belichtung abspielenden Reduktion von Kohlensäure her:

$$2\,CO_2 = 2\,C + 2\,O_2 - 230\,000\ \text{cal freie Energie.} \qquad (21)$$

Addieren wir Gleichung (20) und (21), so fällt die Kohlensäure aus der Bilanz heraus, und es ergibt sich daher wieder Gleichung (18)

$$NO_3 + H_2O + 2\,H^{\cdot} = HN_4^{\cdot} + 2\,O_2 - 68\,000\ \text{cal freie Energie.}$$

Hier ist also äußere Zufuhr von Energie erforderlich, und sie wird durch das Licht geleistet. Durch die photochemische Reduktion der Kohlensäure wird die Energie gewonnen, die für die Reduktion des Nitrats nötig ist. Daß die Kohlensäure hier als Zwischenkörper vorkommt, läßt sich durch Anwendung von Narkotika feststellen, die die Kohlensäureassimilation sehr stark hemmen, dagegen die Nitratreduktion nur unbedeutend. Narkotisierte Zellen produzieren nämlich im Licht ebenso viel Ammoniak und bilden ebensoviel Gas wie normale, aber das Gas ist nicht Sauerstoff, sondern Kohlensäure. Der Vorgang spielt sich also nunmehr wieder nach Gleichung (20) ab wie im Dunkeln, aber mit der gesteigerten Geschwindigkeit, wie sie durch Belichtung hervorgerufen wird. Es ergibt sich daraus, daß diese Steigerung der Geschwindigkeit von der Arbeitsleistung des Lichtes unabhängig ist. Das Licht steigert danach erstens die Geschwindigkeit des Vorgangs (20) und leistet zweitens Arbeit, indem es vermittelst der Assimilation der Kohlensäure die Energie für die Reduktion des Nitrats zuführt.

d) Schlußbetrachtung.

Die Nitratassimilation zeigt uns, wie die Energie der Sonnenstrahlung mit Hilfe der Photosynthese der Kohlensäure direkt für andere energetische Leistungen der Pflanzen verwandt werden kann. Eine solche Möglichkeit liegt auch in

---

[1]) Berechnet wie oben für die Versuchsbedingungen nach der Nernstschen Näherungsformel.

anderen Fällen vor. So werden die Bewegungen in den Pflanzen nach der Entdeckung PFEFFERS großenteils durch osmotische Druckschwankungen verursacht. Der hohe osmotische Druck (Turgor) rührt aber wesentlich von organischen Molekülen, Zucker und Umwandlungsprodukten des Zuckers her, die durch die Photosynthese gebildet sind. Die mechanische Arbeit stammt also auch hier aus der Assimilation, ohne Beteiligung der Atmung. Andererseits aber zeigen alle Pflanzenzellen, auch die im Licht assimilierenden, einen im Hellen und Dunkeln sich kontinuierlich fortsetzenden Sauerstoffverbrauch, der mit der Atmung tierischer Zellen in den Hauptpunkten übereinstimmt. Man darf annehmen, daß diese Sauerstoffatmung dieselbe energetische Aufgabe erfüllt wie dort, daß insbesondere der für die Wachstumsprozesse nötige Energieumsatz aus der Atmung oder aus Teilprozessen der Atmung stammt. Danach stimmen also die Abbauvorgänge im Stoffwechsel, vor allem die Oxydationen, mit denen im Tierreich überein, während die Aufbauvorgänge sich prinzipiell unterscheiden. Nur diese letzteren bedurften daher in den vorliegenden Kapiteln einer besonderen Besprechung.

Kapitel 7

Erzeugung tiefer Temperaturen und Gasverflüssigung.

Von

W. Meissner, Berlin.

Mit 43 Abbildungen.

I. Theoretische Grundlagen der Kälteerzeugung.

1. Verschiedene Arten der Kälteerzeugung. Kälte entsteht, wenn die Temperatur eines Systems von Körpern unter die Temperatur seiner Umgebung sinkt. Es sei vorausgesetzt, daß sowohl vor wie nach der Kälteerzeugung die Temperatur im System sich ausgeglichen habe und daß auch die Umgebung überall gleiche Temperatur habe. Die Temperatursenkung des Systems kann dann erstens dadurch zustande kommen, daß in dem System selbst eine Veränderung vor sich geht, die mit einer Wärmeabsorption verbunden ist. Eine derartige Veränderung ist z. B. eine chemische Umsetzung mit negativer Wärmetönung, die Auflösung eines festen Körpers mit negativer Lösungswärme in einer Flüssigkeit. Zweitens kann die Temperatur des Systems sich dadurch erniedrigen, daß das System gegen die Umgebung eine bestimmte Arbeit mechanischer, elektrischer oder anderer Art leistet. Drittens kann die Abkühlung des Systems unter die Umgebungstemperatur dadurch erfolgen, daß eine gewisse Wärmemenge von dem System auf die wärmere Umgebung übergeht, was erfahrungsgemäß aber nur unter gleichzeitiger Aufwendung einer äußeren Arbeitsleistung oder einer andersartigen Energie, z. B. von Wärme, möglich ist. Schließlich sind je zwei der aufgeführten oder alle drei Fälle gleichzeitig möglich.

2. Anwendung des Gesetzes von der Erhaltung der Energie. In allen aufgeführten Fällen erlaubt das Gesetz von der Erhaltung der Energie eine gewisse Aussage über die Größe der Kälteleistung. Ist C die Wärmekapazität des Systems und $\varDelta T$ seine als klein vorausgesetzte Temperaturerniedrigung, so ist die tatsächlich erzielte Kälteleistung $C\varDelta T$, falls die von der Änderung von C herrührende kleine Größe $\frac{1}{2}\varDelta C\varDelta T$ gegenüber $C\varDelta T$ zu vernachlässigen ist. Nach dem Gesetz von der Erhaltung der Energie muß nun im ersten der drei in Ziff. 1 unterschiedenen Fälle, falls das Volumen konstant bleibt und C_v die Wärmekapazität des Systems bei konstantem Volumen ist, $\varDelta T C_v$ gleich der Wärmeabsorption sein, die bei der chemischen Umsetzung oder dgl. auftritt. Im zweiten betrachteten Fall folgt aus dem Energieprinzip, wie es im ersten Hauptsatz der Wärmetheorie formuliert ist, falls der äußere Druck konstant gehalten wird und C_p die Wärmekapazität des Systems bei konstantem Druck ist, $\varDelta T C_p = -A$, wobei $-A$ die nach außen, z. B. durch Ausdehnung des Systems, abgegebene eindeutig bestimmte Arbeit bedeutet, die unter Benutzung der Wärmeäquivalentzahl wie $\Delta T C_p$ in Wärmeeinheiten auszudrücken ist. Sind beide Fälle gleichzeitig vorhanden oder treffen die Bedingungen konstanten Volumens oder konstanten Druckes nicht zu, so gelten ähnliche, nur nicht ganz so einfache Beziehungen, wie leicht ersichtlich ist. Im dritten der in Ziff. 1 betrachteten Fälle ist, falls wieder das Volumen des Systems konstant bleibt, die Kälteleistung $\Delta T C_V$ identisch mit der nach außen abgegebenen Wärmemenge $-Q$, deren Größe völlig unbestimmt ist. In diesem dritten Falle läßt also das Gesetz von der Erhaltung der Energie die Möglichkeit zu, daß beliebig viel Wärme von selbst von dem System auf die gleich und allmählich höher temperierte Umgebung übergeht und so eine beliebige Kälteleistung von selbst auftritt. Erfahrungsgemäß ist dies zwar, wie schon in Ziff. 1 bemerkt wurde, nicht möglich; aber um dem System die Wärmemenge Q zu entziehen und an die Umgebung abzugeben, genügt erfahrungsgemäß eine Energiemenge, deren Wärmeäquivalent sehr erheblich kleiner sein kann als Q. Deshalb wird die dritte Art der Kälteerzeugung direkt oder doch indirekt überall angewendet, wo es auf möglichst rationelle Kälteerzeugung ankommt. Quantitativen Aufschluß über die hierbei erzielte Kälteleistung gibt der zweite Hauptsatz der Wärmetheorie. Natürlich kann die dritte Art mit anderen Vorgängen, z. B. chemischen Umsetzungen, verknüpft sein und doch günstigen Nutzeffekt haben. Besonders ist dies bei Kreisprozessen der Fall.

3. Anwendung des zweiten Hauptsatzes der Wärmetheorie. Es sei die Temperatur des abzukühlenden Systems T, die Temperatur der Umgebung, die höher als die des Systems sei, T_0. Durch eine in allen Punkten reversibel arbeitende Maschine werde eine äußere Arbeit A geleistet und dabei dem System die Wärmemenge Q entzogen und an die Umgebung die Wärmemenge Q_0 abgegeben. Als eine solche Maschine kann z. B. ein idealer, den CARNOTschen Kreisprozeß zwischen den Temperaturen T und T_0 beschreibender Luftkompressor dienen. Falls die Vorgänge im System reversibel verlaufen, ist die Entropieänderung des Systems, das so groß sei, daß die Entziehung der als klein vorausgesetzten Wärmemenge Q seine Temperatur nur unmerklich ändert,

$$\Delta S = -\frac{Q}{T}\,. \tag{1}$$

Analog ist die Entropieänderung der Umgebung, falls die Änderungen in ihr reversibel verlaufen,

$$\Delta S_0 = \frac{Q_0}{T_0}\,. \tag{1a}$$

Nach dem zweiten Hauptsatz der Wärmetheorie muß die Summe der beiden Entropieänderungen $\geqq 0$ sein. Es ist also

$$\frac{Q_0}{T_0} - \frac{Q}{T} \geqq 0\,. \tag{2}$$

Nach dem Gesetz von der Erhaltung der Energie ist ferner

$$Q_0 - Q = A\,. \tag{3}$$

Also wird

$$A \geqq Q_0 \frac{T_0 - T}{T_0} \geqq Q \frac{T_0 - T}{T} \geqq T_0 \frac{Q}{T} - Q\,. \tag{4}$$

Das $=$-Zeichen gilt, falls, wie vorausgesetzt, die Maschine vollkommen reversibel arbeitet, in welchem Fall sich also der kleinstmögliche Wert für A ergibt.

4. Arbeitsaufwand beim idealen isentropischen stationären Kälteprozeß. In Ziff. 3 wurde die Arbeit berechnet, die mindestens aufzuwenden ist, um einem System die Wärmemenge Q bei der konstant vorausgesetzten Temperatur T zu entziehen und an ein System von der Temperatur T_0 abzugeben. Man kann den Gedankengang von Ziff. 3 auf einen Prozeß übertragen, bei dem ein System, z. B. eine Gasmasse, um eine endliche Temperaturdifferenz abgekühlt und evtl. verflüssigt wird, sofern man wieder die Bedingung stellt, daß alle Vorgänge reversibel verlaufen, der Prozeß im ganzen also isentropisch ist, d. h. ohne Änderung der Gesamtentropie aller beteiligten Körper verläuft.

Es werde zunächst der Anschaulichkeit halber eine Verflüssigungseinrichtung zugrunde gelegt, wie sie in Abb. 1 schematisch dargestellt ist. In einem Kompressor, dem im stationären Zustand des Ganzen von außen pro Masseneinheit des durchströmenden Gases die Arbeit a_0 zugeführt wird, wird das Gas vom Druck p_0 auf den Druck p_1 komprimiert, wobei die Kompressionswärme Q_0 an Kühlwasser von der Temperatur $T_0 = T_1$ abgegeben wird. Das Gas tritt sodann in den Gegenströmer und expandiert zwischen 1 und e unter Abkühlung stufenweise, wobei bei einzelnen Temperaturen T_1, T_2, ... T_e in hier nicht interessierender Weise (z. B. in Expansionszylindern) nach außen Arbeiten geleistet werden, deren Gesamtsumme pro Masseneinheit mit $\sum\limits_{1}^{e} a$ bezeichnet werde. Die Glieder der Summe können auch unendlich klein sein, d. h. die Summe kann in ein Integral übergehen. Nach völliger Expansion auf den Druck p_0 strömt das Gas durch den äußeren Raum des Gegenströmers in entgegengesetzter Richtung, also in Richtung von e nach 1, zurück, wobei es sich wieder bis auf die Temperatur T_0 erwärmt. Schließlich tritt das Gas bei 0 wieder in den Kompressor ein, um von neuem komprimiert zu werden. Die Masse des pro Zeiteinheit durch den Kompressor bzw. den Gegenströmer fließenden Gases sei M. Eine Verflüssigung dieses Gases trete nirgends ein. Der Gegenströmer werde aber von einer ganz getrennten zweiten Gasleitung durchsetzt, in welche

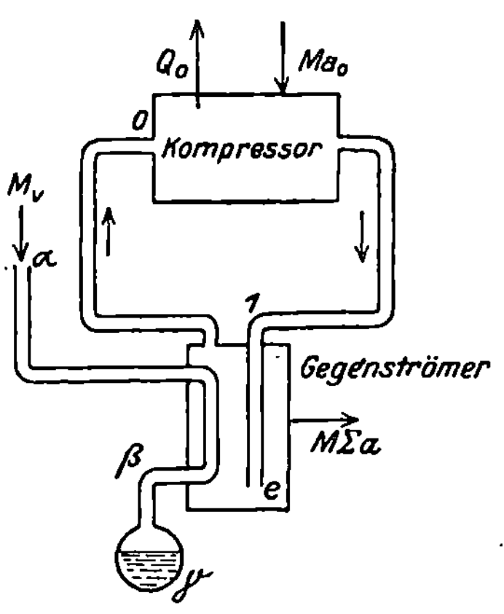

Abb. 1. Allgemeines Schema einer Verflüssigungseinrichtung.

pro Zeiteinheit die Gasmasse M_v, die den Druck p_α und die Temperatur T_α hat, eintrete. Dieses Gas wird im Gegenströmer bis auf T_β abgekühlt und schließlich verflüssigt. Die Flüssigkeit sammle sich bei γ an. Die von der Gasmasse M_v im Gegenströmer abgegebenen Wärmemengen sollen mit $\sum\limits_{\alpha}^{\gamma} Q$ bezeichnet werden.

Außer dem im vorstehenden angegebenem Wärme- und Arbeitsaustausch finde nirgends ein solcher mit der Umgebung der ganzen Kältemaschine statt. In derselben sei der Zustand stationär, d. h. im zeitlichen Mittel an jedem Punkt gleichbleibend.

Nach dem zweiten Hauptsatz ist dann entsprechend Gleichung (2) von Ziff. 3, da nur in der Umgebung und in M_v Änderungen auftreten,

$$\frac{Q_0}{T_0} - \sum\limits_{m=\alpha}^{m=\gamma} \frac{Q_m}{T_m} \gtreqless 0.$$ (5)

Andererseits muß nach dem ersten Hauptsatz entsprechend Gleichung (3) von Ziff. 3 sein

$$Q_0 - \sum_\alpha^\gamma Q_m = M\left(a_0 - \sum_1^e a\right) = L\,.\tag{6}$$

Dabei ist L, die Differenz der von außen aufgewendeten Arbeit $M a_0$ und der nach außen abgegebenen Arbeit $M\sum a$, die insgesamt pro Zeiteinheit von außen aufzuwendende Arbeit, also die aufzuwendende Leistung. Aus (5) und (6) folgt

$$L \gtreqless T_0 \sum_\alpha^\gamma \frac{Q_m}{T_m} - \sum_\alpha^\gamma Q_m\,.\tag{7}$$

In dem der Anschaulichkeit halber betrachteten speziellen Fall der Abb. 1 kann man noch, wenn für die Gasmasse M_v pro Masseneinheit die spezifische Wärme bei konstantem Druck mit c_p und die Verdampfungswärme beim Druck $p_\gamma = p_\alpha$ mit r_γ bezeichnet wird, setzen

$$\left.\begin{aligned}
\sum Q_m &= M_v\left\{\int_\beta^\alpha c_p\,dT + r_\gamma\right\}; \\[2ex]
\sum_\alpha^\gamma \frac{Q_m}{T_m} &= M_v\left\{\int_\beta^\alpha \frac{c_p}{T}\,dT + \frac{r_\gamma}{T_\gamma}\right\}.
\end{aligned}\right\}\tag{8}$$

Damit geht (7) über in

$$L \gtreqless M_v\left\{T_0\left[\int_\beta^\alpha \frac{c_p}{T}\,dT + \frac{r_\gamma}{T_\gamma}\right] - \int_\beta^\alpha c_p\,dT - r_\gamma\right\}.\tag{7a}$$

Natürlich braucht die Masse M_v nicht verflüssigt zu werden. Wird sie nur abgekühlt, so fallen die Glieder mit r_γ fort. Die Masse M_v braucht auch kein Gas zu sein, sondern kann durch irgendein anderes Kühlgut ersetzt werden.

Gleichung (7) gilt überhaupt ganz allgemein für irgendeinen Kälteprozeß, bei welchem die Wärmeabgabe nach außen bei der Temperatur T_0 erfolgt und dem Kühlgut die Wärmemengen Q_m bei den Temperaturen T_m entzogen werden, da dies die einzigen zur Aufstellung der Gleichungen (5) und (6) notwendigen Annahmen sind.

Z. B. gilt Gleichung (7) und (7a) auch dann, wenn bei der Anordnung nach Abb. 1 gar nicht eine zweite Rohrleitung, in welche die Gasmasse M_v eintritt, vorhanden ist, sondern wenn in der ersten Gasleitung selbst ein Teil des in ihr strömenden Gases verflüssigt wird, wie es meist bei den Verflüssigungsapparaten der Fall ist. Dann ist M_v der Teil von M, der pro Zeiteinheit verflüssigt wird.

Man gewinnt (7) in sehr viel einfacherer, doch wenig anschaulicher Weise, wenn man Gleichung (4) für verschiedene Temperaturen $T = T_m$ hinschreibt und die erhaltenen Gleichungen addiert. Es ist dann, während die einzelnen A_m keine reale Bedeutung haben, offenbar $\sum A_m = L$, d. h. gleich der insgesamt aufzuwendenden Leistung.

5. Einfluß irreversibler Vorgänge beim stationären Kälteprozeß auf den Arbeitsaufwand. Gleichung (7) von Ziff. 4 sagt aus, daß die für den Kälteprozeß erforderliche Leistung, falls bei ihm irreversible Vorgänge vorkommen, größer als der in Gleichung (7) stehende Minimalwert wird. Kennt man aber die irreversiblen Vorgänge im einzelnen, so kann man genau angeben, um wieviel durch sie der erforderliche Arbeitsaufwand vergrößert wird. Es werde z. B. wieder die Anordnung nach Abb. 1 zugrunde gelegt, nur mit dem Unterschiede, daß die nach außen abgegebenen Arbeiten $\sum_{1}^{e} a$ in Fortfall kommen sollen. Die Expansion soll also z. B. nicht in einem Expansionszylinder, dessen Kolben nach außen Arbeit abgibt, erfolgen, sondern durch Ausdehnung in einem Drosselventil. Bei dieser Art der Ausdehnung, die nicht reversibel ist, erleidet das Gas einen Entropiezuwachs. Allgemein (auch bei irreversiblen Vorgängen) ist ja das Differential der Entropie s pro Masseneinheit gegeben durch

$$ds = \frac{du + p\, dv}{T},\tag{9}$$

wenn u die innere Energie, p der Druck und v das spezifische Volumen sind. Nach dem ersten Hauptsatz ist ferner

$$du = da' + dq,\tag{10}$$

wenn q die zugeführte Wärme und a' die gegen das Gas geleistete Arbeit ist. Beim Drosseln vom Druck p_1 auf den Druck p_2 ist die gegen das Gas geleistete Arbeit a' pro Masseneinheit $p_1 v_1 - p_2 v_2$. Also ist $da' = -d(p\,v)$. Wird der Einfachheit halber $dq = 0$ angenommen, was im Drosselventil nahezu zutrifft, und die Änderung der kinetischen Energie gleich Null gesetzt, so wird also

$$du = -d(p\,v)\tag{10a}$$

und daher

$$ds = -\frac{v\,dp}{T},\tag{11}$$

was eine positive Größe ist, da dp negativ ist.

Insgesamt wird also der Entropiezuwachs

$$\Delta s = -\int_{1}^{e} \frac{v\,dp}{T}.\tag{12}$$

Sind alle übrigen Vorgänge reversibel, so wird der gesamte Entropiezuwachs pro Zeiteinheit $M\,\Delta s$, und man erhält entsprechend Gleichung (5) für den stationären Zustand, in dem Änderungen im zeitlichen Mittel nur in der Umgebung und in M_v stattfinden,

$$\frac{Q_0}{T_0} - \sum_{\alpha}^{\gamma} \frac{Q_m}{T_m} = -M\int_{1}^{e} \frac{v\,dp}{T}.\tag{13}$$

Kombiniert man Gleichung (13) mit Gleichung (6) unter Berücksichtigung des Umstandes, daß $\sum_{1}^{e} a = 0$ ist, so wird

$$L = M a_0 = T_0 \sum_{\alpha}^{\gamma} \frac{Q_m}{T_m} - \sum_{\alpha}^{\gamma} Q_m - M T_0 \int_{1}^{e} \frac{v\,dp}{T}.\tag{14}$$

Der Vergleich von Gleichung (14) und Gleichung (7) ergibt, daß der Ersatz der Entspannung im Expansionszylinder durch die einfache Drosselung prinzipiell eine Vermehrung des für eine bestimmte Kälteleistung erforderlichen Arbeitsaufwandes um den Betrag

$$-MT_0 \int_{1}^{e} \frac{v\,dp}{T}$$

pro Zeiteinheit zur Folge hat. Wieweit dies praktisch zutreffend ist, hängt natürlich auch von vielen anderen, erst weiter unten zu erörternden Umständen ab.

Eine weitere Vermehrung der erforderlichen Leistung entsteht dann, wenn beim Übergang der Wärmemengen Q_0 und Q_m in den Gasen oder den festen Trennungswänden endliche Temperaturdifferenzen auftreten. Denn sie bedingen eine Entropievermehrung. Bezieht sich z. B. die Temperatur T_0 auf eine Stelle des Kühlwassers, wo kein merkliches Temperaturgefälle mehr vorhanden ist, und wird mit T_0' die höhere Temperatur des an der Kühlfläche vorbeistreichenden Gases bezeichnet, so ist die Entropieverminderung des Gases, falls in ihm alles reversibel verläuft, $\dfrac{Q_0}{T_0'}$. Die Entropievermehrung des Kühlwassers ist wie früher $\dfrac{Q_0}{T_0}$. Also entsteht durch die Wärmeleitung mit dem Temperaturgefälle $T_0' - T_0$ eine Entropievermehrung um insgesamt $Q_0 \left(\dfrac{1}{T_0} - \dfrac{1}{T_0'}\right)$.

Für den stationären Zustand des Kälteprozesses, bei dem im Mittel keinerlei Änderungen in der Gasmasse M, also auch keine Entropieänderungen stattfinden, kann der Entropiezuwachs nur durch Entropieänderungen des Kühlwassers und der Gasmasse M_v entstehen. Also erhält man entsprechend Gleichung (13)

$$\frac{Q_0}{T_0} - \sum_{\alpha}^{\gamma} \frac{Q_m}{T_m} = -M \int_{1}^{e} \frac{v\,dp}{T} + Q_0 \left(\frac{1}{T_0} - \frac{1}{T_0'}\right). \qquad (15)$$

In Verbindung mit Gleichung (6) gibt (15), wenn wieder $\sum a = 0$ gesetzt wird,

$$L = M\,a_0 = T_0' \sum_{\alpha}^{\gamma} \frac{Q_m}{T_m} - \sum_{\alpha}^{\gamma} Q_m - MT_0' \int_{1}^{e} \frac{v\,dp}{T}. \qquad (16)$$

Durch das Temperaturgefälle $T_0' - T_0$ wird also das erste Glied des Ausdruckes (7) für L im Verhältnis $T_0' : T_0$ vergrößert. In Wirklichkeit wird das Temperaturgefälle $T_0' - T$ nicht an allen Punkten der Flächen, durch die Q_0 hindurchtritt, dasselbe sein, so daß (16) praktisch durch eine kompliziertere Gleichung zu ersetzen ist.

Findet auch der Übergang der Wärmemengen Q_m unter Temperaturgefällen $T_m - T_m'$ statt, wobei T_m die Temperatur in M_v, T_m' die niedrigere Temperatur in M ist, so erhält man statt Gleichung (15)

$$\frac{Q_0}{T_0} - \sum_{\alpha}^{\gamma} \frac{Q_m}{T_m} = -M \int_{1}^{e} \frac{v\,dp}{T} + Q_0 \left(\frac{1}{T_0} - \frac{1}{T_0'}\right) + \sum_{\alpha}^{\gamma} Q_m \left(\frac{1}{T_m'} - \frac{1}{T_m}\right) \qquad (17)$$

und in Verbindung mit Gleichung (6)

$$L = M\,a_0 = T_0' \sum_{\alpha}^{\gamma} \frac{Q_m}{T_m'} - \sum_{\alpha}^{\gamma} Q_m - MT_0' \int_{1}^{e} \frac{v\,dp}{T}, \qquad (18)$$

also für die erforderliche Leistung $M a_0$ einen größeren Wert als den Wert nach Gleichung (16), da alle T'_m kleiner als die T_m sind.

Auch wenn im Gegenströmer (Abb. 1) das im Innern des Rohres $1\,e$ strömende hochgespannte Gas und das außerhalb des Rohres zurückströmende entspannte Gas, zwischen denen ein Wärmeaustausch stattfindet, an denselben Stellen des Rohres $1\,e$ verschiedene Temperatur haben, so daß ein Wärmeübergang mit merklichem Temperaturgefälle stattfindet, entsteht Entropievermehrung und Erhöhung der insgesamt erforderlichen Leistung.

Zusammenfassend kann man sagen, daß es zur Erzielung einer Kälteleistung mit möglichst geringem Arbeitsaufwand darauf ankommt, die Arbeitsfähigkeit des arbeitenden Gases möglichst auszunutzen und alle Wärmeübergänge mit möglichst geringem Temperaturgefälle vor sich gehen zu lassen.

6. Realisierbarkeit von Kälteprozessen. Im vorhergehenden ist nichts darüber ausgesagt, ob die zugrunde gelegten Anordnungen wirklich geeignet sind, Kälte zu erzeugen. Vielmehr wurde dies vorausgesetzt und gefragt, welcher Arbeitsaufwand dann erforderlich ist. Damit aber die Kälteerzeugung wirklich möglich ist, ist noch erforderlich, daß die Arbeitsleistungen a und die Abgabe der Wärmemengen Q_m, von denen in Ziff. 4 und 5 die Rede ist, derart sind, daß wirklich durch sie die gewünschte tiefe Temperatur erzielt wird. Hierüber läßt sich ohne Eingehen auf den besonderen vorliegenden Fall nichts aussagen. Diese Frage kann daher erst bei Behandlung der einzelnen Verfahren der Kälteerzeugung erörtert werden.

II. Praktische Verfahren der Kälteerzeugung.

a) Einmalig verlaufende Prozesse.

7. Verdampfung oberhalb 0°C siedender Flüssigkeiten unter vermindertem Druck. Dieser Prozeß entspricht dem ersten der drei in Ziff. 1 unterschiedenen Fälle: die Kälteerzeugung erfolgt durch eine Veränderung in dem abzukühlenden System selbst, nämlich durch die bei der Verdampfung der Flüssigkeit absorbierte Verdampfungswärme. Sind die Flüssigkeit und die mit ihr in Berührung befindlichen abzukühlenden Körper gegen die Umgebung möglichst adiabatisch abgeschlossen, z. B. durch Einbringen in ein Vakuummantelgefäß (Ziff. 40), so wird beim Verdampfen der Flüssigkeit die Verdampfungswärme dem abzukühlenden System entzogen, so daß Kälte entsteht. Um aber die Verdampfung der Flüssigkeit in dem adiabatisch abgeschlossenen System zu ermöglichen, muß der Dampfdruck über der Flüssigkeit erniedrigt werden. Da im Gleichgewichtszustand eine eindeutige Beziehung zwischen Dampfdruck und Temperatur der Flüssigkeit besteht, sinkt beim Abpumpen des Dampfes die Temperatur der Flüssigkeit so lange, bis die dem erzeugten Dampfdruck entsprechende Siedetemperatur erreicht ist. Wird der Dampf dauernd abgepumpt, so erniedrigt sich die Temperatur so lange, bis die pro Zeiteinheit abgepumpte Dampfmenge gleich der pro Zeiteinheit infolge der praktisch unvermeidlichen, wenn auch geringen Wärmezufuhr von der Umgebung her verdampften Flüssigkeitsmenge ist, oder der Druck und damit die Temperatur sinkt bis zu der Grenze, die durch die Leistungsfähigkeit der verwendeten Pumpe gegeben ist. Durch Regelung der Saugleistung der Pumpe kann man also einen gewünschten Druck und damit eine gewünschte Temperatur einstellen. Um aber den niedrigen Druck aufrecht zu erhalten, ist dauernd eine Arbeitsleistung an der Pumpe erforderlich. Sei M_v die pro Zeiteinheit verdampfte Flüssigkeitsmenge, r_0 die Verdampfungswärme pro Gramm beim erniedrigten Druck p_0 und der zugehörigen

Temperatur T_0, v_0 das spezifische Volumen des Dampfes bei T_0, p_1 und v_1 Druck und spezifisches Volumen beim Austritt des Dampfes aus der Pumpe in die Atmosphäre; dann ist die dem System pro Zeiteinheit entzogene Wärme

$$Q_v = M_v r_0, \tag{19}$$

die von der Pumpe pro Zeiteinheit zu leistende Arbeit

$$L = M_v\left(p_1 v_1 - p_0 v_0 - \int_0^1 p\,dv\right) = M_v \int_0^1 v\,dp. \tag{20}$$

Je kleiner der Dampfdruck und je tiefer dementsprechend die erzielte Temperatur ist, um so größer ist also die pro Masseneinheit der verdampften Flüssigkeit aufzuwendende Arbeit. Doch ist sie bei dem betrachteten einmalig verlaufenden Prozeß nicht nach Gleichung (7) von Ziff. 3 zu ermitteln. Diese Gleichung wäre erst anwendbar, wenn man noch die weitere Arbeit berechnete, die aufgewendet werden müßte, um die verdampfte Menge wieder in Flüssigkeit zu verwandeln und so den Kreisprozeß der arbeitenden Substanz zu vollenden.

Sieht man von dieser Wiederverflüssigung ab, so kommt der Verdampfungsprozeß nur für einmalige kleine Kälteleistungen in Betracht, bei denen der Substanzverschleiß keine Rolle spielt, oder bei Verwendung solcher Substanzen, die unbegrenzt zur Verfügung stehen, wie Wasser bzw. Eis.

In Tabelle 1 ist der Dampfdruck von Eis für einige Temperaturen nach SCHEEL und HEUSE angegeben. Tabelle 2 enthält den Dampfdruck einiger anderer oberhalb $0°$ C in flüssiger Form beständiger, zur Erzielung tiefer Temperaturen geeigneter Substanzen. In Tabelle 3 sind die Verdampfungswärmen beim Sieden unter normalem Druck (760 mm Qu.-S.) und die zugehörigen Siedetemperaturen aufgeführt.

Man sieht, daß bei Wasser, das wegen seiner großen Verdampfungswärme günstig ist, zur Erzielung tiefer Temperaturen Abpumpen auf ziemlich kleinen Dampfdruck nötig ist, so daß große Anforderungen an die Pumpe gestellt werden.

Tabelle 1.
Dampfdruck p von Eis in mm Qu.-S. bei $t°$.

t °C	p mm	t °C	p mm
0	4,58	−35	0,163
− 5	3,01	−40	0,094
−10	1,95	−45	0,052
−15	1,24	−50	0,029
−20	0,77	−55	0,016
−25	0,47	−60	0,008
−30	0,28		

Tabelle 2.
Dampfdruck p einiger Substanzen in mm Q.-S. bei $t°$ C.

t °C	p für Äthyläther mm	Schwefel-kohlenstoff mm	Methylalkohol mm	Äthylalkohol mm	Benzol mm
+20	440	298	91	44,1	75
0	185	128	28	12,5	26
−10	113	79	13,5	6,5	14
−20	66	47	6,3	3,3	6

Tabelle 3.
Verdampfungswärme r_s einiger Flüssigkeiten in cal/g am normalen Siedepunkt t_s.

Substanz	Siedepunkt t_s °C	Verdampfungswärme r_s cal/g
Wasser	100	538,7
Äthyläther	34,5	90
Schwefelkohlenstoff . .	46,2	85
Methylalkohol	64,7	265
Äthylalkohol	78,3	202
Benzol	80,2	94

8. Verdampfung oberhalb $0°$ siedender Flüssigkeiten unter kleinem Partialdruck. Läßt man etwa die in Tabelle 3 aufgeführten Flüssigkeiten an der freien

Luft verdampfen, so hängt der Partialdruck des Flüssigkeitsdampfes über der Flüssigkeit von dem Bewegungszustand der Luft ab. Sorgt man für eine rasche Fortbewegung der Luft über dem Flüssigkeitsspiegel, so kann man den Partialdruck des Dampfes stark herabsetzen und so eine rasche Verdampfung und starke Abkühlung der Flüssigkeit herbeiführen. Besonders bekannt ist dies Verfahren bei der Verwendung von Äther zur örtlichen Anästhesierung in der Heilkunde: Spritzt man z. B. einen scharfen Ätherstrahl gegen einen zu behandelnden Zahn, so tritt eine rasche Verdampfung des Äthers und infolgedessen eine erhebliche Abkühlung des Flüssigkeitsstrahles und der getroffenen Stelle ein, so daß Gefühllosigkeit der Nerven entsteht. Für die Zwecke des Physikers wird ein ähnliches Verfahren selten anwendbar sein, da die erzielte Temperatur zu unbestimmt und zu schwankend ist. Bessere Resultate erzielt man,

Tabelle 4.

Tiefste Verdunstungstemperatur t_v und normale Siedetemperaturen t_s einiger Flüssigkeiten.

Substanz	Verdunstungs-temperatur t_v	Siedetemperatur t_s
Äthylalkohol	−11° C	+78,3° C
Benzol	−13	+80,2
Tetrachlorkohlenstoff . .	−21	+77
Äthyläther	−47	+34,5
Normalpentan	−50 ·	+36
Äthylnitrit	−55	+17

wenn man die zur Flüssigkeit hinströmende und die zurückströmende Luftmenge durch Rohre leitet, so daß man ihre Menge genau regeln kann. Auch ist dann bei Anwendung des Gegenstromprinzips ein Austausch zwischen der Wärme der hinströmenden und der Kälte der rückströmenden Luft möglich. In Tabelle 4 sind für einige Substanzen die auf diese Weise erzielbaren „Verdunstungstemperaturen" neben den bei normalem Atmosphärendruck geltenden Siedepunkten angegeben. Für Präzisionszwecke ist aber auch dieses Verfahren nicht geeignet.

9. Kältemischungen. Durch Mischen von Salzen oder Säuren mit Wasser oder besser Eis kann man Temperaturen unter 0° hervorrufen, falls die Lösungswärme der Salze negativ ist oder kleiner als die Schmelzwärme des zugesetzten Eises, so daß bei der Mischung Wärme absorbiert wird. Dies Verfahren fällt ebenfalls unter den ersten der in Ziff. 1 behandelten drei Fälle.

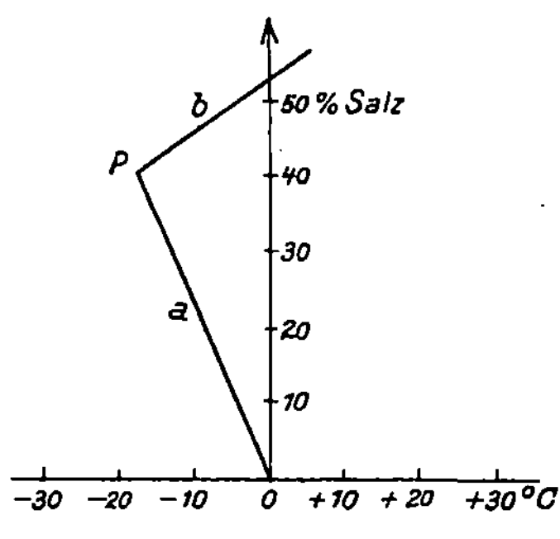

Abb. 2. Gleichgewichtskurven für Salzlösung.

Die Lösungswärme pro Masseneinheit des Salzes und die im Grenzfalle, d. h. wenn nur die zu mischenden Komponenten, keine weiteren Körper, abgekühlt werden, erzielbare Temperaturerniedrigung hängt von dem Mengenverhältnis der gemischten Substanzen ab. Die Lösungswärme hängt ferner von der Temperatur ab. Beim Mischen mit Eis ist es zweckmäßig, sehr fein geschabtes Eis oder Schnee zu verwenden, um gleichmäßige Mischung und daher gleichmäßige Temperaturerniedrigung zu ermöglichen.

Um zunächst das Gleichgewicht zwischen Lösung, Salz und Eis zu untersuchen, betrachte man (Abb. 2) eine bei 0° gesättigte Salzlösung, die z. B. 52% Salz enthält. Kühlt man dieselbe ab, so scheidet sich Salz ab, die Konzentration der Lösung sinkt entsprechend der „Löslichkeitskurve" b, bis man schließlich an den Punkt P, den „kryohydratischen Punkt" kommt, bei

dem durch Wärmeentziehung aus der Lösung gleichzeitig Salz und Eis ausgeschieden wird, derart, daß die Konzentration der Lösung und daher die Temperatur konstant bleibt. — Betrachtet man umgekehrt eine stark verdünnte
Lösung von 0° und kühlt sie ab, so scheidet sich nicht Salz, sondern Eis ab,
während die Lösung konzentrierter wird. Man erhält die „Eiskurve" a von
Abb. 2. Auch auf ihr gelangt man schließlich zum kryohydratischen Punkt P,
bei dem sich nun durch weitere Wärme-entziehung Eis und Salz ausscheidet, so daß die Konzentration der Lösung und die Temperatur wieder konstant bleibt, und zwar so lange, bis keine flüssige Phase mehr vorhanden ist. Erst dann sinkt bei weiterer Wärmeentzie-hung die Temperatur unter den kryohydra-tischen Punkt. Ent-

Tabelle 5. Kryohydrate.

Salz	Prozentgehalt der Mi-schung an wasserfr. Salz	Schmelz-temperatur	Schmelzwärme
$MgSO_4$	19,0 Gew.-%	− 3,9° C	58,2 cal/g
$ZnSO_4$	27,2	− 6,5	50,9
KCl	19,7	−11,1	71,9
NH_4Cl	18,7	−15,8	73,8
NH_4NO_3	41,2	−17,4	68,4
$NaNO_3$	36,9	−18,5	57,5
NaCl	22,4	−21,2	56,4
$MgCl_2$	21,6	−33,6	−
$CaCl_2$	29,8	−55	50,8
KOH	31,5	−65	−
Säuren	an Säureanhyd.		
SO_3	32	−75	−
HCl	24,8	−86	−

zieht man so lange Wärme, bis nahezu alle flüssige Lösung verschwunden
ist, so erhält man kryohydratische Lösungen oder Kryohydrate,
die als Kältebäder konstanter Temperatur verwendbar sind, da ihre Temperatur so lange konstant bleibt, bis alles Salz oder alles Eis gelöst bzw.
geschmolzen ist. Zu ihrer Herstellung verwendet man zweckmäßig eine Salzlösung von der Konzentration, die derjenigen beim kryohydratischen Punkt
entspricht, da dann Salz und Eis gleichzeitig aufgebraucht ist. Einige Angaben
über derartige Kryohydrate enthält Tabelle 5.

Umgekehrt kühlt sich nun ohne Wärmeentziehung von außen ein Gemenge
von Eis und Salz bei geeigneter Wahl der Mengenverhältnisse bis zum kryohydratischen Punkt ab. Praktisch er-reicht man ihn jedoch meist nicht ganz.
Ähnlich verhalten sich Mischungen von Salz und Wasser oder Salz und Säure.

Eine Reihe von in der Physikalisch-Technischen Reichsanstalt praktisch er-probten Kältemischungen sind in Ta-belle 5a aufgeführt. Dabei soll das Salz

Tabelle 5a. Kältemischungen.

Gewichtsmenge Salz auf 100 g Eis		Entsteh. Temperatur
10 g	Kaliumsulfat	− 1,9°C
13	Kaliumnitrat	− 2,9
30	Kaliumchlorid	−10,6
25	Ammoniumchlorid	−15,0
33	Natriumchlorid	−21,2
200	Kalziumchlorid	−35

vor der Mischung etwa 18° haben. Die Temperaturen gelten nur angenähert.
Als Fixpunkte sind diese Kältemischungen nicht verwendbar. Ihre Temperatur
muß vielmehr stets thermometrisch bestimmt werden.

Ferner erhält man

mit Natriumphosphat . . . . −0,5° C
  „ Natriumsulfat . . . . −1,1
  „ Bariumchlorid . . . . −7

wenn man Eis in kleinen Gaben zusetzt und während des Schmelzens stets
nachfüllt.

10. Einmalige Entspannung. Läßt man ein auf hohen Druck p_1 gebrachtes
Gas sich langsam auf den Druck p_0 ausdehnen, so wird, wenn M die Gasmasse

und v das spezifische Volumen derselben ist, nach außen die Arbeit $M\int_1^0 p\,dv$ geleistet. Ist die Gasmasse nach außen adiabatisch abgeschlossen, so wird dem Gase die dem Arbeitsintegral gleiche Energie entzogen. Es ist also dann, wenn u die Energie der Masseneinheit des Gases ist,

$$p\,dv = -du = -\left(\frac{\partial u}{\partial T}\right)_v dT - \left(\frac{\partial u}{\partial v}\right)_T dv\,. \tag{21}$$

$\left(\frac{\partial u}{\partial T}\right)_v = c_v$ ist gleich der spezifischen Wärme bei konstantem Volumen, und nach dem zweiten Hauptsatz der Wärmetheorie ist ferner

$$\left(\frac{\partial u}{\partial v}\right)_T = T\left(\frac{\partial p}{\partial T}\right)_v - p\,.$$

Daher wird aus (21)

$$dT = -\frac{T\left(\frac{\partial p}{\partial T}\right)_v}{c_v}\,dv\,. \tag{22}$$

Kennt man die Beziehung zwischen p, v und T, d. h. der Zustandsgleichung des Gases und c_v als Funktion von T, so kann man (22) integrieren und so die integrale Temperatursenkung berechnen. Z. B. wird für ein ideales Gas mit der Gleichung

$$pv = CT;\qquad C = c_p - c_v\,, \tag{23}$$

nach (22), falls die spezifischen Wärmen c_p bei konstantem Druck und c_v als konstant angesehen werden,

$$dT = -T\frac{c_p - c_v}{c_v}\frac{dv}{v} = -T(\varkappa - 1)\frac{dv}{v} \tag{24}$$

oder durch Integration

$$T_0 = T_1\left(\frac{v_1}{v_0}\right)^{\varkappa - 1}\,. \tag{25}$$

Wegen $\left(\frac{\partial p}{\partial T}\right) = \frac{C}{v} = \frac{p}{T}$ folgt aus (22) auch

$$T_1 - T_0 = \frac{1}{c_v}\int_1^0 p\,dv\,, \tag{26}$$

in Übereinstimmung mit (21), da für ideale Gase $du = c_v\,dT$ ist.

Durch einmalige Entspannung schwach komprimierter feuchter Luft kann man ihre Temperatur leicht so weit erniedrigen, daß Übersättigung an Wasser und Bildung von feinen Wassertröpfchen (Nebel) entsteht. Diese Methode der Nebelbildung ist neuerdings vielfach bei der Untersuchung der Bahn von Elektronen angewandt worden.

Durch einmalige Entspannung ist von Cailletet[1] zum erstenmal Sauerstoff, Kohlenoxyd, Stickstoff, Luft und Wasserstoff verflüssigt worden. Die Gase wurden dabei auf 200 bis 300 at komprimiert und kühlten sich bei der Expansion von Zimmertemperatur bis zur Verflüssigungstemperatur ab. Die

---

[1] L. Cailletet, C. R. Bd. 85, S. 1213 u. 1270, 1877. Betreffs der Arbeiten Pictets, der etwa gleichzeitig Sauerstoff nach anderer Methode verflüssigte, siehe Ziffer 18.

Verflüssigung war durch Nebelbildung sichtbar. Größere Mengen von Flüssigkeit sind auf diese Weise nie hergestellt worden. Natürlich kann man weiter kommen, wenn man das komprimierte Gas vor der Entspannung durch andere Kühlmittel, z. B. feste Kohlensäure, kühlt. Doch haben derartige Verfahren praktische Bedeutung bei Verwendung einmaliger Entspannung nie gewonnen.

b) Periodisch oder kontinuierlich verlaufende Prozesse ohne Gegenströmer zur Senkung der tiefsten erzielten Temperatur.

11. Kompressionskaltluftmaschine. Diese Maschine ist ein einfaches Beispiel für den dritten der in Ziff. 1 unterschiedenen drei Fälle und ein Spezialfall der allgemeinen Anordnung nach Abb. 1. Ihr Schema gibt Abb. 3. Die Luft wird an keiner Stelle des Kreislaufs verflüssigt. Sie wird von einem Kompressor bei der Temperatur T_2 angesaugt und in einer oder in mehrern Stufen vom Druck p_0 auf den Druck p_1 komprimiert. Hierbei wird pro Zeiteinheit von außen die Kompressionsarbeit L_k geleistet und nach außen, z. B. an Kühlwasser von der Temperatur T_0, die Wärmemenge Q_0 abgegeben. Das Gas verläßt den Kompressor bzw. das letzte Kühlrohr mit der Temperatur T_1. Es tritt sodann in eine Expansionsmaschine ein, in welcher es sich in einer oder mehreren Stufen auf den niedrigen Druck p_0 ausdehnt. Hierbei wird nach außen die Expansionsarbeit L_e abgegeben. Bei der Expansion kühlt das Gas sich außerdem ab, wie dies in Ziff. 10 behandelt ist, und vermag daher dem Kühlgut, d. h. den abzukühlenden Substanzen, eine Wärmemenge Q_e, die

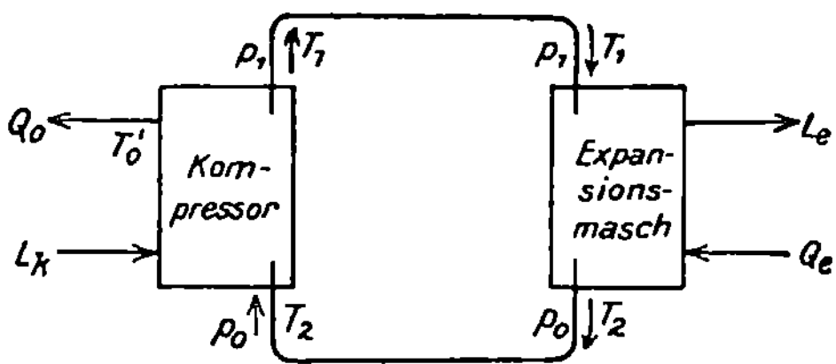

Abb. 3. Schema der Kompressionskältemaschine.

Kälteleistung, zu entziehen, wobei es sich auf eine Temperatur T_2 erwärmt, die nahezu gleich T_1 sein kann, wenn das Kühlgut aus Flüssigkeiten oder Gasen besteht, die man in Kühlern entgegen dem strömenden Arbeitsgase fließen läßt (Gegenstromverfahren). T_2 kann dann also nahezu gleich der Zimmertemperatur sein. Andernfalls tritt das Gas im stationären Zustand des Kreislaufs in den Kompressor schon dauernd mit einer erniedrigten Temperatur ein. Die tiefste erzielbare Temperatur ist aber die bei der einmaligen Entspannung (Ziff. 10) auftretende. Eine tiefere läßt sich mit derselben Anordnung erst dann erzielen, wenn man nicht nur beim Kühlgut das Gegenstromverfahren anwendet, sondern auch das Arbeitsgas vor dem Eintritt in die Expansionsmaschine nach dem Gegenstromprinzip durch schon expandiertes kaltes Arbeitsgas vorkühlt, worauf weiter unten in Ziff. 20 eingegangen ist.

Die gesamte von außen aufzuwendende Leistung ist offenbar $L_k - L_e = L$. Entsprechend Gleichung (7) von Ziff. 4 oder Gleichung (18) von Ziff. 5 wird

$$L \geqq T_0 \int_{T_3}^{T_2} \frac{dQ_e}{T_e} - Q_e \tag{27}$$

oder

$$L \geqq T_0' \int_{T_3'}^{T_2'} \frac{dQ_e}{T_e'} - Q_e. \tag{28}$$

Hierbei ist T_3 die tiefste durch die Maschine erzeugte Temperatur, T_e die Temperatur, bei der dQ_e dem Kühlgut entzogen wird. Erfolgt die Kompression im Kompressor nicht isotherm, was praktisch nicht zu erzielen ist, so ist T_0' eine mittlere Temperatur des in den Kühlrohren des Kompressors strömenden Gases. T_e' sind die Temperaturen des Arbeitsgases beim Aufnehmen der Wärmemengen dQ_e, die praktisch etwas tiefer sind als die entsprechenden Temperaturen T_e des Kühlgutes. Soll die tiefste Temperatur T_3 des Kühlgutes unverändert bleiben, so muß also T_3' entsprechend tiefer gewählt werden; T_2' fällt dann entsprechend tiefer als T_0 aus. In Gleichung (28) ist wie in (27) das $>$-Zeichen eingefügt, da außer den in Ziff. 5 behandelten Gründen auch noch andere, praktisch nicht zu vermeidende Verluste auftreten.

Zur Erläuterung der Verhältnisse diene ein Zahlenbeispiel. Sei $T_0 = T_2 = 290°$; $T_3 = 250°$. Ferner werde annäherungsweise gesetzt

$$dQ_e = Q_e \frac{dT}{T_2 - T_3}.$$

Dann wird der kleinstmögliche Wert von L nach (27)

$$L_{\min} = Q_e \left(\frac{290}{40} \ln \frac{290}{250} - 1 \right) = 0{,}077\, Q_e,$$

wobei natürlich L und Q_e in gleichem, z. B. kalorischen Maß zu messen sind.

Sei weiter praktisch im Mittel $T_0' = 310°$; $T_2 = 280°$; $T_3' = 240°$ (d. h. $10°$ Temperaturdifferenz zwischen Kühlgut und Kühlmittel). Setzt man wieder

$$dQ_e = Q_e \frac{dT}{T_2' - T_3'},$$

so wird dann nach (28)

$$L = Q_e \left(\frac{310}{40} \cdot \ln \frac{280}{240} - 1 \right) = 0{,}196\, Q_e.$$

Der Wirkungsgrad der Kältemaschine, d. h. das Verhältnis der kleinstmöglichen zur tatsächlich erforderlichen Leistung, wird also im betrachteten Fall

$$\eta = \frac{L_{\min}}{L} = \frac{0{,}077}{0{,}196} = 0{,}39.$$

In Wirklichkeit würde dieser Wert bei den angenommenen Verhältnissen noch nicht einmal erreicht werden, da er praktisch noch durch Reibungsverluste u. dgl. herabgesetzt wird.

Bei der praktischen Ausführung der Luftkältemaschine kann man die Kompressionszylinder und die Expansionszylinder zu einer Maschine zusammenbauen, wie es Ericsson und unter Verwendung höherer Drucke, die kleinere Bauart ermöglichen, die Gesellschaft für Lindes Eismaschinen taten. Die Luftkältemaschine hat aber wegen ihres ungünstigen Wirkungsgrades in der Praxis wenig Eingang gefunden.

12. Offene Luftkompressionsmaschine. Man kann die in Ziff. 11 beschriebene Kältemaschine in der Weise umändern, daß man die in der Expansionsmaschine abgekühlte Luft direkt in zu kühlende Räume leitet und den Kompressor die Luft aus der Atmosphäre ansaugen läßt. Derartige Maschinen haben auf Schiffen Verwendung gefunden, leiden aber unter dem Übelstand, daß die in der atmosphärischen Luft enthaltene Feuchtigkeit im Expansionszylinder zu störender Eisbildung führt.

13. Kompressionskaltdampfmaschine. Bei dieser Maschine tritt im Gegensatz zu den Vorgängen in der Kompressionskaltluftmaschine eine Verflüssigung des arbeitenden Gases beim Durchlaufen des Kreisprozesses ein. Abb. 4 gibt das Schema einer Kaltdampfmaschine. Dem Verdampfer D wird vom Kühlgut (z. B. strömender Salzlösung) die Wärmemenge Q_m pro Zeiteinheit zugeführt, so daß die in den Verdampfer flüssig eintretende Arbeitssubstanz verdampft. Der Dampf wird durch den Kompressor abgesaugt und nahezu adiabatisch vom Druck p_m auf den Druck p_1 komprimiert, wobei die Temperatur von der tiefen Kühltemperatur T_m auf die höhere Zimmertemperatur T_0 steigt. In dem Kondensator K, der von außen, z. B. durch Wasser, gekühlt wird, wird dem Dampf die Wärmemenge Q_0 entzogen, wobei er sich teilweise verflüssigt. Im idealen Fall müßte dann wieder bei V Expansion unter Leistung einer äußeren Arbeit L_e von p_1 auf p_m erfolgen, wobei weitere Verflüssigung einträte. In Wirklichkeit verwendet man zur Entspannung ein Drosselventil V, so daß L_e verlorengeht. Im Verdampfer D und im Kondensator K bleiben die Temperaturen, da im Flüssigkeits-Dampfgemenge die Temperatur nur vom Druck abhängt, nahezu konstant, falls der Dampf den Kompressor nicht überhitzt, sondern trockengesättigt oder etwas naß verläßt. Hierzu wäre nötig, daß der vom Kompressor angesaugte Dampf Flüssigkeitsteilchen enthält, die bei der Kompression durch die Kompressionswärme verdampfen. In diesem Idealfall und bei Ersatz des Drosselventils V durch eine Expansionsmaschine würde der Kreisprozeß einen idealen umgekehrten CARNOTschen Kreisprozeß zwischen den Temperaturen T_0 und T_m darstellen. Die erforderliche Leistung

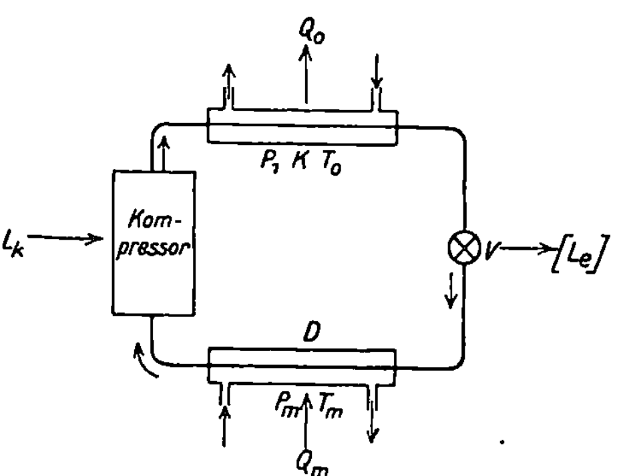

Abb. 4. Schema der Kompressionskaltdampfmaschine.

$L_k - L_e = L$ wäre entsprechend Gleichung (7) von Ziff. 4

$$L = T_0 \frac{Q_m}{T_m} - Q_m = Q_m \frac{T_0 - T_m}{T_m}. \tag{29}$$

In Wirklichkeit läßt man aus praktischen Gründen den Dampf trocken vom Kompressor ansaugen, so daß er den letzteren überhitzt verläßt und im Kondensator erst auf die Kondensationstemperatur abgekühlt werden muß; außerdem wird die kondensierte Flüssigkeit im Kondensator meist noch weiter unterkühlt, so daß Q_0 keineswegs bei konstanter Temperatur T_0 entzogen wird. Ferner wird die Kompression häufig mehrstufig mit Zwischenkühlung vorgenommen.

Als Dampf wird in der Praxis hauptsächlich verwendet: Ammoniak, Schwefligsäure und Kohlensäure. Mit diesen Dämpfen lassen sich Temperaturen bis herunter zu $-50°$ erzielen. Die meiste Verbreitung haben Ammoniakkältemaschinen gefunden.

Der Wirkungsgrad der Dampfkältemaschinen, d. h. das Verhältnis der praktisch erzielbaren Leistung zur thermisch möglichen, fällt günstiger aus als bei der Luftkältemaschine. Es liegt dies vor allem daran, daß im Kondensator und Verdampfer geringere Temperaturdifferenzen zwischen Dampf und Kühlwasser bzw. Kühlgut auftreten als in den Wärmeaustauschern der Gaskältemaschine und daß die Dimensionen der Maschinen klein werden.

14. Periodisch wirkende Absorptionskältemaschinen. Das Prinzip dieser Maschinen erläutert Abb. 5, in welcher links die Periode I, rechts die Periode II eines idealisierten Prozesses betrachtet ist. Zu Beginn desselben befinde sich in A eine binäre Lösung, z. B. wässerige Ammoniaklösung. Durch Zufuhr der Wärmemenge Q wird das Ammoniak zum großen Teil bei der Temperatur T ausgetrieben und in B bei der Temperatur T_0 kondensiert, wobei B die Wärmemenge Q_0 entzogen wird. In der zweiten Periode wird A zunächst unter Entziehung der Wärme $\int_{T'}^{T} dQ''$ bis auf T' abgekühlt. Das Ammoniak in B verdampft wieder und geht in A bei der Temperatur T' in Lösung, wobei A die Wärmemenge Q' entzogen wird. Das in B befindliche Ammoniak kühlt sich beim Verdampfen ab, zunächst bis zur Temperatur T_0'. Beim weiteren Verdampfen wird der Umgebung (dem Kühlgut) die Wärmemenge Q_0' bei der Temperatur T_0' entzogen. Ist in B alles Ammoniak verdampft, so muß man dem Behälter A nur noch die Wärmemenge $\int_{T'}^{T} dQ'''$ zuführen, um wieder den Zustand zu Beginn der Periode I herzustellen. Von der Wärmekapazität der Wandungen von A und B sei abgesehen, so daß die Wärme zur Temperaturänderung des leeren Behälters B vernachlässigt werden kann. In erster Annäherung (wenn die Wassermenge

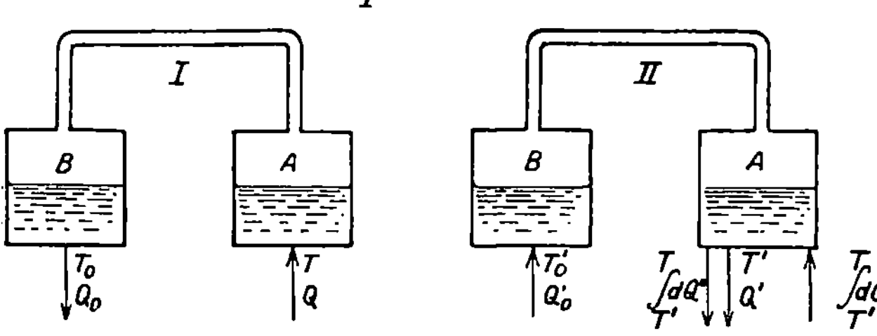

Abb. 5. Periodisch wirkende Absorptionskältemaschine.

groß gegen die Ammoniakmenge ist) ist ferner $\int_{T'}^{T} dQ'' = \int_{T'}^{T} dQ'''$. Dann muß nach dem Energieprinzip sein

$$Q_0 + Q' = Q + Q_0'. \tag{30}$$

Geht in der Umgebung der Behälter A und B alles reversibel vor sich, so ist ferner nach dem zweiten Hauptsatz der Wärmetheorie

$$\frac{Q_0}{T_0} - \frac{Q}{T} - \frac{Q_0'}{T_0'} + \frac{Q'}{T'} \geqq 0. \tag{31}$$

Setzt man noch $T' = T_0$, was z. B. der Fall ist, wenn in Periode I und II B bzw. A mit gleichartigem Kühlwasser gekühlt werden, so wird nach (30) und (31) das Verhältnis zwischen Kälteleistung Q_0' und aufgewendeter Wärme Q

$$\frac{Q_0'}{Q} \leqq \frac{T - T_0}{T_0 - T_0'} \frac{T_0'}{T}. \tag{32}$$

Nach (32) kann $Q_0' : Q$ bei geeigneter Wahl von T, T_0 und T_0' größer als 1 werden. Die vorstehende Berechnung sagt aber noch nichts aus über die Realisierbarkeit des Prozesses. Tatsächlich sind aber die Dampfdrucke von Ammoniak und Ammionaklösung, die Lösungswärme von Ammoniak in Wasser und die Verdampfungswärme des Ammoniaks derart, daß auf dem angegebenen Wege bei Verwendung von Wasser zur Entziehung von Q_0 und Q_0' die Kälteleistung Q_0' bei einer Temperatur von $-30°$ und weniger erfolgen kann.

Fragt man sich, wodurch im vorliegenden Fall eigentlich die Kälteleistung ermöglicht wird, so kommt man zu dem Resultat, daß es letzten Endes die in Periode II im Innern der Behälter vor sich gehenden Veränderungen sind: Q'_0 ist $> Q'$, da die Verdampfungswärme des Ammoniaks größer ist als seine Lösungswärme in Wasser. Die Absorptionsmaschine gehört also zu dem ersten der in Ziff. 1 unterschiedenen drei Fälle. Die Periode I dient dazu, um die zur Kälteerzeugung nötigen Veränderungen wieder rückgängig zu machen. Nur in Periode II erfolgt Kälteleistung. Betrachtet man beide Perioden zusammen, so hat man den dritten der in Ziff. 1 betrachteten Fälle: Es wird Kälte mittels der von außen aufgewendeten Energie Q erzeugt.

Praktisch wird bei der periodisch arbeitenden Absorptionsmaschine ein Wert $Q'_0 : Q > 1$ nicht erreicht; vielmehr wird praktisch $Q'_0 : Q$ sogar $< 0,5$. Dies liegt nicht nur an der vernachlässigten Teilnahme der Behälter an Erwärmung und Abkühlung, sondern auch daran, daß die Wärmemengen Q_0, Q, Q'_0 und Q' nicht bei konstanten Temperaturen ausgetauscht werden und daß dabei starke Temperaturgefälle, also Entropievermehrungen auftreten. Die Temperaturen T, T_0, T'_0 in (32) können nur als mittlere Temperaturen, bei denen die verschiedenen Wärmeübergänge erfolgen, aufgefaßt werden.

Die periodisch arbeitende Absorptionsmaschine wird nur für kleine Kälteleistungen verwendet.

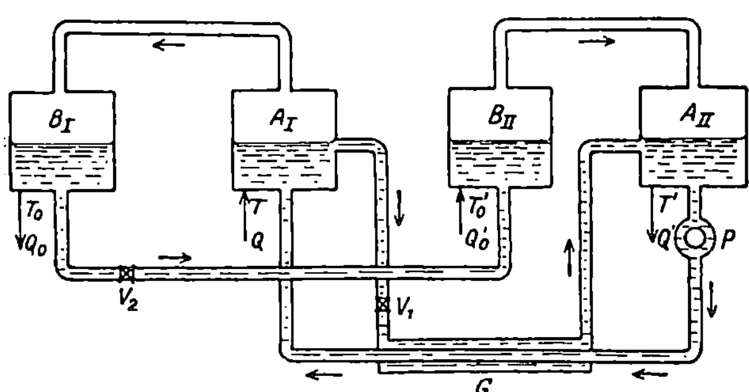

Abb. 6. Kontinuierlich wirkende Absorptionsmaschine.

15. Kontinuierlich wirkende Absorptionsmaschine. Statt wie bei der periodisch wirkenden Maschine nach Abb. 5 dem Behälter A abwechselnd Wärme zuzuführen und zu entziehen, kann man Lösung und Ammoniak durch Pumpen in Bewegung setzen und Wärmezufuhr und Entziehung kontinuierlich stets an derselben Stelle vornehmen. Prinzipiell wird dadurch nichts geändert. Nur wird der Prozeß zu einem kontinuierlichen. Das Schema einer solchen Maschine gibt Abb. 6, die in den Bezeichnungen Abb. 5 entspricht. In A_I wird das Ammoniak durch Zufuhr der Wärme Q bei der Temperatur T aus der Lösung ausgetrieben. Der Ammoniakdampf strömt nach B_I, wo er durch Kühlung unter Entziehung der Wärmemenge Q_0 verflüssigt wird. Das flüssige Ammoniak strömt nach B_{II}, wo es verdampft, indem es dem Kühlgut bei der Temperatur T'_0 die Wärmemenge Q'_0 entzieht. Das verdampfte Ammoniak strömt nach A_{II}, wo es bei der Temperatur T' vom Lösungsmittel, das gekühlt wird, unter Entziehung der Wärme Q' absorbiert wird. Die ammoniakreiche Lösung wird aus A_{II} durch eine Pumpe P nach A_I gedrückt. Nachdem die Lösung dort das Ammoniak zum großen Teil abgegeben hat, fließt sie durch eine zweite Verbindungsleitung nach A_{II} zurück, und zwar durch den Gegenströmer G. In diesem gibt die von A_I kommende warme Lösung ihre Wärme zum Teil an die von A_{II} kommende kalte Lösung ab, so daß die Eintrittstemperaturen in A_I und A_{II} nahezu gleich den Austrittstemperaturen werden. Da in A_I und B_I hoher Druck, in B_{II} und A_{II} wegen der niedrigeren Temperaturen tiefer Druck herrscht, sind in die Verbindungsleitungen die einstellbaren Drosselventile V_1 und V_2 eingeschaltet. Die Pumpe P bringt das Lösungsmittel mitsamt dem gelösten Ammoniak von dem in A_{II} herrschenden niedrigen Druck auf den in A_I vorhandenen hohen Druck. Die Kühlung von B_I und A_{II} erfolgt z. B. durch Kühlwasser, die Heizung von A_I durch Wasserdampf.

Die erzielbare Kälteleistung Q_0' ist natürlich wieder durch Gleichung (32) (Ziff. 14) gegeben. Praktisch wird auch bei der kontinuierlich wirkenden Absorptionsmaschine $Q_0' : Q < 1$, vor allem weil auch bei ihr der Wärmeaustausch in A_I, B_I, A_{II}, B_{II} nicht bei konstanten Temperaturen erfolgt, so daß T, T_0, T' und T_0' wieder nur Mittelwerte der wirklich auftretenden Temperaturen sind und weil beim Wärmeaustausch starke Temperaturgefälle auftreten.

16. Reversible Absorptionsmaschine[1]). Diese Bezeichnung gibt Altenkirch einer kontinuierlich wirkenden Absorptionsmaschine besonderer Anordnung, deren Wirkungsgrad sich dem theoretisch nach Gleichung (32) (Ziff. 14) möglichen noch mehr nähert, als der der Maschine nach Abb. 6 (Ziff. 15). Die Punkte, in denen dabei eine Verbesserung der letzteren erfolgt, sind folgende:

In A_I und A_{II} (Abb. 6), d. h. beim Austreiben und Absorbieren des Ammoniaks, stellt sich an verschiedenen Stellen verschiedene Konzentration und verschiedene Temperatur ein, so daß Abfluß- und Zuflußtemperatur nicht gleich

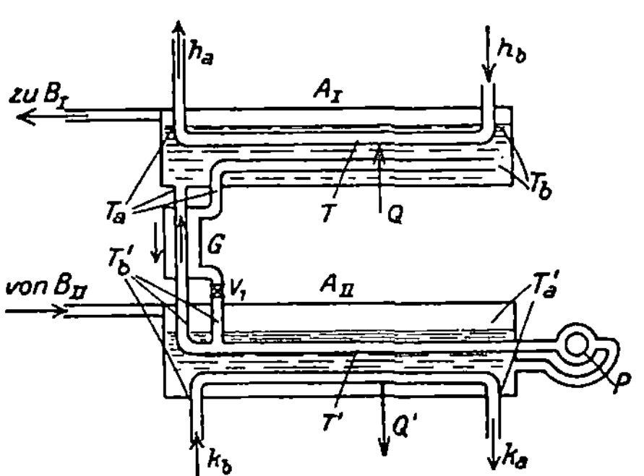

Abb. 7. Reversible Absorptionsmaschine.

sind. Dem trägt die Anordnung von A_I und A_{II} nach Abb. 7 Rechnung: Die Zufuhr der Wärmemenge Q von A_I findet durch ein Heizrohr $h_b h_a$ statt, in welches das Heizmittel (Wasserdampf) mit hoher Temperatur T_b ein- und mit niedriger Temperatur T_a austritt. Die ammoniakreiche Lösung tritt in A_I mit nahezu der Temperatur T_a ein, strömt durch A_I nach rechts, erwärmt sich, gibt Ammoniak ab, tritt am rechten Ende nahezu mit der Temperatur T_b in ein Rohr ein, welches durch A_I zurückgeführt ist, so daß die ammoniakarme Lösung A_I nahezu mit der Temperatur T_a wieder verläßt. Ganz entsprechend ist, wie aus Abb. 7 ersichtlich, der Kühler A_{II} angeordnet, der durch ein (von Wasser durchflossenes) Kühlrohr $k_b k_a$ gekühlt wird. In A_I ist hoher Druck, in A_{II} niedriger Druck, weshalb wie in Abb. 6 Pumpe P und Drosselventil V_1 eingeschaltet sind. T_b' kann nahezu gleich T_a sein, so daß der Gegenströmer G unter Umständen in Fortfall kommt. T_a kann so niedrig sein, daß bei dieser Temperatur in A_{II} schon die Absorption beginnt; die Verhältnisse lassen sich sogar derart wählen, daß T_b', also die Temperatur, bei der in A_{II} die Absorption beginnt, höher ist als T_a. In diesem Fall kann man zwischen den linken Enden von A_I und A_{II} eine wärmeleitende Verbindung anbringen, so daß Wärme von A_{II} an A_I abgegeben wird und man einen Teil von Q spart. Durch Zusatz von $CaCl_2$ zur Ammoniaklösung kann man die Siedetemperatur des Lösungsmittels heraufsetzen und so im Austreiber A_I Höchsttemperaturen bis zu $130°$ anwenden.

Eine weitere Verbesserungsmöglichkeit besteht in der Anordnung mehrerer Druckstufen statt zweier wie bei der Maschine nach Abb. 7, wodurch ähnlich wie bei der mehrstufigen Kompressionskaltdampfmaschine sich die Wärmeübergangsverhältnisse günstiger gestalten lassen.

Wird das Ammoniak nicht bei dem tiefsten vorkommenden Druck, sondern bei einem mittleren Druck unter Kälteleistung verdampft, beim gleichen Druck

[1]) Vgl. z. B. Lehrb. d. Techn. Phys. von Gehlhoff Bd. I, S. 343. Leipzig 1924.

und mittlerer Temperatur wieder „resorbiert", beim tiefsten Druck unter nochmaliger Kälteleistung wieder ausgetrieben, so spricht man von „Resorptionskältemaschinen". Es lassen sich viele derartige Kombinationen der verschiedenen Möglichkeiten angeben. Bei allen gilt aber naturgemäß als Grenzwert für das Verhältnis von gesamter Kälteleistung Q_0' zu gesamter aufgewendeter Wärmemenge Q der durch Gleichung (32) (Ziff. 14) gegebene Wert, wobei für die Temperaturen sinngemäße Mittelwerte einzusetzen sind.

Bei den günstigsten mehrstufigen Absorptionsmaschinen sind praktisch Werte von $Q_0' : Q$ erzielt worden, die erheblich größer als 1 sind.

Die Absorptionsmaschinen sind offenbar dort am Platze, wo Energie in Form von Wärme (z. B. Abdampf von Dampfmaschinen u. dgl.) nicht in Form von mechanischer Energie (Wasserkraft) zur Verfügung steht. Mit mechanischer Energie läßt sich zwar entsprechend Gleichung (29) von Ziff. 13 mit großem Wirkungsgrad Kälte erzeugen. Wollte man aber die vorhandene Wärmeenergie, besonders solche von nur mäßiger Temperatur, zunächst zur Erzeugung mechanischer Energie benutzen und diese erst zur Kältegewinnung, so würde man wegen des schlechten Wirkungsgrades des ersten Umsatzes nicht weiterkommen als bei direkter Benutzung der Wärme zur Kälteerzeugung mit Hilfe von Absorptionsmaschinen.

Die Absorptionsmaschinen haben ferner den Vorzug, außer den einfachen Pumpen zum Umtrieb des Lösungsmittels keinerlei bewegte Teile zu besitzen.

17. Dampfstrahlkältemaschinen. Bei ihnen kommt das am Ende von Ziff. 16 als im allgemeinen wenig empfehlenswert gekennzeichnete Verfahren in Anwendung, mit Hilfe von Wärmeenergie zunächst mechanische Energie zu erzeugen, und mit Hilfe von letzterer Kälte. Im Gegensatz zu den Kompressionskaltdampfmaschinen (Ziff. 13) er-

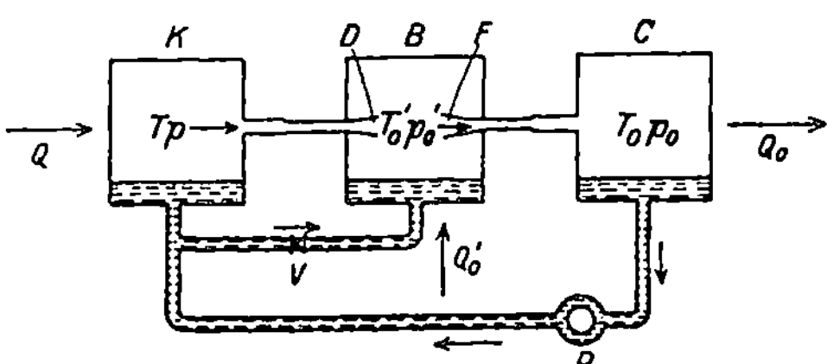

Abb. 8.   Dampfstrahlkältemaschine.

lauben die Dampfstrahlkältemaschinen die Benutzung von Wasserdampf als Arbeitssubstanz der Kältemaschine und besitzen keine bewegten Maschinenteile. Wohl aus diesen Gründen finden die Dampfstrahlkältemaschinen in der Praxis bisweilen Verwendung.

Die Anordnung dieser Maschinen ist aus Abb. 8 zu ersehen: Dem Kessel K wird pro Zeiteinheit die Wärme Q zugeführt und dadurch hochgespannter Dampf vom Druck p und der Temperatur T erzeugt. Dieser expandiert in der Düse D in den Behälter B hinein und nimmt dabei den niedrigen Druck p_0' und die niedrige Temperatur T_0' an. Der Dampfstrahl strömt dann weiter in den Diffusor F und reißt hierbei aus dem Behälter B Dampf vom niedrigen Druck p_0'' mit. Im Behälter B verdampft infolgedessen Wasser, wobei der Umgebung bei der dem niedrigen Dampfdruck p_0'' entsprechenden niedrigen Temperatur T_0'' die Kälteleistung Q_0' entzogen wird. Im Diffusor F wird durch die kinetische Energie des Dampfstrahls der Druck, auch der des mitgerissenen Dampfes, auf den höheren Druck p_0 gebracht, wobei die Temperatur auf T_0 steigt. Schließlich wird der Dampf im Kondensator C, indem ihm durch Kühlwasser pro Zeiteinheit die Wärme Q_0 entzogen wird, wieder kondensiert. Das Wasser wird durch die kleine Pumpe P vom Druck p_0 auf den hohen Druck p gebracht und nach K zurückbefördert.

Nach dem Energiesatz muß sein

$$Q_0 = Q + Q_0'. \tag{33}$$

Geht außerhalb der Maschine alles reversibel vor sich und sind T, T_0' und T_0 auch die außerhalb der Maschine beim Heizen und Kühlen herrschenden Temperaturen, so muß nach dem Entropieprinzip, da in der Maschine selbst alles stationär ist, sein

$$\frac{Q_0}{T_0} - \frac{Q_0'}{T_0'} - \frac{Q}{T} \gtreqless 0 \,. \tag{34}$$

Aus (33) und (34) folgt

$$\frac{Q_0'}{Q} \lesseqgtr \frac{T - T_0}{T_0 - T_0'} \frac{T_0'}{T} \,, \tag{35}$$

also dieselbe Beziehung zwischen Kälteleistung Q_0' und Wärmeaufwand Q, die in Ziff. 14 für die Absorptionsmaschine abgeleitet war. Damit der obere Grenzwert von Q_0' erreicht werden könnte, müßte in der Maschine selbst alles reversibel vor sich gehen. Das ist aber nicht im entferntesten der Fall. Allenfalls wird von der zugeführten Wärme Q in der Düse nahezu der thermodynamisch mögliche Bruchteil $Q \dfrac{T - T_0'}{T}$ in mechanische Energie, in diesem Fall kinetische Energie verwandelt. Diese ganze kinetische Energie müßte nun aber verwandt werden, um aus dem Behälter B Dampf abzupumpen und auf den Druck p_0 zu bringen, was keineswegs geschieht, da der Vorgang des Mitreißens ein sehr unvollkommener Arbeitsvorgang ist. Ferner ist der Enddruck in der Düse und die Endtemperatur höher als der Verdampfungsdruck p_0' und die Verdampfungstemperatur T_0' u. dgl. m. Hinzu treten praktische Schwierigkeiten durch Kondensation in der Düse und Zufrieren des Diffusors. So erklärt es sich, daß bei Dampfstrahlkältemaschinen $Q_0' : Q$ nur etwa 0,25 bis höchstens 0,4 wird.

Um Temperaturen unter $0°$ erreichen zu können, verwendet man im Behälter B nicht reines Wasser, sondern Salzlösung. Ihre Konzentration bleibt konstant, da nur Wasser verdampft und durch V nur reines Wasser wieder zugeführt wird. So ist der Wert $T_0' = 268°$ gut erreichbar.

c) Kaskadenmethoden mit verflüssigten Gasen.

18. Allgemeines über Kaskadenkühlung. Mit den im vorhergehenden beschriebenen Methoden kann man von der Ausgangstemperatur (Zimmertemperatur) im wesentlichen nur bis zu Temperaturen herunterkommen, die durch den einmaligen Kälteprozeß, z. B. durch einmalige Expansion von Luft, durch einmalige Verdampfung von Ammoniak usw. zu erzielen sind. Die periodischen oder kontinuierlich aufeinanderfolgenden Vorgänge addieren sich wohl hinsichtlich der Kälteleistung, nicht aber hinsichtlich der Temperaturerniedrigung. Die zuerst von Pictet angewendete Kaskadenmethode ermöglicht eine weitere Herabsenkung der Temperatur und besteht darin, daß ein in einer Kaltdampfmaschine verflüssigtes Gas zur Vorkühlung eines zweiten schwerer kondensierbaren Gases benutzt wird, das bei der Verflüssigung in einer zweiten Kaltdampfmaschine eine erheblich tiefere Temperatur annimmt als die Verflüssigungstemperatur des ersten Gases. Das verflüssigte zweite Gas kann dann zur Vorkühlung eines dritten noch schwerer kondensierbaren Gases dienen usf. Nach dieser Methode konnte Pictet[1]) zum erstenmal flüssigen Sauerstoff in größerer Menge herstellen. Das Schema einer dreistufigen Kaskade gibt Abb. 9. Es sind drei ganz getrennte Kreisläufe I, 2 und 3 mit drei verschiedenen Arbeitsgasen vorhanden. Jeder der drei Kreise stellt eine Kompressionskaltdampfmaschine dar,

---

¹) R. Pictet, C. R. Bd. 85, S. 1214 u. 1220. 1878.

wie sie in Ziff. 13 an Hand von Abb. 4 beschrieben wurde. Auch bei der Verwendung der Kaltdampfmaschinen in Kaskaden werden praktisch die Expansionsmaschinen fortgelassen und durch die Drosselventile V_1, V_2 und V_3 ersetzt. Die Kompressionsmaschinen unterscheiden sich von der sonst üblichen teilweise dadurch, daß sie aus zwei in Reihe geschalteten Aggregaten, der Vakuumpumpe P zur Erzeugung niedrigen Dampfdruckes und dem eigentlichen Kompressor K bestehen. Bei dem dritten Kreise ist in Abb. 9 die Pumpe fortgelassen, wie es z. B. der Fall ist, wenn in ihr das Arbeitsgas Sauerstoff ist. — In dem 1. Kreise wird das Gas der Aufbewahrungsflasche A_1 unter hohem Druck p_1 entnommen und in F_1 durch Kühlwasser unter Entziehung der Wärme Q_1 bei der mittleren Temperatur T_1 verflüssigt. Nachdem die Flüssigkeit im Drosselventil V_1 auf den Druck p_1' entspannt ist, strömt sie in das Verdampfungsgefäß F_2. Hier verdampft sie unter dem niedrigen Druck p_1' unter der sekundlichen Wärmezufuhr Q_2, wobei sich die niedrige Temperatur T_2 einstellt. Der Dampf strömt durch den Gegenströmer $G_{1,2}$ zurück zur Pumpe P_1, um in ihr und im Kompressor K_1 unter dem sekundlichen Arbeitsaufwand L_1 wieder auf den hohen Druck p_1 gebracht zu werden. Die Flüssigkeit I kann aus dem Hahn H_1 abgelassen und als Kältebad benutzt

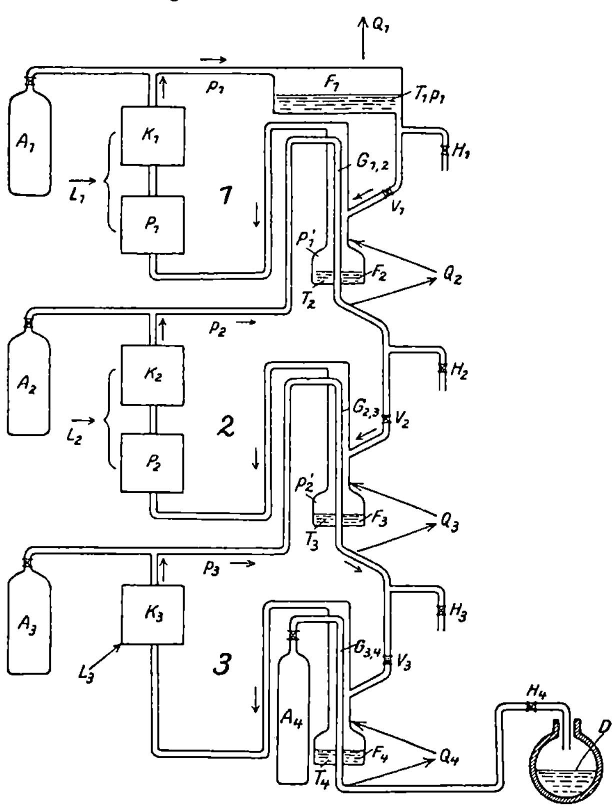

Abb. 9. Dreistufige Kaskade.

werden. Das Verdampfungsgefäß F_2 und der Gegenströmer $G_{1,2}$ koppeln den Kreis 2 mit dem Kreis I: Die dem Gas I zugeführte Wärme Q_2 wird dem Kreis 2 entzogen, wodurch das auf hohem Druck p_2 befindliche Gas 2 auf die Temperatur T_2 abgekühlt wird. Im übrigen erfolgt der Kreislauf des Gases 2 ganz analog dem des Gases I. Das verflüssigte Gas 2 kann wieder durch H_2 abgelassen werden. Durch das Verdampfungsgefäß F_3 und den Gegenströmer $G_{2,3}$ ist Kreis 3 mit Kreis 2 gekoppelt. In ihnen wird dem Gas 3 die Wärme Q_3 entzogen und an Gas 2 abgegeben. — Die im 3. Kreise in F_4 beim Verdampfen des Gases 3 entstehende Kälte ist bei dem Schema der Abb. 9 dazu verwendet, ein im Behälter A_4 befindliches Gas, z. B. Stickstoff, im Gegenströmer $G_{3,4}$ abzukühlen und weiter zu verflüssigen. Das Gas 4 kann dann durch den Hahn H_4 in das Vakuummantelgefäß D abgelassen werden.

Bezüglich des Wirkungsgrades gegenüber dem theoretisch möglichen Umsatz von Arbeit in Kälte gilt für jeden der drei Kreise das in Ziff. 13 Gesagte.

Weitere Verluste entstehen durch Temperaturunterschiede in den Gegenströmern zwischen den hin- und rückströmenden Gasen. Die Gegenströmer, die Pictet nicht benutzte, wurden zur Vermeidung der sonst großen Kälteverluste an die Umgebung von Kamerlingh Onnes eingeführt[1]). Im ganzen genommen stellt die Kaskade eine verhältnismäßig ökonomische, aber recht komplizierte Methode der Kälteerzeugung dar. Sie hat den Vorteil, eine Reihe von Zwischentemperaturen und Kältebädern zu liefern. Ihrer Anwendbarkeit ist aber eine untere Grenze gezogen, da zwischen flüssigem Sauerstoff und flüssigem Neon oder flüssigem Wasserstoff eine Kaskadenüberbrückung nicht möglich ist, so daß Wasserstoff mittels Kaskadenkühlung nicht verflüssigt werden kann.

19. Kaskaden von Pictet und Kamerlingh Onnes. Bei der Pictetschen dreifachen Kaskade bestand die Arbeitssubstanz der ersten Kaskade aus einem Gemenge von Kohlensäure und schwefliger Säure, womit Temperaturen bis zu $-90°$ erzielt wurden. In der zweiten Kaskade kam Stickoxydul zur Anwendung, das Temperaturen bis zu $-130°$ ergab. In der dritten Kaskade wurde Luft benutzt, die beim Verdampfen unter vermindertem Druck bis $-210°$ abgekühlt wird.

Kamerlingh Onnes verwendet in seiner Kaskade andere Gase, nämlich Chlormethyl, Äthylen und Sauerstoff. Mit Hilfe des flüssigen Sauerstoffs kann dann auch flüssige Luft hergestellt werden. Die normalen Siedepunkte von Chlormethyl (CH_3Cl), Äthylen (C_2H_2) und Sauerstoff sind $-24°$, $-105°$ und $-183°$. Durch 5 Atm. Überdruck wird der Siedepunkt von Chlormethyl so gehoben, daß es durch Kühlwasser verflüssigt werden kann. Durch Verdampfen unter einem Druck von etwa 20 cm Quecksilber sinkt seine Temperatur auf etwa $-87°$. Bei dieser Temperatur wird Äthylen flüssig, wenn es unter etwa 2 Atm. Druck steht. Läßt man Äthylen dann unter 2,7 cm Quecksilber verdampfen, so sinkt seine Temperatur auf $-145°$. Bei dieser Temperatur wird Sauerstoff unter einem Druck von etwa 17 Atm. verflüssigt. Durch Verdampfen des Sauerstoffs unter einem Druck von etwa 20 cm Quecksilber erreicht man schließlich leicht die Temperatur von $-193°$, bei welcher die Luft verflüssigt wird. .

Die Kaskade von Kamerlingh Onnes, mit der bis vor kurzem alle im Leidener Laboratorium benötigte flüssige Luft hergestellt wurde, liefert etwa 14 l flüssige Luft pro Stunde.

d) Verfahren mit Gegenströmern zur Senkung der tiefsten erzielten Temperatur.

20. Verschiedene Verwendungsarten von Gegenströmern. In den vorhergehenden Ziffern ist schon mehrfach von Gegenströmern die Rede gewesen. Bei den dort besprochenen Anwendungsfällen, z. B. bei der Anordnung nach Abb. 6, wo G, oder nach Abb. 9, wo $G_{1,2}$ usw. der Gegenströmer ist, dienen die Gegenströmer, in denen Wärme zwischen zwei Gasströmen ausgetauscht wird, dazu, Kälteverluste zu vermeiden. Es würden mit den betreffenden Anordnungen beim Fortlassen der Gegenströmer im wesentlichen dieselben tiefen Temperaturen wie mit Gegenströmern erzielt werden, nur wäre die erzeugte Kältemenge (dem Kühlgut entzogene Wärmemenge) geringer.

Es gibt aber noch eine andere von Wilhelm Siemens herrührende, von C. v. Linde zuerst nutzbringend benutzte Verwendungsart des Gegenstromprinzips, bei welcher eine Herabsenkung der erzielten tiefsten Temperatur zustande kommt.

. [1]) H. Kamerlingh Onnes, Comm. Leiden Nr. 87, S. 3. 1903; Nr. 14, S. 17. 1894.

Eine solche Verwendungsart ist vorgreifend in Abb. 1 (Ziff. 4) mit aufgenommen: das Arbeitsgas wird durch die nach außen abgegebene Arbeit $M\Sigma a$ bei der Entspannung abgekühlt. Das abgekühlte entspannte Gas entzieht im Gegenstrom mit dem hochgespannten Gas dem letzteren Wärme, so daß dessen Temperatur v o r Entspannung und Arbeitsleistung schon erniedrigt ist und die nach der Entspannung auftretende Temperatur allmählich immer tiefer und tiefer wird. Die Grenze ist dadurch gegeben, daß das Arbeitsgas sich beim Entspannen verflüssigt, oder dadurch, daß, wie in Abb. 1 angenommen, vom rückströmenden entspannten Gas Kälte an ein Kühlgut M_v, das z. B. verflüssigt wird, abgegeben wird, und so ein stationärer Zustand des Arbeitsgases eintritt.

Durch diese bei Luft zuerst durch C. v. LINDE angewandte Methode[1]) wurde auch die Verflüssigung des Wasserstoffs (DEWAR) sowie die des Heliums (KAMER LINGH ONNES) erst möglich.

21. Theorie des Gegenströmers für Gase. Um die wesentlichsten Vorgänge in einem Gegenströmer darzulegen, diene die schematische Abb. 10. Das hochgespannte Gas ströme in einer Rohrleitung h in der Pfeilrichtung nach unten. Im Apparatteil A werde es (mit oder ohne äußere Arbeitsleistung) entspannt, wobei der Bruchteil ε, z. B. durch Verflüssigung, dem Kreislauf entzogen werde. Der Rest, $1 - \varepsilon$ der Gasmenge, ströme durch die Rohrleitung r in der Pfeilrichtung nach oben zurück. Durch die Trennungswand zwischen h und r hindurch findet ein Wärmeaustausch zwischen dem hin- und dem rückströmenden Gas statt. Außerdem ist im Innern der Rohrwandungen ein Wärmestrom vorhanden, der überall nach unten gerichtet ist, wenn in Abb. 10 das obere Ende des Gegenströmers das warme, das untere Ende das kalte ist. Die Zustandsgrößen in der Hin- und Rückleitung mögen durch die Indizes h und r unterschieden, die in den Wandungen gültigen außerdem mit einem Strich versehen werden.

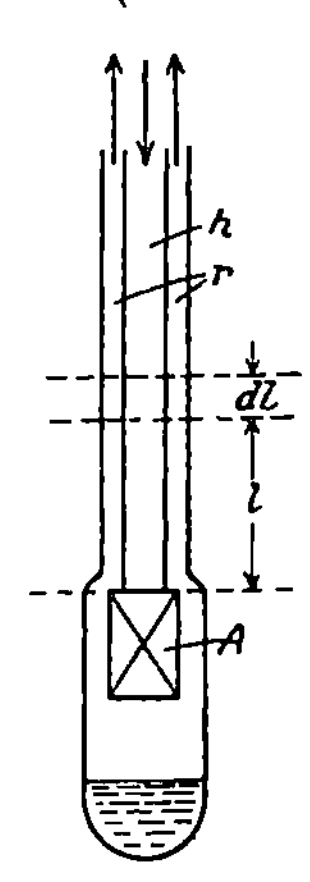

Abb. 10. Gegenströmer.

Betrachtet man zwei um dl entfernte Querschnitte durch die Rohrleitungen im Abstand l vom unteren Ende (Abb. 10), so gilt für die Raumelemente zwischen den beiden Querschnitten im Beharrungszustand, wo alles unabhängig von der Zeit ist, folgendes:

Ist $u + p\,v = i$ der Wärmeinhalt des Gases pro Gramm (u = Energie, v = Volumen pro Gramm; p = Druck), M die sekundliche Strömungsmenge in h, so beträgt die sekundliche Änderung des Wärmeinhaltes beim Durchströmen des Raumelementes der Hinleitung $M \dfrac{di_h}{dT} \dfrac{dT_h}{dl}\,dl$. Entsprechend ist die sekundliche Änderung des Wärmeinhaltes beim Durchströmen des Raumelementes der Rückleitung $-(1 - \varepsilon)M \dfrac{di_r}{dT} \dfrac{dT_r}{dl}\,dl$. Die sekundlich vom Raumelement h nach der Zwischenwand übergehende Wärmemenge beträgt $\alpha_h(T_h - T'_h)\,dl$, wobei α_h die von l abhängige Wärmeübergangszahl ist. T'_h ist die Temperatur der Zwischenwand dicht an der nach h zu gelegenen Oberfläche. Entsprechend wird die sekundlich von der Zwischenwand zum Raumelement von r übergehende Wärmemenge $\alpha_r(T'_r - T_r)\,dl$, die von der äußeren Wandung a von r nach r übergehende Wärmenmege $\alpha_a(T'_a - T_r)\,dl$. Die sekundliche Änderung der in der Wandung von h nach unten strömenden Wärmemenge ist im Raum-

---

[1]) M. SCHRÖTER, ZS. d. Ver. d. Ing. Bd. 39, S. 1157, 1895; C. LINDE, ZS. f. d. ges. Kälte-Ind. Bd. 5, S. 23, 1897.

element von der Länge dl gegeben durch $\dfrac{d}{dl}\left(\lambda' F_h' \dfrac{dT_h'}{dl}\right) dl$, wobei λ' die Wärmeleitfähigkeit der Wandung, F_h' ihr Querschnitt ist. Entsprechend ist die sekundliche Änderung der in der äußeren Wandung a von r nach unten strömenden Wärmemenge $\dfrac{d}{dl}\left(\lambda' F_a' \dfrac{dT_a'}{dl}\right) dl$ im Raumelement von der Länge dl.

Wird von äußeren Wärmeverlusten durch die äußere Wandung von r hindurch abgesehen, so muß nach dem Energieprinzip im Beharrungszustand sein:

$$M \frac{di_h}{dT}\frac{dT_h}{dl} - \alpha_h(T_h - T_h') = 0 . \tag{36}$$

$$-(1 - \varepsilon) M \frac{di_r}{dT}\frac{dT_r}{dl} + \alpha_r(T_r' - T_r) - \alpha_a(T_r - T_a') = 0 , \tag{37}$$

$$\alpha_h(T_h - T_h') - \alpha_r(T_r' - T_r) + \frac{d}{dl}\left(\lambda' F_h' \frac{dT_m'}{dl}\right) = 0 , \tag{38}$$

$$\alpha_a(T_r - T_a') + \frac{d}{dl}\left(\lambda' F_a' \frac{dT_a'}{dl}\right) = 0 . \tag{39}$$

Hierbei ist vorausgesetzt, daß überall, wie es in jedem Gegenströmer der Fall ist, $T_h > T_h'$ und $T_r' > T_r$ ist. T_h' ist dann auch $> T_r'$, aber praktisch bei nicht zu dicker Rohranordnung nur sehr wenig von T_r' verschieden. Für T_m' kann dann der Mittelwert von T_h' und T_r' gesetzt werden.

Sieht man zunächst von der Wärmeleitung in den Rohrwandungen in Richtung derselben ab, setzt also $\lambda' = 0$, so wird nach (39) $T_a' = T_r$, d. h. die äußere Wandung von r hat überall die Temperatur des Gases in r. Ferner wird dann nach (36), (37) und (38)

$$\frac{di_h}{dT}\frac{dT_h}{dl} = (1 - \varepsilon)\frac{di_r}{dT}\frac{dT_r}{dl} . \tag{36a}$$

Nun ist $\dfrac{di_h}{dT}$ gleich der spezifischen Wärme c_{ph} des Gases beim hohen Druck p_h, den es beim Hinströmen hat, $\dfrac{di_r}{dT}$ gleich der spezifischen Wärme c_{pr} des Gases beim niedrigen Druck p_r während des Rückströmens. Ist $c_{ph} > c_{pr}$, wie es im allgemeinen zutrifft, so ist nach (36a) $\dfrac{dT_h}{dl} < (1 - \varepsilon)\dfrac{dT_r}{dl}$, also erst recht $\dfrac{dT_h}{dl} < \dfrac{dT_r}{dl}$ für alle betrachteten Temperaturen, also alle Werte von l. Für $l = 0$ hat im betrachteten Fall der Kälteerzeugung beim Entspannen in A (Abb. 10) $T_h - T_r$ einen bestimmten positiven Wert. Da mit wachsendem l der Wert von T_r schneller wächst als der von T_h, so kann bei genügender Länge des Gegenströmers am oberen Ende desselben $T_h = T_r$ werden, so daß Kälteverluste durch das den Gegenströmer verlassende entspannte Gas prinzipiell vermieden werden können. Ist $\varepsilon > 0$, so gilt dies nach (36a) sogar in solchen Temperaturgebieten, wo etwa $c_{ph} < c_{pr}$ sein sollte: Wird ein genügender Bruchteil des Gases verflüssigt, so reicht der Wärmeinhalt des hinströmenden Gases unter allen Umständen aus, um das rückströmende entspannte Gas auf die Temperatur des eintretenden hochgespannten Gases zu erwärmen.

Was nun weiter den Einfluß der Wärmeleitung in den Rohrwandungen betrifft, so wirkt dieselbe in dem Sinne, daß Wärme vom oberen warmen Ende des Gegenströmers nach dem unteren kalten Ende geführt wird, also Kälteverlust entsteht. Aber dieser Kälteverlust wird durch die Strömung des Gases im Gegenströmer unter Umständen herabgesetzt. Es werde zunächst die äußere Wandung a des Gegenströmers (Abb. 11) betrachtet. Sei etwa ohne strömendes Gas das Temperaturgefälle in derselben linear (Abb. 11; ausgezogene Linie für a). Das rückströmende Gas r wird durch die Zwischenwand hindurch vom Gas h erwärmt, so daß sein Temperaturgefälle am oberen Ende des Gegenströmers Null ist (Abb. 11). Es ist also $T_r' > T_a'$; entsprechend Gleichung (39) wird Wärme von r an a abgegeben, so daß sich etwa der in Abb. 11 punktierte Verlauf der Temperatur in a einstellt. Hierbei kann das Temperaturgefälle am warmen Ende nahezu Null werden bei genügend langem Gegenströmer; dagegen ist am kalten Ende in der Wandung ein starkes Temperaturgefälle vorhanden, durch welches Wärme nach unten geführt wird, die jedoch dem strömenden Gase h unter Vermittlung der Zwischenwand und des Gases r entzogen wird. Durch diesen Vorgang braucht kein Kälteverlust nach außen zu entstehen, wenn der Wärmeüberschuß des hochgespannten Gases gegenüber dem Wärmeinhalt des rückströmenden entspannten Gases groß genug ist, so daß trotz der in der Wandung a nach unten abströmenden Wärme das Gas r schließlich die Eintrittstemperatur des Gases h annimmt. Betrachtet man weiter die Zwischenwandung zwischen h und r, so gilt auch für die Wärmeleitung in ihr ganz Ähnliches: ein Teil der vom Gas h an die Zwischenwand abgegebenen Wärme wird in der Zwischenwand nach unten abgeführt, statt

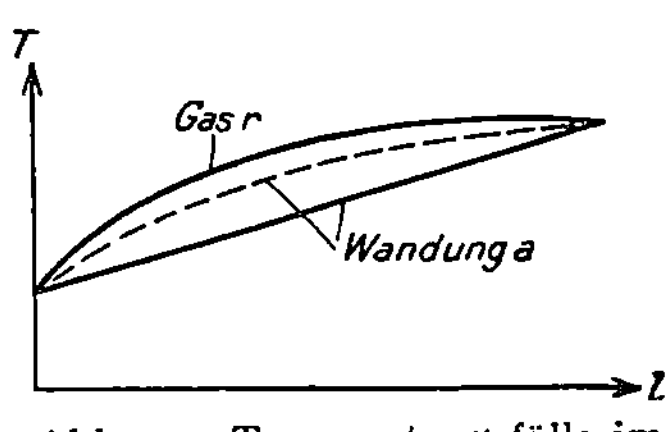

Abb. 11. Temperaturgefälle im Gegenströmer.

daß er an r abgegeben wird. Trotzdem kann am warmen Ende der Zwischenwand das Temperaturgefälle Null, also Kälteverlust vermieden sein.

Die Wärmeleitung in den Rohrwandungen des Gegenströmers bedingt also, falls genügender Wärmeüberschuß im hinströmenden gegenüber dem rückströmenden Gas vorhanden ist, im wesentlichen nur eine Verlängerung des Gegenströmers (bzw. Vergrößerung der Wärmeaustauschflächen), aber prinzipiell nicht unbedingt einen Kälteverlust. Praktisch läßt sich dieser günstigste Grenzfall natürlich nicht völlig erreichen. Kritisch wird der Einfluß der Wärmeleitung, falls die Wärmekapazitäten des hin- und rückströmenden Gases fast gleich sind oder gar $c_{ph} < c_{pr}$ ist und falls außerdem die in A auftretende Kälteleistung klein ist.

Quantitativ lassen sich diese Fragen an Hand von Gleichung (36) bis (39) behandeln, falls man die Eigenschaften der in Bertacht kommenden Substanzen genügend genau in Abhängigkeit von der Temperatur kennt.

Auch die Größe der Austauschflächen des Gegenströmers läßt sich dann einwandfrei so ermitteln, daß das Temperaturgefälle am warmen Ende und die Temperaturdifferenz zwischen hochgespanntem und entspanntem Gas am warmen Ende vorgegebene kleine Werte erhalten. Für die Wärmeübergangszahlen kommen dabei, da die Strömungsgeschwindigkeiten der Gase in den Gegenströmern meist oberhalb der kritischen liegen, die Formeln von NUSSELT für den Wärmeübergang in Rohrleitungen in Betracht. Maßgebend für die Berechnung der Gegenströmer ist ferner der Druckunterschied, den man zwischen warmem und kaltem Ende der Niederdruckleitung zuläßt.

22. Gasverflüssigung nach dem Lindeschen Verfahren. Die Benutzung des Gegenstromprinzips zur Senkung der tiefsten durch einmalige Kälteleistung erzielten Temperatur verknüpfte C. v. Linde[1]) mit der Abkühlung von Luft durch den Joule-Thomsoneffekt und konnte so zum erstenmal für industrielle Zwecke ausreichende Mengen flüssiger Luft herstellen. Dieselbe Methode verwendeten später Dewar zur Verflüssigung von Wasserstoff und Kamerlingh Onnes zur Verflüssigung von Helium, wobei allerdings eine Vorkühlung des Wasserstoffs mit flüssiger Luft, des Heliums mit flüssigem, unter stark vermindertem Druck siedenden Wasserstoff erforderlich ist.

23. Joule-Thomsoneffekt. Der Joule-Thomsoneffekt ist die Temperaturänderung eines Gasstromes, der ohne Wärmeaustausch mit der Umgebung und ohne eine Änderung seiner kinetischen Energie langsam durch einen porösen Stopfen (der zur Vernichtung der sonst auftretenden Strömungsenergie dient) von dem Druck p_1 auf den Druck p_2 entspannt wird. Geht die Entspannung in einem Drosselventil vor sich, so tritt zwar nach der Entspannung noch eine erhöhte Strömungsenergie und eine ihr entsprechende Temperaturänderung des Gasstromes auf. Sie verschwindet jedoch beim Aufprall des Gasstromes auf die Wandungen des Apparates, wobei der Zuwachs an Strömungsenergie vernichtet wird. Auch in diesem Fall bleibt also nur der reine Joule-Thomsoneffekt übrig. Bei der Messung des Joule-Thomsoneffekts ist aber auf die völlige Vernichtung des Zuwachses an kinetischer Energie vor der Meßstelle zu achten.

Wie schon in Ziff. 5 [Gleichung (10a)] abgeleitet wurde, ist bei der Drosselung

$$du + d(pv) = 0, \qquad (40)$$

wobei u die Energie, v das Volumen pro g ist. Hieraus folgt durch Integration

$$i = u + pv = \text{const.} \qquad (41)$$

Die Erzeugungswärme i bleibt also bei der Drosselung konstant. Für eine differentiale Druckänderung folgt aus Gleichung (40) unter Berücksichtigung der bekannten Beziehungen

$$ds = \frac{du + p\,dv}{T}; \qquad ds = \frac{c_p}{T}\,dT - \left(\frac{\partial v}{\partial T}\right)_v dp, \qquad (42)$$

bei Elimination von du

$$\left(\frac{\partial T}{\partial p}\right)_i = \left(T\left(\frac{\partial v}{\partial T}\right)_p - v\right)\frac{1}{c_p} = \frac{T^2}{c_p}\frac{\partial}{\partial T}\left(\frac{v}{T}\right)_p. \qquad (43)$$

Hierbei ist s die Entropie, c_p die spezifische Wärme bei konstantem Druck, und der Index i deutet an, daß bei der Druckänderung i konstant bleiben soll.

Die durch (43) gegebene Temperaturänderung bei der Abdrosselung des Druckes um einen sehr kleinen Betrag bezeichnet man als „differentialen Joule-Thomsoneffekt".

Aus (43) folgt durch Integration bei konstantem i der „integrale Joule-Thomsoneffekt" $\varDelta T_i$ bei der Drosselung von p auf p_0:

$$\varDelta T_i = \int_{p_0}^{p} \frac{T^2}{c_p}\frac{\partial}{\partial T}\left(\frac{V}{T}\right)_p dp_i. \qquad (44)$$

Beobachtbar ist streng genommen nur der integrale Joule-Thomsoneffekt. Man kann aber den differentialen Effekt aus dem beobachteten integralen be-

---

[1]) M. Schröter, ZS. d. Ver. d. Ing. Bd. 39, S. 1157. 1895; C. Linde, ZS. f. d. ges. Kälte-Ind. Bd. 4, S. 23. 1897.

rechnen, falls man für letzteren Druck- und Temperaturabhängigkeit kennt. Im $i-T$-Diagramm, Abb. 12 (auch zu Ziffer 26 gehörig), sind zwei Isobaren für $p = p_0$ und $p = p$ schematisch eingetragen, deren Abstand in Richtung T den Wert ΔT_i gibt. Das Differential von ΔT_i ist der differentiale Joule-Thomsoneffekt. Es ist also

$$\left(\frac{\partial \Delta T_i}{\partial p}\right)_i = \left(\frac{\partial T}{\partial p}\right)_i . \qquad (45)$$

Da andererseits allgemein

$$\left(\frac{\partial \Delta T_i}{\partial p}\right)_i = \left(\frac{\partial \Delta T_i}{\partial p}\right)_T + \left(\frac{\partial \Delta T_i}{\partial T}\right)_p \left(\frac{\partial T}{\partial p}\right)_i$$

ist, erhält man (R. PLANK)

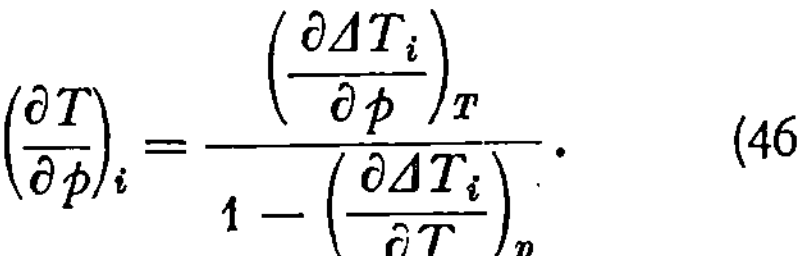

$$\left(\frac{\partial T}{\partial p}\right)_i = \frac{\left(\dfrac{\partial \Delta T_i}{\partial p}\right)_T}{1 - \left(\dfrac{\partial \Delta T_i}{\partial T}\right)_p} . \qquad (46)$$

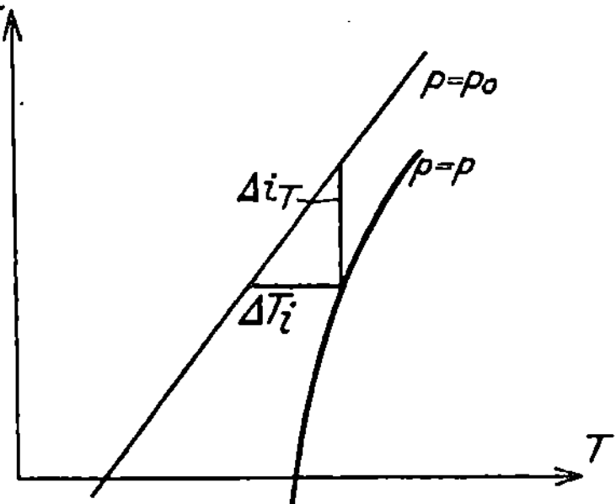

Abb. 12. Beziehung zwischen differentialem und integralem Joule-Thomsoneffekt und zwischen ΔT_i und Δi_T.

In Tabelle 6 sind für Luft eine Reihe beobachteter Werte des Joule-Thomsoneffekts angegeben, und zwar ist $\Delta T_i : \Delta p$ für verschiedene Werte des Anfangsdruckes p und der Anfangstemperatur $t = T - 273,2°$ eingetragen.

Tabelle 6. Joule-Thomsoneffekt von Luft.

t °C	$p = 0$	$p = 96,7$	$p = 102$	$p = 145$	$p = 160$	$p = 204$ Atm.	Beobachter
250	0,02	0,01	—	0,01	—	—	NOELL[1]
100	0,14	0,10	—	0,08	—	—	,,
0	0,28	—	0,19	—	0,14	—	VOGEL[2]
— 0,6	0,27	0,19	—	0,16	—	—	NOELL[1]
—55	0,44	0,29	—	0,19	—	—	,,
—90	—	—	0,63	—	—	0,49	BRADLEY u. HALE[3]

Der Enddruck nach der Entspannung ist bei den Messungen von NOELL und von BRADLEY und HALE 1 Atm., so daß es sich hier um den integralen Effekt handelt. VOGEL hat nur um 1 Atm. entspannt, also nahezu den differentialen Effekt gemessen. Die Drucke p, die NOELL in kg/cm² angibt, sind in Tabelle 6 auf Atmosphären umgerechnet.

Aus Tabelle 6 ist ersichtlich, daß $\Delta t : \Delta p$ im Meßbereich mit steigendem Druck p abnimmt, mit sinkender Temperatur zunimmt. Erst recht gilt dies im Beobachtungsbereich für den differentialen Effekt $\dfrac{\partial T}{\partial p}$[4]. Es gibt also offenbar bei bestimmtem Druck eine bestimmte Temperatur, die Inversions-

---

[1] F. NOELL, Forschungsarb. a. d. Geb. d. Ing.-Wissensch. Nr. 184. 1916.
[2] E. VOGEL, Dissert. München 1910.
[3] W. P. BRADLEY u. C. F. HALE, Phys. Rev. Bd. 29, S. 258. 1909.
[4] Die ausführlichen Messungen von H. HAUSEN, Forschungsarb. a. d. Geb. d. Ing.-Wesens, Heft 274, 1926, konnten im Text nicht mehr berücksichtigt werden. Sie zeigen, was auch aus der Inversionskurve Abb. 13 folgt, daß der Joule-Thomsoneffekt für Luft bei konstantem Druck mit sinkender Temperatur nicht ständig zunimmt, sondern nach Erreichung eines Maximums wieder abnimmt, ja sogar schließlich sein Vorzeichen wechselt. (Anmerkung bei der Korrektur.)

temperatur, bei welcher der Joule-Thomsoneffekt das Vorzeichen wechselt, oberhalb welcher er also im erwärmenden Sinne wirkt. Für Wasserstoff und Helium ist dies schon bei Zimmertemperatur für alle, also auch kleine, Anfangsdrucke der Fall. Prinzipielle Aufklärung über diese Verhältnisse gibt die in der folgenden Ziffer behandelte Inversionskurve des differentialen Joule-Thomsoneffekts.

24. Inversionskurve des differentialen Joule-Thomsoneffekts. Trägt man im $p-T$-Diagramm alle Punkte ein, für welche der differentiale Joule-Thomsoneffekt, der nach Ziff. 23 von p und T abhängig ist, Null wird, so erhält man die Inversionskurve des differentialen Effektes. Für Punkte auf verschiedenen Seiten dieser Kurve hat der differentiale Joule-Thomsoneffekt verschiedenes Vorzeichen.

Nach der Definitionsgleichung (43) (Ziff. 23) des differentialen Effektes ergibt sich als Gleichung der Inversionskurve

$$\frac{\partial}{\partial T}\left(\frac{v}{T}\right)_p = 0; \qquad \left(\frac{\partial v}{\partial T}\right)_p = \frac{v}{T}. \tag{47}$$

Um ein Bild über das Verhalten aller Gase, soweit sie dem Gesetz der korrespondierenden Zustände einigermaßen gehorchen, zu erhalten, schreibt man die Gleichung der Inversionskurve am besten in reduzierten Zustandsgrößen hin. Sind p_k, v_k, T_k die kritischen Werte von p, v, T und setzt man

$$\frac{p}{p_k} = \mathfrak{p}; \qquad \frac{T}{T_k} = \mathfrak{t}; \qquad \frac{v}{v_k} = \mathfrak{v},$$

so wird aus (47)

$$\left(\frac{\partial \mathfrak{v}}{\partial \mathfrak{t}}\right)_\mathfrak{p} = \frac{\mathfrak{v}}{\mathfrak{t}}. \tag{47a}$$

Legt man z. B. die van der Waalssche Gleichung

$$\mathfrak{p} = \frac{\frac{8}{3}\mathfrak{t}}{\mathfrak{v} - \frac{1}{3}} - \frac{3}{\mathfrak{v}^2} \tag{48}$$

zugrunde, so erhält man aus (47a)

$$\mathfrak{t} = \frac{27}{4}\left(1 - \frac{1}{3\,\mathfrak{v}}\right)^2. \tag{49}$$

Diese Gleichung gibt den Charakter der Inversionskurve richtig wieder, genügt aber quantitativ nicht.

Jakob[1]) hat aus den vorliegenden Isothermenbestimmungen usw. an Äthyläther, Kohlensäure, Äthylen, Sauerstoff, Luft, Stickstoff und Wasserstoff für die reduzierte Inversionskurve im Mittel folgende Gleichung errechnet:

$$\mathfrak{p} = 23{,}37 - 1{,}174\,\mathfrak{R}\,\mathfrak{t} = \frac{178{,}6}{\mathfrak{R}^2\mathfrak{t}^2}. \tag{50}$$

Hierbei ist $\mathfrak{R}$ die **reduzierte Gaskonstante**, die aus der speziellen, auf 1 g eines bestimmten Gases bezogenen Gaskonstanten C nach der Gleichung

$$\mathfrak{R} = C\,\frac{T_k}{p_k\,v_k} \tag{51}$$

zu berechnen ist. Für $\mathfrak{R}$, T_k und p_k sind von Jakob die in Tabelle 7 aufgeführten Werte benutzt.

---
[1]) M. Jakob, Phys. ZS. Bd. 22, S. 65. 1921.

Da die Werte von $\Re$ für die verschiedenen Substanzen verschieden angesetzt sind, entspricht Gleichung (50) nicht genau dem Gesetz der korrespondierenden Zustände.

Tabelle 7. Reduzierte Gaskonstante und kritische Größen.

	$\Re$	T_k	p_k in kg/cm²
Äthyläther $C_4H_{10}O$ . . .	3,81	467	36,8
Kohlensäure CO_2	3,53	304	74,8
Äthylen C_2H_4	3,42	283	51,7
Sauerstoff O_2	3,42	154	38,5
Luft	3,42	132,5	34,5
Stickstoff N_2	3,42	126	34,5
Wasserstoff H_2	3,27	33,2	13,2

In Abb. 13 entspricht die strichpunktierte Kurve I' der Gleichung (50). Die ausgezogene Kurve I ist die spezielle Kurve für Wasserstoff, die von MEISSNER[1]) abgeleitet wurde unter der Annahme[2]) $T_k = 33{,}18$, $p_k = 12{,}80$ at, $\Re = 3{,}276$.

Aus der Form der Inversionskurven ergibt sich, daß es zu jedem Druck im allgemeinen zwei Inversionstemperaturen gibt. Ob dies auch für kleine Drucke gilt, ist fraglich, da der Verlauf der Inversionskurve für sehr kleine t noch nicht sichergestellt ist.

Mit den Werten von Tabelle 7 kann man aus Abb. 13 leicht für die verschiedenen Gase die zu verschiedenen Drucken gehörigen Inversionstemperaturen des differentialen Joule-Thomsoneffekts ermitteln.

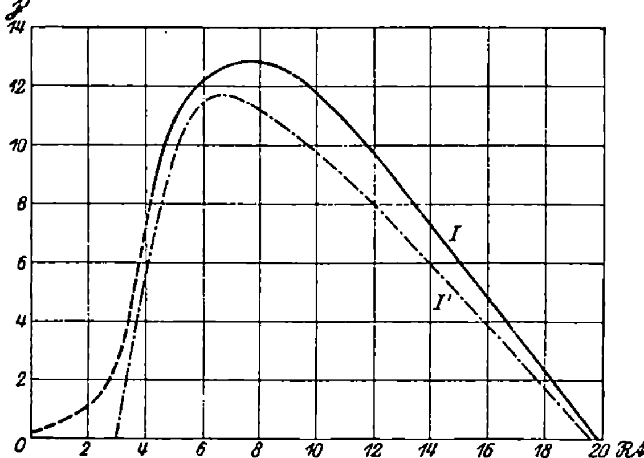

Abb. 13. Inversionskurve des differentialen Joule-Thomsoneffektes.

25. Inversionskurve des integralen Joule-Thomsoneffektes. Diese ist entsprechend der Inversionskurve des differentialen Effektes dadurch definiert, daß auf ihr $\varDelta T_i$ [Gleichung (44), Ziff. 23] Null ist. Sie hat ähnliche Form wie diejenige des differentialen Effektes. Denn bei immer zunehmenden Anfangsdrucken überwiegen im Integraleffekt schließlich die positiven Differentialeffekte bei hohen Drucken die negativen Differentialeffekte bei kleinen Drucken.

26. Theorie der LINDESchen Gasverflüssigungsmethode[3]). Die Darlegungen der vorhergehenden Ziffern ermöglichen eine rechnerische Behandlung der Vorgänge bei der LINDESchen Methode, deren Grundgedanke in Ziff. 22 angegeben wurde.

Im einfachsten Fall ist danach das Schema des LINDESchen Verfahrens das in Abb. 14 dargestellte: Das Gas tritt bei 1 in einen Gegenströmer G mit dem hohen Druck p_1 und der Temperatur T_1 ein, expandiert bei 2 in einem Drosselventil V auf den Druck p_0, wobei sich die Temperatur von T_2 auf T_2' senkt, und strömt bei 0 aus dem Gegenströmer, wenn man vom Druckabfall im Gegenströmer absieht und die Wirkung des Gegenströmers

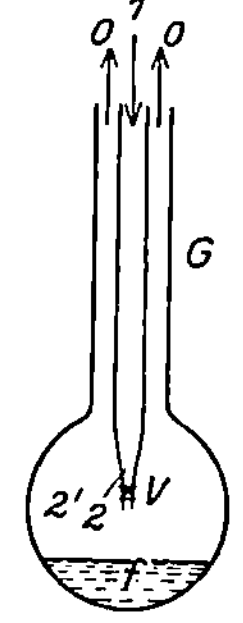

Abb. 14. Schema des LINDESchen Verfahrens.

[1]) W. MEISSNER, ZS. f. Phys. Bd. 18, S. 12. 1923.
[2]) Nach H. KAMERLINGHONNES, C. A. CROMMELIN u. P. G. CATH, Comm. Leiden Nr. 151 c. 1917.
[3]) Siehe z. B. F. POLLITZER, ZS. f. d. ges. Kälte-Ind. Bd. 28, S. 125—133. 1921; R. LINDE, ZS. d. Ver. d. Ing. Bd. 65, S. 1356—1360. 1921; A. SELIGMANN, ZS. f. d. ges. Kälte-Ind. Bd. 29, S. 77. 1922; Bd. 31, S. 129. 1924; ZS. f. techn. Phys. Bd. 6, S. 237. 1925; W. MEISSNER, ZS. f. Phys. Bd. 18, S. 12. 1923; H. HAUSEN, ZS. f. d. ges. Kälte-Ind. Bd. 32, S. 93 und 114. 1925.

vollkommen ist, mit dem Druck p_0 und der Temperatur $T_0 = T_1$ wieder aus. Die Temperatursenkung bei 2 ist in jedem Augenblick durch die Gleichung (44) (Ziff. 23) für den integralen Joule-Thomsoneffekt gegeben, wenn man $p = p_1$ setzt. Diese Betrachtungsweise gilt bis zu dem Zeitpunkt, wo bei 2 Verflüssigung des Gases eintritt.

Um zu ermitteln, was in dem nun folgenden Beharrungszustand geschieht, kann man das Energieprinzip auf die Vorgänge in dem unterhalb 1 gelegenen Teil des Verflüssigers anwenden und so den Bruchteil ε der durchströmenden Gasmasse berechnen, der im stationären Zustand verflüssigt wird. Werden äußere Wärmeverluste ausgeschlossen, so ist die gesamte im Apparat verbleibende Wärme oder Kälte für 1 g des einströmenden Gases gegeben durch

$$q = i_1 - (1 - \varepsilon)\, i_0; \qquad T_0 = T_1 = T . \tag{52}$$

Da ε g Flüssigkeit im Apparat bleiben, ist andererseits, wenn Index f sich auf den flüssigen Zustand bezieht und r_2 die Verdampfungswärme für den Zustand $2'$ ist,

$$q = \varepsilon i_f = \varepsilon (i_2'' - r_2); \qquad r_2 = i_2'' - i_f . \tag{53}$$

q ist also der (positive) Wärmeinhalt des im Apparat bleibenden flüssigen Gases. Aus (52) und (53) folgt

$$\varepsilon = -\frac{i_1 - i_0}{r_2 + i_0 - i_2''} = \frac{-\Delta i_T}{r_2 + i_0 - i_2''} . \tag{54}$$

Hierbei kann $\Delta i_T = i_1 - i_0$ als der isotherme Drosseleffekt bei der Temperatur $T = T_1 = T_0$ bezeichnet werden.

Da der Nenner unabhängig von der Größe des Anfangsdruckes p_1 ist, wird der verflüssigte Bruchteil ε für denjenigen Wert von p_1 ein Maximum, der Δi_T zu einem Minimum macht.

Für die Leistung der Lindeschen Verflüssigungsmethode ist also im stationären Zustand nicht der integrale Joule-Thomsoneffekt ΔT_i (Temperatursenkung bei konstantem i), sondern der isotherme Drosseleffekt Δi_T maßgebend.

Zwischen beiden Größen besteht aber ein einfacher Zusammenhang, den man am leichtesten graphisch aus Abb. 12 (Ziff. 23) ermitteln kann[1]). In derselben ist Δi_T der Abstand der beiden Isobaren in Richtung der i-Achse. Kann für $p = p_0$, wie es bei kleinen Drucken in gewissen Temperaturbereichen zulässig ist, $i = c_{p0} T + \text{const}$ gesetzt werden, so ist die Isobare $p = p_0$ eine Gerade und daher

$$\Delta i_T = c_{p0}\, \Delta T_i , \tag{55}$$

wobei Anfangsdruck und Anfangstemperatur entsprechend Abb. 12 in beiden Fällen gleich sein müssen. Man kann hiernach Δi_T aus den beobachteten ΔT_i-Werten berechnen. Doch ist es auch möglich, Δi_T aus der Zustandsgleichung des betreffenden Gases zu berechnen, wenn dieselbe im fraglichen Druck- und Temperaturgebiet genügend genau bekannt ist.

Aus Gleichung (54) läßt sich noch eine allgemeine wichtige Folgerung ziehen. Zunächst kann man Δi_T durch p, v und T ausdrücken. Nach den beiden Hauptsätzen der Wärmetheorie bestehen die Beziehungen

$$\left(\frac{\partial i}{\partial p}\right)_T = -T\left(\frac{\partial v}{\partial T}\right)_p + v = -T^2 \frac{\partial}{\partial T}\left(\frac{v}{T}\right)_p ; \qquad \left(\frac{\partial i}{\partial T}\right)_p = c_p .$$

---

[1]) L. Schames, Ann. d. Phys. Bd. 57, S. 334. 1918.

Danach wird

$$i = \int\limits_0^T c_{p\infty}\,dT - T^2 \int\limits_0^p \frac{\partial}{\partial T}\left(\frac{v}{T}\right)_p d p_T + \text{const,} \qquad (56)$$

wobei hier $c_{p\infty}$ der Wert von c_p für unendlich großes spezifisches Volumen, also für $p = 0$ ist und der Index T in dp anzeigt, daß T bei der Integration konstant zu halten ist.

Also erhält man

$$\varDelta i_T = - T^2 \int\limits_{p_0}^{p_1} \frac{\partial}{\partial T}\left(\frac{v}{T}\right)_p d p_T = - T^2 \frac{\partial}{\partial T_p}\left\{\frac{1}{T}\int\limits_{p_0}^{p_1} v\,d p_T\right\}. \qquad (57)$$

Nach (57) wird $\left(\dfrac{\partial \varDelta i_T}{\partial p_1}\right)_T = 0$, also $\varDelta i_T$ bei konstantem T ein Minimum und daher nach (54) ε ein Maximum ($\varDelta i_T$ ist negativ) für solche Werte von p_1, für die

$$\frac{\partial}{\partial T}\left(\frac{v}{T}\right)_{p_1} = 0; \qquad \left(\frac{\partial v}{\partial T}\right)_{p_1} = \frac{v}{T}. \qquad (58)$$

Die ist aber die Bedingungsgleichung (47) (Ziff. 24) für die Inversionskurve des differentialen Joule-Thomsoneffektes.

Die verflüssigte Menge wird also bei der Lindeschen Methode ein Maximum für solche Wertepaare von p und T, die auf der Inversionskurve des differentialen Joule-Thomsoneffektes liegen[1].

Beispielsweise erhält man nach der Inversionskurve für Wasserstoff (ausgezogene Kurve I Abb. 13) für $T_1 = T_0 = 80°$ (Vorkühlung mit flüssiger Luft) $p_1 = 165$ Atm. Dies scheint nach praktischen Versuchen in der Tat etwa der günstigste Druck bei der angenommenen Vorkühltemperatur zu sein.

Für die Luftverflüssigung ergäbe sich nach der strichpunktierten Kurve I' von Abb. 13 bzw. nach Gleichung (50) (Ziff. 24) für $T_1 = T_0 = 290°$ als günstigster Druck $p_1 = 393$ kg/cm². Praktisch verwendet man etwa 200 kg/cm² Druck, bleibt also erheblich unter dem günstigsten Druck, was aber mit Rücksicht auf den allgemeinen Wirkungsgrad der ganzen Anlage (Ziff. 27) zweckmäßig sein kann.

Für die Heliumverflüssigung wird mit $\mathfrak{R} = 3{,}14$; $T_k = 5{,}25°$; $p_k = 2{,}26$ Atm. $= 2{,}34$ kg/cm²[2]); $T = 15°$ (Vorkühlung mit flüssigem Wasserstoff, der unter stark vermindertem Druck siedet) nach Gleichung (50) als günstigster Druck $p_1 = 24$ Atm. Über Gründe, die gegen die Anwendbarkeit von Gleichung (50) bei Helium sprechen, vgl. Ziff. 40. Nach der für Wasserstoff gültigen Kurve I von Abb. 13 wird schon $p_1 = 28$ Atm.

Die so nach (58), (57) und (54) ermittelten günstigsten Werte von $\varDelta i_T$ und ε sind relative Minima bzw. Maxima, die bei konstant gehaltener Vorkühlungstemperatur Gültigkeit haben. Die Frage, ob für einen bestimmten Wert von T ein absolutes Maximum von ε zu erwarten ist, wurde von Meissner[3] bei Wasserstoff erörtert mit dem Ergebnis, daß für Temperaturen bis herunter zu $t = 2$ jedenfalls kein absolutes Maximum von ε auftritt.

Die durch Gleichung (52) gegebene Größe q ist nicht die Kälteleistung, sondern, wie schon bei (53) bemerkt, der Wärmeinhalt des im Apparat bleibenden

---

[1]) Vgl. W. Meissner, ZS. f. Phys. Bd. 18, S. 14. 1923.
[2]) H. Kamerlingh Onnes, Comm. Leiden Nr. 124b. 1911.
[3]) W. Meissner, ZS. f. Phys. Bd. 18, S. 12. 1923.

verflüssigten Gases. Die Kälteleistung q_m für 1 g des einströmenden Gases ist vielmehr die Differenz zwischen dem Wärmeinhalt des verflüssigten Gases q und dem Wärmeinhalt der entsprechenden Menge im Zustand 0, d. h. bei $p = p_0$ und $T = T_0$, also mit Rücksicht auf (54)

$$q_m = \varepsilon i_f - \varepsilon i_0 = \varDelta i_T \frac{i_0 - i_f}{r_2 + i_0 - i_2''} = \varDelta i_T. \tag{59}$$

Die Kälteleistung ist also in Übereinstimmung mit den in Ziff. 4 u. folg. an Hand von Abb. 1 gegebenen Darlegungen ebenso groß, wie wenn im Apparat kein Gas verflüssigt würde, sondern die erzeugte Kälte an eine andere mit dem Arbeitsgas in Wärmeaustausch stehende Gasmasse M_v abgegeben wird. Denn im letzteren Fall hat die im Apparat bleibende bzw. an M_v abgegebene Wärme, da $\varepsilon = 0$ ist, nach (52) den Wert $i_1 - i_0$ und stellt direkt die Kälteleistung dar. Strömt pro Zeiteinheit die Gasmasse M in den Apparat ein, so ist also $M q_m = M \varDelta i_T$ identisch mit $\overset{\gamma}{\underset{\alpha}{\sum}} Q_m$ in Gleichung (7) von Ziff. 4.

Wie groß die zur Erzeugung der Kälteleistung $M \varDelta i_T$ erforderliche Leistung L ist, hängt von den speziellen Anordnungen, der Art des Gases und den benutzten Drucken und Temperaturen ab, so daß sich über den Wirkungsgrad der gesamten Anordnung nur in den einzelnen Fällen eine Aussage machen läßt.

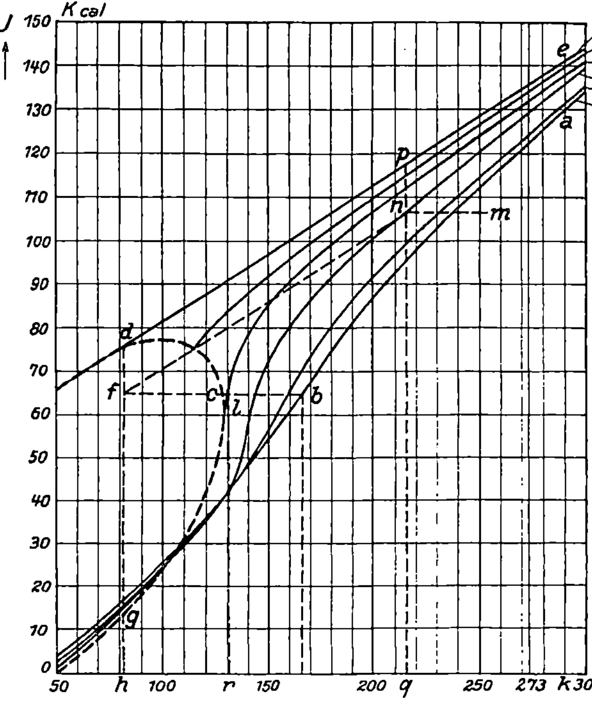

Abb. 15. $J - T$-Diagramm für Luft.

27. Luftverflüssigung

nach Linde. Abb. 15 ist ein auf Grund der Arbeiten von Vogel, Noell, Jakob u. a. entworfenes $J - T$-Diagramm für Luft[1]), in dem z. B. auch die Werte des Joule-Thomsoneffektes $\varDelta T_i$ nach Tabelle 6 enthalten sind. Als Ordinate ist der Wärmeinhalt J in kcal aufgetragen, den 1 cbm Luft von 0° und 760 mm Quecksilberdruck $= 1,293$ kg Luft besitzt. Der Wärmeinhalt der flüssigen Luft bei etwa $T = 50°$ ist willkürlich gleich Null gesetzt, wodurch die unbestimmte Konstante von J festgelegt ist. Die gestrichelte Kurve dcl, auf welcher die Isobaren für $p = 0$ bis $p = 35$ endigen, stellt die Grenze des gesättigten Zustandes dar. Hat man z. B. Luft vom Wärmeinhalt $J = 70$ kcal/1,29 kg und dem Druck 80 kg/cm² und entspannt dieselbe im Drosselventil, so bleibt die Luft (bei konstantem $J = 70$) bis etwa 30 kg/cm² nach dem Diagramm gasförmig; bei weiterer Drosselentspannung wird ein Teil verflüssigt; der gasförmige Teil behält nicht mehr den Wärmeinhalt $J = 70$ kcal/1,29 kg,

---

[1]) Vgl. F. Pollitzer, ZS. f. d. ges. Kälte-Ind. Bd. 28, S. 125. 1921. Dieser Arbeit ist der obere Teil des Diagramms entnommen.

sondern der Wert J für den gasförmigen Teil bewegt sich entlang der gestrichelten Grenzkurve bis zum Schnittpunkt derselben mit der Isobaren für den Entspannungsdruck p_0.

Man kann an Hand des Diagramms auch die Frage beantworten, welche Temperaturdifferenz im Beharrungszustand am kalten Ende des Gegenströmers zwischen der hochgespannten, hinströmenden und der entspannten, rückströmenden Luft auftritt. Es werde angenommen, daß der Gegenströmer vollkommen ist, daß also an seinem warmen Ende ein- und austretende Luft dieselbe Temperatur hat und äußere Kälteverluste nicht auftreten. Ist Anfangsdruck und Anfangstemperatur $p_1 = 200$ kg/cm^2 und $T_1 = 290°$ und wird der verflüssigte Bruchteil im stationären Zustand wie in Ziff. 26 mit ε bezeichnet, so ist bei Entspannung auf 1 kg/cm^2 der Unterschied des Wärmeinhaltes von hochgespanntem und entspanntem Gas am warmen Ende des Gegenströmers $(1 - \varepsilon)\,(e\,k) - (a\,k)$ (Abb. 15). Im Gegenströmer erleidet das hochgespannte Gas die Zustandsänderung $a\,m\,b$ längs der Isobaren für 200 kg/cm^2, beim Entspannen erfolgt vom Punkte b an, der zunächst willkürlich angenommen werde, die Zustandsänderung $b\,c\,d$ des gasförmigen Teiles und teilweise Verflüssigung. Beim Rückströmen durch den Gegenströmer erleidet die entspannte Luft die Zustandsänderung $d\,p\,e$. Kennzeichnet die Linie $g\,h$ den Wärmeinhalt von 1,293 kg Flüssigkeit, so ist $d\,g$ die Verdampfungswärme R_2 bei 1 kg/cm^2 Druck für 1,293 kg Luft. Die Verdampfungswärme im kritischen Punkt l ist Null. Da der gesamte Wärmeinhalt $f\,h$ trotz teilweiser Verflüssigung konstant bleiben muß, ist (Abb. 15)

$$(1 - \varepsilon)\,(dh) + \varepsilon(gh) = (dh) - \varepsilon R_2 = (hf) = (dh) - (df) \qquad (60)$$

oder

$$\varepsilon R_2 = df. \qquad (61)$$

Die Strecke $d\,g = R_2$ wird also im Punkt f im Verhältnis $\varepsilon : 1 - \varepsilon$ geteilt. Setzt man in (61) den nach Gleichung (54) (Ziff. 26) berechneten Wert von ε ein, so kann man nach (61) den Wert von $d\,f$ berechnen. Aus Abb. 15 ist dann die Temperaturdifferenz $b\,f$ zu entnehmen, die am kalten Ende des Gegenströmers auftritt. Hierdurch ist der zunächst willkürlich angenommene Punkt b bestimmt. Die Temperaturdifferenz $b\,f$ ist wichtig für die Berechnung der Größe des Gegenströmers, da die pro Flächeneinheit desselben übergehende Kältemenge proportional der an der betreffenden Stelle des Gegenströmers zwischen hochgespanntem und entspanntem Gas vorhandenen Temperaturdifferenz ist.

Wie groß die Temperaturdifferenz $m\,n$[1]) (Abb. 15) an irgendeinem zwischen warmem und kaltem Ende des Gegenströmers gelegenen Punkte ist, folgt (Anfangsdruck wieder 200 kg/cm^2) folgendermaßen: Die Differenz $(1 - \varepsilon)\,(pq) - nq$ des Wärmeinhaltes von entspanntem rückströmendem und hochgespanntem hinströmendem Gas muß längs des ganzen Gegenströmers konstant sein, da andernfalls kein stationärer Zustand vorhanden wäre. Also ist

$$(pq) - (nq) = (pn) = \varepsilon(pq) + (df) - \varepsilon(dh) = (df) + \varepsilon(pq - dh). \qquad (62)$$

Die Linie $(f\,n\,a)$ ist also, da $e\,a$ ein spezieller Wert von $p\,n$ ist, eine Gerade, falls die Isobare $(e\,p\,d)$ eine Gerade ist. Die Temperaturdifferenz $m\,n$ ist hiernach, sobald ε und $d\,f$ berechnet sind, aus dem Diagramm für jeden Punkt m ohne weiteres zu entnehmen. Beim Entspannen auf höhere Drucke als 1 kg/cm^2 gilt Entsprechendes.

---

[1]) Der Punkt m ist, was aus Abb. 15 nicht klar hervorgeht, der Schnittpunkt der gestrichelten Linie $n\,m$ mit der Isobaren für 200 kg/cm^2.

Natürlich lassen sich die Rechnungen auch durchführen, falls am warmen Ende des Gegenströmers, wie es praktisch der Fall ist, noch eine Temperaturdifferenz übrigbleibt. Etwas beeinflußt werden ferner die Verhältnisse durch die metallische Wärmeleitung längs der Rohrwandungen des Gegenströmers, die in Ziff. 21 behandelt ist.

Um den Energiebedarf bei der Luftverflüssigung möglichst niedrig zu halten, hat C. v. Linde zwei Kunstgriffe angewendet: 1. Es wird statt der bei Kaltluftmaschinen üblichen niedrigen Drucke von etwa 5 Atm. ein Anfangsdruck von etwa 200 Atm. angewendet; die Luft wird aber nicht auf 1 Atm., sondern nur auf 20 bis 40 Atm. entspannt. Der Energiebedarf zur Kompression von 20 auf 200 Atm. ist ungefähr ebenso groß wie bei Kompression von 1 auf 10 Atm.; bei isothermer Kompression z. B. ist die Kompressionsarbeit proportional $T \ln p_1/p_0$. Die Kälteleistung $J_0 - J_1$ aber ist beim Entspannen von 200 auf 20 Atm. nach Abb. 15 mehr als 10mal so groß wie beim Entspannen von 10 auf 1 Atm. 2. Die Luft wird vor dem Eintritt in den Gegenströmer mit Hilfe einer Ammoniakkältemaschine vorgekühlt. Hierdurch steigt die Kälteleistung um einen wesentlich größeren Betrag, als dem durch die Kältemaschine verursachten Mehraufwand an Arbeit entspricht. Z. B. ist bei 200 kg/cm² Anfangsdruck und 20 kg/cm² Enddruck nach Abb. 15 die Kälteleistung pro 1,293 kg eintretender Luft etwa 10 kcal bei 290° Eintrittstemperatur, dagegen etwa 19 kcal bei 225° Eintritts-

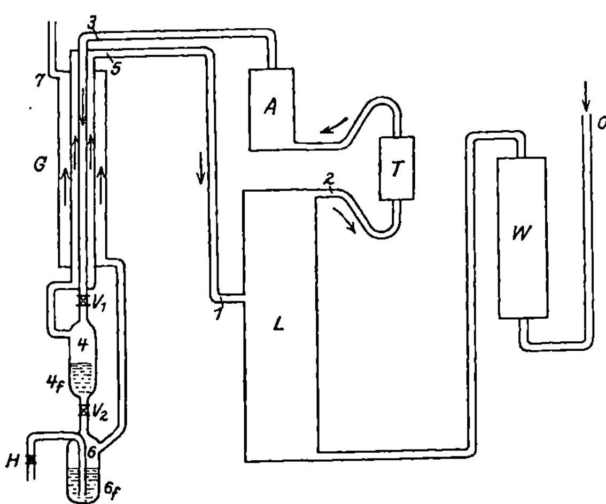

Abb. 16. Schema der Lindeschen Luftverflüssigungsanlage mit Hochdruckkreislauf.

temperatur in den Gegenströmer. Der Aufwand zur Vorkühlung ist mit

$$\frac{dJ}{dT} = C_p = 0,395 \ \text{kcal}/1,29 \ \text{kg} \cdot \text{Grad etwa } 25,6 \ \text{kcal}.$$ Hierzu ist nach Gleichung (29) (Ziff. 13) bei der Ammionakkältemaschine theoretisch ein Arbeitsaufwand von etwa

$$25,6 \cdot \frac{290 - 225}{225} = 7,4 \ \text{kcal} = 31 \ \text{kWsec}$$ erforderlich, praktisch etwa das Doppelte, also 60 kWsec. Wollte man den bei Vorkühlung eintretenden Kältegewinn von 5 kcal/1,29 kg ohne Vorkühlung durch Vermehrung des Luftumlaufs um 90% erzeugen, so wäre hierzu theoretisch bei isothermer Kompression $(L = TR \ln p_1/p_0)$ ein Arbeitsaufwand von

$$1,16 \ \text{kg} \cdot \frac{1000}{28,97} \ 8,31 \ [\text{Wsec/kgGrad}] \cdot 290° \ \ln\frac{200}{20} = 238 \ \text{kWsec},$$

praktisch etwa das Doppelte, also etwa 500 kWsec erforderlich. Dies ist fast das Zehnfache des Energiebedarfes der zur Vorkühlung verwendeten Ammoniakkältemaschine.

Das Schema einer den vorstehenden Gesichtspunkten entsprechenden Lindeschen Luftverflüssigungsanlage gibt Abb. 16:

Die Luft wird bei O aus der Atmosphäre angesaugt. Sie durchläuft einen Waschturm W, in welchem durch Natronlauge die Kohlensäure der Luft beseitigt wird. Statt W kann auch hinter dem Luftkompressor ein Hochdruckrohr mit trockenem Ätzkali eingeschaltet werden. Von W aus wird die Luft in den Luftkompressor L gesaugt und auf etwa 200 Atm. komprimiert. Der Luftkompressor wird vielstufig (4- bis 5-stufig) ausgeführt, um möglichst isotherme Kompression zu erhalten und Ölexplosionen zu vermeiden. Die hochgespannte Luft durchläuft zwischen 2 und 3 ein mit Chlorkalzium gefülltes Trockenrohr T und wird durch die Ammoniakkältemaschine A vorgekühlt, wobei man an die Grenze des Erreichbaren, bei neueren Anlagen bis nahe an $-50°$, geht. Da die Luft nach Kompression auf 200 Atm. nur noch $^1/_{200}$ der Sättigungsmenge bei 1 Atm. an Feuchtigkeit enthält, kann das Trockenrohr T auch fortbleiben und die weitere Trocknung durch Ausfrieren in der Kältemaschine A erfolgen. Die vorgekühlte komprimierte Luft tritt bei 3 in den Gegenströmer G. Nach Durchlaufen desselben wird die Luft im Ventil V_1 auf 20 bis 50 Atm. entspannt. Die Hauptmenge dieser halb entspannten Luft strömt von 4 durch den Gegenströmer zurück nach 5 und tritt bei 1 in eine mittlere Stufe des Luftkompressors wieder ein. Ein kleiner Teil ε wird bei 4 verflüssigt und durch Ventil V_2 nach 6 abgelassen. Die flüssige Luft kann dann durch Hahn H in Gefäße abgelassen werden. Die beim Entspannen in V_2 entstehende kleine Menge gasförmiger Luft durchläuft den Gegenströmer und tritt bei 7 an die Atmosphäre. Bei 0 wird also im wesentlichen nur so viel Luft angesaugt, als verflüssigt wird.

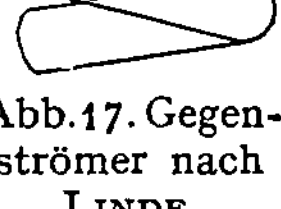

Abb. 17. Gegenströmer nach LINDE.

Für die Ausführung des Gegenströmers werden bei den LINDEschen Verflüssigern hauptsächlich ineinandergesteckte Kupferrohre (wie in Abb. 17 angedeutet) benutzt. Um die Wärmeaustauschfläche groß machen zu können, werden die Rohre aber schraubenförmig gewunden (Abb. 17). Ferner wird die Mitteldruck- und die Hochdruckleitung aus mehreren Rohren von kleinem Durchmesser, die parallel geschaltet sind, hergestellt, um bei gleichem Gesamtquerschnitt möglichst große Wärmeaustauschfläche zu erzielen. Der ganze Gegenströmer wird in Wärmeisolationsmaterial (Wolle, Seidenzupf, neuerdings auch unverbrennbares Isolationsmaterial) eingebettet. Doch verwendet die Gesellschaft LINDE neuerdings auch Gegenströmer abweichender Bauart.

Die Energiebilanz der Anordnung nach Abb. 16 ergibt folgendes: Die zur Vorkühlung erforderliche Kälteleistung q des Ammoniakkompressors A ist pro Gramm durchströmende Luft

$$q = i_2 - i_3. \tag{63}$$

Wird der Bruchteil ε der durchströmenden Luft bei 4 verflüssigt und wird beim Entspannen in V_2 bei 6 von ε wieder der Bruchteil ζ verdampft, so ergibt die Überlegung, daß die in den Gegenströmer eintretende Energie gleich der austretenden und der im Apparat verbleibenden sein muß, die Gleichung

$$i_3 = (1 - \varepsilon)\,i_5 + \zeta \varepsilon i_7 + (1 - \zeta)\,\varepsilon i_{6f}, \tag{64}$$

wobei der Index f sich auf den flüssigen Zustand an der durch die Zahl gekennzeichneten Stelle bezieht.

In entsprechender Weise folgt aus dem Energiegesetz bei Anwendung desselben auf die Punkte 4 und 6

$$i_{4f} = \zeta i_6 + (1 - \zeta)\,i_{6f}; \qquad \zeta = \frac{i_{4f} - i_{6f}}{i_6 - i_{6f}}. \tag{65}$$

Aus (64) ergibt sich für den schließlich verflüssigten Bruchteil $\varepsilon(1-\zeta)$

$$\varepsilon(1-\zeta) = \frac{i_5 - i_3}{\dfrac{1}{1-\zeta}(i_5 - \zeta i_7) - i_6{}_f}.\tag{66}$$

Für $\zeta = 0$ wird (66) bei Berücksichtigung der Bedeutung der Indizes mit Gleichung (54) (Ziff. 26) identisch.

Es ist nun zu setzen $p_0 = p_6 = p_7 = 1\ \text{kg/cm}^2$; $p_4 = p_5 = p_1 = 40\ \text{kg/cm}^2$; $p_2 = p_3 = 200\ \text{kg/cm}^2$. $T_3 = T_5 = T_7 = 225°$.

Wie groß der Wert von ζ wird, hängt von der Einregulierung des Ventils V_2 ab. Öffnet man es nur wenig, so daß $p_4 = 40\ \text{kg/cm}^2$ erhalten bleibt, so wird die bei 4 gebildete Flüssigkeit erheblich unter die kritische Temperatur $132,5°$ abgekühlt. Die Kondensationswärme selbst ist, da $p_4 = 40\ \text{kg/cm}^2$ oberhalb p_k liegt, also Kondensation bei T_k eintritt, Null. Es wird zunächst alles Gas kondensiert und ein Teil der Flüssigkeit in den Gegenströmer mitgerissen. Welche Temperatur bei 4 entsteht, hängt wesentlich von der Ausführung des Gegenströmers ab. Nimmt man an [andere Annahmen führen nahezu zum selben Wert für $\varepsilon(1-\zeta)$], daß bei 4 Abkühlung bis auf $100°$ abs. erfolgt, so ergibt sich nach (65), wenn man J statt i schreibt, also alles auf $1,293$ kg bezieht, mit Hilfe von Abb. 15

$$\zeta = \frac{23 - 13}{75 - 13} = 0,161$$

und weiter

$$\varepsilon(1-\xi) = \frac{115 - 102}{\dfrac{1}{0,839}(115 - 0,161 \cdot 121) - 13} = 0,129\,;$$

$$\varepsilon = 0,154;\qquad \varepsilon\zeta = 0,024\,.$$

Hiernach wird an flüssiger Luft $0,13$ der in der Hochdruckleitung zum Verflüssigen hinströmenden Luftmenge gewonnen. Bei 7 (Abb. 16) würde $0,02$ dieser Menge als Gas ausströmen, und $0,15$ von ihr müßte bei 0 vom Kompressor angesaugt werden.

Um 1 kg flüssige Luft zu erhalten, sind also $\dfrac{1}{0,129} = 7,75$ kg Druckluft erforderlich. Von dieser sind $0,154 \cdot 7,75 = 1,20$ kg von 1 auf $40\ \text{kg/cm}^2$ zu komprimieren, und die gesamte Menge, also $7,75$ kg, ist dann weiter von 40 auf $200\ \text{kg/cm}^2$ zu bringen. Der hierzu erforderliche Arbeitsaufwand bei isothermer Kompression ist theoretisch bei $290°$ abs. Kühlwassertemperatur

$$\left(L = RT\ln\frac{p_1}{p_0};\ R = G\ \text{kg}\cdot\frac{8,31}{28,94}\ [\text{kWsec/kg}\cdot\text{Grad}]\right):$$

$$0,287 \cdot 290\,(7,75\ln 5 + 0,120\ln 40) = 1080\ \text{kWsec} = 0,30\ \text{kWst}.$$

Hierzu kommt noch der Arbeitsaufwand bei der Vorkühlung, also theoretisch nach S. 304 etwa $31 \cdot \dfrac{7,75}{1,29} \cdot \dfrac{1}{3600} = 0,052$ kWst, so daß theoretisch insgesamt etwa $0,35$ kWst für 1 kg flüssige Luft erforderlich sind.

Durch Erhöhung des Anfangsdruckes bis auf den günstigsten Wert [Ziff. 26, Gleichung (58) usw.] könnte der Arbeitsbedarf noch herabgesetzt werden.

Praktisch werden für 1 kg flüssige Luft bei größeren Anlagen etwa $1,0$ kWst benötigt. Das günstige Verhältnis zwischen theoretisch und praktisch erforderlicher Arbeit kommt dadurch zustande, daß beim Linde-Prozeß selbst wegen seiner mechanischen Einfachheit die Verluste sehr gering sind, so daß die Abweichung vom theoretischen Wert hauptsächlich nur durch den Wirkungsgrad des Kompressors bedingt ist.

Bei einem völlig isentropischen Prozeß wäre nach Gleichung (7a) von Ziff. 3 die erforderliche Leistung, wenn man beim Druck 1 kg/cm² die spezifische Wärme c_p als unabhängig von T ansieht:

$$L = 1 \text{ kg} \left\{ 290° \left[0{,}241 \text{ kcal/kg} \cdot \text{Grad} \ln \frac{290}{80} + \frac{50 \text{ kcal/kg}}{80°} \right] - 0{,}241(290 - 80) - 50 \right\}$$

$$= 174 \text{ kcal} = 730 \text{ kWsec} = 0{,}20 \text{ kWst}.$$

Der beim Linde-Prozeß theoretisch erforderliche Energieaufwand ist also trotz des Verzichts auf Leistung äußerer Arbeit nur etwa doppelt so groß wie der beim idealen isotropischen Prozeß notwendige. Praktisch ist er etwa 5 mal so groß.

28. Lufttrennung nach Linde. Die beiden Hauptbestandteile der Luft haben verschiedene Siedetemperaturen: Bei normalem Druck siedet Sauerstoff bei −183,0°, Stickstoff bei −195,8°. Infolgedessen verdampft aus verflüssigter Luft der Stickstoff rascher als der Sauerstoff, so daß die Flüssigkeit allmählich sauerstoffreicher wird und ihre Temperatur vom Wert −194°, den sie kurz nach der Verflüssigung hat, allmählich ansteigt. Welche Flüssigkeits- und Gasgemische im Gleichgewicht sind und welche Temperaturen die verschiedenen Gemische haben, wurde von C. v. Linde[1]) und Baly[2]) untersucht. Abb. 18 und Tabelle 8 enthalten die Ergebnisse.

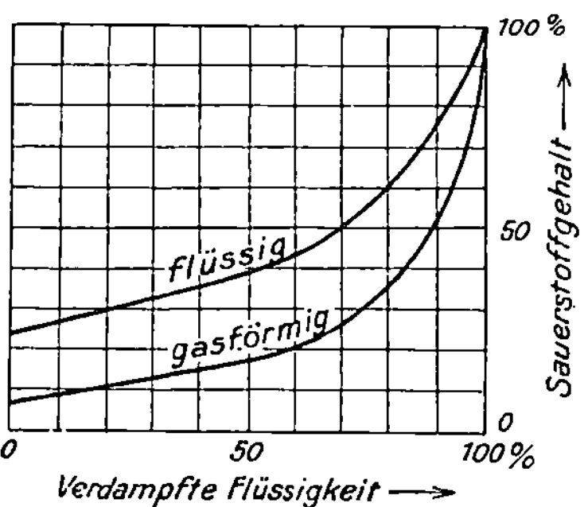

Abb. 18. Verdampfung von flüssiger Luft.

Tabelle 8. Gleichgewicht zwischen flüssigem und gasförmigem Sauerstoff-Stickstoffgemenge bei 1 Atm. Druck nach Baly[3]).

Temperatur	Volumprozent an Sauerstoff im Gaszustand gemessen		Temperatur	Volumprozent an Sauerstoff im Gaszustand gemessen	
°C	Dampf	Flüssigkeit	°C	Dampf	Flüssigkeit
− 195,8	0	0	− 189,2	40,4	69,3
− 195,4	2,2	8,1	− 188,7	44,2	72,3
− 194,9	4,4	15,2	− 188,2	48,2	75,1
− 194,4	6,8	21,6	− 187,7	52,2	77,8
− 193,9	9,3	27,7	− 187,3	56,3	80,4
− 193,5	12,0	33,3	− 186,8	60,5	82,9
− 193,0	14,8	38,5	− 186,3	64,8	85,3
− 192,5	17,7	43,4	− 185,8	69,6	87,6
− 192,0	21,2	47,9	− 185,4	74,4	89,8
− 191,6	23,6	52,2	− 184,9	79,4	92,0
− 191,1	26,7	55,9	− 184,4	84,5	94,1
− 190,6	29,9	59,5	− 183,9	89,8	96,1
− 190,1	33,3	62,9	− 183,4	95,1	98,2
− 189,6	36,9	66,2	− 183,0	100,0	100,0

[1]) C. Linde, Münchener Ber. 1899, S. 65.
[2]) E. C. C. Baly, Phil. Mag. Bd. 49, S. 517. 1900.
[3]) Die Temperaturen sind entsprechend den neueren Bestimmungen der Siedepunkte von Sauerstoff und Stickstoff geändert.

Diese Eigenschaften der flüssigen Sauerstoff-Stickstoff-Gemenge benutzte Linde zur Trennung der Luft in Sauerstoff und Stickstoff. Von vornherein war dabei wesentlich der Gesichtspunkt, daß im Beharrungszustand der Trennungseinrichtung Arbeits- bzw. Kälteaufwand nur zur Deckung der durch mangelnde Isolation nach außen und durch Wärmefluß im Apparat selbst entstehenden Kälteverluste erforderlich ist, wenn man durch geeignete Gegenstromanordnung Sauerstoff und Stickstoff von Zimmertemperatur gewinnt[1]).

Als Methode, die Trennung zu bewerkstelligen, wurde zunächst die „fraktionierte Verdampfung" versucht: Die beim Verdampfen von flüssiger Luft abziehenden Dämpfe werden im Gegenstrom zu der zu zerlegenden Luft geführt, die so abgekühlt und schließlich unter Zuhilfenahme einer Luftverflüssigungseinrichtung (zur Deckung der Kälteverluste) verflüssigt wird. — Um aber sauerstoffreiche Dämpfe zu erhalten, muß man hierbei zunächst einen großen Teil der Dämpfe ungenützt abziehen lassen: Nach Abb. 18 muß man schon 70% der flüssigen Luft verdampfen, damit der Rest 50% Sauerstoff enthält.

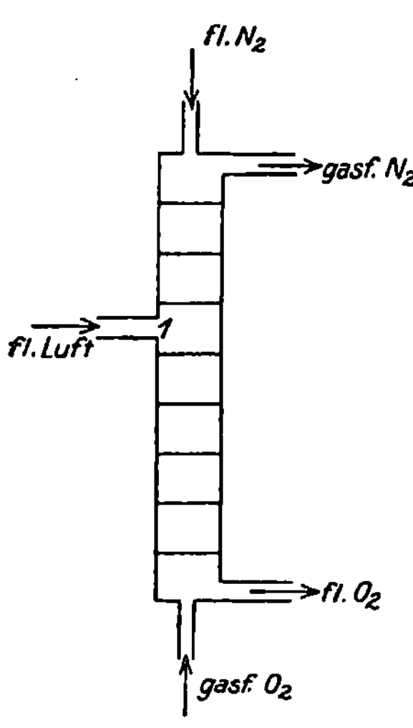

Abb. 19. Rektifikation von Luft.

Unverhältnismäßig viel günstiger ist die zweite Methode Lindes, das „Rektifikationsverfahren": Schickt man (Abb. 19) in ein säulenförmiges Rohr, das zur Erzielung großer Oberflächen mit Glasperlen, Siebplatten oder dgl. gefüllt ist, unten gasförmigen Sauerstoff, oben flüssigen Stickstoff, so tritt unten fast reiner flüssiger Sauerstoff, oben gasförmiger Stickstoff aus, indem der Sauerstoff durch den tiefer siedenden Stickstoff verflüssigt und dafür der letztere verdampft wird. An einem Zwischenpunkt 1 muß ein Flüssigkeitsgemenge vorhanden sein, dessen Zusammensetzung derjenigen der normalen flüssigen Luft (21% Sauerstoff) entspricht. Führt man bei 1 flüssige Luft ein, so nimmt sie an der Umsetzung von flüssigem Stickstoff in flüssigen Sauerstoff teil und wird also vollkommen zerlegt. In dem von unten nach oben ziehenden Gasstrom wird Sauerstoff durch die entgegenströmende Flüssigkeit verflüssigt, die nach Abb. 18 stets einen höheren Sauerstoffgehalt haben muß als das Gas, um mit ihm im Gleichgewicht zu sein. Diese Umsetzungsvorgänge erfolgen sehr rasch: Um ein Luftteilchen in seine Bestandteile zu zerlegen, genügen praktisch wenige Sekunden.

Läßt man von der Säule (Abb. 19) den oberhalb 1 gelegenen Teil fort, so ist das oben austretende Gas nicht reiner Stickstoff, sondern das Gemenge mit 7% Sauerstoff, das nach Abb. 18 mit normaler flüssiger Luft im Gleichgewicht ist. Dagegen bleibt die unten austretende Flüssigkeit nahezu reiner Sauerstoff. Es gehen aber die 7% Sauerstoff verloren, weshalb diese Methode nur bei kleinen Anlagen benutzt wird.

Zur praktischen Durchführung des geschilderten Rektifikationsverfahrens ist noch die Erzeugung des unten eintretenden gasförmigen Sauerstoffs und des oben eintretenden flüssigen Stickstoffs nötig, sowie eine Vorrichtung, um den flüssigen Sauerstoff vor der Entnahme aus dem Apparat unter Ausnutzung seines Kälteinhalts zu verdampfen und auf Zimmertemperatur zu erwärmen. Wie dies erreicht wird, ist aus Abb. 20 zu ersehen, die einen Lufttrennungsapparat mit 2 Stufen, der sich am zweckmäßigsten erwiesen hat, darstellt.

---

[1]) Vgl. hierzu F. Pollitzer, Ber. d. Forschungsausschüsse d. Ver. deutsch. Eisenhüttenleute, Maschinenausschuß, Bericht Nr. 26, 25. Febr. 1925. Düsseldorf: Stahleisen.

Der Apparat enthält schon den Gegenströmer G der zugehörigen Verflüssigungseinrichtung. Die komprimierte, evtl. mit einer Ammoniakkältemaschine vorgekühlte Luft tritt bei 1 in die engen Rohre ein, die zwischen dem inneren Rohr und dem äußeren Mantelrohr des Gegenströmers verlaufen, durch welche der gasförmige Sauerstoff bzw. der gasförmige Stickstoff strömen. Nach Durchlaufen des Gegenströmers und der Spirale Sp wird die Druckluft im Drosselventil V_1 auf 5 bis 6 Atm. entspannt und dabei teilweise verflüssigt. Das Gemisch tritt bei 2 in die untere Rektifikationssäule R_1, in der also ein Druck von 5 bis 6 Atm. herrscht. Die herabrieselnde Flüssigkeit, die entsprechend dem an Hand von Abb. 19 Besprochenen auf ihrem Wege sauerstoffreicher wird, verdampft zum Teil an der Spirale Sp. Die aufsteigenden Dämpfe und die bei 2 eintretenden Luftdämpfe werden auf ihrem Wege stickstoffreich, treten bei 3 aus und werden an den Kühlflächen des Kondensators K verflüssigt. Der Kondensator K ist nämlich, wie sich gleich zeigen wird, von flüssigem Sauerstoff von 1 Atm. Druck umgeben, der kälter als der gasförmige Stickstoff von 5 Atm. Druck ist. Der verflüssigte Stickstoff wird durch das Ventil V_3 bei 4 in das obere Ende der oberen Rektifikationssäule R_2 eingeleitet und dabei auf 1 Atm. entspannt. Die an Sp verflüssigte, schon sauerstoffreiche Luft dagegen wird nach Entspannen auf 1 Atm. im Ventil V_2 bei 5 in die Mitte der oberen Rektifikationssäule eingeleitet. Die von 4 und 5 aus herabrieselnde Flüssigkeit langt bei 6 als nahezu reiner flüssiger Sauerstoff an. Der an K verdampfte Sauerstoff verläßt zum Teil die Säule bei 7 und wird nach Durchlaufen des Gegenströmers bei 8 dem Apparat als Endprodukt entnommen. Der andere Teil des an K verdampften Sauerstoffs steigt in R_2 empor und wird dabei unter Verdampfung von Stickstoff verflüssigt. Der letztere verläßt bei 9 die Säule und wird nach Durchlaufen des Gegenströmers bei 10 als gasförmiges Endprodukt abgeführt. Der gewonnene Sauerstoff enthält in der Regel noch 2% Stickstoff,

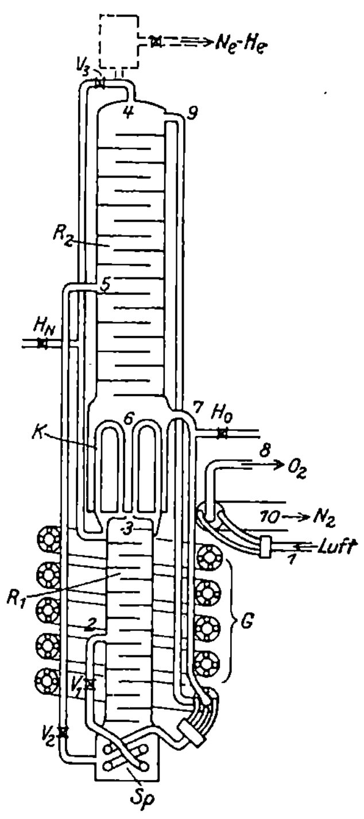

Abb. 20. Lufttrennungsapparat nach Linde.

der gewonnene Stickstoff 3 bis 4% Sauerstoff. Durch eine Zusatz-Rektifikationssäule läßt sich auch Stickstoff mit nur 1 bis $2^0/_{00}$ Sauerstoffgehalt herstellen.

Die für die Durchführung der Rektifikation erforderliche Energie setzt die Gesellschaft Linde noch dadurch herab, daß sie im Beharrungszustand der Apparatur den größten Teil der Luft nur auf den für die Rektifikation erforderlichen Druck von 5 Atm. komprimiert, auf 200 Atm. aber nur so viel, als zur Deckung der Kälteverluste erforderlich ist.

29. Gewinnung von flüssigem Sauerstoff und flüssigem Stickstoff. Bringt man bei dem Rektifikationsapparat nach Abb. 20 noch Ablaßhähne H_N und H_O an, so kann aus ihnen (natürlich unter Verringerung der Menge an gasförmigen Endprodukten) ohne weiteres flüssiger Stickstoff bzw. flüssiger Sauerstoff abgelassen werden. Will man nur flüssigen Stickstoff oder nur flüssigen Sauerstoff oder flüssigen Stickstoff mit 7% Sauerstoffgehalt gewinnen, so läßt sich die Rektifikationseinrichtung vereinfachen. Wegen ihrer konstanten Temperatur sind die reinen Flüssigkeiten zum Experimentieren angenehmer als flüssige Luft. Flüssiger Stickstoff verdient vor letzterer auch überall da den Vorzug, wo es sich um Arbeiten mit explosiblen Gasen handelt, z. B. bei der Wasserstoffverflüssigung und bei der Wassergastrennung.

30. Gewinnung von Argon aus der Luft. Die atmosphärische Luft enthält etwa 0,9 Vol.-% Argon. Der Siedepunkt des Argons liegt bei —185,8°, also zwischen denen von Stickstoff und Sauerstoff und nur 2,8° von letzterem entfernt. Trotzdem ist es Pollitzer und Wucherer bei der Gesellschaft Linde gelungen, durch besondersartigen Ausbau der Rektifikation, dessen Beschreibung hier zu weit führen würde, auch das Argon aus der Luft abzuscheiden. In den Sauerstoffwerken der Gesellschaft Linde, z. B. im Sauerstoffwerk Borsigwalde, befinden sich Einrichtungen, um erhebliche Mengen von Argon zu gewinnen. Es findet in ausgedehntem Maße in den Glühlampenwerken zur Herstellung der gasgefüllten Halbwattlampen Verwendung.

31. Gewinnung von Neon-Helium-Gemisch aus der Luft. Der Gehalt der atmosphärischen Luft an Neon und Helium ist äußerst gering, beträgt nämlich nach Ramsay[1]) nur 0,0012 bzw. 0,0004 Vol.-%. Bei den sehr großen Luftmengen, die in den Sauerstoff- und Stickstoffwerken der Gesellschaft Linde verarbeitet werden, ist es Pollitzer trotzdem gelungen, erhebliche Mengen Neon-Helium-Gemisch — jährlich mehrere Kubikmeter — zu gewinnen. Der normale Siedepunkt von Neon liegt bei etwa 27° abs., der von Helium bei 4,3° abs. Bei der Luftverflüssigung bleiben also beide Gase gasförmig. Das hierauf aufgebaute Gewinnungsverfahren ist im Prinzip sehr einfach: Man braucht nur an einer Stelle der Rektifikationssäule, wo flüssige Luft oder flüssiger Stickstoff strömt, z. B. (Abb. 20) hinter Ventil V_3, ein (in Abb. 20 punktiert eingezeichnetes) Auffanggefäß für die nicht flüssigen Bestandteile einzufügen, aus dem dieselben von Zeit zu Zeit abgelassen werden können. Natürlich enthält das gewonnene Gasgemisch entsprechend dem Partialdruck des flüssigen Stickstoffs noch gasförmigen Stickstoff. Derselbe kann aber unschwer weitgehend beseitigt werden, indem man das Gasgemisch etwa auf 50 at komprimiert und mit flüssigem Stickstoff, der unter vermindertem Druck (etwa $^2/_{10}$ Atm.) siedet, abkühlt. Der Partialdruck des verflüssigten Stickstoffs im Gasgemisch beträgt dann nur noch wenige Promille von dem Ne-He-Druck. Läßt man den verflüssigten Stickstoff ab, so enthält also auch das übrigbleibende Ne-He-Gemisch nur noch wenige Promille Stickstoff. Der Gehalt an Neon beträgt in der Regel 75 bis 80%.

Das Neon-Helium-Gemisch findet zur Füllung von Neon-Leuchtröhren (Osram-Gesellschaft) Verwendung. Das Heliumspektrum tritt wegen der größeren Anregungsspannungen der Heliumlinien gegenüber dem Neonspektrum zurück.

Durch Trennung des Neon-Helium-Gemisches (vgl. Ziff. 36) gelingt es ferner, reines Neon und reines Helium für wissenschaftliche Untersuchungen, besonders Helium für die Heliumverflüssigung (vgl. Ziff. 37) zu gewinnen.

32. Gewinnung von Xenon und Krypton aus der Luft. In der atmosphärischen Luft sind nach Ramsay 0,005 Gew.-% Xenon und 0,028 Gew.-% Krypton enthalten. Die normalen Siedepunkte von Xenon und Krypton liegen bei —140 und —169°. Diese Edelgase können daher aus flüssiger Luft durch fraktionierte Verdampfung erhalten und durch Rektifikation voneinander weiter getrennt werden, wie dies z. B. von der Gesellschaft Linde durchgeführt wird. Eine technische Verwendung scheinen Xenon und Krypton bis jetzt nicht gefunden zu haben.

33. Luftverflüssigungsapparat nach Hampson. Während C. Linde am 20. bis 25. Mai 1895 seine Verflüssigungseinrichtung schon einem größeren Kreis

---

[1]) W. Ramsay, Proc. Roy. Soc. London (A) Bd. 80, S. 599. 1908.

von Vertretern der Naturwissenschaft und Technik vorführte, meldete HAMPSON erst am 21. Mai 1895 ein englisches Patent auf eine Luftverflüssigungseinrichtung ein, bei welcher das Gegenstromverfahren zur Senkung der tiefsten Temperatur verwendet werden sollte, während von der Benutzung des Joule-Thomsoneffektes mit keinem Worte die Rede ist. Erst in der endgültigen Patentbeschreibung vom April 1896 wird derselbe erwähnt. Das Gegenstromverfahren an sich war schon 1857 von WILLIAM SIEMENS zum Patent angemeldet und 1895 von SOLVAY in einer englischen Patentanmeldung auf die Luftverflüssigung mit Hilfe äußerer Arbeitsleistung in einem Expansionszylinder (vgl. Ziff. 34) ausgedehnt worden[1].

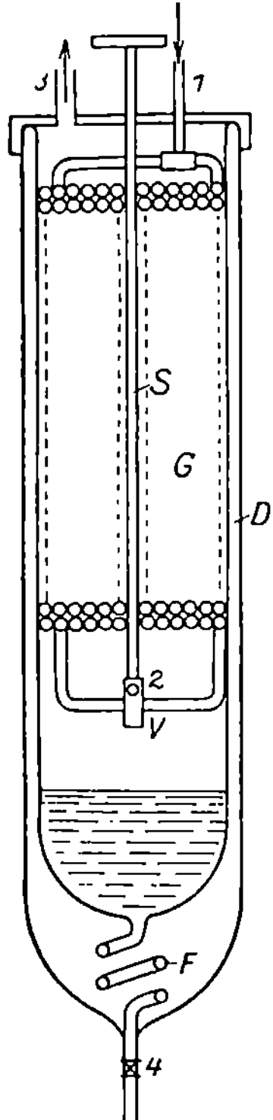

Bei dem von HAMPSON schließlich konstruierten Luftverflüssigungsapparat, dessen Schema Abb. 21 gibt, wird nach dem Vorgange von LINDE der Joule-Thomsoneffekt zur Temperatursenkung und Verflüssigung benutzt. Doch findet nicht, wie beim LINDEschen Apparat (Ziff. 27), Expansion von 200 auf 40 Atm., sondern von 200 auf 1 at statt, wodurch der Wirkungsgrad nach dem in Ziff. 27 Dargelegten gegenüber dem der LINDEschen Einrichtung herabgesetzt wird. Der HAMPSONsche Apparat hat als Laboratoriumsapparat den Vorzug, daß er schon nach wenigen Minuten flüssige Luft gibt, weil die abzukühlenden Massen bei ihm sehr klein sind. Die Druckluft tritt bei 1 (Abb. 21) ein, durchläuft den Gegenströmer G HAMPSONscher Konstruktion (Hampsonspirale), wird im Drosselventil V bei 2 entspannt und strömt durch G zurück, um den Apparat bei 3 zu verlassen. Das Regulierventil wird von oben her mittels der Spindel S betätigt. Der Gegenströmer steckt bei der neueren Ausführung von OLSZEWSKI[2] in einem Vakuummantelgefäß D aus Glas. In diesem sammelt sich unten die verflüssigte Luft und kann durch die federnde Glasspirale F hindurch bei 4 abgelassen werden.

Die HAMPSONsche Gegenstromspirale G besteht aus zwei oder (wie in Abb. 21) mehreren parallel geschalteten, spiralförmig aufgewickelten Druckrohren. Die entspannte Luft strömt durch die

Abb. 21. HAMPSONscher Luftverflüssigungsapparat.

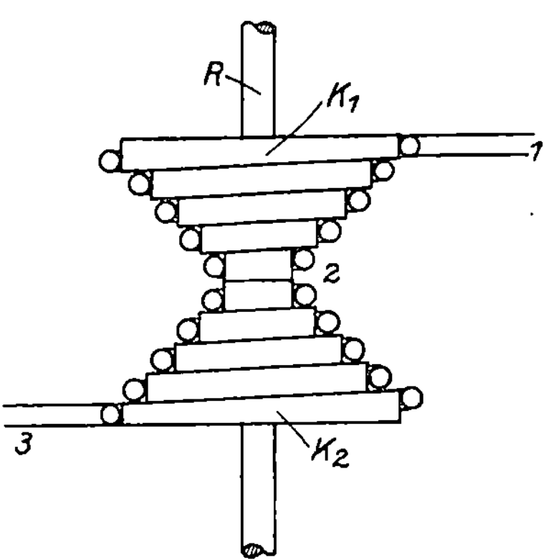

Abb. 22. Herstellung der Hampsonspirale.

kleinen, zwischen den Druckrohren bleibenden Zwischenräume zurück, so daß im Vergleich zur Anordnung nach Abb. 17 das Mantelrohr für die rückströmende entspannte Luft fortfällt und Raum gespart wird. Ein Nachteil der HAMPSONschen Spirale ist, daß der Weg des rückströmenden Gases nicht definiert ist und daher unter Umständen an einzelnen Stellen keine Strömung und kein Wärmeaustausch vorhanden sein kann. Eine hübsche Art der Herstellung einer Hampsonspirale gibt J. W. COOK[3] (Abb. 22) an: Auf ein Rohr R sind zwei durchbohrte, außen konisch und spiralförmig abgedrehte Formen K_1 und K_2 gesteckt, auf welche das zu windende Rohr, bei 1 anfangend, gewickelt wird. Ist man bei 3 angelangt, wird K_1

[1] E. SOLVAY, C. R. Bd. 121, S. 1141. Nov. 1895.
[2] K. OLSZEWSKI, Drudes Ann. Bd. 10, S. 768. 1903.
[3] J. W. COOK, Scient. Pap. Bureau of Stand. Bd. 17, Nr. 419, S. 277. 1921.

nach oben abgezogen und auf R von unten gegen K_2 aufgeschoben und das Rohr wieder auf K_1 aufgewickelt. Nach Herausziehen von R werden dann K_1 und K_2 seitlich durch Auseinanderbiegen der Rohrwindungen entfernt und unten wieder angesetzt, und so fort. Schließlich wird die ganze Spirale in der Achsenrichtung zusammengepreßt, so daß sie die Form wie in Abb. 21 annimmt.

Bei mehrlagigen Windungen (parallel geschalteten Rohren) wird die Herstellung der Hampsonspirale schwieriger.

Die HAMPSONsche Konstruktion hat die Grundlage gebildet für die später von DEWAR, KAMERLINGH ONNES u. a. ausgeführten Verflüssiger für Wasserstoff und Helium.

34. Luftverflüssigung unter Benutzung äußerer Arbeitsleistung nach CLAUDE und HEYLANDT. Bevor C. LINDE auf den Gedanken kam, den Joule-Thomsoneffekt für die Luftverflüssigung nutzbar zu machen, ging allgemein das Bemühen dahin, äußere Arbeitsleistung der Luft zu ihrer Abkühlung und Verflüssigung zu benutzen. Prinzipiell hat dies Verfahren vor der einfachen Drosselentspannung ja den Vorzug, eine größere Annäherung an den idealen isentropischen Prozeß darzustellen. Praktisch aber stellt sich die Sachlage etwas anders dar. Einerseits ist in Ziff. 27 gezeigt, wie es möglich ist, auch bei der einfachen Drosselentspannung einen verhältnismäßig guten Wirkungsgrad zu erzielen. Andererseits stößt man auf sehr große Schwierigkeiten, wenn man mit äußerer Arbeitsleistung Luft verflüssigen will: SOLVAY hat bei seinen Versuchen[1] nur Temperaturen bis $-95°$ erreicht, weil wegen der großen Oberfläche des Expansionszylinders die von außen eindringende Wärme die erzeugte Kälte übertraf. Wenn man auch, wie CLAUDE, durch Wahl höherer Kompressionsdrucke und daher kleinerer Dimensionen weiterkommen kann, bleiben doch noch folgende Klippen: Eine direkte Verflüssigung der Luft im Expansionszylinder ruft Flüssigkeitsschläge hervor. Die Dichtung der Kolben der Expansionszylinder muß bei der tiefen Temperatur bewerkstelligt werden. Beide Schwierigkeiten würden fortfallen, falls man statt des Expansionszylinders eine Turbine (ähnlich einer Dampfturbine) zur Abgabe äußerer Arbeit verwendete, wie es zuerst von RAYLEIGH[2] vorgeschlagen wurde. Doch haben neuere Versuche der Gesellschaft LINDE gezeigt, daß der Wirkungsgrad der Turbine durch die starke Reibung des Rotors in der umgebenden dichten, kalten Luft so stark herabgesetzt wird, daß die Turbine dem Expansionszylinder unterlegen ist.

Bei den besten Lösungen, die CLAUDE[3] und HEYLANDT für das Problem fanden, erfolgt im Expansionszylinder nicht Verflüssigung, sondern nur Abkühlung. Die Kolbendichtung erreicht CLAUDE mit Hilfe der ihm patentierten entfetteten Lederstulpe, neuerdings teilweise wohl auch durch Verwendung von technischem Pentan als Schmiermittel, das aber Explosionsgefahr mit sich bringt. HEYLANDT ermöglicht nach einem ihm patentierten Verfahren die Verwendung gewöhnlicher Ölschmierung, indem er den Kolben selbst nicht gegen Wärmezufuhr isoliert, so daß er selbst genügend warm bleibt. Bei rasch laufender Maschine sind die dadurch hervorgerufenen Kälteverluste erträglich.

Das Schema der CLAUDEschen „Compoundverflüssigung" gibt Abb. 23.

Die von Kohlensäure befreite und getrocknete Luft wird bei 7 angesaugt und durch den Kompressor K auf etwa 40 kg/cm^2 komprimiert. Die Luft durchläuft den Gegenströmer G_1 und expandiert in der Kolbenmaschine A_1 unter Leistung der äußeren Arbeit a_1 pro Gramm Luft auf einen mittleren Druck von etwa 6 kg/cm^2.

---

[1] E. SOLVAY, C. R. Bd. 121, S. 1141. 1895.
[2] J. W. RAYLEIGH, Nature Bd. 58, S. 199. 1898.
[3] G. CLAUDE, Air liquide, oxygene, azote. Paris 1909.

Von *2* aus strömt außerdem ein Teil der Druckluft zu den Rohren *4′ 3′* und *6′ 5′*, in denen sie teilweise verflüssigt wird. Die aus A_1 kommende Luft geht durch den Gegenströmer G_2 von *3* nach *4* und expandiert in der Kolbenmaschine A_2 unter Leistung der äußeren Arbeit a_2 pro Gramm Luft auf den Druck von 1 kg/cm². Die aus A_2 austretende Luft geht durch den Gegenströmer G_3 von *5* nach *6* und weiter durch den Gegenströmer G_1 von *2* nach *0* und zurück in den Kompressor *K*.

Die Energiebilanz der Anordnung nach Abb. 23 ergibt, wenn die Zahlen, als Index verwendet, den Zustand an der betreffenden Stelle kennzeichnen, folgendes:

Sieht man von Kälteverlusten ab, so muß die gesamte bei *1* in G_1 eintretende Energie im Beharrungszustand der Anordnung gleich der bei *0* aus G_1 austretenden plus der in der Apparatur verbleibenden Energie plus der nach außen abgegebenen Arbeit sein. Wird im ganzen der Bruchteil ε der einströmenden Menge verflüssigt und bezieht sich der Index f auf den flüssigen Zustand, so muß also, da der Zustand $3'_f$ wegen des gleichen Druckes mit dem Zustand $5'_f$ identisch ist, sein

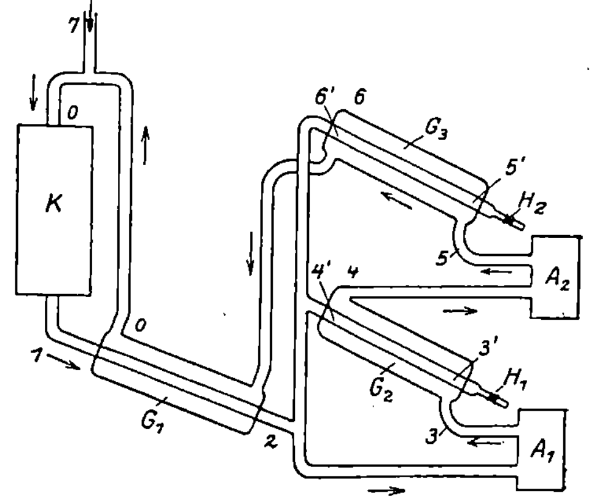

Abb. 23. Compoundverflüssigung nach Claude.

$$\text{oder} \quad i_1 - (1 - \varepsilon) i_0 - \varepsilon i''_{3f} - (1 - \varepsilon)(a_1 + a_2) = 0$$

$$\varepsilon = \frac{i_0 - i_1 + a_1 + a_2}{i_0 - i''_{3f} + a_1 + a_2}. \quad (67)$$

Falls man die Verdampfungswärme $r_3 = i''_3 - i''_{3f}$ einführt, wird

$$\varepsilon = \frac{i_0 - i_1 + a_1 + a_2}{i_0 - i''_3 + r_3 + a_1 + a_2}. \quad (67a)$$

Beim Ablassen der flüssigen Luft durch H_1 und H_2 wird infolge der Entspannung und Temperaturänderung ein Teil ζ der flüssigen Luft verdampft, der gegeben ist durch

$$i''_{3f} = (1 - \zeta) i''_{0f} + \zeta i''_{0},$$

wenn der Index $0'_f$ sich auf flüssigen Zustand beim Druck p_0 und der Index $0'$ auf den zugehörigen gasförmigen Zustand bei der Temperatur der Flüssigkeit bezieht. Also wird

$$\zeta = \frac{i''_{3f} - i''_{0f}}{i''_0 - i''_{0f}}. \quad (68)$$

Für den schließlich flüssig bleibenden Bruchteil $\varepsilon(1 - \zeta)$ erhält man also

$$\varepsilon(1 - \zeta) = \frac{i''_0 - i''_{3f}}{i''_0 - i''_{0f}} \cdot \frac{i_0 - i_1 + a_1 + a_2}{i_0 - i''_{3f} + a_1 + a_2}. \quad (69)$$

Die in einem Arbeitszylinder geleistete Arbeit ist

$$a = \int v \, dp. \quad (70)$$

Bei adiabatischer Expansion von *m* auf *n* wird für ein Gas mit der Zustandsgleichung $pv = (c_p - c_v) T$

$$a = c_p(T_m - T_n) = i_m - i_n; \quad \frac{T_n}{T_m} = \left(\frac{p_n}{p_m}\right)^{\frac{c_p - c_v}{c_p}}. \quad (70a)$$

Nun ist bei Claude etwa $p_2 = 40$ kg/cm²; $p_3 = 6{,}3$ kg/cm²; $p_5 = p_0 = 1$ kg/cm²; $T_0 = T_1 = 290°$ abs.; $T_2 = T_4 = T_6 = 140°$ abs.

Damit wird unter Benutzung von Abb. 15, wenn man für c_p einen mittleren Wert bei $p = 20$ bzw. $p = 4\,\mathrm{kg/cm^2}$ annimmt und $c_p/c_v = 1{,}4$ setzt,

$$T_3 = T_5 = 140\,\frac{1}{6{,}3^{0,29}} = \frac{140}{1{,}72} = 81°\,;$$

$$T_2 - T_3 = 59°.$$

Da der Wirkungsgrad η des Expansionszylinders wegen Wärmezufuhr usw. nicht 1 ist, wird $T_2 - T_3$ in Wirklichkeit geringer. Setzt man etwa $\eta = 0{,}7$, so wird

$$T_2 - T_3 = 59 \cdot 0{,}7 = 41°,$$
$$T_3 = T_5 = 140 - 41 = 99°\,\mathrm{abs};$$
$$a_1 = 0{,}338 \cdot 41 = 13{,}9\,\mathrm{cal/g} = 18\,\mathrm{kcal}/1{,}293\,\mathrm{kg},$$
$$a_2 = 0{,}245 \cdot 41 = 10{,}0\,\mathrm{cal/g} = 13\,\mathrm{kcal}/1{,}293\,\mathrm{kg}.$$

Nach (69) wird dann unter Benutzung von Abb. 15 mit $T_3' = T_3 = 99°\,\mathrm{abs}$ weiter

$$\varepsilon(1 - \zeta) = \frac{76 - 23}{76 - 13}\cdot\frac{142 - 138 + 31}{142 - 23 + 31} = 0{,}20.$$

Um 1 kg flüssige Luft zu erhalten, wären hiernach 5 kg Druckluft von 40 at erforderlich. Die hierzu bei isothermer Kompression theoretisch nötige Arbeit ist

$$L = 5 \cdot 0{,}287 \cdot 290° \ln 40 = 1540\,\mathrm{kWsec} = 0{,}43\,\mathrm{kWst}.$$

Hiervon ist noch die Leistung der Expansionszylinder, also $\dfrac{31 \cdot 5 \cdot 4{,}18 \cdot 0{,}8}{1{,}29 \cdot 3600}$ = 0,11 kWst abzuziehen, so daß die erforderliche Arbeit insgesamt 0,32 kWst würde. Claude gibt an, daß er bei der Compoundverflüssigung für 1 kg flüssige Luft etwa 0,86 kWst brauche. Der Unterschied rührt her von dem Wirkungsgrad des Kompressors, dem Entropiezuwachs in den Gegenströmern u. dgl. m.

Man sieht, daß man selbst bei der günstigen Compoundverflüssigung mit 2 Arbeitszylindern nur wenig weiterkommt als mit der einfachen Lindeschen Methode, also von dem bei einem isotropischen Prozeß erforderlichen Aufwand von 0,2 kWst für 1 kg flüssige Luft noch weit entfernt bleibt.

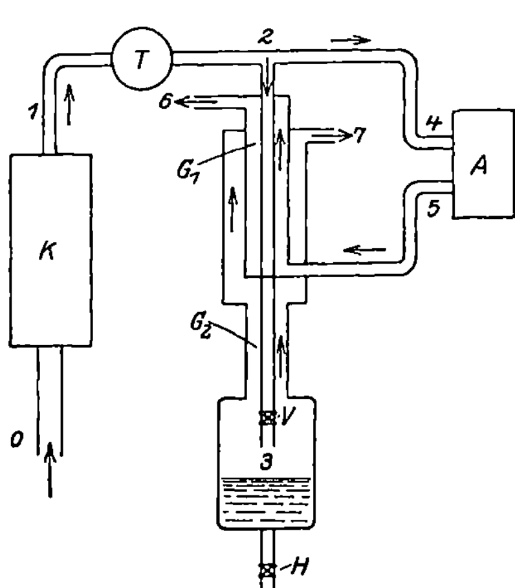

Abb. 24. Luftverflüssigung nach Heylandt.

Das Heylandtsche Verfahren der Luftverflüssigung beruht auf der Kombination der Lindeschen und der Claudeschen Methode. Es ist in Abb. 24 schematisch dargestellt. Die Luft wird (nach Reinigung) bei 0 vom Kompressor K angesaugt und auf 200 Atm. komprimiert. Die Druckluft geht von 1 durch das Trockenrohr T und verzweigt sich bei 2. Ein Teil geht nach 4 zum Expansionszylinder A, wo er sich unter Leistung äußerer Arbeit auf 1 Atm. ausdehnt und nahe bis zur Verflüssigungstemperatur abkühlt. Die bei 5 austretende kalte Luft geht durch den Gegenströmer G_1, wo sie den anderen Teil der bei 2 sich verzweigenden Luft vorkühlt. Dieser Teil strömt von 2 zum Expansionsventil V, wo bei 3 ein Teil verflüssigt wird. Die nicht verflüssigte Luft von 1 Atm. Druck strömt durch den Gegenströmer G_2 zurück und tritt bei 7 an die Atmosphäre.

HEYLANDT ersetzt hiernach gewissermaßen die LINDEsche Vorkühlung mit einer Ammoniakkältemaschine durch die Vorkühlung mit Luft, die sich durch Leistung äußerer Arbeit abgekühlt hat. Nach HEYLANDT wird dabei etwa 0,25 der vom Kompressor komprimierten Luft verflüssigt. Der Kompressor fällt daher etwas kleiner aus als bei dem LINDE-Verfahren, wo ein geringerer Bruchteil verflüssigt wird. Der Energiebedarf ist nur unwesentlich (etwa um 10%) kleiner als bei der LINDEschen Methode. Das kommt dadurch heraus, daß die Expansion auf 40 Atm. im Drosselventil beim HEYLANDTschen Verfahren nicht angewendet wird, da sowieso ein großer Teil im Expansionszylinder A auf 1 Atm. sich ausdehnen muß, um gute Abkühlung zu bewirken.

Die Vorzüge des HEYLANDTschen Verfahrens kommen nur bei der reinen Luftverflüssigung, insbesondere bei der Gewinnung von flüssigem Sauerstoff oder Stickstoff, in Betracht, nicht bei der Lufttrennung. Da bei dieser zur Durchführung der Rektifikation ein Druck von 5 Atm. erforderlich ist, kann die Arbeitsleistung im Expansionszylinder bei der Gastrennung nur unvollkommen ausgenutzt werden.

35. Wasserstoffverflüssigung. Die Verflüssigung größerer Mengen Wasserstoffs ist bisher nur nach dem LINDEschen Verfahren der Gasverflüssigung (Ziff. 22 und 26) durchgeführt worden, zum ersten Male von DEWAR[1]). Die Verflüssigung unter Zuhilfenahme äußerer Arbeitsleistung ist bis jetzt vergeblich (von HEYLANDT) versucht worden. Der normale Siedepunkt des Wasserstoffs liegt bei 20,4° abs.

Da der Joule-Thomsoneffekt bei Zimmertemperatur eine Erwärmung des Wasserstoffs hervorruft, ist eine Vorkühlung des Wasserstoffs erforderlich, um die LINDEsche Methode anwenden zu können. Die Vorkühlung erfolgt mit flüssiger Luft. Um möglichst große Kälteleistung bei der Expansion des Wasserstoffs zu erhalten, läßt man die flüssige Luft wenn möglich unter stark vermindertem Druck sieden.

Besondere Schwierigkeiten werden bei der Wasserstoffverflüssigung dadurch hervorgerufen, daß es sehr schwer ist, den käuflichen Wasserstoff von dem Luftgehalt, besonders vom Stickstoffgehalt (in besten Fällen 0,1 bis 0,3%) zu befreien. Dies gelingt, da es sich ja um große Mengen Wasserstoffgas handelt, eigentlich nur mit Hilfe von flüssigem Wasserstoff. Ohne besondere Vorkehrungen verstopfen die ausfrierenden Luftteilchen das Expansionsventil.

Ferner bringt das Arbeiten mit den großen Mengen Wasserstoffgas naturgemäß Explosionsgefahr mit sich. Ihretwegen sind bei größeren Wasserstoffverflüssigungsanlagen von KAMERLINGH ONNES und LILIENFELD besondere Vorkehrungen zur Vermeidung von Unglücksfällen getroffen worden: die Antriebsmotore für den Kompressor laufen in einem getrennten Raum. Die Stahlflaschen mit komprimiertem Wasserstoff sind ebenfalls in einem abgetrennten Raum untergebracht, aus dem nur Rohrleitungen zu den sonstigen Apparaten leiten. Durch diese Vorkehrungen wird aber die Gefahr nicht völlig beseitigt: auch ohne Gegenwart von Feuer oder Funken entzündet sich der Wasserstoff selbst, wenn er unter Druck aus Undichtigkeiten ausströmt und geringe Beimengungen von Wasser oder festen Teilchen (z. B. Eisenoxyd) enthält. Dies beruht auf elektrischer Aufladung der festen oder flüssigen Teilchen und Funkenbildung[2]). Plötzliches Ausströmen von Wasserstoff kann hervorgerufen werden durch plötz-

---

[1]) J. DEWAR, Journ. chem. soc. Bd. 73, S. 529. 1898; C. R. Bd. 126, S. 1408. 1898.
[2]) Vgl. z. B. W. NUSSELT, ZS. d. Ver. d. Ing. Bd. 66, S. 203. 1922; Ph. POTHMAN, ebenda Bd. 66, S. 938. 1922.

liches Freiwerden des verstopften Expansionsventils und Springen des Gefäßes
mit flüssigem Wasserstoff, wobei infolge der plötzlichen Verdampfung des
Wasserstoffs großer Druck auftreten kann. Natürlich sind all diese Gefahren
sehr viel geringer bei Wasserstoffverflüssigern für geringe Leistungen. Ein für
geringe Leistungen geeigneter Apparat ist z. B. der NERNSTsche[1]), der etwa
0,5 l flüssigen Wasserstoff pro Stunde gibt.

Die Verbesserungen, die seit DEWAR an den Wasserstoffverflüssigern angebracht worden sind, beziehen sich hauptsächlich auf die Beseitigung der Verunreinigungen des Wasserstoffs und auf möglichst gute Ausnutzung des Kälteinhalts der zur Vorkühlung benutzten flüssigen Luft, um den Verbrauch an dieser

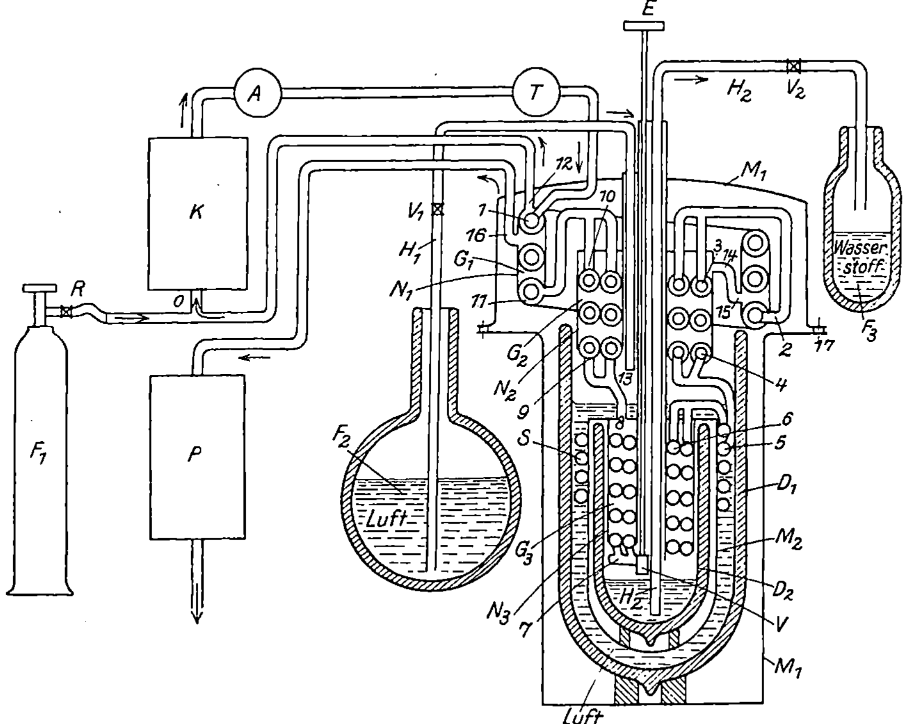

Abb. 25. Schema der Wasserstoffverflüssigungsanlage der Physikalisch-Technischen
Reichsanstalt.

möglichst einzuschränken. Verbesserte Wasserstoffverflüssiger sind beschrieben
von KAMERLINGH ONNES[2]), OLSZEWSKI[3]), LILIENFELD[4]), MEISSNER[5]). Die zuerst
Genannten lehnen sich alle sehr an den HAMPSONschen Luftverflüssiger an
(Ziff. 33), der von HAMPSON selbst auch für Wasserstoffverflüssigung umgeändert
wurde. Insbesondere ist bei allen die HAMPSONsche Art der Gegenstromspirale
angewendet. Abweichende Bauart haben die von NERNST und MEISSNER angegebenen Verflüssiger.

Das Schema des letzteren, der für 5 Liter flüssigen Wasserstoff pro Stunde
eingerichtet ist und von der Gesellschaft LINDE ausgeführt wurde, gibt Abb. 25,

---

[1]) W. NERNST, ZS. f. Elektrochem. Bd. 17, S. 735. 1911; s. auch W. MEISSNER, Verh.
d. D. Phys. Ges. Bd. 15, S. 540. 1913.
[2]) H. KAMERLINGH ONNES, Comm. Leiden Nr. 94f. 1906.
[3]) K. OLSZEWSKI, Krakauer Anzeiger 1912, A, S. 1.
[4]) J. E. LILIENFELD, ZS. f. kompr. u. flüss. Gase Bd. 13, S. 165 u. 185. 1911.
[5]) W. MEISSNER, Naturwissensch. Bd. 13, S. 695. 1925; Phys. ZS. Bd. 26, S. 689. 1925

in der auch die übrigen zur Verflüssigungseinrichtung nötigen Apparate schematisch eingetragen sind.

Ein wesentlicher Unterschied gegenüber den Einrichtungen zur Luftverflüssigung ist, daß ein vollständig geschlossener Wasserstoffkreislauf vorhanden ist.

Der Wasserstoff wird Stahlflaschen F_1 mit Hilfe von Reduzierventilen R entnommen und bei 0 vom Kompressor K angesaugt. Nach Kompression auf etwa 175 at durchläuft er einen Ölscheider A, ein (mit Ätzkali oder Chlorkalzium gefülltes) Trockenrohr T und tritt bei 1 in den eigentlichen Verflüssigungsapparat ein, auf den weiter unten näher eingegangen ist. Der auf 1 at entspannte und nicht verflüssigte Teil des Wasserstoffs verläßt den Verflüssiger mit Zimmertemperatur bei 12 und strömt nach 0 zurück, um von neuem komprimiert zu werden. Die zur Vorkühlung dienende flüssige Luft wird aus der Vakuummantelflasche F_2 mit Hilfe des Vakuummantelhebers H_1 zugeführt. Die verdampfte Luft verläßt nach Durchströmen von Gegenströmern den Verflüssiger bei 16, und zwar nahezu mit Zimmertemperatur und unter einem Druck von nur wenigen Zentimetern Quecksilbersäule; sie wird nämlich mit Hilfe der großen Vakuumpumpe P abgesaugt. Da die flüssige Luft hiernach unter starkem Unterdruck siedet und demgemäß aus F_2 durch H_1 hindurch angesaugt wird, kann der Zufluß der flüssigen Luft durch Einstellen des in den Heber H_1 eingeschalteten Hahnes V_1 (s. Ziff. 44) einreguliert werden. Der bei 7 verflüssigte Wasserstoff wird durch den Vakuummantelheber H_2 in Vorratsflaschen F_3 abgelassen. Da der Wasserstoff bei 7 einige Zehntel Atmosphären Überdruck hat, braucht zum Ablassen des flüssigen Wasserstoffs nur der Hahn V_2, der in den Heber H_2 eingeschaltet ist, geöffnet zu werden.

Der eigentliche Verflüssigungsapparat besitzt drei Gegenströmer G_1, G_2, G_3, die sämtlich schraubenförmig um die Achse des ganzen Apparates verlaufen. Am unteren Ende von G_3 findet bei 7 im Drosselventil V die Entspannung des komprimierten Wasserstoffs statt. Der oberste Gegenströmer G_1 besteht ähnlich wie der LINDEsche Gegenströmer aus zwei ineinandergesteckten Rohren. Durch das innere (in Wirklichkeit werden mehrere parallel geschaltete innere Rohre verwendet) fließt der komprimierte Wasserstoff nach unten, im Zwischenraum zwischen den Rohren der entspannte Wasserstoff nach oben. Über die schraubenförmigen Rohrwandungen ist ein Neusilbermantel N_1 gelötet; in dem so geschlossenen Zwischenraum zwischen den Wasserstoffniederdruckrohren strömt die verdampfte Luft nach oben. Der zweite Gegenströmer G_2 ist ähnlich angeordnet, nur daß mehrere Wasserstoffniederdruckrohre parallel geschaltet sind. Auch G_2 besitzt einen Neusilbermantel N_2, innerhalb dessen die verdampfte Luft schraubenförmig nach oben strömt. Der unterste Gegenströmer G_3 wird nur von Wasserstoff, nicht von Luft durchflossen. Der komprimierte Wasserstoff durchströmt die parallel geschalteten schraubenförmigen Rohrwindungen von oben nach unten. Der Zwischenraum zwischen den Rohrwindungen ist durch den Neusilbermantel N_3 abgeschlossen; in ihm strömt der bei 7 im Ventil V mit Hilfe der Ventilstange E entspannte Wasserstoff, soweit er nicht verflüssigt ist, nach oben zurück. G_3 ist von einem Vakuummantelgefäß D_2 umgeben, in welchem sich unten der verflüssigte Wasserstoff sammelt. D_2 steckt in einer vollkommen geschlossenen zugelöteten Messingkapsel M_2. Die letztere ist von flüssiger Luft umgeben, die sich im Vakuummantelgefäß D_1 befindet. Der ganze Verflüssiger ist in einen Eisenmantel M_1 eingebaut. Der untere Teil desselben ist mit dem oberen bei 17 luftdicht verschraubt. M_1 wird durch die Pumpe P beim Absaugen der Luftdämpfe evakuiert. Der obere Teil von M_1, in dem G_1 liegt, ist mit Seidenzupf zur Wärmeisolation gefüllt.

Der Strömungsvorgang im Verflüssiger ist entsprechend dem Vorstehenden also folgender: Der komprimierte Wasserstoff tritt bei *1* ein, durchläuft den Gegenströmer G_1 bis *2*, tritt bei *3* in den Gegenströmer G_2, bei *4* aus ihm aus, wird in der bifilaren Spirale *S*, die in flüssiger Luft steckt, vorgekühlt, tritt bei *6* in den untersten Gegenströmer G_3 und wird schließlich bei *7* im Drosselventil *V* auf etwa 1,3 at entspannt. Der nicht verflüssigte Teil des entspannten Wasserstoffs strömt zwischen den Druckrohren von G_3 schraubenförmig zurück bis *8*, tritt bei *9* in das Niederdruckrohr von G_2 ein, bei *10* aus demselben aus, durchströmt die Niederdruckrohre von G_1 von *11* bis *12* und geht nach *0* zum Kompressor zurück. Der Stahlflasche F_1 wird mit Hilfe des Reduzierventils *R* dauernd so viel Wasserstoff entnommen, als verflüssigt wird, so daß der Druck in der Niederdruckleitung konstant bleibt. — Die flüssige Luft strömt bei *13* zu und wird an *S* verdampft. Der Luftdampf streicht zwischen den Rohrwindungen von G_2 schraubenförmig nach oben, tritt bei *14* aus G_2 aus, bei *15* in G_1 ein und verläßt den Verflüssiger bei *16* unter der Saugwirkung der Pumpe *P*. Wegen der Explosionsgefahr verwendet man am besten flüssigen Stickstoff.

In der nur schematischen Abb. 25 sind alle Einzelheiten, wie Sicherheitsventile, Manometer, Vakuummeter, Anzeigevorrichtungen für den Stand von flüssiger Luft und flüssigem Wasserstoff u. dgl. m. fortgelassen. Außer der Flasche F_1 kann man, wie es z. B. bei der Leidener Verflüssigungsanlage geschieht, an die Niederdruckleitung noch ein Gasometer anschließen; dann bleibt der Druck in der Niederdruckleitung automatisch konstant, so daß die Bedienung von *R* einfacher ist.

Bei der Konstruktion der Gegenströmer G_2 und G_3 mit parallel geschalteten Rohren liegt folgende Schwierigkeit vor: Das Rohr mit kleinerem Windungsradius ist erheblich kürzer und bietet dementsprechend weniger Strömungswiderstand, so daß durch dasselbe an sich viel mehr Wasserstoff strömen würde als durch das mit größerem Radius, wodurch der Wärmeaustausch im Gegenströmer ungünstig werden würde. Diese Schwierigkeit wurde von Meissner dadurch behoben, daß in der Mitte des Gegenströmers das Rohr von kleinerem Radius herausgebogen und als Rohr von größerem Radius weitergeführt wird, während umgekehrt das bisher außen verlaufende Rohr nach innen verlegt wird. Dann ist die gesamte Länge und der Strömungswiderstand beider Rohre gleich. Dasselbe Prinzip läßt sich auch bei mehr als zwei parallel gelegten Rohren anwenden. Gegenströmer nach Art von G_3 haben vor der Hampsonspirale den Vorzug einfacherer Herstellung. Außerdem ist bei ihnen die Strömung des entspannten Gases definierter und widerstandsfreier, so daß der Gegenströmer der Berechnung auf Wärmeaustausch besser zugänglich ist und der Druckabfall in ihm gering gehalten werden kann.

Die obenerwähnte Schwierigkeit, daß das Ventil *V* durch Spuren fester Luft zufriert, wurde bei dem beschriebenen Apparat folgendermaßen behoben: Dicht vor dem Ventil *V* ist in die Hochdruckwasserstoffleitung ein Abscheidegefäß von etwa 20 cm³ Inhalt eingeschaltet, von welchem aus eine Ausblasleitung nach oben aus dem Verflüssiger herausführt. Die letztere ist außerhalb des Verflüssigers durch ein Ventil verschlossen. In dem Abscheidegefäß sammelt sich die Hauptmenge der ausgefrorenen Luft an und kann von Zeit zu Zeit ausgeblasen werden, indem das Ventil der Ausblasleitung geöffnet wird. Das Ausblasen ist meist nur am Anfang erforderlich, wo die ganze kreisende Wasserstoffmenge gereinigt wird, während später nur so viel Wasserstoff zukommt, als verflüssigt wird. Außer dieser Ausblasvorrichtung ist am Ventil *V* noch eine elektrische Heizspule angebracht, um das Ventil nötigenfalls auftauen zu können, ohne den Apparat selbst erwärmen zu müssen. Bei Benutzung des Wasserstoffs der Chem. Fabrik v. Heyden ist die Verwendung der Heizspule indessen fast nie notwendig gewesen.

Vor Inbetriebnahme des Verflüssigers werden Kompressor und Wasserstoffrohrleitungen evakuiert und noch einige Zeit mit reinem Wasserstoff ausgespült. In der Niederdruckleitung des Kompressors wird dann ständig ein kleiner Überdruck von etwa 0,1 at aufrechterhalten, damit nicht durch etwa vorhandene kleine Undichtigkeiten (z. B. an den Stopfbüchsen der Kolbenstangen) Luft angesaugt wird. Bevor der Wasserstoff komprimiert wird, wird bei langsamem Kreislauf des Wasserstoffs flüssige Luft eingefüllt, bis ein bei 7 angebrachtes Thermoelement eine Temperatur von etwa $-80°$ anzeigt. Nunmehr wird der Wasserstoff komprimiert. Etwa 5 Minuten nach Beginn der Entspannung im Drosselventil V tritt dann die Verflüssigung des Wasserstoffs ein.

Bei dem beschriebenen Apparat liegt die Temperatur des Wasserstoffs und der Luft beim Austritt aus dem Apparat nur wenig unter Zimmertemperatur. Da außerdem die Isolation durch Verwendung von Vakuummantelgefäßen eine gute ist, sind die Kälteverluste gering.

Bei einer Ansaugleistung des Kompressors von 25 m³/st liefert der Apparat etwa 4,8 Liter flüssigen Wasserstoff in F_3. Da 25 m³ Wasserstoff = 2,25 kg und 4,8 Liter flüssiger Wasserstoff = $0,07 \cdot 4800$ g = 0,336 kg sind, wird etwa 0,15 vom komprimierten Gas verflüssigt, wobei die Verluste beim Abhebern und durch Abkühlen von F_3 nicht eingerechnet sind. Diese Verluste wurden experimentell durch Auffangen des verdampften Wasserstoffs bestimmt und betragen etwa 25% von der in F_3 gewonnenen Flüssigkeitsmenge. Hiernach werden im Verflüssiger selbst bei 7 etwa 6,0 Liter flüssiger Wasserstoff pro Stunde gebildet, so daß dort der verflüssigte Bruchteil etwa 0,186 beträgt. Dies gilt bei Vorkühlung mit flüssigem Stickstoff, der unter etwa 0,15 at Druck siedet und eine Temperatur von etwa $66°$ abs. hat. Der Verbrauch an flüssigem Stickstoff beträgt (der Stickstoff enthält noch etwas Sauerstoff) etwa 1,7 Liter = 2,0 kg für 1 Liter flüssigen Wasserstoff.

Die theoretische Energiebilanz läßt sich ganz ähnlich wie bei der Luftverflüssigung aufstellen, nur daß die experimentellen Unterlagen für ein $i-T$-Diagramm noch weniger vollständig vorliegen als bei Luft. Auf Grund der im Leidener Laboratorium ausgeführten Bestimmungen der Isothermen von Wasserstoff, die allerdings nur bei Drucken bis 60 kg/cm² erfolgten, hat MEISSNER[1] die in Abb. 13 eingezeichnete ausgezogene Inversionskurve I des differentialen Joule-Thomsoneffektes für Wasserstoff abgeleitet. Da für Wasserstoff[2]

$$T_k = 33{,}18 ; \qquad p_k = 12{,}80 \text{ Atm.}; \qquad \frac{1}{v_k} = 0{,}03102 ; \qquad \Re = 3{,}276$$

ist, ergibt sich aus Abb. 13 bei $T = 66{,}4°$ als günstigster Druck $p_1 = 161$ Atm. = 166 kg/cm². Für den verflüssigten Bruchteil findet MEISSNER rechnerisch bei $T = 66{,}4$ den Wert 0,266. Hiernach wurden im beschriebenen Apparat etwa 0,7 von der theoretisch zu erwartenden Menge verflüssigt.

Der Arbeitsaufwand zur isothermen Kompression von 5,2 m³ = 0,467 kg Wasserstoff von 1 auf 161 Atm., der für 1 Liter flüssigen Wasserstoff nötig ist, beträgt theoretisch $\left(L = RT \ln \dfrac{p_1}{p_0} \right)$

$$L = 0{,}467 \frac{8{,}31}{2{,}01} \, 290 \ln 161 = 2850 \text{ kWsec} = 0{,}79 \text{ kWst} .$$

---

[1]) W. MEISSNER, ZS. f. Phys. Bd. 18, S. 12. 1923.
[2]) H. KAMERLINGH ONNES, C. A. CROMMELIN u. P. G. CATH, Comm. Leiden Nr. 151 c. 1917.

Hierzu kommt der Arbeitsaufwand zur Gewinnung der erforderlichen 2 kg flüssiger Luft, nach Ziff. 27 etwa 2 kWst, und der Energiebedarf der Vakuumpumpe. Insgesamt sind also für 1 Liter flüssigen Wasserstoff mindestens 5 kWst erforderlich.

Bei einem völlig isentropischen Prozeß wäre nach Gleichung (7a) von Ziff. 4 die Energie, die erforderlich ist, um 1 Liter $= 70$ g flüssigen Wasserstoff zu erzeugen:

$$L = 0.07\ \text{kg}\left\{290^\circ\left[3.4\ \text{kcal/kg}\ \ln\frac{290}{60} + 1.5\ \text{kcal/kg}\ \ln\frac{60}{20.4} + \frac{107\ \text{kcal/kg}}{20.4^\circ}\right]\right.$$

$$\left. - 3.4(290 - 60) - 1.5(60 - 20.3) - 107\right\}$$

$$= 0.07 \cdot 2370\ \text{kcal} = 166\ \text{kcal} = 662\ \text{kWsec} = 0.184\ \text{kWst}.$$

Hierbei ist für c_p zwischen 290 und 60° abs. der Wert 3,4 cal/g, zwischen 60 und 20° der Wert 1,5 cal/g[1]), für die Verdampfungswärme 107 cal/g[2]), für den normalen Siedepunkt 20,4° abs.[3]) zugrunde gelegt.

Hiernach wird zur Verflüssigung von Wasserstoff praktisch mindestens das 17fache der bei einem idealen isentropischen Prozeß erforderlichen Energie benötigt.

36. Neon-Heliumtrennung. Mit Hilfe von flüssigem Wasserstoff ist die Trennung des aus der Luft gewonnenen Neon-Heliumgemisches (Ziff. 31) mit 20 bis 25% Heliumgehalt durchführbar[4]).

In kleinerem Maßstabe ist eine Trennung des Gemisches ebenfalls mit Hilfe von Nußkohle, die mit flüssiger Luft gekühlt wird, möglich[5]). Die Nußkohle hat die Eigenschaft, daß Neon an ihr stärker als Helium adsorbiert wird, so daß das an der Kohle adsorbierte Gas beim Hindurchleiten des Gemisches neonreich, das durch das Kohlerohr hindurchgegangene Gas neonarm ist. Wiederholt man die Adsorption mit dem an Neon angereicherten Gas mehrmals, so erhält man schließlich ziemlich reines Neon; jedoch schrumpft die Menge des gereinigten Neons dabei immer mehr zusammen, und auch bei weitgehender Reinigung des Heliumanteils wird der gereinigte Teil immer geringer.

Durch Kondensation des Neons mit Hilfe von flüssigem Wasserstoff, der unter vermindertem Druck siedet, so daß er erstarrt und sich schließlich bis auf etwa 11° abs. abkühlt, gelingt es, aus dem Gemisch durch eine einmalige Operation Neon abzuscheiden, das höchstens einige Promille Helium enthält. Durch einmalige Wiederholung dieser Kondensation erhält man Neon, das mindestens so rein ist wie das von Watson soweit wie möglich mit Hilfe von Nußkohle gereinigte Neon. Der normale Siedepunkt des Neons liegt bei etwa 27° abs., sein Tripelpunkt bei 24,5° abs.[6]). Bei 15° abs. beträgt der Dampfdruck des festen Neons etwa 2 mm Hg. Bei 11° abs. ist er infolgedessen schon sehr klein. Das Schema der von Meissner benutzten Apparatur gibt Abb. 26. Das von der Gesellschaft Linde gelieferte Neon-Heliumgemisch befindet sich unter einem Druck von etwa 30 at in der Stahlflasche F_1. Von F_1 führt eine Rohrleitung zum Kondensationsgefäß F_3. An die Rohrleitung ist außerdem eine vorher evakuierte Stahlflasche F_2 für das zu gewinnende reine Neon angeschlossen. Von F_3 führt ein zweites Rohr zu einer rotierenden

[1]) A. Eucken, Berl. Ber. 1912, S. 141.
[2]) F. Simon u. F. Lange, ZS. f. Phys. Bd. 15, S. 312. 1923.
[3]) F. Henning, ZS. f. Phys. Bd. 5, S. 264. 1921.
[4]) W. Meissner, ZS. f. Instrkde. Bd. 45, S. 202. 1925.
[5]) H. E. Watson, Journ. chem soc. Bd. 97, S. 810. 1910.
[6]) P. G. Cath u. H. Kamerlingh Onnes, Comm. Leiden Nr. 152b. 1917; Nr. 147c. 1915.

Kapselpumpe P_1 und von dieser weiter zu einer Vorpumpe P_2 und einem Gasometer G. Zunächst werden bei geschlossenen Ventilen V_1, V_2 und V_6 alle Rohrleitungen, F_3 und die Pumpe P_1 evakuiert; dann wird V_4 und V_5 geschlossen und F_3 in flüssigen Wasserstoff eingetaucht, der sich im Vakuummantelgefäß D befindet. D ist vom Metallgefäß M gasdicht umschlossen. Mit Hilfe der großen Kolbenpumpe P_3 kann der Wasserstoffdampf durch Rohr 12 abgesaugt und der Wasserstoff zum Erstarren gebracht werden. Der Dampfdruck wird mit dem Quecksilberbarometer Q abgelesen. Nunmehr wird bei geschlossenem Ventil V_4 und V_2 durch Öffnen von V_1 und V_3 Neon-Helium-Gemisch in F_3 gelassen. Nachdem der am Manometer J abgelesene Druck konstant geworden ist, wird V_3 geschlossen und das nicht kondensierte Helium mittels P_1 bei vorsichtig geöffnetem Ventil V_4 in das Gasometer G abgepumpt. Sodann wird V_4 geschlossen und von neuem Neon-Helium-Gemisch in F_3 eingelassen. Das Ganze wird wiederholt, bis F_1 geleert oder F_3 mit Neon gefüllt ist. Zum Schluß werden bei geschlossenem V_1 die Ventile V_2 und V_3 geöffnet und das in F_3 kondensierte

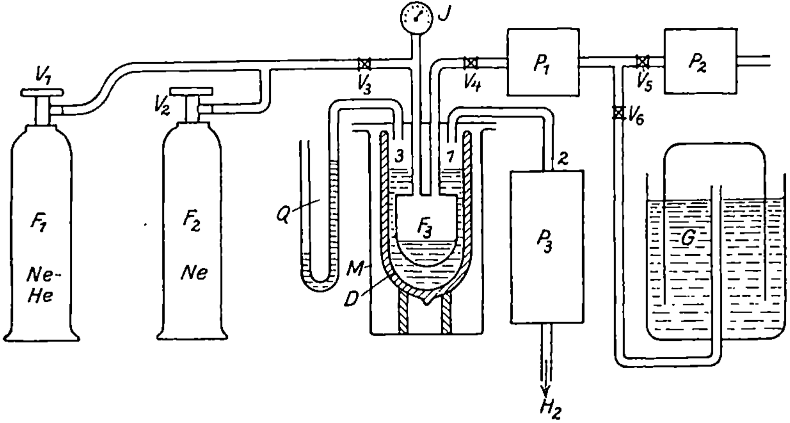

Abb. 26. Einrichtung zur Trennung von Neon-Helium-Gemisch.

Neon durch Entfernen des Vakuummantelgefäßes M zum Schmelzen und Verdampfen gebracht. Das gasförmige Neon wird dabei durch seinen eigenen Druck in die Stahlflasche F_2 gedrückt. Da das Volumen von F_3 klein gegen das von F_2 ist, bleibt nur verhältnismäßig wenig Neon in F_3 zurück. — Aus einer (in Abb. 26 nicht gezeichneten) Vorratsflasche mit flüssigem Wasserstoff kann von Zeit zu Zeit mit einem Heber flüssiger Wasserstoff in D nachgefüllt werden, wobei der erstarrte Wasserstoff schmilzt. Um den Stand des flüssigen Wasserstoffs ablesen zu können, ist ein Schwimmer in D angebracht.

5 Liter flüssigen Wasserstoffs reichen aus, um auf diese Weise etwa 250 Liter Helium-Neon-Gemisch zu trennen und also etwa 50 Liter Helium zu gewinnen.

Das abgepumpte Helium enthielt noch etwa 5 bis 10% (wohl in fester Form mitgerissenes) Neon, so daß es dem Trennungsprozeß nochmals unterworfen werden mußte, während das Neon, wie schon gesagt, schon nach dem ersten Trennungsprozeß nahezu rein ist.

37. Heliumverflüssigung. Einrichtungen zur Verflüssigung des Heliums, die zuerst 1908 KAMERLINGH ONNES in Leiden gelang[1]), sind bisher außer in Leiden nur an zwei Stellen vorhanden: in der Universität Toronto (Kanada) hat Mc. LENNAN[2]) ein dem ONNESschen ähnliches Kältelaboratorium eingerichtet.

---

[1]) H. KAMERLINGH ONNES, Comm. Leiden Nr. 108. 1908.
[2]) J. C. Mc. LENNAN, Nature Bd. 112, S. 135. 1923.

Die dortigen Wasserstoff- und Heliumverflüssiger sind die gleichen wie die Apparate von Kamerlingh Onnes, der Mc. Lennan genaue Zeichnungen zur Verfügung stellte. In der Physikalisch-Technischen Reichsanstalt zu Charlottenburg ist eine Heliumverflüssigungsanlage von W. Meissner[1]) geschaffen worden. Ihre Einrichtung wurde ermöglicht dadurch, daß die Gesellschaft Linde die erforderlichen verhältnismäßig großen Mengen Neon-Helium-Gemisch zur Verfügung stellte, das dann mit Hilfe von flüssigem Wasserstoff getrennt wurde (Ziff. 36). Helium aus Amerika zu erhalten, gelang nicht.

Auch die Verflüssigung des Heliums, dessen normaler Siedepunkt bei 4,3° abs. liegt, ist mit Hilfe des Lindeschen Verfahrens der Gasverflüssigung möglich. Damit aber bei der Drosselentspannung eine Abkühlung erfolgt, ist es nötig, das Helium mit Hilfe von flüssigem Wasserstoff, der durch Abpumpen des Dampfes nahezu bis zum Erstarrungspunkt abgekühlt ist, vorzukühlen. Um an flüssigem Wasserstoff zu sparen, kann man außerdem mit flüssiger Luft vorkühlen. Allerdings wird dann der Apparat noch komplizierter als der Wasserstoffverflüssiger, da man es jetzt mit drei Substanzen, Helium, Wasserstoff und Luft, zu tun hat. Außerdem müssen alle Teile, die Helium enthalten, also auch der Heliumkompressor, vollkommen dicht sein, um Heliumverluste zu vermeiden. Der Heliumkompressor muß auch vollkommen evakuiert werden können, da ein Ausspülen mit Helium natürlich nicht möglich ist.

Bei dem in der Reichsanstalt benutzten Heliumkompressor für 10 m³/st Ansaugleistung ist man diesen Erfordernissen in folgender Weise gerecht geworden: Der Kompressor ist an sich ein gewöhnlicher, mit Öl geschmierter Kompressor, der aber in folgender Weise abgeändert ist. Die Zylinder sind nicht nur hinten, sondern auch vorn, auf der Seite der Kolbenstangen geschlossen. In diese vorderen Zylinderräume tritt das Gas, das etwa von der Kolbendichtung beim Komprimieren durchgelassen wird, und von hier aus durch Rohrleitungen zurück in die Ansaugleitung des Kompressors. Die Kolbenstangen laufen durch Ölkammern, die unter etwa 50 cm Öldruck stehen, so daß an den Kolbenstangendichtungen nie Gas, sondern nur Öl austreten kann. Alle Verschraubungen und Dichtungsflächen liegen unter Öl, so daß beim Evakuieren nur Öl, nicht Luft angesaugt werden kann, beim Komprimieren etwa auftretende Undichtigkeiten an aufsteigenden Gasblasen zu sehen sind. Ferner sind besondere Verbindungsrohre mit eingeschalteten Ventilen angebracht, um auch das Innere der Zylinder und der Kühlschlangen trotz der durch Federn angedrückten Druck- und Saugventile vollkommen evakuieren zu können. Natürlich blasen auch d e Sicherheitsventile in die Ansaugleitung des Kompressors ab. — Auch der in Leiden benutzte Heliumkompressor ist nach ähnlichen Prinzipien gebaut. Von der Benutzung eines Quecksilberkompressors ist man auch dort abgekommen.

Das Schema der gesamten Heliumverflüssigungsanlage der Reichsanstalt gibt Abb. 27.

Der größte Teil des Heliums wird in Stahlflaschen F_1, der Rest in Gasometern G mit Ölfüllung aufbewahrt. Heliumkompressor K und sämtliche Rohrleitungen für Helium können nach Öffnen des Ventils V_4 mit Hilfe der Kapselpumpe P_1 und Vorpumpe P_2 bis auf etwa 0,1 mm Hg evakuiert werden. Nach Schließen von V_4 wird durch das Nadelventil V_2 aus F_1 Helium in Rohrleitungen, Kompressor K und Gasometer G gelassen. Das in K komprimierte Helium durchläuft den Ölabscheider A, das Trockenrohr T und tritt bei 1 in den eigentlichen Verflüssigungsapparat ein. Der nicht verflüssigte und entspannte Teil des Heliums verläßt den Verflüssiger nahezu mit Zimmertemperatur bei 14 und wird bei 0 vom Kompressor K von neuem angesaugt und kompri-

---

[1]) W. Meissner, Naturwissensch. Bd. 13, S. 695. 1925.

miert. Die zur Vorkühlung dienende flüssige Luft wird aus der Flasche F_2 durch den Heber H_1 bei *3* in das Gefäß F_3 eingefüllt, indem bei *22* mittels Gummigebläse oder Druckluft ein geringer Überdruck erzeugt wird. Der Stand der flüssigen Luft in F_3 kann an einer nicht eingezeichneten Anzeigevorrichtung (s. Ziff. 45) abgelesen werden. Die verdampfte Luft verläßt den Verflüssiger bei *21*. Der zur Vorkühlung benutzte flüssige Wasserstoff wird der Flasche F_4 mit Hilfe des Hebers H_2, in welchen das Ventil V_7 (Ziff. 44) eingefügt ist, ent-

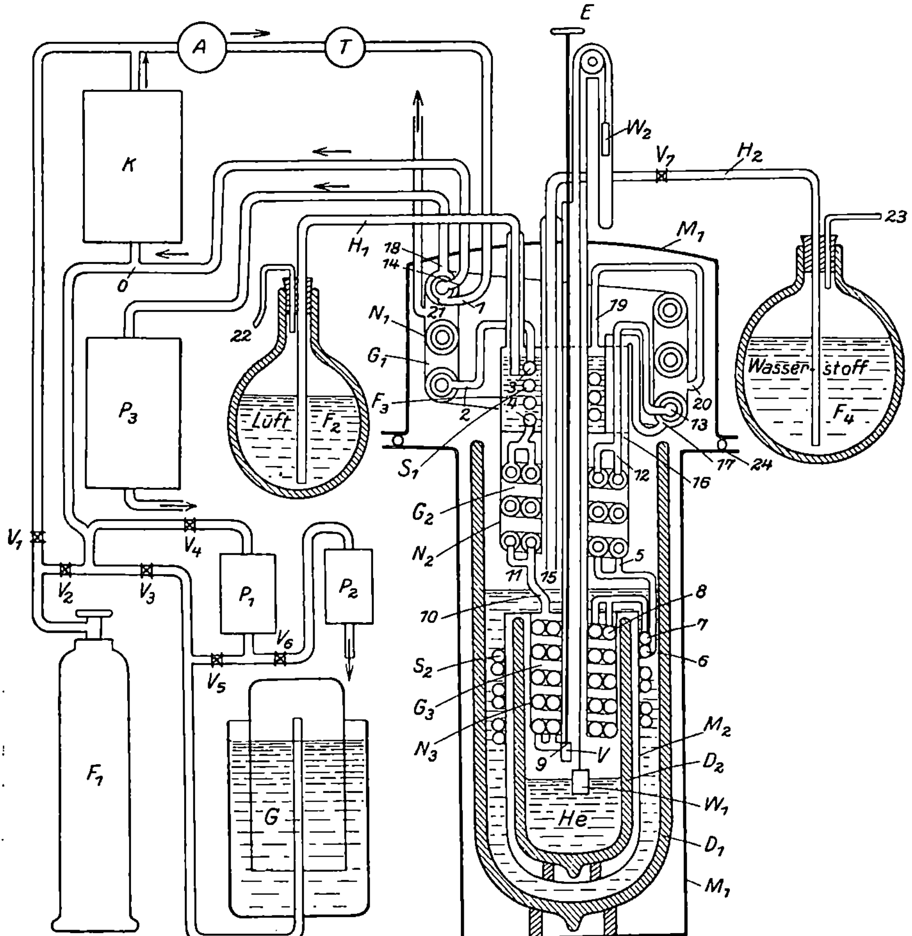

Abb. 27. Schema der Heliumverflüssigungsanlage der Phys.-Techn. Reichsanstalt.

nommen. Er fließt bei *15* aus dem Heber H_2 aus. Der Wasserstoffdampf wird mit der großen Kolbenpumpe P_3 von *18* aus abgepumpt, so daß der Wasserstoff unter stark vermindertem Druck siedet. Durch Einregulieren von Ventil V_7 kann man den Zufluß des angesaugten flüssigen Wasserstoffs regeln. An die Vorratsflasche F_4 ist bei *23* eine Wasserstoffatmosphäre (Stahlflasche mit Reduzierventil oder Gummiblase) angesetzt, um das Kondensieren von Luft in F_4 zu vermeiden. Der Stand des flüssigen Wasserstoffs in F_4 wird durch einen Schwimmer angezeigt. Der Stand des flüssigen Wasserstoffs im Verflüssiger kann durch Sichtstreifen im Vakuummantelgefäß D_1 und im Metallmantel M_1 beobachtet werden.

Der eigentliche Heliumverflüssiger enthält drei Gegenströmer G_1, G_2 und G_3, die alle drei aus schraubenförmigen Windungen um die Mittelachse des ganzen Apparates bestehen. Die Windungen von G_1 bestehen aus drei ineinandergesteckten Rohren. Im innersten Rohr strömt das entspannte, nicht verflüssigte Helium, im Zwischenraum zwischen dem innersten und dem zweiten Rohr das komprimierte Helium, im Zwischenraum zwischen dem äußersten und dem zweiten Rohr der verdampfte Wasserstoff. Über die Rohrwindungen ist innen und außen ein Neusilbermantel N_1 gelötet. In dem so abgeschlossenen Zwischenraum strömt schraubenförmig nach oben die verdampfte Luft. Zwischen G_1 und G_2 ist das Gefäß F_3 mit flüssiger Luft eingeschaltet, in dem einige Schraubenwindungen des Heliumhochdruckrohrs $3,4$ verlaufen. Der Gegenströmer G_2 besteht aus zwei (in Wirklichkeit aus mehr) parallel liegenden Rohrwindungen, deren jede aus zwei ineinandergesteckten Rohren besteht. Im innersten Rohr fließt wieder das entspannte rückströmende Helium, im Zwischenraum zwischen beiden Rohren das hinströmende komprimierte Helium. In dem schraubenförmigen Raum zwischen den Rohrwandungen und dem Neusilbermantel N_2, der innen und außen auf die Wandungen gelötet ist, steigt der verdampfte Wasserstoff empor. Zwischen die Gegenströmer G_2 und G_3 ist die bifilare Kühlschlange S_2 der Druckleitung eingeschaltet, die in flüssigem Wasserstoff liegt. Der Gegenströmer G_3 besteht aus zwei (in Wirklichkeit aus mehr) parallel laufenden schraubenförmigen Windungen des Heliumdruckrohres. Im Raum zwischen diesen Windungen und dem aufgelöteten Neusilbermantel N_3 steigt schraubenförmig das entspannte Helium empor. Die Entspannung erfolgt im Ventil V, das von oben her mittels der Ventilstange E betätigt wird. Das flüssige Helium sammelt sich im Vakuummantelgefäß D_2, das in einer zugelöteten Blechbüchse M_2 steckt. Der zur Vorkühlung dienende flüssige Wasserstoff befindet sich im Vakuummantelgefäß D_1. Der ganze Verflüssiger ist in einen eisernen, zweiteiligen Mantel M_1 eingeschlossen. Der untere Teil desselben ist mit dem oberen bei 24 vakuumdicht verschraubt. Das Innere von M_1 wird beim Abpumpen des Wasserstoffdampfes mit evakuiert.

Der Strömungsvorgang im Verflüssiger ist hiernach folgender: Das komprimierte Helium strömt bei 1 in den obersten Gegenströmer G_1 ein, und zwar in den Zwischenraum zwischen innerstem und zweitem Rohr. Es verläßt G_1 bei 2, durchströmt die Vorkühlschlange 3, 4, die in flüssiger Luft liegt, tritt in den Gegenströmer G_2 und verläßt ihn bei 5. Dann durchströmt das komprimierte Helium die bifilare Kühlschlange S_2, die in flüssigem Wasserstoff liegt, tritt bei 8 in den untersten Gegenströmer G_3 und bei 9 in das Expansionsventil V, wo es auf 1 at entspannt wird. Der nicht verflüssigte Teil des Heliums strömt durch G_3 schraubenförmig nach oben, tritt bei 11 in die innersten Rohre des Gegenströmers G_2, bei 12 aus diesen aus, bei 13 in das innerste Rohr von G_1 und verläßt den Apparat bei 14.

Der flüssige Wasserstoff fließt bei 15 in das Vakuummantelgefäß D_1. Der an der Vorkühlschlange S_2 verdampfte Wasserstoff wird abgepumpt und durchläuft dabei zunächst schraubenförmig den Zwischenraum zwischen den Rohren von G_2. Er verläßt G_2 bei 16 und tritt bei 17 in den Zwischenraum zwischen den beiden äußeren Rohren von G_1. Bei 18 verläßt der Wasserstoffdampf den Verflüssiger und wird von der Pumpe P_3 ins Freie befördert.

Die flüssige Luft, die durch H_1 in das Gefäß F_3 eingefüllt wird, verdampft an der Kühlspirale $3,4$. Der Dampf verläßt F_3 bei 19, tritt bei 20 in den Zwischenraum zwischen den Windungen des obersten Gegenströmers, durchläuft G_1 schraubenförmig und tritt bei 21 nahezu mit Zimmertemperatur aus dem Apparat heraus.

Betreffs der eigenartigen Ausführung der Gegenströmer G_2 und G_3 vgl. Ziff. 35, S. 348. Die Gegenströmer G_2 und G_3 sind außerdem nicht aus Kupferrohren, sondern aus Neusilberrohren hergestellt. Dies ist wegen der geringen Kälteleistungen bei der Entspannung des Heliums prinzipiell nach Ziff. 21 wichtig für die gute Wirksamkeit des Gegenströmers. Außerdem wird so die Wärmezufuhr von oben auch dann gering, wenn das Helium nicht zirkuliert, wenn man vielmehr Messungen in dem in D_2 verflüssigten Helium anstellt.

Um Versuchsapparate, z. B. Gasthermometer, Dampfdruckthermometer, auf Widerstand zu prüfende Metallspulen u. dgl., einbauen zu können, werden die Gefäße M_1 und D_1 nach unten zu abgenommen, M_2 aufgelötet und D_2 ebenfalls nach unten zu entfernt. Die Kapillaren von Gas- oder Dampfdruckthermometer, die natürlich Heliumfüllung haben müssen, werden durch das zentrale Neusilberrohr, durch welches die Ventilspindel T und der Aufhängefaden des Schwimmers W_1 zum Gegengewicht W_2 läuft, nach oben herausgeführt, ebenso die Zuführungsdrähte zu den Widerstandsspulen u. dgl. Durch das zentrale Neusilberrohr kann man auch einen Vakuummantelheber einführen, falls man das Helium in andere Gefäße abfüllen will.

Bei Inbetriebnahme des Verflüssigers wird zunächst, um die Abkühlung des Apparates zu beschleunigen, nicht nur in F_3, sondern auch in D_1 durch H_2 hindurch flüssige Luft eingefüllt. Nachdem alles die Temperatur der letzteren angenommen hat, wird der übrigbleibende Rest flüssiger Luft durch eine am Boden von D_1 angebrachte elektrische Heizspule verdampft, D_1 und M_1 mittels P_3 evakuiert und nun durch H_2 flüssiger Wasserstoff eingefüllt, der dann unter einem Druck von etwa 6 cm Quecksilber verdampft. Hierbei läßt man das Helium, ohne es zu komprimieren, langsam zirkulieren. Nachdem in D_2 bei 9 Abkühlung bis auf die Temperatur des flüssigen Wasserstoffs eingetreten ist, wird das Helium auf etwa 40 Atm. komprimiert und entspannt. Alsbald tritt dann die Verflüssigung des Heliums ein.

Um das Helium unter vermindertem Druck sieden zu lassen, kann man K als Pumpe benutzen. Hierzu wird das Drosselventil V und Ventil V_3 geschlossen, dagegen V_1 geöffnet, so daß der Kompressor das abgepumpte Helium in die Stahlflasche F_1 komprimiert. Man kommt so auf einen Dampfdruck von etwa 35 mm Quecksilbersäule. Will man den Druck noch weiter erniedrigen, so kann man das Helium mit der Kapselpumpe P_1 bei geöffneten Ventilen V_4 und V_5 und geschlossenem Ventil V_3 in das Gasometer G hinein abpumpen.

Die Betriebsergebnisse mit der beschriebenen Apparatur sind bei Verwendung des Kompressors von 10 m³ Ansaugleistung pro Stunde folgende: Um die Apparatur mit flüssiger Luft abzukühlen und den Rest der flüssigen Luft in D_1 zu verdampfen, ist etwa 1 Stunde erforderlich. Die Abkühlung mit flüssigem Wasserstoff bis zur Heliumkompression dauert etwa 20 Minuten. Etwa $\frac{1}{4}$ Stunde später beginnt die Heliumverflüssigung. 400 cm³ flüssiges Helium, welche das Gefäß D_1 faßt, erhält man bei einem Kompressionsdruck von 35 Atm. in etwa 9 Minuten. Der verflüssigte Bruchteil des komprimierten Heliums ist hiernach $\dfrac{0,4 \cdot 700}{1500} = 0,19$.

Zum Abkühlen mit flüssiger Luft werden etwa 3 Liter gebraucht, zur weiteren Abkühlung mit flüssigem Wasserstoff sind etwa 2 Liter flüssiger Wasserstoff nötig. Mit einigen Litern flüssiger Luft und 8 Litern flüssigen Wasserstoffs kann man etwa 3 Stunden lang das etwa 400 cm³ fassende Gefäß D mit flüssigem Helium gefüllt haben, auch wenn man das Helium beim Beobachten unter stark erniedrigtem Druck sieden läßt.

Im Leidener Laboratorium wird das flüssige Helium auch aus dem Verflüssiger in andere Gefäße abgehebert und neuerdings sogar an andere Stellen des Laboratoriums transportiert[1]). Dabei wird das verdampfende Helium vorübergehend beim Transport in einer Gummiblase aufgefangen, die dann an eine zum Gasometer führende Leitung angeschlossen wird, so daß auch bei dem Transport kein Helium verlorengeht.

Das Leidener Laboratorium hat 1919 etwa 30 m³ Helium von den Vereinigten Staaten Nordamerikas erhalten; auch von McLennan wurde ihm eine Stahlflasche mit Helium, das kanadischen Erdquellen entstammt, geschenkt.

Das Helium der Reichsanstalt wurde, wie schon erwähnt, durch Trennung von Neon-Helium-Gemisch gewonnen, und zwar ist bis jetzt ein Vorrat von 700 Liter Helium vorhanden.

Die theoretische Energiebilanz führt auf Schwierigkeiten, da die Zustandsgleichung von Helium in dem fraglichen Temperaturgebiet um 15° abs. (bei der Vorkühltemperatur) noch nicht genau genug bekannt ist. Wendet man das Gesetz der korrespondierenden Zustände an, nimmt also an, daß der Verlauf der Inversionskurve des Joule-Thomson-Effektes in reduzierten Zustandsgrößen für Helium derselbe ist wie für Luft, so findet man (vgl. Ziff. 26, S. 301) als günstigsten Anfangsdruck bei einer Vorkühltemperatur von 15° abs. 24 Atm. Onnes und Mc. Lennan geben als günstigsten Druck etwa 40 Atm. an.

Abweichungen vom Gesetz der korrespondierenden Zustände sind bei Helium mit Rücksicht auf quantentheoretische Überlegungen, die zu einer „Gasentartung" in tiefen Temperaturen führen und auf Quantelung der Translationsenergie beruhen, zu erwarten. Eine große Rolle spielt dabei die Frage, wie groß die „Nullpunktsenergie" des Heliums ist. Es ist nämlich evtl. damit zu rechnen, daß infolge der Quanteneffekte Gase für $\lim T = 0$ noch einen von v abhängigen

„Nullpunktsdruck" und dementsprechend eine „Nullpunktsenergie" $\int_{v}^{\infty} p \, dV_{T=0}$

besitzen. Andererseits ist evtl. ein Abfall der spezifischen Wärme C_v in tiefen Temperaturen infolge der Quanteneffekte auch bei Gasen zu erwarten[2]), und dieser Abfall muß nach allem, was anzunehmen ist, von der Gasdichte abhängig sein. Beide Effekte liefern einen Beitrag zum Unterschied des Wärmeinhalts J im komprimierten und entspannten Zustand des Gases bei der Vorkühltemperatur, durch welchen nach Gleichung (59) (Ziff. 26) die Kälteleistung gegeben ist. Außerdem geht in J dann noch der Wert von pV ein.

Man braucht aber die physikalisch interessante Zerlegung von J zur Berechnung von J gar nicht vorzunehmen. Nach den Gleichungen für entartete einatomige Gase, die z. B. von Nernst[3]), Einstein[4]) und Planck[5]) aufgestellt wurden, besteht nämlich die Beziehung $U = \tfrac{3}{2} pV$ oder

$$J = U + pV = \tfrac{5}{2} pV \,. \tag{71}$$

Man kann also, wenn die Zustandsgleichung gegeben ist, ohne weiteres J berechnen.

Die neuere korrigierte Gleichung von Nernst lautet

$$pV = \frac{1}{2} R \gamma_1 V^{-\frac{3}{2}} \frac{e^{\gamma_1 \cdot V^{-\frac{2}{3}} T^{-1}} + 1}{e^{\gamma_1 \cdot V^{-\frac{2}{3}} T^{-1}} - 1} \; ; \qquad \gamma_1 = \frac{h^2 N^{\frac{2}{3}}}{4\pi \, m k} = \frac{108}{M} \, \text{cm}^2 \, \text{Grad} \,. \tag{72}$$

[1]) H. Kamerlingh Onnes, Rep. a. Comm. 4. Intern. Congr. of Refrag., London 1924.
[2]) Vgl. A. Eucken, Berl. Ber. 1912, S. 141—151.
[3]) W. Nernst, Neuer Wärmesatz, 2. Aufl., S. 221. Halle 1924.
[4]) A. Einstein, Berl. Ber. 1924, S. 261; 1925, S. 3.
[5]) M. Planck, Berl. Ber. 1925, S. 49.

Hierbei ist V das Molvolumen, $N = 6,06 \cdot 10^{23}$ die Zahl der Molekel in ihm, $m = 1,65 \cdot 10^{-24} M$ die Masse des Molekels oder Atoms vom Molekulargewicht M in Gramm, $k = 1,37 \cdot 10^{-16}\,\mathrm{g\,cm^2\,sec^{-2}\,Grad^{-1}}$ die BOLTZMANN-PLANCKsche Konstante, $h = 6,55 \cdot 10^{-27}\,\mathrm{g\,cm^2\,sec^{-1}}$ das PLANCKsche elementare Wirkungsquantum.

Nach (72) erhält man mit $p_1 = 35$ Atm.; $p_0 = 1$ Atm.; $T_1 = T_0 = 15°$ für den Unterschied $J_0 - J_1$ einen negativen, also der Verflüssigung entgegen wirkenden Wert, der aber so klein ist, daß er praktisch belanglos ist. Dagegen folgt aus (72) bei $15°$ für die spezifische Wärme C_v im komprimierten Zustand ein noch merklich niedrigerer Wert als im entspannten Zustand.

Die EINSTEINsche Gleichung lautet

$$pV = RT\left(1 - 0,186\,\frac{h^3\,N}{V\cdot(2\pi\,m\,kT)^{\frac{3}{2}}}\right). \tag{73}$$

Nach ihr ergibt sich, wieder mit $p_1 = 35$; $p_0 = 1$ Atm.; $T_1 = T_0 = 15°$ für den verflüssigten Bruchteil ε unter Benutzung von Gleichung (59) (Ziff. 26)

$$\varepsilon = 0,03\,. \tag{74}$$

Hierbei ist die Verdampfungswärme des Heliums nach dem Gesetz der korrespondierenden Zustände als $r_{\mathrm{He}} = r_{\mathrm{H_2}}\dfrac{(p_k\,v_k)_{\mathrm{He}}}{(p_k\,v_k)_{\mathrm{H_2}}}$ geschätzt zu etwa $9\,\mathrm{cal/g}$[1]).

Dagegen ist nach (73) die spezifische Wärme C_v im komprimierten Zustand größer als im entspannten Zustand.

In der PLANCKschen Theorie ist noch ein willkürlicher Parameter α enthalten, der zwischen 0 und 1 liegen kann. Für den Fall $\alpha = 1$ verschwindet bei PLANCK die Nullpunktsenergie, und der Wert von ε nimmt dann den größtmöglichen positiven Wert an. Für $\alpha = 1$ lautet die PLANCKsche Gleichung[2])

$$pV = RT\,\frac{1}{1 + \dfrac{h^3\,N}{(2\pi\,m\,kT)^{\frac{3}{2}}\cdot 2e\,V}}\,, \tag{75}$$

wobei e die Basis der natürlichen Logarithmen ist.

Nach (75) ergibt sich für ε der Wert

$$\varepsilon = 0,03\,, \tag{76}$$

also derselbe Wert wie nach der EINSTEINschen Gleichung. Auch die spezifische Wärme wird nach (75) wie nach (73) bei $T = 15°$ im komprimierten Zustand größer als im entspannten Zustand. Dagegen verschwindet nach (75) C_v bei $T = 0$.

Nach dem Gesetz der korrespondierenden Zustände ergibt sich, wenn man Luft im korrespondierenden Zustand heranzieht, wobei allerdings schon eine Extrapolation der experimentellen Ergebnisse für Luft erforderlich ist, etwa

$$\varepsilon = 0,06\,. \tag{77}$$

Nimmt man in erster Annäherung an, daß sich die normalen Effekte und die Entartungseffekte zueinander addieren, so erhält man nach (74) bzw. (76) und (77)

$$\sum \varepsilon = 0,09\,, \tag{78}$$

---

[1]) Auch andere Schätzungen von r führen zum gleichen Wert. Vgl. z. B. J. E. VERSCHAFFELT, 5. Int. Congress of Refrigeration, London 1924, Reports and Communic. by H. Kamerlingh Onnes Nr. 2, S. 24. (Auch in Arch. Néerland, 1925.)

[2]) Vgl. W. MEISSNER, ZS. f. Phys. Bd. 36, S. 325, 1926.

während experimentell, wie schon erwähnt, gefunden wurde

$$\sum \varepsilon \geqq 0{,}19\,. \tag{79}$$

Es muß also außer der Quantelung der Translationsenergie, wie sie den Gleichungen (73) und (75) zugrunde liegt, noch ein anderer Grund vorhanden sein, welcher eine der Verflüssigung günstige Abweichung vom VAN DER WAALschen Gesetz der korrespondierenden Zustände bewirkt. Als solcher kommt evtl. ein Quanteneffekt hinsichtlich der Energien, die von den VAN DER WAALschen Kräften herrühren, in Betracht. Die theoretischen Unterlagen für die Berechnung dieses Quanteneffekts sind aber noch unsicherer als diejenigen für die Quantelung der Translationsenergie[1]).

Bezüglich der Energiebilanz der ganzen Verflüssigungsanordnung ergibt sich folgendes.

Bei einem völlig isentropischen Prozeß wäre nach Gleichung (7a) von Ziff. 4 die Energie, die erforderlich ist, um 1 Liter = 125 g flüssiges Helium zu erzeugen, etwa

$$L = 0{,}125 \text{ kg} \left\{ 290° \left[1{,}26 \text{ kcal/kg } \ln \frac{290}{4{,}3} + \frac{9 \text{ kcal/kg}}{4{,}3} \right] - 1{,}26\,(290 - 4{,}3) - 9 \right\} \tag{80}$$

$$= 224 \text{ kcal} = 940 \text{ kWsec} = 0{,}26 \text{ kWst}\,.$$

Praktisch werden für 1 Liter flüssiges Helium gebraucht etwa 6 Liter flüssige Luft, 5 Liter flüssiger Wasserstoff und die vom Heliumkompressor und der Vakuumpumpe benötigte Energie, insgesamt etwa 25 kWst.

Während also bei der Wasserstoffverflüssigung noch etwa das 20fache der im idealen Falle erforderlichen Energie zur Verflüssigung ausreicht, ist bei der Heliumverflüssigung etwa das 100fache derselben erforderlich. Dieses Verhältnis würde allerdings wesentlich kleiner ausfallen, wenn man den Energiebedarf im stationären Zustand der Heliumverflüssigung heranzöge. Doch sind die sich hierbei ergebenden Zahlen noch zu unsicher, da der stationäre Zustand wegen der kleinen zu verflüssigenden Menge immer nur kurze Zeit aufrechterhalten wird.

Indem man Helium unter vermindertem Druck sieden läßt, kann man erheblich unter seinen normalen Siedepunkt, 4,3° abs., herunterkommen. Beobachtungen sind ausgeführt worden bis herunter zu etwa 1,5° abs., entsprechend einem Dampfdruck von etwa 3 mm. In einem Fall gelang es KAMERLINGH ONNES[2]), indem er 18 Quecksilberdampfstrahlpumpen parallel schaltete, eine kleine Menge Helium unter einem Druck von etwa 0,01 mm, gemessen dicht über der Flüssigkeitsoberfläche, sieden zu lassen und so eine Temperatur von etwa 0,9° abs. zu erreichen. Auch bei dieser Temperatur war das Helium noch flüssig.

Bezüglich der Dampfdruckkurve für Helium und der Temperaturmessung vgl. ds. Handb. IX, Kap. 8.

e) Elektrische Verfahren der Kälteerzeugung.

38. Kälteerzeugung mit Hilfe des Peltiereffektes. Wird ein aus zwei verschiedenartigen Leitern gebildeter Stromkreis von einem Strom durchflossen, so erwärmt sich die eine Lötstelle der beiden Leiter, während die andere sich abkühlt. Hat umgekehrt die eine Lötstelle die Temperatur T_0, die andere die Temperatur T, so entsteht in dem Kreise eine thermoelektrische Kraft E.

---

[1]) Vgl. hierzu A. BYK, Ann. d. Phys. (4) Bd. 66, S. 157. 1921.
[2]) H. KAMERLINGH ONNES, Comm. Leiden Nr. 159. 1922.

Aus den beiden Hauptsätzen der Thermodynamik läßt sich, falls $\dfrac{\partial^2 E}{\partial T^2} = 0$ gesetzt werden kann, ableiten, daß zwischen der Thermokraft $\dfrac{\partial E}{\partial T}$ für $1°$ Temperaturunterschied der Lötstellen und der durch einen Strom J in der Lötstelle pro Sekunde erzeugten Peltierwärme bzw. -kälte Q die Beziehung besteht

$$Q = JT\frac{\partial E}{\partial T} = JT\frac{E}{T_0 - T}. \tag{81}$$

Den Quotienten $\dfrac{Q}{J} = \pi$ bezeichnet man als Koeffizienten des Peltiereffektes.

Die Arbeitsleistung, die nötig ist, um den Strom J entgegen der elektromotorischen Kraft E durch die Leiter zu senden, ist, da auch noch JOULEsche Wärme erzeugt wird,

$$A \geqq JE. \tag{82}$$

Also besteht zwischen der bei T zugeführten Wärme Q, der bei T_0 abgeführten Wärme Q_0 und der elektrischen Leistung A die Beziehung

$$A \geqq Q\frac{T_0 - T}{T} \geqq Q\left(\frac{T_0}{T} - 1\right). \tag{82}$$

Die Gleichung (82) stimmt genau überein mit Gleichung (4) von Ziff. 3, wie natürlich ist, da der einzige Unterschied zwischen dem dort und dem hier behandelten Fall der ist, daß die Arbeitsleistung dort auf mechanischem, hier auf elektrischem Wege erfolgt.

Die bei T der Umgebung entzogene, dem Thermoelement zugeführte Wärmemenge Q stellt eine Kälteleistung dar. Mit Hilfe des Peltiereffektes kann man also prinzipiell Kälte und tiefe Temperaturen erzeugen.

Eine praktische Schwierigkeit liegt darin, daß die Thermokräfte, die in der Natur vorkommen, verhältnismäßig klein sind. Infolgedessen sind starke Ströme und Leiter von verhältnismäßig großem Querschnitt erforderlich. Dies führt dazu, daß die Verluste durch JOULEsche Wärme, die der Strom J erzeugt, und durch den Einfluß der metallischen Wärmeleitung, die Wärme zur kalten Lötstelle befördert, gegenüber der Kälteleistung Q verhältnismäßig groß werden. Um auch nur Temperatursenkungen von weniger als $50°$ zu erzielen, muß man deshalb schon viele Thermoelemente hintereinanderschalten, d. h. die warme Lötstelle des einen immer mit der kalten Lötstelle des anderen kühlen. Immerhin sind für kleinere Temperaturdifferenzen von ALTENKIRCH und GEHLHOFF Stoffe gefunden, die in Kaskadenschaltung brauchbare Kälteleistung und Wirkungsgrade ergeben.

Für große Temperaturdifferenzen kommt aber diese Art der Kälteerzeugung nicht in Frage, so daß sie bisher keine praktische Bedeutung gewonnen hat.

39. Elektrische Arbeit ausströmender Flüssigkeit. Um die mechanischen Schwierigkeiten, welche die Arbeitsleistung in einem Arbeitszylinder oder in einer Turbine mit sich bringt, zu vermeiden, hat MEISSNER[1]) versucht, die kinetische Energie des aus einer Düse austretenden, aus Flüssigkeit oder Flüssigkeit-Dampfgemisch bestehenden Strahles in potentielle elektrische Energie umzuwandeln, die dann leicht durch dünne Drähte aus dem Gasverflüssiger, auch wenn er in ein Vakuummantelgefäß eingebaut ist, herausgeleitet werden kann. Zu dem Zwecke werden die Flüssigkeitsteilchen des Strahles durch eine Hilfsvorrichtung elektrisch geladen und laden dann ihrerseits eine Auffangelektrode

---

[1]) W. MEISSNER, Verh. d. D. Phys. Ges. Bd. 21, S. 370. 1919.

auf ein so hohes Potential, daß sie selbst beim Auftreffen auf die Elektrode die Geschwindigkeit Null haben. Ihre kinetische Energie ist dann in elektrische Energie umgewandelt. Auf einem ganz analogen Vorgang beruht die Dampfelektrisiermaschine. Die gesamte in elektrische Energie umgewandelte kinetische Energie wird als Kälteleistung gewonnen.

Indessen ist es bisher noch nicht gelungen, eine genügend gleichmäßige Elektrisierung des Strahles zu erzielen, so daß bisher nur ein sehr kleiner Bruchteil der kinetischen Energie in elektrische Energie umgewandelt werden konnte. Irgendeine praktische Bedeutung hat die Idee infolgedessen bisher nicht gewonnen.

III. Hilfsmittel für Arbeiten in tiefen Temperaturen.

a) Gefäße, Heber, Ventile, Flüssigkeitsstandmesser u. dgl.

40. Vakuummantelgefäße aus Glas. Die Arbeiten in tiefen Temperaturen, besonders die Arbeiten mit verflüssigten Gasen, sind ungemein erleichtert, ja teilweise überhaupt erst möglich geworden durch die Einführung der Vakuummantelgefäße, die zuerst von DEWAR (aus Metall) hergestellt wurden.

Bei gläsernen Vakuummantelgefäßen wird der Zwischenraum zwischen der inneren und äußeren Glaswandung von einem bei a angeschmolzenen Rohr (Abb. 28) aus so hoch wie möglich, neuerdings meist mit Quecksilberdiffusionspumpen, unter gleichzeitiger Erwärmung des Gefäßes evakuiert. Das Quecksilber wird dabei durch in flüssige Luft tauchende Vorlagen ferngehalten. Nach dem Evakuieren wird das Glasrohr bei a abgeschmolzen. Für manche Zwecke ist es gut, die Abschmelzstelle bei b anzubringen, um die Gefäßhöhe nicht unnötig zu vergrößern.

Da bei hohem Vakuum die äußere Wärmezufuhr durch Strahlung gegenüber der durch Leitung wesentlich wird, werden die inneren Oberflächen der Glaswandungen meist versilbert. Für viele Zwecke empfiehlt es sich, in der Versilberung zwei diametral gegenüberliegende Sichtstreifen S_1 und S_2 (Abb. 28) frei zu lassen. Gute versilberte Vakuummantelgefäße liefert z. B. R. Burger & Co., Berlin, und E. Gundelach, Gehlberg in Thüringen. Letztere Firma stellt zur Zeit allein große gläserne Vakuummantelgefäße bis 20 cm Innendurchmesser her.

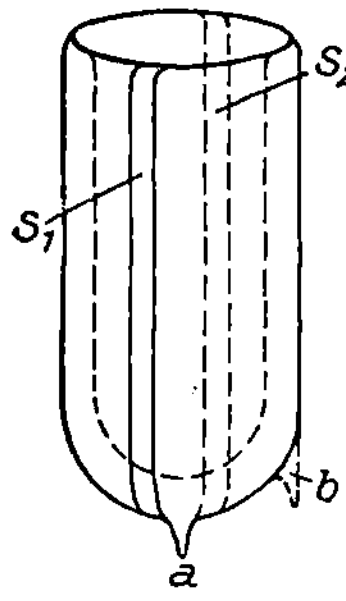

Abb. 28. Vakuummantelglas mit Sichtstreifen.

Die Auergesellschaft, Berlin, fertigt gläserne Vakuummantelgefäße mit verkupferten inneren Oberflächen an, die mindestens so gute Wärmeisolation besitzen wie die versilberten. Auch diese Gefäße lassen sich mit Sichtstreifen anfertigen. Jedoch liefert die Firma nur Gefäße mit Innendurchmessern bis etwa 12 cm. Bei den normal hergestellten Gefäßen sind in etwa halber Höhe zwischen den beiden Wandungen drei kleine Asbestpfropfen von etwa 10 mm Durchmesser geklemmt, um dem Glasbläser das Zusammenschmelzen des inneren Gefäßes mit dem äußeren am oberen Rand zu erleichtern. Diese kleinen Asbestzwischenlagen beeinträchtigen die Wärmeisolation nur unbedeutend. Auf Wunsch, z. B. für Gefäße mit flüssigem Wasserstoff, werden sie von der Auergesellschaft auch fortgelassen.

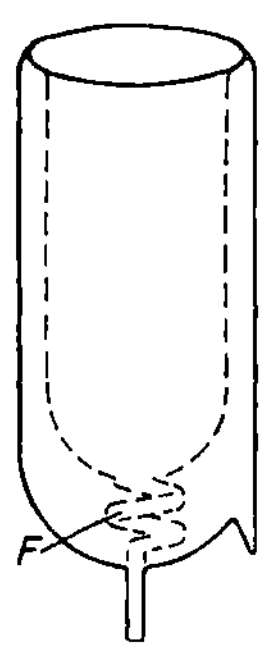

Abb. 29. Vakuummantelglas mit Ausflußrohr.

Bei Gefäßen mit Ausflußrohr (Abb. 29) ist die Einfügung einer schraubenförmigen Glasfeder F nötig, da beim Abkühlen sich nur das innere, nicht das äußere Gefäß zusammenzieht. Eine kugelförmige Aufbewahrungsflasche zeigt Abb. 30.

Beim Füllen der Vakuummantelgefäße mit flüssiger Luft füllt man dieselbe vorsichtig, zunächst nur tropfenweise ein.

Will man aus Vakuummantelgefäßen gießen, so empfiehlt es sich, den oberen Rand mit einer etwa 2 cm breiten, einige zehntel Millimeter dicken Kupferschicht zu bekleiden. Dadurch wird Abkühlung an einer kleinen begrenzten Stelle und dadurch hervorgerufenes Springen des Gefäßes vermieden.

Zum Entleeren der Vakuummantelgefäße kann man auch kleine, an einem Draht befestigte Schöpfer oder Stechheber, die aber wegen der Verdampfung der Luft oben offen bleiben müssen, verwenden.

Gut evakuierte Vakuummantelgefäße behalten ihre Wärmeisolationsfähigkeit viele Jahre lang unverändert.

In guten versilberten oder verkupferten Vakuummantelgefäßen von etwa 8 cm Innendurchmesser verdampfen, wenn die flüssige Luft wenigstens 8 cm vom oberen Rande absteht, etwa 16 g flüssige Luft pro Stunde.

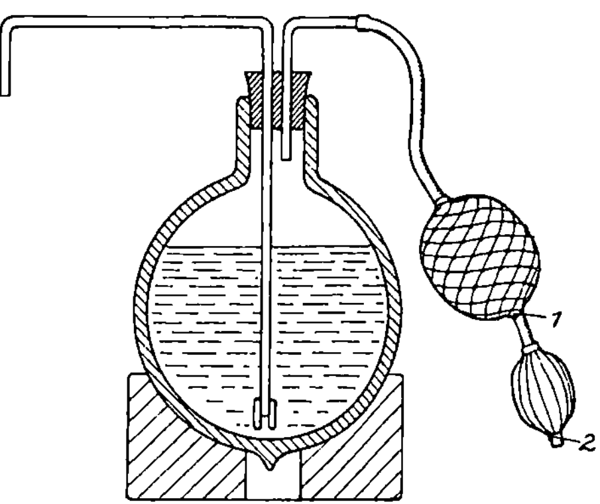

Abb. 30. Glasheber mit Gummigebläse in Vakuummantelflasche.

41. Heber aus Glas. Zum Überhebern von flüssiger Luft aus Vorratsflaschen mit engem Hals kann man für gewöhnliche Zwecke Heber aus einwandigen Glasrohren verwenden. Dieselben werden mittels Gummistopfens (Abb. 30) in die Vorratsflasche eingesetzt. In der letzteren wird mit einem doppelten Gummigebläse, das bei *1* und *2* Ventile besitzt, ein kleiner Überdruck erzeugt, so daß die flüssige Luft durch den Heber hindurch herausgedrückt wird. Statt des Gummigebläses kann man auch eine Druckluftflasche mit angeschlossenem Reduzierventil verwenden.

Will man aber flüssige Luft längere Zeit hindurch langsam überhebern, so sind die Verluste bei Verwendung eines gewöhnlichen Hebers zu groß, und der Flüssigkeitsstrom ist zu ungleichmäßig und unregelmäßig. Ebenso sind gewöhnliche Heber für flüssigen Wasserstoff unbrauchbar. In beiden Fällen verwendet man Vakuummantelheber, die innen versilbert oder verkupfert sind.

Einige Ausführungsformen solcher Heber zeigen die Abb. 31 bis 33. Abb. 31 stellt einen Vakuum-

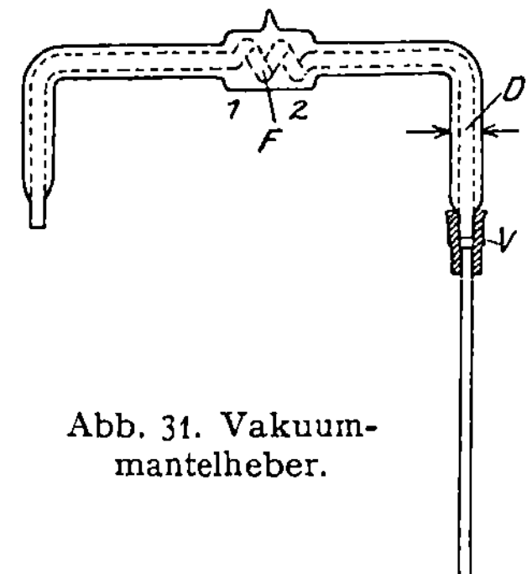

Abb. 31. Vakuummantelheber.

mantelheber dar, wie er von R. Burger & Co., Berlin, angefertigt wird. Das innere Rohr von 1 bis 3 mm lichter Weite besitzt zwischen *1* und *2* eine schraubenförmig gewundene Glasfeder *F*, um ein Zerreißen des inneren Rohres beim Abkühlen zu vermeiden. Zwischen *1* und *2* ist die Versilberung fortgelassen, so daß das Überströmen der Flüssigkeit beobachtet werden kann. Der Außendurchmesser *D* beträgt 7 bis 10 mm. Der Vakuummantelheber braucht nur durch den Hals der Vorratsflasche hindurchzureichen. Innerhalb derselben kann man ein gewöhnliches Glasrohr an den Heber ansetzen. Als Verbindungsstück *V* ist Schlauch aus reinem Paragummi verwendbar, der sowohl für flüssige Luft wie für flüssigen Wasserstoff längere Zeit haltbar bleibt.

Notwendig ist die Glasfeder F (Abb. 31) nicht, da das innere Rohr an sich schon genügend federt. Die Auergesellschaft, Berlin, hat für die Reichsanstalt auf meine Veranlassung innen verkupferte Vakuummantelheber ohne Glasfeder angefertigt, die sich sehr gut bewährt haben. Voraussetzung ist, daß das innere Glasrohr nicht etwa, wie es die Auergesellschaft anfänglich tat, durch angeschmolzene Glasspitzen im äußeren Rohr geführt wird. Abb. 32 zeigt einen solchen Heber, dessen einer Schenkel 1, 2 gegen den horizontalen Teil unter 45° geneigt ist, um einen Zwischenhahn (Ziff. 44) ansetzen zu können. Die Abschmelzstelle zum Evakuieren befindet sich bei 3. Abb. 33 stellt ein Vakuummantelrohr zur Verlängerung von

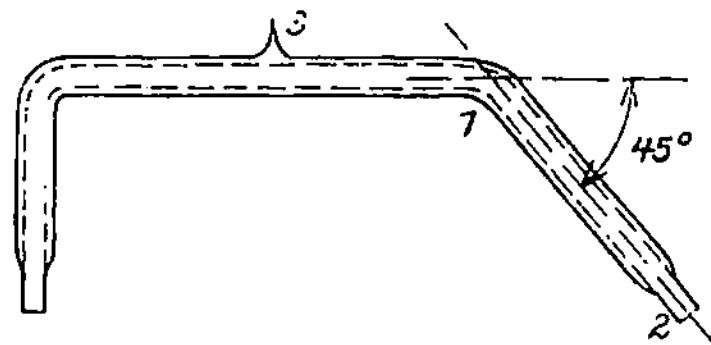

Abb. 32. Vakuummantelheber.

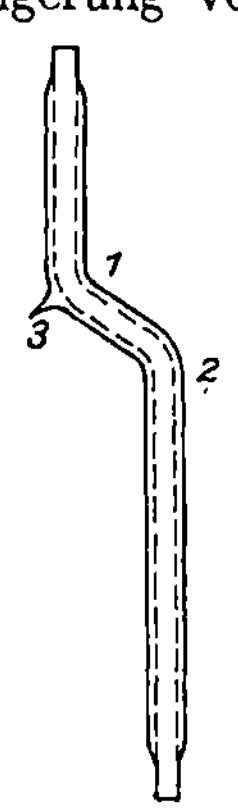

Abb. 33. Vakuummantelrohr.

Vakuummantelhebern dar, das zwischen 1 und 2 einen Knick unter 45° besitzt. Dieser ruft so viel Federungsmöglichkeit für das innere Rohr hervor, daß das innere Rohr beim Abkühlen, selbst mit flüssigem Wasserstoff, nicht zerbricht. Die Abschmelzstelle liegt bei 3.

Um flüssigen Wasserstoff aus Vorratsflaschen durch den Vakuummantelheber hindurch herauszudrücken, benutzt man eine Flasche mit komprimiertem Wasserstoff und Reduzierventil. Unter Umständen genügt auch der in der Flasche verdampfte Wasserstoff zur Erzeugung des erforderlichen Überdruckes, besonders wenn man folgendermaßen verfährt: Man schließt statt des Gummigebläses (Abb. 30) eine Gummiblase (Fußballblase) G mittels eines T-Stückes (Abb. 34) an. Bei 1 wird mittels Schlauchklemme so weit geschlossen, daß die Blase G ständig aufgebläht ist. Schließt man 1, so kann man durch Zusammenpressen von G den flüssigen Wasserstoff durch den Vakuummantelheber hindurchdrücken.

42. Vakuummantelflaschen aus Metall. Größere Vakuummantelgefäße aus Glas haben den Nachteil großer Zerbrechlichkeit. Außerdem ist es kaum möglich, Vakuummantelgefäße aus Glas für mehr als 5 Liter Inhalt herzustellen. Von diesen Schwierigkeiten wird man frei durch Verwendung metallener Vakuummantelflaschen, wie sie schon von Dewar angegeben wurden. Die Einrichtung solcher Flaschen, welche die Sprengluftgesellschaft Berlin in Größen von 2 bis 50 Liter Inhalt liefert, ist aus Abb. 35 zu ersehen. Das innere kugelförmige Metallgefäß A trägt unten ein mit Kokosnußkohle N gefülltes Sieb. Der innere Hals H von etwa 15 mm Innendurchmesser und 20 bis 30 cm Länge besteht aus einer die Wärme möglichst schlecht leitenden Legierung. Der Zwischenraum zwischen A und äußerer Wandung B wird durch ein Bleirohr C hindurch bis auf wenigstens 0,1 mm

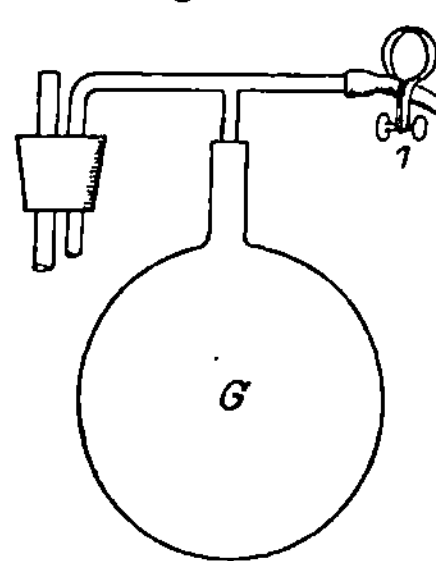

Abb. 34. Überhebern von flüssigem Wasserstoff.

Quecksilber evakuiert. Das Bleirohr wird dann zusammengepreßt, abgeschnitten und verlötet. Gießt man in das Gefäß flüssige Luft oder flüssigen Wasserstoff, so kühlt sich die Nußkohle N ab, und die im Vakuummantel noch vorhandenen Gasreste werden in N adsorbiert, so daß ein hohes Vakuum entsteht. Die Metallflaschen nehmen also erst einige Zeit nach dem Einfüllen von flüssiger Luft oder flüssigem Wasserstoff die Eigenschaft guter Wärmeisolation an; für

Temperaturen oberhalb flüssiger Luft sind sie nicht brauchbar. Auch wenn man anfänglich sehr hoch evakuiert, läßt die Güte des Vakuums rasch nach, da die großen Metallflächen, die wegen der notwendigen Weichlötungen nicht hoch erhitzt werden können, immer wieder Gas abgeben. Die Strahlungsverluste sind nicht größer als bei versilberten Glasgefäßen. Zum Schutz gegen Beschädigungen baut die Sprengluftgesellschaft die Flaschen noch in einen eisernen Schutzmantel M mit Traggriffen T ein.

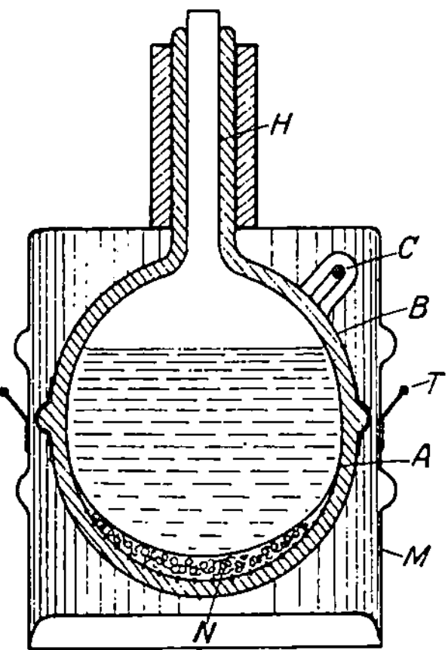

Abb. 35. Vakuummantel-
flasche aus Metall.

In diesen Vakuummantelflaschen verdampfen je nach Größe und Güte etwa 30 bis 100 g flüssige Luft pro Stunde.

Der Kälteverlust durch Wärmeleitung längs der Wandung des inneren Halses wird, wie aus Ziff. 21 folgt, durch die den Hals durchziehenden kalten Dämpfe etwas vermindert[1]).

Die metallenen Vakuummantelflaschen der Sprengluftgesellschaft sind auch zur Aufbewahrung von flüssigem Wasserstoff sehr gut verwendbar. In einer guten 5-Liter-Flasche verdampfen pro Stunde etwa 150 ccm flüssigen Wasserstoffs.

43. Zylindrische Vakuummantelgefäße aus Metall. Da die innere Wandung der zylindrischen Vakuummantelgefäße nach dem Evakuieren des Zwischenraumes zwischen den Wandungen durch denLuftdruck wie eine Gummiblase aufgebläht wird, also nur auf Zugfestigkeit, nicht auf Knickfestigkeit beansprucht wird, kann man[2]) dieselbe aus dünnem Neusilberblech von 0,05 bis 0,1 mm Stärke herstellen. Solche Gefäße sind in der Reichsanstalt mit innerem Durchmesser bis zu 15 cm hergestellt worden. Um die Wärmeleitung längs der Lötnaht L der inneren Wandung herabzudrücken, läßt man dieselbe schraubenförmig verlaufen (Abb. 36).

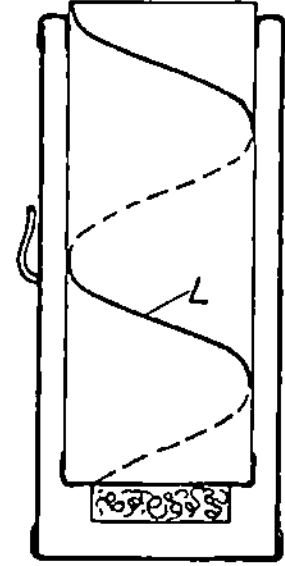

Abb. 36. Zy-
lindrischesVa-
kuummantel-
gefäß aus
Metall.

In diesen zylindrischen Gefäßen verdampft bei guter Ausführung etwa 1,5 mal soviel flüssige Luft pro Stunde wie in den besten versilberten Glasgefäßen gleicher Größe.

44. Absperrhähne und Ventile für flüssige Luft und flüssigen Wasserstoff. Bei den Verflüssigungsapparaten und auch für andere Zwecke braucht man Absperrhähne oder Ventile zum Ablassen der verflüssigten Gase. Diese Ventile bereiten vor allem Schwierigkeiten wegen der Abdichtung der Ventilstangen, wegen der Verbindung mit den Hebern u. dgl. Bei den Apparaten von KAMERLINGH ONNES finden die Abdichtungen an Stellen statt, wo tiefe Temperatur herrscht. Auch LILIENFELD[3]) beschreibt ähnliche Absperrventile. Man kann all diese Schwierigkeiten in folgender Weise umgehen: Von dem Absperrhahn oder Ventil (Abb. 37 bzw. 38) aus führen dünnwandige Neusilberrohre N_1, N_2, N_3 nach oben bzw. unter etwa 45° nach oben. In N_2 und N_3 werden Vakuummantelheber H_1 und H_2 der Form Abb. 32 gesteckt, durch N_1 führt die Neusilberspindel S zum Drehen des Hahnes oder Ventils nach oben. Die Verbindungen zwischen H_1 und N_2, H_2 und N_3, und beim Hahn (Abb. 37) S und N_1 erfolgen durch Gummischläuche D_2, D_3 und D_1, die Zimmertemperatur behalten. Beim Ventil (Abb. 38) liegt das Ventilgewinde W und die Stopfbüchse B der

---

[1]) Vgl. hierzu G. R. D. HOGG, Trans. Faraday Soc. Bd. 20, S. 327. 1924.
[2]) Vgl. W. MEISSNER, Ann. d. Phys. Bd. 47, S. 1012. 1915.
[3]) J. E. LILIENFELD, ZS. f. kompr. u. flüss. Gase Bd. 13, S. 191. 1911.

Spindel oben, so daß beide Zimmertemperatur behalten. Das Hahngehäuse G (Abb. 37) ist völlig zugelötet, das Hahnküken K ist nicht gefettet; im Gegenteil ist G und K mit Äther fettfrei gemacht. Um den Hahn bzw. das Ventil ist eine Packung P aus Seidenzupf gelegt, die außen Zimmertemperatur behält, selbst wenn man durch den Hahn oder das Ventil flüssigen Wasserstoff leitet. Beim Durchleiten von flüssiger Luft oder flüssigem Wasserstoff verdampft zunächst etwas Flüssigkeit, der Dampf steigt in N_1, N_2 und N_3 auf und verhindert Eindringen von Flüssigkeit. Dies wäre anders, wenn die Rohre N_2 und N_3 horizontal lägen. Der Hahn (Abb. 37) ist am Platze, wo es, wie in den meisten Fällen, nicht auf absolute Dichtigkeit, sondern nur auf schnelle Einregulierung des Zuflusses ankommt. Das Ventil (Abb. 38) ermöglicht absolut dichte Absperrung und ersetzt in den meisten Fällen den Hahn; doch muß beim Ventil

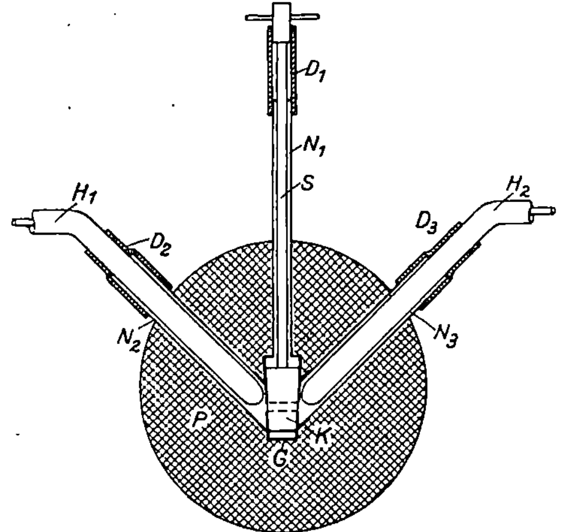

Abb. 37. Absperrhahn für flüssige Luft und flüssigen Wasserstoff.

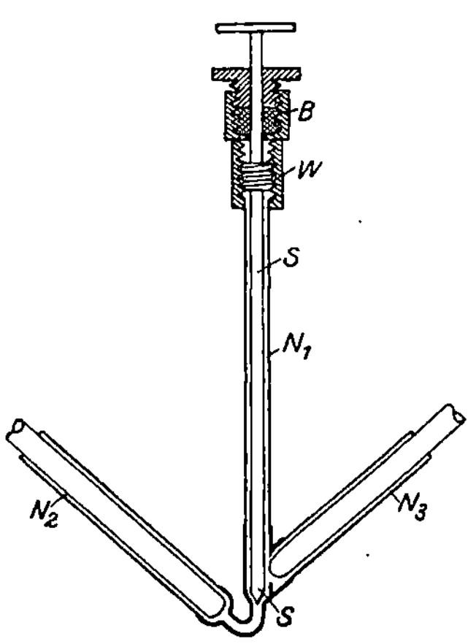

Abb. 38. Absperrventil für flüssige Luft und flüssigen Wasserstoff.

die Spindel S etwas kräftiger ausgeführt werden als beim Hahn. — Die Verluste, die beim Einschalten derartiger Hähne oder Ventile zwischen Vakuummantelheber entstehen, sind äußerst gering.

45. Anzeigevorrichtungen für den Stand verflüssigter Gase. Wo es möglich ist, stellt man den Stand der verflüssigten Gase mit den Augen durch Sichtstreifen in der Versilberung oder Verkupferung der Vakuummantelgefäße (Ziff. 40) fest. Diese Möglichkeit entfällt bei Vakuummantelgefäßen aus Metall. Man muß dann, soweit nicht Wägung möglich ist, Schwimmer verwenden oder manometerartige Vorrichtungen, wie sie wohl zuerst von Hampson benutzt wurden (Hampsometer).

Letztere wirken folgendermaßen: Von einem zweischenkligen Manometer M (Abb. 39) (z. B. mit Ölfüllung) aus führen Verbindungsrohre *1, 2, 3* und *4, 5* in das Innere des Gefäßes mit flüssigem Gas. In dem Schenkel *1, 2, 3* ist bei *1* ein Kupferdraht eingekittet, der bis *3*, also bis auf den Boden des Gefäßes reicht. Der Schenkel *4, 5* reicht nur in den Gasraum. Der Kupferdraht führt so viel Wärme zu, daß die Flüssigkeit im Schenkel *2, 3* verdampft. Infolgedessen herrscht in *2, 3* ein Überdruck über den auf *4, 5* wirkenden Gasdruck, der der Flüssigkeitshöhe proportional ist. Dieser Druck wird vom Manometer angezeigt. Ist der Gasdruck der Atmosphärendruck, das Gefäß also nach außen offen, so braucht der Schenkel *4, 5* nicht in das Gefäß eingeführt zu werden. Die Anordnung nach Abb. 39 ist aber auch für unter ganz niedrigem Druck siedende flüssige Luft brauchbar. Da das spezifische Gewicht der flüssigen Luft nahezu 1 ist, ist bei Ölfüllung des Manometers die Standhöhe desselben nahezu gleich der zu messenden Flüssigkeitshöhe. Statt des Kupferdrahtes kann man im Schenkel *2, 3* bei *3* eine kleine Heizspule anbringen. Doch reicht in den meisten Fällen ein Kupferdraht aus.

Da das spezifische Gewicht des flüssigen Wasserstoffs nur 0,09 ist, wird die Methode bei Wasserstoff ungenau. Man muß empfindliche Manometer mit nahezu horizontal liegenden Rohren verwenden. Deshalb sind Schwimmer vorzuziehen, von denen aus ein Faden über kleine Rollen zu einem Gegengewicht führt, an dessen Stand man den Flüssigkeitsstand abliest. Die Schwimmer müssen wegen des kleinen spezifischen Gewichtes des Wasserstoffs sehr leichte hohle Körper aus dünnem Blech (0,05 mm stark) sein.

46. Filter. In vielen Fällen, beim Arbeiten mit flüssigem Wasserstoff immer, ist es nötig, am Ende der Vakuummantelheber Filter zum Zurückhalten fester Teilchen anzubringen. Als Filter dienen kleine Beutel aus dichtem Baumwollstoff oder Baumwollstoffstücken, die über kleine Glastrichter gespannt sind. Stoffbeutel, an der Ausflußstelle angebracht, wirken als Flüssigkeitsabscheider, verhindern das Umherspritzen der Flüssigkeit und geben einen ruhig abfließenden, dicken Strahl.

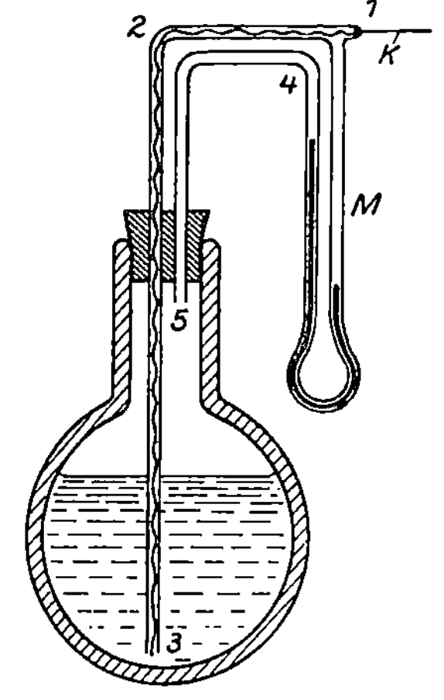

Abb. 39. Flüssigkeitsstandzeiger.

b) Thermostaten.

47. Eispunktsthermostat. Um Beobachtungen bei 0° auszuführen, umgibt man den Apparat am besten mit einem Gemisch von feingeschabtem Eis und destilliertem Wasser. Es ist darauf zu achten, daß der Apparat nicht in das unten sich ansammelnde Wasser eintaucht. Das Eis-Wassergemisch muß fest gegen den Apparat angedrückt sein.

Ist es nicht möglich, den Apparat direkt in Eis einzubetten, so taucht man ihn in ein Flüssigkeitsbad (Alkohol), dessen Gefäßwandung von schmelzendem Eis umgeben ist. Die Flüssigkeit wird mit einem durch einen Elektromotor getriebenen Schraubenrührer kräftig gerührt. Ihre nahe bei 0° liegende Temperatur muß mit einem Thermometer bestimmt werden. Falls auch ein Flüssigkeitsbad nicht anwendbar ist, muß man das von Eis umgebene Gefäß mit einem Gas von guter Wärmeleitung (Wasserstoff) füllen und das Gas kräftig rühren.

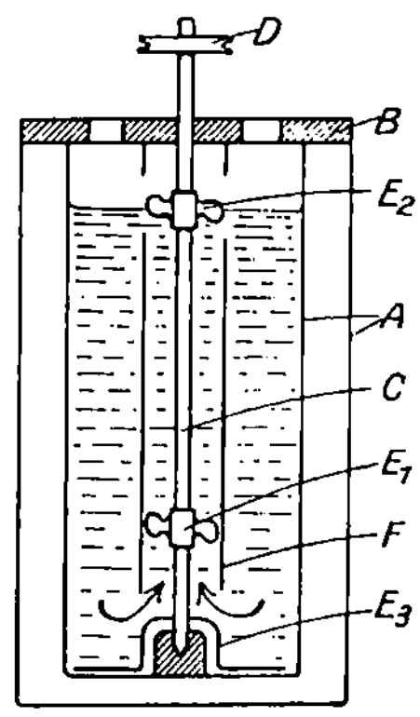

Abb. 40. Thermostat für Kältemischungen.

48. Thermostat für Kältemischungen[1]). Die Kältemischung befindet sich in einem doppelwandigen Gefäß A (Abb. 40) mit Deckel B. Der Rührer, mit dem die Mischung dauernd durchgerührt wird, besteht aus einer von der Schnurscheibe D aus mittels Elektromotor angetriebenen Achse C, auf welcher die Schrauben E_1 und E_2 sowie das zweiarmige, nahe dem Boden rotierende Blech E_3 sitzen. Der Rührer läuft innerhalb des Hohlzylinders F, der in der Höhe des Flüssigkeitsspiegels große Öffnungen besitzt. E_2 und E_3 dienen dazu, oben schwimmende Eisstücke und unten angesammeltes Salz in Umlauf zu bringen.

---

[1]) Fr. Grützmacher, D. Mech.-Ztg. 1902, S. 194.

Ohne E_2 und E_3 bilden sich auch bei Rührung Schichten und daher verschiedene Temperaturen in verschiedener Höhe aus.

Betreffs der Kältemischungen selbst s. Ziff. 9.

49. Flüssigkeitsthermostat mit Kühlung durch verdampfende Kohlensäure[1]. Dieser Thermostat, der für Temperaturen zwischen 0 und —78° brauchbar ist, besteht aus einem doppelwandigen Gefäß A_1A_2 mit Deckel B (Abb. 41), das mit Alkohol gefüllt ist. Am Deckel ist der Hohlzylinder F befestigt, der in Höhe des Flüssigkeitsspiegels seitliche Öffnungen besitzt und in dem unten die auf der Achse C sitzende Schraube E läuft, so daß die Flüssigkeit kräftig durchgerührt wird. Zum Antrieb von einem Elektromotor aus dient die Schnurscheibe D. Das schraubenförmig gewundene Kupferrohr S ist an eine Kohlensäureflasche angeschlossen. Durch geringes Öffnen des Ventils V kann die Kohlensäure entspannt werden und der kalte Gasstrom zur Kühlung des Bades. benutzt werden. Das Kupferrohr durchläuft zunächst den Zwischenraum zwischen A_2 und F von oben nach unten, sodann den (nicht mit Flüssigkeit gefüllten) Mantelraum zwischen A_1 und A_2 von unten nach oben. Die Kohlensäure strömt bei b aus. Durch Einregulieren von V kann man die Temperatur auf die gewünschte Höhe bringen.

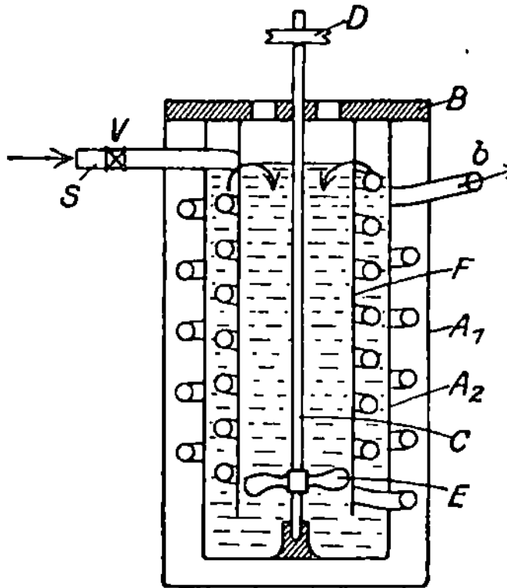

Abb. 41. Thermostat mit Kühlung durch verdampfende Kohlensäure.

50. Thermostat mit fester Kohlensäure. Ein Gemisch von Alkohol mit fester Kohlensäure, in einem Vakuummantelgefäß in Breiform angesetzt, gibt eine Temperatur von etwa —78,3°. Der Brei muß gut gerührt werden, da in ihm leicht Temperaturdifferenzen von einigen zehntel Grad auftreten. Die Temperatur schwankt ferner etwas mit dem Luftdruck und ist ein wenig höher als der nach dem statischen Verfahren ermittelte Sublimationspunkt der festen Kohlensäure. Für letzteren gilt, wenn p der Barometerstand in mm Hg ist,

$$A_s = T_s - 273{,}20 = -78{,}5 + 0{,}01595 \, (p - 760) \, .$$

Die feste Kohlensäure wird folgendermaßen gewonnen:

Aus einer Flasche mit flüssiger Kohlensäure (Druck bei Zimmertemperatur etwa 55 at), die so geneigt ist, daß das Ventil sich zu unterst befindet, läßt man die Kohlensäure bei weit geöffnetem Ventil (um Drosselung zu vermeiden) in einem an das Ventil gebundenen Flanellbeutel strömen. Zufolge der Verdampfungswärme und der Ausdehnungsarbeit kühlt sich dabei ein großer Teil der Kohlensäure bis auf den Sublimationspunkt ab und erstarrt.

51. Flüssigkeitsthermostat mit Kühlung durch flüssige Luft[2]. Ein Vakuummantelgefäß A (Abb. 42) mit Deckel B ist mit Petroläther (bis —80° genügt Alkohol) gefüllt, der mit Hilfe von verdampfender flüssiger Luft auf konstante Temperatur zwischen 0 und —150° gebracht werden kann. Die Kühlung erfolgt in folgender Weise: Durch den Vakuummantelheber H (Ziff. 41) hindurch wird aus der Vorratsflasche J flüssige Luft in das U-Rohr G geleitet und in ihm verdampft. Das Rohr G befindet sich in einem Porzellanrohr F. Mit Hilfe des von der Schnurrolle D aus angetriebenen Rührers C mit Schraubenflügel E wird der Petroläther durch F von unten nach oben gesaugt. F ist aus Porzellan hergestellt, um den seitlichen Wärmeaustausch durch F hindurch herabzusetzen. Beim Herunterkühlen des Petroläthers führt man reichlich

[1] Fr. Grützmacher, D. Mech.-Ztg. 1902. S. 201.
[2] F. Henning, ZS. f. Instrkde. Bd. 33, S. 33. 1913.

flüssige Luft zu. Damit sodann die Temperatur konstant bleibt, muß weiterhin pro Zeiteinheit stets die gleiche kleine Menge flüssiger Luft übergehebert werden. Hierzu wird der Gasraum der Flasche J durch Schlauch K mit einem Rohr L verbunden, das in ein Wassergefäß M eintaucht. Durch die Wahl der Eintauchtiefe von L kann man den Druck in J, der infolge Verdampfung von flüssiger Luft so lange steigt, bis Luft durch das Wasser in M perlt, und damit die durch H überströmende Menge flüssiger Luft einregulieren. Da der Flüssigkeitsspiegel in J allmählich sinkt, muß man die Eintauchtiefe von L allmählich so vergrößern, daß der Gesamtdruck bei a stets derselbe bleibt. Um die Eintauchtiefe von L allmählich zu steigern, läßt man durch einen Kapillarheber Wasser in M tropfen.

Es läßt sich in dem Thermostat eine räumliche Temperaturkonstanz bis auf wenige Hundertstel Grad erreichen. Auch die zeitliche Konstanz genügt bei richtiger Einregulierung den höchsten Ansprüchen.

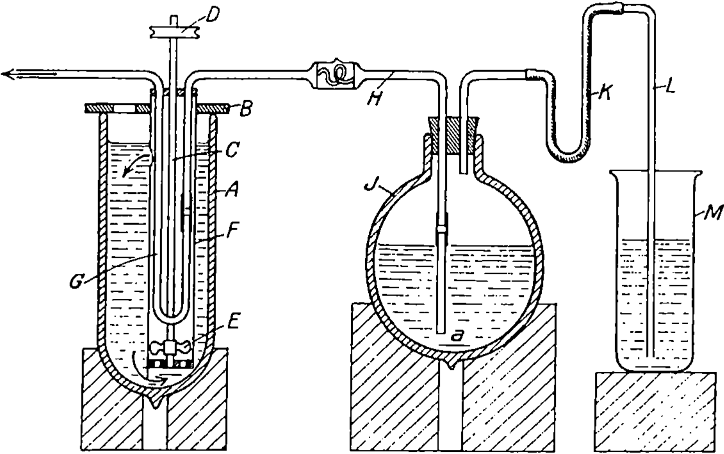

Abb. 42. Thermostat mit Kühlung durch verdampfende Luft.

52. Thermostaten mit verflüssigten und gefrorenen Gasen.

52. Thermostaten mit verflüssigten und gefrorenen Gasen. Verflüssigte Gase, besonders Sauerstoff, Stickstoff, Gemische von beiden, und Wasserstoff, können in einem Vakuummantelgefäß direkt als Thermostatflüssigkeit verwendet werden. Zur Erzielung konstanter Temperatur empfiehlt es sich, die Flüssigkeit kräftig zu rühren. Besonders Sauerstoff weist sonst starke Siedeverzüge auf. Bei Verwendung von flüssigem Wasserstoff muß auf sehr guten Abschluß gegen die Atmosphäre geachtet werden, da andernfalls im flüssigen Wasserstoff große Mengen fester .Luft gebildet werden.

Will man die verflüssigten Gase unter etwas Überdruck oder unter vermindertem Druck sieden lassen, um andere Temperaturen als die normalen Siedepunkte zu erzielen, so umgibt man das Vakuummantelgefäß am besten mit einem Metallgefäß. Von dem Deckel desselben aus führt eine Rohrleitung in eine Flüssigkeitssäule, die (bei Überdruck) von dem Dampf vor dem Austreten überwunden werden muß oder zu einer Vakuumpumpe zur Erzeugung von Unterdruck. Im letzteren Fall muß in die Rohrleitung ein fein einstellbares Ventil eingeschaltet werden, damit ein bestimmter Druck im Vakuummantelgefäß hergestellt werden kann. An dem äußeren Metallgefäß muß ein Sicherheitsventil angebracht werden, um Explosionen beim Springen des Vakuummantelgefäßes und plötzlicher Verdampfung seines Inhalts zu vermeiden[1]).

---

[1]) Näheres bei W. Meissner, Ann. d. Phys. Bd. 47, S. 1024. 1915.

Durch genügend schnelles Abpumpen des Dampfes kann man die verflüssigten Gase zum Erstarren bringen und so noch erheblich tiefere Temperaturen (mit Wasserstoff z. B. 9° abs.) erzielen als mit den verflüssigten Gasen. Doch sind die fest gewordenen Gase als Thermostatfüllung im allgemeinen nicht geeignet. Sie legen sich nicht genügend dicht an den abzukühlenden Körper an, und man hat keine Möglichkeit, sie anzupressen oder wie bei Eis und Kohlensäure mit Flüssigkeit zu mischen. Ferner entfällt die Möglichkeit der Rührung. Da die gefrorenen Gase schlechte Wärmeleiter sind, entstehen große Temperaturdifferenzen in ihnen. Die Temperatur des abzukühlenden Körpers ist nicht definiert und meist höher, als dem gemessenen Dampfdruck des festgewordenen Gases entspricht. Man muß die Temperatur des abzukühlenden Körpers durch ein mit ihm verbundenes Thermometer messen. Auf diese Weise läßt sich die Möglichkeit, mit gefrorenen Gasen besonders tiefe Temperaturen zu erzielen, in einzelnen Fällen ausnutzen[1]).

Die Temperaturbereiche, die man mit den hauptsächlich verwendeten verflüssigten Gasen umfassen kann, falls man sie nicht mit Überdruck, sondern nur unter vermindertem Druck sieden läßt, sind folgende:

Chlormethyl . .	— 24	bis —	90°
Stickoxydul . .	— 90	,,	—102°
Äthylen	—104	,,	—160°
Methan	—161	,,	—183°
Sauerstoff . . .	—183	,,	—217°
Stickstoff . . .	—196	,,	—209°
Neon	—246	,,	—249°
Wasserstoff . .	—253	,,	—259°
Helium	—269	,,	—272°

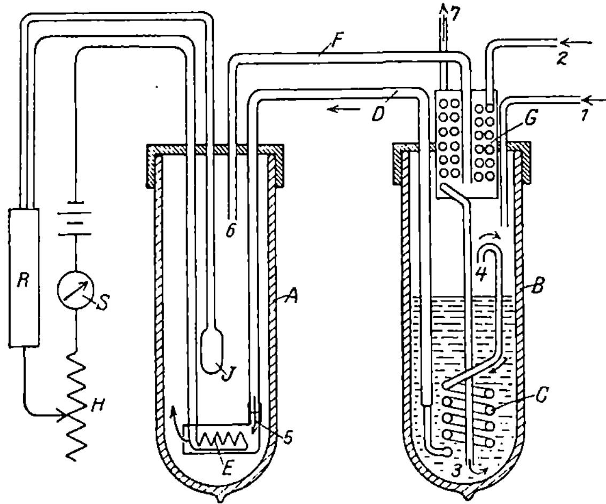

Abb. 43. Thermostat mit dampfförmigem Wasserstoff.

Betreffs Chlormethyl und Äthylen, die in der Kaskade von KAMERLINGH ONNES verwendet werden, s. auch Ziff. 19.

53. Thermostat mit gekühltem Wasserstoffgas. Um das Gebiet von —217° bis —253° zu überbrücken (Ziff. 52), in welchem nur flüssiges Neon mit einem kleinen brauchbaren Temperaturbereich von 3° liegt, verwendete KAMERLINGH ONNES[2]) einen Thermostat mit Füllung aus gekühltem Wasserstoffgas.

Der Wasserstoff befindet sich (Abb. 43) in einem Vakuummantelgefäß A. Die Abkühlung desselben und die Einregulierung seiner Temperatur geschieht in folgender Weise: Ein Vakuummantelgefäß B ist etwa halb mit flüssigem Wasserstoff gefüllt, der von 1 aus zugeführt wird. Durch den flüssigen Wasserstoff perlt gasförmiger Wasserstoff, der bei 2 eingeleitet wird, den Gegenströmer G durchläuft und bei 3 im flüssigen Wasserstoff austritt. Durch diesen warmen Wasserstoff wird flüssiger Wasserstoff verdampft. Dieser Dampf tritt bei 4 in eine Rohrleitung ein, die den flüssigen Wasserstoff nochmals schraubenförmig durchläuft und in dem Vakuummantelheber D endigt. Durch denselben wird der kalte Wasserstoffdampf von 20,3° abs. in das Gefäß A geleitet. Bei 5 tritt er zunächst in einen Kasten ein, in welchem sich eine Heizspule E befindet. Durch diese wird der Wasserstoff auf die gewünschte Temperatur gebracht.

---

[1]) Vgl. F. Simon und F. Lange, ZS. f. Phys. Bd. 15, 312. 1923.

[2]) H. Kamerlingh Onnes, Comm. Leiden Nr. 151a. 1917; H. Kamerlingh Onnes u. C. A. Crommelin, ebenda Nr. 154c. 1921.

Aus *A* tritt er bei *6* aus und kehrt durch den Vakuummantelheber *F* nach dem Gegenströmer *G* zurück, den er bei *7* verläßt. Der vom Strommesser *S* angezeigte Heizstrom der Spule *E* wird durch einen Vorschaltwiderstand *H* ungefähr richtig eingestellt und durch einen automatisch wirkenden Regler *R* mit Quecksilberkontakten so ein- und ausgeschaltet, daß die gewünschte Temperatur bestehen bleibt. Die Quecksilberkontakte werden durch ein Gasthermometer *J*, das sich im Thermostat befindet, verschoben.

Die Verwendung von gasförmigem Wasserstoff hat natürlich den Nachteil, daß die Wärmekapazität der Thermostatfüllung sehr viel geringer ist als bei Benutzung einer Flüssigkeit. Die Wärmezufuhr durch die Zuleitungen zu den eingebauten Apparaten muß sehr klein sein, damit die Apparate wirklich die Temperatur des Wasserstoffdampfes haben. Infolge seiner sehr guten Wärmeleitfähigkeit ist Wasserstoffgas aber immerhin noch verhältnismäßig gut als Thermostatfüllung brauchbar.

54. Thermostat mit gekühltem Heliumgas. Einen Thermostaten, der ähnlich wie der in Ziff. 53 beschriebene gebaut ist, jedoch mit Helium statt mit Wasserstoff betrieben wird, kann man benutzen, um Beobachtungen in dem Gebiet —259 bis —269° auszuführen, in dem ebenfalls bei brauchbaren Drucken keine Flüssigkeit existiert. Natürlich ist der Betrieb eines solchen Thermostats aber ungleich schwieriger als der des Thermostats mit Wasserstoffgas. Auch liegen die Verhältnisse betreffs Wärmekapazität usw. bei ihm noch ungünstiger, als in Ziff. 53 angegeben.

55. Thermostat mit gekühltem Metall. Man kann daran denken, in den Temperaturgebieten, in denen keine Flüssigkeit zur Thermostatfüllung existiert, statt der von KAMERLINGH ONNES benutzten Gase einen festen Körper zu verwenden, in welchen die Beobachtungsapparate eingebaut werden. Als fester Körper empfiehlt sich ein solcher von guter Wärmeleitfähigkeit und nicht zu großer spezifischer Wärme, also Aluminium.

HENNING und STOCK[1]) haben einen derartigen Thermostat im Gebiet —150° bis —190° benutzt. Die Abkühlung erfolgte dabei genau wie beim HENNINGschen Flüssigkeitsthermostat (Ziff. 51). HOLBORN und OTTO[2]) verwendeten einen ähnlich angeordneten Thermostat zwischen 0 und —190°. Um die Temperatur besser einregulieren zu können, wurde dabei in dem Aluminiumklotz noch eine Heizspule angebracht, die in schraubenförmige Eindrehungen verlegt war.

Zweifellos werden derartige Thermostaten auch unterhalb der Temperatur der flüssigen Luft und des flüssigen Wasserstoffs brauchbar sein. Die Abkühlung mit flüssigem Wasserstoff oder flüssigem Helium wird ähnlich wie beim HENNINGschen Flüssigkeitsthermostat vorgenommen werden können.

---

[1]) F. HENNING u. A. STOCK, ZS. f. Phys. Bd. 4, S. 226. 1921.
[2]) L. HOLBORN u. J. OTTO, ZS. f. Phys. Bd. 30, S. 320. 1924.

Kapitel 8.

Erzeugung hoher Temperaturen.

Von

Carl Müller, Charlottenburg.

Mit 64 Abbildungen.

1. Einleitung. Von denjenigen Faktoren, welche den Ablauf der Naturereignisse, ihr Studium und ihre Verwertung in umfassendstem Maße beeinflussen, steht zweifellos die Temperatur an erster Stelle. Sind es doch von den uns bisher bekannten Energieformen nur zwei — die Schwerkraft und die radioaktiven Prozesse —, welche von der Temperatur unbeeinflußt erscheinen. Besonders günstige Aussichten zur Erweiterung unserer Naturerkenntnis bieten selbstverständlich Untersuchungen in solchen Temperaturbereichen, welche außerhalb der uns gewöhnlich umgebenden irdischen Verhältnisse liegen; Forschungen also bei extrem tiefen oder hohen Temperaturen. Mannigfaltige Beziehungen zu den verschiedensten Problemen sind hierbei vor allem dem Bereich der hohen Temperaturen eigen; nicht allein der fundamentalen Eigenschaftsänderungen wegen, die zahlreiche Elemente und ihre Verbindungen bei hoher Erhitzung erfahren, sondern auch der günstigen Vorbedingungen halber, die hohe Temperaturen für das Studium gewisser wichtiger Energieformen, wie z. B. der Strahlung, der Elektronenemission, liefern. Von nicht geringerer Wichtigkeit sind die Möglichkeiten, welche die Erzeugung hoher Temperaturen für die Darstellung und Untersuchung reiner Materialien oder besonderer Verbindungen, Legierungen liefert oder die sie für die konstruktive Formgebung im Aufgabenkreis der Physik, Chemie, Technik und ihrer Nachbargebiete erschließt.

Bei der Fülle der im Laufe der Zeit entwickelten Methoden und Hilfsmittel mußte angesichts der gebotenen Raumbeschränkung für die Darstellung selbstverständlich auf Vollständigkeit verzichtet werden, insbesondere die von anderen Stellen bereits geleistete historische Darstellung älterer Perioden weitgehend zugunsten der Notwendigkeit, einzelne moderne Ausführungsformen näher zu beschreiben, zurücktreten. Gebiete, welche in anderen Abschnitten des Handbuchs ausführlich behandelt sind, wie die Wärmeentwicklung auf thermodynamischem Wege, sind naturgemäß entsprechend den Richtlinien der Herausgeber hier nur kurz gestreift worden, ebenso die nähere Ausgestaltung der verschiedenen Verfahren in der Großindustrie. Es möge jedoch an dieser Stelle nicht versäumt werden, auf die mannigfachen Unterstützungen und Anregungen hinzuweisen, welche Physik und Chemie insbesondere in neuerer Zeit rückwirkend durch die Laboratorien der Technik bezüglich der Hilfsmittel auf dem Gebiet hoher Temperaturen erfahren haben.

Von den zur Erzielung hoher Temperaturen beschriebenen mannigfachen Wegen sind in den Abschnitten I und II nach einigen einleitenden Hinweisen auf thermodynamische Anwendungen ausführlicher die thermochemischen Methoden beschrieben (Verbrennungsvorgänge bei gasförmigen, flüssigen und festen Stoffen; Brenner, Gebläse, Öfen; aluminothermische Prozesse, Explosionsvorgänge). Der Abschnitt III behandelt im ersten Teil die Grundlagen und einfachen Anwendungen der Erzeugung hoher Temperaturen mit Hilfe elektrischer Energie, und zwar bei Widerstandserhitzung in festen und flüssigen Körpern und durch Gasentladungen (Lichtbogen, Kathodenstrahlen, Funkenentladungen), im zweiten Teil das Gebiet der elektrischen Öfen. Den letzten Abschnitt IV bildet die Wärmeerzeugung mittels strahlender Energie.

Der mancherlei wertvollen Hinweise und Auskünfte bezüglich technischer Anwendungen durch eine Reihe von Fachgenossen und Firmen sei auch an dieser Stelle mit bestem Dank gedacht.

I. Erzeugung hoher Temperaturen durch thermodynamische Erhitzung.

2. Entzündung durch Kompression. Die kulturhistorisch weit zurückreichende Erzeugung hoher Temperaturen auf thermodynamischem Wege, die in der Verwendung des Feuersteins und des Feueranzündens durch Reibung einst, wie noch jetzt bei einigen Naturvölkern, ein lebenswichtiges Hilfsmittel bildete und in der Form des pneumatischen Feuerzeugs von MOLLET eine bekannte physikalische Anwendung auf gasförmige Körper erfuhr, ist anderen bequemeren Hilfsmitteln gegenüber naturgemäß in der Neuzeit in den Hintergrund getreten. Es möge daher an dieser Stelle nur kurz auf einige Beziehungen hingewiesen werden, in denen thermodynamische Vorgänge mit wichtigen wissenschaftlichen, die Erzeugung hoher Temperaturen betreffenden Aufgaben verknüpft sind, z. B. auf die Verwertung der bei starker Gaskompression entstehenden berechenbaren Temperatursteigerung gemäß den Anregungen von W. NERNST[1]) durch G. FALK[2]) und M. CASSEL[3]) zur exakten Einstellung der Entzündungstemperaturen von Gasgemischen. Für verschiedene Sauerstoff-Wasserstoff-Gemische ergaben sich die nachstehenden Beziehungen zwischen absoluter Entzündungstemperatur T und adiabatischem Entzündungsdruck in Atmosphären, bezogen auf 1 Atm., als Ausgangsdruck.

Tabelle 1. Entzündungstemperatur bei Kompression.

Gemisch	$6H_2 + O_2$	$4H_2 + O_2$	$2H_2 + O_2$	$H_2 + O_2$	$2H_2 + 3O_2$	$2H_2 + 4O_2$	$2H_2 + 5O_2$
T	931°	866°	765°	726°	667°	702°	740°
Entzündungsdruck in Atm. .	75	64	39	33	24	30	—

Erinnert sei des Weiteren an die Brennstoffentzündung in Verbrennungsmotoren (Dieselmotoren) durch Kompressionserhitzung der Verbrennungsluft, desgleichen an die Verwertung der Kompressionswärme in Explosionsmaschinen durch Verdichtung der angesaugten Explosionsgemische. Hinsichtlich der thermodynamischen Wärmeerzeugung in festen Körpern sei auf die beträchtliche Hilfserwärmung beim Schmieden großer Blöcke hingewiesen, ohne deren die Wärmeausstrahlung deckende thermodynamische Wirkung das auszuschmiedende Stück wesentlich frühzeitiger erkalten würde.

---

[1]) W. NERNST, Theoret. Chemie, 8.—10. Aufl., S. 766.
[2]) G. FALK, Journ. Amer. Chem. Soc. Bd. 28, S. 1517. 1906.
[3]) H. M. CASSEL, Ann. d. Phys. (4) Bd. 51, S. 685. 1916; vgl. auch KAST, Die Spreng- u. Zündstoffe, S. 79. Braunschweig: Vieweg 1921.

II. Erzeugung hoher Temperaturen auf thermochemischem Wege.

a) Physik der Verbrennung gasförmiger Stoffe.

Mit der Physik der Verbrennungserscheinungen haben sich zahlreiche Forscher, insbesondere BUNSEN, BERTHELOT, VIEILLE, LE CHATELIER, MALLARD, NERNST, BUNTE, GOUY, MACHE, PLANCK, HABER, MICHELSON, KREEMANN, NUSSELT beschäftigt; meist dem physikalisch-chemischen Charakter der Verbrennung entsprechend, im Zusammenhang mit seiner chemischen Seite.

3. Unterschied der langsamen und explosiven Verbrennung. Den Untersuchungen von LE CHATELIER und MALLARD[1]) zufolge hat man bezüglich des Verbrennens eines entzündlichen Gasgemisches zwei Arten zu unterscheiden: a) die langsame Verbrennung und b) die explosive Verbrennung. In beiden Fällen steigt zunächst örtlich die Temperatur von der relativ niedrigen Entzündungstemperatur[2]) durch die Reaktionswärme zur höheren Verbrennungstemperatur. Verschieden ist jedoch die Art der Ausbreitung. Die in den Flammen, an Brennern, Gebläsen sich abspielende erste langsame Verbrennungsart ist dadurch charakterisiert, daß, wenn durch äußere Erwärmung, z. B. einen Funken, eine Stelle zur Entflammung gebracht wird, die hohe Verbrennungstemperatur dieser Schicht sich durch Wärmeleitung an die noch nicht entflammten Nachbarschichten verbreitet und diese dadurch ebenfalls auf die Entzündungstemperatur bringt. Die Geschwindigkeit, mit der die Entflammung sich von Schicht zu Schicht fortpflanzt, wird also hier in erster Linie durch die Größe der Wärmeleitung bestimmt, daneben durch die Reaktionsgeschwindigkeit bzw. deren Änderung mit der Temperatur.

Das Wesen der zweiten Art, der explosiven Verbrennung, beruht nach der von NERNST gegebenen Zusammenfassung[3]) der Auffassungen von BERTHELOT u. VIEILLE[4]), DIXON[5]), MALLARD und LE CHATELIER auf der Erscheinung, „daß ein explosives Gasgemisch durch starken Druck oder, richtiger gesagt, durch die dadurch bedingte Temperatursteigerung zur Entflammung gebracht werden kann". Eine solche explosive, außerordentlich schnell fortschreitende Kompressionswelle kann sowohl durch einen äußeren Anstoß eingeleitet werden, wie sich auch als Folge einer immer mehr steigernden Reaktionsgeschwindigkeit ausbilden. Durch die mit der Drucksteigerung verbundene erhöhte Konzentration der reagierenden Substanzen wird nach dem Gesetz der chemischen Massenwirkung die Geschwindigkeit der Reaktion und der durch sie ausgelösten Erwärmung ebenfalls gesteigert.

Wie NERNST[6]) gezeigt hat, lassen sich die mannigfachen von DIXON[7]) aufgedeckten Erscheinungen bei der Fortpflanzung der Verbrennung in Explosionsröhren sehr einfach und anschaulich als hydrodynamische Vorgänge deuten.

---

[1]) LE CHATELIER u. MALLARD, Rech. experim. et théoret. etc. Ann. des Min., Sept.-Dez. 1883; R. KREMANN, Anwendung phys.-chem. Theorien auf techn. Prozesse. S. 22. Halle: Knapp 1911.

[2]) Nach W. NERNST (Theoret. Chemie, 8.—10. Aufl., S. 756) diejenige von den chemischen und physikalischen Eigenschaften des Gemisches und der Umgebung abhängige Temperatur, bei der Verpuffung eintritt, nicht aber diejenige, bei welcher die gegenseitige Einwirkung der Gase beginnt; nach H. MACHE (Physik der Verbrennungserscheinungen, S. 12, Leipzig: Veit & Co. 1918) diejenige Temperatur, bei der durch die Reaktionswärme die Wärmeverluste an die Umgebung so weit ausgeglichen werden, daß ohne weitere äußere Wärmezufuhr durch Selbsterhitzung die Verbrennung weiter vor sich geht.

[3]) W. NERNST, Theoret. Chemie, 8.—10. Aufl., S. 768, Stuttgart.

[4]) BERTHELOT u. VIEILLE, C. R. Bd. 93, S. 18. 1881.

[5]) H. DIXON, Chem. Ber. Bd. 38, S. 2419. 1905.

[6]) W. NERNST, Phys.-chem. Betrachtungen über den Verbrennungsprozeß. Berlin: Julius Springer 1905.   [7]) H. DIXON, Phil. Trans. Bd. 200, S. 315. 1903.

(Auslösung von Explosionswellen beim Auftreffen langsamer Verbrennung auf
eine feste Wand oder eine Kompressionswelle.)

4. Physikalische Vorgänge in der Bunsenflamme. Mit den physikalischen
Vorgängen bei der bekanntesten Form der langsamen Gasverbrennung,
dem Verbrennungsprozeß in der Bunsenflamme, haben sich HABER[1]) und
MACHE[2]) besonders eingehend beschäftigt. Nach HABERS Untersuchungen, die
sich vor allem mit der experimentellen und theoretischen Temperaturbestimmung
an Flammen befassen, bestehen für das Gasgleichgewicht in der Bunsenflamme
folgende Beziehungen[3]):

In dem schematischen Flammendurchschnitt der Abb. 1 ist die Brennermündung mit ab, der Innenkegel durch acb, der Außenkegel durch adb bezeichnet. Im Innenkegel verbrennt die dem Gas beigemischte Luft mit dem
Leuchtgas zu einem Gemisch von Stickstoff, Kohlenoxyd, Kohlensäure, Wasserdampf und Wasserstoff. Am Außenkegel erfolgt dann durch den von
außen hinzutretenden Luftsauerstoff die weitere Verbrennung der brennbaren Bestandteile zu Kohlensäure und Wasserdampf. Die stationäre
Begrenzungsfläche acb des Innenkegels ist dadurch bedingt, daß die
nach der Brennermündung gerichtete Fortpflanzungsgeschwindigkeit
des Entzündungsvorganges durch die Ausströmungsgeschwindigkeit
des hinzutretenden Gasluftgemisches kompensiert wird. Die Lage der
Außenfläche adb wird durch die Beziehung bestimmt, daß der in der
Zeiteinheit von außen hinzutretende Luftsauerstoff ausreichen muß,
um die in derselben Zeit aus dem Flammeninnern zuströmenden
brennbaren Bestandteile vollständig zu Kohlensäure und Wasserdampf
zu verbrennen. Beide Begrenzungszonen acb und adb sind nur Bruchteile eines Millimeters stark. Die Temperatur in der Zone acb steigt
bei starker Luftzufuhr thermoelektrischen Messungen zufolge auf etwa
1550°. Nach HABER und RICHARDT entspricht dies innerhalb der
Fehlergrenzen dem Temperaturwert, den man aus den kalorimetrischen
Werten der Verbrennungswärme erhält, wenn man die Zusammensetzung der aus der Zone acb ausströmenden Gase zugrunde legt.
Am Außenmantel erfährt das im Innenkegel vorgeheizte Gasgemisch
bei der Außenverbrennung eine weitere Temperatursteigerung auf maximal 1800°.

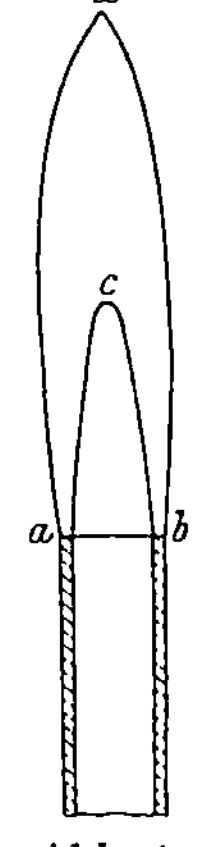

Abb. 1.
Bunsen-
flamme.

Mit dem Temperaturgefälle in der Bunsenflamme, insbesondere an der
Grenze zwischen Frischgas und erster Verbrennungszone acb, sowie den Wärmeverlusten innerhalb der Flamme hat sich MACHE[2]) theoretisch mehrfach beschäftigt. Nach MACHE bildet bei Brennflammen entzündbarer Gasgemische die
Brennfläche, d. h. die Zone, in der die Entzündungstemperatur auf die hohe
Verbrennungstemperatur springt, stets eine Fläche gleicher Strömungsgeschwindigkeit. Für die lineare Wärmeströmung eines mit der Geschwindigkeit c der
Verbrennungszone zuströmenden Gases, dessen spezifische Wärme (bei konstantem Druck) c_p, dessen Dichte ϱ und dessen spezifische Wärmeleitung k ist,
findet MACHE, anknüpfend an Untersuchungen MICHELSONS[4]), die Differentialgleichung

$$\frac{k}{c_p} \cdot \frac{\partial^2 T}{\partial x^2} + c \cdot \varrho \, \frac{\partial T}{\partial x} = 0,$$

[1]) F. HABER, Thermodynamik technischer Gasreaktionen. München u. Berlin: Oldenbourg 1905.

[2]) H. MACHE, Wiener Ber. (2a) Bd. 108, S. 1152. 1899; Zur Physik der Flamme, Ann.
d. Phys. (4) Bd. 10, S. 408. 1903; Die Physik der Verbrennungserscheinungen, Leipzig: Veit
& Co. 1918; Vgl. auch O. C. CHAMPFLEUR ELLIS u. H. ROBINSON, Journ. chem. soc. Bd. 127,
S. 760. 1925; A. WHITE, Journ. chem. soc. Bd. 127, S. 672. 1925.

[3]) F. HABER, a. a. O. S. 282.   [4]) MICHELSON, Über die normale Entzündungs-
geschwindigkeit der Knallgasgemenge, S. 30; Moskau Universitätsdruckerei 1890.

in der T die absolute Temperatur bezeichnet, die in einem Abstand x von der Brennfläche nach dem Frischgas zu herrscht, und c die Explosionsgeschwindigkeit. Durch Integration dieser Gleichung gelangt er zu dem Resultat, daß beispielsweise für den Fall der Verbrennung von Wasserstoff in Sauerstoff (bei der stationären Knallgasexplosion) schon wenige Hundertstel Millimeter von der Flammenzone entfernt Zimmertemperatur herrscht, so daß ein merklicher Wärmeleitungsverlust ins Frischgas nicht stattfindet. Auch die Strahlungsverluste in der Flamme sind gering. Weniger plötzlich ist der Übergang am Außenmantel, weil das hier schon hoch erhitzte Gas ein wesentlich besseres Wärmeleitungsvermögen besitzt (nach MACHE in erster Näherung proportional $\sqrt{T}$). Außerdem wird hier infolge der am Flammenrand verminderten Strömungsgeschwindigkeit die nach dem Flammeninnern einströmende Wärme weniger schnell zurückgeführt.

In einer späteren Monographie[1]) hat MACHE eine Reihe physikalischer Erscheinungen des Verbrennungsvorganges zusammenfassend behandelt. (Bezüglich der elektrischen Leitfähigkeit von Flammen vgl. den Abschnitt „Flammenleitung" in diesem Handbuch XIV sowie Bd. IV von MARX, Handbuch der Radiologie.)

5. Gasverbrennung unter erhöhtem Druck. Mit der Gasverbrennung unter hohen Drucken, insbesondere mit der Energieaufnahme von verbrennendem verdichteten Kohlenoxyd, haben sich BONE, NEWITT und TOWNEND[2]) eingehend beschäftigt. Ihren Versuchen zufolge verbrennt CO in O_2 von hohem Druck fast ebenso rasch wie H_2. Beigefügter Stickstoff bleibt indes bei der Verbrennung von Kohlenoxyd kein indifferentes Gas, sondern nimmt, falls man ihn einem auf etwa 50 Atm. verdichteten Gemisch $2\,CO + O_2$ hinzusetzt, bei dessen Verbrennung erheblich mehr Energie als andere zweiatomige Gase auf. Hierdurch wird zunächst der Höchstdruck verzögert und vermindert, andererseits später durch die wieder frei werdende Energie auch die Abkühlung vermindert, was z. B. bei der Unterdrückung von Wärme in der Explosionsperiode von Verbrennungsmaschinen sich geltend machen kann. Mischungen von $2\,H_2 + O_2$ mit Stickstoff zeigen eigenartigerweise keine ähnliche Energieabsorption, so daß die Verfasser im Anschluß an theoretische Erörterungen über die Möglichkeit der Stickstoffaktivierung dazu neigen, eine durch die Dichtegleichheit und Konstitutionsähnlichkeit zwischen CO und N_2 begründete Energieübertragung in Form besonderer Strahlung anzunehmen. Auch durch einen Wasserstoffgehalt in einem $2\,CO + O_2 + 4\,N_2$-Gemisch wird die vorerwähnte Stickstoffaktivierung überraschend herabgesetzt.

Mit der Errechnung der Arbeitstemperaturen in metallurgischen Öfen von physikalischen Gesichtspunkten aus beschäftigen sich Untersuchungen von H. BANSEN[3]).

b) Besondere Formen von Flammen, Gebläsen, Öfen für gasförmige und flüssige Brennstoffe.

6. Mikroflammen. Für die Erhitzung kleinster Gegenstände, z. B. feine Lötarbeiten an Thermoelementen usw., können vielfach kleinste einfache Gasflämmchen vorteilhafte Verwendung finden, wie sie sich z. B. beim Ausströmen

---

[1]) H. MACHE, Die Physik der Verbrennungserscheinungen. Leipzig: Veit & Co. 1918; vgl. auch H. MACHE, Grundzüge einer Theorie der Explosionen, Ann. d. Phys. (4) Bd. 24, S. 527. 1907.

[2]) W. A. BONE, D. M. NEWITT, D. A. TOWNEND, Proc. Roy. Soc. London (A) Bd. 103, S. 205—232. 1923; Journ. chem. soc. Bd. 123, S. 2008—2021. 1923.

[3]) H. BANSEN, Stahl u. Eisen Bd. 42, S. 245, 291, 370, 423. 1922.

von Gas aus feinen Öffnungen, z. B. fein ausgezogenen Glasröhrchen oder besser Quarzröhrchen, als Blauflämmchen ausbilden. Die Verbrennung derartiger Miniaturflämmchen erfolgt ihrer relativ großen Berührungsfläche mit der Außenluft wegen mit recht hoher Temperatur. Größeren Flammen, insbesondere aus Gasen und Dämpfen mit Kohlenstoffgehalt, wird die Verbrennungsluft zweckmäßig in einem besonderen Brennerrohr zugemischt, z B. nach dem Injektorprinzip.

7. Der Bunsenbrenner. Der bekannteste Vertreter der Brenner mit Luftansaugung (Injektorbrenner) ist die von BUNSEN angegebene Brennerkonstruktion, bei der das Brenngas (Leuchtgas) aus einer feinen Düse in ein weiteres Rohr R, das eigentliche Brennerrohr, strömt und dabei von seitlichen Öffnungen des Brennerrohres her Luft in dasselbe einsaugt, mit ihr im Hochsteigen sich vermischend. Die physikalischen Verbrennungsvorgänge in der am oberen Brennerrohrende sich ausbildenden Bunsenflamme sind in Ziff. 4 erläutert. Um eine vollständige Innenverbrennung zu ermöglichen, müßte dem üblichen Leuchtbrenngas etwa das 5- bis 6fache Luftquantum zugemischt werden. Die einfache Form des Bunsenbrenners erlaubt jedoch, dem Leuchtgas nur etwa das 3fache Luftquantum im Brennerrohr zuzuführen, da sonst die Flamme in den Brenner zurückschlägt. Diese unzureichende Luftzumischung hat zur Folge, daß die Temperatur auch außerhalb des dunklen, aus kühlem, unverbranntem Gas-Luft-Gemisch bestehenden Kernes durchschnittlich nur 1500° beträgt und lediglich am äußeren Flammenmantel bei der vollständigen Verbrennung mit der Außenluft auf etwa 1750° ansteigt. Die Erhitzungsmöglichkeiten größerer Teile mittels des einfachen Bunsenbrenners und seiner Abarten[1]) [wie des mit verstellbarem Luftschlitz und regulierbarer Gaszufuhr versehenen Teclu-Brenners[2])] sind demgemäß beschränkt (bei Tiegelerhitzungen im einfachen Schutzrohr bis etwa 900°).

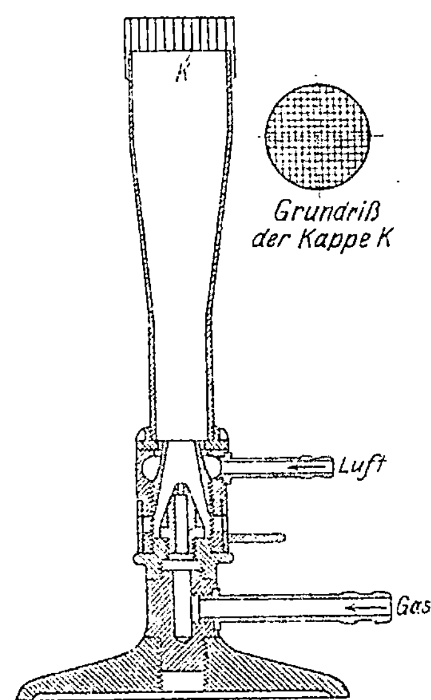

Abb. 2. Druckluftbrenner.

Intensivere und höhere Erhitzungen als mittels des Bunsenbrenners lassen sich durch verstärkte Luftzufuhr, z. B. unter Überdruck in den Gebläsebrennern, erreichen, in gewissem Maße auch durch Einschalten von Siebmundstücken erzielen, deren abkühlende Wirkung das Zurückschlagen der Flamme in das Brennerrohr auch bei stärkerer Luftzumischung verhindert. Auch der Ersatz des Leuchtgases durch kohlenstoffreichere Dämpfe, wie Benzolgas, gibt heißere Flammen [nach HABER Temperaturen bis 2000°[3])].

Ein viel verwendetes Brennermodell dieser Art ist der für Luftaufsaugung und Druckluft gebaute Mékerbrenner, bei dem ein konisch erweitertes Brennerrohr durch einen Nickelrost mit langen Kanälen verschlossen ist und hierdurch zugleich eine gewisse Vorwärmung des hindurchtretenden Gasgemisches erfolgt (vgl. Abb. 2). Durch den Nickelrostabschluß K wird der lange, kalte, blaue Innen-

---

[1]) Vgl. die umfangreichen Brenner- und Ofenzusammenstellungen bei SCHIRM-STÄHLER, Handb. d. Arbeitsmeth. d. anorg. Chem. Bd. I, S. 306—370, sowie in den Katalogen der größeren Firmen für Laboratoriumsbedarf.

[2]) Ein sehr ruhiges Brennen der Teclu-Brennerflamme kann man nach F. HABER (Thermodynamik technischer Gasreaktionen. S. 282 München u. Berlin 1905) in einfacher Weise durch Verlängerung des Brennerrohrs um einige Dezimeter erzielen.

[3]) F. HABER, Thermodynamik technischer Gasreaktionen.

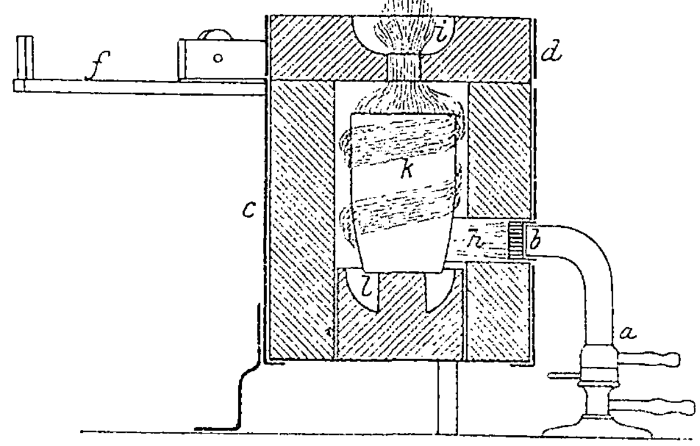

Abb. 3. Tiegelofen mit Mékerbrenner.

gebildet, Tiegeltemperaturen
Mékerbrenner ausgerüsteten
hervorgeht, ist der Brenner

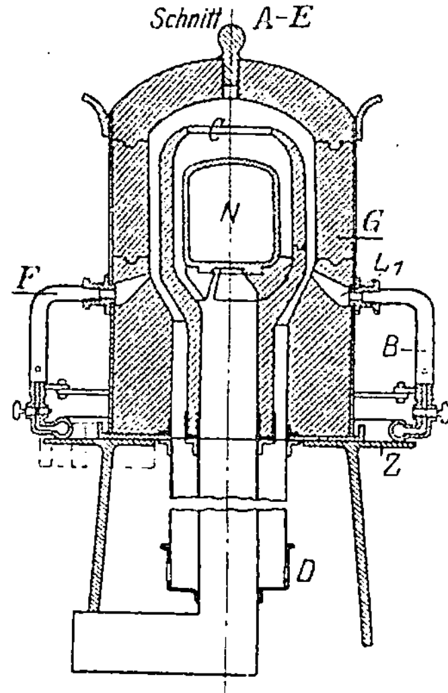

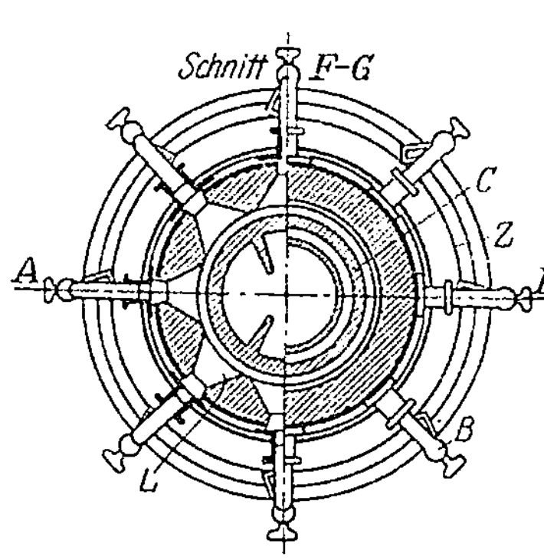

Abb. 4 u. 5. Gasofen nach HEINICKE.

kegel des Bunsenbrenners in eine große Zahl kleiner kurzer Flämmchen aufgelöst, die eine über den ganzen Querschnitt gleichmäßig heiße Flamme von zugleich gesteigerter Temperatur ergeben, so daß man Tiegelschalen usw. dicht über dem Brennerrost aufstellen kann.

Der Mékerbrenner liefert Tiegeltemperaturen bis 1100°, als Druckluft-Gebläsebrenner für 1 bis 2 Atm. Überdruck ausgebildet, Tiegeltemperaturen bis über 1500°. Abb. 3 zeigt einen mit einem Tiegelofen. Wie aus der Ofenschnittzeichnung an dem unteren Teil des Ofens so angebracht, daß die am Nickelrost b sich bildende Flamme h tangential zu dem inneren Raume eintritt und spiralförmig, den Tiegel k umspülend, unter weitgehender Wärmeabgabe zur Öffnung i im beiseite rollbaren Deckel d emporsteigt.

8. Brenner und Öfen mit Vorwärmung. Zu sehr hohen Temperatursteigerungen ausgebildet ist das Prinzip der Vorwärmung bei dem in Abb. 4 im Vertikalschnitt, in Abb. 5 im Horizontalschnitt dargestellten Gasofen von HEINICKE (Staatliche Porzellan-Manufaktur, Berlin), der bei guten Gasverhältnissen ohne Gebläseluft 1550° erreicht und in einer Sonderausführung mit nur $^{1}/_{10}$ Atm. Luftüberdruck Temperaturen bis 1750° liefert. Bei dem Heinickeofen der Abb. 4 treten die Flammen der von dem ringförmigen Gaszuleitungsrohr Z gespeisten 8 Bunsenbrenner durch schlitzförmig verlaufende Löcher L in das Ofeninnere. Dort steigen sie an der Feuerbrücke C hoch, umspülen die Muffel N und werden dann unterhalb derselben in einem axialen, abwärts gerichteten Rohr vereinigt und in den Schornstein geleitet. Um dieses Abzugsrohr herum ist ein zweites, die Frischluft zuleitendes Rohr D mit regelbaren Öffnungen angeordnet, in dem die Vorwärmung der Frischluft unter Ausnutzung der Abgaswärme erfolgt[1]).

---

[1]) Über die Gesichtspunkte bei der Ausbildung großer Glasschmelzöfen bzw. Brennerformen, Flammenbildung und Wärmeaustausch s. MAURASCH, Aus der Technik des Glasschmelzofens, ZS. d. Ver. d. Ing. Bd. 67, S. 517. 1923; bezüglich selbsttätiger Temperaturregelung für Gasfeuerstätten s. Werkstattstechn. Bd. 14, S. 44. 1920, u. Bd. 15, S. 333. 1921.

9. Flammenlose Verbrennung. Noch höhere Temperaturen lassen sich bei gesteigertem Gas- und Luftdruck durch eine besondere Art flammenloser Verbrennung erreichen, die als das sog. „Gas-akkumulativverfahren" zu gleicher Zeit in Deutschland von SCHNABEL und in England von BONE entwickelt worden ist und zugleich den Vorteil geringen Raumbedarfs, einfachen Aufbaus und guter thermischer Wirkung besitzt. Ein nach diesem Prinzip der flammenlosen Verbrennung arbeitender SCHNABELscher Tiegelofen ist in Abb. 6 im Längsschnitt skizziert. Der zu erhitzende Tiegel d steht hier nicht frei im Ofenmantel a, sondern eingepackt in eine poröse, feuerbeständige Masse c aus beispielsweise kleinstückigem Quarz oder Aluminiumoxyd von Haselnußgröße. In diese poröse Schicht wird Gas und Luft unter einem Überdruck von je 1 Atm. aus zwei Bomben durch den Mischbrenner f eingeleitet. Das zunächst mit verminderter Luftzufuhr angezündete Gasgemisch verbrennt bei richtig eingestellter Luftzumischung vollkommen in der porösen Verbrennungskammer c ohne Ausbildung einer herausschlagenden Flamme unter weitgehender Ausnutzung seiner Verbren-nungswärme. Ein Hauptvorzug dieses Prinzips liegt in der Möglichkeit, die Zumischung der Ver-brennungsluft fast genau dem theoretischen Ver-hältnis zum Brenngas anpassen zu können, ferner

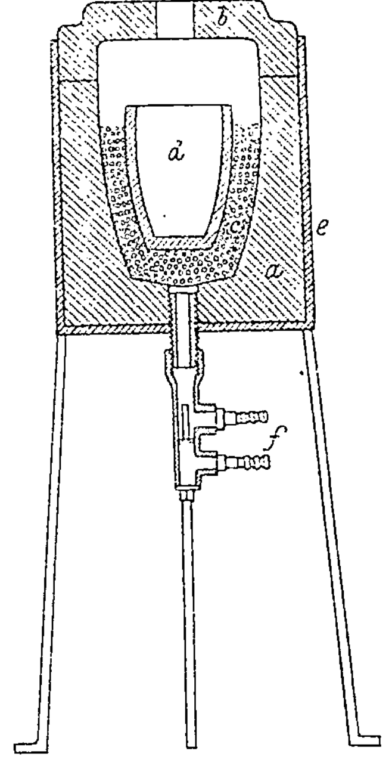

Abb. 6.   SCHNABELscher Tiegel-ofen.

in der weitgehenden Abgabe der Verbrennungs-wärme an die poröse Masse, die einen großen Reibungswiderstand entgegen-setzt und eine große Oberfläche darbietet. Diese Faktoren bewirken, daß mit diesem relativ einfachen Ofentyp verhältnismäßig schnell Temperaturen bis 2000° erreicht werden können [1]).

Die Verwendung des vorstehenden flammenlosen Erhitzungsprinzips hat besonders in Amerika und England außerordentlich vielseitige Ausführungen gefunden.

Ein in der Verbrennung ähnliches, allerdings in der Art der Wärmeüber-tragung (durch Strahlung) verschiede-nes, neuartiges Erhitzungsprinzip hat in letzter Zeit die Firma Krupp in ihren Steinstrahlöfen entwickelt. Der innere Aufbau eines solchen Ofens ist aus dem Vertikalschnitt der Abb. 7 ersichtlich. Die Verbrennung vollzieht sich hier am Ende feiner Kanäle k, an die sich Erwei-

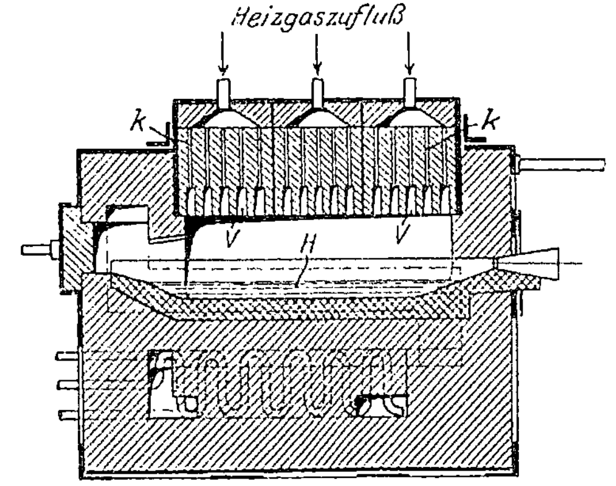

Abb. 7.   Steinstrahlofen.

terungen, die sog. „Verbrennungspfeifen" V, anschließen, die zunächst die Heiz-wirkung erfahren und ihrerseits dann durch Ausstrahlung das entfernt liegende

---

[1]) Über die Verbrennung von Gasen unter hohem Druck, insbesondere von CO, und die Rolle des Stickstoffs vgl. die in Ziff. 5 referierten Untersuchungen von BONE, NEWITT und TOWNEND.

Heizgut H erwärmen, welches auf diese Weise vor direkter Flammeneinwirkung geschützt bleibt. Um ein Zurückschlagen der Flamme in den noch unverbrannten Teil der Gas-Luft-Mischung zu vermeiden, ist notwendig, daß die Gasgeschwindigkeit die Zündgeschwindigkeit übersteigt und Gas und Luft vollkommen gemischt sind. Bei vollkommener Mischung und ausreichender Regelbarkeit der Gasgeschwindigkeit kann die Luft vor ihrer Mischung mit Gas durch Abhitze in Rekuperativ- oder Regenerativanordnung erheblich vorgewärmt werden, ohne daß eine die Betriebssicherheit gefährdende Vorzündung erfolgt, da bei der vorliegenden Anordnung Wasserstoff-Luft-Gemische erst bei 750°, Benzoldampf-Luft-Gemische erst bei 590° sich entzünden [im Gegensatz zu der wesentlich niedrigeren Entzündungstemperatur von Kohlenstaub-Luft-Gemischen[1])]. Für Temperaturen zwischen 600 und 1200° reicht ein Gasdruck von 200 bis 300 mm Wassersäule und Ventilatorluft aus. Oberhalb 1200° wird Preßluft von 2 bis 3 Atm. Spannung und Gas von normalem Druck verwendet; für die höchsten Temperaturen (bis 1600°) Preßluft von 2 bis 3 Atm. und Preßgas von 200 bis 300 mm Wassersäule Druck.

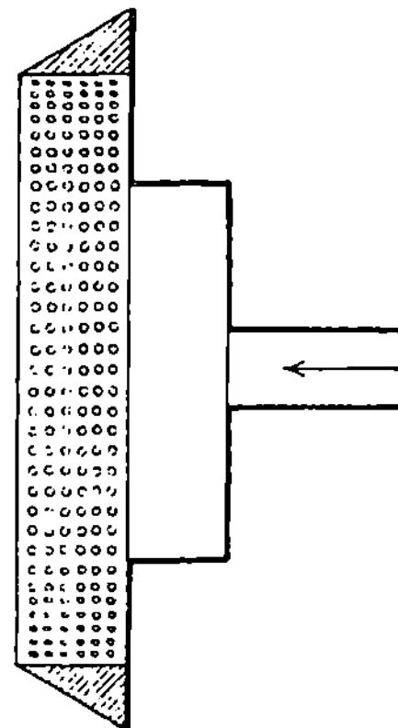

Abb. 8.   Brenner für Ölfeuerung.

Ein wesentlicher Vorzug des vorstehenden Erhitzungsprinzips, bei dem die Feuerung mit mannigfachen Ofenformen kombiniert wird, ist neben der Schnelligkeit des Anheizens und der Billigkeit des Betriebes die hohe Gleichmäßigkeit und genaue Einstellbarkeit der Temperaturen und die Fernhaltung der Flammen vom Heizgut.

10. Brenner und Öfen mit flüssigem Brennstoff. Eine besondere Bedeutung und Förderung haben die Brennerkonstruktionen und Feuerungsanlagen für flüssige Brennstoffe in neuerer Zeit auf großindustriellem Gebiete, insbesondere für Transportzwecke erfahren, da der hohe Energiegehalt und die bequeme Zuführung der flüssigen Brennstoffe sie als Heizmaterial für Schiffsmaschinen, Lokomotiven usw. wertvoll machen. Um eine intensive, thermisch vollkommene Verbrennung zu erzielen, ist eine feinverteilte Einführung des flüssigen Brennstoffs hier besonders notwendig. Als wärmetechnisch günstigste Zerstäubungsgeräte haben sich an Stelle der zunächst versuchten Dampfstrahlzerstäuber, welche Wärme binden, Zentrifugalzerstäuber erwiesen, bei denen dem aus einer Düse unter Druck austretenden erhitzten flüssigen Brennstoff vermöge eines schraubenförmigen Kanals eine kreisende Bewegung erteilt wird.

Auch die im vorigen Abschnitt erwähnte flammenlose Verbrennung ist selbst für Mineralöle und Teeröle mit Erfolg durch Verdampfung dieser Öle nutzbar gemacht worden. Bei den diesbezüglichen Feuerungsanlagen der Berl. Anh. Masch. A.-G. wird beispielsweise das Öl in eine erhitzte Verbrennungskammer (Abb. 8) eingespritzt. Ein Teil des sich bildenden Öldampfes verbrennt direkt; die übrigen Teile mit Luft vermischt beim Hindurchtreten durch eine poröse feuerfeste Wand, auf deren Rückseite — zunächst ohne Luftzufuhr — die Anzündung erfolgt.

11. Öfen mit Sauerstoffzufuhr für Temperaturen über 2000°. Zirkonofen von Podszus. Will man mit Brennern und Öfen extreme Temperaturen, die 2000° merklich übersteigen, erreichen, so ist es erforderlich, die gewöhnliche, Stickstoffballast enthaltende Verbrennungsluft durch Sauerstoff zu ersetzen.

---

[1]) Vgl. Ziff. 22 und W. Mason u. R. V. Wheeler, The ignition of gases, Part. IV. Ignition by a Heated Surface. Mixtures of the Paraffins with Air. Journ. chem. soc. Bd. 125. 1869. 1924.

Einen mit thermisch besonders widerstandsfähigem Zirkonfutter ausgerüsteten Gasofen, der mit Leuchtgas-Sauerstoffgebläse betrieben, sehr hohe
Temperaturen bis nahe 2500° in oxydierender Atmosphäre zu erreichen gestattet,
hat E. Podszus angegeben[1]). Der von ihm nach dem Prinzip der Gebläseöfen
mit rotierender Flamme konstruierte Ofen ist in Abb. 9 im schematischen
Vertikalschnitt, mit vier Gebläsedüsen[2]) ausgerüstet, dargestellt. Als Baumaterial
wurde geschmolzenes Zirkondioxyd verwandt, und zwar für die an die Feuer-
zone angrenzende Schicht möglichst reines ZrO_2 in etwa $1/4$ cm Stärke, da geringe
Verunreinigungen bereits den Schmelzpunkt des Zirkondioxyds stark herabsetzen. Die übrige Zone bestand aus geschmolzenen Blöcken von ZrO_2-Erz,
das vor dem Schmelzen einigermaßen vom Eisen gereinigt war und als Wärme-
schutzpackung in einem Eisenkessel 1, in den Lücken mit feinerem Erz- und
Oxydmaterial und etwas Borglyzerinbindemittel ausgefüllt, eingesetzt wurde.
Die Gaszuführung erfolgte von unten her durch ein kreisförmiges Rohr 2, von
dem eine Reihe von Quarzstutzen 3 in entsprechende Gebläserohre 4 münden.
Diese Rohre 4, die möglichst hoch aus Zirkonoxyd gebrannt sein müssen, sind

derart schräg gestellt, daß die
Flammen im Innenraum einen
rotierenden Kreis bilden. Ihre
Luft- bzw. Sauerstoffzuführung
erhalten die Gebläserohre 4
durch Düsen aus Zirkonoxyd,
die durch Verbindungsrohre 5
an das kreisförmige Quarzzufüh-
rungsrohr 6 angeschlossen sind.
Das Zuführungsrohr 6 ist, um
eine Vorheizung der Luft bzw.
des Sauerstoffs zu bewirken,
ziemlich nahe an die Feuer-
zone gelagert. 8 ist der äußere
Anschlußstutzen für Luft bzw.
Sauerstoff, 7 der entsprechende

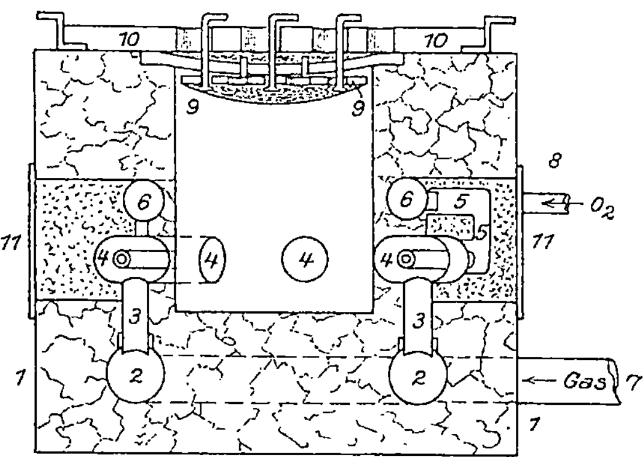

Abb. 9. Zirkonofen nach Podszus.

für Gas. 11 sind Klappen, um etwa defekt werdende Düsen auswechseln
zu können. Besondere konstruktive Maßnahmen erforderte wegen des erheblichen
spezifischen Gewichtes des ZrO_2 (5,87) die Ausbildung des Deckels, der für
Innendurchmesser über 10 cm aus mehreren Teilen gestaltet werden mußte,
nämlich aus einem dünnen Unterteil 9 aus ZrO_2, das mittels dünner ZrO_2-
Stäbe an einem dickeren größeren Deckel aus Schamotte aufgehängt war.
Die Abführung der Abgase erfolgte bei den ersten Modellen der Einfachheit halber durch Löcher in den Deckeln an Stelle der ökonomischeren
Ableitung durch Bodenöffnungen. Zur Anheizung und Erhitzung auf
mittlere Temperaturen wurde lediglich Luft zugeführt und für stärkere Erhitzungen allmählich Sauerstoff zugemischt. Bei reichlicher Gas- und reiner
Sauerstoffzufuhr konnten nahezu 2500° erreicht werden, wobei der Ofen
fast ganz geräuschlos brannte. Die Lebensdauer eines solchen Ofens, der
seines großen Brennraums und seiner oxydierenden Atmosphäre wegen sich
besonders für keramische Zwecke, wie das Brennen von Zirkongefäßen, wertvoll erwies, beträgt nach Podszus infolge der Verwendung geschmolzenen

---

[1]) E. Podszus, ZS. f. angew. Chem. Bd. 30 I, S. 17. 1917 u. Bd. 32, S. 146. 1919.
[2]) Zur Erzielung gleichmäßiger Temperatur und vor allem gleichmäßiger Anheizung
ist es nach Podszus vorteilhafter, wenn auch komplizierter, eine größere Düsenzahl zu
verwenden.

Zirkonoxyds[1]), von gelegentlichem Ersatz der Düsen abgesehen, mehrere tausend Stunden.

Einen ähnlich konstruierten, jedoch mit doppeltem inneren Ofenmantel ausgerüsteten Ofen aus stark gepreßtem, von Eisen möglichst befreiten Zirkonroherz und Flammenauslaß am Boden hat O. Ruff[2]) beschrieben.

12. Sauerstoffgebläse. Gasschmelzbrenner (autogene Schweißbrenner). Als Ursprung der mit Sauerstoffverbrennung arbeitenden Gebläse ist das Knallgasgebläse des Daniellschen Hahns (Abb. 10) anzusehen, bei welchem dem ausströmenden Wasserstoff b durch das konzentrische Innenrohr a Sauerstoff an der Mündung zugeführt wird.

In der hiermit zu erhaltenen Stichflamme ließ sich Platin schmelzen und Kalk zu intensiver Lichtausstrahlung erhitzen (Drummondsches Kalklicht), so daß man lange Zeit die Temperatur der Wasserstoff-Sauerstoffflamme in Unkenntnis ihrer teilweisen Dissoziierung außerordentlich überschätzte und zu 6000 bis 7000° annahm. — Infolge der anfänglichen Umständlichkeit und Kostspieligkeit der Gaserzeugung blieb die Verwendung des Wasserstoff-Sauerstoffgebläses zunächst eine sehr beschränkte. Erst durch die Entwicklung der neuen billigen Gasgewinnungsverfahren, insbesondere durch die Lindesche Sauerstoffgewinnung mittels fraktionierter Destillation verflüssigter Luft, die elektrolytischen Methoden, durch die Verwertung des Azetylens und anderer billiger Gase als Brenngas, haben die Sauerstoffgebläse eine rasche und für die Metallbearbeitung ungemein wichtige und vielseitige Ausgestaltung erfahren[3]), vor allem für das „autogene"[4]) Schweißen und Schneiden.

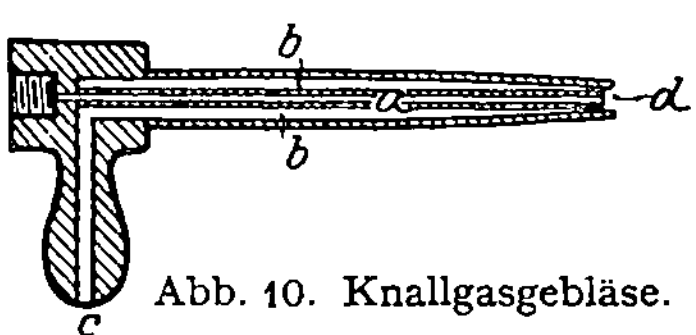

Abb. 10. Knallgasgebläse.

Als wichtigste der für die Zwecke der Gasschmelzschweißung nutzbar gemachten Sauerstoff-Brenngaskombinationen sind neben dem **Wasserstoff-Sauerstoffschweißverfahren** zu nennen: das **Azetylen-Sauerstoffschweißverfahren**, mit örtlicher Azetylenentwicklung oder Benutzung von verdichtetem, gelöstem Azetylen (Dissousgas), das Leuchtgas-Sauerstoffschweißverfahren, das Blaugas-Sauerstoffschweißverfahren, das Benzin- oder Benzoldampf-Sauerstoffschweißverfahren (Oxybenzverfahren). Auch Öl- und Luftgas, Petroleum- und Spiritusdämpfe hat man als Brenngas zu verwerten gesucht, doch bisher ohne größere praktische Erfolge.

Der Vorgang des autogenen Schweißens erfolgt nach Ludwig[5]), der die Wirkungsweise und die Konstruktionsbedingungen des Azetylen-Sauerstoffbrenners näher untersucht hat, sowie nach den Spezialwerken von Kautny[5]) und Schimpke-Horn[5]) in der Weise, daß die aneinanderstoßenden zu verschmelzenden

---

[1]) Über die Herstellung geschmolzenen Zirkonoxyds vgl. die Literaturangaben bei O. Ruff, ZS. f. anorg. Chem. Bd. 86, S. 389. 1914; Bd. 87, S. 198. 1914; E. Podszus, ZS. f. angew. Chem. Bd. 30, S. 17. 1917 und dessen franz. Patente Nr. 443995 (1912) u. 465604 (1913). Bez. Darstellung von reinem Zirkonoxyd vgl. H. v. Siemens u. H. Zander, Wiss. Veröff. aus d. Siemens Konzern. Bd. II, S. 484. Berlin: Julius Springer 1922.

[2]) O. Ruff, Ber. d. D. Keram. Ges. Bd. 5, S. 164. 1924.

[3]) Über die Anfänge vgl. E. Wiss, Anzeiger f. Ind. u. Techn. Nr. 24, S. 284—287; Nr. 25, S. 299—304. 1905 u. Nr. 28 v. 13. VII. 1907.

[4]) Die wenig glückliche Bezeichnung „autogene" Schmelz- und Schneidverfahren hat ihren Ursprung aus dem Umstande genommen, daß gegenüber der alten Hammerschweißung mit den Sauerstoffgebläsen eine im wesentlichen selbsttätige Metallverbindung (durch Schmelzen) erfolgt. Neuerdings wird seitens des Arbeitsausschusses des Vereins deutscher Eisenhüttenleute und der Forschungsgemeinschaft für Schmelzschweißung der zutreffendere Name „Gasschmelzschweißbrenner" einzubürgern versucht.

[5]) Ludwig, Der Azetylen-Sauerstoffschweißbrenner, seine Wirkungsweise und seine Konstruktionsbedingungen. Berlin: Julius Springer 1912. Ausführliche Überblicke über die

Metallteile nach evtl. allgemeiner Vorwärmung mittels einer Stichflamme hoher Temperatur an einzelnen Stellen zum Ineinanderschmelzen gebracht werden. Hierbei ist wichtig, die Vereinigung der schmelzenden Teile durch sorgfältige Beobachtung der Schweißflamme in bezug auf das richtige Gasgemisch (Vermeidung eines Sauerstoffüberschusses), Führung und Haltung des Brenners und peinlich genaue Beobachtung der Vorgänge im flüssigen Material so zu vollziehen, daß zwischen flüssigem und festem Material weder kalte Stellen noch Oxydschichten bleiben. Größere vorhandene Lücken oder Legierungsänderungen, welche beim Schmelzen z. B. durch Verdampfen einzelner Bestandteile eintreten, werden nach Einleitung des Schmelzvorgangs durch Einschmelzenlassen von besonderem Zusatzmaterial ausgeglichen. Der reinen Vereinigung der Metalle kommt der dynamische Gasdruck der Gebläseflamme zu Hilfe; doch müssen zur Verhütung der Oxydation möglichst reduzierende Flammen angestrebt bzw. vor allem bei leicht oxydierenden Metallen besondere Schutzmittel (Schweißpulver) angewendet werden, die mit dem Metalloxyd zusammen eine glasartige, leicht schmelzende Schlacke bilden, welche nach erfolgter Abkühlung leicht entfernt werden kann.

Eine umfassende Übersicht über die Anwendbarkeit und die Kosten der verschiedenen Schweißverfahren, auch im Vergleich mit der später zu besprechenden elektrischen Lichtbogen- und Widerstandsschweißung, der Thermitschweißung ist von SCHIMPKE-HORN[1]) gegeben worden, der der nachstehende Auszug entnommen ist.

Tabelle 2. Erreichbare Temperatur bei verschiedenen Schweißverfahren.

	a	b	c	d	e	f	g	h	i
Art des Schweißverfahrens bzw. Brenngases	Azetylen und Dissousgas	Wasserstoff	Blau- u. Flüssiggas	Benzol	Leuchtgas (Steinkohlengas)	Wassergas	Thermit	Elektr. Lichtbogenschweißung	Elektr. Widerstandsschweißung
Das Brenngas wird gemischt mit . . .	Sauerstoff	Sauerstoff	Sauerstoff	Sauerstoff	Sauerstoff (Luft)	Luft	—	—	—
Temperatur der Flamme oder der mögl. Erhitzung[2])	ca. 3600 bis 4000°	ca. 2000°	ca. 2300°	ca. 2700°	ca. 1800°	ca. 1800°	ca. 3000°	ca. 3500°	ca. 3000°

13. Grundzüge der Konstruktion und des Verbrennungsvorgangs bei Schweißbrennern. Für die Konstruktion der Schweißbrenner ist das Druckverhältnis, unter welchem die Brenngase dem Brenner zugeführt werden können, von grundsätzlicher Bedeutung. Strömt das Brenngas dem Brenner unter erhöhtem, dem Sauerstoffdruck näher liegenden Druck selbständig zu (wie beim komprimierten Wasserstoff, gelösten, verdichteten Azetylen, Blaugas und Flüssigkeitsgas), so genügt als Mischvorrichtung für die Gase der Ein-

---

verschiedenen Schweißapparaturen, Bezugsquellen und Verwendungsmöglichkeiten enthalten: KAUTNY, Handb. d. autogenen Metallbearbeitung, Halle: Marhold 1925; Ders., Leitfaden für Azetylenschweißer ebenda; SCHIMPKE-HORN, Prakt. Handb. d. ges. Schweißtechn. Bd. I, Berlin: Julius Springer 1924.

[1]) SCHIMPKE-HORN, Prakt. Handbuch d. ges. Schweißtechnik, Bd. I, S. 6, Berlin: Julius Springer 1924.

[2]) Bezüglich der Flammentemperatur besteht nach einer freundl. persönlichen Mitteilung von Herrn Ober-R.-Rat RIMARSKY (Chem.-Techn. Reichsanstalt) allerdings teilweise noch erhebliche Unsicherheit.

bau einer Mischdüse vor der Brenneröffnung. (Brenner der vorstehenden Art werden demgemäß als „Mischdüsen- oder Hochdruckbrenner" bezeichnet.)

Soll aber der unter Druck strömende Sauerstoff zugleich die Ansaugung eines Brenngases von geringem Druck besorgen (Azetylengas aus Entwicklungsapparaten, Leuchtgas), so muß stets vor der Mischdüse ein injektorartiges Zwischenglied in den Brenner eingefügt sein (Injektor- oder Niederdruckbrenner).

In beiden Fällen aber ist es notwendig, die Konstruktionsverhältnisse (Bohrungen, Ausflußgeschwindigkeit, Reguliervorrichtungen) so abzugleichen, daß sie ein Rückschlagen der an der Brennerspitze gebildeten Flamme in die Mischkammer verhüten, welches zu Explosionen des Gasgemisches bzw., wie beim Azetylen, des ganzen Brenngasvorrates führen könnte.

Nach den Untersuchungen von MALLARD, LE CHATELIER, BERTHELOT, VIEILLE, DIXON, NERNST, HABER, KREMANN[1]), LUDWIG, KAST u. a. entwickelt sich eine Gasexplosion in einem langen Rohr, in dem ein explosives Gasgemisch vorhanden ist, bei einseitiger Anzündung in folgender Weise: Wird die Verbrennung an einer Stelle durch örtliche Erhitzung auf den — von der Reaktionsgeschwindigkeit der betreffenden Gasart abhängigen — Entflammungspunkt eingeleitet, so pflanzt sich diese Entflammung zunächst durch Wärmeübertragung von Schicht zu Schicht mit mäßiger Geschwindigkeit fort. Infolge der Drucksteigerung, welche die Verbrennung auch in den angrenzenden, noch unverbrannten Schichten auslöst, wächst jedoch deren Reaktionsgeschwindigkeit und damit auch die Geschwindigkeit der Entflammung in steigendem Maße so lange, bis Selbstentzündung, d. h. Entflammung des Gasgemisches in kürzester Zeit, eintritt. Während bisher der Druck der Entflammung stets vorauseilte, pflanzen sich beide von nun an gleichzeitig mit gleichbleibender maximaler Geschwindigkeit fort (Explosionswelle von BERTHELOT und VIEILLE).

Die Geschwindigkeit dieser Explosionswelle, die im stationären Endzustand auch als „Detonationswelle" bezeichnet wird, beträgt für Wasserstoff, mit äquivalenten Mengen Sauerstoff gemischt, 2830 m/sec, für Methan 2300 m/sec, für Azetylen 2450 m/sec. Sie ist eine charakteristische physikalisch-chemische Konstante, die beispielsweise bei höheren Drucken vom Anfangsdruck, sowie dem Werkstoff und dem Durchmesser der Röhren, in denen sich das Gasgemisch befindet, unabhängig ist.

Für die Schweißbrenner, bei denen eine kontinuierliche Entzündung des aus der Brennermündung ausströmenden explosiven Gases erfolgt, ergibt sich hieraus die konstruktive Forderung, die Ausströmungsgeschwindigkeit des Gases höher zu halten, als die Fortpflanzungsgeschwindigkeit der Verbrennung nach der Zündung (etwa 100 m/sec). Die Größe dieser Rückzündungsgeschwindigkeit ist nach LE CHATELIER vom Mischungsverhältnis der Brenngase, von der Größe der Zulieferungsräume, der Temperatur und der Dichte der Gase und ihrer eventuellen Wirbelbewegung abhängig. Demgemäß muß, wie durch die LUDWIGschen Versuche bestätigt, einer zu weitgehenden Erhitzung des Brennermundstücks durch periodische oder kontinuierliche Kühlung (durch Eintauchen in Wasser nach Abschalten des Brenngases) vorgebeugt werden, ferner eine Wirbelbildung durch Wahl glatter, ausgerundeter Bohrungen vermieden werden, vor allem aber die richtige Brennereinstellung je nach der benötigten Flammengröße durch Auswahl geeigneter Düsen mit entsprechendem Druckabgleich sorgfältig vorgenommen werden. Besonders bei Azetylenschweißbrennern stellen sich im Fall unzureichender Brennerkühlung leicht schwerwiegende Mischungsverschiebungen ein, die zu oxydierenden Flammenwirkungen und Rückzündungen führen.

---

[1]) R. KREMANN, Anwendung phys.-chem. Theorien, Halle: Knapp 1911.

Bei den modernen Hochdruckschweißbrennern sind, um die Schweißflammengröße je nach den zu bearbeitenden Materialstärken an ein- und demselben Brenner mit bestem Wirkungsgrad verändern zu können, im allgemeinen
vier bis acht auswechselbare Spitzen mit verschieden weiter Bohrung vorhanden,
denen jeweilig der Gasdruck mittels der Druckverminderungsventile angepaßt
wird. — Bei den Niederdruck-(Injektor-)brennern [für Azetylen von
geringem Druck oder Leuchtgas[1])], bei denen man die für die Zeiteinheit erforderliche Gasmenge nicht durch Druckveränderung des Brenngases beliebig variieren
kann, vielmehr von der Flammengröße auch die Abmessungen
und Bohrungsbeziehungen zwischen Injektor und Mischkammer
stark abhängen, muß man zur Bearbeitung wechselnder
Materialstärken entweder eine größere Zahl von Einzelbrennern vorrätig halten oder Wechselschweißbrenner verwenden, bei denen Mischkammer, Injektor und Spitze in einem
Stück als sog. „Schweißdüse" ausgewechselt werden.

Als Baustoff für Schweißbrenner dient in der Hauptsache
Preßmessing, für die kühl zu haltenden Schweißspitzen Kupfer
oder Messing, für das verbindende Düsenrohr vielfach Eisen.
Große Schweißbrenner sind meist mit Wasserkühlung an der
Mischkammer versehen; bei einigen Versuchskonstruktionen
hat man mit bisher allerdings nicht voll befriedigendem Ergebnis den expandierenden Sauerstoff zur Kühlung des Gasgemisches auszunutzen versucht.

Aus der großen Zahl der verschiedenen Schweißbrennerkonstruktionen seien an dieser Stelle nur einige Hauptformen
in Verbindung mit den Besonderheiten der in Frage kommenden Brenngasmischungen besprochen.

14. Wasserstoff-Sauerstoffbrenner. Abb. 11 zeigt den
Längsschnitt eines Wasserstoffmischdüsenbrenners. Die beiden
verdichteten Gase werden durch Druckschläuche den rechtsliegenden Rohrstutzen zugeführt, deren Durchlaß durch einen
gemeinsamen Hahn gesteuert werden kann. Die Mischung der
Gase erfolgt in der Düse c durch die V-förmig zueinander
liegenden Kanäle a und b. Auf das linke Ende ist die
Schweißspitze aufgeschraubt, an deren Austrittsbohrung bei
Inbetriebsetzung zunächst der Wasserstoff ohne Sauerstoffzusatz entzündet wird. Die Kröpfung des Düsenrohrs zielt
darauf ab, dem Arbeiter die richtige Flammenstellung zu
dem meist horizontal liegenden Werkstück zu erleichtern.

Die auf Grund der Verbrennungswärme von H und O und ihrer spezifischen
Wärmen theoretisch mögliche Maximaltemperatur von 3400°[2]) wird bekanntlich wegen der wärmeverbrauchenden Dissoziierung des Wasserdampfes bei hohen
Temperaturen auch für die günstigste Mischung ($2\,H_2 + O_2$) bei weitem nicht
erreicht. Hierzu tritt der Umstand, daß die Dissoziation eine ungünstige Oxydationswirkung des freien Sauerstoffs auf das Schweißgut zur Folge hat. Man
muß daher zur Abschwächung dieser Oxydationsgefahr, zugleich auch zur Verminderung der außergewöhnlich hohen Rückzündungsgeschwindigkeit der
Schweißflamme einen erheblichen Überschuß an ausgleichend wirkendem Wasserstoff (bis $4\,H_2$ zu $1\,O_2$) zusetzen, was die verwertbare Flammentemperatur noch

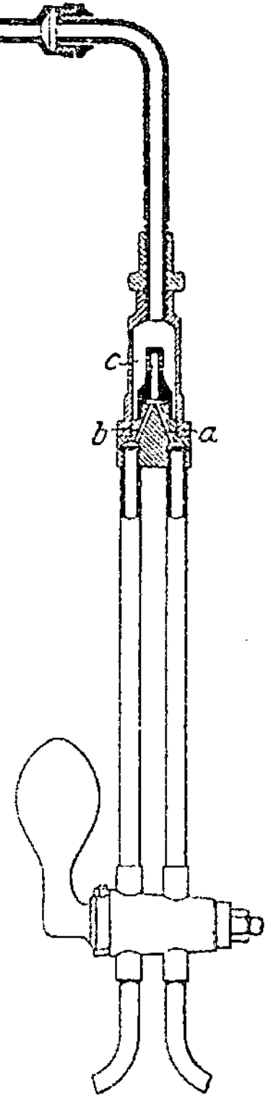

Abb. 11.
Wasserstoffschweißbrenner.

---

[1]) Nach den neuen Normungsvorschlägen einfach „Schweißbrenner" genannt.
[2]) Vgl. H. MACHE, Die Physik der Verbrennungserscheinungen, S. 11. Leipzig:
Veit & Co. 1918.

wesentlich weiter, bis auf etwa 2000°, herabsetzt. Die Verwendung der Wasserstoffflamme bleibt aus diesem Grunde auf das Schweißen geringerer Eisenblechstärken, bis etwa 10 mm Blechstärke, sowie das Schweißen von Bleigegenständen beschränkt. Für dünnwandige Bleigefäße genügen die nur mit komprimiertem Wasserstoff betriebenen sog. „Starkbrenner", bei denen der rasch strömende Wasserstoff die erforderliche Verbrennungsluft selbsttätig ansaugt. Als ungünstigstes Moment kommt weiter die mangelhafte Sichtbarkeit des nur schwach blau bis hellviolett gefärbten Flammenkegels hinzu, dessen Spitze wenige Millimeter von der Schweißstelle entfernt gehalten werden muß und dessen zu große Annäherung lediglich durch einen dunklen, durch unverbranntes Gas bewirkten Punkt auf der Schweißfläche erkennbar wird.

Die Leuchtgas-Sauerstoffflamme, welche der Knallgasschweißflamme im wesentlichen ähnelt, hat einen schärferen, deutlich sichtbaren Flammenkegel. Sie ist jedoch in der Verwendung als Schweißflamme durch ihre noch niedrigere, 1800° nicht merklich übersteigende Schweißtemperatur, sowie ihren Gehalt an Schwefelverbindungen, welcher Kaltbrüchigkeit des Eisens bewirkt, beschränkt.

15. Azetylen-Sauerstoffflamme. Den vorgenannten Brenngemischen qualitativ und wirtschaftlich überlegen und darum weitgehend an ihre Stelle getreten

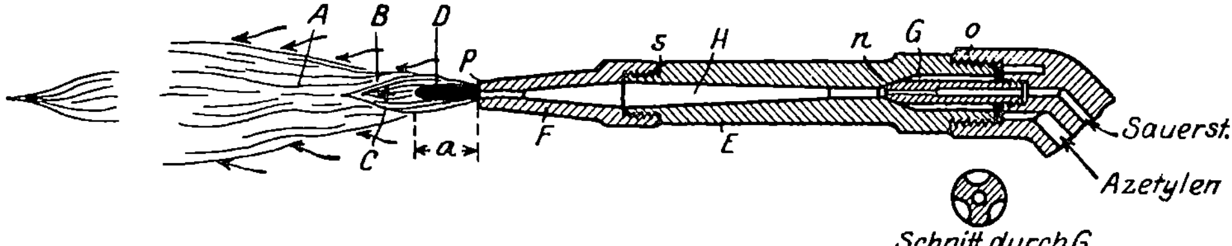

Abb. 12. Azetylenbrenner und Schweißflamme.

ist die Azetylen-Sauerstoffschweißflamme, deren Flammenkegel scharf ausgeprägt ist, eine außerordentlich hohe Temperatur aufweist und gleichzeitig reduzierend wirkt. Die hohe Temperatur der Azetylen-Sauerstoffflamme, die nach spektralphotometrischen, von KURLBAUM mit Natriumflammen bekannter Temperatur durchgeführten Vergleichungen zu 3200 bis 3400° anzusetzen ist[1]), hat ihre Ursache in dem Zerfall des Azetylens unter Wärmeabgabe, zu der noch die bei der Verbrennung erzeugte Wärme hinzutritt.

16. Verbrennungsvorgang und Temperaturverteilung in der Azetylen-Sauerstoff-Schweißflamme. Der Verbrennungsverlauf in der Schweißflamme eines modernen Azetylen-Injektorbrenners ist aus dem Längsschnitt der Abb. 12 ersichtlich, in dem n die Sauerstoffdüse, H die Mischkammer bezeichnet. D ist der blendend weiß leuchtende kegelförmige oder zylindrische Flammenkern, an dessen charakteristisch scharf begrenztem Rand das Azetylen plötzlich in seine Bestandteile C_2 und H_2 zerfällt. Die erste Verbrennungsstufe erfolgt in der an D anschließenden Zone B mit unzureichenden Mengen Sauerstoff nach der Gleichung $C_2H_2 + 2\,O = 2\,CO + H_2$. Die weitere Verbrennung vollzieht sich dann in der Zone A (der oxydierenden Streuflamme) mit Hilfe des die Flamme umgebenden Luftsauerstoffs nach der Reaktion $2\,CO + H_2 + 3\,O = 2\,CO_2 + H_2O$.

Infolge dieser Ausnutzung des Luftsauerstoffs braucht man dem Azetylen an Stelle der theoretisch für 2 Raumteile C_2H_2 erforderlichen 5 Teile Sauerstoff nur etwa 4 Teile O auf 3 Teile C_2H_2 in Gestalt von Sauerstoff zuzuführen. Ein Über-

---

[1]) LUDWIG, Azetylen-Sauerstoff-Schweißbrenner, S. 28. Berlin: J. Springer 1912. Die Flammentemperatur wird von der speziellen Brennerkonstruktion stark beeinflußt.

schuß von zugeführtem Sauerstoff bewirkt, wie AMÉDEO[1]) durch Untersuchung dieser Verbrennungsvorgänge nachgewiesen hat, nur Verlust und Oxydation des Metalls. Die wirksamste, heißeste und zugleich reduzierende Flammenstelle, welche allein das Schmelzgut treffen darf, liegt in der Zone B dicht vor dem Kern D (in Abb. 12 mit einem Kreuz bezeichnet). Die Temperaturverteilung in den übrigen Flammenteilen bei günstigster Brennereinstellung zeigt die von KAUTNY[2]) angegebene Abb. 13, deren Temperaturwerte noch erhöht werden können, wenn das zugeführte Brenngasgemisch von Wasserdämpfen befreit ist.

Alle neueren deutschen **Niederdruck-Azetylenschweißbrenner** dürfen laut behördlicher Vorschrift an die Azetylenzuleitungen nur über ein vom Azetylen-Ausschuß zugelassenes Rückschlagventil bzw. eine Sicherheitswasservorlage angeschlossen werden, welche den Übergang von Rückzündungen, sowie den Übertritt des komprimierten Sauerstoffs, z. B. im Fall einer Brennerverstopfung durch spritzendes Schmelzgut, verhütet und die Ansaugung von Luft in den Azetylenentwickler bei Erschöpfung der Gasabgabe unmöglich macht.

17. Hochdruck-Azetylenbrenner. Die Hochdruck-Azetylenbrenner, denen auch das Azetylen analog dem Sauerstoff stark verdichtet zugeführt wird, ähneln in ihrem Aufbau im wesentlichen den Knallgasbrennern. Ihre Verwendung wurde erst möglich, als DALÉN[3]) im Azeton, das mit porösen Massen vermischt war, ein wichtiges Lösungsmittel für Azetylen gefunden hatte, welches in Stahlflaschen große Mengen von stark verdichtetem Azetylen gefahrlos[4]) zu konzentrieren vermag (bei 15 Atm. Druck pro Liter Azeton 360 l Azetylen). Als Schutz gegen Flammenrückschläge werden hier dem Brenner mechanische Rückschlagventile vorgeschaltet, da Wasservorlagen unhandliche Wassersperrsäulen erfordern würden.

Sind besonders breite Schweißnähte zu erwärmen, so finden unter Umständen auch statt der Spitzdüsen Siebschweißdüsen, im Mundstück ähnlich den Méker-brennern, Verwendung.

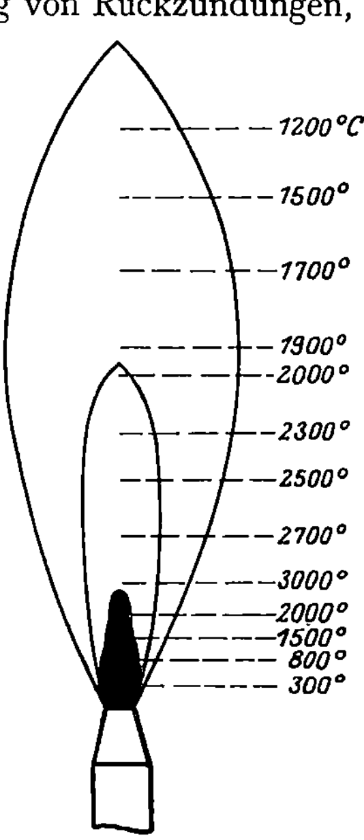

Abb. 13. Temperaturverteilung der Azetylen-Sauerstoffflamme.

18. Anwendung des Sauerstoffgebläses zur Rubinherstellung. Eine eigenartige Verwendung des Knallgasschmelzgebläses ist 1904 von VERNEUIL[5]) zur Erzeugung künstlicher Edelsteine entwickelt worden. Veranlassung zur systematischen Inangriffnahme dieses seitdem zu einem wichtigen Industriezweig gewordenen Problems gaben VERNEUIL Rubinfälschungen (rubis de Génève), welche unter dem Vorgeben, daß sie aus gesprungenen echten Rubinstücken zusammengeschmolzen seien, als réconstitués in den Handel gebracht wurden. (Aller Wahrscheinlichkeit nach wurden aber diese Genfer Rubine bereits ähnlich

[1]) AMÉDEO, Revue de la soudure autogène. Nr. 19. 1910; LUDWIG, a. a. O. S. 1.
[2]) KAUTNY, Leitfaden für Azetylenschweißer, S. 86. Halle: Marhold 1925.
[3]) DALÉN, Naturwissensch. 1913, S. 28.
[4]) Vgl. RIMARSKI, Azetylen in sicherheitstechnischer Hinsicht. Aus den Arb. d. Chem.-Techn. Reichsanst., Halle: Marhold 1925; Ders., ZS. f. angew. Chem. Bd. 32, S. 589. 1924.
[5]) A. VERNEUIL, Mémoire sur la reproduction artificielle du rubis par fusion, Ann. de chim. et phys. Bd. 3, S. 20. 1904. Vgl. Referat von M. BAUER, N. Jahrb. f. Min. 1906, I, S. 15. (Keine Beschreibung der Apparatur.)

dem späteren Verneuilschen Verfahren durch sukzessives Aufschmelzen dünnster Schichten von Aluminiumoxyd mit Chromzusatz hergestellt)[1]).

Jene Genfer Rubine wiesen allerdings noch den Schönheitsfehler kleiner Lufteinschlüsse auf und besaßen demzufolge ein etwas geringeres spezifisches Gewicht als echte Rubine. Verneuil fand, daß die Trübungen, welche beim normalen Schmelzen und Erstarrenlassen von Aluminiumoxyd auftreten (Schmelzpunkt ca. 2000°), außer von Luftbläschen zum Teil von Sprüngen herrühren, die beim Erstarren des Schmelzflusses auftreten, und daß zur Herstellung klarer Rubinkristalle folgende drei Bedingungen erfüllt sein müssen:

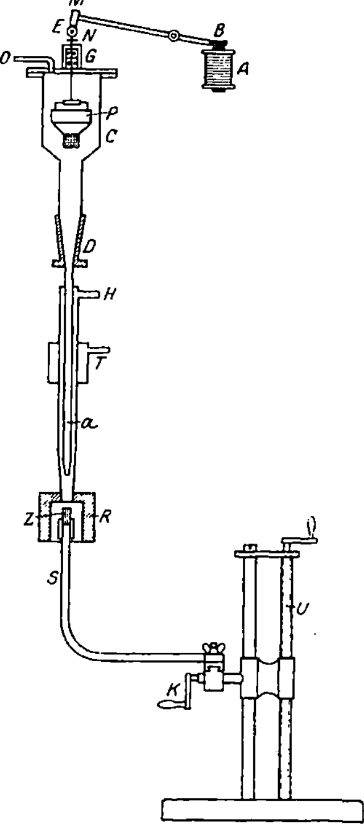

Abb. 14. Apparat zur Herstellung künstlicher Rubine.

1. Es muß jede Überhitzung und damit jedes Verdampfen (Aufschäumen) des geschmolzenen Aluminiumoxyds vermieden werden. Aus diesem Grunde muß bei Benutzung einer Knallgas- oder Leuchtgas-Sauerstoffflamme die Schmelzung in der an Sauerstoff ärmsten, dafür an Wasserstoff bzw. an Kohlenstoff reichsten Flammenpartie erfolgen.

2. Bei der Schmelzung muß das Schmelzgut sehr allmählich in feingepulvertem Zustande in dünnen Schichten während des Schmelzprozesses in der Form zugeführt werden, daß man die Stichflamme vorsichtig von oben her auf die in dünnen Schichten langsam anwachsende Masse einwirken läßt.

3. Um die Zahl der Risse und Sprünge beim Erstarren möglichst zu verringern, ist Vorsorge zu treffen, daß die geschmolzene Masse nur eine möglichst geringe Berührungsfläche mit ihrer Unterlage hat.

Die hierfür von Verneuil konstruierte Apparatur ist in schematischem Schnitt in der Abb. 14 dargestellt. Den Mittelteil der Apparatur bildet ein vertikal abwärts gerichteter Knallgasbrenner, dessen Flammenbildung sich in dem nach unten offenen, an das Brennerrohr anschließenden Ofen R vollzieht. Der Wasserstoff tritt bei H ein und strömt nach R aus. Der Verbrennungssauerstoff wird durch die Rohrleitung O (am oberen Apparatenende) über eine weitere Kammer C und eine konische Verjüngung D in die Wasserstoffflamme durch ein zugespitztes Röhrchen a zentral eingeführt. S ist ein genau justierbarer Supporthalter, der an seinem oberen Ende einen kleinen, durch eine Platinhülse gefaßten Zylinder aus Aluminiumoxyd trägt, auf dessen durch die Stichflamme hocherhitzte Oberseite das zu schmelzende, fein pulverisierte Aluminiumoxyd nach und nach durch das Sauerstoffzuführungsrohr a hindurch aufgestreut wird. Als Ausgangsmaterial zur Rubinschmelze benutzte Verneuil fein zerteiltes, durch Fällen und Glühen gewonnenes Aluminiumoxydpulver Al_2O_3, dem zur Erzielung der sattroten charakteristischen Rubinfärbung etwa 2,5% Cr_2O_3 fein verteilt beigemischt waren. Um eine gleichmäßige Färbung zu sichern, vollzog Verneuil die Beimischung des Cr_2O_3 aus einem entsprechenden Lösungsgemisch durch

---

[1]) Kleinere künstliche Rubinkristalle waren nach M. Bauer (Edelsteinkunde, S. 318) bereits früher von Frémy durch Zusammenschmelzen eines Gemisches von amorpher Tonerde, Kaliumkarbonat, Fluornatrium und doppelt chromsaurem Kali in porösen Tiegeln gewonnen worden, ferner einer freundl. Mitteilung durch Herrn A. Miethe zufolge in der Kgl. Porzellanmanufaktur in Meißen um 1900 durch Sublimation.

gemeinsame Fällung des Aluminium- und Chromoxyds. Auf weitgehende Reinheit des Aluminiumoxyds sei Wert zu legen, da sonst die Rubinschmelze eine wenig erwünschte orangefarbige Nuance annehme. Die periodische schichtenweise Zuführung dieses Rohmaterials zu dem in Bildung begriffenen Schmelzkörper erfolgte mittels eines siebförmigen Vorratsbehälters P, der in der oberen Apparaturerweiterung C zentrisch aufgehängt war und vermöge eines nach außen geführten Stiels E durch eine elektromagnetisch vom Beobachtungsplatz zu betätigende Klopfvorrichtung MBA in einstellbarem Maße zur Abgabe von Aluminiumoxyd erschüttert werden konnte. Das durch diese Erschütterungen aus dem Vorratsgefäß P heraustretende Aluminiumoxydpulver fiel in das Sauerstoffbrennerrohr a und wurde hier durch den nach unten hin ausströmenden Sauerstoff durch die Flamme hindurch gegen den darunterstehenden Tonderdezylinder z geführt, wo die Pulvermasse zunächst zu einem dünnen gesinterten Stiel aufwuchs. Durch vorsichtige, präzise Regulierung der Flammengröße und Mischung schmolz VERNEUIL die Spitze dieses Stiels zu einem Rubinkügelchen zusammen und vergrößerte dann diese Kugel allmählich durch periodisches Aufstäubenlassen weiterer Oxydschichten und Schmelzen derselben. Ein seitlicher Schlitz im Ofen R erlaubte dabei, das Fortschreiten der Rubinbildung zu beobachten. (Der Mittelteil des Brenners war gegen die Hitzerückwirkung durch eine Wasserkühlung T geschützt.) Es gelang VERNEUIL mit der vorliegenden Apparatur eiförmige Schmelzstücke in farbloser Art wie beliebig satter Färbung bis zu Gewichten von 3 g, entsprechend 15 Karat, zu gewinnen. Vollkommen rein geschliffene Stücke von mehr als $^1/_4$ Karat ließen sich indes damals erst selten erhalten, da die innere Hauptmasse der größeren Schmelzstücke doch mehrfach durch Blasen und Sprünge getrübt war. Im übrigen glichen die gewonnenen künstlichen Rubine in allen physikalischen Eigenschaften vollkommen den Naturrubinen.

Das VERNEUILsche Verfahren hat im weiteren Verlauf von anderer Seite (in Deutschland beispielsweise von MIETHE) wesentliche Vervollkommnungen erfahren, sowohl hinsichtlich der Größe klarer Rubinkristalle, wie hinsichtlich der Fabrikationsverbilligung zur Massenherstellung kleiner Lagersteine für Uhren, Elektrizitätszähler usw. und der Ausdehnung der Färbungsmöglichkeiten. Als färbende Zusätze zum Aluminiumoxyd (Korund) kommen neben Kobaltoxyd, das blaue Saphirfarben ergibt, Titan, Vanadin, Mangan und Eisen in Betracht. Auch künstliche Spinelle von der Zusammensetzung $MgO \cdot Al_2O_3$ werden in ähnlicher Weise gewonnen. Von entscheidendem Einfluß zur Erzielung großer klarer Kristalle ist nach MIETHE genaue Temperaturregelung, die bis auf Bruchteile eines Grades so geführt werden muß, daß das Aufschmelzen des allmählich zugeführten Rohstoffpulvers nur in einer äußerst dünnen Schichtdicke erfolgt, die noch innerhalb der Kristallisationswirkungssphäre liegt.

19. Anwendung des Sauerstoffgebläses beim Metallspritzverfahren. Ein anderes physikalisch interessantes und industriell bedeutsam gewordenes Anwendungsgebiet haben die Schmelzgebläse in dem von M. U. SCHOOP ausgearbeiteten Metallspritzverfahren gewonnen. SCHOOP wurde zu dieser Verwendung durch die Beobachtung geführt, daß Bleischrote, welche auf einem Schießstand aufeinandertreffen, eine innige Verbindung erfahren. Sein Verfahren besteht im wesentlichen darin, daß fein zerteilte, z. B. unter Verflüssigung zerstäubte Metalle mit großer Geschwindigkeit auf eine zu metallisierende Unterlage geschleudert werden, wobei festhaftende metallische Überzüge entstehen[1]). Die praktische Ausführung geschieht in der Weise, daß mittels einer Flamme

---

[1]) Vgl. H. GÜNTHER u. M. U. SCHOOP, Das Schoopsche Metallspritzverfahren, Stuttgart 1917. Über die neuere Ausbildung des Verfahrens unter Anwendung elektrischer Licht-

hoher Temperatur, vorzugsweise durch ein Knallgasgebläse, Metalle in Draht- oder Pulverform zum Schmelzen gebracht, unmittelbar darauf durch einen Preßluftstrahl zerstäubt und auf den zu metallisierenden Gegenstand aufgeschleudert werden.

Die ausgedehnteste Verwendung hat zur Zeit das Drahtspritzverfahren erlangt, das mit der handlichen Gaspistole (Spritzpistole oder Metallisator genannt) ausgeübt wird. Jede Spritzpistole besteht aus einem von einer kleinen Aluminiumpreßluftturbine betätigten Mechanismus zum Vorschub des zu zerstäubenden Drahtes und einem damit zusammengebauten Spritzbrenner, bei dem der Schmelzdraht axial aus der Brennermündung heraustritt und in seinem verflüssigten Ende durch einen Preßluftstrahl von etwa 3 Atm. Druck, der den Schmelzbrenner konzentrisch umhüllt, in feiner Zerstäubung fortgeschleudert wird. Der Brenner arbeitet hierbei zweckmäßig mit Brenngasüberschuß (Wasserstoff oder Leuchtgas oder Azetylen), um das im Innern des Spritzstrahls zerstäubte feinverteilte Metall möglichst vor Oxyd zu bewahren. Zum Vorschub des Drahtes dient neuerdings ein nach Art von Gewindeschneidbacken wirkender Mechanismus.

Zur Verwendung in der Gasspritzpistole eignen sich Blei, Zink, Aluminium, Kupfer, Nickel, Eisen, verschiedene technische Legierungen, wie Messing, Bronze, Konstantan, Neusilber, Chromnickel, Silber, Gold, Platin. Überraschenderweise kann man den feinzerstäubten Metallstrahl auch bei hochschmelzenden Metallen auf sehr temperaturempfindlichen Flächen, z. B. auf Papier, auf photographischen Schichten (zwecks Erzeugung von Aufsichtsbildern durch rückwärtige Verspiegelung), und selbst auf der menschlichen Haut gefahrlos auffangen. Nach Ansicht von SCHOOP dürfte dies auf die momentan nach dem Auftreffen einsetzende vorbeistreichende kühlende Wirkung des begleitenden Preßluftstrahls zurückzuführen sein.

Der Gefahr der Oxydierung des zerstäubten Metalles wirkt die Plötzlichkeit der Erhitzung und die Kürze der Erhitzungsdauer günstig entgegen.

Hierauf beruht nach SCHOOP die Möglichkeit, selbst unedle Schwermetalle wie Kupfer und Eisen in verflüssigtem fein zerstäubten Zustand zu einem oxydfreien Überzug aufzuspritzen, obschon das Leuchten ihres Zerstäubungsstrahls deutlich die hohe Glühtemperatur dieser Metallteilchen aufzeigt.

c) Verbrennung fester Stoffe.

20. Allgemeines. Die Erzeugung hoher Temperaturen durch Verbrennung fester Körper, die wohl die älteste und industriell und metallurgisch auch heute noch wichtigste Form der mittelbaren Erhitzung darstellt, ist in der alten Form der Verbrennung kohlenstoffhaltiger Substanzen für Laboratorienzwecke neuerdings stark in den Hintergrund getreten, da die Erhitzungsmöglichkeiten durch Gasverbrennung und elektrothermische Prozesse mannigfaltiger gestaltbare und besser regulierbare Heizmöglichkeiten ergeben.

Als Vertreter der Öfen mit Kohlenstoffheizung sei nur der einfache Schachtofen mit Koksheizung kurz erwähnt, der seiner Einfachheit halber für gewisse Aufgaben nützliche Dienste im Laboratorium zu leisten vermag, da Tiegel in ihm teilweise einen wesentlich geringeren Verschleiß erfahren als in Gebläseöfen[1]).

---

bogenschmelzung und die Ausdehnung auf hochschmelzende Metalle wie Molybdän, Wolfram vgl. Ziff. 47 sowie W. KASPEROWICZ u. W. SCHOOP, Halle: Marhold 1920, und H. ARNOLD, ZS. f. anorg. Chem Bd. 99, S. 67. 1917.

[1]) Vgl. K. GOLDSCHMIDT, Aluminothermie 1925, S. 62.

Bei dem Schachtofen nach Deville wird Gaskoks als Feuerungsmaterial unter Zuführung von Gebläseluft verbrannt. Bei 10 cm Schachtweite, 40 cm Schachthöhe läßt sich beispielsweise ein Tiegel von 4,5 cm Durchmesser und 5 cm Höhe auf etwa 2000° erhitzen, allerdings unter Inkaufnahme einer ca. 40 cm hohen Flammenbildung. Ausführliche Übersichten über größere Feuerungs-anlagen für feste Brennstoffe findet man u. a. in Ullmann, Enzyklopädie der technischen Chemie, Bd. V, S. 465 bis 506. Berlin 1917.

21. Theorie von Nusselt über Kohleverbrennung auf Rostfeuerungen. Mit den Vorgängen bei der Verbrennung und der Vergasung der Kohle in Rostfeuerungen hat sich in neuerer Zeit insbesondere W. Nusselt[1]) eingehend beschäftigt. Nusselt zeigte, daß die hier sich abspielenden Vorgänge im wesentlichen physikalische Fragen sind und durch sichtbare und molekulare Strömungen (Diffusion) geleitet werden. Er stellt sich die Aufgabe, an einem dauernd bis zu bestimmter Höhe H (Abb. 15) beschickten ebenen Rost die Zusammensetzung der Gase in verschiedenen Schichthöhen, die dort herrschenden Temperaturen und die in der Zeiteinheit

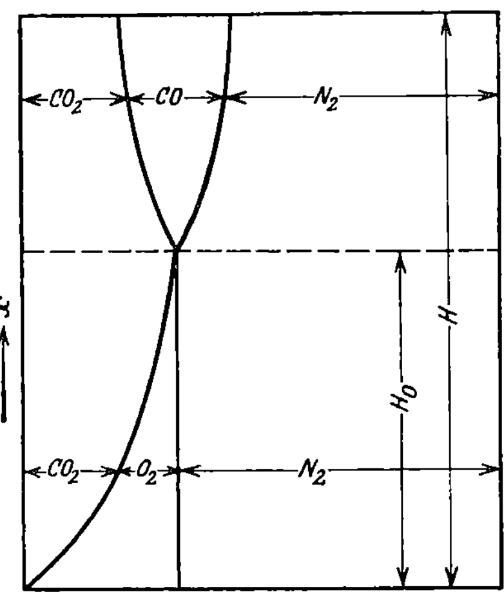

Abb. 15. Änderung der Gaszusammensetzung mit dem Abstand vom Rost.

verbrennenden Kohlenmengen zu bestimmen, ferner zu ermitteln, wie sich diese Größen mit der Menge der zugeführten Frischluft ändern.

Über dem Rost setzt die Verbrennung nach der statischen Verbrennungsgleichung $C + O_2 = CO_2 + h_1$ ein, wobei h_1 der Heizwert ist, der nach der Kirchhoffschen Formel von der Verbrennungstemperatur abhängt. In den höheren Kohleschichten über dem Rost nimmt der Sauerstoffgehalt der hindurchstreichenden Verbrennungsluft immer mehr ab, bis in einer bestimmten Höhe H_0 aller Sauerstoff verbraucht ist. In Höhen größer als H_0 verbrennt die Kohle zu Kohlenoxyd unter Zerlegung der vorher gebildeten Kohlensäure nach der Reaktionsgleichung $C + CO_2 = 2CO - h_2$ unter Wärmeverbrauch und Volumenvergrößerung (bei $15°$ $h_2 = 38250$ WE). Die bisherige Betrachtung erstreckte sich auf die Änderung der mittleren Gaszusammensetzung in Ebenen parallel zum Rost. Um einen genaueren Einblick in die

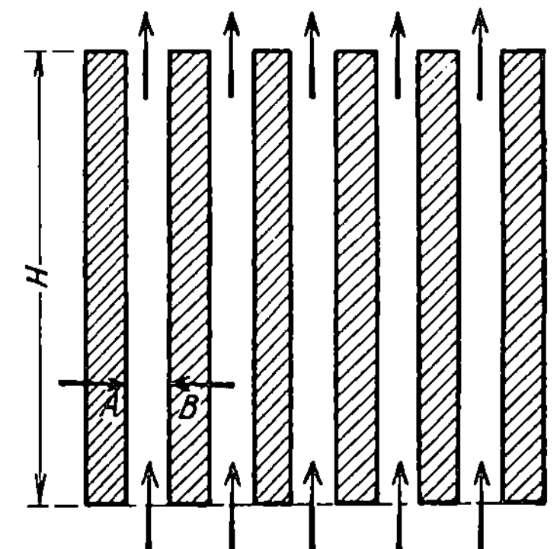

Abb. 16. Ideelles Kohlenbett.

Verbrennung, insbesondere in die Veränderung der Gaszusammensetzung in den Räumen zwischen Kohlenstücken gleicher Schichtlage zu gewinnen, macht Nusselt die vereinfachende Annahme, daß die verbrennende Kohle statt aus einzelnen Kohlekörnern aus einzelnen Kohleplatten gebildet sei, die parallel zueinander und senkrecht auf den Rost gestellt seien (Abb. 16). Die auf die Kohlenwände bei A und B treffenden Sauerstoffmoleküle werden unter Bildung einer CO_2-Schicht sofort verbrannt. Das Vordringen von neuem Sauerstoff aus der sauerstoffreichen Mittelschicht

---

[1]) W. Nusselt: ZS. d. Ver. d. Ing. Bd. 60, S. 102. 1916.

nach der Wand erfolgt nun nach NUSSELTS Auffassung nach den Gesetzen der Diffusion, indem Sauerstoff aus dem Innern des Gases nach der Wand und Kohlensäure von der Wand nach dem Innern diffundiert. Die dabei resultierende

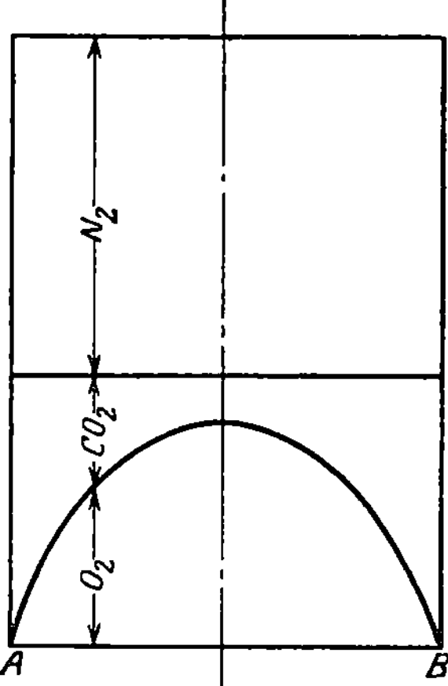

Gaszusammensetzung wird in ihrer Veränderlichkeit längs AB durch Abb. 17 veranschaulicht. Die Menge der pro cm² Kohlenfläche bei A und B in der Zeiteinheit verbrannten Kohle ist also lediglich abhängig von der Diffusionsgeschwindigkeit, also von einer rein physikalischen Größe. Die schwierige rechnerische und zahlenmäßige Ermittelung der hiernach entstehenden Verbrennungsprodukte gelingt NUSSELT durch den Kunstgriff der Vergleichung der Vorgänge mit der genauer untersuchten Wärmeübertragung von einer festen Wand auf ein an ihr entlang strömendes Gas, für welche die gleichen Grundgesetze gelten. Aus der von ihm abgeleiteten dynamischen Verbrennungsgleichung ergibt sich, daß das entstehende Kohlensäurevolumen proportional ist der Zeit, der Kohlenoberfläche, der mittleren Sauerstoffkonzentration und der der Wärmeübergangszahl entsprechenden sog. Verbrennungszahl, die NUSSELT für röhrenförmige Kohlekörper aus Wärmeversuchen berechnen kann. In der untersten

Abb. 17. Änderung der Gaszusammensetzung in einem Horizontalquerschnitt der Verbrennungszone.

Zone wird am meisten Kohle verbrannt. Der Sauerstoffgehalt nähert sich theoretisch exponentiell erst für unendliche Schütthöhe dem Wert Null; praktisch ist aber schon für eine endliche Schütthöhe aller Sauerstoff verbraucht. Es bildet

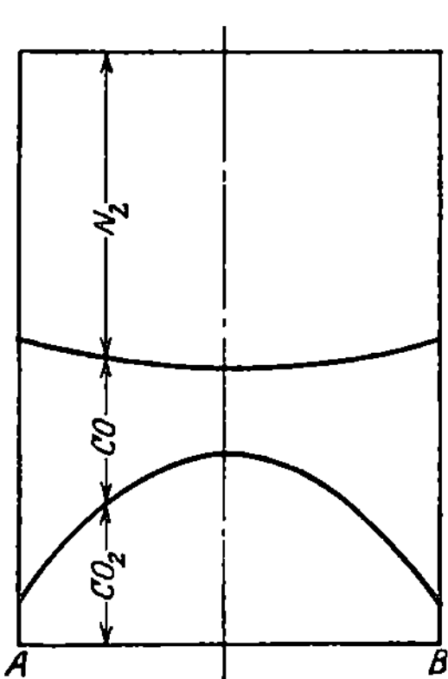

Abb. 18. Änderung der Gaszusammensetzung in einem Horizontalquerschnitt der Vergasungszone.

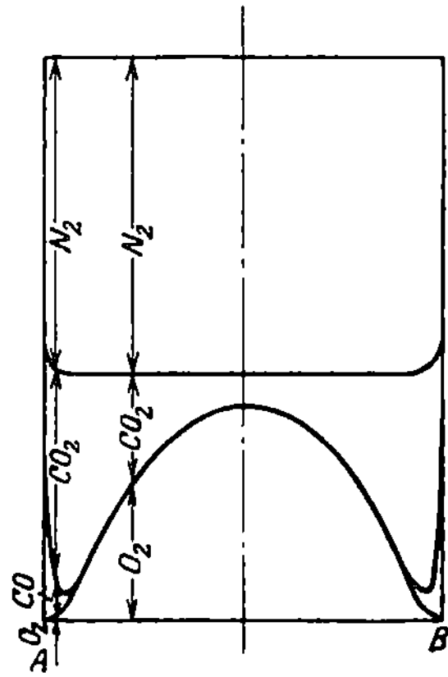

Abb. 19. Änderung der Gaszusammensetzung in einem Horizontalquerschnitt der Verbrennungszone.

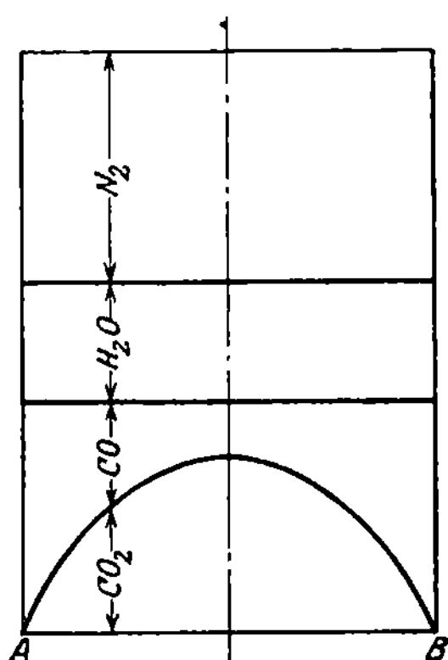

Abb. 20. Änderung der Gaszusammensetzung in einem Horizontalquerschnitt der Verbrennungszone bei der Erzeugung von Mischgas.

sich dann aus der Kohlensäure rückwärts unter Volumenvergrößerung Kohlenoxyd gemäß der der Oberflächentemperatur entsprechenden Gleichgewichtskonzentration. Man spricht in diesem Falle nicht mehr von einer Verbrennung, sondern von einer Vergasung des Brennstoffs, weil durch die Reaktion $C + CO_2 = 2CO - h_2$ ein brennbares Gas CO entsteht.

Auch das Fortschreiten der Vergasung wird durch Diffusionsvorgänge, nämlich den Diffusionsaustausch zwischen dem CO der Randoberfläche und dem CO_2 der Gasmitte bestimmt (vgl. die Abb. 18 und 19). Anschließend an die rechnerische Ermittlung der Kohlenoxyderzeugung behandelt NUSSELT dann noch die Vorgänge, die sich bei der Erzeugung von Mischgas durch Einblasen eines Wasserdampf-Luftgemisches unter den Rost abspielen; wiederum von dem Standpunkt aus, daß ein chemischer Vorgang nur an der Oberfläche der Kohle stattfindet, im übrigen aber die Änderung der Gaszusammensetzung nur durch Diffusion erfolgt. In der unteren Zone verbrennt, solange Sauerstoff noch vorhanden ist, die Kohle zu Kohlensäure unter gleichbleibender Wasserdampfkonzentration und Diffusion der Kohlensäure nach innen (vgl. Abb. 20). In den höheren, durch das Fehlen freien Sauerstoffs charakterisierten Zonen geht nach NUSSELT die Vergasung der Kohle an der Wand nach folgenden beiden Gleichungen vor sich: $C + CO_2 = 2CO - h_2$, $C + H_2O = CO + H_2 - h_3$, in beiden Fällen unter Wärmeverbrauch. (Bei $15°$ $h_2 = 38250$ WE, $h_3 = 27930$ WE.) Die Differenz beider Gleichungen ergibt die sog. Wassergasreaktion $CO_2 + H_2 = CO + H_2O - h_4$, wobei $h_4 = 10320$ WE ist. NUSSELT vertritt die Auffassung, daß im Gaserzeuger eine eigentliche Reaktion nach der Wassergasgleichung der relativ tiefen Temperatur und kurzen Zeiten wegen nicht zustande komme, vielmehr an der glühenden Kohle eine Vergasung der Kohle nach obigen beiden Gleichungen bis zum Gleichgewicht erfolge, deren Schnelligkeit lediglich durch die Diffusionsgeschwindigkeiten der 5 Gasbestandteile N_2, CO, CO_2, H_2O und H_2 bedingt sei.

22. Kohlenstaubfeuerung. Eine in neuerer Zeit für viele industrielle Zwecke auch bei kleineren Anlagen ausgebildete Art der Verbrennung kohlenstoffhaltiger Materialien ist die Verfeuerung in Staubform. Versuche, Kohle feinverteilt zu verbrennen, haben im Hinblick auf die darin liegende Möglichkeit der erleichterten Regulierung von Brennstoff- und Luftzufuhr schon sehr frühzeitig eingesetzt; doch hinderten die Schwierigkeiten, auf billigem Wege ein trockenes feines Mahlprodukt zu erzeugen, lange den erfolgreichen Ausbau dieser Bestrebungen. Bei den modernen Kohlenstaubaufbereitungen werden die zu zerkleinernden Kohlenteile in einer geheizten Rührtrommel zugleich direkt durch hindurchstreichende Verbrennungsabgase getrocknet und dann in einer Pulverisierungsmühle zu feinstem Staub zermahlen. Nach Angaben von W. NUSSELT[1] hinterläßt ein solcher Kohlenstaub auf einem Sieb von 4900 Maschen pro 1 cm^2 in üblicher Ausmahlung 10% Rückstände und besteht zu 82% aus Körnchen von höchstens 2 μ Durchmesser. Das so gewonnene, durch Ventilatorluft ausgesiebte und von Eisenstaub befreite feine Mahlgut wird bei größeren Anlagen mit geringen Mengen Druckluft von niederer Spannung zu einer emulsionsartigen Mischung verrührt, die infolge ihrer großen Beweglichkeit sich ohne großen Kraftaufwand durch lange Rohrleitungen drücken und durch Abzweigleitungen weitgehend auf die verschiedenen Verbrauchsstellen in rasch regelbarer Weise (z. B. elektropneumatisch) verteilen läßt. Die Verbrennung erfolgt, da Rostfeuerungen hierfür ungeeignet sind, durch Einblasen des Kohlenstaubes in einen mit feuerfesten glühenden Materialien ausgekleideten Raum unter Zumischung der erforderlichen Verbrennungsluft. Neben dem Vorzug der Verbrennungsanpassung an Betriebe mit schwankender Belastung ist die Wichtigkeit der Kohlenstaubfeuerung auch in der Möglichkeit begründet, selbst ganz minderwertige Brennstoffsorten, insbesondere staubförmige Brennstoffabfälle mit selbst 50% Aschengehalt zu verbrennen. Denn bei den Kohlenstaubfeuerungen scheiden die Aschenbestandteile in Form von Schlackentropfen aus dem Ver-

---

[1] W. NUSSELT, ZS. d. Ver. d. Ing. Bd. 68, S. 124. 1924.

brennungsvorgang aus, ohne wie bei den Rostfeuerungen die Luftzufuhr zu hemmen. Abb. 21 zeigt das Schema einer Kleinfeuerung in Verbindung mit einem Wärmeofen, bestehend aus einem Trichter zur regelbaren Aufnahme des Brennstoffs, einer Kohlenstaubmühle und einem Ventilator. Der letztere saugt den Staub aus der Mühle und bläst ihn entweder direkt in den Brenner oder durch eine Abscheidungsanlage hindurch in einen Vorratsbehälter, von wo er durch tangential eingeblasene Druckluft in Schraubendrehung dem Brenner zugeleitet wird.

23. Theorie der Kohlenstaubfeuerung (Nusselt). Wichtige Aufschlüsse über die physikalisch-technischen Vorgänge und Gesichtspunkte bei der Kohlenstaubverbrennung verdanken wir Untersuchungen von Nusselt, der als erster eine Theorie über den zeitlichen Verlauf der Verbrennung entwickelt und eingehend berechnet hat, von welchen Größen die Möglichkeit und die Dauer der Verbrennung abhängt. Nach Nusselt zerfällt der Vorgang der Verbrennung in 2 Teile: Zuerst ist jedes eingeblasene Kohlenteilchen auf die Selbstentzündungs-

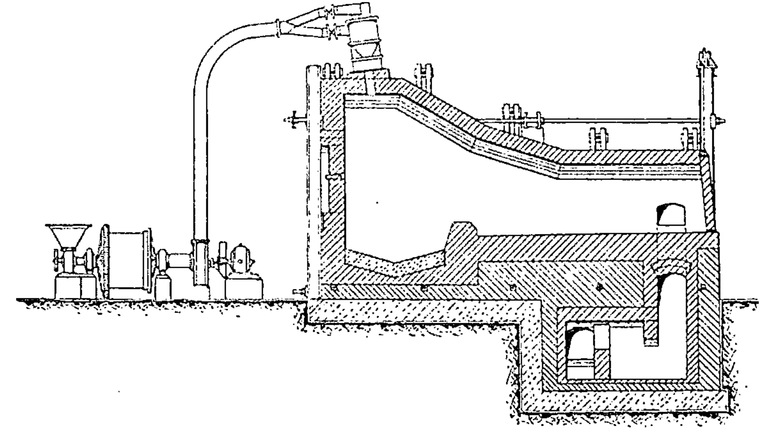

Abb. 21. Ofen für Kohlenstaubfeuerung.

temperatur vorzuwärmen, die nach Versuchen von Holm[1] bzw. Sinnatt und Moore Mitteilungen von Daiber[2] zufolge für Anthrazitkohle, Cannalkohle, Holzkohle bei etwa 250°, für Torf, Zellulose etwa bei 300°, für Gaskoks über 400° liegt, also viel tiefer als die Selbstentzündungstemperatur der brennbaren Gasgemische, die sich erst bei Temperaturen zwischen 500° und 600° entzünden. Diese Vorerwärmung geschieht entweder durch Zustrahlung von den heißen Wänden der Verbrennungskammer oder durch Zuleitung von Wärme von bereits brennenden oder schon zu heißen Verbrennungsgasen verbrannten Kohlenstaubteilchen, die den kalten durch den Brenner einströmenden Strahl des Kohlenstaub-Luftgemisches bespülen. Ist auf einem dieser beiden Wege ein Kohlenkorn auf die Entzündungstemperatur gebracht, so setzt der zweite Teilvorgang, die eigentliche, den Korndurchmesser auf Null reduzierende Verbrennung ein. Nusselt faßt diese Verbrennung als Diffusionsvorgang auf. Durch Anwendung der Gesetze des Wärmeübergangs und der Diffusion erhält er Formeln für beide Teilvorgänge und kann die Zündzeit und die Verbrennungszeit des eingeblasenen Brennstoffes berechnen. In dem von Nusselt zunächst behandelten einfachsten Fall, daß nur ein einzelnes Kohlenkorn in den heißen Feuerungsraum mit großem

[1] H. Holm, ZS. f. angew. Chem. Bd. 26. I., S. 273. 1913.
[2] F. Sinnatt u. B. Moore, nach E. Daiber, ZS. d. Ver. d. Ing. Bd. 65, S. 1289. 1921.

Luftüberschuß eingeblasen wird und seine Erhitzung lediglich durch die Wandstrahlung erfährt, erhält er aus der Energiegleichung zwischen Wärmezufuhr und -abfuhr das Ergebnis, daß die Temperatur des Kohlenteilchens einem Grenzwert zustrebt, der um so höher ist, je größer das Korn und je größer die Wandtemperatur ist. Zur Einleitung der Entzündung darf der Halbmesser des Korns nicht unter einen — von NUSSELT für verschiedene Wandtemperaturen und Entzündungstemperaturen berechneten — Grenzwert sinken. Für genügend große Kornhalbmesser kann NUSSELT dann die entsprechenden Zündzeiten ermitteln. — Bei der praktischen Ausführung der Kohlenstaubfeuerung entfällt indes auf ein Kohlenteilchen nur eine bestimmte Luftmenge, die während der Zündzeit eine merkliche Erwärmung erfährt, so daß die Temperatur der Verbrennungsluft nicht mehr konstant bleibt. Dies bewirkt, daß, wenn die Wandtemperatur des Feuerungsraums größer als die Selbstentzündungstemperatur der Kohle ist und das Kohlenstaubluftgemisch genügend lange der strahlenden Wärme der heißen Wand ausgesetzt wird, immer eine Kornentzündung erfolgt. Einen wesentlichen Einfluß bildet dabei das Winkelverhältnis der Zustrahlung, das bei dem Einzelkorn zu 1 angenommen wird, im Staubstrahl aber von der Kornzahl im cm³ abhängt, weil nach dem Staubstrahlinnern zu die Wärmestrahlung durch die äußeren Schichten teilweise absorbiert wird. Bei einer Selbstentzündungstemperatur von beispielsweise 250°, einer Wandtemperatur von 1300°, Luftüberschußzahl 1,20 und 0,5 m Durchstrahlungsweg ergibt NUSSELTS Berechnung für diesen Fall der Strahlungserhitzung von S t e i n k o h l e n s t a u b

bei einem Kornhalbmesser von $r =$ 1000   500   100   50   20   10   5   1 μ
eine Zündzeit in Sekunden von   3,3   0,89   0,108   0,41 ∞ ∞ ∞ ∞,

also für einen gewissen Korndurchmesser eine kleinste Zündzeit, die allerdings stark von dem Strahlungsweg, d. h. der Stärke des Strahls abhängt.

Die 2. Art der Entzündung des kalten Kohlenstaubes durch Wärmeübertragung von bereits vorhandenen Verbrennungsgasen behandelt NUSSELT in Anlehnung an die von ihm entwickelte Betrachtung[1]) der Verbrennung brennbarer Gasgemische. NUSSELT geht aus von einem ruhenden kalten Kohlenstaubluftgemisch, das in einer ebenen Fläche an ein brennendes oder verbranntes Gasgemisch grenzt. Aus diesem heißen Gasgemisch wird dann Wärme nach dem kalten Kohlenstaubluftgemisch geleitet. Ist durch diese Wärmezufuhr ein Kohlenteilchen auf die Selbstentzündungstemperatur gebracht, so verbrennt es und erhitzt dadurch seine Umgebung. Es strömt dann von hier Wärme zum benachbarten Kohlenteilchen, das dadurch zur Entzündung gebracht wird usw. Auf diese Weise dringt eine Art Brennfläche mit einer gewissen Geschwindigkeit (der Zündgeschwindigkeit) in das unverbrannte ruhende Staubgemisch ein.

Die integrierende Betrachtung und Berechnung ergibt, daß die Zündgeschwindigkeit der Korngröße umgekehrt proportional ist, also außerordentlich mit der Feinheit des Kohlenstaubes zunimmt; ferner, daß die Zündgeschwindigkeit mit steigender Selbstentzündungstemperatur etwas sinkt, hingegen mit der Verbrennungstemperatur und der Vorwärmung steigt. Ist die aus der Strahlungszündung folgende Zündzeit größer als die Zeit, in der ein axial dem Brenner entströmendes Kohlenteilchen zur Spitze des Brennkegels gelangt, so entzündet sich das ganze Staubluftgemisch durch Leitung; im andern Falle die inneren Teilchen durch Strahlung, die am Rande fließenden durch Leitung unter Bildung einer kegelstumpfartigen Brennfläche.

---

[1]) W. NUSSELT, Die Zündgeschwindigkeit brennbarer Gasgemische, ZS. d. Ver. d. Ing. Bd. 59, S. 872. 1915.

Für den zweiten Teil des Verbrennungsvorgangs, d. h. die Vereinigung der brennbaren Bestandteile mit dem Sauerstoff der Luft, geht Nusselt von der von ihm bereits für Rostfeuerung[1]) entwickelten Annahme aus, daß die Verbrennungsgeschwindigkeit nur von der Schnelligkeit abhängt, mit der aus dem Luftstrom Sauerstoff zur Oberfläche der Kohle gelangt, und daß der Zutritt neuer Sauerstoffmengen auf dem Wege der Gasdiffusion im Austausch mit den Verbrennungsprodukten erfolgt. Die Anwendung der Diffusionsgesetze führt Nusselt zu dem wichtigen Ergebnis, daß die Verbrennungszeit dem Quadrat der Korngröße proportional ist, ferner daß die Verbrennungszeit mit kleinerwerdendem Luftüberschuß sehr wesentlich ansteigt. (Bei nur 20% Luftüberschuß auf das 2,7fache gegenüber der bei sehr großem Luftüberschuß.)

[Über die gefährlichen Selbstentzündungen und explosiven Verbrennungsvorgänge von Kohlenstaub und anderen staubartigen Materialien in Bergwerken und Mahlbetrieben vgl. die Darlegungen von Kast[2]).]

24. Verbrennung von Metallen. Autogenes Schneiden. Die Beobachtung, daß auch Metalle bei ihrer Verbrennung eine intensive Hitzeentwicklung ergeben können, ist bereits frühzeitig gelegentlich der Verbrennung glühenden Eisens im Sauerstoffstrom gemacht worden.

Eine ausgeprägte praktische Verwertung dieser intensiven Verbrennungserscheinungen erfolgte jedoch erst sehr viel später, als Sauerstoff preiswert in größeren Mengen zur Verfügung stand, durch Menne, der 1901 im Köln-Müsener Bergwerksverein komprimierten Sauerstoff dazu verwandte, um an Hochöfen verstopfte Abstichlöcher zu öffnen[3]), sowie um überflüssige Eisenteile abzutrennen. Das Verfahren, für das sich der Name autogenes Schneiden einbürgerte, wurde später weiter ausgebildet.

Das sog. autogene Durchschneiden von Metallen gründet sich auf den Umstand, daß Eisen und eine Reihe anderer Metalle hocherhitzt in reinem Sauerstoff lebhaft verbrennen. Die Intensität der dadurch ausgelösten Hitzeentwicklung liegt darin begründet, daß die Verbrennungswärme der betreffenden Metalle bezogen auf ihre Volumeneinheit außerordentlich viel größer ist als die der besten Verbrennungsgase. (Bei Eisen z. B. ca. 12900 cal pro Liter gegen $2^1/_2$ cal pro Liter Wasserstoff.) Wird Schmiedeeisen oder Stahl an einer auf ca. 1350° vorerhitzten Stelle durch einen begrenzten, unter Druck ausströmenden Strahl möglichst reinen Sauerstoffs getroffen, so wird das Eisen an dieser Stelle rapide verbrannt und das sich bildende Eisenoxyd weggeblasen. Die bei der Reaktion frei werdende Wärme erhitzt wiederum die unmittelbar benachbarten Eisenpartien, die, soweit sie in der Richtung des scharf begrenzten Sauerstoffstrahls liegen, von diesem ebenfalls verbrannt und ausgeblasen werden, während die nicht von dem intensiven Sauerstoffstrom getroffenen Teile unverbrannt stehen bleiben. Indem dieser Vorgang sich in Richtung des Sauerstoffstroms fortsetzt, lassen sich bei geeignet gebauten und exakt bewegten Brennern außerordentlich genaue Schnittfugen relativ geringer Breite (1 bis 15 mm) selbst durch sehr dicke Materialstärken (bis zu 800 mm Dicke) in beliebiger Kurvenführung erzielen und damit exakte Zerteilungen auch an äußerst harten, sonst kaum zu bearbeitenden Stahlteilen in kurzer Zeit durchführen. Die physikalischen Bedingungen, die hinsichtlich Form und Pressung des Sauerstoffstrahls inne-

---

[1]) W. Nusselt, Die Verbrennung und die Vergasung der Kohle auf dem Rost, ZS. d. Ver. d. Ing. Bd. 60, S. 201. 1916. Vgl. Ziffer 21.

[2]) H. Kast, Spreng- u. Zündstoffe. S. 27 u. 83.

[3]) Vgl. Wis, Anzeiger f. Ind. u. Techn., Frankfurt a. M. 1907, Nr. 28; H. A. Horn, Das Trennen der Metalle mittels Sauerstoff. Halle: Knapp; Schimpke-Horn, a. a. O. S. 118; Th. Kautny, a. a. O. S. 92. R. Plieninger, ZS. f. kompr. u. flüss. Gase. Bd. 16.

gehalten werden müssen, um scharf begrenzte Schmelzzonen (enge glatte Schnittfugen) zu erhalten, sind zuerst von WIS und JODRAN (Brüssel) geklärt worden.

Eine besonders interessante Ausbildungsform stellen die für das Metall-
zerschneiden unter Wasser bis zu Wassertiefen von 40 m und Materialstärken
von 150 mm entwickelten Unterwasserschneidbrenner dar. Bei den ersten Konstruktionen wurde zunächst durch Preßluft in einem den Brenner umgebenden,
vorn offenen Gehäuse ein wasserfreier Verbrennungsraum geschaffen. Bei den
neueren Modellen ist durch Zurückstellen der inneren Schneiddüse und die
Ausbildung eines sauerstoffreichen äußeren Flammenmantels eine besondere
Preßluftzuführung entbehrlich gemacht und das Brennermundstück beweglich
gestaltet. Die Zündung erfolgt unter Wasser mittels einer durch Hochspannungs-
strom betätigten Zündkerze.

Nicht alle Metalle, selbst nicht alle Eisenarten, sind in gleichem Maße autogen
schneidbar. Die praktische Schneidbarkeit eines Metalls hängt sehr wesentlich
davon ab, ob die Temperatur, bei der es intensiv im Sauerstoffstrahl verbrennt,
und der Schmelzpunkt seines Oxyds unter seiner Schmelztemperatur liegen.
Ist diese Voraussetzung nicht erfüllt, wie beim Gußeisen, das ca. 100° unterhalb
seiner Entzündungstemperatur und seiner Oxydschmelztemperatur schmilzt, so
fließt das Metall vor seiner Entzündung unter Bildung einer unerwünscht breiten
Schmelzrinne aus. Das festbleibende Metalloxyd hindert, sich in der Schmelzrinne festsetzend, dabei den präzisen Fortgang der Schneidverbrennung. Aus
diesen Ursachen können Gußeisen, Kupfer, Aluminium, Bronze, Weißmetall,
Temperguß im Gegensatz zu Schmiedeeisen, Stahl und Stahlguß nicht oder
nur sehr unvollkommen autogen präzis durchschnitten, sondern nur durch-
schmolzen werden. Bei Kupfer und Aluminium wirkt außerdem noch die hohe
Wärmeableitung der Zertrennung hindernd entgegen[1]).

25. Aluminothermische Prozesse. Eine besondere Art der Wärmeerzeugung
durch Metallverbrennung bilden die von H. GOLDSCHMIDT[2]) zu einer intensiven
regelbaren Heizquelle gestalteten und mit seinem Bruder K. GOLDSCHMIDT und
anderen Mitarbeitern[3]) zu Anwendungen hoher Bedeutung entwickelten chemischen Vorgänge, für die H. GOLDSCHMIDT den Namen „Aluminothermie"
geprägt hat. Bei diesen Prozessen erfolgt die Metalloxydation nicht durch eine
Sauerstoffatmosphäre, sondern unmittelbar durch Wechselwirkung eines Metall-
oxyds mit einem in feiner Verteilung vermischten Metall höherer Sauerstoff-
Affinität unter Einleitung der Umsetzung durch lokale Vorerhitzung. Bei diesen
„aluminothermischen" Prozessen wird zwar ein Teil der freiwerdenden Verbrennungswärme des Zusatzmetalls für die Reduktion des Ausgangsoxyds verbraucht. Da aber andererseits die Umsetzung sehr schnell und innerhalb eines
sehr engen Volumens erfolgt, vor allem auch keine merkliche Wärmeabfuhr
durch abströmende Verbrennungsprodukte eintritt, lassen sich trotzdem höhere
Temperaturen als bei Verbrennung in gewöhnlicher Gasatmosphäre erreichen.

Als die ersten Grundlagen der Aluminothermie sind der umfassenden autori-
tativen Monographie K. GOLDSCHMIDTS zufolge[4]) Versuche von CH. und AL.
TISSIER anzusehen, welche 1856 die Fähigkeit feinverteilten Aluminiums
beobachteten, mit dazwischen gemischtem Kupferoxyd und Bleioxyd, teilweise
auch mit Eisenoxyd sich nach genügender Vorerhitzung plötzlich unter explo-

---

[1]) Erwähnung finde in diesem Abschnitt anschließend auch die hohe Hitzeentwicklung
des verbrennenden Magnesiums, dessen intensive Lichtentwicklung zuerst von BUNSEN und
ROSCOE für photochemische Zwecke ausgenutzt wurde.

[2]) H. GOLDSCHMIDT, Gesammelte Veröffentlichungen; Sitzungs-Ber. d. Vereins f. Förd.
d. Gewerbefleißes. S. 57, 1899; Österr. Chem.-Ztg. S. 265. 1903.

[3]) K. MÜLLER, F. LANGE, vgl. K. GOLDSCHMIDT, Aluminothermie. Leipzig: Hirzel 1925.

[4]) K. GOLDSCHMIDT, Aluminothermie. Leipzig: Hirzel 1925.

sionsartiger Wärmeentwicklung umzusetzen. Ähnliche Arbeiten wurden in der Folgezeit von Wöhler, Beketoff, Cl. Winkler, Greene und Wahl, Vautin, Moissan in der Absicht durchgeführt, auf diese Weise schwer reduzierbare oder schwer schmelzbare kohlefreie Metalle zu gewinnen.

Alle diese Methoden waren aber in ihrer Anwendbarkeit und Verwertung dadurch beschränkt, daß die zur Einleitung der chemischen Umsetzung angewandte allgemeine Vorerwärmung des Gemisches dieses zu explosionsartiger Reaktion und Erhitzung brachte.

Den Weg zur regelbaren Ausnutzung dieser Heizquelle fand H. Goldschmidt bei der Fortsetzung der Vautinschen Arbeiten in der erkannten Möglichkeit, daß die gewissermaßen als brennbarer Stoff aufzufassende kalte Metalloxyd-Aluminium-Mischung durch lediglich lokale, hohe Vorerhitzung von selbst zum mäßig schnellen Weiterbrennen gebracht werden könne bzw. daß der Prozeß durch Zugeben weiterer Mischungsmengen auf große Materialmengen regelbar ausgedehnt werden könne.

H. Goldschmidt prägte hierfür die Bezeichnung: „Thermitreaktion". Er definiert dabei[1]) die Thermitreaktion als eine solche Umsetzung, bei der eine oder mehrere reduzierend wirkende Metallegierungen oder Metalle auf eine Metallverbindung derart einwirken, daß das Gemisch, an einer Stelle zur Entzündung gebracht, von selbst weiterbrennt, so daß sich unter völliger Oxydation des aktiven Elements eine flüssige Schlacke bildet und das reduzierte Metall sich als einheitlich geschmolzener Regulus abscheidet. (Falls ein Überschuß des zu reduzierenden Materials gewonnen wird, ist das reduzierte Metall frei oder praktisch frei von dem zur Reduktion verwandten Metall.) Der selbständige Weiterverlauf der Thermitreaktion setzt als wärmetheoretisches Kennzeichen voraus, daß die allgemeine aluminothermische Reaktion zwischen einem Metall und einem Metalloxyd oder einem anderen Metallsalz

$$MO + M_1 = M + M_1O + x\,\text{cal}$$

exotherm verläuft[2]). Als hierfür besonders geeignetes Hilfsmetall M_1 kommt, seiner hohen Verbrennungswärme und relativen Wohlfeilheit wegen, vor allem Aluminium in Betracht, dessen Verbrennungswärme, wie aus der Tabelle 3 hervorgeht, nur von wenigen Elementen übertroffen wird.

Für die zur Erzeugung hoher Temperaturen, insbesondere zu Schweißzwecken vorzugsweise benutzte Aluminium-Eisenoxyd-Reaktion $Fe_2O_3 + Al_2 = Al_2O_3 + Fe_2$, bei der neben flüssigem Eisen geschmolzene Tonerde Al_2O_3 entsteht, hat H. Goldschmidt die Wärmebilanz mehrfach berechnet und experimentell untersucht. Nach der Rechnung werden bei der Umsetzung von 1 kg Thermitmischung (bestehend aus ca. 3 T. Fe_2O_3 und 1 T. Al) ca. 850 kcal, übereinstimmend mit kalorimetrischen Messungen, frei. Die direkte kalorimetrische Nachprüfung ergab 815 bis 842 disponible Kalorien. Diese aluminothermische Reaktion ist nach H. Goldschmidt[4]) des-

Tabelle 3. Verbindungswärmen für 1 kg Element mit Sauerstoff. Nach den Tabellen von Landolt-Börnstein bzw. Strauss[3]).

H zu	H_2O	= 34553	kcal
C „	CO_2	= 7859	„
Al „	Al_2O_3	= 7140	„
Mg „	MgO	= 6010	„
P „	P_2O_5	= 5745	„
Ca „	CaO	= 3284	„
Fe „	FeO	= 1553	„
Zn „	ZnO	= 1291	„
Cu „	CuO	= 594	„
Bi „	Bi_2O_3	= 95,5	„
Ag „	Ag_2O	= 27,3	„

---

[1]) H. Goldschmidt, ZS. f. Elektrochem. 1908, S. 558.
[2]) K. Goldschmidt, Aluminothermie S. 26. Leipzig: Hirzel 1925.
[3]) Laboratorium von Friedrich Krupp, Essen; K. Goldschmidt, a. a. O. S. 27.
[4]) K. Goldschmidt, ebendort S. 30.

wegen außerordentlich wirkungsvoll, weil sie in außerordentlich kurzer Zeit (bei 10 kg Thermitgemisch in etwa 1 bis 2 Sek.) erfolgt. Selbst bei nur 300 kcal sekundlicher Wärmeabgabe entspreche dies bereits einer sekundlichen Bogenlampenschmelzleistung von etwa 30000 Amp. und 40 Volt.

Die bei der Thermitreaktion auftretende Maximaltemperatur ist noch nicht sicher bekannt. H. GOLDSCHMIDT schätzte sie zu etwa 3000°[1]).

Zur Einleitung der „Thermitreaktion", d. h. zur Herstellung der Reaktionstemperatur an einer Stelle des Thermitgemisches dient eine Initialzündung durch Zündkirschen aus Superoxyden mit feinverteiltem Aluminium (meist eine Bariumsuperoxyd-Aluminium-Mischung), die ihrerseits mit einem langen, am Ende glühend gemachten Eisenstab entzündet werden. Leichter entzündlich, z. B. durch lediglich Hinzufügen eines Wassertropfens, erwiesen sich Zündmischungen aus Aluminium mit Natriumsuperoxyd- oder Kalziumkarbidpulver.

26. Anwendungen der Aluminothermie. Die von GOLDSCHMIDT und seinen Mitarbeitern entwickelten Anwendungen der Aluminothermie haben sich entsprechend der in den aluminothermischen Gemischen vorhandenen doppelten (chemischen und wärmetechnischen) Kraftquelle nach 2 Richtungen hin vollzogen: a) zur Reindarstellung kohlenstofffreier Metalle, besonders der schwerschmelzbaren, wie Chrom, Mangan, Molybdän, Ferrochrom, Ferrowolfram, Chromkupfer, Mangankupfer, Ferrobor, Ferrovanadin, Ferrotitan; b) in Richtung der Verwertung der frei werdenden Wärmemengen zu Schweiß- und Schmelzzwecken.

Als Nebenprodukt der aluminothermischen Verfahren ergibt sich hochprozentige Tonerde, die besonders in der Form der bei der Chromherstellung entfallenden Schlacke als künstlicher Korund und Korubin zu Schleifmaterialien, Gefäßen, Tiegeln verwertet wird. In Hohlräumen dieser Schlacken finden sich vielfach kleine Rubinkristalle, die ihrer Nadel- oder Plättchenform wegen zwar als Edelsteinschmuck nicht in Betracht kommen, aber für mineralogische Zwecke ein willkommenes Material bilden.

Die Bedeutung der zu a) genannten Anwendungsgebiete liegt vor allem darin, daß die nach dem GOLDSCHMIDTschen Verfahren herstellbaren Metalle weitgehend frei von Kohlenstoff erhalten werden im Gegensatz zu den in Schachtöfen oder elektrischen Öfen erhaltenen karbidhaltigen Reduktionsprodukten; ein Faktor, der für die Herstellung gut verarbeitbarer Metallegierungen von außerordentlicher Wichtigkeit ist.

Chrom und Ferrochrom, Chrommangan bilden neben Wolfram, Ferrowolfram und Nickel wichtige Grundstoffe der Stahlindustrie für hochwertige Spezialstähle (Chromnickelstähle). Hochprozentige Chromzusätze ergeben rostfreie säurebeständige Stähle. Das zuzusetzende Chrom muß indes weitgehend kohlefrei sein, da schon wenige Zehntel Prozent Kohlenstoff die Weiterverarbeitung unmöglich machen. Aluminothermisch als Reinmangan, Mangankupfer, Ferromangan gewonnenes Mangan findet als Legierungszusatz zu Kupfer, Messing, Bronze, Nickel, Aluminium (Duralumin), ferner als Desoxydationsmittel mannigfaltige, umfangreiche Verwendung. Ähnliches gilt für Ferrotitan, dessen Titangehalt, schon in geringen Mengen flüssigem Stahl zugesetzt, neben Sauerstoff auch gelösten Stickstoff bindet und hierdurch die Bruchfestigkeit erhöht. Vielfach erfolgt die Zuführung des Titan durch Untertauchen von sog. Titanthermitbüchsen in das flüssige Stahlbad, weil die Einlegierung von Titan und Ferrotitan in statu nascendi erleichtert vor sich geht. Besondere Veredlungswirkungen sind auch dem in großen Mengen hergestellten Ferrovanadium eigen. Aluminothermisch hergestelltes, leicht lösliches Nickel findet als Gußeisenzusatz zur

---

[1]) K. GOLDSCHMIDT, Aluminothermie S. 42. Leipzig: Hirzel 1925.

Erhöhung der Alkalibeständigkeit Verwendung; Kobalt als wichtiger Legierungszusatz zur Gewinnung besonders leistungsfähiger Werkzeugstähle (BECKER). Von den hochschmelzenden Metallen sind besonders die aluminothermisch gewonnenen Molybdänkombinationen mit Eisen, Nickel, Chrom wegen der Möglichkeit, mit ihnen Molybdän leicht und gleichmäßig als Legierungsbestandteil in Stahlbädern auflösen zu können, von Wert geworden.

Als geeignetstes Tiegelmaterial zur Durchführung reiner Metallabscheidungen haben sich Eisentiegel mit Magnesitauskleidung erwiesen, bei denen dem Magnesit als Bindemittel Teer zugesetzt ist, der vor dem Gebrauch herausgebrannt wird. Auch das relativ schnell an der Tiegelwand vor sich gehende Erstarren einer dünnen Tonerdeschicht wirkt schutzbefördernd.

Ausgedehnte wärmetechnische Anwendungen gemäß b) zum Schweißen von Schienenverbindungen[1]), gebrochenen Maschinen- und großen Schiffsteilen, zur Herstellung von Ansätzen, zum Guß kleiner Eisenteile, verstärktem Entgasen von Stahlgüssen, Auftauen von porösen Gußköpfen, Treiben von Torpedos, für Brandgeschosse, Erwärmen von Konserven usw. haben die GOLDSCHMIDTschen Reaktionen vor allem in der von GOLDSCHMIDT speziell als „Thermit" bezeichneten Aluminium-Eisenoxydmischung gefunden, bei der zugleich flüssiges Eisen gebildet wird.

27. Aluminothermische Reaktionen mit anderen Metallen. GOLDSCHMIDT hatte bereits darauf hingewiesen[2]), daß für rein thermische Erwärmungszwecke auch das billigere Rohaluminium sowie Gemische mit anderen Stoffen, wie Magnesium und Kalziumkarbid, zur Thermitreaktion Verwendung finden könnten. Hieran anknüpfend haben MUTHMANN, WEISS und AICHEL[3]), ferner RIEDELBACH[4]) die Reduktionsfähigkeit des aus Abfällen der Thoriumnitratfabrikation gewonnenen zerit- und ytterhaltigen Mischmetalls mit anderen Metallen vergleichend bestimmt und folgende Bildungswärmen gemessen:

Tabelle 4.
Verbrennungswärmen von Metallen pro kg Metall.

Ein Gramm:	entwickelt:
Mischmetall	1655,5 kcal
Lanthan	1062,1 ,,
Neodym	1506,1 ,,
Magnesium	5870,8 ,,
Praseodym	1466,8 ,,
Aluminium	7140,0 ,,
Cer	1603,2 ,,

Als Vorzug des Mischmetalls, insbesondere für wissenschaftliche Metallreduktionen, ergab sich die leichte Schmelzbarkeit seines Oxyds und die niedrige, bei ca. 150° liegende Entzündungstemperatur, die eine sehr schnelle Reaktion und hohe Wärmekonzentrierung zur Folge hat und von den vorstehenden Autoren zur Abscheidung von Niob, Tantal, Vanadium benutzt wurde. Mit der Verwendung von Kalzium, das durch die Arbeiten der Elektrochemischen Werke in Bitterfeld in größeren Mengen verfügbar wurde, haben sich BECKMANN und GOLDSCHMIDT befaßt. GOLDSCHMIDT empfahl wegen der außerordentlichen Schwerschmelzbarkeit des Kalziumoxyds ein Gemisch von 2 Teilen Kalzium mit 1 Teil Silizium, das pro kg Mischung 720 kcal, also nur 100 kcal weniger als der gewöhnliche Thermit, ergäbe, aber speziell für die Stahlraffinerie den Vorteil einer wesentlich leichter flüssigen Schlacke besitze. Versuche mit einer ebenfalls von GOLDSCHMIDT vorgeschlagenen Mischung von 40% Kalzium-Thermit und 60% Aluminium-Thermit, die 880 kcal und eine besonders leichtflüssige Schlacke ($3\,CaO - 2\,Al_2O_3$) liefert, haben W. PRANDL und B. BLEYER[5]) durchgeführt.

[1]) K. GOLDSCHMIDT, Aluminothermie S. 90a, Tafel I. Leipzig: Hirzel 1925.
[2]) K. GOLDSCHMIDT, ebendort S. 81.
[3]) Liebigs Ann. d. Chem. Bd. 337, S. 370. 1904. K. GOLDSCHMIDT, ebendort S. 82.
[4]) RIEDELBACH, Liebigs Ann. d. Chem. Bd. 355, S. 58. 1907.
[5]) W. PRANDL u. B. BLEYER, ZS. f. anorg. Chem. Bd. 64, S. 217; vgl. auch B. NEUMANN, Lehrb. f. chem. Technol. u. Metallurg. Leipzig: Hirzel 1923.

28. Erzeugung hoher Temperaturen durch explosive Vorgänge[1]). In den vorhergehenden Ziffern ist bereits mehrfach darauf hingewiesen worden, daß bei Steigerung der Reaktionsgeschwindigkeit zu explosionsartiger chemischer Umsetzung besonders hohe Temperaturen auftreten können, weil bei der rapiden Wärmeentwicklung die Wärmeverluste im Anfang sehr gering sind. Wichtige Anwendungen starker Temperatursteigerungen bei ausgeprägten Explosivvorgängen bilden beispielsweise die explosiven Gasverbrennungen in den Explosionsmotoren und Gasturbinen, bei denen die Eigenerhitzung des explodierenden Gemisches zwecks erhöhter Arbeitsleistung gleichzeitig mit thermodynamischer Verdichtungserwärmung und Wärmeaufnahme aus der Umgebung verbunden wird[2]). Versuche über die durch Explosion von sehr hochverdichteten Gasgemischen erreichbaren hohen Temperaturen hat PARSONS[3]) in der Weise vorgenommen, daß er ein stark verdichtetes Gemisch von Azetylen und Sauerstoff in einem zylindrischen Hohlraum durch einen Gewehrschuß zur Explosion brachte. Der Explosionsdruck stieg hierbei bis auf 16000 kg/cm², was nach der Berechnung von St. S. Cook[4]) einer maximalen Momentantemperatur von 15250 bis 17700° entspricht[5]).

Auch bei den flüssigen und festen Explosivstoffen im engeren wissenschaftlich-chemischen Sinne ist nach Kast[6]) die Wärmeentwicklung von großer Bedeutung. Als Anwendungsformen flüssiger und fester Explosivstoffe, bei denen thermische Wirkungen vorzugsweise angestrebt werden, sind neben den bereits im vorigen Abschnitt kurz erwähnten explosiven Brandgeschossen besonders diejenigen explosiven Zündmittel[7]) zu nennen, deren Zündwirkung in der Bildung einer Stichflamme besteht. Hingewiesen sei des weiteren auf die Schieß- und Treibmittel (Schießpulver), sowie die Aluminiumsprengstoffe[8]), bei denen die entstandenen Gase durch die anschließende Aluminiumverbrennung nachgeheizt werden; ferner auf die Gruppe der Sprengelschen Sprengstoffe[9]), bei denen die explosiven Komponenten, z. B. Nitrobenzol und Stickstofftetroxyd, erst kurz vor der Detonation gemischt werden, endlich auf die Flüssigluftsprengstoffe nach C. Linde[10]) (Mischungen organischer Substanzen mit flüssiger Luft).

Die Bestimmung der bei der explosiven Verbrennung entstehenden hohen Maximaltemperaturen ist experimentell noch nicht genügend exakt durchführbar. Man ist im wesentlichen auf ihre Berechnung angewiesen[11]), indem man entweder nach Bunsen und Schikkoff von der Wärmemenge und der spezifischen Wärme der Explosionserzeugnisse ausgeht oder nach Bunsen die Höchsttemperatur aus dem experimentell ermittelten Druckwert ableitet. Ein etwas modifizierter von Wolff[12]) vorgeschlagener Berechnungsweg sucht die Temperatur auf Grund

---

[1]) H. Kast, Spreng- u. Zündstoffe. S. 16, 24 u. 34. Über die physikalischen Vorgänge bei Gasexplosionen vgl. auch Ziffer 13.

[2]) W. Nernst, Phys.-chem. Betrachtungen über den Verbrennungsprozeß in Gasmotoren, S. 19. Berlin 1905.

[3]) Parsons, Nature Bd. 104, S. 710. 1920.

[4]) St. S. Cook, Nature Bd. 104, S. 711. 1920; vgl. auch Ziffer 5.

[5]) Über die bei adiabatischer Kompressionszündung explosiver Gasgemische auftretenden Temperaturen vgl. Ziffer 2.

[6]) H. Kast, Spreng- u. Zündstoffe S. 16.

[7]) H. Kast, ebendort S. 402.

[8]) H. Kast, ebendort S. 378; Aluminium z. B. mit Ammonsalpeter oder Nitroglyzerin und etwas Kohle gemischt.

[9]) H. Kast, ebendort S. 386.

[10]) H. Kast, ebendort S. 388.

[11]) H. Kast, ebendort S. 58; vgl. vor allem die Arbeit von H. v. Wartenberg, ZS. f. Elektrochem. Bd. 30, S. 351. 1924; Bunsen u. Schichkoff, Pogg. Ann. Bd. 102, S. 343. (1857), Bd. 131, S. 161, 162. (1867).

[12]) Wolff, Jahresber. d. Mil.-Vers.-Amts Bd. 4, 126, (1897).

der kinetischen Gastheorie aus Druck, Dichte und mittlerer molekularer Geschwindigkeit zu bestimmen.

Einen nach diesen Verfahren gewonnenen Überblick über die wahrscheinlichen Explosionstemperaturen einiger fester und flüssiger Sprengstoffe gibt die aus KAST, Die Spreng- und Zündstoffe, S. 70 u. 71. Braunschweig: Vieweg 1921, entnommene Tabelle 5:

Tabelle 5. Explosionstemperaturen von Sprengstoffen.

Schwarzpulver	75 Tle. Kalisalpeter 10 Tle. Schwefel 15 Tle. Kohle	2380°
Schießbaumwolle, trocken (13% Stickstoff)	$C_{24}H_{29}O_9(ONO_2)_{11}$ $C_{24}H_{30}O_{10}(ONO_2)_{10}$	3100°
Trinitrobenzol	$C_6H_3(NO_2)_3$	3540°
Pikrinsäure	$C_6H_2 \cdot OH \cdot (NO_2)_3$	3230·°
Nitroglyzerin	$C_3H_5(ONO_2)_3$	4250°
Gurdynamit	75 Tle. Nitroglyzerin 25 Tle. Kieselgur	3420°
Sprenggelatine	92 Tle. Nitroglyzerin 8 Tle. Kollodiumwolle	4300°
Gelatinedynamit		3700°
Ammonsalpeter	NH_4NO_3	1500°
Ammonal (T-Ammonal) . . .	46 Tle. Ammonsalpeter 30 Tle. Trinitrotoluol 22 Tle. Aluminium 2 Tle. Rotkohle	4050°?
Cheddit Typ. 60	79 Tle. Kaliumchlorat 15 Tle. Dinitrotoluol 1 Tl. Nitronaphthalin 5 Tle. Rizinusöl	4500°?
Knallquecksilber	$Hg\langle^{ONC}_{ONC}$	4350°?

Nach Berechnungen von RÜDENBERG[1]) entwickeln sich am Kopf einer starken Explosionswelle für diese nur $^1/_{1000}$ mm starke Schicht Temperaturen bis 10000°. Beim Aufeinanderprallen zweier Explosionswellen können nach H. v. WARTENBERG noch viel höhere Temperaturen auftreten. H. v. WARTENBERG[2]) gelang der schwierige Nachweis dieser äußerst kurz dauernden Erhitzung dadurch, daß er zwei kurzflammige Ammonsicherheitssprengkörper, die in 40 cm Abstand senkrecht aufgehängt waren, gleichzeitig elektrisch mit 1 g Knallquecksilber zündete. Hierdurch entstanden Kompressionswellen, bei deren Zusammenprall die Luft zum Glühen gebracht wurde, wofür Mindesttemperaturen von 4000 bis 5000° erforderlich sind. Auf einer von H. v. WARTENBERG aufgenommenen Photographie ist die leuchtende Luftschichtscheibe deutlich unabhängig von den Explosionsgasen zu sehen. R. BECKER[3]) gelangt sogar zu theoretischen Temperaturen von 30000°.

III. Erzeugung hoher Temperaturen mit Hilfe elektrischer Energie.

a) Grundlagen und einfache Anwendungen.

29. Allgemeines. Die Leichtigkeit, mit der die Erwärmung durch elektrische Energie zu außerordentlicher Höhe gesteigert und den besonderen Anforderungen entsprechend örtlich konzentriert und genau geregelt werden kann,

---

[1]) RÜDENBERG, Artiller. Monatshefte Nr. 237. 1916.
[2]) H. v. WARTENBERG, ZS. f. Elektrochem. Bd. 30, S. 354. 1924.
[3]) R. BECKER, Z. f. techn. Phys. Bd. 3, S. 152, 249, 256. 1922.

macht im Verein mit der Möglichkeit, störende Verbrennungsprodukte weitgehend zu vermeiden, die elektrische Erhitzung für die Erzeugung hoher Temperaturen besonders geeignet.

Bei der Mannigfaltigkeit der hieraus entspringenden konstruktiven Lösungen und der in ihnen verkörperten, vielfach ineinander greifenden Gesichtspunkte (Erhitzungsform und Erhitzungszweck, Temperaturhöhe, Temperaturkonstanz, Größe des zu erhitzenden Volumens, Gasfüllung, Gasdruck, Vakuum usw.) erschien es wünschenswert, die Darstellung dieses Abschnitts von zwei verschiedenen Gesichtspunkten aus zu behandeln. Im ersten Teil ist demgemäß ein Überblick über die verschiedenen Erhitzungsmöglichkeiten gegeben, erläutert an instruktiven einfacheren Beispielen von allgemeinem Interesse. Der zweite Teil behandelt anknüpfend an eine Übersicht über die für hohe elektrothermische Erhitzungen verfügbaren Baustoffe und Konstruktionselemente die elektrische Erhitzung in Öfen, gegliedert nach dem für Anwendung und Konstruktion wesentlichen Merkmal des Gasdrucks (Öfen für normalen bzw. gesteigerten bzw. verminderten Druck [Vakuum]).

30. Widerstandserhitzung von festen und flüssigen Körpern. Von den verschiedenen Methoden zur Umsetzung elektrischer Energie in Wärmeenergie hat besonders diejenige durch Widerstandserhitzung fester und flüssiger Stoffe mittels JOULEscher Wärme zahlreiche Ausführungsformen gefunden. Hierzu hat einesteils der weite Temperaturbereich, der durch Widerstandserhitzung lückenlos und fein abgestuft bis zur Verflüssigung und Verdampfung beherrscht werden kann, beigetragen, andererseits die Möglichkeit, die Wärmeentwicklung durch entsprechende Formgebung der stromführenden Leiter sowohl örtlich fixieren wie durch Widerstandsleiter in Draht-, Band-, Stab-, Zylinder-, Spiral-, Rinnen-, Tiegelanordnung bequem und genau dosierbar auf beliebige Räume verteilen zu können. Auch die auf diese Weise günstig einstellbare Lichtausstrahlung hoch erhitzter Leiter hat hier besonders fördernd mitgewirkt, da die mit steigender Temperatur erreichbare Verbesserung der Lichtausbeuten dazu anspornte, Stoffe von besonders hoher Temperaturbeständigkeit ausfindig zu machen, Methoden zu ihrer Formgebung und ihrem Einbau zu entwickeln, sowie die Voraussetzungen für ihre Dauererhitzung klarzulegen.

31. Beziehung zwischen elektrischer Leistung und Wärmewirkung. Die in einem Leiter 1. Klasse vom Widerstand R in der Zeit t durch einen Strom J erzeugte Wärmemenge Q ist nach JOULE proportional der Zeit t, dem Widerstand R und dem Quadrat der Stromstärke J

$$Q = \text{konst. } R \cdot J^2 t. \tag{1}$$

Andererseits leisten die elektrischen Kräfte in dem Leiter eine der JOULEschen Wärme äquivalente Arbeit A, die gleich dem Produkt aus der an den Enden des Leiters erforderlichen Spannung E und dem Strom J und der Zeit t ist. $A = E \cdot J \cdot t$, wobei $E = J \cdot R$.

Aus der Definition der Grundeinheiten und dem mechanischen Wärmeäquivalent folgt, wenn die Wärmemenge Q in Grammkalorien, E in Volt, J in Ampere, t in Sekunden gemessen werden, für die Konstante in der Gleichung (1) der Wert 0,2390. $Q = 0,2390 \cdot E \cdot J \cdot t$ cal; woraus die zur Erzeugung einer bestimmten Wärmemenge erforderlichen Faktoren bemessen werden können.

Die durch Widerstandserhitzung erreichbare Temperatur ist einerseits durch die thermische Widerstandsfähigkeit des Materials begrenzt, welches der elektrothermischen Erhitzung unterworfen wird; andererseits durch die Beziehungen zwischen Wärmekapazität, Energiezufuhr, Abkühlung. Den stationären Zustand regelt das Gleichgewicht zwischen der in der Zeiteinheit in Wärme verwandelten

Energie und dem Wärmeverbrauch durch Ausstrahlung, Wärmeableitung und eventuelle andere thermische Umsetzungen (z. B. chemische Prozesse). Um hohe Temperaturen auf diesem Wege mit geringem Energieaufwand zu erzielen, wird man daher zweckmäßig hochtemperaturbeständige Leiter unter möglichst günstigen Beanspruchungen und Abkühlungsverhältnissen in wärmeisolierendem Einbau erhitzen bzw. für nicht stationäre, örtliche Widerstandserhitzung die verfügbare Energie zeitlich und örtlich auf geringe Massen und Querschnitte beschränken. Der die Erwärmung bewirkende Strom kann dabei sowohl von außen direkt zugeleitet werden, wie auch z. B. durch Induktionswirkung in dem zu erhitzenden Stoff durch elektromagnetische Energieübertragung erzeugt werden, indem man den zu erhitzenden Stoff als Kurzschlußring um einen starken magnetischen wechselnden Kraftfluß anordnet (Induktionsöfen, Schema Abb. 22) oder die Erhitzung durch Wirbelströme elektromagnetisch ausnutzt.

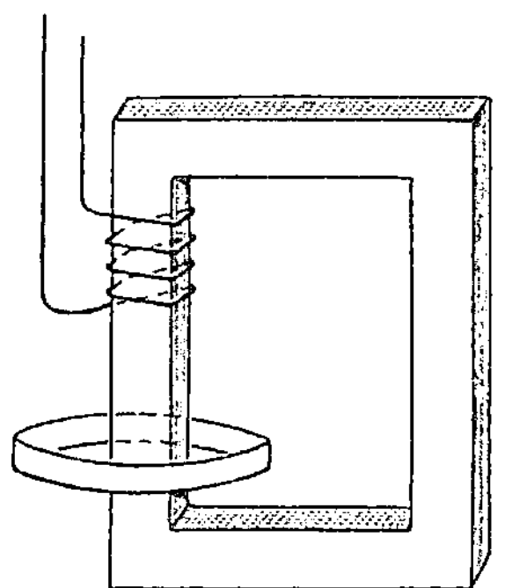

Abb. 22. Transformator mit geschlossenem Ring als Sekundärleiter.

Unter geeigneten Verhältnissen kann, zumal bei nicht allzu hoch schmelzenden Stoffen, die Widerstandsheizung über den Schmelzpunkt ausgedehnt werden, indem man die Materialien z. B. in Form einer Schmelzrinne unter Querschnittsverengerung oder Stromzuführung durch kühler bleibende Elektroden weiterer Stromerhitzung aussetzt oder nach Obigem als Kurzschlußring durch Induktionsströme heizt oder durch Kühlhalten der äußeren Partien nur den inneren Teil zum Schmelzen bringt.

32. Anwendung der Jouleschen Wärme bei Herstellung von Wolframstäben. Wohl das ausgedehnteste und beziehungsreichste Anwendungsgebiet der Eigenerhitzung durch Widerstandsheizung bilden die hochschmelzenden Leiter der Glühlampentechnik, die indes hier ihrer leuchttechnischen Zwecke wegen nur so weit Erwähnung finden mögen, als auch ihre Herstellung sich der Widerstandserhitzung bedient bzw. den Ausgangspunkt zur Auffindung neuer hochschmelzender Verbindungen gegeben und besonders schwierige Schmelzpunktbeobachtungen ermöglicht hat. Glühdrähte aus Wolfram und solchen mit eventuellen Zusätzen gewinnt man bekanntlich nicht aus geschmolzenem Material, da das an sich sehr schwierige Schmelzen sehr harte, spröde und leicht verunreinigte, ungleich zusammengesetzte Materialien liefert; sondern man geht gemäß dem bedeutungsvoll gewordenen Verfahren der Duktilisierung des Wolframs[1]) von Metallpulvern und Metallpulvergemischen aus, die eventuell mit geeigneten Bindemitteln in einer leicht auseinandernehmbaren Metallform[2]) unter hohem hydraulischen Druck zunächst zu Stäben gepreßt werden. Diese Stäbe werden darauf vorsichtig auf indifferenten Unterlagen in Wasserstoff bei etwa 1250° mittels Röhrenöfen erhitzt, bis die Sinterung der Teilchen dem Stab eine gewisse Festigkeit gegeben hat. Alsdann spannt man sie nach dem Vorgang von Ruff[3]) und Palmer[4]) als Kurzschlußstab in den Stromkreis eines elektrischen Formierofens ein und setzt sie mit Hilfe eines großen Heiztransformators nach und nach in einem Gasgemisch von 80% N_2 und 20% H_2 einer immer mehr verstärkten außerordentlich intensiven Strombelastung und steigenden Erhitzung aus. Abb. 23 zeigt eine hierfür ausgebildete Sinterungseinrichtung.

---

        [1]) Engl. Patent 23499 (1909) der General Electric Co., angemeldet durch die British Thomson Houston Co.
        [2]) N. Müller, Metalldrahtlampen, S. 65. Halle: Knapp 1914.
        [3]) O. Ruff, ZS. f. angew. Chem. 1912, S. 1889.
        [4]) R. Palmer, Kanad. Patent 134946 vom 15. 8. 1911.

Die Zuführung der hohen Ströme muß für dieses Zusammensintern durch
JOULEsche Wärme besonders nachgiebig gestaltet sein, da die gesinterten Stäbe
sich bei der fortschreitenden Sinterung noch stark verkürzen. Der Stab w ist aus
diesem Grunde nur im oberen Ende in einer festen wassergekühlten Elektrode
eingespannt; das andere Stabende erhält seinen Stromanschluß durch einen
in Quecksilber q eingetauchten, gekühlten metallischen Schwimmkörper, der in
seinem Auftrieb annähernd ausgeglichen ist und dem der Strom durch das Quecksilber zugeleitet wird. Übermäßige Erhitzung des Queck-
silbers wird durch eine in demselben gelagerte wasser-
durchflossene Kühlschlange verhindert. Das zunächst
noch körnige Stabmetall sintert bei der Stromerhitzung
unter Zusammenziehung immer mehr zu einem gut leitenden dehnbaren metallischen Körper zusammen, der
anschließend durch besondere mechanische und thermische Behandlung (Hämmern in Glühhitze) zu geringen Querschnitten ausgestreckt werden kann. Durch
entsprechende sorgfältige Vermischung pulverförmiger
Bestandteile lassen sich auf diesem Wege auch Leiter
aus Bestandteilen bilden, die, wie Molybdän-Kupfer, geschmolzen, nicht zu mischen wären, da sie keine eigentlichen Legierungen geben[1]). Bei Leitern größerer Stärke
und erheblicher Abkühlung der Außenseite bildet sich
auch bei relativ gut leitenden Materialien ein merklicher
Temperaturanstieg nach dem Innern aus, so daß beispielsweise bei Wolframstäben der innere Kern aus-
schmilzt, die Außenhaut hingegen festbleibt und so
röhrenartige Metallskelette sich bilden.

**33. Schmelzpunktbestimmungen an Wolfram-
und Graphitstäben.** Von M. PIRANI, H. ALTERTHUM[2])
bzw. H. ALTERTHUM, W. FEHSE[3]) und M. PIRANI ist
dieser Temperaturabfall in eindrucksvoller Weise ausgenutzt worden, um nicht nur den Schmelzpunkt von
Wolfram und Molybdän zu bestimmen, sondern auch das
bis dahin immer noch umstrittene Schmelzen des Graphits
klarzustellen und dessen Schmelztemperatur zu messen.
Die genannten Autoren erhitzten durch starke elektrische
Ströme in indifferenter Atmosphäre Wolfram- und Molyb-

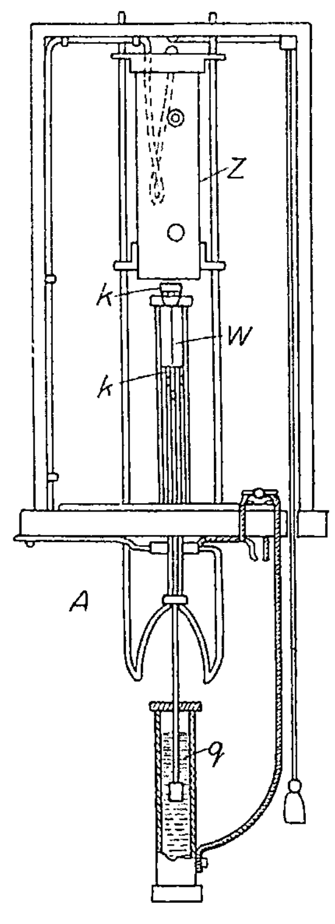

Abb. 23. Sinterungsofen
für Wolframstäbe.

dänstäbe von 7 mm Dicke in denen enge Bohrlöcher senkrecht zur Stabachse
angebracht waren, bzw. einen aus Siemensgraphit hergestellten analog angebohrten
Zylinder. Die Stäbe wurden auf so hohe Temperatur erhitzt, daß der Kern
schmolz und durch das Bohrloch nach außen floß. Infolge der Querschnitts-
verminderung durch das Bohrloch trat das innere Schmelzen zuerst am Querschnitt der Bohrungsstelle ein. Der Augenblick des Schmelzens machte sich
in dem zur Temperaturmessung dienenden Holborn- und Kurlbaumpyrometer
dadurch kenntlich, daß das Bohrloch infolge der Hohlraumstrahlung zunächst

---

[1]) Auch Chromeisendrähte (73% Fe, 2% Si, 25% Cr) von ähnlichen elektrischen und
thermischen Eigenschaften, wie Nichrom, Cekas, sind in solcher Weise von der Glühlampen-
fabrik der Allg. Elektr.-Ges. hergestellt worden.

[2]) M. PIRANI u. H. ALTERTHUM, ZS. f. Elektrochem. Bd. 29, S. 5—17. 1923.

[3]) H. ALTERTHUM, W. FEHSE u. M. PIRANI, ZS. f. Elektrochem. Bd. 31, S. 313. 1925.
Über anderweitige Versuche betreffs des Schmelzens von Kohlenstoff vgl. K. FAJANS u.
E. RYSCHKEWITSCH, Naturwissensch. Jg. 12, S. 304. 1924; A. HAGENBACH u. W. P. LÜTHY,
ebenda Jg. 12, S. 1183. 1924.

heller als der Stabmantel erschien, hingegen im Augenblick des Schmelzens durch das Heraustreten der Schmelzmasse in der Helligkeit abfiel.

34. Herstellung hochschmelzender Stoffe. E. Friederich und L. Sittig[1]) haben das in Ziffer 32 erwähnte Verfahren der Widerstandserhitzung weiter zur Gewinnung und Schmelzpunktbestimmung von außerordentlich hochschmelzenden Verbindungen ausgebaut und hierbei zwei Verbindungen erhalten: Tantalkarbid (TaC) und Niobkarbid (NbC), deren Schmelzpunkt ungefähr 300° höher als der von Kohlenstoff und 500° höher als der von Wolfram liegt. Das aus Tantalsäure durch Erhitzen mit Kohle in Wasserstoff zunächst als Pulver erhaltene Tantalkarbid wurde zu Stäben gepreßt; die Stäbe wurden durch Erhitzen verfestigt und dann durch Stromdurchgang schnell bis zum Schmelzen erhitzt, um die oberflächliche Verdampfung des Kohlenstoffs und die Zersetzung des Karbids zu dem 1000° niedriger schmelzenden Tantal möglichst einzuschränken. Wurde zur Verhütung dieser Entkohlung ein Röhrchen aus Tantalkarbid mit einem Kohlenkern zusammenerhitzt, so zeigte sich bei ca. 3800° abs. das Tantalkarbid noch völlig unverändert, die feinen Haarrisse des Tantalkarbidröhrchens waren jedoch mit geschmolzenem Kohlenstoff ausgefüllt.

Im Zusammenhang hiermit sei kurz auf die **Herstellung großer Graphitelektroden** hingewiesen, bei der Widerstandserhitzungen in größtem Ausmaße stattfinden.

35. Glühkathodenerhitzung. Ein wichtiges Anwendungsgebiet hat sich die Widerstandserhitzung in der **Erhitzung der Glühkathoden bei Röntgenröhren, Gleichrichtern sowie bei den Verstärkerröhren der drahtlosen Telegraphie und Telephonie** erschlossen. Bei diesen Apparaten wird zur Einleitung von Elektronenströmen im Vakuum bzw. zu ihrer Beschränkung auf bestimmte Richtungen die Erscheinung ausgenützt, daß ein negativ geladener metallischer Leiter, in verstärktem Maße ein hocherhitzter Oxydüberzug bei genügend hoher Erhitzung negative Ladungen (Elektronen) aussendet, deren Betrag und Richtung trägheitslos durch elektrostatische und magnetische Einwirkungen gesteuert werden kann[2]). Der Betrag der hierbei zur Widerstandserhitzung der kathodischen Leiter aufzuwendenden Heizenergie ist je nach dem Zweck sehr verschiedener Größenordnung. Bei den Verstärkerelektronenröhren, bei denen nur ganz minimale Elektronenströme zu steuern sind und für die Erhitzung der Kathode geringster Heizstromverbrauch erwünscht ist, ist durch Wahl sehr dünner Leiter und mäßiger Temperaturen in Verbindung mit spiegelnden, die Ausstrahlung herabsetzenden Hüllen (umschließende Anode, Glaskolben-Verspiegelung) der Heizbedarf teilweise schon auf weniger als 0,1 Watt erniedrigt. Andererseits beträgt bei Senderöhren von 20 kW Hochfrequenzenergie die Heizleistung bereits 1 kW, und bei besonderen Typen, wie dem von Payne gebauten Magnetron[3]), werden sogar 20 kW Heizleistung und Ströme von 1800 Amp.[4]) aufgewendet, um 1000 kW Hochfrequenzenergie zu steuern[5]).

36. Widerstandsschweißung. Wichtige technische Ausgestaltungen zu lokaler Erhitzung hat die Widerstandserwärmung in den verschiedenen Abarten der elektrischen **Widerstandsschweißung** erfahren, die im wesentlichen in

---

[1]) E. Friederich u. L. Sittig, ZS. f. anorg. Chem. Bd. 143, S. 293; Bd. 144, S. 169; Bd. 145, S. 127, 251. 1925.

[2]) Vgl. z. B.: C. Lübben, Röhrensender für Hochfrequenztelegraphie und -telephonie. Berlin: H. Meußer 1925; G. Liebert, Hochvakuumröhren ebenda und Ziffer 49.

[3]) Im wesentlichen Frequenzwandler, von A. Hull als Magnetron bezeichnet, vgl. J. Langmuir, Anwendungen von Vakuumröhren hoher Leistung, Electrical World Bd. 80, S. 881, 1922.

[4]) Hochfrequenter Heizstrom von 10000 Wechseln.

[5]) Über die Stromdurchführung vgl. den Abschnitt „Stromeinführungen", Ziffer 56.

der jetzt gebräuchlichen Form auf Versuche von ELIHU THOMSON aus dem Jahre 1877 zurückgehen[1]).

Das von THOMSON angewandte Prinzip[2]) ist in dem Schema der Abb. 24 dargestellt. Die zu verschweißenden stumpf aneinandergestellten Arbeitsflächen sind in Kupferklemmen eingespannt, denen mittels eines Transformators aus einem Wechselstromnetz niedrig gespannter Wechselstrom sehr hoher Stromstärke von 1 bis 10 Volt Nutzspannung und 1500 bis 60 000 Amp zugeführt wird. Durch den Strom kommen zuerst die Berührungsstellen der Arbeitsstücke in hohe Glut und Erweichung, dann die benachbarten, in denen der vorerst niedrigen Temperatur wegen der Strom einen geringeren Widerstand findet. Ist der ganze Querschnitt zur Schweißglut erweicht, so werden zur Erzielung inniger Schweißverbindung beide Arbeitsstücke einem zusammenpressenden Vorschub ausgesetzt, wobei sich an der Übergangsstelle eine wulstartige Verdickung bildet. Zur Erzielung eines gedrängten Aufbaues und möglichst geringer Zuleitungsverluste sind bei den größeren Schweißeinrichtungen alle Teile der Schweißeinrichtung einschließlich des Stromumformers (Transformators) zu einer Schweißmaschine zusammengebaut, die von 3 kW an (1500 bis 3000 Amp. Stromleistung) bis zu 120 kW Leistung (60000 Amp.) gebaut wird.

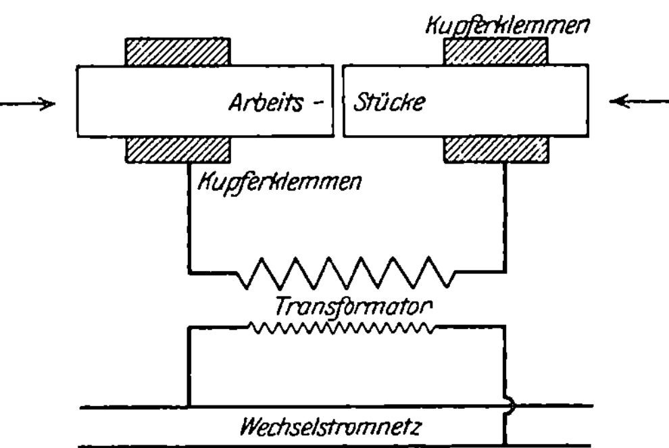

Abb. 24.   Widerstandsschweißung.

Die größten Schweißquerschnitte, die sich noch wirtschaftlich derart vereinigen lassen, betragen zur Zeit etwa 5000 bis 6000 mm² für Eisen und 1600 bis 2000 mm² für Kupfer. Um mit derselben Schweißmaschine auch Gegenstände kleineren Querschnitts ohne Überhitzung verbinden zu können, sind vom Transformator mittels eines Stufenreglers, durch den die Wicklungen unterteilt werden können, auch geringere Spannungen und Leistungen, bis etwa $^1/_5$ der Höchstleistung herab, einstellbar.

Die mannigfachen Entwicklungsformen derartiger Widerstandserhitzungen sind ausführlich in der Darstellung von SCHIMPKE erwähnt.

Um Oxydationen beim Zusammenschweißen schwacher Metallteile zu verhüten, wird während der durch Hebeldruck zu betätigenden Stromeinschaltung und Elektrodenbewegung Wasserstoff über die Schweißstellen geleitet. Schutzscheiben und Drahtnetze dienen hierbei zur Sicherung der Bedienungsperson. Eine besondere Art der Widerstandserhitzung, die zur Erwärmung und Härtung von Stählen Verwendung findet, ist die schon 1893 von LAGRANGE und HOHO vorgeschlagene Unterwasserschweißung. Das zu erhitzende Arbeitsstück bildet hierbei die negative Elektrode in einer aus 10 bis 20% Pottaschelösung und einem Eisengefäß als Anode bestehenden elektrolytischen Zelle und erfährt infolge der hohen Stromdichte und der intensiven Wasserstoffentwicklung eine intensive Erwärmung.

Ähnliche elektrolytische Erhitzungsvorgänge zeigen stark belastete Anoden des Wehneltunterbrechers.

37. Erzeugung hoher Temperaturen durch Gasentladungen und Elektronenstoß. Für die Erreichung besonders hoher Temperaturen hat die Erhitzung durch Gasentladungen und Elektronenstoß in Gestalt von Lichtbogen-

[1]) Vgl. P. SCHIMPKE, Neuere Schweißverfahren. S. 12. Berlin: Julius Springer 1922.
[2]) In Deutschland von ihm in D. R. P. 39765 niedergelegt.

bildung, Kathodenstrahleneinwirkung und Funkenentladungen mannigfache wissenschaftliche und technische Ausführungsformen gefunden. Auch hier haben leuchttechnische Ziele an der Entwicklung wesentlichen Anteil.

38. Erzeugung hoher Temperaturen mittels des elektrischen Lichtbogens. Als Entdecker des elektrischen Lichtbogens ist allgemeiner Auffassung nach DAVY anzusehen, als Zeitpunkt der ersten Lichtbogenbeobachtung nach den Forschungen von H. AYRTON[1]) und WALTER BIEGON VON CZUDNOCHOWSKI[2]) vermutlich das Jahr 1808. DAVYS erste genauere Beschreibung vom Jahre 1812 hebt hervor, daß unter der Einwirkung seiner vielgliedrigen Elementenbatterie eine konstante bogenförmige elektrische Entladung in der erhitzten Luft zwischen den beiden horizontal gestellten Kohlen (Holzkohle) entstände, nachdem diese fast zur Berührung genähert und dann wieder voneinander entfernt seien. Die hohe Bogentemperatur wurde schon 1815 von CHILDREN zur Verdampfung schwer schmelzender Stoffe wie Wolframsäure, Molybdänsäure und Zeroxyd

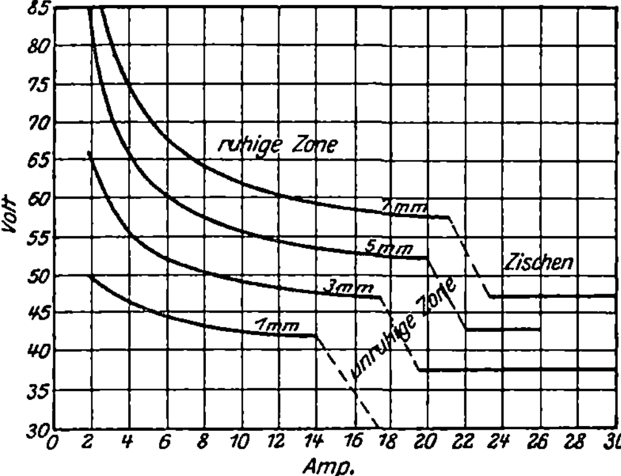

Abb. 25. Lichtbogencharakteristik.

verwandt. GROVE[3]) studierte (1840) als erster den Metallichtbogen, DE LA RIVE (1846) die Verhältnisse an Bogen aus verschiedenem Material. Die Entdeckung des Vakuumlichtbogens durch VAN BREDA (1846) erfuhr später durch ARONS im Quecksilberlichtbogen eine wichtige Fortsetzung. Für die komplizierte Abhängigkeit zwischen Spannung e, Stromstärke i und Bogenlänge l (die „Bogencharakteristik") fand Frau AYRTON[1]) auf Grund eingehender Messungen bei Homogenkohlen und Gleichstrombetrieb in der Summenformel $e = a + \beta l + \dfrac{\gamma + \delta l}{i}$ einen befriedigenden Ausdruck. Von den 4 Konstanten α, β, γ, δ stellt α die niedrigste, einen Bogen ergebende elektromotorische Kraft dar (für die Bogenlänge 0, Stromstärke ∞).

β ist der Ausdruck für das Potentialgefälle im Gasbogen. Wie LECHER[4]) durch Sondermessungen nachwies, besteht der Widerstand der Bogenentladung aus 3 Teilen, dem Anodenfall, dem Kathodenfall und dem eigentlichen Bogenwiderstand. Die von AYRTON ermittelten Stromspannungsbeziehungen für verschiedene Bogenlängen und Homogenkohlen zeigt Abb. 25. In dem Bereich mäßiger Stromstärken brennt der mit einem Vorschaltwiderstand kombinierte Bogen ruhig und folgt der AYRTONschen Gleichung. Die Spannung sinkt mit zunehmender Stromstärke (fallende Charakteristik). Bei weiterer Steigerung der Stromstärke folgt eine unruhige Zone und schließlich unter erheblichem Spannungsabfall ein durch zischendes Bogengeräusch gekennzeichnetes Gebiet: der durch Sauerstoffmangel entstehende Zischbogen mit gleichbleibender Spannung. Ähnliche, fallende Anfangscharakteristiken und Formeln gelten für

---

[1]) Vgl. E. MARX, Handb. d. Radiol. Bd. IV; HAGENBACH, Lichtbogen, 2. Aufl. Leipzig: Akad. Verlagsges. 1924. H. AYRTON, The electric arc. London. „The electrician", printing and publishing comp. lim.

[2]) W. B. v. CZUDNOCHOWSKY, Das elektr. Bogenlicht, seine Entwicklung und seine physikalischen Grundlagen. Leipzig, S. Hirzel, 1906.

[3]) GROVE, Phil. Mag. Bd. 16, S. 478. 1840.

[4]) E. LECHER, Wiener Ber. (II) Bd. 95, S. 992. 1887.

die Bögen zwischen Metallelektroden. Hingegen ist die Charakteristik bei Quecksilberbogenlampen V-förmig. Die Spannung nimmt bei wachsendem Strom zunächst ab, später aber wieder zu und steigt mit wachsendem Dampfdruck.

Erfolgreiche Aufschlüsse über den Leitungsvorgang im Lichtbogen erbrachten 1903 ionentheoretische Betrachtungen von J. J. Thomson[1]), J. Stark[2]) und Mitkievicz[3]), denen zufolge die Bogenentladung durch Elektronen, welche von der heißen Kathode emittiert werden, gespeist wird. Eine zur intensiven Elektronenemission ausreichende Erhitzung und Beschaffenheit von Teilen der Kathode ist also für die Aufrechterhaltung des Lichtbogens Bedingung, während die Anode kühl gehalten sein kann.

39. Temperaturverhältnisse im Kohlenlichtbogen. Beim Gleichstromlichtbogen erfährt die Anode eine besonders starke Erhitzung; beim Kohlenlichtbogen unter Atmosphärendruck auf etwa 3700 bis 3800°, die Kathode hingegen, sofern nicht außerordentliche Stromdichten vorliegen, nur auf etwa 3200°[4]). Bei Wechselstromlichtbögen[5]) liegen die Elektrodentemperaturen der nur periodischen Erhitzung wegen wesentlich niedriger als bei der Gleichstromkohlenanode. Der beim Lichtbogen zwischen Kohlenelektroden auftretende Elektrodenverlust entspringt zweierlei Ursachen. Ein Teil verdampft infolge der hohen Temperatur; sein Betrag wird durch Druck und Art der umgebenden Atmosphäre sowie die Stromdichte beeinflußt. Ein weiterer, im allgemeinen erheblicherer Anteil geht durch Verbrennung verloren; er kann durch Entziehung der Sauerstoffzufuhr herabgesetzt werden (Einschlußlichtbogen). Mit dem schwierigen Problem der Temperaturbestimmung der Gasstrecke beim Kohlenlichtbogen hat sich Mathiesen näher beschäftigt[6]). Abb. 26 zeigt den von ihm für 10 Amp.

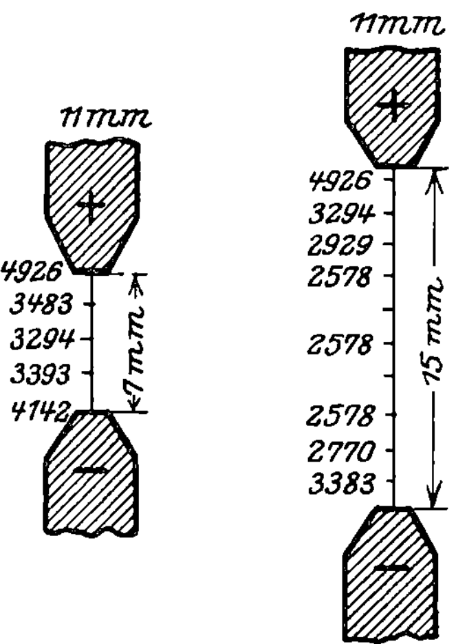

Abb. 26. Temperaturverteilung im Lichtbogen nach Mathiesen. (Absolute Temperaturen.)

Stromstärke und verschiedene Bogenlängen zwischen Reinkohlenelektroden von 11 mm bzw. 10 mm Durchmesser ermittelten Temperaturverlauf.

40. Temperaturverhältnisse im Quecksilberlichtbogen. Die Temperaturverhältnisse im Quecksilberbogen sind zuerst von Arons[7]) studiert worden.

Sehr hohe Temperaturen herrschen thermoelektrischen Sondenmessungen von Küch und Retschinsky[8]) zufolge allem Anschein nach im Quecksilberlichtbogen einer stark belasteten Quarzquecksilberlampe infolge der dort vorhandenen hohen Stromdichte, des hohen Potentialgefälles und der bei hohen Dampfdrucken eintretenden Zusammenschnürung des Lichtbogens. Nach ihren Messungen steigt die Temperatur proportional der Elektrodenspannung an und erreicht

[1]) J. J. Thomson, Elektrizitätsdurchgang in Gasen, engl. Ausg. 1903.
[2]) J. Stark, Die Elektrizität in Gasen, 1902 Ann. d. Phys. Bd. 12, S. 673. 1924.
[3]) W. Mitkievicz, Journ. Russ. Phys. Chem. S. 506 u. 675. 1903.
[4]) Über die noch nicht völlig sichergestellten Elektrodentemperaturen vgl. die Zusammenstellung von Fr. Born, ZS. f. techn. Phys. Bd. 7, S. 24. 1926; F. Henning u. W. Heuse, ZS. f. Phys. Bd. 32, S. 799. 1925.
[5]) Über die mannigfachen Bogenarten und Verhältnisse beim Wechselstromlichtbogen und Metallbogen vgl. A. Hagenbach, Handb. d. Radiol. von Marx, Leipzig, Akad. Verl. 1924.
[6]) W. Mathiesen, Untersuchungen über den elektrischen Lichtbogen, Haberlandt, Leipzig 1921.; H. Gehlhoff, ZS. f. techn. Phys. 1922, S. 358.
[7]) J. Arons, Wied. Ann. Bd. 58, S. 73. 1896.
[8]) R. Küch u. T. Retschinsky, Ann. d. Phys. Bd. 22, S. 595. 1907.

bei 62 Volt bereits 1700°, so daß bei der zulässigen Belastung von 200 Volt extrapoliert eine Gastemperatur von 6000 bis 7000° anzunehmen wäre. — Grebe[1]) kommt auf Grund von Strahlungsmessungen zu Temperaturschätzungen von über 10000°.

Mit der Ermittlung von Dissoziation, Temperatur und Dampfdruck im Quecksilberlichtbogen hat sich besonders A. Güntherschulze im Anschluß an die Untersuchung von großen Quecksilbergleichrichtern befaßt. Seiner Auffassung gemäß liegen auch die von Küch und Retschinsky ermittelten Temperaturwerte der abkühlenden Sondenwirkung wegen noch zu niedrig[2]).

Beispiele der Verwertung der durch den Quecksilberlichtbogen erreichbaren hohen Temperaturen sind die Schmelzpunktbestimmungen von 1 mm dicken Wolfram- und Tantalstäbchen durch Pirani und Meyer[3]) im hohen Vakuum mit Strömen von 10 bis 20 Amp. Hierbei wurde der Strom eingeleitet durch Berührung der Metallanoden mit dem kathodischen Quecksilber.

41. Wolframbogenlampe. Bezüglich der Wirkungen von Lichtbogenentladungen und Glimmentladungen auf Metallelektroden sei hier nur der Wolframbogenlampe[4]) Erwähnung getan, bei der eine auf dünner Zuleitung sitzende halbkugelige Wolframanode durch die von einer Oxydkathode ausgehende Entladung zu hoher Glut, Verdampfung und bis zum Schmelzen[5]) erhitzt werden kann bzw. 2 Wolframelektroden durch einen Wechselstromlichtbogen geglüht werden.

42. Versuche zur Temperatursteigerung im Lichtbogen. Bevor auf die wichtigsten physikalischen und technischen Anwendungen der im Lichtbogen verfügbaren hohen Temperaturen eingegangen werde, seien zunächst noch die Versuche besprochen, welche weitere Temperatursteigerungen durch besondere Ausgestaltungen der Bogenentladung anstreben und vor allem durch leuchttechnische Ziele gefördert worden sind. Beim gewöhnlichen frei brennenden Kohlenbogen führt eine Stromstärkensteigerung bei gegebenem Anodendurchmesser lediglich zu einer weiteren Ausdehnung der anodischen Bogenbasis, die schließlich auf den Elektrodenmantel übergreift, aber nicht zu wesentlich erhöhter Stromdichte gezwungen werden kann.

Einen erfolgreichen Weg zu stärkerer örtlicher Erhitzung eröffneten Versuche von Beck. Beck[6]) wählte zur Gewinnung von Scheinwerfern von erhöhter Flächenhelle Kohlenanoden mit starkem Metallsalzdocht und betrieb diese mit erhöhter Spannung und Stromstärke bis zu erheblicher Überlastung[7]). Das Übergreifen auf den Elektrodenmantel verhinderte er dadurch, daß er das über die ganze stromführende Länge hellrot glühende Kohlenende mit Spiritusdämpfen oder Leuchtgas umspülte. Unter diesen Maßnahmen bildet sich an der Anode ein tiefer mit hocherhitzten Metalldämpfen erfüllter Krater aus, in dem eine

---

[1]) L. Grebe, Ann. d. Phys. Bd. 36, S. 834. 1911.

[2]) A. Güntherschulze, ZS. f. Phys. Bd. 11, S. 260, 265. 1922. Aussichtsreicher erscheinen Güntherschulze die Methode der Temperaturermittlung aus der Breite der Spektrallinien nach Gehrcke und Lau, sowie das Warburgsche Prinzip der Berechnung der Gastemperatur in leuchtenden Geißlerröhren unter Vernachlässigung der Strahlungsverluste gegenüber denen durch Wärmeleitung. — E. Gehrcke u. E. Lau, Ann. d. Phys. (4) Bd. 65, S. 564. 1921; Bd. 67, S. 388. 1922; E. Warburg, Wied. Ann. Bd. 54, S. 265. 1895.

[3]) Gürtler-Pirani, Metallographie II. 1, S. 26. Bornträger, Berlin 1913.

[4]) Vgl. Fr. Skaupy, Licht u. Lampe. S. 581. 1923. — C. Müller, Z. f. Instrk. Bd. 43. S. 65. 1923. Derselbe, ZS. f. techn. Phys. Bd. 5, S. 250. 1924.

[5]) Fr. Henning u. W. Heuse, ZS. f. Physik. Bd. 16, S. 63. 1923.

[6]) Vgl. G. Gehlhoff, ZS. f. techn. Phys. Bd. 1, S. 38. 1920.

[7]) Durchmesser der positiven Kohle für 150 Amp. statt 36 mm nur 16 mm, wobei bei der Becklampe noch ein erheblicher schlecht leitender Querschnittsanteil auf den 8 mm starken Docht entfällt.

wesentliche Temperatursteigerung zustande kommt[1]). Nach Untersuchungen von G. Gehlhoff und H. Schering[2]) ist es für das Zustandekommen des Beckeffektes und für die Behinderung des Übergreifens des Lichtbogens auf den Anodenmantel von wesentlichem Einfluß, daß die Oxydation der Kohle in der Nähe des Kraters verhindert wird. An der Temperatursteigerung im Kohlekrater haben 2 Effekte Anteil, einerseits die erhöhte Stromdichte im Krater, andererseits der vermehrte Anodenfall in ihm.

43. Lichtbogenversuche von Gehlhoff und seinen Mitarbeitern. Wesentliche weitere Steigerungen und wichtige Betriebsvereinfachungen der Becklampe gelangen G. Gehlhoff[3]) dadurch, daß er an Stelle der bislang verwendeten Metallfluoride der Kohle zwecks vermehrter Sauerstoffzufuhr Metalloxyde zusetzte, und zwar, um die Metalldämpfe möglichst konzentriert am Krater zu halten, besonders schwer verdampfbare. Während bei den ursprünglichen Beckkohlen von 16,5 mm Durchmesser die Rußbildung nur Höchststromstärken von 150 Amp. zuließ, konnten die neuen von der Firma Conradty (Nürnberg) gelieferten Görz-Beck-Kohlen (R. O. und R. D. O.) gleicher Stärke bis 225 Amp. bei durchaus ruhigem Brennen belastet werden; solche von 18,5 mm Durchmesser sogar mit 300 Amp.; bei gleichzeitiger günstigster Einstellung von Stromstärke und Spannung wurde eine mittlere absolute schwarze Temperatur von $T = 5100°$ abs. erreicht. Auch die betriebstechnische Ausgestaltung des Beckprinzips erfuhr durch Gehlhoff und seine Mitarbeiter[4]) eine wichtige Vereinfachung durch den Ersatz der Gasumspülung durch eine über das Elektrodenende geschobene Röhre aus geschmolzenem Quarz. innerhalb deren sich eine die weitergehende Oxydation des Kohlenmantels verhindernde Gashülle aus Kohlenoxyd bildet[5]). Als weiteres Hilfsmittel wurde die Beimischung schwer verbrennbarer Zusätze zum Kohlenmantel benutzt, deren Schutzwirkung zugleich die Oxydation und Abbrandgeschwindigkeit (den Elektrodenverbrauch) stark herabsetzte.

Die schwierige Zuführung der außerordentlich starken Ströme zur glühenden Anode, der man neben dem Vorschub noch eine dauernde Rotation zwecks gleichmäßigen Abbrands erteilte, wurde durch hartgelötete federnde Silberbacken erfolgreich gelöst.

Bei dünneren nicht rotierenden Görz-Beck-Kohlen für geringere Stromstärken, bei denen durch Überlastung ebenfalls wesentliche Temperatursteigerungen erzielt wurden, erwies sich ein Kupfermantel mit festem Stromanschluß als günstige Lösung.

Einen Anhalt über die bei verschiedenen Elektrodenstärken gegenüber Normalkohlen [Zeile 1 der Tabelle 6] erreichten Erhöhungen der mittleren „schwarzen Temperaturen" gibt der nebenstehende Tabellenauszug:

Tabelle 6. Temperatur am Krater des Görz-Beck-Lichtbogens.

Anoden-durchmesser mm	Docht-durchmesser mm	Gesamt-belastung Amp.	Stromdichte Amp./mm²	Mittl. absol. schwarze Temperatur T
36,5	10,0	150,0	0,16	3773°
16,0	8	150	0,99	4572°
16,0	8	225	1,50	5110°
18,5	9	300	1,46	5045°
13	6,6	100	1,1	4400°
8	4	70	1,86	4566°
6	3	40	1,89	4464°
4	2	25	2,66	4510°
3	1,5	15	2,83	4220°

---

[1]) Nach Messungen von Fr. Kurlbaum u. F. Henning; vgl. G. Gehlhoff, a. a. O. S. 38.
[2]) G. Gehlhoff, ZS. f. techn. Phys. Bd. 1, S. 42, 44. 1920.
[3]) G. Gehlhoff, ZS. f. techn. Phys. Bd. 1, S. 45. 1920.
[4]) H. Schering, F. Thilo; vgl. G. Gehlhoff, a. a. O. S. 39.
[5]) G. Gehlhoff, ZS. f. techn. Phys. Bd. 4, S. 145 (Abb. 30). 1923.

44. Lichtbogenversuche von Lummer und Podszus. Einen anderen Weg zur Temperatursteigerung wählte O. Lummer[1]. Lummer erzeugte, indem er Überlegungen und Versuche von Wilson und Fitzgerald[2] im Experiment weiterführte, einen Lichtbogen in einem druckfesten Gefäß unter stark erhöhten Gasdrucken zwischen Kohlenelektroden, die mit Kalziumfluorid imprägniert waren, und erhielt bei Drucksteigerungen bis zu 22 Atmosphären Helligkeitszunahme bis zum 18fachen[3]. Seine Annahmen, daß durch die Drucksteigerung eine außerordentliche Erhöhung der Siedetemperatur der Kohle und Temperatursteigerung der Kohlenanode selbst bewirkt sei, haben sich späteren Versuchen zufolge, welche W. Mathiesen[4], G. Gehlhoff[5], H. Kohn[6] mit Reinkohlenbogen unter erhöhten Drucken anstellten, allerdings nicht bestätigt.

Abgesehen davon, daß bei Reinkohlen der Lichtbogen nur bei mäßigen Drucksteigerungen aufrecht zu erhalten war, zeigte sich hier nur eine geringe Helligkeits- und Temperaturzunahme. (Nach Mathiesen beim günstigsten Überdruck von 3 Atmosphären höchstens 50% Helligkeitszunahme.)

Die bei Lummers Fluorkalziumanoden beobachtete große Temperatursteigerung ist nach Gehlhoff, der beim Görz-Beck-Kohlenbogen unter Druck ebenfalls starke Temperatursteigerungen (bis 5200° abs.) beobachtete, auf die mit steigendem Druck zunehmende Dichte und Temperatur der Metalldämpfe zurückzuführen, welche vom positiven Krater der Effektkohlen abgegeben werden.

Mit ähnlichen Hilfsmitteln wie beim Beck-Prinzip — nämlich durch Verhinderung des Übergreifens der Entladung durch eine stark gekühlte Isolierschicht — erreichte E. Podszus[7] ·eine zwangsweise Zusammendrängung der positiven Säule von Bogenentladungen und eine starke Temperatursteigerung in derselben. Er benutzte als Anode ein dünnwandiges Kohlenrohr von 11 mm Durchmesser und 1 mm Wandstärke, das mit Strontiumfluorid und -oxyd gefüllt und außen in geringem Abstand von etwa 0,9 mm mit einem wasserdurchflossenen Kupferkanal umgeben war. Zwischen Anode und Kühlring wurde ein Strom indifferenten Gases hindurchgeblasen. Das Ansetzen der Entladung wurde dadurch auf das Innere des Kohlenrohres beschränkt. Die zulässige Belastung betrug unter hoher Helligkeitssteigerung und entsprechend wahrscheinlicher Temperatursteigerung vorübergehend bis 150 Amp.

45. Lichtbogenversuche von Gerdien - Lotz. Mit eigenartigen wirkungsvollen Hilfsmitteln erreichten H. Gerdien und A. Lotz[8], die Versuche von Podszus fortsetzend, eine technische betriebssichere Temperatursteigerung für Reinkohlenanoden wie für Effektkohlen dadurch, daß sie das Elektrodenende mit einem einseitig mit Wasser berieselten Metalldiaphragma umgaben. Gerdien und Lotz hatten in später noch näher zu besprechenden Versuchen gefunden[9], daß ein Lichtbogen an einer mit Wasser überspülten Basis nicht anzusetzen

---

[1] O. Lummer, Verflüssigung der Kohle und Herstellung der Sonnentemperatur. Sammlung Vieweg, S. 131. 1914, Derselbe: Grundlagen, Ziele und Grenzen der Leuchttechnik, München-Berlin: R. Oldenbourg 1918.

[2] W. E. Wilson, Proc. Roy. Soc. London (A) Bd. 58, S. 174. 1895. — Wilson und Fitzgerald, Proc. Roy. Soc. Bd. 60, S. 377, 1897.

[3] Entsprechend schwarzen Temperaturen bis zu $T = 6600°$ abs.

[4] W. Mathiessen, Elektrot. ZS. 1916, S. 549 u. 568; Untersuchungen über den elektrischen Lichtbogen. Leipzig: Haberland 1921.

[5] G. Gehlhoff, ZS. f. techn. Phys. Bd. 4, S. 156. 1923.

[6] H. Kohn, Z. f. Phys. Bd. 3, S. 143. 1920.

[7] E. Podszus, Elektrot. ZS. 1924, S. 523; Verh. d. D. Phys. Ges. 1919, S. 284.

[8] H. Gerdien u. A. Lotz, ZS. f. techn. Phys. Bd. 5, S. 515. 1924.

[9] H. Gerdien u. A. Lotz, Wiss. Veröffentl. a. d. Siemens-Konz. Bd. 2, S. 490. 1922; Z. f. techn. Phys. Bd. 4, S. 157. 1923.

vermag. Ihrem Hinweis zufolge ist diese Schutzwirkung nicht allein auf die direkte Wasserkühlung durch Wasserverdampfung zurückzuführen, sondern auch in der Wärmemengen bindenden Wasserdampfdissoziation begründet. Soweit ein derartiges wasserüberspültes Metalldiaphragma zur Kathode wird, kommt außerdem noch das schützende Moment hinzu, daß nach Versuchen von STARK und CASSUTO[1]) die kathodische Basis sich niemals an der Oberfläche einer elektrolytisch leitenden Flüssigkeit ausbilden kann. Die von GERDIEN und LOTZ hierauf gegründete Lichtbogenkonzentration mit verstärkter anodischer Erhitzung ist in der Elektrodenanordnung der Abb. 27 im Schnitt dargestellt. In einem konisch ausgedrehten Lager L läuft ein darin eingepaßter, von einem Kegelrad angetriebener Konus H mit zylindrischer Bohrung und eingesetztem emaillierten Rohrstück D. In den Hohlraum zwischen L und H wird Druckwasser eingeführt, welches von dort in kleinen, zur inneren Bohrung tangential verlaufenden Kanälen

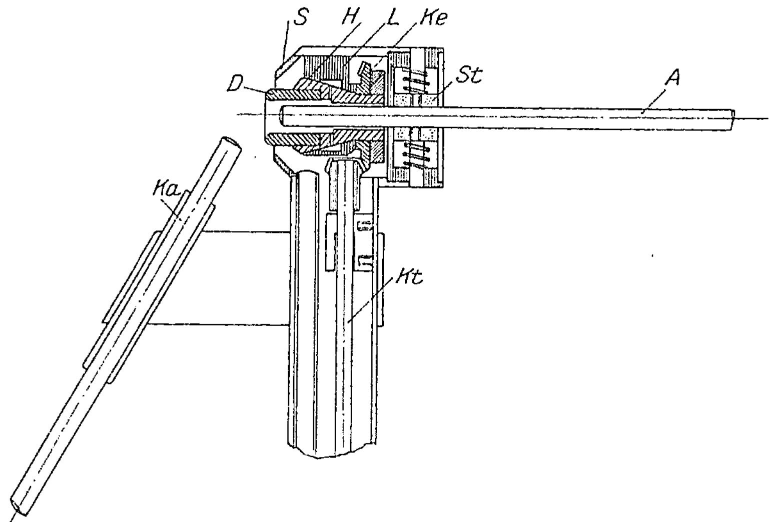

Abb. 27. Bogenlampe nach GERDIEN-LOTZ.

in das Innere des umlaufenden Konus H strömt. Durch die Zentrifugalkraft wird das Wasser an die Innenfläche von H fest angepreßt. Es breitet sich dann auch über das emaillierte Rohrstück D aus und läuft schließlich von dessen abgerundetem Rand nach außen in einen Schutzwasserfang S ab. In der Durchbohrung des umlaufenden Teils ist von rückwärts eine ruhende Anode A eingeführt, die dem Abbrand entsprechend axial nachgeschoben wird und ihren Strom dicht hinter dem Rotationsmechanismus durch federnde Kontaktstücke erhält. Die ebenfalls ruhende Kathode Ka steht schräg von unten geneigt. Bei einem Anodendurchmesser von 5 mm mit Kupfermantel erwiesen sich Belastungen von 50 Amp. als zulässig. Der Abbrand betrug rund 7 bis 8 mm pro Min.; die einen Anhalt für die Temperatursteigerung bildende Flächenhelligkeit war bei reinen Graphitanoden um 70% gegenüber normalen Kohlenanoden gesteigert (bei Kohlen mit Leuchtzusätzen [We-De, Weißmasse von Siemens] sogar bis auf das 3,84fache erhöht).

Außerordentlich hohe Temperaturen — wohl die höchsten bisher mittels einer kontinuierlichen Gasentladung verwirklichten — erzielten GERDIEN und

---

[1]) J. STARK u. L. CASSUTO, Phys. ZS. Bd. 5, S. 264. 1903.

Lotz[1]), als sie mit dem erwähnten Kunstgriff des wasserüberströmten Diaphragmas einen Lichtbogen großer Stromstärke an einer von den Elektroden entfernten Stelle einschnürten. Bereits Podszus hatte auf verschiedenen Wegen Lichtbogeneinschnürungen angestrebt. Die von ihm angewandten trockenen Diaphragmen, bei denen das Kühlmittel in üblicher Weise durch das Diaphragmenmaterial hindurch auf die gefährdete Oberfläche kühlend wirkte, ließen indes nur begrenzte Strombeanspruchung zu. Gerdien und Lotz benutzten für die Einschnürung der positiven Säule ein beiderseits symmetrisch gestaltetes Kupfer-

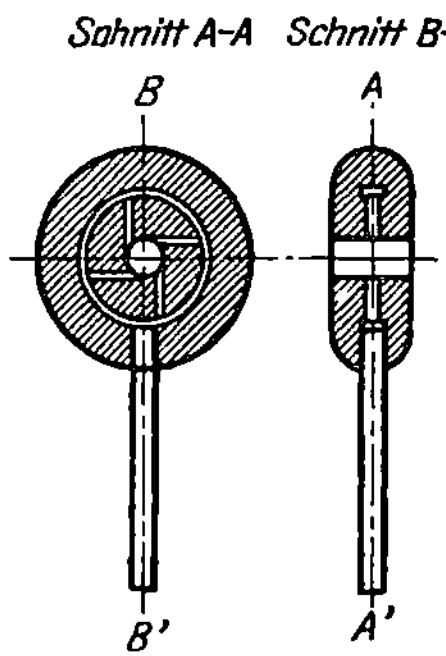

Abb. 28. Zuführung von Wasser in den Lichtbogen.

diaphragma, an dessen engstem freien Querschnitt gemäß den Schnittzeichnungen der Abb. 28 Druckwasser tangential durch tangentiale Bohrungen aus einem Ringkanal eintritt. Das mit großer Geschwindigkeit tangential zur Achse längs der inneren Elektrodenfläche rotierende Wasser breitet sich unter der Einwirkung der Zentrifugalkraft gleichmäßig auf dem Diaphragma nach beiden Seiten aus und überspült beide Stirnflächen bis zum Rande.

Von den durch Gerdien und Lotz benutzten verschiedenen Anordnungen der Elektroden und des Diaphragmas zueinander, bewährte sich die in Abb. 29 dargestellte am besten, insbesondere auch hinsichtlich der Stabilität des Bogens, da das von der Stromschleife herrührende Magnetfeld hier die Entladungsschleife zu vergrößern sucht und dadurch den Lichtbogen nötigt, auf den Elektrodenenden anzusetzen. Die Zentrierung der Strombahn innerhalb des Diaphragmas regelte sich selbsttätig durch die bei einseitiger Annäherung des Lichtbogens verstärkte, zurückdrängend wirkende Wasserverdampfung. Auch gegen Luftströmungen und Änderungen der Bogenlänge, Beschaffenheit und Querschnitt der Elektroden war die Entladung im Vergleich zu dem freien Lichtbogen bemerkenswert unempfindlich. Der größeren thermisch-mechanischen Widerstandsfähigkeit halber gegen plötzliche Erhitzung

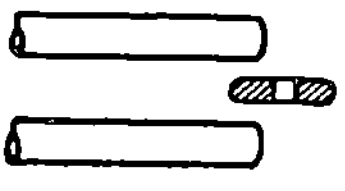
Abb. 29. Anordnung der Elektroden nach Gerdien und Lotz.

und Abkühlung erwiesen sich als Anode eine stark verkupferte We-De, „Weiß"-Kohle, und als Kathode eine stark verkupferte K-Kohle[2]) besonders geeignet; die verdampfenden anodischen Beimengungen führten zwar zum Ansetzen eines hauptsächlich aus Oxyden der seltenen Erden bestehenden Überzugs auf der anodischen Diaphragmenseite, doch wurde hierdurch die Wasserzirkulation nicht behindert und die Weite des Diaphragmas nur bis zu einem gewissen, durch die Wiederverdampfung begrenzten Maße vermindert[3]). Die mit dieser Anordnung erreichbare Stromdichte war außerordentlich hoch. Diaphragmen von 5 mm Durchmesser konnten mit Stromstärken bis zu 800 Amp., Diaphragmen von 3 mm Durchmesser mit Stromstärken bis zu 500 Amp. lange Zeit ohne Störungen belastet werden, wobei die leuchtende Strombahn beim 5-mm-Diaphragma nur etwa 3 mm Durchmesser, beim engeren nur etwa 2 mm Durchmesser hatte entsprechend einer Stromdichte von über 100 Amp./mm^2 innerhalb des Diaphragmas. Der Kühlwasserverbrauch war hierbei relativ niedrig; je nach der angewandten Stromstärke 3 bis 10 cm^3/sec. Gewisse Schwierigkeiten bereitete die erstmalige Durchführung der Bogenentladung durch das Diaphragma, die von Gerdien und Lotz mit

---

[1]) H. Gerdien u. A. Lotz, Wiss. Veröffentl. a. d. Siemens-Konz. Bd. 2, S. 489. 1922; ZS. f. techn. Phys. Bd. 4, S. 157. 1923.
[2]) Von Gebr. Siemens & Co.
[3]) Bei Diaphragmen von 5 mm Durchmesser auf 4 mm.

Hilfe eines sorgfältig frei durch dasselbe hindurchgeführten, später noch in ein Röhrchen aus Marquardt-Masse eingeschlossenen dünnen Kurzschlußstiftes aus Messing, Zink, verkupferter oder verzinkter Kohle überwunden wurde, der beim Anlegen der Elektrodenspannung verdampfte.

Das Spektrum des Diaphragmenlichts zeigte als Zeichen der außerordentlich hohen Temperatur mit einer bei irdischen Lichtquellen bisher noch nicht beobachteten Helligkeit die stark verbreiteten Serienlinien des Wasserstoffs, deren Flächenhelligkeit die des Reinkohlenkraters um das 20- bis 50fache übertraf, daneben ein kontinuierliches Spektrum von der 3- bis 5fachen Helligkeit des Reinkohlenkraters.   Auch andere Elemente als Wasserstoff konnten in der Zone höchster Stromdichte zu intensivster Verdampfung und noch höherer Linienhelligkeit erhitzt werden, allerdings nur durch radiale Einführung in die Symmetrieebene des Diaphragmas mittels einer geeigneten radialen Bohrung und mit einer gewissen Gefährdung des Diaphragmas, dessen schützende Wasserhaut hierdurch durchbrochen wurde. Von außen, von der Elektrode her, zugeführte Substanzmengen wurden von dem aus dem Diaphragma hervorschießenden Wasserdampf und Wasserstoffstrahl weggespült. Als Folge des im eingeschnürten Bogenteil vorhandenen außerordentlich hohen Temperaturgefälles traten gleichzeitig starke elektrochemische Heiß-Kalt-Reaktionen, wie intensive Oxydation des Stickstoffs der Luft auf.

Den Verlauf der Bogencharakteristik im Diaphragma zeigt Abb. 30. Der Spannungsabfall im Diaphragma betrug etwa 40 Volt/cm; die bei 600 Amp. Stromstärke längs eines Zentimeters innerhalb des Diaphragmas in einem Raum von etwa 0,12 cm³

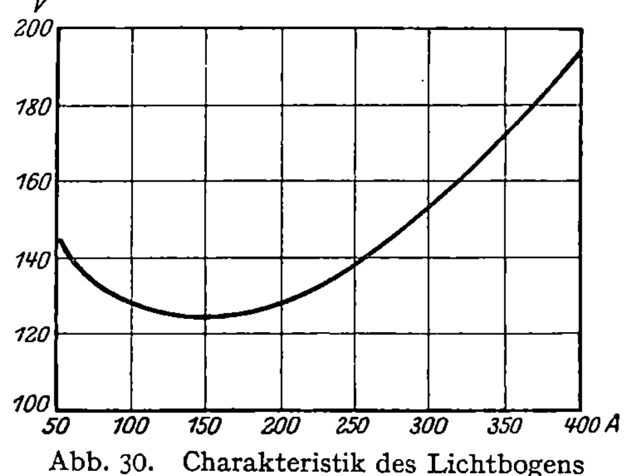

Abb. 30.   Charakteristik des Lichtbogens nach GERDIEN und LOTZ.

in Strahlung umgesetzte bzw. zur Verdampfung und Dissoziation des Kühlwassers verbrauchte Energie betrug 24 kW. Aus der Größe dieser Energiedichte kann man nach GERDIEN und LOTZ schließen, daß hier Temperaturen vorliegen, wie sie bisher in einer kontinuierlichen Gasentladung noch nicht verwirklicht wurden.

46. Chemisch-technische Anwendungen des Lichtbogens. Von den zahlreichen Ausnutzungen, die die hohe Temperatur des Lichtbogens für physikalische und chemische Forschungen und Zwecke gefunden hat, mögen im Hinblick auf die eingehenden Darstellungen, welche die Verwertung der Lichtbogenerhitzung in elektrischer, optischer und chemischer Richtung an anderer Stelle behandeln, hier nach einer kurzen Übersicht über einige wichtige thermochemische Reaktionen nur einige neuere ausgeprägt thermisch-mechanische Anwendungen näher besprochen werden [1].

Mit der Verwertung der hohen Lichtbogentemperatur zu thermochemischen Reaktionen hat sich besonders umfassend und erfolgreich MOISSAN 1892 bis 1896 befaßt [2]. Es gelang MOISSAN, in einem großen Lichtbogenofen praktisch alle Körper zur Verdampfung zu bringen, eine große Reihe von Metallen durch Reduktion ihrer Oxyde zu erhalten bzw. durch Einwirkung von Kohlenstoffdampf, Bor,

---

[1] Vgl. auch A. HAGENBACH, Handbuch d. Radiologie und MARX Bd. IV, 2. Aufl., Leipzig, Akad. Verlagsges. 1923.

[2] H. MOISSAN, Le four électrique, Paris, Steinheil 1897.

Silizium ihre Karbide, Boride, Silizide herzustellen, ferner durch rasche Abkühlung von mit Kohlenstoff gesättigtem geschmolzenem Eisen den Kohlenstoff in Graphit, zu geringen Beträgen auch in kleine Diamantkrystalle überzuführen. Moissans Versuche über die Bildungsbedingungen des Diamanten sind in der Folge besonders eingehend von Ruff[1]) und seinen Mitarbeitern systematisch fortgesetzt worden.

Ruff und seine·Mitarbeiter stellten fest, daß Versuche zur künstlichen Erzeugung größerer Diamantkrystalle bei Temperaturen unter etwa 1600° und wahrscheinlich auch bei Drucken unter etwa 1000 at so gut wie aussichtslos sind.

Von den Karbiden hat besonders das in elektrischen Öfen aus Kalziumkarbonat und Kohlenpulver hergestellte Kalziumkarbid Bedeutung erlangt, das mit Wasser gemäß der Umsetzung

$$CaC_2 + 2H_2O = Ca(OH)_2 + C_2H_2$$

Azetylen liefert; ferner das Siliziumkarbid oder Karborundum, das als ein besonders hartes Material zu Schleif- und Polierzwecken Verwertung findet und durch Reduktion von Quarz (SiO_2) mit Kohle in kombinierten Lichtbogen-Widerstandsöfen gewonnen wird.

Einen anderen ausgedehnten Aufgabenkreis bildete längere Zeit die Oxydation des Luftstickstoffs zu Stickoxyden (Salpetersäure), bei der neben der hohen Lichtbogentemperatur der hohe Temperaturabfall ausgenutzt wird und Lichtbögen von hoher Spannung und Bogenlänge sowie hoher Frequenz besonders gesteigerte Ausbeuten ergaben. Aus der großen Zahl der anderweitig ausführlich erläuterten[2]) Arbeiten seien hier nur die Öfen von Birkeland und Eyde sowie die der Badischen Anilin- und Sodafabrik, Guye und Naville genannt.

· **47. Lichtbogenschweißung.** Zur Erweiterung unserer Kenntnisse über die Stromspannungsverhältnisse und Wirkungen, welche bei Lichtbögen sehr hoher Stromstärken zwischen verschiedenen Elektrodenkombinationen auftreten, bzw. zu Erzeugungsmethoden von verbessertem Wirkungsgrad haben auch die umfangreichen Anwendungen beigetragen, welche die Wärmeentwicklung des elektrischen Lichtbogens für die Bearbeitung von Metallen, insbesondere zur Metallschweißung in neuerer Zeit gefunden hat. Ein kurzer Überblick über die hierfür entwickelten Verfahren dürfte daher auch von physikalischem Interesse sein[3]). Die am frühesten ausgearbeitete Methode ist die von N. v. Benardos und St. Olszewski[4]), bei der der Lichtbogen zwischen dem metallenen Werkstück und einem beweglichen Kohlenstab von 10—30 mm Durchmesser durch vorübergehendes Berühren und wieder Entfernen gebildet wird. Durch die Wärmeentwicklung dieses etwa 10 mm langen Lichtbogens wird das Werkstück an der Stelle, wo der Lichtbogen an ihm ansetzt, zum Schmelzen gebracht. Gleichzeitig können auch an den Erhitzungsstellen zusätzliche Metallmaterialien („das Schmelzgut") durch den elektrischen Lichtbogen eingeschmolzen werden, indem man das Ende eines Metallstabes der Schmelzstelle nähert. Größere Werkstücke,

---

[1]) O. Ruff, ZS. f. anorg. Chemie Bd. 99, S. 73. 1917.

[2]) W. Nernst, Jubelband f. Boltzmann, S. 904. 1904: ZS. f. angew. Chem. Bd. 49, S. 213. 1906; Schönherr, E.T.Z. Bd. 30, S. 138. 1909.

[3]) Die ersten Anregungen und Versuche gehen nach K. Meller (Elektrische Lichtbogenschweißung, S. 3. Leipzig: S. Hirzel 1925) bis ins Jahr 1842 zurück (Lichtbogen als Lötlampe; Aufschweißen von Iridiumpulver auf Metallplatten). Vgl. auch Rühlmann, Elektrot. ZS. 1887, S. 463; P. Schimpke, Neuere Schweißverfahren. Berlin: Julius Springer 1922; Sehlinger, Die Bogenentladung, Siemens-ZS. 1923, S. 509ff.

[4]) D. R. P. 38011 vom Jahre 1885.

insbesondere aus Gußeisen, werden vielfach vorgewärmt. Das Schweißverfahren nach Benardos hat wegen des langsamen Abbrennens der Kohlenelektrode den Vorteil einer leicht konstant zu haltenden Bogenlänge, ist jedoch auf annähernd wagerechte Werkstücklage beschränkt und hauptsächlich für Aluminium- und Kupferschweißung, in Amerika auch für Gußeisenwarmschmelzung in Anwendung[1]).

Ein Schweißen des Werkstücks in allen Lagen ist bei dem von Slavianoff 1892 vorgeschlagenen weitverbreiteten Arbeitsverfahren möglich, bei dem als bewegliche Elektrode ein Metallstab von 5 bis 20 mm Durchmesser benutzt wird und das am Metallstab abschmelzende Material zugleich das einzuschmelzende Schweißgut liefert.

Um der Aufnahme von Sauerstoff und Stickstoff durch das geschmolzene Material oder um unerwünschtem Abtropfen und Verdampfen von Bestandteilen entgegenzuwirken, endlich die Aufrechterhaltung des Lichtbogens durch erhöhte Leitfähigkeit zu erleichtern, werden vielfach Stabelektroden verwendet, die mit einem Mantel aus desoxydierendem, schlackengebendem Material versehen sind[2]).

Ein beschränkteres Anwendungsgebiet für dünnere Materialstärken hat sich das dritte, von Zerener 1891 vorgeschlagene Lichtbogenschweißverfahren erworben, das zwischen zwei schräg gegeneinander gestellten Kohlenelektroden einen Lichtbogen erzeugt, diesen durch die Wirkung eines Elektromagneten zu einer Gebläseflamme ablenkt und diese Stichflamme als Heizquelle benutzt.

Zur Durchführung der Lichtbogenschweißungen hat sich Gleichstrom als vorteilhafter gegenüber Wechselstrom erwiesen. Abgesehen von der größeren Beständigkeit des Gleichstromlichtbogens und der geringeren physiologischen Gefährlichkeit der Gleichspannungen, hat man bei Gleichstrom die Möglichkeit, die an den Elektrodenpolen sich ausbildende verschieden hohe Temperatur in der Weise den Materialschmelzpunkten anzupassen, daß man leichter schmelzbare Metalle (Gußeisen, Kupfer) als Kathode anschließt, schwerer schmelzbare (Schmiedeeisen, Stahl) hingegen als Anode. Beim Verfahren nach Benardos kann man außerdem den bei positiver Kohlenelektrode einsetzenden Kohlenstofftransport nach dem Werkstück zu einer härtenden Kohlenstoffaufnahme ausnutzen. Zur Erleichterung derartiger Polwechsel sind die Schweißanlagen mit Umschaltern ausgerüstet.

Auch zum Zerschneiden (Zerschmelzen) von Metallen hat man die elektrische Lichtbogenerhitzung in Anwendung gebracht[3]), teilweise unter Kombination mit Sauerstoffzuleitung und Sauerstoff abgebenden Kohlenelektrodenkernen. Kupferplatten von 300 mm Dicke erfordern beispielsweise bis 1000 Amp. Stromstärke.

Die Verfahren eignen sich wegen ihrer ungenauen Schmelzrinnen jedoch mehr für grobe Verschrottungsarbeiten sowie zum Ausbrennen von zuzuschweißenden Rissen.

48. Kurzschlußlichtbogen beim Metallspritzverfahren nach Schoop. Anwendungen für geringere Strom- und Materialstärken hat die elektrische Lichtbogenschmelzung in neuerer Zeit bei dem Schoopschen Metallspritzverfahren gefunden.

Bezüglich des zuerst mit Gasschmelzung entwickelten Prinzips der Schoopschen Metallzerstäubung durch Druckluft sei auf Ziff. 19 verwiesen. Bei dem neueren elektrischen Verfahren werden nach Schoop[4]) zwei an eine elektrische

---

[1]) K. Meller, Elektrische Lichtbogenschweißung, S. 99 u. 123. Leipzig: Hirzel 1925.
[2]) K. Meller, ebendort S. 68.
[3]) K. Meller, ebendort S. 123.
[4]) W. Kasperowicz u. W. Schoop, Das Electro-Metallspritzverfahren nach M. U. Schoop, S. 26. Halle a. S.: Marhold 1920.

Leitung angeschlossene Drähte unter Anwendung eines geeigneten Mechanismus so zueinander bewegt, daß die freien Drahtenden zur Berührung kommen.

Sobald sich die Drahtenden begegnen, entsteht an der Berührungsstelle ein elektrischer Kurzschluß, welcher das Abschmelzen der von der kleinen Berührungsfläche besonders intensiv erhitzten Drahtenden verursacht. Durch den gegen die Schmelzstelle mit etwa 300 m Geschwindigkeit blasenden Preßluftstrahl (Abb. 31) wird das schmelzende Metall sofort weggeblasen, so daß der metallische Kontakt unterbrochen wird. Dabei entsteht ein Unterbrechungslichtbogen, welcher vom Preßluftstrahl nach außen getrieben und ausgeblasen wird. Nach oder noch während des Ausblasens kommen die fortwährend nachgeschobenen Drähte wieder miteinander in Berührung, wodurch der Vorgang erneuert wird. Daß es sich bei dieser Einrichtung um abwechselnde Schmelz- und Abschleuderungsvorgänge handelt, konnte Schoop besonders deutlich bei Wechselstrom aus der periodischen Folge von Niederschlagstellen entnehmen, aber auch bei dem scheinbar ruhig brennenden Gleichstrom aus der Beobachtung im rotierenden Spiegel schließen. Nach seinen Angaben bleibt der Metallichtbogen auch nach Abstellen der Luftzufuhr bestehen. Nach Versuchen von D. Korda[1]) mit derartigem Lichtbogen aus Messing und Aluminium hat man 3 Zonen zu unterscheiden:

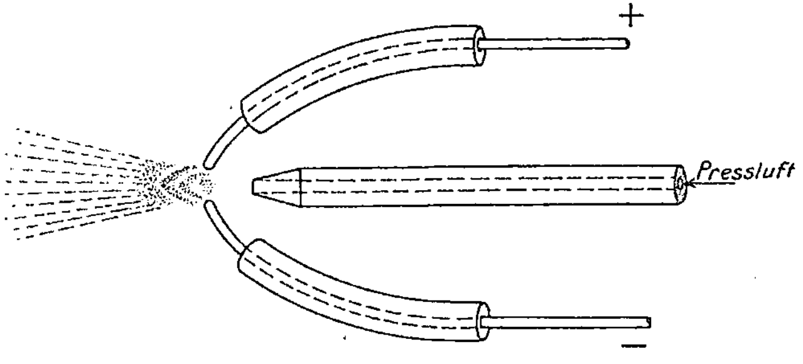

Abb. 31.   Metallspritzgebläse.

Einen hellen Kern, den eigentlichen Lichtbogen, der infolge des Luftgebläses eine gekrümmte Fläche von ca. 5 mm Ausdehnung darstellt (bei 2 mm Drahtendenabstand), einen glühenden Rand als Mittelzone und eine äußere, durch die ausgeschleuderten glühenden Teilchen gebildete Flammenspitze, deren Leuchten sich bei Aluminium und Eisen wesentlich weiter erstreckt als bei Messing, Zink, Blei. Auffallend und noch nicht ausreichend geklärt ist die hohe Stabilität des Lichtbogens, selbst bei Preßluftdruck von 8 bis 15 at, welche Korda auf die stete Neubildung frischer Metallflächen, die hohe Strom- und Metalldampfdichte und intensive Ionisierung zurückführt. Nach den bisherigen Ergebnissen scheint das Abschmelzen bei Verwendung von Wechselstrom und ohne den Preßluftstrom gleichmäßiger vor sich zu gehen als mit Gleichstrom, bei dem das Metall unregelmäßiger und zeitweise in großen Mengen schmilzt.

49. Erhitzung durch Kathodenstrahlen. Für eine Reihe von Erhitzungsaufgaben, bei denen störende Einwirkungen durch Verdampfungsprodukte der Elektroden oder der umgebenden Atmosphäre möglichst zurückgehalten werden müssen und schnelle und hohe lokale Temperatursteigerungen wesentlich sind, bildet die im hohen Vakuum durchführbare, in der Elektronenwirkung mit dem Lichtbogen verwandte Erhitzung mittels Kathodenstrahlen eine vorzugsweise geeignete Methode, da sie Erhitzungen und Schmelzungen im gleichen Material, also ohne Verunreinigungen von einem höher erhitzten Tiegel her, ermöglicht. Bei den ersten derartigen Anordnungen wurde die Erscheinung ausgenutzt, daß von einer hohlspiegelartigen Kathode im hohen Vakuum (unter 0,01 mm Hg) infolge des an der Kathode liegenden starken elektrischen Feldes Elektronen

---

¹) W. Kasperowicz u. W. Schoop, Das Elektro-Metallspritzverfahren, S. 67. Halle a. S.: Marhold 1920.

hoher Geschwindigkeit und Energie senkrecht zur Oberfläche der Kathode nach
einem gemeinsamen Schnittpunkt ausgesandt werden. Eine in diesem Schnittpunkt angeordnete metallische, z. B. stabförmige Anode wird durch diesen in
ihr gebremsten Elektronenstrom der hohen Elektronengeschwindigkeit wegen
auch bei relativ geringen Stromstärken schon stark erhitzt (Schmelzen von Iridium
durch CROOKES). Nachteile dieser einfachsten Anordnung sind die
Beschränkung auf metallische Anoden und gewisse zur Aufrechterhaltung der Entladung erforderliche Gasreste. Mit wesentlich höherem
Vakuum erlaubte die von H. v. WARTENBERG[1]) benutzte Erhitzungs-
methode mittels Kathodenstrahlen von einer Glühkathode her zu
arbeiten, bei der nach dem Vorgange von WEHNELT[2]) ein mit CaO
bestrichenes, zur Weißglut erhitzter Platinblech als Elektronenquelle
und gepreßte Stäbchen aus Metallpulvern als Anode dienten. Der
sonst vom Druck stark abhängige Kathodenfall tritt hier nur in
geringem Betrage auf. Statt dessen wird der nur mäßige Anodenfall in
Verbindung mit hohen Stromstärken (30 Amp. bei 100 Volt Gesamt-
spannung) ausgenutzt. Es gelang v. WARTENBERG hiermit, Wolfram
aus gepreßtem Pulver ohne Tiegel zu schmelzen, indem er freiwerdende Gasmassen zur Verhütung einer die Elektrode angreifenden Licht-
bogenentladung unter langsamer Temperatursteigerung ständig abpumpte.

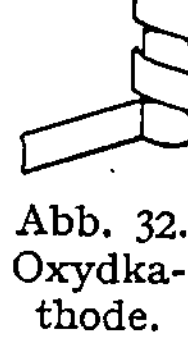

Abb. 32.
Oxydka-
thode.

Für länger andauernde und sehr intensive Erhitzungen, bei welchen der
geringe Kalziumoxydüberzug der einfachen Wehneltkathode
sich unerwünscht rasch durch Verdampfung verbraucht, können
die von der Akkumulatoren-Fabrik A.-G. in Berlin für Gleichrichter zu hoher Betriebsdauer ausgebildeten technischen
Wehneltkathoden vorteilhaft Verwendung finden, bei denen
von einem größeren Oxydvorrat her automatisch Oxyd auf
die metallische Kathode nachsublimiert.[3]) Bei der für kleinere
Stromstärken bestimmten Oxydkathode der Abb. 32 liegt der
Oxydvorrat innerhalb eines spiraligen Bandes; bei der Aus-
führungsform der Abb. 33, die außerordentlich hohe Strom-
belastungen in Edelgasatmosphäre zuläßt, wird ein größerer
Oxydblock d zunächst durch einen mit Oxyd überzogenen spiraligen Leiter a bis zur Entladungseinleitung nach der Anode
hin zum Glühen gebracht. Die hierdurch einsetzende Licht-
bogenentladung und weitere Temperaturerhöhung leitet dann
eine dauernde Oxydsublimation nach der metallischen Kathode
ein, die durch diesen Nachschub dauernd wirksam bleibt.

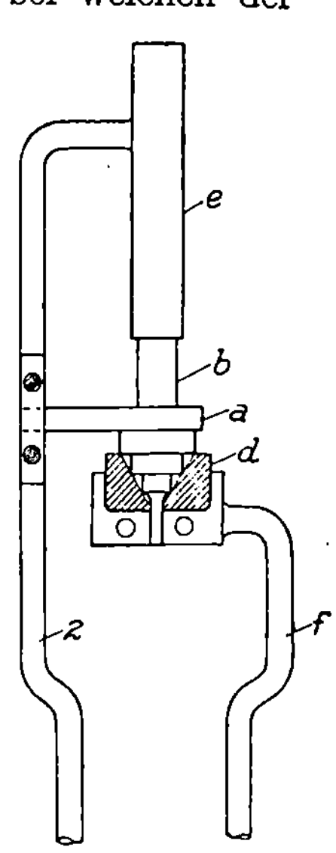

Abb. 33. Tech-
nische Wehnelt-
kathode.

In ähnlicher Art wie mit Hilfe von Oxydkathoden kann
man auch die Kathodenemission von glühenden Metallkathoden
im hohen Vakuum (Glühkathoden) zu Erhitzungen ausnutzen.
Allerdings ist diese Art Elektronenerhitzung, die sich als
Nebenerscheinung beispielsweise bei Glühkathodenröntgen-
röhren in intensiver Antikathodenerhitzung bis zum eventuellen
Schmelzen von Wolfram bemerkbar macht, mehr auf hohe Spannungen und
geringe Stromenergien beschränkt und an hohes Vakuum gebunden.[4])

[1]) H. v. WARTENBERG, Chem. Ber. Bd. 40 III, S. 3287. 1907.
[2]) A. WEHNELT, Ann. d. Phys. Bd. 14, S. 425. 1904; Bd. 19, S. 138. 1906; WEHNELT
u. MUSCELANU, Verh. d. D. Phys. Ges. Bd. 14, S. 1032. 1912.
[3]) A. GÜNTHERSCHULZE u. W. GERMERSHAUSEN, Übersicht über den heutigen Stand
der Gleichrichter S. 28. 2. Aufl. Leipzig: HACHMEISTER u. THAL 1925.
[4]) Für die Abhängigkeit der Elektronenemission von Temperatur und Spannung gelten
nach RICHARDSON (MARX' Handb. d. Radiol. Bd. IV: Glühelektronen) für glühende Metalle

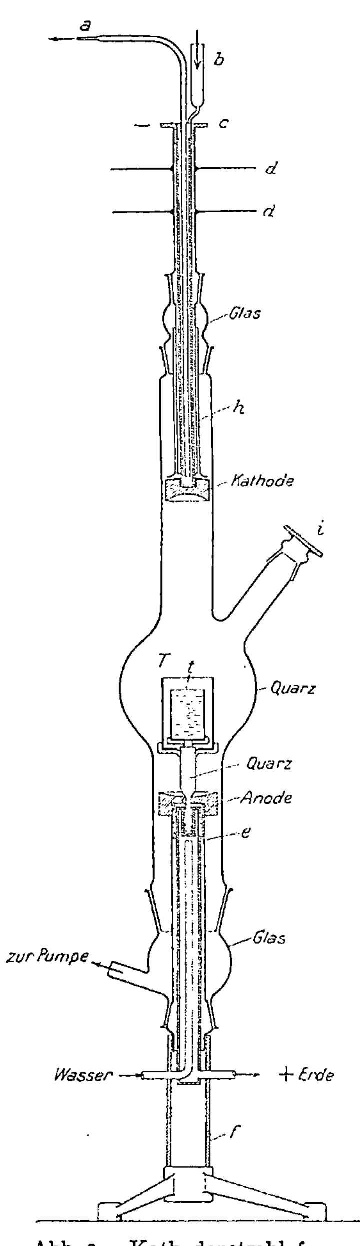

Abb. 34. Kathodenstrahlofen von TIEDE u. BIRNBRÄUER.

Die Verwendung des Schmelzguts als Anode beschränkt die durch v. WARTENBERG angewandte Methode auf leitende und beim Erhitzen blank bleibende Metalle (Edelmetalle, Wolfram usw.). TIEDE[1]) wählte deshalb eine besondere Anode und konzentrierte Kathodenstrahlen, welche durch einen Glimmstrom erzeugt werden, auf ein isoliert stehendes, zugleich von dem Glimmstrom umhülltes und geheiztes Schmelzgut.

Den Aufbau des von E. TIEDE und E. BIRNBRÄUER[2]) ausgebildeten Kathodenstrahlofens zeigt die Abb. 34. Als Vakuumgefäß dient eine mit Schliffansätzen und einem Schaurohr i versehene Quarzglaskugel, die auf einem metallenen Dreifuß f montiert ist und in deren Ansatzstützen die aus Aluminium gefertigten Elektroden mit Hilfe von Schliff-Zwischenteilen aus Glas herausnehmbar eingesetzt sind. Die Kühlung der geerdeten Anode erfolgt mittels des Tragrohrs e durch fließendes Wasser, die der hochgeladenen Kathode durch eintropfendes Wasser von b her, das durch das Glasrohr a abgesaugt wird und zugleich die oberen Schliffteile kühl hält. c ist die Anschlußstelle der Kathode, h ein Schutzrohr aus Glas, das das metallene Kathodenrohr und die Oberseite der Kathode umschließt; d sind Glasscheiben zur Verhütung von Gleitfunken. Der die zu erhitzende Substanz enthaltende Schmelztiegel t aus Quarz ist mittels eines Quarzstabes auf der Anode befestigt und zur Verminderung der Wärmeausstrahlung mit einem weiteren Schutztiegel T aus Porzellan umgeben. Eine weitere Deckung der Wärmeausstrahlung und zusätzliche Erwärmung erfährt der Tiegel durch die ihn umschließende Entladungsbahn.

Bei Schmelzungen von pulverigem, gashaltigen Material treten allerdings auch hier Heiz-

und glühende Oxyde analoge Gesetze; nur die Konstanten dieser Formeln sind verschieden. Bei genügender Spannung stellt sich ein Sättigungsstrom $Js = a \cdot F \sqrt{T} \cdot e^{-b/T}$ ein (F ist die Kathodenoberfläche, T die absolute Temperatur, e die Basis der natürlichen Logarithmen; a und b sind vom Material abhängige Konstanten). Für Wolfram ist nach LANGMUIR (Phys. ZS. Bd. 15, S. 516. 1914) $a = 2{,}36 \cdot 10^7$ und $b = 5{,}24 \cdot 10^4$; für Kalziumoxyd im Hochvakuum nach GERMERSHAUSEN (Ann. d. Phys. Bd. 51, S. 705, 847. 1916) $a = 1{,}98 \cdot 10^{16}$ und $b = 2{,}97 \cdot 10^4$.

Die Emission ist also für Oxydkathoden bedeutend stärker und stärker mit der Temperatur ansteigend. Die wirtschaftliche Erzeugung intensiver Ströme ist indes auch bei Oxydkathoden des im Hochvakuum auftretenden sog. Raumladungseffekts wegen nur bei einem gewissen Gas- oder Dampfdruck in der Entladungsbahn, beispielsweise stark verdünntem Gasgehalt oder Quecksilberdampf, möglich (vgl. A. GÜNTHERSCHULZE u. W. GERMERSHAUSEN, a. a. O. S. 27, 28).

[1]) E. TIEDE, Chem. Ber. Bd. 46 II, S. 2229. 1913.
[2]) E. TIEDE u. E. BIRNBRÄUER, ZS. f. anorg. Chem. Bd. 87, S. 129, 137. 1914.

störungen auf, die durch die Beeinflussung des Vereinigungspunktes der Kathodenstrahlen durch Gasdruckschwankungen verursacht werden. H. Gerdien[1] stellte fest, daß die Verlagerung des Konvergenzpunktes ganz wesentlich durch die Randpartien des negativen Glimmlichts bedingt wird, und daß bei einer Kathodenstrahlröhre, bei der das Präparat durch eine die Halbkugel wesentlich überschreitende leitende Kathodenoberfläche umschlossen ist, dieser störende Einfluß weitgehend ausgeschaltet wird. Im Fall genauerer Zentrierung des Präparats konnte man demzufolge in wesentlich kürzerer Zeit entgasen und mit relativ geringer Energie hohe Temperatursteigerungen erzielen. Gerdien verwandte als Kathode zunächst einen auf der Innenseite einer Glaskugel niedergeschlagenen Metallbelag. Hiermit war gleichzeitig der Vorteil verbunden, daß ein Teil der vom erhitzten Präparat ausgestrahlten Wärme optisch auf dasselbe zurückgeworfen wurde.

50. Kathodenstrahlofen von Gerdien und Riegger. Im Hinblick auf die Schwierigkeit, diesen inneren Metallbelag rasch zu entgasen bzw. eine Verunreinigung durch ihn auf zu gewinnende Sublimate auszuschließen, gingen H. Gerdien und H. Riegger[2] später dazu über, als Kathode Außenbelegungen teils aus Metall, teils aus elektrolytisch leitenden Flüssigkeiten in Verbindung mit Wechselspannungen hoher Frequenz und Spannung zu verwenden.

Die in der Röhre ausgenutzten Leistungsbeträge lagen zwischen 0,3 bis 4 kW bei einem schätzungsweisen Gesamtwirkungsgrad von 50%.

Als Vakuumgefäß diente Gerdien und Riegger zunächst ein Kolben aus Schottschem Glas 1823 III, der außen zu drei Viertel seiner Oberfläche durch Versilberung bzw. einen aufgespritzten Aluminiumbelag leitend gemacht war und am Belagsraum zur Verhinderung gefährlicher Erwärmung durch Sprühen mit Paraffin überzogen war. Sein abwärts gekehrter Hals wurde mit weißem Siegellack in einen gleichzeitig zur Evakuierung dienenden Metallfuß eingekittet. Die Halterung des Schmelzpräparates erfolgte durch ein auf den Metallfuß befestigtes, durch ein Quarzrohr umhülltes Messingrohr; die Justierungskontrolle durch kreuzweise Aussparungen des Glasüberzugs hindurch. Bei

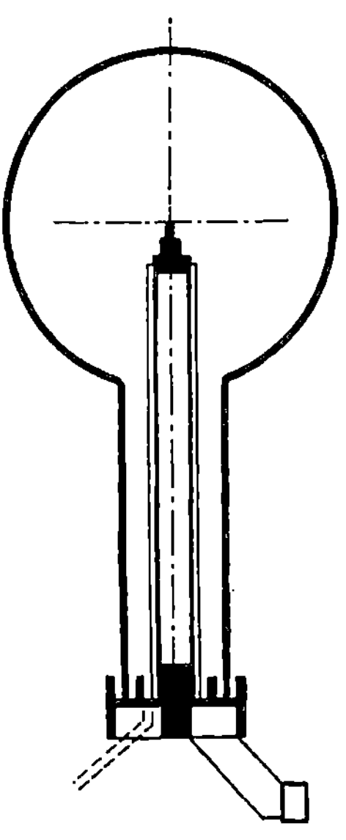

Abb. 35.   Kathodenstrahlofen von Gerdien u. Riegger.

einem späteren, noch größer dimensionierten Modell verwendeten die Autoren für die Außenbelegung zwecks verbesserter Kühlung angesäuertes Wasser, das von einem kelchartigen, im unteren Teil mit zirkulierendem Teeröl gefüllten Glasmantel gehalten wurde und durch eine Ringelektrode den Hochfrequenzstrom zugeführt erhielt. Der das Schmelzgut tragende Träger war gesondert herausnehmbar auf einem Evakuierungsschliff montiert. Gepreßte Wolframpulverstäbe von 6×6 mm Querschnitt ließen sich hiermit nach mehrmaliger Vorentgasung binnen 5 Sekunden auf 2 cm Länge niederschmelzen. Lose pulverige Materialien wurden als Kegel auf gleichem gepreßten Material, solche mit empfindlichen Reaktionen in strömendem Edelgas zur Erhitzung gebracht.

---

[1]) Nach H. Gerdin und H. Riegger (Wiss. Veröffentl. a. d. Siemens-Konz. Bd. 3, H. 1. S. 226.1923) ist die Schmelzung von Tantalmetall und anderen schwer schmelzenden Metallen mittels Kathodenstrahlen der Firma Siemens & Halske schon im Jahre 1905 durch R. R. P. Nr. 188 466 geschützt worden. Über weitere Kathodenstrahlöfen vgl. z. B. bei L. Weiss in Stählers Handb. Bd. I, S. 442.

[2]) H. Gerdien u. H. Riegger, Wiss. Veröffentl. a. d. Siemens-Konz. Bd. 3, H. 1, S. 229. 1923.

51. Erhitzung durch Funkenentladung. Wohl die höchsten, wenn auch örtlich und zeitlich beschränkten Erhitzungsmöglichkeiten gewährt, spektralen Untersuchungen zufolge, die Anwendung der Funkenentladung, die in der plötzlichen Zuführung intensiver Entladungsströme aus hochgeladenen Kapazitäten kleine Materialmengen, auf die Zeiteinheit bezogen, einer außerordentlich großen Energie und Wärmeeinwirkung auszusetzen erlaubt.

Schon RIESS[1]) beobachtete, daß dünne Drähte durch starke Kondensatorentladungen unter blendender Lichterscheinung verdampft werden konnten und vermutete, daß diese intensive Erhitzung sich sukzessive in einer Auflockerung und Verdampfung und weiteren Erhitzung der sich bildenden Metalldampfbahn vollzieht. Der weiteren Ausbildung der Erhitzung durch Funken hat sich besonders die Spektroskopie und Photochemie angenommen und gezeigt, daß mittels kondensierter Funken alle festen Stoffe zu intensiver Verdampfung und eventueller Dissoziation[2]) gebracht werden können. Entsprechend diesem ausgeprägten Verwendungsgebiet kann daher die Darstellung auf einige prinzipielle Hinweise beschränkt und bezüglich Einzelheiten auf die mannigfachen Darstellungen der Handbücher der Spektroskopie[3]) verwiesen werden.

Besonders hohe Temperaturen durch explosionsartige Verdampfung feiner Drähte mittels starker Kondensatorentladung hat J. A. ANDERSON[4]) durch folgende Anordnung erzielt. Er entlud einen Glaskondensator von 0,4 μF Kapazität, der auf 26000 Volt mittels 500 Watt-Transformators und mechanischen Gleichrichters geladen war, über eine in Serie geschaltete Funkenstrecke und kurze starke Zuleitungen durch Drähte der verschiedensten Metalle von etwa 0,1 bis 0,2 mm Durchmesser und 5 cm Länge. Zwecks Zusammenhalten des Metalldampfs waren die Drähte in einer Holzrinne oder einem Holzrohr gelagert. Spektrophotographische Expositionsvergleichungen führten auf eine Flächenhelligkeit, welche die der Sonne 100 mal übertraf (geschätzte Temperatur 20000°, Explosionsdauer 10^{-5} sec; berechneter Druck etwa 20 at). Kupfer-, Silber- und Golddrähte mußten vorher amalgamiert werden, da sonst in der Holzklotzbohrung keine Explosion erfolgte, sondern die Entladung außen herumging.

Sollen, wie meist erwünscht, auf längere Zeit hin periodisch durch Funkenfolgen hohe Verdampfungstemperaturen erzielt werden, so muß durch Kühlung der Elektroden bzw. durch Anblasen der ionisierten Funkenstrecke dafür Vorsorge getroffen werden, daß die durch den Funkenübergang entstandene ionisierte und dadurch leitende Gasschicht bis zur Einleitung der neuen Entladung beseitigt ist (ungenügende Entionisierung macht sich durch matteren Funkenknall kenntlich).

Als Energiequelle dient zumeist eine durch Wechselstrom hoher Spannung und Frequenz auf hohes Potential aufgeladene Kapazität, die auf Resonanz mit der Wechselspannung abgestimmt, evtl. über eine Vorschaltfunkenstrecke an der Hauptfunkenstrecke so zur Entladung gebracht wird, daß jede Entladung der Kapazität möglichst eine Reihe von Partialfunken auslöst. Von den mannigfachen diesbezüglichen Arbeiten seien hier nur erwähnt: Die Aluminiumunterwasserfunkenstrecke, bemerkenswert durch ihr kontinuierliches Ultraviolettspektrum[5]) (starre, aber fein einstellbare Elektrodenbefestigung wichtig), ferner

---

[1]) P. RIESS, Abhandlgn. d. Berl. Akad. 1845; Pogg. Ann. Bd. 65.

[2]) A. DE GRAMONT, vgl. Fr. LÖWE, Optische Messungen, S. 44. Dresden-Leipzig: Steinkopf 1925. A. d. GRAMONT, C. R. 176. S. 1106. 1922.

[3]) H. KONEN, STÄHLERS Handb. der Arbeitsmethoden in d. anorg. Chemie II. 1. S. 482.

[4]) J. A. ANDERSON, Astrophys. Journ. Bd. 51, S. 37, 1920; Proc. Nat. Acad. Amer. Bd. 8, S. 231. 1922; vgl. auch HALE u. KENT, Publ. of the Yerkes Obs. 3. II. S. SMITH, Astrophys. Journ. Bd. 61. S. 186. 1925.

[5]) Vgl. H. KONEN in STÄHLERS Handb. d. Arbeitsmeth. in d. anorg. Chem. Bd. II, 1, S. 519. 504. V. HENRI, Journ. de Phys. et le Rad. III. S. 181. 1922.

die besonders von E. WARBURG[1]) zu photochemischen Arbeiten verwertete Zink-
und Aluminiumfunkenstrecke, endlich die Benutzung des kondensierten Funkens
durch DE GRAMONT u. a. zur quantitativen Spektralanalyse (insbesondere zur
Feststellung geringfügiger Verunreinigungen)[2]).

b) Elektrische Öfen.

52. Allgemeines über elektrische Öfen. Für die Auswahl eines elektrischen
Ofens ist die notwendige Temperatur, ihre Konstanz, der erforderliche Heizraum
und die Erhitzungsschnelligkeit von entscheidender Wichtigkeit, da hierdurch die
Auswahl der Baustoffe, die Erhitzungsart und der Energiebedarf bestimmt wird.

Ein zweiter, vor allem die Konstruktion bestimmender Faktor ist durch die
Frage gegeben, ob die zulässigen Baustoffe oder das Heizgut eine Erhitzung in
gewöhnlicher Atmosphäre gestatten oder in Gasfüllungen verminderten Drucks
(Vakuum) bzw. besonderer Art erhitzt werden müssen, oder endlich, ob die
Forderung erhöhten Drucks Konstruktionsteile von besonderer Festigkeit und
Bauart erfordert[3]). Diesen Gesichtspunkten entsprechend sei in dem vorliegenden Abschnitt zuerst eine Übersicht über die Baustoffe gegeben, und zwar
hinsichtlich der leitenden Teile in erster Linie bezüglich ihrer Eignung zur Widerstandserhitzung. In einem zweiten Abschnitt mögen die konstruktiven Gesichtspunkte für die Stromzuführung (Wärmeableitung, Ausdehnungs-
möglichkeit, Abdichtung) behandelt werden; in einem weiteren Abschnitt
endlich einige neuere Ofentypen, gegliedert nach der Verwendbarkeit in
normaler Atmosphäre, Vakuum und unter gesteigertem Druck,
und als Abschluß eine Übersicht über Temperaturregulatoren.

53. Leitende Teile für Widerstandserhitzung. Die Brauchbarkeitsgrenzen
und spezifischen Widerstände einiger zur Widerstandserhitzung geeigneter
Materialien zeigt die von M. PIRANI und E. LAX in GÜRTLERS „Metallfach-
kalender 1925" zusammengestellte nachstehende Tabelle 7[4]).

Tabelle 7. Materialien für Widerstandsöfen.

Material	Schmelz-punkt °C	Indiff. Atm.	Brauch-barkeits-Grenze	Widerstand in Ohm, bezogen auf 1 m Länge und 1 mm² Querschnitt		
				kalt	1000°	1500°
1. Kohle	—	CO H₂, N₂	über 3000° 1800°	90	55	50
2. Graphit	—	CO H₂, N₂	über 3000° 2000°	20	15	—
3. Kohlenkörner Bo	—	reiner N₂	über 3000°	80 000	35 000	25 000
4. Wolfram[5]) . . .	3390	H₂	3000°	0,055	0,33	0,49
5. Tantal	2770	nur Vakuum	2500°	0,15	0,57	0,78
6. Molybdän . . .	2570	H₂	2200°	0,055	0,25	0,33
7. Iridium	2350	N₂ (rein)	2100°	0,053	—	—
8. Platin	1771	N₂, Luft	1600°	0,12	0,52	—
9. Silit	—	Luft, CO, N₂, H₂	1500°	3000—7500	1500—3700	1200—3000
10. Nichrom, Cekas	1550	H₂(CO, N₂) in Luft	1400° 1100°	0,9	1,25	—
11. Eisen	1510	H₂	1400°	0,1	1,2	—
12. Nickel	1450	H₂(CO, N₂)	1300°	0,09	0,5	—

[1]) E. WARBURG, ZS. f. Elektrochem. S. 133. 1921.
[2]) Literatur vgl. FR. LÖWE, Optische Messungen, S. 61. 1925.
[3]) Eine gewisse Rolle für die Baustoffauswahl und Erhitzungsart spielt auch die verfügbare Stromart und Spannung.
[4]) Vgl. auch H. v. WARTENBERG, Über Gefäßbaustoff für sehr hohe Temperaturen,
Chem. Apparatur Bd. 11, S. 129. 1924.
[5]) Ein noch höherer Schmelzpunkt als Wolfram ist nach FRIEDERICH und SITTIG möglicherweise dem Element Rhenium eigen.

Bei den unter „Brauchbarkeitsgrenze" angegebenen Temperaturwerten muß bei längerer Heizung mit einer Materialzerstörung gerechnet werden. Bei Erhitzung im Vakuum erfolgt meist schon bei wesentlich tieferer Temperatur störende Verdampfung. Kohle verdampft im Vakuum bei 2750° schon sehr intensiv und nach H. v. WARTENBERG schon bei 2000° merklich. Die in den Spalten 4, 5, 6 angegebenen ungefähren spezifischen Widerstände geben Anhaltspunkte, um für in Aussicht genommene Heiztemperaturen die ungefähren Widerstandswerte zu berechnen. Von den angeführten metallischen Heizmaterialien sind auch die hochschmelzenden Iridium, Tantal, Wolfram, Molybdän neuerdings in Draht, Blech, ferner in Röhrchenform größerer Wandstärke verarbeitet, erhältlich. Kohle und Graphit werden handelsmäßig in mannigfaltigen Dimensionen als Fäden, Stäbe, Platten und Rohre geliefert; ferner vielfach in Gestalt von Kohlenkörnern als Widerstandsmaterial benutzt, um durch die hohen Übergangswiderstände solcher Körnerschichten die üblichen hohen Leitungsspannungen direkt ausnutzen zu können (über derartige Ofenkonstruktionen vgl. Ziff. 59). Neuere Arbeiten von PIRANI und FEHSE[1]) haben Möglichkeiten aufgefunden, auch Kohle bei Zimmertemperatur biegsam wie Blei zu machen[2]). Von den als Heizmaterialien in Frage kommenden chemischen Verbindungen hat Silit, eine Karborundumkomposition, die bis etwa 1500° in reduzierender und oxydierender Atmosphäre (freier Luft) brauchbar ist, vielfache Anwendung als Widerstandsmaterial gefunden. Für höhere Erhitzungen in freier Luft bildet die allerdings nur als dünne Stäbchen und Röhrchen verwendbare vorzuheizende Nernstmasse ein wertvolles Material.

Eine Anzahl sehr hochschmelzender leitender Verbindungen (Nitride und Karbide), an deren Darstellung und Untersuchung E. FRIEDERICH und L. SITTIG[3]) besonderen Anteil haben, sind mit ihrem Leitvermögen in Tabelle 8 zusammengestellt. Die höchstschmelzenden sind zwar von E. FRIEDERICH und L. SITTIG vorerst nur in Stäbchen- und Röhrchenform zu Versuchen herangezogen worden. Der Umstand, daß Titankarbid und Niobkarbid erst bei der Temperatur des positiven Kraters des Kohlenbogens (3800°) schmelzen und in kohlender Atmosphäre sich sogar hier noch beständig erwiesen, dürfte indes diesen Verbindungen besondere Aufmerksamkeit als eventuelles Widerstandsmaterial für extreme Temperaturen sichern.

54. Isoliermaterialien für Widerstandsöfen. In den meisten Fällen wird es notwendig, die hocherhitzten Leiter bzw. die von ihnen indirekt beheizten Teile durch temperaturbeständige Materialien zu stützen oder mehr oder weniger in solche einzuschließen, sei es, um sie der direkten oder mittelbaren Einwirkung schädlicher Stoffe, Gase, Dämpfe möglichst zu entziehen, sei es, weil dünn ausgestreckte Heizkörper bei hoher Temperatur ihre Festigkeit und Formgebung verlieren oder die erhitzten Stoffe verflüssigt werden. Auch der bei freier Lagerung eintretende große Energieverlust durch Wärmeableitung und Wärmeausstrahlung und die unerwünschte Erhitzung und chemische Beeinflussung anderer Apparateteile erfordern fast immer einen weitgehenden Einschluß der hocherhitzten Teile. Notwendige Eigenschaften für alle feuerfesten Materialien sind: hohe Erweichungs-

---

[1]) M. PIRANI u. W. FEHSE, ZS. f. Elektrochem. Bd. 29, S. 168. 1923.

[2]) Über konstruktive Verbindungen von Kohleteilen vgl. E. RUSS, Elektrostahlöfen, S. 386. München-Berlin: Oldenburg 1924.

[3]) E. FRIEDERICH u. L. SITTIG, ZS. f. anorg. Chem. Bd. 144, S. 169, 189; Bd. 145, S. 127, 250. 1925; Bd. 143, S. 320 (Nitride). Über hochschmelzende Nitride vgl. Dissert. L. SITTIG, Berlin 1922. Nach den Ermittlungen von FRIEDERICH und SITTIG sind für einen hohen Schmelzpunkt diejenigen binären Verbindungen AB (A und B je ein Atom) günstig, bei denen beide Atome kleines Atomvolumen und hohe Wertigkeit besitzen. (Diese Bedingungen sind beispielsweise bei den Bestandteilen von Tantalkarbid und Niobkarbid erfüllt.)

Tabelle 8. Hochschmelzende leitende Verbindungen.

Material	Schmelzpunkt in H_2 bzw. N_2		Spez. Widerstand $10^4 \cdot \sigma$ (in Ohm bezogen auf 1 m Länge und 1 mm² Querschnitt)	
			bei Zimmertemp.	beim Schmelzen
Niobkarbid NbC . . .	ca. 3800°,	zersetzt sich vor dem Schmelzen	1,5	2,5
Tantalkarbid TaC[1] . .	„ 3800°,	desgl.	1,75	3 bis 4
Molybdänkarbide				
a) Mo_2C	„ 2300°,	desgl.	0,98	1,8
b) MoC	„ 2570°,	desgl.	0,49	0,7
Wolframkarbid WC . .	„ 2800°,	desgl.	0,53	2,6
Titankarbid TiC . . .	„ 3200°,	entkohlt beim Schmelzen nicht	1,8 bis 2,5	7
Zirkonkarbid ZrC[2] . .	„ 3200°,	desgl.	1,8 bis 2,5	6 bis 7
Zirkonnitrid ZrN . . . (HÖNIGSCHMIDT)	2930°,	sublimiert nicht vor dem Schmelzen	1,6	3,2
Skandiumnitrit ScN .	2650°,	verdampft nicht merklich beim Schmelzen	3,08	—

grenze, mechanische Festigkeit bei hohen Temperaturen, chemische Widerstandsfähigkeit und Raumbeständigkeit[3].

Die Anforderungen bezüglich des thermischen Leitvermögens sind je nach dem Verwendungszweck sehr verschiedenartig. Tiegel, Schutzrohre für Pyrometer usw. sollen mit Gasdichtigkeit eine hohe Wärmeleitfähigkeit verbinden; Materialien für Wärmeisolation hingegen neben einer kleinen Wärmekapazität ein geringes Wärmeleitvermögen besitzen.

Die Erweichungsgrenze wird im allgemeinen durch Verwendung keramischer Bindemittel herabgesetzt, die Raumbeständigkeit durch Vorbrennen bei einer möglichst über der Verwendungstemperatur liegenden Erhitzung befördert. Man erhitzt deshalb vielfach einen Teil des Materials bereits vor der Verarbeitung einmal sehr hoch und benutzt ihn nach Vermahlen mit Wasser für das übrige Gut als Bindemittel.

Für Wärmeisolierungen bis 400° reichen meist Luft- und Asbestschutzwände zur Herabminderung der Luftströmungen aus. Für höhere Temperaturen bis 1200° stellt Kieselgur in Pulverform oder in Gestalt von Kieselgursteinen das beste Isolierungsmaterial dar. Darüber hinaus kommen in Frage: Schamottepulver oder Schamotteformsteine; feinzerteilte Magnesia (bis 1900°), gemahlenes Aluminiumoxyd, Kalziumoxyd und für höchste Temperaturen Zirkonoxyd[4]) und Thoriumoxydpulver, das allerdings beträchtliche Wärmeleitung aufweist. Wo kohlenhaltige Materialien nicht stören, ist Kohlenpulver, schlechtleitender Kohlengrieß mit Vorteil zu verwerten, der letztere auch als besondere Zwischenlage zwischen hocherhitzten Kohlenteilen und Schamotteschichten).

Evakuierung erbringt durch die Herabsetzung der Wärmeableitung wesentliche Energieersparnisse[5]), wird aber durch Packungen aus feinzerteilten, porösen

---

[1]) Auch in der Hitze nicht duktil, erst durch einen Gehalt von Tantalmetall in der Wärme biegsam.

[2]) Über andere Karbide vgl. O. RUFF u. Th. FOEHR, ZS. f. anorg. Chem. Bd. 104, S. 27. 1918.

[3]) O. A. HOUGEN, Chem. and Metallurg. Eng. Bd. 30, S. 737. 1924; Referat in Sprechsaal Bd. 57, S. 627. 1924; M. PIRANI u. E. LAX, GÜRTLERS Metalltechn. Kalender 1925, S. 331/32; H. v. WARTENBERG, Apparatebau, 1924, S. 117.

[4]) Außerordentlich widerstandsfähig gegen schroffe Temperaturwechsel, jedoch in Formen schwierig dicht zu brennen.

[5]) E. WARBURG, Über Wärmeleitung und andere ausgleichende Vorgänge, § 25 u. 26. Berlin: Julius Springer 1924.

Massen erschwert. Ausstrahlungen können auch durch mehrfache reflektierende Hüllen,[1] z. B. Wolfram- oder Molybdänbleche, sowie durch verfilzte dünne Drahtgespinste, z. B. aus Wolframdrähten (Wolframwolle), herabgesetztwerden[2].

Eine wertvolle Übersicht über Schmelzpunkte, Brauchbarkeitsgrenzen (bei kurzdauernder Laboratoriumsbeanspruchung) und Bezugsquellen haben für die in Frage kommenden Isoliermaterialien M. Pirani und E. Lax in Gürtlers Metalltechnischem Kalender 1925 veröffentlicht. Umfassendere Angaben über die chemischen, mechanischen, elektrischen und thermischen Eigenschaften einer Reihe von feuerfesten Materialien vom Gesichtspunkt längerer Beanspruchung aus enthält eine von O. A. Hougen[3] stammende Zusammenstellung: Aus diesen Quellen sind die in den Tabellen 9 und 10 (S. 396 bis 399) enthaltenen Angaben entnommen.

Tabelle 9. Schmelzpunkte von Isolierstoffen.

Material	Schmelzpunkt in °C	Grenze °C
Bornitrid	>3000	3000
Siliziumkarbid	2540	—
Thoriumoxyd	über 3000	über 3000
Zirkonerz[4]	,, 2300	,, 2200
ZrO_2	2900	2500
Aluminiumoxyd (Aluminium)	2050	1800
Alit	2000	1800
Magnesiumoxyd[5]	2800	2200
Berylliumoxyd	2450	2200
Kalziumoxyd	2600	—
Chromit	über 2000	1800
Chromoxyd	2020	—
Magnesit	ca. 1800	1700
Porzellanmasse D 2a (St. P. Berlin)	1800	1700
Aluminiumoxyd mit Ton gebunden (Dialunit)	ca. 1900	1750
Tonerdeschamotte	1850	—
Schamottearten	ca. 1800	1700
Marquardsche Masse, unglasiert mit Schamotte F.	1825	1750
Marquardsche Masse, glasiert[6]	1550	—
Porzellanmasse E_2	1850	—
Pythagorasporzellan	1730	—
Quarzglas[7]	ca. 1700	1300
Hartporzellan von Meißen	ca. 1750	1600
P_{57}-Masse Meißen	1730	—
Porzellan, unglasiert	1650	1400
Porzellan, glasiert[8]	—	1150
Verbrennungsglas	ca. 1100	1000

Die elektrische Leitfähigkeit sämtlicher keramischer Massen steigt mit der Temperatur.

55. Gesichtspunkte für die Stromzuführung bei elektrischen Öfen. Ein Problem von besonderer Wichtigkeit und vielfach bestimmendem konstruktiven Einfluß bildet die Übertragung der in Wärme umzusetzenden elektrischen Energien an die zu erhitzende Stelle. Zwei Schwierigkeiten sind es hauptsächlich, welche hier auftreten und sich insbesondere bei großen Beträgen und in Räumen mit besonderen Gasfüllungen oder hohem Vakuum geltend machen. Einmal der Schutz der Stromzuleitungen gegen die von den hocherhitzten Teilen in die Zuleitungen abströmenden Wärmemengen und deren möglichste Einschränkung,

---

[1] Bei den mit Glühdrähten ausgerüsteten Verstärker- und Senderöhren der drahtlosen Telephonie werden beispielsweise durch Magnesiumspiegel, welche auf der Innenwandung der Vakuumgefäße durch Verdampfung zwecks Bindung freiwerdender Gasreste niedergeschlagen sind, gleichzeitig erhebliche Heizenergiebeträge für den Glühdraht erspart.

[2] W. Fehse, ZS. für techn. Phys. Bd. 5. S. 473. 1924.

[3] O. A. Hougen, Chem. and Metallurg. Eng. Bd. 30, S. 737. 1924; z. Teil entnommen aus Sprechsaal Bd. 57, S. 627. 1924; vgl. auch H. v. Wartenberg, Apparatebau, S. 117. 1924 u. E. Groschuff, Feuerfeste Massen und Gefäße für hohe Temperaturen in Stähler, Handbuch der Arbeitsmethoden in d. anorg. Chemie. Bd. II. 1. S. 285. Berlin-Leipzig: de Gruyter & Co. 1919.

[4] Feuerfeste Masse zur Tiegelauskleidung Zirkallit, hergestellt aus Rohzirkon (1800°).

[5] Starke Verdampfung.

[6] Glasur verdampft.

[7] Entglasung, bis 1550° noch gasdicht.

[8] Glasur schmilzt.

zweitens die Berücksichtigung der bei Heizung und Abkühlung wechselnden Länge längerer Heizkörper, für die im Interesse konstant bleibender Form an sich eine möglichst starre Gestalt zweckmäßig ist (z. B. Kohlenrohr, Wolframrohr). Beide konstruktive Aufgaben werden besonders schwierig, wenn größere Ströme große Querschnitte erfordern, eine kurze Baulänge für die Stromeinführungen wünschenswert ist, trotzdem aber gleichmäßige Temperatur auf längere Strecken gefordert wird und im Interesse sehr konstanter Temperaturen auf eine gleichbleibende Heizstromstärke Wert zu legen ist, also wechselnde Übergangswiderstände von den Zuleitungen möglichst vermieden werden müssen.

Ein vielfach angewandtes Verfahren zur Kühlhaltung der Zuleitungsstellen besteht darin, durch Mittenverjüngung und Endenverdickung den Heizmaterialquerschnitt in der Heizzone kleiner zu halten als an den Zuleitungen, so daß nach den Zuleitungen hin der Widerstand und demgemäß die Wärmeentwicklung geringer, die Abkühlungsfläche nach außen hingegen vermehrt wird[1]). Bei Heizkörpern aus Kohle, Graphit kann die Querschnittsverjüngung leicht nachträglich durch Dünnerdrehen oder Einschnitte[2]), spiralige Ausgestaltung des Mittenteils erfolgen[3]); Endfassungen aus Metall oder Graphit lassen sich z. B. mit Hilfe eines von PIRANI angegebenen Kittes (Graphitpulver mit 10% Kaolin und Wasserglas verrührt) befestigen, der nach vollzogener Kittung durch allmähliche Stromheizung eingebrannt wird, bis keine Destillationsprodukte mehr abgegeben werden. Graphit läßt sich auch speziell für Verbindungen mit Kohle zu mannigfachen Schraubenverbindungen und Schleifstoßflächen[4]) verarbeiten. Bei sehr hohen Temperaturen, großen Stromstärken und Leitungsquerschnitten muß die den Anschlüssen zuströmende Wärme durch besondere Kühlung abgeleitet werden. Vielfach werden hierfür die Anschlußstücke und Zuleitungen als wassergekühlte Hohlkörper ausgebildet oder durch wassergekühlte Lagerflächen großer Masse und Oberfläche geführt, die an den Auflagestellen evtl. noch mit besonders temperaturbeständigen Metallen plattiert sind (bei Wolframheizrohren beispielsweise mit Molybdänblechen) und durch biegsame Anschlüsse noch elektrisch entlastet sind. In den Fällen, wo die Erdung der Teile durch Leitungskühlwasser nicht angängig ist, kann man Rückfluß- oder Ölzwischenkühlung verwenden oder sich durch Auftropfenlassen von Wasser oder Gegenblasen von Luft helfen.

56. Stromzuführungen ins Vakuum. Besonders wichtig ist die Einschränkung dieser unerwünschten Erwärmungen naturgemäß bei Einführung von Heizströmen ins Vakuum, wo die Durchführungen selbst evtl. als wassergekühlte Hohlleiter ausgebildet werden, zugleich aber auch die Frage der dauernden Vakuumdichtung besondere Beachtung erfordert. Für kleinere Ofengehäuse aus Glas, Quarzglas und mäßige Heizenergien lassen sich die für Vakuumgeräte erprobten Dichtungen mit Vorteil zur Elektrodeneinführung verwerten[5]).

---

[1]) Vgl. auch R. JAEGER, Wiss. Veröffentl. a. d. Siemens-Konz. Bd. 1, S. 104. 1921; ferner E. WARBURG, Über Wärmeleitung, S. 41. Berlin: Springer 1924. W. JAEGER u. H. DIESSELHORST, Wiss. Abh. P. T. R. Bd. 3, S. 424. 1900.

[2]) Vgl. das in Abb. 39 wiedergegebene Kohleheizrohr von O. RUFF. Chem. Ber. (10) Bd. 43, S. 1564. 1910.

[3]) Vgl. z. B. die Heizkörper-Spirale von ARSEM (Abb. 38). Journ. Inst. El. Eng. (10) Bd. 2, S. 3—9.

[4]) E. RUFF, Elektrostahlöfen, S. 386. München-Berlin Oldenburg: 1924.

[5]) z. B. das Konstruktionsprinzip der BOUWERS-Chromstahl-Röntgenröhre (PHILIPS), bei der große Chromstahlkappen mit auswechselbaren Elektrodeneinsätzen hochvakuumdicht für hohe Temperaturbeanspruchungen direkt auf Glas aufgeschmolzen sind. (A. BOUWERS, Physica. Nederlandsch Tijdschrift voor Naturk. Jg. 4, S. 173. 1924.) Vgl. auch E. v. ANGERER, Technische Kunstgriffe bei physikalischen Untersuchungen. Braunschweig: Vieweg & Sohn 1924; ferner S. DUSHMANN, Hochvakuumtechnik. Deutsche Ausgabe übersetzt von R. Berthold u. E. Reiman. Berlin: Julius Springer 1926.

Tabelle 10. Physikalische und chemische
Nach O. A. Hougens Tabellen in Chem. and

	Material	Zu-sammen-setzung	Widerstand gegen chemische Angriffe zwischen 1000—2000°					Er-weichungs-punkt °C
			Widerstand gegen basische Flußmittel	Widerstand gegen saure Flußmittel	Widerstand gegen Oxydation durch Luft	Widerstand gegen Reduktion durch Kohle und reduzier. Gase	Widerstand gegen geschmolzene Metalle frei von Oxyden	
1	Tonerde körnig Tonerde in Bindung	Al_2O_3	Leicht angreifbar, löslich in geschmolzenen Alkalien, noch mehr in geschmolzenem $K_2S_2O_7$ und $Na_2B_4O_7$. Wird von stark basischen Schlacken und Dämpfen angegriffen. Widerstandsfähig geg. basische Flußmittel in Kalk- u. Zementöfen	Leicht angreifbar durch Kieselsäure und kieselsäurehaltige Flußmittel	Nicht angreifbar	Langsame Karbidbildung bei 1800°. Keine Reduzierung durch trocknen H_2 von 150 Atm bei 2500°	Keine Einwirkung	1950° (beste Sorte) [4] 1300° (mindere Sorte)
2	Aluminiumsilikat körnig Aluminiumsilikat in Bindung	Hauptsächl. zusammengesetzt aus Al_2O_3 2 SiO_2 das einzig bei höherer Temperatur stabile Alumin.-Silikat	Langsam angreifbar	Nicht angreifbar	Nicht angreifbar	Reduktion schwierig	Keine Einwirkung	Fast am Schmelzpunkt
3	Hochtonerdehaltige Schamottesteine Diaspor		Wie Tonerde	Schwer angreifbar	Nicht angreifbar	Reduktion schwierig	Nicht angreifbar	
4	Porzellan in Bindung feuerf. Sorte	Hauptsächl. zusammengesetzt aus $3Al_2O_3$; $2SiO_2$	Langsam angreifbar	Nicht angreifbar	Nicht angreifbar	Reduktion schwierig	Keine Einwirkung	1200—1300° (mind. Sorte) 1630° [54] 1650° [65]
5	Feuerfester Ton (in Bindung) Ziegel		Leicht angreifbar besonders bei hohem SiO_2-Gehalt	Schwer angreifbar	Nicht angreifbar	Reduktion schwierig unter 1400°	Über 1300° nicht zu empfehlen	1500—1600° (beste Sorte)
6	Magnesia körnig Magnesia in Bindung	MgO	Nicht angreifbar	Leicht angreifbar; reagiert mit feuerfestem Ton bei 1600° [47] und mit Silikasteinen bei 1610° [48]	Nicht angreifbar	Sehr geringe Redukt. bei 1450° [49], b. 1500° [50]. Bildet kein Karbid. Schnelle Reduktion erst oberhalb 2000°	Nicht angreifbar	Wird weich bei 1300° (Pyrometerrohr)
7	Spinell körnig Spinell in Bindung	$MgO\ Al_2O_3$	Nicht angreifbar	Schwer angreifbar	Nicht angreifbar	Reduktion schwierig	Keine Einwirkung	1910° Ziegel 2117° beste Sorte
8	Silika (Quarz) körnig Silika, geschmolzen, in Bindung	SiO_2	Wird leicht aufgelöst	Kein Angriff außer durch Fluoride	Nicht angreifbar	Reduktion sehr gering bei 1050° [27] [28]. Bildet ein Karbid bei 1600 ± 50°. Schneller bei 1840 ± 30° [19]	Kein Angriff durch geschmolzenes Sn, Cd, Zn und S	1400°. Entglast b. 1100° unt. Einfl. d. Atmosphäre
	Silika Stein	SiO_2 96%	Leicht angreifbar	Kein Angriff außer durch Fluoride	Nicht angreifbar			1700—1750°

Eigenschaften feuerfester Materialien.
Metallurg. Eng. Bd. 30, S. 738—741. 1924.

Schmelz-punkt ° C	Wärme-ausdehnungs-koeffizient (linear) $\alpha \cdot 10^6$	Widerstand gegen Abspringen	Wahres spezifisches Gewicht	Wärmeleitfähigkeit $\dfrac{cal}{Grad \cdot cm. sec}$	Elektrischer Widerstand Ohm/cm³	Härte nach Mohs	Gesamtstrahlung
2010° [3] 99,5% Al_2O_3 2075±25° [4] 2000±50° [4] (92—96% Al_2O_3)	25—900° 7,2 [5] 25—900° 7,3 [5] 25—900° 8,0 [5]		α 3,93—4,01 [1] β 3,03±0,01 [2]	0,00162 47° [41]		9	0,10 (500°) [40]
2050° [7]	7,1 [5]	ziemlich gut	3,6	in Bindung 0,0083±0,0004 1250—650° [6] 0,0068 über 900° [8]	565° 47 600 000 [4] 721° 4 900 000 [4] 908° 2 400 000 [4] 1040° 750 000		
1860° [42] Eutektikum m. Al_2O_3 bei 1810° „ m. SiO_2 bei 1600°	25—900° 4,8 [5]		3,23 [25]			6—7	
		gut	3,23 [25]	0,0044 (bei 900°) [8] 0,00432 ± 0,00015 [8]			
1835—1915° [44]		gut im Mittel 9% b. 10 mal. Abschreck. [44]			20° 137·10⁶ 800° 5·10⁶ 1200° 193 000 1500° 2 500 [16]		
1500—1550°	2,8 Berliner Por-zellan 4,4 (20—1050°)	ziemlich gut	2,24—2,35	0,0045 100° [39]	3,3 · 10⁶ bei 1000° [31]	6—7	0,5 (500°)
1500—1750°	5,9 [37]	gut (beste Sorte)	2,62—2,75 (Ziegel)	(20-100° 0,00028 körn.) [35] 100° 0,00169, 0,00339 [29], 0,0034 [30], 0,0042 [13], 0,0040 [21] } 1000° { Ziegel	600° 21000 1200° 2300 800° 12000 1400° 690 1000° 6600 1550° 60 [20]	6—7	0,79 (400°) [45]
2800°	11,4 120° [26] 12,8 270° [26]		3,67—3,69 β MgO [44] 3,2 α MgO [37]	0,00047 (Pulver) 0—100° [35]		5	0,09 (500°)
2165° (Zie-gel) [18] 2250—2800° (Ziegel) [3]	12,6 14-1200° [37] 16,1 0-1430° [41]	sehr gering Ziegel [15]	3,44—3,60 (Ziegel)	0,00652 ± 0,00012 [7] 1000° 0,0071 [13] (Ziegel) 1000° 0,0085 [21] (Ziegel) 1000° 0,0080 [22] (Ziegel)	1300° 6200 (Ziegel) [20] 1400° 420 (Ziegel) [20] 1500° 55 (Ziegel) [20] 1550° 30 (Ziegel) [20] 1565° 25		
2135° [2] Eutektikum mit Al_2O_3 bei 1925°			5.37 [41]			8—9	
Eutektikum mit MgO bei 2030°		gut					
β-Quarz 1600—1670° Tridymit (γ) 1670° Cristobalit (β) 1710° [41]			Quarz 2,62 Tridym. 2,27 Cristob. 2,33 amorph. 2,20 [43]	0,00060 (20—100° Sand) [35]		7	
1700—1750°	0,54	ausgezeichn.			20° 5×10¹⁸ [34] 727° 4×10⁴ [41]		
1700—1750°	0-1000° 12,9 [41] 14-1200° 12,1 [37]	sehr gering unt. Rotglut, ausgezeichn. darüber	2,30—2,50	200° 0,0026 1000° 0,00426 1370° 0,0050 [30]	20° 125 · 10⁶ 800° 2,38 · 10⁹ 1200° 62000, 1500° 8420 [16]	7	

Tabelle 10. Physikalische und chemische
(Fort-

	Material	Zu-sammen-setzung	Widerstand gegen chemische Angriffe zwischen 1000—2000°			Widerstand gegen Reduktion durch Kohle und reduzier. Gase	Widerstand gegen geschmolzene Metalle frei von Oxyden	Er-weichungs-punkt °C
			Widerstand gegen basische Flußmittel	Widerstand gegen saure Flußmittel	Widerstand gegen Oxydation durch Luft			
9	Silizium-karbid körnig Silizium-karbid in Bindung	SiC	Leicht angreifbar. Wird zersetzt durch geschmolz. Alkalien u. Alkalisulfate; durch Natronwasserglas bei 1300°, besonders in Gegenw.oxydier.Stoffe Reagiert mit CuO bei 800° CaO u. MgO „ 1000° FeO „ 1300° NiO „ 1300° MnO „ 1360° CdO „ 1370°	Schwer angreifbar. Reagiert mit SiO$_2$ bei 2000°	Schnelle Oxydat. über 1750° [46]. Keine Oxydation in reinem Sauerstoff bei 1000°, geringe Oxydat. durch Luft 1000—1350°. Die entstandene Kieselsäure verzögert die weitere Oxydation 1500—1600° Kohlendioxyd wirkt über 1800°. Angreifbar durch Chlor bei 600°	Keine Einwirkung	Genau wie Kohlenstoff Keine Einwirkung durch Zn, Cu Schädigt leicht Pt, Fe, Co, Ni, Cr, Pd	Rekristallis. Sort. erweichen nicht unt. 2200°, bei and. Waren abhängig vom Bindem. (1400-2000°)
10	Kohlenstoff, amorpher, in Bindung	C	Wird bei hohen Temperaturen oxyd. durch geschmolzene u. durch gebundenen Sauerstoff enthaltendeFlußmittel	Wird bei hohen Temperaturen oxydiert	Oxydation in Luft merklich bei 550°	Keine Einwirkung	Kein Angriff durch geschmolzenes Cu, Zn, Al, Au, Sb, Sn, Ag, Pb, Cd; schädigt Pt, Fe, Ni, Co, Pd, Cr, Si	oberhalb 2000°
11	Graphit in Bindung	C	Weniger leicht oxydierbar als amorpher Kohlenstoff	Wenig. leicht angreifbar als amorpher Kohlenstoff. Kein Angr. d. geschm. Salze, die sauerstoff-frei sind, z. B. Flußspat	Oxydation Luft merklich b. 640° (Kein Angr.d.Gase wie Cl$_2$, Br$_2$, HCl)	Keine Einwirkung	Wie amorpher Kohlenstoff	über 2000°
12	Chromit, Chrom-eisenstein Chromit in Bindung	FeO · Cr$_2$O$_3$	Nicht leicht angreifbar, Zersetzung durch geschmolzene Kalium- u. Natriumbisulfate. Angreifbar durch geschmolzenes NaOH und durch CaO bei hohen Temperaturen	Angriff schwierig; geschmolz. Quarz wirkt als Fluß-mittel [29]	Nicht angreifbar	Reduzierbar zu Ferro-chrom bei hohen Temperaturen [29]	Kein Angriff	
13	Zirkonerde körnig Zirkonerde in Bindung	ZrO$_2$	Kein Angriff. Widerstandsfähig gegen geschmolzene Cyanide und Alkalien	Leicht. angreifbar durch geschmolzene Fluoride	Nicht angreifbar	Karbidbildung bei hohen Temperaturen, schnell bei 2400° [19]	Kein Angriff	1800—1900° [38], Ziegel
14	Zirkon körnig Zirkon in Bindung	ZrO$_2$ · SiO$_2$	Durch basische Schlacke schwer angreifbar. Leichte Zerstörung durch Eisensulfide, Flußspat und Ätzalkali	Angriff erfolgt schwer	Nicht angreifbar	Reduktion schwierig	Kein Angriff	

Eigenschaften feuerfester Materialien.
setzung.)

Schmelz-punkt °C	Wärme-ausdehnungs-koeffizient (Linear) $\alpha \cdot 10^6$	Widerstand gegen Abspringen	Wahres spezifisches Gewicht	Wärmeleitfähigkeit $\dfrac{cal}{Grad \cdot cm \cdot sec}$	Elektrischer Widerstand Ohm/cm³	Härte nach Mohs	Gesamtstrahlung
Zersetzt sich bei 2220° [9] 2220°±20°[10] 2240°±5°[11]	15-100° 6,58[14] 100-200° 5,39 700-800° 4,38[14] 800-900° 2,98[14] 1000±15° 4,35[14]		3,12—3,20 [12]	20—100° fein 0,00050 20—100° grob 0,00051 600° 0,0093 [41]		9—10	
	4,7 100—900°	ausgezeichn. [15] ziemlich gut (rekristall.)		0,024 bei 750° 0,0193 [7] 0,0235 [8] 0,0231 bei 1000° [13]	20° 107⎫ 107200⎫ 127·10⁶⎫ 800° 6,5⎪ 12550⎪ 835000⎪ 1200°2,45⎬ 4160⎬ 29150⎬ 1500°1,62⎭ 745⎭ 8590⎭ (refrax) Carbo (B) Carbo rekristalli- Ton- refrax siert bindung C		
Schnelles Kristall-wachstum oberhalb 2000°	5,4 [41]	ausgezeichn.	1,7—2,0 [41]	20-100° 0,00040 {35] körn. 360° 0,090 750° 0,124 942° 0,130 1400° 0,137 2000° 0,145 [24]	20° 0,0046 körn. 0,0069 360° 0,0042 bis 0,0049 [0°] 750° 0,0038 L.B. Tabell. 1400° 0,0037 körnig 2000° 0,0036 0,00403 [0°] [24] L.-B. Tabellen		
3700—3800°, sublimiert bei 3900° (atm) [41]	7,8 40°	ausgezeichn.	2,17—2,32 [41]	390° 0,337 546° 0,326 720° 0,292 1400° 0,277 2000° 0,254 [24]	20° 0,00085 390° 0,00084 546° 0,00082 720° 0,00080 1400° 0,00079 2000° 0,00079 [24]	0,5 bis 1,0	0,95 500°
2180° [3]			4,3—4,5			5,5	0,99 1000°
2050° (Zie-gel) [18]	9,02 [36] 10,7 0-1500° [41]	sehr gering [15] (Ziegel)	3,9—4,0 (Ziegel)	0,0034 (Ziegel) [13]	800° 2800 900° 760 1000° 420 1200° 450 1400° 410 1400° 320 [20]		
2720° [40].	0,84 [19]		5,8 (geschm.) 4,75 [41]	0,00039 [35]		6,5	0,09 500°
2563—2600° [17] [19] (Ziegel)		ziemlich gut [15] (Ziegel)		niedrig (Ziegel) [23]	1200° 1250 1400° 300 [19]		
2550° [40] Eutektikum mit ZrO₂ bei 2300°	44,3 40° [33]		4,5—4,6 [41]				
		gut		¦0,0025-0,0067 [1130°] Ziegel	1232 bei 1200° [31]		

Literaturverzeichnis

zu O. A. Hougens Tabellen (Tab. 10) in Chem. and Metallurg. Eng., Bd. 30, S. 738. 1924.

[1] Norton Co. Lab.

[2] Rankin u. Merwin, Amer. Ceram. Soc. Bd. 38, S. 568.

[3] J. Kanolt, Wash. Acad. Science Bd. 3, S. 315—318.

[4] Norton Co. Lab., Trans. Amer. Ceram. Soc. Bd. 13, S. 470.

[5] Saunders, Trans. Amer. Electrochem. Soc. Bd. 19, S. 333.

[6] Norton Co. Lab., Method-Bull., Amer. Ceram. Soc. Bd. 1, S. 5.

[7] Norton Co. Lab., unveröffentlichte Mitteilung.

[8] K. A. Morres, Thesis. M. I. T., 1921.

[9] Tucker u. Lampen, Amer. Ceram. Soc. 1906.

[10] Gillet, Journ. phys. chem. 1911.

[11] Saunders, Trans. Amer. Electrochem. Soc. 1912.

[12] J. W. Richards, Journ. Frankl. Inst. 1893.

[13] S. Wologdine, Electrochem. and Met. Ind. Bd. 12, S. 383.

[14] Internat. Kongreß f. angew. Chem. 1910.

[15] Hartmann u. Haugen, Trans. Amer. Electrochem. Soc. Bd. 37. 1920.

[16] Hartmann u. Sullivan, Trans. Amer. Electrochem. Soc. Bd. 38. 1920.

[17] Ruff u. Lauschke, Sprechsaal Bd. 49, S. 270. 1916.

[18] C. W. Kanolt, U. S. Bureau of Standards, Techn. Pap. 10. 1912.

[19] H. Arnold, Chem.-Ztg. Bd. 42, S. 413. 1918.

[20] Stansfield u. MacLeod, Trans. Amer. Electrochem. Soc. Bd. 22, S. 89. 1912.

[21] Dougill, Hodsmann u. Cobb, Journ. Soc. Chem. Ind. Bd. 34, S. 465. 1915.

[22] Goerens u. Gilles, Ferrum Bd. 12, S. 1. 1915.

[23] C. H. Meyer, Met. a. Chem. Bd. 12, S. 791. 1914.

[24] C. Hering, Proc. Amer. Inst. Electr. Engin. Bd. 29, S. 385.

[25] Vitrefrax Co., Katalog „Irreducible Volume".

[26] Goodwin u. Mailey, Trans. Amer. Electrochem. Soc. Bd. 9, S. 89. 1916.

[27] Hougon u. Miller, Chem. and Metallurg. Eng. Bd. 29, S. 662. 1923.

[28] Bureau of Standards, Techn. Pap. 170, 90.

[29] Mc Dowell u. Robertson, Journ. Americ. Ceram. Soc. Bd. 5, S. 865. 1922.

[30] B. Budley, Trans. Amer. Electrochem. Soc. Bd. 37, S. 336.

[31] Nernst u. Reynolds, Göttinger Nachr. 1900, S. 328.

[32] Langer u. Rosenbusch.

[33] Fizeau, Pogg. Ann. Bd. 135, S. 372. 1868.

[34] Bureau of Standards, Bull. 234.

[35] Hutton u. Beard, Electrochem. and Metallurg. Ind. Bd. 3, S. 291. 1905.

[36] Tadokaro, Sci. Repts. Bd. 10, S. 339—410. 1921.

[37] Mellor, Trans. Ceram. Soc. Bd. 15, S. 93. 1915.

[38] Audley, Trans. Ceram. Soc. Bd. 15, S. 126. 1915.

[39] A. V. Bleininger, Met. a. Chem. Bd. 16, S. 589. 1917.

[40] Washburn u. Libmann, Journ. Amer. Ceram. Soc. Bd. 3, S. 634. 1920.

[41] Landolt-Börnstein, Tabellen. 5. Aufl.

[42] Wartenburg u. Witzel, ZS. f. Elektrochem. Bd. 25, S. 209. 1919.

[43] D. W. Ross, Bureau of Standards, Techn. Pap. 116.

[44] J. H. Kruson, Privatmitteilung.

[45] J. W. Richards, Metallurgical Calculations, 4. Aufl., S. 215.

[46] Carborundum & Co., Flugblatt.

[47] Bischoff, Österr. Z. f. Berg- u. Hüttenwesen Bd. 41. 27.

[48] Mc Dowell & Horse, Trans., Am. Inst. Mon. Eng., Bd. 55, S. 291.

[49] Nortrup, Trans. Am. Electrochem. Soc., Bd. 27, S. 234.

[50] Kowalke & Hougen, Trans. Am. Electrochem. Soc. Bd. 33, S. 215. 1925.

[51] E. T. Montgomery & Co., Katalog.

[52] S. K. Stupakoff & Co., Katalog.

Bei den für große Heizleistungen vielfach doppeltwandig zwecks Wasserkühlung ausgeführten **metallenen Ofengehäusen** bietet sich entweder der Weg, die beiden den Heizkörper tragenden Zuleitungsdurchführungen auf einem gemeinsamen Grundkörper zu montieren, auf dem das Vakuumgehäuse glockenartig aufgesetzt und z. B. durch eine Gummizwischenlage, einen Pechverguß od. dgl. abgedichtet wird[1]. (Im allgemeinen genügt es hier, eine Elektrode isoliert durch den Grundkörper hindurchzuführen, während die andere Elektrode metallisch mit dem Grundkörper verbunden wird). Andere Konstruktionsprinzipien verwerten die Abdichtungszwischenlagen zwischen den Gehäuseteilen zugleich zur Elektrodenisolierung, indem sie beispielsweise ein wassergekühltes zylinderförmiges Gefäß einseitig oder beiderseitig mit einem wassergekühlten Stirndeckel unter Einfügung von Gummiringen isoliert abdichten und diese Stirnflächen zugleich als Elektrodenhalterung und -einführung verwerten.

Für große Heizströme hat die Technik im Quecksilberdampf-Großgleichrichterbau in der letzten Zeit wichtige Lösungen sowohl für lösbare Einführungen wie für Hochvakuum anforderungen und Glasgefäße entwickelt.

Da diese Konstruktionen, wenn sie auch nicht direkt auf hohe elektrothermische Erhitzungen abzielen, ohne Zweifel für das vorliegende Arbeitsgebiet als fertige Konstruktionsteile vielfach mit Nutzen verwertet werden können, seien aus einer von GÜNTHERSCHULZE gegebenen Darstellung[2] die hauptsächlichen Gesichtspunkte hier eingefügt.

Die betriebstechnische Lösung hochbelasteter, vakuumdichter Elektrodeneinführungen in stählerne Großgleichrichtergehäuse für Stromstärken von 500 Amp. und mehr gelang in Deutschland zuerst B. SCHÄFER. Er verwendete Asbestdichtungsplatten, die durch Schrauben einer starken Zusammenpressung unterworfen und einige Zentimeter hoch mit Quecksilber überschichtet wurden. Die Dichtungen wie die Anoden werden für Niederspannung mit Wasser, für Hochspannung mit Luft gekühlt. Die an Konstruktionen der General Electric Comp., Amerika anknüpfenden Metall-Großgleichrichter der Allgemeinen Elektrizitätsgesellschaft benutzen als Isoliermaterial für die Stromdurchführungen Porzellanisolatoren in Verbindung mit Bleidichtungen, die auf Stahlflansche aufgesetzt werden. Die Auflageflächen der Rohrflanschen, Porzellanisolatoren und Anodenstromzuleitungen sind im allgemeinen glatt geschliffen, haben jedoch in der mittleren Zone eine rillenförmige Vertiefung, die durch eine besondere Rohrleitung an ein Vorvakuum angeschlossen ist. Beiderseits dieser mittleren Rillen werden Bleiringe eingelegt, die ihrerseits wieder links und rechts von etwas dünneren Aluminiumringen begrenzt sind (vgl. die Abb. 36, in der eine Anodendurchführung im Schnitt gezeichnet ist. D ist die mit äußeren [nicht gezeichneten] Kühlrippen versehene anodische Elektrode, P der Porzellanringisolator; die Bleidichtungsringe sind schwarz, die Aluminiumringe gestrichelt gezeichnet). Wird die Dichtung starkem Preßdruck ausgesetzt, so schmiegt sich das weiche Blei den Dichtungsflächen vollkommen an, während die beiderseits der Bleiringe liegenden Aluminiumringe verhindern, daß das Blei allzu weit bis in das Vakuumgefäß oder bis in die Rille hinein auseinanderläuft.

---

[1] Über eine einfach herzustellende hoch zu belastende Vakuumelektrodendurchführung mit Pechdichtung und innerer Wasserkühlung vgl. den in Ziffer 64 besprochenen WIEGANDschen Osram-Wolframblechrohrofen.

[2] Vgl. die sowohl die physikalische wie technische Seite berücksichtigenden Monographien: A. GÜNTHERSCHULZE, Elektrische Gleichricher und Ventile. Kempten: J. Kösel u. Fr. Pustet 1924; ferner A. GÜNTHERSCHULZE u. W. GERMERSHAUSEN, Übersicht über den heutigen Stand der Gleichrichter, 2. Aufl., S. 84—92. Leipzig: Hachmeister & Thal 1925.

Etwa von außen längs der Dichtungsflächen eindringende Luftspuren sammeln sich zunächst in der Ringrille, wo sie in ein Vorvakuum größeren Volumens abgepumpt werden.

Diese Hintereinanderschaltung zweier durch eine Vorvakuumleitung unterbrochener Vakuumsdichtungsflächen bietet zugleich die Möglichkeit, die Dichtigkeit zweier einzelner Verschlußstellen gesondert nachzuprüfen. Andere Konstruktionen verwenden zur Durchführung von Strömen bis zu 1000 Amp. als Dichtungen breite Gummiringe, die ähnlich wie die Bleiringe zwischen Isolator und Gehäuse einerseits, Elektrodeneinführung und Gehäuse andererseits gepreßt werden und am allzu weiten Ausweichen durch einen benachbarten Metallring verhindert werden, der gleichzeitig die Gasabgabe der Gummiringe verringern soll. Die für

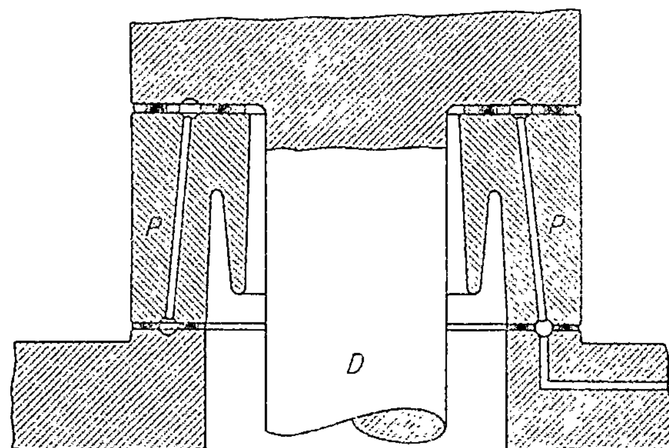

Abb. 36. Stromzuführungen mit Vorvakuum.

Gummi naturgemäß erforderliche sorgfältige Kühlung wird durch äußere Luftkühlung der Dichtungsflansche bzw. durch Abkühlung der Anodenelektroden gesichert.

Die vorgenannten Dichtungen vermögen naturgemäß nur ein begrenztes Vakuum zu sichern, und sie werden dementsprechend auch meist in Verbindung mit Vakuumpumpen benutzt.

Wo die Erzeugung und Aufrechterhaltung e x t r e m e r H o c h v a k u a gefordert wird, kommen für Elektrodeneinführungen nur gasdichte Metalleinschmelzungen in Glas in Frage. Auch hierfür hat der Bau großer Quecksilber-Gleichrichter in Verbindung mit gesteigerten Anforderungen bei Röntgen- und Senderöhren zu wichtigen Fortschritten geführt. Die ersten Versuche strebten, den Betrag der für Leitereinschmelzungen zulässigen Stromstärke durch Paralleleinschmelzungen mehrerer Platinbänder zu steigern. Der immerhin nicht unbeträchtliche und vielfach ungleichmäßige, zu ungleicher Erwärmung führende Widerstand derartiger kurzer Mehrfacheinschmelzungen setzt indes ihrer Verwendung bei 50 Amp. Gesamtbelastung eine Grenze. Etwas günstiger verhält sich eine Durchführung, bei der Streifen von linsenförmigem, scharf zugespitztem Querschnitt aus Kupfer oder einer Chromeisenlegierung eingeschmolzen sind (Belastung jedes Leiters bis 50 Amp.).

Ein wichtiger Fortschritt wurde erzielt, als es sich herausstellte, daß Drähte und Stäbe aus Molybdän sich selbst bis zu Dicken von 10 mm sehr vollkommen in ein älteres Borosilikatglas (in der Folge deshalb „Molybdänglas" genannt) dauernd vakuumdicht einschmelzen ließen und mit Strömen bis zu 500 Amp. belastet werden konnten.

Das vorgenannte Molybdänglas ist auch als Vakuumgefäß für hohe thermische Beanspruchungen seiner großen Zähigkeit, außerordentlichen Widerstandsfähigkeit gegen starke Temperaturschwankungen und seines hohen Erweichungspunktes halber besonders geeignet.

Ein anderes Einschmelzverfahren ist die in mehrfachen Formen weiterentwickelte Hütcheneinschmelzung, bei welcher der durchzuführenden Stromstärke keine Grenze gesetzt ist. Das Wesentliche dieser in der Abb. 37 skizzierten

Einschmelzung besteht darin, daß der innere und äußere Teil der stabförmigen mittleren Stromzuführung beiderseits auf den Mittelteil einer dünnen Platinkappe angeschweißt werden, die ihrerseits mit ihrem dünnen nachgiebigen Rand in dem eingestülpten Glasgefäßrand angeschmolzen wird. Die auf Abdichtung beanspruchte Einschmelzungsstelle ist hier praktisch vollkommen von Stromwärme entlastet, da man dem starken Stromleiter beliebigen Querschnitt geben und ihn in mannigfacher Weise kühlen kann, außerdem etwa auftretende Stromwärme vor dem Überströmen nach dem Einschmelzrande weitgehend durch Strahlung und Konvektion abgeführt wird. Zur mechanischen Entlastung dient eine die Zuführungen stützende Haube. Ein wesentlich größeres Anwendungsgebiet wurde diesen Hütcheneinschmelzungen in neuerer Zeit durch Verbesserungen erschlossen, welche an Stelle des kostspieligen Platins Kupfer, platiniertes Elektrolyteisen sowie Chromeisenlegierungen geeigneter Form und Zusammensetzung zu benutzen ermöglichten. Die angewandten Kappen aus reinem weichen Kupfer mit zentralen Stromdurchführungsstielen sind am oberen Randende bis auf 0,01 mm ausgewalzt. Um die Einschmelzung zu vollziehen, werden sie zugleich mit dem hier aus Bleiglas gewählten Glasrohr bis zu dessen Weichwerden erhitzt, dann über dasselbe bis zur Anlage an eine Nut verschoben und dort mit dem Glasrohr an dem dünnen Kappenteil sorgfältig verblasen. Glas und Kupfer gehen dabei eine sehr innige Verbindung ein, weil das beim Erhitzen gebildete Kupferoxyd und auch eine oberflächliche Kupferschicht an der Glasoberfläche in Lösung geht. Im Fall der Verwendung in Quecksilber-Gleichrichtern wird die eingeschmolzene Kupferkappe, um den amalgamierenden Angriff der Quecksilberdämpfe zu verhindern, noch auf der Innenseite galvanisch mit Eisen überzogen.

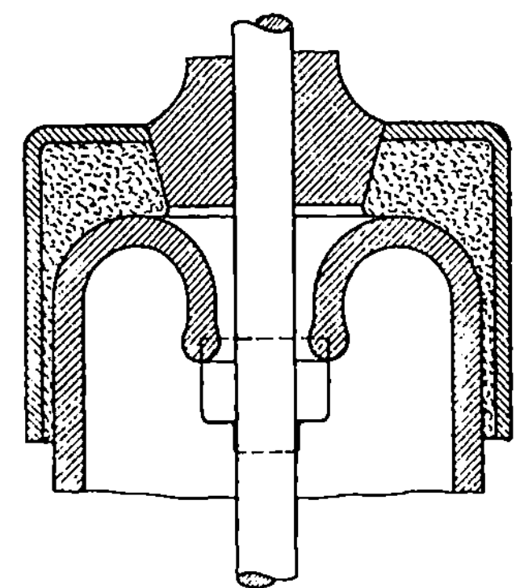

Abb. 37. Einschmelzen von Elektroden mittels Platinhütchen.

Zu welcher außerordentlichen Ausbildung die Technik der Vakuumeinschmelzung von Metallen und Einführung starker Ströme in neuerer Zeit gelangt ist, zeigt ein Bericht LANGMUIRS[1] über Anwendung von Vakuumröhren hoher Leistung in Electric. World 1922. Bei der dort erwähnten Magnetron-Senderöhre mit analoger Glaseinschmelzung und Isolierung für 1000 kW Leistung wird eine axiale 10 mm starke Wolframkathode mit 1800 Amp. und 20 kW Heizleistung geglüht.

57. Konstruktive Berücksichtigung der Heizkörperausdehnung. Um der thermischen Ausdehnung Rechnung zu tragen, wird bei starren Heizkörpern von größerer Länge zweckmäßig wenigstens ein Ende verschiebbar angeordnet, indem ihm der Strom durch Gleitbacken oder biegsame Zuleitungen oder gekörnte Massen oder durch flüssige Metalle zugeleitet wird. Bei Heizkörpern mit geringen Strömen, wie Silitstäben und -röhren, läßt sich diese Verschiebbarkeit relativ einfach durch elastische mit dem Heizkörper verbundene Drahtzuleitungen durchführen.

Für Widerstandsöfen mit Platinfolienmantel haben sich ringförmig an die Heizfolie angeschweißte Platinblechstreifen, welche sich in Silberbänder fortsetzen, als nachgiebige Stromanschlüsse zweckmäßig erwiesen.

Ein anderer, bisweilen angängiger Weg, der thermischen Ausdehnung Rechnung zu tragen, besteht darin, den starren Stromleiter in Schleifen- oder

---

[1] J. LANGMUIR, Electric. World Bd. 80, S. 881. 1922.

Zickzackform auszubilden, so daß die Stromanschlüsse ähnlich wie bei den Fäden der Kohlenfadenlampen auf derselben Seite liegen und die die Mitte bildenden Leiterverbindungsstellen keinen Stromanschluß benötigen.

Besonders nachgiebige Stromzuleitungen gewähren Kontakte mit flüssigen Metallen. LUMMER und PRINGSHEIM versuchten Ringschichten aus niedrig schmelzenden, durch die Stromwärme flüssig werdenden Metallen als nachgiebiges Zwischenglied zwischen einem Heizrohr und festen Stromzuführungsbuchsen zu verwerten. Quecksilberzuleitungen sind außer in der auf S. 373 besprochenen Sintervorrichtung beispielsweise im später besprochenen Vakuum-Wolframofen von FEHSE (S. 406) als Entlastung biegsamer Zuleitungen verwendet. Eine elegante Lösung des Ausdehnungsproblems hat ARSEM 1906 in einem von ihm konstruierten Ofen dadurch gewonnen, daß er in einem Vakuumofen ein fest eingespanntes Graphitrohr verwendete,

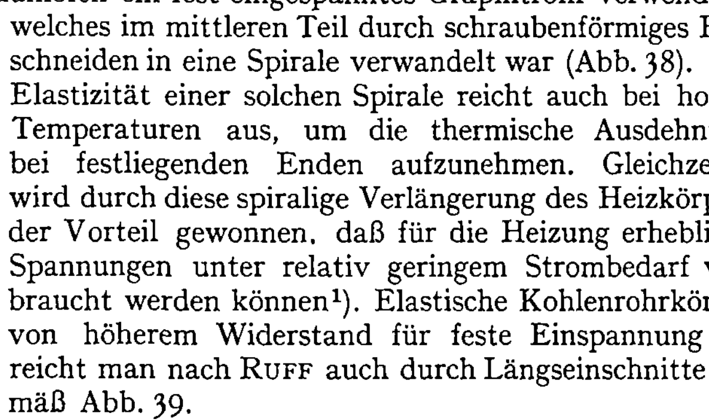

welches im mittleren Teil durch schraubenförmiges Einschneiden in eine Spirale verwandelt war (Abb. 38). Die Elastizität einer solchen Spirale reicht auch bei hohen Temperaturen aus, um die thermische Ausdehnung bei festliegenden Enden aufzunehmen. Gleichzeitig wird durch diese spiralige Verlängerung des Heizkörpers der Vorteil gewonnen, daß für die Heizung erhebliche Spannungen unter relativ geringem Strombedarf verbraucht werden können[1]. Elastische Kohlenrohrkörper von höherem Widerstand für feste Einspannung erreicht man nach RUFF auch durch Längseinschnitte gemäß Abb. 39.

58. Widerstandsöfen für normalen Druck. Für die elektrische Widerstandsheizung der Öfen kommen im wesentlichen 3 Grundformen in Frage: a) Öfen mit Heizwicklung[2], b) Kurzschlußöfen, c) Kohlengrießöfen.

Abb. 38. Elastischer Kohlenheizkörper nach ARSEM.

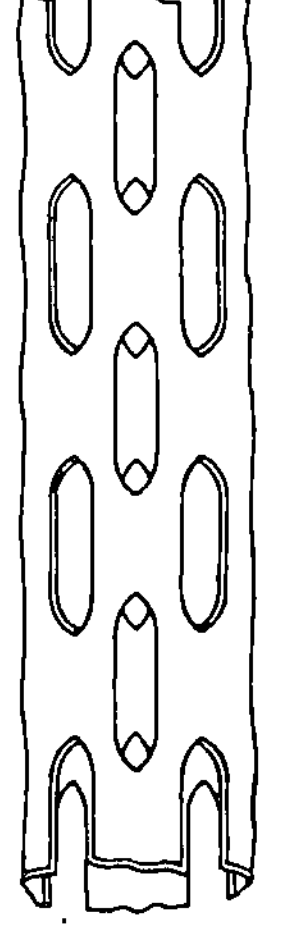

Abb. 39. Elastischer Kohlenheizkörper nach RUFF.

Der Heizkörper der ersten Art, die bezüglich Stromart und Spannung den weitesten Spielraum läßt, besteht aus einem mit temperaturbeständigem Draht oder Band bewickelten Rohr aus isolierendem Material (MARQUARDscher Masse, Porzellan, Magnesia, Alundum, Metallröhren mit Asbestpapierumkleidung), das außen von wärmeisolierenden Schichten und Packungen umhüllt ist. Als stromleitendes Material finden meist Platin (bis 1550°), Nichrom (bis 1100°) Verwendung; bei dichter Einbettung der Heizwicklung oder Schutzspülung mit indifferenten Gasen sind auch unedle Metalle wie Eisen, Nickel, Molybdän, verwendbar. Derartige Wicklungsöfen werden in zahlreichen Formen und verschiedenen Größen gebaut[3], können aber auch leicht improvisiert werden, indem man nach M. PIRANI[4] zunächst den für die Heizrohrfläche bei der maximalen Temperatur erforderlichen ungefähren Energiebedarf aus der nachstehenden, von ihm und E. LAX zusammengestellten Tabelle der Wärmeverluste pro Quadratzentimeter beheizte Fläche berechnet.

---

[1]) W. C. ARSEM, Jaan. Electr. Eng. Chem. (10) Bd. 2, S.3; PIRANI in Gürtlers Handbuch der Metallographie Bd. II, 1, S. 24; Berlin: Bornträger 1913; Spiralig geschlitzte Rohre in Vakuumöfen verwendeten auch OBERHOFFER u. MÜLLER.

[2]) Vgl. z. B. BORCHERS, Der elektrische Ofen, 2. Aufl., Halle: Knapp 1907; J. BRONN, Der elektrische Ofen; H. v. WARTENBERG, Stählers Handb. Bd. I, S. 395; M. PIRANI, in Gürtlers Handb. Bd. II, 1, S. 10, Berlin 1913.

[3]) Zu beziehen z. B. von HERÄUS, Hanau.

[4]) M. PIRANI u. E. LAX, in Gürtlers metalltechn. Kalender 1925, S. 329.

Die für den Ofen verfügbare Spannung ergibt dann Heizstrom und Widerstand der Wicklung; aus dem spezifischen Widerstand des gewählten Materials, der aus Tabelle 7 zu entnehmen ist, folgt dann bei Annahme einer gewissen Wicklungsdichte (Drahtlänge) der für die Heizwicklung erforderliche Querschnitt.

Tabelle 11. Erforderlicher Energiebedarf in Watt pro Quadratzentimeter beheizte Fläche bei mittelguter Wärmeisolation[1]).

W	t	W	t
0,8	600°	4,5	1600°
1,3	800°	5,7	1800°
1,9	1000°	7,0	2000°
2,6	1200°	11,0	2500°
3,5	1400°		

Die an den Rohrenden vermehrte Abkühlung wird zweckmäßig durch verstärkte Wicklungsdichte kompensiert. Kurze Öfen können nach dem Vorgang von STARK und BODENSTEIN[2]) durch geheizte Plattenabschlüsse gleichförmig gestaltet werden. Eine außerordentlich weitgehende gleichmäßige Temperaturverteilung haben DAY und SOSSMANN[3]) und J. B. FERGUSON[4]) durch besondere Zusatzwicklungen erreicht. W. P. WHITE[5]) erzielte durch ein 3 mm starkes Schutzrohr aus Silber und thermische Isolation der Heizrohrenden mittels Alundumröhren sowie durch gesonderte Regulierung der Heizwicklungsenden bei 600° eine Temperaturgleichmäßigkeit von 0,1° in der mittleren Ofenhälfte (auf 14 cm Länge bei 2,7 cm Weite). Für Öfen zu magnetischen Messungen wird zweckmäßig bifilare Wicklung angewendet.

Sehr kleine Öfen für mikroskopische Beobachtungen sind z. B. von JENTSCH[6]), DÖLTER[7]), DAY und WRIGHT[8]), GLASER[9]) angegeben worden.

Bei den Öfen mit Heizwicklung bleibt die Temperatur im Innenraum des Isolierrohrs, zumal beim Temperaturanstieg merklich hinter der zulässigen Temperatur des Heizdrahts zurück. Günstiger verhalten sich neben Röhren mit Innenwicklung[10]) frei auf das Heizgut wirkende Heizkörper[11]). Für Strom mittlerer Spannung (50 bis 220 Volt) sind die Heizkörper aus selbstleitendem Material mit hohem spezifischen Widerstand wie Silit (bis 1500°) vorteilhaft. Für niedergespannten Strom können Heizkörper aus Kohle, Graphit (bis über 3000°) Platin (bis 1500°), Platiniridium bzw. Iridium (NERNST) bis 1800° bzw. 2100° (Schutzüberzug mit Zirkon- und Yttriumoxyd oder Magnesia wichtig) verwendet werden. Eine besonders einfache leicht herstellbare Form dieser als „Kurzschlußöfen" bezeichneten Ofentypen[12]) mit vertikalem Kohlenheizrohr[13]), Holzkohlenumhüllung und Kohlenscheibenanschluß ist von TAMMANN angegeben (Abb. 40).

---

[1]) Allgemein als Anhalt für den Energieverbrauch von elektrischen Öfen verwendbar. Wattverbrauch bei mäßigen Temperaturen durch besonders sorgfältige Wärmeisolierung noch reduzierbar.

[2]) G. STARK u. M. BODENSTEIN, ZS. f. Elektrochem. Bd. 16, S. 962. 1910.

[3]) A. DAY u. R. SOSSMAN, Amer. Journ. of Science (4) Bd. 29, S. 93. 1910.

[4]) J. R. FERGUSON, Phys. Rev. Bd. 12, S. 81—94. 1918.

[5]) W. P. WHITE, Phys. Rev. (2) Bd. 23, S. 785. 1924.

[6]) JENTSCH, ZS. f. wiss. Mikrosk. Bd. 27, S. 259. 1910.

[7]) DÖLTER, Phys.-Chem. Mineralogie, S. 130, Leipzig 1905.

[8]) DAY u. WRIGHT, Sill. Journ. Bd. 27, S. 43. 1909.

[9]) GLASER, Vortrag auf der Tagung der Glastechn. Ges. 1925.

[10]) A. DAY u. E. ALLEN, Phys. Rev. Bd. 19, S. 177. 1904; A. DAY u. J. CLEMENT, Sill. Journ. Bd. 26, S. 411. 1908; H. FORESTIER, Bull. Soc. Chim. de France Bd. 33, S. 999. 1923. Chem. Centralbl. Bd. 95. I, S. 806. 1924.

[11]) Im Zusammenhang hiermit genannt seien die von ROHN beschriebenen Blankglühöfen der Heräus Vakuumschmelze Akt. Ges., bei denen eine indifferente Gasfüllung das Heizgut und zugleich die aus Eisenband bestehenden Widerstände schützt. Vgl. W. ROHN, ZS. d. Ver. d. Ing. Bd. 68, S. 1101. 1924.

[12]) Vgl. H. v. WARTENBERG, Stählers Handbuch S. 349 u. M. PIRANI, a. a. O. S. 16.

[13]) Beschrieben von RUER, in Metallographie, Hamburg 1907, S. 280.

Bis zu Temperaturen von etwa 2500° verwendbar ist der im Aufbau noch weiter vereinfachte Kurzschlußofen von Helberger, München[1]), bei dem ein Tiegel aus Graphitton, Kohle oder Graphit als Heizkörper unmittelbar mittels wassergekühlter Halter an einen Wechselstromtransformator angeschlossen wird (vgl. Abb. 41). Die Graphittontiegel, die den größten spez. Widerstand haben, können nur bis 1600° verwendet werden und müssen vor dem Einfüllen des Schmelzguts innen durch Ausglühen vom Graphitgehalt befreit werden. Reinkohle und Graphittiegel sind, um den Stromübergang von der Tiegelwand zum Schmelzgut nach Möglichkeit einzuschränken, andererseits das Schmelzgut gegen Verunreinigungen aus der Tiegelwand zu schützen, innen mit vorher möglichst hochausgeglühtem MgO, CaO, ZrO_2, SiO_2, Al_2O_3 auszukleiden, wobei zur Vermeidung von niedrig schmelzenden Schmelzflüssen als Schutzauskleidung möglichst das eigene Oxyd des Schmelzguts zu wählen ist. Als Wärmeschutz dienen Chamottehüllen. Besondere Ansätze erlauben Kippbewegung und den Einbau längerer Heizkörper sowie Umgestaltung zu Vakuum- und Druckvorversuchen.

Einen nach Angaben von Pirani und Skaupy konstruierten Wolframrohr-Kurzschlußofen für sehr hohe Dauertemperaturen (bis 3000°) in reduzierender Atmosphäre hat W. Fehse[2]) beschrieben. Das hierbei verwendete, in der Abb. 42 mit

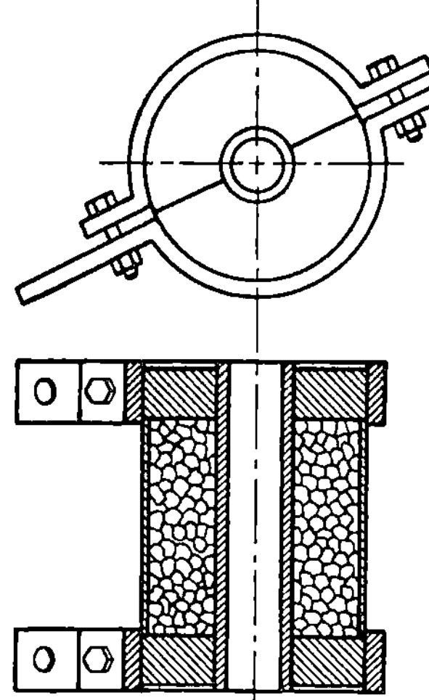

Abb. 40. Kohlekurzschlußofen nach Tammann.

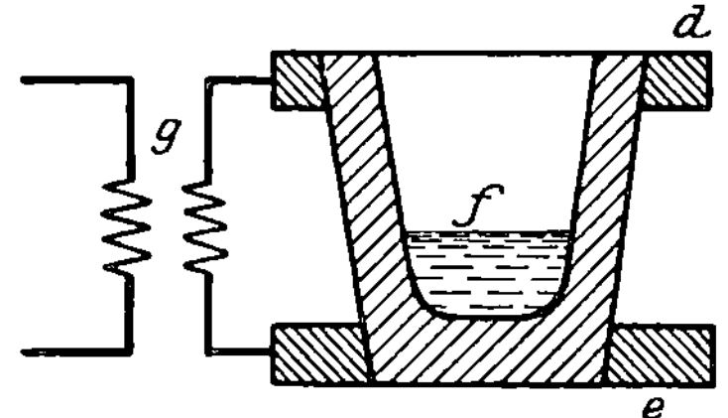

Abb. 41. Kurzschlußofen für Wechselstrom nach Helberger.

W bezeichnete Wolframrohr von 12 mm Außendurchmesser, 100 mm Länge und 1 mm Wandstärke ist durch Ausbohren und Abdrehen eines aus Wolframpulver gepreßten und vorgesinterten Stabes hergestellt und durch weitere Erhitzung verfestigt. Die Stromzuführung erfolgt durch Kontaktbacken K_1K_2 aus Kupfer mit Molybdänblechverstärkung, von denen die eine fest, die andere auf Rollen gelagert, in einem mit Quecksilber gefüllten Kasten frei verschiebbar angeordnet ist. Zur Sicherung guten Kontaktes sind die durch Federdruck gehaltenen Einspannstellen noch durch Kupferseile überbrückt. Als Behälter für das durchzuleitende Schutzgasgemisch (25% H und 75% N)[3]) dient ein wassergekühltes Gehäuse, als Strahlungsschutz in radialer Richtung ein doppelt gebogener Molybdänblechmantel bzw. eine Rohrumhüllung mit Wolframwolle (zusammengeballtem dünnen Wolframdraht). Die Konvektionsverluste infolge der Gasfüllung sind gegenüber den Ausstrahlungsverlusten gering (10% bei 2500° abs.). Die Rohrenden werden nach Beschickung mit Wolframpflöcken verschlossen. Gleichmäßige Temperatur zeigt das mittlere Rohrstück auf etwa 3 cm Länge. Nach den Enden zu fällt die Temperatur um

---

[1]) Auch von der Allg. Elektr.-Ges. Berlin gebaut.
[2]) W. Fehse, ZS. f. techn. Phys. Bd. 5, S. 473. 1924. Den ersten Wolframrohr-Kurzschlußofen konstruierte für Erhitzung im Vakuum: H. v. Wartenberg, Verh. d. D. Phys. Ges. 1909, Dez. Vgl. Abb. 53, S. 413.
[3]) Reiner Wasserstoff ergibt zu starke Wärmeableitung.

etwa 1400° ab. Energieverbrauch bei 3000° abs. wahrer Temperatur 1080 Amp. 7,4 Volt, bei 2000° 585 Amp. 3,1 Volt.

59. Kryptolöfen. Ein für die direkte Verwertung normaler Netzspannungen besonders geeignetes Ofenprinzip, das mannigfache einfach herzustellende Ausführungen ermöglicht, ist von Bronn[1]) in den sog. Kryptolöfen geschaffen worden, in denen Schichten aus gekörnter Kohle als Heizwiderstand dienen. Der elektrische Widerstand derartiger Kohlengrießpackungen ist etwa 1000mal so groß wie der der massiven Kohle und in seiner Höhe durch die zahlreichen Übergangsstellen zwischen den einzelnen Kohlenkörnern bedingt (Übergangs-

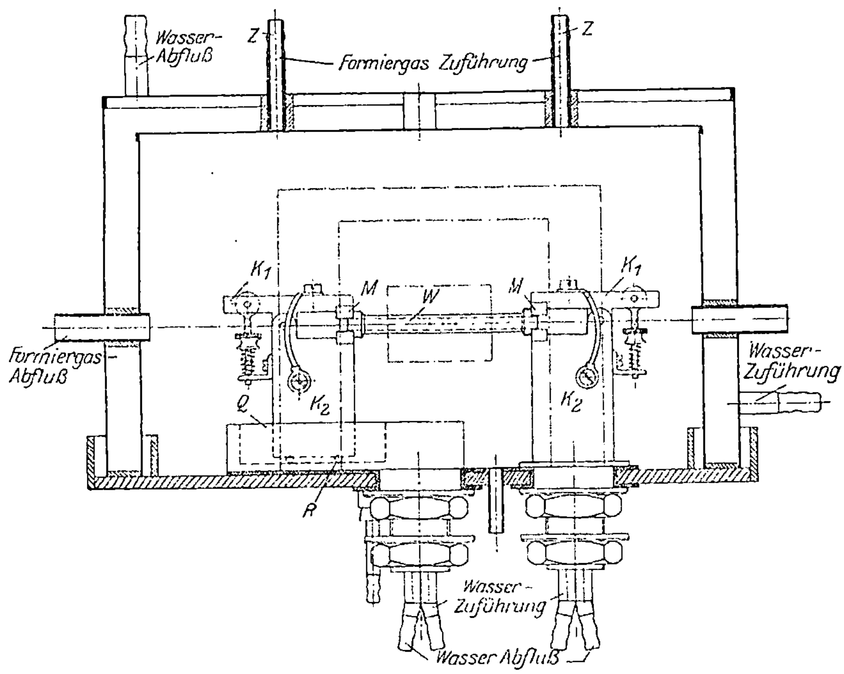

Abb. 42. Fehseofen.

widerstandsheizung). Von Einfluß auf die Größe dieses Übergangswiderstandes ist vor allem die Zusammenpressung der Körner und die Spannung. Die Folgerungen des Ohmschen Gesetzes treffen auch in bezug auf die Querschnittsgestalt nicht zu. Größere Kryptolöfen für keramische Zwecke hat neben anderen Rieke, solche mit innerer Strom- und Wärmekonzentration durch Stromzuführung nach einem zentrisch liegenden Heizrohr haben Borchard und Simonis[2]) konstruiert.

60. Induktionsöfen. Eine besondere Art von Kurzschlußöfen stellen die Induktionsöfen[3]) dar, die in der Industrie nach dem Vorgang von Kjellin für

---

[1]) Vgl. J. Bronn, Der elektrische Ofen im Dienst der keramischen Gewerbe, Halle: Knapp 1910; Ders. in Stählers Handb. Bd. I, S. 414. Heizung durch sich bildende zahlreiche winzige Lichtbogen ist nach Bronn nicht wahrscheinlich, da auch ganz geringe Spannungen Stromdurchgang ergeben.

[2]) Ausführliche Beschreibung vgl. Bronn, Stählers Handb. Bd. I. 1, S. 425, 423; E. Russ. Elektrostahlöfen S. 68. 1924.

[3]) J. Bronn, a. a. O. S. 410; E. Russ, Elektrometallöfen 1922; ders., Die Elektrostahlöfen. R. Oldenburg 1924; ferner O. Meyer, Geschichte des Elektroofens. Berlin: Julius Springer 1924.

das Schmelzen von Stahl, neuerdings auch in kleinen Ausführungsformen und für andere Metalle verwendet werden.

Bei den Induktionsöfen ist das Heizgut in Rinnenform um den Kern eines großen Transformators so gelegt, daß der rinnenförmige Leiter die Sekundärwicklung des Transformators bildet und als diese von starken Kurzschlußströmen durchflossen und erhitzt wird (Abb. 43). Ein in einer horizontalen Schmelzrinne

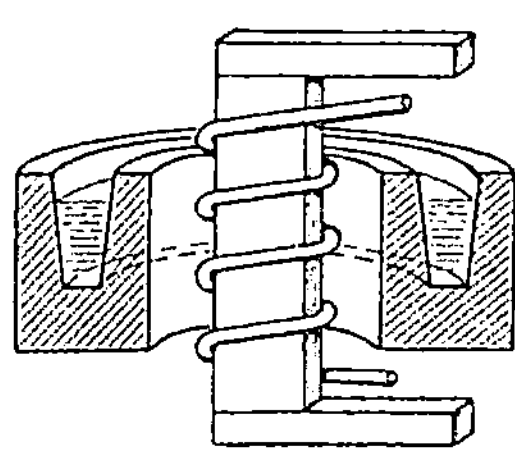

Abb. 43. Induktionsofen.

flüssig werdendes Metall stellt sich dabei unter der Einwirkung der magnetischen Kräfte schräg ein (Abb. 44) und erfährt hierbei eine lebhafte Bewegung und Durchmischung, die bei großen Typen bis zur Zerstörung des Rinnenfutters und schädlicher Oxydation führen kann. Eine weitere interessante Erscheinung bildet der sog. Pincheffekt, der sich in flüssigen Leitern an Stellen, die wie Verengerungen einer besonders hohen Strombelastung ausgesetzt sind, in einer Einschnürung äußert und speziell bei gutleitenden Materialien·infolge der hier notwendigerweise hochgesteigerten Stromdichte bis zu Stromunterbrechungen führen kann. Abb. 45 zeigt die Ausbildung des Pincheffektes in einer von HERING zu seinem Studium gewählten geraden Schmelzrinne, in der dem flüssigen Metall b der Strom durch zwei Elektroden ee zugeführt wird und s die erwähnte Einschnürung bedeutet[1]).

61. Hochfrequenzöfen. Eine in neuerer Zeit erfolgreich ausgebildete Art der Induktionsheizung ist die Hochfrequenzheizung, die für den Schmelzofenbetrieb zuerst von NORTHRUP 1916 praktisch verwendet wurde und den wichtigen Vorzug besitzt, daß infolge der hohen Frequenz eine Übertragung ohne magnetischen Eisenkreis möglich wird, der immerhin

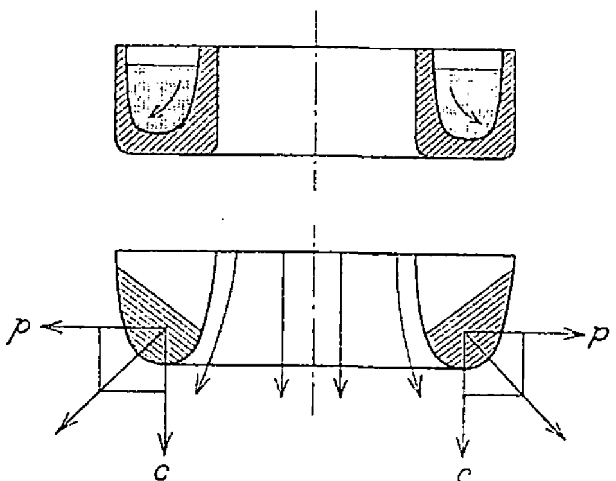

Abb. 44. Bewegungserscheinungen bei Induktionsöfen.

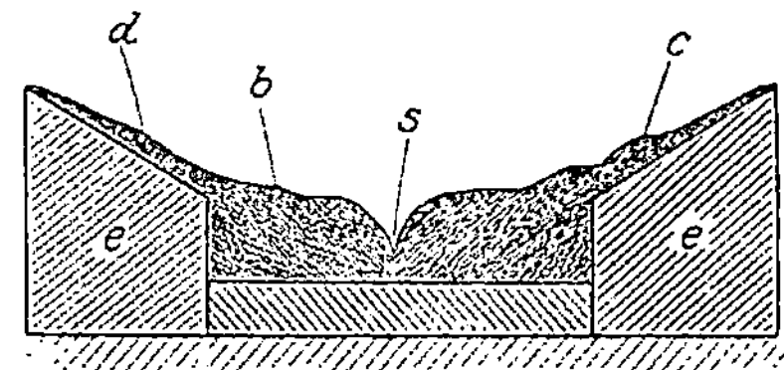

Abb. 45. Der Pincheffekt.

konstruktive Schwierigkeiten ergibt und Ring- oder Rinnenform für das Heizgut bedingt. Demgegenüber kann für die Hochfrequenzheizung das leitende Heizgut, z. B. das zu schmelzende Metall innerhalb der Wände eines einfachen zylindrischen Leiters oder in einemTiegel erhitzt werden, der außen von einer stromdurchflossenen Hochfrequenzspule in einigemAbstand umgeben ist. Besonders geeignet ist der Hochfrequenzofen auch zur Herstellung gleichmäßig temperierter Hohlräume, z. B. zur Erhitzung eines von Wärmeschutzmitteln umgebenen, bis auf eine Beobachtungsöffnung verschlossenen Graphithohlkörpers für Strahlungsmessungen, da

---

[1]) Als Entdecker des Pincheffects gilt nach E. RUSS: HERING. O. LUMMER beschreibt indes schon 1894 in ZS. f. Instrkde., S. 267 ein ganz ähnliches Zusammenschnüren und Zerreißen von elektrisch geschmolzenem Platin als Folge elektrodynamischer Kräfte. (D. Verf.) Mit der mathematischen Deutung des Pincheffekts hat sich E. NORTHRUP befaßt. (RUSS, Elektrostahlöfen, S. 102.)

wärmeabführende Zuleitungen hier nicht vorhanden sind, ferner die Erhitzung durch
Beeinflussung des Hochfrequenzstroms im Prinzip leicht geregelt werden kann.
Praktisch scheint allerdings zur Zeit die Erzeugung hochfrequenter intensiver
Ströme noch nicht befriedigend gelöst zu sein. Die von NORTHRUP für seine Ajax-
Northrup-Ofen gewählte Anordnung lädt mittels eines an Wechselstrom von 60 Peri-
oden angeschlossenen Transformators eine größere Kondensatorkapazität zu 8000
Volt auf und läßt diese sich über eine Funkenstrecke, bei der Kontaktspitzen über
Quecksilber in Alkoholdampfatmosphäre stehen, in Form von Schwingungen
entladen. Der auf diese Weise erzeugte Hochfrequenzstrom durchfließt eine
den Schmelztiegel umschließende Spule. Abb. 46[1]) zeigt die Anordnung von
Schmelzgefäß und Hochfrequenzspule in schematischem Vertikalschnitt; ferner
zugleich als elektromechanische Folge der Induktionsströme die bei flüssigen geschmolzenen Leitern auftretende Zir-
kulation, welche den Temperaturausgleich und die Durchmischung begünstigt.

62. Theorie der Hochfrequenzöfen.
Eingehende theoretische und experimentelle Studien über die Verhältnisse
für die Hochfrequenzheizung hat G. RI-
BAUD durchgeführt[2]). RIBAUD berechnete
zunächst, in welcher Weise die Heizung
eines Zylinders vom Durchmesser d,
Höhe h und dem spezifischen Widerstand ϱ durch eine ihn umgebende Spule
gleicher Höhe von n Windungen, die
mit Wechselstrom von der Kreisfrequenz ω gespeist wird, von dem spezifischen Widerstand ϱ des Zylinders
und von der Art des Wechselstroms
abhängt. Bei sinusförmigem Wech-
selstrom von etwa 50000 Perioden erfährt ein Zylinder aus Metall eine

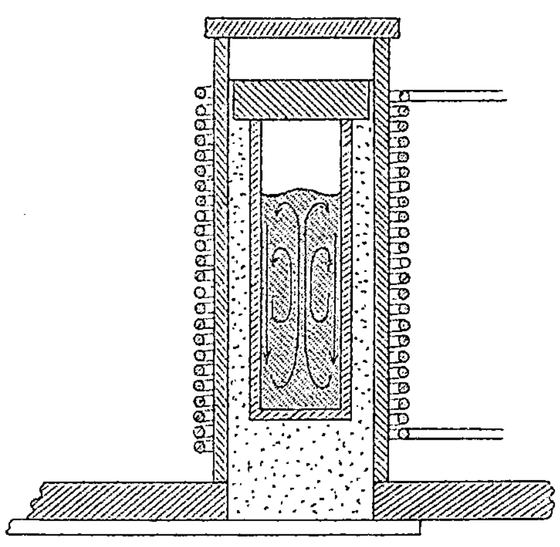

Abb. 46. Hochfrequenzofen.

$$\text{Energieaufnahme} = n^2 J_{eff}^2 \frac{\pi \cdot d}{h} \sqrt{2\pi\varrho \cdot \omega}\,,$$ also proportional dem Quadrat der

effektiven Amperewindungen, proportional dem von dem Zylinder eingenommenen
Durchmesser und proportional der Quadratwurzel aus seinem spezifischen Widerstand und der Quadratwurzel aus der Kreisfrequenz. Bei schlecht leitenden
Körpern steigt die aufgenommene Energie mit wachsendem Widerstand zu einem
Maximum, das bei um so höheren Widerstandswerten liegt, je größer die Frequenz
und der Zylinderdurchmesser sind. Wird der zu heizende Metallzylinder vom
Widerstand r in die Schwingungsspule eines Funkenkreises eingeführt, so bewirkt
dies eine Verminderung der Selbstinduktion des Entladungskreises und Vermehrung seines Widerstandes k um einen Betrag

$$k' = n^2 r\,,$$

während die Zunahme der Dämpfung bei allen Metallen klein bleibt. Als Nutzeffekt (Verhältnis zwischen der von dem Zylinder aufgenommenen Energie zu
der im Entladungskreis absorbierten) ergibt sich $\dfrac{k'}{k + k'}$, so daß vor allem eine

---

¹) E. F. NORTHRUP, Journ. Frankl. Inst. Bd. 195, S. 665, 679. 1923.
²) G. RIBAUD, Théorie du four à induction à haute fréquence, Journ. de phys. et le
Radium (6) Bd. 4, S. 214—216, Nr. 4. 1923 u. (6) Bd. 4, Nr. 6, S. 185—197. 1923.

Verringerung des Widerstandes im Entladungskreis, insbesondere der Funkenstrecke, anzustreben ist.

Die nachstehende graphische Darstellung der Abb. 47 bringt die RIBAUDschen theoretischen Resultate über die Abhängigkeit des Wirkungsgrades von der

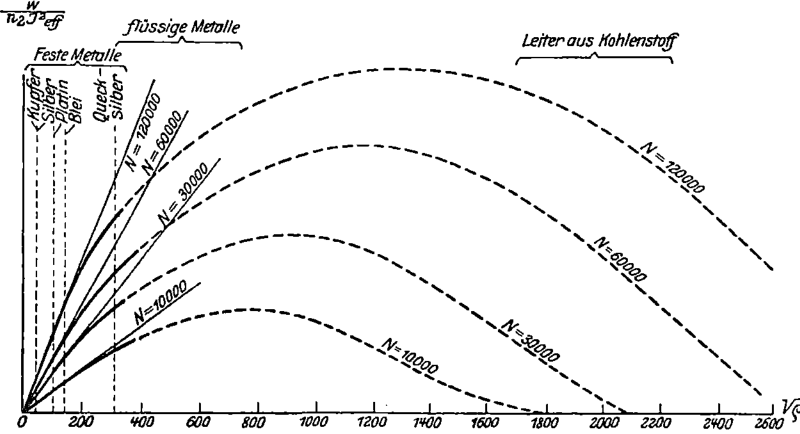

Abb. 47. Wirkungsgrad eines Hochfrequenzofens nach RIBAUD.

Frequenz und dem Leitvermögen der zu erhitzenden Substanzen für eine Reihe von Leitern (Kupfer, Silber, Platin, Blei, Quecksilber, Kohle) und für Frequenzen N von 10000 bis 120000 zum Ausdruck. Experimentelle Bestimmungen des Wirkungsgrades an erhitzten Zylindern aus Messing (0,15), aus Quecksilber (0,43) ergaben befriedigende Übereinstimmung mit der Theorie. Hinsichtlich der Faktoren, welche den Wirkungsgrad des Hochfrequenzofens bei hohen Frequenzen, insbesondere bei Verwandlung von Funkenkreisen, beeinflussen, ermittelte RIBAUD folgendes. Für sehr gute zylinderförmige metallische Leiter wächst der Wirkungsgrad proportional der Wurzel aus dem spezifischen Widerstand (er nimmt daher mit der Temperatur beträchtlich zu; von Zimmertemperatur auf 1000° im Verhältnis 2:1). Für den gleichen Ofen steigt er außerdem mit dem Durchmesser des zu erhitzenden Zylinders an. Die Ausbildung radialer Schlitze in einem Messingzylinder verbessert nach Theorie und Experiment den Wirkungsgrad auf etwa das Dreifache. Günstig ist ferner des Skineffekts wegen

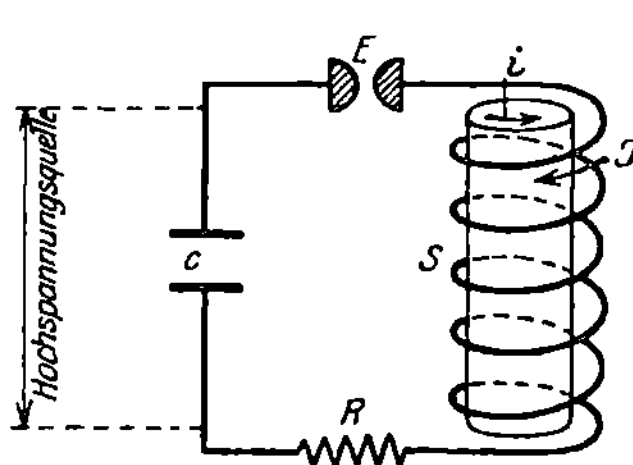

Abb. 48. Schema eines Hochfrequenzofens.

eine Teilung eines massiven Metallzylinders in einzelne isolierte Zylinder von kleinerem Durchmesser. Für den günstigsten Durchmesser eines solchen Teilzylinders ergibt die Theorie, daß er um so kleiner zu wählen ist, je besser das Metall leitet und je höher die Frequenz ist. Für Kupfer günstige Dicke $d = 0{,}6$ mm, für Blei $d = 2$ mm bei Frequenzen von 50000 ($n = 3.10^5$). Die bisherigen Experimente bestätigen Sinn und Größenordnung dieser Regel, sowie das Vorhandensein eines Maximums. Bei Schwingungserzeugung mittels Funkenentladung (vgl. Schema Abb. 48) ist es vor allem wichtig, den Widerstand des Entladungskreises, insbesondere der Funkenstrecke, gering zu halten. RIBAUD hat mit gutem Erfolge für Energien bis 25 kW und primäre Ströme über 150 Amp. als induzierende Spule ein wassergekühltes Kupferrohr und wassergekühlte Funkenstrecken (eclateurs tournants) benutzt. Im Fall einer Funkenentladung (bei guter Kühlung,

Resonanz, starkem Anblasen) ergab sich die im Heizzylinder aufgenommene
Energie bei gleichbleibenden Verhältnissen recht genau proportional der dem
Funkenkreis zugeführten Energie. Das Quadrat der effektiven Stromstärke war
der aufgewendeten elektrischen Energie proportional, außerdem der von der zu
erhitzenden Substanz aufgenommenen Wärmemenge. Der Wirkungsgrad der
Funkenstrecke zeigte sich, wie mehrere Versuchsreihen mit zwei Hochfrequenzöfen I und II (17 cm Durchmesser, Kohlentiegel von 6 cm Durchmesser, Wirkungsgrad 0,65; II 20 cm Durchmesser, Graphittiegel von 10 cm Durchmesser) ergaben,
weitgehend unabhängig von der durchgehen-
den Energie.

Mit ähnlichen Untersuchungen an Hochfrequenzöfen hat sich R. Dufour[1] befaßt.
Er fand für einen primär aus Kapazität, Selbstinduktion und Widerstand gebildeten Entladungskreis, mit dem ein kapazitätsfreier
Sekundärkreis aus Selbstinduktion undWider-
stand gekoppelt ist, daß zwei Grenzwerte des
sekundären Widerstandes bestehen, innerhalb
deren die Entladung oszillatorisch wird. Die
Bedingungen für maximale Energieaufnah-
men bzw. für Erreichung einer möglichst
hohen Temperatur stehen einander entgegen.
Mit weniger als 2 kW Energie konnte Dufour
in $1\frac{1}{2}$ Stunden 1100 g Platin schmelzen und in
15 Minuten einen Graphittiegel von 70 cm
Inhalt auf 2000° erhitzen.

Den inneren Aufbau eines Hochfrequenzofens von Ribaud für sehr hohe Temperaturen[2] zeigt die Abb. 49.

Die äußere Ofenummantelung wird
durch ein zylindrisches Quarzglasgefäß *1*
gebildet, das auf einem Sockel *4* steht und in
seinem Innern, in Rußschichten *7* eingepackt,
den durch Hochfrequenz zu erhitzenden und

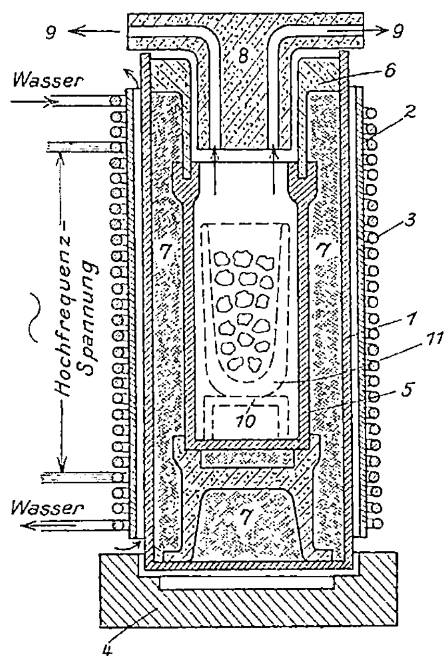

Abb. 49.   Hochfrequenzofen von Ribaud.

den eigentlichen Schmelztiegel *11* umschließenden Graphitzylinder *5* trägt. Von
großer Wichtigkeit für die Erreichung hoher Temperaturen ist die Art des
Deckelabschlusses, für welchen Ribaud in poröser, thermisch und elektrisch
schlecht leitender Kohle ein sehr geeignetes Material fand. Aus diesem porösen
Kohlenmaterial ist das Verlängerungsstück *6* des Graphitzylinders *5* gebildet und
auch der mit Gasauslässen *9* versehene Deckel *8* gefertigt. Die Hochfrequenz-
induktionsspule *3* wird von einer wassergekühlten Kupferrohrspule gebildet,
die auf ein Tragrohr *2* gewickelt ist und mit diesem durch einen ringförmigen
Luftspalt mit Luftzirkulation von dem Quarzzylinder *1* thermisch-isoliert wird.
Die Stromführung wird zweckmäßig auf den mittleren Spulenanteil beschränkt.
Mit derartigen Ofentypen konnte Ribaud unter Verwendung von 10 kW Heizenergie

bei   100 cm³ Ofeninhalt 3000° erreichen
  „   500 „   „   2500°   „
  „   3000 „   „   1800°   „   .

---

[1] R. Dufour, Les fours à induction à haute fréquence, C. R. Bd. 176, Nr. 12, S. 828
bis 830, 1923. Electr. Rev. Bd. 94, S. 208. 1924.
[2] M. G. Ribaud, Journ. de phys. 1925, S. 295; vgl. auch den Hochfrequenzofen von
D. Willkose, Met.-Ind. (New York) Bd. 22, S. 290 u. F. Wever, Stahl u. Eisen 46, S. 533. 1926.

Mit 18 kW Heizenergie war ein Ofen von 5000 cm³ Inhalt auf 2000° zu erhitzen, was nach RIBAUD eine günstigere elektrothermische Ausnutzung als mit Kohlenwiderstandheizrohren für gleiche Volumina erreichbar darstellt.

63. Lichtbogenöfen. Für Erhitzungen, bei denen besonders hohe Temperaturen erforderlich sind, kommen die elektrischen Lichtbogenöfen in Frage, die Spannungen von 30 bis 80 Volt erfordern und für das Schmelzen kleiner Proben von 10 bis 20 cm³ Stromstärken zwischen 50 bis 200 Amp. benötigen. Die Erhitzung kann dabei entweder in der Weise geschehen, daß der Lichtbogen zwischen zwei Kohlenelektroden erzeugt wird und das Heizgut lediglich der Strahlungswärme des Lichtbogens ausgesetzt wird (Strahlungsöfen, indirekte Lichtbogenheizung [vgl. Abb. 50], von MOISSAN in der Hauptsache benutzt). Oder man kann die Erhitzung dadurch bewirken, daß der zweckmäßig mit Gleichstrom betriebene Lichtbogen zwischen einer Kohlenelektrode und dem als Anode geschalteten Schmelzgut erzeugt wird (direkte Lichtbogenheizung Abb. 51). Erfolgt die Stromzuführung mittels eines ihn tragenden Kohlentiegels, so wird in den Fällen, wo eine karbierende Einwirkung des Tiegels zu befürchten ist, zweckmäßig der Tiegel mit Substanz aus dem Schmelzgut ausgekleidet. Auch

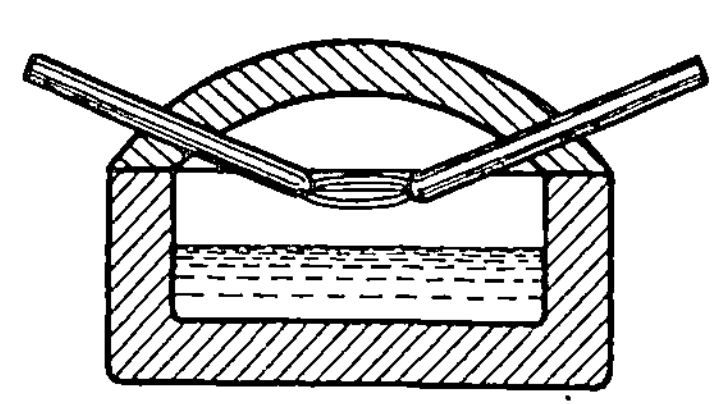

Abb. 50. Lichtbogenheizung durch Strahlung.

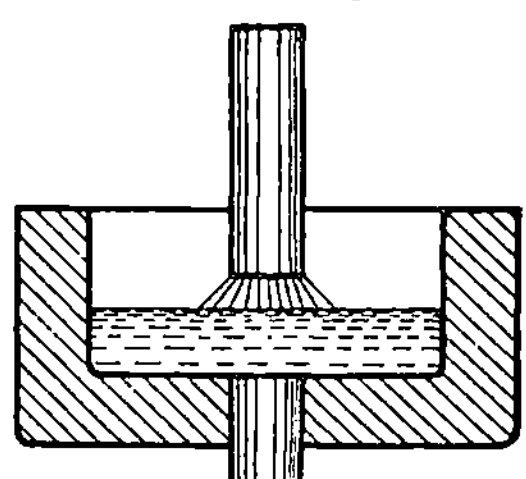

Abb. 51. Direkte Lichtbogenheizung.

bei der indirekten Heizung kann durch elektromagnetische Beeinflussung des Lichtbogens das Heizgut direkten, sehr intensiven lokalen Erhitzungen ausgesetzt werden (Lichtbogenstichflamme). Eine etwa erforderliche Einleitung des Lichtbogens ohne Elektrodenberührung läßt sich nach SIMON[1]) durch einen parallel gelegten Kondensator erreichen, der auch zur Sicherung des Brennens dienen kann. Von den zahlreichen älteren für Laboratorienzwecke konstruierten Lichtbogenöfen[2]) sei hier nur der Universalofen nach BORCHERS genannt, der für indirekte und direkte Heizung sowie für feuerflüssige Elektrolyse und als Widerstandsofen verwendbar ist.

Ein durch die Fernhaltung kohlender Einflüsse bemerkenswertes Verfahren zur Lichtbogenschmelzung hochfeuerfester, bei mäßiger Temperatur noch nicht leitender Materialien ist von E. PODSZUS[3]) zum Schmelzen von reinem Zirkonoxyd bekannt gegeben worden. PODSZUS bringt in einem mit dem zu schmelzenden körnigen Material gefüllten Behälter zunächst einen Lichtbogen durch Berührung zweier Hilfskohlenelektroden aus Kohle zustande, der die nächstgelegenen Teile des Schmelzguts beheizt. Es schmilzt dann bald etwas Zirkonoxyd, das unter Karbidbildung die untere Elektrode überdeckt. Das erzeugte Karbid bildet dann den stromleitenden Übergang zur flüssigen Schmelze, die dann die Funktion der Elektrode übernimmt. Wird die obere Elektrode allmählich weiter entfernt, so schmilzt in dem gebildeten Hohlraum das Oxyd in steigendem Maße an den Wänden und in der Nähe der Elektrode, die untere Elektrode überdeckend und

[1]) H. TH. SIMON, Der elektrische Lichtbogen, Leipzig: Hirzel 1911.
[2]) Vgl. J. BRONN, Stählers Handbuch I. S. 426.
[3]) E. PODSZUS, ZS. f. angew. Chem. Bd. 30, S. 17. 1917.

durch den Stromdurchgang flüssig und leitend gehalten, nieder, wo es abgelassen werden kann vgl. Abb. 52. Man kann in dem sich vergrößernden Hohlraum infolge der sehr guten Wärmekonzentration den Bogen auf große Länge ausziehen (30 cm bei 220 Volt) und auf diese Weise in einer halben Stunde bei genügendem Wärmeschutz mit verhältnismäßig geringen Stromenergien (50 bis 100 Amp. bei 220 Volt) viele Kilo schwere Blöcke aus geschmolzenem Zirkondioxyd gewinnen, die vollkommen rein sind, da die Karbierung sich nur auf die nächste Nähe der Elektroden erstreckt. Das geschmolzene Zirkonoxyd zeigte neben außerordentlicher Festigkeit und Härte eine große Unempfindlichkeit gegen schroffsten Temperaturwechsel.

64. Vakuumöfen. Die fortschreitende Verfeinerung und Verbilligung in der Verarbeitung der hochschmelzenden Metalle hat verschiedentlich neuere Konstruktionen mit Heizdrähten aus Molybdän und Wolfram ausgelöst. Eine im Innern leicht zugängliche Vakuumofenkonstruktion mit vertikaler Achse für direkten Anschluß an 110 Volt, bei dem als Heizmaterial Wolframdraht dient und reines Eisen und Platin geschmolzen werden können, haben G. CHAUDRON und GARVIN[1]) angegeben. Der Wolframheizdraht ist hier entweder als Schraubenlinie mit variablem Schnitt zwecks Temperaturausgleich gewickelt oder ist als enge Spirale in Zickzacklinien parallel zur Ofenachse gespannt, um der Zerstäubung halber stärkeren Draht in größerer Länge unterzubringen. Das Ofengehäuse ist in üblicher Weise aus Boden, Zylinderwand und Deckel aufgebaut und doppelwandig für Wasserkühlung ausgeführt. Die Dichtung erfolgt durch gefettete Labyrinthringe, die bei der vertikalen Bauart schon durch das Gewicht der Apparatur bzw. den Luftdruck genügenden Abschluß geben. Die Evakuierung geschieht durch eine unmittelbar angesetzte Quecksilberdampfstrahlpumpe mit Rotationsvorpumpe. Heizenergieverbrauch bei etwa 2000° 10 Amp. 100 Volt.

Von früheren Vakuumkurzschlußöfen seien hier nur genannt die Arsemofen der General Elektric Co. mit spiraligem und zylindrischem Heizrohr[2]), ferner die für das Studium von Reaktionen bei hohen Temperaturen wichtig gewordenen, in den älteren Handbüchern ausführlich beschriebenen Öfen von v. WARTENBERG[3]) (Wolframrohr Abb. 53) und RUFF[4]) [5]), endlich der zu Strahlungsmessungen konstruierte Kohlenrohrofen von WARBURG und LEITHÄUSER[6]) und der für die gleichen Zwecke bestimmte Osramofen (K. MEY u. C. MÜLLER[7]).

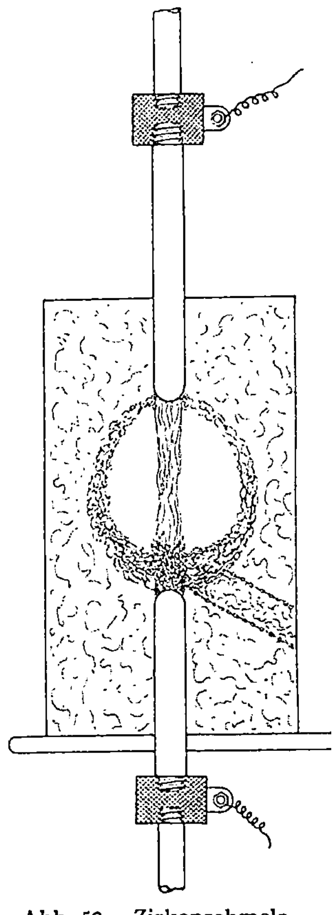

Abb. 52.   Zirkonschmelzofen nach PODSZUS.

---

[1]) G. CHAUDRON u. GARVIN, Journ. de phys. et le Radium (6) Bd. 4, S. 175. 1923.

[2]) NINTH, General Meeting of the Amer. Electrochem. Soc., Ithaka, N. Y., Mai 1916; vgl. Ziffer 57, Abb. 38.

[3]) H. v. WARTENBERG, Verh. d. D. Phys. Ges., Dez. 1909.

[4]) O. RUFF, Chem. Ber. Bd. 43, S. 1564. 1910. ZS. für Elektrochemie Bd. 30, S. 356. 1924.

[5]) Die Öfen unter 2, 3, 4 sind ausführlich beschrieben bei E. WEISS, Stählers Handb. Bd. I, S. 449.

[6]) ZS. f. Instrk. Bd. 30. S. 120. 1910. Tätigkeitsbericht der Reichsanstalt.

[7]) C. MÜLLER, ZS. f. Beleuchtungswesen, Bd. 23, S. 78/79. 1922. Bezüglich weiterer, speziell für Strahlungsuntersuchungen und Temperaturmessung gebauter Öfen sei auf die betreffenden Bände des vorliegenden Handbuches verwiesen. Vgl. auch S. 395. 401—403.

Einen sehr einfach aufgebauten Vakuumofen für Temperaturen bis 2500° (vorübergehend bis 2800°) und 0,005 mm Vakuum hat Wiegand[1]) ausgearbeitet. Bei diesem in Abb. 54 im Vertikalschnitt dargestellten Ofen wird als Heizkörper zur Herabminderung der Heizstromstärke ein röhrenförmig gebogenes Wolframblech von 0,2 mm Wandstärke, 10 mm Rohrdurchmesser und 150 mm Rohrlänge benutzt, dessen Enden auf zwei wassergekühlten Elektrodendurchführungen in zylindrisch durchbohrten horizontal geteilten Klemmstücken *4, 5* gelagert sind. Der auf das Heizrohr *3* ausgeübte Kontaktdruck erfolgt lediglich durch das Gewicht der Klemmenoberteile *4*, die an vertikalen Führungsstiften *6* verschiebbar sind und in der Schwere so bemessen werden, daß das Heizrohr *3* bei wechselnder Temperatur den Ausdehnungsänderungen noch genügend leicht folgen kann. Das

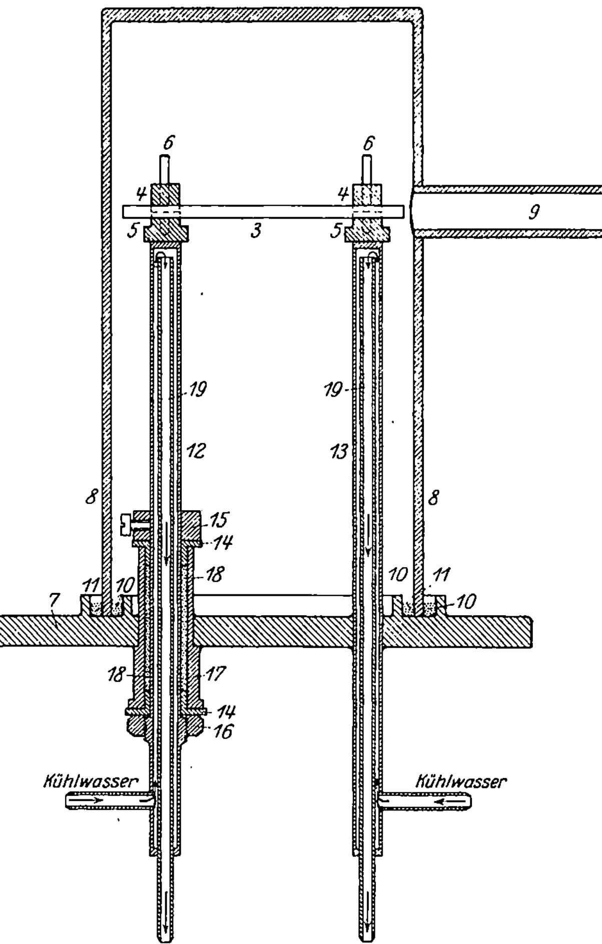

Abb. 53. Vakuumofen nach v. Wartenberg.

Abb. 54. Wolfram-Vakuumofen nach Wigand.

Ofengehäuse selbst wird von einer Grundplatte *7* aus Flußeisen (300 × 300 × 20 mm) und einer abhebbaren Stahlglocke *8* mit Schaurohr *9* gebildet, deren Dichtung durch eine mit Picein *10* gefüllten Rinne *11* erfolgt. Die beiden Elektroden *12, 13* durchsetzen die Grundplatte; die eine davon *12* durch Fiberscheiben *14*, Klemmring *15* und Mutter *16* isoliert in einer Rohrmuffe *17* gehalten und durch einen Pechausguß *18* abgedichtet. Da der Pechausguß eingeschlossen liegt, kann er, falls starke Erschütterungen in ihm Risse verursachen, leicht durch Außenheizung zur Verflüssigung und neuem Festhaften gebracht werden. Die Kühlung des Gehäuses erfolgt auf einfachste Weise durch rieselndes

¹) E. Wiegand, Dissertation Charlottenburg 1923.

Wasser, diejenige der Elektroden durch Wasser, welches in die an den Enden abgeschlossenen Elektroden von unten seitlich eintritt, dann nach oben strömt und durch ein eingesetztes axiales Abflußrohr *19* wieder abwärts ausströmt. Erforderliche Heizenergie für 2000°, bei der das Heizrohr ohne merkliche Veränderungen 50 Erhitzungen aushält, 450 Amp., 7,5 Volt. Vakuum 0,005 mm. Brauchbarkeitsgrenze 2500°, für kurze Beanspruchungen etwa 2800°.

Besonders geeignet für Vakuumerhitzung sind, wie bereits bei der Hochfrequenzerhitzung besprochen, die Hochfrequenzinduktionsöfen.

Über einen im Forschungslaboratorium der Westinghous Lamp Comp. gebauten, mit hochfrequentem Wechselstrom geheizten Hochvakuumofen für

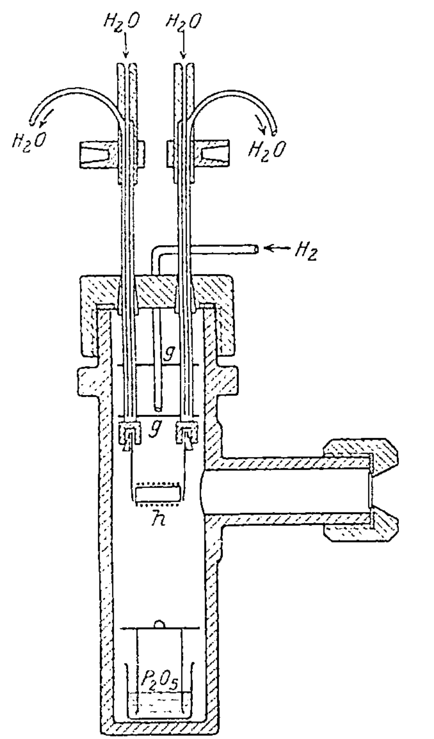

Abb. 55. Druckofen nach v. Wartenberg.

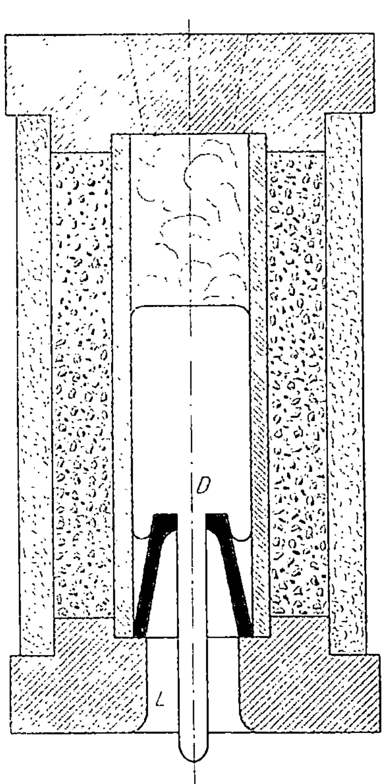

Abb. 56. Quarzschmelzofen nach Helberger.

hohe Temperaturen, bei dem die Heizspule und das zu erhitzende Material im Vakuum liegen, und das Schmelzen von Uran, Thorium, Zirkon, Titan gelang, berichten — leider ohne Konstruktionsdaten — H. C. Rentschler und J. W. Marden[1]).

Ein für die Untersuchung von niedervoltigen Lichtbogen in Wasserstoff, Stickstoff und Joddämpfen geeigneter Ofen für geringe Energie ist von K. T. Compton[2]) beschrieben. Als Heizkörper dient hier ein Wolframblechrohr, das in zwei auf wassergekühlte Messingrohre aufgesetzte Stahl- oder Molybdänelektroden eingespannt ist und axial einen 0,5 mm starken Wolframdraht als Hilfselektrode

---

[1]) H. C. Rentschler u. J. W. Marden, Phys. Rev. (2) Bd. 21, S. 704. 1923.
[2]) K. T. Compton, Journ. Opt. Soc. Amer. Bd. 6, S. 910. 1922.

enthält. Zur Erreichung des Wolframschmelzpunktes waren 200 Amp. 6 Volt erforderlich.

Bezüglich weiterer Vakuumöfen mit Lichtbogen- und Kathodenstrahlen- und Elektrodenheizung sei auf die früheren Abschnitte Ziffer 49—50 hingewiesen.

65. Öfen für gesteigerten Druck. Kleine in gekühlte Stahlröhren eingebaute Drucköfen mit elektrischer Wickelheizung sind beispielsweise für chemische Reaktionen bis 100 at und 1000° von NERNST, HABER, F. FISCHER, GIOLITTI und CARNEVALI gebaut worden[1]), Stahlbomben mit Einrichtung zum Glühen von Platin- und Kohlenstäben von HEMPEL und Gebr. SIEMENS[2]). Einen für Erhitzungen bis 2500° und verdichteten Wasserstoff bis 10 at geeigneten kleinen, für Untersuchungen von Oxyden verwendeten Messing-Bombenofen sehr einfacher und zugleich dauerhafter Bauart mit Wolframspirale als Heizkörper haben H. v. WARTENBERG, J. BROY und R. REINICKE[3]) beschrieben. Als Heizkörper diente eine Spirale aus 1,1 mm starkem Wolframdraht, die in 10 Windungen von 5,5 mm innerer Weite unter Erhitzen mit der Bunsenflamme auf einen Stahldorn gewickelt war. Die Enden der Wolframspirale wurden mit Kupferkeilen in kupferne wassergekühlte Zuleitungsröhren eingeklemmt, die ihrerseits mit Vulkanfiber und Marineleim isoliert in den Bombendeckel eingebaut waren (vgl. Abb. 55). Der erforderliche Heizstrom betrug bei 10 at Wasserstoffdruck etwa 120 Amp. bei 11 Volt.

Erfolgreiche Versuche mit einem Ofen zum Schmelzen von blasenfreiem Quarz unter anfänglicher Evakuierung und anschließender Druckwirkung (durch Preßgas) hat HELBERGER[4]) durchgeführt. Ein von ihm angegebenes Verfahren[5]) zur einfachen Herstellung geschmolzener Quarzstäbe mittels elektrischer Schmelzung zeigt die Abb. 56. Hierbei wird die durch die Erhitzung erweichte Quarzmasse von dem im oberen Teil sich entwickelnden eigenen Dampfdruck durch eine Stahldüse D selbsttätig in Stabform nach außen getrieben.

Eine Apparatur zur Widerstandserhitzung auf Temperaturen über 2000° und gleichzeitigen Ausübung mechanischer Drucke hat F. SAUERWALD[6]) beschrieben und zur Untersuchung der Kristallisationsvorgänge in gepreßten Wolframstäben und des Verhaltens des Kohlenstoffs in hoher Temperatur verwandt.

Einen Druckofen für kurze Erhitzungen bis 1900° und Drucke bis 150 at haben E. TIEDE und A. SCHLEEDE[7]) konstruiert und zum Schmelzen von Sulfiden benutzt (vgl. Abb. 57). Die Erhitzung erfolgt durch Glühen eines Kohlenrohres im Innern einer Stahlbombe von 2 cm Wandstärke, durch deren aufschraubbaren Deckel die hohle wassergekühlte Kupferelektrode E_1 mit Hilfe eines Fiberrings und einer konischen Fiberbuchse isoliert und gasdicht eingeführt ist. s ist der Schmelzkörper. Wesentlich war die Ausgestaltung der zweiten Elektrode am Boden der Bombe als Federelektrode, um das Abreißen des Kontaktes an den Übergangsstellen von den Kohlenbuchsen B_1 und B_2 zu dem Kohlenrohr zu verhüten. Der dem unteren Teil des Heizrohres zugekehrte federnde Messingteil E_2

---

[1]) W. NERNST u. F. JOST, ZS. f. Elektrochem. Bd. 13, S. 521. 1907; F. HABER u. LE ROSSIGNOL, ebenda Bd. 14, S. 183, 513. 1908; F. FISCHER u. H. PLOETZE, ZS. f. anorg. Chem. Bd. 75, S. 1. 1912; GIOLITTI, Engineering Bd. 92, S. 681. 1911.

[2]) HEMPEL, Chem. Ber. Bd. 23, S. 3389. 1890; GEBR. SIEMENS, Chem.-Ztg. Bd. 35, S. 370, 523. 1911; vgl. H. v. WARTENBERG, Stählers Handbuch.

[3]) H. v. WARTENBERG, J. BROY u. R. REINICKE, ZS. f. Elektrochem. 1923, S. 214.

[4]) H. HELBERGER, ZS. f. Elektrochem. 1924, S. 435.

[5]) D. R. P. 409859; vgl. auch E. NEWBERG u. J. PRING, Proc. Roy. Soc. London (A) Bd. 92, S. 276. 1916. E. BERRY, Gen. Electr. Rev. Bd. 27, S. 369. 1924.

[6]) F. SAUERWALD, ZS. f. Elektrochem. Bd. 28, S. 181. 1922.

[7]) E. TIEDE u. A. SCHLEEDE, Chem. Ber. Bd. 53, S. 1717. 1920; ferner Dissert. A. SCHLEEDE Berlin 1920.

ist zwecks guter Stromzuführung und Wärmeableitung mit seinem zylindrischen Boden in einen dickwandigen, ebenfalls zylindrischen Messingring am Bombenboden sorgfältig eingeschliffen[1]). Die Druckerzeugung erfolgte durch Einlassen von Bombenstickstoff, die Beobachtung der Kohlenrohrtemperatur durch ein seitliches Schauglas.

Elektrisch geheizte Bomoenöfen für sehr hohe Drucke sind gebaut worden von SMITH und ROBERTS für mineralogisch-synthetische Zwecke bis 1000 kg/cm² und 1300°, ferner zwecks Erforschung der Bildungsbedingungen des Diamanten von LUDWIG[2]) zum Schmelzen von Kohlenstoff unter Drucken bis 1500 kg/cm² mit gleichzeitiger Vorrichtung zu plötzlicher Abkühlung durch Preßwasser; endlich von JOHNSTON und ADAMS[3]), RUFF[4]) für Drucke bis zu 3000 at zum Durchschmelzen von Kohlenstäbchen unter Wasser und anderen

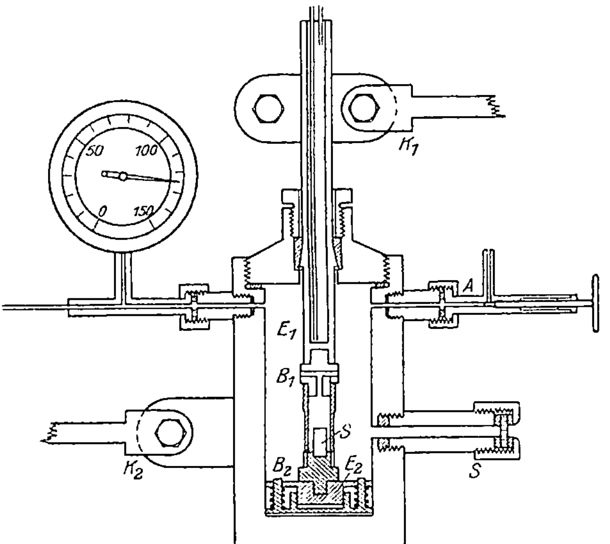

Abb. 57. Druckofen nach TIEDE und SCHLEEDE.

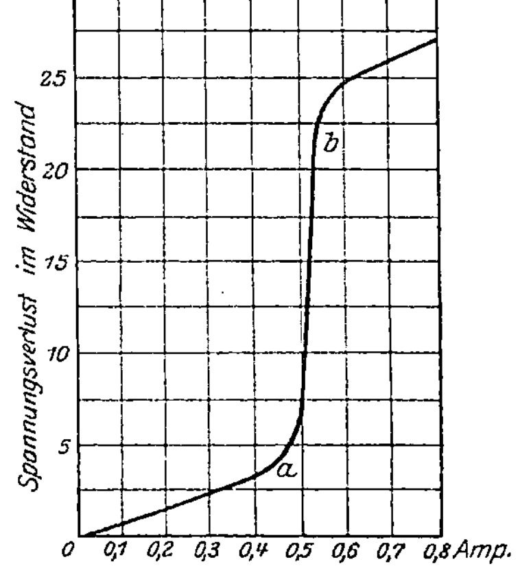

Abb. 58. Charakteristik eines Eisenwiderstandes.

Flüssigkeiten und Lichtbogenversuchen. Als Dichtung und Isolierung, die ausreichend druck- und temperaturbeständig war, fand RUFF für die gleichzeitig als Elektroden dienenden Bombendeckel Zelluloid und Stabilit geeignet[5]).

66. Reguliervorrichtungen. Öfen wechselnder Temperatureinstellung werden, um Energieverluste durch Vorschaltwiderstände zu vermeiden, nach Möglichkeit mit Wechselspannung unter Benutzung von Reguliertransformatoren betrieben. Für Versuche, welche hohe Temperaturkonstanz erfordern, stellen die bei direktem Netzanschluß unvermeidlichen und oft beträchtlichen Schwankungen der Heizspannung einen sehr störenden Faktor dar. Betrieb mit konstanten Stromquellen, z. B. Akkumulatorenbatterien oder hiermit gespeisten Umformern, ist andererseits, zumal bei großen Energien, wenig ökonomisch und umständlich. Wo die Frequenz des Netzdrehstroms, wie beispielsweise bei

---

[1]) Für längere Erhitzungen empfehlen die Autoren Kühlung durch überrieselndes Wasser.
[2]) A. LUDWIG, ZS. f. Elektrochem. Bd. 8, S. 273. 1902.
[3]) J. JOHNSTON u. L. H. ADAMS, ZS. f. anorg. Chem. Bd. 72, S. 11. 1911.
[4]) O. RUFF, ZS. f. anorg. Chem. Bd. 99, S. 73. 1917.
[5]) Bezüglich Dichtungen und Festigkeitsberechnungen vgl. auch Hütte, Des Ingenieurs Taschenbuch. Berlin: Ernst & Sohn.

großen Drehstromzentralen, auch bei stärkeren Spannungsschwankungen sich nur wenig ändert, kann man unter Umständen ohne Akkumulatorenbatterie dadurch auskommen, daß man den Antriebsmotor eines Umformers als Synchronmotor laufen läßt. Eine wesentliche Abdrosselung langsam verlaufender Spannungsschwankungen kann man — evtl. in Verbindung mit anderen Regulatoren — durch Verwendung der sog. Widerstandsvariatoren erreichen. Die ausgleichende Wirkung dieser Variatoren, welche aus stromdurchflossenen Eisendrahtspiralen bestehen, die in einem mit verdünntem Wasserstoff gefüllten Glaskörper untergebracht sind, beruht auf der eigentümlichen Temperaturänderung der Leitfähigkeit des Eisens, die in einem in der Nähe der Rotglut liegenden Temperaturbereich plötzlich stark abnimmt. Es resultiert hieraus die in Abb. 58 wiedergegebene Stromspannungsbeziehung, derzufolge ein solcher Widerstandsvariator in dem Spannungsbereich *a b* die Stromstärke nahezu konstant hält. Bestimmte Stromstärken lassen sich durch Parallelschalten mehrerer Variatioren erzielen. Hintereinanderschaltung ist nicht zweckmäßig. Kurz dauernde Schwankungen werden infolge der thermischen Trägheit des Systems allerdings nicht kompensiert und besser durch Vorschalten einer großen Drosselspule, sofern nicht schon als Selbstinduktion im Stromkreis vorhanden, ausgeglichen.

WALTER P. WHITE und H. ADAMS[1]) erreichten eine hohe Temperaturkonstanz bei einem elektrischen Widerstandsofen mit Platinwicklung ($0.1°$ zwischen 500 und 1400°), unabhängig von Raumschwankungen bis 5° dadurch, daß sie die von 18 bis 20 Amp. Gleichstrom durchflossene Heizspule des Ofens zu einem Zweige einer WHEATSTONEschen Brücke machten und ein Galvanometerrelais benutzten. Die Benutzung der Heizspule selbst als Widerstandsthermometer erfordert keinen Apparateeinbau ins Ofeninnere und vermeidet das Nachhinken zwischen Ofentemperatur und Regulierorgan. Bei langen Öfen, bei denen ungeheizte Endflächen wesentliche Wärmebeträge abgeben, macht sich allerdings ein Einfluß von Veränderungen der Raumtemperatur geltend. Man kann diesen Raumeinfluß aber dadurch kompensieren, daß man die Raumtemperatur auch auf einen der Heizspule vorgeschalteten passenden Nickel- oder Kupferwiderstand wirken läßt, der bei niedrigerer Temperatur mehr Strom hindurchläßt und so der stärkeren Wärmeabgabe des Ofens entgegenwirkt. Ausgestaltung für Wechselstromheizung und weitere Verbesserungen (bei 1250° Konstanz $\pm 0.1°$) sind durch H. S. ROBERTS[2]) erfolgt.

Eine ähnliche, ebenfalls die Änderung des Heizwiderstandes mit der Temperatur ausnutzende Temperaturregelung, die jedoch der größeren Betriebssicherung halber zur Stromschaltung ein robustes Stromspannungsrelais mit Zeitschalter benutzt, ist von E. HAAGN[3]) angegeben worden. Als Stromspannungsrelais dient ein 15 cm langes Pendel mit weichem Eisenröhrchen, auf welches eine vom Heizstrom durchflossene Stromspule 1 und eine an dem Heizwiderstand anliegende Spannungsspule 2 entgegengesetzt so einwirken, daß das Pendel bei Erreichung der eingestellten Temperatur einen Kontakt K zu einem Stromausschalter schließt (Abb. 59). Dieser Stromausschalter ist, da das Stromspannungsrelais von sich aus das Wiedereinschalten des Stromes nicht besorgen kann, als Zeitschalter gebaut. Als Zeitschalter dient ein in einem Quarzgefäß untergebrachtes Quecksilbervolumen *b*, welches zwei Gasvolumina *a* und *c* aus funkenlöschendem, nicht oxydierendem Gas voneinander trennt und in Ruhelage eine Unterbrechungsstelle des Hauptstromes überbrückt. Im Gasvolumen *a* liegt

¹) W. P. WHITE u. L. H. ADAMS, Phys. Rev. (2) Bd. 14, S. 44. 1919.
²) H. S. ROBERTS, Journ. Washington Acad. Bd. 11, S. 401. 1921; Journ. Opt. Soc. Amer. Bd. 6, S. 965. 1922.
³) E. HAAGN, Elektrot. ZS. Bd. 40, S. 670. 1919.

ein Heizfaden (fünfkerzige Kohlenfadenlampe), der Strom erhält, sobald das
Pendel infolge Erreichung der eingestellten Ofentemperatur gegen seinen Kontakt K
gezogen wird. Das hierdurch erwärmte Gasvolumen a drängt das Quecksilber
von der Unterbrechungsstelle in das Volumen c und macht durch Unterbrechung
des Hauptstromes die Heizspule nebst den Pendelspulen sowie die Glühlampe
stromlos. Infolge hiervon sinkt in a der Gasdruck, und das in seine Ausgangs-
lage zurückkehrende Quecksilber schließt wieder den Strom zu dem inzwischen
etwas abgekühlten Ofen. Um längere Ausschaltzeiten zu erreichen, ist in den
Weg des Quecksilbers ein durchlochtes Stahlplättchen gelegt, welches von dem
durch die Glühlampenwirkung verdrängten Quecksilber abgehoben wird, dem
zurückkehrendem Quecksilber jedoch sich vorlegt und nur langsamen Rückfluß
gestattet. Die Einstellung einer bestimmten Ofentemperatur erfolgt mit Hilfe
eines den Spannungsspulenstrom regulierenden Vorschaltwiderstands. Bei Öfen

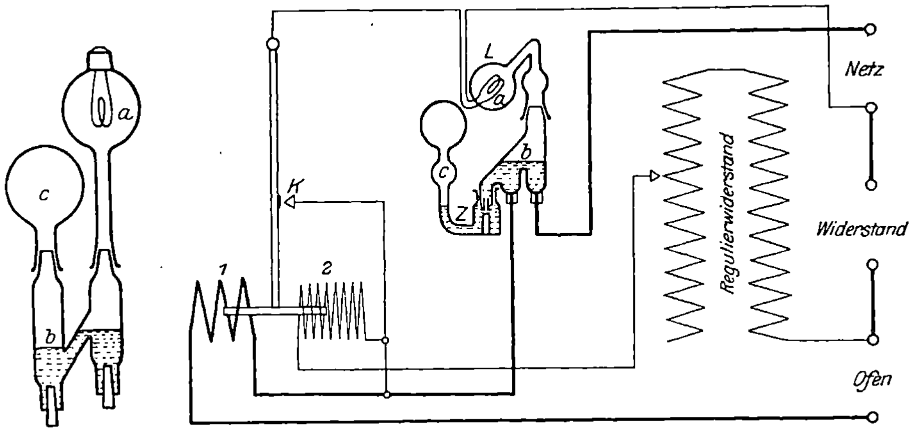

Abb. 59. Selbständige Temperaturregelung nach HAAGN.

mit Platinheizwiderstand ist auf diese Weise bis 1400° eine Temperaturkonstanz
bis auf 1° erreicht worden. Bei Heizmaterialien mit geringem Temperaturkoeffizienten, z. B. Nichrom, wie sie für Maschinenheizkörper zur Vermeidung
hoher Einschaltstromstärke erforderlich sind, wird nach Angabe des Verfassers
eine höhere Empfindlichkeit dadurch erzielt, daß ein schwach belasteter Zweig
aus stark temperaturveränderlichem Widerstandsdraht als Regulierdraht dem
Hauptwiderstand aus Nichrom parallel geschaltet wird.

Einen Thermostaten für Temperatur bis 1000° beschreiben J. L. HAUGHTON
und D. HANSON[1]. Derselbe besteht aus einem doppelwandigen Gefäß A (Abb. 60),
dessen Innenraum den Raum konstanter Temperatur bildet und dessen Außenmantel eine Heizspule aus Chromnickeldraht trägt. Das zwischen beiden Mänteln
befindliche Gas drückt in Art eines Gasthermometers einseitig auf die Quecksilbersäule eines U-Rohres und schließt bei Temperaturänderungen durch Ver-
schieben des Quecksilbers Platinrelaiskontakte, die den Heizstrom verändern.
Um den Apparat von den Temperatur- und Druckänderungen der Außenluft
unabhängig zu machen, ist an den anderen Schenkel des Quecksilber-U-Rohres
ein zweites Gasreservoir B angeschlossen, das durch einen ebenfalls elektrisch
geheizten Benzinthermostaten auf 0,1° konstant gehalten wird. Es gelang so,
im Hauptthermostaten A bei 800° die Temperatur innerhalb der Anzeigegenauig-

---

[1]) J. L. HAUGHTON u. D. HANSON, Engineering Bd. 104, S. 412. 1919; Elektrot. ZS.
Bd. 40, S. 317. 1919; vgl. auch J. SOLARI, Bull. Soc. Chim. de France (4), Bd. 33, 1000. 1923.

keit (1°) eines Registrierthermoelements über 24 Stunden konstant zu halten. Sehr langsame Temperaturänderungen lassen sich durch Anschluß eines kleinen Gasvolumens C an B erzielen, welches in einem Flüssigkeitsbad steht.

M. Garvin und L. Bosano[1]) haben zur automatischen Regulierung die Änderungen der Umlaufsgeschwindigkeit eines den Heizverbrauch im Ofen anzeigenden Wattstundenzählers im Vergleich zur gleichbleibenden Umdrehungsgeschwindigkeit eines Uhrwerks herangezogen. Wattstundenzähler und Uhrwerk waren unabhängig voneinander jedes so mit einer Kontaktscheibe und einem den Ofenstrom schließenden Relais kombiniert, daß jedes durch seine Drehbewegung während gleicher Winkel abwechselnd einen zeitweiligen Stromschluß bzw. eine zeitweilige Unterbrechung des Heizstroms besorgte. Falls die Stromschlußperioden sich bei beiden Apparaten gerade ergänzen und die Drehgeschwindig-

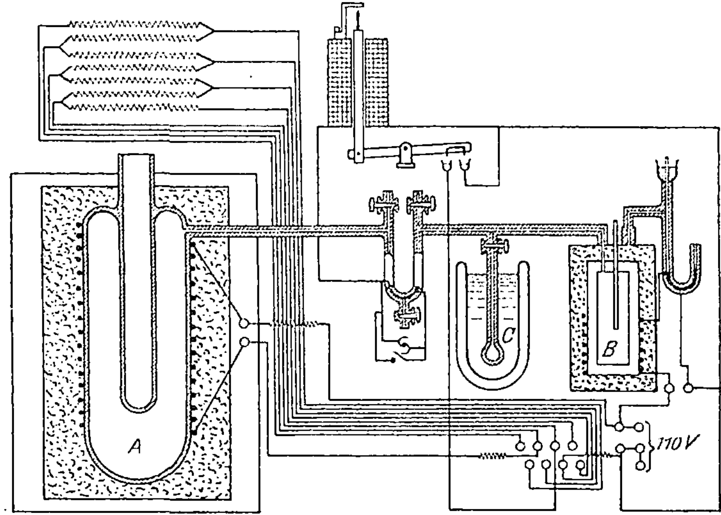

Abb. 60. Thermostat nach Haughton und Hanson.

keiten gleich sind, bleibt der Heizstrom dauernd geschlossen. Eilt der auf etwas schnelleren Gang eingestellte Wattstundenzähler voraus, so erfolgen durch die Überlappung der Kontaktperioden kurze Relais- und Heizstromunterbrechungen, welche die Ofenheizung abschwächen und gleichzeitig den Lauf des Wattstundenzählers bis zur Phasengleichheit vermindern. Bei Ofentemperaturen von 800° ließen sich auf diese Weise Temperaturschwankungen von 50 bis 60° auf 2° herabmindern und Stromquellen verwerten, die um ca. $\pm 15\%$ schwankten. Noch günstigere Regulierungen werden aus der Kombination mit Eisenwiderstandsvariatoren erwartet.

IV. Erhitzung durch Strahlung.

67. Beispiele für Heizung durch Wärmestrahlung. So vielseitige Hilfsmittel in der elektrischen Erhitzung auch zur Verfügung stehen, so bilden doch die mit dieser Energieform verbundenen elektrischen und magnetischen Nebenwirkungen für manche Aufgaben, z. B. Meßzwecke, eine unerwünschte Beigabe.

[1]) M. Garvin u. L. Bosano, Regulateur à fonctionnement rapide pour fours électriques à résistance, Journ. d. Phys. et le Radium (6) Bd. 6, Nr. 6, S. 928. 1925 (Bull. soc. franc. de phys. Nr. 219).

Für diese Fälle kann mit Nutzen auf die Erwärmung durch thermische Strahlung zurückgegriffen werden, deren Anwendung zwar im allgemeinen umständlich ist, jedoch ohne Zweifel, zumal, falls im Hochvakuum angewandt, die sauberste Arbeitsweise darstellt.

Die Heranziehung der Sonnenwärme als Heizquelle zur Erzeugung hoher Temperaturen ist nach F. M. FELDHAUS bzw. BERZELIUS bereits 1687 von W. v. TSCHIRNHAUS zur Erschmelzung porzellanartiger Massen, 1694 von AVERANI und TARGIONI zur Verflüchtigung eines Diamanten benutzt worden.

In neuerer Zeit haben STOCK und HEYNEMANN[1]) dadurch, daß sie den Brennpunkt der Sonnenstrahlen in ein hochvakuiertes Glasgefäß verlegten, in dem die zu erhitzende Substanz in einem Magnesiatiegelchen angeordnet war, wesentlich verbesserte experimentelle Wirkungen erzielt. Obgleich ihnen für die Vorversuche als sammelndes Hilfsmittel nur eine plankonvexe gewöhnliche Glaslinse von 80 cm Durchmesser und 50 cm Brennweite zur Verfügung stand, konnten sie im Vakuum kleine Proben Silizium in wenigen Sekunden, Kupfer und Gußeisen fast augenblicklich schmelzen und Mangan zu einem Metallspiegel verflüchtigen. Versuche, die Strahlen starker elektrischer Scheinwerfer analog zur Vakuumerhitzung heranzuziehen, sind außer von STOCK von GERDIEN und KREUSLER[2]) durchgeführt worden. PRYTZ[3]) benutzte konzentrierte Lichtbogenstrahlung zu subtilen Lötungen; GEHRCKE, JANICKI und LAU[4]) verwerteten, einen Vorschlag von STRAUBEL ausbauend, die von einem Görz-Beck-Scheinwerfer gelieferte intensive optische und thermische Strahlung dazu, eine Glühelektrode, die sie in den Brennpunkt eines zweiten Hohlspiegels brachten, frei von den bei Stromheizung unvermeidlichen elektrischen Feldeinflüssen zur Elektronenemission zu erhitzen.

68. Wärmeausgleich durch Strahlung. Wesentlich umfangreicher als die vorstehend herausgegriffenen Beispiele ist indes die Rolle, welche die optisch-thermische Strahlung bei der Wärmeübertragung und dem Temperaturausgleich gerade im Fall hoher Temperaturen spielt. Begründet ist dies darin, daß die thermische Energieausstrahlung mit einer hohen Potenz der absoluten Temperatur zunimmt[5]) und auch der Absolutbetrag der Strahlungsenergie sehr beträchtliche Werte erreicht. Von den durch E. FRIEDERICH und L. SITTIG hergestellten, in Ziffer 34 erwähnten Tantalkarbidstäben wurde bei der höchsten erreichten Temperatur von 3800° beispielsweise pro cm² Oberfläche der außerordentliche Energiebetrag von 1300 Watt abgegeben, der in der Hauptsache auf die Strahlung entfällt. Dementsprechend ist bei hohen Temperaturen der die Wärmeübertragung bewirkende Strahlungsunterschied zwischen zwei Körpern auch bei nicht großen Temperaturunterschieden immerhin beträchtlich. Bedeutsamen Anteil hat die Strahlungserhitzung außer in den Fällen der Erwärmung im Vakuum beispielsweise bei den Lichtbogenöfen. Ein auf dem Prinzip der Strahlungserwärmung aufgebautes neues Ofenprinzip für Gasheizung ist in den Kruppschen Steinstrahlöfen bei Ziff. 9 besprochen.

Für viele Stoffe überwiegt die Wärmestrahlung selbst in gut leitenden Gasen die Wärmeabführung durch Leitung und Konvektion erheblich, wie die von E. FRIEDERICH[6]) und L. SITTIG veröffentlichten K u r v e n f ü r d i e t h e r m i s c h e

---

[1]) A. STOCK, Chem. Ber. Bd. 42, S. 2873. 1909.

[2]) H. GERDIEN u. H. KREUSLER, STÄHLERS Handb. d. Arbeitsmeth. Bd. I, S. 391 Leipzig: Veit & Co.

[3]) E. S. JOHANNSEN, Ann. d. Physik Bd. 33, S. 523. 1910; vgl. E. v. ANGERER, Techn. Kunstgriffe, S. 5. Vieweg 1924.

[4]) E. GEHRCKE u. L. JANICKI u. E. LAU, ZS. f. Inst. M., Bd. 42, S. 71. 1922.

[5]) Bei schwarzen Körpern mit der 4. Potenz der abs. Temperatur.

[6]) E. FRIEDERICH u. L. SITTIG, ZS. f. anorg. Chem. Bd. 143, S. 296. 1925.

Energieabgabe einer Reihe von Stoffen bei Erhitzung im Vakuum und verschiedenen Gasen erkennen lassen (Abb. 61). Sehr kompliziert liegen die Verhältnisse bezüglich der Wärmeabsorption und Strahlung durch Gase, beispielsweise bei Flammen- und Verbrennungsgasen, über deren Rolle erst in neuerer Zeit Untersuchungen von NUSSELT[1]) und der Wärmestelle Düsseldorf des Vereins Deutscher Eisenhüttenleute an Industrieöfen wichtige Aufklärungen gebracht haben. Nach

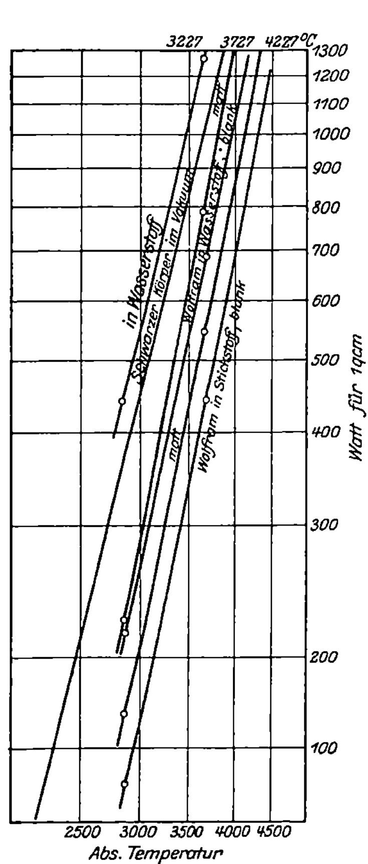

Abb. 61. Wärmeabgabe glühender Metalle im Vakuum und in Gasatmosphäre.

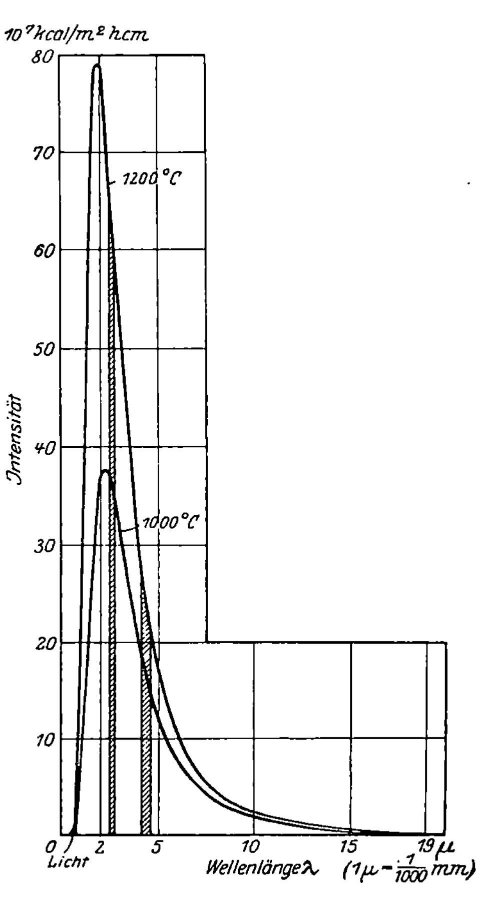

Abb. 62. Strahlung eines schwarzen Körpers und der Kohlensäurebanden.

diesen von A. SCHACK[2]) zusammenfassend berichteten und theoretisch ausgewerteten Untersuchungen wird beispielsweise bei einem Flammenglühofen die

---

[1]) W. NUSSELT, ZS. d. Ver. d. Ing. Bd. 58, S. 361. 1914; Bd. 67, S. 692. 1923; Forschungsheft 264. NUSSELT untersuchte die Wärmeabgabe heißer Verbrennungsgase, die im wesentlichen aus gleichen Teilen CO_2 und CO bestanden, in kugelförmigen Bomben und ermittelte den Strahlungsanteil durch Parallelversuche mit geschwärzter und vergoldeter Bombeninnenwand. Er fand, daß die von den Banden der Kohlensäure und des Kohlenoxyds ausgesandte Wärmestrahlung das STEFAN-BOLTZMANNsche Strahlungsgesetz befolgt und daß der Strahlungsbetrag der Gase etwa $^1/_{15}$ derjenigen eines schwarzen Körpers von gleicher Temperatur ist.

[2]) A. SCHACK, ZS. d. Ver. d. Ing. Bd. 68, S. 1017. 1924 ; ZS. f. techn. Phys. Bd. 5, S. 267. 1924; Bd. 6, S. 530. 1925.

Wärme nicht nur durch Leitung, Konvektion und durch die Strahlung des hocherhitzten Gewölbes übertragen, für das ein hohes Absorptionsvermögen [Emissionsvermögen[1])] wichtig ist, sondern vor allem auch durch unmittelbare Strahlung der Feuergase auf das Heizgut selbst. Den Ausgangspunkt für die Annahme einer solchen wesentlichen Gasstrahlung, deren technische Bedeutung unabhängig auch von BANSEN[2]) erkannt und verfolgt wurde, bildete die Beobachtung, daß in Kesselflammrohren oder Industrieöfen mitunter das 8fache der auf Grund von Laboratoriumsversuchen möglichen Wärmeübergangszahlen auftraten[3]).

Die von SCHACK zur Erklärung dieser Diskrepanz entwickelte Theorie[4]) geht von der Betrachtung des thermodynamischen Gleichgewichts in einem schwarzen Hohlraum aus und leitet mit Hilfe der beiden Hauptsätze der Thermodynamik ab, daß das Gas, das $g\%$ der einfallenden Strahlung eines Wellenlängenbereichs $\varDelta\lambda$ absorbiert, in diesem Wellenlängenbereich auch eine Strahlung aussendet, die $g\%$ der Strahlung des schwarzen Körpers im Bereich $\varDelta\lambda$ beträgt. Unter Zugrundelegung dieses Satzes, der eine erweiterte Form des KIRCHHOFFschen Strahlungsgesetzes darstellt, läßt sich aus dem experimentell ermittelten, in Abb. 62 für CO_2 wiedergegebenen Absorptionsspektrum der Gase die Strahlung dieser Gase berechnen. SCHACK findet, daß die Strahlung eines kohlensäurehaltigen Gases mit der Temperatur bei jeder Schichtdicke nach einer anderen Potenz zunimmt, die im allgemeinen kleiner als die des schwarzen Körpers ist, dessen Gesamtstrahlung nach STEFAN und BOLTZMANN mit der 4. Potenz ansteigt. Das gleiche Ergebnis fand SCHACK für den bei geringen Schichtdicken weniger, bei großen hingegen stärker als Kohlensäure strahlenden Wasserdampf.

Die Abb. 63 und 64 geben einen Überblick, in welchem Maße die Strahlung einer Gasmenge mit der Temperatur und mit der Schichtdicke bzw. mit der Temperatur und dem Gehalt einer gegebenen Gasmenge an strahlendem Gas anwächst. Die exponentielle Zunahme ist also um so höher, je größer die Schichtdicke des Gases ist. Nach der SCHACKschen Theorie ergeben sich Strahlungsbeträge, die für größere Öfen und Kessel außerordentlich hohe Werte von $50\,000\,\dfrac{k\,\mathrm{cal}}{m^2\cdot h}$ erreichen und z. B. in Siemens-Martinöfen 90% des gesamten Wärmeübergangs ausmachen können.

Experimentelle Prüfungen, die als Bestätigung dieser Auffassung gedeutet werden können, sind von LENT und THOMAS[5]) an einem Hochofengasbrenner von 1,3 m Durchmesser und 20 m Brennerlänge durchgeführt worden. Auch MÖLLER und SCHMICK[6]) fanden bei der Prüfung der Strahlungsgesetze der Bunsenflamme, bei welcher die Temperatur, chemische Zusammensetzung und Gasstrahlung gemessen wurde, für die Abhängigkeit der Gasstrahlung von der Temperatur und Schichtstärke eine weitgehende Bestätigung der SCHACKschen Theorie. HEILIGENSTÄDT untersuchte auf Anregung von BANSEN den Wärmeübergang bei 1000° in einem Rohr von 100 cm Durchmesser und fand bei kohlensäurehaltigen

---

[1]) Der Proportionalitätsfaktor des STEFAN-BOLTZMANNschen Gesetzes wird in der Technik als „Strahlungszahl" bezeichnet.

[2]) H. BANSEN, Stahl und Eisen Bd. 42, S. 245, 291, 370, 423. 1922.

[3]) Vgl. A. SCHACK u. K. RUMMEL, Mitteilung 51 der Wärmestelle Düsseldorf d. Vereins d. Eisenhüttenleute.

[4]) A. SCHACK ZS. d. Ver. d. Ing. Bd. 69, S. 1019. 1924; ferner Mitteilung Nr. 55 der Wärmestelle Düsseldorf.

[5]) LENT u. THOMAS, Mitt. No. 65 der Wärmestelle. Düsseldorf 1923.

[6]) M. MÖLLER u. H. SCHMICK, Wiss. Veröff. a. d. Siemens-Konzern, Bd. IV. S. 239. Berlin: Julius Springer 1925.

Gasen eine quantitativ der Theorie entsprechende Wärmeübertragung bei steigendem Kohlensäuregehalt. Ähnliche Ergebnisse erhielt Goebel. Versuche von Lent und Thomas befaßten sich auch mit der Strahlungsvermehrung, die beim Leuchtendwerden der Flamme, z. B. bei Benzolzusatz auftritt (Steigerung bis auf das Vierfache). In einer neueren Arbeit hat Schack[1]) auch die Strahlungsverhältnisse bei leuchtenden Flammen in analoger Weise theoretisch untersucht (die Temperaturen der leuchtenden Rußteilchen und Gasteilchen sind praktisch gleich) und einen Ausdruck für die Gesamtstrahlung leuchtender Flammen entwickelt.

Für die Feuerungstechnik ergibt sich hieraus gegenüber der bisherigen Theorie der Wärmeübertragung der Schluß, daß es nicht immer vorteilhaft ist, das Gas nach den Gesetzen der Konvektion mit möglichst großer Geschwindigkeit und in möglichst kleinen Mengen zu führen. Vielmehr ist bei großen Gasmengen

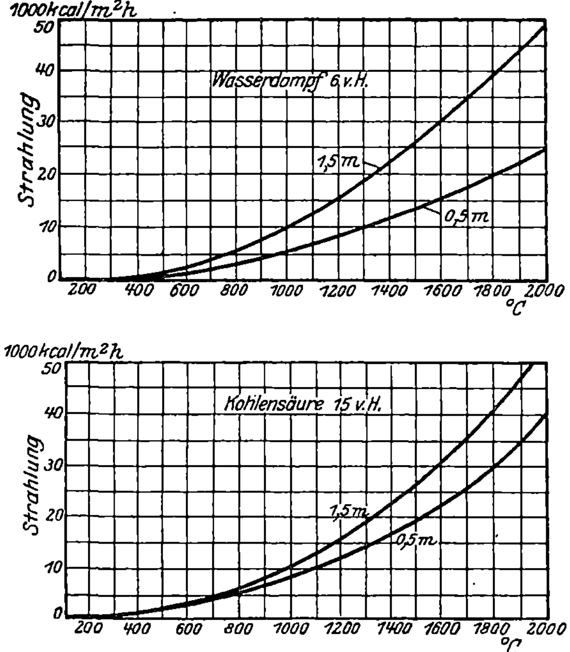

Abb. 63 u. 64. Wärmeübertragung durch Gasstrahlung.

und hohen Temperaturen langsame Gasführung mit möglichst großen Querschnitten das Günstigere, da so das Gas infolge der großen Schichtdicke stark strahlt, also große Energiemengen abgibt und vermöge seines langen Aufenthalts im Ofen viel Wärme abgibt. Eine gewisse Bestätigung dieser Auffassung liegt nach Schack schon in den durch praktische Erfahrung entgegen den bisherigen Theorien gewonnenen Formen der Flammrohrkessel und in den großen Gewölbehöhen der Industrieöfen.

---

1) A. Schack, ZS. f. tech. Phys. Bd. 6, S. 530. 1925.

Kapitel 9

Wärmeumsatz bei Maschinen.

Von

Kurt Neumann, Hannover.

Mit 28 Abbildungen.

1. Die thermodynamischen Grundlagen zur Beurteilung der Wärmekraftmaschinen. Arbeitserzeugung durch eine Wärmekraftmaschine beruht auf der Tatsache, daß einer Arbeitsflüssigkeit unter geeigneten Bedingungen Wärme zugeführt und entzogen wird. Diese Arbeitsflüssigkeit ist der eigentliche Energieträger: sie muß der Maschine zufließen und nach erfolgter Energieumwandlung an die Umgebung wieder abgegeben werden. Als Arbeitsflüssigkeit kommen Dämpfe und Gase in Betracht.

Das Ziel jeder technischen Arbeitsgewinnung ist, aus einer gegebenen Wärmemenge Q unter Aufwand möglichst geringer konstruktiver Mittel einen Höchstwert an nützlicher Arbeit L_n zu erreichen. Der Wirkungsgrad des Prozesses ist dann

$$\eta = \frac{L_n}{Q} \, .$$

In der Ausnutzung der Wärmeenergie in Kraftmaschinen ist man heute bereits bis zu Wirkungsgraden von fast 40% gekommen.

Zur Beurteilung der Wärmekraftmaschine ist dieser Wirkungsgrad, bisweilen auch wirtschaftlicher Wirkungsgrad genannt, nicht geeignet. Auf Grund der Thermodynamik kann dieser Wirkungsgrad den Grenzwert 1 nicht erreichen. Um den Wärmeumsatz in der Maschine zu verfolgen, insbesondere um einen Maßstab für die Größe der durch die Unvollkommenheit der wirklichen Maschine bedingten Verluste zu gewinnen, führt man den thermodynamischen Wirkungsgrad, bezogen auf die Nutzleistung, ein und versteht darunter das Verhältnis der Arbeit der wirklichen Maschine L_n zur Arbeit der vollkommenen (verlustlosen) Maschine L. Es ist also

$$\eta_{\text{thermodyn.}} = \frac{L_n}{L} \lesseqgtr 1 \, .$$

Da hiernach der Arbeitsverlust zwischen vollkommener und wirklicher Maschine $L_v = L - L_n$ ist, so wird der verhältnismäßige Verlust

$$\zeta = \frac{L_v}{L} = 1 - \eta_{\text{thermodyn.}} \, ,$$

d. h. die Kenntnis des thermodynamischen Wirkungsgrades ergibt sofort den verhältnismäßigen Arbeitsgewinn, der Unterschied zu seinem Grenzwert 1 sofort den verhältnismäßigen Arbeitsverlust der Wärmekraftmaschine. Es muß das

Bestreben sein, ζ so klein als möglich zu machen. Je kleiner ζ, um so besser ist die konstruktive Durchbildung der Maschine, um so zweckmäßiger sind die Maßnahmen, die zur Verwirklichung des angestrebten theoretischen Prozesses vom Konstrukteur getroffen worden sind.

Die Feststellung des wirklich beschriebenen Prozesses einer Wärmekraftmaschine, dessen Arbeitswert im Zähler des thermodynamischen Wirkungsgrades erscheint, ist mit beliebiger Genauigkeit durchführbar und hängt nur von der Güte der meßtechnischen Hilfsmittel ab. Schwieriger gestaltet sich die Beantwortung der Frage nach dem Arbeitsvorgang der vollkommenen Maschine, dessen Arbeitsgröße im Nenner des Bruches auftritt.

Der zweite Hauptsatz gibt die Mittel an die Hand, um zu entscheiden, wie der Prozeß der vollkommenen Maschine geleitet werden muß, damit die theoretisch größte Arbeit gewonnen wird. Zugleich läßt er erkennen, daß sich die auftretenden Verluste in zwei Arten: in unvermeidbare und in vermeidbare, gliedern.

Wie oben gezeigt, wird die Arbeitsflüssigkeit in die Maschine hineinbefördert. Nach Umwandlung und Arbeitsleistung verläßt sie die Maschine und wird in die Umgebung ausgestoßen. Der Prozeß ist beendet, wenn sie den Druck P_0 und die Temperatur T_0 der Umgebung erreicht hat. Hiernach ist die Umgebung das eine System, das stets mit zur Arbeitsleistung herangezogen wird.

Bezeichnet

P den Druck im Entnahmeraum der Arbeitsflüssigkeit,

V das Volumen,

U die innere Energie,

E die Strömungsenergie,

S die Entropie,

wobei sich ein Strich auf den Anfangszustand, zwei Striche auf den Endzustand beziehen,

Q_1 und Q_0 bei der Temperatur T_1 bzw. T_0 umkehrbar aufgenommene oder abgegebene Wärme,

so ist auf Grund des ersten Hauptsatzes

$$U' + PV' + E' + Q_1 = L_n + U'' + PV'' + E'' + Q_0,$$

woraus mit Einführung des Wärmeinhaltes

$$U + PV = J,$$
$$L_n = (J' + E') - (J'' + E'') + (Q_1 - Q_0)$$

folgt.

Nach dem zweiten Hauptsatz muß die Gesamtentropie aller am Prozeß beteiligten Körper zunehmen. Die Entropiezunahme wird

$$\Delta S = S'' - S' - \frac{Q_1}{T_1} + \frac{Q_0}{T_0}.$$

Aus beiden Gleichungen folgt

$$L_n = (J' + E') - (J'' + E'') + Q_1 \frac{T_1 - T_0}{T_1} + T_0(S'' - S') - T_0 \cdot \Delta S.$$

Bei bekanntem Anfangs- und Endzustand ist ΔS berechenbar. Die Entropiezunahme ΔS ist ein Maß für die Nichtumkehrbarkeit des Prozesses: je größer ΔS, um so kleiner ist die gewinnbare Arbeit.

Für den idealen Grenzfall des umkehrbaren Prozesses $\Delta S = 0$ ergibt sich der Höchstwert an Arbeitsleistung

$$L_n = L_{max}.$$

Die wirkliche Nutzarbeit der Maschine ist mithin

$$L_n = L_{max} - T_0 \cdot \Delta S.$$

Die Gleichungen führen zu folgendem Ergebnis:

Zur Erzielung einer hohen Arbeitsleistung der vollkommenen Maschine ist die Strömungsenergie E'' der aus der Maschine austretenden Arbeitsflüssigkeit möglichst zu vermindern, und sind nicht umkehrbare Prozesse, die stets mit Entropievermehrung verbunden sind, tunlichst zu vermeiden. Der Arbeitsverlust

$$L_v = L_{max} - L_n$$
$$= T_0 \cdot \Delta S,$$

der in solchen Fällen durch einen nicht umkehrbaren Teil des Prozesses entsteht, ist in cal gemessen gleich dem Produkt aus der absoluten Umgebungstemperatur und der durch den Teilprozeß hervorgerufenen Entropievermehrung.

Ist aus praktischen Gründen (Kühlwassermangel, ungünstige Wärmeübertragung) ein Wärmeaustausch des Systems mit der Umgebung untunlich, so muß man sich damit begnügen, das System auf umkehrbarem Wege auf den Druck der Umgebung zu bringen.

Für den besonderen Fall des umkehrbaren Kreisprozesses, für den $\Delta S = 0$ und $J'' = J'$, $S'' = S'$ ist, folgt mit Vernachlässigung der Strömungsenergien E' und E'' aus der Hauptgleichung

$$L_n = Q_1 \frac{T_1 - T_0}{T_1} \qquad \text{oder} \qquad \eta = \frac{L_n}{Q_1} = 1 - \frac{T_0}{T_1},$$

d. h. bei gegebener Wärmezufuhr Q_1 und gegebener unteren Temperaturgrenze T_0 ist der Gewinn an Arbeit um so größer, bei je höherer Temperatur die Wärme zugeführt wird.

Diese obere Temperaturgrenze kann jedoch nicht beliebig hinaufgerückt werden, da sie durch eintretenden Zerfall der Moleküle (Dissoziation bei der Verbrennung) bestimmt wird. An dieser oberen Temperaturgrenze ergeben sich die höchsten physikalisch möglichen Temperaturen. Die Verbrennung verläuft umkehrbar.

Wird der der Maschine zuströmenden Arbeitsflüssigkeit keine weitere Wärmemenge Q_1 bei der Temperatur T_1 zugeleitet, wie das in der Regel der Fall ist, so wird mit E' und $E'' = 0$

$$L_n = J' - J'' + T_0(S'' - S') - T_0 \cdot \Delta S$$

oder für den Idealfall des umkehrbaren Prozesses ($\Delta S = 0$)

$$L_{max} = J' - J'' + T_0(S'' - S').$$

Für den Unterschied der Wärmeinhalte J' und J'' der Arbeitsflüssigkeit im Anfangs- und Endzustand kann der Gemischheizwert H_m für konstanten Druck gesetzt werden, so daß sich die größte durch Verbrennung gewinnbare Arbeit zu

$$L_{max} = H_m + T_0(S'' - S')$$

berechnet. Man erkennt also, daß außer dem Gemischheizwert (Wärmetönung) die Entropieänderung der Arbeitsflüssigkeit für die größte erreichbare Arbeit maßgebend ist. Nur wenn $S'' - S' = 0$ ist, wird $L_{max} = H_m$ und $\eta_{thermodyn.} = \dfrac{L_n}{H_m}$.

Da aber noch keine Körper bekannt geworden sind, bei denen der Entropieunterschied $S'' - S'$ wesentlich verschieden von Null ist, so erscheint es gerechtfertigt, $L_{max} = H_m$ zu setzen.

Bisweilen (z. B. bei Kolbenmaschinen) ist es möglich, den thermodynamischen Wirkungsgrad auf die innere (indizierte) Arbeit der Maschine zu beziehen. Bezeichnet B die zur Wärmeerzeugung verbrannte Kohle,

h_u den Heizwert der Kohle für 1 kg,
Q die der Maschine zugeführte Wärme,
L_n die Nutzarbeit und
L_i die indizierte Arbeit der wirklichen,
L die Arbeit der vollkommenen Maschine,

so ist

$$\eta_{\text{thermodyn.}} = \frac{L_i}{L},$$

und es besteht die Beziehung

$$\frac{L_n}{B\,h_u} = \frac{Q}{B\,h_u} \cdot \frac{L}{Q} \cdot \frac{L_i}{L} \cdot \frac{L_n}{L_i}$$

oder

$$\eta = \eta_k \cdot \eta_v \cdot \eta_{\text{thermodyn.}} \cdot \eta_m,$$

d. h. der wirtschaftliche Wirkungsgrad η erscheint als Produkt von vier Faktoren: des Wirkungsgrades der Feuerung $\eta_k = \frac{Q}{B\,h_u}$, der vollkommenen Maschine $\eta_v = \frac{L}{Q}$, des thermodynamischen (bzw. indizierten) Wirkungsgrades $\eta_i = \frac{L_i}{L}$ und des mechanischen Wirkungsgrades $\eta_m = \frac{L_n}{L_i}$.

Von unvermeidbaren Verlusten, die infolge von nicht umkehrbaren Prozessen bei Maschinen auftreten, sind die wichtigsten: Reibung, Drosselung, Wärmeaustausch mit den Wandungen, Änderung des chemischen bzw. physikalischen Zustandes der Arbeitsflüssigkeit, nicht umkehrbare Verbrennung, nicht geschlossener Arbeitsprozeß.

Die Forderung, die Arbeitsflüssigkeit möglichst mit Druck und Temperatur der Umgebung aus der Maschine auszuschieben, erheischt Verwertung der Abwärme. Hieraus erklärt sich der hohe Wirkungsgrad in bezug auf die Energieausnutzung bei Kopplung von Kraft- und Heizanlage.

Praktische Ausführung, konstruktive Einfachheit verlangt oft, bewußt von dem als theoretisch als besten erkannten Prozeß abzuweichen. Der Fortschritt in der Wärmeausnutzung wird um so schwieriger, je vollkommener bereits die Maschinen durchgebildet sind. Durch messende Verfolgung des Arbeitsprozesses an ausgeführten Maschinen ist es möglich, den Gesamtverlust in Einzelverluste aufzulösen und dadurch zu erkennen, an welchen Stellen Verbesserungen am leichtesten und wirkungsvollsten durchgeführt werden können.

I. Maschinen mit Dampf als Energieträger (Dampfmaschinen).

a) Vollkommene Maschine.

2. Arbeitsprozeß der vollkommenen Maschine. Der Prozeß der vollkommenen Dampfmaschine, sowohl der Kolbenmaschine wie der Turbine, spielt sich zwischen zwei Drücken, dem Kesseldruck p und dem Kondensatordruck p_0 ab.

Im Pv- und sT-Diagramm (Abb. 1 u. 2) ist der Arbeitsprozeß für nassen, trocken gesättigten und überhitzten Dampf dargestellt. Im Kondensator wird durch Wärmeentzug der Dampf bis zum Zustand reiner Flüssigkeit verflüssigt. Eine Speisepumpe drückt diese in den Kessel zurück, in dem ihr vor der Verdampfungswärme noch die Flüssigkeitswärme zugeführt werden muß.

Man bezeichnet diesen Prozeß als den Prozeß nach RANKINE-CLAUSIUS. Vom Carnotprozeß der mit gesättigtem Dampf arbeitenden Dampfmaschine weicht er dadurch ab, daß dort an Stelle der Speisepumpe ein Kompressionszylinder tritt, in dem der im Kondensator nur bis zum spezifischen Dampfgehalt x_3' verflüssigte Dampf adiabatisch auf den Kesseldruck zu reiner Flüssigkeit verdichtet wird. Die Abweichung des Prozesses nach

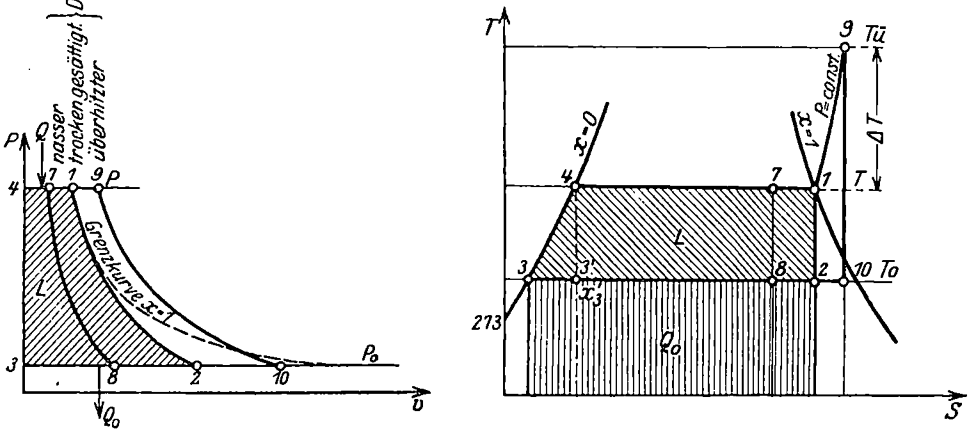

Abb. 1 und 2. Rankine-Clausiusprozeß der vollkommenen Dampfmaschine.

RANKINE-CLAUSIUS vom Carnotprozeß betrachtet man nicht als eine Unvollkommenheit der ausgeführten Dampfmaschine. Sie ist durch praktische Rücksichten bedingt.

Die Ausnutzung des Dampfes in der vollkommenen Maschine wird durch den Wirkungsgrad der vollkommenen Maschine $\eta_v = \dfrac{L}{Q}$ gekennzeichnet. Für trocken gesättigten Dampf ($x = 1$) ergibt sich der Einfluß des Gegendruckes aus folgender Zusammenstellung:

Tabelle 1. **A b h ä n g i g k e i t   d e s   W i r k u n g s g r a d e s   v o m   G e g e n d r u c k** p_0 **im Kondensator.**

Kesseldruck . . . . $p =$	10 at abs. Speisewassertemperatur $t_w = 20°$			
Sättigungstemperatur . . . . $t =$	178,9°			
Gegendruck . . . . $p_0 =$	3	1	0,1	at abs.
Theoretische Arbeit . . . . $L =$	53	94	166	cal/kg Dampf
Zugeführte Wärme. . . . . $Q =$	646	646	646	,,
Wirkungs- { nach RANKINE-CLAUSIUS $\eta_v =$	0,082	0,146	0,256	
grad { nach CARNOT . . . $\eta_{Carnot} =$	0,102	0,177	0,295	

Man erkennt die Wichtigkeit einer guten Luftleere im Kondensator und zugleich die Tatsache, daß die Wärmeausnutzung bei reinem Kraftbetrieb für Wasserdampf nur gering ist, zumal ausgeführte Maschinen nur etwa 70% dieser Werte erreichen. Der Grund liegt im Verlauf der Spannungskurve des Wasserdampfes, bei der den Drücken niedrige Temperaturen entsprechen. Wird jedoch die Abwärme der Maschine ausgenutzt, so kann die Dampfmaschine zur wirtschaftlichsten Kraftmaschine werden.

Man kann durch Überhitzung des Dampfes oder durch Erhöhung des Anfangsdruckes eine Verbesserung anstreben. Der durch beide Mittel erzielte Gewinn ist jedoch für die vollkommene Maschine nur gering.

Tabelle 2. Einfluß der Überhitzung auf den Wirkungsgrad.

$p = 10$ $p_0 = 0{,}10$ at abs. $t_w = 20°$

Dampftemperatur	$t = 179$	250	350°	
Theoretische Arbeit	$L = 166$	179	202	cal/kg Dampf
Zugeführte Wärme	$Q = 646$	685	738	,,
Wirkungsgrad	$\eta_v = 0{,}256$	0,261	0,274	

Tabelle 3. Einfluß des Anfangsdruckes auf den Wirkungsgrad.

$x = 1$ $p_0 = 0{,}10$ at abs. $t_w = 20°$

Anfangsdruck	$p =$ 5	10	15	20	at abs.
Theoretische Arbeit	$L = 139$	166	184	190	cal/kg Dampf
Zugeführte Wärme	$Q = 638$	646	651	653	,,
Wirkungsgrad	$\eta_v = 0{,}218$	0,256	0,281	0,290	

Der Wirkungsgrad der vollkommenen Maschine wird auch durch Unterteilung des Prozesses nicht geändert, d. h. etwa dadurch, daß man zwischen den Drücken p und p_0 Zwischendrücke p' und p'' wählt bzw. dadurch, daß in der ersten und dritten Stufe andere Arbeitsflüssigkeiten wirken. Die dem ersten Prozeß entzogene Wärme dient für den zweiten Prozeß als Wärmezufuhr usf. Derartige Ausführungen sind als Mehrstoff-Dampfmaschinen bekannt. Eine brauchbare Anordnung ergeben ein hochsiedendes Erdöldestillat, Wasserdampf, schweflige Säure als Arbeitsflüssigkeiten. Abb. 3 zeigt den Prozeß im Pv-Diagramm.

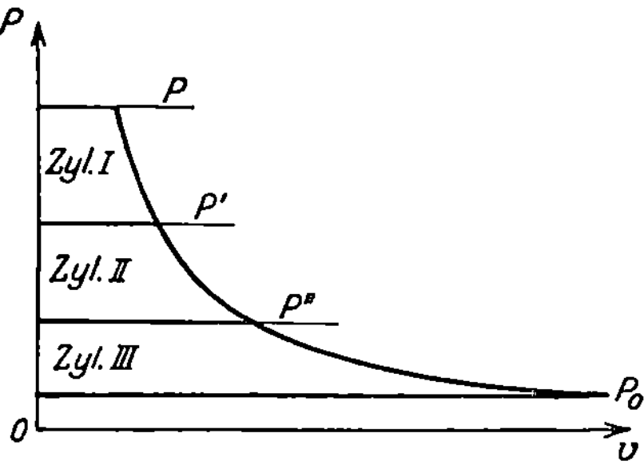

Abb. 3. Unterteilung des Prozesses der vollkommenen Dampfmaschine.

Auch die Arbeitsleistung des Dampfes durch Aufteilung des Druck- bzw. Wärmegefälles in mehrere Stufen (Verbundmaschinen) bringt theoretisch keinen Gewinn.

Neuerdings sind Bestrebungen im Gange, durch Verwendung von Hochdruckdampf die Wärmeausnutzung zu steigern. Infolge des mit wachsendem Druck sinkenden spezifischen Volumens des Dampfes erhalten Maschinen und Rohrleitungen kleinere Abmessungen.

Während die Dampfmaschinen heute mit Drücken bis etwa 20 at[1]) arbeiten, sucht man mit Hochdruckmaschinen vorläufig Drücke bis 100 at zu verwirklichen. Als Endziel schwebt die Verwendung von Drücken bis nahe an den kritischen Punkt $p_K = 225$ at vor.

Die wichtigsten kalorischen Größen des Wasserdampfes[2]), abhängig vom Druck, zeigt die folgende Zusammenstellung:

Tabelle 4. Die wichtigsten kalorischen Größen des Wasserdampfes in Abhängigkeit vom Druck.

Druck	$p =$ 1	20	40	60	100	225 at abs.
Temperatur	$t =$ 99	211,4	249,2	274,3	309,5	374° C
Wärmeinhalt der Flüssigkeit	$i' =$ 99,1 ·	215,8	257,4	286,1	328,7	501,1 cal/kg
Verdampfungswärme	$r =$ 539,9	452,9	409,2	373,5	311,8	0 ,,
Wärmeinhalt	$i'' =$ 639,0	668,7	666,6	659,5	640,5	501,1 ,,
Spez. Volumen	$v'' =$ 1,727	0,1017	0,0507	0,0329	0,0182	0,00310 cbm/kg

---

[1]) at bedeutet 1 kg/cm².

[2]) Mollier, Neue Tabellen und Diagramme für Wasserdampf 2. Aufl., Berlin: Julius Springer 1925.

Der Wärmeinhalt des trocken gesättigten Dampfes (vgl. Abb. 4) hat bei 30 at einen Höchstwert. Von da an sinkt er bis zum kritischen Druck bis auf 501 cal/kg. Das spezifische Volumen nimmt mit steigendem Druck ebenfalls sehr stark ab.

Bei 20° Speisewassertemperatur und $p_0 = 0,10$ at Gegendruck ergibt sich der Wirkungsgrad der vollkommenen Maschine η_v abhängig vom Druck wie folgt:

Tabelle 5. Wirkungsgrad η_v der vollkommenen Maschine in Abhängigkeit vom Druck.

Druck	$p =$	1	20	40	60	100	225	at abs.
Theoretische Arbeit	$L =$	82	189	209	218	222	165	cal/kg
Zugeführte Wärme	$Q =$	619	649	647	640	621	481	,,
Wirkungsgrad	$\eta_v =$	0,133	0,292	0,323	0,341	0,357	0,342	

Man sieht, daß η_v oberhalb von $p = 100$ at nicht mehr steigt.

Von besonderer Bedeutung ist bei Verwendung von Hochdruckdampf die Tatsache, daß die wärmewirtschaftlichen Vorteile beim Gegendruckbetrieb erheblich größer sind als bei Kondensationsbetrieb. Denn die Zunahme an Arbeitsleistung ist um so größer, je höher der Gegendruck liegt.

Expandiert überhitzter Dampf von 400° von 20 und 100 at auf 5 bzw. 0,10 at abs., so beträgt die verhältnismäßige Zunahme an Arbeitsleistung bei Kondensation nur 19,4%, bei Gegendruck jedoch 72,0%. Da die Erzeugungswärme des überhitzten Dampfes, die angenähert gleich dem Wärmeinhalt gesetzt werden darf, für die beiden Drücke nur wenig verschieden ist, so sind infolge größerer Arbeitsleistung bei Hoch-

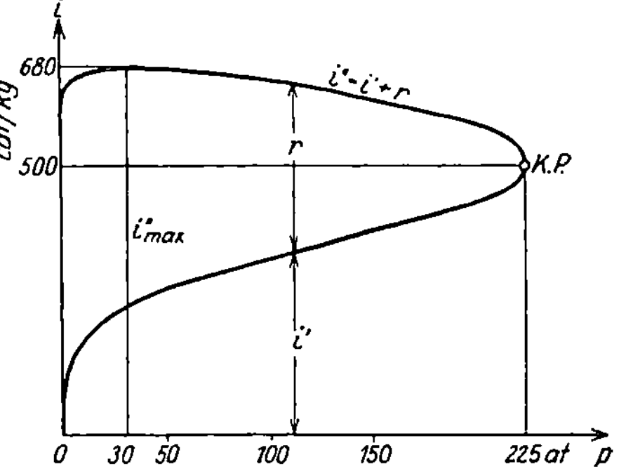

Abb. 4. Wärmeinhalt des Wasserdampfes in Abhängigkeit vom Sättigungsdruck.

druckdampf die im Kondensator abzuführenden Wärmemengen kleiner; ein Vorteil, der bessere Kühlungsverhältnisse im Kondensator zur Folge hat.

Eine wesentliche Verbesserung in der Wärmeausnutzung hat man bei Hochdruckmaschinen durch Vorwärmung des Speisewassers durch Anzapfdampf erreicht. Dieser wird dem Arbeitsdampf während der Expansion in der Maschine an geeigneten Stellen entnommen. Er gibt sein Wärmegefälle an das Speisewasser ab, wobei die in jedem Vorwärmer erreichbare Höchsttemperatur gleich der Sättigungstemperatur des Dampfes an der Anzapfstelle ist. Da das Kondensat des Heizdampfes dem Speisewasser zugeleitet werden kann, so wird auch seine Flüssigkeitswärme zurückgewonnen.

Der Anzapf- (Regenerativ-) Prozeß tritt als zweiter wichtiger Kreisprozeß neben den Prozeß von RANKINE-CLAUSIUS. Er beruht auf dem Gedanken, möglichst viel von der zur Dampferzeugung aufgewendeten Wärme zur Wiedererwärmung des Speisewassers auszunutzen.

Anzapfprozesse ergeben eine weit stärkere Vergrößerung des Wirkungsgrades η_v der vollkommenen Maschine, als man etwa durch Zwischenüberhitzung erreichen kann. In der Regel findet man bei praktischen Ausführungen die Zahl der Anzapfstellen nicht größer als drei. In den ersten Vorwärmer tritt der niedergeschlagene Arbeitsdampf mit Kondensattemperatur. Den letzten verläßt er fast mit der zum Kesseldruck gehörigen Verdampfungstemperatur.

Abb. 5 zeigt für eine dreistufige Maschine das Schema einer Vorwärmung durch Anzapfdampf. Die Speisepumpe entnimmt dem Kondensator das Speisewasser, bringt es auf Kesseldruck und drückt es durch die einzelnen, von den Anzapfstellen aus dampfbeheizten Vorwärmer.

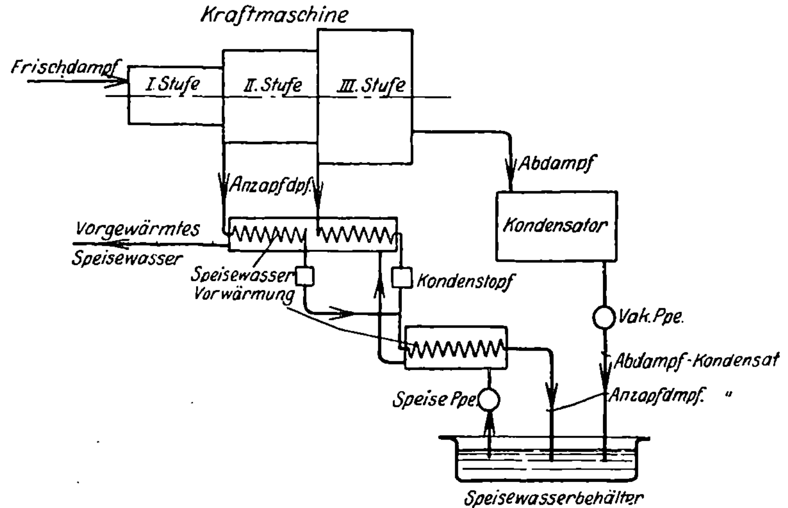

Abb. 5. Mehrstufige Speisewasservorwärmung.

Durch den Anzapfdampf verliert der Rauchgasvorwärmer seine Bedeutung für die Vorwärmung des Speisewassers. Die hohe Temperatur der Abgase der Kessel wird deshalb zweckmäßig zur Vorwärmung der Verbrennungsluft (Lufterhitzer) ausgenutzt, wodurch wieder die Verbrennungstemperatur und der Wirkungsgrad der Feuerung erheblich gesteigert wird (vgl. Ziff. 7 u. f.).

Neben Vorteilen weist die Verwendung von Hochdruckdampf auch in der vollkommenen Maschine bereits Nachteile auf.

Wie man aus dem $i\,s$-Diagramm (Abb. 6) erkennt, wird bei adiabatischer Expansion mit steigendem Frischdampfdruck das Wärmegefälle im Überhitzungsgebiet kleiner, im Naßdampfgebiet größer. Deshalb ist möglichst hohe Überhitzung des Frischdampfes und Anwendung von Zwischenüberhitzung erforderlich.

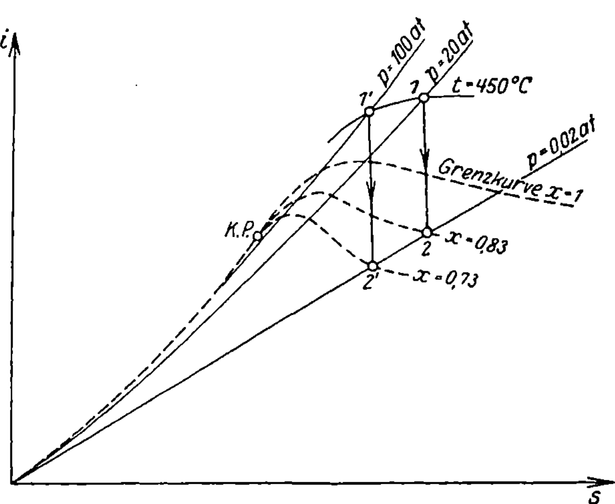

Abb. 6. Adiabatische Expansion bei steigendem Frischdampfdruck.

Während bei den Kolbenmaschinen der Dampf infolge seiner potentiellen Energie unmittelbar im Zylinder Arbeit leistet, bedarf es bei den Dampfturbinen zunächst der Umsetzung in Strömungsenergie. Setzt man hinter die Düse ein mit Schaufeln versehenes Rad, so leistet der Dampfstrahl vermöge seiner Geschwindigkeit Arbeit, indem er durch das Auftreffen auf die Schaufeln und Ablenkung aus seiner Richtung die Turbinenwelle in drehende Bewegung versetzt.

Für die stationäre Strömung einer elastischen Flüssigkeit (Dampf, Gas) durch ein Rohr mit veränderlichem Querschnitt (Düse) gilt die Kontinuitätsgleichung

$$Gv = Fw$$

und die allgemeine Strömungsgleichung

$$\frac{w_2^2 - w_1^2}{2g} + \int_1^2 v\, dP + h_2 - h_1 + R_{12} = 0.$$

Hierin bedeutet

      G das sekundlich durch das Rohr strömende Gewicht,
      F den Querschnitt,
      v das spezifische Volumen,
      P den Druck,
      w die Geschwindigkeit,
      h die Höhenlage des betrachteten Querschnittes,
      R die durch Reibung verbrauchte Energie.

Das erste Glied der Strömungsgleichung stellt die Zunahme der Strömungsenergie, das zweite und dritte die Abnahme der potentiellen Energie dar, wobei $\int_1^2 v\, dP$ von dem Zustand der strömenden Flüssigkeit abhängt.

Bei Vernachlässigung der Reibung und des Wärmeaustausches mit der Wand ergibt sich für eine wagerechte einfache Mündung, wenn man noch die Zuflußgeschwindigkeit Null setzt, die Ausflußgeschwindigkeit aus

$$\frac{w^2}{2g} = -\int_1^2 v\, dP.$$

Die Strömungsenergie wird also im Pv-Diagramm durch die Arbeitsfläche zwischen P_1 und P_2 dargestellt.

Für die erreichbare Ausflußgeschwindigkeit ist der Druck in der Mündung p_0 maßgebend.

Ist der Gegendruck p_2 größer als der kritische Druck $p_k \sim 0{,}5\, p_1$, so wird der Mündungsdruck p_0 gleich dem Außendruck p_2, und die Höchstgeschwindigkeit wird erreicht.

Ist er jedoch gleich oder kleiner, so herrscht in der Mündung der kritische Druck und die ihm entsprechende Schallgeschwindigkeit

$$w_k = \sqrt{\frac{2g\,k}{k+1} P_1 v_1}\,.$$

Hierbei bedeutet k das Verhältnis der spezifischen Wärmen. Das Druckgefälle $p_k - p_2$, das unterhalb des kritischen Druckes liegt, geht für die Umsetzung in Strömungsenergie verloren. Durch eine erweiterte Düse (DE LAVAL) kann jedoch für diesen Fall die Expansion bis auf den Gegendruck fortgesetzt und die dem Gesamtdruckgefälle $p_1 - p_2$ entsprechende höchste Ausflußgeschwindigkeit erreicht werden.

Abb. 7, 8 und 9 zeigen den Verlauf der den Ausflußvorgang kennzeichnenden Größen.

Über die Größe der Verluste gibt das folgende Beispiel Aufschluß:

Adiabatisches Ausströmen von trocken gesättigtem Wasserdampf ($x_1 = 1$, $k = 1,135$, $p_1 = 10$ at abs.) in die Atmosphäre ($p_2 = 1$ at abs.) durch eine einfache Mündung.

Da $p_2 < p_k = 5,77$ at abs. ist, so herrscht in der Mündung der kritische Druck und die Schallgeschwindigkeit

$$w_k = \sqrt{\frac{2 \cdot 9,81 \cdot 1,135}{2,135} \, 10^5 \cdot 0,1993} = 456 \text{ m/sec.}$$

Expandiert der Dampf in einer erweiterten Düse bis auf 1 at abs., so wird die Austrittsgeschwindigkeit

$$w_{\max} = \sqrt{\frac{2 g k}{k-1} P_1 v_1 \left(1 - \left| \frac{p_2}{p_1} \right|^{\frac{k-1}{k}} \right)} = 890 \text{ m/sec.}$$

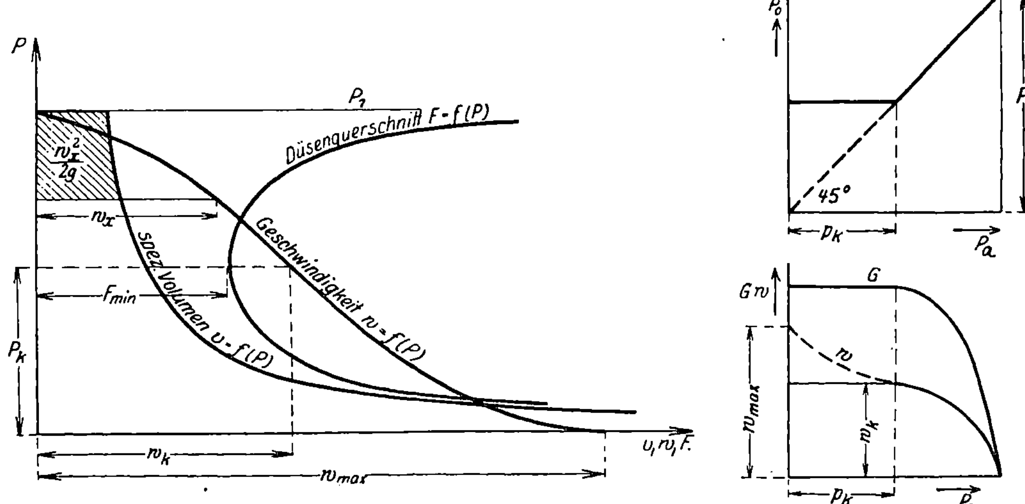

Abb. 7, 8 u. 9. Ausströmungsvorgang im Pv-Diagramm. Mündungsdruck P_0, Ausströmungsgeschwindigkeit w, Ausflußgewicht G für eine einfache Mündung und für eine richtig erweiterte Düse abhängig vom Außendruck P_a.

Der verhältnismäßige Verlust an Strömungsenergie beträgt bei Anwendung einer einfachen Mündung an Stelle einer erweiterten Düse

$$\psi = 1 - \left(\frac{w_k}{w_{\max}} \right)^2 = 73,6\%.$$

Das Beispiel zeigt, daß auch für die vollkommene Turbine, bei der von allen übrigen Verlusten abgesehen ist, die richtige Dimensionierung der Düsen von grundlegender Bedeutung ist. Da die theoretisch erreichbare Austrittsgeschwindigkeit von dem Integral $\int v\,dP$ abhängt, das gleichfalls das Indikatordiagramm der vollkommenen Kolbenmaschine darstellt, so geht hieraus hervor, daß die Energieausnutzung von Kolbenmaschinen und Turbinen auf derselben Grundlage beruht.

Eine Schwierigkeit bei der Umsetzung der Dampfaustrittsgeschwindigkeiten in Arbeit auf das Turbinenrad liegt in ihrer außerordentlichen Größe und den dadurch bedingten großen Umlaufzahlen (Turbine von de Laval).

Man macht deshalb die Strömungsenergie des Dampfes auf verschiedene Weise nutzbar.

Man unterscheidet Reaktions- und Aktionsturbinen, je nachdem, ob im Laufrad eine wesentliche Geschwindigkeitssteigerung stattfindet oder nicht. Eine weitere Unterscheidung ist die in einstufige und mehrstufige Turbinen, je nachdem, ob das ganze Druckgefälle in einem Rad verarbeitet wird oder der Dampf nacheinander durch eine Reihe von Rädern tritt und seine Energie stufenweise abgibt.

Neben Druckabstufung (Expansion von Rad zu Rad) findet man auch Geschwindigkeitsabstufung, wobei die in den Düsen erzeugte Geschwindigkeit in mehreren Rädern schrittweise vermindert wird. Die Stufen werden angewandt, um die sonst sehr hohen Schaufelgeschwindigkeiten herabzusetzen.

b) Arbeitsprozeß der wirklichen Maschine.

3. Kolbendampfmaschine. Bei der wirklichen Maschine treten Abweichungen vom theoretischen Arbeitsprozeß auf, die Verluste zur Folge haben. Aus dem Indikatordiagramm erkennt man, daß als solche: Drosselung beim Eintritt und Austritt, Expansion nicht bis auf den Gegendruck, Kompression des Restdampfes, Wärmeaustausch zwischen Dampf und Zylinderwand in Betracht kommen.

Der weitaus wichtigste Verlust ist der letzte, der für den in den Zylinder einströmenden Frischdampf zur sog. Eintrittskondensation führt, durch die der Dampf einen großen Teil der zur Erzeugung aufgewendeten Wärme nutzlos an die kältere Zylinderwand abgibt und dadurch seine Arbeitsfähigkeit teilweise einbüßt. Diese Wärmeabgabe schlägt in eine Wärmeaufnahme von der Wand an den Dampf um, sobald die Dampftemperatur bei der Expansion kleiner als die Wandtemperatur geworden ist.

Besonders bei kleinen Füllungen kondensiert relativ sehr viel Dampf, während bei großen Füllungen die Expansionsfähigkeit des Dampfes nur schlecht im Zylinder ausgenutzt werden kann. Aus diesem Grunde arbeitet die wirkliche Maschine mit mittleren Füllungen am günstigsten. Nach Leerlauf und bei großen Belastungen steigt der spezifische Dampfverbrauch erheblich an. Für die Verluste kommt die Summe der Verluste durch Wärmeaustausch mit der Wand und die durch das Expansionsverhältnis bedingten in Betracht.

Die wichtigsten Mittel zur Verminderung des Wärmeaustausches sind die Verkleinerung des Temperaturgefälles zwischen Dampf und Zylinderwand und die Anwendung von überhitztem Dampf.

Erstere kann man durch Deckel- und Mantelheizung (Erhöhung der mittleren Wandtemperatur), durch Unterteilung des gesamten Druckgefälles und Arbeitsverteilung auf mehrere Zylinder (mehrstufige Expansion, größere Füllungen in den einzelnen Zylindern) erreichen. Der Hauptvorteil der Arbeitsweise mit überhitztem Dampf liegt darin, daß seine Wärmeübergangszahl nur rund $^1/_{1000}$ von der für trocken gesättigten Dampf ist, wodurch der Wärmeübergang stark eingeschränkt wird und der nur geringe Arbeitsgewinn der vollkommenen Maschine bei Heißdampfbetrieb für die wirkliche Maschine um ein Vielfaches gesteigert wird.

Für eine mit trocken gesättigtem Dampf arbeitende Maschine ist der wirkliche Verlauf der Expansionslinie 12 im Pv- und sT-Diagramm in Abb. 10 und 11 dargestellt.

Die angegebenen Verlustquellen gelten für alle Kolbendampfmaschinen, gleichgültig, ob es sich um Ein- oder Mehrzylindermaschinen, um Wasserdampf-

oder mehrstoffige Dampfmaschinen handelt. Nur die Größe der Verluste wird durch die konstruktive Ausbildung entsprechend beeinflußt.

Einen wesentlichen Fortschritt in bezug auf Verminderung der thermischen Verluste brachte die Gleichstrommaschine (Stumpf) mit sich.

Während bei der normalen Dampfmaschine durch die Umkehr der Dampfströmung bei Rückgang des Kolbens und die dadurch bewirkte Einwirkung des relativ kalten Ausschubdampfes auf die Zylinderwand die mittlere Wandtempe-

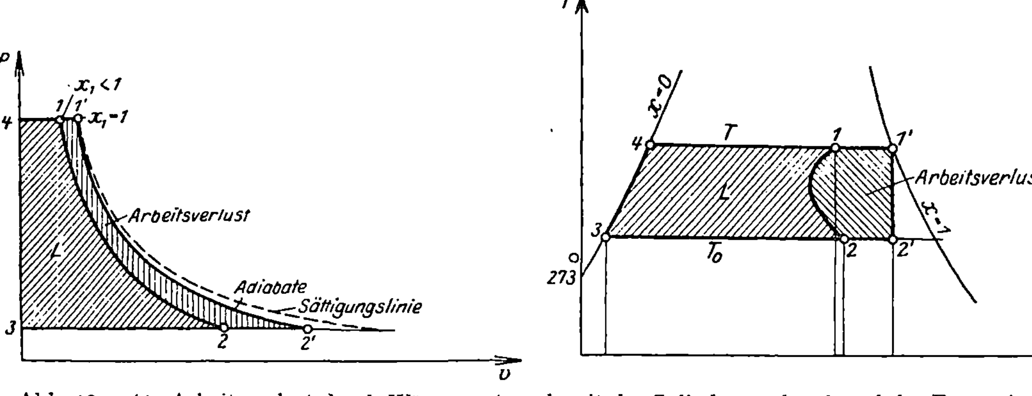

Abb. 10 u. 11. Arbeitsverlust durch Wärmeaustausch mit der Zylinderwand während der Expansion

ratur tief liegt, wodurch eine große Eintrittskondensation verursacht wird, strömt bei der Gleichstromdampfmaschine der Dampf immer in gleicher Richtung: deshalb hohe mittlere Wandtemperatur und kleine Eintrittskondensation,

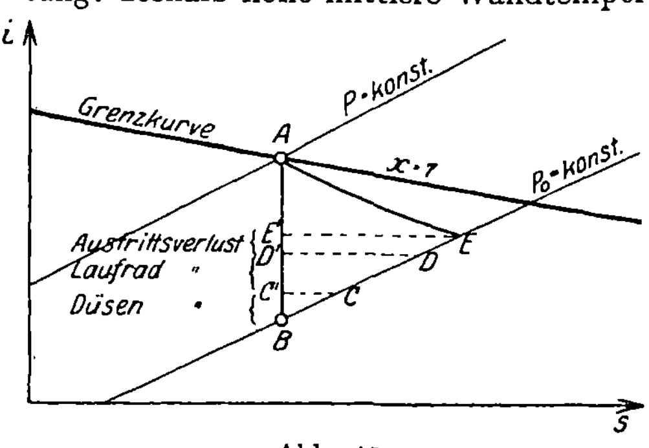

Abb. 12.
Theoretische und wirkliche Zustandsänderung einer einstufigen Druckturbine im is-Diagramm.

die durch starke Deckelheizung weiter vermindert werden kann. Durch den Kolben gesteuerte Auspuffschlitze tragen weiterhin zur raschen Eröffnung und Ausnutzung hoher Luftleere im Kondensator bei.

Eine 500-PS-Maschine ergab für $p = 12$ at, $t = 305°$ und $p_0 = 0{,}075$ at einen spezifischen Dampfverbrauch von $D_i = 4{,}6$ kg/st-PS$_i$. Hieraus folgt der Dampfverbrauch der verlustlosen Maschine $D_{i_v} = 3{,}13$ kg/st-PS$_i$ und ein thermodynamischer (indizierter) Wirkungsgrad $\eta_i = 0{,}68$. Der Wärmeverbrauch beträgt 3360 cal/st-PS$_i$ und der thermische Wirkungsgrad 18,8%.

4. Dampfturbine. Bei der wirklichen Turbine lassen sich vor allem drei Verlustquellen nachweisen: Düsenverlust ζH_0, Schaufelverlust $\dfrac{(w_1^2 - w_2^2)}{2g}$, Austrittsverlust $\dfrac{c_2^2}{2g}$, wobei $H_0 = i - i_0$ das adiabatische Wärmegefälle, w die relative und c die absolute Austrittsgeschwindigkeit bedeutet.

Für eine einstufige de Laval-Turbine ist der Prozeß im is-Diagramm (Abb. 12) dargestellt.

Die Strecke AB kennzeichnet den verlustlosen, AE den wirklichen Prozeß. Der Düsenverlust $BC' = \zeta H_0$ hat bereits eine Entropievermehrung zur Folge.

Aus dem Wärmegefälle AC' folgt die wirkliche Austrittsgeschwindigkeit aus der Düse c_1. Durch Entwurf eines Geschwindigkeitsplanes (Abb. 13) wird der Schaufel- und Austrittsverlust $C'D'$ bzw. $D'E'$ (Abb. 12) ermittelt, so daß der Punkt E den Endzustand des Dampfes beim Austritt aus dem Rad darstellt. Da bei der einstufigen Druckturbine das ganze Druckgefälle vor Eintritt in das Laufrad in Geschwindigkeit umgesetzt wird, finden die Zustandsänderungen bei konstantem Druck p_0 statt. Der theoretische Dampfverbrauch ist $D_0 = \dfrac{632}{H_0}$ kg/st-PS. Verbraucht die Maschine in der Tat jedoch D kg/st-PS, so ergibt sich ein Wirkungsgrad $\eta_t = \dfrac{D_0}{D}$ und der verhältnismäßige Gesamtverlust ist $\zeta = 1 - \eta_t$.

Besonders wichtig ist bei Dampfturbinen eine gute Luftleere im Kondensator, da die beim Austritt verlorene Strömungsenergie mit dem Quadrat der Austrittsgeschwindigkeit wächst, wenn diese dem höheren Gegendruck entsprechend zunehmen muß.

Bei mehrstufigen Maschinen wird als erste Stufe vielfach ein mehrkränziges Curtisrad verwendet,

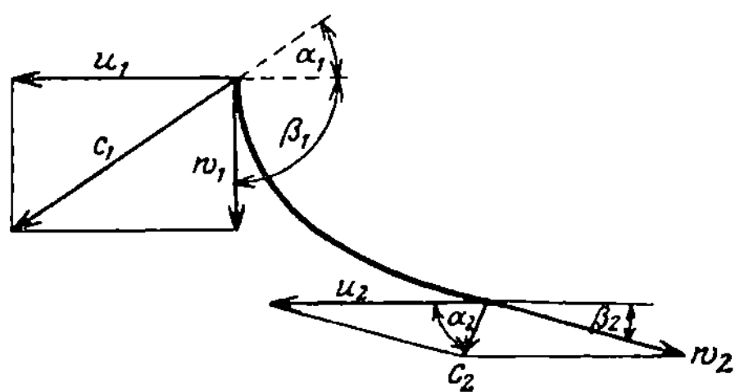

Abb. 13. Geschwindigkeitsdreiecke für Eintritt und Austritt des Dampfes am Laufrad.

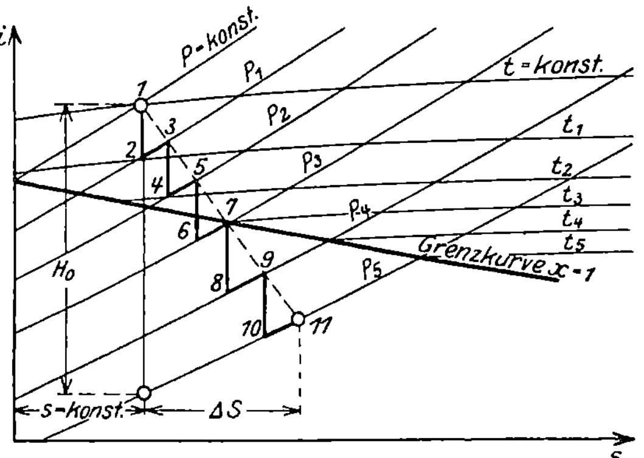

Abb. 14. Expansionsvorgang einer mehrstufigen Turbine im is-Diagramm.

um ein großes Gefälle verarbeiten zu können und dadurch rasch auf niedere Temperaturen und Drücke herabzukommen. Abb. 14 zeigt den Expansionsvorgang im is-Diagramm.

Bei Dampfturbinen pflegt man als Wirkungsgrad das Verhältnis der an der Welle abgegebenen Leistung zu der vor dem Eintrittsventil verfügbaren Dampfenergie zu bezeichnen. Der Wirkungsgrad der Turbinen wird erheblich durch Düsen-, Schaufel-, Radreibungs-, Ventilations- und Spaltverluste beeinflußt. Ein großer Teil dieser Verluste ist abhängig von der Dichte des Dampfes (Druck und Temperatur). Mit steigendem Druck verschlechtern sich die Reibungsverhältnisse in allen Teilen, in denen Dampf strömt. Aus diesem Grunde weisen die Hochdruckstufen der Turbinen geringere Dampfausnutzung auf als die Niederdruckstufen. Erhöhung des Druckes in Verbindung mit Zwischenüberhitzung kann zu Verbesserungen führen.

Neuerdings ist man davon abgegangen, hohe Strömungsgeschwindigkeiten in der ersten Stufe zu verwenden. Bei der Brünner Turbine wurde durch Auflösen dieser ersten Stufe in eine Reihe Zwischenstufen die Geschwindigkeit und damit die Reibung herabgesetzt. Die Turbine besitzt im Hochdruckgebiet viele Räder gleichen Durchmessers. Das erste Rad arbeitet mit voller Beaufschlagung. Hierdurch wird der Wirkungsgrad der Hochdruckstufe außerordentlich verbessert. Für eine 16000-kW-Turbine wurde bei 35 at Dampfdruck und

$400°$ Dampftemperatur ein Dampfverbrauch von $3{,}83$ kg/kW-st gewährleistet, was einem Wirkungsgrad von 86% entspricht.

Im Vergleich zu den bisherigen Bauarten kann man durch Übergang auf Drücke von 35 bis 40 at, durch Überhitzung bis auf $400°$ und durch Speisewasservorwärmung durch Anzapfdampf die Dampfverbrauchszahlen um etwa 25% ermäßigen.

Bei Verwendung von Hochdruckdampf wird am besten eine Hochdruckturbine vor die normale Turbine vorgeschaltet. Hierdurch wird das gesamte Wärmegefälle aufgeteilt: Die Hochdruckturbine arbeitet als Gegendruckturbine, die normale Turbine verarbeitet den Abdampf der Hochdruckturbine. Durch Vorschalten einer Hochdruckturbine können bestehende Anlagen verbessert werden.

Die thermischen Vorteile hoher Anfangstemperaturen ohne den Nachteil hoher Anfangsdrücke sucht Emmet dadurch zu erreichen, daß er der Wasserdampfturbine eine mit Quecksilberdampf betriebene Turbine vorschaltet, dessen Dampfdruck bei sehr hohen Temperaturen weit niedriger als bei Wasserdampf ist.

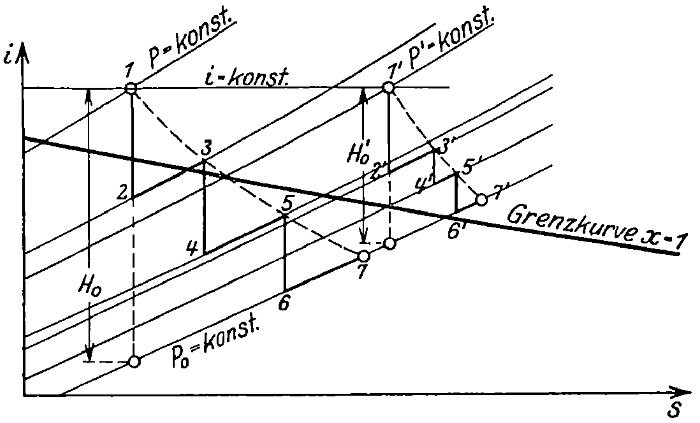

Beim Verfahren von Emmet beheizen die Feuergase zunächst einen mit Quecksilber gefüllten Kessel und erzeugen gesättigten Quecksilberdampf von $\infty\,3{,}15$ at abs. und $425°$. Er leistet in einer einstufigen Turbine Arbeit und wird unter $0{,}035$ at Druck, entsprechend $204°$ Sättigungstemperatur, verflüssigt. Als Kühlmittel dient Wasser, das verdampft wird und in der zweiten Turbine Arbeit verrichtet. Die guten thermischen Eigenschaften des Quecksilberdampfes führen bei dieser Zweistoffturbine auf einen Gesamtwirkungsgrad von rd. 27%. Giftigkeit und hoher Preis des Quecksilbers stehen allgemeiner Verwendung entgegen.

. Bei der Mehrzahl der Dampfturbinensysteme wird die Anpassung der Leistung an die Belastung durch Drosseln des Dampfes herbeigeführt, wodurch freilich ein Teil der Arbeitsfähigkeit des Dampfes von vornherein preisgegeben wird.

Die theoretisch vollkommene Regelung bestünde darin, sämtliche Durchflußquerschnitte der Turbine linear zur Leistung zu verändern. Die sich aus dieser Forderung ergebenden verwickelten Konstruktionen zwingen, sich mit der Einzelregelung der ersten Stufe zu begnügen. Die Regelung des Dampfdurchflusses hat sofort eine Veränderung der Leistung zur Folge.

Abb. 15 zeigt den Regelungsvorgang durch Drosseln im is-Diagramm. Der Zustandspunkt 1 rückt wegen $i =$ konst. nach $1'$ (Druck nach dem Drosseln p').

Abb. 15. Regelungsvorgang einer dreistufigen Druckturbine durch Drosselung im is-Diagramm.

II. Maschinen mit Auslösung chemischer Energie (Verbrennungskraftmaschinen).

a) Der thermische Prozeß.

5. Allgemeines über Verbrennungskraftmaschinen. Die Verbrennung in den Kraftmaschinen beruht auf der Entzündung brennbarer Gasluftmischungen (Gasmaschinen) bzw. Öldampf-Luftgemische (Vergaser-, Dieselmaschinen) im Verbrennungsraum der Maschinen. Die Zündung kann hierbei durch äußere Wärmezufuhr (Zündfunke) oder durch adiabatische Kompression erfolgen. In jedem Falle muß die freiwerdende Reaktionswärme die auftretenden Wärmeverluste überwiegen, damit die eingeleitete Verbrennung weiter fortschreiten kann.

Der Eintritt der Zündung eines Gemisches ist an bestimmte Bedingungen seiner Zusammensetzung gebunden. Wird die Zündungsgeschwindigkeit Null, so ist die Explosionsgrenze erreicht. Zwischen unterer und oberer Explosionsgrenze (Luftmangel bzw. Luftüberschuß) durchläuft die Verbrennungsgeschwindigkeit ein Maximum.

Entzündungstemperatur, Explosionsgrenzen sind keine jedem Brennstoff eigentümliche Konstanten. Sie hängen u. a. weitgehend von äußeren Einflüssen (Größe und Gestalt des Verbrennungsraumes) ab.

Die Verbrennung kann sich von der Zündstelle aus auf zwei verschiedene Weisen fortpflanzen:

1. in der Hauptsache durch Wärmeleitung (die Verbrennungsgeschwindigkeit ist klein),

2. durch Kompressionswellen (die Verbrennungsgeschwindigkeit ist außerordentlich hoch).

Für die motorische Verbrennung kommt nur die erste Art in Betracht.

Bei der Verbrennung von Wasserstoff wurde beobachtet:

Verbrennungsgeschwindigkeit c nach 1.:

$$H_2 + Luft = H_2O + N_2; \quad c \text{ bis } 14 \text{ m/sec};$$

Verbrennungsgeschwindigkeit nach 2.:

$$H_2 + \tfrac{1}{2} O_2 = H_2O; \quad c \backsim 2800 \text{ m/sec}.$$

Am schwersten zünden die Gase (Entzündungstemperatur 600 bis 700°), leichter die flüssigen Brennstoffe: Zünddämpfe der Leichtöle (Benzin, Äther) etwa bei 400°, noch leichter die flüssigen Kohlenwasserstoffgemische (Gasöle) etwa bei 300 bis 400°.

Technisch wichtig ist nur die Verbrennung von Kohlenstoff C, Wasserstoff H_2 und Schwefel S. Die Grundstoffe sind sehr selten rein, meist jedoch in sehr verwickelten Verbindungen enthalten.

Als Verbrennungserzeugnisse treten bei vollkommener Verbrennung auf: Kohlensäure CO_2, Wasserdampf H_2O, schweflige Säure SO_2.

6. Luftbedarf, Zusammensetzung der Verbrennungserzeugnisse. Verbrennungsgleichungen (die Mengen sind auf Mol bzw. Raumeinheiten bezogen):

1. Kohlenstoff:

$$C + O_2 \quad = CO_2 + 97700 \text{ cal/Mol C},$$
$$C + \tfrac{1}{2} O_2 = CO \quad + 29300 \quad \text{,,}$$

2. Wasserstoff:

$$H_2 + \tfrac{1}{2} O_2 = H_2O_{\text{flüssig}} + 68200 \text{ cal/Mol } H_2,$$
$$H_2 + \tfrac{1}{2} O_2 = H_2O_{\text{Dampf}} + 57400 \quad \text{,,}$$

3. Kohlenoxyd:

$$CO + \tfrac{1}{2} O_2 = CO_2 + 68400 \text{ cal/Mol CO},$$

4. Kohlenwasserstoffe $(m, n = 1, 2, 3, \ldots)$:

$$C_m H_n + \left(m + \frac{n}{4}\right) O_2 = m\,CO + \frac{n}{2}\,H_2O + Q \text{ cal/Mol } C_m H_n.$$

Für ein in Raumteilen ($15°$; 1 at) gegebenes Gasgemisch $CO + H_2 + CH_4 + C_2H_4 + CO_2 + N_2 = 1$ cbm ist dann der theoretische Sauerstoffbedarf

$$O_{2\min} = \frac{CO + H_2}{2} + 2\,CH_4 + 3\,C_2H_4 \text{ cbm}$$

und die erforderliche Luftmenge

$$L_{\min} = \frac{O_{2\min}}{0,21} \text{ cbm}.$$

Als Verbrennungserzeugnisse von Gas und Luft folgen

$$CO_2'' = CO + CH_4 + 2\,C_2H_4 + CO_2 \text{ cbm},$$
$$H_2O'' = H_2 + 2\,CH_4 + 2\,C_2H_4 \text{ cbm},$$
$$N_2'' = 0,79\,L_{\min} + N_2 \text{ cbm}.$$

Verbrennt man mit $L > L_{\min}\left(\text{Luftüberschußzahl } \lambda = \dfrac{L}{L_{\min}}\right)$, so tritt noch freier Sauerstoff auf

$$O_2'' = 0,21\,L - O_{2\min} \text{ cbm},$$
$$N_2'' = 0,79\,L + N_2 \text{ cbm}.$$

Liegt ein fester oder flüssiger Brennstoff vor, gegeben durch seine Zusammensetzung

$$c + h + o + w = 1 \text{ kg},$$

so heißt entsprechend die Verbrennungsgleichung bei Verbrennung mit Luftüberschuß ($\lambda > 1$)

$$1 \text{ kg Brennstoff} + \lambda\,L_{\min} \text{ cbm Luft} = 24,4\frac{c}{12}\text{cbm } CO_2'' + 24,4\left(\frac{h}{2} + \frac{w}{18}\right)\text{cbm } H_2O''$$

$$+ 0,21\,(\lambda - 1)\,L_{\min}\text{cbm } O_2'' + 0,79\lambda\,L_{\min} \text{ cbm } N_2'',$$

wobei $L_{\min} = \dfrac{24,4}{12 \cdot 0,21}\left[c + 3\left(h - \dfrac{o}{8}\right)\right]$ cbm ist.

Die Verbrennung hat im allgemeinen eine Veränderung der Molekülzahlen zur Folge, dadurch ändert sich die Gaskonstante R und, gleiche Anfangs- und Endwerte von Druck und Temperatur vorausgesetzt, auch der Rauminhalt.

Außer der chemischen Kontraktion kann bei der Verbrennung wasserstoffhaltiger Körper bei Verflüssigung des durch die Verbrennung entstandenen Wasserdampfes noch eine physikalische Kontraktion eintreten, wenn die Verbrennungsgase hinreichend weit abgekühlt werden.

7. Wärmeentwicklung durch die Verbrennung. Verbrennungstemperatur. Die von 1 kg bzw. 1 cbm eines Körpers bei der vollständigen Verbrennung und nachfolgender Abkühlung auf die Anfangstemperatur nach außen abgegebene Wärme bezeichnet man als Heizwert.

Verflüssigt sich der entstehende Wasserdampf, so spricht man vom oberen Heizwert H; bleibt der Wasserdampf gasförmig, so hat man den unteren Heizwert H_u.

Zwischen H und H_u besteht die Beziehung

$$H_u = H - 600\,w \text{ cal,}$$

wobei w das auf die Einheit des Brennstoffes bezogene gebildete flüssige Wasser in kg bedeutet.

Bei motorischer Verbrennung findet die Zustandsänderung bei konstantem Volumen oder bei konstantem Druck statt.

Nach dem I. Hauptsatz ist

$$Q_{12} = U_2 - U_1 + \int_1^2 P\,dV$$

bzw.

$$Q_{12} = J_2 - J_1 - \int_1^2 V\,dP.$$

Die theoretische Verbrennungstemperatur berechnet sich demnach bei Ausschluß von Wärmeverlusten $(Q_{12} = 0)$ für $V =$ konst. aus der Bedingung $U_2 = U_1$; für $p =$ konst. aus $J_2 = J_1$. Im ersten Falle bleibt die innere Energie, im zweiten Falle der Wärmeinhalt konstant.

Für Verbrennung bei konstantem Volumen ist der Verbrennungsvorgang im Ut-Diagramm in Abb. 16 dargestellt.

Aus $dU = c'_v\,dt$ folgt für das Gemisch vor der Verbrennung bei der Anfangstemperatur t_1

$$U_1 = U'_0 + c'_v t_1,$$

nach der Verbrennung bei der Verbrennungstemperatur t_2

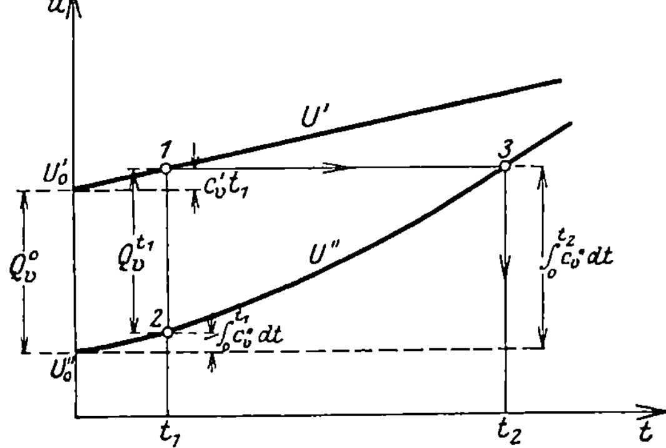

Abb. 16. Bestimmung der Verbrennungstemperatur t_2 für Verbrennung bei konstantem Volumen.

$$U_2 = U''_0 + \int_0^{t_2} c''_v\,dt.$$

Mithin ist, wenn noch $U'_0 - U''_0 = Q^0_v$ der entwickelten Wärmemenge des Gemisches bezogen auf 0° gleich gesetzt wird, wegen $U_1 = U_2$

$$Q^0_v + c'_v t_1 = \int_0^{t_2} c''_v\,dt,$$

woraus sich mit Einführung der mittleren spezifischen Wärme $[c''_v]_{t_1}^{t_2}$ ergibt

$$t_2 = t_1 + \frac{Q_v^{t_1}}{[c''_v]_{t_1}^{t_2}} \text{ °C,}$$

d. h. die erreichbare Verbrennungstemperatur ist abhängig von der Temperatur vor der Verbrennung, vom Heizwert des Gemisches und vom Verlauf der spezifischen Wärme der Verbrennungserzeugnisse.

Bei Ausschluß von Wärmeverlusten stellt sich der Höchstdruck ein:

$$p_2 = p_1 \cdot \frac{R'' \, T_2}{R' \, T_1} \text{ at.}$$

b) Arbeitsprozeß der Verbrennungskraftmaschine.

8. Allgemeines über den Arbeitsprozeß. Im Gegensatz zur Dampfmaschine findet der Verbrennungsprozeß im Arbeitszylinder der Maschine statt. Die Wärmeübertragung an die Arbeitsflüssigkeit geschieht hierbei ohne Vermittlung von Heizflächen. Es treten chemische Zustandsänderungen ein. Der Prozeß ist nicht geschlossen. Die hohen im Prozeß auftretenden Temperaturen machen eine Kühlung des Arbeitszylinders notwendig.

Die obere Temperaturgrenze ist bei Verbrennungsmaschinen von der Größenordnung von etwa 2000°, liegt also viel höher als die obere Temperatur im Dampfmaschinenprozeß. Deshalb ergeben Verbrennungsmaschinen auch wesentlich bessere Wirkungsgrade als Dampfmaschinen. Das Arbeitsverfahren — Viertakt oder Zweitakt (vgl. Ziff. 10) — ist für den Wärmeumsatz innerhalb des Zylinders für beide Fälle für den Arbeitsprozeß der vollkommenen Maschine ohne besondere Bedeutung, so daß eine gemeinsame Betrachtung zulässig ist.

Bei der Frage nach der unter gegebenen Bedingungen erreichbaren größten Arbeitsleistung liegen die Verhältnisse bei der Verbrennungsmaschine außerordentlich verwickelt.

Wollte man das theoretische PV-Diagramm der Maschine auf exakter Grundlage entwickeln, so müßte die Verbrennungslinie aus dem Gesetz der Brennstoffzufuhr und der Größe der Reaktionsgeschwindigkeiten berechnet werden. Während der Verbrennung und Expansion auftretende Dissoziation ist zu berücksichtigen.

Bei dem heutigen Stand der Wissenschaft ist letzteres möglich. Über die Größe der bei motorischer Verbrennung auftretenden Reaktionsgeschwindigkeiten und ihre Abhängigkeit von den verschiedenen Betriebsbedingungen sind jedoch bis jetzt keinerlei Unterlagen vorhanden.

Zur vergleichsweisen Beurteilung ersetzt man deshalb zunächst den verwickelten theoretischen Arbeitsprozeß durch einen Idealprozeß, indem man sich vorstellt, daß im Arbeitszylinder eingeschlossene Luft einen umkehrbaren Kreisprozeß durchläuft, bei dem die ins Spiel tretenden Wärmemengen von außen zugeführt oder nach außen entzogen werden. Der Vorgang ist dann im PV- und sT-Diagramm ohne Schwierigkeit darstellbar und läßt grundsätzliche Beziehungen für den Arbeitsprozeß der Verbrennungsmaschine erkennen.

9. Arbeitsprozesse der vollkommenen Maschine. Alle Maschinen arbeiten mit Vorverdichtung, da der thermische Wirkungsgrad η_t mit steigender Vorverdichtung zunimmt.

Um den Höchstwert an Arbeit zu erhalten, wird folgender Prozeß beschrieben:

G kg Gemisch bei P_0 und T_0 nehmen einen Raum $V_1 = \dfrac{GRT_0}{P_0}$ cbm ein. Adiabatische Kompression 12 auf p_2, Verbrennung 23 gemäß $PV^n =$ konst., adiabatische Expansion 34 auf T_0 und isotherme Kompression 41 bis auf P_0 (vgl. Abb. 17 u. 18). Es wird

$$L_{\max} = Q - Q_0 = G\left\{[c_n]_{T_2}^{T_3}(T_3 - T_2) - T_0 \int_{T_2}^{T_3} \frac{c_n}{T}\, dT\right\} \text{ cal.}$$

Der Prozeß ist in einem Zylinder nicht durchführbar. Man kann nur bis auf P_0 expandieren (Punkt 4'), deshalb Verlust entsprechend der Fläche 4'41. Es wird

$$L_{\max} = G\left\{[c_n]_{T_2}^{T_3}(T_3 - T_2) - [c_p]_{T_0}^{T_4'}(T_4' - T_0)\right\} \text{ cal.}$$

Die Schwierigkeit der Berechnung liegt in der Berechnung der Verbrennungslinie.

Praktisch geht man noch einen Schritt weiter, indem man dem theoretischen Prozeß der Kolbenmaschine nur eine Expansion bis auf den Druck $p_4 > p_0$ unterlegt (unvollständige Expansion).

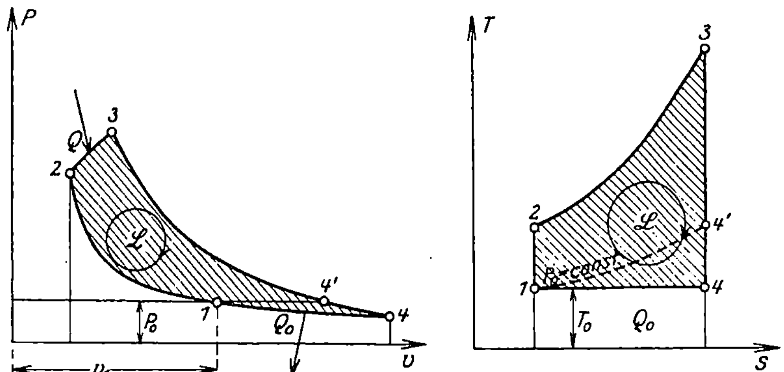

Abb. 17 u. 18. Arbeitsprozeß der vollkommenen Maschine im Pv- und sT-Diagramm.

Für den Sonderfall, Verbrennung bei $V =$ konst. (Verpuffungsmaschine), zeigt Abb. 19 das theoretische Indikatordiagramm der Maschine. Für die kennzeichnenden Punkte des Diagrammes ergibt sich

Punkt 1:
$$T_1 = T_0 \qquad\qquad p_1 = p_0$$

Punkt 2:
$$T_2 = T_1 \left| \frac{v_k + v_h}{v_k} \right|^{k-1}, \qquad\qquad p_2 = p_1 \left(\frac{v_k + v_h}{v_k}\right)^{k},$$

Punkt 3:
$$T_3 = T_2 + \frac{Q_v}{[c_v'']_{T_2}^{T_3}}, \qquad\qquad p_3 = p_2 \frac{R''}{R'} \frac{T_3}{T_2},$$

Punkt 4:
$$T_4 = T_3 \left(\frac{v_k}{v_k + v_h}\right)^{k-1}, \qquad\qquad p_4 = p_3 \left(\frac{v_k}{v_k + v_h}\right)^{k},$$

Abb. 19. Verpuffungsmaschine.   Abb. 20. Gleichdruckmaschine.

wobei der Gemischheizwert $Q_v = \dfrac{H_u}{1 + \lambda\, L_{\min}}$ cal/cbm ist und H_u den Heizwert des Gases bedeutet. k bezeichnet das Verhältnis der spezifischen Wärmen.

Bei Gleichdruckmaschinen (Diesel) wird die Verbrennungswärme bei $P = $ konst. zugeführt (vgl. Abb. 20). Die charakteristischen Punkte 3 und 4 ergeben abweichend

Punkt 3: $T_3 = T_2 + \dfrac{Q_p}{[c_p'']_{T_2}^{T_3}}$, $p_3 = p_2$, $V_3 = \dfrac{G R T_3}{P_2}$,

Punkt 4: $T_4 = T_3 \left(\dfrac{v_3}{v_k + v_h}\right)^{k-1}$, $p_4 = p_2 \left|\dfrac{v_3}{v_k + v_h}\right|^{k}$.

Für beide Maschinengattungen erhält man mit Bezug auf Abb. 19 und 20 den Wirkungsgrad

$$\eta_t = 1 - \frac{\psi\,\varphi^k - 1}{\varepsilon^{k-1}[(\psi - 1) + k\,\psi(\varphi - 1)]},$$

wobei

$\varepsilon = \dfrac{v_k + v_h}{v_k}$ das Kompressionsverhältnis, $\varphi = \dfrac{v_k + v_e}{v_k}$ das Einspritzverhältnis,

$\psi = \dfrac{p_3}{p_2}$ das Drucksteigerungsverhältnis durch die Verbrennung

bedeutet.

Für $v_e = 0$ oder $\varphi = 1$ wird für **Verpuffungsmaschinen**

$$\eta_t = 1 - \left|\frac{p_1}{p_2}\right|^{\frac{k-1}{k}}$$

und für $p_3 = p_2$ oder $\psi = 1$ für **Gleichdruckmaschinen**

$$\eta_t = 1 - \left|\frac{p_1}{p_2}\right|^{\frac{k-1}{k}} \cdot \frac{1}{k}\,\frac{\varphi^k - 1}{\varphi - 1}.$$

Der Wirkungsgrad hängt im zweiten Fall außer vom Kompressionsenddruck p_2 noch vom Einspritzverhältnis φ ab.

Tabelle 6. Beispiel für den Wirkungsgrad von Verpuffungs- und Gleichdruckmaschinen.

Verpuffungsmaschine: $p_1 = 1$ at; $k = 1{,}36$.

$p_2 =$	3	4	5	6	8	10 at abs.
$\eta_t =$	0,25	0,31	0,35	0,38	0,42	0,42

Gleichdruckmaschine: $p_1 = 1$ at; $p_2 = 35$ at; $k = 1{,}35$.

$\varphi =$	4	3	2	1
$\eta_t =$	0,57	0,61	0,64	0,69

Die ermittelten Zahlenwerte besitzen nur Vergleichswert, da der zugrunde gelegte Prozeß mit dem wirklichen nicht vollkommen übereinstimmt (die Verbrennung ist durch umkehrbare Wärmezufuhr von außen, der nicht umkehrbare Auspuffprozeß durch Zustandsänderungen bei $V = $ konst. und $P = $ konst. ersetzt).

Bei **Verbrennungsturbinen** expandiert man in den Düsen bis auf den Anfangsdruck P_0. Die Verbrennung findet vorher in Kammern statt. Im Laufrad wird die Strömungsenergie in mechanische Arbeit umgewandelt.

Abb. 21 und 22 zeigen das PV-Diagramm für eine Turbine, die bei $P = $ konst. und $V = $ konst. verbrennt. Beide arbeiten mit Vorverdichtung.

10. Arbeitsprozeß der wirklichen Maschine. Die zulässige Höhe des Kompressionsenddruckes p_2 ist durch die Selbstzündungstemperatur der Ladung begrenzt.

Für gemischansaugende Maschinen muß die Verdichtungstemperatur t_2 unterhalb, für luftansaugende Maschinen (Diesel) oberhalb der Selbstzündungstemperatur liegen.

Zur ersten Klasse gehören die Gas- und Leichtölmaschinen, zur zweiten die Schwerölmaschinen, bei denen der Brennstoff vermittels einer Pumpe in den Arbeitszylinder eingespritzt wird.

Das Indikatordiagramm der wirklichen Maschine weicht vom theoretischen Diagramm ab infolge auftretender Verluste: Drosselung beim Ein- und Aus-

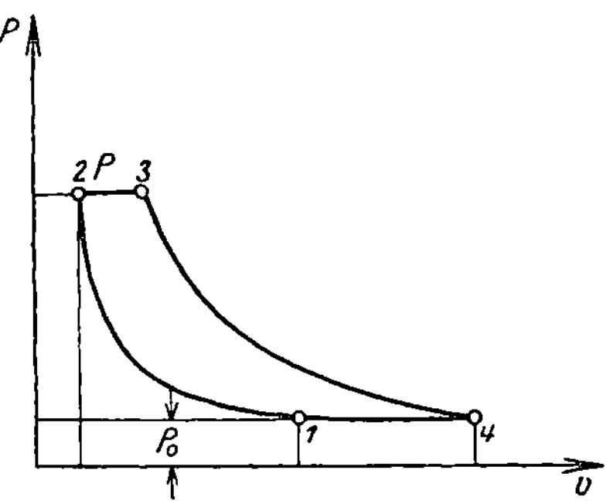

Abb. 21. Druckvolumendiagramm:
Gleichdruckturbine.

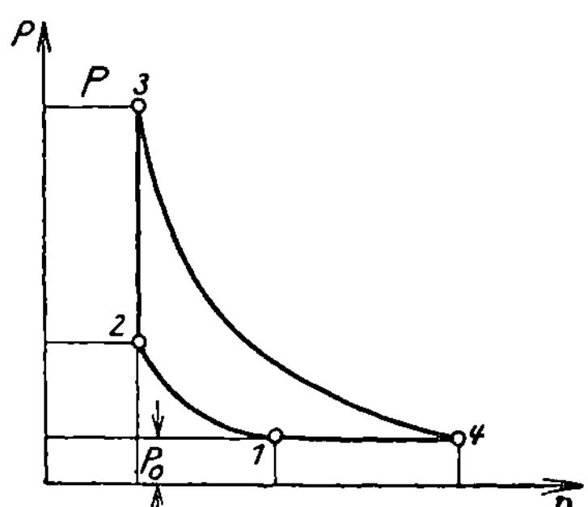

Abb. 22. Druckvolumendiagramm:
Explosionsturbine.

tritt, Wärmeaustausch mit der Zylinderwand, endliche Verbrennungsgeschwindigkeit, Nachbrennen während der Expansion.

Der Gesamtwirkungsgrad $\eta = \dfrac{632\,N_e}{G\,H_u}$ kann wieder in die Teilwirkungsgrade zerlegt werden: thermischer Wirkungsgrad der verlustlosen Maschine, indizierter und mechanischer Wirkungsgrad

$$\eta = \eta_v \cdot \eta_i \cdot r_m , = \frac{632\,N_i^0}{G\,H_u} \cdot \frac{N_i}{N_i^0} \cdot \frac{N_e}{N_i} .$$

Grenzwerte für η je nach dem Arbeitsprozeß und der Güte der Ausführung bis 38%.

Der Wärmeumsatz in den Verbrennungsmaschinen wird grundlegend beeinflußt durch

a) die Gemischbildung (mechanischer Prozeß),

b) die Verbrennung (thermodynamischer Prozeß).

Dem Zylinder wird ein Mischventil vorgeschaltet: Abmessen, Mischen von Gas und Luft, Entfernen der Verbrennungsrückstände wird durch den Kolben des Arbeitszylinders besorgt (Viertaktverfahren). Besondere Pumpen für Gas und Luft sind vorhanden und dem Zylinder vorgeschaltet (Zweitaktverfahren).

Hochwertiger sind Viertaktmaschinen, da Zeit für Ladung und Entfernung der Rückstände aus dem Zylinder bei Zweitaktmaschinen viel kleiner ist. Für Großmaschinen Zweitakt vorteilhaft, besonders für Öleinspritzmaschinen, da Ladeverluste hier wegfallen.

Ein- und Auslaß wird bei Viertakt durch Ventile, bei Zweitakt der Auslaß stets, Einlaß bisweilen durch den Arbeitskolben gesteuert, der Schlitze in der Zylinderwand freilegt.

Abb. 23 und 24 zeigen das PV-Diagramm für einfach wirkenden Viertakt und Zweitakt.

Gemischansaugende Maschinen. Die verdichtete Ladung wird in oder nahe der inneren Totlage des Kolbens gezündet. Der Gemischheizwert $\dfrac{H_u}{1 + \lambda L_{\min}}$ beeinflußt die Verbrennungsgeschwindigkeit, die entstehende Höchsttemperatur und den auftretenden Explosionsdruck (Verpuffungsmaschinen).

Mit steigendem Luftüberschuß wird $\dfrac{H_u}{1 + \lambda L_{\min}}$ kleiner, die Verbrennung immer schleichender. Höchsttemperatur und Höchstdruck nehmen ab. Für $\lambda = 1$ ergeben sich der größte Gemischheizwert, höchste Drücke und Temperaturen, wenn die Verbrennung noch als vollkommen vorausgesetzt werden kann. Das Indikatordiagramm zeigt eine ausgeprägte Spitze.

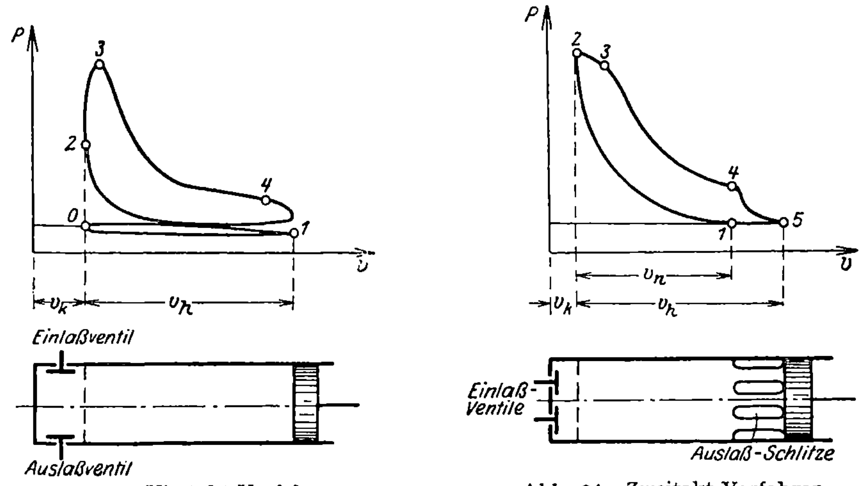

Abb. 23. Viertakt-Verfahren.   Abb. 24. Zweitakt-Verfahren.

Thermisch am günstigsten ist die Verbrennung hochverdichteter armer Gemische. Dann ist die Drucksteigerung durch die Verbrennung mäßig, und die Wärmeverluste sind wegen der relativ niedrigen Verbrennungstemperaturen gering.

Der Gemischheizwert liegt für Verbrennung mit der theoretischen Luftmenge ($\lambda = 1$) für Gase zwischen 500 und 700 cal/cbm. Je reicher das Gas, um so größer der Luftbedarf.

Für die wichtigsten Gasarten ergibt sich:

Tabelle 7. Gemischheizwerte für einige Gase.

	Heizwert des Gases cal/cbm	Theoret. Luftmenge cbm	Gemischheizwert cal/cbm
Leuchtgas	4590	5,21	736
Wassergas	2300	2,15	730
Generatorgas	1095	1,00	550
Hochofengas	883	0,76	500

Die praktisch verbrannten Gemische besitzen meist einen Heizwert zwischen 450 und 550 cal/cbm.

Der Gemischheizwert kann bei Gasen durch entsprechende Wahl der Luftüberschußzahl λ innerhalb weiter Grenzen verändert werden. Bei Leichtölen sind die Grenzen wesentlich enger. Immer muß die Forderung der Zündfähigkeit des Gemisches erfüllt sein.

Tabelle 8. Wärmeverteilung für eine 50-PS$_e$-Generatorgasmaschine $(H_u = 1198\ \text{cal/cbm})$ auf Grund von Versuchen.

Thermischer Wirkungsgrad bezogen auf die	indizierte Leistung . .	$\eta_{ti} = 0{,}322$
	Nutzleistung	$\eta_{te} = 0{,}222$
Wärmeabfuhr durch	Kühlwasser	$q_k = 0{,}374$
	Auspuffgase	$q_z = 0{,}239$
	Strahlung usw.	$q_r = 0{,}065$
		$\eta_{ti} + q_k + q_z + q_r = 1{,}000$

Bei dem in Tabelle 8 angeführten Beispiel werden 22,2% der zugeführten Wärme in Nutzarbeit umgesetzt.

Für die entwickelte Leistung ist maßgebend:

1. Gewicht der angesaugten Ladung $G_1 = \dfrac{P_1(v_k + v_h)}{R'\,T_1}\ \text{kg}$,

2. Gemischheizwert $Q = \dfrac{H_u}{1 + \lambda\,L_{\min}}\ \text{cal/cbm}$.

Die Reglung der gemischansaugenden Maschine erfolgt deshalb entweder durch:

1. Verändern der angesaugten Gemischmenge G_1 (Füllungsreglung): Der Gemischheizwert bleibt konstant, infolge Drosselung sinkt der Kompressionsenddruck mit abnehmender Belastung, daher nach Leerlauf zu abnehmender Wirkungsgrad.

2. Durch Verändern des Mischungsverhältnisses zwischen Brennstoff und Luft (Gemischreglung): Der Gemischheizwert ist veränderlich. Der Kompressionsenddruck bleibt konstant, da der Zylinder immer mit voller Füllung arbeitet. Nach Leerlauf zu wird das Gemisch immer ärmer und die Zündfähigkeit geringer. Das Verfahren ist deshalb begrenzt.

Es ist demnach für

	Füllungsregelung	Gemischregelung
Gasmenge . . . . . . G	veränderlich	veränderlich
Luftmenge L	veränderlich	konstant
Mischungsverhältnis $\dfrac{L}{G}$	konstant	veränderlich

Für Großmaschinen ist für die oberen Belastungsstufen die Gemischreglung, für die unteren die Füllungsreglung am günstigsten. Kleinere Maschinen arbeiten fast ausschließlich mit Füllungsveränderung.

Abb. 25 und 26 zeigen für beide Regelverfahren das PV-Diagramm für Voll- und Teilbelastung.

Überlastung der Maschinen kann durch Erhöhung des angesaugten Luftgewichtes (durch ein dem Zylinder vorgeschaltetes Gebläse) und damit des zulässigen Brennstoffverbrauches erreicht werden. Die entstehenden hohen Wärmebeanspruchungen setzen dem bald eine Grenze.

Öleinspritzmaschinen saugen und verdichten reine Luft. Der Brennstoff wird nahe dem inneren Totpunkt eingespritzt. Das Verfahren ist besonders für Schweröle geeignet.

Bei niedrigem Kompressionsenddruck wird der Brennstoff in eine Glühhaube gespritzt (Glühkopfmaschinen). Bei hohem Kompressionsenddruck genügt die Lufttemperatur, um Selbstzündung des Öles herbeizuführen (Dieselmaschinen).

Glühkopfmaschinen werden meist für Zweitakt mit Kurbelkastenspülpumpe, Dieselmaschinen für Viertakt und Zweitakt gebaut.

Die Verbrennung von Schwerölen im Maschinenzylinder ist noch nicht völlig geklärt. Der flüssige Brennstoff muß zerstäubt, verdampft, zersetzt, mit Luft gemischt und verbrannt werden. Die Vorgänge überdecken sich zum Teil. Die Selbstzündung wird wahrscheinlich durch Zerfall eines flüssigen Kohlenwasserstoffes eingeleitet.

Tabelle 9. Die für Verbrennungskraftmaschinen hauptsächlich in Betracht kommenden Kraftöle.

		Gasöle, Braunkohlenteeröle	Steinkohlenteeröle
Zusammensetzung:	C =	85,4 bis 87,6 G.T.	87,1 bis 91,4 G.T.
	H =	9,8 „ 12,6	6,0 „ 7,8
	O + N =	0,8 „ 3,2	1,4 „ 4,9
	S =	0,4 „ 1,6	0,4 „ 0,9
Heizwert:		9400 „ 10100	8800 „ 9100 cal/kg
Spezifisches Gewicht:		0,82 „ 0,96	1,0 „ 1,1

Die Zeit für Gemischbildung und Verbrennung des Öles ist bei Dieselmaschinen sehr kurz. Für eine Maschine mit $n = 180$ Umdr./min beträgt sie, wenn das Einblasen während eines Kurbelwinkels von $\alpha = 30°$ erfolgt, nur

$$z = \frac{60}{n}\frac{\alpha}{360} = 0{,}028 \text{ sec.}$$

Der hohe Kompressionsenddruck (30 bis 40 at) und großer Luftüberschuß ($\lambda > 1{,}5$) vermindern diese Nachteile und führen zu guter Wärmeausnutzung (η_{t_e} bis 0,35).

Einfaches Einspritzen des Brennstoffes in den Verbrennungsraum genügt im allgemeinen nicht für vollkommene und rechtzeitige Verbrennung.

Die klassische Dieselmaschine arbeitet mit Lufteinspritzung des Brennstoffes.

Als Folge erscheint gute Zerstäubung des Brennstoffes und lebhafte Wirbelbewegung der Luft im Verbrennungsraum, wodurch gute Verbrennung erzielt wird.

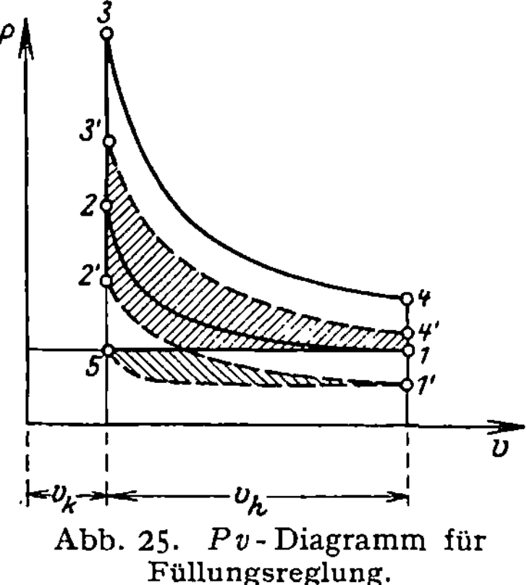

Abb. 25. Pv - Diagramm für Füllungsreglung.

Neuerdings wird der Brennstoff oft ohne Vermittlung von Einblaseluft mit hohem Druck (200 bis 300 at) unmittelbar in den Zylinder (Strahleinspritzmaschinen) oder in eine Vorkammer (Zündkammermaschinen) eingespritzt, in der zunächst eine Teilverbrennung eintritt und durch den entstehenden Überdruck der Brennstoff in den Zylinder eingestäubt wird. Bisweilen wird der Brennstoff mit niedrigerem Pumpendruck in einen durch den Arbeitskolben künstlich erzeugten Luftwirbel (Verdrängermaschine) eingeführt.

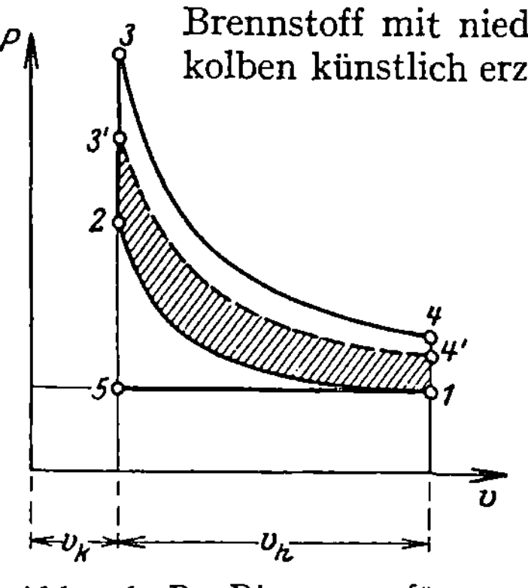

Abb. 26. Pv-Diagramm für Gemischregelung.

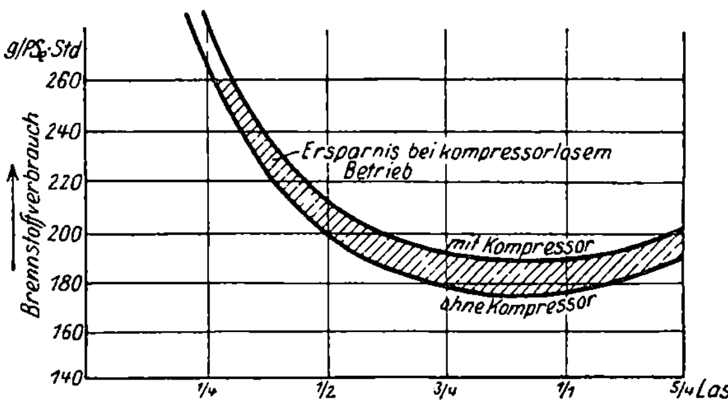

Abb. 27. Brennstoffverbrauch für Dieselmaschinen mit und ohne Lufteinspritzung.

Wegen Wegfall der abkühlenden Wirkung der Einspritzluft können von den **kompressorlosen Maschinen** die Strahleinspritzmaschinen mit niederen Kompressionsenddrücken ($p_2 = 20$ bis 25 at) arbeiten. Sie sind gekennzeichnet durch sichere Zündung auch bei verminderter Drehzahl, größeren Brennraum v_k, höhere Überlastbarkeit.

Der spezifische Brennstoffverbrauch ist für kompressorlose Maschinen kleiner als bei Lufteinspritzung. Bei abnehmender Belastung wächst er langsamer (vgl. Abb. 27).

Rauchfreie Verbrennung, geringen Verbrauch ergeben bei richtiger Durchbildung die Vorkammermaschinen. Sie sind besonders geeignet auch für schwerere Öle, da das Einspritzverfahren unempfindlich ist.

Tabelle 10. **Wärmeverteilung für eine Viertakt-Dieselmaschine mit Lufteinspritzung** ($N_e = 50$ PS, $n = 216$/min).

$$\text{In indizierte Arbeit verwandelt } \eta_{t_i} = 0,41$$

Wärmeabfuhr durch:
- Kühlwasser . . $q_k = 0,26$
- Auspuff . . . . $q_z = 0,32$
- Strahlung . . . $q_r = 0,01$

in Bruchteilen der zugeführten Wärme.

Der **Wärmeaustausch** zwischen Arbeitsflüssigkeit und Zylinderwand für ein Arbeitsspiel betrug während

des Ansaugens . . . . $q_{51} = +0,013$
der Kompression . . . . $q_{12} = +0,046$
der Verbrennung und Expansion $q_{24} = -0,676$
des Auspuffes . . . . $q_{45} = -0,383$

in Bruchteilen der gesamten Wärmeabfuhr.

Man sieht, daß der Hauptwärmeverlust während der Verbrennung und Expansion erfolgt.

Wärmeverteilung für eine kompressorlose Viertakt-Dieselmaschine mit Zündkammer ($N_e = 300$ PS, $n = 160$/min):

$$\text{In indizierte Arbeit verwandelt } \eta_{t_i} = 0,44$$

Wärmeabfuhr durch:
- Kühlwasser . . $q_k = 0,28$
- Auspuff . . . . $q_z = 0,25$
- Strahlung usw. $q_r = 0,03$

in Bruchteilen der zugeführten Wärme.

Die Reglung der Öleinspritzmaschinen erfolgt durch Verändern der eingespritzten Ölmenge.

Die Höchstbelastung ist durch das Luftgewicht im Zylinder bestimmt, bei dem der eingeführte Brennstoff gerade noch vollständig verbrannt werden kann. Überlastung kann auch hier durch Vorverdichtung der angesaugten Luft erreicht werden.

Der Fortschritt in der Energieausnutzung der Wärmekraftmaschinen wird am besten durch Abb. 28 gekennzeichnet, in der für eine Dampf-, Gas- und Dieselmaschine die Wärmebilanz dargestellt ist.

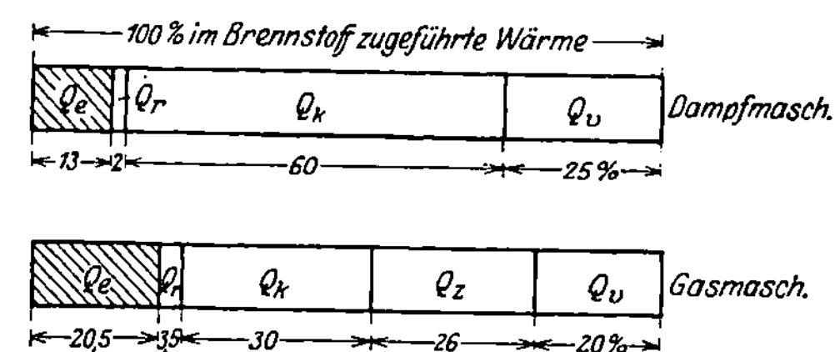

Abb. 28. Wärmebilanz für eine Dampf-, Gas- und Dieselmaschine. $Q_e =$ in Arbeit verwandelte Wärme. Q_r, Q_k, Q_z und Q_v bedeuten die Wärmeverluste durch Reibung, durch das Kühlwasser, durch den Auspuff und durch den Kessel bzw. Gaserzeuger.

Literatur:

STODOLA: Dampf- und Gasturbinen.
GÜLDNER: Verbrennungskraftmaschinen.
ZEUNER: Technische Thermodynamik.

Sachverzeichnis.

Handbuch der Physik

Inhaltsübersicht des Gesamtwerkes:

Band I: Geschichte der Physik — Vorlesungstechnik

Geschichte der Physik. Von Professor Dr. Edmund H o p p e, Göttingen.

Physikalische Literatur. Von Professor Dr. Karl S c h e e l, Berlin-Dahlem.

Unterricht und Forschung. Von Professor Dr. H. T i m e r - d i n g, Braunschweig.

Vorlesungstechnik. Von Dr. Anton L a m b e r t z, Köln a. Rh., und Dr. R. M e c k e, Bonn a. Rh.

Band II: Elementare Einheiten und ihre Messung

Einheiten, Dimensionen, Maßsysteme. Von Professor Dr. J. W a l l o t, Charlottenburg.

Längenmessung, Winkelmessung. Von Professor Dr. F. G ö p e l, Charlottenburg.

Massenmessung. Von Dr. W. F e l g e n t r a e g e r, Charlottenburg.

Raummessung und spezifisches Gewicht. Von Professor Dr. K a r l S c h e e l, Berlin-Dahlem.

Zeitmessung, Geschwindigkeitsmessung. Von Professor Dr. C. C r a n z, Charlottenburg, Gen.-Ing. V. Ritter von N i e s i o l o w s k i - G a w i n, Wien, und Dipl.-Ing. W. S c h m u n d t, Königsberg i. Pr.

Erzeugung und Messung von Drucken. Von Dr. H. E b e r t, Charlottenburg.

Schweremessungen. Von Professor Dr.-Ing. A. B e r r o t h, Potsdam.

Allgemeine physikalische Konstanten. Von Professor Dr. F. H e n n i n g und Professor Dr. W. J a e g e r, Charlottenburg.

Band III: Mathematische Hilfsmittel in der Physik

Infinitesimalrechnung, Algebra. Von Dr. Adalbert D u - s c h e k, Wien.

Vektor- und Tensorrechnung. Von Dr. Theodor R a - d a k o v i c, Wien.

Geometrie. Von Dr. Adalbert D u s c h e k, Wien.

Funktionentheorie. Von Dr. Theodor R a d a k o v i c, Wien.

Spezielle Funktionen. Von Dr. Josef L e n s e, Wien.

Gewöhnliche Differentialgleichungen. Von Dr. Theodor R a d a k o v i c, Wien.

PartielleDifferentialgleichungen.VonDr.JosefL e n s e,Wien.

Variationsrechnung. Von Dr. Theodor R a d a k o v i c, Wien.

Differentialgeometrie. Von Dr. Adalbert D u s c h e k, Wien.

Integralgleichungen, Potentialtheorie. Von Dr. Josef L e n s e, Wien.

Mathematische Statistik und Wahrscheinlichkeitsrechnung. Von Professor Dr. F. Z e r n i k e, Groningen.

Ausgleichsrechnung, Nomographie, Numerische Differentiation und Integration. Von Dr. Karl M a d e r, Wien.

Band IV: Allgemeine Grundlagen der Physik

Ziele und Wege der physikalischen Erkenntnis. Von Professor Dr. H. R e i c h e n b a c h, Stuttgart.

Der Aufbau der theoretischen Physik. Von Professor Dr. H. T h i r r i n g, Wien.

Prinzipien der Statistik. Von Dr. O. H a l p e r n, Wien.

Allgemeine Relativitätstheorie. Von Dr. G. B e c k, Bern.

Der Bau des Kosmos. Von Dr. W. E. B e r n h e i m e r, Wien.

Band V: Grundlagen der Mechanik — Mechanik der Punkte und starren Körper

Die Axiome der Mechanik. Von Professor Dr. G. H a m e l, Berlin.

Prinzipe der Dynamik. Von Professor Dr. R. W e y r i c h, Brünn.

Störungstheorie. Von Dr. E. F u e s, Zürich.

Geometrie der Bewegungen. Von Professor Dr. H. A l t, Dresden.

Geometrie der Kräfte und Massen. Von Professor Dr. C. B. B i e z e n o, Delft.

Mechanik der Massenpunkte. Von Professor Dr. R. G r a m m e l, Stuttgart.

Kinetik der starren Körper. Von Professor Dr. M. W i n k e l m a n n, Jena.

Technische Anwendungen der Stereomechanik. Von Professor Dr.-Ing. Th. P ö s c h l, Prag.

Relativitätsmechanik. Von Dr. Otto H a l p e r n, Wien.

Band VI: Mechanik der elastischen Körper

Physikalische Grundlagen der Elastomechanik. Von Professor Dr. Otto F ö p p l und Dr. B u s e m a n n, Braunschweig.

Mathematische Elastizitätstheorie. Von Professor Dr. E. T r e f f t z, Dresden.

Elastostatik. Von Professor Dr. O. D o m k e, Aachen.

Elastokinetik. Von Professor Dr. F. P f e i f f e r, Stuttgart.

Theorie der Erdbebenwellen. Von Professor Dr. G. A n g e n h e i s t e r, Göttingen.

Plastizität. Von Dr.-Ing. A. N á d a i, Göttingen.

Band VII: Mechanik der flüssigen und gasförmigen Körper

Ideale Flüssigkeiten. Von Professor Dr. M. L a g a l l y, Dresden.

Zähe Flüssigkeiten. Von Professor Dr. L. H o p f, Aachen.

Kapillarität. Von Dr. A. G y e m a n t, Charlottenburg.

Strömungen. Von Professor Dr. Ph. F o r c h h e i m e r, Wien.

Tragflügel und hydraulische Maschinen. Von Dipl.-Ing. Dr. A. B e t z, Göttingen.

Gasdynamik. Von Dr. J. A c k e r e t, Göttingen.

Band VIII: Akustik

Einleitung. Von Dr. Ferd. T r e n d e l e n b u r g, Berlin-Nikolassee.

Mathematische Darstellungen. Von Dr. H. B a c k h a u s, Charlottenburg.

Schallerzeugung mit mechanischen Mitteln. Von Professor Dr. A. K a l ä h n e, Danzig-Oliva.

Elektrische Schallsender. Von Dr. H. L i c h t e, Berlin-Schöneberg.

Thermodynamische Schallerzeugung. Von Dr. Johann F r i e s e, Breslau.

Musikinstrumente. Von Professor Dr. C. V. R a m a n, Kalkutta.

Musikalische Tonsysteme. Von Professor Dr. E. von H o r n b o s t e l, Berlin-Steglitz.

Physik der Sprachklänge. Von Dr. Ferd. T r e n d e l e n - b u r g, Berlin-Nikolassee.

Empfang, Messung und Umformung akustischer Energie. Von Dr. E. L ü b c k e, Berlin-Siemensstadt, Dr. H. S e l l, Berlin-Siemensstadt, Dr. Ferd. T r e n d e l e n b u r g, Berlin-Nikolassee.

Das Gehör. Von Dr. E. M e y e r, Berlin-Wilmersdorf.

Die Ausbreitung akustischer Schwingungsvorgänge. Von Dr. E. L ü b c k e, Berlin-Siemensstadt.

Raumakustik. Von Professor Dr. E. M i c h e l, Hannover.

Selbstinduktionen und Kapazitäten. Von Professor Dr. E. G i e b e , Berlin.
Meßwandler, Stromwandler, Spannungswandler. Von Professor Dr. A. S c h e r i n g , Berlin.
Allgemeines und Technisches über elektrische Messungen. Von Professor Dr. W. J a e g e r , Charlottenburg.
Messung der Elektrizitätsmenge, des Stromes, der Leistung und der Arbeit. Von Professor Dr. A. S c h e r i n g und Dr. R. S c h m i d t , Berlin.
Elektrometrie. Von Professor Dr. A. S c h e r i n g , Berlin.
Widerstandsmessungen. Von Professor Dr. H. v. S t e i n - w e h r , Berlin.

Messung von Selbstinduktionen und Kapazitäten. Von Professor Dr. E. G i e b e , Berlin.
Messung von Dielektrizitätskonstanten und dielektrischen Verlusten. Von Professor Dr. A. S c h e r i n g , Berlin.
Elektrochemische Messungen. Von Dr. E. B a a r s , Marburg a. Lahn.
Messung der magnetischen Eigenschaften der Körper. Von Professor Dr. E. G u m l i c h , Berlin, und Dr. W. S t e i n h a u s , Berlin.
Herstellung und Ausmessung magnetischer Felder. Von Professor Dr. E. G u m l i c h , Berlin.
Erdmagnetische Messungen. Von Professor Dr. G. A n g e n - h e i s t e r , Potsdam.

Band XVII : Elektrotechnik

Telegraphie und Telephonie auf Leitungen. Von Professor Dr. F. B r e i s i g , Berlin.
Drahtlose Telegraphie und Telephonie. Von Professor Dr. F. K i e b i t z , Berlin.
Röntgentechnik. Von Dr. H. B e h n k e n , Berlin.
Elektromedizin. Von Dr. H. B e h n k e n , Berlin.
Transformatoren. Von Dr. R. V i e w e g , Berlin, und Dipl.-Ing. V. V i e w e g , Berlin.

Elektrische Maschinen. Von Dr. R. V i e w e g , Berlin, und Dipl.-Ing. V. V i e w e g , Berlin.
Technische Quecksilberdampf-Gleichrichter. Von Professor Dr. A. G ü n t h e r s c h u l z e , Berlin.
Hochspannungstechnik. Von Professor Dr. W. S c h u - m a n n , München.
Überspannungen und Überströme. Von Dr. A. F r a e n c k e l , Berlin.

Band XVIII : Geometrische Optik — Optische Konstanten — Optische Instrumente

Geometrische Optik. Von Dr. O. E p p e n s t e i n Jena, Dr. H a r t i n g e r , Jena, Professor Dr. F. J e n t z s c h , Berlin, Dr. W. M e r t é , Jena.
Spiegel aller Arten und daraus entstehende Instrumente, Prismen, Prismensätze usw. Von Dr. F. L ö w e , Jena.
Fernrohre aller Art. Von Dr. O. E p p e n s t e i n , Jena.
Das photographische Objektiv, Das Auge und das Sehen,

Brillen. Von Professor Dr. M. v. R o h r , Jena.
Beleuchtungsapparate, Mikroskope, Lupen, Ultramikroskope. Von Dr. H. B o e g e h o l d , Jena.
Besondere optische Instrumente, soweit nicht anderwärts behandelt. Von Professor Dr. H. K o n e n , Bonn.
Optische Konstanten. Von Dr. H. K e ß l e r , Jena, und Professor Dr. H. K o n e n , Bonn.

Band XIX : Herstellung und Messung des Lichtes

Natürliche und künstliche Lichtquellen.
1. Sonnenstrahlung. Von Professor Dr. H. R o s e n - b e r g , Kiel. 2. Himmelsstrahlung. 3. Blitz, Nordlicht, atmosphärische Erscheinungen. Von Professor Dr. C. J e n s e n , Hamburg. 4. Übersicht über die kosmischen Lichtquellen. Von Professor Dr. J. H o p - m a n n , Bonn. 5. Glühende Körper, insbesondere schwarze. Von Frl. Dr. E. L a x , Berlin, und Professor Dr. M. P i r a n i , Berlin-Wilmersdorf. 6. Bogenlicht, Funke. Von Professor Dr. H. K o n e n , Bonn, und Dr. R. F r e r i c h s , Bonn. 7. Gasentladungen. Von Professor Dr. H. K o n e n , Bonn, und Dr. R. F r e r i c h s , Bonn. 8. Röntgenstrahlen (Technisches, Art, Verteilung und Zusammensetzung). Von Dr. H. B e h n k e n , Charlottenburg. 9. Luminescenzquellen. Von Professor Dr. P. P r i n g s h e i m , Berlin. 10. Flammen, chemische Prozesse. Von Professor Dr. H. K o n e n , Bonn, und Dr. R. F r e r i c h s , Bonn.
Lichttechnik.
1. Allgemeines, wirtschaftliche Grundsätze, physiologische Gesichtspunkte, Stellung der Aufgabe. 2. Methoden zur Strahlungserzeugung, schwarze, nicht schwarze Körper, Luminescenz. 3. Historische Übersicht über die Entwicklung der Lichttechnik. 4. Gaslicht. 5. Elektrische Lichtquellen. 6. Luminescenzlampe, Gasent-

ladungslampe. 7. Die Bewertung der elektrischen Lichtquellen. Von Frl. Dr. E. L a x , Berlin, und Professor Dr. M. P i r a n i , Berlin-Wilmersdorf. 8. Reflektoren. Von Dipl.-Ing. L. S c h n e i d e r , Berlin.
Methoden der Untersuchung.
1. Photometrie. Von Professor Dr. E. B r o d h u n , Berlin-Grunewald. 2. Photographie. Von Professor Dr. J. E g g e r t , Berlin-Friedenau, und Dr. W. R a h t s , Berlin. 3. Spectralphotometrie, Absorptionsphotometrie. Von Professor Dr. H. L e y , Münster i. W. 4. Colorimetrie. Von Dr. F. L ö w e , Jena. 5. Energieverteilung, Gesamtenergie, Meßmethoden, Linienintensitäten. Von Dr. T h. D r e i s c h und Dr. R. F r e r i c h s , Bonn. 6. Polarimetrie. Von Professor Dr. O. S c h ö n r o c k , Berlin. 7. Wellenlängenmessungen. Von Professor Dr. H. K o n e n , Bonn. 8. Besondere Methoden: a) Ultrarot. Von Frl. Dr. G. L a s k i , Berlin. b) photographisch erreichbarer Teil. Von Professor Dr. H. K o n e n , Bonn. c) Röntgengebiet. Von Dr. H. B e h n k e n , Charlottenburg. 9. Fortpflanzungsgeschwindigkeit des Lichtes. Von Professor Dr. H. R o s e n b e r g , Kiel. 10. Besondere Meßmethoden, elliptisches Licht, teilweise polarisiertes Licht. Von Professor Dr. G. S z i v e s s y , Münster.

Band XX : Natur des Lichtes

Experimentelle Grundlagen und elementare Theorie.
1. Klassische und neuere Interferenzversuche und Interferenzapparate. a) Elementare Theorie derselben. 2. Beugungsversuche. a) Einfachste Beugungsversuche mit elementarer Theorie. b) Auf Beugung beruhende Instrumente und Anordnungen; genauere Theorie der einfachsten Versuche. Von Professor Dr. L. G r e b e , Bonn. c) Die Beugung in den optischen Instrumenten in Beziehung zur Grenze des Auflösungsvermögens. Von Professor Dr. F. J e n t z s c h , Berlin. d) Andere Fälle von Beugung (Regenbogen, Halos); fein verteilte Substanzen. Von Dr. R. M e c k e , Bonn. 3. Polarisation. a) Grundversuche über Erzeugung und Eigenschaften des polar. Lichtes, mit Ausschluß der Krystalloptik. b) Interferenz und Beugung des polar. Lichtes. Von Professor Dr. G. S z i v e s s y , Münster. 4. Beziehung zu anderen Erscheinungen, Zeemaneffekt, Kerreffekt, Doppelbrechung, magn. Drehung, Metallreflexion, Beziehungen zu lichtelektrischen Erscheinungen usw. elementar, nur in Übersicht. Von Professor Dr. H. K o n e n , Bonn.

5. Der Energietransport durch das Licht auf Grund der Versuche. a) Weißes Licht, seine Eigenschaften ; schwarze Strahlung. Von Professor Dr. L. G r e b e , Bonn. b) Gesetze der schwarzen Strahlung, Strahlung nichtschwarzer Körper. Von Professor Dr. L. G r e b e , Bonn.
Lichttheorien.
1. Historische Übersicht. 2. Elektromagnetische Theorie. a) Grundsätzliches, Maxwell, Elektronentheorie, allgemeine Sätze. b) Grenzbedingungen. c) Anisotrope Medien. d) Strenge Theorie der Interferenz und Beugung mit Übersicht über die behandelten Fälle. e) Grundsätzliches über Reflektion, Brechung, Dispersion und Absorption. f) Metallreflektion. Von Professor Dr. Walter K ö n i g , Gießen. 3. Beziehungen zur Thermodynamik. Allgemeine Sätze, Beziehungen zur Relativitätstheorie, Quanten und Korrespondenzprinzip. Vergleich mit Erfahrung. 4. Zusammenfassende Übersicht über den zeitigen Stand der Wellentheorie des Lichtes. Von Professor Dr. A. L a n d é, Tübingen.

Krystalloptik.
1. Optisches Verhalten der Krystalle, Wellenflächen, elementare Theorie. 2. Interferenz des polarisierten Lichtes. a) Ebene Wellen. b) Convergentes Licht. c) Rotationspolarisation. 3. Beziehungen zur Temperatur, Elastizität usw. 4. Feinere Theorie der Polari-

sationsapparate, Polariskope usw. Von Professor Dr. G. S z i v e s s y, Münster. 5. Polarisation und chemische Konstitution. Von Professor Dr. H. L e y, Münster i.W. 6. Inhomogene Körper, technische Anwendungen. Künstliche Doppelbrechung. Von Professor Dr. Walter K ö n i g, Gießen.

Band XXI : Licht und Materie

Absorption und Dispersion.
1. Absorption der festen Körper, abhängig vom Spektralbereich, Temperatur usw., Schwingungsrichtung, Magnetfeld, Körperfarben, Definitionen. Von Professor Dr. L. G r e b e, Bonn. 2. Absorption der Lösungen und Flüssigkeiten. Einfluß von Aggregatzustand usw. 3. Absorption und Konstitution. Von Professor Dr. H. L e y, Münster i. W. 4. Absorption und Streuung der Gase. Übersicht. Von Dr. R. M e c k e, Bonn. 5. Absorption und Streuung im Bereiche kurzer Wellen. Von Professor Dr. L. G r e b e, Bonn. 6. Experimentelles über normale und anormale Dispersion. 7. Dispersionsformeln und Eigenwellenlängen. 8. Dispersionstheorie. Schlüsse aus Konstanten. Von Professor Dr. K. F. H e r z f e l d, München, und Dr. L. W o l f, Potsdam.

Emission.
1. Allgemeines, Beziehung von Emission und Absorption. Von Professor Dr. H. K o n e n, Bonn. 2. Emission fester Körper. Von Frl. Dr. E. L a x, Berlin, und Professor Dr. M. P i r a n i, Berlin-Wilmersdorf. 3. Linienspektra mit Einschluß der Röntgenspektra. a) Allgemeines. b) Charakter der Linien, Intensitätsverteilung, Verbreiterung, Umkehr, Feinstruktur. c) Konstanz und Veränderlichkeit der Wellenlängen.

d) Bau der Spektra, historisch. Von Professor Dr. H. K o n e n ; Bonn. e) Typen, Multiplets, Serien. f) Systematische Übersicht über die bekannten Linienspektren. Von Dr. R. F r e r i c h s, Bonn. g) Röntgenspektra. Von Professor Dr. L. G r e b e, Bonn. h) Zeemaneffekt, Starkeffekt. Von Professor Dr. A. L a n d é, Tübingen. Druckeffekt. Von Professor Dr. H. K o n e n, Bonn. i) Energiestufen, Anregung. Von Dr. P. J o r d a n, Göttingen. k) Intensitätsregeln. Von Dr. R. F r e r i c h s, Bonn. 4. Molekülspektra. a) Allgemeines; b) Ultrarote Serien. c) Feinstruktur, Systematik, Kombinationen. d) Einfluß des Magnetfeldes usw. e) Bandenspektra und chemische Konstitution. Von Dr. R. M e c k e, Bonn. 5. Fluoreszenz und Phosphoreszenz. Übersicht. 6. Andere Luminiszenzen. Von Professor Dr.P. P r i n g s h e i m, Berlin. 7. Fluoreszenz und chemische Konstitution. Von Professor Dr. H. L e y, Münster i. W. 8. Kontinuierliche Gasspektra. Von Professor Dr. L. G r e b e, Bonn. 9. Spektralanalyse. a) Optisches Gebiet. Von Dr. F. L ö w e, Jena. b) Röntgengebiet. Von Professor Dr. L. G r e b e, Bonn. 10. Anwendung auf kosmische Fragen. Von Professor Dr. J. H o p m a n n, Bonn.

Band XXII : Elektronen — Atome — Moleküle

Mit 148 Abbildungen. — 576 Seiten. — RM 42.—; gebunden RM 44.70

Elektronen. Von Professor Dr. W. G e r l a c h, Tübingen.
Atomkerne: Kernladung, Kernmasse. Von Dr. K. P h i l i p p, Berlin-Dahlem. Das α-Teilchen als Heliumkern. Von Professor Dr. O. H a h n, Berlin-Dahlem. Kernstruktur. Von Professor Dr. Lise M e i t n e r, Berlin-Dahlem. Atomzertrümmerungen. Von Dr. H. P e t t e r s s o n, Göteborg, und Dr. G. K i r s c h, Wien.
Radioaktivität: Der radioaktive Zerfall. Von Dr. W. B o t h e, Charlottenburg. Die radioaktiven Stoffe. Von Professor Dr. St. M e y e r, Wien. Die Bedeutung der Radioaktivität für chemische Untersuchungs-

methoden. Die Bedeutung der Radioaktivität für die Geschichte der Erde. Von Professor Dr. O. H a h n, Berlin-Dahlem.
Die Ionen in Gasen. Von Professor Dr. K. P r z i b r a m, Wien.
Größe und Bau der Moleküle. Von Professor Dr. K. F. H e r z f e l d, München, und Professor Dr. H. G. G r i m m, Würzburg.
Das natürliche System der chemischen Elemente. Von Professor Dr. F. P a n e t h, Berlin.

Band XXIII : Quanten

Quantentheorie. Von Dr. W. P a u l i, Hamburg.
Methoden zur h-Bestimmung und ihre Ergebnisse. Von Professor Dr. R. L a d e n b u r g, Berlin.
Absorption und Zerstreuung der Röntgenstrahlen. Von Dr. W. B o t h e, Charlottenburg.
Das kontinuierliche Röntgenspektrum. Von Dr. H. K u l e n k a m p f f, München.

Anregung von Emission durch Einstrahlung. Von Professor Dr. P. P r i n g s h e i m, Berlin.
Photochemie. Von Dr. W. N o d d a c k, Charlottenburg.
Anregung von Quantensprüngen durch Stöße. Von Professor Dr. J. F r a n c k und Dr. P. J o r d a n, Göttingen.

Band XXIV : Negative und positive Strahlen — Zusammenhängende Materie

Durchgang von Elektronen durch Materie. Von Dr. W. B o t h e, Charlottenburg.
Durchgang von Kanalstrahlen durch Materie. Von Professor Dr. E. R ü c h a r d t, München, und Professor Dr. H. B a e r w a l d, Darmstadt.
Durchgang von α-Strahlen durch Materie. Von Professor Dr. H. G e i g e r, Kiel.

Bau der zusammenhängenden Materie, Theoretische Grundlagen. Von Professor Dr. M. B o r n und Dr. A. B o l l n o w, Göttingen.
Aufbau der Kristalle. Von Professor Dr. P. P. E w a l d, Stuttgart.
Atomaufbau und Chemie. Von Prof. Dr. H. G. G r i m m, Würzburg.

Verlag von Julius Springer in Berlin W 9

Probleme der Astronomie. Festschrift für H u g o v. S e e l i g e r , dem Forscher und Lehrer zum fünfundsiebzigsten Geburtstage. Mit 58 Abbildungen, 1 Bildnis und 3 Tafeln. IV, 475 Seiten. 1924. RM 45.—

Ⓦ **Dynamische Meteorologie.** Von Felix M. Exner, o, ö. Professor der Physik der Erde an der Universität Wien, Direktor der Zentralanstalt für Meteorologie und Geodynamik. Z w e i t e , stark erweiterte Auflage. Mit 104 Figuren im Text. VIII, 241 Seiten. 1925. Gebunden RM 24.—

Die Hauptprobleme der modernen Astronomie. Versuch einer gemeinverständlichen Einführung in der Astronomie der Gegenwart. Von Elis Strömgren. Aus dem Schwedischen übersetzt und in einigen Punkten ergänzt von W a l t e r E. B e r n - h e i m e r . Mit 31 Abbildungen im Text und auf zwei Tafeln. IV, 106 Seiten. 1925. RM 4.80

Astronomische Miniaturen. Von Elis Strömgren. Aus dem Schwedischen übersetzt von K. F. Bottlinger. Mit 14 Abbildungen. VIII, 88 Seiten. 1922. RM 2.50

Über Wärmeleitung und andere ausgleichende Vorgänge. Von Dr. Emil Warburg, Professor an der Universität Berlin. Mit 18 Abbildungen. X, 106 Seiten. 1924. RM 5.70

Die Grundgesetze der Wärmeleitung und des Wärmeüberganges. Ein Lehrbuch für Praxis und technische Forschung. Von Oberingenieur Dr.-Ing. Heinrich Gröber. Mit 78 Textfiguren. VIII, 271 Seiten. 1921. RM 9.—

Einführung in die Lehre von der Wärmeübertragung. Ein Leitfaden für die Praxis. Von Dr.-Ing. Heinrich Gröber. Mit 60 Textabbildungen und 40 Zahlentafeln. X, 210 Seiten. 1926. Gebunden RM 12.—

Elektrische Durchbruchsfeldstärke von Gasen. Theoretische Grundlagen und Anwendung. Von Professor W. O. Schumann, Jena. Mit 80 Textabbildungen. VII, 246 Seiten. 1923. RM 7.20; gebunden RM 8.40

Lehrbuch der Physik in elementarer Darstellung. Von Dr.-Ing. e. h. Dr. phil. Arnold Berliner. D r i t t e Auflage. Mit 734 Abbildungen. X, 645 Seiten. 1924. Gebunden RM 18.60

Zeitschrift für Physik. Herausgegeben unter Mitwirkung der D e u t s c h e n P h y s i k a l i s c h e n G e s e l l s c h a f t von Karl Scheel. Erscheint zwanglos in einzelnen Heften, die zu Bänden von 60 Bogen vereinigt werden. Preis des Bandes RM 46.—

Die mit Ⓦ bezeichneten Werke sind im Verlag von J u l i u s S p r i n g e r in Wien erschienen.